Kompendium Krankenhaus-Rechnungswesen

Kompendium Krankenhaus-Rechnungswesen, 4. aktualisierte Auflage

Die Autoren:

Prof. Dr. Volker Penter, Partner, Wirtschaftsprüfer, Steuerberater, Diplom-Ingenieurökonom, Gesundheitsexperte, KPMG AG, Honorarprofessor an der Technischen Universität Dresden, Dozent an der Dresden International University

Dr. Bernd Siefert, Wirtschaftsprüfer, Steuerberater, Diplom-Kaufmann, Kaiserslautern, in eigener Praxis

Babette Brennecke, Partnerin, Wirtschaftsprüfer, Diplom-Volkswirtin, Hamburg, Gesundheitsexpertin, KPMG AG

Die Co-Autoren:

Kapitel 1 – Einleitung

Kapitel 2 – Rechtliche Grundlagen
PD Dr. Thorsten Helm
Christian Bischoff

Kapitel 3 – Jahresabschluss HGB, KHBV, StR und IFRS
Mirjam Giorgini
Frank Kopietz
Stefan Wißler
Thomas Ahlert
PD Dr. Thorsten Helm
Christian Bischoff

Kapitel 4 – Konzernabschluss nach HGB und IFRS
Thorsten Schrum

Kapitel 5 – Lagebericht und Konzernlagebericht
Wolfram Wildermuth
Peer Schlitzer

Kapitel 6 – Bilanzpolitik und Bilanzanalyse
Kapitel 7 – Trennungsrechnung
Wolfram Wildermuth
PD Dr. Thorsten Helm
Eike Senz

Kapitel 8 – Abschlussprüfung
Udo Banke
Julia Kaub
Philipp Schier
Thomas Ahlert

Kapitel 9 – Aufsichtsrat im Krankenhaus
Thomas Rüger
Prof. Dr. Tobias Nemmer
Lars Haffke
Jan Alex Gossen

Kapitel 10 – Ausgewählte rechnungslegungsnahe Themen
Stefan Friedrich
Julia Kaub
Philipp Schier
Dr. Carsten Jennert
Mario Miksch
Daniel Schmalz
Franziska Holler

Kompendium Krankenhaus-Rechnungswesen

– Grundlagen, Beispiele, Aktuelles, Trends –

Grundlagen, Jahres- und Konzernabschluss, Bilanzpolitik und Bilanzanalyse, Trennungsrechnung, Abschlussprüfung, Aufsichtsorgane, Corporate Governance, Krisenmanagement, Beihilferecht, Unternehmensplanung

Prof. Dr. Volker Penter · Dr. Bernd Siefert · Babette Brennecke

4. Auflage 2022

Druck: Generál Nyomda Kft., H-6727 Szeged

www.ku-gesundheitsmanagement.de

Titelbild: © DNY59 – istockphoto.com

ISBN (Buch): 978-3-96474-605-4
ISBN (E-Book/PDF): 978-3-96474-628-3

Inhaltsverzeichnis

Abbildungsverzeichnis

Kapitel 2

Kapitel 3

Kapitel 4

Kapitel 5

Kapitel 6

Kapitel 7

Kapitel 8

Kapitel 9

Kapitel 10

Vorwort zur vierten Auflage

Im Vordergrund der vierten Auflage dieses Sammelwerkes steht die Aktualisierung der Kapitel aufgrund neuer Erkenntnisse und geänderter gesetzlicher Regelungen.

Zu nennen sind die veränderten Regelungen zur Investitionsförderung, die Ausgliederung der Pflegepersonalkosten aus den Fallpauschalen, die zahlreichen Änderungen im Handelsrecht, Steuerrecht, und in den internationalen Rechnungslegungsvorschriften sowie die umfangreichen Erweiterungen der vom Wirtschaftsprüfer zu erstellenden Bescheinigungen. Die sich schnell ändernden und zum Teil sehr kurzlebigen gesetzlichen Regelungen im Zusammenhang mit der Corona Pandemie werden nur dann genannt, wenn dies zum Verständnis anderer Regelungen erforderlich ist.

Auch an dieser Ausgabe hat neben den Hauptautoren ein ganzes Team an Co Autoren mitgewirkt. Ihnen sei herzlich gedankt. Ein besonderer Dank geht an Elena Lütjen, die mit tatkräftiger Unterstützung von Anne-Kathrin Soeder es geschafft hat, die Fäden zusammen zu halten.

Wir hoffen, dass dieses Kompendium Ihnen bei Ihrer Arbeit wieder eine tägliche Hilfe sein wird.

1. Einleitung

Neben den traditionellen Fragen der Rechnungslegung eines Krankenhauses, widmet sich dieses Buch verstärkt den in der Fachliteratur für Krankenhausunternehmen nach wie vor zu wenig behandelten Themen wie Konzernrechnungslegung, Trennungsrechnung, Abschlussprüfung, Bescheinigungen sowie rechnungslegungsnahen Themen wie Bilanzpolitik, Bilanzanalyse, Corporate Governance, Krisenmanagement, Beihilferecht oder Unternehmensplanung. Zum besseren Verständnis sind den eigentlichen Rechnungslegungsthemen je ein Kapitel mit den branchenspezifischen wirtschaftlichen und rechtlichen Grundlagen vorangestellt. Parallel zum deutschen Handelsrecht werden die vergleichbaren Regelungen der internationalen Rechnungslegungsstandards im Sinne der IFRS (International Financial Reporting Standards) besprochen.

Im **Kapitel 2** werden die rechtlichen Grundlagen der Finanzierung deutscher Krankenhäuser, Rechnungslegung und Besteuerung dargestellt. Insbesondere werden besprochen:

- Sozialgesetzbuch, Fünftes Buch (SGB V)
- Krankenhausfinanzierungsgesetz (KHG)
- Krankenhausentgeltgesetz (KHEntgG)
- Bundespflegesatzverordnung (BPflV)
- Krankenhaus-Buchführungsverordnung (KHBV)
- Abgrenzungsverordnung (AbgrV)
- Gemeinnützigkeitsrecht im Krankenhaus
- Ertragsbesteuerung
- Umsatzsteuer

Kapitel 3 beschäftigt sich mit den besonderen Posten der Bilanz, Gewinn- und Verlustrechnung sowie mit spezifischen Angaben im Anhang des Krankenhauses auf der Grundlage der relevanten Rechnungslegungsvorschriften des deutschen Handelsrechtes, der KHBV, der IFRS sowie nach deutschem Steuerrecht. Wert wird hierbei auf die umfangreiche Illustration der Ausführungen durch praktische Beispiele gelegt. So findet man ausführliche Berechnungs- und Buchungsbeispiele für die Behandlung von fördermittelfinanziertem Anlagevermögen, die Bewertung der Überlieger und die Ermittlung der Erlösausgleiche.

Kapitel 4 widmet sich der Konzernrechnungslegung. Neben grundlegenden Ausführungen zu diesem Thema wird vor allem auf aktuell entstandene Fragestellungen eingegangen. Behandelt werden unter anderem: Zeitpunkt der Erstkonsolidierung, Ermittlung des Zeitwertes von gefördertem Anlagevermögen, Restrukturierungsaufwendungen im Rahmen der Kaufpreisallokation, Anschaffungskosten bei sonstigen Verpflichtungen, negativer Kaufpreis, Definition der zahlungsmittelgenerierenden Einheit, Konsolidierung gemeinnütziger Gesellschaften und Managementverträge.

In **Kapitel 5** werden Fragen der Lageberichterstattung bei Krankenhäusern erörtert. Neben allgemeinen Regelungen wird auf die Darstellung der Ertrags-, Finanz- und Vermögenslage sowie den Nachtrags-, Risiko- und Prognosebericht unter Berücksichtigung aktueller Entwicklungen eingegangen.

Das **Kapitel 6** beschäftigt sich mit der Bilanzpolitik und Bilanzanalyse speziell aus der Sicht des Krankenhauses. Zunächst werden bilanzpolitische Spielräume erläutert. Dabei wird aufgezeigt, welche rechtlichen Rahmenbedingungen vorhanden sind, um den Jahresabschluss eines Krankenhauses so aufzustellen, dass das Krankenhaus seine Vermögens-, Finanz- und Ertragslage auf legaler Basis optimal darstellt. Dies wird vor dem Hintergrund des stärker werdenden Bedarfs von Krankenhäusern, sich über externe Kapitalgeber zu finanzieren, immer bedeutender. Bei der Bilanzanalyse liegt der Schwerpunkt auf der Darstellung und Erläuterung der Kennzahlen, die für Krankenhäuser relevant sind. Beigefügt ist ein umfangreiches Fallbeispiel.

Kapitel 7 widmet sich dem Sonderthema Trennungsrechnung an Universitätskliniken. Ausgehend vom Zweck der Trennungsrechnung erfolgt eine Systematisierung der in der Praxis vorhandenen unterschiedlichen Ansätze zur Trennungsrechnung. Ausführlich eingegangen wird auf Zuordnungsfragen von Produktionsfaktoren und Kosten, die Abbildung im externen Rechnungswesen sowie auf aktuelle steuerliche Fragestellungen. Als Exkurs wird ausführlich auf das aktuell sehr relevante Thema der Bilanzierung von Pauschalen im System der Drittmittelförderung von Universitätskliniken eingegangen.

Kapitel 8 behandelt Prüfungsthemen. Dabei wird ausführlich auf spezifische abschlussrelevante Risiken eingegangen, die sich aus den gesetzlichen und sonstigen Besonderheiten der Branche ableiten. Darauf aufbauend werden – bezogen auf den Jahres- bzw. Konzernabschluss – die Prüfungsziele, dazu typische Prüfungshandlungen und vom Unternehmen für den Prüfer bereitzustellende Unterlagen erläutert. Darüber hinaus geht das Kapitel auf die Prüfung gemäß § 53 Haushaltsgrundsätzegesetz, die Prüfung des Risikofrüherkennungssystems sowie die die gesetzlichen und freiwilligen Bescheinigungen ein. Berücksichtigt wird ebenfalls die Prüfung der Fortführung der Unternehmenstätigkeit, des Compliance Management Systems sowie der Beihilfen.

Das **Kapitel 9** richtet den Blick auf die Aufsichtsorgane von Krankenhäusern. Das leitet sich nicht nur aus den zunehmenden Anforderungen des Gesetzgebers, sondern auch ganz praktisch aus dem immer komplizierter werdenden rechtlichen und wirtschaftlichen Umfeld von Krankenhäusern ab. Neben rechtlichen Grundlagen werden daher viele praktische Themen besprochen, die sich Aufsichtsräten bei ihrer verantwortungsvollen Aufgabe stellen.

Kapitel 10 beschäftigt sich mit den rechnungslegungsnahen Themen Corporate Governance, Krisenmanagement und Krisenkommunikation, Beihilferecht und Unternehmensplanung. Diese Themen stellen eine Auswahl dar. In die Ausführungen fließen umfangreiche Erfahrungen der Autoren bei Projekten in deutschen Krankenhäusern ein.

2. Rechtliche Grundlagen

2.1 Rechtliche Grundlagen zur Finanzierung von Krankenhäusern

2.1.1 Das System der Krankenhausrechtsvorschriften

Das System der Rechtsvorschriften zur Finanzierung von Krankenhäusern wird in der folgenden Abbildung dargestellt.

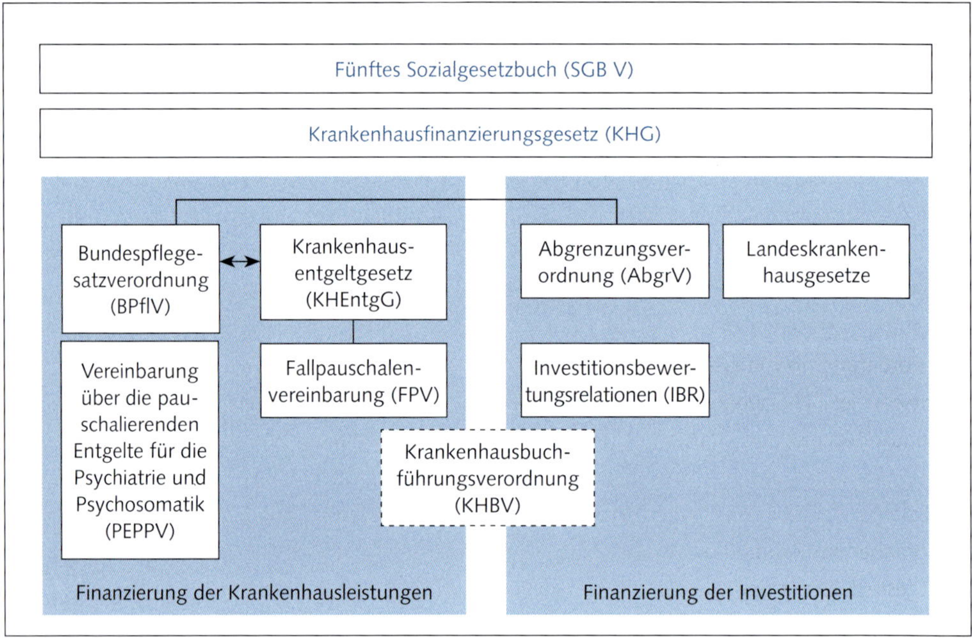

Abbildung 2.1.1-1: Wichtige rechtliche Grundlagen zur Finanzierung von Krankenhäusern

Das Krankenhausfinanzierungsgesetz (KHG) bildet die grundlegende Quelle und damit den Ausgangspunkt der Rechtsvorschriften zur Finanzierung der Krankenhäuser. Da der überwiegende Umfang der Leistungen der Krankenhäuser gegenüber gesetzlich Versicherten erbracht wird, sollte der Einstieg in die Betrachtung der Grundlagen des Krankenhausfinanzierungsrechtes über das fünfte Sozialgesetzbuches (SGB V) erfolgen. Hierin sind die wesentlichen Beziehungen zwischen den gesetzlich Versicherten, den Krankenkassen und den Leistungserbringern (u. a. Krankenhäuser) geregelt. Das SGB V normiert weitestgehend abschließend, die von den Krankenhäusern für die gesetzlich Versicherten zu erbringenden Leistungen, auf die im KHG stets Bezug genommen wird. Das SGB V enthält jedoch keine eigenen Finanzierungsvorschriften.

Die Bundespflegesatzverordnung (BPflV) regelte ursprünglich abschließend die Entgelte für vollstationäre und teilstationäre Krankenhausleistungen weitestgehend auf der Basis von tagesbezogenen Pflegesätzen. Mit der grundlegenden Umstellung auf fallbezogene Entgelte (DRG-System) ab 2004 reduzierte sich der Regelungsbereich der BPflV im Wesentlichen auf die Bestimmung der Entgelte für psychiatrische und psychotherapeutische Krankenhausleistungen. Die Regelungen zu den fallbezogenen Entgelten befinden sich seitdem im Krankenhausentgeltgesetz (KHEntG) und in der aus diesem Gesetz abgeleiteten Fallpauschalenvereinbarung (FPV). Mit Einführung der pauschalierenden Entgelte für die Psychiatrie und Psychosomatik ab 2013 und deren Regelung in der gleichlautenden Vereinbarung (PEPPV) wurde der Regelungsbereich der BPflV weiter reduziert.

Hinsichtlich der Finanzierung von Investitionen definiert das KHG Fördervoraussetzungen und Fördertatbestände. Im Übrigen verweist es auf die landesrechtlichen Vorschriften. Diese finden sich regelmäßig in den Landeskrankenhausgesetzen.

Gemäß § 10 KHG wird neben der klassischen Einzel-und Pauschalförderung eine Investitionsförderung durch leistungsorientierte Investitionspauschalen ermöglicht. Der Investitionsbedarf für die voll-und teilstationären Leistungen wird dabei mittels vom InEK ermittelten bundeseinheitlichen Investitionsbewertungsrelationen (IBR) pauschaliert abgebildet. Die Länder haben das Recht, eigenständig zwischen der Förderung durch leistungsorientierte Investitionspauschalen und der Einzelförderung von Investitionen einschließlich der Pauschalförderung kurzfristiger Anlagegüter zu entscheiden. Nur wenige Länder wenden bisher das System der leistungsorientierten Investitionspauschalen an.

Zusätzlich zur regulären Investitionsförderung werden Investitionsmittel zur Förderung bestimmter Vorhaben im Rahmen des Krankenhausstrukturfonds I und II und Krankenhauszukunftsfonds bereitgestellt. Die grundsätzlichen Regelungen dazu finden sich in den §§ 12, 12a und 14a des KHG.

Die Abgrenzungsverordnung (AbgrV) bildet die Grundlage für die Abgrenzung von pflegesatzfähigen und nicht pflegesatzfähigen Kosten. Ferner enthält sie detaillierte Bestimmungen zur Zuordnung von Investitions-und Instandhaltungskosten. Neben dem Finanzierungsaspekt besteht die Bedeutung der AbgrV in der Feststellung der finanzierungsrechtlichen Abschreibungsdauern.

Im Zusammenhang mit der Corona Pandemie wurden umfangreiche Regelungen getroffen, die zeitweilig zusätzliche finanzielle Mittel für die Krankenhäuser zur Verfügung stellen.

Aus der KHBV leiten sich die Anforderungen an das externe und interne Rechnungswesen der Krankenhäuser ab. Im Mittelpunkt der KHBV steht dabei das einzelne Krankenhaus unabhängig von dessen Rechtsform oder Trägerschaft. Der Bezug zwischen Krankenhausfinanzierungsrecht und Krankenhausrechnungslegung wird jedoch in der Praxis kaum genutzt. Lediglich für bestimmte Finanzierungsbereiche wird in einigen Fällen Bezug auf den Kontenrahmen der KHBV genommen. Darüber hinaus können bestimmte Bilanzposten, die nach der KHBV zu bilden sind, im Zusammenhang mit dem Ausscheiden eines Krankenhauses aus dem Krankenhausplan eine Rolle spielen.

Ab dem Jahr 2020 werden die Ausbildungen in der Altenpflege, der Gesundheits- und Kranken- sowie Kinderkrankenpflege zu einem einheitlichen Berufsbild zusammengeführt. Dadurch ergeben sich im Rahmen der Finanzierung wesentliche Änderungen. Es stehen zweitweise zwei verschiedene Finanzierungssysteme nebeneinander:

§ 17a Krankenhausfinanzierungsgesetz (KHG)
Alle Ausbildungsverhältnisse im Sinne des § 66 Abs. 1 Satz 1, die vor Ablauf des 31. Dezember 2019 begonnen wurden, werden auf der Grundlage des § 17a KHG fortgeführt und bis zum Ende der Ausbildung entsprechend finanziert. Eine Überleitung auf die neue Finanzierung nach dem Pflegeberufegesetz (PflBG) ist möglich.

§§ 26 bis 36 PflBG / Pflegeberufe-Ausbildungsfinanzierungsverordnung (PflAFinV)
Alle Ausbildungsverhältnisse im Sinne des § 66 Abs. 1 Satz 1, die ab dem 1. Januar 2020 begonnen wurden, werden auf der Grundlage des PflBG und der PflAFinV finanziert.

2.1.2 Grundlagen der Krankenhausbehandlung nach SGB V

Krankenhausleistungen

Nach § 27 Abs. 1 SGB V haben gesetzlich Versicherte Anspruch auf Krankenbehandlung, wenn sie notwendig ist, um eine Krankheit zu erkennen, zu heilen, ihre Verschlimmerung zu verhüten oder Krankheitsbeschwerden zu lindern. Die Krankenbehandlung umfasst auch die Krankenhausbehandlung. § 39 Abs. 1 SGB V teilt die Krankenhausbehandlung in vollstationär, stationsäquivalent, teilstationär, vor- und nachstationär sowie ambulant ein.

Die stationäre Krankenhausbehandlung bildet in der Regel das Kerngeschäft der Krankenhäuser, wobei der Großteil der in Krankenhäusern erbrachten Leistungen auf vollstationäre Behandlungen entfällt.

Vollstationär	Medizinische Behandlung (ärztliche Behandlung, Arzneimittel und Pflege) einschließlich Unterkunft und Verpflegung
Stationsäquivalent	Psychiatrische Behandlung im häuslichen Umfeld durch mobile ärztlich geleitete multiprofessionelle Behandlungsteams
Teilstationär	Medizinische Behandlung, Unterkunft und Verpflegung werden jedoch nur tagsüber oder nachts gewährt (z. B. in Tages- oder Nachtkliniken)
Vorstationär	Ambulante medizinische Behandlung zur Abklärung oder Vorbereitung einer vollstationären Behandlung
Nachstationär	Ambulante medizinische Behandlung zur Sicherung des Erfolges einer stationären Behandlung
Ambulant	Ambulante medizinische Versorgung auf der Grundlage spezieller gesetzlicher Regelungen des SGB V

Abbildung 2.1.2-1: Möglichkeiten der Krankenhausbehandlung nach § 39 Abs. 1 SGB V

Das SGB V enthält viele Regelungen, die für die Ermächtigung von Krankenhäusern und Krankenhausärzten zur ambulanten Patientenversorgung sowie zur Krankenhausbehandlung durch niedergelassene Ärzte (Belegärzte) von Bedeutung sind.

Ambulante Versorgung durch das Krankenhaus	Ambulante Versorgung durch Krankenhausärzte	Stationäre Versorgung durch Belegärzte
§ 115a – Vor- und nachstationäre Behandlung § 115b – Ambulantes Operieren § 115d – Stationsäquivalente psychiatrische Behandlung § 116a – Ambulante Behandlung durch Krankenhäuser bei Unterversorgung § 116b – Ambulante spezialfachärztliche Versorgung § 117 – Hochschulambulanzen § 118 – Psychiatrische Institutsambulanzen § 118a – Geriatrische Institutsambulanzen § 119 – Sozialpädiatrische Zentren § 119c – Medizinische Behandlungszentren § 75 Abs. 1 – Notfallambulanzen	§ 116 – Ermächtigung von Krankenhausärzten vom Zulassungsausschuss zur Teilnahme an der vertragsärztlichen Versorgung	§ 115 – Regelungen zur Zusammenarbeit zwischen Vertragsärzten und zugelassenen Krankenhäusern § 121 – Belegärztliche Leistungen

Abbildung 2.1.2-2: Wesentliche Reglungen des SGB V zur ambulanten Versorgung im Krankenhaus und zum Belegarztwesen

§ 120 SGB V regelt die Vergütung ambulanter Leistungen für Versicherte der gesetzlichen Krankenversicherung (GKV) im Krankenhaus. Danach werden die ambulanten Leistungen des Krankenhauses sowie der ermächtigten Ärzte in der Regel nach den für Vertragsärzte geltenden Grundsätzen aus der vertragsärztlichen Gesamtvergütung vergütet (§ 120 Abs. 1 SGB V). Die Grundlage für die Vergütung bildet der Einheitliche Bewertungsmaßstab (EBM), der die Gebührenordnung der gesetzlichen Krankenversicherung darstellt. Er umfasst fast alle medizinischen

Leistungen, die Ärzte und Psychotherapeuten zu Lasten der gesetzlichen Krankenversicherung abrechnen dürfen. In dem Verzeichnis sind jeder Leistung eine Nummer – die sogenannte Gebührenordnungsposition (GOP) – und ein Preis zugeordnet.

Abweichend hiervon werden die Leistungen der Hochschulambulanzen und der psychiatrischen Institutsambulanzen nicht über die Kassenärztlichen Vereinigungen abgerechnet, sondern unmittelbar von den Krankenkassen vergütet. Grundlage sind jeweils zwischen den Landesverbänden der Krankenkassen und den Verbänden der Ersatzkassen sowie den Hochschulklinika (bei psychiatrischen Institutsambulanzen auch Plankrankenhäusern) zutreffende Vereinbarungen, wobei die Vergütung pauschaliert werden kann (§ 120 Abs. 2 und 3 SGB V).

Die Vergütung der vor- und nachstationären Leistungen des Krankenhauses erfolgt auf der Grundlage von Vereinbarungen der Landesverbände der Krankenkassen, der Verbände der Ersatzkassen sowie der Landesausschüsse des Verbands der privaten Krankenversicherung mit den Landeskrankenhausgesellschaften mit Pauschalen (§ 115a Abs. 3 SGB V). Weiterhin werden ambulante Operationen auf der Grundlage eines auf Bundesebene vereinbarten Katalogs einheitlich vergütet (§ 115 b Abs. 2 SGB V).

§ 121 SGB V enthält Regelungen zur belegärztlichen Versorgung. Belegärzte sind solche Ärzte, die an der vertragsärztlichen Versorgung teilnehmen und nicht im Krankenhaus angestellt, jedoch berechtigt sind, ihre Patienten (Belegpatienten) während des Krankenhausaufenthalts ärztlich zu versorgen. Die Vergütung der Belegärzte erfolgt aus der vertragsärztlichen Gesamtvergütung. Bei den übrigen Patienten (Privatpatienten und Selbstzahler) richtet sich die Vergütung von ambulanten Leistungen sowie von Leistungen der Belegärzte in der Regel nach der Gebührenordnung für Ärzte und Zahnärzte (GoÄ).

Krankenhäuser

Krankenhäuser im Sinne dieses Gesetzbuchs sind Einrichtungen, die

1. der Krankenhausbehandlung oder Geburtshilfe dienen,
2. fachlich-medizinisch unter ständiger ärztlicher Leitung stehen, über ausreichende, ihrem Versorgungsauftrag entsprechende diagnostische und therapeutische Möglichkeiten verfügen und nach wissenschaftlich anerkannten Methoden arbeiten,
3. mit Hilfe von jederzeit verfügbarem ärztlichem, Pflege-, Funktions- und medizinisch-technischem Personal darauf eingerichtet sind, vorwiegend durch ärztliche und pflegerische Hilfeleistung Krankheiten der Patienten zu erkennen, zu heilen, ihre Verschlimmerung zu verhüten, Krankheitsbeschwerden zu lindern oder Geburtshilfe zu leisten

und in denen

4. die Patienten untergebracht und verpflegt werden können.

Abbildung 2.1.2-3: Begriff des Krankenhauses nach § 107 Abs. 1 SGB V

Zu den Krankenhäusern wird in § 107 Abs. 2 SGB V der Begriff der Vorsorge- oder Rehabilitationseinrichtungen abgegrenzt. In diesen Einrichtungen werden zwar die Versicherten ebenfalls stationär versorgt, im Unterschied zu den Krankenhäusern ist jedoch hier das Ziel der Tätigkeit im Wesentlichen auf die Vor- und Nachsorge gerichtet.

Ferner müssen Krankenhäuser nach § 108 SGB V zugelassen sein:

Die Krankenkassen dürfen Krankenhausbehandlungen nur durch folgende Krankenhäuser (zugelassene Krankenhäuser) erbringen lassen:

1. Krankenhäuser, die nach den landesrechtlichen Vorschriften als Hochschulklinik anerkannt sind,
2. Krankenhäuser, die in den Krankenhausplan eines Landes aufgenommen sind (Plankrankenhäuser), oder
3. Krankenhäuser, die einen Versorgungsvertrag mit den Landesverbänden der Krankenkassen und den Verbänden der Ersatzkassen abgeschlossen haben.

Abbildung 2.1.2-4: Für die Behandlung von GKV-Patienten zugelassene Krankenhäuser

Bei den landesrechtlichen Vorschriften zur Anerkennung der Hochschulkliniken handelt es sich in der Regel um Gesetze zu namentlich benannten Hochschul- bzw. Universitätskliniken bzw. um Landeshochschulgesetze. Die Aufgaben der Hochschulkliniken beinhalten neben der Forschung und Lehre auch die Krankenversorgung im Sinne der Aufgaben des öffentlichen Gesundheitswesens.

Plankrankenhäuser sind Krankenhäuser, welche in die von den Ländern aufgestellten Krankenhauspläne nach § 6 Abs. 1 KHG aufgenommen sind. Die nähere Ausgestaltung und Form der Krankenhauspläne wird in den individuellen Landeskrankenhausgesetzen der Länder geregelt. Werden Krankenhäuser in einen Krankenhausplan aufgenommen, so wird die Aufnahme in den Krankenhausplan erst mit Feststellungsbescheid rechtswirksam.

Für die Hochschulkliniken und Plankrankenhäuser gilt anders als bei den Krankenhäusern nach § 108 Nr. 3 SGB V ein Versorgungsvertrag mit Anerkennung als Hochschulklinik bzw. Feststellungsbescheid über die Aufnahme in den Krankenhausplan als abgeschlossen (§ 109 Abs. 1 SGB V). Die zugelassenen Krankenhäuser sind verpflichtet, Versicherte der Krankenkassen im Rahmen ihres Versorgungsauftrags zu behandeln (§ 109 Abs. 4 SGB V).

Grundsätzlich kann der Versorgungsvertrag von den Landesverbänden der Krankenkassen oder dem Krankenhaus mit einer Frist von einem Jahr ganz oder teilweise gekündigt werden, insbesondere wenn eine leistungsfähige und wirtschaftliche Krankenhausbehandlung nicht gewährleistet ist oder das Krankenhaus für eine bedarfsgerechte Behandlung der Versicherten nicht erforderlich ist (§ 110 SGB V).

Die Kündigungsgründe sind in dem Gesetz jedoch vage formuliert, so dass die Kündigung von Versorgungsverträgen abgesehen von den Verträgen nach § 108 Nr. 3 in der Praxis von geringer Bedeutung geblieben ist.

Im § 113 SGB V sind Regelungen für die Qualitäts- und Wirtschaftlichkeitsprüfungen in Krankenhäusern enthalten. Danach können die Landesverbände der Krankenkassen, die Verbände der Ersatzkassen und der Landesausschuss des Verbandes der privaten Krankenversicherung gemeinsam die Wirtschaftlichkeit, Leistungsfähigkeit und Qualität der Krankenhausbehandlung durch einvernehmlich mit dem Krankenhausträger bestellte Prüfer untersuchen lassen. Das Prüfungsergebnis ist, unabhängig von den sich daraus ggf. ergebenden Folgerungen für eine Kündigung des Versorgungsvertrags, in der nächstmöglichen Pflegesatzverhandlung mit Wirkung für die Zukunft zu berücksichtigen.

§ 114 SGB V regelt die Bildung einer Landesschiedsstelle für jedes Bundesland. Diesem Gremium gehören die Vertreter der Krankenkassen und der zugelassenen Krankenhäuser in gleicher Zahl sowie ein unparteiischer Vorsitzender und zwei weitere unparteiische Mitglieder an. Aufgabe der Schiedsstelle ist z. B. die Beilegung von Streitigkeiten zwischen Krankenkassen und Krankenhäusern bezüglich der auf Landesebene zu treffenden Vereinbarungen nach § 10 KHEntgG, die unter anderem die Festlegung eines landeseinheitlichen Basisfallwerts betreffen.

2.1.3 Das Krankenhausfinanzierungsgesetz (KHG)

Anwendungsbereich

Nach Artikel 74 Nr. 19a des Grundgesetzes ist der Bund für die wirtschaftliche Sicherung der Krankenhäuser und die Regelung der Krankenhauspflegesätze zuständig. In Verbindung mit Artikel 104a des Grundgesetzes hat der Bund die Möglichkeit, sich an der Finanzierung von Investitionen im Krankenhaus durch Finanzierungshilfen an die Länder zu beteiligen.

Auf dieser Grundlage wurde am 29. Juni 1972 das Gesetz zur wirtschaftlichen Sicherung der Krankenhäuser und zur Regelung der Krankenhauspflegesätze (Krankenhausfinanzierungsgesetz – abgekürzt KHG) erlassen. Derzeit ist das KHG in der Fassung der Bekanntmachung vom 10. April 1991 gültig. Seitdem sind jedoch zahlreiche und auch grundlegende Änderungen erfolgt.

Das KHG ist in seiner heutigen Fassung in fünf Abschnitte aufgeteilt:

Allgemeine Vorschriften (§§ 1–7)	Allgemeine Grundsätze, Begriffsbestimmungen, Definition von Krankenhausstandorten, Anwendungsbereich, Grundsätze der dualen Finanzierung, Krankenhausplanung und Investitionsprogramme, Mitwirkungspflichten
Grundsätze der Investitionsfinanzierung (§§ 8–15)	Voraussetzungen der Förderung, Fördertatbestände, Reform der Investitionsfinanzierung (leistungsorientierte Investitionspauschalen), Verweis auf landesrechtliche Vorschriften über die Förderung, Förderung von Vorhaben zur Verbesserung von Versorgungsstrukturen (Krankenhausstrukturfonds I und II), Krankenhauszukunftsfonds, Evaluierung des Reifegrades der Krankenhäuser hinsichtlich der Digitalisierung
Vorschriften über Krankenhauspflegesätze (§§ 16–20)	Grundsätze für die Pflegesatzregelung, Finanzierung von Ausbildungskosten, Einführung eines pauschalierenden Entgeltsystems für DRG-Krankenhäuser, Einführung eines pauschalierenden Entgeltsystems für psychiatrische und psychosomatische Einrichtungen, Verfahrensregelungen
Sonderregelungen (§§ 21 – 26d)	Sonderregelungen aufgrund der SARS-CoV-2-Pandemie
Sonstige Vorschriften (§§ 27–30)	Zuständigkeiten, Auskunftspflichten, Statistiken

Abbildung 2.1.3-1: Inhalte des Krankenhausfinanzierungsgesetz (KHG)

Der Gesetzgeber normiert in § 1 Abs. 1 KHG als den Zweck dieses Gesetzes in der wirtschaftlichen Sicherung der Krankenhäuser. Dies geschieht dadurch, dass ihre Investitionskosten im Wege öffentlicher Förderung übernommen werden und sie leistungsgerechte Erlöse aus den Pflegesätzen, die nach Maßgabe dieses Gesetzes auch Investitionskosten enthalten können, sowie Vergütungen für vor- und nachstationäre Behandlung und für ambulantes Operieren erhalten (vgl. § 4 KHG).

Als Krankenhäuser werden nach dem KHG alle Einrichtungen angesehen, in denen durch ärztliche und pflegerische Hilfeleistung Krankheiten, Leiden oder Körperschäden festgestellt, geheilt oder gelindert werden sollen oder Geburtshilfe geleistet wird und in denen die zu versorgenden Personen untergebracht und verpflegt werden können (§ 2 Abs. 1 KHG). Diese Definitionen des Begriffes Krankenhaus ist gegenüber § 107 Abs. 1 SGB V nicht vollständig deckungsgleich. Während die Definition des Begriffes Krankenhaus im KHG auf die Zielrichtung der Einrichtungen fokussiert, ist die Definition im § 107 Abs. 1 SGB V auf die organisatorischen Anforderungen an ein leistungsfähiges Krankenhaus ausgerichtet.

Nach § 3 KHG findet das KHG auf folgende Krankenhäuser keine Anwendung:

- Krankenhäuser im Straf- oder Maßregelvollzug
- Polizeikrankenhäuser
- Krankenhäuser der Träger der allgemeinen Rentenversicherung, soweit die gesetzliche Unfallversicherung die Kosten trägt und die Krankenhäuser der Träger der gesetzlichen Unfallversicherung und ihrer Vereinigungen mit Ausnahme der Fachkliniken zur Behandlung von Erkrankungen der Atmungsorgane, soweit sie der allgemeinen Versorgung der Bevölkerung mit Krankenhäusern dienen

Darüber hinaus werden nach § 5 weitere Einrichtungen genannt, die von der Förderung nach KHG grundsätzlich ausgenommen sind.

1. Hochschul- bzw. Universitätskliniken, Lehrkrankenhäuser
2. Krankenhäuser, die nicht die in § 67 der Abgabenordnung bezeichneten Voraussetzungen erfüllen
3. Einrichtungen in Krankenhäusern für Pflegefälle und Maßregelvollzug
4. Tuberkulosekrankenhäuser
5. Krankenhäuser von Sozialleistungsträgern
6. Versorgungskrankenhäuser
7. Vorsorge- oder Rehabilitationseinrichtungen nach § 107 Abs. 2 des Fünften Buches Sozialgesetzbuch
8. die mit den Krankenhäusern verbundenen Einrichtungen, die nicht unmittelbar der stationären Krankenversorgung dienen (z. B. Schwesternheime)
9. Einrichtungen, die auf Grund bundesrechtlicher Rechtsvorschriften vorgehalten oder unterhalten werden
10. Einrichtungen, soweit sie durch die besonderen Bedürfnisse des Zivilschutzes bedingt sind
11. Krankenhäuser der Träger der gesetzlichen Unfallversicherung und ihrer Vereinigungen.

Im Unterschied zu den in § 3 KHG genannten Krankenhäusern unterliegen diese Krankenhäuser teilweise dem Pflegesatzrecht des KHG, ferner kann für die in § 5 Abs. 1 Nr. 2 bis 8 aufgezählten Einrichtungen durch Landesrecht bestimmt werden, ob diese nach KHG gefördert werden.

2.1.3.1 Grundlagen der Investitionsfinanzierung

Förderfähige Investitionskosten und Abgrenzungen

Die Investitionskosten werden nach § 2 Nr. 2 KHG wie folgt eingeteilt:

Investitionskosten gemäß § 2 Nr. 2 Buchstabe a) KHG	Investitionskosten gemäß § 2 Nr. 2 Buchstabe b) KHG	Den Investitionskosten gleichgestellte Kosten gemäß § 2 Nr. 3 KHG
Kosten der Errichtung (Neubau, Umbau, Erweiterungsbau) von Krankenhäusern und der Anschaffung der zum Krankenhaus gehörenden Wirtschaftsgüter, ausgenommen der zum Verbrauch bestimmten Güter (Verbrauchsgüter)	Kosten der Wiederbeschaffung der Güter des zum Krankenhaus gehörenden Anlagevermögens (Anlagegüter)	a) Entgelte für die Nutzung der in Nummer 2 bezeichneten Anlagegüter b) Zinsen, die Tilgung und die Verwaltungskosten von Darlehen, soweit sie zur Finanzierung der in Nummer 2 sowie in Buchstabe a bezeichneten Kosten aufgewandt worden sind c) In Nummer 2 bezeichnete Kosten, soweit sie gemeinschaftliche Einrichtungen der Krankenhäuser betreffen d) Kapitalkosten (Abschreibungen und Zinsen) für die in Nummer 2 genannten Wirtschaftsgüter e) Kosten der in Nummer 2 bezeichneten Art, soweit sie die mit den Krankenhäusern notwendigerweise verbundenen Ausbildungsstätten betreffen und nicht nach anderen Vorschriften aufzubringen sind
Nicht zu den Investitionskosten gehören die Kosten des Grundstücks, des Grundstückserwerbs, der Grundstückserschließung sowie ihrer Finanzierung sowie die Kosten der Telematikinfrastruktur gemäß § 376 Satz 1 des SGB V		

Abbildung 2.1.3-2: Einteilung der Investitionskosten nach § 2 Nummer 2 und 3 KHG

Im Zusammenhang mit der Abgrenzung von pflegesatzfähigen und nichtpflegesatzfähigen Kosten werden in § 17 Abs. 4 und 4b KHG weitere Kostenbestandteile aufgezählt, die durch Pflegesätze gedeckt sind und folglich nicht zu den förderfähigen Investitionskosten gehören:

- die Kosten der Wiederbeschaffung von Wirtschaftsgütern mit einer durchschnittlichen Nutzungsdauer bis zu drei Jahren (Gebrauchsgüter)
- Kosten der Grundstücke, des Grundstückserwerbs, der Grundstückserschließung sowie ihrer Finanzierung
- Anlauf- und Umstellungskosten
- Kosten der in § 5 Abs. 1 Nr. 8 bis 10 bezeichneten Einrichtungen
- Kosten, für die eine sonstige öffentliche Förderung gewährt wird
- Instandhaltungskosten, dazu gehören auch Instandhaltungskosten für Anlagegüter, wenn in baulichen Einheiten Gebäudeteile, betriebstechnische Anlagen und Einbauten oder wenn Außenanlagen vollständig oder überwiegend ersetzt werden.

Die auf Grund der Ermächtigungsvorschrift nach § 16 Nr. 5 KHG erlassene AbgrV regelt insbesondere die Abgrenzung zwischen Anlagegütern, Verbrauchsgütern und Gebrauchsgütern sowie die Instandhaltungskosten. Die dieser Verordnung anhängenden Anlagen I bis III geben Beispiele zu den vorgenannten Begriffen. Der Begriff der Investitionskosten sollte dem Grundsatz nach nicht losgelöst von dem handelsrechtlichen Begriff der Anschaffungs- bzw. Herstellungskosten (§§ 255 Abs. 1 und 2 HGB) gesehen werden. Insbesondere in Abgrenzung von Anschaffungs- bzw. Herstellungskosten und Instandhaltung sei auf die umfangreiche steuerliche Rechtsprechung verwiesen.

Voraussetzung der Förderungen von Investitionskosten

Die Krankenhäuser haben nach dem KHG Anspruch auf Förderung, soweit und solange sie in den Krankenhausplan eines Landes und bei Investitionen nach § 9 Abs. 1 Nr. 1 KHG (Errichtung von Krankenhäusern einschließlich der Erstausstattung) in das Investitionsprogramm aufgenommen sind (§ 8 Abs. 1 KHG). Ferner können die zuständige Landesbehörde und der Krankenhausträger hinsichtlich der Förderung von Vorhaben nach § 9 Abs. 1 KHG eine nur teilweise Förderung mit der Restfinanzierung durch den Krankenhausträger vereinbaren.

Die Krankenhauspläne eines Landes sind in den entsprechenden Landeskrankenhausgesetzen geregelt. Grundlage bildet § 6 KHG. Die Funktion der Krankenhauspläne erstreckt sich auf die Sicherstellung der erforderlichen Krankenhäuser für die bedarfsgerechte, leistungsfähige und wirtschaftliche Versorgung der Bevölkerung in einem Bundesland, wobei diese Pläne ggf. mit benachbarten Bundesländern abzustimmen sind (§ 6 Abs. 2 KHG). In der Regel enthalten die Krankenhauspläne den Standort, die Trägerschaft, die Bettenzahl, die Fachrichtungen sowie die Ausbildungsstätten und dazugehörige Ausbildungskapazitäten der Ausbildungsstätten nach § 2 Abs. 1a KHG. Gemäß § 8 Abs.1 Satz 3 KHG wird die Aufnahme oder Nichtaufnahme in den Krankenhausplan durch Bescheid festgestellt. Grundsätzlich besteht kein Anspruch der Krankenhäuser auf Aufnahme in den Krankenhausplan.

Investitionsprogramme sind nach § 6 Abs. 1 KHG für jedes Bundesland verpflichtend aufzustellen. Die Investitionsprogramme beinhalten in der Regel die Investitionskosten für die Errichtung, den Umbau, die Sanierung oder die Erweiterung von Krankenhäusern. Im Unterschied zu den Krankenhausplänen wird über die Berücksichtigung von Krankenhäusern in den Investitionsplänen nicht durch Feststellungsbescheid, sondern durch Bewilligungsbescheid entschieden. Erst durch den Bewilligungsbescheid hat das Krankenhaus einen Rechtsanspruch auf die Fördermittel. Gleichwohl sollen bei der Krankenhausplanung und bei der Aufstellung der Krankenhauspläne einvernehmliche Regelungen mit den unmittelbar Beteiligten angestrebt werden (§ 7 KHG).

Formen der Investitionsförderung

Nach § 9 Abs. 1 bis 3 KHG lassen sich die Grundtatbestände der Investitionsförderung in drei Gruppen einteilen:

Einzelförderung nach § 9 Abs. 1 KHG	Sonstige Förderungen nach § 9 Abs. 2 KHG	Pauschalförderung nach § 9 Abs. 3 KHG
• Investitionskosten für die Errichtung von Krankenhäusern einschließlich deren Erstausstattung • Investitionskosten für die Wiederbeschaffung von Anlagegütern mit einer durchschnittlichen Nutzungsdauer von mehr als drei Jahren	• für die Nutzung von Anlagegütern, soweit sie mit Zustimmung der zuständigen Landesbehörde erfolgt • für Anlaufkosten, für Umstellungskosten bei innerbetrieblichen Änderungen sowie für Erwerb, Erschließung, Miete und Pacht von Grundstücken, soweit ohne die Förderung die Aufnahme oder Fortführung des Krankenhausbetriebs gefährdet wäre • für Lasten aus Darlehen, die vor der Aufnahme des Krankenhauses in den Krankenhausplan für förderungsfähige Investitionskosten aufgenommen worden sind, • als Ausgleich für die Abnutzung von Anlagegütern, soweit sie mit Eigenmitteln des Krankenhausträgers beschafft worden sind und bei Beginn der Förderung nach diesem Gesetz vorhanden waren • zur Erleichterung der Schließung von Krankenhäusern • zur Umstellung von Krankenhäusern oder Krankenhausabteilungen auf andere Aufgaben, insbesondere zu ihrer Umwidmung in Pflegeeinrichtungen oder selbständige, organisatorisch und wirtschaftlich vom Krankenhaus getrennte Pflegeabteilungen	Förderung der Wiederbeschaffung kurzfristiger Anlagegüter sowie kleiner baulicher Maßnahmen durch feste jährliche Pauschalbeträge, mit denen das Krankenhaus im Rahmen der Zweckbindung der Fördermittel frei wirtschaften kann

Abbildung 2.1.3-3: Grundtatbestände der Investitionsförderung nach § 9 Abs. 1 bis 3 KHG

Die Einzel- und sonstigen Förderungen werden auf Antrag des Krankenhausträgers gewährt, die Pauschalförderung erfolgt durch die Zuweisung fester jährlicher Pauschalbeträge, mit denen das Krankenhaus im Rahmen der Zweckbindung der Fördermittel frei wirtschaften kann. Ein Antrag ist zwar nach § 9 Abs. 3 KHG nicht explizit erforderlich, landesrechtliche Bestimmungen können jedoch auch hier einen Antrag des Krankenhausträgers fordern.

Bei der Gruppe der Fördertatbestände nach § 9 Abs. 2 KHG handelt es sich um Ausnahmetatbestände, die einerseits in der Entstehungsgeschichte der dualen Finanzierung, andererseits in der unbedingten Fortführung von Krankenhäusern oder mit deren Schließung begründet sind. Beispielsweise werden nach § 17 Abs. 4 KHG die Anlauf- und Umstellungskosten eigentlich den pflegesatzfähigen Kosten zugeordnet. Ausnahmsweise können diese Gegenstand der Förderung sein soweit ohne die Förderung die Aufnahme oder Fortführung des Krankenhausbetriebs gefährdet wäre. Dies gilt auch für Erwerb, Erschließung, Miete und Pacht von Grundstücken.

§ 11 KHG verweist zu dem Thema Investitionsförderung auf die Bestimmungen nach Landesrecht. In der Regel enthalten alle Landeskrankenhausgesetze detaillierte Bestimmungen zur Investitionsförderung.

Investitionsförderung durch leistungsorientierte Investitionspauschalen

Mit der Neufassung des § 10 KHG im Rahmen des Krankenhausfinanzierungsreformgesetzes beabsichtigte der Gesetzgeber die Investitionsfinanzierung der Krankenhäuser grundlegend neu zu gestalten. Bis heute ist es nur teilweise gelungen, das Reformvorhaben in die Praxis umzusetzen.

Gemäß § 10 Abs. 1 Satz 1 KHG soll für die in den Krankenhausplan eines Landes aufgenommenen Krankenhäuser, die Entgelte nach § 17b erhalten, sowie für in den Krankenhausplan eines Landes aufgenommene psychiatrische und psychosomatische Einrichtungen nach § 17d Absatz 1 Satz 1 eine Investitionsförderung durch leistungsorientierte Investitionspauschalen ermöglicht werden. Die Länder entscheiden also selbst, ob sie am System der leistungsorientierten Investitionspauschalen teilnehmen.

Zentrales Instrument der Investitionsförderung durch leistungsorientierte Investitionspauschalen sind die bundeseinheitlichen Investitionsbewertungsrelationen (IBR). Diese werden vom Institut für das Entgeltsystem im Krankenhaus (InEK) auf der Grundlage einer Auswahl von Krankenhäusern ermittelt und als Katalog mit Investitionsbewertungsrelationen für den DRG-Entgeltbereich sowie für den PSY-Entgeltbereich (IBR-Katalog) jährlich erstellt.

Für den DRG-Entgeltbereich enthält der IBR-Katalog für jede DRG eine fallbezogene und eine verweildauerbezogene Bewertungsrelation. Daraus wird für jeden vollstationären Fall die effektive Bewertungsrelation ermittelt aus fallbezogener Bewertungsrelation zuzüglich verweildauerbezogener Bewertungsrelation multipliziert mit der Verweildauer in Tagen. Für den PSY-Entgeltbereich enthält der IBR-Katalog zu jeder PEPP eine tagesbezogene Bewertungsrelation.

Die teilnehmenden Bundesländer legen einen landesindividuellen Investitionsfallwert fest. Dieser wird multipliziert mit der Summe der effektiven Bewertungsrelationen, die auf der Grundlage der bundeseinheitlichen Bewertungsrelationen ermittelt wurden. Daraus ergibt sich die Förderhöhe pro Krankenhaus. Bisher haben nur wenige Länder (Hessen, Berlin und Bremen) von der Möglichkeit der Investitionsförderung durch leistungsorientierte Investitionspauschalen Gebrauch gemacht.

2.1.3.2 Grundlagen der Leistungsfinanzierung nach dem KHG

Das Krankenhausfinanzierungsgesetz regelt in § 17 die allgemeinen Grundsätze zu den Pflegesätzen. Danach sind die Pflegesätze für alle Benutzer des Krankenhauses einheitlich zu berechnen. Für die mit pauschalierenden Pflegesätzen vergüteten voll- oder teilstationären Krankenhausleistungen gelten gemäß § 17 Abs. 1a KHG im Bereich der DRG-Krankenhäuser die Vorgaben des § 17b KHG und im Bereich der psychiatrischen und psychosomatischen Einrichtungen die Vorgaben des § 17d KHG. Soweit tagesgleiche Pflegesätze vereinbart werden, müssen diese medizinisch leistungsgerecht sein und einem Krankenhaus bei wirtschaftlicher Betriebsführung ermöglichen, den Versorgungsauftrag zu erfüllen (§ 17 Abs. 2 KHG).

Kosten für Leistungen, die nicht der stationären oder teilstationären Krankenhausversorgung dienen sowie Kosten für wissenschaftliche Forschung und Lehre, die über den normalen Krankenhausbetrieb hinausgehen, sind im Pflegesatz nicht zu berücksichtigen (§ 17 Abs. 3 KHG). Ferner nennt der § 17 Abs. 4 KHG weitere Kosten, die nicht in den Pflegesätzen berücksichtigt werden dürfen. Hingegen sind Instandhaltungskosten im Pflegesatz zu berücksichtigen (§ 17 Abs. 4b KHG). Dazu gehören auch Instandhaltungskosten für Anlagegüter, wenn diese vollständig oder überwiegend ersetzt werden.

Bei Krankenhäusern, die nicht oder nur teilweise öffentlich gefördert werden, dürfen von Sozialleistungsträgern und sonstigen öffentlichen Trägern in der Regel keine höheren Pflegesätze gefordert werden als von vergleichbaren, voll geförderten Krankenhäusern (§ 17 Abs. 5 KHG).

Mit Einführung des § 17b und 17d ist der tagesgleiche Pflegesatz, wie er in § 17 Abs. 2 KHG konzipiert wurde, die Ausnahme. Seit dem 1. Januar 2004 werden die allgemeinen Krankenhausleistungen der somatischen Krankenhäuser und seit dem 1. Januar 2018 die allgemeinen Krankenhausleistungen der psychiatrischen und psychosomatischen Krankenhäuser auf der Grundlage pauschalierter und leistungsorientierter Pflegesätze vergütet.

Ab dem Jahr 2020 werden die Pflegepersonalkosten aus den DRG-Fallpauschalen ausgegliedert und auf der Grundlage der individuellen Kosten- und Leistungsdaten des jeweiligen Krankenhauses vergütet. (§ 17b Abs. 4 KHG). Einzelheiten regelt der § 6a des KHEntgG.

	Tagesgleiche Pflegesätze nach § 17 Abs. 2 KHG / BPflV	Pauschalierte und leistungsorientierte Pflegesätze nach § 17 b KHG (DRG-Fallpauschalen)	Pauschalierte und leistungsorientierte Pflegesätze nach § 17d KHG (tagesbezogene Fallpauschalen)
Anwendungsbereich	Vor Einführung §§ 17 b, 17 d KHG für alle Krankenhäuser, danach Ausnahme	Somatische Krankenhäuser seit 2004, Ausgliederung der Pflegepersonalkosten ab 2020	Psychiatrische und psychosomatische Krankenhäuser seit 2018
Datengrundlage	Individuelle Kosten- und Leistungsdaten des Krankenhauses	Bundesdurchschnittliche Kosten- und Leistungsdaten auf der Grundlage einer Auswahl deutscher Krankenhäuser Pflege: individuelle Kosten- und Leistungsdaten des Krankenhauses	Bundesdurchschnittliche Kosten- und Leistungsdaten auf der Grundlage einer Auswahl deutscher Krankenhäuser
Datenstruktur	• Abteilungspflegesätze in Euro für vollstationäre ärztliche und pflegerische Leistungen • Basispflegesatz in Euro für nichtärztlich und nichtpflegerische Leistungen • Teilstationäre Pflegesätze in Euro	• Bewertungsrelation pro Behandlungsfall als Dezimalwert • Basisfallwert in Euro pro Bewertungsrelation • Pflege: Bewertungsrelation pro Behandlungstag als Dezimalwert • Pflegeentgeltwert in Euro pro Bewertungsrelation	• Bewertungsrelation pro Behandlungstag als Dezimalwert • Basisentgeltwert in Euro pro Bewertungsrelation

Abbildung 2.1.3-4: Übersicht zu den Pflegesätzen gemäß KHG

2.1.4 Das Krankenhausentgeltgesetz (KHEntgG)

2.1.4.1 Vorbemerkung

Die vollstationären und teilstationären Leistungen der DRG-Krankenhäuser werden nach dem KHEntgG vergütet. Wie sich aus dem Anwendungsbereich des Gesetzes ergibt, regelt das KHEntgG die Vergütung mit Fallpauschalen für somatische Krankenhäuser. Entgelte für die Psychiatrie und Psychosomatik werden nach PEPP abgerechnet.

2.1.4.2 Anwendungsbereich

Das KHEntgG regelt die Vergütung der vollstationären und teilstationären Leistungen der DRG-Krankenhäuser (Krankenhausleistungen; § 1 Abs. 1 KHEntgG). Nicht im Gesetz geregelt sind z. B. die vor- und nachstationäre Behandlung, das ambulante Operieren oder sonstige stationsersetzende Eingriffe nach § 115b SGB V (§ 1 Abs. 3 KHEntgG).

Die Krankenhausleistungen gliedern sich in allgemeine Krankenhausleistungen, die von der DRG-Vergütung abgedeckt werden und gesondert abrechenbare ärztliche und andere Leistungen (insbesondere Wahlleistungen).

Allgemeine Krankenhausleistungen sind im Gesetz als Leistungen, die für eine zweckmäßige und ausreichende Versorgung des Patienten notwendig sind, definiert. Dazu gehören unter anderem auch die vom Krankenhaus veranlassten Leistungen Dritter (z. B. extern erbrachte Laborleistungen und die Frührehabilitation im Sinne von § 39 Abs. 1 SGB V; § 2 KHEntgG).

Das Gesetz gilt nicht für Krankenhäuser, auf die das KHG keine Anwendung findet, sowie für psychiatrische und psychosomatische Krankenhäuser. Weitere Ausnahmen sind in § 1 Abs. 2 KHG aufgeführt.

2.1.4.3 Vergütung von allgemeinen Krankenhausleistungen

Die voll- und teilstationären allgemeinen Krankenhausleistungen werden gemäß § 3 KHEntgG vergütet durch

1. ein von den Vertragsparteien nach § 11 Abs. 1 gemeinsam vereinbartes Erlösbudget nach § 4,
2. eine von den Vertragsparteien nach § 11 Abs. 1 gemeinsam vereinbarte Erlössumme nach § 6 Abs. 3 für krankenhausindividuell zu vereinbarende Entgelte,
3. Entgelte nach § 6 Abs. 2 für neue Untersuchungs- und Behandlungsmethoden,

3a. ein Pflegebudget nach § 6a,

4. Zusatzentgelte für die Behandlung von Blutern,
5. Zu- und Abschläge nach § 7 Abs. 1.

Die allgemeinen Krankenhausleistungen werden gegenüber den Patienten oder ihren Kostenträgern mit folgenden Entgelten abgerechnet (§ 7 Abs. 1 KHEntgG):

1. Fallpauschalen nach dem auf Bundesebene vereinbarten Entgeltkatalog (§ 9),
2. Zusatzentgelte nach dem auf Bundesebene vereinbarten Entgeltkatalog (§ 9),
3. gesonderte Zusatzentgelte nach § 6 Abs. 2a,

4. Zu- und Abschläge nach § 17b Absatz 1a des Krankenhausfinanzierungsgesetzes und nach diesem Gesetz sowie nach § 33 Absatz 3 Satz 1 des Pflegeberufegesetzes,
5. Entgelte für besondere Einrichtungen und für Leistungen, die noch nicht von den auf Bundesebene vereinbarten Fallpauschalen und Zusatzentgelten erfasst werden (§ 6 Abs. 1),
6. Entgelte für neue Untersuchungs- und Behandlungsmethoden, die noch nicht in die Entgeltkataloge nach § 9 Abs. 1 Satz 1 Nr. 1 und 2 aufgenommen worden sind (§ 6 Abs. 2),

6a. tagesbezogene Pflegeentgelte zur Abzahlung des Pflegebudgets nach § 6a,

7. Pflegezuschlag nach § 8 Absatz 10

Fallpauschalen, Zusatzentgelte und tagesbezogene Entgelte nach Absatz 1 Satz 1 Nummer 3, 5, 6 und 6a; die Entgelte sind in der nach den §§ 6 und 6a krankenhausindividuell vereinbarten Höhe abzurechnen; Zu- und Abschläge nach Absatz 1 Satz 1 Nr. 4; die Zu- und Abschläge werden krankenhausindividuell vereinbart (§ 7 Abs. Nr. 3 und 4 KHEntgG).

Mit den genannten Entgelten werden alle für die Versorgung des Patienten erforderlichen allgemeinen Krankenhausleistungen vergütet (§ 7 KHEntgG), wobei die Entgelte in der Regel nur im Rahmen des Versorgungsauftrags eines Krankenhauses abgerechnet werden dürfen (§ 8 Abs. 1 KHEntgG), soweit es sich nicht um Notfallpatienten handelt.

Vereinbarung zum Fallpauschalensystem für Krankenhäuser (Fallpauschalenvereinbarung – FPV)
Die Fallpauschalenvereinbarung ist Ausfluss der Regelungen nach § 17b Abs. 1 und 3 KHG i. V. m. § 9 Abs. 1 KHEntgG. Danach vereinbaren der Spitzenverband Bund der Krankenkassen und der Verband der Privaten Krankenversicherung gemeinsam und einheitlich mit der Deutschen Krankenhausgesellschaft einen Fallpauschalen-Katalog, der jährlich angepasst wird.

Die Vereinbarung enthält im ersten Abschnitt die Abrechnungsbestimmungen für DRG-Fallpauschalen, im zweiten Abschnitt die Abrechnungsbestimmungen für andere Entgeltarten (Zusatzentgelte, teilstationäre Leistungen, sonstige Entgelte, tagesbezogene Pflegeentgelte), im dritten Abschnitt sonstige Vorschriften (Fallzählung, Kostenträgerwechsel, Laufzeit der Entgelte sowie im vierten Abschnitt Geltungsdauer und Inkrafttreten. Die Regelungen zur Abrechnung der tagesbezogenen Pflegeentgelte wurden in der Fallpauschalenvereinbarung 2021 erstmalig aufgenommen.

Der Fallpauschalenvereinbarung sind als Anlagen der Fallpauschalen-Katalog / Pflegeerlöskatalog sowie Anlagen zu Zusatzentgelten und nicht mit dem Fallpauschalen-Katalog vergüteten vollstationären Leistungen beigefügt. Der Fallpauschalen-Katalog und der Pflegeerlöskatalog sind in einem gemeinsamen Dokument zusammengefasst, indem beginnend ab dem Jahr 2020 der Fallpauschalen-Katalog um die Spalte „Pflegeerlös Bewertungsrelation / Tag“ ergänzt wird.

2.1.4.4 Vergütung gesondert berechenbarer ärztlicher und anderer Leistungen

Neben den allgemeinen Krankenhausleistungen dürfen weitere Leistungen gesondert abgerechnet werden. Hierzu gehören insbesondere Wahlleistungen, wenn die gesonderte Berechnung mit dem Krankenhaus vereinbart ist (17 Abs. 1 KHEntgG). Wahlleistungen betreffen zum Beispiel die Chefarztbehandlung im Rahmen wahlärztlicher Leistungen oder die Unterbringung in Ein- oder Zweibettzimmern im Rahmen nichtärztlicher Wahlleistungen.

Darüber hinaus rechnen Belegärzte die von ihnen erbrachten Leistungen gesondert ab (§ 18 KHEntgG). Für Belegpatienten werden gesonderte pauschalierte Pflegesätze bzw. gesonderte sonstige Entgelte vereinbart. Belegärzte (§ 18 KHEntgG) sind verpflichtet, dem Krankenhaus die durch ihre Tätigkeit entstehenden Kosten zu ersetzen, wobei die Kostenerstattung pauschaliert werden kann (§ 19 Abs. 1 KHG).

Die Wahlärzte (Ärzte, die berechtigt sind, wahlärztliche Leistungen nach § 17 Abs. 3 KHEntgG gesondert zu berechnen) haben dem Krankenhaus die im Rahmen ihrer Tätigkeit entstandenen Kosten zu ersetzen (§ 19 KHEntgG). Bei der Kostenerstattung der Wahlärzte ist zwischen Ärzten mit einem Vertragsabschluss nach dem 1. Januar 1993 („Neuverträgler") und Ärzten, deren Vertragsabschluss mit dem Krankenhausträger vor diesem Stichtag lag („Altverträgler"), zu unterscheiden.

Neuverträgler erstatten dem Krankenhaus 40 % der Gebühren für die in den Abschnitten A, E, M und O des Gebührenverzeichnisses für Ärzte (GoÄ) genannten Leistungen und 20 % der in den übrigen Abschnitten der GoÄ genannten Leistungen. Altverträgler erstatten dem Krankenhaus 85 % des für diese Leistungen vereinbarten Nutzungsentgelts, soweit dieses niedriger als der Kostenerstattungsbetrag für Neuverträgler ist (§ 19 Abs. 2 KHEntgG i. V. m. § 7 Abs. 2 BPflV (2012)). Die Entgelte für Wahlleistungen dürfen in keinem unangemessenen Verhältnis zu den Leistungen stehen. Verlangt ein Krankenhaus ein zu hohes Entgelt für nichtärztliche Wahlleistungen, kann der Verband der privaten Krankenversicherung die Herabsetzung auf eine angemessene Höhe verlangen (§ 17 Abs. 1 KHG).

2.1.4.5 Erlösbudgets und Erlösausgleiche ab 2009

Die Ermittlung des Erlösbudgets

Das Erlösbudget umfasst die voll- und teilstationären Leistungen nach § 7 Abs. 1 Satz 1 Nr. 1 KHEntgG (Fallpauschalen nach FPV) und die Leistungen nach Nr. 2 (Zusatzentgelte). Nicht im Erlösbudget enthalten sind alle anderen in § 7 Abs. 1 KHEntgG genannte Vergütungsbestandteile.

Die Ermittlung des Erlösbudgets erfolgt leistungsorientiert, indem die voraussichtlich zu erbringenden Leistungen (Bewertungsrelationen) mit dem entsprechenden Landesbasisfallwert nach § 10 Abs. 1 KHEntgG multipliziert werden. Für den Fall, dass das Krankenhaus nicht an der Notfallversorgung teilnimmt, wird ein Abschlag je Fall vorgenommen. Nach § 4 Abs. 6 KHEntgG sind das EUR 50,00 je Fall, sofern nichts anderes vereinbart wurde.

Lfd. Nr.	Berechnungsschritte	Vereinbarung für das laufende Kalenderjahr	Vereinbarungs-zeitraum
	1	2	3
	Ermittlung des Erlösbudgets		
1	Summe der effektiven Bewertungsrelationen[1]		
2	× abzurechnender Landesbasisfallwert nach § 10 Abs. 8 Satz 7 KHEntgG		
3	Zwischensumme		
4	+ Zusatzentgelte nach § 7 Abs. 1 Satz 1 Nr. 2 KHEntgG		
5	Erlösbudget[2]		

1) Summe der effektiven Bewertungsrelationen für alle im Kalenderjahr entlassenen Fälle einschließlich der Überlieger am Jahresbeginn.

2) Erlösbudget einschließlich der Erlöse bei Überschreitung der oberen Grenzverweildauer, der Abschläge bei Unterschreitung der unteren Grenzverweildauer und der Abschläge bei Verlegungen.

Abbildung 2.1.4-1: Ermittlung des Erlösbudget nach § 4 KHEntgG (Gliederungsschema gemäß Anlage 1 Abschnitt B1 zum KHEntgG)

Für Leistungen, die mit Fallpauschalen bewertet werden und die im Vergleich zur Vereinbarung für das laufende Kalenderjahr zusätzlich im Erlösbudget berücksichtigt werden, ist grundsätzlich ein jeweils für drei Jahre zu erhebender Vergütungsabschlag von 35 Prozent (ab 2017 Fixkostendegressionsabschlag, vorher Mehrleistungsabschlag) anzuwenden (§ 4 Abs. 2a KHEntgG). Von diesem Grundsatz gibt es zahlreiche Ausnahmen, die in § 4 Abs. 2a KHEntgG geregelt sind.

Das Krankenhausentgeltrecht unterliegt einer gewissen Dynamik. Es ist daher in der Praxis erforderlich, die Veränderungen zeitnah und laufend zu verfolgen.

Bei Patienten, die über den Jahreswechsel im Krankenhaus stationär behandelt werden (Überlieger), werden die Erlöse aus Fallpauschalen in voller Höhe dem Jahr zugerechnet, in dem der Patient entlassen wird.

Ermittlung des Landesbasisfallwertes, schrittweise Angleichung der Basisfallwerte

Ab 2009 kommen für jedes Bundesland einheitliche Landesbasisfallwerte zur Anwendung. In § 10 KHEntgG ist dezidiert die Kalkulation der Landesbasisfallwerte und dessen Fortschreibung in den Folgejahren geregelt.

Der Gesetzgeber hat ferner beschlossen, die Basisfallwerte der Länder in einen einheitlichen Basisfallwertkorridor anzupassen. Damit sollen die im Jahr 2009 noch teilweise erheblich bestehenden Unterschiede in der Höhe der Landesbasisfallwerte sukzessive beseitigt werden. Die Landesbasisfallwerte werden ab 2016 in sechs gleichen Schritten in Richtung auf den oberen Grenzwert des einheitlichen Basisfallwertkorridors angeglichen. Wenn Landesbasisfallwerte die Bandbreite von +2,5 % bis –1,25 % überschreiten, so erfolgt die Anpassung an den Korridor in folgenden Schritten:

2016: 16,67 %, 2017: 20,00 %, 2018: 25,00 %, 2019: 33,34 %, 2020: 50,00 %, 2021: 100,00 %.

Diese Regelung führt die außerhalb des Korridors liegenden Landesbasisfallwerte an die Außengrenzen des Korridors heran. Die rechnerische Ermittlung des einheitlichen Basisfallwertes und des einheitlichen Basisfallwertkorridors wird dem DRG-Institut der Selbstverwaltungspartner auf Bundesebene übertragen.

Im Ergebnis handelt es sich bei dieser Berechnung um eine gewichtete Zusammenfassung aller Bewertungsrelationen und Landesbasisfallwerte, die von den beteiligten Krankenhausgesellschaften jährlich an das DRG-Institut zu melden sind.

In der folgenden Übersicht sind die Landesbasisfallwerte 2021 mit Zusatzinformationen dargestellt.

Bundesland	LBFW 2021 ohne Ausgleiche	LBFW 2022 mit Ausgleichen	Zahlbetrags-LBFW 2021	Bewertungsrelationen 2021 CM	Ausgabenvolumen 2021	Inkrafttreten
Baden-Württemberg	3.750,41	3.750,41	3.763,00	1.899.550,00	7.124.091.315,50	01.03.2021
Bayern	3783,70	3.739,35	3.739,35	2.510.992,057	9.387.846.004,00	01.02.2021
Berlin	3750,11	3.750,11	3.750,11	813.459,00	3.050.560.730,00	01.01.2021
Brandenburg	3.741,00	3.741,50	3.741,50	463.750,00	1.734.888.750,00	01.01.2021
Bremen	3.749,00	3.749,00	3.749.00	185.823,546	696.652.473,95	01.01.2021
Hamburg	3.743,70	3743,70	3743,70	498.250,00	1.865.298.525,00	01.03.2021
Hessen	3.740,21	3.740,21	3,783,24	1.166.520,00	4.363.029.769,20	01.05.2021
Mecklenburg-Vorpommern	3.746,00	3.746,00	3.746,00	343.00,00	1.284.878.000,00	01.03.2021
Niedersachsen	3.739,40	3.739,40	3.747,28	1.435.077.00	5.366.326.933,80	01.02.2021
Nordrhein-Westfalen	3.738,55	3.738,55	3.738,55	4.056.416,56	15.165.116.145,34	01.01.2021
Rheinland-Pfalz	3.876,66	3.851,85	3.851,85	762.048,00	2.954.200.999,68	01.01.2021
Saarland	3.773,00	3.773,00	3.773,00	241.635,00	911.688.855,00	01.02.2021
Sachsen	3.738,74	3.738,74	3.738,74	879.698,00	3.288.962.100,52	01.02.2021
Sachsen-Anhalt	3.738,74	3.738,74	3.738,74	485.000,00	1.813.288.900,00	01.02.2021
Schleswig-Holstein	3.739,00	3.739,00	3.739,00	494.322,00	1.848.269.958,00	01.01.2021
Thüringen	3.738,74	3.738,74	3.738,74	499.000,00	1.865.631.260,00	01.02.2021

Abbildung 2.1.4-2: Landesbasisfallwerte 2021; Quelle VDEK, Stand 29. April 2021 (https://www.vdek.com/vertragspartner/Krankenhaeuser/landesbasisfallwerte.html)

Vereinbarung mit den Kostenträgern

Das Krankenhaus vereinbart mit den Sozialleistungsträgern neben dem Erlösbudget nach § 4 KHEntgG die Summe der Bewertungsrelationen, die sonstigen Entgelte nach § 6 KHEntgG, die Erlössumme nach § 6 Absatz 3 KHEntgG, das Pflegebudget nach § 6a KHEntgG, die Zu- und Abschläge und die Mehr- und Mindererlösausgleiche. Die Vereinbarung ist für einen zukünftigen Zeitraum (Vereinbarungszeitraum) zu treffen (§ 11 Abs. 1 KHEntgG).

Kommt eine teilweise oder vollständige Einigung der Vertragsparteien nicht zustande, kann die Schiedsstelle angerufen werden (§ 13 Abs. 1 KHEntgG). Der Abschluss einer vorläufigen Vereinbarung über unstrittige Punkte ist möglich (§ 12 KHEntgG).

Ausgleich von Mehr- und Mindererlösen

Das vereinbarte Erlösbudget nach § 4 Abs. 1 und 2 (Fallpauschalen und Zusatzentgelte nach FPV) und die nach § 6 Abs. 3 KHEntgG vereinbarte Erlössumme werden zu einem Gesamtbetrag zusammengefasst (§ 4 Abs. 3 Satz 1 KHEntgG). Gemäß Anlage 1 zum KHEntgG (Aufstellung der Entgelte und Budgetermittlung (AEB) nach § 11 Abs. 4 KHEntgG) handelt es sich dabei um die Entgeltarten E1, E2 sowie E 3.1., E 3.2 und E 3.3.

Ergibt sich aus der Gegenüberstellung der vereinbarten Erlöse (Budget) mit den tatsächlich erzielten Erlösen (Ist) ein Unterschiedsbetrag (Differenz), wird dieser ausgeglichen. Grundsätzlich werden Mindererlöse mit 20 %, Mehrerlöse mit 65 % ausgeglichen. Es gibt Ausnahmen von diesem Grundsatz. Nachfolgende Übersicht gibt einen Gesamtüberblick zur Ausgleichsberechnung.

	Budget	Ist	Differenz	Mindererlös	Mehrerlös
1	2	3	4	5	6
Gesamtbetrag § 4 Abs. 3 Satz 1 KHEntgG				Negative Differenz aus 4 wird mit 20 % ausgeglichen (= Forderung des Krankenhauses)	Positive Differenz aus 4 wird mit 65 % ausgeglichen (= Verbindlichkeit des Krankenhauses)
Zusatzentgelte für Arzneimittel und Medikalprodukte; Fallpauschalen für schwerverletzte, insbesondere polytraumatisierte oder schwer brandverletzte Patienten				Kein Ausgleich	Positive Differenz aus 4 wird mit 25 % ausgeglichen (= Verbindlichkeit des Krankenhauses)
Fallpauschalen mit einem sehr hohen Sachkostenanteil sowie für teure Fallpauschalen mit einer schwer planbaren Leistungsmenge, insbesondere bei Transplantationen oder Langzeitbeatmung, Mehr- oder Mindererlöse, die auf Grund einer Epidemie entstehen				Krankenhausindividuelle Vereinbarung	
Mehr- oder Mindererlöse aus Zusatzentgelten für die Behandlung von Blutern sowie auf Grund von Abschlägen nach § 8 Abs. 4 KHEntgG (Qualität, Mindestmengen, Strukturmerkmale)				Kein Ausgleich	
Für die Ermittlung der Mehr- oder Mindererlöse hat der Krankenhausträger eine vom Jahresabschlussprüfer bestätigte Aufstellung über die Erlöse nach § 7 Absatz 1 Satz 1 Nummer 1, 2 und 5 KHEntgG vorzulegen.					

Abbildung 2.1.4-3: Gesamtüberblick zur Ausgleichsberechnung im Krankenhausunternehmen

Die ermittelten Erlösausgleiche werden über Zu- bzw. Abschläge gem. § 5 Abs. 4 KHEntgG verrechnet. Im Einzelnen verweisen wir auf Kapitel 3.3.4.

Pflegebudget

Mit der Ausgliederung der Pflegpersonalkosten ab dem Jahr 2020 aus den DRG-Fallpauschalen und deren Vergütung auf der Grundlage der individuellen Kosten- und Leistungsdaten des jeweiligen Krankenhauses (§ 17b Abs. 4 KHG), entsteht zusätzlich zum Erlösbudget gemäß § 4 KHEntgG das Pflegebudget gemäß § 6a des KHEntgG. Das Pflegebudget ist zweckgebunden für die Finanzierung der Pflegepersonalkosten zu verwenden (§ 6a Abs. 1 Satz 2 KHEntgG).

Ausgangsgrundlage für die Ermittlung des Pflegebudgets ist die Summe der im Vorjahr für das jeweilige Krankenhaus entstandenen Pflegepersonalkosten (§ 6a Abs. 2 Satz 1 KHEntgG).

Die für das Vereinbarungsjahr zu erwartenden Veränderungen gegenüber dem Vorjahr sind zu berücksichtigen, insbesondere bei der Zahl und der beruflichen Qualifikation der Pflegevollkräfte sowie bei der Kostenentwicklung. (§ 6a Abs. 2 Satz 2 KHEntgG).

Ergreift das Krankenhaus ab dem Jahr 2020 Maßnahmen oder setzt es bereits ergriffene Maßnahmen fort, die zu einer Entlastung von Pflegepersonal in der unmittelbaren Patientenversorgung auf bettenführenden Stationen führen, ist von den Vertragsparteien zu vereinbaren, inwieweit hierdurch ohne eine Beeinträchtigung der Patientensicherheit Pflegepersonalkosten eingespart werden. (§ 6a Abs. 2 Satz 6 KHEntgG). Die Höhe der eingesparten Pflegepersonalkosten ist im Pflegebudget in einer Höhe von bis zu 4 Prozent des Pflegebudgets erhöhend zu berücksichtigen (§ 6a Abs. 2 Satz 7 KHEntgG).

Ist die für das Jahr 2020 zu vereinbarende Summe aus dem Gesamtbetrag nach § 4 Absatz 3 Satz 1 KHEntgG und dem zu vereinbarenden Pflegebudget um mehr als 2 Prozent und für das Jahr 2021 um mehr als 4 Prozent niedriger als der jeweils vereinbarte Vorjahreswert, ist für diese Jahre das Pflegebudget so zu erhöhen, dass damit die Minderung der Summe aus Gesamtbetrag und Pflegebudget für das Jahr 2020 auf 2 Prozent und für das Jahr 2021 auf 4 Prozent begrenzt wird. (§ 4 Abs. 6 Satz 3 KHEntgG)

Weicht die Summe der auf das Vereinbarungsjahr entfallenden Erlöse des Krankenhauses aus den tagesbezogenen Pflegeentgelten nach § 7 Absatz 1 Satz 1 Nummer 6a KHEntgG von dem vereinbarten Pflegebudget ab, so werden Mehr- oder Mindererlöse vollständig ausgeglichen (§ 6a Abs. 5 Satz 1 KHEntgG). Der ermittelte Ausgleichsbetrag ist über das Pflegebudget für den nächstmöglichen Vereinbarungszeitraum abzuwickeln. (§ 6a Abs. 5 Satz 3 KHEntgG)

Weichen die tatsächlichen Pflegepersonalkosten von den vereinbarten Pflegepersonalkosten ab, sind die Mehr- oder Minderkosten bei der Vereinbarung der Pflegebudgets für das auf das Vereinbarungsjahr folgende Jahr zu berücksichtigen, indem das Pflegebudget für das Vereinbarungsjahr berichtigt wird und Ausgleichszahlungen für das Vereinbarungsjahr geleistet werden (§ 6a Abs. 2 Satz 3 KHEntgG).

Lfd.Nr.	Berechnungsschritte (Angaben in Klammern beziehen sich auf § 6a KHEntgG)
1	Pflegepersonalkosten des Vorjahres (Abs. 2 Satz 1)
2	+/- Kostenentwicklung (Abs. 2 Satz 2)
3	+/- Zahl der Pflegekräfte (Abs. 2 Satz 2)
4	+/- Berufliche Qualifikation der Pflegevollkräfte (Abs. 2 Satz 2)
5	+/- Sonstige Kosteneinflussfaktoren (Abs. 2 Satz 2)
6	= Kostenbasiertes Pflegebudget
7	+ Maßnahmen zur Entlastung des Pflegepersonals in Höhe von max 4 % (Abs. 2 Satz 7)
8	= Erhöhtes Pflegebudget
9	+ Budgetverlustbegrenzung 2020 und 2021 (Abs. 6 Satz 3)

Lfd.Nr.	Berechnungsschritte (Angaben in Klammern beziehen sich auf § 6a KHEntgG)
10	= Zu vereinbarendes Pflegebudget – ohne Ausgleiche
11	+/- Mehr- oder Mindererlösausgleich (Abs. 5 Sätze 1 und 3)
12	+/- Mehr- oder Mindererlösausgleich (Abs. 2 Satz 3)
13	= Verändertes Pflegebudget – mit Ausgleichen

Abbildung 2.1.4-4: Ermittlung des Pflegebudget nach § 6a KHEntgG (Quelle: Deutsche Krankenhausgesellschaft, eigene Ergänzungen)

Die Abzahlung des Pflegebudgets erfolgt über einen krankenhausindividuellen Pflegeentgeltwert. (§ 6a Abs. 4 Satz 1 KHEntgG) Dieser wird berechnet, indem das für das Vereinbarungsjahr vereinbarte Pflegebudget dividiert wird durch die nach dem Pflegeerlöskatalog nach § 17b Absatz 4 Satz 5 des KHG ermittelte voraussichtliche Summe der Bewertungsrelationen für das Vereinbarungsjahr (§ 6a Abs. 4 Satz 2 KHEntgG).

Kann der krankenhausindividuelle Pflegeentgeltwert auf Grund einer fehlenden Vereinbarung des Pflegebudgets für das Jahr 2020 noch nicht berechnet werden, sind für die Abrechnung der tagesbezogenen Pflegeentgelte die Bewertungsrelationen aus dem Pflegeerlöskatalog wie folgt zu multiplizieren: bis zum 31. März 2020 mit 146,55 Euro, vom 1. April 2020 bis zum 31. Dezember 2020 mit 185 Euro und ab dem 1. Januar 2021 mit 163,09 Euro (§ 15 Abs 2a KHEntgG).

Ist der krankenhausindividuelle Pflegeentgeltwert für das Jahr 2020 niedriger als der für den Zeitraum vom 1. April 2020 bis zum 31. Dezember 2020 geltende Pflegeentgeltwert in Höhe von 185 Euro, ist für den Zeitraum vom 1. April 2020 bis zum 31. Dezember 2020 der Pflegeentgeltwert in Höhe von 185 Euro bei der Abrechnung der tagesbezogenen Pflegeentgelte zugrunde zu legen (§ 6a Abs. 4 Satz 4 KHEntgG). Sollte der krankenhausindividuelle Pflegeentgeltwert für das Jahr 2020 allerdings höher als 185 Euro sein, ist für den Zeitraum vom 1. April 2020 bis zum 31. Dezember 2020 der krankenhausindividuelle Pflegeentgeltwert zugrunde zu legen.

2.1.5 Die Bundespflegesatzverordnung in der am 31. Dezember 2012 geltenden Fassung

Nach der Bundespflegesatzverordnung in der am 31. Dezember 2012 geltenden Fassung („BPflV a. F.") wurden die stationären und teilstationären Leistungen der psychiatrischen Krankenhäuser sowie der selbstständigen, gebietsärztlich geleiteten psychiatrischen Abteilungen an Allgemeinkrankenhäusern und der Krankenhäuser sowie Abteilungen für Psychosomatik und Psychotherapeutische Medizin vergütet (§ 1 BPflV a. F.), die nicht in das DRG-System einbezogen sind. Seit dem 1. Januar 2018 müssen auch die psychiatrischen Krankenhäuser ihre Leistungen nach den sogenannten pauschalierenden Entgelten für die Psychiatrie und Psychosomatik (PEPP) abrechnen.

Bis zur endgültigen Umstellung der psychiatrischen Krankenhäuser auf die pauschalierenden Entgelte kam der BPflV a. F. noch Bedeutung zu. Das Krankenhaus vereinbarte mit den Kostenträgern für einen zukünftigen Zeitraum (Pflegesatzzeitraum) ein Budget sowie Abteilungspflegesätze und einen Basispflegesatz. Grundlage für die Bemessung der Pflegesätze waren die allgemeinen Krankenhausleistungen im Rahmen des Versorgungsauftrags. Sie waren auf der Grundlage eines vorgegebenen Berechnungsschemas (Leistungs- und Kalkulationsaufstellung; LKA) zu ermitteln, die der BPflV a. F. als Anlage 1 beigefügt ist (§ 13 Abs. 1 BPflV a. F.). Das Budget und die Pflegesätze mussten medizinisch leistungsgerecht sein und einem Krankenhaus bei wirtschaftlicher Betriebsführung ermöglichen, den Versorgungsauftrag zu erfüllen (§ 3 Abs. 1 BPflV a. F.).

Die Pflegesätze für allgemeine Krankenhausleistungen waren für alle Benutzer des Krankenhauses einheitlich zu berechnen. Sie durften in der Regel nur im Rahmen des Versorgungsauftrags berechnet werden (§ 14 Abs. 1 BPflV a. F.). Ergab sich aus der Summe der auf den Pflegesatzzeitraum entfallenden Gesamterlöse des Krankenhauses und den Pflegesätzen von dem vereinbarten Budget eine Abweichung, wurden die hierdurch entstandenen Mindererlöse zu 20 % und die Mehrerlöse bis zu einer Budgetüberschreitung von 5 % zu 85 % und bei einer höheren Budgetüberschreitung zu 90 % ausgeglichen (flexible Budgetierung; § 12 Abs. 2 BPflV a. F.).

2.2 Rechtliche Grundlagen der Rechnungslegung

2.2.1 Die Krankenhaus-Buchführungsverordnung (KHBV)

Zweck des Gesetzes und Anwendungsbereich

Die KHBV stellt eine rechtsformunabhängige, spezielle Buchführungs- und Bilanzierungsrichtlinie für Krankenhäuser dar, wobei die Kaufmannseigenschaft des Krankenhausträgers unerheblich ist. Ausnahmen sind in § 1 Abs. 2 KHBV aufgeführt.

Die KHBV bezieht sich auf das einzelne Krankenhaus (Objektbilanzierung). Krankenhausträger mit mehreren Betriebsstätten erstellen in der Regel jedoch nur einen Jahresabschluss nach der KHBV, soweit mit den Kostenträgern eine Betriebsstätten übergreifende Pflegesatz- oder Budgetvereinbarung gilt.

Für den Konzernabschluss gilt, dass das Krankenhausunternehmen keinen zusätzlichen Konzernabschluss nach KHBV aufstellen muss, wenn es einen Konzernabschluss nach IFRS bzw. HGB erstellt. Aus Gründen der Vergleichbarkeit ist jedoch eine freiwillige Beachtung der Regelungen der KHBV – soweit sie kompatibel zu den IFRS bzw. dem HGB sind – bei der Erstellung eines Konzernabschlusses empfehlenswert.

Für den Einzelabschluss gilt nach derzeitiger Rechtslage dagegen, dass bei Erstellung eines Einzelabschlusses nach IFRS zusätzlich ein Jahresabschluss nach KHBV zu erstellen ist. Dagegen ist neben dem Einzelabschluss nach HGB kein gesonderter Abschluss nach KHBV erforderlich, da die Vorschriften der KHBV ein entsprechendes Wahlrecht einräumen.

Buchführungsvorschriften

Es gelten die bereits dargestellten allgemeinen Regeln der kaufmännischen doppelten Buchführung (§ 3 Satz 1 KHBV). Die Konten sind nach dem Kontenrahmen in Anlage 4 der KHBV einzurichten; eine andere Kontengliederung ist möglich, soweit durch ein geordnetes Überleitungsverfahren die Umschlüsselung auf den Kontenrahmen sichergestellt ist (§ 3 Satz 2 KHBV). Dem Kontenrahmen beigefügt sind Erläuterungen und Zuordnungsbeispiele.

Vorschriften zum Jahresabschluss

Der Jahresabschluss des Krankenhauses besteht aus Bilanz, Gewinn- und Verlustrechnung sowie dem Anhang einschließlich des Anlagennachweises (§ 4 Abs. 1 KHBV), wobei der Verordnung entsprechende Gliederungsschemata als Anlagen 1 bis 3 beigefügt sind. Dabei besteht für Krankenhäuser, die Kapitalgesellschaften im Sinne des Handelsrechts sind, das Wahlrecht, auch für Zwecke des Handelsrechts bei der Aufstellung des Jahresabschlusses von den Gliederungsvorschriften der §§ 266, 268 Abs. 2 und 275 HGB abzuweichen, wenn die Gliederungsschemata der Anlagen 1 bis 3 angewendet werden. Bei der Inanspruchnahme dieses Wahlrechts für Zwecke des Handelsrechts gelten die Erleichterungen für kleine und mittelgroße Kapitalgesellschaften nach § 266 Abs. 1 S. 3 HGB (Bilanz) und 276 HGB (Gewinn- und Verlustrechnung; § 1 Abs. 4 KHBV) nicht.

Für die Aufstellung des Jahresabschlusses sind im Übrigen die in § 4 Abs. 3 KHBV genannten Vorschriften des HGB maßgeblich (z. B. §§ 242 bis 256a HGB sowie weitere Vorschriften des HGB). Der Jahresabschluss des Krankenhauses soll innerhalb von vier Monaten aufgestellt werden (§ 4 Abs. 2 KHBV). Das Geschäftsjahr des Krankenhauses ist das Kalenderjahr (§ 2 KHBV).

Für den Jahresabschluss des Krankenhauses gelten insbesondere folgende Einzelvorschriften:

- Sonderposten aus Zuweisungen und Zuschüssen der öffentlichen Hand. Der Sonderposten ist zu bilden für Zuweisungen und Zuschüsse, die nicht auf dem KHG beruhen. Der Sonderposten ist in Höhe der Abschreibungen auf das mit diesen Mitteln beschaffte Anlagevermögen abzuschreiben (§ 5 Abs. 2 KHBV).
- Sonderposten aus Fördermitteln nach dem KHG. Der Sonderposten ist für geförderte Investitionen zu bilden und ebenfalls jährlich in Höhe der Abschreibungen auf geförderte Anlagen aufzulösen. (§ 5 Abs. 3 KHBV)

- Ausgleichsposten aus Darlehensförderung. Der Posten wird für Fördermittel gebildet, die Lasten aus Darlehen betreffen, welche vor der Aufnahme des Krankenhauses in den Krankenhausplan aufgenommen wurden. Er ist auf der Aktivseite zu bilden, solange die Abschreibungen höher sind als der Tilgungsanteil der Fördermittel. Übersteigt der Tilgungsanteil dagegen die Abschreibungen, ist der überschießende Betrag auf der Passivseite unter dem Ausgleichsposten auszuweisen (§ 5 Abs. 4 HBV).
- Ausgleichsposten für Eigenmittelförderung. Der Posten wird auf der Aktivseite der Bilanz in Höhe der Abschreibungen gebildet, die auf das Anlagevermögen entfallen, welches vor Beginn der Förderung beschafft wurde. Weitere Voraussetzung ist, dass ein Ausgleich für die Abnutzung in der Zeit ab Beginn der Förderung verlangt werden kann (§ 5 Abs. 5 KHBV).
- Für Krankenhäuser, die nicht in der Rechtsform einer Kapitalgesellschaft oder ohne eigene Rechtspersönlichkeit geführt werden (z. B. Eigenbetriebe), gilt Folgendes: Beträge, die vom Krankenhausträger dauerhaft zur Verfügung gestellt wurden, sind als „festgesetztes Kapital" auszuweisen. Sonstige Einlagen des Krankenhausträgers sind als „Kapitalrücklagen" auszuweisen. Als „Gewinnrücklagen" dürfen nur Beträge ausgewiesen werden, die im Geschäftsjahr oder einem früheren Geschäftsjahr aus dem Ergebnis gebildet worden sind (§ 5 Abs. 6 KHBV).

Vorschriften zur Kosten- und Leistungsrechnung

Krankenhäuser haben eine Kosten- und Leistungsrechnung zu führen, die eine betriebsinterne Steuerung sowie eine Beurteilung der Wirtschaftlichkeit und Leistungsfähigkeit des Krankenhauses erlaubt. Die Kosten-und Leistungsrechnung muss die Ermittlung der pflegesatzfähigen Kosten sowie bis zum Jahr 2016 die Erstellung der Leistungs- und Kalkulationsaufstellung nach den Vorschriften der Bundespflegesatzverordnung in der am 31. Dezember 2012 geltenden Fassung ermöglichen. Die Kostenrechnung umfasst neben der Kostenartenrechnung die Kostenstellenrechnung einschließlich der innerbetrieblichen Leistungsverrechnung (§ 8 KHBV). Ein Kostenstellenrahmen ist der KHBV als Anlage 5 beigefügt. Kleine Krankenhäuser können von der Pflicht zur Kosten- und Leistungsrechnung auf Antrag von der zuständigen Landesbehörde befreit werden (§ 9 KHBV).

Mit Wirkung zum 1. Januar 2017 wurden die Anlage 2 zur KHBV (Gliederung der Gewinn- und Verlustrechnung) und die Anlage 4 der KHBV (Kontenrahmen für die Buchführung) geändert. In Anlage 2 wurde die Nummer 4a (Umsatzerlöse nach § 277 Abs. 1 des HGB, soweit nicht unter den Nummern 1 bis 4 enthalten) eingeführt und die Nummer 8 (sonstige betriebliche Erträge) hinsichtlich der Kontenzuordnung geändert. In Anlage 4 wurde in den Kontengruppen 57 (jetzt: Sonstige Erträge) und 78 (jetzt: Sonstige Aufwendungen) das Wort „ordentliche" gestrichen.

2.2.2 Die Abgrenzungsverordnung (AbgrV)

Nach § 4 KHG werden die Krankenhäuser dadurch gefördert, dass ihre Investitionskosten im Wege der öffentlichen Förderung übernommen werden und sie leistungsgerechte Erlöse im Wesentlichen aus Pflegesätzen erhalten. Die AbgrV enthält ergänzende Regelungen zur Abgrenzung der Investitionskosten von den pflegesatzfähigen Kosten.
Darüber hinaus enthält die AbgrV in § 4 Abs. 1 eine Definition der Instandhaltungskosten, die mit der im Handelsrecht gebräuchlichen Definition übereinstimmt. Instandhaltungskosten entstehen demnach für den Erhalt oder die Wiederherstellung von Anlagegütern des Krankenhauses, wenn dadurch das Anlagegut in seiner Substanz nicht wesentlich vermehrt, in seinem Wesen nicht erheblich verändert, seine Nutzungsdauer nicht wesentlich verlängert und es über seinen bisherigen Zustand nicht deutlich verbessert wird. Ein Verzeichnis über die Abgrenzung der Instandhaltungskosten ist der AbgrV als Anlage III beigefügt.

Nach § 3 AbgrV sind insbesondere die nachfolgend aufgeführten Kosten den pflegesatzfähigen Kosten zuzuordnen:

1. die Kosten der Wiederbeschaffung von Gebrauchsgütern anteilig entsprechend ihrer Abschreibung,
2. sonstige Investitionskosten und ihnen gleichstehende Kosten nach Maßgabe der §§ 17 KHG und des § 8 BPflVO in der am 31. Dezember 2012 geltenden Fassung,
3. Kosten der Anschaffung oder Herstellung von Verbrauchsgütern. Dabei handelt es sich um Roh-, Hilfs- und Betriebsstoffe sowie bewegliche Anlagegüter mit Anschaffungs- oder Herstellungskosten je Anlagegut von bis zu 150 Euro (ohne Umsatzsteuer). Bewegliche Anlagegüter bis zu dieser Wertgrenze sind unabhängig von der durchschnittlichen Nutzungsdauer den Verbrauchsgütern zuzuordnen.
4. Kosten der Instandhaltung nach Maßgabe des § 4 AbgrV.

Aus den Regelungen des KHG ergeben sich unter Berücksichtigung der AbgrV folgende Vorschriften zur Abgrenzung von Investitions- und Betriebskosten:

Abbildung 2.2.2-1: Finanzierung des Anlagevermögens im Krankenhaus

Der Verordnung sind Verzeichnisse mit Beispielen von Gebrauchsgütern (Verzeichnis I), Anlagegütern (Verzeichnis II) sowie Instandhaltungen (Verzeichnis III) beigefügt.

2.3 Steuerrechtliche Grundlagen

Steuerpflichtig im Sinne des Gesetzes (§ 33 AO) ist die Körperschaft, die Träger des Krankenhauses ist, z. B. die GmbH oder die Stadt. Die gesetzlichen Vertreter der Körperschaft haben in diesem Fall die gesetzlichen Pflichten der Körperschaft zu erfüllen und insbesondere dafür Sorge zu tragen, dass die Steuern aus den Mitteln entrichtet werden, die sie verwalten (§ 35 AO).

2.3.1 Der Begriff Krankenhaus im Steuerrecht

Verschiedene Steuergesetze verwenden den Begriff „Krankenhaus". Er steht insbesondere im Zusammenhang mit steuerlichen Vergünstigungen. Gleichwohl liefert das Steuerrecht keine eigene gesetzliche Definition, sondern greift auf andere Gesetze, wie das Krankenhausfinanzierungsgesetz (KHG), zurück.

Die Finanzverwaltung hat die Definition des KHG in ihre ESt-Richtlinien (R 7f EStR 2012 i. V. m. R 82 EStR 1999) übernommen. Dabei soll nach herrschender Auffassung der Literatur die Begriffsbestimmung grundsätzlich für sämtliche Steuerarten gelten (vgl. Buchna et al. (2015), S. 340). Krankenhäuser sind demnach Einrichtungen, in denen durch ärztliche und pflegerische Hilfeleistungen insbesondere Krankheiten, Leiden oder Körperschäden festgestellt, geheilt oder gelindert werden sollen oder Geburtshilfe geleistet wird und in denen die zu versorgenden Personen untergebracht und verpflegt werden können (§ 2 Nr. 1 KHG).

Der Begriff ist weit auszulegen und umfasst neben allgemeinen Krankenhäusern und Hochschulkrankenhäusern auch Spezialkliniken. Einrichtungen, die ausschließlich der ambulanten Behandlung der Kranken dienen, wie beispielsweise ein medizinisches Versorgungszentrum, sind hingegen keine Krankenhäuser, weil sie keine Unterbringungsmöglichkeit bieten (vgl. BFH, BStBl. II 1989, 506). Nicht unter den Begriff fallen ferner z. B. Alten- und Pflegeheime. Solche Einrichtungen können jedoch nach anderen Vorschriften steuerbefreit sein (vgl. Helm/Haaf (2021), In: Beck HdR GmbH, 6. Aufl., § 24 Rn. 51). Insoweit hält das Steuerrecht in gewisser Weise nicht Schritt mit der Ambulantisierung des Gesundheitswesens.

Sofern eine Einrichtung nur teilweise die Merkmale eines Krankenhauses erfüllt, erfolgt für steuerliche Zwecke eine Aufteilung. In diesen Fällen erkennt die Finanzverwaltung nur den Teil der Einrichtung als Krankenhaus an, der z. B. als Abteilung oder besondere Einrichtung abgrenzbar ist. Als Abgrenzungskriterien akzeptiert die Finanzverwaltung eine räumlich- oder aufgabenbezogene

Trennung. Dies eröffnet Krankenhäusern die Möglichkeit, bei Belegungsrückgang auch Urlaubsgäste in abgrenzbaren Rehabilitationseinrichtungen, Sanatorien und Kuranstalten aufzunehmen, ohne die mit dem Krankenhausstatus verbundenen steuerlichen Vorteile insgesamt zu verlieren (vgl. OFD Frankfurt DB (1998), S. 1493).

Die wesentlichen steuerrechtlichen Vorschriften für Krankenhäuser sind nicht einheitlich geregelt, sondern finden sich in mehreren Steuergesetzen und Verwaltungsvorschriften:

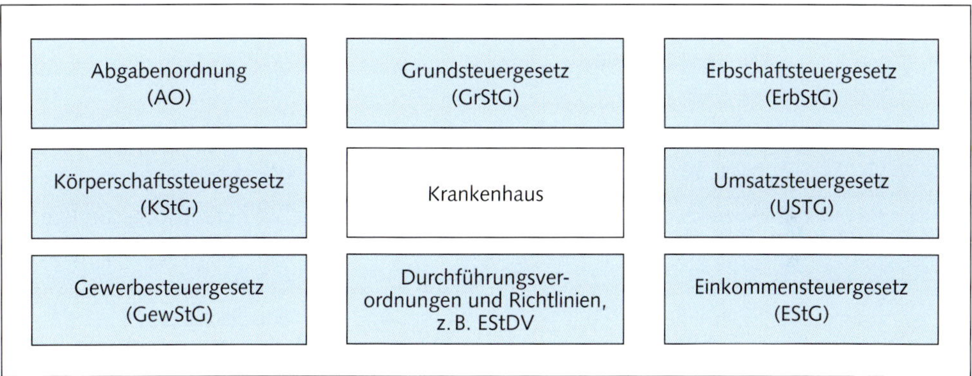

Abbildung 2.3.1-1: Wesentliche steuerrechtliche Vorschriften für Krankenhäuser

Eine Vielzahl von Krankenhäusern wird in steuerbegünstigten Rechts- und Statusformen unterhalten und kann daher weitreichende Steuerbegünstigungen in Anspruch nehmen. Vor den Ausführungen zu den einzelnen Steuerarten sollen daher im Folgenden zunächst gemeinnützigkeitsrechtliche Grundlagen erläutert werden.

2.3.2 Das Gemeinnützigkeitsrecht im Krankenhausbetrieb

Zum Kreis der Steuerbegünstigten gehören ausschließlich Körperschaften, Personenvereinigungen und Vermögensmassen im Sinne des KStG (§ 51 S. 2 AO). Damit sind insbesondere die folgenden unbeschränkt steuerpflichtigen Körperschaftsteuersubjekte des § 1 KStG gemeint, sofern sie ihre Geschäftsleitung oder ihren Sitz im Inland haben:

- Kapitalgesellschaften (AG, KGaA, GmbH, UG, SE)
- Erwerbs- und Wirtschaftsgenossenschaften
- Versicherungsvereine auf Gegenseitigkeit (VVaG)
- sonstige juristische Personen des privaten Rechts (insbes. e.V.)
- nichtrechtsfähige Vereine, Anstalten, unselbstständige und rechtsfähige Stiftungen und andere Zweckvermögen des privaten Rechts
- Betriebe gewerblicher Art (BgA) von juristischen Personen des öffentlichen Rechts (jPöR).

Nicht in den Anwendungsbereich des Gemeinnützigkeitsrechts fallen Einzelunternehmen und Personengesellschaften (insbes. GbR, OHG, KG), mit bedeutenden Auswirkungen etwa für Ärztezusammenschlüsse.

Soweit Satzung, Gesellschaftsvertrag oder sonstige Verfassung sowie die tatsächliche Geschäftsführung die Voraussetzungen der §§ 51 bis 68 AO erfüllen, greifen für steuerbegünstigte Körperschaften in vielen Steuergesetzen Befreiungs- bzw. Ermäßigungsvorschriften.

KSt	Vorschrift	Rechtsfolge
	§ 5 Abs. 1 Nr. 9 KStG	Steuerbefreiung
GewSt	Vorschrift	Rechtsfolge
	§ 3 Nr. 6 GewStG	Steuerbefreiung
	§ 3 Nr. 20 GewStG	Steuerbefreiung
ErbSt	Vorschrift	Rechtsfolge
	§ 13 Abs. 1 Nr. 16 b), 17 ErbStG	Steuerbefreiung
USt	Vorschrift	Rechtsfolge
	§ 4 Nr. 14 USTG	Steuerbefreiung
	§ 12 Abs. 2 Nr. 8 USTG	Steuerermäßigung
GrSt	Vorschrift	Rechtsfolge
	§ 3 Abs. 1 Nrn. 1, 3 b), 4, 6 GrStG	Steuerbefreiung
KapESt	Vorschrift	Rechtsfolge
	§ 44a Abs. 4 ff. EstG	Steuerbefreiung

Abbildung 2.3.2-1: Befreiungsvorschriften wesentlicher Steuerbestimmungen für Krankenhausunternehmen

2.3.2.1 Grundlagen des Gemeinnützigkeitsrechts

Steuerbegünstigte Zwecke

Eine Körperschaft kommt in den Genuss von Steuerbegünstigungen, wenn sie ausschließlich und unmittelbar gemeinnützige, mildtätige oder kirchliche Zwecke verfolgt. Die Körperschaft muss in ihrer Satzung (oder sonstigen Verfassung) die förderungswürdigen Betätigungen festlegen (§§ 59 bis 61 AO). Diese müssen mit der satzungsmäßigen Vermögensbindung (§ 61 AO) und der tatsächlichen Geschäftsführung (§ 63 AO) im Einklang stehen.

Die Körperschaft muss außerdem tatsächlich die satzungsmäßig bestimmten Zwecke verfolgen. Ist dies der Fall, kommt es darauf an, inwieweit die übrigen Voraussetzungen (Selbstlosigkeit, Ausschließlichkeit und Unmittelbarkeit) vorliegen. Ausnahmen, insbesondere vom Grundsatz der zeitnahen Mittelverwendung, enthalten § 58 AO (steuerlich unschädliche Betätigungen) und § 68 AO (einzelne Zweckbetriebe).

Soweit die Körperschaft einen steuerpflichtigen wirtschaftlichen Geschäftsbetrieb (im Folgenden wiGB) unterhält, ist sie hier von der Steuerbefreiung ausgeschlossen (vgl. §§ 14, 64 AO); dagegen sind sogenannte Zweckbetriebe (vgl. §§ 65 bis 68 AO) sowie die Vermögensverwaltung körperschaftsteuerbefreit. Das Gesetz unterscheidet daher systematisch zwischen vier Sphären:

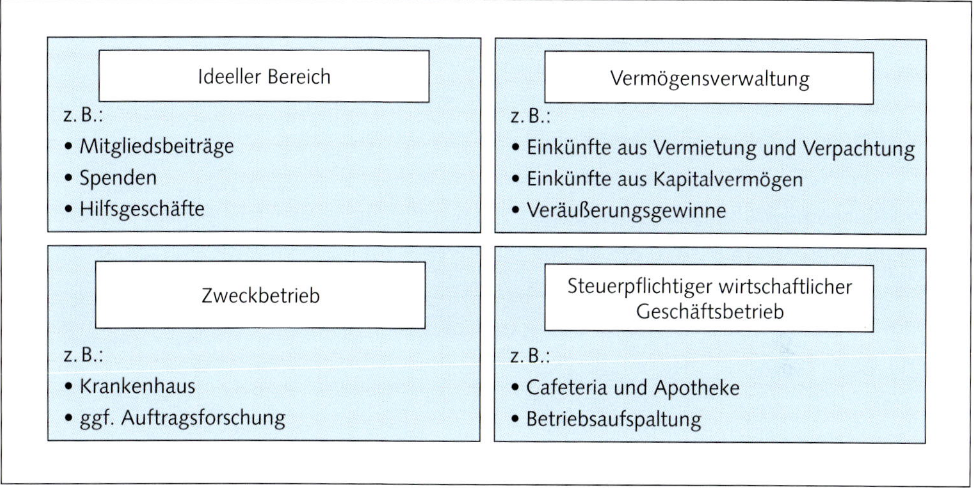

Abbildung 2.3.2-2: Sphären-Modell bei steuerbegünstigten Körperschaften gem. § 51 AO

Die Zuordnung der Einnahmen zu diesen vier Sphären ist maßgeblich für die Ertragsbesteuerung. Einnahmen, die dem ideellen Bereich, der Vermögensverwaltung und dem Zweckbetrieb zuzuordnen sind, begründen keine Ertragsteuerpflicht. Ausschließlich die Einnahmen der steuerpflichtigen wiGB können Ertragsteuerbelastungen auslösen; insofern ist eine Gewinnermittlung nach ertragsteuerlichen Grundsätzen durchzuführen. Die Zuordnung der Einnahmen richtet sich nach der Qualifizierung der Einzelaktivität. In der Praxis ergeben sich dabei komplexe Abgrenzungsfragestellungen.

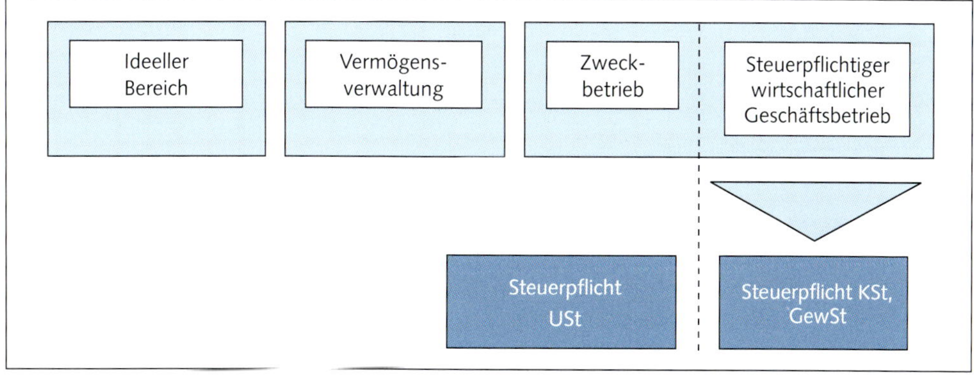

Abbildung 2.3.2-3: Systematik der Ertragsbesteuerung bei steuerbegünstigten Körperschaften gem. § 51 AO

Die Entscheidung darüber, ob eine Körperschaft aufgrund ihrer Satzung als gemeinnützig qualifiziert werden kann, trifft das zuständige Finanzamt im Veranlagungsverfahren durch Steuerbescheid (Feststellungsbescheid).

Auch für Körperschaften, bei denen noch keine Veranlagung durchgeführt worden ist, kann eine gesonderte Feststellung beantragt werden (§ 60a AO). Die Feststellung ist für die Besteuerung der Körperschaft im Veranlagungsverfahren bindend. Die Feststellung ist aufzuheben, sobald gemeinnützigkeitsrelevante Bestimmungen der Satzung, etwa die Zwecksetzung oder Bestimmungen bzgl. der Vermögensbindung, geändert werden.

Die Ermittlung und Prüfung der tatsächlichen und rechtlichen Voraussetzungen zur Anerkennung der Gemeinnützigkeit (§ 61 AO) erfolgt von Amts wegen für jeden Veranlagungszeitraum erneut und zwar unabhängig von einer früheren Entscheidung (vgl. BFH BStBl. II 1979, 498). Wenn sich eine Körperschaft auf ihre Gemeinnützigkeit beruft, obliegt ihr die Nachweispflicht (vgl. BFH BStBl. III 1961, 109).

Gemeinnützige Zwecke

§ 52 Abs. 1 AO definiert den Begriff der Gemeinnützigkeit. Demnach verfolgt eine Körperschaft gemeinnützige Zwecke, wenn ihre Tätigkeit darauf gerichtet ist, die Allgemeinheit auf materiellem, geistigem oder sittlichem Gebiet selbstlos zu fördern. Eine Förderung der Allgemeinheit liegt vor, wenn die Tätigkeit ernsthaft auf die Erfüllung eines steuerbegünstigten satzungsmäßigen Zwecks gerichtet ist. Die bloße unbestimmte Absicht der Zweckverwirklichung genügt nicht.

§ 52 Abs. 2 AO enthält eine Aufzählung bestimmter Tätigkeiten, die als Förderung der Allgemeinheit anerkannt werden. Für Krankenhäuser ist insbesondere die Förderung der folgenden Tätigkeiten relevant:

§ 52 Abs. 2 Nr. 1 AO	Wissenschaft und Forschung
§ 52 Abs. 2 Nr. 2 AO	Religion (kirchliche Krankenhäuser)
§ 52 Abs. 2 Nr. 3 AO	Öffentliches Gesundheitswesen
§ 52 Abs. 2 Nr. 4 AO	Altenhilfe
§ 52 Abs. 2 Nr. 7 AO	Erziehung
§ 52 Abs. 2 Nr. 9 AO	Wohlfahrtswesen (Einrichtungen der Wohlfahrtsverbände)

Abbildung 2.3.2-4: Ausgewählte gemeinnützige Tätigkeiten gem. § 52 Abs. 2 AO

Betreibt ein Krankenhaus z. B. ein Altersheim, kann dieses durch die Aufnahme der Altenpflege als weitere Zwecksetzung neben dem Hauptzweck des Krankenhausbetriebes in die Satzung des Krankenhauses, einen Zweckbetrieb darstellen (Zweckpluralität). Fehlt die ergänzende satzungsmäßige Zwecksetzung, ist von einem wirtschaftlichen Geschäftsbetrieb auszugehen.

Bereits während einer Anlaufphase kann eine Körperschaft die Allgemeinheit fördern; denn für die Steuerbegünstigung genügt es bereits, wenn die Verwirklichung der steuerbegünstigten Zwecke nur vorbereitet wird. Nach überwiegender Meinung gilt dieser Rechtsgedanke auch für eine Auslaufphase (z. B. zur Einstellung der steuerbegünstigten Tätigkeit, vgl. Helm/Haaf (2021), In: Beck HdR GmbH, 6. Aufl., § 24 Rn. 93).

Wird hingegen die eigentliche steuerbegünstigte Tätigkeit eingestellt und über das Vermögen der Körperschaft ein Insolvenzverfahren eröffnet, so verneinen Rechtsprechung und Finanzverwaltung eine Förderung der Allgemeinheit. Diese Rechtsauffassung ist unseres Erachtens kritisch zu bewerten, da das Insolvenzverfahren grundsätzlich auf die Fortführung eines Unternehmens abzielt und die Sanierung ihrerseits die zukünftige Wiederaufnahme der Verwirklichung steuerbegünstigter Zwecke vorbereitet.

Mittelverwendung

Eine Körperschaft muss nach § 55 Abs. 1 Nr. 5 AO ihre Mittel grundsätzlich zeitnah für ihre steuerbegünstigten satzungsmäßigen Zwecke verwenden. Eine grundlose Ertragsspeicherung ist nicht erlaubt. Dies gilt jedoch nicht für Körperschaften mit jährlichen Einnahmen von nicht mehr als 45.000 Euro (§ 55 Abs. 1 Nr. 5 S. 4 AO).

Die Anschaffung oder Herstellung von Vermögensgegenständen, die den begünstigten Zwecken dienen, ist eine Mittelverwendung in diesem Sinne (§ 55 Abs. 1 Nr. 5 S. 2 AO). Zeitnah ist sie, wenn die Körperschaft die Mittel spätestens in den zwei Kalender- oder Wirtschaftsjahren verwendet, welches auf das Zuflussjahr folgt (§ 55 Abs. 1 Nr. 5 S. 3 AO).

Die Körperschaft muss in der Bilanz oder Vermögensaufstellung diejenigen Beträge ausweisen, die sie nicht verwendet hat; sie muss außerdem mit einer steuerlichen Mittelverwendungsrechnung der Finanzverwaltung nachweisen, dass sie die Mittelverwendungsgrundsätze beachtet hat. Die Form dieser Mittelverwendungsrechnung ist gesetzlich nicht geregelt, sie kann jedoch aus dem Buchwerk abgeleitet werden.

Von dem Grundsatz der zeitnahen Mittelverwendung gibt es verschiedene Ausnahmen. So sind Mittel, welche die Körperschaft nicht unmittelbar verwenden muss, das Ausstattungskapital der Körperschaft, Zuwendungen zur Erhöhung ihres Vermögens und Umschichtungen innerhalb der Vermögensverwaltung (Vermögensumschichtung).

Rücklagenbildung

Nach § 62 Abs. 1 AO kann die Körperschaft unter bestimmten Voraussetzungen zudem Rücklagen bilden, ohne die Steuerbegünstigung zu gefährden.

Projektrücklage

§ 62 Abs. 1 Nr. 1 AO regelt die sogenannte zweckgebundene Rücklage oder Projektrücklage. Danach kann eine Körperschaft ihre Mittel ganz oder teilweise einer Rücklage zuführen, soweit dies erforderlich ist, um ihre steuerbegünstigten satzungsmäßigen Zwecke nachhaltig zu erfüllen.

Die Körperschaft darf diese Rücklage jedoch nur zur Durchführung von konkreten Vorhaben bilden, welche die satzungsmäßigen Zwecke nachhaltig fördern. Fehlt eine konkrete Vorstellung hinsichtlich Art, Umfang und Zeitpunkt der Projektumsetzung, ist die Rücklagenbildung nur zulässig, wenn die Durchführung des Vorhabens glaubhaft und bei den finanziellen Verhältnissen der Körperschaft in einem angemessenen Zeitraum möglich ist (§ 62 Nr. 4 AEAO); jedoch darf die Rücklage auch dazu dienen, ein in unabsehbarer Ferne liegendes Ziel zu verwirklichen (vgl. RFH RStBl 1937, 542).

Die Herkunft der Mittel ist für die Bildung der Projektrücklage grundsätzlich nicht relevant; so dass die Körperschaft z. B. auch Spendengelder einstellen kann. Für periodisch wiederkehrende Ausgaben (z. B. Löhne, Gehälter und Mieten) darf sie eine Betriebsmittelrücklage in Höhe des Mittelbedarfs für eine angemessene Zeitperiode bilden.

Keine Rücklage in diesem Sinne ist das bloße Ansammeln von Vermögen, selbst wenn die Körperschaft diese Tätigkeit in ihrer Satzung festgeschrieben hat.

Für die Bildung der Rücklage müssen die zuständigen Organe der Körperschaft einen entsprechenden Beschluss fassen. Zum Zeitpunkt der Rücklagenbildung muss ein Anlass bestanden haben, der die Rücklagenbildung rechtfertigt. Im Falle von erhöhten Rücklagen ist der überschüssige Teil zu korrigieren.

Wiederbeschaffungsrücklage

Gem. § 62 Abs. 1 Nr. 2 AO ist die Bildung einer Rücklage für die Anschaffung von Wirtschaftsgütern (z. B. Fahrzeuge), für die die laufenden Einnahmen nicht ausreichen, deren Anschaffung aber für die Verwirklichung der steuerbegünstigen Zwecke erforderlich ist, zulässig. Die dazu erforderliche Wiederbeschaffungsabsicht ergibt sich regelmäßig (mit Ausnahme für Immobilien) bereits aus der Bildung der Rücklage. Die Rücklage bemisst sich nach der Höhe der regulären

Absetzungen für Abnutzung eines zu ersetzenden Wirtschaftsguts, kann aber durch entsprechenden Nachweis auch darüber liegen.

Freie Rücklage

§ 62 Abs. 1 Nr. 3 AO erlaubt der Körperschaft eine so genannte freie Rücklage zu bilden, um ihre allgemeine Leistungsfähigkeit zu erhalten. Im Gegensatz zur Projektrücklage kommt es bei der freien Rücklage auf die Herkunft der Mittel an. Die Körperschaft darf ein Drittel des Überschusses ihrer Einnahmen aus Vermögensverwaltung über die Unkosten und darüber hinaus höchstens 10 % ihrer sonstigen nach § 55 Abs. 1 Nr. 5 AO zeitnah zu verwendenden Mittel der freien Rücklage zuführen. Die freie Rücklage setzt sich also einerseits aus Mitteln der Vermögensverwaltung und anderseits aus zeitnah zu verwendenden Mitteln im Sinne des § 55 Abs. 1 Nr. 5 AO zusammen.

Insbesondere bei Umstrukturierungsvorhaben kommt der freien Rücklage eine große Bedeutung zu. Die Kapitalausstattung gewerblicher Tochtergesellschaften sowie der Erwerb von Anteilen an gemeinnützigen Gesellschaften ist grundsätzlich nur mit Mitteln aus der freien Rücklage zulässig. Für die Kapitalausstattung gemeinnütziger Gesellschaften gilt § 58 Nr. 3 AO. Freie Rücklagen können in jedem Veranlagungszeitraum durch Beschluss aufs Neue gebildet und über mehrere Jahre hinweg in unbegrenzter Höhe angesammelt werden.

Wenn zum Zeitpunkt der Bildung einer freien Rücklage die Höchstgrenze nicht ausgeschöpft worden ist, kann dies in den folgenden zwei Jahren nachgeholt werden. Freie Rücklagen können bis zur Aufhebung des steuerbegünstigten Zwecks oder bis zur Auflösung der Körperschaft bestehen bleiben.

§ 62 Abs. 1 Nr. 4 AO erlaubt der Körperschaft, eine Rücklage zur Erhaltung der Beteiligungsquote an Kapitalgesellschaften zu bilden. Danach ist die Steuervergünstigung nicht dadurch ausgeschlossen, dass eine Körperschaft Mittel zum Erwerb von Gesellschaftsrechten zur Erhaltung der prozentualen Beteiligung an Kapitalgesellschaften ansammelt oder im Jahr des Zuflusses verwendet. Allerdings ist die Rücklagenbildung nur zulässig, wenn sich der Bedarf für eine Kapitalerhöhung bereits konkret abzeichnet und wirtschaftlich begründet ist.

Wenn die Körperschaft diese Rücklage bildet, muss sie jedoch den Betrag auf eine etwaige gegenwärtige oder zukünftige freie Rücklage anrechnen. Der jährliche Höchstbetrag für die Rücklagenbildung im Sinne des § 62 Abs. 1 Nr. 3 AO ist also zu kürzen, wenn gleichzeitig eine Rücklage zur Erhaltung der Beteiligungsquote gebildet wird (§ 62 Abs. 1 Nr. 4 2. HS AO).

Mangels Aufrechterhaltung einer Beteiligung darf die Körperschaft die Rücklage nicht für den erstmaligen Erwerb einer Beteiligung bilden. Hierfür können u. a. freie Rücklagen eingesetzt werden. Auch darf sie die Mittel nicht zur Aufstockung der prozentualen Beteiligung an einer Kapitalgesellschaft verwenden. Hierfür darf nur Vermögen eingesetzt werden, das nicht zeitnah für steuerbegünstigte Zwecke benutzt wird (s. o.).

Projektrücklage (§ 62 Abs. 1 Nr. 4 AO)	Freie Rücklage (§ 62 Abs. 1 Nr. 3 AO)
Grundsatz: • Bildung zur Erfüllung satzungsmäßiger Zwecke • Zwingend zweckgebunden • Mittelherkunft ist unbedeutend • Betriebsmittelrücklage ist möglich Ausnahme: • Bildung zur Erreichung eines Zieles in unabsehbarer Ferne Verbot: • Keine bloße Vermögensansammlung (auch nicht wenn satzungsgemäß)	Grundsatz: • Bildung zum Erhalt der allg. Leistungsfähigkeit • Mittelherkunft von Bedeutung • Zusammensetzung aus Mitteln der Vermögensverwaltung und zeitnah zu verwendenden Mittel • Ansammlung über mehrere Jahre in unbegrenzter Höhe möglich • Bei Unterschreiten der Höchstgrenze Nachholung in folgenden zwei Jahren möglich
Darlegungslast der Voraussetzungen liegt beim Steuerpflichtigen	

Abbildung 2.3.2-5: Gegenüberstellung Projektrücklage und freie Rücklage gem. § 62 AO

Für das Vorliegen der Voraussetzungen zur Bildung der Rücklagen trifft die Körperschaft eine Darlegungslast. Sie muss dem Finanzamt ihre Rücklagenbildung im Rahmen der § 62 Abs. 1 Nr. 1 – 4 AO ausführlich darlegen und erforderlichenfalls eine Nebenrechnung erstellen, damit jederzeit und ohne besonderen Aufwand eine Kontrolle möglich ist. Insofern ist darauf hinzuweisen, dass der steuerliche Rücklagenbegriff nicht identisch ist mit dem handelsbilanziellen Rücklagenbegriff, sodass die Vorlage einer Handelsbilanz der Erfüllung der Darlegungslast grundsätzlich nicht genügt.

2.3.2.2 Wirtschaftliche Betätigungen im steuerbegünstigten Krankenhausbetrieb

Der moderne steuerbegünstigte Krankenhausbetrieb entfaltet neben seiner originären Aufgabe, der Förderung des Gesundheitswesens, weitere Aktivitäten, die sowohl der steuerbegünstigten Sphäre als auch dem steuerpflichtigen wiGB zugeordnet werden können. Körperschaften können sich innerhalb eines Zweckbetriebs wirtschaftlich betätigen, ohne ihre Steuerbegünstigung zu gefährden. Die Einnahmen innerhalb dieser Sphäre unterliegen nicht dem ertragsteuerpflichtigen Bereich.

Insofern ergeben sich in der Praxis eine Reihe von Abgrenzungs- und Zuordnungsfragen. Die folgenden Ausführungen beschäftigen sich daher mit der Einordnung der inzwischen vielfältigen wirtschaftlichen Betätigungen im steuerbegünstigten Krankenhaus.

Der Krankenhauszweckbetrieb nach § 67 AO

Der zentrale Zweckbetrieb des Krankenhauses ist in § 67 AO geregelt. Ein Krankenhaus, das in den Anwendungsbereich des Krankenhausentgeltgesetzes (KHEntgG) oder der Bundespflegesatzverordnung (BPflV) fällt, ist ein Zweckbetrieb, wenn mindestens 40 % der jährlichen Belegungs- oder Berechnungstage auf Patienten entfallen, bei denen nur Entgelte für allgemeine Krankenhausleistungen nach dem KHEntgG bzw. der BPflV berechnet werden (§ 67 Abs. 1 AO). Die Steuervergünstigung ist jedoch ausgeschlossen, wenn mehr als 60 % der jährlichen Pflegetage auf Patienten entfallen, deren ärztliche Behandlung der Belegarzt über Krankenschein oder entsprechend den für Kassenabrechnungen geltenden Vergütungssätzen abrechnet (vgl. BFH BStBl. II 1994, 212). Zur Definition des Krankenhauses wird auf Kapitel 2.3.1 verwiesen. § 67 AO unterscheidet zwischen Krankenhäusern, die in den Anwendungsbereich des KHEntgG und der BPflV fallen, und solchen Krankenhäusern die nicht in diesen Anwendungsbereich fallen.

Krankenhausleistungen sind Leistungen, die unter Berücksichtigung der Leistungsfähigkeit des Krankenhauses im Einzelfall nach Art und Schwere der Krankheit für die medizinisch zweckmäßige und ausreichende Versorgung der Patienten notwendig sind. Es handelt sich unter anderem um ärztliche und pflegerische Behandlungen oder Versorgung mit Arznei-, Heil- und Hilfsmitteln, die für die Versorgung im Krankenhaus notwendig sind, oder Unterkunft und Verpflegung. Zum Zweckbetrieb gehören alle Einnahmen und Ausgaben, die mit den ärztlichen und pflegerischen Leistungen an die Patienten als Benutzer des jeweiligen Krankenhauses zusammenhängen (vgl. BFH BStBl. II 1991, 157; 05, 545). Nebenbetriebe von Krankenhäusern (z. B. Krankenhauswäschereien, Krankenhausapotheken) sind Teil des Zweckbetriebs, soweit sie keine Leistungen an Dritte, insbesondere an Krankenhäuser anderer Träger, erbringen (vgl. BFH BStBl. II 1991, 268). Auch der Betrieb gewerblicher Art (BgA) – „Hochschulkrankenhaus" – kann ein Zweckbetrieb im Sinne des § 67 AO sein.

Schwierig gestaltet sich die Abgrenzung zum steuerpflichtigen wirtschaftlichen Geschäftsbetrieb insbesondere bei ambulanten Leistungen (vgl. Kapitel 2.3.1). Der BFH entschied im Zusammenhang mit einer ambulanten onkologischen Behandlung und der Abgabe von Zytostatika im Rahmen der ambulanten Behandlung durch die Krankenhausapotheke, dass ambulante Leistungen dem Krankenhauszweckbetrieb zuzuordnen sind, wenn (1) die Leistung typischerweise von einem Krankenhaus gegenüber seinen Patienten erbracht wird, (2) das Krankenhaus (oder der Chefarzt persönlich) zur Sicherstellung seines Versorgungsauftrags von Gesetzes wegen zu dieser Leistung befugt ist (§§ 115b, 116 SGB V) und (3) der Sozialversicherungsträger als Kostenträger für seine Versicherten grundsätzlich zahlen muss (BFH Urt. v. 31.7.2013 – I R 82/12, BStBl. 2015, II 123). Die

Finanzverwaltung hat diese Rechtsprechung in der AEAO zu § 67 AO übernommen. Demnach fallen in den Zweckbetrieb auch Leistungen an ambulant behandelte Patienten, soweit diese Bestandteil des Versorgungsauftrages des Krankenhauses sind. Gleiches gilt auch für Einnahmen und Ausgaben, die in Zusammenhang mit der Abgabe von Medikamenten durch Krankenhausärzte an ambulant behandelte Patienten des Krankenhauses zur unmittelbaren Verabreichung im Krankenhaus stehen. Der Versorgungsauftrag eines Krankenhauses (§ 8 Abs. 1 Nr. 1–3 KHEntgG) regelt, welche Leistungen ein Krankenhaus, unabhängig von der Art der Krankenversicherungsträger, erbringen darf. Für die gemeinnützigkeitsrechtliche Beurteilung folgt daraus, dass für Leistungen, die außerhalb des Versorgungsauftrages erbracht werden, eine Zuordnung zum Zweckbetrieb Krankenhaus ausscheidet.

Ein Krankenhaus, das nicht in den Anwendungsbereich des KHEntgG oder der BPflV fällt, ist ein Zweckbetrieb nach § 67 Abs. 2 AO, wenn mind. 40 % der jährlichen Belegungs- oder Berechnungstage auf Patienten entfallen, bei denen für die Krankenhausleistungen kein höheres Entgelt als nach § 67 Abs. 1 AO berechnet wird.

Weitere Zweckbetriebe im Krankenhausbereich

Steuerbegünstigte Krankenhäuser können neben dem Krankenhauszweckbetrieb nach § 67 AO innerhalb anderer Zweckbetriebe weitere steuerbegünstigte Aktivitäten entfalten. Grundvoraussetzung ist dabei, dass diese Tätigkeiten auch von den Satzungszwecken abgedeckt werden, die Zwecksetzung nach § 67 AO reicht nicht. Dies betrifft in der Praxis im Wesentlichen:

- Einrichtungen der Wohlfahrtspflege (§ 66 AO),
- Mahlzeitendienste (§ 68 Nr. 1 Buchst. a AO),
- Kindergärten (§ 68 Nr. 1 Buchst. b AO),
- Selbstversorgungsbetriebe, wie bspw. Wäschereien (§ 68 Nr. 2 AO),
- Wissenschafts- und Forschungseinrichtungen, bspw. für klinische Studien (§ 68 Nr. 9 AO).

Wirtschaftliche Geschäftsbetriebe

Entfaltet ein Krankenhaus wirtschaftliche Aktivitäten, die nicht einem Zweckbetrieb oder der Vermögensverwaltung zugeordnet werden können, so begründet es insoweit einen steuerpflichtigen wirtschaftlichen Geschäftsbetrieb im Sinne des § 14 AO. Das Unterhalten eines steuerpflichtigen wirtschaftlichen Geschäftsbetriebes ist für die Gemeinnützigkeit grundsätzlich nicht schädlich. Vielmehr wird die Ertragsbesteuerung auf diese Sphäre beschränkt. Man spricht daher von einer partiellen Steuerpflicht.

Um die Steuerbegünstigung insgesamt nicht zu gefährden, müssen die wirtschaftlichen Geschäftsbetriebe kostendeckend arbeiten und dürfen insgesamt keine Verluste erzielen. Daher kann es im

Einzelfall sinnvoll sein, eine Tochtergesellschaft zu gründen. Ein nach ertragsteuerlichen Grundsätzen ermittelter Verlust ist jedoch unschädlich, wenn er ausschließlich durch die Berücksichtigung von anteiligen Abschreibungen auf gemischt genutzte WG entstanden ist (§ 55 Abs. 1 Nr. 4 AEAO). Der Ausgleich von Verlusten ist auch dann unschädlich, wenn

- der Verlust auf einer Fehlkalkulation beruht,
- die Rückführung des Verlustbetrages innerhalb von 12 Monaten nach Verlustentstehung erfolgt und
- die Zuführung nicht aus Mitteln des Zweckbetriebs, der Vermögensverwaltung oder aus anderen zur Zweckverfolgung bestimmten Mitteln stammen (§ 55 Abs. 1 Nr. 5 AEAO).

Ebenso sind sogenannte Anlaufverluste innerhalb eines Zeitraums von 3 Jahren nach Aufnahme des Geschäftsbetriebes unschädlich. Dauerdefizitäre wirtschaftliche Geschäftsbetriebe dagegen gefährden die Steuerbegünstigung akut.

Ein weiteres Risiko für die Steuerbegünstigung der Körperschaft leitet sich aus dem Verbot ab, in erster Linie eigenwirtschaftliche Zwecke zu verfolgen (§ 55 Abs. 1 1. Hs AO). Maßgeblich ist dabei das sogenannte Ausschließlichkeitsgebot gem. § 56 AO, wonach eine Körperschaft grundsätzlich nur ihre steuerbegünstigten Zwecke verfolgen darf. So spezifiziert § 56 Nr. 1 Satz 2 AEAO das Ausschließlichkeitsgebot dahingehend, „dass eine Körperschaft nicht steuerbegünstigt ist, wenn sie neben ihrer steuerbegünstigten Zielsetzung weitere Zwecke verfolgt und diese Zwecke nicht steuerbegünstigt sind." Im Rahmen einer qualitativen Gesamtschau ist dabei entscheidend, dass die Unterhaltung der Vermögensverwaltung und der steuerpflichtigen wirtschaftlichen Geschäftsbetriebe nicht zum Selbstzweck wird und in diesem Sinne neben die Verfolgung des steuerbegünstigten Zwecks der Körperschaft tritt. Die Unterhaltung ist unschädlich, wenn sie dem steuerbegünstigten Zweck untergeordnet und, im Sinne der Mittelbeschaffung, förderlich ist. Bei einem Verstoß gegen das Ausschließlichkeitsgebot ist eine Aufteilung der Tätigkeiten in steuerpflichtige und steuerbegünstigte Sphären nicht mehr möglich und die Körperschaft insgesamt als steuerpflichtig zu behandeln (§ 56 Nr. 1 Satz 5 AEAO).

Die gemeinnützigkeitsrechtliche Qualifikation der Tätigkeiten kann Auswirkungen auf die umsatzsteuerliche Beurteilung haben. Dabei bedarf es hinsichtlich jeder einzelnen Tätigkeit der Überprüfung, ob eine umsatzsteuerbefreite eng und unmittelbar mit dem Krankenbetrieb verbundene Leistung im Sinne des § 4 Nr. 14 Buchst. b USTG vorliegt (vgl. Abschn. 2.3.4).

ABC der steuerpflichtigen wirtschaftlichen Geschäftsbetriebe im Krankenhausbetrieb bei einer Zwecksetzung gem. § 67 AO

Eine Aufstellung steuerpflichtiger wirtschaftlicher Geschäftsbetriebe im Krankenhaus ist in der folgenden Abbildung dargestellt:

- Anwendungsbeobachtungen/klinische Studien
  (Ausnahme: Zuordnung zum Zentralbereich Forschung nach § 68 Nr. 9 AO)
- Anzeigengeschäft in Krankenhauszeitung, sofern es sich nicht um Vermögensverwaltung bei Einräumung eines Verlagsrechts handelt
- Arbeitsmedizinische Zentren
- Aufbewahrung von Toten zur Vorbereitung der Beerdigung
- Auftragsforschung, sofern nicht schon als Zweckbetrieb nach § 68 Nr. 9 AO befreit
- Automatenumsätze hauseigener Automaten
  (Rechteüberlassung oder Vermietung an Dritte ist Vermögensverwaltung)
- Basare
- Benefizveranstaltungen
- selbst betriebene Besuchercafeteria
- Bediensteten- und Besucherparkplatz (entgeltlich)
- Beteiligung (Mitunternehmerschaft/KapGes mit wesentlichem Einfluss)
- Betriebsaufspaltung
- Betriebsverpachtung eines selbstständig betriebenen wirtschaftlichen Geschäftsbetriebs
- Blutalkoholuntersuchung
- Begleitperson (Unterbringung ohne medizinische Indikation)
- Catering, sofern nicht nach § 68 Nr. 2 AO befreit
- Drittmittelverwaltung
- Fahrdienst für ärztlichen Notfalldienst
- Gutachtenerstellung
- Hotelbetrieb (Unterbringung medizinisch nicht indizierter Begleitpersonen)
- Kiosk, der für die Allgemeinheit zugänglich ist
- Krankenhausapotheke, sofern Medikamentenabgabe nicht an eigene Patienten innerhalb des Krankenhauses erfolgt
- Krankenhauswäscherei, soweit nicht Selbstversorgungseinrichtung im Sinne des § 68 Nr. 2 b AO
- Krankentransport in Normalfahrzeugen
- Laborleistungen, ggf. auch § 68 Nr. 2 AO einschlägig
- Notarztgestellung
- Personal- und Sachmittelüberlassung an Belegärzte
- Personal- und Sachmittelüberlassung an Chefärzte im Rahmen einer genehmigten Nebentätigkeit
- Personal- und Sachmittelüberlassung an private Klinik oder Gemeinschaftspraxis (Großgeräteüberlassung)
- Erlöse aus der Einspeisung von Strom aus Photovoltaikanlage
- Schönheitsoperationen
- Sportkurse ohne medizinische Indikation (bspw. Babyschwimmen)
- Sponsoring, sofern die Körperschaft aktiv an den Werbemaßnahmen des Sponsors mitwirkt (§ 64 Nr. 7 ff. AEAO); kein wirtschaftlicher Geschäftsbetrieb liegt vor bei Einräumung der Nutzungsmöglichkeit des Namens und bei Hinweis auf Unterstützung durch Sponsor
- Standgebühren aus diversen Veranstaltungen (strittig)
- Überlassung von Fernsprechanlagen und Fernsehgeräten gegen Entgelt
- Untersuchungsleistungen an nicht zugelassene Ärzte
- Verwaltungsdienstleistungen
- Wellness-Leistungen (ohne therapeutischen Bezug)
- Zentraleinkauf (für Tochtergesellschaften oder Dritte)

Abbildung 2.3.2-6: Übersicht steuerpflichtiger wirtschaftlicher Geschäftsbetriebe im Krankenhaus

Die Beteiligung an einer nicht steuerbegünstigten Kapitalgesellschaft stellt grundsätzlich eine Aktivität der Vermögensverwaltung dar (§ 14 S. 3 AO), kann aber einen wirtschaftlichen Geschäftsbetrieb begründen wenn mit ihr tatsächlich ein entscheidender Einfluss auf die laufende Geschäftsführung ausgeübt wird (insbesondere bei Personalunion), ein Fall der Betriebsaufspaltung vorliegt (§ 64 Abs. 1 Nr. 3 AEAO) oder die Anteile gemäß § 22 UmwStG einbringungsgeboren sind. Der Einfluss auf die Geschäftsführung bleibt jedoch unerheblich, wenn die Kapitalgesellschaft selbst ausschließlich vermögensverwaltend oder gemeinnützig tätig ist (§ 64 Abs. 1 Nr. 3 Satz 6 AEAO).

Bei Einkünften aus der Beteiligung an einer Personengesellschaft wird im gesonderten und einheitlichen Gewinnfeststellungsbescheid auf Ebene der Personengesellschaft festgestellt, ob es sich dabei um gewerbliche Einkünfte handelt. Die Zuordnung dieser Einkünfte zum wirtschaftlichen Geschäftsbetrieb, zur Vermögensverwaltung oder zum Zweckbetrieb der gemeinnützigen Körperschaft erfolgt dann bei deren Körperschaftsteuerveranlagung.

2.3.3 Ertragsbesteuerung

2.3.3.1 Grundlagen der Ertragsbesteuerung

Krankenhäuser in der Rechtsform einer Kapitalgesellschaft können – insgesamt oder partiell – der Einkommen-, der Körperschaft- und der Gewerbesteuer unterliegen. Dabei kommt der Einkommensteuer eine untergeordnete Bedeutung zu, da Krankenhäuser nur in Einzelfällen in der Rechtsform eines Einzelunternehmens oder einer Personengesellschaft betrieben werden.

Die Einkommensermittlung ergibt sich jedoch auch bei Kapitalgesellschaften weitestgehend aus den Vorschriften des Einkommensteuergesetzes, wobei der steuerliche Gewinn grundsätzlich durch einen Betriebsvermögensvergleich (Bilanzierung) zu ermitteln ist. Die Steuerbilanz basiert grundsätzlich auf der für sie maßgeblichen Handelsbilanz, es sei denn, steuerliche Vorschriften der Gewinnermittlung weichen von den handelsrechtlichen ausdrücklich ab. Bilanzierungspflichtig sind insoweit:

Steuerpflichtige, die aufgrund anderer Gesetze zur Buchführung verpflichtet werden (§ 140 AO)
• Kaufmann im Sinne des § 238 HGB: Krankenhäuser, die z. B. in der Rechtsform einer GmbH, AG oder GmbH & Co. KG geführt werden, da sie als Handelsgesellschaften Kaufmann kraft Rechtsform sind (§ 6 HGB) • Krankenhausunternehmen, die nicht Kaufmann kraft ihrer Rechtsform sind, aber den Bestimmungen der KHBV bzw. die PBV unterliegen
Gewerbliche Krankenhäuser (gem. § 141 AO zur Buchführung verpflichtet)
Dies gilt bei Überschreiten der Schwellenwerte (Umsätze von mehr als EUR 600.000 oder Gewinn aus Gewerbebetrieb von mehr als EUR 60.000).

Abbildung 2.3.3-1: Bilanzierungspflicht

Insgesamt müssen vor allem Krankenhäuser bilanzieren, die von Kapitalgesellschaften (auch steuerbegünstigten) betrieben werden und solche, die nach KHBV dazu verpflichtet sind. Insoweit sind in der Praxis juristische Personen des öffentlichen Rechts, Stiftungen, Vereine, aber auch Personengesellschaften davon betroffen. Darüber hinaus müssen nach § 141 AO wirtschaftliche Geschäftsbetriebe und Betriebe gewerblicher Art bilanzieren, sofern sie nicht bereits nach anderen Vorschriften dazu verpflichtet werden.

Ferner obliegt bilanzierungspflichtigen Krankenhäusern nach §§ 146 und 147 AO die Erfüllung der steuerlichen Anforderungen an die Buchführung und Aufzeichnungen bzw. an die Aufbewahrung. Diese Anforderungen decken sich im Wesentlichen mit den handelsrechtlichen Grundsätzen ordnungsmäßiger Buchführung (GoB), gehen jedoch auch teilweise darüber hinaus.

2.3.3.2 Körperschaftsteuer

Nicht steuerbegünstigte Krankenhäuser

Für nicht steuerbegünstigte Krankenhäuser finden die allgemeinen einkommen- bzw. körperschaftsteuerlichen Vorschriften Anwendung. Maßgeblich für die Ertragsbesteuerung ist die Rechtsform des Krankenhausträgers.

Sofern ein Krankenhaus von einem Einzelunternehmer oder einer Personengesellschaft (GbR oder KG) betrieben wird, unterliegen die Einkünfte dem individuellen Einkommensteuersatz des Einzelunternehmers bzw. des Gesellschafters der Personengesellschaft.

Ein Krankenhaus, welches von einer Körperschaft (regelmäßig GmbH oder AG) betrieben wird, ist körperschaftsteuerpflichtig. Der steuerpflichtige Gewinn unterliegt einer Körperschaftsteuer von derzeit 15% (zzgl. Solidaritätszuschlag von 5,5%).

Steuerbegünstigte Krankenhäuser

Steuerbegünstigte Krankenhausunternehmen (siehe Darlegungen unter Abschnitt 2.3.2) sind, mit Ausnahme ihrer partiell steuerpflichtigen wirtschaftlichen Geschäftsbetriebe, von der Körperschaftsteuer befreit (§ 5 Abs. 1 Nr. 9 KStG). Unterhält der begünstigte Krankenhausbetrieb mehrere steuerpflichtige wiGB, so werden diese für Zwecke der Besteuerung als ein steuerpflichtiger wiGB zusammengefasst. Praxisprobleme ergeben sich regelmäßig bei der Zuordnung der Aufwendungen zu den jeweiligen steuerpflichtigen Erträgen. Insbesondere bei gemischt veranlassten Aufwendungen ist die Ermittlung des zutreffenden steuerlichen Ergebnisses aufwendig und nicht selten Streitpunkt mit der Finanzverwaltung. Schwierig verhält es sich auch bei der Zuordnung von Wirtschaftsgütern im Rahmen der Bilanzierung.

Für die Besteuerung der wirtschaftlichen Geschäftsbetriebe ist die Besteuerungsfreigrenze des § 64 Abs. 3 AO zu beachten. Demnach unterliegen die – an sich steuerpflichtigen – wirtschaftlichen Geschäftsbetriebe nicht der Körperschaftsteuer, wenn ihre Einnahmen einschließlich Umsatzsteuer insgesamt EUR 45.000 nicht übersteigen. Ist diese Grenze überschritten, muss die Körperschaft eine steuerliche Gewinnermittlung vornehmen. Der steuerpflichtige Gewinn unterliegt einer Körperschaftsteuer von derzeit 15%. Gem. § 24 Nr. 1 S. 1 KStG ist für steuerbegünstigte Körperschaften, die keine Kapitalgesellschaften sind, namentlich für Betriebe gewerblicher Art ein Freibetrag in Höhe von EUR 5.000 zu berücksichtigen.

Ferner ist bei Krankenhäusern der Steuerabzug bei Kapitalerträgen im Sinne des § 43 Abs. 1 S. 1 Nr. 1, 2, 3, 4, 7a bis 7c EStG (Abgeltungssteuer) nicht vorzunehmen, wenn diese ihrem zuständigen Finanzamt nachweisen, gem. § 5 Abs. 1 Nr. 9 KStG steuerbegünstigt zu sein (§ 44a Abs. 7 Nr. 1 EStG).

2.3.3.3 Gewerbesteuer

Ebenso wie die Körperschaftsteuer unterscheidet das Gewerbesteuerrecht zwischen steuerbegünstigten und nichtbegünstigten Krankenhäusern.

Krankenhäuser können im Wesentlichen auf zwei Befreiungsvorschriften zurückgreifen. Parallel zur KSt-Befreiung nach § 5 Nr. 9 KStG befreit § 3 Nr. 6 GewStG steuerbegünstigte Körperschaften von der Gewerbesteuer. Ausgenommen von der Befreiungsnorm sind – wie bei der Körperschaftsteuer – steuerpflichtige wirtschaftliche Geschäftsbetriebe. Daneben existiert mit § 3 Nr. 20 GewStG eine spezielle Befreiungsnorm für Krankenhäuser. § 3 Nr. 20 Buchst. a GewStG erfasst die von jPdöR betriebenen Krankenhäuser. Nicht steuerbegünstigte (Privat-)Krankenhäuser können gem. § 3 Nr. 20 Buchst. b GewStG von der GewSt befreit sein. § 3 Nr. 20 Buchst. e GewStG befreit außerdem Einrichtungen der ambulanten und stationären Rehabilitation.

Dies setzt voraus, dass sie die Voraussetzungen des § 67 AO erfüllen. Der BFH hat dazu entschieden, dass die Steuerbefreiung nicht auf den gesamten Gewerbeertrag anwendbar ist, sondern nur beschränkt für diejenigen Erträge gilt, die typischerweise aus dem Betrieb des Krankenhauses resultieren (BFH Urt. v. 22.6.2011 – I R 59/10, BeckRS 2011, 96743). Erträge aus dem steuerpflichtigen wirtschaftlichen Geschäftsbetrieb werden von § 3 Nr. 20 Buchst. b GewStG folglich nicht erfasst.

Die Gewerbesteuer knüpft an den stehenden Gewerbebetrieb im Inland an. Gewerbebetrieb ist ein Unternehmen im Sinne des Einkommensteuergesetz (§ 2 Abs. 1 Satz 2 GewStG). Soweit eine Gewerbesteuerpflicht besteht, ermittelt sich die Gewerbesteuer zweistufig. Ausgehend vom Gewinn aus Gewerbebetrieb und bestimmten Hinzurechnungen und Kürzungen wird der sogenannte Steuermessbetrag in Höhe von 3,5% ermittelt (§ 11 Abs. 2 GewStG). Die Gewerbesteuer berechnet sich anschließend durch Multiplikation mit dem gemeindeabhängigen GewSt-Hebesatz. Rechtsformunabhängig ist der Gewerbeertrag, um einen Freibetrag in Höhe von EUR 5.000 zu kürzen.

2.3.4 Umsatzsteuer

2.3.4.1 Grundlagen der Umsatzbesteuerung

Anders als bei der Körperschafts- und Gewerbesteuer kommt es für die Umsatzbesteuerung zunächst nicht darauf an, ob das Krankenhaus von einem gemeinnützigen Träger betrieben wird – es sich also um ein gemeinnütziges oder nicht gemeinnütziges Krankenhaus handelt. Die Befreiung von Heilbehandlungsleistungen in der Umsatzsteuer betrifft daher grundsätzlich auch Privatkliniken. Steuerbegünstigte Krankenhäuser profitieren jedoch ggf. von weiteren umsatzsteuerlichen Befreiungsvorschriften und dem ermäßigten Umsatzsteuersatz im Bereich der Vermögensverwaltung, wobei letzteres angesichts restriktiver Rechtsprechung zunehmend umstritten ist (BFH-Urteil vom 20. März 2014 – V R 4/13, BFHE 245, 297).

Maßgeblich für die Umsatzbesteuerung ist, ob eine Leistung umsatzsteuerbar und -pflichtig ist. Im Inland erbrachte Leistungen sind zwar grundsätzlich umsatzsteuerbar. Umsatzsteuerpflichtig sind sie hingegen nur dann, wenn kein umsatzsteuerlicher Befreiungstatbestand greift. Die folgende Abbildung gibt einen Überblick über die Befreiungstatbestände, die für Krankenhäuser relevant sind:

§ 4 Nr. 8a USTG	Zinsen aus der Gewährung von Darlehen, z. B. an Mitarbeiter
§ 4 Nr. 12a USTG	Erträge aus Vermietung und Verpachtung von Grundstücken
§ 4 Nr. 14b USTG	Umsätze aus Krankenhausbehandlungen und ärztlichen Heilbehandlungen
§ 4 Nr. 14f USTG	Eng mit der Förderung des öffentlichen Gesundheitswesens verbundenen Leistungen
§ 4 Nr. 18 USTG	Umsätze von Wohlfahrtseinrichtungen; nur für steuerbegünstigte Unternehmen anwendbar
§ 4 Nr. 26 USTG	Umsätze aus ehrenamtlicher Tätigkeit
§ 4 Nr. 28 USTG	Lieferungen von Gegenständen, die ausschließlich für eine nach § 4 Nrn. 8 bis 27 USTG befreite Tätigkeit verwendet werden

Abbildung 2.3.4-1: Befreiungstatbestände des Umsatzsteuergesetzes

2.3.4.2 Steuerfreie Umsätze

Die europarechtlichen Vorgaben der umsatzsteuerrechtlichen Befreiung für Krankenhausleistungen enthält Art. 132 Abs. 1 b MwStSystRL.

Steuerbefreit sind nach § 4 Nr. 14 Buchst. b USTG Krankenhausleistungen von Einrichtungen des öffentlichen Rechts bzw. von zugelassenen Krankenhäusern gem. § 108 SGB V und mit diesen eng verbundene Umsätze. Es kommt nicht darauf an, ob es sich um ein steuerbegünstigtes Krankenhaus handelt; insoweit muss hierfür nicht zwischen Umsätzen des Zweckbetriebes und Umsätzen des wirtschaftlichen Geschäftsbetriebs unterschieden werden.

Ein eng verbundener Umsatz liegt nach der Rechtsprechung des Bundesfinanzhofes vor, wenn er für die Einrichtung nach der Verkehrsauffassung typisch und unerlässlich ist, regelmäßig und allgemein beim laufenden Betrieb vorkommt und damit unmittelbar oder mittelbar zusammenhängt (vgl. BFH-Urteil vom 1. Dezember 1977, BStBl. II 1978, 173). Er darf jedoch nicht im Wesentlichen dazu bestimmt sein, der Einrichtung zusätzliche Einnahmen durch Tätigkeiten zu verschaffen, die in einem unmittelbaren Wettbewerb zu steuerpflichtigen Umsätzen anderer Unternehmen stehen.

Als eng verbundene und damit steuerbefreite Umsätze eines Krankenhauses sind nach Auffassung der Finanzverwaltung anzusehen:

- Stationäre oder teilstationäre Aufnahme von Patienten, deren ärztliche und pflegerische Betreuung einschließlich der Lieferungen der zur Behandlung erforderlichen Medikamente
- Behandlung und Versorgung ambulanter Patienten
- Lieferungen von Körperersatzstücken und orthopädischen Hilfsmitteln, soweit sie unmittelbar mit einer Heilbehandlung durch das Krankenhaus, durch die Diagnosekliniken usw. in Zusammenhang stehen
- Überlassung von Einrichtungen, z. B. Operationssaal, Röntgenanlage, und die damit verbundene Gestellung von medizinischem Hilfspersonal an angestellte Ärzte für deren selbstständige Tätigkeit und an niedergelassene Ärzte zur Mitbenutzung
- Überlassung von medizinisch-technischen Großgeräten und damit verbundene Gestellungen von medizinischem Hilfspersonal, z. B. Computer-Tomographen, an angestellte Ärzte für deren selbstständige Tätigkeit, an Krankenhäuser und an niedergelassene Ärzte zur Mitbenutzung
- Lieferungen von Gegenständen des Anlagevermögens, z. B. Röntgeneinrichtungen, Krankenfahrstühle und sonstige Einrichtungsgegenstände
- Lieferungen von Gegenständen, die im Wege der Arbeitstherapie hergestellt worden sind, sofern kein nennenswerter Wettbewerb zu den entsprechenden Unternehmen der gewerblichen Wirtschaft besteht
- Erstellung von ärztlichen Gutachten gegen Entgelt, sofern ein therapeutischer Zweck im Vordergrund steht
- Abgabe von individuell für den Patienten hergestellten Arzneimitteln durch die Krankenhausapotheke für eine in diesem Krankenhaus erbrachte ärztliche Heilbehandlung
- Die Gestellung von Ärzten und von medizinischem Hilfspersonal durch Krankenhäuser, Diagnosekliniken usw. an andere Einrichtungen dieser Art

Abbildung 2.3.4-2: Eng mit Krankenhausleistungen verbundene Umsätze

Zu den nicht eng verbundenen – und somit nicht steuerbefreiten – Umsätzen gehören insbesondere:

- Lieferungen von Speisen und Getränken an Besucher
- Lieferungen von Arzneimitteln an Besucher
- Lieferung von Arzneimitteln einer Krankenhausapotheke an Krankenhäuser anderer Träger
- Leistungen der Zentralwäschereien
- Veräußerung des gesamten beweglichen Anlagevermögens und der Warenvorräte nach Einstellung des Betriebs

Abbildung 2.3.4-3: Nicht eng mit Krankenhausleistung verbundene Umsätze

Der Gesetzgeber trug darüber hinaus dem Strukturwandel im Bereich des Gesundheitswesens Rechnung, indem er in § 4 Nr. 14 Buchst. d USTG auch Leistungen von „Gemeinschaften" gegenüber ihren Mitgliedern aufnahm. Mitglieder in diesem Sinne konnten sowohl Ärzte als auch Krankenhäuser sein. Zur Vermeidung von Wettbewerbsverzerrungen wurde vorausgesetzt, dass lediglich die genaue Erstattung des jeweiligen Anteils an den gemeinsamen Kosten in Rechnung gestellt wurde. Die bisherige Regelung in § 4 Nr. 14d USTG wurde im Zuge des Jahresteuergesetzes 2019, mit Wirkung ab dem 01.01.2020, durch die branchenunabängige Regelung des § 4 Nr. 29 USTG ersetzt, da die auf Leistungen der Heilbehandlung sowie auf in diesem Bereich tätige Personen und Einrichtungen beschränkte Regelung des § 4 Nr. 14 Buchst. d USTG mit Europarecht unvereinbar war. Wesentlicher Unterschied ist damit eine Erweiterung des Anwendungsbereichs der Norm.

2.3.4.3 Steuerpflichtige Umsätze

Soweit eine Steuerbefreiungsnorm nicht in Anspruch genommen werden kann, sind die entsprechenden Umsätze steuerpflichtig. Dies betrifft im Krankenhausbereich im Wesentlichen die nicht mit der Krankenhausleistung eng verbundenen Umsätze, wobei sich für die Praxis zum Teil erhebliche Abgrenzungsschwierigkeiten ergeben. Die folgenden Sachverhalte sind Gegenstand der aktuellen Diskussion und im Krankenhausbereich häufig anzutreffen:

- Ärztliche Gutachten/Sachverständigentätigkeiten: Wie vorstehend erwähnt, setzt die Finanzverwaltung für die Behandlung als eng verbundenen Umsatz voraus, dass ein therapeutischer Zweck im Vordergrund steht. Insoweit sind eine Reihe der in der Praxis sehr vielschichtigen Gutachter- und Sachverständigentätigkeiten nicht steuerbefreit. In mehreren Verfügungen hat die Finanzverwaltung einen umfassenden Abgrenzungskatalog entwickelt.
  Klinische Studien/Anwendungsbeobachtungen: Regelmäßig kooperieren Krankenhäuser mit der Pharmaindustrie, indem sie bestimmte Studien beziehungsweise Beobachtungsdokumentationen erstellen. Derartige Leistungen sind grundsätzlich umsatzsteuerpflichtig. Erbringt ein Krankenhaus derartige Leistungen an ausländische Auftraggeber, kann sich der Leistungsort

allerdings ins Ausland verschieben. In diesen Fällen darf das Krankenhaus keine Umsatzsteuer in der Rechnung ausweisen; anderenfalls schuldet es die (falsche) Umsatzsteuer nach § 14c USTG (d.h. den Mehrbetrag). Im Einzelnen bestehen sehr schwierige Abgrenzungsfragen u. a. bei Universitätskliniken im Zusammenhang mit Betrieben gewerblicher Art.
Wellness-Leistungen: Diese Leistungen werden regelmäßig nicht dem Anwendungsbereich der steuerfreien Krankenhausleistung zugerechnet, da keine Heilbehandlung zugrunde liegt. Allenfalls könnte argumentiert werden, dass es sich um eine Leistung der vorbeugenden Gesundheitspflege im Sinne des Abschnitt 4.14.2. UStAE handelt, die als sogenannte heilkundliche Leistung grundsätzlich steuerfrei wäre.

- Schönheitsoperationen: Ästhetisch-plastische Leistungen sind, soweit ein therapeutisches Ziel nicht im Vordergrund steht, nach Auffassung der Finanzverwaltung und Rechtsprechung steuerpflichtig. In Abgrenzungsfällen hat die mangelnde Kostenübernahme durch die Krankenversicherung Indizwirkung, da unterstellt wird, dass in diesen Fällen keine medizinische Indikation vorliegt.
- Arbeitsmedizinische Leistungen: Der Bundesfinanzhof bejaht eine Steuerfreiheit nach § 4 Nr. 14 USTG bei betriebsärztlichen Leistungen eines Krankenhauses, die darin bestehen, Arbeitnehmer zu untersuchen, arbeitsmedizinisch zu beurteilen und zu beraten sowie die Untersuchungsergebnisse zu erfassen und auszuwerten, soweit die Leistungen nicht auf Einstellungsuntersuchungen entfallen. Die Finanzverwaltung hat sich der Auffassung angeschlossen, wobei dies auch für ärztliche Untersuchungen nach dem Jugendschutzgesetz gelten soll. Werden in diesem Zusammenhang steuerfreie und steuerpflichtige Leistungen erbracht, sind sie getrennt abzurechnen; ggf. muss das Entgelt im Wege einer sachgerechten Schätzung aufgeteilt werden.
- (Ambulante) Lieferung von Zytostatika durch Krankenhäuser an ehemals stationäre Patienten: Mit Urteil vom 24. September 2014 (V R 19/11, BStBl. II 2016, 781), vertritt der BFH die Ansicht, dass die Verabreichung von Zytostatika im Rahmen einer ambulant in einem Krankenhaus durchgeführten ärztlichen Heilbehandlung, die dort individuell für den einzelnen Patienten hergestellt werden, als ein eng mit der Heilbehandlung verbundener Umsatz anzusehen und damit umsatzsteuerfrei ist. Aus dem Urteilssachverhalt lässt sich entnehmen, dass dies sowohl für Fälle der Institutsermächtigung nach § 116a SGB V als auch für Fälle einer persönlichen Ermächtigung nach § 116 SGB V gilt.

Steuersatz: Grundsätzlich gilt für steuerpflichtige Umsätze der Regelsteuersatz (aktuell 19 %). In bestimmten Fällen greift hingegen ein ermäßigter Steuersatz ein (aktuell 7 %).

Für Krankenhäuser kommen dabei insbesondere die folgenden Tarifermäßigungen in Betracht:

- § 12 Abs. 2 Nr. 8 lit. a USTG: Steuerpflichtige Leistungen in den Zweckbetrieben und der Vermögensverwaltung (z. B. Krankenhauswäscherei, die als Selbstversorgungseinrichtung mit 7 % USt gegenüber Dritten abrechnet). Eine Einschränkung hat die Vorschrift im Jahr 2006 erfahren; demnach soll – vereinfacht gesprochen – der ermäßigte Tarif im Zweckbetrieb dann nicht mehr gelten, wenn er in erster Linie der Erzielung zusätzlicher Einnahmen dient, und der Zweckbetrieb im unmittelbaren Wettbewerb zu nicht tarifbegünstigten Unternehmern steht. Zudem muss nach der Rechtsprechung des BFH die Satzung die formellen Anforderungen an die Vermögensbindung nach § 61 AO erfüllen; anderenfalls wird die Anwendung des ermäßigten Steuersatzes verwehrt.

- § 12 Abs. 2 Nr. 1 USTG: Lieferungen von bestimmten Waren (z. B. Kioskbetrieb, Verkauf von Lebensmitteln).
- § 12 Abs. 2 Nr. 9 USTG: Umsätze, die unmittelbar mit dem Betrieb von Schwimmbädern stehen sowie die aus der Verabreichung von Heilbädern resultieren.

2.3.4.4 Praxisrelevante Sonderthemen

Umsatzsteuerliche Organschaft

Viele Krankenhäuser lagern aus betriebswirtschaftlichen Überlegungen – vor allem personalintensive – Dienstleistungen in Tochter-Servicegesellschaften aus. Nimmt das Krankenhaus diese Dienstleistungen in Anspruch, so droht grundsätzlich eine Umsatzsteuerbelastung, die es vor der Ausgliederung nicht gab. Um dies zu vermeiden, kann das Krankenhaus die Beziehung zu ihrer Tochtergesellschaft im Rahmen einer umsatzsteuerlichen Organschaft ausgestalten. Insbesondere vor dem Hintergrund der jüngeren Rechtsprechung sollten bestehende Strukturen zur Vermeidung umsatzsteuerlicher Risiken überprüft und ggf. angepasst werden.

Eine umsatzsteuerliche Organschaft liegt grundsätzlich vor, wenn eine juristische Person nach dem Gesamtbild der tatsächlichen Verhältnisse finanziell, wirtschaftlich und organisatorisch in das Unternehmen des Organträgers eingegliedert ist. Im Ergebnis führt dies dazu, dass Umsätze innerhalb des Organkreises nicht der Umsatzbesteuerung unterliegen.

Aufgelockert wurde die enge Voraussetzung durch das BFH-Urteil vom 2. Dezember 2015 – V R 25/13 (BStBl. II 2017, 547). Nunmehr kann eine Personengesellschaft eine Organgesellschaft sein, wenn neben dem Organträger nur solche Gesellschafter beteiligt sind, die ihrerseits vom Organträger finanziell beherrscht werden.

Unter der finanziellen Eingliederung ist der Besitz der entscheidenden Anteilsmehrheit an der Organgesellschaft zu verstehen, die es dem Organträger ermöglicht, durch Mehrheitsbeschlüsse seinen Willen in der Organgesellschaft durchzusetzen. Der Organträger muss über mehr als 50 % der Stimmrechte verfügen. Wirtschaftliche Eingliederung bedeutet, dass die Organgesellschaft nach dem Willen des Unternehmers im Rahmen des Gesamtunternehmens, und zwar in engem wirtschaftlichem Zusammenhang, mit diesem wirtschaftlich tätig ist. Dies ist jedenfalls bei einer Betriebsaufspaltung der Fall. Das setzt voraus, dass die Beteiligung an der Kapitalgesellschaft dem unternehmerischen Bereich des Anteileigners zugeordnet werden kann.

Die organisatorische Eingliederung setzt voraus, dass die mit der finanziellen Eingliederung verbundene Möglichkeit der Beherrschung der Tochtergesellschaft durch die Muttergesellschaft in der laufenden Geschäftsführung tatsächlich wahrgenommen wird. Dies wird in aller Regel durch eine personelle Verflechtung der Vertretungsorgane von Organträger und Organgesellschaft erreicht (z. B. Personenidentität in den Leistungsgremien, sogenannte Personalunion). Fehlt eine personelle Verflechtung, so ist fraglich, durch welche anderen Maßnahmen, das Krankenhaus die organisatorische Eingliederung herstellen kann. Der Bundesfinanzhof fordert in diesen Fällen institutionell abgesicherte unmittelbare Eingriffsmöglichkeiten in den Kernbereich der laufenden Geschäftsführung der Organgesellschaft.

Hierbei sollen die Beziehungen zwischen Organträger und Organgesellschaft aktiv gestaltet werden, was sich daraus ergibt, dass der Bundesfinanzhof eine „tatsächliche Wahrnehmung" von Beherrschungsmöglichkeiten fordert. Es genügt für die organisatorische Eingliederung auch, dass ein leitender Mitarbeiter des Organträgers als Geschäftsführer der Organgesellschaft eingesetzt wird. Dies beruht auf der Annahme, dass der Mitarbeiter aufgrund eines bestehenden Anstellungsverhältnisses den Weisungen des Organträgers unterliegt und somit eine vom Willen des Organträgers abweichende Willensbildung ausgeschlossen ist.

Ausnahmsweise kann auf eine personelle Verflechtung gänzlich verzichtet werden, wenn der Organträger durch schriftlich fixierte Vereinbarungen (z. B. eine entsprechend gestaltete Geschäftsordnung für die Geschäftsführung der Organgesellschaft) in der Lage ist, gegenüber Dritten seine Entscheidungsbefugnis nachzuweisen und den Geschäftsführer der Organgesellschaft bei Verstößen gegen seine Anweisungen haftbar zu machen. Bei Vorliegen eines Beherrschungsvertrags gem. § 291 AktG oder einer aktienrechtlichen Eingliederung gem. §§ 319, 320 AktG, kann regelmäßig von dem Vorliegen einer organisatorischen Eingliederung ausgegangen werden. Dabei muss sich das Weisungsrecht des Organträgers grundsätzlich, soweit rechtlich zulässig, auf die gesamte unternehmerische Sphäre der Organgesellschaft erstrecken. Auf die Risiken eines Beherrschungsvertrags im steuerbegünstigten Kontext sei hingewiesen.

Abschn. 2.8. Abs. 8 UStAE ist zu entnehmen, dass eine organisatorische Eingliederung insbesondere in den folgenden Fällen nicht begründet wird:

- Die Organgesellschaft hat mehrere einzelgeschäftsführungsbefugte Geschäftsführer, wobei mit mindestens einem Geschäftsführer keine Personalunion zum Organträger besteht und die übrigen Geschäftsführer kein Letztentscheidungsrecht besitzen.

- Die Organgesellschaft erstellt nur monatliche Berichte über die Geschäftsführung, welche auch auf einer vertraglichen Pflicht zur Berichterstattung beruhen können.
- Es existieren zwar vertraglich eingeräumte Einflussmöglichkeiten, von denen im täglichen Geschäft jedoch kein Gebrauch gemacht wird.

Ferner lehnt der Bundesfinanzhof explizit die aktienrechtliche Abhängigkeitsvermutung aus § 17 AktG als Indiz für die organisatorische Eingliederung ab (BFH Urteil v. 3.4.2008 – V R 76/05, BStBl. II S. 905). Die mit der finanziellen Eingliederung einhergehende Möglichkeit der Weisung durch Gesellschafterbeschluss ist daher nicht ausreichend. Demnach können in Fällen fehlender Personalunion auch bestimmte Einzelmaßnahmen, auf die in der Vergangenheit eine organisatorische Eingliederung gestützt wurde, für sich betrachtet lediglich Indizien für eine organisatorische Eingliederung darstellen. Beispielhaft ist hierzu die Einbindung der Organgesellschaft in die Organisationsstrukturen des Organträgers (z. B. gemeinsame Räume, Telefon- und Faxanschlüsse, Personal) zu nennen. Auch das Vorliegen eines Beherrschungsvertrags begründet allein keine organisatorische Eingliederung. Vielmehr ist es erforderlich, dass die sich aus dem Beherrschungsvertrag ergebende Möglichkeit der Beherrschung der Organgesellschaft durch den Organträger aktiv wahrgenommen wird.

Vorsteuerabzug

Grundsätzlich können Krankenhäuser in ihrer Eigenschaft als Unternehmer die in Eingangsrechnungen ausgewiesene Umsatzsteuer als Vorsteuer geltend machen (§ 15 Abs. 1 USTG). Grundvoraussetzung ist das Vorliegen einer den gesetzlichen Anforderungen nach §§ 14 bzw. 14a USTG entsprechenden Rechnung. Soweit die für das Krankenhaus bezogenen Leistungen in steuerfreie Ausgangsumsätze eingehen, hier vor allem der nach § 4 Nr. 14 USTG, ist der Vorsteuerabzug insoweit ausgeschlossen. In der Praxis ist der Vorsteuerabzug im weitestgehend steuerbefreiten Krankenhausbereich daher nur sehr eingeschränkt möglich. Besonders wichtig für Krankenhäuser ist daher die Systematik nach der, der abzugsfähige Vorsteuerteil ermittelt wird. Es können hierfür drei Gruppen unterschieden werden:

Voller Vorsteuerabzug	Eingangsleistung kann ausschließlich steuerpflichtigen Umsätzen zugerechnet werden
Kein Vorsteuerabzug	Eingangsleistung kann ausschließlich Umsätzen zugerechnet werden, die den Vorsteuerabzug ausschließen (insbesondere den steuerfreien Krankenhausleistungen)
Anteiliger Vorsteuerabzug	Eingangsleistung geht sowohl in steuerpflichtige Umsätze als auch in Ausschlussumsätze ein

Abbildung 2.3.4-4: Basisfälle des Vorsteuerabzugs

Für die dritte Gruppe ist ein geeigneter Aufteilungsmaßstab im Sinne des § 15 Abs. 4 USTG anzuwenden, ggf. im Wege einer sachgerechten Schätzung. Eine Aufteilung nach dem sogenannten Umsatzschlüssel ist ausnahmsweise erlaubt, wenn keine andere wirtschaftlich sinnvollere Zurechnung möglich ist. Die Finanzverwaltung verwendet bei Gebäuden in der Regel das Verhältnis der Nutzflächen als Aufteilungsmaßstab. Beim Erwerb von Gebäuden, nicht jedoch bei deren Herstellung, kommt auch eine Vorsteueraufteilung nach dem Verhältnis der Ertragswerte zur Verkehrswertermittlung in Betracht. Weitere Aufteilungsmöglichkeiten bilden das Verhältnis von Nutzungszeiten, z. B. bei der Nutzungsüberlassung von medizinischen Großgeräten, oder der Personal- bzw. Patientenschlüssel. Insgesamt ist die Thematik mit erheblichen Verwaltungsaufwand und umfangreichen Nachweis- und Dokumentationspflichten verbunden, dem im Einzelfall jedoch durchaus erhebliche Vorsteuererstattungsbeträge gegenüberstehen können.

In diesem Zusammenhang sind ferner die Regelungen zur Berichtigung des Vorsteuerabzugs zu beachten (§ 15a USTG). Ändern sich bei einem Wirtschaftsgut innerhalb von 5 Jahren und bei Grundstücken innerhalb von 10 Jahren ab dem Zeitpunkt der erstmaligen Verwendung die für den ursprünglichen Vorsteuerabzug maßgeblichen Verhältnisse, ist der Vorsteuerabzug bezüglich der (nachträglichen) Anschaffungs-/Herstellungskosten zu berichtigen. Dies kann sowohl zu einem höheren als auch zu einem niedrigeren Vorsteuerabzug führen.

Exkurs: Die Reform des Gemeinnützigkeitsrechts durch das JStG 2020

Viele Krankenhäuser betreiben Servicegesellschaften, um einzelne Tätigkeiten auszulagern. Bisher war es Krankenhäusern jedoch nur möglich, diese Servicegesellschaften in gewerblicher Form zu betreiben, sofern diese Gesellschaften nicht selbst unmittelbar einen steuerbegünstigten Zweck verfolgten. Eine für Krankenhäuser wichtige Neuerung durch die Reform des Gemeinnützigkeitsrechts im Zuge des Jahresteuergesetzes (JStG) 2020 ergibt sich mithin aus dem diesbezüglich neu eingefügten § 57 Abs. 3 AO, welcher es nun auch Servicegesellschaften ermöglicht, den Status der Gemeinnützigkeit zu erlangen.

Bei einem planmäßigen Zusammenwirken i.S.d. § 57 Abs. 3 AO ist es Körperschaften möglich, steuerbegünstigt arbeitsteilig vorzugehen, um gemeinsam einen steuerbegünstigten wirtschaftlichen Zweck zu verfolgen. Das Kriterium der Unmittelbarkeit lässt sich so auch für Tochtergesellschaften, die nicht der Krankenbehandlung unmittelbar dienen, erfüllen (Helm/Bischoff, Die Reform des Gemeinnützigkeitsrechts, Krankenhausumschau, Heft 03/2021). Dies ist insbesondere für Servicegesellschaften relevant, da sich hier die vormals steuerpflichtigen Leistungen in Zukunft im Bereich eines Zweckbetriebs ertragssteuerfrei gestalten lassen.

Außerdem lassen sich Probleme der Fremdüblichkeit der Leistungen so vermeiden, da nun beide Körperschaften steuerbefreit sein können und die Höhe bzw. fehlende Angemessenheit der

Zahlungen so nicht mehr zu Mittelfehlverwendungen führen sollte. Auch Leistungen an andere steuerbefreite Körperschaften können so ertragsteuerneutral gestaltet werden. Dies kann auch Relevanz bei Leistungsbeziehungen in Konzerngesellschaftskonstruktionen erlangen, zumal hier durch den neu geschaffenen § 57 Abs. 4 AO auch gemeinnützige Holdingstrukturen ermöglicht werden. (Helm/Bischoff Besteuerung gemeinnütziger Krankenhäuser in Konzernstrukturen, KPMG Gesundheitsbarometer, Heft 02/2021).

Tax Compliance Management

Wird eine Steuererklärung durch das Krankenhaus gegenüber dem Finanzamt geändert, so stellt sich die Frage, ob es sich um eine schlichte Berichtigung nach § 153 AO oder eine Selbstanzeige nach §§ 371, 378 AO handelt. Mit seinem Schreiben vom 23. Mai 2016 zu § 153 AO (BStBl. I 2016, 490) hat sich das BMF zu dieser schwierigen Abgrenzung geäußert.

Von besonderer Bedeutung ist, dass das Vorliegen eines Tax Compliance Management Systems als starkes Indiz dafür dienen kann, dass die gesetzlichen Vertreter des Krankenhauses bei der Abgabe der ursprünglich fehlerhaften Steuererklärung weder vorsätzlich noch fahrlässig gehandelt haben.

Auf genaue Ausführungen, welchen Anforderungen das Tax Compliance Management System gerecht werden muss, hat das BMF bewusst verzichtet. Lediglich der Begriff des innerbetrieblichen Kontrollsystems wurde vorgegeben. Auf Initiative des BMF hat jedoch das IDW auf Grundlage des bereits existierenden IDW PS 980 die Anforderungen an die Ausgestaltung und Prüfung eines solchen Systems veröffentlicht. Dabei hat ein angemessenes Tax Compliance Management System die folgenden sieben Grundelemente aufzuweisen:

- Compliance-Kultur
- Compliance-Ziele
- Compliance-Organisation
- Compliance-Risiken
- Compliance-Programm
- Compliance-Kommunikation
- Compliance-Überwachung/-Verbesserung

Die Implementierung eines Tax Compliance Management Systems bietet somit neben der Minimierung der straf- und bußgeldrechtlichen Risiken bei der Berichtigung von Steuerklärungen, einen entsprechenden Schutz des persönlichen Haftungs- und Schadensersatzrisikos von Geschäftsführung bzw. Vorstand. Mit der Implementierung eines Tax Compliance Management Systems wird zudem die Nutzung steuerlicher Chancen (insbesondere von Steuerbefreiungen) und eine Effizienzsteigerung angestrebt.

2.3.5 Sonstige Steuerarten

2.3.5.1 Lohnsteuer

Krankenhäuser unterliegen als Arbeitgeber den allgemeinen Bestimmungen der Lohnsteuer für ihre Arbeitnehmer. Die steuerrechtlichen Grundlagen sind im Einzelnen in den §§ 38 bis 42 EStG geregelt. Besonderheiten können sich für Krankenhäuser im Wesentlichen aus der Lohnversteuerung von Chefärzten ergeben.

Bis zum Jahr 2005 bestand Einigkeit darüber, dass der angestellte Chefarzt eines Krankenhauses, dem das Krankenhaus ein eigenes Liquidationsrecht im stationären und/oder ambulanten Bereich einräumt, selbstständige Einkünfte im Sinne des § 18 EStG bezieht. Dies änderte sich jedoch mit einem Urteil des Bundesfinanzhofes vom 5. Oktober 2005 (BStBl. II 2006, 94). Demnach sollen diese Einkünfte Arbeitslohn darstellen, wenn die wahlärztlichen Leistungen als Ausfluss des Dienstverhältnisses des Chefarztes erbracht werden, so dass sie der Lohnversteuerung unterliegen – eine höchst unliebsame Konsequenz aus Sicht der Chefärzte und des Krankenhauses. Auf Basis dieser Rechtsprechung muss künftig bei jedem Einzelfall nach dem Gesamtbild der jeweiligen Umstände beurteilt werden, ob wahlärztliche Leistungen innerhalb oder außerhalb des Dienstverhältnisses erbracht werden. Folgende Merkmale sprechen für nichtselbstständige Einkünfte:

- Der Chefarzt unterliegt – mit Ausnahme seiner ärztlichen Tätigkeit im engeren Sinne – den Weisungen des Krankenhauses. Liquidationsrecht für die wahlärztlichen Leistungen steht ihm nur aufgrund der ausdrücklichen Einräumung dieses Rechts durch das Krankenhaus im Dienstvertrag zu.
- Der Chefarzt ist hinsichtlich der Erbringung der wahlärztlichen Leistungen in den geschäftlichen Organismus des Krankenhauses eingebunden; er muss die mit seinen dienstlichen Aufgaben und folglich auch die mit den wahlärztlichen Leistungen zusammenhängenden ärztlichen Leistungen ausschließlich im Krankenhaus mit dessen Geräten und Einrichtungen bewirken. Neue diagnostische und therapeutische Untersuchungs- und Behandlungsmethoden bzw. Maßnahmen, die wesentliche Mehrkosten verursachen, kann er grundsätzlich nur im Einvernehmen mit dem Krankenhaus einführen.
- Der Dienstvertrag sieht für die gesondert berechenbaren wahlärztlichen Leistungen ausdrücklich vor, dass diese im Verhinderungsfall vom Stellvertreter übernommen werden.
- Die dienstvertragliche Urlaubsregelung unterscheidet nicht zwischen den allgemein ärztlichen und den wahlärztlichen Leistungen des Chefarztes.
- Mangelnde Unternehmerinitiative: Die zu erbringenden wahlärztlichen Leistungen werden unmittelbar zwischen dem Krankenhaus und dem Patienten vereinbart; der Chefarzt kann diese Leistungen aufgrund seiner Dienstpflichten faktisch nicht ablehnen.
- Mangelndes Unternehmerrisiko: Das vom Chefarzt zu tragende Risiko eines Forderungsausfalls ist als gering einzustufen.

Für eine selbstständige Tätigkeit sprechen hingegen folgende Umstände:

- Der liquidationsberechtigte Chefarzt regelt die wahlärztlichen Leistungen vertraglich direkt mit dem Patienten und schuldet nur ihm (und nicht dem Krankenhaus aufgrund des Dienstvertrages mit diesem) die entsprechende Leistung.
- Die Abrechnung des Honorars erfolgt unmittelbar gegenüber dem Patienten, wobei der Arzt das Forderungsausfallrisiko trägt.
- Der Chefarzt haftet für seine gegenüber dem Patienten vertraglich vereinbarten Leistungen.

Die Finanzverwaltung sieht dabei in dem Behandlungsvertrag zwischen Krankenhaus und Patienten ein wesentliches Indiz für das Vorliegen lohnsteuerpflichtiger Einkünfte der Chefärzte. Hinsichtlich der lohnsteuerlichen Bemessungsgrundlage geht die Finanzverwaltung davon aus, dass nur die Netto-Liquidationseinnahmen (d. h. die Brutto-Liquidationseinnahmen abzgl. Kostenweiterbelastung und Vorteilsausgleich des Krankenhauses) der Lohnsteuer unterliegen.

Wenn das Krankenhaus keine Lohnsteuer für unselbstständige Chefarzteinnahmen einbehält und abführt, muss es befürchten, dass es von der Finanzverwaltung als Haftungsschuldner in Anspruch genommen wird (§ 42 d Abs. 1 Nr. 1 EStG).

2.3.5.2 Grunderwerbsteuer

Grunderwerbsteuergesetz (GrEStG)

Der Grunderwerbsteuer (GrESt) unterliegen Rechtsvorgänge, die sich auf inländische Grundstücke im Sinne des GrEStG beziehen. Eine spezielle Steuerbefreiungsvorschrift für steuerbegünstigte Krankenhäuser existiert nicht. Insoweit muss grundsätzlich jeder Krankenhausträger – steuerbegünstigt oder nicht – prüfen, inwieweit bestimmte Rechtsgeschäfte im Zusammenhang mit Grundstücken der GrESt unterliegen.

Der Steuersatz beträgt je nach Bundesland zwischen 3,5 % (Sachsen, Bayern) und 6,5 % (Schleswig-Holstein) der Bemessungsgrundlage. Diese bestimmt sich nach dem Wert der Gegenleistung. Regelmäßig stellt der notariell vereinbarte Kaufpreis die Gegenleistung dar. Allerdings können auch Kostenübernahmen des Käufers, bspw. Makler- oder Gutachterkosten, und/oder die Übernahme von Verbindlichkeiten Gegenleistungen darstellen. Eine Gegenleistung liegt nach BFH-Rechtsprechung auch bei einem Kaufpreis von EUR 1,00 vor, wenn er ernsthaft vereinbart wurde. Demgegenüber handelt es sich um einen symbolischen Kaufpreis, wenn er in einem so krassen Missverhältnis zum Wert des Grundstücks steht, dass er sich dazu in keinerlei Relation bringen lässt und daher nicht ernsthaft vereinbart ist. Ist eine Gegenleistung nicht vorhanden oder ermittelbar, so bestimmt sich diese nach dem Bewertungsgesetz (BewG).

Der Bundesfinanzhof hat, nachdem auch das Bundesministerium für Finanzen dem Verfahren beigetreten ist, dem Bundesverfassungsgericht die Frage nach der Verfassungsmäßigkeit der Bewertung im Grunderwerbsteuerrecht vorgelegt (BFH Beschl. v. 2.3.2011 – II R 64/08). Es empfiehlt sich daher, die weitere Rechtsprechungsentwicklung abzuwarten und bis zur Entscheidung des Bundesverfassungsgerichts (anhängiges Verfahren: BVerfG 1 BvL 14/11) die relevanten Steuerbescheide durch Einsprüche offenzuhalten.

Steuerschuldner sind sowohl der bisherige Grundstückseigentümer als auch der Grundstückserwerber als Gesamtschuldner. In der Praxis vereinbaren die Vertragsparteien regelmäßig, dass im Innenverhältnis allein der Grundstückserwerber die GrESt trägt.

Relevante Erwerbsvorgänge

Der GrESt unterliegt – im Hauptanwendungsfall – das schuldrechtliche Verpflichtungsgeschäft, welches auf die Übertragung eines Grundstückes gerichtet ist. Neben dem klassischen Kaufvertrag (§ 433 BGB) sind davon auch der Tausch (§ 480 BGB), Schenkungs- (§ 518 BGB), Erbschaftskauf- (§§ 2371 ff. BGB) und Einbringungsverträge umfasst. Der Grundstücksbegriff ist dabei nicht auf Grundstücke im zivilrechtlichen Sinne beschränkt sondern erfasst u. a. auch Erbbaurechte und Gebäude auf fremdem Boden.

GrESt kann ferner anfallen, wenn Anteile an grundbesitzhaltenden Gesellschaften übertragen werden. Bei einer Personengesellschaft liegt dann ein steuerpflichtiger Vorgang vor, wenn sich innerhalb von fünf Jahren der Gesellschafterbestand unmittelbar oder mittelbar dergestalt ändert, dass mindestens 95 % der Anteile am Gesellschaftsvermögen auf neue Gesellschafter übergegangen sind. Bei einer Kapitalgesellschaft liegt ein steuerpflichtiger Vorgang bei der sogenannten unmittelbaren oder mittelbaren Anteilsvereinigung von mindestens 95 % der Anteile in einer Hand vor. Die in der Praxis nicht selten vorliegende Nichtbeachtung dieser indirekten Erwerbsvorgänge kann zu erheblichen Liquiditätsbelastungen und im Extremfall auch zur Existenzgefährdung führen.

Vor allem bei Umwandlungsvorgängen ist die GrESt eine wichtige Größe. Der klassische Fall ist hierbei die Ausgliederung von kommunalen Krankenhäusern auf Kapitalgesellschaften. Dabei stellt die Übertragung der Krankenhausgrundstücke einen grunderwerbsteuerpflichtigen Vorgang dar. Mangels direkter Gegenleistung bestimmt sich die Bemessungsgrundlage nach dem sogenannten Bedarfswert des Bewertungsgesetzes. Dieser richtet sich bei Krankenhäusern regelmäßig nach dem Steuerbilanzwert, der sich mangels ortsüblicher Miete aus der Summe des Wertes des Grund und Bodens und des Wertes des Gebäudes zusammensetzt (§ 147 BewG).

Der Wert des Grund und Bodens wird mit 70 % des Bodenrichtwertes bezogen auf die zugrunde liegende Fläche ermittelt. Der Wert von Grundstücken, die von den lagetypischen Merkmalen des

Bodenrichtwertgrundstücks abweichen, ist aus dem Bodenrichtwert nach Maßgabe R 161 Abs. 1 Satz 3 EStR 2003 abzuleiten. Ist der Verkehrswert des Grund und Bodens niedriger, so kann dieser nur bei entsprechendem Nachweis angesetzt werden.

Der Wert des Gebäudes bestimmt sich grundsätzlich nach dem steuerbilanziellen Buchwert, wobei bestimmte Sonderposten aus Fördermitteln (insbesondere solche nach KHG) abzugsfähig sind. Insgesamt gilt auch bei diesen Vorgängen: die Nichtbeachtung der GrESt-Pflicht führt nachträglich regelmäßig zu erheblichen finanziellen Belastungen. Sie kann für derartige Ausgliederungsmodelle allerdings gänzlich vermieden werden, wenn die Ausgliederung des Krankenhauses nicht auf eine Kapital- sondern auf eine Personengesellschaft erfolgen würde (weiter dazu nachfolgend).

Steuerbefreiungen

Auch das GrEStG sieht für – in der Praxis eher seltene – Einzelfälle bestimmte Steuerbefreiungen vor, von denen für Krankenhausträger folgende relevant sein können:

- Steuerfreiheit, wenn der Wert der Gegenleistung 2.500 Euro nicht übersteigt (§ 3 Nr. 1 GrEStG)
- Steuerfreiheit bei Grundstückserwerb von Todes wegen und bei Grundstücksschenkungen im Sinne des ErbStG, § 3 Nr. 2 GrEStG. Entscheidend für die Befreiungsvorschrift ist, dass ein erbschaft- bzw. schenkungsteuerlicher Tatbestand erfüllt ist; unerheblich ist, ob es überhaupt – in Folge von Steuerbefreiungen oder Freibeträgen – zur Festsetzung von ErbSt oder SchenkSt kommt. Erwirbt z. B. ein steuerbegünstigtes Krankenhaus ein Grundstück im Wege einer Schenkung, so ist es sowohl schenkungs- als auch grunderwerbsteuerbefreit. Allerdings verneint der Bundesfinanzhof die Anwendung der Befreiung, wenn ein öffentlicher Verwaltungsträger ein Krankenhausgrundstück unentgeltlich auf eine Krankenhaus-GmbH überträgt; denn diese Übertragung sei nicht freigebig und daher keine Grundstücksschenkung im Sinne des § 3 Nr. 2 GrESt, weil die Sicherstellung der Krankenversorgung in Krankenhäusern eine öffentliche Aufgabe des Verwaltungsträgers ist.
- Steuerfreiheit bei Grundstückserwerb durch eine jPöR, wenn das Grundstück aus Anlass des Übergangs von Aufgaben oder aus Anlass von Grenzänderungen von der einen auf die andere Körperschaft übergeht und nicht überwiegend einem BgA dient (§ 4 Nr. 1 GrEStG). Da Krankenhausgrundstücke in den überwiegenden Fällen jedoch einem BgA zugerechnet werden müssen, kommt die Befreiungsnorm für Krankenhäuser in der Praxis nur selten zur Anwendung.
- Gemäß § 4 Nr. 5 GrEStG sind Erwerbsvorgänge von der GrESt befreit, soweit sie im Rahmen einer Öffentlich Privaten Partnerschaft (ÖPP) erfolgen. Davon ist sowohl die Grundstücksübertragung auf den privaten Partner, als auch die spätere – bereits zu Beginn verbindlich geregelte – Rückübertragung nach Beendigung des ÖPP an die öffentliche Hand umfasst. Da das entsprechende Grundstück nicht von einem BgA genutzt werden darf, scheidet die Anwendung der Steuerbefreiung im Krankenhausbereich regelmäßig aus.

- Wird ein Krankenhaus einer jPöR auf eine GmbH & Co. KG ausgegliedert, wird die GrESt gemäß § 5 GrEStG insoweit nicht erhoben, wie die jPöR am Vermögen der Personengesellschaft beteiligt ist. In der Praxis scheiterte dieses Gestaltungsinstrument – zumindest in der Vergangenheit – an der fehlenden Zustimmung der Rechtsaufsichtsbehörde für die Rechtsform der Personengesellschaft.

2.3.5.3 Grundsteuer

Grundsteuergesetz (GrStG)

Die Grundsteuer (GrSt) ist eine Gemeindesteuer. Steuergegenstand ist der Grundbesitz, der nach den Vorschriften des BewG bewertet wird. Zum Grundbesitz in diesem Sinne gehören im Wesentlichen der Grund und Boden, Gebäude (auch die auf fremden Grund und Boden), Erbbaurechte und Wohnungseigentum. Betriebsvorrichtungen stellen demgegenüber keinen Grundbesitz dar, wobei die Abgrenzung in der Praxis oft schwierig ist.

Nach gesonderter Feststellung des Einheitswertes (Einheitswertverfahren) wird durch Ansatz einer Steuermesszahl der für die Grundsteuer maßgebende Grundsteuermessbetrag festgesetzt (Steuermessbetragsverfahren). Danach erfolgt die Ermittlung der Grundsteuer über den von der Gemeinde festgelegten Grundsteuerhebesatz (Festsetzungsverfahren). In den neuen Bundesländern gilt dazu ein besonderes Verfahren (§§ 125 bis 137 BewG).

Der Steuerschuldner der GrSt richtet sich danach, wem der Grundbesitz im Rahmen des Einheitswertverfahrens zugerechnet wird. Die Zurechnung richtet sich jedoch nicht nach dem zivilrechtlichen sondern nach dem wirtschaftlichen Eigentum im Sinne des § 39 Abs. 2 Nr. 1 S. 1 AO. Maßgeblicher Zeitpunkt für die Festsetzung ist der Beginn des Kalenderjahres. Für Grundbesitz in den neuen Bundesländern sind besondere Vorschriften im VI. Abschnitt des GrStG zu beachten.

Exkurs: Grundsteuerreform

Bislang berechnen die Finanzbehörden die Grundsteuer für Häuser und unbebaute Grundstücke anhand von Einheitswerten, die in den alten Bundesländern aus dem Jahr 1964 und in den neuen Bundesländern aus dem Jahr 1935 stammten. Diese Praxis hat das Bundesverfassungsgericht mit Urteil vom 10. April 2018 für verfassungswidrig erklärt und eine gesetzliche Neuregelung gefordert (BVerfG, Urt. v. 10.4.2018 – 1 BvL 11/14, BVerfGE 148, 147). Hauptkritikpunkt war, dass die zugrunde gelegten Werte die tatsächliche Wertentwicklung nicht in ausreichendem Maße widerspiegeln.

Die jetzige Grundsteuerreform besteht aus drei miteinander verbundenen Gesetzesentwürfen: dem Gesetz zur Reform des Grundsteuer- und Bewertungsrechts, dem Gesetz zur Änderung des Grundsteuergesetzes zur Mobilisierung von baureifen Grundstücken für die Bebauung und dem Gesetz zur Änderung des Grundgesetzes.

Im Juni 2021 wurde das Grundsteuer-Umsetzungsgesetz (GrStRefUG) von Bundestag und Bundesrat beschlossen. Diese gesetzliche Neuregelung tritt jedoch erst ab dem 1. Januar 2025 in Kraft, die Länder haben bis zum 31. Dezember 2024 die Möglichkeit vom Bundesrecht abweichende Regelungen zu entwickeln.

Das bis jetzt angewandte dreistufige Verwaltungsverfahren (Bewertung, Steuermessbetrag, kommunaler Hebesatz) bleibt damit weiterhin erhalten. Vorgesehen ist allerdings die Einbeziehung des Steuerpflichtigen durch Abgabe einer Steuererklärung mit u.a. Flächenangaben des Grundstücks und der Raumflächen im Rahmen seiner Mitwirkungspflichten. Die Bewertung der Grundstücke nach neuem Recht erfolgt erstmals zum 1. Januar 2022. Obwohl es zu keiner Änderung der gesetzlichen Rahmenbedingungen – §§ 219 Absatz 3, 228 BewG – hinsichtlich der Erklärungspflichten kommt, ist mit einer wesentlichen Änderung der Verwaltungsauffassung zu rechnen. Demnach sind ausweislich der zum Zeitpunkt der Drucklegung dieses Kompendiums vorliegenden, geänderten, Vordruckentwürfe steuerbegünstigte Körperschaften künftig ebenfalls erklärungspflichtig, auch wenn Befreiungstatbestände einschlägig sind.

Weiterhin erhalten die Gemeinden die Möglichkeit, für unbebaute, baureife Grundstücke einen erhöhten Hebesatz festzulegen. Diese sogenannte „Grundsteuer C“ soll dabei helfen, Wohnraumbedarf künftig schneller zu decken.
Die Grundsätze der Besteuerung gemeinnütziger Körperschaften werden sich hingegen nicht ändern, die Befreiungstatbestände bleiben erhalten und werden wohl auch in Zukunft ihre grundsätzliche Bedeutung behalten.

Steuerbefreiungsvorschriften des GrStG

Für Krankenhäuser sieht das GrStG eine Reihe von Steuerbefreiungen vor:

- Steuerbefreiung der Krankenhäuser von jPdöR, § 3 Abs. 1 Nr. 1 GrStG: Bei Krankenhäusern von jPdöR kommt die Steuerbefreiung nur dann zur Anwendung, wenn der Grundbesitz für einen öffentlichen Dienst oder Gebrauch genutzt wird, wobei das Gesetz auf hoheitliche Tätigkeiten oder den Gebrauch durch die Allgemeinheit abstellt. Für BgA scheidet diese Steuerbefreiung ausdrücklich aus. Letztlich findet die Vorschrift für Krankenhäuser nur in einzelnen Ausnahmefällen Anwendung, so bspw. bei psychiatrischen Landeskrankenhäusern mit ihren Verwahr- und Pflegeeinrichtungen.

- Steuerbefreiung steuerbegünstigter Krankenhäuser, § 3 Abs. 1 Nr. 3 GrStG: Hiernach wird der Grundbesitz von der Besteuerung ausgenommen, wenn er von einer inländischen jPdöR oder einer inländischen Körperschaft, die gemeinnützigen oder mildtätigen Zwecken dient, für gemeinnützige oder mildtätige Zwecke benutzt wird. Die Grundsteuerbefreiungsnorm setzt somit kumulativ voraus, dass der Grundbesitz einem bestimmten Rechtsträger ausschließlich zuzurechnen ist und dieser damit einen bestimmten steuerbegünstigten Zweck unmittelbar benutzt. Daneben ist der Grundbesitz nur insoweit steuerbefreit, wie er für die gemeinnützigen und mildtätigen Zwecke unmittelbar hergerichtet wird. Dazu muss eine Abgrenzung der steuerbegünstigten und nicht steuerbegünstigten Tätigkeiten des Krankenhauses erfolgen. Soweit der Grundbesitz unmittelbar Tätigkeiten im ideellen Bereich, der VV oder des ZB dient, findet die Steuerbefreiung Anwendung. Bei Verwendung des Grundbesitzes im Rahmen des wirtschaftlichen Geschäftsbetriebs ist die Steuerbefreiung hingegen zu versagen. Hier ergeben sich in der Praxis oftmals Abgrenzungsprobleme. Im Grundsatz soll nach § 8 Abs. 2 GrStG die Steuerbefreiung dann greifen, wenn bei einem Grundstück, welches sowohl steuerbegünstigten als auch nicht begünstigten Zwecken dient, die Verwendung für steuerbegünstigte Zwecke überwiegt.
- Steuerbefreiung nicht steuerbegünstigter Krankenhäuser, § 4 Nr. 6 GrStG: Hier handelt es sich um eine – gegenüber den oben genannten Befreiungsvorschriften – nachrangige Steuerbefreiung, die speziell für Krankenhäuser konzipiert wurde. Grundlage ist, dass der Grundbesitz für Zwecke eines Krankenhauses benutzt wird und das Krankenhaus im vorangegangenen Kalenderjahr die Voraussetzungen des § 67 AO erfüllt hat. Die Befreiungsnorm ist praktisch für steuerbegünstigte Krankenhäuser irrelevant, da sie bereits nach § 3 Abs. 1 Nr. 3 GrStG grundsteuerbefreit sind. Vielmehr profitieren hiernach regelmäßig private nichtsteuerbegünstigte Krankenhäuser. Darüber hinaus muss der Grundbesitz ausschließlich demjenigen, der ihn benutzt oder einer jPdöR zuzurechnen sein. Danach muss das Krankenhaus vom Grundstückseigentümer selbst betrieben werden (Eigentümer-Benutzer-Identität). Sowohl die Rechtsprechung als auch die Finanzverwaltung legen diese subjektive Voraussetzung sehr eng aus; demnach sollen – bei fehlender Identität – gesellschaftsrechtliche Verflechtungen zwischen Grundstückseigentümer und Krankenhaus, bspw. im Fall der Betriebsaufspaltung, für die Anwendbarkeit der Steuerbefreiung nicht ausreichen.

Der Grundbesitz der zu Wohnzwecken verwendet wird, ist – unabhängig von den genannten Steuerbefreiungen – grundsteuerpflichtig. Zu beachten ist dabei, dass Wohnungen generell grundsteuerpflichtig sind, aber Wohnräume unter bestimmten Voraussetzungen begünstigt sein können. Dies betrifft beispielsweise Bereitschaftsräume.

Die folgende Übersicht zeigt Praxisfälle von in der Regel steuerbefreiten und steuerpflichtigem Grundbesitz bei Krankenhäusern:

Grundsteuerfrei	Grundsteuerpflichtig
• Kantinenräume für Patienten und Personal • Unentgeltliche Parkplatzvermietung bei Krankenhäusern nach § 67 AO • Wohnheime für Zivildienstleistende und Auszubildende (keine Wohnungen) • Vermietung von Grundbesitz an Fachärzte • Krankenhausgarten (sofern er Erholungszwecken der Patienten dient)	• Grundbesitz, der ausschließlich dem steuerpflichtigen wirtschaftlichen Geschäftsbetrieb dient • Gebührenpflichtige Parkplätze und Parkhäuser • Schwesternwohnheime (ausschließlich Wohnräume) • Hausmeisterwohnungen

Abbildung 2.3.5-1: Übersicht grundsteuerpflichtiger / -freier Fälle

2.3.5.4 Erbschaft- und Schenkungsteuer

Erbschaft- und Schenkungsteuergesetz

Im Wesentlichen unterliegen der Erwerb von Todes wegen und die Schenkungen unter Lebenden der Erbschaft- und Schenkungsteuer. Als Schenkung unter Lebenden ist im Grundsatz jede freigiebige Zuwendung zu verstehen, bei der der Beschenkte auf Kosten des Schenkers bereichert wird. Daneben kann gem. § 7 Abs. 8 ErbStG auch die Werterhöhung von Anteilen an einer Kapitalgesellschaft, an sich keine unmittelbare Erhöhung des Vermögensbestands der Gesellschafter, eine steuerbare freigiebige Zuwendung und zwar auch im Verhältnis zwischen Kapitalgesellschaften darstellen, wenn die Absicht besteht, die Gesellschafter der empfangenden Kapitalgesellschaft zu bereichern, so z. B. wenn nur einer der Gesellschafter eine Einlage leistet, ohne dass sich dadurch sein Anteil an der Gesellschaft erhöht.

Im Allgemeinen entsteht die ErbSt mit dem Tode des Erblassers und die SchSt im Zeitpunkt der Ausführung der Zuwendung. Steuerschuldner ist im Erbfall der Erwerber, im Fall der Schenkung sind Schenker und Beschenkter Gesamtschuldner. Jeder dem ErbStG unterliegende Erwerb ist dem zuständigen Finanzamt in einer Frist von 3 Monaten nach Kenntnis des Anfalls schriftlich anzuzeigen. Daneben unterliegen auch Notare, Behörden und Gerichte bestimmten Anzeigepflichten.

Steuerbegünstigte Krankenhäuser

Erbschaften und Schenkungen an steuerbegünstigte Krankenhäuser sind steuerfrei (§ 13 Abs. 1 Nr. 16 Buchst. b ErbStG). Neben der allgemeinen Voraussetzung, dass die Vorschriften der §§ 51 ff. AO erfüllt sein müssen, setzt die Befreiungsnorm zusätzlich voraus, dass dies auch innerhalb der folgenden zehn Jahre der Fall sein muss. Zudem muss sichergestellt werden, dass das zugewandte Vermögen innerhalb dieser 10-Jahres-Frist steuerbegünstigten Zwecken zugeführt beziehungsweise verbraucht wurde. Anderenfalls droht eine rückwirkende Nachversteuerung nach den allgemeinen Regelungen des ErbStG.

Darüber hinaus ist zu beachten, dass nach Ansicht der Finanzverwaltung die Zuwendungen zwar in einem Zweckbetrieb, nicht aber in einem wirtschaftlichen Geschäftsbetrieb verwendet oder verbraucht werden dürfen. Buchna bejaht hingegen auch in diesen Fällen die Befreiung, wenn „sichergestellt ist, dass mit der Zuwendung mittelbar (noch) die steuerbegünstigten Zwecke verwirklicht werden" (vgl. Buchna et al. (2015), S. 720).

Als „Auffangvorschrift" wird die Steuerbefreiung nach § 13 Abs. 1 Nr. 17 ErbStG gesehen. Demnach sind Zuwendungen steuerbefreit, die ausschließlich kirchlichen, gemeinnützigen oder mildtätigen Zwecken gewidmet sind, sofern die Verwendung zu dem bestimmten Zweck gesichert ist. Das heißt, die Befreiungsnorm setzt voraus, dass der Erblasser oder Schenker einen steuerbegünstigten Zuwendungszweck ausdrücklich und rechtsverbindlich bestimmt, und die Verwendung tatsächlich erfolgt oder behördlich überwacht wird. Bei Wegfall der Steuerbegünstigung könnte somit im Einzelfall eine Nachversteuerung des § 13 Abs. 1 Nr. 16 Buchst. b ErbStG verhindert werden. Es empfiehlt sich daher in der Praxis, sicherheitshalber auch die Anwendung des § 13 Abs. 1 Nr. 17 ErbStG abzusichern.

Nicht steuerbegünstigte Krankenhäuser

Für diesen Kreis sieht das ErbStG keine besonderen Steuerbefreiungsvorschriften vor. Insoweit unterliegen Erbschaften bzw. Schenkungen unter den allgemeinen Voraussetzungen der Besteuerung, wobei durch das ErbStRG der Freibetrag bei Erbschaften bzw. Schenkungen unter Dritten von EUR 5.200 auf EUR 20.000 angehoben wurde.

3. Jahresabschluss nach Handelsrecht/KHBV, Steuerrecht und IFRS

3.1 Grundlagen der Rechnungslegung

3.1.1 Krankenhausbuchführungsverordnung und Handelsrecht

3.1.1.1 Krankenhausbuchführungsverordnung (KHBV)

Die Rechnungslegungs- und Buchführungsverpflichtungen von Krankenhäusern regeln sich nach den Vorschriften der Verordnung über die Rechnungslegungs- und Buchführungspflichten von Krankenhäusern (Krankenhausbuchführungsverordnung-KHBV) – in der Fassung der Bekanntmachung vom 24. März 1987 (BGBl. I S. 1045), die zuletzt durch Artikel 25 Absatz 2 des Gesetzes vom 7. August 2021 (BGBl. I S. 3311) geändert worden ist.

Die KHBV ist unabhängig davon, ob das Krankenhaus Kaufmann im Sinne des Handelsgesetzbuches ist und unabhängig von der Rechtsform des Krankenhauses anzuwenden. Die KHBV gilt beispielsweise auch für Krankenhäuser, die in der Rechtsform einer Gesellschaft mit beschränkter Haftung oder einer Aktiengesellschaft betrieben werden.

Ausnahmen von der Anwendung der KHBV ergeben sich nur für solche Krankenhäuser, die nicht unter den Anwendungsbereich des Krankenhausfinanzierungsgesetzes (KHG) fallen, für bestimmte nicht förderungsfähige Einrichtungen, die Bundeswehrkrankenhäuser und die Krankenhäuser der Träger der gesetzlichen Unfallversicherung (§ 1 Abs. 2 KHBV).

Neben der KHBV gelten für die einzelnen Krankenhäuser weiterhin die Rechnungslegungs- und Buchführungspflichten nach dem Handels- und Steuerrecht sowie nach anderen Vorschriften wie zum Beispiel dem GmbH-Gesetz oder dem AktG.

Dies bedeutet grundsätzlich, dass beispielsweise in der Rechtsform der GmbH betriebene Krankenhäuser neben einem Jahresabschluss nach KHBV einen Jahresabschluss nach HGB/GmbHG aufstellen müssten. Hier schafft aber die KHBV insoweit eine Erleichterung, als Kapitalgesellschaften gemäß § 1 Abs. 3 Satz 1 KHBV das Wahlrecht zu haben, anstelle der handelsrechtlichen Gliederungsvorschriften die Gliederungsvorschriften der KHBV anzuwenden, sodass im Ergebnis nur ein Jahresabschluss aufgestellt werden muss, wobei allerdings die größenabhängigen Erleichterungen nur für die Offenlegung gelten.

Nach der KHBV werden der wirtschaftlichen Einheit Krankenhaus Rechnungslegungs- und Buchführungspflichten auferlegt. Zur Erfüllung der Buchführungspflichten nach der KHBV ist der Krankenhausträger verpflichtet (IDW RS KHFA 1 Tz. 19).

Wird vom Krankenhausträger eine Aufspaltung der wirtschaftlichen Einheit Krankenhaus durch rechtliche Ausgliederung einer Krankenhaus-Betriebsgesellschaft, die neben dem Krankenhaus-Besitzunternehmen besteht, vorgenommen, so ist für die Rechnungslegungs- und Buchführungspflichten nach der KHBV von einem Fortbestand der wirtschaftlichen Einheit Krankenhaus auszugehen, wenn das Krankenhaus-Besitzunternehmen weiterhin Fördermittel nach dem KHG erhält und insoweit ebenfalls als Krankenhaus anerkannt ist (IDW RS KHFA 1 Tz. 20).

Stehen wesentliche Teile des dem Krankenhaus dienenden Vermögens nicht im rechtlichen Eigentum der Krankenhaus-Betriebsgesellschaft und erhält der rechtliche Eigentümer dieses Vermögens keine öffentlichen Fördermittel, unterliegt lediglich die Krankenhaus-Betriebsgesellschaft den Rechnungslegungs- und Buchführungspflichten der KHBV (IDW RS KHFA 1 Tz. 21).

Das Wahlrecht i. S. d. § 1 Abs. 3 KHBV kann in gleicher Weise von Personenhandelsgesellschaften i. S. d. § 264a Abs. 1 HGB in Anspruch genommen werden. In dem Fall, in dem eine Kapitalgesellschaft oder eine Personengesellschaft i. S. d. § 264a Abs. 1 HGB mehrere Krankenhäuser unterhält, kann das Wahlrecht nach § 1 Abs. 3 Satz 1 KHBV für die Gliederung des Jahresabschlusses auch auf den für Zwecke des Handelsrechts durch Zusammenfassung der Einzelabschlüsse der Krankenhäuser nach KHBV aufzustellenden Jahresabschluss des Krankenhausträgers als Kapitalgesellschaft oder Personenhandelsgesellschaft i. S. d. § 264a Abs. 1 HGB angewendet werden, sofern die übrigen Aktivitäten der Träger-Gesellschaft (z. B. die Trägerschaft eines Altenheimes) nur als untergeordnete Nebentätigkeit angesehen werden können. Unabhängig davon bleibt die Verpflichtung des einzelnen Krankenhauses zur Aufstellung eines gesonderten Jahresabschlusses nach der KHBV bestehen (IDW RS KHFA 1, Rz. 28).

Bei anderer wesentlicher Betätigung kann das Wahlrecht nach § 1 Abs. 3 KHBV von dieser Kapitalgesellschaft bzw. Personenhandelsgesellschaft i. S. d. § 264a Abs. 1 HGB nicht in Anspruch genommen werden. Der Jahresabschluss ist in diesem Falle nach der in den §§ 266 und 275 HGB vorgeschriebenen Gliederung aufzustellen und nach der für Krankenhäuser in der KHBV vorgeschriebenen Gliederung gemäß § 265 Abs. 4 HGB zu ergänzen. Bei Personengesellschaften i. S. d. § 264a Abs. 1 HGB ist darüber hinaus § 264c HGB zu beachten (vgl. IDW RS KHFA 1, Rz. 29). In diesem Fall stellt sich die Frage, ob spezifische Vorschriften der KHBV bei der Aufstellung des handelsrechtlichen Jahresabschlusses angewandt werden dürfen oder müssen. Hierbei wird zweckmäßigerweise zwischen Forderungen/Verbindlichkeiten, Sonderposten und Ausgleichsposten nach dem KHG unterschieden (vgl. IDW RS KHFA 1 Rz. 12 ff.).

Für Forderungen und Verbindlichkeiten nach dem KHG gilt die Ansatzpflicht nach den Grundsätzen ordnungsmäßiger Buchführung auch in der Handelsbilanz. Die Postenbezeichnungen der KHBV sollten übernommen werden (§ 265 Abs. 6 HGB, IDW RS KHFA 1 Tz. 13).

Sonderposten aus Zuwendungen zur Finanzierung des Sachanlagevermögens sind entsprechend der IDW St/HFA 1/1984 i.d.F. 1990 in die Handelsbilanz zu übernehmen. Der Einblick in die Vermögenslage der Gesellschaft wäre bei erheblichen Zuwendungen beeinträchtigt, wenn die Zuwendungen hiervon abweichend – entsprechend dem handels- und steuerrechtlichen Wahlrecht – von den Anschaffungs-/Herstellungskosten abgesetzt würden. Die nach der KHBV vorgesehenen Postenbezeichnungen sollten übernommen werden (IDW RS KHFA 1 Tz. 14).

Ausgleichsposten aus Darlehensförderung können aufgrund der Förderung der Darlehenstilgungen auch in der Handelsbilanz zum Nominalwert angesetzt werden (IDW RS KHFA 1 Tz. 15).

Allerdings kann ein Ausgleichsposten für Eigenmittelförderung, wenn das Wahlrecht nach § 1 Abs. 3 KHBV nicht ausgeübt wird, in der Handelsbilanz nicht bilanziert werden. Dieser ist somit mit dem Eigenkapital zu verrechnen. Aufgrund der in der Regel nicht unwesentlichen Beträge für entsprechende Ausgleichsposten ist dies bei Gestaltungsüberlegungen zu berücksichtigen.

In der Praxis ist es daher die Regel, dass Krankenhäuser in der Rechtsform einer Kapitalgesellschaft nur einen Jahresabschluss unter Berücksichtigung der spezifischen Ausweis- und Ansatzvorschriften der KHBV erstellen. In diesem Fall werden im Anhang umfangreiche erläuternde Angaben zu Gewinn- und Verlustrechnung bzw. Bilanz gemacht, was insbesondere die angewandten Bilanzierungs- und Bewertungsmethoden betrifft. Die Vorschriften zu Pflichtangaben bzw. Wahlpflichtangaben finden sich dabei unter anderem in den §§ 284 bis 288 HGB. Diese Angaben gehen weit über die Angabepflichten für ausschließlich nach KHBV erstellte Krankenhausabschlüsse hinaus.

Wird von dem Wahlrecht nach § 1 Abs. 3 KHBV kein Gebrauch gemacht, müssen zusätzlich zum handelsrechtlichen Jahresabschluss eine nach den Anlagen der KHBV gegliederte Bilanz, Gewinn- und Verlustrechnung sowie ein Anlagennachweis erstellt werden. Dies gilt auch dann, wenn bei der Aufstellung des handelsrechtlichen Jahresabschlusses spezifische Vorschriften der KHBV angewandt wurden (vgl. IDW RS KHFA 1 Rz. 18).

Für Krankenhäuser hat § 5 KHBV besondere Bedeutung. Diese Vorschrift regelt insbesondere die Bildung und Auflösung von Sonderposten im Zusammenhang mit Zuschüssen oder die Bilanzierung von Ausgleichsposten für Eigenmittel- bzw. Darlehensförderung.

Die KHBV verweist über die §§ 3 und 4 Abs. 3 KHBV auf die anzuwendenden Regelungen des Handelsrechts (vgl. auch Kapitel 3.1.1.3).

Das folgende Schaubild stellt noch einmal zusammenfassend die für Krankenhäuser anzuwendenden Rechnungslegungsvorschriften dar.

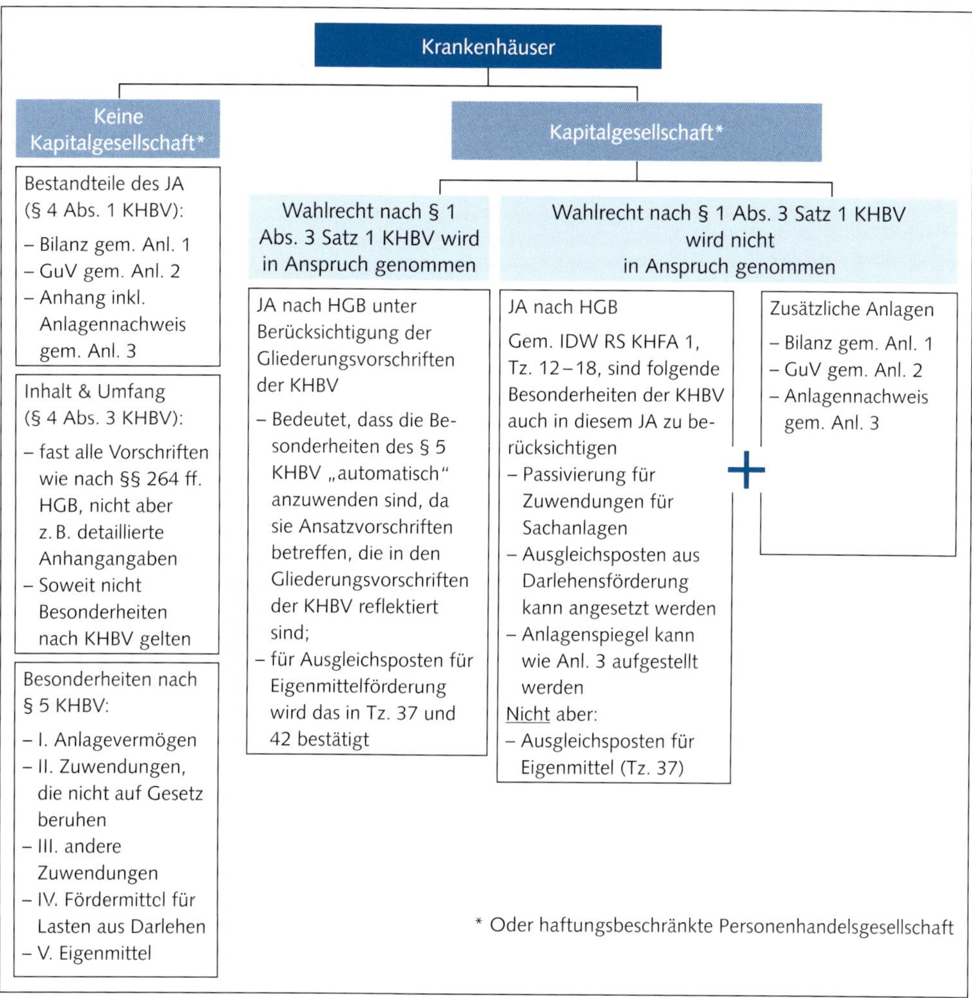

Abbildung 3.1.1-1: Zusammenspiel HGB und KHBV

3.1.1.2 Änderungen des Handelsrechts durch das Bilanzrichtlinie-Umsetzungsgesetz (BilRUG) und weitere Gesetze

Bilanzrichtlinie-Umsetzungsgesetz (BilRUG)

Am 23. Juli 2015 ist das Bilanzrichtlinie-Umsetzungsgesetz (BilRUG) in Kraft getreten. Mit diesem Gesetz wurde die Richtlinie 2013/34/EU, durch die die bisherigen Regelungen für Einzel- und

Konzernabschlüsse überarbeitet wurden, in deutsches Recht umgesetzt. Die bisherigen vierte und siebte EG-Richtlinie wurden in der Richtlinie 2013/34/EU zusammengeführt. Im Rahmen des BilRUG wurden vor allem Änderungen im HGB (Artikel 1), aber auch in anderen Gesetzen vorgenommen. Soweit sich Folgeänderungen für die KHBV bzw. die Pflege-Buchführungsverordnung ergeben, sind diese in Artikel 8 des BilRUG geregelt.

Für Gesundheitsunternehmen in der Rechtsform einer Kapitalgesellschaft oder haftungsbeschränkten Personengesellschaft waren unter anderem die folgenden Änderungen des HGB von Bedeutung:

1. Selbst geschaffene immaterielle Vermögensgegenstände des Anlagevermögens bzw. entgeltlich erworbene Geschäfts- oder Firmenwerte sind über einen Zeitraum von zehn Jahren abzuschreiben, wenn die voraussichtliche zeitliche Nutzungsdauer in Ausnahmefällen nicht bestimmt werden kann (§ 253 Abs. 3 Sätze 3 und 4 HGB). Die Anhangangabe nach § 285 Nr. 13 HGB wird entsprechend erweitert (siehe hierzu im einzelnen Kapitel 3.3.1).
2. Erweiterung des Jahresabschlusses um Angaben zu Firma, Sitz, Registergericht und Registernummer sowie ggf. um einen Hinweis zu Liquidation bzw. Abwicklung (§ 264 Abs. 1a HGB).
3. Die Möglichkeit der Befreiung von der Anwendung der Bilanzierungs-, Prüfungs- und Offenlegungsverpflichtungen für Kapitalgesellschaften knüpft an das Vorhandensein der Einstandspflicht des Mutterunternehmens (§ 264 Abs. 3 HGB).
4. Die Schwellenwerte für die Einordnung in mittelgroße und große Kapitalgesellschaften werden angehoben. Das Merkmal der Bilanzsumme wird erstmals definiert (§ 267 HGB). Reine Beteiligungsgesellschaften werden aus dem Kreis der Kleinstkapitalgesellschaften herausgenommen (§ 267a HGB) (siehe Kapitel 3.1).
5. Bei den Verbindlichkeiten müssen künftig auch die Beträge der Verbindlichkeiten mit einer Restlaufzeit von mehr als einem Jahr angegeben werden (§ 268 Abs. 5 HGB).
6. Ausschüttungssperre auf phasengleich vereinnahmte Beteiligungserträge, sofern diese noch nicht zugeflossen sind oder noch kein Rechtsanspruch besteht (§ 272 Abs. 5 HGB)
7. In der Gewinn- und Verlustrechnung entfällt ein gesonderter Ausweis von außerordentlichen Erträgen, außerordentlichen Aufwendungen und außerordentlichem Ergebnis. Entsprechend entfällt auch der Posten „Ergebnis der gewöhnlichen Geschäftstätigkeit". Angaben zu außergewöhnlichen und periodenfremden Posten sind künftig nur noch im Anhang zu machen (§ 275 Abs. 2 und 3 HGB, § 285 Nr. 31, 32 HGB) (siehe hierzu Kapitel 3.4 und 3.5).
8. In § 277 Abs. 1 HGB erfolgt eine inhaltliche Erweiterung der Definition der Umsatzerlöse (siehe hierzu Kapitel 3.4).
9. Der bisher im Lagebericht enthaltene Nachtragsbericht wird in den Anhang verlagert (§ 285 Nr. 33 HGB).
10. Die Schwellenwerte für die Befreiung von der Konzernabschlusserstellungspflicht werden ebenfalls angehoben (§ 293 Abs. 1 HGB) (siehe hierzu Kapitel 4.1.2).

11. Geschäfts- oder Firmenwerte sind im Konzernabschluss über einen Zeitraum von zehn Jahren abzuschreiben, wenn die voraussichtliche zeitliche Nutzungsdauer in Ausnahmefällen nicht bestimmt werden kann (§ 309 Abs. 1 HGB i. V. m. § 253 Abs. 3 Sätze 3 und 4 HGB) (siehe hierzu Kapitel 3.3.1).

Sämtliche Änderungen mit Ausnahme der Regelungen zur Anhebung der Schwellenwerte sowie der neuen Definition der Umsatzerlöse waren für Wirtschaftsjahre anzuwenden, die nach dem 31. Dezember 2015 begonnen haben. Die Anhebung der Schwellenwerte sowie die neue Definition der Umsatzerlöse durften schon für nach dem 31. Dezember 2013 beginnende Wirtschaftsjahre angewendet werden, jedoch nur insgesamt.

Aufgrund dieser Änderungen des HGB ergaben sich Folgewirkungen für die KHBV, welche wie folgt kurz skizziert werden:

1. Auch der Jahresabschluss des Krankenhauses muss zukünftig Angaben entsprechend § 264 Abs. 1a HGB aufweisen, wobei sich unseres Erachtens die Angaben nur auf den Krankenhausträger beziehen können (§ 4 Abs. 3 KHBV i. V. m. § 264 Abs. 1a HGB).
2. Die Darstellung eines außerordentlichen Ergebnisses entfällt auch für Krankenhäuser (§ 4 Abs. 3 KHBV i. V. m. § 277 Abs. 4 HGB sowie zur Anlage 2 in der bis zum 31. Dezember 2015 geltenden Fassung der KHBV).
3. Planmäßige Abschreibung eines selbstgeschaffenen immateriellen Vermögensgegenstandes bzw. Geschäfts- oder Firmenwerts über zehn Jahre, wenn in Ausnahmefällen die voraussichtliche Nutzungsdauer nicht verlässlich geschätzt werden kann (§ 253 Abs. 3 Sätze 3 und 4 HGB).
4. Ausschüttungssperre gem. § 272 Abs. 5 HGB für unrealisierte Beteiligungserträge.

Die Änderungen der KHBV waren erstmals für nach dem 31. Dezember 2015 beginnende Geschäftsjahre anzuwenden (vgl. § 11 Abs. 2 KHBV).

Änderung der Abzinsung von Pensionsrückstellungen

Das anhaltende Niedrigzinsumfeld und die sich hieraus ergebenden Folgen für die Höhe von Pensionsrückstellungen haben den Gesetzgeber veranlasst, die Abzinsungsregelungen für Pensionsrückstellungen zu ändern. Durch das Gesetz zur Umsetzung der Wohnimmobilienkreditrichtlinie und zur Änderung handelsrechtlicher Vorschriften vom 11. März 2016 (BGBl. I Seite 396) wurde die Ermittlung des Abzinsungszinssatzes dahingehend geändert, dass der für die Abzinsung anzuwendende durchschnittliche Marktzinssatz aus den vergangenen zehn Jahren und nicht mehr aus den vergangenen sieben Geschäftsjahren errechnet wird (§ 253 Abs. 2 Satz 1 HGB). Hieraus ergibt sich, dass der Zinssatz steigen und die Pensionsrückstellungen sinken werden. Hinsichtlich des Unterschiedsbetrags, der sich aus der Anwendung eines Zehnjahreszinssatzes im Vergleich zur Anwendung des Siebenjahreszinssatzes ergibt, wurde eine Ausschüttungssperre eingeführt (§ 253 Abs. 6 HGB). Der Unterschiedsbetrag ist jährlich im Anhang oder unter der Bilanz darzustellen. Diese Regelung gilt grundsätzlich für Geschäftsjahre, die nach dem 31. Dezember 2015 enden. Da Krankenhäuser ein kalendergleiches Geschäftsjahr haben, gilt diese Regelung erstmals für das Geschäftsjahr 2016 (Art. 75 Abs. 6 EGHGB). Darüber hinaus wurde ein Wahlrecht der vorzeitigen Anwendung dieser Regelung für Geschäftsjahre, die nach dem 31. Dezember 2014 beginnen und vor dem 1. Januar 2016 enden, geschaffen (Art. 75 Abs. 7 EGHGB). Weitergehende Erläuterungen finden sich in Kapitel 3.3.8.

Erweiterung der Gliederung der Gewinn- und Verlustrechnung für Krankenhäuser (Anlage 2 zur KHBV) ab 2016

Durch die Zweite Verordnung zur Änderung von Rechnungslegungsverordnungen vom 21. Dezember 2016 wurde die Gliederung der Anlage 2 zur KHBV erweitert und eine neue Nr. 4a eingeführt. In diesen Posten der Gewinn- und Verlustrechnung sind die Umsatzerlöse im Sinne des § 277 Abs. 1 HGB aufzuführen, die nicht Bestandteil der Posten Nr. 1 bis Nr. 4 der Anlage 2 zur KHBV sind. Mit dieser Änderung wurde der Kritik Rechnung getragen, dass die Umsatzerlöse lt. Definition durch das BilRUG nicht mehr mit den Erlösen der Nr. 1 bis Nr. 4 der Anlage 2 zur KHBV vergleichbar waren. Entsprechend wurde in § 4 Abs. 3 KHBV auch § 277 Abs. 1 HGB aufgenommen. Weitergehende Erläuterungen finden sich in Kapitel 3.2.2 und 3.4.

3.1.1.3 Handelsgesetzbuch (HGB)

Für Krankenhäuser, die einen Jahresabschluss ausschließlich nach KHBV erstellen, bestimmen sich die anzuwendenden Regelungen des HGB aufgrund der Verweise in den §§ 3 und 4 Abs. 3 KHBV. Für Kapitalgesellschaften und Personengesellschaften i. S. d. § 264a HGB, die das Wahlrecht nach § 1 Abs. 3 Satz 1 KHBV ausüben, gelten sämtliche Regelungen des HGB, soweit nicht durch die Anwendung der Gliederungsvorschriften der KHBV die Ansatzvorschriften des § 5 KHBV zu berücksichtigen sind. Für Kapitalgesellschaften und Personengesellschaften i. S. d. § 264a HGB, die das Wahlrecht des § 1 Abs. 3 Satz 1 KHBV nicht in Anspruch nehmen, gelten ausschließlich die Gliederungs-, Ansatz-, Bewertungs- und Ausweisvorschriften des HGB. Krankenhäuser sind durch die KHBV zur doppelten kaufmännischen Buchführung verpflichtet; hierzu ist auf die Inhalte der §§ 238 ff. HGB zurückzugreifen. So muss unter anderem die Buchführung eines Krankenhauses so beschaffen sein, dass sie einem sachverständigen Dritten in angemessener Zeit einen Überblick über die Geschäftsvorfälle und die Lage des Krankenhauses verschaffen kann (vgl. § 238 Abs. 1 HGB), wobei Anforderungen an die äußere Form der zu führenden Handelsbücher von § 239 HGB bestimmt werden. Hierbei ist grundsätzlich ein in der Anlage 4 zur KHBV dargestellter Kontenrahmen zu verwenden (§ 3 KHBV).

Weiterhin trifft auch die Inventur- bzw. Inventarpflicht (§§ 240 und 241 HGB) und die Pflicht zur Aufstellung von Eröffnungs- und Bilanzen zum Geschäftsjahresende (§§ 242 bis 245 HGB) auf alle Krankenhäuser zu, so dass Krankenhausbetriebe zu Beginn ihrer Tätigkeit ein Inventar und eine Eröffnungsbilanz aufzustellen haben.

Für den Schluss jedes Geschäftsjahres sind eine Bilanz, eine Gewinn- und Verlustrechnung und durch Inventur ein Inventar zu erstellen (§§ 240 und 242 HGB).

Der Jahresabschluss eines Krankenhauses besteht aus der Bilanz, der Gewinn- und Verlustrechnung und dem Anhang einschließlich des Anlagennachweises, wobei die Anlagen 1 bis 3 zur KHBV konkrete Gliederungen vorschreiben.

Krankenhäuser in der Rechtsform einer Kapitalgesellschaft – nicht jedoch kleine Kapitalgesellschaften (§ 267 Abs. 1 HGB) – haben zusätzlich einen Lagebericht aufzustellen, der unter anderem Geschäftsverlauf und -lage der Gesellschaft so darstellt, dass ein den tatsächlichen Verhältnissen entsprechendes Bild vermittelt wird, wobei auf wesentliche Chancen und Risiken der voraussichtlichen Entwicklung der Gesellschaft einzugehen ist.

Gemäß BilRUG wurden die Schwellenwerte gemäß § 267 HGB für nach dem 31. Dezember 2015 beginnende Geschäftsjahre erhöht und stellen sich dann wie folgt dar:

	Kleinst-Kapitalgesellschaft	Kleine Kapitalgesellschaft	Mittelgroße Kapitalgesellschaft	Große Kapitalgesellschaft
	§ 267a HGB	§ 267 HGB		
	Mindestens zwei der drei Merkmale treffen an zwei aufeinander folgenden Abschluss-Stichtagen zu			
Bilanzsumme	bis 350.000 Euro	bis 6.000.000 Euro	bis 20.000.000 Euro	über 20.000.000 Euro
Umsatzerlöse	bis 700.000 Euro	bis 12.000.000 Euro	bis 40.000.000 Euro	über 40.000.000 Euro
Beschäftigte	bis 10 Arbeitnehmer	bis 50 Arbeitnehmer	bis 250 Arbeitnehmer	über 250 Arbeitnehmer

Abbildung 3.1.1-2: Kriterien zur Bestimmung der Größenklasse von Kapitalgesellschaften BilRUG

§ 267a Abs. 3 HGB nimmt bestimmte Gesellschaften von den Vereinfachungsregelungen für Kleinstkapitalgesellschaften aus (z. B. reine Beteiligungsgesellschaften).

Weitere Verpflichtungen ergeben sich für Krankenhäuser bei Ansatz, Bewertung und Ausweis der im Jahresabschluss ausgewiesenen Vermögensgegenstände; die relevanten Bestimmungen betreffen hauptsächlich §§ 246 bis 256a HGB. Sämtliche Vermögensgegenstände, Schulden, Rechnungsabgrenzungsposten, Aufwendungen und Erträge müssen im Abschluss enthalten sein, wobei ausführlichere Erläuterungen zum Ansatz und Inhalt der Bilanz in §§ 246 bis 251 HGB geregelt sind.

Für die Bewertung müssen die Wertansätze in der Eröffnungsbilanz mit denen der Schlussbilanz des vorhergegangenen Geschäftsjahres übereinstimmen, wobei alle Vermögensgegenstände und Schulden einzeln zu bewerten sind. Es ist vorsichtig zu bewerten. Vorhersehbare Risiken und Verluste sind selbst dann zu berücksichtigen, wenn sie zwischen dem Abschlussstichtag und dem Tag der Aufstellung des Jahresabschlusses bekannt geworden sind. Gewinne sind jedoch erst bei ihrer Realisierung aufzunehmen. Weiter sind Aufwendungen und Erträge des Geschäftsjahrs unabhängig von den Zahlungszeitpunkten zu berücksichtigen; die auf den vorhergehenden Jahresabschluss angewandten Bewertungsmethoden sollen dabei beibehalten werden (§ 252 Abs. 1 Nr. 1, 3, 4, 5 und 6 HGB).

Generell ist bei der Bewertung von der Fortführung der Unternehmenstätigkeit auszugehen, sofern dem nicht tatsächliche oder rechtliche Gegebenheiten entgegenstehen (§ 252 Abs. 1 Nr. 2 HGB).

Vermögensgegenstände sind so höchstens mit den Anschaffungs- oder Herstellungskosten vermindert um Abschreibungen anzusetzen, wobei § 253 Abs. 3 bis 4 HGB Einzelheiten zu Abschreibungen bzw. § 255 HGB zu den Anschaffungs- und Herstellungskosten enthalten.

Für alle Krankenhäuser ergeben sich ferner handelsrechtliche Aufbewahrungspflichten, (§ 6 KHBV in Verbindung mit §§ 257, 261 HGB): so müssen Handelsbücher, Inventare, Eröffnungsbilanzen, Abschlüsse sowie Lageberichte, Arbeitsanweisungen und sonstige Organisations- und Buchungsunterlagen zehn Jahre bzw. Handelsbriefe sechs Jahre geordnet aufbewahrt werden. Für Krankenhäuser, die gleichzeitig Kaufmann im Sinne des HGB sind, gelten ergänzend die §§ 258 bis 260 HGB.

Hinsichtlich der Aufstellung besteht für Krankenhäuser die Regelung der KHBV, dass sie ihren Jahresabschluss innerhalb von vier Monaten nach Ablauf des Geschäftsjahres aufzustellen haben (§ 4 Abs. 2 KHBV). Bei Erstellung eines gemeinsamen HGB/KHBV-Abschlusses lt. § 1 Abs. 3 Satz 1 KHBV gelten kürzere Aufstellungsfristen für mittelgroße und große Kapitalgesellschaften von drei Monaten. Krankenhäuser in der Rechtsform einer Kapitalgesellschaft haben ihren Jahresabschluss offen zu legen. Dies muss spätestens nach zwölf Monaten beim Handelsregister erfolgt sein (vgl. § 325 HGB). Der Umfang der Offenlegung richtet sich nach der Größenklasse des Unternehmens.

Eine Pflicht zur Prüfung auf Grundlage des Handelsgesetzbuches besteht nur für mittelgroße und große Kapitalgesellschaften (§ 316 Abs. 1 HGB). Darüber hinaus ergeben sich Prüfungspflichten häufig aus landesrechtlichen Regelungen zu Eigenbetrieben oder Landeskrankenhausgesetzten. Ohne eine erfolgte Jahresabschlussprüfung kann bei prüfungspflichtigen Gesellschaften kein Jahresabschluss festgestellt werden.

3.1.1.4 Grundsätze ordnungsmäßiger Buchführung (GoB)

Im Rahmen der Krankenhausrechnungslegung sind auch die Grundsätze ordnungsmäßiger Buchführung (GoB) zur Auslegung des HGB als ergänzende handelsrechtliche Prinzipien zu beachten. So ist gemäß § 238 HGB der Jahresabschluss nach den Grundsätzen ordnungsmäßiger Buchführung aufzustellen – wobei dieser Rechtsbegriff im HGB unbestimmt bleibt. Tatsächlich wurden die Grundsätze unter anderem aus Literatur und Rechtsprechung historisch fortentwickelt. Teilweise sind die GoB bereits in das HGB eingeflossen, wie z. B. § 246 Abs.1 HGB (Grundsatz der Vollständigkeit) zeigt.

Die wichtigsten GoB sind:

- Alle Geschäftsfälle sind fortlaufend und richtig zu erfassen, die Buchführung muss vollständig und richtig sein. Es dürfen keine Geschäftsfälle weggelassen werden, aber auch keine aufgezeigt werden, die nicht stattgefunden haben.
- Die Buchführung muss klar, übersichtlich, nachvollziehbar und überprüfbar sein. Dabei dürfen die Aufzeichnungen nicht so geändert werden, dass ursprüngliche Eintragungen nicht mehr feststellbar sind.
- Keine Buchung ohne Beleg; Belege sind geordnet und fortlaufend nummeriert aufzubewahren.

Im Rahmen von Konzernabschlüssen sind die Deutschen Rechnungslegungs Standards (DRS) zu beachten. Wenn die Standards in deutschsprachiger Fassung vom Bundesministerium der Justiz und für Verbraucherschutz nach § 342 Abs. 2 HGB bekannt gemacht worden sind, haben sie die Vermutung für sich, Grundsätze ordnungsmäßiger Buchführung der Konzernrechnungslegung zu sein. Nach den Ausführungen des Deutschen Rechnungslegungs Standards Committee unterliegen die Grundsätze ordnungsmäßiger Buchführung einem steten Wandel, so dass dem Anwender empfohlen wird, bei einer Anwendung des Standards sorgfältig zu prüfen, ob diese unter Berücksichtigung der Besonderheiten im Einzelfall der jeweiligen gesetzlichen Zielsetzung entsprechen.

3.1.1.5 Deutsches Gesetz über die Gesellschaften mit beschränkter Haftung (GmbHG)

Krankenhäuser in der Rechtsform der Gesellschaft mit beschränkter Haftung haben bezüglich der Rechnungslegung die spezifischen Besonderheiten des GmbHG zu beachten, welche im Wesentlichen die §§ 41 bis 42a GmbHG betreffen.

§ 41 GmbHG weist die Sorgepflicht für die ordnungsmäßige Buchführung der GmbH den Geschäftsführern zu. § 42 Abs. 1 GmbHG regelt den Ausweis des Stammkapitals. Die Bilanzierung von Nachschüssen erläutert § 42 Abs. 2 GmbHG. Gemäß § 42 Abs. 3 GmbHG sind Forderungen gegen, sowie Ausleihungen an, sowie Verbindlichkeiten gegenüber Gesellschaftern gesondert auszuweisen. Werden sie unter einem anderen Posten ausgewiesen, muss dies vermerkt oder im Anhang angegeben werden.

Zum Verfahren der Feststellung des GmbH-Jahresabschlusses (§ 42a GmbHG) bleibt festzuhalten, dass die Gesellschafter spätestens bis zum Ablauf der ersten acht Monate bzw., wenn es sich um eine kleine Gesellschaft (§ 267 HGB) handelt, bis zum Ablauf der ersten elf Monate des Geschäftsjahres über die Feststellung des Jahresabschlusses und Ergebnisverwendung zu beschließen haben.

3.1.1.6 Deutsches Aktiengesetz (AktG)

Die Bestimmungen des AktG zum Rechnungswesen treffen auf Krankenhäuser zu, sofern diese als AG bzw. KGaA geführt werden. Die für Krankenhäuser wichtigsten Vorschriften zur Rechnungslegung betreffen § 91 AktG, der dem Vorstand nicht nur die Verantwortung dafür aufträgt, dass die erforderlichen Handelsbücher geführt werden, sondern auch bestimmt, dass er geeignete Maßnahmen zur frühzeitigen Erkennung von bestandsgefährdenden Risiken zu treffen hat, wobei dazu insbesondere ein Überwachungssystem einzurichten ist.

Des Weiteren enthält § 150 AktG Bestimmungen zu bestimmten Teilen des Eigenkapitals, welche die Haftungsbasis der Gesellschaft verstärken und über die nur innerhalb der Bestimmungen der Abs. 3 und 4 verfügt werden darf (Rücklagenbildung).

Relevant für Krankenhäuser können auch die Vorschriften zur Bilanz (§ 152 AktG), Gewinn- und Verlustrechnung (§ 158 AktG) und zum Anhang (§ 160 AktG) sein. So erweitert und spezifiziert § 152 AktG die Vorschriften zur Bilanzgliederung sowie die Angaben zum Inhalt des Anhangs, wie auch § 158 AktG die Gliederung der Gewinn- und Verlustrechnung ergänzt. § 160 AktG definiert die zusätzlichen Angaben, die bei der Erstellung eines Anhangs für Aktiengesellschaften zu machen sind. Zudem enthält das Aktiengesetz mit §§ 170 bis 176 AktG Vorschriften zur Prüfung und Feststellung des Jahresabschlusses.

3.1.1.7 Gesetz über die Rechnungslegung von bestimmten Unternehmen und Konzernen – Publizitätsgesetz (PublG)

Weiterhin kann das PublG die Rechnungslegungs- und Offenlegungspflichten von Krankenhäusern beeinflussen, da Unternehmen, die an drei aufeinander folgenden Abschlussstichtagen zwei von drei Schwellenwerten überschreiten (Bilanzsumme übersteigt EUR 65 Mio., Umsatzerlöse übersteigen EUR 130 Mio., Unternehmen beschäftigt mehr als 5.000 Mitarbeiter), aufgrund des PublG zur Rechnungslegung verpflichtet sind – wobei diese Regelungen jedoch unter anderem nicht für Kapitalgesellschaften, Eigenbetriebe oder Genossenschaften gelten (§ 3 PublG).

Formell orientiert sich das PublG an den Vorschriften des HGB für große Kapitalgesellschaften, materiell hingegen lediglich an den allgemeinen Vorschriften für alle Kaufleute.

Die zur Rechnungslegung verpflichteten Unternehmen müssen gemäß § 5 PublG einen Jahresabschluss sowie Lagebericht erstellen, wobei Umfang und Anwendung in § 5 PublG bestimmt wird.

Gemäß § 5 Abs. 1 PublG ist der Jahresabschluss in den ersten drei Monaten des Geschäftsjahres aufzustellen. Aus § 6 PublG ergibt sich dann die Prüfungspflicht von Jahresabschluss bzw. Lagebericht. Umfang und Fristen zur Offenlegung des Jahresabschlusses bzw. Lageberichtes beziehen sich dabei analog zu § 325 HGB auf die Pflichten, die großen Kapitalgesellschaften obliegen.

3.1.1.8 Weitere Gesetze

Sonstige für Krankenhäuser gegebenenfalls relevante Vorschriften können zum Beispiel das Einführungsgesetz zum Handelsgesetzbuch (EGHGB) (z. B. Pensionsverpflichtungen – Art. 28 EGHGB) oder das Genossenschaftsgesetz sein, welches Vorschriften zu Jahresabschluss und Lagebericht enthält.

Da die Gesetzgebung kontinuierlich rechnungslegungsrelevante Änderungen induziert, ist es nötig, den aktuellen gesetzlichen Stand zu verfolgen, um den rechtlichen Anforderungen an die Krankenhausrechnungslegung gerecht zu werden. Zunehmend wird auch die Beachtung der internationalen Rechnungslegungsnormen für Krankenhäuser relevant.

Folgende Übersicht fasst nochmals die allgemeinen rechtlichen Vorschriften, die Einfluss auf die Rechnungslegung von Krankenhausunternehmen haben bzw. haben können, zusammen.

HGB	• Buchführungspflichten • Inventur- und Inventarpflicht • Jahresabschluss: Bilanz, Gewinn- und Verlustrechnung, Anhang • Lagebericht • Ansatz, Bewertung und Ausweis • Gliederung von Bilanz sowie Gewinn- und Verlustrechnung • Anhangangaben • Aufbewahrungspflichten • Aufstellung, Feststellung und Offenlegung von Jahresabschlüssen • Prüfungspflichten nach HGB
GoB	• Klarheit, Nachprüfbarkeit, Vollständigkeit • Richtigkeit, Zeitgerechtigkeit, Radierungsverbot, Belegprinzip
GmbHG	• Sorgfaltspflicht Geschäftsführer zur ordnungsmäßigen Buchführung • GmbH-spezifische Bilanzierungsgrundsätze für Eigenkapital, Nachschüsse sowie Ausleihungen an, Forderungen gegen und Verbindlichkeiten gegenüber Gesellschaftern • Vorschriften zur Feststellung des Jahresabschlusses
AktG	• Sorgfaltspflicht Vorstand zur ordnungsmäßigen Buchführung • Einrichtung Risikofrüherkennungssystem • Rechtsformspezifische Vorschriften zu Eigenkapital, Bilanzgliederung, Anhangangaben • Vorschriften zu Feststellung und Prüfung des Jahresabschlusses • Verlängerungsrechnung bei der Gewinn-und Verlustrechnung
PublG	• Verpflichtung zur Rechnungslegung und Offenlegung auf Grund der Unternehmensgröße
Weitere Gesetze	• EGHGB: Bewertung von Pensionsverpflichtungen

Abbildung 3.1.1-3: Rechtliche Vorschriften für die Rechnungslegung im Krankenhaus

3.1.2 Steuerrecht

Hinsichtlich steuerrechtlicher Grundlagen für Krankenhäuser sei auf Abschnitt 2.3 dieses Buches verwiesen. An dieser Stelle sollen nur einige wenige Ausführungen zu den steuerlichen Vorschriften für die Rechnungslegung ergänzt werden.

Grundsätzlich werden die handelsrechtlichen Pflichten zu Buchführung und Jahresabschluss, die für Krankenhausbetriebe relevant sind, von den Steuervorschriften bestätigt und erweitert. So sind Krankenhäuser rechtsformunabhängig gemäß § 140 AO auch steuerlich zur Buchführung verpflichtet, sofern sie nach anderen Gesetzen als den Steuergesetzen Bücher und Aufzeichnungen zu führen haben (abgeleitete Buchführungspflicht) – was im Allgemeinen durch § 1 Abs. 1 KHBV zutrifft. Damit obliegt ihnen auch nach §§ 146 und 147 AO die Erfüllung der steuerlichen Anforderungen an die Buchführung und Aufzeichnungen bzw. an die Aufbewahrung.

Diese Anforderungen decken sich im Wesentlichen mit den GoB bzw. den Anforderungen des HGB. Darüber hinaus schreibt aber zum Beispiel § 146 AO die tägliche Erfassung der Kasseneinnahmen und -ausgaben vor. Ergibt sich eine Buchführungspflicht nicht bereits aus § 140 AO, so besteht für gewerbliche Unternehmen, die bestimmte Größenmerkmale erfüllen die sog. originäre Buchführungspflicht nach § 141 AO.

Nach § 5b EStG besteht für Steuerpflichtige, die ihren Gewinn nach § 4 Abs. 1, § 5 oder § 5a EStG ermitteln, für Wirtschaftsjahre, die nach dem 31. Dezember 2012 beginnen, die Verpflichtung, den Inhalt der Bilanz sowie der Gewinn- und Verlustrechnung nach amtlich vorgeschriebenem Datensatz durch Datenfernübertragung zu übermitteln (sog. E-Bilanz). Die elektronische Übermittlung der Inhalte der Bilanz und der Gewinn- und Verlustrechnung erfolgt grundsätzlich nach der jeweils aktuellen sog. Kerntaxonomie, die den zu übermittelnden Mindestumfang festlegt. Sie beinhaltet die Positionen für alle Rechtsformen, wobei im jeweiligen Einzelfall nur die Positionen zu befüllen sind, zu denen auch tatsächlich Geschäftsvorfälle vorliegen. Für bestimmte Wirtschaftszweige wurden Branchentaxonomien erstellt, die in diesen Fällen für die Übermittlung der Datensätze zu verwenden sind. Für Krankenhäuser ist insoweit eine Spezialtaxonomie zu verwenden.

Mit Datum vom 19. Dezember 2013 hat das Bundesministerium der Finanzen zu den Übermittlungspflichten für steuerbegünstigte Körperschaften Stellung genommen. Danach findet § 5b EStG auf Körperschaften, die vollumfänglich von der Körperschaftsteuer befreit sind, keine Anwendung. Falls die Körperschaft durch Unterhaltung von steuerpflichtigen wirtschaftlichen Geschäftsbetrieben, deren Einnahmen i. S. d. § 64 Abs. 3 AO TEUR 45 übersteigen, partiell steuerpflichtig ist, besteht eine Pflicht zur Übermittlung der E-Bilanz (für den steuerpflichtigen Teilbereich) für Wirtschaftsjahre, die nach dem 31.12.2014 beginnen, wenn die Körperschaft aufgrund ihrer Rechtsform, anderer Verpflichtungen oder freiwillig eine Bilanz aufstellt.

Der Datensatz kann hierbei grundsätzlich

- als „Gesamtbilanz“ mit Übermittlung von Bilanz und Gewinn- und Verlustrechnung für den partiell steuerpflichtigen Teilbereich nach Taxonomie-Schema,
- als Gewinn- und Verlustrechnung für den partiell steuerpflichtigen Teilbereich nach Taxonomie-Schema oder
- als formlose Gewinnermittlung für den partiell steuerpflichtigen Teilbereich (de facto Reduzierung der Übermittlung auf den steuerlichen Gewinn als Einzelbetrag)

übermittelt werden.

Wesentliche steuerliche Bilanzierungsvorschriften finden sich in den §§ 4 bis 7i EStG sowie in den einzelnen Steuergesetzen als auf den jeweiligen Steuerzweck ausgerichtete Bewertungsvorschriften wieder. Insbesondere ist hierbei der allgemeine steuerrechtliche Bewertungsvorbehalt in § 5 Abs. 6 EStG von Bedeutung.

Zwar wird grundsätzlich am geltenden Konzept der materiellen Maßgeblichkeit der handelsrechtlichen GoB als Ausgangspunkt für die steuerliche Gewinnermittlung festgehalten, allerdings sind hinsichtlich der Reichweite der materiellen Maßgeblichkeit verstärkt die steuerlichen Einschränkungen und Durchbrechungen unter Berücksichtigung der Wahlrechte in Handels- und Steuerbilanz zu beachten.

Gemäß § 5 Abs. 1 EStG ist für den Schluss des Wirtschaftsjahres das Betriebsvermögen anzusetzen, das nach den handelsrechtlichen Grundsätzen ordnungsmäßiger Buchführung auszuweisen ist, es sei denn, im Rahmen der Ausübung eines steuerlichen Wahlrechtes wird oder wurde ein anderer Ansatz gewählt.

Im Zuge der Modernisierung des Bilanzrechts wurde der seither in § 5 Abs. 1 Satz 2 EStG kodifizierte Grundsatz der umgekehrten Maßgeblichkeit aufgegeben. Die Ausübung steuerrechtlicher Wahlrechte bei der Gewinnermittlung ist insoweit nicht mehr an eine übereinstimmende Ausübung mit der handelsrechtlichen Jahresbilanz gekoppelt, sondern kann unabhängig hiervon erfolgen. Unter Einbeziehung des einschlägigen BMF-Schreibens vom 12. März 2010 ergibt sich folgendes Bild:

- Wahlrechte, die nur steuerlich bestehen, können unabhängig vom handelsrechtlichen Wertansatz ausgeübt werden (z. B. Teilwertabschreibungen)
- Wahlrechte, die sowohl handelsrechtlich als auch steuerlich bestehen, können in der Handelsbilanz und in der Steuerbilanz unterschiedlich ausgeübt werden (z. B. Verbrauchsfolgeverfahren)
- Bei der unabhängigen Ausübung steuerlicher Wahlrechte sind die Grundsätze ordnungsmäßiger Buchführung zu beachten, insbesondere das Stetigkeitsgebot nach § 252 Abs. 1 Nr. 6 HGB

- Bewertungswahlrechte, die in der Handelsbilanz ausgeübt werden können, ohne dass eine eigenständige steuerliche Regelung hierzu besteht, wirken wegen des maßgeblichen Handelsbilanzansatzes auch auf den Wertansatz in der Steuerbilanz (z. B. Festwertverfahren und Gruppenbewertung)

Die Ausübung steuerlicher Wahlrechte setzt jedoch voraus, dass die betroffenen Wirtschaftsgüter in besondere, laufend zu führende Verzeichnisse aufgenommen werden (§ 5 Abs. 1 Satz 2 und 3 EStG).

Bezüglich der Bewertung von Rückstellungen für steuerrechtliche Zwecke sei ferner auf R 6.11 Abs. 3 EStR 2012 hingewiesen. Nach Auffassung der Finanzverwaltung und der Rechtsprechung (BFH XI R 64/17, BStBl II 2020, 195, vom BMF für allgemein anwendbar erklärt am 31. März 2020) darf die Höhe der Rückstellung (mit Ausnahme der Pensionsrückstellungen) in der Steuerbilanz den zulässigen Ansatz in der Handelsbilanz nicht überschreiten. Dies betrifft in erster Linie sog. Sachleistungsverpflichtungen wie bspw. die Archivierungskostenrückstellung. Für den Gewinn, der sich aus der Auflösung von Rückstellungen ergibt, die bereits in dem vor dem 1.1.2010 endenden Wirtschaftsjahr passiviert wurden, kann jeweils i. H. v. 14/15 eine gewinnmindernde Rücklage passiviert werden, die in den folgenden vierzehn Wirtschaftsjahren mit mindestens 1/15 gewinnerhöhend aufzulösen ist.

3.1.3 IFRS

Unter den IFRS (International Financial Reporting Standards) versteht man die von dem International Accounting Standards Board (IASB) verabschiedeten Standards und Interpretationen zur Rechnungslegung von Unternehmen. Das IASB ist aus dem International Accounting Standards Committee (IASC) hervorgegangen, welches am 29. Juni 1973 in London von sich mit der Rechnungslegung und Prüfung befassenden Berufsverbänden aus Australien, Deutschland, Frankreich, Großbritannien, Irland, Japan, Kanada, Mexiko, den Niederlanden sowie den Vereinigten Staaten von Amerika gegründet wurde. Im Mai 2000 wurde das IASC in die unabhängige IASC Foundation (IASCF) überführt. Das IASCF wählt die Mitglieder des IASB. Das IASB hat sich die Formulierung und Veröffentlichung von Rechnungslegungsgrundsätzen sowie deren weltweite Verbreitung zur Aufgabe gemacht. Zugleich strebt es die Verbesserung und Harmonisierung von Rechnungslegungsnormen an.

Die Rechnungslegungsstandards des IASB werden als IFRS veröffentlicht. Die bis zur Restrukturierung des IASC im Jahre 2001 bestehenden Standards behalten ihre Bezeichnung als IAS bei, wobei die IFRS als Oberbegriff sowohl die bisher bestehenden IAS als auch die neu veröffentlichten IFRS umfassen. Im Zuge der Neustrukturierung des IASC wurden auch das Standing Interpretations Committee (SIC) in International Financial Reporting Standards Interpretations Committee (IFRS IC) umbenannt. Die Interpretationen werden entsprechend „SIC Interpretation" bzw. „IFRIC Interpretation" genannt.

Vor der Verabschiedung eines neuen IFRS oder einer neuen Interpretation des IFRS IC muss ein formelles Verfahren, der so genannte due process durchlaufen werden. Er soll die Transparenz der Entscheidungsprozesse des IASB sowie die Beteiligung verschiedener Interessengruppen und der Öffentlichkeit sicherstellen.

Die IFRS Foundation hat derzeit folgende Organisationsstruktur:

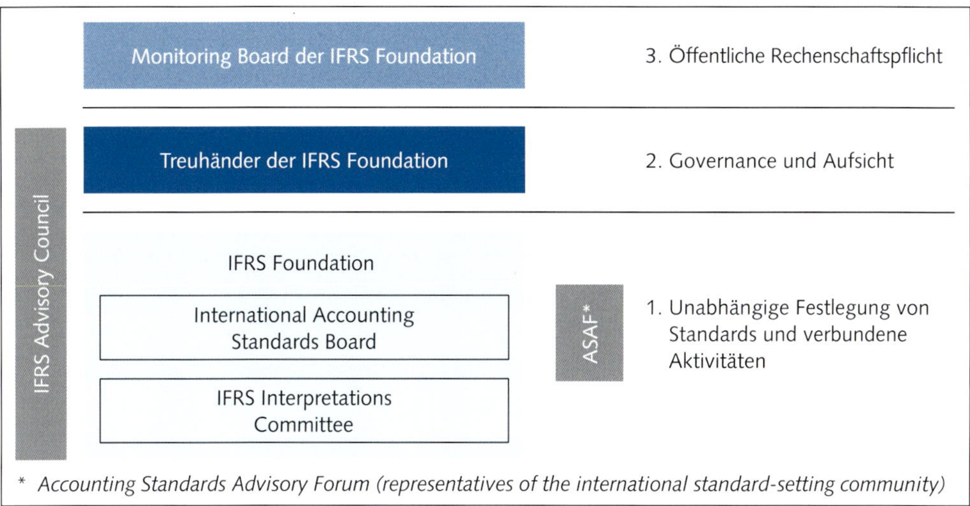

Abbildung 3.1.3-1: Die Organisationsstruktur der IASCF, Quelle: www.ifrs.org/about-us/our-structure/ (Stand: Januar 2022)

Die IFRS gelten rechtsform- und größenunabhängig für alle Unternehmen. Grundsätzlich gelten alle Standards – von konsolidierungsspezifischen Teilbereichen in IAS 28 sowie IFRS 3, 10, 11 und 12 abgesehen – sowohl für Einzel- als auch für Konzernabschlüsse.

Die IFRS sind grundsätzlich für Abschlüsse gewinnorientierter Unternehmen vorgesehen (Preface 9). Keine Anwendung finden sie beispielsweise auf den Lagebericht, einer Besonderheit der Berichterstattung für deutsche Unternehmen. Hier gibt es jedoch ein unverbindliches Practice Statement Management Commentary.

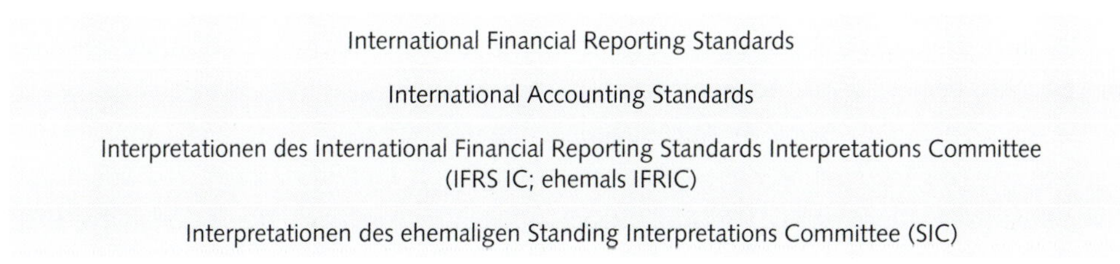

Abbildung 3.1.3-2: Umfang der IFRS

Gemäß IAS 1.7 umfassen die IFRS:

Auch die Interpretationen beschäftigen sich mit einzelnen Rechnungslegungsfragen. Anders als die Standards treffen die Interpretationen keine neuen grundsätzlichen Regelungen zu Rechnungslegungsfragen, sondern legen bestehende Standards aus. In der Praxis wird diese Abgrenzung zwischen Standards und Interpretationen nicht immer deutlich.

Vor dem Hintergrund der teilweise komplexen Regelungen in den einzelnen Standards und der umfangreichen Erläuterungen im Anhang bestanden Überlegungen, für kleine und mittelständische Unternehmen Vereinfachungen herbeizuführen. Am 9. Juli 2009 hat das IASB einen Standard veröffentlicht, der grundsätzlich für kleine und mittelgroße Unternehmen (small and mediumsized entities – SMEs) die Rechnungslegung bestimmt. Im Dezember 2015 wurde eine vollständig überarbeitete Version dieser Standards veröffentlicht. Die Anwendbarkeit dieses Standards ist allerdings in den einzelnen Staaten zu regeln. Aufgrund der durch das BilMoG erfolgten Internationalisierung der Rechnungslegung wurden die IFRS für kleine und mittelgroße Unternehmen in Deutschland nicht zur Anwendung freigegeben.

Eine Zusammenstellung der jeweils zum 1. Januar eines Kalenderjahres bestehenden IFRS ergeben sich aus dem von der IFRS Foundation herausgegebenen und über den Buchhandel erwerbbaren Bücher. Dabei wird zwischen „2021 International Financial Reporting Standards IFRS® (Red Book)" (ISBN: 9783-527-51042-9) und „2021 International Financial Reporting Standards IFRS® Consolidated without early application (Blue Book)" (ISBN: 978-1-911629-82-5) unterschieden. Das „Red Book" enthält alle zum 1. Januar eines Kalenderjahres veröffentlichte IFRSs, d. h. auch solche, die noch nicht verpflichtend in dem Kalenderjahr anzuwenden sind. Das „Blue Book" enthält alle IFRSs, deren Zeitpunkt des Inkrafttretens am oder vor dem 1. Januar eines Kalenderjahres liegt, d. h. die in dem Kalenderjahr verpflichtend anzuwenden sind. Dabei richtet sich der verpflichtende Erstanwendungszeitpunkt an „IASB-IFRS – Anwender" und kann somit für „EU-IFRS – Anwender" verschieden sein. Neben den Büchern ist auch ein – mit Registrierung und gewissen Beschränkungen verbundener – kostenloser Zugriff unter www.ifrs.org möglich.

Das europäische Parlament und der europäische Rat haben mit der Verordnung (EG) Nr. 1606/2002 vom 19. Juli 2002 die Anwendung internationaler Rechnungslegungsstandards („IAS-Verordnung") für kapitalmarktorientierte Unternehmen mit Sitz in einem EU-Mitgliedsstaat für Geschäftsjahre, die am oder nach dem 1. Januar 2005 beginnen, für konsolidierte Abschlüsse zwingend festgelegt. Um die Autorität zur Festlegung von Rechnungslegungsvorschriften nicht vollständig aus der Hand zu geben, sieht die Verordnung zugunsten der EU-Kommission ein Prüfungsrecht und eine daraus folgende formale Anerkennung (endorsement) für diese Standards vor. Nur diese anerkannten Standards dürfen dann von den europäischen Unternehmen angewendet werden.

Einen Überblick über die in Europa anwendbaren IFRSs erhält man über den EFRAG Endorsement Status Report über www.efrag.org.

Im Anschluss an die genannte Verordnung (EG) Nr. 1606/2002 hat die EU im Zeitablauf mit der Verordnung (EG) Nr. 1725/2003 und verschiedenen Änderungsverordnungen IFRSs übernommen. Aus Gründen der Klarheit und der Transparenz wurden mit der Verordnung (EG) Nr. 1126/2008 vom 3. November 2008 zusammenfassend alle am 15. Oktober 2008 vollständig übernommenen Standards und Interpretationen in deutscher Sprache zusammengefasst (Quelle: https://eur-lex.europa.eu/legal-content/DE/TXT/?uri=CELEX:32008R1126). Die zu einem späteren Zeitpunkt übernommenen IFRSs werden durch entsprechende Änderungsverordnungen in die EU übertragen. Über den folgenden Link erhält man auch einen Zugang zu sämtlichen von der EU übernommenen Standards und eine sogenannte als nicht rechtsverbindlich bezeichnete konsolidierte Fassung in allen Sprachen der EU und somit auch in Deutsch: https://eur-lex.europa.eu/legal-content/DE/TXT/?uri=CELEX:02008R1126-20220101%20.

Vergleicht man den Inhalt der verbindlichen deutschen Übersetzung der IFRS mit den oben erwähnten – vom IASB herausgegebenen – Büchern fällt auf, dass letztere erheblich umfangreicher sind, weil sie beispielsweise die sogenannten „basis for conclusions“ sowie die „implementation guidance“ beinhalten. Im Rahmen der basis for conclusions werden die Entscheidungsgründe für diese oder jene Ausformulierung eines Standards beschrieben. Die implementation guidance zeigt schließlich Anwendungsbeispiele für die Standards auf. In beiden Fällen handelt es sich nicht um Bestandteile eines IFRS, sie werden jedoch für die Interpretation der IFRS herangezogen. Somit bleibt dem Praktiker nichts anderes übrig als neben der verbindlichen Übersetzung der Standards auch ab und zu einen Blick in die Buchausgabe des IASB zu den Standards zu werfen.

Während die Rechnungslegungsregeln des HGB sich am Gläubigerschutz orientieren, steht für die IFRS die Informationsfunktion im Vordergrund. Dies erklärt auch die – wie im Folgenden zu zeigen sein wird – unterschiedlichen Bewertungskonzeptionen, bei denen in den IFRS der Zeitwert immer stärker in den Vordergrund tritt.

Die Rechnungslegung nach den Anforderungen des IASB ist durch den Dualismus der allgemeinen Grundsätze des Rahmenkonzeptes (conceptual framework) und der konkreten Regelungen durch die einzelnen IFRS bzw. Interpretationen des IFRS IC geprägt. Die konzeptionellen Grundlagen der Rechnungslegung sind dabei im Rahmenkonzept als theoretisches Fundament niedergelegt. Dabei besteht zwischen dem Rahmenkonzept und den einzelnen IFRS oder Interpretationen des IFRS IC eine Hierarchie. Sofern etwas nicht in einem IFRS oder einer Interpretation des IFRS IC geregelt ist, hat das bilanzierende Unternehmen ggf. auf das Rahmenkonzept zurückzugreifen (IAS 8.11).

Darüber hinaus kann das bilanzierende Unternehmen auch die jüngsten Verlautbarungen eines Standardsetters berücksichtigen, wenn dieser ein ähnliches konzeptionelles Rahmenkonzept zur Entwicklung von Bilanzierungs- und Bewertungsmethoden hat und dies nicht im Widerspruch zu den IFRS, Interpretationen des IFRS IC und dem Rahmenkonzept steht (IAS 8.12).

Das Rahmenkonzept hat somit keine „Grundgesetzfunktion", an der sich alle Standards orientieren müssen. Es stellt selbst auch keinen IFRS dar; konsequenterweise gibt es auch keine Übernahme durch die EU.

Wie oben schon erwähnt, bestehen die IFRS nicht nur aus den als International Financial Reporting Standard veröffentlichten Standards, sondern auch aus den International Accounting Standards (IAS) sowie den Interpretationen des IFRS IC bzw. früher des SIC. Grundsätzlich werden die IFRS und auch die IAS (bzw. die Interpretationen) durchnummeriert. Hierbei kann es sich ergeben, dass IAS wegfallen, etwa weil sie inhaltlich inzwischen durch einen anderen Standard übernommen wurden. Entsprechende Nummern entfallen daher und werden nicht neu vergeben. Beispielsweise fehlen die IAS 3, 4, 5 und 6.

Denkbar ist auch, dass bestehende IAS, IFRS und Interpretationen überarbeitet werden, so dass diese in verschiedenen Fassungen bestehen, für die es wiederum unterschiedliche Anwendungszeiträume gibt.

Neben vollständigen Überarbeitungen gibt es Ergänzungen eines Standards, für die wiederum besondere Anwendungszeiträume gegeben sind. Üblicherweise regelt ein Standard am Ende den Zeitpunkt des Inkrafttretens, d.h. die Jahresabschlüsse, für die zwingend ein Standard anzuwenden ist. Oft ist es aber zulässig, einen Standard auch schon vorher anzuwenden; teilweise wird die frühere Anwendung aber auch verboten. Der Bilanzersteller muss sich also über die Änderungen der IFRS ständig auf dem Laufenden halten und die Anwendungszeiträume genau im Blick haben. Ein internationaler Rechnungslegungsstandard ist typischerweise wie folgt aufgebaut:

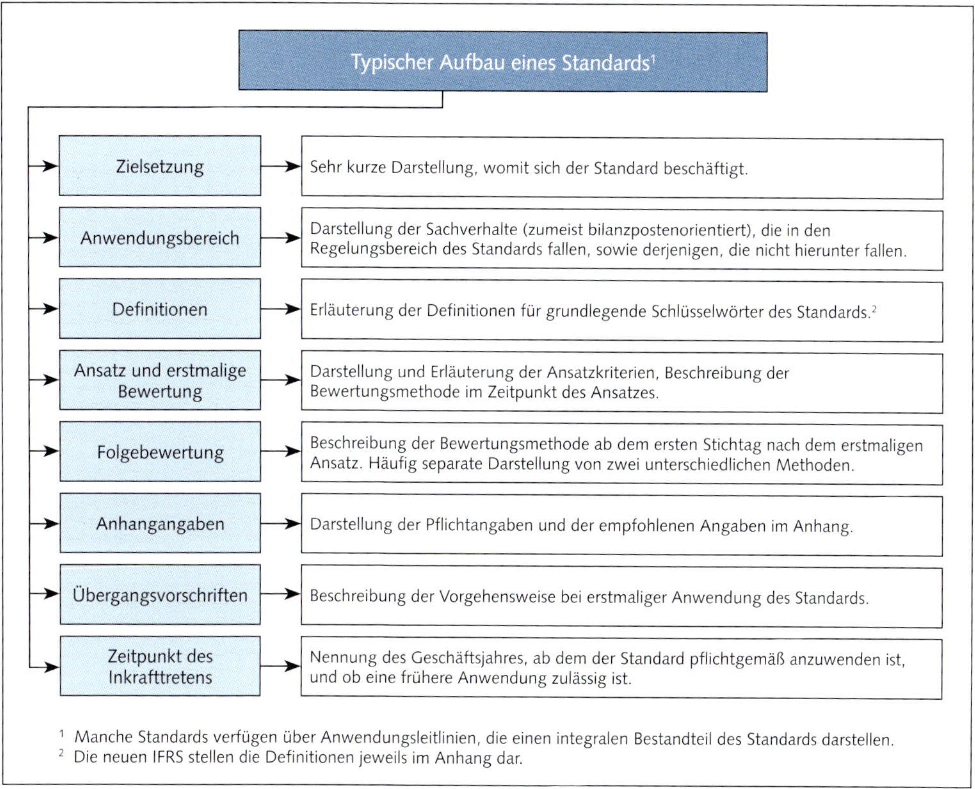

Abbildung 3.1.3-3: Typischer Aufbau eines Standards, Quelle: KPMG IFRS visuell (2021), S. 8

Aus dem Aufbau der Standards ist erkennbar, dass dieser sich im Regelfall nicht nur mit der Bilanzierung dem Grunde nach (Ansatz), sondern auch mit der Bilanzierung der Höhe nach, der erstmaligen Bewertung, d. h. wie ist ein Vermögenswert beispielsweise im Anschaffungs- bzw. Herstellungszeitpunkt zu bewerten, und auch mit der Folgebewertung – also mit der Bewertung im ersten Jahresabschluss nach der Anschaffung/Herstellung bzw. in den nachfolgenden Jahresabschlüssen, beschäftigt.

Gemäß IAS 1.10 besteht ein vollständiger Abschluss aus den folgenden Elementen:

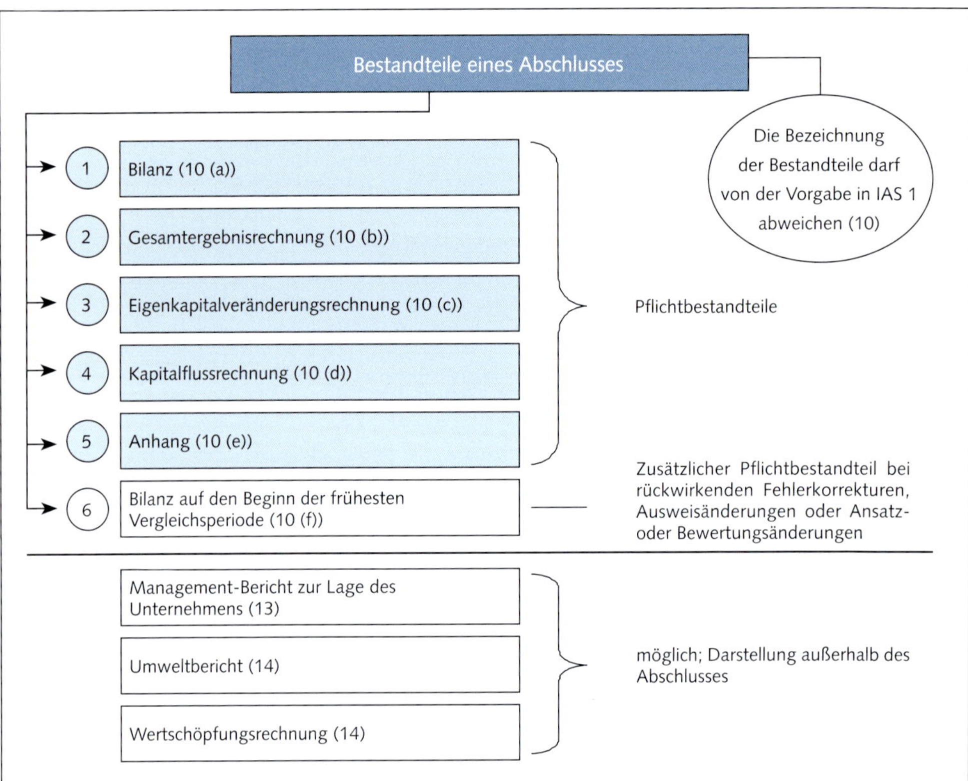

Abbildung 3.1.3-4: Elemente eines vollständigen Abschlusses, Quelle: KPMG IFRS visuell (2021), S. 12

In dem Fall, in dem ein Unternehmen eine Rechnungslegungsmethode rückwirkend anwendet oder Posten im Abschluss rückwirkend anpasst oder umgliedert, ist eine entsprechende „Eröffnungsbilanz" bei wesentlichen Effekten ebenfalls zwingend Bestandteil eines vollständigen Abschlusses (IAS 1.40A). Für deutsche Verhältnisse ist eine solche Regelung eher ungewöhnlich, da rückwirkende Anpassungen nach HGB grundsätzlich nicht zulässig sind.

Der Anhang beinhaltet eine zusammenfassende Darstellung der wesentlichen Rechnungslegungsmethoden und sonstige Erläuterungen wie auch bestimmte Vergleichsinformationen (IAS 1.10 (e) und IAS 1.10 (ea)). So müssen im Regelfall für quantitative Informationen Vergleichsinformationen hinsichtlich der vorangegangenen Periode angegeben werden. Weiterhin sind zwei Bilanzen, Gesamtergebnisrechnungen etc. in den Jahresabschluss aufzunehmen (IAS 10.38A). Dies bedeutet aber nichts anderes als dass – wie aus der HGB/KHBV-Welt bereits bekannt – Vorjahresangaben zu machen sind.

Wie man nebenstehender Aufstellung entnehmen kann, beinhaltet ein IFRS-Abschluss keinen Lagebericht. Auch in Deutschland steht der Lagebericht „neben" dem IFRS-Abschluss.

Die nebenstehenden Elemente gelten sowohl für den Einzelabschluss wie auch für einen Konzernabschluss und zwar unabhängig von der Rechtsform und der Größenordnung des Unternehmens. Eine Gesamtergebnisrechnung ist dem deutschen Rechnungslegungsrecht (HGB/KHBV) fremd; eine Kapitalflussrechnung bzw. eine Eigenkapitalveränderungsrechnung sind – soweit keine Kapitalmarktorientierung besteht (§ 264 Abs. 1 Satz 2, § 264d HGB) – nur für Konzernabschlüsse vorgesehen.

Eine Segmentberichterstattung ist kein gesonderter Abschlussbestandteil, sondern wird – soweit durch IFRS 8 gefordert – als Bestandteil des Anhangs offengelegt.

Während es in einem Jahresabschluss nach KHBV bzw. HGB die Regel gibt, dass sämtliche Ergebnisveränderungen durch die GuV „laufen" müssen, sind im Rahmen der IFRS bestimmte Ergebnisveränderungen erfolgsneutral im Eigenkapital darzustellen. Durch den IAS 1 wird sichergestellt, dass sämtliche Ergebnisveränderungen in einer Gesamtergebnisrechnung dargestellt werden, wobei es ein Wahlrecht gibt, sämtliche Ergebnisveränderungen nur in einer Ergebnisrechnung darzustellen (sog. „single-statement approach"), oder die bisherige Gewinn- und Verlustrechnung um eine Darstellung der erfolgsneutral im Eigenkapital verrechneten Ergebnisveränderungen zu ergänzen (sog. „two-statement approach"). Hierauf wird im Rahmen der Darstellung der Gliederung der Gewinn- und Verlustrechnung noch eingegangen werden (vgl. Kapitel 3.2.2).

Die allgemeinen Merkmale, denen ein Jahresabschluss gemäß IAS 1.15 ff. genügen muss, gibt das folgende Schaubild wider:

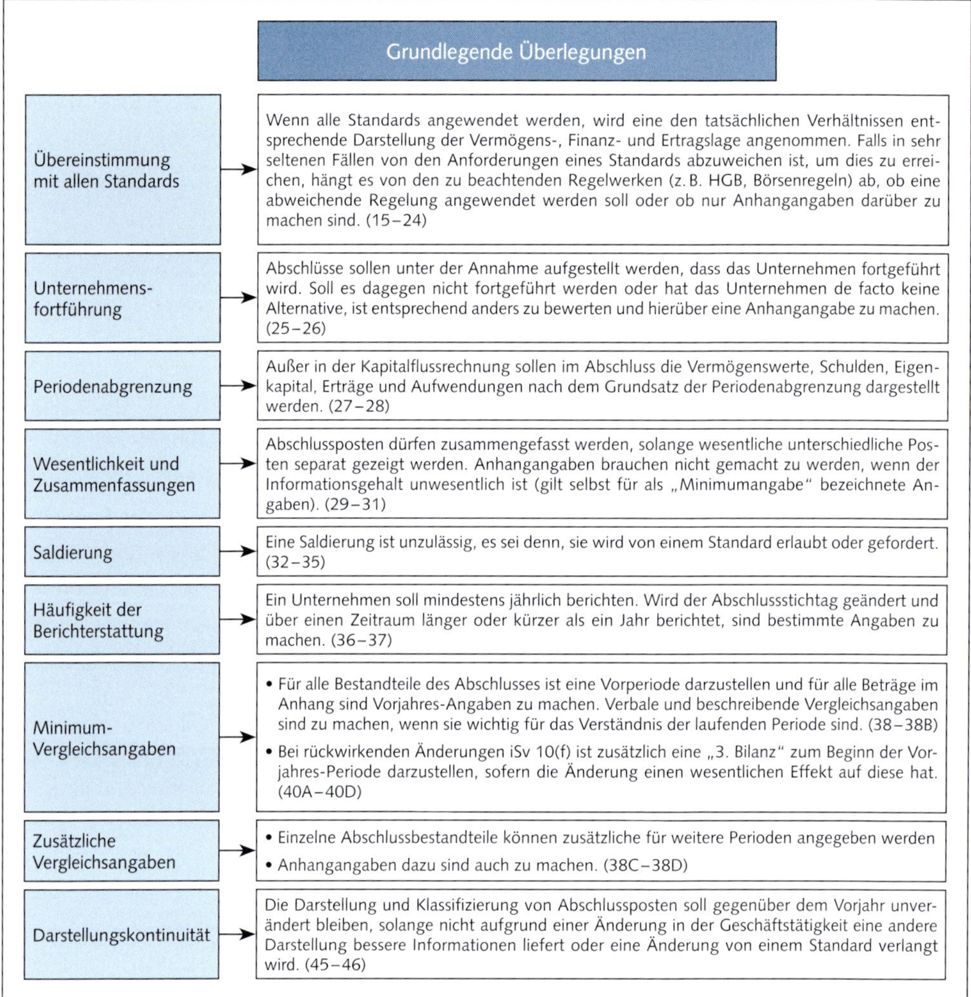

Abbildung 3.1.3-5: Allgemeine Merkmale eines Jahresabschlusses nach IFRS,
Quelle: KPMG IFRS visuell (2021), S. 13

Beschreibungen der aufgeführten allgemeinen Grundsätze sind in IAS 1.15 ff. zu finden.

3.2 Gliederung nach Handelsrecht, KHBV, Steuerrecht und IFRS

Der Jahresabschluss von Krankenhausunternehmen besteht gemäß § 4 Abs. 1 KHBV aus der Bilanz, der Gewinn- und Verlustrechnung und dem Anhang einschließlich des Anlagennachweises. Er ist innerhalb von vier Monaten nach Ablauf des Geschäftsjahres aufzustellen (§ 4 Abs. 2 KHBV). Durch § 4 Abs. 3 KHBV wird hinsichtlich Aufstellung und Inhalt des Jahresabschlusses auf eine Vielzahl von Vorschriften des Handelsgesetzbuchs verwiesen, so dass die dort angegebenen Regelungen auch weitgehend auf Krankenhausunternehmen Anwendung finden.

Zudem finden sich in § 5 KHBV sowie in den Anlagen 1 bis 3 zur KHBV weitere Regelungen zum Jahresabschluss von Krankenhausunternehmen sowie zur Gliederung von Bilanz, Gewinn- und Verlustrechnung sowie Anhang nebst Anlagennachweis. Nachfolgend sollen diese Vorgaben dargestellt werden.

Ergänzend werden evtl. hiervon abweichende Regelungen nach Steuerrecht besprochen.

Auf Grund der zunehmenden Internationalisierung erfolgt nach der Darstellung der Regelungen zur Gliederung von Bilanz, Gewinn- und Verlustrechnung sowie Anhang nach HGB/KHBV eine kurze Darstellung der entsprechenden Regelungen der IFRS.

3.2.1 Bilanz

Handelsrecht / KHBV

Die Bilanz gibt eine Übersicht über Vermögen und Schulden des Krankenhausunternehmens. Sie stellt Aktiva und Passiva dar und zeigt grundsätzlich auf, welche Vermögenspositionen dem Krankenhaus zuzurechnen sind (Aktiva) und wie diese finanziert (Passiva) sind.

Aktivseite

A. Anlagevermögen

I. Immaterielle Vermögensgegenstände
1. Selbst geschaffene gewerbliche Schutzrechte und ähnliche Rechte und Werte
2. entgeltlich erworbene Konzessionen, gewerbliche Schutzrechte und ähnliche Rechte und Werte sowie Lizenzen an solchen Rechten und Werten
3. Geschäfts- oder Firmenwert
4. geleistete Anzahlungen

II. Sachanlagen
1. Grundstücke und grundstücksgleiche Rechte mit Betriebsbauten einschließlich der Betriebsbauten auf fremden Grundstücken
2. Grundstücke und grundstücksgleiche Rechte mit Wohnbauten einschließlich der Wohnbauten auf fremden Grundstücken, soweit nicht unter 1.
3. Grundstücke und grundstücksgleiche Rechte ohne Bauten
4. technische Anlagen
5. Einrichtungen und Ausstattungen
6. geleistete Anzahlungen und Anlagen im Bau

III. Finanzanlagen
1. Anteile an verbundenen Unternehmen
2. Ausleihungen an verbundene Unternehmen
3. Beteiligungen
4. Ausleihungen an Unternehmen, mit denen ein Beteiligungsverhältnis besteht
5. Wertpapiere des Anlagevermögens
6. sonstige Finanzanlagen, davon bei Gesellschaftern bzw. dem Krankenhausträger

B. Umlaufvermögen

I. Vorräte
1. Roh-, Hilfs- und Betriebsstoffe
2. unfertige Erzeugnisse, unfertige Leistungen
3. fertige Erzeugnisse und Waren
4. geleistete Anzahlungen

II. Forderungen und sonstige Vermögensgegenstände
1. Forderungen aus Lieferungen und Leistungen, davon mit einer Restlaufzeit von mehr als einem Jahr
2. Forderungen an Gesellschafter bzw. den Krankenhausträger, davon mit einer Restlaufzeit von mehr als einem Jahr
3. Forderungen nach dem Krankenhausfinanzierungsrecht, davon nach der BPflV, davon mit einer Restlaufzeit von mehr als einem Jahr
4. Forderungen gegen verbundene Unternehmen, davon mit einer Restlaufzeit von mehr als einem Jahr
5. Forderungen gegen Unternehmen, mit denen ein Beteiligungsverhältnis besteht, davon mit einer Restlaufzeit von mehr als einem Jahr
6. Eingefordertes, noch nicht eingezahltes Kapital
7. sonstige Vermögensgegenstände, davon mit einer Restlaufzeit von mehr als einem Jahr

III. Wertpapiere des Umlaufvermögens, davon Anteile an verbundenen Unternehmen

IV. Schecks, Kassenbestand, Bundesbank- und Postgiroguthaben, Guthaben bei Kreditinstituten

C. Ausgleichsposten nach dem KHG
1. Ausgleichsposten aus Darlehensförderung
2. Ausgleichsposten für Eigenmittelförderung

D. Rechnungsabgrenzungsposten
1. Disagio
2. andere Abgrenzungsposten

E. Aktive latente Steuern

F. Aktiver Unterschiedsbetrag aus der Vermögensverrechnung

G. Nicht durch Eigenkapital gedeckter Fehlbetrag

Passivseite

A. Eigenkapital
1. Eingefordertes Kapital/Gezeichnetes Kapital abzüglich nicht eingeforderter, ausstehender Einlagen
2. Kapitalrücklagen
3. Gewinnrücklagen
4. Gewinnvortrag/Verlustvortrag
5. Jahresüberschuss/Jahresfehlbetrag

B. Sonderposten aus Zuwendungen zur Finanzierung des Sachanlagevermögens
1. Sonderposten aus Fördermitteln nach dem KHG
2. Sonderposten aus Zuweisungen und Zuschüssen der öffentlichen Hand
3. Sonderposten aus Zuwendungen Dritter

C. Rückstellungen
1. Rückstellungen für Pensionen und ähnliche Verpflichtungen
2. Steuerrückstellungen
3. sonstige Rückstellungen

D. Verbindlichkeiten
1. Verbindlichkeiten gegenüber Kreditinstituten, davon gefördert nach dem KHG, davon mit einer Restlaufzeit bis zu einem Jahr
2. erhaltene Anzahlungen, davon mit einer Restlaufzeit bis zu einem Jahr
3. Verbindlichkeiten aus Lieferungen und Leistungen, davon mit einer Restlaufzeit bis zu einem Jahr
4. Verbindlichkeiten aus der Annahme gezogener Wechsel und der Ausstellung eigener Wechsel, davon mit einer Restlaufzeit bis zu einem Jahr
5. Verbindlichkeiten gegenüber Gesellschaftern bzw. dem Krankenhausträger, davon mit einer Restlaufzeit bis zu einem Jahr
6. Verbindlichkeiten nach dem Krankenhausfinanzierungsrecht (KHG), davon nach der BPflV, davon mit einer Restlaufzeit bis zu einem Jahr
7. Verbindlichkeiten aus sonstigen Zuwendungen zur Finanzierung des Anlagevermögens, davon mit einer Restlaufzeit bis zu einem Jahr
8. Verbindlichkeiten gegenüber verbundenen Unternehmen, davon mit einer Restlaufzeit bis zu einem Jahr
9. Verbindlichkeiten gegenüber Unternehmen, mit denen ein Beteiligungsverhältnis besteht, davon mit einer Restlaufzeit bis zu einem Jahr
10. sonstige Verbindlichkeiten

E. Ausgleichsposten aus Darlehensförderung

F. Rechnungsabgrenzungsposten

G. Passive latente Steuern

Abbildung 3.2.1-1: Bilanzgliederung nach Anlage 1 der KHBV

Steuerrecht

Die Gliederung der Steuerbilanz orientiert sich grundsätzlich an der Bilanzgliederung nach HGB/KHBV und sind um nicht mehr in der Handelsbilanz gebildete Posten wie z. B. der Sonderposten mit Rücklageanteil gemäß § 6b EStG etc. zu ergänzen.

IFRS

Nach IFRS werden Aufbau und Inhalt der Bilanz gemäß IAS 1.54 ff. geregelt. Grundsätzlich ist eine Gliederung nach kurzfristigen und langfristigen Vermögenswerten sowie kurzfristigen und langfristigen Schulden und Eigenkapital als getrennte Gliederungsgruppen in der Bilanz darzustellen. Ein Vermögenswert ist als kurzfristig einzustufen, wenn er mindestens eines der nachfolgenden Kriterien erfüllt (IAS 1.66):

- Seine Realisation wird innerhalb des Verlaufs des normalen Geschäftszyklus des Unternehmens erwartet oder er wird zum Verkauf oder Verbrauch innerhalb dieses Zeitraums gehalten.
- Er wird primär für Handelszwecke gehalten.
- Seine Realisation wird innerhalb von zwölf Monaten nach dem Bilanzstichtag erwartet.

oder

- Es handelt sich um Zahlungsmittel oder Zahlungsmitteläquivalente (gemäß der Definition in IAS 7), es sei denn, der Tausch oder die Nutzung des Vermögenswerts zur Erfüllung einer Verpflichtung sind für einen Zeitraum von mindestens 12 Monaten nach dem Bilanzstichtag eingeschränkt.

Abbildung 3.2.1-2: Anforderungskriterien für kurzfristige Vermögenswerte gemäß IAS 1.66

Erfüllt der Vermögenswert nicht eines der dargestellten Kriterien, so ist er als langfristig einzustufen. Latente Steueransprüche sind immer als langfristig auszuweisen (IAS 1.56). Entsprechend enthält IAS 1.69 Anforderungen, die eine Schuld erfüllen muss, um als kurzfristige Schuld ausgewiesen zu werden. Diese sind:

- Ihre Erfüllung wird innerhalb des gewöhnlichen Verlaufs des normalen Geschäftszyklus des Unternehmens erwartet.
- Sie wird primär für Handelszwecke gehalten.
- Ihre Tilgung wird innerhalb von zwölf Monaten nach dem Bilanzstichtag erwartet.

oder

- Das Unternehmen hat kein uneingeschränktes Recht[1] zur Verschiebung der Erfüllung der Verpflichtung um mindestens zwölf Monate nach dem Bilanzstichtag.

Abbildung 3.2.1-3: Anforderungskriterien für kurzfristige Schulden gemäß IAS 1.69

1 Anpassung des Wortlauts des IAS 1.69 durch das Amendment zum IAS 1 "Classification of Liabilities of Current or Non-Current" mit verpflichtender Anwendung ab 1. Januar 2023

Erfüllt die Schuld diese Kriterien nicht, ist sie als langfristig einzustufen. Latente Steuerschulden sind immer als langfristige Schulden auszuweisen (IAS 1.56).

Zudem schreiben die IFRS in IAS 1.54 ff. Mindestbestandteile vor, die eine Bilanzgliederung nach IFRS enthalten muss. Diese sind in der nachfolgenden Abbildung dargestellt:

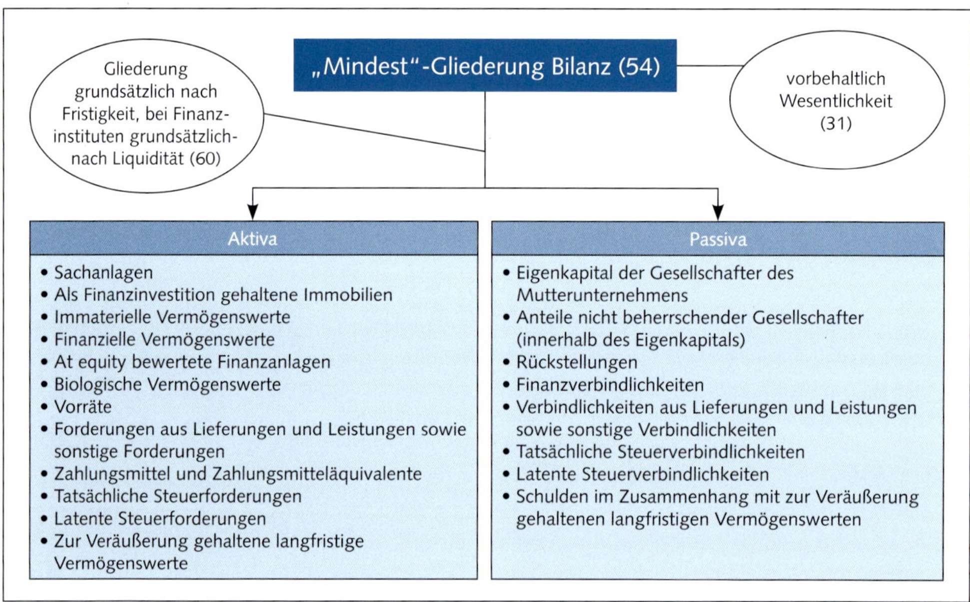

Abbildung 3.2.1-4: Mindestinhalte der Bilanz gemäß IAS 1.54 ff, Quelle: KPMG IFRS visuell (2021), S. 15

3.2.2 Gewinn- und Verlustrechnung

Handelsrecht / KHBV

Die Gewinn- und Verlustrechnung stellt die dem Geschäftsjahr zuzurechnenden Aufwendungen und Erträge einander gegenüber. Da dies für Krankenhausunternehmen grundsätzlich entsprechend Anlage 2 zur KHBV zu erfolgen hat, ist die Anwendung des sogenannten Gesamtkostenverfahrens verpflichtend. Für nach dem 31. Dezember 2015 beginnende Geschäftsjahre ist die folgende Gliederung anzuwenden (§ 11 Abs. 2 und 3 KHBV):

1. Erlöse aus Krankenhausleistungen
2. Erlöse aus Wahlleistungen
3. Erlöse aus ambulanten Leistungen des Krankenhauses
4. Nutzungsentgelte der Ärzte

4a. Umsatzerlöse nach § 277 Abs. 1 des Handelsgesetzbuchs, soweit nicht in den Nummern 1 bis 4 enthalten
– davon aus Ausgleichsbeträgen für frühere Geschäftsjahre

5. Erhöhung oder Verminderung des Bestandes an fertigen und unfertigen Erzeugnissen/unfertigen Leistungen
6. andere aktivierte Eigenleistungen
7. Zuweisungen und Zuschüsse der öffentlichen Hand, soweit nicht unter Nr. 11
8. Sonstige betriebliche Erträge
9. Personalaufwand
   a) Löhne und Gehälter
   b) Soziale Abgaben und Aufwendungen für Altersversorgung und Unterstützung
   – davon Altersversorgung
10. Materialaufwand
   a) Aufwendungen für Roh-, Hilfs- und Betriebsstoffe
   b) Aufwendungen für bezogene Leistungen

Zwischenergebnis

11. Erträge aus Zuwendungen zur Finanzierung von Investitionen
   – davon Fördermittel nach dem KHG
12. Erträge aus der Einstellung von Ausgleichsposten aus Darlehensförderung und für Eigenmittelförderung
13. Erträge aus der Auflösung von Sonderposten / Verbindlichkeiten nach dem KHG und auf Grund sonstiger Zuwendungen zur Finanzierung des Anlagevermögens
14. Erträge aus der Auflösung des Ausgleichspostens für Darlehensförderung
15. Aufwendungen aus der Zuführung zu Sonderposten / Verbindlichkeiten nach dem KHG und auf Grund sonstiger Zuwendungen zur Finanzierung des Anlagevermögens
16. Aufwendungen aus der Zuführung zu Ausgleichsposten aus Darlehensförderung
17. Aufwendungen für die nach dem KHG geförderte Nutzung von Anlagegegenständen
18. Aufwendungen für nach dem KHG geförderte, nicht aktivierungsfähige Maßnahmen
19. Aufwendungen aus der Auflösung der Ausgleichsposten aus Darlehensförderung und für Eigenmittelförderung
20. Abschreibungen
   a) Auf immaterielle Vermögensgegenstände des Anlagevermögens und Sachanlagen
   b) Auf Vermögensgegenstände des Umlaufvermögens, soweit diese die im Krankenhaus üblichen Abschreibungen übersteigen
21. Sonstige betriebliche Aufwendungen
   – davon aus Ausgleichsbeträgen für frühere Geschäftsjahre

Zwischenergebnis

22. Erträge aus Beteiligungen
   – davon aus verbundenen Unternehmen
23. Erträge aus anderen Wertpapieren und aus Ausleihungen des Finanzanlagevermögens
   – davon aus verbundenen Unternehmen
24. Sonstige Zinsen und ähnliche Erträge
   – davon aus verbundenen Unternehmen
25. Abschreibungen auf Finanzanlagen und auf Wertpapiere des Umlaufvermögens
26. Zinsen und ähnliche Aufwendungen
   – davon für Betriebsmittelkredite
   – davon an verbundene Unternehmen
27. Steuern
   – davon vom Einkommen und vom Ertrag

28. Jahresüberschuss / Jahresfehlbetrag

Abbildung 3.2.2-1: Gliederung der Gewinn- und Verlustrechnung nach Anlage 2 der KHBV

Erträge und Aufwendungen von „außergewöhnlicher Größenordnung oder außergewöhnlicher Bedeutung" sind im Anhang hinsichtlich des Betrags und der Art zu erläutern (§ 285 Nr. 31 HGB). Insoweit verweisen wir auf die Erläuterungen zum Anhang in diesem Kapitel.

Geändertes Erlöskonzept der KHBV

Mit Änderung der Umsatzerlösdefinition in § 277 Abs. 1 HGB durch das Bilanzrichtlinie-Umsetzungsgesetz (BilRUG) erfolgte eine Ausweitung der Umsatzerlöse u. a. auf vormals als sonstige betriebliche Erträge einzuordnende Geschäftsvorfälle, die nun unter Nr. 4a ausgewiesen werden. Hierunter fallen entsprechend der Angaben in der Anlage 2 zur KHBV zu dem Posten Nr. 4a die folgenden Kontengruppen:

44 Rückvergütungen, Vergütungen und Sachbezüge
45 Erträge aus Hilfs- und Nebenbetrieben, Notarztdienst
57 Sonstige Erträge
58 Erträge aus Ausgleichsbeträgen für frühere Geschäftsjahre
591 Periodenfremde Erträge

Hinsichtlich der Ausgleichsbeträge für frühere Geschäftsjahre ist ein „davon-Vermerk" vorgesehen. Soweit die Ausgleichsbeträge für frühere Geschäftsjahre zu einem Aufwand führen, hat sich der Ausweis innerhalb der Anlage 2 zur KHBV nicht geändert. Diese – grundsätzlich auch als Erlösschmälerungen verstehbaren Beträge – werden (mit davon-Vermerk) auch in der Zukunft als Bestandteil des Postens „sonstige betriebliche Aufwendungen" ausgewiesen.

Im Rahmen der sonstigen betrieblichen Erträge werden ab 2016 folgende Beträge ausgewiesen:

- Zuwendungen Dritter zur Finanzierung laufender Aufwendungen (Kontenuntergruppe („KUGr." 473)
- Erträge aus dem Abgang von Gegenständen des Sachanlagevermögens und von Zuschreibungen zum Sachanlagevermögen (KUGr. 520)
- Erträge aus der Auflösung von Rückstellungen (KGr. 54)
- Spenden und ähnliche Zuwendungen (KUGr. 592)

Den in der KUGr. 473 ausgewiesenen Erträgen werden auch die Erträge zugeordnet, denen kein Leistungsaustausch zugrunde liegt. Hierzu kann beispielsweise ein Sanierungszuschuss des Gesellschafters ohne Gegenleistungsverpflichtung gehören. Ebenso fallen hierunter Schadenersatzansprüche. Erlöse aus Konzernumlagen müssen differenziert betrachtet werden. Liegen diesen Dienstleistungen zugrunde (z. B. Führung der Handelsbücher, Beratungsleistungen) liegen Umsatzerlöse der leistenden Konzerngesellschaft vor, da ein Leistungsaustausch stattfindet.

Entsprechend erfolgt ein Ausweis unter Nr. 4a. Werden allerdings nur entstehende Aufwendungen an eine andere Konzerngesellschaft weiterbelastet, ohne dass eine eigene Dienstleistung erbracht wird, liegen keine Umsatzerlöse sondern sonstige betriebliche Erträge vor.[2] Hierzu gehören beispielsweise auch die Kostenerstattungen für Personal, das in anderen Konzerngesellschaften eingesetzt wird, ohne dass eine Dienstleistung geschuldet wird.

Die Erweiterung der Gliederung der Gewinn- und Verlustrechnung in der Anlage 2 zur KHBV hat allerdings auch Folgewirkungen auf die Zusammensetzung der Umsatzerlöse in den Fällen, in denen das Krankenhaus die Gewinn- und Verlustrechnung nach § 275 HGB nach dem Gesamtkostenverfahren gliedert. Durch die ausdrückliche Aufnahme der Kontengruppe 44 in den Posten Nr. 4a sind diese Erträge auch bei der Ermittlung der Umsatzerlöse nach § 277 Abs. 1 HGB einzubeziehen, um die Vergleichbarkeit zwischen Jahresabschlüssen mit einer GuV-Gliederung nach § 275 Abs. 1 HGB bzw. Anlage 2 zur KHBV zu gewährleisten. Insoweit liegt eine Auslegung des § 277 Abs. 1 HGB durch den Verordnungsgeber vor und es liegt eine Ausnahme von der grundsätzlich vom IDW vertretenen Auffassung vor, wonach Sachbezüge nicht den Umsatzerlösen zuzuordnen seien.[3]

Der Verordnungsgeber hat sich für die Einführung einer Nr. 4a und damit gegen eine Neunummerierung entschieden, mit der dem neuen Posten auch die Nummer 5 hätte zugewiesen werden können. Entsprechend ist bei der Erstellung von Krankenhausabschlüssen gemäß der Gliederung gemäß der Anlage 2 zur KHBV auch darauf zu achten, dass der Posten „Umsatzerlöse nach § 277 Abs. 1 des Handelsgesetzbuchs…" mit „Nr. 4a" bezeichnet wird.

IFRS

Ein Unternehmen muss eine Gesamtergebnisrechnung erstellen, in die der Gewinn oder Verlust sowie das sonstige Ergebnis aufzunehmen sind. Hierzu bestehen nach IAS 1.10A die beiden folgenden Alternativen:

- Darstellung in einer einzigen Gesamtergebnisrechnung („single-statement approach") oder
- Darstellung in zwei Aufstellungen: einer gesonderten Gewinn- und Verlustrechnung und einer Darstellung der Bestandteile des sonstigen Ergebnisses („two-statement approach").

Das sonstige Ergebnis umfasst Ertrags- und Aufwandsposten, die nach IFRS nicht im Gewinn oder Verlust erfasst werden dürfen oder müssen (IAS 1.7).

2 Vgl. HFA: Anwendungsfragen im Zusammenhang mit dem HGB i.d.F. des Bilanrichtlinie-Umsetzungsgesetzes – BilRUG IDWLife 2015 S. 669–672 (671).

3 Vgl. HFA: Weitere Anwendungsfragen zum HGB i.d.F. des BilRUG, IDWLife 2016, S. 303–304 (303).

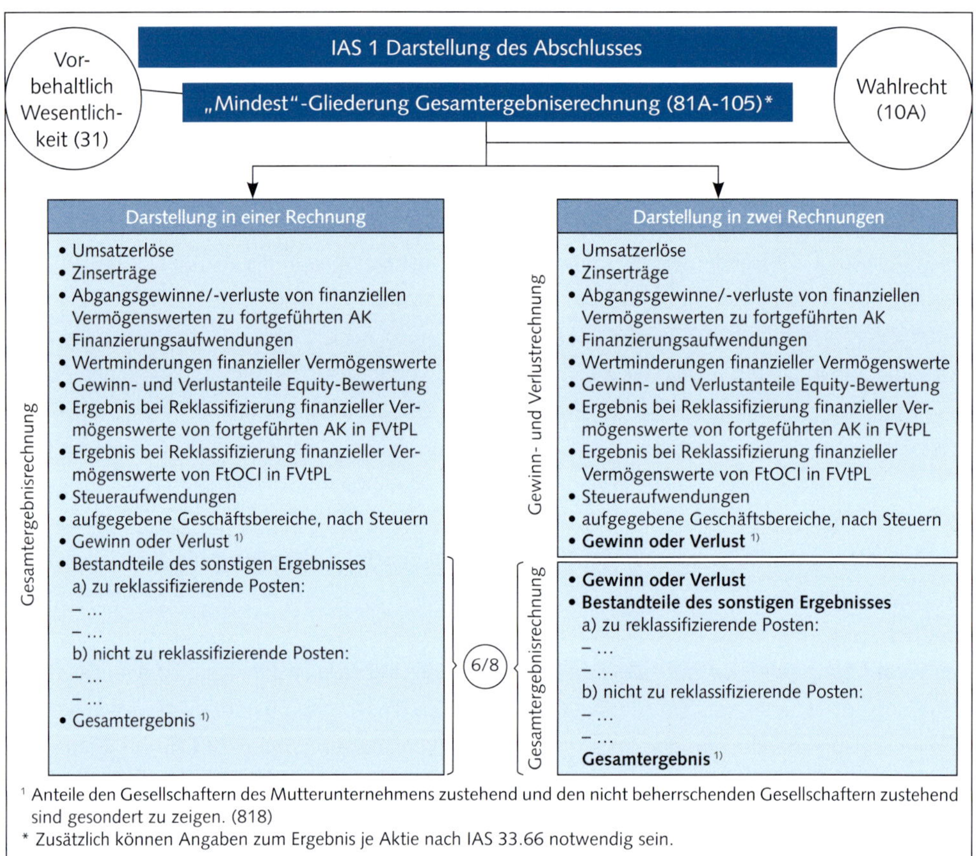

Abbildung 3.2.2-2: Inhalt der Gesamtergebnisrechnung (single-statement approach) gemäß IAS 1.81A ff., Quelle: KPMG IFRS visuell (2021), S. 16

Im Rahmen des two-statement approach würde eine gesonderte Gewinn- und Verlustrechnung erstellt werden, die mit dem Gewinn oder Verlust des Geschäftsjahres endet. Weiterhin würde eine Gesamtergebnisrechnung aufgestellt werden, die mit dem Jahresergebnis beginnt, die einzelnen Bestandteile des sonstigen Ergebnisses hinzurechnet und mit dem Gesamtergebnis endet.

Unabhängig davon, ob eine gesonderte Gewinn- und Verlustrechnung erstellt wird oder die zum Jahresergebnis führenden Erträge und Aufwendungen im Rahmen einer Gesamtergebnisrechnung dargestellt werden, können nach IFRS sowohl das Gesamtkostenverfahren wie auch das Umsatzkostenverfahren angewendet werden (nach der KHBV darf nur das Gesamtkostenverfahren angewendet werden).

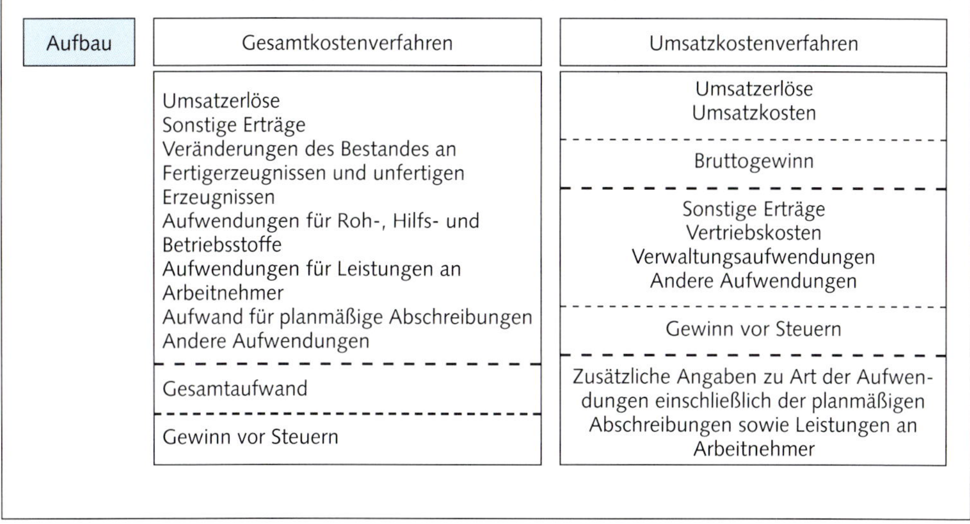

Abbildung 3.2.2-3: Beispiel Gesamt-/Umsatzkostenverfahren nach IAS 1.102/103

Zu erkennen ist, dass die IFRS offenlassen, ob ein Unternehmen das – für Krankenhausunternehmen derzeit typische – Gesamtkostenverfahren oder das Umsatzkostenverfahren anwendet.

Hinsichtlich der Abschlussbestandteile Anhang, Kapitalflussrechnung und Eigenkapitalspiegel verweisen wir auf die Kapitel 3.5 (Anhang) sowie 4.1.4.4 (Kapitalflussrechnung) und 4.1.4.5 (Eigenkapitalspiegel).

3.3 Ansatz und Bewertung relevanter Bilanzposten

3.3.1 Immaterielle Vermögensgegenstände

3.3.1.1 Allgemeine Regelungen

Unter den immateriellen Vermögensgegenständen werden nach HGB/KHBV Vermögensgegenstände ausgewiesen, die bestimmt sind, dem Krankenhausbetrieb dauernd zu dienen, die jedoch nicht materialisiert, also greifbar sind. Hierbei ist nach § 266 Abs. 2 HGB und nach Anlage 1 zur KHBV der folgende Ausweis vorgesehen:

Immaterielle Vermögensgegenstände
1. selbst geschaffene gewerbliche Schutzrechte und ähnlich Rechte und Werte
2. entgeltlich erworbene Konzessionen, gewerbliche Schutzrechte und ähnliche Rechte und Werte sowie Lizenzen an solchen Rechten und Werten
3. Geschäfts- oder Firmenwert
4. geleistete Anzahlungen

Entgeltlich erworbene immaterielle Vermögensgegenstände sind aktivierungspflichtig, soweit (wirtschaftliches) Eigentum bzw. Inhaberschaft besteht und sie einen immateriellen wirtschaftlichen Wert darstellen, der selbstständig verkehrsfähig ist (BeBiKo 12. Auflage zu § 247 Tz. 389).

Gemäß § 248 Abs. 2 Satz 1 HGB besteht ein Aktivierungswahlrecht für selbst geschaffene immaterielle Vermögensgegenstände des Anlagevermögens. Immaterielle Vermögensgegenstände können aktiviert werden, wenn die Voraussetzungen selbständige Verwertbarkeit, die nach neben einem wirtschaftlichen Nutzen für das Unternehmen als weitere Aktivierungsvoraussetzung die selbständige Verkehrsfähigkeit dieser Werte fordert, und selbständige Bewertbarkeit gegeben sind (BeBiKo zu § 247 Tz. 376-378).

Nach wie vor besteht ein Aktivierungsverbot gemäß § 248 Abs. 2 S. 2 HGB für Marken, Drucktitel, Verlagsrechte, Kundenlisten und ähnliche Vermögensgegenstände, die selbst geschaffen wurden.

Das Aktivierungswahlrecht besteht gemäß § 255 Abs. 2a HGB für die auf die Entwicklungsphase entfallenden Herstellungskosten des selbst geschaffenen immateriellen Vermögensgegenstands. Voraussetzung für die Aktivierung der auf die Entwicklungsphase eines selbst geschaffenen Vermögensgegenstands entfallenden Herstellungskosten (§ 255 Abs. 2a HGB) ist die klare und eindeutige Abgrenzung von Forschungs- und Entwicklungskosten. Ansonsten greift insgesamt ein Aktivierungsverbot, die Aufwendungen sind dann in voller Höhe ergebnismindernd in der

Gewinn- und Verlustrechnung zu erfassen, da in § 255 Abs. 2 HGB explizit geregelt ist, dass Forschungs- und Vertriebskosten kein Bestandteil der Herstellungskosten sind.

Unter Forschung ist in diesem Zusammenhang die Phase der eigenständigen und planmäßigen Suche nach neuen wissenschaftlichen oder technischen Erkenntnissen oder Erfahrungen allgemeiner Art, über deren technische Verwertbarkeit und wirtschaftliche Erfolgsaussichten keine Aussagen gemacht werden können, zu verstehen. Die sich hieran anschließende Phase der Entwicklung beinhaltet demgegenüber die Anwendung von Forschungsergebnissen oder anderem Wissen für die Neuentwicklung von Gütern und Verfahren oder die Weiterentwicklung von Gütern und Verfahren mittels wesentlicher Änderungen (§ 255 Abs. 2a S. 2 und 3 HGB).

Wesentliche Grundlage der Aktivierung selbst geschaffener immaterieller Vermögensgegenstände ist eine „hinreichende" Dokumentation. Auf Basis dieser Dokumentation muss die erforderliche Abgrenzung von Forschungs- und Entwicklungskosten eindeutig nachvollziehbar sein. Es muss offen dargelegt werden, dass die entstandenen Entwicklungskosten auf Grund einer validen Zukunftsprognose für die Schaffung eines verwertbaren immateriellen Vermögensgegenstands angefallen sind, der mit hoher Wahrscheinlichkeit zur Entstehung gelangt. Die der Prognose zu Grunde liegenden Annahmen müssen in der Dokumentation nachvollziehbar dargelegt werden.

Selbsterstellte immaterielle Vermögensgegenstände	
Aktivierungswahlrecht	§ 248 Abs. 2 HGB Ausschüttungssperre in Höhe der aktivierten Herstellungskosten abzüglich darauf entfallender passiver latenter Steuern
Herstellungskosten	Einzel- und variable Gemeinkosten der Entwicklung – keine Forschungskosten – keine Vertriebskosten
Anforderungen	– klare und eindeutige Trennung von Forschung und Entwicklung, ansonsten Aktivierungsverbot – „Hinreichende" Dokumentation der Zukunftsprognose, dass ein verwertbarer immaterieller VG mit hoher Wahrscheinlichkeit zur Entstehung gelangt – Anhangangabe nach § 285 Nr. 22 HGB
Folgebewertung	Abschreibung über die betriebsgewöhnliche Nutzungsdauer, ggf. außerplanmäßige Abschreibungen

Abbildung 3.3.1-1: Kriterien für selbst geschaffene immaterielle Vermögensgegenstände nach HGB

In Folge des im deutschen Bilanzrecht noch immer verankerten Gläubigerschutzgedankens, ist in § 268 Abs. 8 HGB eine Ausschüttungssperre in Höhe der aktivierten Herstellungskosten der selbst geschaffenen immateriellen Vermögensgegenstände geregelt. D. h., Gewinne dürfen nur ausgeschüttet oder aufgrund eines Ergebnisabführungsvertrags (§ 301 Satz 1 AktG) abgeführt werden, soweit die nach der Ausschüttung bzw. Abführung verbleibenden frei verfügbaren Rücklagen abzüglich eines Verlustvortrags oder zuzüglich eines Gewinnvortrags mindestens dem angesetzten Betrag der Herstellungskosten für selbst geschaffene immaterielle Vermögensgegenstände abzüglich der darauf gebildeten passiven latenten Steuern entsprechen.

Die Vorschriften zum Ansatz selbst geschaffener immaterieller Vermögensgegenstände werden durch entsprechende Anhangangaben ergänzt. Im Anhang muss das Krankenhausunternehmen im Falle der Aktivierung den Gesamtbetrag der Forschungs- und Entwicklungskosten sowie den davon auf selbstgeschaffene immaterielle Vermögensgegenstände des Anlagevermögens entfallenden Betrag darstellen (§ 285 Nr. 22 HGB).

Selbsterstellte immaterielle Vermögensgegenstände des Anlagevermögens sind gemäß § 253 Abs. 3 Satz 1 HGB über die voraussichtliche Nutzungsdauer abzuschreiben.

§ 253 Abs. 3 Satz 3 HGB sieht vor, dass in den Ausnahmefällen, in denen die voraussichtliche Nutzungsdauer selbst geschaffener immaterieller Vermögensgegenstände des Anlagevermögens nicht bestimmt werden kann, die Abschreibung über einen Zeitraum von zehn Jahren vorzunehmen ist.

Steuerrechtlich besteht, wie auch nach HGB und IFRS, das Aktivierungsgebot für entgeltlich erworbene (derivative) immaterielle Wirtschaftsgüter des Anlagevermögens nach § 5 Abs. 2 EStG. Der Aktivierung auch selbst geschaffener immaterieller Vermögensgegenstände wird steuerlich nicht gefolgt. Deshalb führt diese abweichende Bilanzierung nach HGB und IFRS beim ersten Ansatz eines selbst geschaffenen immateriellen Vermögensgegenstandes zu passiven latenten Steuern.

Entgeltlich erworbene immaterielle Vermögensgegenstände sind zu Anschaffungskosten zu aktivieren und planmäßig, ggf. außerplanmäßig, abzuschreiben.

Im Sinne der IFRS ist ein immaterieller Vermögenswert ein identifizierbarer, nicht monetärer Vermögenswert ohne physische Substanz (IAS 38.8). Die bilanzielle Behandlung immaterieller Vermögenswerte regelt überwiegend IAS 38. Darüber hinaus ist IAS 36 (Wertminderung von Vermögenswerten) zu beachten.

Die Regelungen des IAS 38 zum Ansatz und zur Bewertung immaterieller Vermögensgegenwerte sind in folgender Übersicht zusammenfassend dargestellt.

Ansatz	Erfüllung Definitionskriterien	Erfüllung Ansatzkriterien
	Identifizierbarkeit Verfügungsmacht für Unternehmen Zukünftiger wirtschaftlicher Nutzen	Zukünftiger Nutzen fließt Unternehmen wahrscheinlich zu Anschaffungs- / Herstellungskosten verlässlich bewertbar
Erstmalige Bewertung	Einzelerwerb	Anschaffungspreis zuzüglich direkt zurechenbarer Kosten
	Erwerb im Rahmen eines Unternehmenszusammenschlusses	Beizulegenden Zeitwert
	Erwerb durch öffentliche Zuwendung	Entweder beizulegender Zeitwert oder Nominalwert zuzüglich direkt zurechenbarer Kosten
	Erwerb durch Tausch	Beizulegender Zeitwert ggf. Buchwert hingegebener Vermögenswert
	Selbst geschaffen	
	Geschäfts- oder Firmenwert	Kein Ansatz, kein Wert
	Forschungskosten	Kein Ansatz, Aufwand
	Entwicklungskosten	Bei Erfüllung spezieller Voraussetzungen zu direkten Kosten sonst kein Ansatz sondern Aufwand
Folgebewertung	Anschaffungskostenmodell	Neubewertungsmodell
	Anschaffungs- / Herstellungskosten abzüglich kumulierter Abschreibungen und Wertminderungen; bei unbestimmter Nutzungsdauer erfolgt keine Abschreibung	Beizulegender Zeitwert zum Zeitpunkt der Neubewertung abzüglich kumulierter Abschreibungen und Wertminderungen bis zum ggf. abweichenden Bilanzstichtag

Abbildung 3.3.1-2: Allgemeine Ansatz- und Bewertungsvorschriften für immaterielle Vermögenswerte nach IAS 38

Da das Neubewertungsmodell einen sog. „aktiven Markt" voraussetzt, kommt diesem Wahlrecht keine praktische Bedeutung zu.

Um den Anforderungen der Aktivierung von selbstgeschaffenen immateriellen Vermögensgegenständen gerecht zu werden, sollten durch das Krankenhausunternehmen verschiedene Maßnahmen ergriffen werden, wie z. B.:

- Analyse der Forschungs- und Entwicklungstätigkeiten
- Erstellung von Richtlinien zur Abgrenzung von Forschungs- und Entwicklungsprojekten
- Festlegung objektiver Kriterien zur Abgrenzung des Zeitpunkts des Übergangs der Forschungs- in die Entwicklungsphase
- Inventarisierung der Forschungs- und Entwicklungsprojekte
- Anpassung von IT-Systemen und Kostenrechnung, um eine Trennung zwischen Forschungs- und Entwicklungsmaßnahmen zu gewährleisten

- Einführung eines Controllings und ausreichender Dokumentation für selbst geschaffene immaterielle Vermögensgegenstände
- Nachweis der wahrscheinlichen Entstehung eines verwertbaren Vermögensgegenstands
- Nachweis der Werthaltigkeit in Folgeperioden

Als mögliche selbst geschaffene immaterielle Vermögensgegenstände von Krankenhausunternehmen könnten z. B. solche aus den Bereichen der Telemedizin oder Telematik oder der Softwareentwicklung in Frage kommen.

3.3.1.2 Krankenhausspezifische Fragestellungen

Geschäfts- oder Firmenwert

Unter den immateriellen Vermögensgegenständen wird ein weiterer wesentlicher Posten ausgewiesen, der Geschäfts- oder Firmenwert. Dieser gewinnt gerade unter dem Aspekt der sektorenübergreifenden Versorgung in Hinblick auf den Erwerb von Arztpraxen und den damit verbundenen Zulassungen der kassenärztlichen Vereinigungen aber auch dem Erwerb von Krankenhausunternehmen an Bedeutung. Die folgenden Ausführungen betreffen die Fälle, in denen der Erwerb eines Unternehmens durch Übernahme der Vermögensgegenstände und Schulden im Rahmen eines sog. „Asset Deals" erfolgt.

Geschäfts- oder Firmenwerte entstehen typischerweise im Rahmen von Krankenhausakquisitionen, aber z. B. auch beim Kauf eines Arztsitzes zur Gründung eines Medizinischen Versorgungszentrums. In diesen Fällen handelt es sich um einen sogenannten derivativen Geschäfts- oder Firmenwert. Der Geschäfts- oder Firmenwert ergibt sich als Unterschiedsbetrag aus Gegenleistung und übernommenen Reinvermögen. Gemäß § 246 Abs. 1 S. 4 HGB gilt er als zeitlich begrenzt nutzbarer Vermögensgegenstand und ist somit zu aktivieren.

Die Abschreibung des Geschäfts- oder Firmenwerts erfolgt grundsätzlich planmäßig über die Nutzungsdauer (§ 253 Abs. 3 Satz 2 HGB). Soweit eine dauerhafte Wertminderung zu erkennen ist, ist der Geschäfts- oder Firmenwert jedoch außerplanmäßig auf den niedrigeren beizulegenden Wert zum Bilanzstichtag abzuschreiben (§ 253 Abs. 3 Satz 5 HGB). Eine Wertaufholung auf Grund zukünftiger Entwicklungen verbietet § 253 Abs. 5 Satz 2 HGB.

Das HGB gibt grundsätzlich keine konkrete Nutzungsdauer vor.

§ 253 Abs. 3 Sätze 3 und 4 HGB sehen vor, dass in den Ausnahmefällen, in denen die voraussichtliche Nutzungsdauer des Geschäfts- oder Firmenwerts nicht verlässlich bestimmt werden kann, die Abschreibung über einen Zeitraum zehn Jahren vorzunehmen ist. Die Abschreibung beginnt in dem Jahr des Zugangs des Geschäfts- oder Firmenwerts. Bei unterjährigem Zugang ist der Geschäfts- oder Firmenwert zeitanteilig abzuschreiben. Die Abschreibung ist grundsätzlich linear zu verrechnen (DRS 23.119f.). Im Anhang ist der Zeitraum zu erläutern, über den ein entgeltlich erworbener Geschäfts- oder Firmenwert abgeschrieben wird (§ 285 Nr. 13 HGB). Zur Schätzung der (Rest-)Nutzungsdauer bzw. zum Vorliegen dauernder Wertminderungen können sich Anhaltspunkte aus DRS 23 Kapitalkonsolidierung (Einbeziehung von Tochterunternehmen in den Konzernabschluss) ergeben. DRS 23 ist wie die anderen DRS zwar grundsätzlich nur für handelsrechtliche Konzernabschlüsse anzuwenden; eine analoge Anwendung auf wirtschaftlich vergleichbare Sachverhalte wird jedoch empfohlen (DRS 23.3).

Für die Schätzung der (Rest-)Nutzungsdauer können folgende Anhaltspunkte relevant sein (DRS 23.121):

a) Die voraussichtliche Bestandsdauer und Entwicklung des erworbenen Unternehmens einschließlich der gesetzlichen oder vertraglichen Regelungen.
b) Der Lebenszyklus der Produkte des erworbenen Unternehmens.
c) Die Auswirkungen von zu erwartenden Veränderungen der Absatz- und Beschaffungsmärkte sowie der wirtschaftlichen, rechtlichen und politischen Rahmenbedingungen für das erworbene Unternehmen.
d) Die Höhe und der zeitliche Anfall von Erhaltungsaufwendungen, die erforderlich sind, um den erwarteten ökonomischen Nutzen des erworbenen Unternehmens zu realisieren sowie die Fähigkeit des Unternehmens, diese Aufwendungen aufzubringen.
e) Die Laufzeit wesentlicher Absatz- und Beschaffungsverträge des erworbenen Unternehmens.
f) Die voraussichtliche Dauer der Tätigkeit wichtiger Schlüsselpersonen für das erworbene Unternehmen.
g) Das erwartete Verhalten von (potentiellen) Wettbewerbern des erworbenen Unternehmens.
h) Die Branche und deren zu erwartende Entwicklung.

Als Absatzmarkt ist das Einzugsgebiet des Krankenhauses zu verstehen. Hier können sich beispielsweise Veränderungen ergeben, wenn andere Anbieter von stationären oder relevanten ambulanten Leistungen hinzukommen oder wenn aufgrund von Spezialisierungen Patienten überregional oder aus dem Ausland gewonnen werden können. Unter Beschaffungsmärkten sind unter anderem sowohl die Möglichkeiten der Anstellung von ärztlichen und pflegerischen Kräften zu verstehen wie auch der Abschluss von Einkaufsverträgen oder der Anschluss an einen Einkaufsverbund.

Für die Frage, ob eine voraussichtlich dauernde Wertminderung des Geschäfts- oder Firmenwerts vorliegt, können unter anderem folgende Anhaltspunkte relevant sein (DRS 23.126):

1) Das interne Berichtswesen liefert substanzielle Hinweise, dass die zu erwartende Ertrags- und Kostenentwicklung schlechter sein wird als erwartet.
2) Das Unternehmen weist eine Historie nachhaltiger, operativer Verluste auf (über mindestens drei Jahre).
3) Die für die Bestimmung der betriebsgewöhnlichen Nutzungsdauer wesentlichen Faktoren haben sich im Vergleich zur ursprünglichen Annahme tatsächlich ungünstiger entwickelt.
4) Schlüsselpersonen aus den verschiedenen Bereichen, z.B. des Managements scheiden früher als erwartet aus.
5) Während der Periode sind signifikante Veränderungen mit nachteiligen Folgen für das Unternehmen im technischen, marktbezogenen, ökonomischen, rechtlichen oder gesetzlichen Umfeld, in welchem das Unternehmen tätig ist, eingetreten oder werden in der nächsten Zukunft eintreten.

Eine besondere Ausprägung des Geschäfts- oder Firmenwerts ist der Praxiswert, der sich beispielsweise im Zusammenhang mit dem Erwerb einer Arztpraxis ergibt. Der Wert einer Arztpraxis beruht auf dem persönlichen Vertrauensverhältnis der Patienten zum Praxisinhaber und ist damit nicht rein unternehmensbezogen. Ein Praxiswert wird in der Regel über einen kurzen Zeitraum von drei bis fünf Jahren abgeschrieben.

Die IFRS enthalten in IFRS 3 entsprechende Regelungen zum Ansatz eines derivativen Geschäfts- oder Firmenwerts. Er wird als immaterieller Vermögenswert ohne bestimmbare Nutzungsdauer definiert und ist als solcher in der Bilanz anzusetzen. Eine planmäßige Abschreibung des Geschäfts- oder Firmenwerts erfolgt nach IFRS nicht. Es gilt der sog. „impairment-only approach". Die Werthaltigkeit des Geschäfts- oder Firmenwerts ist im Rahmen eines jährlichen Wertminderungstest, dem sogenannten Impairmenttest (IAS 36) zu überprüfen. Sind darüber hinaus Entwicklungen und/oder Anzeichen zu erkennen, die auf eine Wertminderung des Geschäfts- oder Firmenwerts hindeuten, so sind zusätzliche Impairmenttests durchzuführen (beispielsweise weil sich die wirtschaftlichen Rahmenbedingungen verschlechtern oder die Fallzahlen sinken). Wird im Rahmen des Impairmenttests eine Wertminderung festgestellt, so ist eine Abschreibung auf den Geschäfts- oder Firmenwert vorzunehmen.

Sowohl nach HGB/KHBV als auch nach IFRS ist der Ansatz eines originären, d.h. eines selbstgeschaffenen Geschäfts- oder Firmenwerts verboten. Hierbei könnte es sich z.B. um einen Patientenstamm handeln, den sich ein Krankenhausunternehmen selbst aufgebaut hat.

Steuerrechtlich besteht eine Aktivierungspflicht des entgeltlich erworbenen Geschäfts- oder Firmenwertes. Als gewöhnliche Nutzungsdauer des Geschäfts- oder Firmenwertes gelten steuerlich nach § 7 Abs. 1 Satz 3 EStG 15 Jahre. Sollte die gewöhnliche Nutzungsdauer nach handelsrechtlichen Grundsätzen unter 15 Jahren liegen, entstehen aus dieser Abweichung zwischen Handels- und Steuerbilanz handelsrechtlich aktive latente Steuern.

Bei der Folgebewertung kann steuerlich nach § 6 Abs. 1 Nr. 1 Satz 2 EStG der niedrigere Teilwert angesetzt werden, wenn es sich um eine voraussichtliche dauernde Wertminderung handelt (steuerliches Wahlrecht). Für die Annahme einer voraussichtlich dauerhaften Wertminderung ist entscheidend, dass aufgrund der nachhaltigen wirtschaftlichen Entwicklung des Betriebes auf ein Absinken der Ertragskraft geschlossen werden kann. Die Rechtsprechung sieht als Indiz hierfür die Stagnation bzw. den Rückgang der Umsätze/der Gewinne z. B. innerhalb von fünf Jahren und damit ein deutliches Zurückbleiben hinter der allgemeinen wirtschaftlichen Entwicklung des fraglichen Zeitraums (BFH v. 29.07.1982 – IV R 49/78). Das abweichende steuerliche Wahlrecht kann nach derzeitiger Einschätzung selbstständig ausgeübt werden. Bei einer eventuellen Werterholung besteht nach § 6 Abs. 1 Nr. 1 Satz 4 EStG eine steuerliche Pflicht zur Wertaufholung auf den Restbuchwert (AHK ./. planmäßige AfA). Aufgrund des handelsrechtlichen Wertaufholungsverbotes (§ 253 Abs. 5 Satz 2 HGB) kann dies handelsrechtlich zu aktiven latenten Steuern führen.

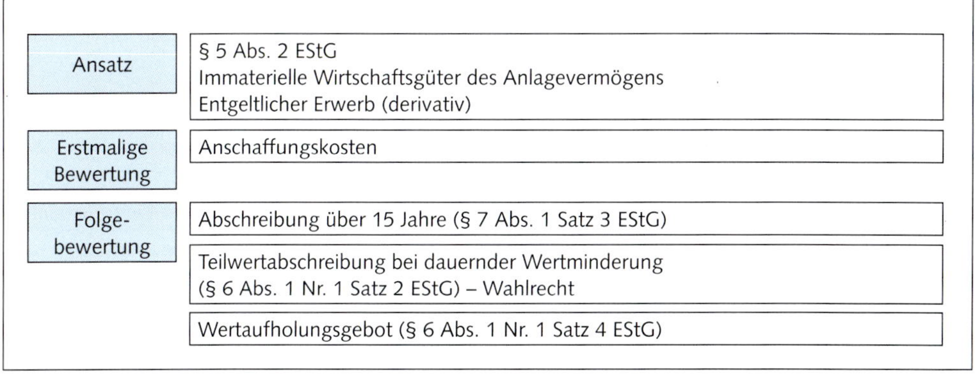

Abbildung 3.3.1-3: Geschäfts- und Firmenwert (steuerliche Behandlung)

Nach IAS 12.15 (a) ist beim Erstansatz des Geschäfts- oder Firmenwertes keine latente Steuerabgrenzung durchzuführen. Bei der Folgebewertung ist zu unterscheiden, ob sich ein Impairmenttest eines steuerlich nicht zu berücksichtigenden Geschäfts- oder Firmenwertes auswirkt (kein Effekt auf latente Steuern IAS 12.21A), oder, ob aufgrund der steuerlich festgesetzten gewöhnlichen Nutzungsdauer von 15 Jahren eine Abweichung bei der Folgebewertung entsteht (passive latente Steuern zu bilden IAS 12.21B).

Die Abweichung zwischen IFRS-Ansatz und Steuerbilanz kann sich bei einer Anpassung des Bilanzansatzes nach IFRS durch einen Impairmenttest wieder ausgleichen, wenn auch steuerlich eine Teilwert-Abschreibung auf den Wert laut Impairmenttest durchzuführen ist. Nach IAS 36.124 ist die Wertaufholung beim Geschäfts- oder Firmenwert nicht gestattet, dies kann zu aktiven latenten Steuern führen, da steuerlich ein Wertaufholungsgebot besteht (§ 6 Abs. 1 Nr. 1 Satz 4 EStG).

KV-Zulassungen/Aufnahme in den Krankenhausplan

Die Zulassung zur Teilnahme an der kassenärztlichen Versorgung erfolgt gemäß § 95 Abs. 2 SGB V i.V.m. den Zulassungsverordnungen der einzelnen Kassenärztlichen Vereinigungen. Die Zulassung zur Teilnahme an der kassenärztlichen Versorgung ist zu beantragen. Über die Zulassung entscheidet der Zulassungsausschuss der jeweiligen Kassenärztlichen Vereinigung. Die Grundlagen des Verfahrens sind in den jeweiligen regional gültigen Zulassungsverordnungen der Kassenärztlichen Vereinigungen geregelt. KV-Zulassungen können nicht einfach von einem zugelassenen Arzt auf einen von ihm ausgewählten Nachfolger übertragen werden. Auch in diesem Fall ist die Übertragung und Erteilung der KV-Zulassung durch den Zulassungsausschuss zu beschließen. Ohne eine entsprechende KV-Zulassung ist der jeweilige Arzt bzw. das Medizinische Versorgungszentrum nicht berechtigt, an der kassenärztlichen Versorgung teilzunehmen und Patienten entsprechend zu versorgen und gegenüber der Kassenärztlichen Vereinigung abzurechnen.

Relevanz erlangen die KV-Zulassungen für Krankenhausunternehmen zunehmend in Hinblick auf den Erwerb von Arztpraxen und die Gründung Medizinischer Versorgungszentren. Da Medizinische Versorgungszentren gemäß § 103 Abs. 4a SGB V grundsätzlich berechtigt sind, die vertragsärztliche Tätigkeit durch einen in der Einrichtung angestellten Arzt fortzuführen, eröffnen sich hier Möglichkeiten zum Ausbau der sektorübergreifenden ärztlichen Versorgung sowie der Anbindung von Zuweisern.

Hinsichtlich einer z. B. im Rahmen eines Praxiskaufs erworbenen und durch den zuständigen Zulassungsausschuss genehmigten und erteilten KV-Zulassung ist zu prüfen, ob diese als von einem Praxiswert separierbarer, immaterieller Vermögensgegenstand zu bilanzieren ist. Es ist zum einen zu untersuchen, ob der KV-Zulassung ein Wert zugeordnet werden kann und zum anderen, ob sie den Anforderungen eine Vermögensgegenstands (z. B. Einzelveräußerbarkeit) genügt.
Indizien, die dafür sprechen der KV-Zulassung einen Wert zuzuordnen, sind z. B.:

- Für die betroffene Region / den betreffenden Fachbereich besteht eine Zulassungsbeschränkung.
- Im Kaufvertrag wurde explizit ein besonderes Entgelt für den Vertragsarztsitz vereinbart.
- Es handelt sich um eine attraktive Region / ein sozial starkes Gebiet, was darauf schließen lässt, dass ein Arzt-Patienten-Verhältnis nicht besonders wichtig ist und ein unmittelbares Interesse an einem Vertragsarztsitz besteht.
- Der Praxiskäufer zeigt ein ausschließliches Interesse am Vertragsarztsitz, z. B. durch Verlegungsantrag des Sitzes.

Abbildung 3.3.1-4: Indizien für die Zuordenbarkeit eines Wertes zu einer KV-Zulassung

Soweit beispielsweise keine Zulassungsbeschränkungen i. S. d. § 103 SGB V bestehen, ist der KV-Zulassung kein Wert beizumessen, so dass sich die Frage einer vom Praxiswert getrennten Bilanzierung nicht mehr stellt.

Kann der KV-Zulassung ein Wert zugerechnet werden, ist in einem weiteren Schritt zu prüfen, ob es sich bei der KV-Zulassung um einen selbstständig verkehrsfähigen Wert handelt oder ob sie als praxiswertbildender Faktor im Praxiswert an sich untergeht, wie z. B. der Patientenstamm.
Die selbstständige Verkehrsfähigkeit ist gegeben, wenn die KV-Zulassung einzeln veräußert oder verwertet werden kann.

Die Zulassung endet gemäß § 95 Abs. 7 SGB V mit dem Tod, dem Wirksamwerden eines Verzichts, mit dem Ablauf des Befristungszeitraums oder mit dem Wegzug des Berechtigten aus dem Bezirk seines Kassenarztsitzes. Eine Veräußerung der KV-Zulassung ist vom Gesetz grundsätzlich nicht vorgesehen.

Wenn die Zulassung eines Vertragsarztes in einem Planungsbereich mit Zulassungsbeschränkungen durch Tod, Verzicht oder Entziehung endet und die Praxis durch einen Nachfolger fortgeführt werden soll, hat die Kassenärztliche Vereinigung im Regelfall auf Antrag des Vertragsarztes oder dessen Erben zu entscheiden, ob dieser Vertragsarztsitz ausgeschrieben wird (§ 103 Abs. 3a Satz 1 SGB V). Der Zulassungsausschuss kann den Antrag unter gewissen weiteren Voraussetzungen ablehnen, wenn eine Nachbesetzung des Vertragsarztsitzes aus Versorgungsgründen nicht erforderlich ist (§ 103 Abs. 3a Satz 3 SGB V); in diesem Fall muss die Kassenärztliche Vereinigung eine Entschädigung in Höhe des Verkehrswertes der Arztpraxis zahlen (§ 103 Abs. 3a Satz 13 SGB V).

Wenn ein Nachbesetzungsverfahren durchgeführt wird, muss die Kassenärztliche Vereinigung den Vertragsarztsitz ausschreiben (§ 103 Abs. 4 Satz 1 SGB V). Unter den eingehenden Bewerbungen hat die Kassenärztliche Vereinigung den Nachfolger nach pflichtgemäßem Ermessen auszuwählen (103 Abs. 4 Satz 4 SGB V). Im Rahmen des Verfahrens sind die wirtschaftlichen Interessen des ausscheidenden Vertragsarztes oder dessen Erben nur insoweit zu berücksichtigen, als der Kaufpreis die Höhe des Verkehrswerts der Praxis nicht übersteigt (§ 103 Abs. 4 Satz 8 SGB V). Aus dieser Regelung lässt sich nicht auf die Einzelveräußerbarkeit einer KV-Zulassung schließen; denn diese wird ausschließlich durch die Kassenärztliche Vereinigung erteilt. Unabhängig von der Ermittlung des Verkehrswertes für eine Praxis wird der potenzielle Käufer nur das bezahlen, was er später der erworbenen Praxis entnehmen kann. Dies wird von der Patienten- und Kostenstruktur abhängen. Im Ergebnis wird durch die vorgesehene Ausschreibung nur sichergestellt, dass der ausscheidende Arzt nicht „seine" Praxis ohne Kaufpreiszahlung verliert. Handelsrechtlich ist die KV-Zulassung somit nicht von einem Praxiswert trennbar. Somit ist die Lösung eindeutig, wenn durch ein Krankenhaus oder ein MVZ eine „lebende" Arztpraxis erworben wird. Der entsprechend nach § 246 Abs. 1 Satz 4 HGB ermittelte Unterschiedsbetrag ist – ohne Abtrennung eines Betrages für eine KV-Zulassung – als Praxiswert zu bilanzieren und über die geschätzte Nutzungsdauer abzuschreiben. Etwas anderes gilt selbst dann nicht, wenn in Praxiskaufverträgen eine Aufteilung des Gesamtkaufpreis erfolgt und in diesem Zusammenhang eine KV-Zulassung bepreist sein sollte.

Im Zusammenhang mit der Gründung bzw. Erweiterung von MVZs stellt sich die Frage, ob die gerade besprochenen Grundsätze ebenfalls anzuwenden sind, oder ob sich aufgrund des besonderen Charakters eines MVZ andere Schlussfolgerungen ergeben.

Da MVZ, wie niedergelassene Vertragsärzte, der Bedarfsplanung unterliegen, ist deren Gründung in gesperrten Planungsbereichen im Regelfall nur möglich, wenn eine Übertragung bereits vorhandener Zulassungen durch Vertragsärzte geschieht. Der Gesetzgeber hat hierzu in § 103 Abs. 4a und Abs. 4c SGB V Spezialregelungen vorgesehen, die auf zwei unterschiedlichen Wegen den Erhalt von vertragsärztlichen Zulassungen vorsieht.

Einerseits besteht die Möglichkeit, dass ein Vertragsarzt gemäß § 103 Abs. 4a SGB V auf eine bestehende Zulassung verzichtet und als angestellter Arzt in dem MVZ tätig wird. Eine Fortführung der bisherigen Praxis des künftig angestellten Arztes ist dann nicht mehr möglich. Andererseits kann sich das MVZ gemäß § 103 Abs. 4c SGB V auch an dem Nachbesetzungsverfahren eines Vertragsarztes beteiligen. Insoweit sind nur MVZs ohne Bestandsschutz, bei denen die Mehrheit der Geschäftsanteile und der Stimmrechte nicht bei Ärzten liegt, die in dem MVZ als Vertragsärzte tätig sind, ggf. nachrangig zu berücksichtigen (§ 103 Abs. 4c Satz 3 SGB V).

Allerdings liegt auch diesen beiden Fällen nicht ein Erwerb von Zulassungen vor, da die isolierte Veräußerung und der Erwerb einer vertragsärztlichen Zulassung nach der Rechtsprechung des BSG nicht möglich ist, da es sich hierbei nicht um eine vermögenswerte Rechtsposition handelt (vgl. BSG, Urteil vom 10.5.2000, Az.: B 6 KA 67/98 R, NZS 2001, S. 160, 161). Die Zulassung stellt danach lediglich die Zuerkennung einer öffentlich-rechtlichen Rechtsposition durch die Zulassungs- und Berufungsausschüsse gem. §§ 96, 97 SGB V dar. Mit ihr wird dem Berechtigten die Befugnis übertragen, im System der GKV die Versicherten gesetzlicher Krankenkassen mit Wirkung für diese zu behandeln. Aus dieser Beurteilung folgt zugleich, dass die vertragsärztliche Zulassung kein handelbares Wirtschaftsgut ist. Die Zulassung oder der „Vertragsarztsitz" können daher nicht Gegenstand eines Praxiskaufvertrags sein, da es sich um öffentliches und damit unveräußerliches Recht handelt (vgl. BSG, Urteil vom 10.05.2000, Az.: B 6 KA 67/98 R, NZS 2001, S. 160 ff.).

Vertragsgestaltungen, die ausschließlich die Übertragung des Vertragsarztsitzes zum Gegenstand haben, sind daher als unzulässig anzusehen. Aus unserer Sicht ist diese Rechtsprechung auch auf MVZ übertragbar, da die rechtliche Einordnung einer vertragsärztlichen Zulassung unabhängig davon ist, ob diese gegenüber einem MVZ oder einem Arzt ausgesprochen wird.

Soweit durch das MVZ im Zusammenhang mit der Erlangung einer vertragsärztlichen Zulassung im Rahmen eines Verzichts nach § 103 Abs. 4a SGB V an den künftig angestellten Arzt eine Ausgleichszahlung gezahlt wird, erfolgt diese Zahlung somit nicht für ein erworbenes Recht, sondern für einen wirtschaftlichen Vorteil. Im Ergebnis wird diese Zahlung für den Mehrwert geleistet, den das MVZ in der Erwartung künftiger Gewinne vergütet. Diese Chancen bestehen losgelöst von dem – künftig angestellten – Arzt. Es handelt sich somit um nichts anderes als um einen Geschäfts- oder Firmenwert (vgl. Schubert & Huber, in Beck (2020), § 247 Rz. 406), der über die geschätzte Nutzungsdauer planmäßig und ggf. außerplanmäßig abzuschreiben ist.

Nichts anderes gilt für den Kaufpreis, der im Rahmen eines Nachbesetzungsverfahrens im Sinne des § 103 Abs. 4c SGB V zu zahlen ist.

Vor dem Hintergrund der jüngsten steuerlichen höchstrichterlichen Rechtsprechung (siehe die nachfolgenden Ausführungen zum Steuerrecht) muss die Entwicklung der handelsrechtlichen Auffassung beobachtet werden.

Entsprechendes gilt bei Krankenhäusern für die Aufnahme in den Krankenhausplan. Auch insoweit ist handelsrechtlich mangels selbstständiger Verkehrsfähigkeit kein von einem Geschäfts- oder Firmenwert getrennter immaterieller Vermögensgegenstand gegeben (vgl. Kohler & Siefert (2009), S. 646–652 (647)).

Steuerrechtlich wird durch die Finanzverwaltung und -gerichte die Auffassung vertreten, dass im Rahmen des Erwerbs einer Arztpraxis die kassenärztliche Zulassung grundsätzlich keinen selbstständigen wertbildenden Faktor des Praxiswertes darstellt (vgl. z.B. OFD Koblenz, Vfg. v. 12.12.2005, S 2134aA – St 31 4, DStR 2006, S. 610; BFH-Urteil vom 9. August 2011 VIII R 13/08 BStBl. II 2011 S. 875; FG Düsseldorf vom 27. Mai 2011, rkr., K 2364/13 F). In Sonderfällen wird jedoch davon ausgegangen, dass die Zulassung zum Gegenstand eines gesonderten Veräußerungsgegenstandes gemacht werden kann und sich damit zu einem selbstständigen Wirtschaftsgut konkretisieren kann. Dies kann der Fall sein, wenn ein Arzt an einen ausscheidenden Arzt eine Zahlung im Zusammenhang mit der Erlangung der Vertragsarztzulassung leistet, ohne jedoch dessen Praxis zu übernehmen, weil er den Vertragsarztsitz an einen anderen Ort verlegen will. In diesem Fall kommt der Anschaffung der Vertragsarztzulassung eine nicht unerheblich eigene wirtschaftliche Bedeutung zu, so dass die entsprechenden Anschaffungskosten der Kassenzulassung zuzuordnen sind. Auch nach der jüngsten Rechtsprechung des BFH ist der Erwerb einer Praxis als Sachgesamtheit von dem Sonderfall abzugrenzen, dass wirtschaftlich betrachtet nur die mit der Vertragsarztzulassung verbundenen Marktchancen übertragen werden sollen. In diesem Fall konkretisiert sich nach Auffassung des BFH nur der Vorteil aus dem Innehaben der Vertragsarztzulassung (nicht der Praxis) zu einem selbständigen Wirtschaftsgut (vgl. BFH v. 21. Februar 2017 VIII R 7/14, BStBl. 2017, S. 689 ff., BFH v. 21. Februar 2017 VIII R 56/14, BStBl. 2017, S. 694 ff.).

Nach IFRS ergibt sich keine andere Situation, da nach IAS 38.11 Voraussetzung für die gesonderte Aktivierung die Identifizierbarkeit ist. Diese wiederum setzt voraus, dass der Vermögenswert separierbar ist, dass vom Unternehmen getrennt und somit verkauft, übertragen, lizenziert oder getauscht werden kann (IAS 38.12). Alternativ ist ein immaterieller Vermögenswert identifizierbar, wenn er aus vertraglichen oder anderen gesetzlichen Rechten entsteht. Beide Voraussetzungen sind aus den ausführlich dargelegten Gründen bei KV-Zulassungen nicht erfüllt, so dass diese auch nach IFRS Bestandteil des – nicht planmäßig abzuschreibenden – Geschäfts- oder Firmenwerts sind. Entsprechendes gilt für Krankenhäuser im Hinblick auf die Aufnahme in den Krankenhausplan; auch insoweit liegt kein gesondert identifizierbarer Vermögenswert vor, sondern ein Bestandteil des – nicht planmäßig abschreibbaren – Geschäfts- oder Firmenwertes. Hinsichtlich der Aufnahme in den Krankenhausplan und die daraus abgeleitete Möglichkeit, im System der GKV die Versicherten gesetzlicher Krankenkassen mit Wirkung für diese zu behandeln, ist ergänzend zu erwähnen, dass es im Gegensatz zu beispielsweise einer Regelung im Sinne des § 103 Abs. 4a SGB V keine Möglichkeit gibt, eine Übertragung auf einen Krankenhausträger losgelöst von dem Krankenhausbetrieb vorzunehmen.

Software am Beispiel der Elektronischen Patientenakte

Die elektronische Patientenakte (EPA) wird als zentrale elektronische Sammlung und Verwaltung aller den Behandlungsverlauf eines Patienten betreffenden Daten verstanden. Sie hat ferner die Aufgabe, als Teil eines klinischen Informationssystems (KIS) im Rahmen des so genannten Computer Integrated Hospital (CIH) Doppelarbeiten sowie mehrfache Dateneingaben zu vermeiden und somit Arbeitsabläufe im Krankenhausunternehmen zu beschleunigen.

Bei dem Erwerb der Software ist handelsrechtlich zu unterscheiden, ob dies im Rahmen eines Dienst- oder Werkvertrages erfolgt. Erfolgt die Herstellung im Rahmen eines Dienstvertrages, d.h. das wirtschaftliche Risiko einer nicht erfolgreichen Realisierung des Projektes (Herstellungsrisiko) trägt das Krankenhaus, liegt eine Eigenherstellung vor. Im Fall des Dienstvertrages ist dann ein Aktivierungswahlrecht nach § 248 Abs. 2 HGB gegeben. Liegt aufgrund eines abgeschlossenen Werkvertrags das Herstellungsrisiko beim Softwareunternehmen, ist von einem Anschaffungsvorgang auszugehen und dann besteht nach HGB/KHBV ein Aktivierungsgebot (IDW RS HFA 11 n.F. Tz. 9 ff.). Nach IFRS gilt im Falle einer Anschaffung das Entsprechende (IAS 38.18 ff., IAS 38.25 ff.).

Nach IFRS gilt hinsichtlich der selbsterstellten EPA das Folgende: Die EPA ist von anderen Vermögenswerten separierbar und damit nach IAS 38.11 ff. identifizierbar. Da die EPA mit ihrer immateriellen Komponente überwiegt, sie also nicht integraler Bestandteil von Hardware ist, kann sie separat als nicht-monetärer Vermögenswert, somit als Software gemäß IAS 38.4 beurteilt werden. Das Krankenhausunternehmen verfügt nach Herstellung unstrittig über die EPA (Verfügungsmacht). Der zukünftige wirtschaftliche Nutzen entsteht durch die Einsparung von Betriebskosten. Die Definitionskriterien für einen Vermögenswert sind somit erfüllt.

Für die Aktivierungsfähigkeit einer selbsterstellten EPA müssen die weiteren Kriterien nach IAS 38.57 erfüllt werden:

- technische Realisierbarkeit der Fertigstellung der EPA, damit sie zur Nutzung (oder zum Verkauf) zur Verfügung steht
- die Absicht, die EPA fertig zu stellen, sowie sie zu nutzen (oder zu verkaufen)
- die Fähigkeit, die EPA zu nutzen (oder zu verkaufen)
- Nachweis darüber, wie die EPA einen künftigen wirtschaftlichen Nutzen erzielen wird
- die Verfügbarkeit adäquater technischer, finanzieller und sonstiger Ressourcen zur Fertigstellung der Entwicklung und zur Nutzung (oder zum Verkauf) der EPA
- die verlässliche Bewertung und Zurechenbarkeit der Entwicklungsausgaben.

Insbesondere die Zurechenbarkeit der Ausgaben verlangt vom Krankenhausunternehmen ein ausreichend aussagefähiges Kostenrechnungssystem.

Die EPA ist in diesem Fall nach IFRS als immaterieller Vermögenswert anzusetzen und mit den Herstellungskosten zu bewerten. Ein Wertminderungsbedarf ist zu überprüfen. Folgende Übersicht zeigt die beschriebenen Überlegungen am Zahlenbeispiel nach IFRS.

Beispiel	Krankenhausunternehmen X installiert eine neue elektronische Patientenakte. Zur Programmierung einschließlich Datenerstausstattung wird ein Softwareunternehmen beauftragt. Die Programmierung stellt das Softwareunternehmen im Rahmen eines Werkauftrages mit T€ 500 in Rechnung. Eigene Mitarbeiter des Krankenhaus-unternehmens verursachen für Zuarbeiten direkt zurechenbare und aktivierungsfähige Einzelkosten in Höhe von T€ 100. Es ist davon auszugehen, dass das System etwa nach 5 Jahren veraltet ist und durch ein neues System ersetzt werden muss.	
Ansatz	Erfüllung Definitionskriterien	Erfüllung Ansatzkriterien
	Identifizierbarkeit Verfügungsmacht für Unternehmen Zukünftiger wirtschaftlicher Nutzen	Anschaffungs- / Herstellungskosten verlässlich schätzbar Nutzen fließt Unternehmen wahrscheinlich zu
Erstmalige Bewertung	Einzelerwerb	Anschaffungspreis T€ 500 direkte Kosten T€ 100 Anschaffungskosten T€ 600
Folgebewertung	Anschaffungskostenmodell	Neubewertungsmodell
	Da das System nach 5 Jahren voraussichtlich veraltet ist, können diese 5 Jahre als wirtschaftliche Nutzungsdauer angesehen werden. Das System wird jährlich mit T€ 120 abgeschrieben.	Hier nicht anwendbar, da nicht von einem aktiven Markt für dieses spezielle System auszugehen ist.

Abbildung 3.3.1-5: Beispiel Ansatz und Bewertung einer EPA

Auch im Falle der eigenen Entwicklung einer EPA gilt für die Folgebewertung nach IFRS das Anschaffungskostenmodell. Die Erfüllung der Aktivierungskriterien nach IFRS ist ausreichend, um auch nach HGB/KHBV das Aktivierungswahlrecht ausüben zu können.

Steuerrechtlich bleibt das Aktivierungsgebot für entgeltlich erworbene (derivative) immaterielle Wirtschaftsgüter des Anlagevermögens nach § 5 Abs. 2 EStG unverändert gültig. Steuerlich wird der Aktivierung selbst geschaffener immaterieller Vermögensgegenstände nicht gefolgt. Deshalb führt diese abweichende Bilanzierung nach HGB bei Ausnutzung des Wahlrechts (bzw. nach IFRS) beim ersten Ansatz eines selbst geschaffenen immateriellen Vermögensgegenstandes zu passiven latenten Steuern.

Forschungs- und Entwicklungstätigkeiten bei Universitätskliniken

Die Aktivierung von Entwicklungskosten nach HGB/KHBV dürfte sich an den Kriterien nach IFRS orientieren.

Fraglich ist, ob die Kriterien des IAS 38 als Konkretisierung der handelsrechtlichen Ansatzkriterien angesehen werden können. In der Gesetzesbegründung wird klargestellt, dass der handelsrechtliche Vermögensgegenstandsbegriff von der Definition eines assets abweicht. Trotz der fehlenden Übereinstimmung beider Konzepte erscheint es in der Praxis unwahrscheinlich, dass Unterschiede zwischen HGB und IFRS im Ansatz von immateriellen Werten bestehen können. Ermessensspielräume verbleiben sowohl nach HGB als auch bei IFRS bei wirtschaftlichen Werten, die nicht durch Rechte konkretisiert, aber dennoch selbstständig verwertbar sind (z. B. ungeschützte Erfindungen und selbst erstellte Software, vgl. Beck (2020), § 247 Tz. 379).

Die Frage, ob ein selbst geschaffener immaterieller Vermögenswert im Jahresabschluss anzusetzen ist, ist insbesondere bei Universitätskliniken etwas komplexer. Universitätskliniken sind neben der Krankenversorgung in Lehre sowie Forschung und Entwicklung tätig. Gemäß IAS 38.54 sind Forschungsaufwendungen nicht aktivierungsfähig. Entwicklungsaufwendungen hingegen sind unter bestimmten Umständen aktivierungsfähig.

Forschung		Entwicklung
Grundlagenforschung	Anwendungsforschung	
Beispiele	Beispiele	Beispiele
Aktivitäten, die zur Erlangung neuer Erkenntnisse ausgerichtet sind	Suche, Abschätzung, Auswahl von Anwendungen für Forschungsergebnisse	Entwurf, Konstruktion, Testen von Prototypen/Modellen vor Produktions- bzw. Nutzungsbeginn
Suche von Alternativen für Materialien, Vorrichtungen, Produkten, Verfahren, Systemen oder Dienstleistungen	Formulierung, Entwurf, Abschätzung, Auswahl von Alternativen für Materialien, Vorrichtungen, Produkten, Verfahren, Systemen oder Dienstleistungen	Entwurf, Konstruktion, Betrieb einer Pilotanlage Entwurf, Konstruktion und Testen einer Alternative für Materialien, Vorrichtungen, Produkten, Verfahren, Systemen oder Dienstleistungen
Kein Vermögenswert sondern Aufwand	**Kein Vermögenswert sondern Aufwand**	**Bei Nachweisen Vermögenswert**

Abbildung 3.3.1-6: Beispiele für die Unterscheidung von Forschung und Entwicklung

Für Universitätskliniken ist es daher bei Anwendung der IFRS von Bedeutung, dass zumindest klar nach Forschungs- und Entwicklungstätigkeiten unterschieden wird und damit im Zusammenhang stehende Aufwendungen verlässlich über eine Kostenträgerrechnung zugeordnet werden.

Erfahrungsgemäß gibt es Schwierigkeiten bei der Unterscheidung zwischen Aufwendungen für Anwendungsforschung, die unter keinen Umständen aktivierungsfähig sind und Aufwendungen für Entwicklungstätigkeiten, die bei Erbringung oben genannter Nachweise aktivierungsfähig sind. Insbesondere bei klinischen Studien stellt sich die Frage, ob es sich um Anwendungsforschung oder Entwicklungstätigkeiten handelt.

Im Übrigen: Klinische Studien, die im Auftrag von Pharmaunternehmen durchgeführt werden (Auftragsforschung), verschaffen die Verfügungsmacht über die Verwertbarkeit der Ergebnisse dem Auftraggeber und nicht der Forschungseinrichtung. Damit stellt die klinische Studie an sich in diesem Fall bei der Forschungseinrichtung Krankenhausunternehmen keinen immateriellen Vermögenswert dar. Die damit verbundenen Aufwendungen und Erträge sind ergebniswirksam zu erfassen. Auf IFRS 15 sei in diesem Zusammenhang verwiesen.

Steuerrechtlich besteht das Aktivierungsgebot für entgeltlich erworbene (derivative) immaterielle Wirtschaftsgüter des Anlagevermögens nach § 5 Abs. 2 EStG. Der Aktivierung auch selbst geschaffener immaterieller Vermögensgegenstände wird steuerlich nicht gefolgt. Deshalb führt diese abweichende Bilanzierung nach HGB bei Ausnutzung des Wahlrechts und somit beim ersten Ansatz eines selbsterstellten immateriellen Vermögensgegenstandes zu passiven latenten Steuern.

3.3.2 Sachanlagevermögen und Zuwendungen zu dessen Finanzierung

3.3.2.1 Allgemeine Regelungen

Nach Anlage 1 zur KHBV (Gliederung der Bilanz) ist das Sachanlagevermögen analog der Anlage 3 zur KHBV (Anlagennachweis) in folgende Posten zu gliedern:

1. Grundstücke und grundstücksgleiche Rechte mit Betriebsbauten einschließlich der Betriebsbauten auf fremden Grundstücken.
2. Grundstücke und grundstücksgleiche Rechte mit Wohnbauten einschließlich der Wohnbauten auf fremden Grundstücken
3. Grundstücke und grundstücksgleiche Rechte ohne Bauten
4. Technische Anlagen
5. Einrichtungen und Ausstattungen
6. Geleistete Anzahlungen auf Anlagen im Bau

Unter den einzelnen Posten des Sachanlagevermögens sind folgende Vermögensgegenstände auszuweisen:

Grundstücke und grundstücksgleiche Rechte mit Betriebsbauten einschließlich der Betriebsbauten auf fremden Grundstücken

Zu den Grundstücken zählen neben den dem Krankenhaus gehörenden überbauten Flächen räumlich auch Hofflächen, Straßen, Wege, Parkplätze und Grünflächen. Grundstücksgleiche Rechte sind z. B. Erbbaurechte oder Dauerwohn- und Dauernutzungsrechte.

Unter den Betriebsbauten sind die Gebäude zu bilanzieren, die Personen oder Sachen durch räumliche Umschließung Schutz gegen äußere Einflüsse gewähren, den Aufenthalt von Menschen gestatten, mit dem Grund und Boden fest verbunden sind und der Zielsetzung eines Krankenhausbetriebs dienen. Bestandteil der Betriebsbauten (Gebäudebestandteil) sind alle Einrichtungen, die üblicherweise der Nutzung als Gebäude dienen und mit dem Gebäude fest verbunden sind, wie Heizungs-, Beleuchtungs-, Lüftungs- und Sprinkleranlagen, Fahrstühle, Rolltreppen u. ä., soweit es sich nicht um unter den technischen Anlagen und Maschinen zu bilanzierenden Betriebsvorrichtungen handelt (vgl. Beck (2020), § 247 Tz. 460).

Grundstücke und grundstücksgleiche Rechte mit Wohnbauten einschließlich der Wohnbauten auf fremden Grundstücken

Wohnbauten sind Gebäude, die Wohnzwecken dienen, wie z. B. ein Schwesternwohnheim. Sie sind deshalb nicht zu den nach KHG geförderten Einrichtungen zu rechnen. Auch betriebseigene Kindergärten gehören zu den Wohnbauten. Wird ein Gebäude zum Teil für Betriebszwecke oder zum Teil für Wohnzwecke genutzt, so ist die Zuordnung zu den Betriebs- oder den Wohnbauten nach der überwiegenden Nutzung vorzunehmen. Wenn auf einem Grundstück Betriebs- und Wohnbauten errichtet sind, sollte das Grundstück entweder nach vernünftigem kaufmännischem Ermessen getrennt ausgewiesen oder entsprechend der überwiegenden Nutzung zugeordnet werden.

Grundstücke und grundstücksgleiche Rechte ohne Bauten

Unter den Grundstücken ohne Bauten ist der unbebaute Grund- und Boden auszuweisen, soweit dieser eine von den bebauten Grundstücken deutlich trennbare und wirtschaftlich selbständige Einheit bildet.

Technische Anlagen

Bei den technischen Anlagen handelt es sich im Wesentlichen um Anlagengüter des betriebstechnischen und bautechnischen Bereichs (Betriebsvorrichtungen) wie z. B. medizinische Gasversorgung oder Klimaanlagen im OP. Einen Überblick über die in Betracht kommenden Anlagegüter liefert Verzeichnis III Nr. 3 der Anlage zu § 4 AbgrV. Es handelt sich in der Regel um Anlagegüter im Sinne des § 9 Abs. 1 KHG.

Betriebstechnische Anlagen
1. Belüftungs-, Entlüftungs- und Klimaanlagen
2. Druckluft-, Vakuum- und Sauerstoffanlagen
3. Fernsprechvermittlungsstellen
4. Behälterförderanlagen
5. Gasversorgungsanlagen
6. Heizungsanlagen
7. Sanitäre Installation
8. Schwachstromanlagen
9. Starkstromanlagen
10. Warmwasserversorgungsanlagen

Abbildung 3.3.2-1: Betriebstechnische Anlagen gemäß Verzeichnis III Nr. 3 der Anlage zur AbgrV

Einrichtungen und Ausstattungen

Die unter den Einrichtungen und Ausstattungen auszuweisenden Anlagegüter sind beispielhaft im Verzeichnis II der Anlage zur AbgrV zusammengestellt. Die Aufstellung ist jedoch nicht abschließend. Es handelt sich in der Regel um Anlagegüter im Sinne des § 9 Abs. 3 KHG mit einer durchschnittlichen Nutzungsdauer von mehr als drei Jahren.

Die Bilanzierung der Einrichtungen und Ausstattungen richtet sich grundsätzlich nach den Vorschriften des HGB (§ 4 Abs. 3 KHBV). Der in untenstehender Tabelle angegebene Betrag von 150 Euro versteht sich ohne Umsatzsteuer (§ 2 Nr. 3 AbgrV).

Einrichtungs- und Ausstattungsgegenstände	Gebrauchsgüter (durchschnittliche Nutzungsdauer bis 3 Jahre)
1. Fahrzeuge 2. Geräte, Apparate, Maschinen 3. Instrumente 4. Lampen 5. Mobiliar 6. Werkzeug 7. Extensionsbügel 8. Gehgestelle 9. Lehrmodelle 10. Röntgenfilm-Kassetten 11. Bildtafeln 12. Bücher 13. Datenverarbeitungsanlagen 14. Fernsehantennen 15. Fernsprechapparate 16. Kochtöpfe 17. Küchenbleche 18. Lautsprecher 19. Projektionswände Soweit nicht Verbrauchsgüter (AK ≤ 150 Euro)	1. Dienst- und Schutzbekleidung, Wäsche, Textilien 2. Glas- und Porzellanartikel 3. Geschirr 4. Atembeutel 5. Heizdecken und -kissen 6. Hörkissen und -muscheln 7. Magenpumpen 8. Nadelhalter 9. Narkosemasken 10. Operationstisch Auflagen, Polster und Decken 11. Schienen 12. Spezialkatheder und -kanülen 13. Venendruckmesser 14. Wassermatratzen 15. Bild-, Ton- und Datenträger 16. Elektrische Küchenmesser, Dosenöffner und Quirle 17. Warmhaltekannen Soweit nicht Verbrauchsgüter (AK ≤ 150 Euro)

Abbildung 3.3.2-2: Einrichtungs- und Ausstattungsgegenstände sowie Gebrauchsgüter gemäß Verzeichnis I und II der Anlage zur AbgrV

Geleistete Anzahlungen und Anlagen im Bau

Als Anlagen im Bau sind die bis zum Bilanzstichtag noch nicht fertig gestellten Anlagen (Investitionen) zu aktivieren. Anzahlungen auf Anlagen sind Vorleistungen auf eine von dem anderen Vertragsteil noch zu erbringende Lieferung oder Leistung. Geleistete Anzahlungen auf Sachanlagen liegen vor, wenn das schwebende Geschäft, in dessen Rahmen die Anzahlung als Vorleistung erbracht wurde, die Anschaffung eines Vermögensgegenstandes zum Inhalt hat.

Erstmalige Erfassung

Der erstmalige Ansatz der Vermögensgegenstände des Sachanlagevermögens erfolgt zu den Anschaffungs- oder Herstellungskosten. Preisminderungen wie Skonti oder Rabatte sind direkt von den Anschaffungskosten abzusetzen. Soweit das Krankenhausunternehmen Leistungen erbringt, die gem. § 4 Nr. 14 USTG nicht der Umsatzsteuer unterliegen (Regelfall), bleibt ihm gem. § 15 Abs. 4 USTG der Vorsteuerabzug verwehrt. In diesem Fall ist der Umsatzsteuerbetrag gem. § 9b EStG Bestandteil der Anschaffungskosten der Vermögensgegenstände des Anlagevermögens (BeBiKo zu § 255 Tz. 51).

Unter den Anschaffungskosten werden gemäß § 255 Abs. 1 HGB die Aufwendungen verstanden, die notwendig sind, um den Vermögensgegenstand zu erwerben und in einen betriebsbereiten Zustand zu versetzen, soweit sie dem Vermögensgegenstand einzeln zugeordnet werden können. Zu den Anschaffungskosten gehören auch die Nebenkosten. Hierzu zählen somit z. B. auch Transport- und Montagekosten. Anschaffungspreisminderungen sind abzusetzen. Die Herstellungskosten umfassen gemäß § 255 Abs. 2 HGB Aufwendungen, die durch den Verbrauch von Gütern oder die Inanspruchnahme von Diensten für die Herstellung eines Vermögensgegenstands, seine Erweiterung oder für eine wesentliche über seinen ursprünglichen Zustand hinausgehende Verbesserung entstehen.

Der Umfang der Herstellungskosten gemäß HGB/KHBV ergibt sich aus der folgenden Abbildung:

Umfang der Herstellungskosten gemäß HGB/KHBV	
Pflichtbestandteile	• Materialeinzelkosten • Fertigungseinzelkosten • Sonderkosten der Fertigung • Angemessener Teil der – Materialgemeinkosten – Fertigungsgemeinkosten – Werteverzehr des Anlagevermögens (= Abschreibungen), soweit dieser durch die Fertigung veranlasst ist
Σ Herstellungskosten I	
Wahlbestandteile	Angemessene Teile der – allgemeinen Verwaltungskosten – Aufwendungen für soziale Einrichtungen des Betriebs – für freiwillige soziale Leistungen – für betriebliche Altersversorgung
Σ Herstellungskosten II	
Ansatzverbote	• Forschungskosten • Vertriebskosten

Abbildung 3.3.2-3: Umfang der Herstellungskosten gemäß HGB/KHBV

Folgebewertung

Soweit es sich um abnutzbare Vermögensgegenstände des Anlagevermögens handelt, sind die Anschaffungs- und Herstellungskosten gemäß § 253 Abs. 3 HGB um planmäßige Abschreibungen zu vermindern. Geht man mit ausreichender Sicherheit von einem Verwertungserlös von erheblicher Bedeutung am Ende der Nutzungsdauer aus, ist grundsätzlich die Abschreibung nach HGB bis zur Höhe des Verwertungserlöses vorzunehmen (vgl. Beck (2020), § 253 Tz. 223). Anhaltspunkte für die den planmäßigen Abschreibungen zugrunde liegenden Nutzungsdauern geben die allgemeinen und branchenspezifischen Abschreibungstabellen des Bundesfinanzministeriums. Für die einzelnen Vermögensgegenstände ist jedoch zu beurteilen, ob diese – steuerlichen Nutzungsdauern – die voraussichtliche Nutzungsdauer tatsächlich repräsentieren. Im Hinblick auf diese Einschätzung, sind handelsrechtlich längere, aber auch kürzere Nutzungsdauern denkbar. Bei abweichenden Nutzungsdauern sind ggf. latente Steuern zu bilanzieren. Die Abschreibungen können hierbei linear, aber auch degressiv oder leistungsbezogen erfolgen.

Handelsrechtlich ist es auch zulässig, dass ein abnutzbarer Vermögensgegenstand des Sachanlagevermögens gedanklich in seine wesentlichen Komponenten unterschiedlicher wirtschaftlicher Nutzungsdauern zerlegt wird, um den Betrag der planmäßigen Periodenabschreibung des Vermögensgegenstands als Summe der auf seine einzelnen Komponenten entfallenden planmäßigen Periodenabschreibungen zu ermitteln (Komponentenansatz, IDW RH HFA 1.016 Tz. 4).

Handelsrechtlich zulässig ist die Anwendung des Komponentenansatzes in den Fällen, in denen physisch separierbare Komponenten ausgetauscht werden, die in Relation zum gesamten Sachanlagenvermögensgegenstand wesentlich sind. Als Beispiel wählt IDW RH HFA 1.016 Rz. 5 ein Gebäude, bei dem das Dach nur eine Nutzungsdauer von 20 Jahren, das restliche Gebäude jedoch eine Nutzungsdauer von 60 Jahren hat (ein krankenhausspezifisches Beispiel haben wir weiter unten dargestellt). Der Niederstwerttest ist jedoch weiterhin für den Vermögensgegenstand insgesamt durchzuführen (IDW RH HFA 1.016 Rz. 10).

Der Komponentenansatz wird nur für die Handelsbilanz als zulässig erachtet. In der Steuerbilanz sind die entsprechenden Vermögensgegenstände weiterhin im Ganzen einheitlich abzuschreiben. Hieraus können sich Abweichungen zwischen Handels- und Steuerbilanz und in der Folge latente Steuern ergeben.

Eine Ausnahme von den planmäßigen Abschreibungen ergibt sich, wenn abzusehen ist, dass ein Vermögensgegenstand des Anlagevermögens voraussichtlich dauerhaft im Wert gemindert ist. In diesem Fall ist der Vermögensgegenstand gemäß § 253 Abs. 3 Satz 5 HGB mit dem niedrigeren Wert anzusetzen, der ihm am Bilanzstichtag beizulegen ist. Es besteht kein Wahlrecht, sondern die Vornahme der außerplanmäßigen Abschreibung ist verpflichtend vorzunehmen.

Gründe für eine solche außerplanmäßige Abschreibung können z. B. in der technischen Überholung eines medizinischen Geräts liegen, aber auch darin, dass ein Gerät nicht genutzt wird, da die Nutzung nicht durch die Kostenträger erstattet wird. Gemäß § 253 Abs. 5 HGB ist jedoch regelmäßig zu prüfen, ob der Grund für die außerplanmäßige Abschreibungen noch gegeben ist. Ist der Grund für die außerplanmäßige Abschreibung weggefallen, so ist entsprechend wieder eine Zuschreibung des Vermögensgegenstands vorzunehmen.

Erstbewertung von Vermögensgegenständen des Anlagevermögens	
Ansatz mit den Anschaffungs- oder Herstellungskosten	
Folgebewertung von Vermögensgegenständen des Anlagevermögens	
Planmäßige Abschreibung des Vermögensgegenstands über die voraussichtliche Nutzungsdauer	Außerplanmäßige Abschreibung des Vermögensgegenstands auf den niedrigeren Zeitwert zum Bilanzstichtag, soweit eine voraussichtlich dauerhafte Wertminderung vorliegt
	Wertaufholung soweit der Grund für die außerplanmäßige Abschreibung entfallen ist

Abbildung 3.3.2-4: Erst- und Folgebewertung von Vermögensgegenständen des Anlagevermögens

Eine Ausnahme von der dargestellten Erst- und Folgebewertung bildet die Behandlung der sogenannten geringwertigen Vermögensgegenstände bzw. Wirtschaftsgüter (§ 6 Abs. 2 EStG). Dieses sind Wirtschaftsgüter mit Anschaffungskosten (ohne Umsatzsteuer) bis zu EUR 800, welche steuerlich im Jahr ihrer Anschaffung in voller Höhe als Betriebsausgabe abgezogen werden können. Die geringwertigen Wirtschaftsgüter müssen dann jedoch mit bestimmten Angaben in ein besonderes Verzeichnis aufgenommen werden, sofern die Angaben zu den Anschaffungsvorgängen nicht unmittelbar aus der Buchführung ersichtlich sind. Bei geringwertigen Wirtschaftsgütern mit Anschaffungskosten bis EUR 250 (hierunter fallen beispielsweise auch die Verbrauchsgüter nach § 2 Nr. 3 AbgrV) kann auf dieses Dokumentationserfordernis verzichtet werden. Die Anschaffungskosten für geringwertigen Wirtschaftsgüter sind sofort im Aufwand zu verrechnen und somit nicht zu aktivieren. Die nur steuerliche Sonderregelung zur Sofortabschreibung wird auch handelsrechtlich nicht beanstandet, soweit diese insgesamt von untergeordneter Bedeutung sind.

Für abnutzbare Wirtschaftsgüter des Anlagevermögens mit Anschaffungskosten (ohne Umsatzsteuer) von über EUR 250 und bis EUR 1.000 bestimmt das Steuerrecht mit § 6 Abs. 2a EStG, dass ein Sammelposten gebildet werden kann. Wird dieses Wahlrecht ausgeübt, ist dieser im Wirtschaftsjahr der Bildung und in den folgenden vier Wirtschaftsjahren mit jeweils einem Fünftel gewinnmindernd aufzulösen. Scheidet ein Wirtschaftsgut aus dem Betriebsvermögen aus, wird der Sammelposten nicht vermindert. Dieser – rein steuerrechtliche – Sammelposten kann nach allgemeiner Meinung auch in die Handelsbilanz übernommen werden, wenn er unwesentlich ist (vgl. IDW RS KHFA 1 Rz. 57). Dies dürfte für die Krankenhausunternehmen im Regelfall gegeben sein. Allerdings ist eine mögliche Überbewertung besonders kritisch zu prüfen, wenn es sich bei den geringwertigen Anlagengütern zugleich um pflegesatzfähige Gebrauchsgüter i. S. v. § 3 Abs. 1 Nr. 1 i. V. m. § 2 Nr. 2 AbgrV handelt, da Gebrauchsgüter gemäß § 2 Nr. 2 AbgrV Anlagegüter mit einer Nutzungsdauer von ein bis drei Jahren sind und den Abschreibungszeitraum des Sammelpostens somit unterschreiten (vgl. IDW RS KHFA 1 Rz. 58).

Aus Gründen der Praktikabilität wird empfohlen, die Anschaffung von in einem Sammelposten aufgenommenen Vermögensgegenständen nicht durch die Verwendung von Fördermitteln zu finanzieren. Grund hierfür ist, dass es sich im Zeitablauf als aufwendig erweisen könnte, die Entwicklung des entsprechenden Sonderpostens parallel zur Entwicklung des gebildeten Sammelpostens fortzuführen. Das wäre insbesondere z. B. der Fall bei Vermögensgegenständen, die vor der endgültigen Abschreibung des Sammelpostens aus dem Vermögen des Krankenhausunternehmens abgehen (z. B. durch Verschrottung oder Verkauf).

Finanzierung des Sachanlagevermögens – Sonderposten

Im Bereich Sachanlagevermögen ergeben sich im Krankenhausunternehmen aufgrund der dualen Finanzierung Besonderheiten gegenüber anderen Dienstleistungsunternehmen. Gem. § 9 KHG i. V. m. den Landeskrankenhausgesetzen sowie der Abgrenzungsverordnung besteht die Möglichkeit der Finanzierung der Errichtung von Krankenhäusern sowie von Erst-, Erweiterungs- und Ersatzinvestitionen durch Beantragung von Einzelfördermitteln (§ 9 Abs. 1 KHG). Ersatzbeschaffungen von Vermögensgegenständen des kurzfristigen Anlagevermögens (Nutzungsdauer 3–15 Jahre) sowie kleine bauliche Maßnahmen können unter Verwendung von pauschalen Fördermitteln nach § 9 Abs. 3 KHG finanziert werden. Nicht durch entsprechende Fördermittel finanziert wird die Anschaffung so genannter Ge- und Verbrauchsgüter i. S. d. § 2 AbgrV.

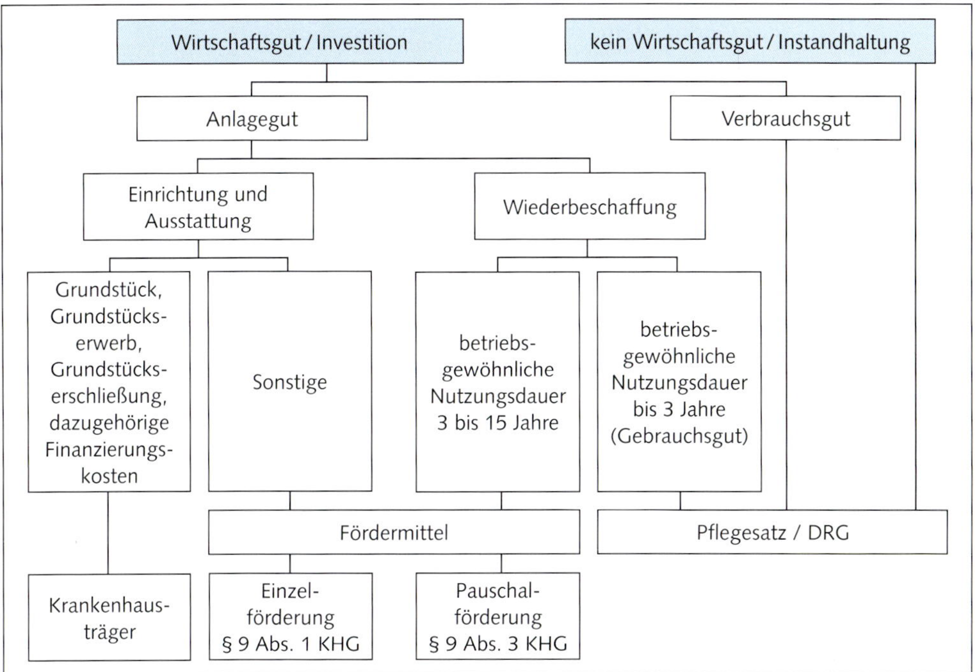

Abbildung 3.3.2-5: Zuordnung von Investitions- und Instandhaltungsmaßnahmen zu den Finanzierungsformen, Quelle: Graumann & Schmidt-Graumann (2002), S. 104.

Aufgrund des dualen Finanzierungssystems ist theoretisch grundsätzlich sichergestellt, dass das für den Krankenhausbetrieb notwendige Anlagevermögen im Zeitpunkt der Beschaffung durch Fördermittel nach dem KHG finanziert wird. Praktisch hängen die Förderung einer Investitionsmaßnahme von den jeweiligen vorhandenen Finanzmitteln eines Bundeslandes und die Aufnahme der Investition in den Investitionsplan ab.

Handelsrechtlich besteht grundsätzlich das Wahlrecht, Investitionszuschüsse bei der Ermittlung der Anschaffungskosten zu kürzen; jedoch empfiehlt auch das Institut der Wirtschaftsprüfer in „HFA 1/1984 i. d. F. 1990: Bilanzierungsfragen bei Zuwendungen, dargestellt an Beispiel finanzieller Zuwendungen der öffentlichen Hand" die Bildung eines Sonderpostens, da andernfalls der Einblick in die Vermögenslage der Gesellschaft bei erheblichen Zuwendungen beeinträchtigt wäre. Hinsichtlich der Behandlung der Zuschüsse im Jahresabschluss des Krankenhauses ist dieses Wahlrecht jedoch unbeachtlich, da in § 5 Abs. 2, 3 KHBV explizit geregelt ist, dass Zuschüsse, die der Finanzierung von Anlagegegenständen dienen, als Sonderposten aus Zuweisungen und Zuschüssen der öffentlichen Hand bzw. Sonderposten aus Fördermitteln nach KHG gesondert auf der Passivseite auszuweisen sind. Die Sonderposten sind entsprechend der Höhe der Abschreibungen, die auf die durch sie finanzierten Vermögensgegenstände entfallen, jährlich ertragswirksam aufzulösen.

Abstimmbarkeit von gefördertem Anlagevermögen zu den entsprechenden Sonderposten aus Zuwendungen zur Finanzierung des Sachanlagevermögens

Wie bereits dargestellt, wird je Finanzierungsart ein entsprechender Sonderposten aus Zuwendungen zur Finanzierung des Sachanlagevermögens gebildet. Da sich die Sonderposten immer entsprechend der mit ihnen finanzierten Vermögensgegenstände des Anlagevermögens entwickeln, müssen die Sonderposten zum Jahresabschluss exakt den Restbuchwerten der entsprechend finanzierten Vermögensgegenstände entsprechen.
Ebenso entsprechen die Erträge aus der Auflösung von Sonderposten aus Zuwendungen zur Finanzierung des Sachanlagevermögens grundsätzlich den Abschreibungen auf das mit ihnen finanzierte Anlagevermögen.

Soweit es im abgelaufenen Geschäftsjahr zu Abgängen von Gegenständen des Anlagevermögens kam, die zu einem Wert unter dem Restbuchwert erfolgten, ergibt sich in Höhe der Differenz zwischen Restbuchwert und Verkaufserlös eine Abweichung zwischen den Erträgen aus der Auflösung von Sonderposten aus Zuwendungen zur Finanzierung des Sachanlagevermögens und den Abschreibungen auf das mit ihnen finanzierte Anlagevermögen.

Um die beschriebenen Abstimmungen zwischen Sonderposten aus Zuwendungen zur Finanzierung des Sachanlagevermögens und den durch sie finanzierten Vermögensgegenständen des Sachanlagevermögens vornehmen zu können, ist es notwendig, bei der Anlage der einzelnen Vermögensgegenstände in der Anlagenbuchhaltung die entsprechende Finanzierungsart im Anlagenstamm einzupflegen. Ist dies geschehen, so kann das Anlagengitter zum Bilanzstichtag nach Finanzierungsarten abgerufen werden. Eine Abstimmung zur Entwicklung der entsprechenden Sonderposten ist ohne weiteres möglich.

Eine Zuordnung von Fördermitteln und somit auch eines Sonderpostens erfolgt allerdings erst, nachdem ein Anlagengegenstand betriebs- bzw. nutzungsbereit ist und die Abschreibung beginnt. Solange ein Anlagengegenstand noch unter dem Bilanzposten „Anlagen im Bau" ausgewiesen ist, sind die korrespondierenden Finanzierungsmittel noch unter den Verbindlichkeiten nach Krankenhausfinanzierungsrecht auszuweisen.

Zentrale Vorschrift für die Bilanzierung von Sachanlagen nach IFRS ist IAS 16. IAS 40 regelt den Sonderbereich der als Finanzinvestition gehaltenen Immobilien und IAS 36 die Wertminderungen. Die Behandlung von Zuwendungen oder Fördermitteln im Zusammenhang mit der Finanzierung von Sachanlagen regelt IAS 20.

Die wesentlichen Regelungen zum Ansatz und zur Bewertung von Sachanlagen sind in folgender Übersicht zusammenfassend dargestellt.

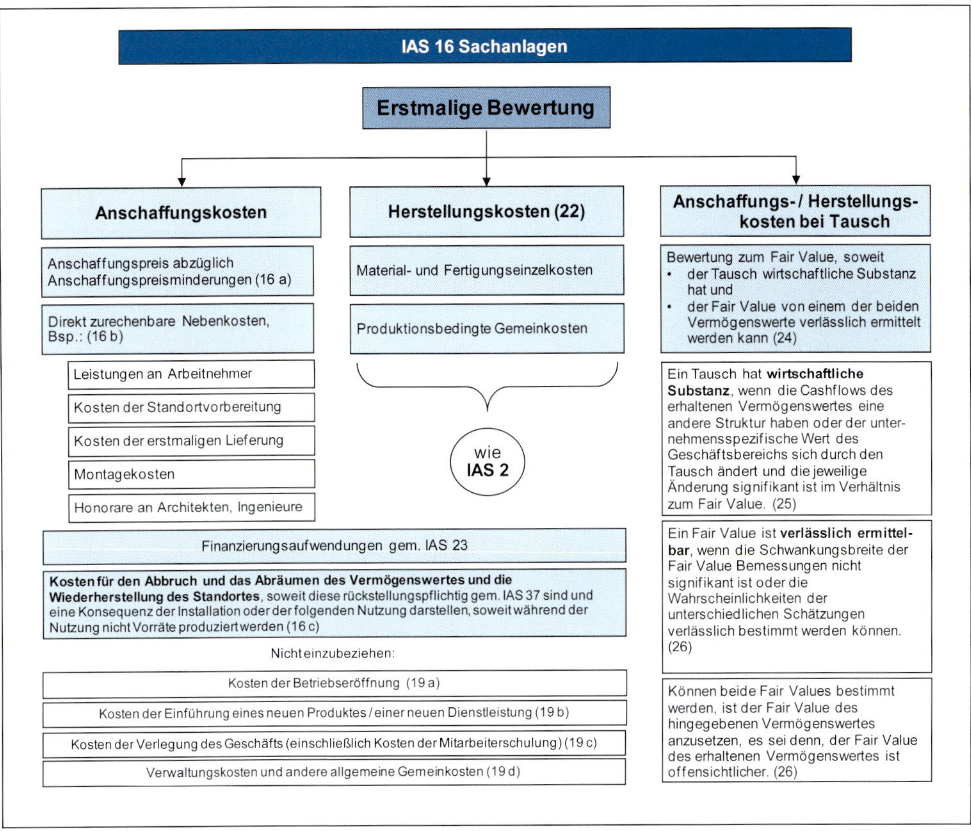

Abbildung 3.3.2-6: Allgemeine Ansatz und Bewertungsvorschriften für Sachanlagen nach IAS 16; Quelle: KPMG IFRS visuell (2021), S. 42

Während die erhaltenen Investitionszuschüsse in nach KHBV erstellten Jahresabschlüssen zwingend als Sonderposten passivisch ausgewiesen werden müssen, sieht IAS 20.24 ein Wahlrecht vor, die Investitionszuschüsse passivisch abzugrenzen oder vom Vermögenswert in Abzug zu bringen. Die aktivische Kürzung ist in nach IFRS erstellten (Konzern-)Abschlüssen die Regel.

Komponentenansatz

Der Komponentenansatz nach IAS 16.43–49 ist dadurch geprägt, dass jeder Teil einer Sachanlage mit einem in Relation zum gesamten Wert des Gegenstands bedeutsamen Anschaffungswert getrennt abgeschrieben werden muss, sofern diese einzelnen Komponenten divergierende Nutzungsdauern aufweisen. Korrespondierend damit sind Aufwendungen für Großreparaturen bei Vorliegen der Ansatzvoraussetzungen als nachträgliche Anschaffungs- oder Herstellungskosten zu erfassen.

Der Grundgedanke des nach IFRS verpflichtend anzuwendenden Komponentenansatzes besteht darin, dass ein Vermögenswert aus verschiedenen Komponenten mit unterschiedlichen Nutzungsdauern besteht, so dass einzelne Komponenten im Rahmen der Gesamtnutzungsdauer mehrmals, ggf. auch regelmäßig ersetzt werden müssen (IAS 16.12–14). Dementsprechend werden die einzelnen Komponenten, soweit der Anschaffungswert nicht unbedeutend ist, getrennt abgeschrieben.

Dies erläutert folgendes einfache Beispiel:

Ein Krankenhaus schafft eine Röntgenanlage an. Die gesamten Anschaffungskosten betragen EUR 250.000. In den Anschaffungskosten enthalten sind die Anschaffungskosten für die Röntgenröhre von EUR 70.000. Die Röntgenröhre hat eine wirtschaftliche Nutzungsdauer von vier Jahren und wird p.a. mit EUR 17.500 abgeschrieben. Die gesamte Röntgenanlage hat eine wirtschaftliche Nutzungsdauer von acht Jahren; entsprechend werden die Anschaffungskosten ohne Röntgenröhre (EUR 180.000) p.a. mit EUR 22.500 abgeschrieben.

Nach vier Jahren ist die Röntgenröhre verbraucht und muss mit Anschaffungskosten von dann EUR 80.000 ausgetauscht werden. Die neue Röntgenröhre wird in der Folge mit EUR 20.000 p.a. abgeschrieben, die restliche Anlage weiterhin mit EUR 22.500.

Verbrauchsgüter: Geringwertige Wirtschaftsgüter sind in den IFRS nicht gesondert geregelt. Sie unterliegen daher den allgemeinen Aktivierungs- und Abschreibungsregeln. Unter dem Gesichtspunkt der Wesentlichkeit (materiality) ist eine sofortige Abschreibung dann zu tolerieren, wenn dadurch die Entscheidungsfindung der Bilanzadressaten nicht beeinflusst wird. Entsprechendes dürfte für die Übernahme der Sammelposten nach Steuerrecht gelten.

Neubewertungsmodell – Gruppe von Sachanlagen: Nach den IFRS kann bei der Folgebewertung von Sachanlagen zwischen dem Anschaffungskosten- und dem Neubewertungsmodell gewählt werden. Um Willkür zu vermeiden, bezieht sich das Wahlrecht nicht auf einzelne Sachanlagen, sondern immer auf Gruppen von Sachanlagen, die sich in ihrer Art und ihrem Verwendungszweck ähneln. Eine solche Gruppe könnten beispielsweise bestimmte betriebstechnische Anlagen darstellen. Werden etwa Raumlüftungsanlagen als eine solche Gruppe definiert, dann müssen alle Raumlüftungsanlagen unabhängig davon, ob diese in Operationssälen, Zentralsterilisation oder Laboratorien installiert sind, mit demselben Modell (Anschaffungskosten- oder Neubewertungsmodell) bewertet werden.

Zumindest in deutschen Krankenhausunternehmen hat das Neubewertungsmodell kaum praktische Relevanz.

Die wesentlichen Regelungen zur Folgebewertung bei Sachanlagen ergeben sich aus dem folgenden Schaubild:

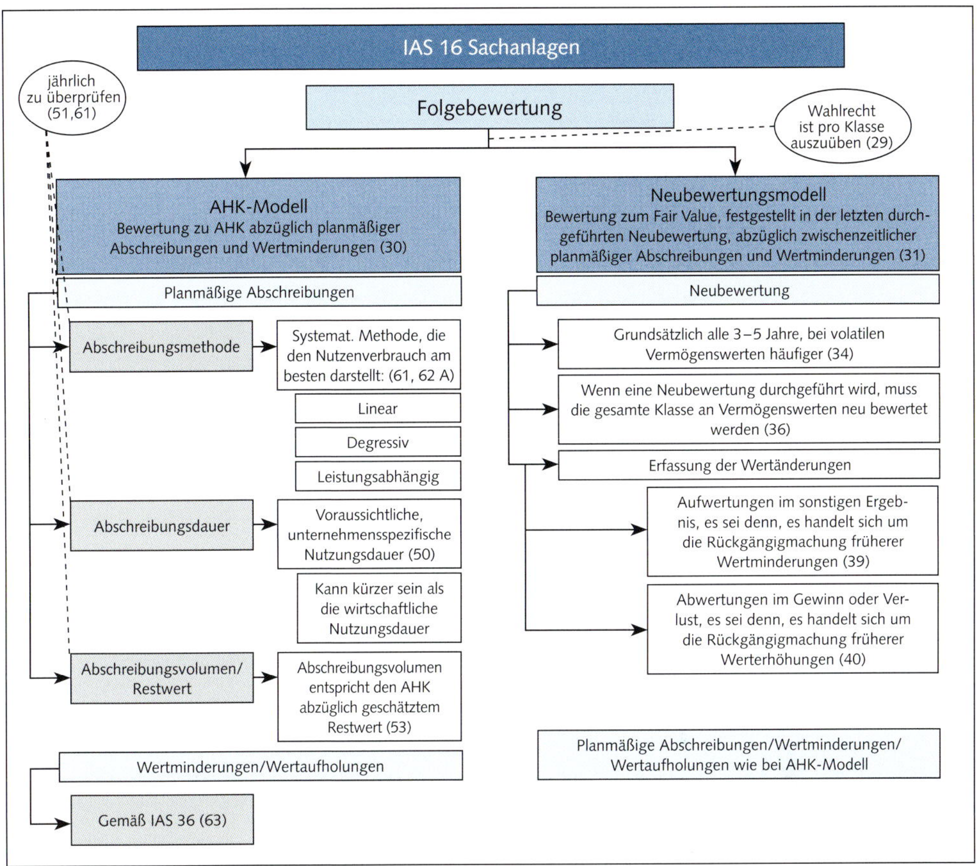

Abbildung 3.3.2-7: Die wesentlichen Regelungen zur Folgebewertung bei Sachanlagen nach IAS 16; Quelle: KPMG IFRS visuell (2021), S. 44

Hinsichtlich weiterer detaillierter Erläuterungen zum Ansatz und zur Bewertung von Sachanlagen (z. B. nachträgliche Anschaffungs-/Herstellungskosten, Erwerb durch Tausch, Einzelheiten zu direkt zurechenbaren Kosten, Dauer des Anschaffungs-/Herstellungsprozesses) sei auf die entsprechenden Standards und die allgemeine Fachliteratur verwiesen.

Steuerrechtlich gilt grundsätzlich nach § 5 Abs. 1 Satz 1 EStG die Maßgeblichkeit der Handelsbilanz für die Steuerbilanz, es sei denn, im Rahmen der Ausübung eines steuerlichen Wahlrechts wird oder wurde ein anderer Ansatz gewählt.

Bezüglich der Bewertung sind bei den Herstellungskosten steuerlich unverändert nach § 5 Abs. 1 Satz 1 EStG die Einzelkosten zu erfassen.

Nach R 6.3 Abs. 1 EStR 2012 sind allerdings nicht nur der angemessene Teil der notwendigen Materialgemeinkosten und Fertigungsgemeinkosten sowie der Werteverzehr von Anlagevermögen einzubeziehen, sondern zudem auch die angemessenen Kosten der allgemeinen Verwaltung (inkl. Aufwendungen für Geschäftsleitung, Betriebsrat, Personalbüro u. ä.), die Aufwendungen für soziale Einrichtungen des Betriebs (z. B. Aufwendungen für die Kantine, Zuschüsse für Essen), die Aufwendungen für freiwillige soziale Leistungen (z. B. Jubiläumsgeschenke, Weihnachtszuwendungen) und die Aufwendungen für die betriebliche Altersversorgung (z. B. Beiträge an Direktversicherungen und Pensionsfonds, Zuführungen zu Pensionsrückstellungen) einzubeziehen. Gem. BMF Schreiben vom 25.3.2013 (BStBl. I 2013, 296, weitere Anwendbarkeit bestätigt durch koordinierten Ländererlass vom 14.03.2016, IV A2 – O-2000 / 15 / 10001) ist diese Verwaltungsauffassung allerdings bis zu einer Verifizierung des Erfüllungsaufwandes, spätestens aber bis zu einer Neufassung der Einkommensteuer-Richtlinien ausgesetzt, sodass die Anschaffungskosten auch weiterhin nach R 6.3 Abs. 1 EStR 2008 ermittelt werden dürfen. Abweichungen zwischen dem handelsrechtlichen und dem steuerlichen Wertansatz können entsprechend zum Ansatz aktiver bzw. passiver latenter Steuern führen. Bei Unternehmen, die selbst keine umsatzsteuerpflichtigen Umsätze durchführen und somit nicht zum Vorsteuerabzug berechtigt sind, erhöht die Umsatzsteuer die Anschaffungs- und Herstellungskosten (AHK). Auch bezüglich des Wertansatzes nach IFRS können Abweichungen bestehen, die zu latenten Steuern führen.

Für geringwertige Wirtschaftsgüter mit AHK zwischen EUR 250,00 und EUR 1.000,00 (netto), die innerhalb eines Jahres angeschafft wurden, kann nach § 6 Abs. 2a EStG ein Sammelposten gebildet und über 5 Jahre aufgelöst werden. Wirtschaftsgüter mit AHK von weniger als EUR 800,00 können nach § 6 Abs. 2 Satz 1 EStG sofort als Betriebsausgaben abgezogen werden. Diese Wirtschaftsgüter sind, sofern ihr Wert EUR 250 übersteigt, in ein besonderes laufend zu führendes Verzeichnis aufzunehmen, wenn die Angaben des Tages der Anschaffung nicht aus der Buchführung ersichtlich sind. Die steuerliche Behandlung geringwertiger Wirtschaftsgüter erfolgt nach § 6 Abs. 2a EstG (vgl. hierzu die Darstellungen auf S. 145). Hierbei bestehen Wahlrechte zwischen der Sofortabschreibung und der Bildung eines Sammelpostens mit pauschaler 5-jähriger Abschreibung. Da i. d. R. sowohl handelsrechtlich als auch nach IFRS (da nicht materiell) diesen Ansätzen gefolgt wird, entstehen hieraus keine latenten Steuern. Ist der Wert des steuerlich zu bildenden Sammelpostens hingegen von Bedeutung (HGB) bzw. materiell (IFRS), ist von der steuerlichen Behandlung abzuweichen und es kommt zu Differenzen zwischen Steuerbilanz und Handelsbilanz bzw. IFRS und somit zum Ansatz aktiver latenter Steuern (Steuerbilanz-Ansatz > Handelsbilanz-/IFRS-Ansatz).

Bei der Folgebewertung kann nach § 6 Abs. 1 Nr. 1 Satz 2 EStG steuerlich unverändert der niedrigere Teilwert angesetzt werden, wenn es sich um eine dauernde Wertminderung handelt (steuerliches Wahlrecht). Das abweichende steuerliche Wahlrecht kann nach derzeitiger Einschätzung selbständig ausgeübt werden. Bei einer eventuellen Werterholung besteht nach § 6 Abs. 1 Nr. 1 Satz 4 EStG eine steuerliche Pflicht zur Wertaufholung auf den Restbuchwert (AHK ./. planmäßige AfA). Auch handelsrechtlich besteht nach § 253 Abs. 5 Satz 1 HGB ein Wertaufholungsgebot. Somit entsteht aufgrund der Teilwert-Abschreibung und einer evtl. Wertaufholung i. d. R. keine latente Steuer auf Unterschiede beim Ansatz nach HGB bzw. IFRS und Steuerbilanz.

Einen Überblick über die Herstellungskosten nach HGB/KHBV, IFRS und Steuerrecht geben wir im Rahmen der Erläuterung der Vorratsbewertung.

3.3.2.2 Krankenhausspezifische Fragestellungen

Erstbewertung zuwendungsfinanzierter Sachanlagen

Die Zuwendungsfinanzierung von Sachanlagen ist für Krankenhausunternehmen regelmäßig von hoher Bedeutung. Die Förderung der Anschaffung von Sachanlagen wie Krankenhausneubauten und Betriebs- und Geschäftsausstattung hat ihre gesetzliche Grundlage im Krankenhausfinanzierungsgesetz. Darüber hinaus gibt es Zuwendungen oder Zuschüsse von Dritten wie beispielsweise von Stiftungen oder Privatpersonen.

Öffentliche Zuwendungen werden i.d.R. aus struktur- oder wirtschaftspolitischen Gründen gewährt und sehen häufig keine unmittelbare Gegenleistungsverpflichtung des Zuwendungsempfängers gegenüber dem Zuwendungsgeber vor. Im Gegensatz hierzu beruhen private Zuschüsse, die im Rahmen einer Geschäftsbeziehung unter fremden Dritten gewährt werden, grundsätzlich auf einem ökonomischen Austauschverhältnis. Die Bilanzierung von privaten Zuschüssen richtet sich nach St/HFA 2/1996 i. d. F. 2013.

Zu unterscheiden ist zudem grundsätzlich zwischen Zuwendungen und Zuschüssen für Aufwendungen und Erträge sowie für Investitionen. Zweckgebundene Zuwendungen zur Finanzierung von Sachanlagen werden im Folgenden als investive Zuwendungen bezeichnet.

Investive zweckgebundene Zuwendungen können nach dem Handelsrecht unmittelbar von den Anschaffungs-/Herstellkosten abgesetzt werden. Nach der KHBV besteht ein solches Wahlrecht nicht. Für die erhaltenen Zuwendungen sind zwingend Sonderposten zu bilanzieren.

Keine investiven Zuwendungen – wie hier definiert – sind beispielsweise:

- nicht zweckgebundene Spenden,
- Geräte oder Anlagen, die Ärzten zum Zwecke der Forschung von Dritten überlassen werden und oft nach Beendigung des Forschungsprojektes in deren Vermögen verbleiben,
- Zuschüsse von öffentlich-rechtlichen Trägern in Höhe der jährlichen Abschreibungen auf Sachanlagen.

Zuwendungen für klinische Studien sind in einen Anteil für investive Ausgaben (Anschaffung von Gerätetechnik etc.) und einen Anteil für so genannte konsumtive Ausgaben (Personal, Verbrauchsmaterial) aufzuteilen. Der Anteil für investive Ausgaben zählt unter die investiven Zuwendungen wie hier definiert.

Die Sonderposten aus Zuwendungen zur Finanzierung des Sachanlagevermögens gliedern sich gemäß KHBV (Anlage 1) in folgende drei Posten:
1. Sonderposten aus Fördermitteln nach dem KHG
2. Sonderposten aus Zuweisungen und Zuschüssen der öffentlichen Hand
3. Sonderposten aus Zuwendungen Dritter.

Sonderposten aus Fördermitteln nach dem KHG entfallen auf die Einzel- und Pauschalförderung nach § 9 Abs. 1 und 3 KHG.

Soweit öffentlich rechtliche Gebietskörperschaften Investitionszuschüsse im Rahmen einer gesetzlichen oder institutionellen Förderung für die Universitätskliniken oder auf Grund ihrer durch Landesrecht begründeten Verpflichtung zur Gewährung der öffentlichen Gesundheitsförderung im Rahmen einer ergänzenden Finanzierung zur Förderung nach KHG zur Verfügung stellen, sind diese Mittel als Sonderposten aus Zuweisungen und Zuschüssen der öffentlichen Hand auszuweisen.

Auch Zuwendungen Dritter zur Finanzierung des Sachanlagevermögens sind in der Bilanz als Sonderposten auszuweisen. Die Bildung und Auflösung dieses Sonderpostens ist analog der für Sonderposten aus Fördermitteln nach dem KHG (§ 5 Abs. 3 KHBV) vorzunehmen.

Nach § 5 Abs. 1 KHBV werden Sachanlagen ausnahmslos mit ihren Anschaffungs-/Herstellungskosten bewertet. Eine Minderung der Anschaffungs-/Herstellungskosten um investive Zuwendungen ist nach KHBV nicht gestattet. In Höhe der geförderten Anschaffungs-/Herstellungskosten wird ein Passivposten „Sonderposten aus Zuwendungen Dritter" bzw. „Sonderposten aus Fördermitteln nach KHG" gebildet. Ergeben sich zum Stichtag im Zusammenhang mit dem Anschaffungs-/Herstellungsprozess „Anlagen im Bau" oder „Anzahlungen", dann sind diese in voller Höhe zu aktivieren. Ein Sonderposten ist im Hinblick auf die Anlagen in Bau bzw. geleisteten Anzahlungen hinsichtlich des geförderten Teils nicht zu bilanzieren, da eine Umbuchung aus den Verbindlichkeiten nach dem Krankenhausfinanzierungsrecht in den korrespondierenden Sonderposten erst erfolgt, wenn die Betriebsbereitschaft des Anlagengegenstandes gegeben und entsprechend eine Umbuchung dieses Anlagengegenstandes aus den Anlagen im Bau in den jeweiligen Bilanzposten des Anlagevermögens erfolgte und Abschreibungen berechnet werden (vgl. Purzer & Haertle (2014), A 79 3.).

Nach den IFRS können investive Zuwendungen entweder als passiver Abgrenzungsposten (Bruttobilanzierung) erfasst oder vom Buchwert des Vermögenswertes abgesetzt (Nettobilanzierung –

IAS 16.28) werden (IAS 20.24). Die Bruttobilanzierung entspricht den Regelungen der KHBV. Die Nettobilanzierung ist nach dem deutschen Handelsgesetzbuch ebenfalls gestattet, sie entspricht aber nicht der KHBV. IAS 20 behandelt zwar ausschließlich Zuwendungen der öffentlichen Hand, gemäß IAS 8.11(a) ist eine analoge Anwendung von IAS 20 für Zuwendungen Dritter aber als sachgerecht anzusehen.

Beispiel	Krankenhausunternehmen X schafft am 1. Januar 2X01 eine neue Anlage für 80.000 Euro an. Die Anlage wird mit öffentlichen Mitteln in Höhe 72.000 Euro gefördert (entspricht Förderquote von 90 %).	
	Bilanzierung nach HGB / KHBV	Bilanzierung nach IFRS
Förderbescheid liegt vor	Sollbuchungen: Forderung KHG € 72.000 Aufwand*) € 72.000 Habenbuchungen: Verbindlichkeit KHG € 72.000 Ertrag**) € 72.000	Sollbuchungen: Forderung KHG € 72.000 Habenbuchungen: Verbindlichkeit KHG € 72.000
Auszahlung	Sollbuchung: Kasse, Bank € 72.000	Habenbuchung: Forderung KHG € 72.000
Anlage angeschafft	**Bruttobilanzierung** Sollbuchungen: Sachanlagen € 80.000 Verbindlichkeit KHG € 72.000 Habenbuchungen: Kasse, Bank € 80.000 Sonderposten € 72.000	**Bruttobilanzierung** Sollbuchungen: Sachanlagen € 80.000 Verbindlichkeit KHG € 72.000 Habenbuchungen: Kasse, Bank € 80.000 Passiver Abgrenzungsposten KHG € 72.000
	Nettobilanzierung Nach HGB erfolgt Bilanzierung wie nach IFRS Nach KHBV ist die Nettobilanzierung verboten	**Nettobilanzierung** Sollbuchungen: Sachanlagen € 8.000 Verbindlichkeit KHG € 72.000 Habenbuchung: Kasse, Bank € 80.000

*) Kontengruppe 75 „Auflösung von Ausgleichsposten und Zuführungen der Fördermittel nach KHG zu Sonderposten oder Verbindlichkeiten"
**) Kontengruppe 47 „Zuweisungen und Zuschüsse der öffentlichen Hand sowie Zuwendungen Dritter"

Abbildung 3.3.2-8: Beispiel für die Erstbewertung geförderter Sachanlagen

Wie schon erwähnt, ist die Nettobilanzierung in IFRS (Konzern)Abschlüssen die Regel.

Bei Erhalt des Förderbescheids ist sowohl nach HGB/KHBV als auch nach IFRS eine Forderung nach KHG in Höhe des geförderten Betrags auszuweisen, wenn die Voraussetzungen des IAS 20.7 erfüllt sind (die Förderbedingungen werden mit angemessener Sicherheit erfüllt). Nach HGB erfolgt eine Forderungsbilanzierung, wenn die sachlichen Voraussetzungen vorliegen (IDW HFA 1/1984 2b). Somit unterscheiden sich die Bedingungen nach HGB und IFRS nur geringfügig und im IFRS erfolgt eine Forderungsbilanzierung ggfs. eher als im HGB). In beiden Systemen ist der zugesagte Förderbetrag zu passivieren. In den IFRS ergibt sich das aus IAS 20.12, nach dem die Zuwendungen dem Eigenkapital nicht unmittelbar zuzuordnen sind sondern als Ertrag in den Perioden, in denen der entsprechende Aufwand (hier Abschreibungen) zu kompensieren ist. Bei diesem Passivposten nach IFRS handelt es sich um eine abgegrenzte Schuld (passiver Abgrenzungsposten – IAS 37.11(b)), die unter den sonstigen Verbindlichkeiten ausgewiesen werden kann. Im Ergebnis entspricht das den Regelungen des deutschen Handelsrechts und denen der KHBV.

Nach IFRS (wie auch im HGB) ist die Erfassung des gewährten Förderbetrags als Aufwand und gleichzeitig Ertrag in der Gewinn- und Verlustrechnung im Unterschied zur KHBV nicht möglich. Gemäß Definition führt ein Ertrag zur Erhöhung und ein Aufwand zur Verringerung des Eigenkapitals. Gerade das ist zum Zeitpunkt der Gewährung der Förderung für investive Zwecke nicht der Fall. Entsprechend wird nach IFRS die Gewinn- und Verlustrechnung im Rahmen der Erstbilanzierung des Fördermittelanspruchs nicht berührt. Dies ist ein Unterschied zur KHBV, der zwingend besteht.

Steuerrechtlich gilt grundsätzlich nach § 5 Abs. 1 Satz 1 EStG die Maßgeblichkeit der Handelsbilanz für die Steuerbilanz, es sei denn, im Rahmen der Ausübung eines steuerlichen Wahlrechts wird oder wurde ein anderer Ansatz gewählt. In diesem Fall besteht unverändert das Wahlrecht nach R 6.5 Abs. 2 EStR Zuschüsse erfolgsneutral von den AHK abzuziehen oder erfolgswirksam zu vereinnahmen (sog. nicht kodifiziertes Wahlrecht). Weicht die Bewertung von der Handelsbilanz ab, sind die entsprechenden Anlagegüter in ein besonderes, laufend zu führendes Verzeichnis aufzunehmen. Je nach Ausnutzung dieses Wahlrechtes (HGB und Steuerbilanz) und der Bilanzierung nach IFRS kann es zum Ausweis von aktiven bzw. passiven latenten Steuern nach HGB bzw. IFRS kommen.

Im Unterschied zum HGB/KHBV kennen die IFRS keinen Sonderposten, der im deutschen Handelsrecht zwischen Eigen- und Fremdkapital steht. Nach IFRS wird ein passiver Abgrenzungsposten gebildet, der unter den sonstigen Verbindlichkeiten ausgewiesen wird.

Im Anhang sind nach IAS 20.39 folgende Angaben vorzunehmen:

- Angewandte Rechnungslegungsmethode, einschließlich der Darstellungsmethoden;
- Art und Umfang der im Abschluss erfassten Zuwendungen der öffentlichen Hand und ein Hinweis auf andere Formen von Beihilfen der öffentlichen Hand, von denen das Unternehmen unmittelbar begünstigt wurde; und
- unerfüllte Bedingungen und andere Erfolgsunsicherheiten im Zusammenhang mit im Abschluss erfassten Beihilfen der öffentlichen Hand.

Baupauschale in Nordrhein-Westfalen

Die Investitionskosten in Nordrhein-Westfalen werden entsprechend § 17 KHGG NRW im Rahmen der zur Verfügung stehenden Haushaltsmittel durch Zuschüsse und Zuweisungen gefördert. Hierzu wurde die Verordnung über die pauschale Krankenhausförderung (PauschKHFVO) erlassen, die insbesondere die Berechnungsgrundlage zur Bemessung der krankenhausindividuellen Baupauschale regelt.

Gemäß § 21 KHGG NRW sind die Kosten förderfähig, die für eine ausreichende und medizinisch zweckmäßige Versorgung nach den Grundsätzen der Sparsamkeit und Wirtschaftlichkeit erforderlich sind. Die Folgekosten, insbesondere die Auswirkungen auf die Pflegesätze und Entgelte, sind zu berücksichtigen.

Die Baupauschale darf verwendet werden für:

- die Errichtung von Krankenhäusern (Neubau, Umbau, Erweiterungsbau) einschließlich der Erstausstattung mit den für den Krankenhausbetrieb notwendigen Anlagegütern sowie die Wiederbeschaffung von Anlagegütern mit einer durchschnittlichen Nutzungsdauer von mehr als 15 Jahren (§ 18 Abs. 1 Nr. 1 KHGG NRW)
- zur Finanzierung von Krediten für Maßnahmen nach § 18 Abs. 1 KHGG NRW (§ 21 Abs. 5 KHGG NRW)
- zur Finanzierung von Entgelten für die Nutzung von Anlagegütern, soweit dies einer wirtschaftlichen Betriebsführung entspricht und der mit der Gewährung der Fördermittel verfolgte Zweck nicht beeinträchtigt wird (§ 21 Abs. 6 KHGG NRW).

Nach § 21 Abs. 9 KHGG NRW dürfen Krankenhäuser bis zu 50 % der jährlichen Pauschalbeträge für die Wiederbeschaffung von kurzfristigen Anlagegütern mit einer durchschnittlichen Nutzungsdauer von mehr als drei Jahren bis zu 15 Jahren für die Zwecke der Investitionsfinanzierung nach § 18 Abs. 1 Nr. 1 KHGG NRW einsetzen.

Da die Baupauschale jährlich bewilligt wird, ist eine bilanzielle Erfassung von Baupauschalen künftiger Jahre nicht möglich. Der Anspruch auf die Baupauschale entsteht – wie bei der bisherigen Investitionsförderung – mit dem rechtskräftigen Bewilligungsbescheid und kann erst zu diesem Zeitpunkt im Rechnungswesen erfasst werden. Während in den anderen Bundesländern beispielsweise aufgrund von zugesagten Einzelfördermitteln die Gesamtfinanzierung eines Investitionsvorhabens bereits zu Beginn der Investitionsmaßnahme im Jahresabschluss abgebildet werden konnte, ist dies bei der Finanzierung durch die Baupauschale nicht mehr möglich.

Da die Regelungen der KHBV zur bilanziellen Abbildung der Investitionsfinanzierung unverändert fortbestehen, ist nach § 5 Abs. 3 KHBV ein entsprechender Sonderposten zu bilden, der in Höhe der Abschreibungen ertragswirksam aufzulösen ist. Da Vorgriffe auf künftige Baupauschalen unzulässig sind, erfordert die Finanzierung größerer Investitionsvorhaben ein entsprechendes Ansparen bzw. zunächst eine Finanzierung mit Eigenmitteln.

Das Krankenhaus kann die Baupauschale zur Neutralisierung der jährlichen Abschreibung der Neubaumaßnahmen in Form einer Abschreibungsfinanzierung verwenden. Der Differenzbetrag aus der Baupauschale und den Abschreibungen wird dem Sonderposten zugeführt, sodass somit gleichzeitig eine „Umfinanzierung" der vorab mit Eigenmitteln finanzierten Investitionen erfolgt. Es können hierbei bereits abgeschlossene Maßnahmen, die förderfähig sind und nach dem Inkrafttreten des KHGG NRW getätigt wurden, refinanziert werden. Die jährliche Baupauschale kann somit zur Verrechnung mit den Abschreibungen verwendet werden.

Auch andere Bundesländer haben auf Investitionspauschalen umgestellt (Brandenburg, Bremen, Saarland; Berlin und Hessen setzen leistungsorientierte Investitionspauschalen zur Investitionsförderung ein). Aufgrund des Rechtscharakters der Investitionspauschalen und ihrer jährlich neuen Bewilligung ist auch in diesen Bundesländern eine bilanzielle Erfassung von Investitionspauschalen künftiger Jahre als Forderungen der Krankenhäuser nicht möglich. Der Anspruch auf die Investitionspauschalen entsteht erst mit dem rechtskräftigen Bewilligungsbescheid des jeweiligen Jahres und kann erst zu diesem Zeitpunkt im Rechnungswesen erfasst werden. Daher ist eine Abbildung der Gesamtfinanzierung eines Investitionsvorhabens aus Mitteln der Pauschale zum Zeitpunkt des Beginns der Investitionsmaßnahme auch in diesen Bundesländern nicht möglich (IDW RS KHFA 1 Rz. 33 ff.).

Soweit die Baupauschalen der Kreditfinanzierung dienen, gelten die Ausführungen zum Ausgleichsposten für Darlehensförderung entsprechend (Kapitel 3.3.5).

Besonderheiten der Folgebewertung

Die Folgebewertung nach IFRS kann nach dem Anschaffungskosten- oder nach dem Neubewertungsmodell erfolgen. Beim Anschaffungskostenmodell ist die Sachanlage zu ihren Anschaffungskosten abzüglich der kumulierten Abschreibungen und Wertminderungen zu bewerten. Die Abschreibungen haben planmäßig über die Nutzungsdauer zu erfolgen. Wertminderungen haben immer außerplanmäßigen Charakter. Bei der Neubewertungsmethode erfolgt die Bewertung – vereinfacht gesagt – zum beizulegenden Zeitwert.

Die Regelungen zum Anschaffungskostenmodell entsprechen im Wesentlichen dem deutschen Handelsrecht und der KHBV. Auf folgende praxisrelevante Fragen soll hingewiesen werden:

Nutzungsdauer: Bei der Bestimmung der Nutzungsdauer werden im deutschen Krankenhausunternehmen regelmäßig die Abgrenzungsverordnung und die vom BMF herausgegebenen steuerlichen Abschreibungstabellen herangezogen. Wie oben beschrieben, sind diese Nutzungsdauern vor der Übernahme in die Anlagenbuchhaltung allerdings kritisch zu hinterfragen und ggf. auf die konkreten Verhältnisse des Krankenhauses anzupassen. Die IFRS kennen solche Abschreibungstabellen nicht. Nach IAS 16.57 wird die Nutzungsdauer eines Vermögenswerts nach der voraussichtlichen Nutzbarkeit für das Unternehmen definiert. Die voraussichtliche Nutzbarkeit kann kürzer sein als seine wirtschaftliche Nutzungsdauer, wenn beispielsweise eine vorherige Veräußerung bzw. eine Wiederbeschaffung aufgrund technischen Fortschritts geplant ist. Aus praktischer Sicht können die Abschreibungstabellen – nach kritischer Überprüfung – aber weitgehend auch für die Abschlüsse nach IFRS angewendet werden, da regelmäßig davon auszugehen ist, dass diese die wirtschaftliche Nutzungsdauer zugrunde legen. Ist die voraussichtliche Nutzbarkeit geringer als die wirtschaftliche Nutzungsdauer, dann sind die Abschreibungstabellen nicht anwendbar. Abweichungen zwischen der nach Handelsrecht und der nach IFRS angesetzten Nutzungsdauer wird es im Regelfall nicht geben, da die handelsrechtliche voraussichtliche betriebsindividuelle Nutzungsdauer der wirtschaftlichen Nutzungsdauer nach IFRS entspricht. Die Übernahme von steuerlichen Nutzungsdauern für HGB-Zwecke kann nur mit einer Wesentlichkeitsüberlegung gerechtfertigt werden.

Abschreibungsmethode: Die Abschreibungsmethode hat nach den IFRS den erwarteten Verlauf des Verbrauchs des künftigen wirtschaftlichen Nutzens des Vermögenswertes widerzuspiegeln (IAS 16.60). Bei der Bestimmung der Abschreibungsmethode können somit unter dieser Prämisse nach IFRS alle Methoden verwendet werden, die das deutsche Handelsrecht und die KHBV erlauben. In der Praxis des Krankenhausunternehmens kommen heute im Abschluss nach KHBV die linearen bzw. geometrisch-degressiven Abschreibungsmethoden zur Anwendung. In fast allen Fällen können diese Abschreibungsmethoden nach IFRS weitergeführt werden. Da bei geförderten Krankenhäusern, und das ist derzeit die Mehrzahl, die Abschreibungen über die gleichzeitige Auflösung des Sonderpostens neutralisiert werden, kam den unterschiedlichen Nutzungsdauern und Abschreibungsmethoden nur begrenzte Aufmerksamkeit zu. Anders wäre es, wenn die Förderquote erheblich abnimmt oder wenn das Krankenhausunternehmen Fördermittel (z. B. bei Schließung oder Ausscheiden aus dem Krankenhausplan) in Höhe des verbliebenen Sonderpostens zurückzahlen müsste. Die Umstellung auf IFRS könnte eine Gelegenheit sein, die Frage der Nutzungsdauern und Abschreibungsmethoden entsprechend dem erwarteten Verlauf des Verbrauchs des künftigen wirtschaftlichen Nutzens des Vermögenswerts auch unter diesen Aspekten neu zu durchdenken. Unter IFRS ist der Komponentenansatz anzusetzen, falls wesentliche Komponenten vorhanden sind.

Wertminderungen: Wertminderungen sind dann vorzunehmen (im Handelsrecht spricht man von außerplanmäßigen Abschreibungen), wenn der erzielbare Betrag einer Sachanlage niedriger als ihr

Buchwert ist (IAS 36.59). Dabei kommt es im Gegensatz zu HGB/KHBV nicht auf die Dauerhaftigkeit der Wertminderung an. Zuschreibungen sind wie nach HGB/KHBV vorzunehmen, wenn die Wertminderung nicht mehr besteht (IAS 36.114).

Das Neubewertungsmodell ist im deutschen Handelsrecht nicht gestattet. Obwohl in der Praxis davon auszugehen ist, dass dieses Modell im Krankenhausunternehmen auch bei Anwendung der IFRS keine große Bedeutung erlangen wird, soll hier auf die Frage der Neubewertung bei zuwendungsfinanzierten Sachanlagen eingegangen werden.

Bruttobilanzierung: Wird die Bruttobilanzierung gewählt, dann reagiert der gebildete passive Abgrenzungsposten auf die Abwertung genau wie bei einer Wertminderung im Anschaffungskostenmodell. Der passive Abgrenzungsposten wird in Höhe des mit der Förderquote multiplizierten Abwertungsbetrags ertragswirksam aufgelöst. Erfolgt eine Aufwertung, verändert sich der den Zuschuss betreffende Passivposten nicht, da sich die Höhe der erhaltenen Zuschüsse nicht verändert. Wird allerdings mit der Aufwertung eine frühere Abwertung rückgängig gemacht, dann ist der anteilige Förderbetrag wieder dem passiven Abgrenzungsposten zuzuführen. Dies ergibt sich aus IAS 20.12.

Nettobilanzierung: Würde angenommen zum Zeitpunkt der Anschaffung eine hundertprozentig geförderte Sachanlage netto bilanziert, dann wäre deren Buchwert null. In diesem Fall ist auch davon auszugehen, dass der beizulegende Zeitwert null ist. Dies ist darauf zurückzuführen, dass ein Dritter, der den Erwerb des Krankenhausgebäudes nicht noch einmal durch Zuschüsse gefördert erhält – einige Landeskrankenhausgesetze regeln dies explizit – nur einen um die vom Verkäufer ursprünglich erhaltenen Zuschüsse gekürzten Betrag zahlen würde.

Wirtschaftlich sinnvoll erscheint nur die folgende Interpretation der Neubewertungsmethode bei Nettobilanzierung: Im ersten Schritt wird der beizulegende Zeitwert für das Gebäude ohne Zuschussfinanzierung ermittelt. Dieser wird dann mit dem Buchwert verglichen, der im Falle der Anwendung der Bruttobilanzierung vorhanden wäre. Der so ermittelte Differenzbetrag bildet die Grundlage für die Auf- / Abwertung des Vermögenswerts. Im Fall einer errechneten Abwertung, die über dem Buchwert liegt, würde nur bis zum Wert null abgewertet (IAS 36.62). Im nachfolgenden Beispiel wird diese Interpretation zugrunde gelegt.

Im Folgenden wird das oben begonnene Beispiel für die Folgebewertung nach IFRS fortgesetzt. Die Folgebewertung nach HGB/KHBV entspricht dem Anschaffungskostenmodell. Die Nettobilanzierung entfällt nach HGB/KHBV. Der passive Abgrenzungsposten entspricht dem Sonderposten nach HGB/KHBV. NBRücklage steht für Neubewertungsrücklage.

Beispiel

Die am 1. Januar 2X01 angeschaffte Anlage hat eine wirtschaftliche Nutzungsdauer von 8 Jahren. Der beizulegende Zeitwert wird am 31. Dezember 2X04 mit 44.000 Euro ermittelt.

31. Dezember 2X01

Bruttobilanzierung

Bestandskonten 1. Januar 2X01	
Sachanlage	€ 80.000
Passiver Abgrenzungsposten	€ 72.000
Laufende Buchungen	
Abgrenzungsposten an Ertrag	€ 9.000
Abschreibungen an Sachanlage	€ 10.000
Bestandskonten 31. Dezember 2X01	
Sachanlage	€ 70.000
Abgrenzungsposten	€ 63.000

Nettobilanzierung

Bestandskonto 1. Januar 2X01	
Sachanlage	€ 8.000
Laufende Buchungen	
Abschreibungen an Sachanlage	€ 1.000
Bestandskonto 31. Dezember 2X01	
Sachanlage	€ 7.000

Abbildung 3.3.2-9: Teil A Beispiel für die Folgebewertung geförderter Sachanlagen

31. Dezember 2X04

Anschaffungskostenmodell

Bruttobilanzierung

Bestandskonten 1. Januar 2X04	
Sachanlage	€ 50.000
Abgrenzungsposten	€ 45.000
Laufende Buchungen	
Abgrenzungsposten an Ertrag	€ 9.000
Abschreibung an Sachanlage	€ 10.000
Bestandskonten 31. Dezember 2X04	
Sachanlage	€ 40.000
Abgrenzungsposten	€ 36.000

Nettobilanzierung

Bestandskonto 1. Januar 2X04	
Sachanlage	€ 5.000
Laufende Buchungen	
Abschreibung an Sachanlage	€ 1.000
Bestandskonto 31. Dezember 2X04	
Sachanlage	€ 4.000

Neubewertungsmodell

Bruttobilanzierung

Bestandskonten 1. Januar 2X04	
Sachanlage	€ 50.000
Abgrenzungsposten	€ 45.000
Laufende Buchungen	
Abgrenzungsposten an Ertrag	€ 9.000
Abschreibung an Sachanlage	€ 10.000
Sachanlage an Neubewertungsrücklage	€ 4.000
Bestandskonten 31. Dezember 2X04	
Sachanlage	€ 44.000
Abgrenzungsposten	€ 36.000
Neubewertungsrücklage	€ 4.000

Nettobilanzierung

Bestandskonten 1. Januar 2X04	
Sachanlage	€ 5.000
Laufende Buchungen	
Abschreibung an Sachanlage	€ 1.000
Sachanlage an Neubewertungsrücklage	€ 4.000
Bestandskonten 31. Dezember 2X04	
Sachanlage	€ 8.000
Neubewertungsrücklage	€ 4.000

Abbildung 3.3.2-9: Teil B Beispiel für die Folgebewertung geförderter Sachanlagen

Bis zum ersten Tag der Neubewertung (hier 31. Dezember 2X04) führen Anschaffungskosten- und Neubewertungsmodell zum gleichen Ergebnis. Am Tag der Neubewertung ändern sich die Wertansätze und Abschreibungshöhen. Beim Neubewertungsmodell beträgt die Abschreibungshöhe ab 2X05 EUR 11.000 bei der Bruttomethode und EUR 2.000 bei der Nettomethode.

Beim Neubewertungsmodell führt die Erhöhung des Werts um EUR 4.000 zu einer Zuführung zur Neubewertungsrücklage in gleicher Höhe.

Anlagenabgänge

Nach HGB/KHBV sind Anlagenabgänge zu erfassen, wenn bei Verkäufen das wirtschaftliche Eigentum auf den Käufer übergegangen ist bzw. wenn bei Verschrottungen die physische Vernichtung erfolgt ist.

Gemäß IAS 16.67 ist der Buchwert einer Sachanlage auszubuchen, wenn die Sachanlage veräußert wurde bzw. für das Unternehmen kein weiterer Nutzenzufluss aus dieser Sachanlage zu erwarten ist. Bei Veräußerung gilt: Die Differenz zwischen Buchwert und Nettoveräußerungserlös ist als Gewinn oder Verlust zu erfassen. Der Zeitpunkt der Realisierung von Gewinn oder Verlust bestimmt sich entsprechend IAS 16.69 nach den Kriterien des IFRS 15, nämlich dann, wenn der Empfänger die Verfügungsgewalt über die Sachanlage erwirbt. Bei der Verschrottung oder anderweitigen Unterbindung des Nutzenzuflusses entspricht der Buchwert gleichzeitig dem Verlust.

Besonderheiten für Krankenhausunternehmen ergeben sich weniger aus den Vorschriften der IFRS, sondern aus der krankenhausspezifischen Finanzierung über Fördermittel. Insoweit gelten die folgenden Ausführungen für IFRS und deutsches Handelsrecht bei Anwendung der Bruttomethode gleichermaßen. Hierbei kommt es darauf an, ob ein erzielter Veräußerungserlös frei verfügbar ist oder den Fördermitteln wieder zugeführt werden muss. Wird eine geförderte Sachanlage verkauft oder verschrottet, dann ist der Restbuchwert der Sachanlage auszubuchen und der korrespondierende Restbuchwert (Restbuchwert der Sachanlage multipliziert mit der Förderquote) aus dem Sonderposten / passiven Abgrenzungsposten aufzulösen bzw. in die Verbindlichkeiten nach KHG umzubuchen.

Im Folgenden wird das Beispiel für die Darstellung des Abgangs der Sachanlage nach 7 Jahren (31. Dezember 2X07) nach IFRS fortgesetzt. Die Behandlung nach HGB/KHBV entspricht dem Anschaffungskostenmodell. Die Nettobilanzierung entfällt nach HGB/KHBV. Der passive Abgrenzungsposten entspricht dem Sonderposten nach HGB/KHBV. NBRücklage steht für Neubewertungsrücklage; diese wurde in den Jahren 2X05, 2X06 und 2X07 jährlich linear zugunsten der Gewinnrücklage um EUR 1.000 aufgelöst (IAS 16.41).

Die am 1. Januar 2X01 angeschaffte Anlage wird nach 7 Jahren (31. Dezember 2X07) zum Preis von 20.000 Euro bar veräußert.

Anschaffungskostenmodell		Neubewertungsmodell	
Bruttobilanzierung		**Bruttobilanzierung**	
Bestandskonten 31. Dezember 2X07 vor Veräußerung		Bestandskonten 31. Dezember 2X07 vor Veräußerung	
Sachanlage	€ 10.000	Sachanlage	€ 11.000
Abgrenzungsposten	€ 9.000	Abgrenzungsposten	€ 9.000
Sollbuchungen Veräußerung		Neubewertungsrücklage	€ 1.000
Kasse, Bank	€ 20.000	Sollbuchungen Veräußerung	
Abgrenzungsposten	€ 9.000	Kasse, Bank	€ 20.000
Habenbuchungen Veräußerung		Abgrenzungsposten	€ 9.000
Sachanlage	€ 10.000	Neubewertungsrücklage	€ 1.000
Verbindlichkeit KHG	€ 17.100	Habenbuchungen Veräußerung	
Erträge aus dem Abgang von Anlagevermögen	€ 1.900	Sachanlage	€ 11.000
		Verbindlichkeit KHG	€ 17.100
		Erträge aus dem Abgang von Anlagevermögen	€ 1.900
Nettobilanzierung		**Nettobilanzierung**	
Bestandskonten 31. Dezember 2X07 vor Veräußerung		Bestandskonten 31. Dezember 2X07 vor Veräußerung	
Sachanlage	€ 1.000	Sachanlage	€ 2.000
Sollbuchung Veräußerung		Neubewertungsrücklage	€ 1.000
Kasse, Bank	€ 20.000	Sollbuchungen Veräußerung	
Habenbuchungen Veräußerung		Kasse, Bank	€ 20.000
Sachanlage	€ 1.000	Neubewertungsrücklage	€ 1.000
Verbindlichkeit KHG	€ 17.100	Habenbuchungen Veräußerung	
Erträge aus dem Abgang von Anlagevermögen	€ 1.900	Sachanlage	€ 2.000
		Verbindlichkeit KHG	€ 17.100
		Erträge aus dem Abgang von Anlagevermögen	€ 1.900

Abbildung 3.3.2-10: Beispiel für die Behandlung der Veräußerung geförderter Sachanlagen

Vorfinanzierung auf Fördermittel für Sachanlagen

Das Krankenhausunternehmen kann die pauschalen Fördermittel nach § 9 Abs. 3 KHG entsprechend den gesetzlichen Bestimmungen frei und nach eigener Investitionsplanung einsetzen. Es kann sein, dass in einem Jahr die aus pauschalen Fördermitteln zu finanzierenden Investitionen größer sind, als die in dem Jahr zugewiesenen pauschalen Fördermittel. Der Differenzbetrag ist damit in diesem Jahr zunächst aus anderen Finanzierungsquellen (Eigenmittel, Bankdarlehen etc.) zu decken (Zwischenfinanzierung). In den Folgejahren können dann die zugewiesenen pauschalen Fördermittel, die aus den anderen Finanzierungsquellen bezogenen Mittel ablösen. Diese Art der Zwischenfinanzierung bezeichnet man als Vorfinanzierung auf Fördermittel für Sachanlagen.

Die Zulässigkeit einer solchen Vorfinanzierung wird je Bundesland unterschiedlich gehandhabt. Überwiegend wird eine Vorfinanzierung auf spätere pauschale Fördermittel bis zu drei Jahren noch als vertretbar angesehen – so der Krankenhausfachausschuss des IDW (FN-IDW Nr. 8/2005, S. 555). Ein über diesen Zeitraum hinaus gehender Vorgriff verlangt eine Investitionsplanung für die nächsten Jahre oder eine Erklärung des Krankenhauses, Eigenmittel ggf. umzuwidmen.

Die bilanzielle Darstellung der Vorfinanzierung soll folgendes Beispiel – zunächst nach HGB/KHBV – veranschaulichen:

Das Krankenhausunternehmen kann über jährliche pauschale Fördermittel nach § 9 Abs. 3 KHG in Höhe von EUR 250.000 verfügen. Im Jahr 2X01 sind dringende Wiederbeschaffungsmaßnahmen an medizinischen Geräten notwendig geworden. Die vollständig im ersten Halbjahr 2X01 getätigten Anschaffungskosten betragen EUR 400.000. Die medizinischen Geräte werden bei einer Nutzungsdauer von 8 Jahren mit 12,5 % p.a. (EUR 50.000) linear abgeschrieben. Aus Vereinfachungsgründen wird im Anschaffungsjahr die volle Jahresabschreibung angesetzt.

Der Zugang zum Anlagevermögen beträgt EUR 400.000. Bei Eingang des Bewilligungsbescheids wird gebucht: Forderungen nach dem KHG an Erträge aus Fördermitteln EUR 250.000 sowie Zuführung zu Verbindlichkeiten nach KHG an Verbindlichkeiten KHG EUR 250.000. In Höhe der Investition von EUR 250.000 wird eine Umgliederung von Verbindlichkeiten nach KHG in den Sonderposten aus Fördermitteln nach KHG vorgenommen. Von den im Jahr 2X01 vorzunehmenden Abschreibungen in Höhe von EUR 50.000 werden EUR 31.250 durch Auflösung des Sonderpostens neutralisiert, während EUR 18.750 zu Lasten des Ergebnisses 2X01 gehen.

Buchwerte zum 31. Dezember 2X01:

Sachanlagevermögen	EUR 350.000
Sonderposten aus Fördermitteln nach KHG	EUR 218.750

Buchungen 2X02:

1. Forderungen nach KHG an Erträge aus KHG	EUR 250.000
2. Aufwendungen aus der Zuführung zu Verbindlichkeiten nach KHG an Verbindlichkeiten KHG	EUR 250.000
3. Kasse, Bank an Forderungen nach KHG	EUR 250.000
4. Verbindlichkeiten KHG an Sonderposten aus Fördermitteln	EUR 150.000
5. Abschreibungen Sachanlagen an Sachanlagen	EUR 50.000
6. Sonderposten nach KHG an Ertrag aus Auflösung des Sonderposten nach KHG	EUR 68.750

Buchwerte zum 31. Dezember 2X02:

Sachanlagevermögen	EUR 300.000
Sonderposten aus Fördermitteln nach KHG	EUR 300.000
Verbindlichkeiten nach KHG	EUR 100.000

In Höhe von EUR 18.750 ergibt sich in 2X02 eine positive Ergebnisauswirkung infolge der, die Abschreibungen des laufenden Jahrs überschreitenten, Auflösung des Sonderpostens. Diese resultiert aus der Ablösung der im Rahmen der Vorfinanzierung der Investition eingesetzten Eigenmittel von EUR 150.000 durch Fördermittel.

IAS 20.7 besagt, dass Zuwendungen der öffentlichen Hand, also auch Fördermittel nach KHG, anzusetzen sind, wenn angemessene Sicherheit besteht, dass die Bedingungen erfüllt werden und Zuwendungen gewährt werden. Da Ansprüche auf pauschale Fördermittel für das Folgejahr erst ab dem 1. Januar dieses Folgejahres entstehen, sind sie nicht im Jahr des Vorgriffs zu bilanzieren. Es besteht insoweit kein Unterschied zur Bilanzierung nach HGB/KHBV.

Steuerrechtlich gelten die Sonderregelungen der R 6.5 Abs. 3 (nachträglich gewährte Zuschüsse) und Abs. 4 (im Voraus gewährte Zuschüsse) EStR 2012 (sog. nicht kodifiziertes Wahlrecht). Im Falle der im Voraus gewährten Zuschüsse ist zur Erfüllung der steuerlichen Aufzeichnungspflichten bei Bildung einer steuerfreien Rücklage der Ansatz in der Steuerbilanz ausreichend. Die Aufnahme des Wirtschaftsgutes in das besondere Verzeichnis ist erst bei Übertragung der Rücklage erforderlich. Je nach Ausnutzung dieses Wahlrechtes (HGB und Steuerbilanz) und der Bilanzierung nach IFRS kann es zum Ausweis von aktiven bzw. passiven latenten Steuern nach HGB bzw. IFRS kommen. Nachträglich vereinnahmte Zuschüsse mindern nachträglich die Anschaffungs- und

Herstellungskosten des Wirtschaftsgutes. Ab dem Zeitpunkt des Zuganges des Zuschusses erfolgt die Abschreibung für Abnutzung von den geminderten Anschaffungs- und Herstellungskosten (bei Gebäuden) bzw. von dem geminderten Restbuchwert des Wirtschaftsgutes.

Ausweisvorschriften

Die Vorschriften zum Ausweis des Sachanlagevermögens nach IFRS sind nicht umfangreich. IAS 1.54 in Verbindung mit IAS 1.66 besagt lediglich, dass ein Posten für Sachanlagen innerhalb der Gruppe der langfristigen Vermögenswerte darzustellen ist (Pflicht). Nach IAS 1.55 können zusätzliche Posten, Überschriften und Zwischensummen in der Bilanz dargestellt werden, wenn es für das Verständnis der Finanzlage des Unternehmens relevant ist (Wahlrecht).

Das Gliederungsschema der KHBV ist umfangreicher als die Minimalanforderung der IFRS. Auf Grund der beschriebenen Gestaltungsmöglichkeiten kann aber die Sachanlagengliederung der KHBV bei Aufstellung einer Bilanz nach IFRS grundsätzlich übernommen werden. Üblicherweise wird in die Bilanz nach IFRS nur ein Posten „Sachanlagevermögen" aufgenommen; eine weitere Aufgliederung erfolgt dann im Anhang. IAS 16.73 ff. i. V. m IAS 16.37 erfordert zusätzliche Angaben je Anlagenklasse.

Eine Besonderheit gilt für Grundstücke und grundstücksgleiche Rechte mit Wohnbauten. Nach IAS 40.5 sind alle Grundstücke oder Gebäude bzw. Teile von beiden, die zur Wertsteigerung oder Erzielung von Mieteinnahmen gehalten werden, gesondert unter den als Finanzinvestitionen gehaltenen Immobilien auszuweisen. In der Praxis fallen darunter Schwesternwohnheime, Kindergärten, soweit sie krankenhauseigen sind, oder Werkswohnungen, aber auch beispielsweise Cafeterien.

An dieser Stelle sei auf den IAS 40 hingewiesen, der sich mit gesonderten Regelungen zur Bilanzierung und Angabeerfordernissen für solche Immobilien beschäftigt, die als Finanzinvestitionen – also zum Zweck der Erzielung von Mieteinnahmen und/oder der Wertsteigerung – gehalten werden. Auf eine nähere Darstellung soll in diesem Handbuch verzichtet werden, da Finanzinvestitionen im Krankenhaus nur im Ausnahmefall vorhanden sind (z. B. Personalwohnheime).

Leasing

Infolge der Finanzsituation der Länder sowie des daraus resultierenden Investitionsstaus im Krankenhaussektor gewinnen alternative Finanzierungsmodelle zunehmend an Bedeutung. Hierzu zählt insbesondere das Leasing von medizinisch-technischen (Groß-)Geräten, Fuhrpark, Betriebs- und Geschäftsausstattung (Kopierer, Fax, ...), aber im Einzelfall können auch Gebäude Gegenstand eines Leasingvertrags sein.

Während handelsrechtlich keine eindeutigen Regelungen zur Behandlung von Leasingverhältnissen vorliegen und hier i. d. R. ausgehend von der Betrachtung des Gesamtzusammenhangs die jeweils einschlägigen steuerlichen Leasingerlasse der Beurteilung zugrunde gelegt werden, sind nach IFRS Leasingverhältnisse in IFRS 16 geregelt.

Mit der Verabschiedung des IFRS 16, welcher verpflichtend ab den Geschäftsjahren, die nach dem 1. Januar 2019 beginnen, anzuwenden ist, hat sich der IASB für eine Neuausrichtung der Leasingbilanzierung beim Leasingnehmer entschieden. Demnach sind sämtliche Leasingverträge grundsätzlich beim Leasingnehmer (= Krankenhaus) durch Aktivierung des Nutzungsrechts und gleichzeitiger Passivierung der Leasingverbindlichkeit zu bilanzieren. Für die Bilanzierung beim Leasinggeber bleibt es hingegen bei der Klassifizierung in Operating- oder Finanzierungsleasing.

Gemäß IFRS 16.9 enthält ein Vertrag ein Leasingverhältnis, wenn er das Recht einräumt, die Nutzung eines bestimmten Vermögenswertes gegen Gegenleistung zu kontrollieren. Liegt ein Leasingverhältnis vor, hat der Leasingnehmer zum Zeitpunkt, zu dem der Leasinggeber dem Leasingnehmer den Vermögenswert zur Nutzung überlässt, eine Verbindlichkeit und korrespondierend ein Nutzungsrecht am Leasingobjekt. Die Verbindlichkeit ist in Höhe des Barwertes der künftigen Leasingzahlungen anzusetzen. Die Anschaffungskosten des Nutzungsrechts setzen sich aus der Leasingverbindlichkeit und weiteren Komponenten (z. B. anfängliche direkte Kosten) zusammen.

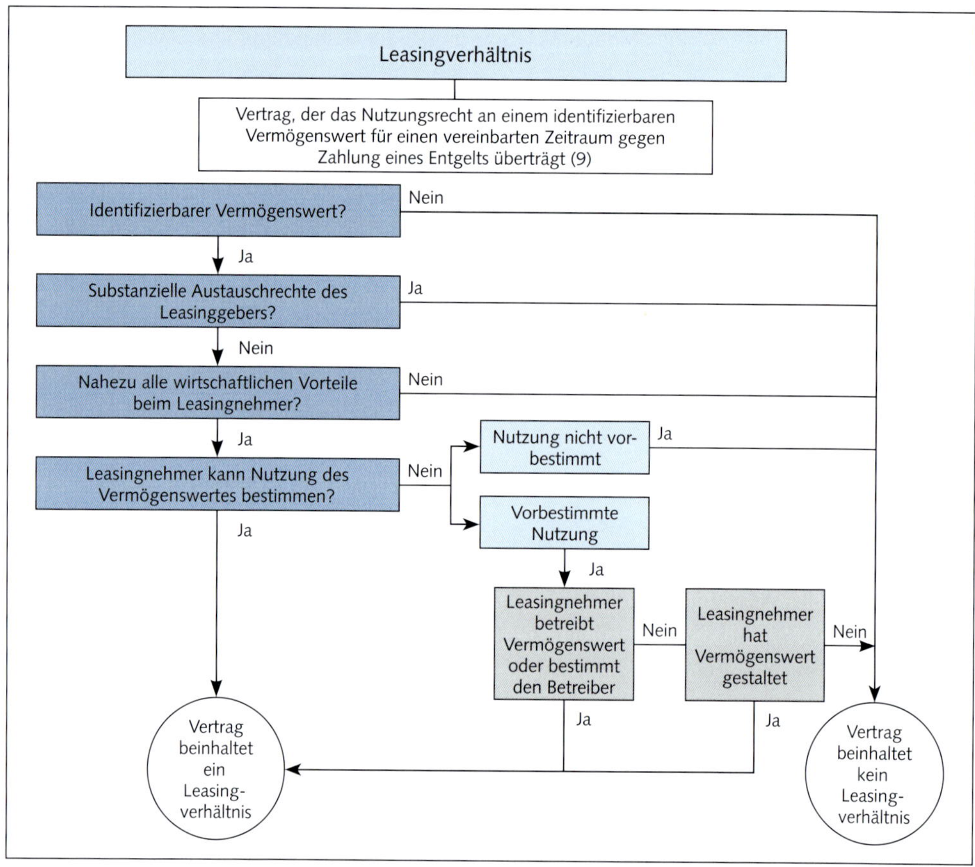

Abbildung 3.3.2-11: Leasingverhältnisse; Quelle: KPMG IFRS visuell (2021), S. 204

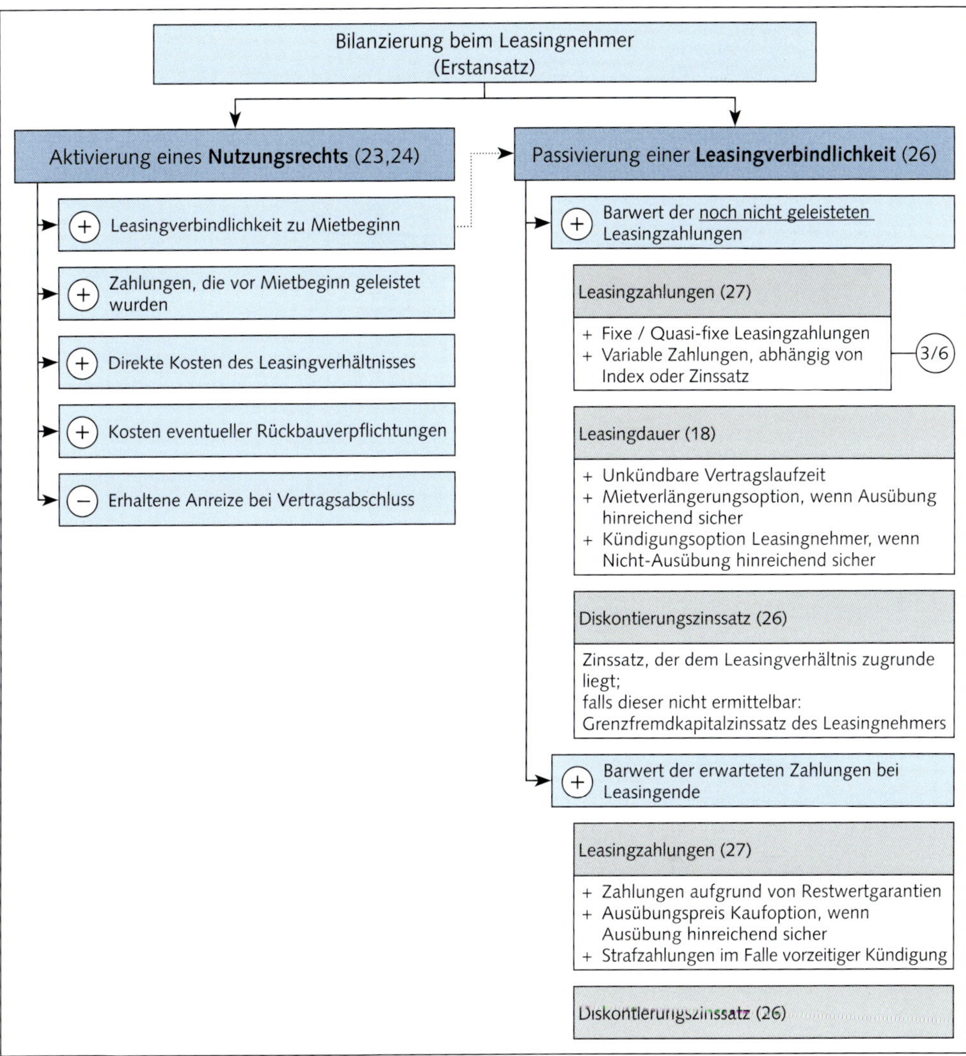

Abbildung 3.3.2-12: Erstansatz von Leasingverhältnissen beim Leasingnehmer; Quelle: KPMG IFRS visuell (2021), S. 205)

Die Folgebewertung des Nutzungsrechts erfolgt in der Regel zu fortgeführten Anschaffungskosten, wobei alle Abschreibungsvorschriften analog IAS 16 zulässig sind, also auch die Neubewertungsmethode (IFRS 16.31, 35). Für als Finanzinvestitionen gehaltene Immobilien gilt dies ebenfalls (IFRS 16.34). Die laufenden Leasingzahlungen werden in einen Zins- und Tilgungsanteil aufgespalten, wobei der Tilgungsanteil die Leasingverbindlichkeit vermindert. Anpassungen der Verbindlichkeit werden notwendig, wenn sich Änderungen bei der Schätzung der Leasingzahlungen ergeben oder vertragliche Modifikationen vorliegen. Das Nutzungsrecht ist dann korrespondierend anzupassen.

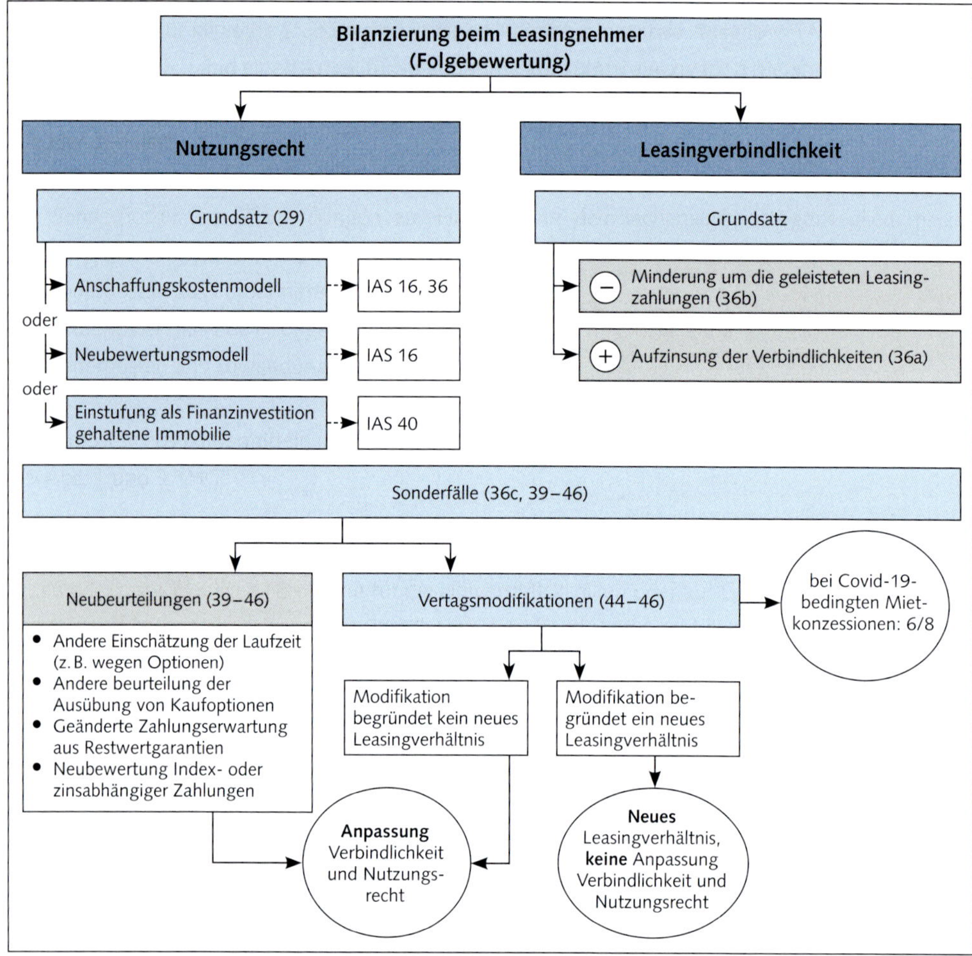

Abbildung. 3.3.2-13: Folgebewertung von Leasingverhältnissen beim Leasingnehmer; Quelle: KPMG IFRS visuell (2021), S. 207

Die Beurteilung, ob die Übertragung eines Vermögenswerts im Rahmen einer Sale-and Leaseback-Transaktion als Verkauf bilanziert werden kann, hat unter Anwendung der Vorschriften des IFRS 15 zu erfolgen (IFRS 16.99 ff.).

Sind die Anforderungen nach IFRS 15 hinsichtlich der Übertragung eines Vermögenswerts erfüllt, erfasst der Verkäufer/Leasingnehmer einen Vermögenswert in Höhe des anteiligen ursprünglichen Buchwerts, der sich auf das zurückbehaltene Nutzungsrecht bezieht. Folglich erfasst der Verkäufer Gewinne oder Verluste nur in der Höhe, die sich auf die übertragenen Rechte an den Käufer beziehen.

Sofern der beizulegende Zeitwert der Gegenleistung nicht dem beizulegenden Zeitwert des Vermögenswerts entspricht oder die Leasingzahlungen nicht marktüblich sind, ist die Differenz als Vorauszahlung auf die Leasingzahlungen oder als zusätzliche Finanzierung abzubilden.

Sind die Anforderungen nach IFRS 15 hinsichtlich der Übertragung eines Vermögenswerts nicht erfüllt, bilanziert der Verkäufer/Leasingnehmer das Nutzungsrecht und die Leasingverbindlichkeit in Höhe der vereinbarten Beträge weiter. Der Käufer/Leasinggeber bilanziert nicht den Leasinggegenstand, sondern einen finanziellen Vermögenswert. Sowohl für die Leasingverbindlichkeit des Verkäufers/Leasingnehmers wie auch für den finanziellen Vermögenswert des Käufers/Leasinggebers ist IFRS 9 anzuwenden (IFRS 16.103).

Steuerrechtlich gilt für den Ansatz von Leasinggütern, dass Wirtschaftsgüter beim wirtschaftlichen Eigentümer zu bilanzieren sind (§ 39 Abs. 2 Nr. 1 AO = tatsächliche Herrschaft über das Wirtschaftsgut). Darüber hinaus ist in den Steuergesetzen nichts Näheres geregelt. Aus diesem Grunde bedient sich die Finanzverwaltung bei der Zuordnung des wirtschaftlichen Eigentums der auf Grundlage von BFH-Rechtsprechung entwickelten Leasingerlasse (Mobilien-Vollamortisation, BMF-Schreiben v. 19.4.1971 / Immobilien-Vollamortisation, BMF-Schreiben vom 21.3.1972 / Mobilien-Teilamortisation, BMF-Schreiben v. 22.12.1975 / Immobilien-Teilamortisation, BMF-Schreiben v. 23.12.1991).

Da auch nach Handelsrecht bei Auseinanderfallen von bürgerlich-rechtlichem und wirtschaftlichem Eigentum das wirtschaftliche Eigentum ausschlaggebend ist, bestehen zwischen Handels- und Steuerbilanz keine Abweichungen und somit auch keine latenten Steuern.

Bestehen Unterschiede bei der Beurteilung eines Leasingvertrages zwischen der Beurteilung nach IFRS und den Leasingerlassen (StB), sind entsprechende latente Steuern nach IFRS anzusetzen.

Steuerlich werden die einzelnen Leasingverhältnisse wie folgt unterschieden:

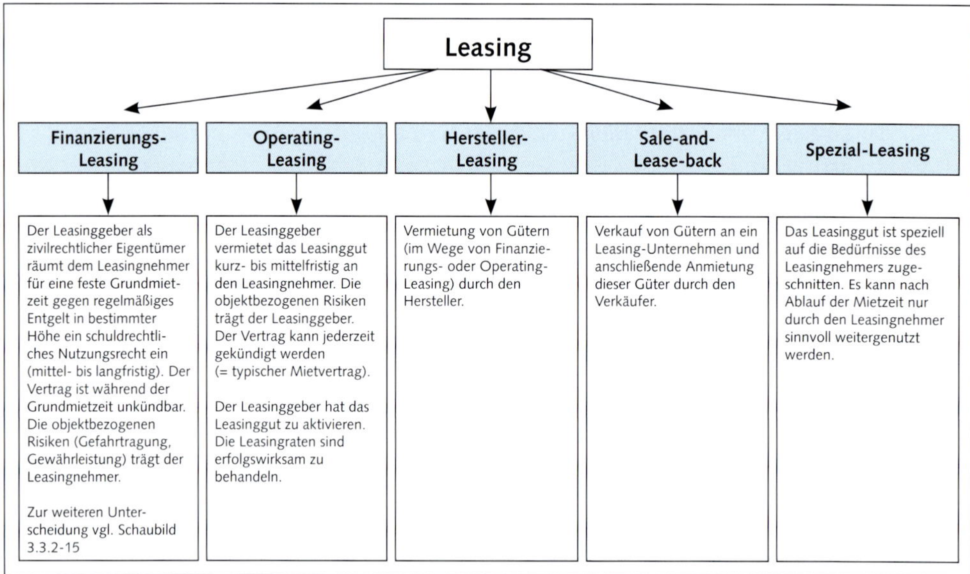

Abbildung 3.3.2-14: Leasing (OFD Frankfurt v. 5. März 2014; S 2170 A-103-St 224; BeckVerw 284692, beck-online)

Wie die folgende Abbildung darstellt wird beim Finanzierungsleasing zwischen Vollamortisationsverträgen und Teilamortisationsverträgen unterschieden. Innerhalb der einzelnen Gruppen ist wiederum zwischen beweglichen Wirtschaftsgütern und Immobilien zu unterscheiden.

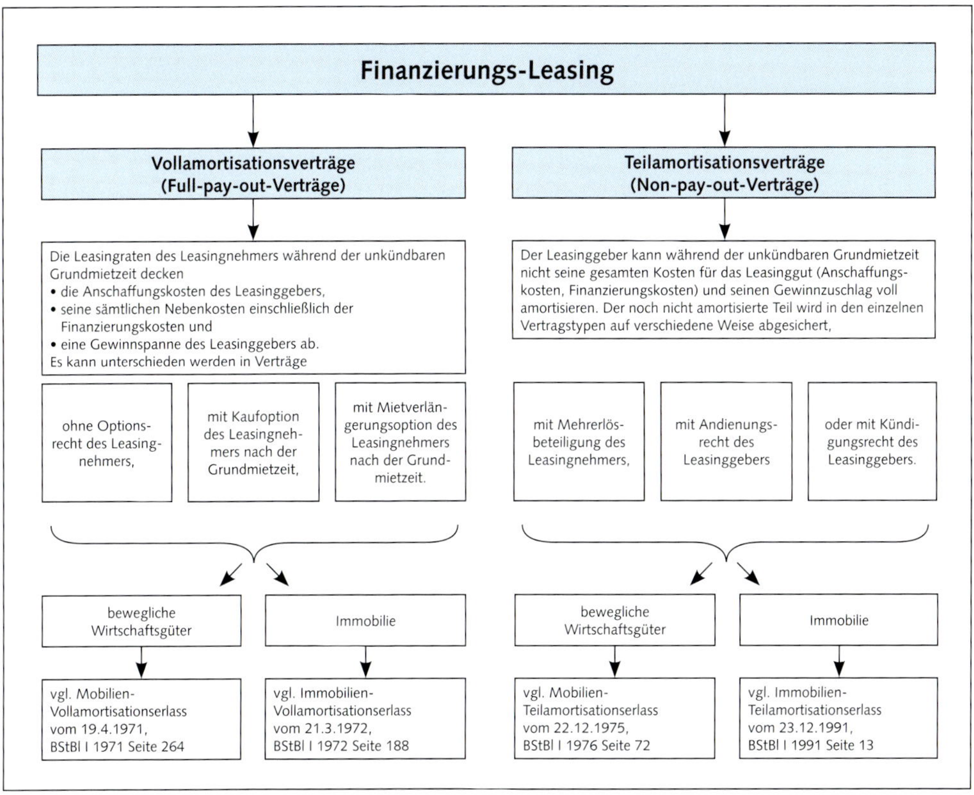

Abbildung 3.3.2-15: Finanzierungsleasing (OFD Frankfurt v. 5. März 2014; S 2170 A-103-St 224; BeckVerw 284692, beck-online)

3.3.3 Vorräte

3.3.3.1 Allgemeine Regelungen

Bilanzierung des Vorratsvermögen gemäß HBG/KHBV

Die Vorräte gliedern sich entsprechend Anlage 1 zur KHBV (und § 266 Abs. 2 HGB) in

- Roh-, Hilfs- und Betriebsstoffe
- Unfertige Erzeugnisse, unfertige Leistungen
- Fertige Erzeugnisse und Waren
- Geleistete Anzahlungen

Abbildung 3.3.3-1: Gliederung des Vorratsvermögens

Bei den Roh-, Hilfs- und Betriebsstoffen handelt es sich regelmäßig um Vermögensgegenstände, die im Rahmen der Leistungserbringung in die Leistung eingehen oder verbraucht werden (z. B. Pflaster, Mullbinden, Medikamente).

Bei den unfertigen Erzeugnissen und unfertigen Leistungen handelt es sich im Krankenhausbetrieb im Wesentlichen um die Krankenhausleistungen für Patienten, die vor dem Jahresabschlussstichtag aufgenommen werden, deren Behandlung jedoch erst nach dem Stichtag beendet ist, sodass die Entlassung ebenfalls nach dem Stichtag erfolgt (sog. Überlieger) und die nach Fallpauschalen, sog. DRG (Diagnosis Related Groups), abgerechnet werden.

Mit Einführung der pauschalierenden Entgelte für Psychiatrie und Psychosomatik (PEPP) erfolgt die Vergütung dieser Einrichtungen ebenfalls nach einem durchgängigen, leistungsorientierten und pauschalierenden Vergütungssystem. Bei den pauschalierenden Entgelten für Psychiatrie und Psychosomatik handelt es sich um tagesbezogene Entgelte, ein Ansatz von Überliegern erfolgt demnach nicht.

Die endgültige Bestimmung und Abrechnung der jeweiligen DRG erfolgt erst mit Entlassung des Patienten. Erst in diesem Zeitpunkt liegen die abrechnungsbestimmenden Komponenten wie Haupt- und Nebendiagnose, Zu- und Abschläge bei Über- und Unterschreitung der Verweildauer laut Fallpauschalenkatalog sowie abrechnungsrelevante Prozeduren fest. Somit kommt es bei Patienten, die vor dem Jahresabschlussstichtag aufgenommen werden, jedoch erst nach dem Stichtag wieder entlassen werden (sog. Überlieger), bereits zu einer Teilleistungserbringung, der jedoch noch keine echte Forderung gegen Kostenträger gegenübersteht. Die Kosten dieser bereits angefallenen Leistungserbringung sind als unfertige Leistungen zu erfassen, so dass die durch die Teilleistungserbringung verursachten Kosten grundsätzlich in der Gewinn-und Verlustrechnung wieder neutralisiert werden.

Der Begriff der fertigen Erzeugnisse kommt aus dem produzierenden Gewerbe. Es handelt sich um selbst hergestellte Erzeugnisse. Dies sind im Krankenhausbetrieb z. B. die in der Krankenhausapotheke selbst hergestellten und zur Abgabe an stationäre bzw. ambulante Patienten bzw. an andere Einrichtungen bestimmte Medikamente und Zytostatika.

Die Vorräte werden handelsrechtlich zu Anschaffungs- bzw. Herstellungskosten (AHK) unter Beachtung des strengen Niederstwertprinzips (§ 253 Abs. 4 HGB) angesetzt.

Anschaffungskosten sind gemäß § 255 Abs. 1 HGB die Aufwendungen, die geleistet werden, um einen Vermögensgegenstand zu erwerben und in einen betriebsbereiten Zustand zu versetzen, soweit sie dem Vermögensgegenstand einzeln zugeordnet werden können. Zu den Anschaffungskosten gehören auch die Nebenkosten (z. B. Fracht, Zölle) sowie die nachträglichen Anschaffungskosten. Anschaffungspreisminderungen (z. B. Skonti, Rabatte) sind abzuziehen.

Die Herstellungskosten sind gemäß § 255 Abs. 2 HGB die durch den Verbrauch von Gütern und die Inanspruchnahme von Dienstleistungen für die Herstellung eines Vermögensgegenstandes, seiner Erweiterung oder für eine über seinen ursprünglichen Zustand hinausgehende wesentliche Verbesserung entstehenden Aufwendungen. Dazu gehören die Materialkosten, die Fertigungskosten und die Sonderkosten der Fertigung sowie angemessene Teile der Materialgemeinkosten, der Fertigungsgemeinkosten und des Werteverzehrs des Anlagevermögens, soweit dieser durch die Fertigung veranlasst ist. Bei der Berechnung der Herstellungskosten dürfen angemessene Teile der Kosten der allgemeinen Verwaltung sowie angemessene Aufwendungen für soziale Einrichtungen des Betriebs, für freiwillige soziale Leistungen und für die betriebliche Altersversorgung einbezogen werden, soweit diese auf den Zeitraum der Herstellung entfallen. Forschungs- und Vertriebskosten dürfen nicht einbezogen werden. Bei Unternehmen, die selbst keine umsatzsteuerpflichtigen Umsätze durchführen und somit nicht zum Vorsteuerabzug berechtigt sind, erhöht die nicht abzugsfähige Vorsteuer die Anschaffungs-und Herstellungskosten.

Die Vorräte sind nach dem strengen Niederstwertprinzip des § 253 Abs. 4 HGB am Bilanzstichtag mit einem niedrigeren Börsen- oder Marktpreis oder dem verglichen zu den AHK niedrigeren beizulegenden Wert zu bewerten. Wenn die Gründe für die Abwertung nicht mehr bestehen, erfolgt eine erfolgswirksame Zuschreibung bis zur Höhe der ursprünglichen AHK (§ 253 Abs. 5 HGB). Übersteigen bei der Herstellung die noch zu erwartenden Kosten die erwarteten Erlöse bedingt die verlustfreie Bewertung zunächst die Abwertung des entsprechenden Vorratspostens und ggf. darüber hinaus den Ansatz einer Drohverlustrückstellung (§ 249 Abs. 1 HGB).

Grundsätzlich ist das Einzelbewertungsprinzip bei der Bilanzierung von Vermögensgegenständen des Vorratsvermögens zu beachten. Infolge der Vielzahl der unter den Vorräten zu erfassenden Geschäftsvorfälle hat der Gesetzgeber davon abweichend Vereinfachungsverfahren zugelassen.

Anerkannte Bewertungsvereinfachungsfahren sind Verbrauchs- und Veräußerungsfolgeverfahren (§ 256 HGB), die Fest- (§§ 240 Abs. 3, 256 HGB) sowie die Gruppenbewertung (§§ 240 Abs. 4, 256 HGB).

Bilanzierung des Vorratsvermögen gemäß IFRS

Die Bilanzierung nach IFRS erfolgt in Abhängigkeit der jeweilig anzuwendenden Standards. Die Bilanzierung des Vorratsvermögens erfolgt grundsätzlich nach IAS 2 „Vorräte". Daneben können Vorschriften aus anderen Standards treten, beispielsweise die Regelungen des IAS 23 „Fremdkapitalkosten" zur Berücksichtigung von Zinsen. Thematisch sind zudem die Regelungen des IFRS 15 „Umsatzerlöse aus Verträgen mit Kunden" relevant, da diese im Unterschied zum HGB/KHBV Themenkomplexe wie Fertigungsaufträge oder unfertige Leistungen vom Bereich Vorratsvermögen in den Bereich Forderungen bzw. Umsatzerlöse verschieben.

Die Ermittlung der Herstellungskosten in den IFRS orientiert sich an den herstellungsbezogenen Vollkosten (IAS 2.12ff). So besteht eine Pflicht zur Einbeziehung von herstellungsbezogenen Verwaltungskosten, wohingegen für nicht zurechenbare Verwaltungsgemeinkosten ein Ansatzverbot besteht (IAS 2.16). Gemäß IAS 2.15 dürfen sonstige Kosten nur in die AHK einbezogen werden, wenn sie angefallen sind, um die Vorräte an ihren jetzigen Ort und in ihren jetzigen Zustand zu versetzen. Auch nach IAS 2 ist für Unternehmen, die selbst keine umsatzsteuerpflichtigen Umsätze durchführen und somit nicht zum Vorsteuerabzug berechtigt sind, die nicht abzugsfähige Vorsteuer im Rahmen der Bestimmung der AHK zu berücksichtigen.

Bei Vorliegen von Wertminderungen sind Vorräte gemäß IAS 2.9 i. V. m. IAS 2.28 und IAS 2.34 ergebniswirksam auf den niedrigeren Nettoveräußerungswert abzuwerten. Wenn die Gründe für eine Wertminderung der Vorräte nicht länger bestehen, ist eine ergebniswirksame Wertaufholung vorzunehmen (IAS 2.33). Die Wertobergrenze bilden die ursprünglichen AHK.

Für den Themenbereich Überlieger ist IFRS 15 „Erlöse aus Verträgen mit Kunden" zu beachten.

Nach IFRS 15 ist der Betrag als Umsatzerlös zu erfassen, der für die Übertragung von Gütern oder Dienstleistungen an Kunden als Gegenleistung erwartet wird. Als übertragen gilt ein Vermögenswert dann, wenn der Kunde die Verfügungsgewalt über diesen Vermögenswert erlangt.

Verfügungsgewalt wird dabei definiert als die Möglichkeit, über die Verwendung der Güter oder Dienstleistungen zu bestimmen und die wirtschaftlichen Vorteile aus den Gütern oder Dienstleistungen ziehen zu können. Die Verfügungsgewalt kann dabei entweder vollständig zu einem bestimmten Zeitpunkt oder über einen Leistungszeitraum übergehen.

Um diesem Grundprinzip Folge zu leisten, soll der Anwender in fünf Schritten bestimmen, wann und in welcher Höhe Umsatz zu realisieren ist:

- Schritt 1: Identifizierung des Vertrags mit einem Kunden
- Schritt 2: Identifizierung der vertraglichen Leistungsverpflichtungen
- Schritt 3: Bestimmung der Gegenleistung
- Schritt 4: Aufteilung der Gegenleistung auf die vertraglichen Leistungsverpflichtungen
- Schritt 5: Erfassung der Umsatzerlöse bei Erfüllung einer Leistungsverpflichtung durch das Unternehmen

Neben dem 5-Schritte-Modell enthält der Standard zudem eine Reihe von weiteren Regelungen zu Detailfragestellungen, z.B. der Abbildung von Vertragskosten und Vertragsänderungen, der Bestimmung von Prinzipal oder Agent einer Transaktion sowie der Bilanzierung von Lizenzvereinbarungen.

Hinsichtlich der zeitraumbezogenen bzw. zeitpunktbezogenen Umsatzrealisierung räumt IFRS 15 kein Wahlrecht ein, das heißt, dass in Abhängigkeit von der Erfüllung der jeweiligen Voraussetzungen des Standards die Umsatzerlöse zwingend zeitraum- oder zeitpunktbezogen realisiert werden müssen.

Bei Krankenhausleistungen, insbesondere bei stationären Krankenhausleistungen, erfolgt der Übergang der Verfügungsgewalt und damit die Umsatzrealisierung in der Regel zeitraumbezogen, da der Patient die Leistungen gleichzeitig mit der Leistungserbringung erhält und verbraucht (Dienstleistungsvertrag nach IFRS 15.35 (a)). Nach IFRS 15 erfolgt somit auch bei noch nicht abgeschlossenen Behandlungen bzw. Krankenhausaufenthalten bereits eine Umsatzrealisierung. Im Gegensatz zum HGB/KHBV werden Überlieger daher nicht als unfertige Leistungen bzw. Vorräte bilanziert, sondern als Forderungen aus Lieferungen und Leistungen.

Bewertung des Vorratsvermögen im Steuerrecht

Steuerrechtlich gilt grundsätzlich nach § 5 Abs. 1 Satz 1 EStG die Maßgeblichkeit der Handelsbilanz für die Steuerbilanz, es sei denn, im Rahmen der Ausübung eines steuerlichen Wahlrechts wird oder wurde ein anderer Ansatz gewählt. Bei den Vorräten handelt es sich um Umlaufvermögen, welches bis zur Verwendung als Bestand zu bilanzieren ist. Aufgrund der handelsrechtlichen Vorschriften ist eine fortlaufende oder jährliche Inventur bzw. eine Festwertbewertung durchzuführen, um den Bestand an Vorräten zu ermitteln. Bei der Verbrauchsfolgebewertung ist nach § 6 Abs. 1 Nr. 2a EStG steuerlich nur das Last in First out (Lifo)-Prinzip zulässig.

Bezüglich der Bewertung sind bei den Herstellungskosten steuerlich nach § 5 Abs. 1 Satz 1 EStG die Material- und Fertigungseinzelkosten, die Sonderkosten der Fertigung sowie angemessene Teile der Materialgemeinkosten, der Fertigungsgemeinkosten und des Werteverzehrs des Anlagevermögens, soweit dieser durch die Fertigung veranlasst ist, zu erfassen. Nach § 6 Abs. 1 Nr. 1b EStG gilt das handelsrechtliche Einbeziehungswahlrecht, die angemessenen Teile der Kosten der allgemeinen Verwaltung sowie angemessene Aufwendungen für soziale Einrichtungen des Betriebs, für freiwillige soziale Aufwendungen und für die betriebliche Altersversorgung im Sinne des § 255 Abs. 2 Satz 3 HGB, soweit diese auf den Zeitraum der Herstellung entfallen, auch für die Steuerbilanz. Das Wahlrecht ist jedoch in Übereinstimmung mit der Handelsbilanz auszuüben. Nach R 6.3 Abs. 5 EStR 2012 besteht steuerlich bezüglich der Fremdkapitalzinsen ebenso wie handelsrechtlich ein Wahlrecht; auch dieses ist in Übereinstimmung mit der Handelsbilanz auszuüben.

Mit Wegfall der formellen (umgekehrten) Maßgeblichkeit (§ 5 Abs. 1 Satz 2 EStG a.F.) können Wahlrechte in der Steuerbilanz und der Handelsbilanz unterschiedlich ausgenutzt werden, soweit die übereinstimmende Ausübung nicht in einem Steuergesetz geregelt ist. Voraussetzung für die Ausübung abweichender steuerlicher Wahlrechte ist, dass die Wirtschaftsgüter, die nicht mit dem handelsrechtlich maßgeblichen Wert in der steuerlichen Gewinnermittlung ausgewiesen werden, in besondere, laufend zu führende Verzeichnisse aufgenommen werden (§ 5 Abs. 1 Sätze 2 und 3 EStG).

Aus abweichenden steuerlichen Regelungen können sich abweichende Bewertungen in der Bilanz gemäß HGB und IFRS ergeben und entsprechend zum Ansatz aktiver bzw. passiver latenter Steuern führen.

Bei der Folgebewertung kann nach § 6 Abs. 1 Nr. 2 Satz 2 EStG steuerlich unverändert der niedrigere Teilwert angesetzt werden, wenn es sich um eine dauernde Wertminderung handelt (steuerliches Wahlrecht). Das abweichende steuerliche Wahlrecht kann nach derzeitiger Einschätzung selbständig ausgeübt werden. Bei einer evtl. Werterholung besteht nach § 6 Abs. 1 Nr. 2 Satz 3 EStG eine steuerliche Pflicht zur Wertaufholung auf den Restbuchwert (AHK oder dem an deren Stelle tretenden Wert). Auch handelsrechtlich besteht nach § 253 Abs. 5 Satz 1 HGB ein Wertaufholungsgebot. Somit ist außer aufgrund unterschiedlicher Bewertungsansätze i.d.R. keine latente Steuer auf Unterschiede beim Ansatz nach HGB und Steuerbilanz zu bilden. Die Bestandteile der Herstellungskosten gemäß IAS 2 unterscheiden sich von den steuerlichen Regelungen im Detail, bspw. sind Aufwendungen für soziale Einrichtungen des Betriebes nach IFRS im Rahmen der Herstellungskosten nicht zu berücksichtigen. Entsprechende Bewertungsunterschiede führen grundsätzlich zu latenten Steuern.

Der Maßgeblichkeit der Handelsbilanz für die Steuerbilanz folgend wird steuerlich bei langfristiger Fertigung der Gewinn erst nach Fertigstellung der Leistung bzw. des Produktes realisiert

(„completed-contract-Methode"). Nur bei Teilleistungen die selbständig abrechenbar sind, wird entsprechend der erbrachten Teilleistung der Gewinn realisiert (Realisationsprinzip – § 252 Abs. 1 Nr. 4 2. Halbsatz HGB).

Nach IFRS kann eine zum Steuerrecht abweichende Bewertung aus einer unterschiedlichen Beurteilung der Gewinnrealisierung resultieren. Bei der zeitraumbezogenen Umsatzrealisierung gemäß IFRS 15 wird der Leistungsfortschritt gegenüber der vollständigen Erfüllung der Leistungsverpflichtung anhand einer geeigneten Methode ermittelt. Dabei gibt es u.a. output- oder inputorientierte Methoden, wie z.B. die Cost-to-Cost Methode wenn diese die Herstellung der unfertigen Erzeugnisse, die im Krankenhausbereich im Wesentlichen die sog. „Überlieger" darstellen, zutreffend wiedergibt. Bewertungsunterschiede führen grundsätzlich zu latenten Steuern.

Das folgende Schaubild gibt einen Überblick über die Bestandteile der Herstellungskosten nach HGB/KHBV, IFRS und Steuerrecht.

	Herstellungskosten nach HGB/KHBV	Herstellungskosten nach IFRS	Herstellungskosten nach Steuerrecht
Materialeinzelkosten	Pflicht	Pflicht	Pflicht
Fertigungseinzelkosten	Pflicht	Pflicht	Pflicht
Sondereinzelkosten der Fertigung	Pflicht	Pflicht	Pflicht
Variable Materialgemeinkosten	Pflicht	Pflicht	Pflicht
Variable Fertigungsgemeinkosten	Pflicht	Pflicht	Pflicht
Durch Fertigung veranlasste planmäßige Abschreibung	Pflicht	Pflicht	Pflicht
Durch Fertigung veranlasste planmäßige Abschreibung auf aktivierte selbst geschaffene immaterielle VG des Anlagevermögens	Pflicht	Pflicht	Verbot
Allgemeine herstellungsbezogene Verwaltungskosten	Wahlrecht	Pflicht	Wahlrecht; Pflicht, sofern handelsrechtlich aktiviert
Allgemeine nicht herstellungsbezogene Verwaltungskosten	Wahlrecht	Verbot	Wahlrecht; Pflicht, sofern handelsrechtlich aktiviert
Aufwendungen für soziale Einrichtungen des Betriebes	Wahlrecht	Verbot	Wahlrecht; Pflicht, sofern handelsrechtlich aktiviert
Freiwillige soziale Leistungen und für die betriebliche Altersversorgung (herstellungsbezogen)	Wahlrecht	Pflicht	Wahlrecht; Pflicht, sofern handelsrechtlich aktiviert
Vertriebskosten	Verbot	Verbot	Verbot
Forschungskosten	Verbot	Verbot	Verbot
Entwicklungskosten	Wahlrecht bei selbst geschaffenen immateriellen Vermögensgegenständen des Anlagevermögens	Vermögenswert soweit IAS 38.57 ff erfüllt, Herstellungskosten nach IAS 38.65 ff	Verbot bei immateriellen Wirtschaftsgütern, Pflicht bei materiellen Wirtschaftsgütern des Anlagevermögens
Zinsen für Fremdkapital	Wahlrecht	Einbeziehung gemäß IAS 23	Wahlrecht, Pflicht sofern handelsrechtlich aktiviert

Abbildung 3.3.3-2: Zusammensetzung der Herstellungskosten

3.3.3.2 Krankenhausspezifische Fragestellungen

Ausweis und Bewertungsmaßstab für Leistungen an Überliegern gemäß HBG/KHBV

Besondere Relevanz für Krankenhäuser im Bereich der handels- und steuerrechtlichen Bilanzierung des Vorratsvermögens haben die bis zum Abschlussstichtag erbrachten Leistungen an Patienten, die vor dem Jahresabschlussstichtag aufgenommen aber erst nach diesem entlassen werden („Überlieger"). Ausschlaggebend für den Ausweis und den anzuwendenden Bewertungsmaßstab von bis zum Stichtag an Überliegern erbrachter Leistungen ist die Beurteilung, ob der Gewinnrealisierungszeitpunkt bereits erreicht ist. Ist dies zu verneinen, erfolgt grundsätzlich ein Ausweis unter den unfertigen Leistungen zu Herstellungskosten. Ist die Gewinnrealisierung hingegen zu bejahen, findet in der Regel eine erfolgswirksame Aufwertung auf den höheren Absatzpreis statt und es erfolgt ein Ausweis unter den Forderungen aus Lieferungen und Leistungen.

Die Beurteilung der Gewinnrealisierung erfolgt in Abhängigkeit und durch Würdigung der zugrundliegenden gesetzlichen und vertraglichen Grundlagen. Im Rahmen der stationären Leistungserbringungen erfolgt eine Differenzierung in Abhängigkeit der Leistungsvergütung.

Für die im Rahmen der somatischen Leistungserbringung abgerechneten Entgelte nach § 7 KHEntgG wird unterschieden, ob die Fallvergütung durch Fallpauschalen (E1 und E3.1) oder durch tagesgleiche Pflegesätze (E3.3) erfolgt. Die darüber hinaus mit Zusatzentgelten vergüteten Leistungen begründen in der Regel keinen eigenen Fall und sind zusammen mit der regulären Fallvergütung zu betrachten.

Die Ermittlung der Fallpauschalen erfolgt durch die Umwandlung der gemäß OPS- und ICD-Verschlüsselung erfassten Diagnosen und Prozeduren mithilfe eines zertifizierten Groupers. Sie steht endgültig erst mit der Entlassung fest und ist erst zu diesem Zeitpunkt mit den Kostenträgern abrechenbar. Aus diesem Grund sind entsprechend erbrachte Fallpauschalenleistungen bis zur Entlassung des Patienten als unfertige Leistungen unter den Vorräten zu aktivieren. Die Bestimmung der Herstellungskosten sollte anhand einer Kostenstellen- und Kostenträgerrechnung erfolgen (IDW RS KHFA 1, Tz. 62 und 63). Eine ausschließliche Orientierung an Absatzgrößen (eine rein retrograde Bewertung) bürgt das Risiko eine Verletzung des Gebots der verlustfreien Bewertung und des Ausweises nicht realisierter Gewinne. Eine niedrigere Bewertung als zu den tatsächlichen Herstellungskosten ist für unfertige Fallpauschalenleistungen insoweit erforderlich, als die voraussichtlichen Erlöse abzüglich aller noch anfallenden Kosten die Herstellungskosten nicht decken. Übersteigen die erwarteten Kosten die erwarteten Erlöse ist über die Abschreibung hinaus für den Verlustanteil eine Rückstellung für drohende Verluste aus schwebenden Geschäften zu passivieren. Die Beurteilung ist allgemein relevant für Krankenhäuser, die operative Verluste verzeichnen, als auch bei komplexen Fällen mit hohen noch zu erwartenden Kosten, da die Beurteilung dem Einzelbewertungsprinzip folgend auf Einzelfallebene zu erfolgen hat. Die Bilanzierung von Fallpauschalenleistungen im DRG-System ist folglich mit der Bilanzierung von Werkverträgen vergleichbar.

Soweit somatischen Leistungen mit tagesgleichen Pflegesätzen anstelle von Fallpauschalen vergütet werden, sind die Entgelte für bis zum Abschlussstichtag erbrachten Leistungen mit den Kostenträgern abrechenbar. Es findet aus diesem Grund für diese Fälle eine ratierlich an den Berechnungstagen orientierte Gewinnrealisierung statt. Zum Abschlussstichtag werden entsprechend erbrachten Leistungen aus diesem Grund unter den Forderungen für Lieferungen und Leistungen in Höhe der abrechenbaren Entgelte ausgewiesen. Die Herstellungskosten sind nur mittelbar für die verlustfreien Bewertung relevant. Übersteigen die Kosten der noch zu erbringenden Leistungen für den Fall den Wert der zu erwartenden Gegenleistungen (Erlöse), so kann eine Rückstellung für drohende Verluste aus schwebenden Geschäften zu bilden (IDW RS KHFA 1, Tz. 67). Die Bilanzierung von mit tagesgleichen Pflegesätzen vergüteten Leistungen ist folglich mit der Bilanzierung von Dienstverträgen vergleichbar.

Die für die Abrechnung mit Fallpauschalen geschilderte Bilanzierung gilt indes nur somatische Krankenhäuser und ist nicht direkt auf psychiatrische bzw. psychosomatische Krankenhäuser übertragbar. Im Bereich der Vergütung entsprechender Leistungen zu tagesgleiche Pflegesätze ergeben sich keine Unterschiede. Für bis zum Stichtag erbrachten Leistungen erfolgt ein Ausweis unter den Forderungen aus Lieferungen und Leistungen unter Beachtung einer verlustfreien Bewertung der verbleibenden Leistungserbringung.

Für mit Fallpauschalen vergütete Leistungen im Rahmen des PEPP-Systems wird hingegen abweichend zum DRG-System die Gewinnrealisierung für bis zum Stichtag erbrachte Leistungen bejaht. Dies wird mit der Möglichkeit der Zwischenabrechnung von Teilleistungen im Rahmen des PEPP-Systems begründet. Bis zum Stichtag erbrachte Leistungen sind demnach, unabhängig davon, ob tatsächlich abgerechnet wird oder nicht, zum Abschlussstichtag unter Forderungen aus Lieferungen und Leistungen mit Gegenbuchung unter den Erlösen aus Krankenhausleistungen auszuweisen (IDW RS KHFA 1, Tz. 65 und 66). Die Bilanzierung von Leistungen im PEPP-System erfolgt auch unter der Berücksichtigung der verlustfreien Bewertung. Übersteigen die erwarteten Kosten die erwarten Erlöse für den Zeitraum der verbliebenden Leistungserbringung ist eine Rückstellung für drohende Verluste aus schwebenden Geschäften zu passivieren. Weiterhin sollte berücksichtigt werden, dass die im Rahmen der Zwischenabrechnung herangezogenen Bewertungsrelationen die erwartet abzurechnenden Bewertungsrelationen derart übersteigen können, dass der Wert der Zwischenabrechnung die erwarteten Gesamterlöse des Falls übersteigt. In diesem Fall ist auf den niedrigeren erwarteten Gesamterlös bei der Bewertung der bis zum Abschlussstichtag erbrachten Leistungen abzustellen.

Handelsrechtliche Bewertungsmodelle für DRG-Überlieger in der Praxis

Mit der Einführung des Pflegebudgets zum 1. Januar 2020 durch das Pflegepersonal-Stärkungsgesetz ergeben sich Änderungen auf die Bilanzierung von Überliegern. Betroffen hiervon ist im Wesentlichen die Bewertung der Überlieger im somatischen Bereich. Durch die Einführung des Pflegebudgets hat der Gesetzgeber einen Systemwechsel bei der Abrechnung von DRG-Leistungen vollzogen. Die bis zum 31. Dezember 2019 anzuwendenden G-DRG werden nunmehr aufgeteilt in die aG-DRG und die Pflegeentgelte. Die aG-DRG treten dabei an die Stelle der alten G-DRG ohne den Erlösanteil für Pflegepersonalkosten. Die Pflegepersonalkosten werden ausschließlich über die Pflegeentgelte finanziert. Bezüglich der Leistungen, die mit den aG-DRG abgerechnet werden, ergeben sich hinsichtlich der rechtlichen und bilanziellen Behandlung keine Unterschiede zu den bisherigen G-DRG. Leistungen mit aG-DRG gelten somit als realisiert, soweit die Leistung vollständig erbracht ist bzw. der Patient aus dem Krankenhaus entlassen wurde. Im Unterschied hierzu werden die mit Pflegeentgelten abgerechneten Leistungen als Teilleistungen betrachtet, welche tagesgleich erbracht werden. Pflegeleistungen bei Überliegern sind daher bereits am Abschlussstichtag realisiert und folglich als Forderungen (in der Regel im Rahmen der Erlösausgleiche als Forderungen nach dem KHG) zu bilanzieren. Im Unterschied zu der bisherigen Methodik der Bilanzierung von Überliegern dürfen Pflegepersonalkosten folglich nicht mehr berücksichtigt werden, da ansonsten eine Doppelfinanzierung entstehen würde.

In der Praxis der handelsrechtlichen Abschlusserstellung sind im Rahmen der Überliegerbewertung drei unterschiedliche Varianten verbreitet. Krankenhäuser wenden entweder eine dieser Varianten in (abgewandelter) Form an oder kombinieren einzelne Bestandteile der Varianten.

Variante 1: Auf Grund einer oft noch immer unzureichend ausgestalteten Kostenträgerrechnung bewerten viele Krankenhausunternehmen die Überlieger im Wege eines pauschalierenden retrograden Verfahrens ausgehend von den Absatzmarktwerten (sog. „Praktikermethode"). Für Fallpauschalenleistungen ist in einem ersten Schritt der erwartete Erlös – die erwartete Fallpauschale – zu ermitteln, d. h. die Fallpauschale unter der Berücksichtigung der noch zu erbringenden Leistungen sowie eventuell anfallender Zu- und Abschläge. Erfolgt die Abschlusserstellung nach der Fallentlassung, finden regelmäßig im Rahmen der Bewertung die tatsächlich abgerechneten Entgelte Berücksichtigung. Die erwarteten oder bereits feststehenden Fallpauschalenerlöse werden in einem zweiten Schritt gleichmäßig über die erwartete bzw. tatsächliche Verweildauer (häufig unter Nichtbeachtung des nicht vergüteten Tag der Entlassung) verteilt und der auf den Zeitraum vor dem Stichtag entfallende Teil als unfertige Leistung aktiviert.

Zum Teil wird diese Vorgehensweise zu Gunsten einer aufwandsorientierten Verteilung leicht abgeändert, indem bei der Verteilung der Erlöse kostenintensive Teile der Behandlung gesondert berücksichtigt werden. So wird z. B. vorab ein bestimmter Betrag für eine noch vor dem Bilanzstichtag durchgeführte Operation oder ein bestimmter Tagessatz für die Behandlung auf der Intensivstation oder für Beatmungsstunden angesetzt. Erst nach periodengerechter Berücksichtigung dieser Bestandteile erfolgt dann die Verteilung der verbleibenden DRG-Pauschale anhand der Belegungstage.

Die mit dem Fall zusammenhängenden Zusatzentgelte werden bei der Praktikermethode entweder im Rahmen der Bestimmung der Gesamterlöse berücksichtigt und somit über die Behandlungsdauer verteilt oder sie werden bei einem zeitpunktbezogen Anfall vor dem Stichtag in voller Höhe den unfertigen Leistungen hinzugerechnet.

In einem dritten Schritt erfolgt im Rahmen der Praktikermethode ein prozentualer Abschlag auf die Fallvergütung oder die aufgeteilten Erlöse. Dadurch soll der in der Leistungsvergütung enthaltenen Gewinn als auch die nicht im Rahmen der Herstellungskosten zu aktivierenden Kostenbestandteile Berücksichtigung finden. Die hier dargestellte Praktikermethode bürgt jedoch das Risiko gegen die strengen handelsrechtlichen Vorschriften zur Einzelbewertung, Gewinnrealisierung und verlustfreien Bewertung zu verstoßen. In der Regel erfolgt die Ableitung des Abschlagsfaktors relativ pauschal aus Erfahrungswerten, auf eine konkrete, dokumentierte Herleitung wird häufig unzulässigerweise verzichtet. Weiterhin ist die verlustfreie Bewertung durch einen einfachen Abschlagsfaktor auf die erwarteten Erlöse in der Regel unzureichend, da hierbei die künftige Leistungserbringung außer Acht bleibt, insbesondere sind eventuell anzusetzende Drohverlustrückstellungen so nicht zu ermitteln.

Ein Beispiel soll die Bewertung der Überlieger anhand der Praktikermethode illustrieren:

Ein 30-jähriger Patient wurde in einem Krankenhaus in Rheinland-Pfalz am 29. Dezember 20X1 mit einer Blinddarmentzündung aufgenommen und es wurde eine Appendektomie durchgeführt, die annahmegemäß mit der Fallpauschale G23B abgerechnet werden kann. Der Patient wird tatsächlich am 2. Januar 20X2 entlassen und es handelt sich somit um einen Überlieger.

Das Krankenhaus ermittelt im Rahmen der Anwendung der einfachen Praktikermethode in einem ersten Schritt das mit dem Fall verbundene Entgelt. Relevant für die Vergütung ist der entsprechend gültige Zahlbetrag am Aufnahmetag, dieser beträgt 20X1 für Rheinland-Pfalz EUR 3.876,66. Gemäß dem bei der Aufnahme anzuwendenden Fallpauschalenkatalog 20X1 sind der DRG G23B 0,791 Bewertungsrelationen zugeordnet. Es ist weder die obere noch die untere Grenzverweildauer erreicht, noch fand eine Verlegung statt, so dass die effektiven Bewertungsrelationen ebenso 0,791 betragen. Das Entgelt bestimmt sich somit zu EUR 3.066,44 (= 0,791 * EUR 3.876,66). In einem zweiten Schritt werden die erwarteten Erlöse gemäß der Behandlungstage des Falls verteilt. Das Krankenhaus ermittelt gemäß dem DRG-System unter Nichtberücksichtigung des Entlassungstages einen Behandlungszeitraum von vier Tagen. Dabei entfallen davon drei auf das alte Geschäftsjahr und einer auf das neue. Der Wert eines Behandlungstags beträgt somit EUR 766,61 (= EUR 3.066,44 / 4 Tage) und auf das alte Geschäftsjahr entfallen EUR 2.299,83 (= EUR 766,61 * 3 Tage). Im dritten Schritt wird vom Krankenhaus ein Abschlag vorgenommen, um keine unrealisierten Gewinne auszuweisen und die im Rahmen der Herstellungskosten nicht zu aktivierenden Kostenbestandteile zu berücksichtigen. Das Krankenhaus ermittelte mithilfe der Abteilung des kaufmännischen Controllings einen Abschlagswert von zehn Prozent. Es ergibt sich somit ein Wert der unfertigen Leistung am Abschlussstichtag von EUR 2.069,85 (= EUR 2.299,83 * (100 % – 10 %)).

Variante 2: Die zweite aufwändigere Methode stellt auf die detaillierte Kostenermittlung des InEK (InEK = Institut für das Entgeltsystem im Krankenhaus) ab – sog. „InEK-Methode". Sie lässt eine differenzierte Bewertung anhand bestimmter Kostenbestandteile zu. Dazu sind in einem ersten Schritt dem InEK-Datensatz die Werte der Gesamtkosten der DRG als auch die separat zu erfassenden Kostenbestandteile zu entnehmen (Hinweis: Der InEK-Datensatz enthält keine Pflegepersonalkostenanteile, da die Pflegeleistungen über die Pflegeentgelte abgerechnet werden und zum Jahresende bereits als vollständig erbracht gelten). In der Regel werden bei der Gesamtkostenermittlung die OP-Kosten von den restlichen Kosten getrennt. Im zweiten Schritt wird ein krankenhausindividueller Umrechnungsfaktor anhand der erwarteten Erlöse, der zugehörigen InEK-Gesamtkosten sowie einem hausindividuellen Abschlag bestimmt, der Abschlag hat dabei die gleiche Funktion wie in der Praktikermethode:

$$\frac{\text{Landesbasisfallwert x Bewertungsrelation x (100 \% – hausindividueller Gewinn in \%)}}{\text{Durchschnittliche Kosten der DRG laut InEK}}$$

Abbildung 3.3.3-3: Bestimmung des Umrechnungsfaktor für die InEK-Methode

Der Unterschied der beiden Varianten soll anhand der Darstellung des obigen Beispiels gemäß der InEK-Methode verdeutlicht werden. Das Krankenhaus ermittelt wie oben einen Abschlag (=hausindividueller Gewinn) von zehn Prozent.

Gemäß dem DRG-Browser ergeben sich die folgenden Kostenwerte für die DRG G23B:

	Personalkosten			Sachkosten					Personal- /Sachkosten		
	Ärztlicher Dienst	Pflegedienst	med.-techn. /Funktions-dienst	Arzneimittel		Implantate	übriger medizinischer Bedarf		med. Infrastruktur	nicht med. Infrastruktur	
				Gemeinkosten	Einzelkosten		Gemeinkosten	Einzelkosten			
Fallkosten	1	2	3	4a	4b	5	6a	6b	7	8	Summe
01. Normalstation	194,92	274,51	16,56	22,27	0,98	0,00	26,55	1,29	91,49	273,56	902,13
02. Intensivstation	2,27	3,99	0,12	0,42	0,04	0,00	0,60	0,01	0,89	2,36	10,70
04. OP-Bereich	178,43	0,00	161,05	5,61	0,45	0,94	85,29	228,53	89,81	116,83	866,94
05. Anästhesie	150,64	0,00	101,86	8,25	0,80	0,00	28,22	0,56	19,39	40,93	350,65
06. Kreißsaal	0,01	0,00	0,01	0,00	0,00	0,00	0,00	0,00	0,00	0,01	0,03
07. Kardiologische Diagnostik / Therapie	0,01	0,00	0,01	0,00	0,00	0,00	0,01	0,04	0,01	0,01	0,09
08. Endoskopische Diagnostik / Therapie	1,16	0,00	1,13	0,05	0,00	0,00	0,49	0,16	0,56	0,73	4,28
09. Radiologie	5,90	0,00	5,55	0,06	0,02	0,00	0,93	3,24	2,42	3,67	21,79
10. Laboratorien	5,74	0,00	23,92	0,91	0,04	0,00	18,78	22,66	3,16	10,40	85,61
11. Übrige diagnostische und therapeutische Bereiche	34,74	2,66	35,93	1,44	0,04	0,00	4,78	0,29	6,34	19,12	105,34
Summe	573,82	281,16	346,14	39,01	2,37	0,94	165,65	256,78	214,07	467,62	2.347,56

Abbildung 3.3.3-4: InEK-Kosten 20X1 der DRG G23B

Anhand der Kostenaufstellung werden vom Krankenhaus die anteiligen OP-Kosten bestimmt. Hierzu werden die Kosten der Positionen 4 bis 7 (EUR 1.520,68 = EUR 1.076,47 + EUR 443,81 + EUR 0,18 + EUR 0,22) den Gesamtkosten von EUR 2.589,47 gegenübergestellt. Es ergibt sich ein Wert von 58,73 % (= EUR 1.520,68 / EUR 2.589,47).

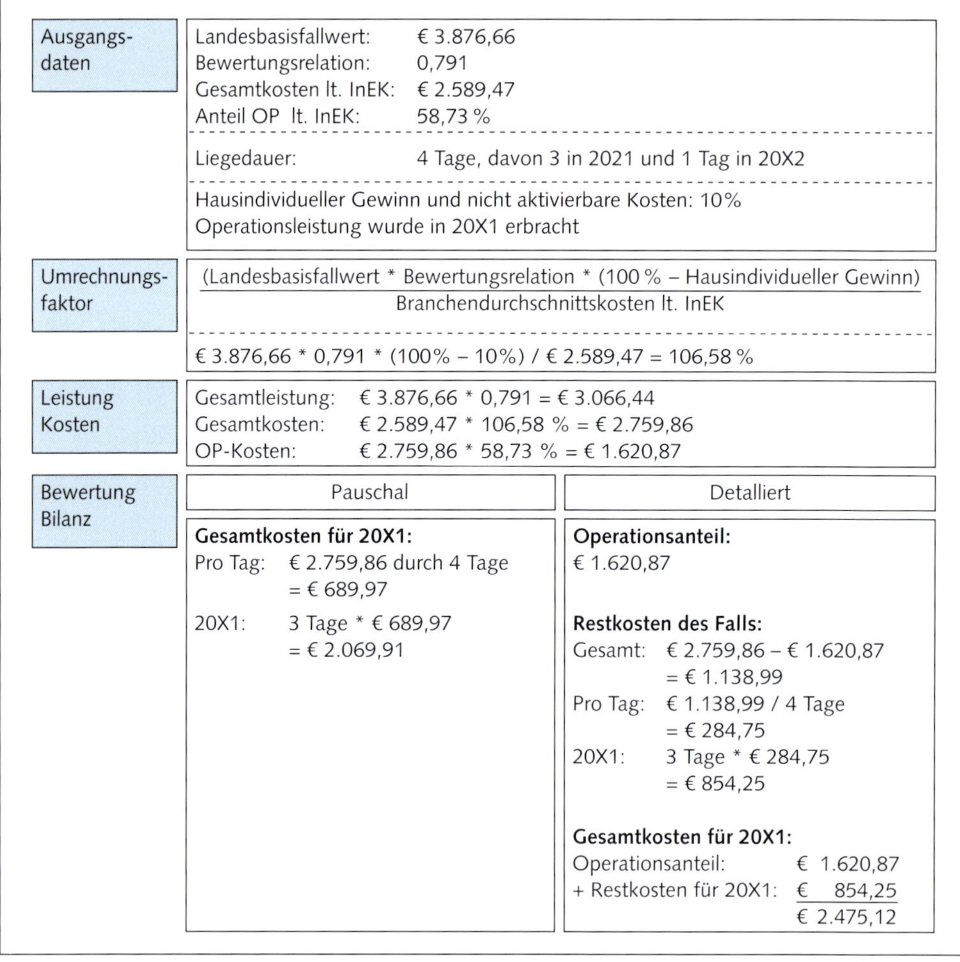

Abbildung 3.3.3-5: Beispiel für die Bewertung von Überliegern nach HGB/KHBV

Im Ergebnis ergibt sich gemäß der pauschalen InEK-Methode der Ausweis einer unfertigen Leistung in Höhe von EUR 2.069,91 und bei einer differenzierten Kostenbetrachtung ein Wert von EUR 2.475,12. Der höhere Wert in der differenzierten Betrachtung resultiert aus dem OP-Termin vor dem Stichtag. Die zweite Variante hat den Vorteil, dass fallgruppenspezifische Kosten in die Bewertung einfließen, jedoch spiegelt dies weiterhin nicht die individuelle Kostenstruktur des Krankenhauses wider und es gelten die oben im Rahmen der Praxismethode dargestellten Bilanzierungsrisiken unverändert. Um die hausindividuelle Kostenstruktur in das Bewertungsmodell einfließen zu lassen, muss der oben dargestellte Umrechnungsfaktor modifiziert werden und ein Verhältnis der hausindividuellen Kosten zu den InEK-Kosten abbilden.

Variante 3: Die dritte Methode berücksichtigt pauschalierte, krankenhausindividuelle Herstellungskosten („Herstellungskosten-Methode), die anhand der KHBV-Kontengruppen abgeleitet werden. Die Verteilung der Herstellungskosten für den Gesamtfall erfolgt anhand quantifizierbarer Leistungsdaten. Dazu sind in einem ersten Schritt die überliegerrelevanten Konten (bzw. Kontengruppen/-untergruppen) zu bestimmen. In Betracht kommen insbesondere:

- Personalaufwendungen (Kontengruppen 60 – 64)
- Materialaufwendungen (Kontengruppen 65 – 68)
- Sonstige betriebliche Aufwendungen (Kontengruppen 69, 70, 72, 73,78)
- Nicht geförderte, nicht ausgleichsfähige Abschreibungen der Kontengruppe 76

Es empfiehlt sich bei der Ermittlung eine tabellarische Aufstellung, die sich an der hausindividuellen Gewinn- und Verlustrechnung oder an die oben dargestellten Bestandteile der Herstellungskosten orientiert und die Übernahme der entsprechenden Finanzbuchhaltungs-Werte. In einem zweiten Schritt sind die nicht auf den Leistungsbereich der Überlieger entfallenden Kosten zu eliminieren. Hierunter fallen nunmehr auch sämtliche Pflegepersonalkosten, die über das Pflegebudget abgegolten werden. Falls keine konkrete Ermittlung durch eine Kostenstellenrechnung möglich ist, sind hier auch pauschalierte Korrekturen möglich. Es sind dabei absolute als auch relative Korrekturen möglich. So kann anhand des Verhältnisses der Umsatzerlöse, die aus überliegerrelevanten Leistungen (E1 und E3.1) resultieren, zu den Gesamtumsatzerlösen eine prozentualer Abschlagswert bestimmt werden. Weiterhin sind auch Korrekturen von absoluten Kostenbestandteilen möglich. So kann beispielsweise, falls handelsrechtlich entschieden wurde, allgemeine herstellungsbezogene Verwaltungskosten bei der Bestimmung der Herstellungskosten nicht zu berücksichtigen, die Kontengruppe 69 außer Betracht gelassen werden. Werden beide Arten von Abschlägen berücksichtigt, sind die sich ggf. ergebenen Wechselwirkungen zu berücksichtigen. Nach der Ermittlung der Gesamtkosten im überliegerrelevanten Leistungsbereich ist der ermittelte Wert ins Verhältnis zur entsprechenden Leistungserbringung des Gesamtjahrs zu setzen. Infrage kommen hier krankenhausüblich die Behandlungstage oder auch die Bewertungsrelationen. Bei der Leistungsbestimmung muss auf die korrekte mit diesen Kosten erbrachte Leistungsmenge (Überlieger in und aus dem Jahr) geachtet werden. Es ergibt sich mit diesem Schritt ein hausindividueller Wert von jahresdurchschnittlichen Herstellungskosten pro Behandlungstag bzw. pro Bewertungsrelation. Im letzten Schritt sind die auf das alte Geschäftsjahr entfallende Bestandteile der an Überliegern erbrachten Leistungen entsprechend zu bewerten und als unfertige Leistung auszuweisen.
Die Methode sowie die Unterschiede zu den vorab dargestellten Methoden soll anhand des obigen Beispiels verdeutlicht werden.

Das Krankenhaus im Beispiel kann keine konkrete Kostenbestimmung der fallindividuellen Herstellungskosten anhand seiner Kostenstellen- und -trägerrechnung vornehmen. Es leitet die Werte stattdessen aus den Gesamtwerten gemäß den Daten der externen Rechnungslegung unter Berücksichtigung von Korrekturen ab. Da die Abschlusserstellung in ausreichendem Abstand zum Stichtag stattfindet, liegen dem Krankenhaus die abgerechneten Leistungswerte vor, diese treten anstelle der Erwartungswerte. Das Krankenhaus hat im Geschäftsjahr Gesamtumsatzerlöse in Höhe von EUR 12.231.432 erzielt, auf den Bereich E1 entfallen dabei EUR 8.462.130, es werden keine E3.1-Leistungen erbracht. Es ergibt sich somit ein pauschaler (relativer) Korrekturwert von 30,82 % (100 % – EUR 8.462.130 / EUR 12.231.432). Absolute Korrekturen sind für den Bereich der Aufwendungen des Pflegebudgets vorzunehmen. Darüber hinaus ergeben sich für das Krankenhaus keine weiteren absoluten Korrekturen. Die Ermittlung der Gesamtkosten soll anhand der folgenden Tabelle skizziert werden und fasst die ersten beiden Schritte zusammen:

	Gesamtaufwendungen 2021 [EUR]	Relative Korrektur Gesamtaufw. * Abschlagsfaktor (AF) [EUR]	Absolute Korrekturen [EUR]	Herstellungsrelevante Gesamtkosten [EUR]
	(1)	(2) = (1) * AF	(3)	(4) = (1) – (2) – (3)
Materialeinzelkosten – KGr. 65 Lebensmittel – KGr. 66 Med. Bedarf- ...	98.641 1.380.968 ...	30.401 425.614 ...	0 0 ...	68.240 955.354 ...
Fertigungseinzelkosten – KGr. 60 L&G DA ...	2.749.585	847.422 ...	0 ...	1.902.163 ...
... ...abzüglich Aufwand Pflegebudget	...	...	2.500.674	2.500.674
Gesamtsumme	**12.586.951**	**3.879.298**	**2.500.674**	**6.206.979**

Abbildung 3.3.3-6: Skizzierte Ableitung der herstellungsrelevanten Gesamtkosten im Überliegerbereich

Im dritten Schritt sind die ermittelten Kosten einer fallindividuellen Kenngröße der Leistungserbringung gegenüberzustellen. Das Krankenhaus erzielte im Geschäftsjahr mit den ermittelten herstellungsrelevanten Gesamtkosten eine Leistung von insgesamt 2.817,712 Bewertungsrelationen. Dabei entfallen auf die Inlieger 20X1 2.647,160 BWR, von den Überliegern 20X0/20X1 sind 76,231 BWR der Leistungserbringung im neuen Geschäftsjahr zuzuordnen, für Überlieger 20X1/20X2 wurden in 20X1 Leistungen von 94,321 BWR erbracht. Es ergeben sich somit hausindividuelle, jahresdurchschnittliche Herstellungskosten von EUR 3.090,33 je BWR (= EUR 8.707.653 / 2.817,712 BWR; im Folgenden auch vereinfacht „Kostenwert").

Im letzten Schritt wird der ermittelte Kostenwert auf die zur Mitternachtsstatistik des 31. Dezember gehörende Leistungsstatistik angewendet. Dies geschieht dem Einzelbewertungsprinzip folgend auf Einzelfallebene, was für das Beispiel zur Illustration skizziert werden soll. Es wird dabei auch auf oben bereits ermittelte Werte zurückgriffen.

Fallnr.	Eff. BWR	Tage altes GJ	Tage neues GJ	BWR altes GJ	Bewertung ÜL-Leistungen mit HK	Korrekturwert	Finaler Ausweis
	(1)	(2)	(3)	(4) = (1)*(2)/((2)+(3))	(5) = (4)* HK je BWR	(6) = (1) * (LBFW – HK je BWR), nur wenn Kostenwert > LBFW	(7) = (5) – (6)
12345678	0,791	3	1	0,593	1.832,57	0,00	1.832,57

Abbildung 3.3.3-7: Fallbezogene Bewertung im Herstellungskostenmodell im Gewinnfall

Die für den Fall erbrachten Leistungen, gemessen in Bewertungsrelationen, sind entsprechend auf einen Teil vor und nach dem Stichtag aufzuteilen. Dies geschieht in der Regel anhand der Behandlungstage analog der oben dargestellten Aufteilung der Erlöse gemäß der Praktikermethode. Im Beispiel entfallen von den effektiven BWR 0,593 (= 0,791 * 3/4) auf das alte und 0,198 (= 0,791 * 1/4) auf das neue Geschäftsjahr. Damit unterscheidet sich die Aufteilung der Leistung nicht von den vorher dargestellten Methoden, indes können sich Unterschiede durch einen höheren Detaillierungsgrad ergeben (bspw. durch eine andere Aufteilung von zusätzlichen abrechenbaren BWR im Falle des Überschreitens der oberen Grenzverweildauer).

Wichtig im Rahmen des Modells ist die Bestimmung des korrekten Werts zur Berücksichtigung der verlustfreien Bewertung (Spalte 6). Dazu sollten für den Fall, dass die ermittelten Herstellungskosten je BWR den LBFW übersteigen, zur finalen Bewertung vom dem in Spalte 5 ermittelten Wert folgender Wert abgezogen werden: (Herstellungskosten je BWR – LBFW) * effektive BWR. Sind die Herstellungskosten je BWR kleiner als der LBFW, nimmt der Korrekturwert hingegen stets den Wert null an. Die finale Bewertung (Spalte 7) ergibt sich als Differenz aus der Bewertung zu Herstellungskosten und dem Korrekturwert. Die Summe der positiven Überliegerbewertungen auf Fallebene ist als unfertige Leistungen auszuweisen, die Summe der negativen Werte im Rahmen einer Drohverlustrückstellung zu passivieren. Es darf dem Einzelbewertungsprinzip folgend keine fallübergreifend Saldierung vorgenommen werden.

Zur Herleitung des Korrekturwerts: Im Rahmen eines Niederwerttests sollten den Herstellungskosten für die bisher erbrachten Leistungen die anteiligen Erlöse gegenübergestellt werden. Dies entspricht also einer Gegenüberstellung von LBFW und den Herstellungskosten je BWR. Infolge der pauschalierten Bestimmung des Werts der Herstellungskostenwert je BWR ergibt sich somit trotz einer fallindividuellen Fallbewertung eine fallübergreifenden Gegenüberstellung der Herstellungskosten je BWR mit den zu realisierenden Erlösen je BWR – also dem Landesbasisfallwert. Der Niederstwerttest ist somit grundsätzlich für alle oder für keinen Fall einschlägig. Es ergibt sich somit für die bisher erbrachten Leistungen, die mit den Herstellungskosten bewertet sind (Spalte 5), die Notwendigkeit der Abwertung um die bis zum Bilanzstichtag bereits eingetretene Kostenüberschreitung. Darüber hinaus ergibt sich zusätzlich die Notwendigkeit, die restliche Leistungserbringung im Rahmen der Bilanzierung der unfertigen Leistungen zum Stichtag zu berücksichtigen, da auch für diesen Zeitraum im neuen Geschäftsjahr die noch anfallenden Kosten die damit verbundenen Erlöse übersteigen. Solche Verluste sind bereits am Stichtag gemäß dem Imparitätsprinzip zu berücksichtigen und reduzieren die Bewertung der bisher erbrachten Leistungen. Übersteigen die noch zu erwartenden Verluste die bisher erbrachten Leistungen, ist neben einer Abwertung der bisher erbrachten Leistungen auf null, die Passivierung einer Rückstellung geboten. Die Berücksichtigung der die Erlöse übersteigenden, noch anfallenden Kosten erfolgt dadurch, dass zum Bilanzstichtag bereits die gesamte Kostenunterdeckung bestandsmindernd angesetzt wird. Somit ergibt sich als Gesamtkorrekturfaktor: BewR je Fall (Spalte 1) * (LBFW-HK je BewR).

Abwandlung Variante 3: Alternativ soll die obige Fallbewertung analog für einen Verlustfall kurz dargestellt werden. Dazu sind die obigen Angaben des Beispiels unverändert gültig, lediglich die Gesamtkosten für den Überliegerbereich werden gemäß der ersten Aufstellung zu Variante 3 abweichend zu EUR 11.271.496 bestimmt. Bei der Gesamtleistungsmenge von 2.817,712 BWR ergeben sich hausindividuelle Herstellungskosten je BWR von EUR 4.000,23 (= EUR 11.271.496 / 2.817,712). Somit übersteigen die Herstellungskosten je BWR die erwarten Erlöse je BWR (LBFW) in Höhe von EUR 3.876,66.

Die fallindividuelle Bewertung ergibt sich nun wie folgt:

Fallnr.	Eff. BWR	Tage altes GJ	Tage neues GJ	BWR altes GJ	Bewertung ÜL-Leistungen mit HK	Korrekturwert	Finaler Ausweis
	(1)	(2)	(3)	(4) = (1)*(2)/ ((2)+(3))	(5) = (4)* HK je BWR	(6) = (1) * (LBFW – HK je BWR), nur wenn HK > LBFW	(7) = (5) – (6)
12345678	0,791	3	1	0,593	2.372,14	97,74	2.274,67

Abbildung3.3.3-8: Fallindividuelle Bewertung im Herstellungskostenmodell im Verlustfall

Verglichen zum Ausgangsbeispiel ergibt sich hier final eine höhere Bewertung für das Verlusthaus, dies lässt sich jedoch erklären. Verlusthäuser zeichnen sich durch höhere Kosten aus, folglich fließen auch höhere Werte in die Bestimmung der Herstellungskosten ein. Die höheren Herstellungskosten (je BWR) sind bis zum Erreichen der erwarteten anteiligen Erlöse aktivierungsfähig. Im obigen Beispiel entfallen vom Korrekturwert EUR 73,28 auf die Reduzierung der Bewertung der bisher erbachten Leistungen. Es lässt sich hier auch leicht kontrollieren, ob der Wert korrekt bestimmt ist. Die anteiligen Erlöse für die Überliegerleistungen betragen EUR 2.298,86 (= 3.876,66 x 0,593). Wenn man zu diesem Wert EUR 73,28 addiert ergibt sich der zu hohe Wert der Überlieger von EUR 2.372,14. Jedoch ist damit die verlustfreie Bewertung noch nicht vollständig abgeschlossen, es fehlt noch die Berücksichtigung der künftigen Leistungserbringung des Falls. Diese führen wie oben erläutert zu einem weiteren Korrekturbedarf, da die noch anfallenden Kosten die damit verbundenen Erlöse übersteigen. Dies ist der zweite Bestandteil des Korrekturwerts. Es ergibt sich hierfür ein Wert von EUR 24,46 (= HK EUR 4.000,23 – LBFW EUR 3.876,66 = EUR 123,57; EUR 123,57 x 0,198 = EUR 24,46).

Zur Interpretation: Die erwarteten Erlöse für die Restleistung im neuen Geschäftsjahr betragen bei einer Aufteilung anhand der Behandlungstage EUR 766,60. Dem stehen damit verbundene, erwartete Kosten von EUR 791,06 gegenüber und als Differenz aus beiden ergibt sich der zweite Teil des Korrekturfaktors zu EUR 24,46. Der Gesamtkorrekturwert ergibt somit in Summe den oben in der Tabelle dargestellte Wert von EUR 97,74. Im dargestellten Verlustfall unterschreiten die Bewertung der final auszuweisenden unfertigen Leistungen die entsprechenden Herstellungskosten, die Berücksichtigung des Kostenüberschusses für die verbleibende Leistungserbringung wird jedoch ausreichend durch die bisher erbrachten Leistungen kompensiert und es ist für diesen Fall keine Drohverlustrückstellung zu passivieren.

Würdigung der dritten Variante: Die dargestellte dritte Variante stellt keine Ermittlung der Herstellungskosten gemäß Kostenträger- und Kostenstellenrechnung dar, jedoch wird sowohl die allgemeine hausindividuelle Kostenstruktur als auch die gemäß GoB zu berücksichtigen Herstellungskostenbestandteile im Rahmen der Bewertung berücksichtigt. Weiterhin findet eine verlustfreie Bewertung (inkl. der Bestimmung zu berücksichtigender Drohverlustrückstellungen) auf Fallebene statt. Die dargestellte Variante wurde in der Grundform beschrieben. Sie ist sowohl erweiterbar, um hausindividuelle Besonderheiten zu berücksichtigen, als auch kombinierbar. Beispielweise können analog zur Variante 2 die OP-Kosten als eventueller Hauptkostenbestandteil im Rahmen der Leistungserbringung separat berücksichtigt werden. Ebenso wurde die Berücksichtigung von Zusatzentgelten nicht dargestellt, diese sollten einheitlich mit dem Fall im Rahmen Überliegerbilanzierung Berücksichtigung finden.

Im Folgenden soll die abweichende Bilanzierung von mit tagesgleichen Pflegesätzen vergüteten Leistungen an Überliegern eines somatischen Krankenhauses dargestellt werden. Das Beispiel ist übertragbar auf Leistungen, die im Bereich der Psychiatrie und Psychosomatik mit Tagessätzen als auch mit PEPP-Fallpauschalen entgolten werden.

Das Beispielkrankenhaus ist eine besondere Einrichtung im Sinne von § 17b Abs. 1 Satz 10 KHG und vereinbart mit den Kostenträger für erbrachte Leistungen im Bereich der neurologischen Frührehabilitation ohne Beatmung ein Vergütung zu tagesgleichen Pflegesätzen in Höhe von EUR 412,34 pro Tag. Der Patient des Beispielsfalls wurde am 20. Dezember 20X1 aufgenommen und am 5. Januar 20X2 entlassen, es handelt sich somit um einen Überlieger.

Da die vom Krankenhaus erbrachte stationäre Leistung im somatischen Bereich in diesem Beispiel mit tagesgleichen Pflegesätzen vergütet wird, ist das Entgelt für bis zum Stichtag erbrachten Leistungen mit den Kostenträgern abrechenbar und der darauf entfallende Gewinn zu realisieren. Folglich werden die an Überliegern erbrachten Leistungen unter den Forderungen aus Lieferungen und Leistungen und nicht als unfertige Leistung ausgewiesen. Die Herstellungskosten sind nicht mehr der relevante Bewertungsmaßstab, es findet in der Regel eine Aufwertung anhand der Absatzmarktdaten statt. Die konkrete Höhe ergibt sich, indem die auf das alte Geschäftsjahr entfallene Tage mit dem vereinbarten Tagessatz multipliziert werden. Es ergibt sich für das Beispiel ein unter den Forderungen aus Lieferungen und Leistungen auszuweisender Betrag in Höhe von EUR 4.944 (= EUR 412,34 pro Tag * 12 Tage). Hiermit ist die Bilanzierung der Überliegerfälle – auch wenn sie mit tagesgleichen Pflegesätzen vergütet werden – noch nicht abgeschlossen. Für den Zeitraum der noch zubringenden Leistungen im neuen Geschäftsjahr ist zu untersuchen, ob die erwarteten Erlöse ausreichen, um die damit verbundenen Kosten zu decken. Ist dies nicht der Fall, so ist für die im Folgejahr zu erwartende Kostenunterdeckung eine Drohverlustrückstellung zu passivieren.

Bilanzierung von Überliegern gemäß IFRS

Ausweis und Bewertung der Vorräte sind nach IFRS grundsätzlich in IAS 2 geregelt. Die Behandlung von Fertigungsaufträgen ist in IFRS 15 geregelt. Im Fall der Überlieger handelt es sich um unfertige Leistungen, die auf Basis eines Vertrags zwischen Krankenhaus und Patient bzw. dessen Krankenkasse erbracht werden. Bei einem solchen Behandlungsvertrag auf Basis von § 39 SGB V handelt es sich um einen Dienstleistungsvertrag (§ 630b BGB). Entsprechende Regelungen hinsichtlich der Realisierung von Umsatzerlösen aus Dienstleistungsverträgen enthält IFRS 15.

Da der Gewinnrealisierungszeitpunkt unmittelbar Auswirkungen auf die Bilanzierung der an Überliegern erbrachten Leistungen hat, ist das Fünf-Stufen-Modell nach IFRS 15 entsprechend anzuwenden.

Schritt 1: Identifizierung des Vertrags mit einem Kunden:
Im ersten Schritt ist im Rahmen der Anwendung des IFRS 15 der relevante Vertrag zu bestimmen und zu überprüfen, ob ein Vertrag mit Kunden vorliegt, da nur diese Verträge in den Anwendungsbereich des Standards fallen. Im Rahmen der stationären Gesundheitsversorgung ist dies in der Regel der Behandlungsvertrag auf Basis von § 39 SGB V zwischen Krankenhaus und Patient bzw. dessen Krankenkasse, sie werden den Dienstleistungsverträgen zugerechnet (§ 630a ff. BGB). Es besteht dabei häufig ein „Dreieckverhältnis": Obwohl die Leistung vom Krankenhaus an dem und für den Patienten erbracht wird, sind die entsprechenden Leistungen von einer dritten Partei, der Krankenkasse des Patienten zu vergüten. Die Behandlungsverträge sind als Verträge der Kunden zu verstehen und die daraus resultierenden Umsatzerlöse sind gemäß IFRS 15 zu bilanzieren. Die Betrachtung sollte auf der zugehörigen Fallebene erfolgen.

Schritt 2: Identifizierung der vertraglichen Leistungsverpflichtungen
Im zweiten Schritt sind die im Rahmen des Vertrags erbrachten Leistungsbestandteile vollständig zu identifizieren. Dazu sind bei Vertragsabschluss alle dem Kunden im Rahmen des Vertrages zugesagten Güter oder Dienstleistungen zu prüfen und als Leistungsverpflichtung zu identifizie-

ren, wenn ein eigenständig abgrenzbares Gut oder eine eigenständig abgrenzbare Dienstleistung (oder ein eigenständig abgrenzbares Bündel aus Gütern oder Dienstleistungen) vorliegt.

Ein einem Kunden zugesagtes Gut oder eine einem Kunden zugesagte Dienstleistung ist dann eigenständig abgrenzbar, wenn:

- der Kunde aus dem Gut oder der Dienstleistung entweder gesondert oder zusammen mit anderen, für ihn jederzeit verfügbaren Ressourcen einen Nutzen ziehen kann (d. h. das Gut oder die Dienstleistung kann eigenständig abgegrenzt werden)

und

- die Zusage des Unternehmens, das Gut oder die Dienstleistung auf den Kunden zu übertragen, von anderen Zusagen aus dem Vertrag trennbar ist (d. h. das Gut oder die Dienstleistung ist im Vertragskontext eigenständig abgrenzbar).

Abbildung 3.3.3-9: Kriterien zur Abgrenzung von Leistungsbestandteilen nach IFRS 15.27

Krankenhäuser „verkaufen" die Bestandteile der einzelnen Krankenhausbehandlung nicht separat an Kunden (vgl. IFRS 15 IE 45 ff.) Einzelne Bestandteile der stationären Krankenhausbehandlung sind grundsätzlich nicht separierbar, bspw. die Pflegeleistungen von Operationsleistungen oder Unterbringung und Verpflegung. Hierbei kann es aus unserer Sicht außer Frage bleiben, ob aufgrund der rechtlichen und tatsächlichen Ausgangssituation (z. B. § 39 Abs. 1 SGB V) nicht schon eine abstrakte Abgrenzung unmöglich ist. Spätestens bei Frage der konkreten Abgrenzungsmöglichkeit kommt man aufgrund der Integrationsleistung der Krankenhäuser (alle Leistungen werden nicht unabhängig voneinander geschuldet) zu dem Ergebnis, dass nur eine Leistungsverpflichtung gegeben ist.

Schritt 3: Bestimmung der Gegenleistung

Die Bestimmung der Gegenleistung stellt auf die erwartete Gesamtvergütung des Krankenhauses ab. Im Rahmen der stationären Versorgung bedeutet dies, dass neben der Fallpauschale (bzw. tagesgleichen Pflegesätzen) sowohl Zu- und Abschläge als auch eventuelle Zusatzentgelte zu berücksichtigen sind. Die Höhe der Gegenleistung ergibt sich aus den jeweiligen gesetzlichen Entgeltregelungen sowie den Entgeltvereinbarungen, die die Grundlage für die Abrechnung des Behandlungsvertrags darstellen.

Schritt 4: Aufteilung der Gegenleistung auf die vertraglichen Leistungsverpflichtungen

Im vierten Schritt ist die im vorherigen Schritt bestimmte Gegenleistung auf die einzelnen Bestandteile des Vertrags, die ggf. im zweiten Schritt identifiziert wurden, aufzuteilen. Mangels nicht gegebener Separierbarkeit einzelner Leistungsbestandteile in der stationären Versorgung erfolgt grundsätzlich keine Aufteilung der Gesamtvergütung.

Schritt 5: Umsatzrealisierung bei Erfüllung einer Leistungsverpflichtung

Im letzten Schritt ist für den Vertrag () die Gewinnrealisierung zu beurteilen. Dabei ist zu unterscheiden, ob die Gewinnrealisierung zu einem festen Zeitpunkt oder über einen Zeitraum erfolgt. Ist eines der folgend dargestellten Kriterien erfüllt, erfolgt grundsätzlich eine zeitraumbezogene Gewinnrealisierung:

- Dem Kunden fließt der Nutzen aus der Leistung des Unternehmens zu und er nutzt gleichzeitig die Leistung, während diese erbracht wird.

oder

- Durch die Leistung des Unternehmens wird ein Vermögenswert erstellt oder verbessert (z. B. unfertige Leistung) und der Kunde erlangt die Verfügungsgewalt über den Vermögenswert, während dieser erstellt oder verbessert wird.

oder

- Durch die Leistung des Unternehmens wird ein Vermögenswert erstellt, der keine alternative Nutzungsmöglichkeiten für das Unternehmen aufweist, und das Unternehmen hat einen Rechtsanspruch auf Bezahlung der bereits erbrachten Leistungen.

Abbildung 3.3.3-10: Kriterien zur Umsatzrealisierung über einen Zeitraum nach IFRS 15.35

Wenn keines der Kriterien erfüllt ist, ist der Umsatz zu dem Zeitpunkt zu realisieren, zu dem die Verfügungsgewalt über das Gut oder die Dienstleistung an den Kunden übergeht und das Krankenhaus seine Leistungsverpflichtung erfüllt (IFRS 15.38).

Behandlungsverträge auf Basis von § 39 SGB V zwischen Krankenhaus und Patient bzw. dessen Krankenkasse entsprechen Dienstleistungsverträgen (§ 630a ff. BGB). In der Bilanzierungspraxis hat sich herausgebildet, dass das erste Kriterium im Rahmen der Erbringung stationärer Gesundheitsleistungen als erfüllt angesehen wird, da der Nutzenzufluss an den Patienten gleichzeitig mit der Leistungserbringung durch das Krankenhaus und somit kontinuierlich erfolgt.

Somit erfolgt im Ergebnis nach IFRS eine zeitraumbezogene Gewinnrealisierung für stationäre Gesundheitsleistungen. Die Aufteilung auf den Zeitraum erfolgt nach IFRS 15.39 mit dem Leistungsfortschritt im Sinne des Übergangs der Verfügungsgewalt auf den Kunden und kann sowohl auf Basis von Output-orientierten (bewerteter Leistungsfortschritt, Meilenstein, Leistungseinheiten) als auch auf Basis von Input-orientierten Methoden (Kostenanfall, Materialverbrauch, Stundenanfall, Zeitablauf) erfolgen (IFRS 15.41).

Der Ausweis der für die ermittelten Vermögenswerte aus der Überliegerbewertung erfolgt unter den Forderungen aus Lieferungen und Leistungen.

Im Folgenden wird das obige Fallpauschalenbeispiel auf die Bilanzierung von Überliegern gemäß IFRS übertragen und dabei unterstellt, dass die genannten Kriterien erfüllt sind:

Ausgangs-daten	Landesbasisfallwert [EUR]	(1)	3.465	
	Effektive Bewertungsrelation	(2)	0,819	
	Gesamtliegedauer [Tage]	(3)	4	
	Voraussichtliche Gesamtkosten [EUR]	(4)	2.531	
	davon Kosten für Operation [EUR]	(5)	1.313	
	Liegedauer am Bilanzstichtag [Tage]	(6)	3	
Erlösse Kosten Gewinn	Gesamterlös [EUR]	(7) = (1) x (2)	2.838	
	Gesamtergebnis des Falls [EUR]	(8) = (7) – (4)	307	
	Gesamtkosten ohne Operation [EUR]	(9) = (4) – (5)	1.218	
	Gesamtkosten ohne OP pro Liegetag [EUR]	(10) = (9) / (3)	304	
	Kosten ohne OP zum Bilanzstichtag [EUR]	(11) = (10) x (6)	912	
	Anteilige Kosten zum Bilanzstichtag [EUR]	(12) = (11) + (5) (wenn die OP vor dem Stichtag ist)	2.225	
	Behandlungsgrad [%]	(13) = (12) / (4)	87,91	
	Anteiliger Erlös zum Bilanzstichtag [EUR]	(14) = (7) x (13)	2.495	
	Anteiliges Ergebnis zum Stichtag [EUR]	(15) = (8) x (13)	270	
	Auf das neue GJ entfallendes Ergebnis [EUR]	(16) = (8) – (7)	37	
Buchungen 20X0	Forderungen (noch nicht abgerechnet)		2.495	S
	Umsatzerlöse		2.495	H
Buchungen 20X1 nach Abrechnung	Forderungen		2.838	S
	Umsatzerlöse		343	H
	Forderungen (noch nicht abgerechnet)		2.495	H

Abbildung 3.3.3-11: Beispiel für die Bewertung von Überliegern nach IFRS – Leistung mit Gewinn

Die Herleitung der Werte ist in der Tabelle dargestellt. Die anteiligen Kosten bis zum Abschlussstichtag (12) enthalten die Kosten ohne OP (11) und, wenn die Operation im alten Geschäftsjahr stattfand, die OP-Kosten in voller Höhe.

Buchung 20X0: Die Forderungen (noch nicht abgerechnet) werden in Höhe des anteiligen Entgelts erfasst. Das Gegenkonto sind die Umsatzerlöse.
Buchung 20X1: Nach Abschluss und Abrechnung der Behandlung werden (abgerechnete) Forderungen in Höhe der Gesamterlöse gebucht. Gegenkonten sind in Höhe des anteiligen Erlöses aus 20X0 die Forderungen (noch nicht abgerechnet) und in Höhe des anteiligen Entgelts für 20X1 die Umsatzerlöse.

Ist es wahrscheinlich, dass sich aus der Leistung am Ende der Behandlung voraussichtlich kein Gewinn, sondern ein Verlust ergeben wird, dann ist der erwartete Verlust sofort bereits am Stichtag als Aufwand zu erfassen. Die folgende Abbildung zeigt die Bilanzierung nach IFRS, wenn die Leistung mit Verlust erbracht wird.

Ausgangsdaten	Landesbasisfallwert [EUR]	(1)	3.465	
	Effektive Bewertungsrelation	(2)	0,819	
	Gesamtliegedauer [Tage]	(3)	4	
	Voraussichtliche Gesamtkosten [EUR]	**(4)**	**2.877**	
	davon Kosten für Operation [EUR]	(5)	1.492	
	Liegedauer am Bilanzstichtag [Tage]	(6)	3	
Erlösse Kosten Gewinn	Gesamterlös [EUR]	(7) = (1) x (2)	2.838	
	Gesamtergebnis des Falls [EUR]	(8) = (7) – (4)	–39	
	Gesamtkosten ohne Operation [EUR]	(9) = (4) – (5)	1.385	
	Gesamtkosten ohne OP pro Liegetag [EUR]	(10) = (9) / (3)	346	
	Kosten ohne OP zum Bilanzstichtag [EUR]	(11) = (10) x (6)	1.038	
	Anteilige Kosten zum Bilanzstichtag [EUR]	(12) = (11) + (5) (wenn die OP vor dem Stichtag ist)	2.530	
	Behandlungsgrad [%]	(13) = (12) / (4)	87,94	
	Anteiliger Erlös zum Bilanzstichtag [EUR]	(14) = (4) x (13)	2.496	
	Anteiliges Ergebnis zum Stichtag [EUR]	(15) = (8) x (13)	–34	
	Auf das neue GJ entfallendes Ergebnis [EUR]	(16) = (8) – (15)	–5	
Buchungen 20X0	Forderungen (noch nicht abgerechnet)		2.496	S
	Umsatzerlöse		2.496	H
	Aufwand		5	S
	Wertberichtigungen auf Forderungen		5	H
Buchungen 20X1 nach Abrechnung	Forderungen		2.838	S
	Umsatzerlöse Forderungen (noch nicht abgerechnet)		342 2.496	H H
	Wertberichtigungen auf Forderungen		5	S
	Ertrag aus Auflösung von Wertberichtigungen		5	H

Abbildung 3.3.3-12: Beispiel für die Bewertung von Überliegern nach IFRS – Leistung mit Verlust

Buchung 20X0: In Höhe der anteiligen Erlöse werden die Forderungen (noch nicht abgerechnet) erhöht. Das Gegenkonto sind die Umsatzerlöse. Darüber hinaus wird der auf das Jahr 20X1 entfallende Verlust, der nicht bereits in den anteiligen Kosten abgebildet ist, zusätzlich als Aufwand erfasst. Als Gegenkonto dient ein Wertberichtigungskonto auf die Forderungen (noch nicht abgerechnet). Wenn die Erfassung des Aufwandes zu einem negativen Wert der Forderungen führt, wird eine Schuld ausgewiesen.

Buchung 20X1: Nach Abschluss und Abrechnung der Behandlung werden Forderungen in Höhe der Gesamterlöse gebucht. Gegenkonten sind in Höhe des anteiligen Erlöses aus 20X0 die Forderungen (noch nicht abgerechnet) und in Höhe des anteiligen Erlöses aus 20X1 die Umsatzerlöse. Die Wertberichtigung wird ertragswirksam aufgelöst. Sachgerecht ist aber auch eine Reduzierung der Aufwendungen (beim Umsatzkostenverfahren: Reduzierung der Umsatzkosten).

Fazit: Im Gegensatz zur KHBV/zum HGB werden im Zusammenhang mit den Überliegern nach IFRS keine unfertigen Leistungen und auch keine Bestandsveränderungen ausgewiesen. Stattdessen werden die ermittelten Vertragsvermögenswerte aus der Überliegerbewertung (ermittelten Auftragskosten inklusive des geschätzten anteiligen Gewinns bzw. unter Abzug des Verlustanteils) als Forderungen aus Lieferungen und Leistungen bilanziert.

Besonderheiten des Steuerrechts im Rahmen der Überliegerbilanzierung

Steuerrechtlich gelten grundsätzlich die dargestellten handelsrechtlichen Besonderheiten. Insoweit dabei auf Rückstellungen für drohende Verluste eingegangen wurde, ist steuerlich folgender Hinweis anzubringen: Steuerlich werden Rückstellungen für drohende Verluste nicht anerkannt (§ 5 Abs. 4a EStG). Insoweit entstehen handelsrechtlich aktive latente Steuern.

3.3.4 Forderungen/Verbindlichkeiten

3.3.4.1 Allgemeine Regelungen

Forderungen und sonstige Vermögensgegenstände beinhalten entsprechend der Anlage 1 zur KHBV:

- Forderungen aus Lieferungen und Leistungen
- Forderungen an Gesellschafter bzw. den Krankenhausträger
- Forderungen nach dem Krankenhausfinanzierungsrecht
- Forderungen gegen verbundene Unternehmen
- Forderungen gegen Unternehmen, mit denen ein Beteiligungsverhältnis besteht
- Eingefordertes, noch nicht eingezahltes Kapital
- Sonstige Vermögensgegenstände

Abbildung 3.3.4-1: Gliederung der Forderungen und sonstigen Vermögensgegenstände gem. HGB/KHBV

Forderungen aus Lieferungen und Leistungen entstehen im Rahmen von Schuldverhältnissen; die Forderungen stellen somit den Gegenwert einer erbrachten Lieferung oder Leistung dar. Unter dem Posten Forderungen aus Lieferungen und Leistungen sind Forderungen zu zeigen, die mit den Erlösen aus Krankenhausleistungen sowie weiterer typischer Erlöse des Krankenhausbetriebs (Erlöse aus Wahlleistungen, Erlöse aus ambulanten Leistungen des Krankenhauses etc.) sowie mit den in dem neuen Nr. 4a der Anlage 2 zur KHBV ausgewiesenen Umsatzerlösen nach § 277 Abs. 1 HGB (soweit nicht unter den Nummern 1 bis 4 enthalten) verbunden sind.

Die Forderungen an Gesellschafter bzw. den Krankenhausträger beinhalten häufig Forderungen aus Liefer- und Leistungsbeziehungen (z. B. Managementleistungen, zentrale EDV-Leistungen, etc.), aber z. B. auch solche auf Grund von Darlehens- oder Ergebnisabführungsverträgen.

Die Forderungen nach Krankenhausfinanzierungsrecht beinhalten Forderungen aus Fördermitteln der Einzel- und Pauschalförderung, Forderungen nach der Bundespflegesatzverordnung und Forderungen nach dem Krankenhausentgeltgesetz. Hinzu kommen u. a. die Forderungen aus Ausbildungsbudgetausgleichen im Zusammenhang mit der Finanzierung der Ausbildungsstätten nach § 17a Abs. 3 Satz 11 KHG.

Forderungen gegen verbundene Unternehmen sowie Forderungen gegen Unternehmen, mit denen ein Beteiligungsverhältnis besteht, können sowohl Forderungen auf Grund gegenseitiger Leistungsbeziehungen zwischen diesen Parteien beinhalten als z. B. auch Forderungen aus der Vergabe von Darlehen. Bei den Forderungen gegen verbundene Unternehmen handelt es sich um Forderungen an Unternehmen, die als Mutterunternehmen oder Tochterunternehmen nach den Vorschriften über die Vollkonsolidierung in denselben Konzernabschluss wie das leistende Unternehmen einzubeziehen sind (§ 271 Abs. 2 HGB). Soweit bei einer GmbH in diesen Forderungen auch Forderungen an Gesellschafter enthalten sind, sind diese Forderungen zusätzlich zu vermerken. Forderungen gegen Unternehmen, mit denen ein Beteiligungsverhältnis besteht, beinhalten sowohl Forderungen gegen eine eigene Beteiligung einer Gesellschaft als auch gegenüber dem Gesellschafter. Forderungen gegen Gesellschafter sind dabei gesondert zu vermerken.

Unter den Sonstigen Vermögensgegenständen werden Forderungen aus Vorschüssen, kurzfristige Darlehensforderungen, Zinsforderungen, Mietforderungen, Kautionen, debitorische Kreditoren sowie alle übrigen Forderungen, soweit sie nicht unter einem gesonderten Posten zu bilanzieren sind, ausgewiesen.

Bei den Forderungen und sonstigen Vermögensgegenständen ist jeweils anzugeben, welche Beträge eine Restlaufzeit von mehr als einem Jahr haben.

Wird der Jahresabschluss nach HGB aufgestellt, ergibt sich die Angabe der Restlaufzeit von mehr als einem Jahr bei jedem gesondert ausgewiesenen Posten aus § 268 Abs. 4 Satz 1 HGB. Zusätzlich ist in einer Handelsbilanz anzugeben, wenn ein Vermögensgegenstand unter mehrere Posten fällt (§ 265 Abs. 3 Satz 1 HGB). Dies ist beispielsweise der Fall, wenn eine Leistungsforderung gegen ein verbundenes Unternehmen besteht. Wird diese Leistungsforderung unter Forderungen gegen verbundene Unternehmen ausgewiesen, ist in der Bilanz oder im Anhang anzugeben, dass dieser Bilanzposten auch Forderungen aus Leistungen beinhaltet. Diese zusätzlichen Angabepflichten gelten für einen „reinen" Krankenhausabschluss nach KHBV mangels entsprechendem Verweis in § 4 Abs. 3 KHBV nicht.

Forderungen sind in der Handelsbilanz mit ihren Anschaffungskosten anzusetzen. Das Niederstwertprinzip erfordert Abschreibungen auf den Wert der Forderungen, der ihnen am Abschlussstichtag beizulegen ist (§ 253 Abs. 4 Satz 2 HGB).

Steuerrechtlich gilt grundsätzlich nach § 5 Abs. 1 Satz 1 EStG die Maßgeblichkeit der Handelsbilanz für die Steuerbilanz, es sei denn, im Rahmen der Ausübung eines steuerlichen Wahlrechts wird oder wurde ein anderer Ansatz gewählt. In einem solchen Fall ist das Wirtschaftsgut in ein laufend geführtes, gesondertes Verzeichnis aufzunehmen. Forderungen sind mit ihren Anschaffungskosten zu aktivieren.

Bei der Folgebewertung kann nach § 6 Abs. 1 Nr. 2 Satz 2 EStG steuerlich der niedrigere Teilwert angesetzt werden, wenn es sich um eine dauernde Wertminderung handelt (steuerliches Wahlrecht). Das abweichende steuerliche Wahlrecht kann nach derzeitiger Einschätzung selbständig ausgeübt werden. Es ist jedoch zu beachten, dass Teilwertabschreibungen auf Darlehensforderungen gegen Tochterkapitalgesellschaften (unmittelbare oder mittelbare Beteiligung > 25 %) auf Ebene der Mutterkapitalgesellschaft nach § 8b Abs. 3 Satz 4 KStG bei der Ermittlung des Einkommens nicht zu berücksichtigen sind. § 8b Abs. 3 Satz 6 KStG eröffnet bei Nachweis der Fremdüblichkeit eine Escape-Klausel. Auch bei Forderungen und sonstigen Vermögensgegenständen ist § 6 Abs. 1 Nr. 1 Satz 4 EStG anzuwenden, somit besteht steuerlich eine Pflicht zur Wertaufholung. Handelsrechtlich besteht nach § 253 Abs. 5 Satz 1 HGB auch ein Wertaufholungsgebot.

Bestehen bezüglich der Wertansätze nach HGB oder IFRS Abweichungen zur Steuerbilanz kann dies zu latenten Steuern führen (zu latenten Steuern siehe 3.3.6).

Verbindlichkeiten sind zu bilanzieren, soweit eine rechtliche oder faktische Verpflichtung gegenüber einem Dritten vorliegt, die Höhe und die Fälligkeit der Verpflichtung feststehen und das Krankenhaus durch die Verpflichtung wirtschaftlich belastet ist. Die Verbindlichkeiten sind zu ihrem Erfüllungsbetrag anzusetzen.

Zu den Verbindlichkeiten zählen:

- Verbindlichkeiten gegenüber Kreditinstituten
- Erhaltene Anzahlungen
- Verbindlichkeiten aus Lieferungen und Leistungen
- Verbindlichkeiten aus der Annahme gezogener Wechsel und der Ausstellung eigener Wechsel
- Verbindlichkeiten gegenüber Gesellschaftern bzw. dem Krankenhausträger
- Verbindlichkeiten nach dem Krankenhausfinanzierungsrecht
- Verbindlichkeiten aus sonstigen Zuwendungen zur Finanzierung des Anlagevermögens
- Verbindlichkeiten gegenüber verbundenen Unternehmen
- Verbindlichkeiten gegenüber Unternehmen, mit denen ein Beteiligungsverhältnis besteht
- Sonstige Verbindlichkeiten

Abbildung 3.3.4-2: Gliederung der Verbindlichkeiten gem. HGB/KHBV

Bei den Verbindlichkeiten ist anzugeben, welche Beträge eine Restlaufzeit bis zu einem Jahr haben. Wird der Jahresabschluss nach HGB aufgestellt, ergibt sich die Angabe der Restlaufzeit von mehr als einem Jahr bei jedem gesondert ausgewiesenen Posten aus § 268 Abs. 5 Satz 1 HGB. Ergänzend sind hiernach auch die jeweiligen Beträge mit einer Restlaufzeit von mehr als einem Jahr zu vermerken. Zusätzlich ist in einer Handelsbilanz anzugeben, wenn eine Schuld unter mehrere Posten fällt (§ 265 Abs. 3 Satz 1 HGB). Dies ist beispielsweise der Fall, wenn eine Verbindlichkeit aus Lieferungen und Leistungen gegen ein verbundenes Unternehmen besteht. Wird diese Leistungsverbindlichkeit unter Verbindlichkeiten gegenüber verbundenen Unternehmen ausgewiesen, ist in der Bilanz oder im Anhang anzugeben, dass dieser Bilanzposten auch Verbindlichkeiten aus Leistungen beinhaltet. Diese zusätzlichen Angabepflichten gelten für einen „reinen" Krankenhausabschluss nach KHBV mangels entsprechendem Verweis in § 4 Abs. 3 KHBV nicht. Die Verbindlichkeiten gegenüber Kreditinstituten umfassen sowohl langfristige Verbindlichkeiten (Darlehen) wie auch kurzfristige Positionen (Kontokorrentkredite).

Bei den erhaltenen Anzahlungen handelt es sich um Vorauszahlungen für durch das Krankenhaus noch zu erbringende Leistungen. Dies wären z. B. Vorauszahlungen von Selbstzahlern oder ausländischen Patienten für anstehende Operationen.

Verbindlichkeiten aus Lieferungen und Leistungen beinhalten sämtliche Verpflichtungen aus den vom Vertragspartner bereits erfüllten Umsatzgeschäften, bei denen die Gegenleistung des Krankenhauses – die Zahlung – noch aussteht. Umsatzgeschäfte sind Kauf- und Werkverträge, Dienstleistungsverträge, Miet- und Pachtverträge und ähnliche Verträge.

Die Verbindlichkeiten nach Krankenhausfinanzierungsrecht beinhalten zum einen Verbindlichkeiten aus noch nicht zweckentsprechend verwendeten Fördermitteln der Einzel- und Pauschalförderung sowie Verbindlichkeiten aus Ausgleichsverpflichtungen nach BPflV und KHEntgG. Daneben werden unter diesem Posten die Verbindlichkeiten aus Ausbildungsbudgetausgleichen im Zusammenhang mit der Finanzierung der Ausbildungsstätten nach § 17a Abs. 3 Satz 11 KHG ausgewiesen.

Unter den Verbindlichkeiten aus sonstigen Zuwendungen zur Finanzierung des Anlagevermögens werden sowohl sonstige Zuschüsse der öffentlichen Hand als auch die Zuwendungen Dritter bis zu ihrer zweckentsprechenden Verwendung und der damit verbundenen Einstellung in Sonderposten ausgewiesen.

Der Bilanzposten sonstige Verbindlichkeiten beinhaltet als Auffangposten die nicht unter einem anderen Verbindlichkeitsposten gesondert auszuweisenden Verbindlichkeiten, z. B. Verbindlichkeiten gegenüber Mitarbeitern, Sozialversicherungsträgern und Finanzbehörden. Unter diesem Posten sind auch die noch nicht zweckentsprechend verwendeten Zuwendungen von Drittmitteln bzw. für Forschung und Lehre zu bilanzieren.

Sämtliche Verbindlichkeiten sind gemäß § 253 Abs. 1 HGB zu ihrem Erfüllungsbetrag anzusetzen. Das heißt, sie sind mit dem Betrag in der Bilanz anzusetzen, der notwendig ist, um die zukünftige Verpflichtung zu erfüllen bzw. zu bezahlen.

Soweit es sich um Fremdwährungsforderungen oder -verbindlichkeiten handelt, ist der Umrechnung der Verbindlichkeit zum Bilanzstichtag zum Devisenkassamittelkurs vorzunehmen. Bei einer Restlaufzeit von einem Jahr und weniger ist hierbei das Vorsichtsprinzip unbeachtlich, so dass auch unrealisierte Gewinne ausgewiesen werden müssen (§ 256a Satz 2 HGB).

Im Gegensatz zum deutschen Recht, wird nach IFRS grundsätzlich zunächst sowohl bei den Vermögenswerten wie auch bei den Schulden zwischen kurzfristig (im Wesentlichen Restlaufzeit ≤ 12 Monate) und langfristig und erst dann nach der Art der Herkunft der Vermögenswerte bzw. der Schuld unterschieden.

Nach der Mindestgliederung gemäß IAS 1.54 ergibt sich der folgende Ausweis der Forderungen:

a)	Finanzielle Vermögenswerte (ohne die unter b, c und d ausgewiesenen Beträge sowie ohne nach der Equity-Methode bilanzierte Finanzanlagen sowie ohne Zahlungsmittel und Zahlungsmitteläquivalente)
b)	Forderungen aus Lieferungen und Leistungen und sonstige Forderungen
c)	Steuererstattungsansprüche (IAS 12)
d)	Latente Steueransprüche (IAS 12)

Abbildung 3.3.4-3: Mindestgliederung der Forderungen gem. IAS

Latente Steueransprüche werden auch in der KHBV-Bilanz separat ausgewiesen.

Die Mindestgliederungsvorschriften nach IAS 1, Tz. 54 schreiben weiter vor, dass die kurzfristigen und langfristigen Schulden zu unterteilen sind in:

a)	Verbindlichkeiten aus Lieferungen und Leistungen und sonstige Verbindlichkeiten
b)	Rückstellungen
c)	Finanzielle Verbindlichkeiten (ohne die Beträge, die unter a) und b) ausgewiesen sind)
d)	Steuerschulden gemäß IAS 12, Ertragsteuern
e)	Latente Steuerschulden gemäß IAS 12

Abbildung 3.3.4-4: Mindestgliederung der Verbindlichkeiten gem. IAS

Latente Steuerschulden werden auch in der KHBV-Bilanz gesondert ausgewiesen.

Weitere Unterteilungen können nach eigenem Ermessen vorgenommen werden, sofern sie der Übersichtlichkeit und dem besseren Verständnis dienen (IAS 1.55).

Der Ansatz und die Bewertung von Vermögenswerten bzw. Schulden (Verbindlichkeiten, Rückstellungen etc.) werden in unterschiedlichen Standards geregelt.

Die folgende Tabelle gibt einen Überblick über den Ausweis sowie die Regelungen zum Ansatz und der Bewertung von Forderungen/Schulden nach KHBV sowie IFRS:

Ausweis nach HGB/KHB	**Ausweis nach IFRS – Unterscheidung jeweils in lang- und kurzfristig**	Ansatz und Bewertung nach IFRS
Forderungen aus Lieferungen und Leistungen	**Forderungen aus Lieferungen und Leistungen und sonstige Forderungen**	IFRS 9
Forderungen an Gesellschafter bzw. den Krankenhausträger		IFRS 9
Forderungen nach dem Krankenhausfinanzierungsrecht		IFRS 9, IAS 20
Forderungen gegen verbundene Unternehmen		IFRS 9
Forderungen gegen Unternehmen, mit denen ein Beteiligungsverhältnis besteht		IFRS 9
Sonstige Vermögensgegenstände		
• Aktivwerte Rückdeckungsversicherungen	**Sonstige Vermögenswerte**	IAS 19
• Steueransprüche	**Ertragsteueransprüche**	IAS 12
• Übrige sonstige Vermögensgegenstände	**Forderungen aus Lieferungen und Leistungen und sonstige Forderungen**	IFRS 9
Aktive Latente Steuern	**Latente Steueransprüche**	IAS 12

Abbildung 3.3.4-5: Ausweis, Ansatz und Bewertung von Forderungen und sonstigen Vermögensgegenständen

Soweit Forderungen auf vertraglicher Basis beruhen (z. B. Forderungen aus Lieferungen und Leistungen) fallen diese unter den Anwendungsbereich von IFRS 9 (IFRS 9 ist nur einschlägig, sofern es sich um financial assets oder liabilities handelt). Bei Forderungen ohne vertragliche Basis – z. B. Forderungen auf Investitionszuschüsse – handelt es sich um sonstige Vermögenswerte, die beispielsweise nach IAS 20 zu bilanzieren sind. Nach IAS 1.78(b) ist bei Forderungen in der Bilanz oder im Anhang anzugeben, ob diese zu Kunden, nahestehenden Unternehmen, nahestehenden Personen oder in Vorauszahlungen bestehen.

IFRS 15 erfasst alle Verträge im Sinne des Standards mit Kunden über den Verkauf von Gütern oder die Erbringung von Dienstleistungen. Der Standard sieht ein Fünf-Schritte-Modell vor, mithilfe dessen die Höhe der Umsätze und der Zeitpunkt der Realisierung bestimmt werden sollen:

1. Schritt	Identifizierung des Vertrags mit einem Kunden
2. Schritt	Identifizierung der vertraglichen Leistungsverpflichtungen
3. Schritt	Bestimmung der Gegenleistung
4. Schritt	Aufteilung der Gegenleistung auf die vertraglichen Leistungsverpflichtungen
5. Schritt	Erfassung der Umsatzerlöse bei Erfüllung einer Leistungsverpflichtung durch das Unternehmen

Abbildung 3.3.4-6: Fünf-Schritte-Modell nach IFRS 15

Das Modell legt fest, dass Umsatzerlöse zum Zeitpunkt (oder über den Zeitraum) des Übergangs der Verfügungsgewalt über Güter oder Dienstleistungen vom Unternehmen auf Kunden zu bilanzieren sind. Nach IFRS 15 ist der Betrag als Umsatzerlös zu erfassen, der für die Übertragung von Gütern oder Dienstleistungen an Kunden als Gegenleistung erwartet wird. Hinsichtlich der Bestimmung des Zeitpunkts beziehungsweise des Zeitraums kommt es nun nicht mehr auf die Übertragung der Risiken und Chancen sondern auf den Übergang der Verfügungsgewalt an den Gütern oder Dienstleistungen auf den Kunden an. Behandlungsverträge zwischen Krankenhaus und Patient bzw. dessen Krankenkasse entsprechen Dienstleistungsverträgen (§ 630a ff. BGB); der Patient erhält und verbraucht den Nutzen gleichzeitig mit der Leistungserbringung durch das Krankenhaus. Der Übergang der Verfügungsgewalt ist bei Krankenhausleistungen zeitraumbezogen und somit erfolgt auch die Umsatzrealisierung zeitraumbezogen.

Nach IFRS 9 werden die finanziellen Vermögenswerte in drei Kategorien eingeteilt: in finanzielle Vermögenswerte, deren Wertänderungen im sonstigen Ergebnis erfasst werden, finanzielle Vermögenswerte, die zu fortgeführten Anschaffungskosten bewertet werden, sowie in finanzielle Vermögenswerte, deren Wertänderungen im Gewinn und Verlust erfasst werden.

Forderungen und hier insbesondere Forderungen aus Lieferungen werden im Regelfall der Kategorie zu fortgeführten Anschaffungskosten bewertet zuzuordnen sein.

Nach IFRS 9 sind finanzielle Vermögenswerte mit Ausnahme von Forderungen aus Lieferungen und Leistungen beim erstmaligen Ansatz zum beizulegenden Zeitwert zuzüglich Transaktionskosten zu bewerten (IFRS 9 5.1.1), wobei Besonderheiten zu beachten sind, wenn der beizulegende Zeitwert vom Transaktionspreis abweicht (IFRS 9 5.1.1A). Forderungen aus Lieferungen und Leistungen sind beim erstmaligen Ansatz zum Transaktionspreis gemäß IFRS 15 zu bewerten (IFRS 9 5.1.3), sofern ohne signifikante Finanzierungskomponente. Der Transaktionspreis ist die Gegenleistung, die ein Unternehmen von dem Kunden voraussichtlich erhalten wird (IFRS 15.47) – also im Regelfall der Nominalbetrag der Forderung. Da die im Krankenhausunternehmen bestehenden Forderungen üblicherweise bis zur Vereinnahmung der vertraglichen Zahlungsströme gehalten werden, wird die Folgebewertung zu fortgeführten Anschaffungskosten vorgenommen (IFRS 9 5.2.1(a)).

Im Krankenhausunternehmen werden für Forderungen aus Lieferungen und Leistungen im Rahmen des Ansatzes der fortgeführten Anschaffungskosten im Regelfall die Nominalbeträge fortgeführt, soweit sich keine Wertminderungen ergeben.

Mit der Verabschiedung des IFRS 9 wurde auch das Wertminderungsmodell neu konzipiert. Dieses sieht eine Risikovorsorge in Höhe des erwarteten (Kredit-)Risikos vor (expected credit loss – Modell).

Somit ist der Eintritt eines Ausfallereignisses nicht länger eine notwendige Voraussetzung für die Bilanzierung einer Wertberichtigung. Stattdessen hat ein Unternehmen erwartete Forderungsausfälle künftig in jedem Fall zu erfassen und die Risikovorsorge zu jedem Abschlussstichtag anzupassen (Modell des erwarteten Verlustes). Für Forderungen aus Lieferungen aus Leistungen kommt ein sog. vereinfachtes Bewertungsmodell zum Tragen (IFRS 9.5.5.15). In diesem Zusammenhang wird auch die Anwendung einer Wertberichtigungstabelle erlaubt, wenn dadurch die allgemeinen Wertberichtigungsprinzipien nicht verletzt werden (IFRS 9.B5.5.35). Ggf. sind Forderungen nach homogenen Risikostrukturen zu gruppieren.

Dies illustriert das folgende Beispiel:

	Buchwert (A) in €	Erwartete Verlustrate für die Restlaufzeit der Forderungen (B)	Wertminderung (A x B) in €
nicht überfällig	2.000.000,–	0,30 %	6.000,–
seit 1 bis 30 Tagen überfällig	130.000,–	1,60 %	2.080,–
seit 31 bis 60 Tagen überfällig	120.000,–	3,60 %	4.320,–
seit 61 bis 90 Tagen überfällig	220.000,–	6,60 %	14.520,–
> 90 Tagen überfällig	330.0000,–	10,60 %	34.980,–
= Summe	**2.800.000,–**		**61.900,–**

Abbildung 3.3.4-7: Beispiel für eine Wertberichtigungstabelle

Bei der Wertberichtigungstabelle wird am Bilanzstichtag der erwartete Verlust über die Restlaufzeit als pauschaler Prozentsatz in Abhängigkeit von der Dauer der Überfälligkeit bestimmt. Die Ausfallwahrscheinlichkeiten werden aufgrund historischer Daten ermittelt, müssen aber am Bilanzstichtag anhand von aktuellen Informationen und Erwartungen angepasst werden.

Bei den Verbindlichkeiten ergeben sich der Ausweis und die Bewertung nach IFRS aus dem folgenden Schaubild:

Ausweis nach HGB/KHBV	**Ausweis nach IFRS – Unterscheidung jeweils in lang- und kurzfristig**	Ansatz und Bewertung nach IFRS
Verbindlichkeiten gegenüber Kreditinstituten	**Finanzschulden**	IFRS 9
Erhaltene Anzahlungen	**Sonstige Verbindlichkeiten**	IFRS 9
Verbindlichkeiten aus Lieferungen und Leistungen	**Verbindlichkeiten aus Lieferungen und Leistungen**	IFRS 9
Verbindlichkeiten aus der Annahme gezogener Wechsel und der Ausstellung eigener Wechsel		IFRS 9
Verbindlichkeiten gegenüber Gesellschaftern bzw. dem Krankenhausträger		IFRS 9
Verbindlichkeiten nach dem Krankenhausfinanzierungsrecht	**Sonstige Verbindlichkeiten**	IFRS 9, IAS 20 bei noch nicht zweckgerecht verwendeten Investitionszuschüssen
Verbindlichkeiten aus sonstigen Zuwendungen zur Finanzierung des Anlagevermögens		IFRS 9
Verbindlichkeiten gegenüber verbundenen Unternehmen		IFRS 9
Verbindlichkeiten gegenüber Unternehmen, mit denen ein Beteiligungsverhältnis besteht		IFRS 9
Sonstige Verbindlichkeiten		
• Ertragsteuerverbindlichkeiten	**Laufende Ertragsteuerverbindlichkeiten**	IAS 12
• Übrige Verbindlichkeiten	**Sonstige Verbindlichkeiten**	IAS 19, 37 bzw. IFRS 9

Abbildung 3.3.4-8: Ausweis, Ansatz und Bewertung von Verbindlichkeiten

Bei den finanziellen Verbindlichkeiten findet – wie bei den finanziellen Vermögenswerten – ebenfalls eine Klassifizierung in allerdings nur zwei Kategorien statt: in für Handelszwecke gehaltene finanziellen Verbindlichkeiten, die erfolgswirksam zum beizulegenden Zeitwert bewertet werden und in eine nicht eigens benannte Kategorie, in die die Verbindlichkeiten der Krankenhausunternehmen im Wesentlichen fallen sollten und die zu fortgeführten Anschaffungskosten bewertet werden.

Nach IFRS 9 gibt es zwei Bewertungskategorien für finanzielle Verbindlichkeiten: Bewertung zum beizulegenden Zeitwert mit Erfassung der Wertänderungen im Periodenergebnis und fortgeführte Anschaffungskosten. Grundsätzlich werden finanzielle Verbindlichkeiten zu fortgeführten Anschaffungskosten bewertet, es sei denn, das Unternehmen designiert sie freiwillig bei erstmaligem Ansatz als zum beizulegenden Zeitwert mit Erfassung der Wertänderungen im Periodenergebnis zu bewerten (sog. Fair-Value-Option). Zu Handelszwecken gehaltene finanzielle Verbindlichkeiten werden zum beizulegenden Zeitwert mit Erfassung der Wertänderungen im Periodenergebnis bewertet.

Abweichend von der Bilanzierung nach HGB/KHBV werden finanzielle Verbindlichkeiten im Zeitpunkt der erstmaligen Erfassung nicht mit dem Erfüllungsbetrag (im Wesentlichen „Rückzahlungsbetrag"), sondern mit ihrem beizulegenden Zeitwert zzgl. der direkt zurechenbaren Transaktionskosten (IFRS 9.5.1.1) angesetzt. Im Falle von Agien bzw. Disagien bestimmt der erhaltene Betrag die Anschaffungskosten. Der Unterschiedsbetrag ist mittels der Effektivzinsmethode über die Laufzeit zu verteilen (IFRS 9.4.2.1). Nach IFRS muss im Gegensatz zum HGB bei einer Laufzeit über einem Jahr eine Abzinsung erfolgen (im HGB gilt dies nur für Rückstellungen – § 253 Abs. 2 HGB). Nach HGB sind künftige Preis- und Kostensteigerungen einzubeziehen. Im Jahresabschluss nach dem erstmaligen Ansatz oder in den Folgeabschlüssen erfolgt die Bewertung zu fortgeführten Anschaffungskosten.

Steuerrechtlich gilt grundsätzlich nach § 5 Abs. 1 Satz 1 EStG die Maßgeblichkeit der Handelsbilanz für die Steuerbilanz. Steuerlich sind Verbindlichkeiten mit ihrem Erfüllungsbetrag anzusetzen (§ 6 Abs. 1 Nr. 3 EStG i.V. m. § 6 Abs. 1 Nr. 2 EStG).

Nach § 6 Abs. 1 Nr. 3 Satz 1 und Satz 2 EStG sind unverzinsliche Verbindlichkeiten mit einer Laufzeit länger als 1 Jahr mit ihrem Barwert bei einem Abzinsungszinssatz von 5,5 % zu bewerten. Dies führt zu aktiven latenten Steuern aus Abweichungen zwischen HGB/IFRS und Steuerbilanz.

3.3.4.2 Krankenhausspezifische Fragestellungen

Übersicht über die Forderungen / Verbindlichkeiten im Krankenhausunternehmen

Neben den Forderungen und Verbindlichkeiten aus Lieferungen und Leistungen, die auf dem eigentlichen Leistungsverkehr, also der Behandlung und Unterbringung von Patienten der Krankenhausunternehmen beruhen, gibt es insbesondere zwei Gruppen von Forderungen und Verbindlichkeiten, die in anderen Branchen i. d. R. nicht anzutreffen sind. Es handelt sich hierbei um Forderungen und Verbindlichkeiten aus Fördermitteln der Einzel- und Pauschalförderung sowie um Forderungen und Verbindlichkeiten nach den Regelungen von KHEntgG, BPflV und KHG.

Ausgewiesen werden diese Forderungen und Verbindlichkeiten unter den Posten Forderungen/ Verbindlichkeiten nach dem Krankenhausfinanzierungsrecht.

Grundlage dieser Forderungen und Verbindlichkeiten sind die speziellen Regelungen der KHBV sowie von KHEntgG, BPflV, KHG und der landesspezifischen Krankenhausgesetze.

Forderungen und Verbindlichkeiten aus Fördermitteln der Einzel- und Pauschalförderung

Unter den Forderungen aus Fördermitteln der Einzel- und Pauschalförderung sind die durch einen schriftlichen Bescheid bewilligten, aber zum Bilanzstichtag noch nicht ausgezahlten Fördermittel auszuweisen. Als Bewilligungsbescheid ist in der Regel ein mit Rechtsmittelbelehrung versehenes Schreiben der Förderbehörde zu verstehen, das dem geförderten Krankenhaus einen Rechtsanspruch auf Zuweisung von Fördermitteln für eine bestimmte Maßnahme bzw. auf einen bestimmten Betrag an pauschalen Fördermitteln verschafft.

Mit Eingang des Bewilligungsbescheids entsteht die Forderung, die mit folgendem Buchungssatz ihren Niederschlag in der Buchhaltung des Krankenhauses findet:

Forderungen nach KHG	an	Erträge aus Zuwendungen zur Finanzierung von Investitionen

Soweit die Fördermittel nicht direkt zur Finanzierung von Gegenständen des Anlagevermögens verwendet werden, wird dieser Ertrag nach HGB/KHBV durch eine entsprechende Aufwandsbuchung in gleicher Höhe wieder neutralisiert. Die entsprechende Buchung lautet:

Aufwand aus der Zuführung zu Verbindlichkeiten nach KHG	an	Verbindlichkeiten nach KHG

Steuerrechtlich gilt grundsätzlich nach § 5 Abs. 1 Satz 1 EStG die Maßgeblichkeit der Handelsbilanz für die Steuerbilanz.

Forderungen / Verbindlichkeiten nach KHEntgG/BPflV/KHG einschließlich Erlösausgleiche

Die im Rahmen der Forderungen bzw. Verbindlichkeiten nach dem Krankenhausfinanzierungsrecht mit Davon-Vermerk ausgewiesenen Posten nach dem KHEntgG sowie der BPflV betreffen die sich auf Grund der Ermittlung von Minder- bzw. Mehrerlösen ergebenden Ausgleichsforderungen bzw. -verbindlichkeiten. Hinzu kommen u. a. die Forderungen und Verbindlichkeiten aus Ausbildungsbudgetausgleichen im Zusammenhang mit der Finanzierung der Ausbildungsstätten auf Grund von § 17a Abs. 3 Satz 11 KHG sowie Forderungen/Verbindlichkeiten aus dem Pflegebudget nach § 6a Abs. 5 KHEntgG.

Die Vergütung der Krankenhäuser ist seit dem 1. Januar 2020 mit dem Pflegepersonal-Stärkungsgesetz (PpSG) vom 11. Dezember 2019 auf eine Kombination von Fallpauschalen und einer Pflegepersonalkostenvergütung umgestellt worden. Das neu eingeführte Pflegebudget (§ 6a KHEntgG) berücksichtigt nun unabhängig von den bisherigen Fallpauschalen die Aufwendungen für den krankenhausindividuellen Pflegepersonalbedarf und die krankenhausindividuellen Pflegepersonalkosten für die unmittelbare Patientenversorgung auf bettenführenden Stationen. Die bis dahin gültigen DRG-Berechnungen wurden um die ausgegliederten Pflegepersonalkosten gekürzt und in das neuen aG-DRG-System überführt. Das erklärte Ziel ist es, die Pflegepersonalkosten unabhängig von den Fallpauschalen zu vergüten und damit die Pflegepersonalausstattung zu verbessern.

Mit der Einführung des DRG-Vergütungssystems werden im somatischen Bereich die allgemeinen Krankenhausleistungen grundsätzlich mit diagnoseorientierten Fallpauschalen auf der Grundlage des KHEntgG und der Fallpauschalenvereinbarung für das jeweilige Jahr abgerechnet.

Die Leistungen der psychiatrischen und psychosomatischen Einrichtungen werden auf der Grundlage der Verordnung zum pauschalierenden Entgeltsystem für psychiatrische und psychosomatische Einrichtungen vergütet. Das Psych-Entgelt-system ist als Budgetsystem ausgestaltet. In Budgetverhandlungen auf örtlicher Ebene werden sowohl die Leistungsmengen als auch die Entgelte krankenhausindividuell verhandelt (vgl. Klever-Deichert & Rau (2017), Das PsychVVG in der Gesamtschau, das Krankenhaus 2017, S. 98–109).

Steuerrechtlich gilt grundsätzlich nach § 5 Abs. 1 Satz 1 EStG die Maßgeblichkeit der Handelsbilanz für die Steuerbilanz, es sei denn, im Rahmen der Ausübung eines steuerlichen Wahlrechts wird oder wurde ein anderer Ansatz gewählt. Voraussetzung für die Ausübung eines steuerlichen Wahlrechtes ist, dass die entsprechenden Wirtschaftsgüter in besondere, laufend zu führende Verzeichnisse aufgenommen werden.

Erlösausgleiche und Erlösausgleichssätze nach KHEntgG / BPflV / KHG

KHEntgG, BPflV i. d. F. vom 19. Dezember 2016, Stand 1. Januar 2017 (im Folgenden „BPflV"), BPflV Stand 31. Dezember 2012 (im Folgenden „BPflV a. F.") sowie KHG sehen die nachfolgend dargestellten Erlösausgleiche und Erlösausgleichssätze vor. Vorbehaltlich abweichender Vereinbarungen gelten die folgenden Minder- bzw. Mehrerlössätze:

Mindererlöse	
Zahlbetragsausgleich (§ 15 Abs. 3 KHEntgG)	100 %
Gesamtbetrag aus Erlösbudget nach § 4 Abs. 1 und 2 KHEntgG und Erlössumme nach § 6 Abs. 3 KHEntgG (§ 4 Abs. 3 Satz 2 ff. KHEntgG) • Mindererlöse aus Zusatzentgelten für Arzneimittel und Medikalprodukte • Mindererlöse aus Zusatzentgelten für die Behandlung von Blutern • Sonstige Mindererlöse	 0 % 0 % 20 %
Fixkostendegressionsabschlag (§ 4 Abs. 2b KHEntgG)	individuell zu verhandeln
Spitzausgleich (§ 5 Abs. 4 KHEntgG)	100 %
Entgelte für neue Untersuchungs- und Behandlungsmethoden (§ 6 Abs. 2 KHEntgG)	0 %
Vereinbarkeit von Pflege, Familien und Beruf (2019-2024; § 4 Abs. 8a KHEntgG)	max. 0,12 % des vereinbarten Erlösbudgets
Hygiene (bis 2022; § 4 Abs. 9 KHEntgG)	100 %
Ausbildungsbudget (§ 17a Abs. 3 Satz 11 KHG)	100 %
Pflegebudget ab 2020 nach § 6a Abs. 5 KHEntgG	100 %

Abbildung 3.3.4-9: Erlösausgleichsätze – Mindererlöse

Mehrerlöse	
Zahlbetragsausgleich (§ 15 Abs. 3 KHEntgG)	100 %
Gesamtbetrag aus Erlösbudget nach § 4 Abs. 1 und 2 KHEntgG und Erlössumme nach § 6 Abs. 3 KHEntgG (§ 4 Abs. 3 Satz 2 ff. KHEntgG) • Mehrerlöse aus Zusatzentgelten für Arzneimittel und Medikalprodukte • Mehrerlöse aus Fallpauschalen für Schwerverletzte, insb. polytraumatisierte oder schwer brandverletzte Patienten • Mehrerlöse aus Zusatzentgelten für die Behandlung von Blutern • Sonstige Mehrerlöse	 25 % 25 % 0 % 65 %
Fixkostendegressionsabschlag (§ 4 Abs. 2b KHEntgG)	individuell zu verhandeln
Spitzausgleich (§ 5 Abs. 4 KHEntgG)	100 %
Entgelte für neue Untersuchungs- und Behandlungsmethoden (§ 6 Abs. 2 KHEntgG)	0 %
Vereinbarkeit von Pflege, Familien und Beruf (2019–2024; § 4 Abs. 8a KHEntgG)	max. 0,12 % des vereinbarten Erlösbudgets
Hygiene (bis 2023; § 4 Abs. 9 KHEntgG)	100 %
Ausbildungsbudget (§ 17a Abs. 3 Satz 11 KHG)	100 %
Pflegebudget ab 2020 nach § 6a Abs. 5 KHEntgG	100 %

Abbildung 3.3.4-10: Erlösausgleichsätze – Mehrerlöse

Für Fallpauschalen mit einem sehr hohen Sachkostenanteil sowie für teure Fallpauschalen mit einer schwer planbaren Leistungsmenge, insbesondere bei Transplantationen oder Langzeitbeatmung sollen – im Voraus – abweichende Ausgleichsregelungen vereinbart werden (§ 4 Abs. 3 Satz 5 KHEntgG).

Mit Einführung der pauschalierenden Entgelte für Psychiatrie und Psychosomatik (PEPP) erfolgt die Vergütung dieser Einrichtungen nach einem durchgängigen, leistungsorientierten und pauschalierenden Vergütungssystem. Seit dem Jahr 2020 werden der krankenhausindividuelle Basisentgeltwert und der Gesamtbetrag mit den Sozialleistungsträgern verhandelt (§ 17d Abs. 4 KHG, § 3 BPflV Stand 1. Januar 2017). Ab 2020 wirkt sich die Nichteinhaltung einer vereinbarten Stellenbesetzung budgetmindernd aus.

Mit den PEPP-Fallpauschalen i. S. d. § 7 BPflV in der am 11.Juli 2021 geltenden Fassung werden die allgemeinen Krankenhausleistungen für einen Behandlungsfall vergütet.

Zeitpunkt der Bilanzierung von Ausgleichsforderungen und -verbindlichkeiten im Jahresabschluss

Im Zusammenhang mit der Bilanzierung von Forderungen bzw. Verbindlichkeiten aus Erlösausgleichen ist die Frage zu klären, in welchem Jahresabschluss eine Erfassung der entsprechenden Forderungen bzw. Verbindlichkeiten vorzunehmen ist. Theoretisch könnten die folgenden Bilanzstichtage in Frage kommen:

- Jahresabschluss für das dem Vereinbarungszeitraum entsprechende Kalenderjahr
- Jahresabschluss des Jahres, in dem mit den Kostenträgern vorläufige Ausgleiche vereinbart worden sind
- Jahresabschluss des Jahres, in dem die Ausgleiche endgültig gestellt wurden

Der Bilanzierungszeitpunkt hat unmittelbare Auswirkungen auf das Jahresergebnis des jeweiligen Geschäftsjahres.

Handelsrechtlich ist der Zeitpunkt der Bilanzierung einer Forderung bzw. einer Verbindlichkeit davon abhängig, dass ein Anspruch bzw. eine Verpflichtung entstanden sind (vgl. IDW RS KHFA 1 Tz. 79 ff.).

Auf Grund der in den §§ 4 Abs. 3 und 15 Abs. 3 KHEntgG, §§ 3 Abs. 7 und 15 Abs. 2 BPflV getroffenen Regelungen, wonach die Erlösausgleiche jeweils kalenderjahrbezogen zu ermitteln sind, ist davon auszugehen, dass Ausgleichsforderungen bzw. Ausgleichsverbindlichkeiten im Jahresabschluss des Kalenderjahres zu bilanzieren sind, das dem Vereinbarungszeitraum entspricht, wenn dieser nach § 11 Abs. 2 Satz 1 KHEntgG bzw. § 11 Abs. 2 BPflV. ein Kalenderjahr umfasst.

Mit dem Ablauf des Vereinbarungszeitraums bzw. Pflegesatzzeitraums ist deshalb ein Ausgleichsanspruch bzw. eine Ausgleichsverpflichtung dem Grunde nach entstanden und damit im Jahresabschluss zu berücksichtigen. Eine Vereinbarung zwischen den Pflegesatzparteien bzw. eine Festsetzung durch die Schiedsstelle oder Genehmigung durch die Genehmigungsbehörde ist hierzu nicht notwendig. Eventuelle Risiken im Zusammenhang mit der Durchsetzung von Ausgleichsforderungen bzw. -verbindlichkeiten sind im Rahmen der Bewertung durch Abschläge bei den Ausgleichsforderungen bzw. Erhöhungen bei den Ausgleichsverbindlichkeiten zu berücksichtigen.

Unklar ist, wie in dem Fall zu verfahren ist, wenn eine mehrjährige Vereinbarung des Erlösbudgets abgeschlossen wurde (§ 11 Abs. 2 Satz 2 KHEntgG bzw. § 11 Abs. 2 Satz 2 BPflV). Die Regelungen des KHEntgG sind grundsätzlich nicht auf mehrjährige Vereinbarungen zugeschnitten. Entsprechend wird die Bilanzierung der Ausgleichsforderungen bzw. -verbindlichkeiten von den mit den Sozialleistungsträgern getroffenen Vereinbarungen abhängen. Gegebenenfalls haben im Anhang bzw. im Rahmen der Lageberichterstattung Angaben zu erfolgen.

Wenn das Erlösbudget prospektiv oder während des laufenden Kalenderjahres vereinbart und genehmigt wird, ist der Zeitpunkt der Bilanzierung von Ausgleichsforderungen bzw. verbindlichkeiten eindeutig.

Zu klären ist die Frage des Bilanzierungszeitpunktes aber für die Fälle, in denen das Erlösbudget erst nach Ablauf des Kalenderjahres genehmigt wird bzw. überhaupt erstmals vereinbart wird. Weiterhin ist es möglich, dass Schiedsstellenentscheidungen nicht genehmigt werden bzw. gegen die Genehmigung das Verwaltungsgerichtsverfahren beschritten wird. Schließlich ist es sogar denkbar, dass eine Genehmigung durch ein Verwaltungsgericht aufgehoben wird.

In den seltensten Fällen kann mit der Jahresabschlusserstellung bis zur Erlösvereinbarung, der Genehmigung oder der Beendigung eines Verwaltungsgerichtsverfahrens gewartet werden. Vielmehr muss für die Zwecke der Jahresabschlusserstellung eine Entscheidung über die Bilanzierung getroffen werden.

Hierbei ist zu berücksichtigen, dass die einzelnen Krankenhäuser gemäß § 4 KHEntgG bzw. § 3 BPflV und §§ 10 BPflV ff. a. F. einen Rechtsanspruch auf die Vereinbarung eines Erlösbudgets bzw. Gesamtbetrags haben und diese Vorschriften auch im Einzelnen regeln, wie dieses Erlösbudget bzw. der Gesamtbetrag zu ermitteln sind. Damit sind auch die Höhe des Erlösbudgets bzw. des Gesamtbetrags nicht frei variabel. Somit besteht der Anspruch auf ein Erlösbudget bzw. einen

Gesamtbetrag dem Grunde nach. Entsprechend sind auch Ausgleichsforderungen bzw. -verbindlichkeiten im Rahmen der Erstellung des Jahresabschlusses dem Grunde nach zu bilanzieren.

Die sich im Zusammenhang mit der eventuell fehlenden Erlösvereinbarung bzw. Genehmigung ergebenden Risiken sind im Rahmen der Bewertung der Ausgleichsforderungen bzw. -verbindlichkeiten zu berücksichtigen, wobei hier dem Vorsichtsprinzip (§ 252 Abs. 1 Nr. 4 HGB) Rechnung zu tragen ist.

Weiterhin ist im Rahmen der Lageberichterstattung auf eventuell bestehende Risiken bzw. Chancen auf Grund der fehlenden Erlösvereinbarung bzw. Genehmigung der Erlösvereinbarung hinzuweisen.

Für die Vereinbarung sonstiger Entgelte nach § 6 KHEntgG bzw. § 6 BPflV gilt Entsprechendes. Auch hier haben die Krankenhäuser einen Rechtsanspruch auf die Vereinbarung sonstiger Entgelte, sodass auch insoweit die korrespondierenden Ausgleichsforderungen bzw. -verbindlichkeiten zu bilanzieren sind. Risiken aus einer fehlenden Vereinbarung bzw. Genehmigung sind wiederum im Rahmen der Bewertung der Ausgleichsforderungen bzw. -verbindlichkeiten zu berücksichtigen.

Ermittlung der Forderungen und Verbindlichkeiten aus Erlösausgleichen nach KHEntgG / BPflV

Ausgangsgrundlage der Bilanzierung der Forderungen und Verbindlichkeiten aus Erlösausgleichen sind die nach den einschlägigen Vorschriften des KHEntgG ermittelten Erlösausgleiche. Zunächst einmal ist hier zu unterscheiden, ob das Erlösbudget prospektiv oder erst im laufenden Kalenderjahr vereinbart wurde. Für den (Regel)Fall des nicht prospektiv vereinbarten Erlösbudgets bzw. der nicht prospektiv vereinbarten sonstigen Entgelte ist in einem ersten Schritt der Zahlbetragsausgleich nach § 15 Abs. 3 KHEntgG durchzuführen. In einem zweiten Schritt erfolgen dann mengen- bzw. schweregradbedingte Ausgleiche nach § 4 Abs. 3 KHEntgG.

Für den Bereich der psychiatrischen bzw. psychosomatischen Einrichtungen gilt entsprechendes (§§ 15 Abs. 2, 3 Abs. 7 BPflV).

Zahlbetragsausgleiche gemäß § 15 Abs. 3 KHEntgG / § 15 Abs. 2 Satz 4 BPflV.

Nach § 15 Abs. 3 KHEntgG sind Mehr- bzw. Mindererlöse in Folge der Weitererhebung des bisherigen Landesbasisfallwerts und der bisherigen Entgelte über Abschläge bzw. Zuschläge nach § 5 Abs. 4 KHEntgG auf die im restlichen Vereinbarungszeitraum zu erhebenden neuen Entgelte auszugleichen.

Nach § 5 Abs. 4 KHEntgG sind die Zuschläge bzw. Abschläge auf die Fallpauschalen und die Zusatzentgelte nach § 7 Abs. 1 Satz 1 Nr. 1 und 2 sowie auf die sonstigen Entgelte nach § 6 Abs. 1 Satz 1 und § 6 Abs. 2a KHEntgG zu beziehen. In der Rechnung des Krankenhauses wird hierbei ein „Zu- oder Abschlag für Erlösausgleiche" ausgewiesen.

Die Höhe des Zu- oder Abschlags ist anhand eines Prozentsatzes zu berechnen. Dieser ist aus dem Verhältnis des zu verrechnenden Betrags einerseits sowie des Gesamtbetrags nach § 4 Abs. 3 Satz 1 KHEntgG andererseits zu ermitteln und von den Vertragsparteien zu vereinbaren. Wird die Vereinbarung erst während des Kalenderjahrs geschlossen, ist ein entsprechender Prozentsatz bezogen auf die im restlichen Kalenderjahr zu erhebenden Entgelte zu vereinbaren.

Im Falle der Mindererlöse gilt grundsätzlich eine Obergrenze für einen Zuschlag in Höhe von 15 % der voll- und teilstationären Entgelte. Bei Mehrerlösen gibt es keine prozentualen Begrenzungen. Soweit die Verrechnung der Minder-/Mehrerlöse im verbleibenden Vereinbarungszeitraum nicht möglich ist, erfolgt eine Verrechnung im nächstmöglichen Kalenderjahr (§ 5 Abs. 4 letzter Satz KHEntgG).

Der Zahlbetragsausgleich erfolgt gemäß § 15 Abs. 3 KHEntgG für die Fallpauschalen und Zusatzentgelte gemäß § 7 Abs. 1 Satz 1 Nr. 1 und 2 sowie für die krankenhausindividuell vereinbarten Entgelte (§ 6 Abs. 1 Satz 1, § 6 Abs. 2 und § 6 Abs. 2a KHEntgG.

Ein Zahlbetragsausgleich ist damit insbesondere – soweit nicht anders mit den Kostenträgern vereinbart – für die im Rahmen der §§ 4 und 5 KHEntgG geregelten Zuschläge nicht möglich. Eine Ausnahme gilt für die Zu- bzw. Abschläge nach § 5 Abs. 4 KHEntgG, die zu 100 % ausgeglichen werden. Soweit es sich bei den berechneten Zuschlägen um durchlaufende Posten handelt (z. B. DRG-Systemzuschlag nach § 17b Abs. 5 KHG) sind neben der Einbuchung der entsprechenden Ausgleichsforderungen die mit der Weiterleitung der entsprechenden Beträge in Zusammenhang stehenden Verbindlichkeiten entsprechend zu erhöhen.

Soweit bestimmte Erlöse dem Krankenhaus nicht verbleiben, sondern weitergeleitet werden müssen (z. B. Ausbildungszuschlag), sind diese nicht ergebniswirksam, sondern als durchlaufender Posten zu verbuchen.
Im Rahmen der BPflV gelten entsprechende Regelungen (§ 15 Abs. 2 Satz 4 BPflV).

Ermittlung der Zahlbetragsausgleiche nach § 15 Abs. 3 KHEntgG

Der Zahlbetragsausgleich wird nun wie folgt ermittelt. In einem ersten Schritt ist über die Erlösverprobung sicherzustellen, dass sämtliche erbrachten Leistungen in der Finanzbuchhaltung auch gebucht sind. Sollten sich zwischen den aus der Leistungsstatistik abgeleiteten Erlösen und den in der Finanzbuchhaltung gebuchten Erlösen Differenzen ergeben, müssen diese zunächst geklärt werden. Hier empfiehlt es sich, die Erlösverprobung nicht erst im Zusammenhang mit der Jahresabschlusserstellung, sondern bereits unterjährig durchzuführen, damit eventuell gegebene Fehlerquellen frühzeitig erkannt und bereinigt werden können.

In einem zweiten Schritt sind anschließend die erbrachten Leistungen mit dem für das jeweilige Kalenderjahr und Bundesland genehmigten Landesbasisfallwert bzw. den bundeseinheitlichen Zusatzentgelten zu bewerten. Entsprechendes gilt für die krankenhausindividuell vereinbarten Entgelte. Schließlich sind die so ermittelten „Soll-Erlöse" den gebuchten Erlösen gegenüber zu stellen. Hierbei ist darauf zu achten, dass auch tatsächlich die Ist-Erlöse herangezogen werden, die in der Entgeltvereinbarung enthalten sind. Wurden beispielsweise Leistungen für ausländische Patienten im Rahmen der Ermittlung des Erlösbudgets ausgegliedert, sind auch die entsprechenden Erlöse nicht für Zwecke des Zahlbetragsausgleiches unter den Ist-Erlösen zu erfassen.

Im Rahmen der Ermittlung des Zahlbetragsausgleiches für DRG-Erlöse erfolgt die Ermittlung der Soll-Erlöse dadurch, dass der Ist-Casemix mit dem Landesbasisfallwert multipliziert wird.

Das folgende Beispiel erläutert die Ermittlung des Zahlbetragsausgleiches für DRG-Fallpauschalen bei unterjähriger Genehmigung des Landesbasisfallwertes bzw. Budgetgenehmigung.

Annahmen	**in EUR**
Landesbasisfallwert (ohne Ausgleiche) 20X1	3.354,38
Landesbasisfallwert (mit Ausgleichen) 20X1	3.352,50
Landesbasisfallwert 20X1 und Entgeltvereinbarung genehmigt mit Bescheid zum 1.3.20X1	
Landesbasisfallwert (ohne Ausgleiche) 20X0 (inkl. Überlieger 20X0/20X1)	3.278,19
Summe der Bewertungsrelationen (inkl. Überlieger 20X0/20X1) 1.1.20X1 – 28.2.20X1	2.360,466
Summe der Bewertungsrelationen 1.3.20X1 – 31.12.20X1	9.809,527
Summe der Bewertungsrelationen (inkl. Überlieger 20X0/20X1) im Jahr 20X1	12.169,963
Vereinbarter CMI	1,011
Erreichter CMI	1,017
E1 – Zahlbetragsausgleich für DRG-Fallpauschalen	**in EUR**
Summe der Soll-Erlöse aus DRG-Fallpauschalen Januar bis Februar 20X1 (2.360,466 x EUR 3.352,50)	7.913.462,27
Summe der Ist-Erlöse aus Fallpauschalen (FiBu Januar bis Februar 20X1) (Kontenklasse 408) (2.360,466 x EUR 3.278,19)	7.738.056,04
Zahlbetragsausgleich für DRG-Fallpauschalen	175.406,23

Abbildung 3.3.4-11: Beispielberechnung Zahlbetragsausgleich

In obigem Beispiel wurden Mindererlöse erzielt, somit ergibt sich aus der Ausgleichsberechnung eine Ausgleichsforderung. Der Zahlbetragsausgleich ergibt sich daraus, dass die Abrechnungen der Fallpauschalen bis zur Genehmigung des aktuellen Landesbasisfallwertes (in obigem Beispiel für das Jahr 20X1) mit dem bisherigen Landesbasisfallwert (für das 20X0) vorgenommen wurden.

Verplausibilisierung	in EUR
Landesbasisfallwert 20X1 mit Ausgleichen	3.352,50
Landesbasisfallwert 20X0	3.278,19
Unterschiedsbetrag	74,31
Summe der Bewertungsrelationen (inkl. Überlieger) zum 28. Februar 20X1	2.360,466
Zahlbetragsausgleich für DRG-Fallpauschalen: 2.360,466 x EUR 74,31	175.406,23

Abbildung 3.3.4-12: Beispielberechnung Verplausibilisierung

Im Rahmen der Ermittlung des Zahlbetrages wurde der tatsächlich zur Abrechnung kommende Landesbasisfallwert mit Ausgleichen herangezogen. Durch den im Landesbasisfallwert enthaltenen Abschlag für Erlösausgleiche werden die Erlöse aus Krankenhausleistungen gemindert. Im gewählten Beispiel ist dies ein Betrag von EUR 3.354,38 abzüglich EUR 3.352,50 = EUR 1,88. Bei 12.169,963 BewR entspricht dies einem Betrag von EUR 1,88/BewR x 12.169,963 BewR = EUR 22.879,53. Da nicht bilanzierte Erlösausgleiche – wie im alten System der krankenhausindividuellen Basisfallwerte und von der KHBV so vorgesehen – die Erlöse aus Krankenhausleistungen nicht beeinflussen dürfen, muss der periodenfremde Ausgleichsbetrag aus unserer Sicht in die sonstigen betrieblichen Aufwendungen umgebucht und unter den Ausgleichsbeträgen für frühere Geschäftsjahre ausgewiesen werden.

Der entsprechende Buchungssatz lautet:

Sonstige betriebliche Aufwendungen EUR 22.879,53 (Kontengruppe 790)
an Erlöse aus Krankenhausleistungen EUR 22.879,53 (Kontengruppe 404)

Rückstellungen bzw. Forderungen für künftig erwartete im Landesbasisfallwert verrechnete Ausgleichsbeträge dürfen nicht bilanziert werden (vgl. IDW RH KFHA 1002 Tz. 6 Bilanzielle Konsequenzen von im Landesbasisfallwert enthaltenen Ausgleichsbeträgen).

Im Hinblick auf die bundeseinheitlichen Zusatzentgelte ergibt sich die Ermittlung der Soll-Erlöse aus der Multiplikation der Fallzahl mit dem jeweils bundeseinheitlich festgesetzten Preis für das Zusatzentgelt. Aufgrund der Tatsache, dass die Preise für diese Zusatzentgelte zum Jahresbeginn bereits feststehen und damit auch abgerechnet werden können, sollte der Unterschied zwischen den Soll-Erlösen und den Ist-Erlösen eher gering sein.

E 2 – Abgerechnete Zusatzentgelte für den Zeitraum Januar bis Februar 20X1			
ZE-Nr.	Anzahl der ZE	Entgelthöhe lt. ZE Katalog	Erlöse
ZE 01.01	400	225,21	90.084,00
ZE 30.05	10	1.532,03	15.320,30
ZE 36.13	5	16.518,45	82.592,25
Σ	415		187.996,55

Zahlbetragsausgleich für Zusatzentgelte gemäß Anlage 2 in Verbindung mit Anlage 5 FPV 20X1	**in Euro**
Summe der Soll-Erlöse aus Zusatzentgelten gemäß Anlage 2 in Verbindung mit Anlage 5 FPV 20X1	187.996,55
Summe der Ist-Erlöse aus Zusatzentgelten gemäß Anlage 2 in Verbindung mit Anlage 5 FPV 20X1 (FiBu: Kontenklasse 4090)	187.996,55
Zahlbetragsausgleich für Zusatzentgelte gemäß Anlage 2 in Verbindung mit Anlage 5 FPV 20X1	0,00
Ein Zahlbetragsausgleich sollte sich für die bundeseinheitlich bepreisten Zusatzentgelte nicht ergeben, da die Zusatzentgelte bereits vor Beginn des Kalenderjahres feststehen.	

Abbildung 3.3.4-13: Zahlbetragsausgleich für Zusatzentgelte gemäß Anlage 2 in Verbindung mit Anlage 5 FPV 20X1

Soweit im Rahmen von § 6 Abs. 1 KHEntgG entsprechend der Anlage 3 zu der Fallpauschalenvereinbarung 20X1 fallbezogene Entgelte vereinbart worden sind, ergeben sich die Soll-Erlöse wiederum durch die Multiplikation der Fallzahl mit der jeweils krankenhausindividuell vereinbarten DRG. Entsprechendes gilt hinsichtlich der gemäß Anlagen 4/6 zur Fallpauschalenvereinbarung 20X1 vereinbarten Zusatzentgelte. Bei im Rahmen von § 6 Abs. 1 KHEntgG vereinbarten tagesbezogenen Entgelten sind die Berechnungstage mit den vereinbarten tagesbezogenen Entgelten zu multiplizieren.

E 3.1-Zahlbetragsausgleich für krankenhausindividuell vereinbarte DRG im Sinne des § 6 Abs. 1 KHEntgG			
DRG	Fallzahl	Entgelt in Euro	Erlössumme in Euro
B49Z	4	6.000,00	24.000,00
D23Z	8	4.000,00	32.000,00
F29Z	6	7.000,00	42.000,00
Σ	20		98.000,00
Ist-Erlöse (FiBu: Kontenklasse 4092)			108.000,00
Zahlbetragsausgleich für krankenhausindividuell vereinbarte DRG			-10.000,00

Abbildung 3.3.4-14: Zahlbetragsausgleich für krankenhausindividuell vereinbarte DRG im Sinne des § 6 Abs. 1 KHEntgG

Die angegebenen Ist-Erlöse in der Finanzbuchhaltung ergeben sich durch Abrechnung von EUR 600 pro Belegungstag bei 180 Belegungstagen. Wie dem Beispiel zu entnehmen ist, führte die Berechnung von EUR 600 pro Belegungstag (§ 7 Abs. 4 FPV) zu höheren Einnahmen als sich aus der Abrechnung der individuell vereinbarten DRG ergibt. Entsprechend ergibt sich eine Ausgleichsverbindlichkeit in Höhe von EUR 10.000.

E 3.3 -Zahlbetragsausgleich für tagesbezogene Entgelte im Sinne des § 6 Abs. 1 KHEntgG			
Soll-Erlöse gemäß Vereinbarung			
	Anzahl Tage	Entgelt 2017 in Euro	Erlössumme in Euro
Abteilung A 1.1. – 28.2.20X1	200	100,00	20.000,00
Abteilung B 1.1. – 28.2.20X1	600	150,00	90.000,00
Σ	800		110.000,00
Ist-Erlöse (FiBu: Kontenklasse 4093)			
	Anzahl Tage	Entgelt in Euro	Erlössumme in Euro
Abteilung A 1.1. – 28.2.20X1 (Entgelt 20X0)	200	95,00	19.000,00
Abteilung B 1.1. – 28.2.20X1 (Entgelt 20X0)	600	140,00	84.000,00
Σ	800		106.500,00
Zahlbetragsausgleich aus tagesbezogenen Entgelten			3.500,00

Abbildung 3.3.4-15: Zahlbetragsausgleich für tagesbezogene Entgelte im Sinne des § 6 Abs. 1 KHEntgG

Hinsichtlich der tagesbezogenen Entgelte ergibt sich eine Forderung, da bis zum 28. Februar 20X1 mit den niedrigeren 20X0er Entgelten abgerechnet wurde.

Aus den ermittelten Zahlbetragsausgleichen lässt sich die folgende Gesamtverbindlichkeit errechnen.

Zahlbetragsausgleich insgesamt	
Zahlbetragsausgleich E 1	175.406,23 Euro
Zahlbetragsausgleich E 2	0,00 Euro
Zahlbetragsausgleich E 3.1	-10.000,00 Euro
Zahlbetragsausgleich E 3.2	3.500,00 Euro
Gesamtverbindlichkeit	168.906,23 Euro

Abbildung 3.3.4-16: Ermittlung der Gesamtsumme der Zahlbetragsausgleiche

Insgesamt wurden in unserem Beispiel Mindererlöse in Höhe von EUR 168.906,23 erzielt und über einen Zuschlag im Rahmen des § 5 Abs. 4 KHEntgG verrechnet. Dies zeigt das folgende Beispiel.

	Erlösart		Euro	Soll-Entgelte 1.3. bis 31.12.20X1	Euro	Gesamt Euro
E 1	Fallpauschalen	2.360,466 BewR x 3.352,50 Euro/BewR	7.913.462	9.809,527 BewR x 3.352,50 Euro/BewR	32.886.439	40.799.901
E 2	Zusatzentgelte (bundeseinheitlich)		187.997		1.015.806	1.203.803
E 3.1	Individuelle DRG		98.000		112.000	210.000
E 3.3	Individuelle Tagesentgelte		110.000		70.000	180.000
			8.309.459		34.084.246	42.393.704
		Zu verrechnender Betrag			168.906	
		Gesamtbetrag nach § 4 Abs. 3 Satz 1 KHEntgG			34.084.246	
		Aufschlagsprozentsatz			0,50 %	

Abbildung 3.3.4-17: Verrechnung der Mindererlöse über einen Zuschlag im Rahmen des § 5 Abs. 4 KHEntgG

Bei der Ermittlung des Zuschlagssatzes von 0,50% wurde aus Vereinfachungsgründen unterstellt, dass die im Zeitraum ab 1. März 20X1 noch entstehenden Erlöse bekannt sind. In der Realität werden die Ist-Erlöse ab Genehmigungszeitpunkt von den der Zuschlagsberechnung zugrundegelegten Erlösen abweichen, so dass hinsichtlich des Zuschlages nach § 5 Abs. 4 KHEntG ein Spitzausgleich zu erfolgen hat.

Die Fallzählung erfolgt gemäß § 8 Abs. 1 Fallpauschalenvereinbarung grundsätzlich nach dem Kriterium der Entlassung. Früher waren hiervon abweichende Vereinbarungen zur Fallzählung (bspw. nach Aufnahme) möglich. Zwischenzeitlich sollte die Fallzählung entsprechend der Regelungen im Fallpauschalenkatalog einheitlich nach Entlassung erfolgen. Bei der Ausgleichsberechnung für frühere Jahre ist zu beachten, wie die Fallzählung im jeweiligen Jahr erfolgte.

Handelsrechtlich erfolgt im Rahmen der Abrechnung von Fallpauschalen die Erfassung einer Forderung und damit der korrespondierenden Erlöse mit Abschluss der Leistungserbringung, die durch die Entlassung eines Patienten gekennzeichnet ist. Somit sind in den DRG-Erlösen des Jahres 20X1 die Fallpauschalen für alle entlassenen Patienten enthalten (Überlieger 20X0/20X1 sowie in 20X1 aufgenommene und entlassene Patienten). Diese Erlöse beinhalten auch die aus den Abgrenzungen für entlassene aber noch nicht – mittels Versand einer Rechnung – abgerechnete Patienten.

Die Regelung in § 8 Abs. 1 Satz 1 Fallpauschalenvereinbarung, wonach jeder „abgerechnete" Fall im Jahr der Entlassung als Fall zählt, ändert an dieser Betrachtung nichts. Es ist davon auszugehen, dass für jeden entlassenen Patienten eine Rechnung gestellt wird. Die Berücksichtigung der auf entlassene Patienten entfallenden Fallpauschalen erst nach dem Zeitpunkt der Abrechnung wäre für die Krankenhäuser, die sehr früh im Kalenderjahr Jahresabschlüsse erstellen müssen, nicht sachgerecht.

Für die in § 4 Abs. 3, § 6 Abs. 3 KHEntgG bzw. § 17a Abs. 3 Satz 11 KHG aufgeführten Entgelte wird in einem zweiten Schritt über die dort vorgesehenen Erlösausgleichsmechanismen eine Bereinigung um Mengeneffekte vorgenommen.

Ermittlung der Minder- / Mehrerlösausgleiche im Sinne des § 4 Abs. 3 KHEntgG

Nach § 4 Abs. 3 KHEntgG wird für die folgenden Entgelte ein Gesamtbetrag ermittelt:

- Fallpauschalen nach § 7 Abs. 1 Satz 1 Nr. 1 KHEntgG
- Zusatzentgelte nach § 7 Abs. 1 Satz 1 Nr. 2 KHEntgG
- Krankenhausindividuell vereinbarte Fallpauschalen, tagesbezogene Entgelte oder Zusatzentgelte nach § 6 Abs. 1 KHEntgG
- Gesonderte Zusatzentgelte nach § 6 Abs. 2a KHEntgG

Abbildung 3.3.4-18: Bestandteile des Gesamtbetrags der Entgelte

Entgeltbezogene Minder- bzw. Mehrerlöse werden miteinander verrechnet, so dass leistungsbedingte Erlösausgleiche erst erfolgen, wenn insgesamt ein Minder- oder Mehrerlös entsteht.

Im Rahmen der Ermittlung der Minder-/Mehrerlösausgleiche im Sinne des § 4 Abs. 3 KHEntgG sind die sich nach der rechnerischen Durchführung des Zahlbetragsausgleiches ergebenden Ist-Erlöse (sog. fiktive Ist-Erlöse = Ist-Menge x Soll-Preis) den vereinbarten Erlösen gegenüber zu stellen.

Da die Mindererlöse aus Zusatzentgelten für Arzneimittel und Medikalprodukte sowie aus Zusatzentgelten für die Behandlung von Blutern nicht ausgeglichen werden, müssen die entsprechenden Entgelte aus den vereinbarten und aus den erzielten Erlösen heraus gerechnet werden. Nur für den „Restbetrag“ erfolgt der Mindererlösausgleich mit 20 %. Sollten sich im Falle eines Gesamt-Mindererlöses – bei einer isolierten Betrachtung – für die Zusatzentgelte für Arzneimittel und Medikalprodukte Mehrerlöse ergeben haben, werden diese nicht ausgeglichen und verbleiben somit endgültig bei dem Krankenhaus.

Im Falle eines Gesamt-Mehrerlöses sind Mehrerlöse zu 65 % auszugleichen, soweit es sich nicht um Mehrerlöse im Zusammenhang mit der Behandlung von schwerverletzten, insbesondere polytraumatisierten oder schwer brandverletzten Patienten handelt (hier Ausgleiche der Mehrerlöse mit 25 %).

Auf Grund der differenzierten Ausgleichssätze im Rahmen der Zusatzentgelte hat wiederum eine Aufteilung sowohl der erzielten wie auch der vereinbarten Erlöse stattzufinden, da Mehrerlöse aus Zusatzentgelten für Arzneimittel und Medikalprodukte nur zu 25 % und Zusatzentgelte für die Behandlung von Blutern überhaupt nicht auszugleichen sind.

Mehr- oder Mindererlöse im Zusammenhang mit dem Ausbildungsbudget werden stets zu 100 % ausgeglichen (§ 17a Abs. 3 Satz 11 KHG).

Die sich aus den Erlösausgleichen ergebenden Forderungen bzw. Verbindlichkeiten sind in den Jahresabschluss einzustellen und unter den „Forderungen nach dem Krankenhausfinanzierungsrecht" bzw. „Verbindlichkeiten nach dem Krankenhausfinanzierungsrecht" mit dem Vermerk „davon nach KHEntgG" auszuweisen. Nicht in den Vermerk „davon nach KHEntgG" aufzunehmen sind Forderungen bzw. Verbindlichkeiten, die sich aus dem Ausbildungsbudgetausgleich nach § 17a Abs. 3 Satz 11 KHG ergeben, da sich dieser Ausgleich aus dem KHG und nicht aus dem KHEntgG ergibt.

Soweit erkennbar ist, dass Ausgleichsforderungen eine Restlaufzeit von über einem Jahr haben, hat ebenfalls ein entsprechender Davon-Vermerk zu erfolgen. Entsprechende länger laufende Forderungen sind nach handelsrechtlicher Praxis abzuzinsen.

Die Ermittlung der Erlösausgleiche wird in dem folgenden Beispiel noch einmal deutlich. Hierbei wird mit fiktiven E1, E2, E3.1 und E3.3 sowohl hinsichtlich der vereinbarten Entgelte wie auch der Ist-Entgelte gerechnet.

Vereinbarungen (Soll-Menge x Soll-Preis)

DRC	Fallzahl (Anzahl der DRG)	Bewertungsrelation nach Fallpauschalenkatalog	Summe der Bewertungsrelationen ohne Zu- und Abschläge	davon Verlegung				davon Kurzlieger				davon Langlieger				Summe der effektiven Bewertungsrelationen
				Anzahl der Verlegungstage	Anzahl der Tage mit Abschlag bei Verlegung	Bewertungsrelation je Tag bei Verlegung	Summe der Abschläge für Verlegung	Anzahl der Kurzlieger	Anzahl der Tage mit GVD-Abschlag	Bewertungsrelation je Tag bei GVD-Abschlag	Summe der GVD-Abschläge	Anzahl der Langliegerfälle	Anzahl der Tage mit GVD-Zuschlag	Bewertungsrelation je Tag bei GVD-Zuschlag	Summe der GVD-Zuschläge	
1	2	3	4	5	6	7	8	9	10	11	12	13	14	15	16	17
A13B	30	11,355	340,650			0	0		4	0,982	3,928		16	0,336	5,376	342,098
B02D	80	4,095	327,600			0	0		8	0,835	6,680		10	0,270	2,13	323,620
B15Z	50	3,557	177,850			0	0		0	0	0		30	0,166	4,98	182,830
B70B	450	1,891	850,950			0	0			0	0		70	0,153	10,71	861,6600
C08B	900	0,510	459,000			0	0		0	0	0		80	0,081	6,48	465,480
D13A	700	0,838	586,600			0	0		100	0,233	23,30		20	0,112	2,24	565,540
D35Z	900	1,179	1.061,100			0	0		50	0,355	17,75		40	0,155	6,20	1.049,550
F49C	600	1,253	751,800		40	0,155	6,2		0	0	0		50	0,152	7,60	753,200
G67C	400	0,470	188,000		0	0	0		70	0,259	18,13		10	0,083	0,83	170,700
H12B	150	1,599	239,850		0	0	0		5	0,386	1,93		10	0,080	0,80	238,720
I47Z	250	1,955	488,750		200	0,09	18		0	0	0			0	0	470,750
I50Z	350	2,051	717,850		10	0,09	0,9		0	0	0		10	0,068	0,68	717,630
J23Z	225	1,495	336,375		0	0	0		0	0	0		20	0,100	2,00	338,375
J77Z	650	1,599	1.039,350		0	0	0		0	0	0		10	0,080	0,80	1.040,150
K64C	200	1,021	204,200		0	0	0		70	0,627	43,89		30	0,095	2,85	163,160
L20C	500	0,704	352,000		10	0	0,95		20	0,184	3,68		20	0,085	1,70	349,070
M02B	175	0,970	169,750		0	0	0		20	0,292	5,84		0	0,075	0	163,910
N10Z	150	0,532	79,800		0	0	0		20	0,163	3,26		20	0,101	2,02	78,560
O60C	1100	0,668	734,800		0	0	0		40	0,236	9,44		70	0,062	4,34	729,700
P67D	1300	0,361	469,300		0	0	0		20	0,090	1,80		10	0,057	0,57	468,070
U64Z	300	0,662	198,600		0	0	0		10	0	0		0	0,098	0	198,600
Summe Jahresfälle	9.460		9.774,180		260		26,05		437		140		526			9.671,370
Summe Überlieger	490		427,345		40		4,125		220		35,486		40		5,236	392,970
Summe insgesamt	9.950		10.201,520		300		30,175		657		175,114		566		5,236	10.064,343
															CMI:	1,011

Abbildung 3.3.4-19: E1 – Aufstellung der vereinbarten Fallpauschalen für das Krankenhaus

E 2 – Aufstellung der Zusatzentgelte für das Krankenhaus			Vereinbarung
ZE-Nr.	Anzahl der ZE	Entgelthöhe lt. ZE-Katalog	Erlössumme
1	2	3	4
ZE 01.01	1.800	225,21 Euro	405.378,00 Euro
ZE 30.05 (Arzneimittel)	60	1.532,03 Euro	91.921,80 Euro
ZE 36.13	30	16.518,45 Euro	495.553,50 Euro
Summe der ZE insgesamt	1.890		992.853,30 Euro

Abbildung 3.3.4-20: Beispielberechnung Aufstellung der Zusatzentgelte

Entgelt nach § 6 KHEntG	untere GVD / erster Tag mit Abschlag	mittlere Verweildauer	obere GVD / erster Tag mit zusätzlichem Entgelt	Fallzahl	vereinbarte Bewegungsrelation	Entgelthöhe in Euro	Bruttoerlössumme ohne Zu- u. Abschläge (in €)	davon Verlegungen				davon Kurzlieger				davon Langlieger				Nettoerlössumme inklusive Zu- und Abschläge in €
								Anzahl der Verlegungstage	Anzahl der Tage mit Abschlag bei Verlegung	Bewertungsrelation je Tag bei Verlegung	Summe der Abschläge für Verlegungen	Anzahl der Kurzliegerfälle	Anzahl der Tage mit GVD-Abschlag	Bewertungsrelation je Tag bei GVD-Abschlag	Summe der GVD-Abschläge	Anzahl der Langliegerfälle	Anzahl der Tage mit GVD-Zuschlag	Bewertungsrelation je Tag bei GVD-Zuschlag	Summe der GVD-Zuschläge	
1	2	3	4	5	6	7	8	9	10	11	12	13	14	15	16	17	18	19	20	21
B46Z																				
B49Z																				
B61Z				12		6.000,00	72.000,00													72.000,00
B76A																				
D01A																				
D23Z				25		4.000,00	100.000,00													100.000,00
E37Z																				
E41Z																				
E76A																				
F29Z				8		7.000,00	56.000,00													56.000,00
F37Z																				
F45Z																				
F96Z																				
G51Z																				
H37Z																				
I40Z																				
I96Z																				
K01A																				
K04A																				
K43Z																				
L61Z																				
U01Z																				
U41Z																				
U42Z																				
U43Z																				
W01A																				
W05Z																				
W40Z																				
Y01Z																				
Y61Z																				
Z02Z																				
Z41Z																				
Z42Z																				
Z43Z																				
Summe							228.000,00													228.000,00

Abbildung 3.3.4-21: E3.1 – Aufstellung der nach § 6 KHEntgG krankenhausindividuell vereinbarten Entgelte

Annahmegemäß wurden keine krankenhausindividuellen Zusatzentgelte vereinbart.

E 3.2 – Aufstellung der Zusatzentgelte			**Vereinbarung**
Zusatzentgelt nach § 6 KHEntgG	Anzahl	Entgelthöhe	Erlössumme (Sp. 2 x 3)
1	2	3	4
			0,00 Euro
			0,00 Euro
			0,00 Euro
			0,00 Euro
Summe			0,00 Euro

E 3.3 – Aufstellung der tagesbezogenen Entgelte				**Vereinbarung**
Zusatzentgelt nach § 6 Abs. 1 KHEntgG	Fallzahl	Tage	Entgelthöhe	Erlössumme (Sp. 3 x 4)
1	2	3	4	5
Abteilung A	150	600	100,00	60.000,00 Euro
Abteilung B	250	1.500	150,00	225.000,00 Euro
Summe	400	2.100		285.000,00 Euro

Abbildung 3.3.4-22: E 3.2 – Aufstellung der vereinbarten Zusatzentgelte und E 3.3.– Aufstellung der vereinbarten tagesbezogenen Entgelte

Erzielte Entgelte (fiktive Ist-Erlöse = Ist-Menge x Soll-Preis)

DRG	Fallzahl (Anzahl der DRG)	Bewertungs relation nach Fallpauschalenkatalog	Summe der Bewertungsrelationen ohne Zu- und Abschläge	davon Verlegung				davon Kurzlieger				davon Langlieger				Summe der effektiven Bewertungsrelationen
				Anzahl der Verlegungstage	Anzahl der Tage mit Abschlag bei Verlegung	Bewertungsrelation je Tag bei Verlegung	Summe der Abschläge für Verlegung	Anzahl der Kurzlieger	Anzahl der Tage mit GVD-Abschlag	Bewertungsrelation je Tag bei GVD-Abschlag	Summe der GVD-Abschläge	Anzahl der Langliegerfälle	Anzahl der Tage mit GVD-Zuschlag	Bewertungsrelation je Tag bei GVD-Zuschlag	Summe der GVD-Zuschläge	
1	2	3	4	5	6	7	8	9	10	11	12	13	14	15	16	17
A13B	40	11,355	416,680		0		0		4	0,982	3,928		16	0,336	5,38	418,132
B02D	120	4,095	459,360		3		0		8	0,835	6,68		10	0,270	2,7013	415,381
B15Z	70	3,557	256,830		6		0		0	0	0		30	0,166	4,98	261,810
B70B	600	1,891	1.182,000		40		0		0	0	0		70	0,153	10,71	1.192,710
C03B	900	0,510	461,700		0	0	0		0	0	0		80	0,081	6,48	468,180
D13A	700	0,838	564,200		0	0	0		100	0,233	23,30		20	0,112	2,24	543,140
D35Z	1100	1,179	1.463,000		0	0	0		50	0,355	17,75		40	0,155	6,2	1.451,450
F49C	700	1,253	872,900		40	0,155	6,2		0	0	0		50	0,152	7,6	874,300
G67C	400	0,470	177,600		0	0	0		70	0,259	18,13		10	0,083	0,83	160,300
H12B	200	1,599	300,400		0	0	0		5	0,386	1,93		10	0,080	0,8	299,290
I41Z	300	1,955	574,200		200	0,09	18,0		0	0	0		0	0	0	556,200
I53Z	500	2,051	1.016,500		10	0,09	0,9		0	0	0		10	0,068	0,68	1.016,280
J23Z	300	1,495	467,400		0	0	0		0	0	0		20	0,100	2	469,400
J77Z	700	1,599	1.024,100		0	0	0		0	0	0		10	0,080	0,8	1.024,900
K64C	300	1,021	354,900		0	0	0		70	0,627	43,89		30	0,095	2,85	313,860
L20C	500	0,704	349,000		10	0,095	0,95		20	0,184	3,68		20	0,085	1,7	346,070
M02B	200	0,970	195,800		0	0	0		20	0,292	5,84		0	0,075	0	189,960
N10Z	150	0,532	85,200		0	0	0		20	0,163	3,26		20	0,101	2,02	83,960
O50C	1100	0,668	691,900		0	0	0		40	0,236	9,44		70	0,062	4,34	686,800
P67D	2.300	0,361	830,300		0	0	0		20	0,090	1,80		10	0,057	0,57	829,070
U64Z	300	0,662	175,800		0	0	0		0		0		0	0,098	0	175,800
Summe Jahresfälle	11.480		11.919,770		309		26,050		427		139,628		526		62,881	11.776,993
Summe Überlieger	490		427,345		40		4,125		220		35,486		40		5,236	392,970
Summe insgesamt	11.970		12.347,115		349		30,175		647		175,114		566		68,117	12.169,963
															CMI:	1,017

Abbildung 3.3.4-23: E1 – Aufstellung der erzielten Fallpauschalen für das Krankenhaus

E 2 – Aufstellung der Zusatzentgelte für das Krankenhaus			Ist
ZE-Nr.	Anzahl der ZE	Entgelthöhe lt. ZE-Katalog	Erlössumme
1	2	3	4
ZE 01.01	2.000	225,21 Euro	450.420,00 Euro
ZE 30.05 (Arzneimittel)	70	1.532,03 Euro	107.242,10 Euro
ZE 36.13	40	16.518,45 Euro	660.738,00 Euro
Summe der ZE insgesamt	2.110		1.218.400,10 Euro

Abbildung 3.3.4-24: E2 – Aufstellung der erzielten Zusatzentgelte

Entgelt nach § 6 KHEntG	untere GVD / erster Tag mit Abschlag	mittlere Verweildauer	obere GVD / erster Tag mit zusätzlichem Entgelt	Fallzahl	vereinbarte Bewertungsrelation	Entgelthöhe in Euro	Bruttoerlössumme ohne Zu- u. Abschläge (in €)	davon Verlegungen				davon Kurzlieger				davon Langlieger				Nettoerlössumme inklusive Zu- und Abschläge in €
								Anzahl der Verlegungstage	Anzahl der Tage mit Abschlag bei Verlegung	Bewertungsrelation je Tag bei Verlegung	Summe der Abschläge für Verlegungen	Anzahl der Kurzliegerfälle	Anzahl der Tage mit GVD-Abschlag	Bewertungsrelation je Tag bei GVD-Abschlag	Summe der GVD-Abschläge	Anzahl der Langliegerfälle	Anzahl der Tage mit GVD-Zuschlag	Bewertungsrelation je Tag bei GVD-Zuschlag	Summe der GVD-Zuschläge	
1	2	3	4	5	6	7	8	9	10	11	12	13	14	15	16	17	18	19	20	21
B46Z																				
B49Z																				
B61Z				10		6.000,00	60.000,00													60.000,00
B76A																				
D01A																				
D23Z				20		4.000,00	80.000,00													80.000,00
E37Z																				
E41Z																				
E76A																				
F29Z				10		7.000,00	70.000,00													70.000,00
F37Z																				
F45Z																				
F96Z																				
G51Z																				
H37Z																				
I40Z																				
I96Z																				
K01A																				
K04A																				
K43Z																				
L61Z																				
U01Z																				
U41Z																				
U42Z																				
U43Z																				
W01A																				
W05Z																				
W40Z																				
Y01Z																				
Y61Z																				
Z02Z																				
Z41Z																				
Z42Z																				
Z43Z																				
Summe							210.000,00													210.000,00

Abbildung 3.3.4-25: E3.1 – Aufstellung der erzielten krankenhausindividuell vereinbarten Entgelte

E 3.2 – Aufstellung der Zusatzentgelte			Ist
Zusatzentgelt nach § 6 KHEntgG	Anzahl	Entgelthöhe	Erlössumme (Sp. 2 x 3)
1	2	3	4
			0,00 Euro
			0,00 Euro
			0,00 Euro
			0,00 Euro
Summe			0,00 Euro

E 3.3 – Aufstellung der tagesbezogenen Entgelte				Ist
Zusatzentgelt nach § 6 Abs. 1 KHEntgG	Fallzahl	Tage	Entgelthöhe	Erlössumme (Sp. 3 x 4)
1	2	3	4	5
Abteilung A	100	300	100,00	30.000,00 Euro
Abteilung B	150	1.000	150,00	150.000,00 Euro
Summe	250	1.300		180.000,00 Euro

Abbildung 3.3.4-26: E 3.2 – Aufstellung der erzielten Zusatzentgelte und E 3.3. – Aufstellung der erzielten tagesbezogenen Entgelte

Aufgrund dieser Daten und unter der Annahme, dass das Krankenhaus an der Notfallversorgung teilnimmt, lassen sich die folgenden Erlösausgleiche ermitteln:

Erlösausgleich nach § 4 Abs. 3 KHEntgG			
Gesamtbetrag der Erlöse aus		Vereinbart	Ist
E 1	FP nach § 7 Abs. 1 S. 1 Nr. 1 KHEntG LBFW 3.352,50 EUR x Summe der BWR	(CM: 10.064,343) 33.740.710 Euro	(CM: 12.169,963) 40.799.801 Euro
E 2	ZE nach § 7 Abs. 1 S. 1 Nr. 1 KHEntG (bundeseinheitlich vereinbarte Entgelte, nicht ZE für Arzneimittel u. Medikalprodukte)	992.853 Euro	1.218.400 Euro
		34.733.563 Euro	42.018.201 Euro
Erlössumme für krankenhausindividuell vereinbarte Entgelte nach § 6 Abs. 3 KHEntgG:			
E 3.1	krankenhausindividuell vereinbarte FP	228.000 Euro	210.000 Euro
E 3.2	krankenhausindividuell vereinbarte ZE	0 Euro	0 Euro
E 3.3	tagesbezogene Entgelte	285.000 Euro	180.000 Euro
		513.000 Euro	390.000 Euro
Gesamtbetrag der Erlöse		35.246.563 Euro	42.408.201 Euro

			Ausgleich
Mehrerlöse	7.161.638 Euro		
davon ZE für Arzneimittel- und Medikalprodukte	15.320 Euro	davon 25 %	3.830 Euro
sonstige Mehrerlöse	7.146.318 Euro	davon 65 %	4.645.106 Euro
Mehrerlösausgleich			4.648.936 Euro

Abbildung 3.3.4-27: Ermittlung der Erlösausgleiche

Der Mehrerlösausgleich in Höhe von EUR 4.648.936 ist mit dem folgenden Buchungssatz erlösmindernd in die Verbindlichkeiten nach KHEntgG einzustellen.

Ausgleichsbeträge KHEntgG	an	Verbindlichkeiten nach KHEntgG	4.648.936 Euro

MD-Anfragen

Das in § 4 Abs. 3 KHEntgG bzw. in § 17a Abs. 3 Satz 11 KHG vorgesehene Konzept der Erlösausgleichermittlung unterstellt, dass alle von dem Krankenhaus gestellten Rechnungen auch tatsächlich von den Kostenträgern beglichen werden. In der Praxis werden Krankenhausrechnungen durch die Kostenträger in Frage gestellt und müssen zum Beispiel im Anschluss an MD-Prüfungen auch geändert werden.

Soweit dies im laufenden Kalenderjahr erfolgt, ist dies unproblematisch, da die veränderten Ist-Erlöse im Rahmen der Ausgleichsberechnungen berücksichtigt werden können. Es stellt sich aber die Frage, welche Auswirkungen sich auf die Ermittlung von Minder- oder Mehrerlösausgleichen ergeben, wenn die jeweiligen Forderungen am Jahresende noch offen sind bzw. unter Vorbehalt gezahlt werden.

Die Risiken des – partiellen – Forderungsausfalles bzw. der ggf. notwendigen Rückzahlung bereits vereinnahmter Beträge werden durch das Krankenhaus im Rahmen der Jahresabschlusserstellung mittels Wertberichtigungen auf Forderungen (Einzel- oder Pauschalwertberichtigungen) bzw. durch Rückstellungen zur Abdeckung der Rückzahlungsrisiken abgebildet.

Auf Grund der Regelung in § 277 Abs. 1 HGB, wonach die Umsatzerlöse nach Abzug von Erlösschmälerungen auszuweisen sind, sind die Bildung von Wertberichtigungen auf Forderungen des laufenden Jahres bzw. die Einbuchung einer Rückstellung für Rückzahlungsrisiken als Erlösschmälerungen von den Umsatzerlösen zu kürzen, soweit die Wertminderung bzw. das Rückzahlungsrisiko bereits bei Umsatzlegung bestand. Bei der Ausgleichsberechnung werden durch die Krankenhäuser teilweise die unverminderten Erlöse zugrunde gelegt und die Rückstellung für Rückzahlungsrisiken entsprechend um die so ermittelte Ausgleichsverbindlichkeit gekürzt. Teilweise werden die geschätzten Korrekturen der Rechnungen durch den MD auch bereits bei der Ausgleichsberechnung berücksichtigt, so dass die Mehrerlöse reduziert werden oder sogar Mindererlöse entstehen (soweit auf diese nicht im Rahmen der Entgeltvereinbarung verzichtet worden ist).

Um endgültige Nachteile eines Krankenhauses im Zusammenhang mit strittigen Forderungen zu vermeiden, empfiehlt es sich verhandlungstechnisch, die Erlösausgleiche bis zur abschließenden Klärung vorläufig zu vereinbaren.

Für die Minder- oder Mehrerlösausgleiche gemäß § 3 Abs. 7 BPflV gilt Entsprechendes.

Auflösung von Ausgleichsforderungen bzw. -verbindlichkeiten im folgenden Vereinbarungszeitraum

Ausgleichsforderungen bzw. Ausgleichsverbindlichkeiten können sich zum Jahresende nach § 15 Abs. 3 KHEntgG ergeben, wenn beispielsweise auf Grund einer späten Genehmigung der Landesbasisfallwerte Mehr- oder Mindererlöse auf Grund der Weitererhebung der bisherigen Landesbasisfallwerte im restlichen Vereinbarungszeitraum nicht mehr ausgeglichen werden können.

Darüber hinaus werden im Jahresabschluss regelmäßig Ausgleichsforderungen bzw. -verbindlichkeiten im Zusammenhang mit den Erlösausgleichen nach §§ 4 Abs. 3 KHEntgG, 17a Abs. 3 Satz 11 KHG (§ 3 Abs. 7 BPflV, § 12 Abs. 2 BPflV a. F.) bestehen. Die entsprechenden Mehr- oder Mindererlöse werden regelmäßig erst in einem folgenden Vereinbarungszeitraum über die Zu- bzw. Rechnungsabschläge ausgeglichen.

In Höhe der über die Rechnungszu- bzw. -abschläge erhaltenen Mindererlösausgleiche bzw. verrechneten Mehrerlösausgleiche sind die jeweiligen Ausgleichsforderungen bzw. Ausgleichsverbindlichkeiten aufzulösen. Diese Auflösung der Ausgleichsforderungen bzw. Ausgleichsverbindlichkeiten wirkt sich auf die Erlöse aus allgemeinen Krankenhausleistungen erhöhend (Mehrerlösausgleiche = Ausgleichsverbindlichkeit) bzw. mindernd (Mindererlösausgleiche = Ausgleichsforderung) aus.

Folgendes Beispiel soll diese Vorgehensweise erläutern.

Ausgangspunkt ist eine Mindererlössituation. Das Krankenhaus hat zum 1. Januar 2020 Mindererlösausgleichsforderungen in Höhe von EUR 400.000 und kann einen Zuschlag abrechnen.

In 2020 wurden Einnahmen aus Fallpauschalen (inklusive Zuschlag) in Höhe von EUR 12.400.000 erzielt und – unter Berücksichtigung der Forderungslaufzeiten – auch in Geld erhalten.

Da die Ausgleichsforderung, die zum 1. Januar 2020 bestand, über den in 2020 abgerechneten Zuschlag beglichen wurde, ist dies mit den Erlösen aus allgemeinen Krankenhausleistungen zu verrechnen, indem gebucht wird:

Erlöse aus allgemeinen Krankenhausleistungen	an	Ausgleichsforderung	400.000 Euro

Damit werden in der handelsrechtlichen Gewinn- und Verlustrechnung 2020 nur noch die Erlöse, die auf das Jahr 2020 entfallen, nämlich EUR 12.000.000 gezeigt.

Die Inanspruchnahme von Ausgleichsforderungen bzw. Ausgleichsverbindlichkeiten ist nicht über die Kontengruppe 58 „Erträge aus Ausgleichsbeträgen für frühere Geschäftsjahre" bzw. die Kontengruppe 790 „Aufwendungen aus Ausgleichsbeträgen für frühere Geschäftsjahre" zu buchen. Diese Kontengruppen sind nur für die Fälle vorgesehen, dass die endgültig vereinbarten Ausgleiche von den im Jahresabschluss bilanzierten Ausgleichsforderungen und Ausgleichsverbindlichkeiten abweichen.

Soweit Erlösausgleiche nur vorläufig vereinbart werden, kann eine Verrechnung mit Ausgleichsforderungen bzw. -verbindlichkeiten nur bis zur Höhe der vorläufig ausgeglichenen Beträge erfolgen. Die vorläufigen Ausgleiche übersteigende Forderungen bzw. Verbindlichkeiten müssen bis zur Vereinbarung endgültiger Ausgleiche stehen bleiben. Hierbei ist wiederum im Rahmen des Vorsichtsprinzips die Bewertung der Forderungen bzw. Verbindlichkeiten zu überprüfen.

Bilanzierung von noch nicht verbrauchten Zuwendungen zu Forschungsvorhaben (Drittmittel)

Innerhalb der Zuwendungen für Forschungsprojekte kommt der staatlichen Förderung besondere Bedeutung zu. Sie erfolgt im Wege der Finanzierung der einem sachlich und zeitlich abgegrenzten Projekt direkt (unmittelbar) zurechenbaren Ausgaben. Flankierend werden pauschale Zuwendungen zur Abdeckung der einem staatlich geförderten Forschungsprojekt mittelbar zurechenbaren Ausgaben gewährt. Wichtige Säulen der nationalen Forschungsförderung stellen dabei die Förderprogramme der Deutschen Forschungsgemeinschaft (nachfolgend auch „DFG") und des Bundesministeriums für Bildung und Forschung (nachfolgend auch „BMBF") dar.

Diese Zuwendungen werden nach Maßgabe der Verrechnung des Aufwandes (bei Aufwandszuschüssen), zu dessen Deckung die Zuwendung dient, erfolgswirksam und werden unter den sonstigen betrieblichen Erträgen ausgewiesen. Zum Jahresende nicht verbrauchte Zuwendungen sind als sonstige Verbindlichkeiten zu bilanzieren (vgl. IDW HFA 1/1984 i. d. F. 1990 Bilanzierungsfragen bei Zuwendungen, dargestellt am Beispiel finanzieller Zuwendungen der Öffentlichen Hand).

Die Bilanzierung von noch nicht verbrauchten staatlichen pauschalen Zuwendungen zu Forschungsprojekten im handelsrechtlichen Jahresabschluss von Forschungseinrichtungen (bspw. Universitäten oder sonstige Forschungseinrichtungen) wird unter Abschnitt 7.6 näher behandelt.

3.3.5 Ausgleichsposten nach dem KHG

Die Ausgleichsposten nach dem KHG gliedern sich in Ausgleichsposten aus Darlehensförderung (§ 5 Abs. 4 KHBV) sowie Ausgleichsposten für Eigenmittelförderung (§ 5 Abs. 5 KHBV).

Ausgleichsposten aus Darlehensförderung

Gemäß § 5 Abs. 4 Satz 1 KHBV ist für Lasten aus Darlehen, die vor Aufnahme des Krankenhauses in den Krankenhausplan für förderungsfähige Investitionskosten des Krankenhauses aufgenommen wurden, in Höhe des Teils der jährlichen Abschreibungen auf die mit diesen Mitteln finanzierten Vermögensgegenstände des Anlagevermögens, der nicht durch den Tilgungsanteil der Fördermittel gedeckt ist (Abschreibungsbetrag > Tilgungsbetrag), in der Bilanz auf der Aktivseite ein Ausgleichsposten für Darlehensförderung zu bilden.

Ist der Tilgungsanteil der Fördermittel aus der Darlehensforderung höher als die jährlichen Abschreibungen auf die mit diesen Mitteln finanzierten Vermögensgegenstände des Anlagevermögens, ist in der Bilanz in Höhe des überschießenden Betrags auf der Passivseite ein Ausgleichsposten aus Darlehensförderung zu bilden.

Unter Lasten aus Darlehen sind neben Tilgung und Zinszahlungen auch Verwaltungskosten zu verstehen. Aufgrund der eingeschränkten finanziellen Mittel der Bundesländer feiert die Darlehensförderung eine Wiedergeburt. Auch bei der Förderung dieser „Neu"darlehen ist in Höhe der Differenz aus Tilgung und Abschreibung ein aktiver oder passiver Ausgleichsposten aus Darlehensförderung zu bilden.

Die Bildung des Ausgleichspostens aus Darlehensförderung hat die Neutralisierung der Aufwendung aus den mit Darlehen finanzierten förderungswürdigen Investitionen zur Folge, was nachstehendes Beispiel verdeutlichen soll:

Krankenhaus B nimmt ein Darlehen von 2.000.000 Euro zur Finanzierung eines neuen Bettenhauses auf. Die Investition wird durch die Fördermittelbehörde nicht direkt gefördert, sondern im Rahmen der Darlehensförderung gemäß § 9 Abs. 2 Nr. 3 KHG. Die jährliche Abschreibung auf Gebäude beträgt 40.000 Euro. Es sind 30.000 Euro Tilgung und 110.000 Euro Zinsen zu zahlen. Folgende Buchungen sind vorzunehmen:

Abschreibungen	40.000 Euro	an	Gebäude	40.000 Euro
Zinsaufwand	110.000 Euro	an	Bank	140.000 Euro
Bankdarlehen	30.000 Euro			
Forderung Fördermittel	140.000 Euro	an	Erträge aus Fördermittel nach KHG	140.000 Euro
Ausgleichsposten aus Darlehensförderung	10.000 Euro	an	Erträge aus der Einstellung von Ausgleichsposten aus Darlehensförderung	10.000 Euro

Abbildung 3.3.5-1: Beispiel für die Bildung eines Ausgleichspostens aus Darlehensförderung

Steigt der Tilgungsanteil des Darlehens im Zeitablauf, wird er die Höhe der Abschreibungen übersteigen und der zuvor gebildete aktive Ausgleichsposten ist aufzulösen. Grundsätzlich ist dieses Modell darauf ausgelegt, dass sich Tilgung und Abschreibung im Zeitablauf entsprechen.

Die Vorschrift des § 5 Abs. 4 Satz 1 KHBV bewirkt in Fällen, in denen es zwischen den fortgeführten Anschaffungskosten eines geförderten Vermögensgegenstandes und dem Darlehensstand zum Zeitpunkt des Inkrafttretens des KHG eine Differenz gab, dass ab dem Zeitpunkt, in dem das förderungsfähige Darlehen vollständig getilgt, der entsprechende Vermögensgegenstand jedoch noch nicht vollständig abgeschrieben ist, ein aktiver Ausgleichsposten aus Darlehensförderung in Höhe des noch bestehenden Restbuchwerts stehen bleibt.

Nach den Regelungen der Landeskrankenhausgesetze hat das Krankenhaus bei Ausscheiden aus dem Krankenhausplan einen Anspruch auf Förderung dieses Unterschiedsbetrags. Der Anspruch auf Förderung ist damit aufschiebend bedingt. Eine Forderung kann daher grundsätzlich erst zum Zeitpunkt des Eintritts der Bedingung aktiviert werden. Eine zwingende Auflösung des Ausgleichspostens aus Darlehensförderung kommt jedoch auch nach vollständiger Abschreibung des geförderten Vermögensgegenstands nicht in Betracht, da eine diesbezügliche Vorschrift nicht existiert.

Der Posten ist in seiner Zusammensetzung nachzuweisen. Soweit ein Nachweis nicht vollumfänglich erbracht werden kann, ist der Posten aufzulösen. Ausgleichsposten für Darlehensförderung können auch dann in die Handelsbilanz übernommen werden, wenn der Krankenhausträger von dem Wahlrecht des § 1 Abs. 3 KHBV keinen Gebrauch macht (vgl. IDW RS KHFA 1, Rz. 15).

Die Bildung des Ausgleichspostens für Darlehensförderung ist nach dem Wortlaut des Gesetzes in § 5 Abs. 4 KHBV auf Fälle beschränkt, die Darlehen betreffen, welche zur Finanzierung förderungsfähiger Investitionskosten vor Aufnahme des Krankenhauses in den Krankenhausplan aufgenommen wurden. Da die Bundesländer heute aufgrund der Knappheit der finanziellen Mittel die Förderung von Investitionen durch Investitionszuschüsse durch die Förderung der aufgenommenen Darlehen substituieren, erscheint uns die Bildung eines Ausgleichspostens für Darlehensförderung auch für „Neu"-Darlehen als sachgerecht.

Steuerrechtlich gilt grundsätzlich nach § 5 Abs. 1 Satz 1 EStG die Maßgeblichkeit der Handelsbilanz für die Steuerbilanz, es sei denn, im Rahmen der Ausübung eines steuerlichen Wahlrechts wird oder wurde ein anderer Ansatz gewählt.

Es ist aber umstritten, ob dieser Ausgleichsposten mit den Grundsätzen ordnungsgemäßer Buchführung vereinbar und deshalb auch für die handelsrechtliche und steuerrechtliche Gewinnermittlung von Bedeutung ist. Diesbezüglich hat der BFH (Az. VIII-R-58/93 vom 26.11.1996, BStBl. II 1997, S. 390) entschieden, dass es sich bei dem auf der Passivseite der Steuerbilanz eines Krankenhausträgers ausgewiesenen „Sonderposten aus Fördermitteln nach KHG" um einen Wertberichtigungsposten handelt, welches auch für den bei einer Darlehensförderung passivierten Ausgleichsposten gilt. Das führt in Höhe der Fördermittel zu einer Minderung der Anschaffungs- bzw. Herstellungskosten der mit den Fördermitteln beschafften Anlagegegenstände. Relevanz hatte diese Aussage insbesondere hinsichtlich der grunderwerbsteuerlichen Bemessungsgrundlage bei der Übertragung von Krankenhäusern (sei es durch Erwerbs- oder Umwandlungsvorgänge). Bei den genannten Erwerbsvorgängen war für Umwandlungsvorgänge bis zum 31.12.2008 die Ersatzbemessungsgrundlage gem. § 8 Abs. 2 GrEStG i. V. m. §§ 138 ff. BewG zu Grunde zu legen. Während der Wert des Grund und Bodens wie bei unbebauten Grundstücken zu ermitteln war, war für Gebäude der Steuerbilanzwert zu Grunde zu legen. Sollten die Gebäude durch Fördermittel nach dem KHG gefördert worden sein, ergab sich hieraus ein geringer Steuerbilanzwert, welcher für grunderwerbsteuerliche Zwecke zu Grunde zu legen war. Diese Regelung wurde allerdings vom Bundesverfassungsgericht für verfassungswidrig erklärt. Der Gesetzgeber hat hierauf mit Verkündung des Steueränderungsgesetzes 2015 am 2. November 2015 im Bundesgesetzblatt (BGBl. I 2015, S. 1834) reagiert. Für sondergenutzte Grundstücke/Gebäude ist nunmehr (ggf. rückwirkend) das Sachwertverfahren als Bemessungsgrundlage anzuwenden. In der Regel dürfte davon auszugehen sein, dass der nunmehr zu ermittelnde Wert höher als die frühere Ersatzbemessungsgrundlage sein wird. Für Vorgänge zwischen dem 1.1.2009 und der Verkündung des Gesetzes kann Vertrauensschutz erreicht werden um sicherzustellen, dass die alte günstigere Regelung Anwendung findet.

Dieser nach HGB bzw KHBV geregelte Spezialfall hat nach IFRS keine Relevanz. Nach IFRS kann der Ansatz eine Aktivierung des aktiven Ausgleichspostens für Darlehensförderung nur erfolgen, wenn es sich um einen Vermögenswert iSd Rahmenkonzeptes für die Finanzberichterstattung nach IFRS (CF 4.4 (a)) handelt, also dem Krankenhaus ein zukünftiger Nutzen zufließen wird. Da dies nicht der Fall ist, ist der Ausgleichsposten für Darlehensförderung mit dem Eigenkapital zu verrechnen. Entsprechende gilt für den Ansatz, eine Passivierung des passiven Ausgleichspostens für Darlehensförderung nach IFRS (CF 4.4. (b)) könnte nur erfolgen, wenn es sich um eine Schuld handelt. Da mit dem passiven Ausgleichsposten für Darlehensförderung kein Abfluss von Ressourcen mit wirtschaftlichem Nutzen verbunden ist, kann eine Passivierung nach IFRS nicht erfolgen und der Ausgleichsposten ist mit dem Eigenkapital zu verrechnen.

Ausgleichsposten für Eigenmittelförderung

Für die aus Eigenmitteln des Krankenhausträgers vor Inkrafttreten des KHG im Jahr 1972 (im Beitrittsgebiet vor dem 1. Januar 1991) beschafften abnutzbaren Anlagegüter sieht das KHG eine entsprechende Ausgleichsregelung vor.

Gemäß § 5 Abs. 5 KHBV ist in Höhe der Abschreibungen auf Vermögensgegenstände des Anlagevermögens, für die die Voraussetzungen für einen Ausgleichsanspruch gemäß § 9 Abs. 2 Nr. 4 KHG vorliegen, in der Jahresbilanz auf der Aktivseite ein Ausgleichsposten für Eigenmittelförderung zu bilden. Nach § 9 Abs. 2 Nr. 4 KHG in Verbindung mit dem jeweiligen Landesrecht gewähren die Länder nach Feststellung des Ausscheidens des Krankenhauses aus dem Krankenhausplan auf

Antrag des Krankenhausträgers Fördermittel als Ausgleich für die Abnutzung von Anlagegütern, soweit sie mit Eigenmitteln des Krankenhausträgers beschafft worden sind und bei Beginn der Förderung nach dem KHG vorhanden waren.

Durch die Bildung des Ausgleichspostens werden die Abschreibungen auf die vor Inkrafttreten des KHG mit Eigenmitteln finanzierten Vermögensgegenstände des Anlagevermögens neutralisiert.

Die tatsächliche Gewährung der Fördermittel erfolgt frühestens, wenn das Ausscheiden des Krankenhauses festgestellt, der Krankenhausbetrieb eingestellt und das Krankenhaus nicht mehr für Krankenhauszwecke genutzt wird. Daraus ergibt sich, dass der Nutzenzufluss aus diesen Fördertatbeständen unwahrscheinlich ist. Um dennoch eine Aktivierung des Förderanspruchs zu ermöglichen, schreibt § 5 Abs. 5 KHBV die Aktivierungspflicht als Ausgleichsposten vor. Dieser Ausgleichsposten stellt nach deutschem Handelsrecht keinen Vermögensgegenstand, sondern eine Bilanzierungshilfe dar. Der Ansatz des Postens in Jahresabschlüssen von Krankenhäusern in der Rechtsform einer Kapitalgesellschaft oder Personenhandelsgesellschaft wird aufgrund der branchenspezifischen Vorschriften für Krankenhäuser als zulässig erachtet. Voraussetzung ist die Ausübung des Wahlrechts nach § 1 Abs. 3 KHBV. Geht die Kapitalgesellschaft noch einer anderen wesentlichen Betätigung nach, kann das Wahlrecht nach § 1 Abs. 3 KHBV nicht ausgeübt werden mit der Folge, dass nach den allgemeinen Grundsätzen der Ausgleichsposten nicht aktiviert werden darf.

Ein aktivierter Ausgleichsposten für Eigenmittelförderung steht, da er kein Vermögensgegenstand ist, für Ausschüttungen nicht zur Verfügung. Da es allerdings keine Regelung zu einer bilanziell zu bildenden Ausschüttungssperre gibt, müssen die Eigentümer des Krankenhausträgers in ihren Beschlüssen entsprechende Vorkehrungen treffen. Der Ausgleichsposten für Eigenmittelförderung sollte im Anhang erläutert werden (IDW RS KHFA 1 Rz. 38).

Die Auflösung des Ausgleichspostens für Eigenmittelförderung wird regelmäßig erst mit Ausscheiden des Krankenhauses aus der Förderung erfolgen. Das bedeutet, dass der Ausgleichsposten für Eigenmittelförderung über lange Zeit hinweg in der Bilanz ausgewiesen wird. Die Dokumente für den Nachweis des Ausgleichspostens sollten über die gesetzliche Aufbewahrungsfrist hinaus aufbewahrt werden.

Ist ein Ausgleichsposten für Eigenmittelförderung aufzulösen, sollte die Auflösung erfolgswirksam erfasst werden, da auch die Bildung des Ausgleichspostens in der Vergangenheit erfolgswirksam erfolgte (IDW RS KHFA 1 Rz. 40).

Soweit ein Ausgleichsanspruch entfällt, weil eine Ersatzinvestition gefördert wurde (vgl. z. B. § 26 Abs. 3 KHGG NRW), ist ein in Vorjahren zutreffend gebildeter Ausgleichsposten aufwandswirksam aufzulösen (IDW RS KHFA 1 Rz. 41).

Bei Trägerwechseln im Rahmen eines asset deal wird die Übertragung des Ausgleichspostens für Eigenmittelförderung mangels Verkehrsfähigkeit ausgeschlossen (IDW RS KHFA 1 Rz. 45).

Schließlich ist kritisch zu würdigen, ob Ausgleichsposten für Eigenmittelförderung bei Krankenhäusern in kommunaler Trägerschaft gegeben sind, weil teilweise die Auffassung vertreten wird, die Geltendmachung eines Ausgleichsanspruches würde zu einer Doppelfinanzierung führen (so für Hamburg, Hamburg OVG v. 18.3.2005). Hiervon betroffen könnten auch kommunale Krankenhäuser in den neuen Bundesländern sein (IDW RS KHFA Rz. 48 ff.)

Steuerrechtlich gilt grundsätzlich nach § 5 Abs. 1 Satz 1 EStG die Maßgeblichkeit der Handelsbilanz für die Steuerbilanz, es sei denn, im Rahmen der Ausübung eines steuerlichen Wahlrechts wird oder wurde ein anderer Ansatz gewählt. Es sind jedoch nur Wirtschaftsgüter oder Abrechnungsposten in der Steuerbilanz anzusetzen. Bilanzierungshilfen sind, da diese nicht den Grundsätzen ordnungsgemäßer Buchführung entsprechen, in der Steuerbilanz nicht anzusetzen. Der „Ausgleichsposten für Eigenmittelförderung" erfüllt nicht die Eigenschaft eines Wirtschaftsgutes und ist als Bilanzierungshilfe steuerlich nicht anzusetzen. Diesbezüglich möchten wir ergänzend auf die Ausführungen bzgl. des Ausgleichspostens aus Darlehensförderung verweisen. Aus der Abweichung zwischen Handels- und Steuerbilanz ergibt sich eine quasi-permanente Differenz, sollte ein Krankenhaus geschlossen werden, ergibt sich auf Antrag des Krankenhausträgers ein Anspruch auf Fördermittel die mit dem Ausgleichsposten für Eigenmittelförderung verrechnet werden können. Somit entstehen handelsrechtlich aus der Abweichung bezüglich des Ausgleichspostens für Eigenmittelförderung passive latente Steuern (§ 274 Abs. 1 HGB).

Die IFRS kennen mit Verweis auf das Rahmenkonzept (siehe oben) keine Bilanzierungshilfen. Daher kann nach IFRS eine Aktivierung nur erfolgen, wenn der Ausgleichposten einen Vermögenswert nach IFRS darstellen würde. Dies ist regelmäßig nicht der Fall, da dem Krankenhaus aus dem Ausgleichsposten wahrscheinlich kein zukünftiger Nutzen zufließen wird.

Bei der Umstellung einer Bilanz nach HGB/KHBV auf IFRS kann somit der Ausgleichsposten aus Eigenmittelförderung nach IFRS 1.10b nicht angesetzt werden.

In Höhe des in der Bilanz nach HGB/KHBV bestehenden Ausgleichspostens muss nach IFRS 1.11 eine Reduzierung der Gewinnrücklagen oder, falls zutreffender, einer anderen Eigenkapitalkategorie erfolgen. Sofern keine oder unzureichende Rücklagen bestehen, um die sich aus den aktiven Ausgleichposten ergebenden Sollsalden zu verrechnen, ist der Verlustvortrag entsprechend zu erhöhen.

Zwischen IFRS und Steuerbilanz besteht kein Unterschied (kein Ansatz) und somit sind keine latenten Steuern zu bilden.

3.3.6 Steuerabgrenzung

Die grundsätzliche Konzeption zur Bilanzierung latenter Steuern nach IFRS und HGB unterscheidet sich heute nicht mehr. Jedoch besteht für einen Überhang an aktiven latenten Steuern nach HGB/KHBV ein Aktivierungswahlrecht.

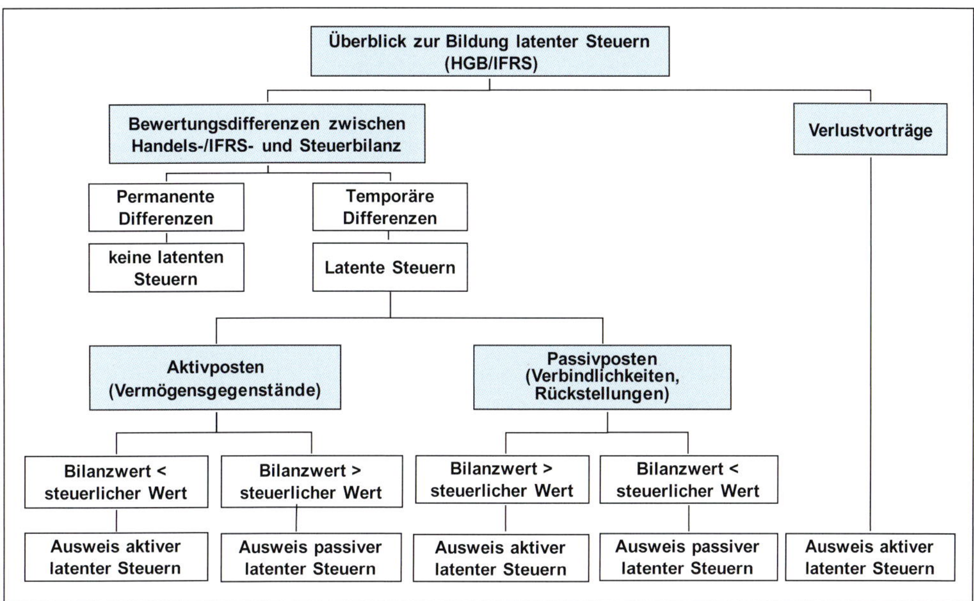

Abbildung 3.3.6-1: Überblick zur Bildung latenter Steuern

§ 274 Abs. 1 HGB erfasst die handelsrechtliche Abgrenzung latenter Steuern wie folgt:

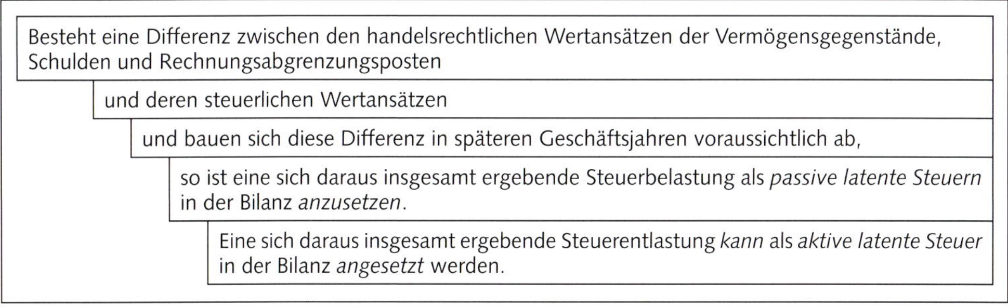

Abbildung 3.3.6-2: Überblick zur Bildung latenter Steuern

Hinsichtlich der steuerlichen Wertansätze bei Personengesellschaften sind steuerliche Ergänzungsbilanzen, nicht jedoch Sonderbilanzen einzelner Gesellschafter, in die Betrachtung einzubeziehen (IDW RS HFA 7 nF Tz. 20).

Die Gliederung der Bilanz wird auf der Aktivseite um den Posten „D. Aktive latente Steuern" (§ 266 Abs. 2 HGB) und auf der Passivseite um den Posten „E. Passive latente Steuern" ergänzt (§ 266 Abs. 3 HGB). In der nach Anlage 1 zur KHBV erstellten Bilanz sind dies auf der Aktivseite der Posten „E. Aktive latente Steuern" und auf der Passivseite der Posten „G. Passive latente Steuern". Von einer Saldierung der aktiven und passiven latenten Steuern kann nach § 274 Abs. 1 Satz 3 HGB abgesehen werden – diese können auch unverrechnet angesetzt werden (Wahlrecht). Aufwendungen aus der Passivierung und Erträge aus der Aktivierung latenter Steuern sind in der Gewinn- und Verlustrechnung gesondert unter dem Posten „Steuern vom Einkommen und Ertrag" auszuweisen (§ 274 Abs. 2 Satz 3 HGB). Der gesonderte Ausweis kann gem. DRS 18.60 entweder durch einen Unterposten, eine Vorspalte oder durch einen Davon-Vermerk erfolgen.

Im Hinblick auf den Charakter der aktiven latenten Steuern als „Sonderposten eigener Art" kommt eine Abzinsung nicht in Betracht. Das Gleiche gilt für die passiven latenten Steuern, die in ihrer Gesamtheit ebenfalls als „Sonderposten eigener Art" zu klassifizieren sind. Da der Posten „Passive latente Steuern" Rückstellungselemente aufweisen kann, schließt § 274 Abs. 2 Satz 1 HGB die Abzinsung der latenten Steuern gleichwohl klarstellend ausdrücklich aus.

Das bilanzorientierte Konzept der Steuerabgrenzung orientiert sich nicht an Ergebnisdifferenzen zwischen dem handelsrechtlichen und dem steuerlichen Ergebnis, sondern an Differenzen, die aus unterschiedlichen Wertansätzen in der Handels- und Steuerbilanz resultieren und die künftig steuerbe- oder -entlastend wirken. Dies schließt sogenannte quasi permanente Differenzen ein, deren Umkehr jedoch von den Dispositionen des Unternehmens abhängig ist und erst bei Veräußerung bzw. Liquidation erwartet wird. Damit unterliegen generell auch erfolgsneutral gebildete Vorgänge im Eigenkapital den entsprechenden Vorschriften.

Insoweit vom Wahlrecht zum Ansatz eines Überhangs an aktiven latenten Steuern Gebrauch gemacht wird, sind entsprechend den internationalen Regelungen auch Steuereffekte aus Verlustvorträgen, Steuergutschriften und Zinsvorträgen in die Ermittlung der abzugrenzenden Steuern einzubeziehen.

Die Bewertung von aktiven latenten Steuern auf Verlust- und Zinsvorträge hat auf Grundlage des handelsrechtlichen Vorsichtsprinzips zu erfolgen, wobei die Frage des voraussichtlichen Ausgleichs anhand der gesetzlichen Regeln und Wahrscheinlichkeitsüberlegungen zu klären ist.

Um die Aktivierung latenter Steuern auf Verlustvorträge nachprüfbar und praktikabel zu gestalten, dürfen diese bei der Ermittlung der aktiven latenten Steuern nur berücksichtigt werden, soweit zu erwarten ist, dass sie innerhalb der auf den Bilanzstichtag folgenden fünf Geschäftsjahre zur Verlustverrechnung herangezogen werden (§ 274 Abs. 1 Satz 4 HGB). Bei einem entsprechenden

Bestand an zu versteuernden temporären Differenzen bzw. passiven latenten Steuern kann auch ein längerer Zeithorizont berücksichtigt werden (DRS 18.21).

Ergibt sich jedoch insgesamt ein Überhang an zu versteuernden temporären Differenzen bzw. passiven latenten Steuern und liegen aufrechnungsfähige und unbeschränkt vortragsfähige Verlustvorträge vor, sind diese gem. DRS 18.21 unabhängig von ihrem Realisationszeitpunkt bei der Ermittlung aktiver latenter Steuern zu berücksichtigen.

Ebenso kommt eine Aktivierung von latenten Steuern auf Steuergutschriften und Zinsvorträge nur in Frage, wenn eine hinreichend hohe Wahrscheinlichkeit ihrer Realisierung innerhalb der nächsten fünf Jahre besteht.

An den Nachweis der Wahrscheinlichkeit sind insbesondere dann hohe Anforderungen zu stellen, wenn das Unternehmen, das latente Steuern auf Verlustvorträge aktivieren will, bereits in der Vergangenheit nicht über ausreichende nachhaltige Gewinne verfügte.

Die steuerlichen Beschränkungen des Verlustabzugs nach § 10d EStG (Mindestbesteuerung) sowie sonstige steuerliche Restriktionen des Verlustabzugs (z. B. § 8c oder 8d KStG) sind hierbei zu beachten und in die Betrachtung einzubeziehen.

Explizit im Gesetz geregelt wird die Verwendung des Steuersatzes, der dem unternehmensindividuellen Steuersatz im Zeitpunkt des Abbaus der Differenz entsprechen soll. Änderungen der individuellen Steuersätze sind zu berücksichtigen, wenn die maßgebende Körperschaft die Änderung vor oder am Bilanzstichtag verabschiedet hat. In Deutschland bedeutet dies, dass der Bundesrat einem Steuergesetz vor oder am Bilanzstichtag zugestimmt haben muss.

Für den Einzelabschluss sind für mittelgroße und große Kapitalgesellschaften sowie im Konzernabschluss generell zu den ausgewiesenen Posten verpflichtend Erläuterungen im Anhang vorgesehen (§ 285 Satz 1 Nr. 29 und 30 HGB bzw. § 314 Abs. 1 Nr. 21 und 22 HGB).

Die Gesetzesformulierung stellt insbesondere darauf ab, dass diese Erläuterungen darauf eingehen, auf welchen Differenzen oder steuerlichen Verlustvorträgen die latenten Steuern beruhen und mit welchen Steuersätzen die Bewertung erfolgt ist. Werden passive latente Steuern in der Bilanz angesetzt, ist die Entwicklung der Salden darzustellen (Spiegel latenter Steuern).

Die Angaben nach den §§ 285 Nr. 29, 314 Nr. 21 HGB sind unabhängig davon vorzunehmen, ob in der Bilanz latente Steuern ausgewiesen werden. Gerade wenn dies – aufgrund der Gesamtdifferenzbetrachtung – nicht der Fall ist, ist anzugeben, aufgrund welcher Differenzen oder steuerlicher Verlustvorträge per Saldo ein Ausweis unterbleibt.

Die Formulierung des § 274 HGB legt nahe, dass – anders als im Rahmen von IAS 12 – auch auf Differenzen beim erstmaligen Ansatz von Vermögensgegenständen und Schulden, die keine Auswirkungen auf die handels- oder steuerrechtliche Gewinnermittlung haben, latente Steuern zu bilden sind. Dies bestätigt auch die Gesetzesbegründung.

Aufgrund von § 274a HGB besteht eine größenabhängige Erleichterung bezogen auf die Steuerabgrenzung. Mit § 274a Nr. 4 HGB wird der sachliche Anwendungsbereich des § 274 HGB auf mittelgroße und große Kapitalgesellschaften beschränkt. Gleichwohl kann der Ansatz einer Rückstellung für ungewisse Verbindlichkeiten im Hinblick auf eine zu erwartende Steuerbelastung gemäß § 249 Abs. 1 Satz 1 HGB erforderlich sein. Für nach der KHBV erstellte Krankenhausabschlüsse gilt die Erleichterungsvorschrift des § 274a Nr. 4 HGB nicht (§ 4 Abs. 3 KHBV).

Werden aktive latente Steuern in der Bilanz ausgewiesen, so dürfen Gewinne nur ausgeschüttet werden, wenn die nach der Ausschüttung verbleibenden frei verfügbaren Rücklagen zuzüglich eines Gewinnvortrags und abzüglich eines Verlustvortrags mindestens dem Betrag entsprechen, um den die aktiven latenten Steuern die passiven latenten Steuern übersteigen (§ 268 Abs. 8 Satz 2 HGB). In Analogie zur Ausschüttungssperre besteht gemäß § 301 Satz 1 AktG eine entsprechende Abführungssperre.

Die nachfolgenden Beispiele verdeutlichen die Bildung aktiver und passiver latenter Steuern anhand des unterschiedlichen Bilanzierungsansatzes von Aktivposten (Vermögensgegenständen) nach HGB und Steuerrecht:

Beispiel: Aktive Steuerabgrenzung

Ein entgeltlich für EUR 150.000 erworbener Firmenwert wird steuerlich über fünfzehn (jährliche AfA EUR 10.000), handelsrechtlich über fünf Jahre (jährliche Abschreibung EUR 30.000) abgeschrieben. Der steuerliche Buchwert nach einem Jahr (EUR 140.000) ist daher um EUR 20.000 höher, als der handelsrechtliche Buchwert (EUR 120.000). Das steuerliche Ergebnis ist daher ebenfalls um EUR 20.000 höher.

Aktive Steuerabgrenzung			
Berechnung der passiven latenten Steuer			
	Steuerbilanz	Handelsbilanz	Differenz = Gewinnauswirkung
	31.12.20X1		
Firmenwert	140.000 Euro	120.000 Euro	– 20.000 Euro
Differenz Vorjahr			0 Euro
Steuersatz (KSt + GewSt = 30 %)			30 %
Aktive latente Steuern			– 6.000 Euro
Bildung eines aktiven Abgrenzungspostens: Aktive latente Steuern 6.000 Euro an Steuern vom Einkommen und vom Ertrag 6.000 Euro			

Abbildung 3.3.6-3: Beispiel: „Aktive Steuerabgrenzung"

Beispiel: Passive Steuerabgrenzung

Ein selbstgeschaffenes immaterielles Wirtschaftsgut (EUR 50.000) ist steuerlich wegen des Aktivierungsverbotes um EUR 50.000 niedriger anzusetzen (EUR 0) als der handelsrechtliche Bilanzposten (EUR 50.000).

Passive Steuerabgrenzung			
Berechnung der passiven latenten Steuer			
	Steuerbilanz	Handelsbilanz	Differenz = Gewinnauswirkung
	31.12.20X1		
Selbstgesch. immater. VG	0 Euro	50.000 Euro	50.000 Euro
Differenz Vorjahr			0 Euro
Steuersatz (KSt + GewSt = 30 %)			30 %
Passive latente Steuern			15.000 Euro
Bildung eines passiven Abgrenzungspostens: Steuern vom Einkommen und vom Ertrag 15.000 Euro an Passive latente Steuern 15.000 Euro			

Abbildung 3.3.6-4: Beispiel: „Passive Steuerabgrenzung"

Bei körperschaftsteuerlicher und gewerbesteuerlicher Organschaft sind latente Steuern aus temporären Differenzen zwischen den handelsrechtlichen Wertansätzen der Organgesellschaft und den korrespondierenden steuerlichen Wertansätzen im Einzelabschluss des Organträgers als Steuersubjekt für die Zeit der Wirksamkeit des Ergebnisabführungsvertrages zu berücksichtigen. Ein entsprechender Ausweis in den Einzelabschlüssen der Organgesellschaften ist insoweit nicht zulässig (DRS 18 Tz. 32 – 34). Soweit die steuerliche Be- oder Entlastung durch bestehende Steuerumlageverträge in voller Höhe auf die Organgesellschaft umgelegt wird, können die diesbezüglichen latenten Steuern auf temporäre Differenzen auch bei der Organgesellschaft bilanziert werden (Wahlrecht – DRS 18.35). In diesem Fall sind die entsprechenden latenten Steuern unter den Posten „D" bzw. „E" (im Krankenhausabschluss „E" bzw. „F") gesondert auszuweisen (DRS 18.61).

Die spezifischen Regelungen zur Bilanzierung latenter Steuern nach IFRS finden sich derzeit in IAS 12, der Interpretation IFRIC 23 (Uncertainty over Income Tax Treatments – erstmals anzuwenden auf Geschäftsjahre, die am oder nach dem 1. Januar 2019 beginnen) sowie der Interpretation SIC 25 (Ertragsteuern – Änderungen im Steuerstatus eines Unternehmens oder seiner Eigentümer).

Die derzeit einschlägigen Regelungen des IAS 12 lassen sich wie folgt zusammenfassen:

Zielsetzung, Anwendungsbereich und Definitionen	IAS 12 Ziff. 1 bis 11
Bilanzierungskonzept laufender bzw. tatsächlicher Steuern	IAS 12 Ziff. 12 bis 14
Bilanzierungskonzept latenter Steuern (Ansatz und Bewertung)	IAS 12 Ziff. 15 bis 68C
Darstellung und Ausweis latenter Steuern	IAS 12 Ziff. 69 bis 78
Anhangangaben	IAS 12 Ziff. 79 bis 88

Abbildung 3.3.6-5: Begriffsabgrenzung und Aufbau des IAS 12

Nach IAS 12 besteht grundsätzlich eine Ansatzpflicht für latente Steuern auf temporäre Unterschiede zwischen dem Buchwert eines Bilanzpostens in der IFRS-Bilanz und dessen Steuerwert (tax base), es sei denn, es greifen spezielle Ausnahmetatbestände.

Ein latenter Steueranspruch (aktive Steuerlatenz) entsteht aus temporären Differenzen, die in zukünftigen Perioden zu steuerlich abzugsfähigen Beträgen führen. Ein solcher latenter Steueranspruch ist nach IAS 12.24 grundsätzlich für alle abzugsfähigen temporären Differenzen in dem Maße zu bilanzieren, wie es wahrscheinlich ist, dass ein zu versteuerndes Ergebnis verfügbar sein wird, gegen das die temporäre Differenz verwendet werden kann.

Folgende Sachverhalte führen zur Bildung aktiver latenter Steuern:

1	Ansatz eines Wirtschaftsguts in der Steuerbilanz, aber kein Ansatz eines Vermögenswerts gemäß IFRS
2	Der Ansatz eines Wirtschaftsguts in der Steuerbilanz ist höher als der des Vermögenswerts im IFRS-Abschluss
3	Ansatz einer Verbindlichkeit im IFRS-Abschluss, aber kein Ansatz einer Verbindlichkeit in der Steuerbilanz
4	Der Ansatz einer Verbindlichkeit im IFRS-Abschluss ist höher als in der Steuerbilanz
5	Vorhandensein realisierbarer steuerlicher Verluste bzw. Steuergutschriften

Abbildung 3.3.6-6: Aktivische Steuerabgrenzung

Eine latente Steuerschuld (passive Steuerlatenz) entsteht aus temporären Differenzen, die in zukünftigen Perioden zu steuerpflichtigen Beträgen führen. Solche zukünftigen zu versteuernden temporären Differenzen sind nach IAS 12.15 grundsätzlich zu passivieren, es sei denn, es greifen spezielle Ausnahmetatbestände.

Folgende Sachverhalte führen zur Bildung passiver latenter Steuern:

1	Ansatz eines Vermögenswerts im IFRS-Abschluss, aber kein Ansatz eines Wirtschaftsguts in der Steuerbilanz
2	Der Ansatz eines Vermögenswerts im IFRS-Abschluss ist höher als in der Steuerbilanz
3	Ansatz einer Verbindlichkeit in der Steuerbilanz, aber kein Ansatz einer Verbindlichkeit im IFRS-Abschluss
4	Der Ansatz einer Verbindlichkeit in der Steuerbilanz ist höher als im IFRS-Abschluss

Abbildung 3.3.6-7: Passivische Steuerabgrenzung

Die latenten Steueransprüche und -schulden sind anhand der zum Zeitpunkt der Umkehr der Steuerlatenz bzw. beim Verlustvortrag zum Zeitpunkt seiner Nutzung gültigen bzw. rechtsverbindlich angekündigten Steuersätze zu ermitteln (IAS 12.47 und 12.48); sie sind nicht abzuzinsen (IAS 12.53).

Bei Überhang aktiver latenter Steuern ist ein latenter Steueranspruch für den Vortrag noch nicht genutzter steuerlicher Verluste und Steuergutschriften in dem Umfang zu bilanzieren, in dem es wahrscheinlich ist, dass zukünftiges zu versteuerndes Ergebnis zur Verfügung stehen wird, gegen das die noch nicht genutzten steuerlichen Verluste und Steuergutschriften verwendet werden können (IAS 12.34). Im Falle einer Verlusthistorie fordert IAS 12.35 zudem „überzeugende substanzielle Hinweise", die darlegen, dass zukünftig zu versteuerndes Ergebnis zur Verfügung steht. IAS 12.82 ergänzt die Bilanzierung durch die Notwendigkeit der Erläuterung in diesem Fall, in dem Unternehmen bei aktuellen Verlusten oder Verlusten im Vorjahr die zukünftige Nutzbarkeit derselben gewährleistet sehen.

Beim Ansatz und der Bewertung von aktiven latenten Steuern ist ferner die Mindestbesteuerung zu beachten.

Latente Steueransprüche und -schulden sind unter den in IAS 12.74 genannten Voraussetzungen zu saldieren.

Bei der Ermittlung des künftigen steuerlichen Ergebnisses für Zwecke der Beurteilung der Werthaltigkeit eines Aktivüberhangs an latenten Steuern sind Umkehreffekte bestehender temporärer Differenzen aus diesem künftigen steuerlichen Ergebnis zu eliminieren.

Die Bewertung latenter Steuerschulden und -ansprüche hat unter Berücksichtigung der steuerlichen Konsequenzen der erwarteten Art der Realisation der Vermögenswerte bzw. Art der Erfüllung der Schulden des Unternehmens zu erfolgen (IAS 12.51). Der Buchwert eines latenten Steueranspruchs ist nach IAS 12.56 zu jedem Bilanzstichtag zu überprüfen. Gegebenenfalls sind Wertberichtigungen bzw. -aufholungen vorzunehmen.

3.3.7 Eigenkapital

3.3.7.1 Allgemeine Regelungen

Das Eigenkapital bildet das nicht rückzahlungspflichtige Kapital des Krankenhausunternehmens. Es steht dem Krankenhaus grundsätzlich unverzinslich zur Verfügung. Unter Renditegesichtspunkten wird jedoch je nach Eigenkapitalgeber die Erzielung eines entsprechenden Jahresüberschusses und damit verbundener Ausschüttungen erwartet.

Nach der für Kapitalgesellschaften in § 266 Abs. 3 HGB vorgegebenen Gliederung setzt sich das Eigenkapital wie folgt zusammen:

A.	Eigenkapital
I.	Gezeichnetes Kapital
II.	Kapitalrücklage
III.	Gewinnrücklagen 1. Gesetzliche Rücklage 2. Rücklage für Anteile an einem herrschenden oder mehrheitlich beteiligten Unternehmen 3. Satzungsmäßige Rücklagen 4. Andere Gewinnrücklagen
IV.	Gewinnvortrag / Verlustvortrag
V.	Jahresüberschuss / Jahresfehlbetrag

Abbildung 3.3.7-1: Zusammensetzung des Eigenkapitals

Das gezeichnete Kapital ist das Kapital des Krankenhausunternehmens, auf das die Haftung der Gesellschafter für die Verbindlichkeiten des Krankenhausunternehmens gegenüber den Gläubigern beschränkt ist. Es ist mit dem Nennbetrag anzusetzen. Die Mindestkapitalausstattung liegt bei EUR 25.000 (GmbH) bzw. EUR 50.000 (AG). Das gezeichnete Kapital ist in das Handelsregister einzutragen. GmbHG und AktG sehen die Erhaltung des gezeichneten Kapitals vor. Hierzu gibt es bei der AG und der GmbH ein Rückzahlungsverbot der Einlagen vor Auflösung der Gesellschaft sowie strenge Anforderungen an eine Kapitalherabsetzung.

Das Gemeinnützigkeitsrecht sieht noch strengere Vorschriften vor. So dürfen Gesellschafter keine Gewinnanteile und in ihrer Eigenschaft als Gesellschafter auch keine sonstigen Zuwendungen aus Mitteln der Körperschaft erhalten. Scheiden sie aus der Gesellschaft aus oder wird die Körperschaft aufgelöst, dürfen die Gesellschafter nicht mehr als ihre eingezahlten Kapitalanteile und den gemeinen Wert ihrer geleisteten Sacheinlage zurückerhalten (§ 55 Abs. 1 Nr. 1 und 2 AO, Anlage 1 zu § 60 AO). Wird das Stammkapital einer gemeinnützigen GmbH (wie auch jeder anderen GmbH) durch Verluste reduziert, ist eine Versammlung der Gesellschafter einzuberufen, sobald die Hälfte des Stammkapitals verloren ist (§ 49 Abs. 3 GmbHG).

Wenn ausstehende Einlagen auf das gezeichnete Kapital bestehen, wird nur das eingeforderte Kapital in der Hauptspalte der Passivseite ausgewiesen. Nicht eingeforderte Einlagen sind von dem Posten gezeichnetes Kapital offen abzusetzen. Der eingeforderte, aber noch nicht eingezahlte Betrag ist unter den Forderungen gesondert auszuweisen und entsprechend zu bezeichnen (§ 272 Abs. 1 HGB).

Nach § 272 Abs. 1a HGB ist der Nennbetrag bzw. rechnerische Wert von erworbenen eigenen Anteilen in der Vorspalte offen von dem Posten „gezeichnetes Kapital" abzusetzen. Der Unterschiedsbetrag zwischen dem Nennbetrag oder dem rechnerischen Wert und den Anschaffungskosten der eigenen Anteile ist mit den frei verfügbaren Rücklagen zu verrechnen. Aufwendungen, die Anschaffungsnebenkosten sind, sind Aufwand des Geschäftsjahres.

Nach der Veräußerung der eigenen Anteile entfällt der Ausweis nach § 272 Abs. 1a Satz 1 HGB. Ein den Nennbetrag oder den rechnerischen Wert übersteigender Differenzbetrag aus dem Veräußerungserlös ist bis zur Höhe des mit den frei verfügbaren Rücklagen verrechneten Betrages in die jeweiligen Rücklagen einzustellen. Ein darüberhinausgehender Differenzbetrag ist in die Kapitalrücklage gemäß § 272 Abs. 2 Nr. 1 HGB einzustellen. Die Nebenkosten der Veräußerung sind Aufwand des Geschäftsjahres (§ 272 Abs. 1b HGB).

Die Kapitalrücklage umfasst hauptsächlich solche Kapitalbeträge, die der Kapitalgesellschaft von außen zugeführt werden und nicht aus dem erwirtschafteten Ergebnis gebildet werden. Als Kapitalrücklage sind gemäß § 272 Abs. 2 HGB folgende vier Untergruppen auszuweisen:

- Betrag, der bei Ausgabe von Anteilen einschließlich von Bezugsanteilen über den Nennbetrag oder, falls ein Nennbetrag nicht vorhanden ist, über den rechnerischen Wert hinaus erzielt wird
- Betrag, der bei der Ausgabe von Schuldverschreibungen für Wandlungsrechte und Optionsrechte zum Erwerb von Anteilen erzielt wird
- Betrag von Zuzahlungen, die Gesellschafter gegen Gewährung eines Vorzugs für ihre Anteile leisten
- Betrag von anderen Zuzahlungen, die Gesellschafter in das Eigenkapital leisten

Abbildung 3.3.7-2: Gliederung der Kapitalrücklagen gem. HGB

Als Gewinnrücklagen dürfen nur Beträge ausgewiesen werden, die im Geschäftsjahr oder in einem früheren Geschäftsjahr aus dem Ergebnis gebildet worden sind. Die Gewinnrücklagen umfassen die gesetzliche Rücklage, die satzungs- oder gesellschaftsvertraglichen Rücklagen und andere Rücklagen (§ 272 Abs. 3 HGB). Hierzu kann auch die Rücklage für Anteile an einem herrschenden oder mit Mehrheit beteiligten Unternehmen gehören, die in Höhe des jeweiligen Beteiligungsansatzes zu bilden ist (§ 272 Abs. 4 HGB). Es ist aber auch möglich, die Rücklage für eigene Anteile aus der Kapitalrücklage zu bilden, soweit dies frei verfügbar ist (Beck (2020), § 272 Anm 302ff).

Der Posten Gewinnvortrag/Verlustvortrag ergibt sich als Summe der Gewinne/Verluste aus Vorperioden, die nicht ausgeschüttet bzw. ausgeglichen, sondern jeweils per Gesellschafterbeschluss in die Folgeperiode vorgetragen wurden.

Als Jahresüberschuss/Jahresfehlbetrag wird das jeweilige Ergebnis des Geschäftsjahres ausgewiesen, das sich auf Grund der unterjährigen Geschäftsvorfälle des Krankenhausunternehmens ergibt. Es handelt sich um den Ergebnisausweis vor einer evtl. teilweisen Ergebnisverwendung wie z. B. der Einstellung in Rücklagen o. ä..

Im Rahmen der IFRS beschäftigt sich primär IAS 32 mit der Bilanzierung des Eigenkapitals. Dort ist die Abgrenzung von Eigenkapital und Fremdkapital geregelt. Ein Eigenkapitalinstrument ist danach ein Vertrag, der einen Residualanspruch an den Vermögenswerten eines Unternehmens nach Abzug der dazugehörigen Schulden begründet (IAS 32.11). IAS 1 fordert eine Reihe von Angaben zur Zusammensetzung und Entwicklung des Eigenkapitals. Die Mindestgliederung nach IAS 1.54 fordert die Aufteilung des Eigenkapitals in Gezeichnetes Kapital (Issued Capital) und Rücklagen (Reserves). In der Praxis werden gemäß IAS 1.55 / IAS 1.78e weitere Untergliederungen entsprechend den spezifischen Vorschriften für die jeweiligen Rechtsformen vorgenommen.

Ein vollständiger Abschluss nach IFRS beinhaltet als verpflichtenden Bestandteil eine Eigenkapitalveränderungsrechnung (siehe Kapitel 4.1.4.5). Zusätzlich müssen in der Bilanz, dem Anhang oder

der Eigenkapitalveränderungsrechnung die in der folgenden Abbildung aufgeführten Angaben dargestellt werden.

Angaben zum Eigenkapital in Bilanz, Anhang oder Eigenkapitalveränderungsrechnung (IAS 1.79)	
Je Klasse von Anteilen	Anzahl der genehmigten Anteile
	Anzahl der ausgegebenen und voll eingezahlten Anteile und die Anzahl der ausgegebenen und nicht voll eingezahlten Anteile
	Nennwert der Anteile oder die Aussage, dass die Anteile keinen Nennwert haben
	Überleitungsrechnung der Anzahl der im Umlauf befindlichen Anteile am Anfang und am Ende der Periode
	Rechte, Vorzugsrechte und Beschränkungen für die jeweilige Kategorie von Anteilen einschließlich Beschränkungen bei der Ausschüttung von Dividenden und der Rückzahlung des Kapitals
	Anteile an dem Unternehmen, die durch das Unternehmen selbst, seine Tochterunternehmen und assoziierte Unternehmen gehalten werden
	Anteile, die für die Ausgabe aufgrund von Optionen und Verkaufsverträgen vorgehalten werden, unter Angabe der Modalitäten und Beträge
Je Rücklage	Beschreibung von Art und Zweck jeder Rücklage innerhalb des Eigenkapitals

Abbildung 3.3.7-3: Pflichtangaben zum Eigenkapital gemäß IAS 1.79

Gesellschaften ohne gezeichnetes Kapital, wie z. B. Personengesellschaften, sind verpflichtet, gleichwertige Informationen in ihren Abschlüssen anzugeben (IAS 1.80).

Eigene Anteile sind auch nach IAS 32.33 vom Eigenkapital abzuziehen. Der Betrag der eigenen Anteile ist in der Bilanz gesondert auszuweisen. Der Abzugsbetrag ist in der Bilanz, dem Anhang oder der Eigenkapitalveränderungsrechnung anzugeben. Die Art und Weise der Verrechnung wird durch IAS 32 nicht festgelegt. Gemäß IDW RS HFA 45 Rz. 41 können die Regelungen des zwischenzeitlich aufgehobenen SIC 16.10 weiterhin angewendet werden. Demnach bestehen für die Absetzung eigener Anteile vom Eigenkapital folgende Möglichkeiten:

- Absetzung der gesamten Anschaffungskosten der eigenen Anteile vom Eigenkapital in einem Posten (one-line adjustment, cost method)
- Absetzung des Nennwerts (falls vorhanden) vom gezeichneten Kapital sowie Verrechnung des Differenzbetrags zu den Anschaffungskosten mit andern Eigenkapitalkategorien
- Anpassung jeder betroffenen Eigenkapitalkategorie.

Da bei Personenhandelsgesellschaften die Einlagen der Gesellschafter grundsätzlich kündbar sind, § 723 BGB, §§ 105 Abs. 3, 131 Abs. 3 und 161 Abs. 2 HGB, stellte sich in der Vergangenheit die Frage, ob diese nach IFRS entsprechend der handelsrechtlichen Regelung ebenfalls Eigenkapital sind oder Fremdkapital darstellen. Diese Problematik aufgreifend verabschiedete der

IASB im Februar 2008 eine ergänzte Version des IAS 32. Nach IAS 32.16A-16D rev. 2008 können Gesellschaftsanteile unter bestimmten Voraussetzungen im IFRS Einzelabschluss auch nach IFRS als Eigenkapital behandelt werden. Ggf. müssen die Gesellschaftsverträge angepasst werden. Hierzu gibt RIC 3 nützliche Hinweise.

3.3.7.2 Krankenhausspezifische Fragestellungen

Komponenten des Eigenkapitals nach KHBV

Das Eigenkapital gliedert sich gemäß Anlage 1 zur KHBV in:

- Eingefordertes Kapital
  Gezeichnetes Kapital
  abzüglich nicht eingeforderter ausstehender Einlagen
- Kapitalrücklagen
- Gewinnrücklagen
- Gewinnvortrag / Verlustvortrag
- Jahresüberschuss / Jahresfehlbetrag

Abbildung 3.3.7-4: Eigenkapitalbestandteile gemäß Anlage 1 zur KHBV

Gemäß § 5 Abs. 6 Satz 1 KHBV sind bei Krankenhäusern in einer anderen Rechtsform als der Kapitalgesellschaft oder ohne eigene Rechtspersönlichkeit (z. B. Eigenbetrieb) als „festgesetztes Kapital" die Beträge auszuweisen, die vom Krankenhausträger mittels einer ausdrücklichen – ggf. formalen – Erklärung auf Dauer zur Verfügung gestellt werden. Befristungen oder andere Vorbehalte dürfen mit dieser Erklärung nicht verbunden sein.

Soweit diese Voraussetzungen nicht vorliegen, ist das Kapital unter den Kapitalrücklagen gemäß § 5 Abs. 6 Satz 2 KHBV auszuweisen. Ggf. können auch Teilbeträge unter Gewinnrücklagen gemäß § 272 Abs. 3 HGB auszuweisen sein (RS KHFA 1 Rz. 68).

Als „Kapitalrücklagen" sind sonstige Einlagen des Krankenhausträgers auszuweisen. Dies sind solche Beträge, für die eine endgültige und dauerhafte Zuweisung durch den Krankenhausträger fehlt. Werden die Beträge nur befristet oder vorübergehend zur Verfügung gestellt, erfolgt der Ausweis als Verbindlichkeiten gegenüber dem Krankenhausträger.

Soweit öffentlich-rechtliche Gebietskörperschaften Investitionszuschüsse im Rahmen einer gesetzlichen oder institutionellen Förderung, z. B. früher nach dem Hochschulbauförderungsgesetz für die Universitätskliniken oder aufgrund ihrer durch Landesrecht begründeten Verpflichtung zur Gewährleistung der öffentlichen Gesundheitsversorgung im Rahmen einer ergänzenden Finanzierung zur Förderung nach dem KHG, zur Verfügung stellen, sind diese Mittel entsprechend

§ 5 Abs. 2 KHBV – d. h. unter Auflösung in Höhe der Abschreibungen – als „Sonderposten aus Zuweisungen und Zuschüssen der öffentlichen Hand" auszuweisen.

In den genannten Fällen kommt eine Behandlung als Einlagen des Krankenhausträgers und Ausweis unter den Kapitalrücklagen nicht in Betracht. Für Gewinnrücklagen ist § 272 Abs. 3 HGB entsprechend anzuwenden.

Bei einer Krankenhaus-GmbH ist das Stammkapital grundsätzlich in der im Handelsregister eingetragenen Höhe als „gezeichnetes Kapital" auf der Passivseite der Bilanz auszuweisen.

Hinsichtlich Personenhandelsgesellschaften i. S. d. § 264a Abs. 1 HGB wird auf § 264c HGB verwiesen.

Soweit bei steuerbegünstigten Krankenhäusern die Entwicklung der steuerlichen Rücklagen nach § 62 AO nachzuweisen ist, kann unter Bezugnahme auf § 265 Abs. 5 HGB eine erweiterte Untergliederung der handelsrechtlichen Gewinnrücklagen als zulässig erachtet werden.

Grundsätzlich haben steuerliche Rücklagen aufgrund der Mittelzufluss-/Mittelabfluss-Betrachtung einen anderen Charakter als handelsrechtliche Rücklagen (thesaurierte Überschüsse der Erträge über die Aufwendungen). Handelsrechtliche Rücklagen werden auf Basis von Beschlüssen der zuständigen Organe aus dem Jahresergebnis gebildet. Weist die steuerbegünstige Krankenhausträgergesellschaft kein positives Jahresergebnis aus, so können handelsrechtlich auch keine Rücklagen dotiert werden.

Steuerliche Rücklagen sind dagegen Mittel, die nicht zeitnah verwendet werden müssen und im Rahmen der Regelungen des § 62 AO dotiert werden können. Die gängigsten steuerlichen Rücklagen sind die Projekt- und Investitionsrücklage sowie die Betriebsmittelrücklage (§ 62 Abs. 1 Nr. 1 AO), die Wiederbeschaffungsrücklage (§ 62 Abs. 1 Nr. 2 AO) sowie die freie Rücklage (§ 62 Abs. 1 Nr. 3 AO). Sofern nicht ausreichend flüssige Mittel zur Verfügung stehen, stellen die steuerlichen Rücklagen insofern Informationsposten für die Verwendung künftig zufließender Mittel dar.

Werden die Jahresüberschüsse bzw. Jahresfehlbeträge – soweit rechtlich bzw. gemäß gesellschaftsvertraglich möglich – bereits bei Aufstellung des Jahresabschlusses direkt in die Gewinnrücklage eingestellt, dann entsteht kein Gewinn- bzw. Verlustvortrag. Da Ausschüttungen bei gemeinnützigen Krankenhausunternehmen kaum in Betracht kommen, erfolgt wohl am häufigsten die Einstellung der Gewinn- bzw. Verlustvorträge in die Gewinnrücklagen.

Tritt der Fall ein, dass sich Jahresüberschüsse und Jahresfehlbeträge im Zeitverlauf abwechseln, ist es sinnvoll, die Überschüsse nicht in die Rücklagen einzustellen, um die so entstehenden Gewinnvorträge mit Verlusten aus folgenden Jahren verrechnen zu können.

Spezielle Komponenten des Eigenkapitals nach IFRS

Der Übernahme der Komponenten des Eigenkapitals nach § 5 Abs. 6 KHBV in den Abschluss nach IFRS steht nichts entgegen.

Aufgrund spezieller Regelungen der IFRS ergeben sich unter Umständen zusätzliche spezifische Eigenkapitalposten in der Eigenkapitalveränderungsrechnung. Beispiele hierfür sind:

- Währungsdifferenzen bzw. Währungsumrechnungsrücklage
- Zur Veräußerung verfügbare finanzielle Vermögenswerte
- Cashflow-Absicherungen bzw. Rücklage aus Sicherungsgeschäften
- Neubewertungsrücklagen

Gemäß IAS 1.55 sind zusätzliche Posten in das Gliederungsschema aufzunehmen, wenn eine solche Darstellung für das Verständnis der Finanzlage des Unternehmens relevant ist.
Erläuterungen im Zusammenhang mit den Bestandteilen des Eigenkapitals finden sich auch in dem Kapitel „Eigenkapitalspiegel" (4.1.4.5).

3.3.8 Rückstellungen

3.3.8.1 Allgemeine Regelungen

Durch die Bildung von Rückstellungen sollen Aufwendungen im Jahresabschluss Berücksichtigung finden, die wirtschaftlich in den abgelaufenen oder früheren Perioden verursacht wurden, deren Abfluss am Abschlussstichtag wahrscheinlich oder sicher, deren Höhe oder zukünftiger Zahlungszeitpunkt jedoch ungewiss ist.

Gemäß § 4 Abs. 3 KHBV i. V. m. § 249 Abs. 1 HGB sind für folgende Sachverhalte Rückstellungen zu bilden:

- Ungewisse Verbindlichkeiten
- Drohende Verluste aus schwebenden Geschäften
- Im Geschäftsjahr unterlassene Aufwendungen für Instandhaltung, die innerhalb der ersten drei Monate des folgenden Geschäftsjahres nachgeholt werden
- Im Geschäftsjahr unterlassene Aufwendungen für Abraumbeseitigung, die innerhalb des folgenden Geschäftsjahres nachgeholt werden
- Gewährleistungen, die ohne rechtliche Verpflichtung erbracht werden

Abbildung 3.3.8-1: Rückstellungssachverhalte gemäß HGB

Ergibt sich der Grund für die Rückstellung aus einer Verpflichtung des Unternehmens gegenüber einem Dritten, so handelt es sich um eine Verbindlichkeitsrückstellung. Davon abweichend besteht bei einer Aufwandsrückstellung keine Verpflichtung des Unternehmens gegenüber einem Dritten sondern vielmehr „gegenüber sich selbst". Somit werden im Rahmen der Bildung der Rückstellung bereits Ausgaben im Abschluss berücksichtigt, die dem Erhalt des Unternehmens in der Zukunft dienen. Durch das Bilanzrechtsmodernisierungsgesetz wurde das Passivierungswahlrecht für unterlassene Aufwendungen für Instandhaltung, die nach Ablauf der Dreimonatsfrist im folgenden Geschäftsjahr nachgeholt wurden (§ 249 Abs. 1 Satz 3 HGB a. F.), abgeschafft. Eine Rückstellung ist somit nur noch für unterlassene Aufwendungen für Instandhaltung, die innerhalb der ersten drei Monate des folgenden Geschäftsjahres nachgeholt werden, zu bilden.

Rückstellungen für die in § 249 Abs. 2 HGB a. F. genannten Aufwendungen (z. B. für Generalüberholung) dürfen ebenfalls nicht mehr gebildet werden.

Schwebende Geschäfte sind zweiseitig verpflichtende oder gegenseitige Verträge, die auf einen Leistungsaustausch gerichtet sind und aus Sicht jedes Vertragspartners einen Anspruch und eine Verpflichtung begründen. Grundsätzlich werden schwebende Geschäfte nicht bilanziert, da von einer Ausgeglichenheit von Leistung und Gegenleistung ausgegangen wird. Droht jedoch die Möglichkeit, dass aus dem Vertrag ein Verlust resultiert, da die für die Zukunft geplanten Aufwendungen die zukünftigen Erträge übersteigen werden, ist eine Rückstellung in Höhe des Überschusses zu berücksichtigen (Imparitätsprinzip).

Entsprechend der Gliederung von KHBV und HGB teilen sich die Rückstellungen in die folgenden drei Gruppen auf:

- Rückstellungen für Pensionen und ähnliche Verpflichtungen
- Steuerrückstellungen
- Sonstige Rückstellungen

Abbildung 3.3.8-2: Gliederung der Rückstellungen gem. HGB/KHBV

Gemäß § 4 Abs. 3 KHBV i. V. m. § 249 Abs. 1 HGB sind Pensionsverpflichtungen grundsätzlich auch für Krankenhäuser rückstellungspflichtig. Danach müssen für Pensionsverpflichtungen (laufende Pensionen oder Pensionsanwartschaften) auf Grund einer unmittelbaren Zusage Rückstellungen gebildet werden, wenn der Pensionsberechtigte seinen Rechtsanspruch nach dem 31. Dezember 1986 erworben hat. Für vor dem 1. Januar 1987 erworbene Rechtsansprüche bzw. dessen Erhöhung besteht ein Passivierungswahlrecht (Art. 28 Abs. 1 Satz 1 EGHGB).

Für mittelbare Pensionsverpflichtungen besteht keine Passivierungspflicht. Dies betrifft vor allem die beispielsweise über eine ZVK eingeräumte Altersversorgung (Art. 28 Abs. 1 Satz 2 EGHGB).

Kapitalgesellschaften müssen die aufgrund des Wahlrechts gemäß Art. 28 Abs. 1 EGHGB nicht in die Bilanz aufgenommenen Rückstellungen für Pensionen, Anwartschaften auf Pensionen und ähnliche Verpflichtungen in einem Betrag in Anhang angeben. Für Krankenhäuser gilt diese Regelung aufgrund des Verweises in § 4 Abs. 3 KHBV entsprechend.

Als Steuerrückstellungen werden zukünftige Verpflichtungen aus der Zahlung für Körperschaftsteuer, Solidaritätszuschlag oder Gewerbesteuer ausgewiesen. Diese beruhen regelmäßig auf vorläufigen Steuerberechnungen für das Krankenhaus insgesamt oder für steuerpflichtige wirtschaftliche Geschäftsbetriebe auf Grund des Jahresergebnisses, vor Abgabe und Prüfung der Steuererklärungen für das betreffende Jahr. Des Weiteren werden unter dem Posten auch Rückstellungen für Risiken aus Betriebsprüfungen berücksichtigt.

Die sonstigen Rückstellungen beinhalten zum Beispiel Rückstellungen für:

- Urlaubsansprüche
- Altersteilzeitverpflichtungen
- Jubiläumszuwendungen
- Bereitschaftsdienste
- Rückzahlungsrisiken Einzel- und Pauschalfördermittel
- Ausstehende Rechnungen
- Risiken aufgrund von Prüfungen durch den MD
- Archivierung von Unterlagen
- Prozesskosten und Schadensfälle
- Sozialplanverpflichtungen

Abbildung 3.3.8-3: Zusammensetzung der sonstigen Rückstellungen

Rückstellungen werden in Anspruch genommen, wenn der Grund, für den sie gebildet wurden, eintritt, d. h. es kommt zur Zahlung gegenüber einem Dritten oder zum antizipierten Aufwand. Entsprechend tritt in dieser Höhe der Verbrauch der Rückstellung ein. Ein eventuell zu hoch gebildeter Rückstellungsbetrag ist erfolgswirksam aufzulösen. Einmal gebildete Rückstellungen dürfen nur aufgelöst werden, soweit der Grund für ihre Bildung entfallen ist (§ 249 Abs. 2 Satz 2 HGB).

Die Bewertung der Rückstellungen erfolgt in Höhe des nach vernünftiger kaufmännischer Beurteilung notwendigen Erfüllungsbetrags (§ 253 Abs. 1 Satz 2 HGB). Hiermit wird sichergestellt, dass zukünftige Preis- und Kostensteigerungen im Rahmen der Rückstellungsbewertung berücksichtigt werden. Es ist allerdings erforderlich, dass ausreichende objektive Hinweise auf den Eintritt künftiger Preis- und Kostensteigerungen schließen lassen.

Für Rückstellungen mit einer Restlaufzeit von mehr als einem Jahr besteht ein Abzinsungsgebot. Entsprechend § 253 Abs. 2 Satz 1 HGB sind diese längerfristigen Rückstellungen mit Ausnahme der Rückstellungen für Altersversorgungsverpflichtungen mit dem ihrer Restlaufzeit entsprechenden durchschnittlichen Marktzinssatz der vergangenen sieben Geschäftsjahre abzuzinsen. Bei Rückstellungen für Altersversorgungsverpflichtungen für Geschäftsjahre, die nach dem 31. Dezember 2015 beginnen, ist ein Zinssatz zu verwenden, der dem durchschnittlichen Marktzinssatz der vergangenen zehn Geschäftsjahre entspricht (§ 253 Abs. 2 Satz 1 HGB). Nach § 253 Abs. 6 Satz 1 HGB ist jedoch jährlich die Differenz zwischen dem Betrag der angesetzten Rückstellungen für Altersversorgungsverpflichtungen nach Abzinsung mit dem durchschnittlichen Marktzinssatz der vergangenen zehn Geschäftsjahre und dem Rückstellungsbetrag, der sich bei Abzinsung mit dem durchschnittlichen Marktzinssatz der vergangenen sieben Geschäftsjahre ergibt, zu ermitteln und im Anhang anzugeben. Darüber hinaus dürfen gemäß § 253 Abs. 6 Satz 2 HGB nur dann ausgeschüttet werden, wenn die nach der Ausschüttung frei verfügbaren Rücklagen zuzüglich eines Gewinnvortrags und abzüglich eines Verlustvortrags mindestens dem Unterschiedsbetrag im Sinne des § 253 Abs. 6 Satz 1 HGB entsprechen. Dieser Unterschiedsbetrag ist vor einer Verrechnung mit etwaigem Deckungsvermögen gemäß § 246 Abs. 2 Satz 2 Halbsatz 1 HGB zu ermitteln. Gemäß IDW RS HFA 30 n. F. Textziffer 55b erscheint eine Berücksichtigung der gegenläufigen Effekte auf angesetzte aktive oder passive latente Steuern bei der Ermittlung des ausschüttungsgesperrten Betrags sachgerecht.

Es stellt sich die Frage, ob die in § 253 Abs. 6 Satz 2 HGB geregelte Ausschüttungssperre in den Fällen, in denen ein Gewinnabführungsvertrag abgeschlossen wurde, auch als Abführungssperre wirkt. Da die Regelung des § 253 Abs. 6 Satz 2 HGB im Gegensatz zu § 268 Abs. 8 HGB nicht in die Formulierung des § 301 AktG aufgenommen wurde, ist davon auszugehen, dass die entsprechenden Beträge nicht abführungsgesperrt sind, so dass es erforderlich ist, die genannten Beträge im Rahmen eines Gewinnabführungsvertrages an den Organträger abzuführen, um die steuerliche Anerkennung des Ergebnisabführungsvertrages nicht zu gefährden (vgl. BMF Schreiben vom 23.12.2016 IV C 2 – S 2770/16/10002 BStBl. 2017 I, S. 41, sowie Beck (2020), § 253 Tz. 714).

Darüber hinaus erlaubt § 253 Abs. 2 Satz 2 HGB bei Rückstellungen für Altersversorgungsverpflichtungen und vergleichbaren langfristig fälligen Verpflichtungen eine Restlaufzeit von fiktiv 15 Jahren anzusetzen (§ 253 Abs. 2 Satz 2 HGB). Erträge aus der Abzinsung sind in der Gewinn- und Verlustrechnung gesondert unter dem Posten „Sonstige Zinsen und ähnliche Erträge" und Aufwendungen gesondert unter dem Posten „Zinsen und ähnliche Aufwendungen" auszuweisen (§ 277 Abs. 5 Satz 1 HGB). Für Krankenhäuser, die Ihre Gewinn- und Verlustrechnung entsprechend der Anlage 2 zur KHBV aufstellen, gilt dieser Sonderausweis mangels entsprechendem Verweis in § 4 Abs. 3 KHBV auf § 277 Abs. 5 HGB nicht. Die Ermittlung und monatliche Bekanntgabe der anzuwendenden Abzinsungszinssätze erfolgt durch die Deutsche Bundesbank. Durch die Verwendung des durchschnittlichen Marktzinssatzes der vergangenen sieben bzw. zehn Geschäftsjahre werden kurzfristige Zinsschwankungen ausgeglichen.

Bei Rückstellungen für Altersteilzeitverpflichtungen ist zu klassifizieren, ob die zu zahlenden Aufstockungsbeträge den Charakter einer Abfindung oder einer zusätzlichen Entlohnung haben. Davon abhängig sind die Aufstockungsbeträge mit ihrem Barwert sofort zurückzustellen oder über den Zeitraum anzusammeln, in dem vereinbarungsgemäß die zusätzliche Entlohnung erdient wird (vgl. IDW RS HFA 3). Darüber hinaus ist bei Wahl des sog. Blockmodells der Erfüllungsrückstand unter Anwendung versicherungsmathematischer Grundsätze zurückzustellen.

Bewertung von Rückstellungen nach § 4 Abs. 3 KHBV i. V. m. § 253 Abs. 1 und 2 HGB	
Kurzfristige Rückstellungen mit Restlaufzeit bis zu einem Jahr	Längerfristige Rückstellungen mit Restlaufzeit über einem Jahr
Ansatz in Höhe des nach vernünftiger kaufmännischer Beurteilung notwendigen Erfüllungsbetrags; inkl. zukünftiger Preis- und Kostensteigerungen	Ansatz in Höhe des nach vernünftiger kaufmännischer Beurteilung notwendigen Erfüllungsbetrags; inkl. zukünftiger Preis- und Kostensteigerungen
	Abzinsung mit dem ihrer Restlaufzeit entsprechenden durchschnittlichen Marktzinssatz der vergangenen sieben/zehn Geschäftsjahre

Abbildung 3.3.8-4: Bewertung von Rückstellungen nach § 4 Abs. 3 KHBV i. V. m. § 253 Abs. 1 und 2 HGB

Die IFRS verstehen unter Rückstellungen Schulden, die bezüglich ihrer Fälligkeit oder ihrer Höhe ungewiss sind (IAS 37.10). In Abgrenzung dazu kennen die IFRS Eventualschulden und Eventualforderungen. Die folgende Abbildung zeigt den Unterschied dieser drei Kategorien und deren unterschiedliche Behandlung im Abschluss nach IFRS.

<table>
<tr><td>Definition</td><td colspan="2">Rückstellungen</td><td colspan="2">Eventualschulden</td><td>Eventualforderungen</td></tr>
<tr><td></td><td colspan="4">gegenwärtige Verpflichtung aus einem Ereignis der Vergangenheit</td><td></td></tr>
<tr><td></td><td>mit wahrscheinlichem Ressourcenabfluss</td><td>in verlässlich schätzbarer Höhe</td><td>mit nicht wahrscheinlichem Ressourcenabfluss</td><td>oder in nicht verlässlich schätzbarer Höhe</td><td></td></tr>
<tr><td></td><td colspan="2"></td><td colspan="2">mögliche Verpflichtung aus einem Ereignis der Vergangenheit</td><td>möglicher Vermögenswert aus einem Ereignis der Vergangenheit</td></tr>
<tr><td></td><td colspan="2"></td><td colspan="3">deren/dessen Existenz noch von einem zukünftigen Ereignis abhängt</td></tr>
<tr><td></td><td colspan="2"></td><td colspan="3">und das nicht vollständig unter Kontrolle des Unternehmens steht</td></tr>
<tr><td>Bilanzierung</td><td colspan="2">Bilanzansatz und Anhangangaben</td><td colspan="2">kein Bilanzansatz aber Anhangangaben</td><td>kein Bilanzansatz aber Anhangangaben</td></tr>
</table>

Abbildung 3.3.8-5: Unterschied zwischen Rückstellungen, Eventualschulden und Eventualforderungen nach IFRS (Quelle: KPMG IFRS visuell 2021, Seite 88)

Nach IFRS dürfen keine Aufwandsrückstellungen gebildet werden. Entsprechend sind nach IFRS keine Rückstellungen für unterlassene Instandhaltungen zu bilden, so lange vom Krankenhausunternehmen keine Verpflichtung gegenüber einem Dritten besteht. Für die Rückstellung für unterlassene Instandhaltungen gemäß § 249 Abs. 1 Nr. 1 HGB besteht nach IFRS Ansatzverbot.

Die anderen oben aufgeführten Rückstellungen sind auch nach IFRS ansatzpflichtig, wenn diese die Kriterien einer Rückstellung erfüllen. Bei der Beurteilung der Wahrscheinlichkeit des Abflusses von Ressourcen kommt es darauf an, dass mehr für als gegen den Ressourcenabfluss spricht („probable"). Die sich nach Handelsrecht/KHBV und die sich nach IFRS ergebenden Ansatzkriterien unterscheiden sich in der Praxis kaum. Allerdings gibt es im deutschen Recht keine Notwendigkeit, dass die Höhe der Rückstellung verlässlich bestimmbar sein muss, um angesetzt werden zu dürfen.

Rückstellungen werden nach den IFRS insbesondere von den drei folgenden Standards behandelt:

- IAS 19: Rückstellungen für Pensionen und ähnliche Verpflichtungen
- IAS 12: Steuerrückstellungen
- IAS 37: Sonstige Rückstellungen

Abbildung 3.3.8-6: Einschlägige IAS Standards zu Rückstellungen

In den folgenden Abbildungen werden für sonstige Rückstellungen nach IAS 37.36ff. die allgemeinen Bewertungsvorschriften und besondere Anwendungsfälle dargestellt.

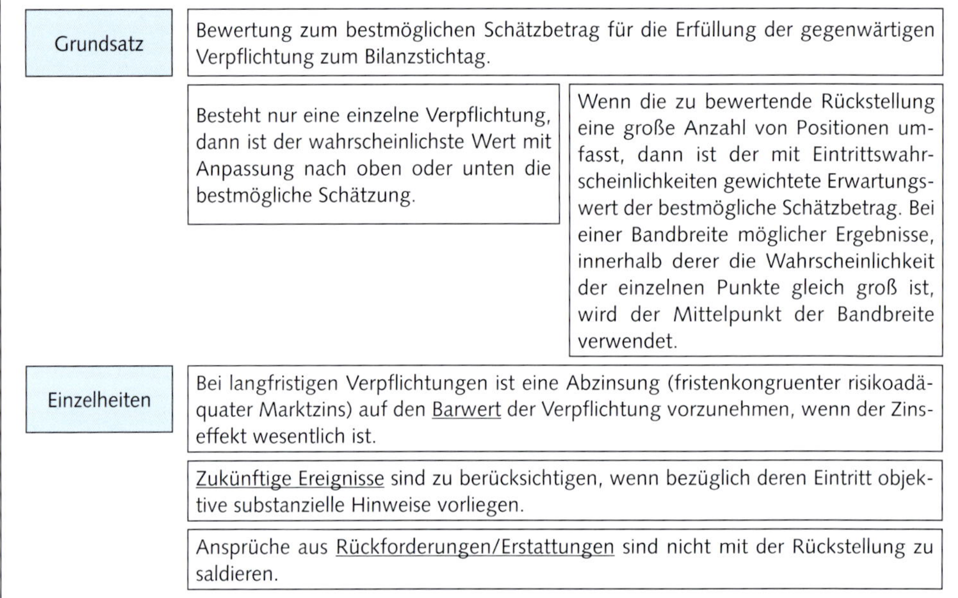

Abbildung 3.3.8-7: Bewertungsvorschriften für Rückstellungen nach IAS 37

Im Gegensatz zur handelsrechtlichen Rechnungslegung müssen Rückstellungen mit dem aktuellen Marktzinssatz und nicht mit dem Durchschnittszinssatz der letzten sieben Jahre abgezinst werden, so dass insoweit ein Bewertungsunterschied zwischen HGB/KHBV und IFRS besteht.

Künftige operative Verluste	Künftige operative Verluste dürfen nicht zurückgestellt werden. Stattdessen ist zu prüfen, ob Vermögenswerte wertgemindert sind (z. B. Geschäfts- oder Firmenwert, Gebäude, spezielle Gerätetechnik) (IAS 37.63 – 65).
Drohende Verluste	Sind die unvermeidbaren Kosten eines Vertrages voraussichtlich höher als der erwartete wirtschaftliche Nutzen aus dem Vertrag, dann ist eine Rückstellung für drohende Verluste aus belastenden Verträgen (Drohverlustrückstellung) zu bilden. Vor Bildung der Drohverlustrückstellung sind mit dem Vertrag verbundene Vermögenswerte abzuwerten (IAS 37.66 – 69).
Restrukturierungen	Für Restrukturierungen im Unternehmen (Verkauf oder Beendigung eines Geschäftszweigs, Stilllegung eines Standorts oder Verlegung von Geschäftsaktivitäten, Veränderung der Managementstruktur, wesentliche Umorganisationen) sind Rückstellungen zu bilden, wenn • bei Verkauf ein bindender Verkaufsvertrag vorliegt oder • ein Restrukturierungsplan vorliegt und • mit der Umsetzung des Restrukturierungsplanes vor dem Bilanzstichtag begonnen wurde beziehungsweise • die wesentlichen Bestandteile des Restrukturierungsplanes den Betroffenen angekündigt wurden. (IAS 37.70 ff.)

Abbildung 3.3.8-8: Besondere Anwendungsfälle für Rückstellungen nach IAS 37

Gemäß IAS 37.72 muss es sich bei dem Restrukturierungsplan um einen detaillierten formalen Plan handeln, der mindestens Folgendes beinhaltet:

- Betroffener Geschäftsbereich oder Teil eines Geschäftsbereichs
- Wichtigste betroffene Standorte
- Standort, Funktion und ungefähre Anzahl der Arbeitnehmer, die für die Beendigung ihres Beschäftigungsverhältnisses eine Abfindung erhalten sollen
- Entstehende Ausgaben
- Zeitpunkt der Umsetzung

Steuerrechtlich gilt grundsätzlich nach § 5 Abs. 1 Satz 1 EStG die Maßgeblichkeit der Handelsbilanz für die Steuerbilanz es sei denn, es wurde im Rahmen der Ausübung eines steuerlichen Wahlrechts ein anderer Ansatz gewählt oder das Steuerrecht sieht Sonderregelungen vor.

In den folgenden Abbildungen (▶ Abb. 3.3.8-9 bis Abb. 3.3.8-11) werden die Abweichungen bezüglich des Ansatzes und der Bewertung von Rückstellungen erläutert, die nicht bei den krankenhausspezifischen Fragestellungen enthalten sind:

Ansatz	Jubiläumsrückstellungen (§ 5 Abs. 4 EStG) dürfen nur unter bestimmten Voraussetzungen gebildet werden (siehe Abbildung 4.3.8-10).
	Rückstellungen für Prozesskosten sind nach ständiger Rechtsprechung des Bundesfinanzhofes nur für rechtsanhängige Streitsachen zu bilden.
	Rückstellungen für drohende Verluste aus schwebenden Geschäften sind steuerlich nicht anzusetzen (§ 5 Abs. 4a EStG).
Bewertung	Im Allgemeinen zum Erfüllungsbetrag unter Berücksichtigung von § 6 Abs. 1 Nr. 3a EStG (siehe Abbildung 4.3.8-11). Stichtagsprinzip, d. h. es sind die Preis- und Kostenverhältnisse zum Stichtag heranzuziehen (§ 6 Abs. 1 Nr. 3a Buchst. f EStG). Handelsrechtlich sind nach § 253 HGB hingegen künftige Preis- und Kostensteigerungen zu berücksichtigen.
	Rückstellung für Altersteilzeit: steuerlich weiterhin zeitanteilige Ansammlung des Regelarbeitsentgelts und des Aufstockungsbetrages (BFH-Urteil v. 30.11.2005 – Aktz.: I R 110/04, BStBl. II 2007, S. 251). § 6 Abs. 1 Nr. 3a Buchstabe c) EStG ist zu berücksichtigen; Erstattungsansprüche nach § 4 (1) AltTZG sind gegen zu rechnen.

Abbildung 3.3.8-9: Steuerliche Beurteilung von Rückstellungen

Die Ansatzbestimmungen zur Jubiläumsrückstellung nach § 5 Abs. 4 EStG werden folgend erläuternd dargestellt:

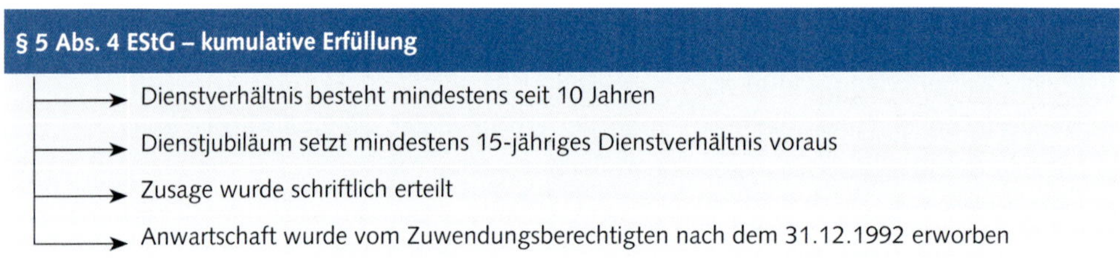

Abbildung 3.3.8-10: Jubiläumsrückstellung im Steuerrecht

Wie bereits in der Abb. 3.3.8-9 Steuerliche Beurteilung von Rückstellungen erläutert, wird folgend die Bewertung von Rückstellungen im Allgemeinen nach § 6 Abs. 1 Nr. 3a EStG dargestellt:

§ 6 Abs. 1 Nr. 3a EStG – Bewertung von Rückstellungen	
Höhe der Rückstellung begrenzt auf zulässigen Ansatz in der Handelsbilanz (R 6.11 Abs. 3 EStR 2012)	
Buchstabe a)	Berücksichtigung von Erfahrungen der Vergangenheit
Buchstabe b)	Sachleistungsverpflichtungen sind mit Einzelkosten und angemessenen Teilen der notwendigen Gemeinkosten zu bewerten
Buchstabe c)	künftige Vorteile sind wertmindernd zu berücksichtigen
Buchstabe d)	zeitanteilige Ansammlung
Buchstabe e)	Laufzeit länger als 12 Monate und kein Zinsanteil enthalten = Abzinsung mit 5,5 %
Buchstabe f)	Wertverhältnisse am Bilanzstichtag maßgebend, keine Berücksichtigung künftiger Preis- und Kostensteigerungen

Abbildung 3.3.8-11: Bewertung von Rückstellungen im Steuerrecht

Wie aus der Abbildung 3.3.8-11 ersichtlich, werden Rückstellungen mit einer Laufzeit > 1 Jahr mit ihrem Barwert bewertet. Die Ermittlung dieses Barwertes erfolgt steuerlich mit einem gesetzlich vorgeschriebenen Zinssatz von 5,5 %. Handelsrechtlich ist hierbei hingegen mit einem der Laufzeit der Rückstellung entsprechenden durchschnittlichen Marktzinssatz der vergangenen sieben Geschäftsjahre abzuzinsen. Der durchschnittliche Marktzinssatz wird zum Ende eines jeden Monats von der Deutschen Bundesbank veröffentlicht.

Je nach Entwicklung des durchschnittlichen Marktzinssatzes kann dies zu aktiven latenten Steuern (Ansatz Rückstellung Steuerbilanz < Ansatz Rückstellung Handelsbilanz) führen. Da nach Auffassung der Finanzverwaltung (R 6.11 Abs. 3 EStR 2012) und der Rechtsprechung (BFH I R 66/11, BStBl II 13, S. 676) die Höhe der Rückstellungen (mit Ausnahme der Pensionsrückstellungen) in der Steuerbilanz den zulässigen Ansatz in der Handelsbilanz nicht überschreiten darf, sollten passive latente Steuern (Ansatz Rückstellung Steuerbilanz > Ansatz Rückstellung Handelsbilanz) aus Abweichungen zwischen HGB und Steuerbilanz insoweit nicht mehr auftreten.

Bestehen bezüglich der Wertansätze nach IFRS Abweichungen zur Steuerbilanz kann dies ebenso zu latenten Steuern führen (s. o.).

Sollten Passivposten oder Verpflichtungen übertragen werden, die Ansatzverboten, -beschränkungen oder steuerlichen Bewertungsvorbehalten unterliegen (maßgeblich sind hier vor allem Pensionsverpflichtungen), ist § 4f EStG (anwendbar für Wirtschaftsjahre, die nach dem 28. November 2013 enden) zu beachten. Hiernach wird die Realisierung stiller Lasten auf 15 Jahre verteilt. Eine sofortige Realisierung verbleibt nur in den Fällen der Veräußerung oder Aufgabe des Betriebs oder eines gesamten Mitunternehmeranteils und für Betriebe, die die Größenmerkmale des § 7g Abs. 1 Satz 2 Nr. 1 nicht überschreiten. § 5 Abs. 7 EStG anwendbar für Wirtschaftsjahre, die nach dem 28. November 2013 enden bzw. auf Antrag früher, findet als Komplementärvorschrift beim Übernehmenden Anwendung.

3.3.8.2 Krankenhausspezifische Fragestellungen

Rückstellungen für Pensionen und ähnliche Verpflichtungen

Nach der KHBV i. V. m. Art. 28 Abs. 1 EGHGB sind Rückstellungen nur verpflichtend für Pensionszusagen zu bilden, die nach dem 31. Dezember 1986 gegeben wurden. Wird von dem Wahlrecht, die Pensionszusagen vor 1987 nicht anzusetzen, Gebrauch gemacht, so müssen durch Kapitalgesellschaften die nicht bilanzierten Pensionsverpflichtungen im Anhang angegeben werden, (Art. 28 Abs. 2 EGHGB) so dass im versicherungsmathematischen Gutachten auch hierfür ein Wert ermittelt werden muss. Nach den IFRS ist ein Ansatz aller Pensionsverpflichtungen – unabhängig vom Zusagezeitpunkt – im Rahmen eines Pensionsplanes verpflichtend.

Der Ansatz der Pensionsrückstellungen erfolgt nach HGB/KHBV in Höhe des nach vernünftiger kaufmännischer Beurteilung notwendigen Erfüllungsbetrags (§ 253 Abs. 1 HGB). Soweit sich die Höhe von Altersversorgungsverpflichtungen ausschließlich nach dem beizulegenden Zeitwert von Wertpapieren im Sinn des § 266 Abs. 2 A.III.5 HGB bestimmt, sind Rückstellungen hierfür zum beizulegenden Zeitwert dieser Wertpapiere anzusetzen, soweit er einen garantierten Mindestbetrag übersteigt. Nach § 246 Abs. 2 Satz 2 HGB zu verrechnende Vermögensgegenstände sind mit ihrem beizulegenden Zeitwert zu bewerten. Die Verrechnung ist nur zulässig, wenn diese Vermögensgegenstände zur Erfüllung von Altersvorsorgeverpflichtungen dienen und dem Zugriff der übrigen Gläubiger entzogen sind (zum Beispiel an Arbeitnehmer verpfändete Ansprüche an Rückdeckungsversicherungen).

Da es sich bei Pensionsrückstellungen i. d. R. um Altersversorgungsverpflichtungen mit einer Restlaufzeit von über einem Jahr handelt, sind sie gemäß § 253 Abs. 2 HGB mit dem ihrer Restlaufzeit entsprechenden durchschnittlichen Marktzinssatz der vergangenen zehn Jahre abzuzinsen. Es besteht eine Angabepflicht für den Unterschiedsbetrag, der sich bei einer Abzinsung der Rückstellung für Altersversorgungsverpflichtung mit einem durchschnittlichen Marktzinssatz der vergangenen sieben beziehungsweise zehn Jahre ergibt. Darüber hinaus ist dieser Betrag ausschüttungs-, aber nicht abführungsgesperrt (wir verweisen diesbezüglich auf die Ausführungen im Kapitel 3.3.8.1).

Alternativ dürfen Rückstellungen für laufende Pensionen oder Anwartschaften auf Pensionen sowie vergleichbare langfristig fällige Verpflichtungen – unter Außerachtlassung des Einzelbewertungsgrundsatzes – anstelle der Ermittlung des individuellen Abzinsungssatzes für jede einzelne Pensionsverpflichtung pauschal mit dem durchschnittlichen Marktzinssatz abgezinst werden, der sich bei einer angenommenen Restlaufzeit von 15 Jahren ergibt. Der IDW RS HFA 30 Tz. 57

empfiehlt jedoch, im Falle deutlich kürzerer (z. B. ältere Versorgungsempfänger im Bestand) bzw. deutlich längerer Restlaufzeiten als 15 Jahre bei der Bestimmung des anzuwendenden Abzinsungssatzes von der tatsächlichen (kürzeren oder längeren) Restlaufzeit auszugehen.

Erträge aus der Abzinsung sind gemäß § 277 Abs. 5 Satz 1 HGB in der Gewinn- und Verlustrechnung gesondert unter dem Posten „Sonstige Zinsen und Erträge" und Aufwendungen gesondert unter dem Posten „Zinsen und ähnliche Aufwendungen" auszuweisen. Mangels Verweis in § 4 Abs. 3 KHBV gelten diese Ausweisvorschriften nicht für nach der Anlage 2 zur KHBV erstellte Gewinn- und Verlustrechnungen. Der anzuwendende Abzinsungssatz wird von der Deutschen Bundesbank nach Maßgabe einer Rechtsverordnung ermittelt und monatlich bekannt gegeben. Da die Pensionsverpflichtungen nach IFRS mit dem aktuellen Marktzinssatz abgezinst werden, besteht verglichen zu HGB/KHBV ein Bewertungsunterschied.

Zur Ermittlung der Pensionsrückstellungen sind gemäß § 285 Nr. 24 HGB folgende Anhangsangaben zu machen:

- das angewandte versicherungsmathematische Bewertungsverfahren
- grundlegende Annahmen der Berechnung wie
  - Zinssatz
  - erwartete Lohn- und Gehaltssteigerungen
  - zu Grunde gelegte Sterbetafeln

Abbildung 3.3.8-12: Anhangsangaben zu Pensionsrückstellungen

Mittelbare Pensionsverpflichtungen sind nach HGB/KHBV nicht zu bilanzieren. Es sind verschiedene Angaben im Anhang zu machen (vgl. Kapitel 3.5).

Soweit sich aus der Umstellung der Bewertung der Pensionsrückstellungen auf Grund der Einführung des BilMoG Änderungen in der Rückstellungshöhe ergeben haben, sind die hieraus resultierenden Differenzen gemäß Art. 67 EGHGB wie folgt zu behandeln:

Bewertungsvorschrift nach BilMoG hat zu einer Erhöhung der Rückstellung geführt

Die Zuführung war grundsätzlich im Erstjahr der Anwendung der neuen Bewertungsvorschriften zu erfassen. Um eine unverhältnismäßig hohe Belastung des Bilanzierenden zu vermeiden, bestand jedoch das Wahlrecht, den Betrag der Zuführung in Jahresraten von mindestens einem Fünfzehntel bis spätestens zum 31. Dezember 2024 anzusammeln. Die Verteilung muss nicht bis zum 31. Dezember 2024 erfolgen. Sie kann auch schneller vorgenommen werden. In diesem Fall erhöhen sich die einzelnen Jahresbeträge entsprechend.

Die Ansammlung des Zuführungsbetrags muss nicht einem im Voraus festgelegten Plan folgen. Vielmehr dürfen die zu erfassenden Jahresraten jährlich frei festgelegt werden (unter Berücksichtigung der Grenzen der Übergangsvorschrift – vgl. IDW RS HFA 28 Rz. 44). Die jährlich erfolgswirksam zu erfassenden Zuführungsbeträge sind seit dem 1. Januar 2016 als sonstiger betrieblicher Aufwand zu erfassen und sofern sie von außergewöhnlicher Bedeutung oder Größenordnung sind, im Anhang auszuweisen. Der erforderliche Zuführungsbetrag ist der Differenzbetrag zwischen dem (grundsätzlich) zurückzustellenden Betrag nach dem alten und nach dem neuen Recht.

Er war insgesamt, d. h. auf den gesamten Posten bezogen (Gesamtbetrachtung), und nur einmal auf den Zeitpunkt der erstmaligen Anwendung der neuen Vorschriften zu berechnen und anschließend anzusammeln (vgl. IDW RS HFA 28 Rz. 42).

Im Falle der notwendigen Saldierung der Pensionsrückstellung mit Deckungsvermögen war der sich aufgrund der Neubewertung der Pensionsrückstellung ergebende Zuführungsbetrag um den unrealisierten Ertrag aus der Höherbewertung des zur Zeitbewertung anzusetzenden Deckungsvermögens zu vermindern (vgl. IDW RS HFA 28 Rz. 48).

Bei Ausübung des Wahlrechts müssen u. a. Kapitalgesellschaften und Personenhandelsgesellschaften im Sinne des § 264a HGB im Anhang den Betrag der nicht in der Bilanz ausgewiesenen Rückstellung für laufende Pensionen und Anwartschaften angeben.

Bewertungsvorschrift nach BilMoG führte zu einer Verminderung der Rückstellung

Die Verminderung der Rückstellung führte grundsätzlich zu einer Auflösung der Rückstellung im Erstjahr der Anwendung der neuen Bewertungsvorschriften. In diesem Fall waren die aus der Auflösung resultierenden Beträge unmittelbar in die Gewinnrücklagen einzustellen.

Machte der Bilanzierende von dem Wahlrecht Gebrauch, die Rückstellung nicht aufzulösen, so ist dies nach Art. 67 Abs. 1 Satz 2 EGHGB nur möglich, wenn in den folgenden Geschäftsjahren bis zum 31. Dezember 2024 Zuführungen in Höhe der Auflösung erforderlich sind. Die Überdeckung ist ebenfalls im Anhang anzugeben.

Planvermögen

Zu dem grundsätzlich bestehenden Verrechnungsverbot von Vermögensgegenständen und Schulden (§ 246 Abs. 1 Satz 1 HGB) besteht eine – bereits aus dem Bereich der IFRS bekannte – Ausnahme, bei der eine Verrechnung zwingend vorzunehmen ist. Nach § 246 Abs. 2 Satz 2 HGB sind Vermögensgegenstände, die dem Zugriff aller übrigen Gläubiger entzogen sind und ausschließlich der Erfüllung von Schulden aus Altersversorgungsverpflichtungen oder vergleichbaren langfristig fälligen Verpflichtungen dienen, mit diesen Schulden zu verrechnen.

Entsprechend ist mit den zugehörigen Aufwendungen und Erträgen aus der Abzinsung der Rückstellung und aus dem zu verrechnenden Vermögen zu verfahren. Die zu verrechnenden Vermögensgegenstände sind abweichend vom Anschaffungskostenprinzip mit dem beizulegenden Zeitwert zu bewerten (§ 253 Abs. 1 Satz 4 HGB).

Übersteigt der beizulegende Wert der zu verrechnenden Vermögensgegenstände den Betrag der Schulden, ist der übersteigende Betrag unter einem gesonderten Posten zu aktivieren (HGB: E. Aktiver Unterschiedsbetrag aus der Vermögensverrechnung / Anlage 1 zu KHBV: F. Aktiver Unterschiedsbetrag aus der Vermögensverrechnung).

Hinsichtlich des um die korrespondierenden passiven latenten Steuern rechnerisch verminderten Betrages besteht eine Ausschüttungssperre (§ 268 Abs. 8 Satz 3 HGB). Nach § 285 Nr. 25 HGB sind, sofern es sich nicht ausschließlich um einen Abschluss nach KHBV handelt, im Anhang im Fall der Verrechnung von Vermögensgegenständen und Schulden nach § 246 Abs. 2 Satz 2 HGB die Anschaffungskosten und der beizulegende Zeitwert der verrechneten Vermögensgegenstände, der Erfüllungsbetrag der verrechneten Schulden sowie die verrechneten Aufwendungen und Erträge anzugeben. Die grundlegenden Annahmen, die der Bestimmung des beizulegenden Zeitwerts mit Hilfe allgemein anerkannter Bewertungsmethoden zugrunde gelegt wurden, sind ebenfalls anzugeben.

Pensionsverpflichtungen gegenüber Beamten

In kommunalen bzw. ehemaligen kommunalen Krankenhäusern besteht die Möglichkeit, dass Beamte z. B. im Bereich der Verwaltung oder des ärztlichen Dienstes beschäftigt sind oder beschäftigt waren. Die Versorgung der Beamten und deren Hinterbliebenen wird durch Gesetz geregelt (§ 3 Abs. 1 BeamtVG). Auf die gesetzlich zustehende Versorgung kann nach § 3 Abs. 3 BeamtVG weder ganz noch teilweise verzichtet werden. Dies bedeutet, dass ein Dienstherr gegenüber seinen Beamten stets vollumfänglich verpflichtet bleibt. Werden bzw. wurden diese Beamte in einem rechtlich unselbständigen Sondervermögen einer juristischen Person des öffentlichen Rechts (z. B. kommunaler Eigenbetrieb) eingesetzt, sind die den Beamten gegenüber erwachsenden Versorgungsverpflichtungen originäre Pensionsverpflichtungen des Sondervermögens, obwohl das Beamtenverhältnis unverändert im Verhältnis zur juristischen Person des öffentlichen Rechts besteht. Somit wird die entsprechende Pensionsrückstellung im Jahresabschluss beispielsweise des Eigenbetriebs bilanziert, wenn keine Freistellungsvereinbarung vorliegt (IDW RS HFA 23, Tz. 22 ff.).

Etwas anderes gilt, wenn die Beamten für eine rechtlich selbständige Einheit z. B. eine GmbH tätig werden. Trägt beispielsweise die Krankenhaus-GmbH aufgrund einer Vereinbarung z. B. mit der Stadt oder dem Kreis die Altersversorgungslasten bei deren Fälligkeit, werden durch solche Vereinbarungen die Versorgungsverpflichtungen gegenüber diesen Beamten – anders als bei rechtlich unselbständigen Sondervermögen – nicht zu originären Pensionsverpflichtungen der Krankenhaus-GmbH. Die Pensionsrückstellung ist daher bei der Stadt oder dem Kreis zu bilanzieren. Die aus der Vereinbarung resultierende Verpflichtung der rechtlich selbstständigen Einheit zur Zahlung der Versorgungsleistungen gegenüber der juristischen Person des öffentlichen Rechts als Dienstherr ist eine ihrer Höhe nach ungewisse Verbindlichkeit, die als sonstige Rückstellung anzusehen ist. Hiervon zu unterscheiden sind Fälle, in denen nach der Vereinbarung zwischen der juristischen Person des öffentlichen Rechts und der rechtlich selbstständigen Einheit die Altersversorgungslasten bei deren Fälligkeit nicht von Letzterer übernommen werden, sondern beim Dienstherrn verbleiben. In diesen Fällen werden i. d. R. im Rahmen der Entgeltregelung für die Überlassung der Beamten Aufschläge für die Erfüllung der Pensionsverpflichtungen erhoben. Diese sind aus Sicht der rechtlich selbstständigen Einheit Bestandteil des Entgelts für die Personalgestellung und damit Bestandteil eines schwebenden Geschäfts. Der Ansatz einer Rückstellung bei der rechtlich selbstständigen Einheit kommt insoweit nicht in Betracht (IDW RS HFA 23, Tz. 26 ff.).

Da es sich jedoch nicht um eine Rückstellung für Altersversorgungsverpflichtungen oder vergleichbare langfristige fällige Verpflichtung handelt, muss die Abzinsung abweichend zum oben Dargestellten mit dem durchschnittlichen Marktzinssatz der vergangenen sieben Geschäftsjahre abgezinst werden (§ 253 Abs. 2 Satz 1). Da § 253 Abs. 1 Satz 2 HG, nachdem Rückstellungen in Höhe des nach vernünftiger kaufmännischer Beurteilung notwendigen Erfüllungsbetrages anzusetzen sind, weiterhin Anwendung findet, ist die Rückstellung ebenfalls unter Berücksichtigung künftiger Lohn-, Gehalts- und Rentenentwicklung zu bewerten. Somit wird auch hier die Erstellung eines Versicherungsmathematischen Gutachtens notwendig sein. Der Ausweis dieser Rückstellung wird unter dem Posten sonstige Rückstellungen erfolgen (vgl. auch HFA: Auswirkungen der Neufassung von IDW RS HFA 30 auf IDW RS HFA 23, IDWLife 2017, S. 529).

Pensionsverpflichtungen bei Betriebsübergängen i. S. d. § 613a BGB

Im Falle eines (Teil-)Betriebsübergangs nach § 613a BGB tritt das übernehmende Unternehmen in die Rechte und Pflichten aus den im Zeitpunkt des Übergangs bestehenden Altersversorgungsverpflichtungen aus den verfallbaren und unverfallbaren Anwartschaften der im Zeitpunkt des Betriebsübergangs aktiven Versorgungsberechtigten ein. Ansprüche ausgeschiedener Versorgungsberechtigter verbleiben beim übertragenden Unternehmen.

Im Falle nicht wirksam übertragener Verpflichtungen besteht der Anspruch weiterhin gegenüber dem ursprünglichen Arbeitgeber, und es ist lediglich die Vereinbarung eines Schuldbeitritts bzw.

einer auf das Innenverhältnis der beteiligten Unternehmen beschränkten Freistellung des gegenüber den Versorgungsberechtigten verpflichteten Unternehmens denkbar. Wenn Verpflichtungen im Rahmen von § 613a BGB übergehen, ergibt sich für das übernehmende Unternehmen eine Rückstellungspflicht (das Passivierungswahlrecht nach Art. 28 EGHGB entfällt). Bei einer wirksamen Schuldübernahme bilanziert das übernehmende Unternehmen eine Pensionsrückstellung. Liegt keine wirksame Schuldübernahme vor, besteht aber zwischen dem übertragenden und dem übernehmenden Unternehmen beispielsweise eine Freistellungsvereinbarung, die im Innenverhältnis als Schuldbeitritt mit Erfüllungsübernahme zu werten ist, ist beim übernehmenden Unternehmen eine Rückstellung zu bilden. Durch den Schuldbeitritt wird der Charakter der Verpflichtung und daher auch die gesetzliche Einordnung der Verpflichtung als Altersversorgungsverpflichtung bzw. vergleichbare langfristig fällige Verpflichtung gewahrt. Erfüllungsübernahmen bezogen auf Altersversorgungsverpflichtungen sind somit bei Vorliegen eines Schuldbeitritts in der Bilanz als Pensionsrückstellungen zu behandeln (vgl. IDW RS HFA 30 Tz. 96 ff.).

Pensionen und ähnliche Verpflichtungen nach IFRS

IAS 19 regelt Leistungen an Arbeitnehmer in den vier Kategorien kurzfristig fällige Leistungen, Leistungen nach Beendigung des Arbeitsverhältnisses, andere langfristig fällige Leistungen an Arbeitnehmer sowie Leistungen aus Anlass der Beendigung des Arbeitsverhältnisses.

Leistungen nach Beendigung des Arbeitsverhältnisses sind hinsichtlich der Bilanzierung komplex geregelt. Üblicherweise führen die daraus entstehenden Verpflichtungen zu Rückstellungen für Pensionen und ähnliche Verpflichtungen (auch Pensionsrückstellungen). Die IFRS unterscheiden zwischen beitragsorientierten (defined contribution plans) und leistungsorientierten Plänen (defined benefit plans). Für die Berechnung der Pensionsrückstellungen sind die zukünftigen Leistungsverpflichtungen mit einem aktuellen fristenkongruenten Zinssatz abzuzinsen, der am Abschlussstichtag fur hochwertige, festverzinsliche Unternehmensanleihen erzielt wird. Sofern kein liquider Markt in dieser Form vorliegt, sind stattessen die Marktrenditen für auf diese Währung lautende Staatsanleihen zu verwenden (IAS 19.83).

Der wesentliche Unterschied zwischen beiden Plänen ist in folgender Übersicht dargestellt.

	Beitragsorientierte Pläne	Leistungsorientierte Pläne
Wesen	• Der Arbeitgeber zahlt festgelegte Beiträge an eine eigenständige Einheit (einen Fonds), der später den Arbeitnehmer bedient. • Er gibt keine Garantie über die Höhe der Leistungen an den Arbeitnehmer. • Die Leistungen an den Arbeitnehmer werden allein durch das Fondsvermögen bestimmt.	• Der Arbeitgeber garantiert eine in der Höhe festgelegte Pensionsleistung und muss dafür Sorge tragen, dass das Fondsvermögen ausreicht, um diese Leistung abzudecken. • Eine eventuelle Deckungslücke muss der Arbeitgeber ausgleichen. • Die Verpflichtung kann auch ohne Fondsdeckung bestehen.
Bilanzierungsprinzip	Der im Austausch mit der Arbeitsleistung zu zahlende Beitrag ist Aufwand der jeweiligen Rechnungslegungsperiode. Bilanzposten entstehen nur im Falle der Überzahlung (Forderung) oder Unterzahlung (Verbindlichkeit).	Bildung einer Rückstellung in Höhe des Barwerts der leistungsorientierten Verpflichtung. Zur Bestimmung des Barwerts ist die projected unit credit method (IAS 19.67) zu verwenden. Abzinsung der Verpflichtungen mit aktuellem, fristenkongruentem Zinssatz erstrangiger Industrieanleihen, Berücksichtigung zukünftiger Gehaltssteigerungen. In Verbindung mit dem Pensionsplan bestehendes Vermögen ist zum fair value zu bewerten und mit dem Barwert der leistungsorientierten Verpflichtung zu saldieren (wird der Betrag negativ, kann dies unter bestimmten Voraussetzungen zu dem Ansatz eines Vermögenswerts führen).

Abbildung 3.3.8-13: Unterschied zwischen beitrags- und leistungsorientierten Pensionsplänen

In der folgenden Übersicht werden die Kostenkomponenten leistungsorientierter Versorgungspläne dargestellt.

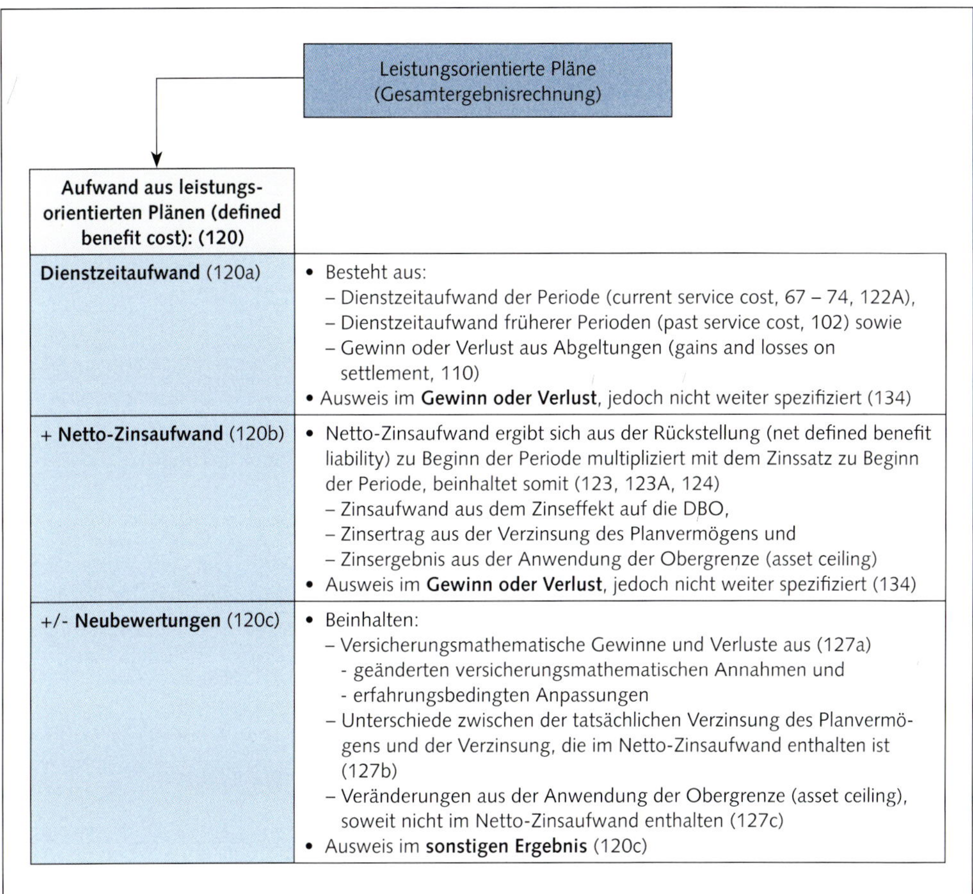

Leistungsorientierte Pläne (Gesamtergebnisrechnung)

Aufwand aus leistungsorientierten Plänen (defined benefit cost): (120)	
Dienstzeitaufwand (120a)	• Besteht aus: – Dienstzeitaufwand der Periode (current service cost, 67 – 74, 122A), – Dienstzeitaufwand früherer Perioden (past service cost, 102) sowie – Gewinn oder Verlust aus Abgeltungen (gains and losses on settlement, 110) • Ausweis im **Gewinn oder Verlust**, jedoch nicht weiter spezifiziert (134)
+ **Netto-Zinsaufwand** (120b)	• Netto-Zinsaufwand ergibt sich aus der Rückstellung (net defined benefit liability) zu Beginn der Periode multipliziert mit dem Zinssatz zu Beginn der Periode, beinhaltet somit (123, 123A, 124) – Zinsaufwand aus dem Zinseffekt auf die DBO, – Zinsertrag aus der Verzinsung des Planvermögens und – Zinsergebnis aus der Anwendung der Obergrenze (asset ceiling) • Ausweis im **Gewinn oder Verlust**, jedoch nicht weiter spezifiziert (134)
+/- **Neubewertungen** (120c)	• Beinhalten: – Versicherungsmathematische Gewinne und Verluste aus (127a) - geänderten versicherungsmathematischen Annahmen und - erfahrungsbedingten Anpassungen – Unterschiede zwischen der tatsächlichen Verzinsung des Planvermögens und der Verzinsung, die im Netto-Zinsaufwand enthalten ist (127b) – Veränderungen aus der Anwendung der Obergrenze (asset ceiling), soweit nicht im Netto-Zinsaufwand enthalten (127c) • Ausweis im **sonstigen Ergebnis** (120c)

Abbildung 3.3.8-14: Bilanzierung von leistungsorientierten Pensionsplänen nach IAS 19, Quelle: KPMG IFRS visuell 2021, S. 49

Der Dienstzeitaufwand der Periode entspricht dem Anstieg des Barwerts einer Leistungsverpflichtung, die aus einer Arbeitsleistung in der Berichtsperiode entsteht.

Nachzuverrechnender Dienstzeitaufwand (= Dienstzeitaufwand früherer Perioden) ist die Veränderung des Barwerts einer Leistungsverpflichtung aus früheren Perioden, die aus einer Anpassung oder Kürzung eines Plans entsteht. Dieser Dienstzeitaufwand ist zu dem früheren Zeitpunkt anzusetzen, an dem die Anpassung oder Kürzung des Plans eintritt oder an dem das Unternehmen verbundene Umstrukturierungskosten oder Leistungen aus Anlass der Beendigung des Arbeitsverhältnisses ansetzt. Eine Plananpassung liegt vor, wenn ein Unternehmen einen leistungsorientierten

Plan einführt oder zurückzieht oder die Leistungen verändert, die im Rahmen eines bestehenden leistungsorientierten Plans zu zahlen sind. Eine Kürzung liegt vor, wenn die Anzahl der durch einen Plan versicherten Arbeitnehmer erheblich verringert wird (IAS 19.102 ff.).

Eine Abgeltung von Versorgungsansprüchen liegt vor, wenn ein Unternehmen eine Vereinbarung eingeht, wonach alle weiteren rechtlichen oder faktischen Verpflichtungen für einen Teil oder auch die Gesamtheit der zugesagten Leistungen eliminiert werden.

Versicherungsmathematische Gewinne/Verluste entstehen durch Veränderungen in den versicherungsmathematischen Annahmen zum Pensionsgutachten (Zins, Sterbetafel, Fluktuation etc.) oder durch erfahrungsbedingte Berichtigungen. Diese Gewinne/Verluste sind nach IAS 19.57(d) im sonstigen Ergebnis (other comprehensive income) zu erfassen. Davon abweichend werden die versicherungsmathematischen Gewinne/Verluste bei Rückstellungen für Erstattungsverpflichtungen gegenüber Gebietskörperschaften für Versorgungsbezüge und Beihilfen z. B. für „ausgeliehene Beamte“ (siehe Seite 263 f.) im Gewinn oder Verlust ausgewiesen, da insoweit keine unmittelbaren Verpflichtungen gegenüber Arbeitnehmern bestehen und die einschlägigen Regelungen des IAS 19 nicht anwendbar sind.

Die Differenz zwischen der tatsächlichen Verzinsung des Planvermögens und dem Zinsertrag aus der Verzinsung des Planvermögens, der im Netto-Zinsaufwand erfasst wurde, ist Bestandteil der Neubewertungskomponente, die im sonstigen Ergebnis (OCI) erfasst wird.

Der Rückstellungsbetrag ermittelt sich aus der Differenz zwischen dem Barwert der Pensionsverpflichtung und dem beizulegenden Zeitwert des (angesparten) Fondsvermögens.

Die Verrechnung von Planvermögen mit den korrespondierenden Pensionsverpflichtungen ergibt sich aus IAS 19.63. Die Verrechnung von Planvermögen und Pensionsverpflichtungen nach § 246 Abs. 2 Satz 2 HGB und IFRS sind nicht vollständig deckungsgleich, so dass im Einzelfall geprüft werden muss, ob eine Verrechnung nach beiden Rechnungslegungskonzepten möglich ist

Hinsichtlich der mittelbaren Pensionsverpflichtungen gilt nach IFRS im Gegensatz zu HGB/KHBV grundsätzlich eine Passivierungspflicht. Damit sind auch die Versorgungszusagen betroffen, die beispielsweise über eine ZVK gewährt werden. Bei den ZVK handelt es sich regelmäßig um sogenannte Gemeinschaftspläne mehrerer Arbeitgeber. Die eingegangenen Versorgungsverpflichtungen haben in der Regel den Charakter von leistungsorientierten Plänen.

Eine Bilanzierung des Anteils des Krankenhausunternehmens am Gesamtplan kann nur dann unterbleiben, wenn die notwendigen Daten nicht vorliegen. Dies dürfte bei den ZVK die Regel sein, so dass der Plan wie ein beitragsorientierter Plan zu behandeln ist. Im Anhang sind dann verschiedene Angaben zu machen, z. B. aus welchem Grund keine ausreichenden Informationen vorliegen, um den Plan als leistungsorientierten Plan zu bilanzieren etc. (IAS 19.32 ff.).

Bei der Bilanzierung von Rückstellungen für Altersteilzeitverpflichtungen sind die Aufstockungsleistungen als „andere langfristig fällige Leistungen an Arbeitnehmer" zu klassifizieren, da die Leistung von der Erbringung künftiger Arbeitsleistungen abhängig ist. Dies hat zur Folge, dass die Schuld ratierlich vor Berücksichtigung versicherungsmathematischer Annahmen ab dem Zeitpunkt der Entstehung des Anspruches bis zum Ende der Aktivphase (Blockmodell) bzw. bis zum Ende der ATZ-Phase (Gleichverteilungsmodell) anzusammeln ist (IAS 19.156 i. V. m. IAS 19.56 ff.)

Pensionsverpflichtungen im Steuerrecht

Steuerrechtlich gilt grundsätzlich nach § 5 Abs. 1 Satz 1 EStG die Maßgeblichkeit der Handelsbilanz für die Steuerbilanz. Bei Pensionsrückstellungen ist jedoch hinsichtlich Ansatz und Bewertung § 6a EStG (siehe ▶Abbildung 3.3.8-15) zu berücksichtigen.

Wie aus der Abbildung 3.3.8-15 ersichtlich, werden Rückstellungen für Pensionsverpflichtungen mit ihrem Barwert bewertet. Die Ermittlung dieses Barwertes erfolgt steuerlich mit einem gesetzlich vorgeschriebenen Zinssatz von 6 %. Handelsrechtlich ist hierbei hingegen mit einem der Laufzeit der Rückstellung entsprechenden durchschnittlichen Marktzinssatz der vergangenen zehn Geschäftsjahre abzuzinsen.

Je nach Entwicklung des durchschnittlichen Marktzinssatzes kann dies zu aktiven latenten Steuern (Ansatz Steuerbilanz < Ansatz Handelsbilanz) oder passiven latenten Steuern (Ansatz Steuerbilanz > Ansatz Handelsbilanz) aus Abweichungen zwischen HGB und Steuerbilanz führen.

Die unterschiedliche Bewertung (z. B. Zinssatz, Berücksichtigung von Lohn- und Gehaltssteigerungen etc.) nach Steuerbilanz und HGB bzw. IFRS kann zu latenten Steuern führen.

§ 6a EStG – steuerliche Bewertung von Pensionsrückstellungen		
Abs. 1 darf nur gebildet werden (kumulativ)	Nr. 1	Rechtsanspruch auf einmalige oder laufende Pensionsleistungen
	Nr. 2	zukünftige Pensionsleistungen nicht abhängig von künftigen gewinnabhängigen Bezügen und kein Vorbehalt, nach dem die Pensionsanwartschaft gemindert oder entzogen werden kann
	Nr. 3	schriftlich mit eindeutigen Angaben über Art. Form, Voraussetzungen und Höhe
Abs. 2 darf erstmals gebildet werden	Nr. 1	vor Eintritt des Versorgungsfalls: in dem Wirtschaftsjahr bis zu dessen Mitte der Pensionsberechtigte das 27. Lebensjahr vollendet, oder
	Nr. 2	nach Eintritt des Versorgungsfalls: in dem Wirtschaftsjahr in dem der Versorgungsfall eintritt
Abs. 3		Eine Pensionsrückstellung darf höchstens mit dem Teilwert der Pensionsverpflichtung angesetzt werden. Zur Ermittlung des Teilwertes sind ein Rechnungszinsfuß von 6 % und die anerkannten Regeln der Versicherungsmathematik anzuwenden. § 6 Abs. 3 Nr. 1 und Nr. 2 EStG sind zu beachten.
Abs. 4		Jährliche Höchstzuführung: Unterschied Teilwert Ende Wirtschaftsjahr zu Teilwert Ende vorheriges Wirtschaftsjahr. Aus der Anwendung neuer oder geänderter biometrischer Rechnungsgrundlagen resultierende Unterschiedsbeträge können gleichverteilt über drei Jahre zugeführt werden.

Abbildung 3.3.8-15: § 6a EStG – Pensionsrückstellungen – Rechtslage bis 31.12.2017

Mit Wirkung vom 1. Januar 2018 werden für die erstmalige Bildung einer Pensionsrückstellung nach § 6a Abs. 2 Nr. 1 EStG die Altersgrenzen, die bis zur Mitte des Wirtschaftsjahrs erreicht sein müssen, wie folgt geändert:

a) 23. Lebensjahr bei erstmals nach dem 31. Dezember 2017 zugesagten Pensionsleistungen
b) 27. Lebensjahr bei nach dem 31. Dezember 2008 und vor dem 1. Januar 2018 zugesagten Pensionsleistungen
c) 28. Lebensjahr bei erstmals nach dem 31. Dezember 2000 und vor dem 1. Januar 2009 zugesagten Pensionsleistungen
d) 30. Lebensjahr bei erstmals vor dem 1. Januar 2001 zugesagten Pensionsleistungen.

Rückzahlungsrisiken Einzel- und Pauschalfördermittel

Die Gewährung von Fördermitteln erfolgt auf Basis des KHG in Verbindung mit landesspezifischen Regelungen. Einzelfördermittel werden auf Antrag für bestimmte Maßnahmen, also zweckgebunden zur Verfügung gestellt. Es handelt sich i. d. R. um die Förderung von Baumaßnahmen wie z. B. die Errichtung eines Bettenhauses oder eines OP-Traktes. Durch pauschale Fördermittel, die dem Krankenhausunternehmen i. d. R. als feste jährliche Beträge (Jahrespauschale) zur Verfügung gestellt werden, wird im Wesentlichen die Wiederbeschaffung von Anlagegütern mit einer durchschnittlichen Nutzungsdauer von mehr als drei bis zu 15 Jahren (kurzfristige Anlagegüter) gefördert. Beide Arten der Förderung dienen grundsätzlich der Anschaffung bzw. Wiederbeschaffung von Anlagevermögen, das im stationären Bereich eingesetzt und genutzt wird.

Mögliche Rückzahlungsrisiken ergeben sich aus Fehlverwendungen der zur Verfügung gestellten Fördermittel. Im Bereich der Einzelförderung können sich solche Risiken z. B. auf Grund von Änderungen der ursprünglichen, der Beantragung der Fördermittel zu Grunde liegenden Bauplanung ergeben. Ist hinsichtlich der Änderungen keine erneute Abstimmung und Genehmigung durch die Fördermittelbehörde erfolgt, kann es bei einer nachfolgenden Mittelverwendungsprüfung zu Rückforderungen der Fördermittel durch die zuständige Behörde auf Grund von Fehlverwendung kommen.

Hinsichtlich der pauschalen Fördermittel können sich solche Rückzahlungsforderungen ebenfalls auf Grund von Fehlverwendungen ergeben. Werden Fördermittel z. B. eingesetzt, um Anlagegüter zu finanzieren, die sowohl ambulant als auch stationär eingesetzt werden, so ist der der ambulanten Nutzung entsprechende Anteil der Anlagegüter nicht mit pauschalen Fördermitteln zu finanzieren. Ist dies doch erfolgt, kann die zuständige Fördermittelbehörde bei entsprechender Mittelverwendungsprüfung eine Rückzahlung der Fördermittel oder aber eine korrekte Verwendung in zukünftigen Perioden verlangen.

Da es sich bei den dargestellten Fehlverwendungen um Verstöße gegen die den jeweiligen Fördermittelbescheiden sowie der daraufhin erfolgten Mittelvergabe zu Grunde liegenden Voraussetzungen handelt und ein echtes Rückzahlungsrisiko gegenüber fremden Dritten, in diesem Fall der jeweiligen, die Fördermittel gewährenden Stelle besteht, ist diesem Risiko durch Bildung entsprechender Rückstellungen Rechnung zu tragen.

Die Rückstellung ist hierbei mit dem voraussichtlichen Rückzahlungsbetrag zu bewerten, der beispielsweise aus Rückzahlungsforderungen bei in der Vergangenheit geprüften Maßnahmen abgeleitet werden kann. Ebenfalls zurückzustellen sind die voraussichtlich zu zahlenden Rückzahlungszinsen.

Nach HGB/KHBV ist es üblich, eine Rückstellung nur in der Höhe der Zinsen und der für die Vergangenheit bereits gebuchten Abschreibungen zu bilanzieren. Das übersteigende Rückzahlungsrisiko ist durch den entsprechend noch bestehenden Sonderposten abgebildet.

Denkbar ist jedoch auch, dass hinsichtlich einer Rückzahlung kein Ermessensspielraum mehr besteht, dann ist nicht eine Rückstellung, sondern eine Verbindlichkeit nach Krankenhausfinanzierungsrecht zu bilanzieren.

Soweit im Regelfall nach IFRS die Nettobilanzierung gewählt wurde, das heißt die Anschaffungskosten der Anlagegüter um die erhaltenen Zuschüsse gekürzt wurden, ist in Höhe des Rückzahlungsrisikos eine Aufstockung der Anlagegüter vorzunehmen. Die zusätzliche Abschreibung, die bei einem Fehlen der Zuwendung bis zum Zeitpunkt der Nachaktivierung zu erfassen gewesen wäre, ist nachzuholen und direkt im Ergebnis zu berücksichtigen (IAS 20.32). In diesem Fall deckt die gebildete Rückstellung neben den Zinsen das „Brutto"risiko ab.
Die Bilanzierung des Rückzahlungsrisikos nach HGB/KHBV bzw. IFRS wird in dem folgenden Beispiel dargestellt (auf die Berücksichtigung von Zinseffekten wurde aus Vereinfachungsgründen verzichtet).

Ausgangsdaten	Bau eines Bettenhauses		
	Herstellungskosten des Bettenhauses: EUR 10.000.000 Einzelfördermittel: EUR 6.000.000 Inbetriebnahme: 1. Januar 01 Nutzungsdauer: 25 Jahre Prüfung des Fördermittelbescheides im Jahr 01 Rückzahlungsrisiko zum Jahresende 02: EUR 1.000.000		
	Bilanzierung nach HGB/KHBV		
	Aktivierung des Bettenhauses im Zeitpunkt der Inbetriebnahme zum 1. Januar 01		
Buchungssätze		Soll EUR	Haben EUR
Bilanzierung zum Inbetriebnahmezeitpunkt	Gebäude mit Betriebsbauten Sonderposten KHG Bankverbindlichkeiten	10.000.000	 6.000.000 4.000.000
Bilanzierung zum Jahresende 01	Gebäude mit Betriebsbauten Sonderposten KHG Abschreibungen auf Sachanlagen Auflösung SoPo	 240.000 400.000	400.000 240.000
Buchwerte 31.12.01	Gebäude mit Betriebsbauten Sonderposten KHG Bankverbindlichkeiten	9.600.000	 5.760.000 4.000.000
Bilanzierung zum Jahresende 02	Gebäude mit Betriebsbauten Sonderposten KHG Abschreibungen auf Sachanlagen Auflösung SoPo Sonstige betriebliche Aufwendungen Rückstellung Rückzahlungsrisiko	 240.000 400.000 80.000	400.000 240.000 80.000
Buchwerte 31.12.02	Gebäude mit Betriebsbauten Sonderposten KHG Rückstellung Rückzahlungsrisiko Bankverbindlichkeiten	9.200.000	 5.520.000 80.000 4.000.000
	Das Risiko für die Rückzahlung eines Teilbetrages der erhaltenen Investitionszuschüsse in Höhe von EUR 1.000.000 ist mit EUR 920.000 im Rahmen des Sonderpostens KHG und mit EUR 80.000 als Rückstellung im Jahresabschluss berücksichtigt. Der Betrag von EUR 80.000 entspricht der in den Jahren 01 und 02 berechneten Abschreibung, soweit diese auf den zurück zu zahlenden und damit per Eigenmittel zu finanzierenden Betrag von EUR 1.000.000 entfällt.		

Abbildung 3.3.8-16: Beispiel: Bilanzierung des Rückzahlungsrisikos nach HGB/KHBV

Im Rahmen der nach IFRS und HGB (nicht nach KHBV) zulässigen Nettobilanzierung ergeben sich die im Folgenden dargestellten Auswirkungen.

Ausgangsdaten	Bau eines Bettenhauses		
	Herstellungskosten des Bettenhauses: EUR 10.000.000 Einzelfördermittel: EUR 6.000.000 Inbetriebnahme: 1. Januar 01 Nutzungsdauer: 25 Jahre Prüfung des Fördermittelbescheides im Jahr 02 Rückzahlungsrisiko zum Jahresende 02: EUR 1.000.000		
	Bilanzierung nach IFRS		
	Aktivierung des Bettenhauses im Zeitpunkt der Inbetriebnahme zum 1. Januar 01		
Buchungssätze		Soll EUR	Haben EUR
	Gebäude mit Betriebsbauten Bankverbindlichkeiten	4.000.000	 4.000.000
Bilanzierung zum Jahresende 01	Gebäude mit Betriebsbauten Abschreibungen auf Sachanlagen	 160.000	160.000
Buchwerte 31.12.01	Gebäude mit Betriebsbauten Bankverbindlichkeiten	3.840.000	 4.000.000
Bilanzierung zum Jahresende 02	Gebäude mit Betriebsbauten Abschreibungen auf Sachanlagen (Normalabschreibung) Erhöhung der Anschaffungskosten zusätzliche Eigenmittelfinanzierung Abschreibungen auf Sachanlagen (zusätzliche Abschreibung) Gebäude mit Betriebsbauten Rückstellung Rückzahlungsrisiko	 160.000 1.000.000 80.000	160.000 80.000 1.000.000
Buchwerte 31.12.02	Gebäude mit Betriebsbauten Rückstellung Rückzahlungsrisiko Bankverbindlichkeiten	4.600.000	 1.000.000 4.000.000

Abbildung 3.3.8-17: Beispiel: Bilanzierung des Rückzahlungsrisikos nach IFRS und HGB

Steuerrechtlich gilt grundsätzlich nach § 5 Abs. 1 Satz 1 EStG die Maßgeblichkeit der Handelsbilanz für die Steuerbilanz.

Rückstellung für drohende Verluste aus Überliegern

Sofern im Zusammenhang mit Überliegern die zu erzielende Fallpauschale die aktivierbaren Herstellungskosten zuzüglich der bis zur Entlassung des Patienten noch anfallenden Kosten unterschreitet, sind die unfertigen Leistungen auf den niedrigeren beizulegenden Wert (Fallpauschale abzüglich nach dem 31. Dezember noch entstehende Kosten) abzuwerten. Soweit die bis zum Bilanzstichtag entstandenen und die nach dem Bilanzstichtag noch entstehenden Kosten den

Betrag der Fallpauschale übersteigen, ist für den nach vollständiger Abwertung der unfertigen Leistungen noch bestehenden Aufwandsüberhang eine Rückstellung für drohende Verluste aus schwebenden Geschäften zu bilden. Diese Rückstellung ist mit dem nach vernünftiger kaufmännischer Beurteilung notwendigen Erfüllungsbetrag zu bewerten.

Steuerlich wird eine Rückstellung für drohende Verluste allerdings nicht anerkannt (§ 5 Abs. 4a EStG), so dass aktive latente Steuern entstehen.

Nach IFRS ist aufgrund von IAS 37.66 in dem genannten Fall ebenfalls eine Rückstellung für drohende Verluste zu bilden und mit dem Erfüllungsbetrag zu bewerten (IAS 37.37).

Risiken auf Grund von Prüfungen durch den Medizinischen Dienst des Spitzenverbandes Bund der Krankenkassen e. V. (kurz: Medizinischer Dienst oder MD)

Der Medizinische Dienst der Krankenkassen (MD) ist berechtigt, auf Anforderung der Krankenkassen eine Prüfung abgerechneter Fälle vorzunehmen. Gemäß § 275c Abs. 1 SGB V ist diese Prüfung bei Krankenhausbehandlungen nach § 39 SGB V zeitnah durchzuführen. Das bedeutet, dass die Prüfung spätestens vier Monate nach Eingang der Abrechnung bei der Krankenkasse einzuleiten und durch den MD dem Krankenhaus anzuzeigen ist. Der MD hat über das Ergebnis seiner Prüfung eine gutachterliche Stellungnahme abzugeben.

Vielfach kommt es in Folge solcher Fallprüfungen durch den MD zu Änderungen der ursprünglichen Abrechnung gegenüber den Krankenkassen. Dies kann sich sowohl positiv als auch negativ für das Krankenhaus auswirken.

Im Fall der Rechnungskürzung in Folge einer Prüfung durch den MD ist zum Abschlussstichtag zunächst zu prüfen, ob die Forderung aus der Leistungsabrechnung bereits beglichen wurde oder ob diese noch offen ist. Wurde die Forderung bis zum Ergebnis der Prüfung durch den MD noch nicht durch die Krankenkasse ausgeglichen bzw. ist die Forderung durch spätere Verrechnung der Krankenkassen mit laufenden Zahlungen wieder offen, so ist eine Wertberichtigung der Forderung in entsprechender Höhe vorzunehmen. Ist die Forderung seitens der Krankenkasse bereits beglichen worden, so besteht durch eine laufende Prüfung durch den MD das Risiko einer Rückzahlungsverpflichtung durch das Krankenhaus. Diesem Risiko ist durch Bildung einer Rückstellung angemessen Rechnung zu tragen.

Grundlage für die Ermittlung der Rückstellung kann z. B. eine Datenbank sein, in der alle angefragten MD-Fälle nachgehalten werden. Es sollte vermerkt sein, welcher Abrechnungsbetrag ursprünglich geltend gemacht wurde und welcher Abrechnungsbetrag sich nach Prüfung durch den MD ergab. Auf Basis einer solchen Datensammlung kann abgeleitet werden, wie viel Prozent der Fälle überhaupt vom MD geprüft wurden und zu welchen positiven oder negativen Änderungen des Abrechnungsbetrags dies führte. Aufgrund des Imparitätsprinzips sind nach HGB/KHBV lediglich die Fälle als rückstellungsrelevant zu berücksichtigen, die zu einer Rechnungskürzung führten. Eine Verrechnung der positiven und negativen Ergebnisauswirkungen aus MD-Prüfungen ist nicht zulässig. Die so ermittelte Rechnungsgrundlage bildet eine angemessene Basis für eine Rückstellungsbildung zum Abschlussstichtag.

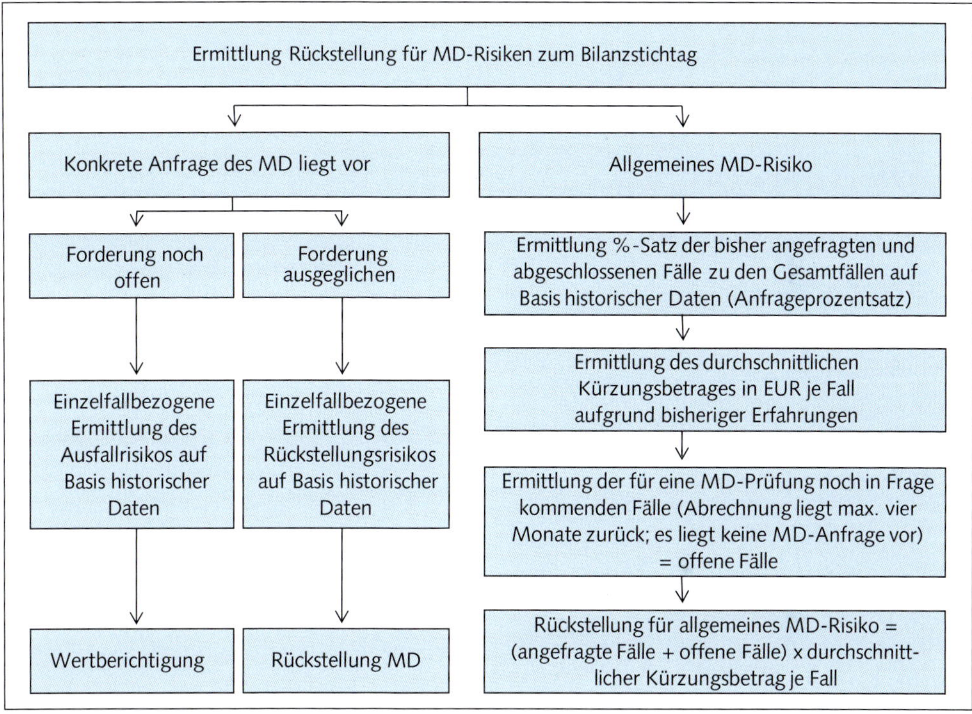

Abbildung 3.3.8-18: Ermittlung der Rückstellung für MD-Risiken

Die Durchführung von Rechnungskorrekturen durch den MD hat Auswirkungen auf die Höhe der Erlösausgleiche (vergleiche Kapitel 3.3.4). Mehrerlöse verringern sich durch die MD-Korrekturen, Mindererlöse erhöhen sich. Aus unserer Sicht vorzuziehen ist hierbei jeweils die Bildung der MD-Rückstellung in voller Höhe. Besteht beispielsweise das Risiko, aufgrund von MD-Korrekturen EUR 50.000 an die Sozialleistungsträger zurückzahlen zu müssen, ist die MD-Rückstellung in Höhe von EUR 50.000 zu bilden. Eventuell bilanzierte Verbindlichkeiten aus Mehrerlösausgleichen vermindern sich entsprechend um EUR 50.000 x 65 % = EUR 32.500, bilanzierte Forderungen aus Mindererlösausgleichen würden sich korrespondierend um EUR 50.000 x 20 % = EUR 10.000 erhöhen.

Da die Abfinanzierung von Mehr- oder Mindererlösausgleichen zeitversetzt zu den Rückzahlungen von Erlösen aufgrund von MD-Korrekturen sein kann, findet man in der Praxis aber auch die Vorgehensweise, dass die Erlösausgleiche unvermindert und die MD-Rückstellung korrespondierend gekürzt bilanziert werden. Dies zeigt das folgende Beispiel:

Das Krankenhaus hat Mehrerlöse von 100.000 Euro erzielt und hierfür eine Ausgleichsverbindlicheit von 65.000 Euro eingebucht. Aufgrund der Anfrage des MD wird mit einer Rückzahlung von 50.000 Euro gerechnet. Diesem Betrag steht rechnerisch eine Ausgleichsverbindlichkeit von 32.500 Euro gegenüber.	
Die Höhe der MD-Rückstellung ermittelt sich dann wie folgt:	
Rückzahlungsrisiko aufgrund der MD-Prüfung	50.000 Euro
Über die Ausgleichsverbindlichkeit abgebildet (EUR 50.000 * 65 %)	32.500 Euro
MD-Rückstellung zum Jahresende	17.500 Euro
Im Falle von Mindererlösen ergibt sich die folgende Berechnung:	
Rückzahlungsrisiko aufgrund der MD-Prüfung	50.000 Euro
Über die Ausgleichsforderung abgebildet (EUR 50.000 * 20 %)	10.000 Euro
MD-Rückstellung zum Jahresende	40.000 Euro

Abbildung 3.3.8-19: Beispiel: Ermittlung der Rückstellung für MD-Risiken

Um Kürzungen aufgrund der erwarteten Korrekturen der Erlösausgleiche bei der Ermittlung der MD-Rückstellung vornehmen zu können, muss es aus Sicht des Krankenhauses realistisch sein, dass entsprechende Korrekturen auch im Rahmen der Verhandlungen mit den Krankenkassen durchgesetzt werden können.

Ggf. ist bei der Schätzung der Rückzahlungsbeträge noch ein positiver/negativer Trend anzusetzen, wenn sich die Anfragesituation verändert.

Hinsichtlich der Ermittlung der Rückstellung ergeben sich nach IFRS keine Unterschiede (IAS 37.36).

Soweit die Prüfung durch den MD nicht zu einer Minderung des Abrechnungsbetrages führt, hat das Krankenhaus einen Anspruch auf eine Aufwandspauschale von EUR 300 je Fall ohne Rechnungskürzung (§ 275 Abs. 1c Satz 3 SGB V). Die entsprechende Forderung ist zum Zeitpunkt des Abschlusses des jeweiligen Falles einzubuchen. Gleiches gilt entsprechend für die IFRS.

Steuerrechtlich gilt grundsätzlich nach § 5 Abs. 1 Satz 1 EStG die Maßgeblichkeit der Handelsbilanz für die Steuerbilanz.

Schadensfälle

Die Rückstellung für Schadensfälle betrifft im Wesentlichen Risiken aus Behandlungsfehlern. Soweit diese Risiken nicht durch eine entsprechende Versicherung abgedeckt sind, sind Rückstellungen für Regressansprüche gegen das Krankenhaus zu bilden. Wurde eine entsprechende Versicherung abgeschlossen, ist die Rückstellung für evtl. Schadensfälle lediglich in Höhe des voraussichtlichen Selbstbehalts zu bilden.

Zwischen HGB/KHBV und IFRS ergeben sich kaum Unterschiede in der Bilanzierung. Gemäß IAS 37.53 ff. könnte aber ein sogenanntes reimbursement Asset entstehen, bei dem nicht saldiert werden darf und der volle Betrag als Rückstellung zu erfassen ist. In diesem Fall besteht ein Unterschied zu HGB/KHBV.

Steuerrechtlich gilt grundsätzlich nach § 5 Abs. 1 Satz 1 EStG die Maßgeblichkeit der Handelsbilanz für die Steuerbilanz.

Bereitschaftsdienste

Die Rückstellung für Bereitschaftsdienst/Rufbereitschaft betrifft Dienste, die vor dem Bilanzstichtag geleistet wurden, aber erst nach diesem vergütet werden. Da die entsprechenden Leistungen durch die Angestellten bereits erbracht wurden, ist das Krankenhausunternehmen zur Vergütung verpflichtet. Entsprechend ist eine Rückstellung für die angefallenen, noch nicht vergüteten Dienste zu bilden.

Grundlage für diese Rückstellungsbildung sind die entsprechenden Dienstpläne sowie die Dokumentation der tatsächlich geleisteten Dienste. Die Rückstellung ist dann auf Grundlage der jeweiligen Gehaltsvereinbarung für die betroffenen Mitarbeiter unter Berücksichtigung der Beiträge zu den Sozialversicherungen zu bilden.

Diese Rückstellung ist sowohl nach HGB/KHBV als auch nach IFRS mit den anteiligen Lohn- und Gehaltskosten der betreffenden Mitarbeiter zu bewerten.

Steuerrechtlich gilt grundsätzlich nach § 5 Abs. 1 Satz 1 EStG die Maßgeblichkeit der Handelsbilanz für die Steuerbilanz.

Archivierung von Unterlagen

Krankenhausunternehmen sind auf Grund verschiedener gesetzlicher Regelungen verpflichtet, bestimmte Unterlagen über einen gewissen Zeitraum aufzubewahren. Hierbei handelt es sich z. B. um die Aufbewahrung von Handelsbüchern, Inventaren, Eröffnungsbilanzen oder Jahresabschlüssen nach § 6 KHBV i. V. m. § 257 HGB und § 261 HGB sowie entsprechender Unterlagen gemäß § 147 AO. Zudem gibt es verschiedene Regelungen zur Aufbewahrung von Patientenunterlagen. Hiervon seien nachfolgend einige beispielhaft dargestellt.

Aufbewahrungsfristen von Patientenunterlagen		
Unterlagen	Aufbewahrungsfrist	Grundlage
Praxis		
Patientenunterlagen	10 Jahre	§ 10 Abs. 3 M-BO für Ärzte
Aufzeichnungen über Röntgenbehandlungen	30 Jahre	§ 28 Abs. 3 Röntgenverordnung
Krankenhaus		
Krankengeschichte		§ 39 Abs. 1 KhSVO
• von im Krankenhaus verstorbenen Patienten	20 Jahre	
• in allen übrigen Fällen	30 Jahre	
Patientenunterlagen	10 Jahre	§ 10 Abs. 3 M-BO für Ärzte
Aufzeichnungen über Röntgenbehandlungen	30 Jahre	§ 28 Abs. 3 Röntgenverordnung

Abbildung 3.3.8-20: Beispiele für Aufbewahrungsfristen von Patientenunterlagen in Praxis und Krankenhaus

Die Bewertung der Rückstellungen für die Aufbewahrung von Geschäftsunterlagen hat nach § 253 Abs. 1 Satz 2 HGB mit dem nach vernünftiger kaufmännischer Beurteilung notwendigen Erfüllungsbetrag zu erfolgen. Anzusetzen sind sämtliche Aufwendungen, die durch die Erfüllung der Verpflichtung bedingt sind.

Dazu gehören auch die voraussichtlich anfallenden internen Aufwendungen. Die nach vernünftiger kaufmännischer Beurteilung notwendigen, internen Aufwendungen sind nicht auf die internen Einzelkosten oder durch den an Dritte für die gleiche Leistung zu bezahlenden Betrag begrenzt.

Der Wertansatz der Rückstellungen für die Verpflichtung zur Aufbewahrung von Geschäftsunterlagen umfasst daher nicht nur den einmaligen Aufwand für die Archivierung der Unterlagen sondern beispielsweise auch die auf die Archivierung entfallenden Raum- und Personalkosten sowie Abschreibungen auf für die Archivierung genutzte Gegenstände des Anlagevermögens (vgl. IDW RH HFA 1.009).

Nach IFRS werden die Archivierungsrückstellungen nur mit den Kosten bewertet, die zusätzlich durch die Archivierung anfallen. Dies dürften im Wesentlichen die entstehenden Personalkosten für Archivmitarbeiter sein. Bei der Bewertung der Rückstellung ist ebenfalls zu berücksichtigen, in welchem Umfang Archivierungen im „eigenen" Interesse des Krankenhausunternehmens stattfinden und damit über die gesetzlichen Erfordernisse hinausgehen, da für diese Kosten insoweit eine Rückstellung nicht gebildet werden kann.

Steuerrechtlich gilt grundsätzlich nach § 5 Abs. 1 Satz 1 EStG die Maßgeblichkeit der Handelsbilanz für die Steuerbilanz. Gem. H 6.11 EStR 2012 ist die Rückstellung in Höhe des voraussichtlichen

Erfüllungsbetrages zu bilden. Hierbei ist zu berücksichtigen, welche Unterlagen tatsächlich aufbewahrungspflichtig sind und wie lange die Aufbewahrungspflicht für die einzelnen Unterlagen noch besteht. Gem. BFH-Urteil vom 18. Januar 2011 (X R 14/09, BStBl. II 2011, S. 496), sind für die Berechnung der Rückstellung nur diejenigen Unterlagen zu berücksichtigen, für die eine Verpflichtung der Aufbewahrung zum Bilanzstichtag entstanden ist.

Bezüglich der Rückstellung für die Aufbewahrung von Geschäftsunterlagen wurde von der Oberfinanzdirektion Niedersachsen eine Verfügung vom 5. Oktober 2015 erlassen. Ist die Zusammensetzung der archivierten Unterlagen nicht oder nur unter erheblichem Aufwand nachvollziehbar, kann ein Abschlag von 20 % von den Gesamtkosten vorgenommen werden. Die Berechnung der Rückstellung kann steuerlich pauschal ermittelt werden, indem die jährlich anfallenden Kosten mit dem arithmetischen Mittel (5,5 Jahre) der Jahre 1 bis zum Ende der Aufbewahrungspflicht (i. d. R. 10 Jahre) multipliziert und einmalige Kosten hinzuaddiert werden. Im Hinblick auf die Patientenunterlagen verlängern sich die Zeiträume entsprechend. In der Praxis wird hier regelmäßig mit einer durchschnittlichen Aufbewahrungsdauer von 10,5 Jahren gerechnet. Es kann aber auch eine genaue Ermittlung erfolgen. In diesem Fall werden die jährlichen Kosten für die Unterlagen eines jeden aufzubewahrenden Jahres gesondert ermittelt und mit der Anzahl der Jahre bis zum Ende der Aufbewahrungspflicht multipliziert.

Die Bewertung entspricht den allgemeinen Regelungen (§ 6 Abs. 1 Nr. 3a EStG), d. h. dass diese Sachleistungsverpflichtung mit den Einzelkosten und einem angemessenen Teil der notwendigen Gemeinkosten zum Bilanzstichtag zu bewerten ist und künftige Kostensteigerungen (wie bspw. Mieterhöhungen durch Staffelmietvertrag) nicht berücksichtigt werden dürfen.

Gem. BFH Urteil vom 11.10.2012 (I R 66/11, BStBl II 2013, S. 676) sind in die Gemeinkosten auch anteilige Finanzierungsaufwendungen einzubeziehen, auch wenn die Finanzierung im Rahmen einer sog. Poolfinanzierung erfolgte. Zur Ermittlung der anteiligen Poolzinsen hat das bayerische Landesamt für Steuern mit Datum vom 31.01.2014 (Az. S-2175 2.1-20/4 St32) Stellung genommen.

Da die Aufbewahrungspflicht mit dem Entstehen der Unterlagen beginnt, ergibt sich kein Abzinsungszeitraum nach § 6 Abs. 1 Nr. 3a Buchstabe e EStG.

Auch hier ist wiederum zu beachten ist, dass die Wertobergrenze nach Ansicht der Finanzverwaltung die handelsrechtliche Rückstellung bildet.

Insoweit Abweichungen zwischen dem Steuerbilanzansatz und dem Handelsbilanz- bzw. IFRS-Ansatz bestehen, können hierbei latente Steuern entstehen.

Zukünftige Betriebsprüfungen

Rückstellungen für zukünftige Betriebsprüfungen sind handelsrechtlich aufgrund der Regelung in § 249 Abs. 1 Satz 1 HGB zu bilden, da sich das Krankenhausunternehmen im Regelfall künftigen Betriebsprüfungen nicht entziehen kann. Die Rückstellung ist nach § 253 Abs. 1 Satz 2 HGB mit dem nach vernünftiger kaufmännischer Beurteilung notwendigen Erfüllungsbetrag zu bewerten. Hierzu zählen die Einzelkosten aber auch die notwendigen Gemeinkosten. Hierbei sind nicht nur eventuelle externe Kosten durch die Inanspruchnahme von Beratern, sondern auch die internen Kosten der eigenen Steuerabteilung oder des Rechnungswesens anzusetzen.

Nach IFRS gilt die gleiche Regelung.

Mit Datum vom 6. Juni 2012 (BStBl II 2013 S. 196) hat der BFH entschieden, dass in der Bilanz einer als Großbetrieb im Sinne von § 3 BpO eingestuften Kapitalgesellschaft Rückstellungen für im Zusammenhang mit einer Außenprüfung bestehende Mitwirkungspflichten gemäß § 200 AO grundsätzlich zu bilden sind, soweit diese die am jeweiligen Bilanzstichtag bereits abgelaufenen Wirtschaftsjahre (Prüfungsjahre) betreffen. Die Passivierung einer Rückstellung für diese Kosten sei auch vor Erlass einer Prüfungsanordnung möglich.

Gemäß BMF vom 7. März 2013 (Az. IV C 6 – S-2137 / 12 / 10001) gelten diese Regelungen allerdings für Steuerpflichtige, bei denen eine Anschlussprüfung i. S. d. § 4 Abs. 2 BpO nicht in Betracht kommt, nicht.

In die Rückstellung dürfen nur die Aufwendungen einbezogen werden, die in direktem Zusammenhang mit der Durchführung einer zu erwartenden Betriebsprüfung stehen. Hierzu zählen beispielsweise die Kosten, die für die Inanspruchnahme rechtlicher oder steuerlicher Beratung zur Durchführung einer Betriebsprüfung entstehen. Nicht einzubeziehen sind insbesondere die allgemeinen Verwaltungskosten, die bei der Verpflichtung zur Aufbewahrung von Geschäftsunterlagen gemäß § 257 HGB und § 147 AO, der Verpflichtung zur Erstellung des Jahresabschlusses und der Verpflichtung zur Anpassung des betrieblichen EDV-Systems an die Grundsätze zum Datenzugriff und zur Prüfbarkeit digitaler Unterlagen (GDPdU) berücksichtigt worden sind. Soweit die steuerlich zu bildende Rückstellung aufgrund unterschiedlicher Einbeziehung von Kosten niedriger als die in der Handelsbilanz angesetzte Rückstellung ist, entstehen aktive latente Steuern.

Die Rückstellung für diese Mitwirkungsverpflichtung zur Durchführung einer Betriebsprüfung ist als Sachleistungsverpflichtung gemäß § 6 Abs. 1 Nummer 3a Buchstabe b EStG mit den Einzelkosten und den angemessenen Teilen der notwendigen Gemeinkosten zu bewerten und abzuzinsen, insofern zwischen der Bildung der Rückstellung und dem zu erwartenden Beginn der Betriebsprüfung mehr als 12 Monate liegen.

Wie bereits unter „Archivierung von Unterlagen" ausgeführt, bildet die handelsrechtliche Rückstellung nach Auffassung der Finanzverwaltung die Wertobergrenze.

Daher sollten allenfalls aktive latente Steuern (Ansatz Steuerbilanz < Ansatz Handelsbilanz) aus Abweichungen zwischen HGB und Steuerbilanz auftreten.

Sozialplanverpflichtungen

Die Schließung eines Krankenhauses oder eines Standorts ist immer mit außergewöhnlichen Kosten verbunden. Oft werden Bereiche grundsätzlich umorganisiert, beispielsweise hin zu einer stärkeren Beteiligung an Medizinischen Versorgungszentren oder einer intensiveren Teilnahme an ambulanten Leistungen, so dass in nicht unerheblichem Maße Abfindungen an Arbeitnehmer zu leisten sind oder Mietverträge vorzeitig aufzulösen sind. Gerade angesichts der Diskussion um Mindestmengen kann das auch bedeuten, dass manche Krankenhausleistungen nicht mehr von den Krankenkassen finanziert werden. Die Folge kann sein, dass Stationen verkleinert werden, vielleicht sogar geschlossen werden müssen. Viele dieser Sachverhalte können zu Sozialplanverpflichtungen führen.

Für Leistungen auf Grund eines Sozialplans nach §§ 111, 112 BetrVG müssen Rückstellungen gebildet werden, wenn vor dem Bilanzstichtag ein entsprechender Beschluss gefasst wurde oder wirtschaftlich unabwendbar war. Die Finanzverwaltung vertritt zwar die Auffassung, dass die Unterrichtung des Betriebsrates notwendig ist, allerdings hat sich die Verbindlichkeit bereits durch den Beschluss über die Betriebsänderung hinreichend konkretisiert. Für die Passivierung einer Rückstellung ist jedoch zwingend erforderlich, dass spätestens zum Ende des Wertaufhellungszeitraums (Ende der Aufstellungsphase) der Betriebsrat oder die Arbeitnehmer informiert wurden, um so eine Außenverpflichtung zu begründen, die auf den Beschluss vor dem Stichtag zurückgeführt wird (vgl. Beck (2020), § 249 Tz. 100 Stichwort Sozialplan).

Bei Restrukturierungsrückstellungen gelten nach den IFRS strenge Ansatzregeln. IAS 37.72 verlangt, dass das Krankenhaus zum Bilanzstichtag einen detaillierten, formalen Restrukturierungsplan mit folgenden Angaben hat:

- Betroffener Geschäftsbereich/Teil eines Geschäftsbereichs
- Die wichtigsten betroffenen Standorte
- Standort, Funktion und ungefähre Anzahl der Arbeitnehmer, die für die Beendigung ihres Arbeitsverhältnisses eine Abfindung erhalten werden
- Die entstehenden Ausgaben
- Den Umsetzungszeitpunkt des Restrukturierungsplans

Abbildung 3.3.8-21: Anforderungen an einen Restrukturierungsplan gem. IAS

Darüber hinaus muss mit der Umsetzung des Restrukturierungsplans vor dem Bilanzstichtag begonnen oder die wesentlichen Bestandteile des Restrukturierungsplans den Betroffenen angekündigt worden sein.

Hinsichtlich der Bewertung der Rückstellungen gehen die IFRS vom bestmöglichen Schätzbetrag aus. Steuerrechtlich sind Rückstellungen für Sozialplanverpflichtungen ab dem Zeitpunkt, in dem der Unternehmer den Betriebsrat über die geplante Betriebsveränderung gem. § 111 Satz 1 BetrVerfG unterrichtet hat (vgl. R 5.7 Abs. 9 EStR 2012) zu bilden. Rückstellungen für Aufwendungen, die in künftigen Wirtschaftsjahren als Anschaffungskosten- oder Herstellungskosten eines Wirtschaftsguts zu aktivieren sind, dürfen nicht gebildet werden (§ 5 Abs. 4b Satz 1 EStG). Die Bewertung erfolgt gemäß den allgemeinen Bewertungsgrundsätzen zum Erfüllungsbetrag unter Berücksichtigung von § 6 Abs. 1 Nr. 3a EStG (siehe ▶Abbildung 3.3.8-9). Es gilt das steuerliche Stichtagsprinzip, d. h. es sind die Preis- und Kostenverhältnisse zum Stichtag heranzuziehen (§ 6 Abs. 1 Nr. 3a Buchstabe f EStG). Auch für diese Sachleistungsverpflichtung gilt es zu beachten, dass nach Auffassung der Finanzverwaltung (R 6.11 Abs. 3 EStR 2012) die Höhe der Rückstellung in der Steuerbilanz den zulässigen Ansatz in der Handelsbilanz nicht überschreiten darf.

Daher sollten passive latente Steuern (Ansatz Steuerbilanz > Ansatz Handelsbilanz) aus Abweichungen zwischen HGB und Steuerbilanz insoweit nicht mehr auftreten.

Steuerrückstellungen / Steueransprüche

Für steuerbegünstigte Krankenhäuser bzw. Träger in privatrechtlicher oder öffentlich-rechtlicher Trägerschaft gelten grundsätzlich die Befreiungsvorschriften für steuerbegünstigte Körperschaften des Körperschaftsteuer- und des Gewerbesteuergesetzes. Ausgenommen hiervon sind steuerpflichtige wirtschaftliche Geschäftsbetriebe, die partiell steuerpflichtig sind. Liegt keine Steuerbegünstigung und somit Steuerpflicht vor, so gelten die allgemeinen einkommensteuerlichen und körperschaftsteuerlichen Vorschriften. Gewerbesteuerlich kommt die Steuerbefreiung nach § 3 Nr. 20b GewStG auch bei nicht gemeinnützigen Krankenhäusern in Betracht. Unter Berücksichtigung eines Körperschaftsteuersatzes von 15 % zzgl. 5,5 % Solidaritätszuschlag ergibt sich eine Steuerbelastung von 15,825 % zzgl. Gewerbesteuer i. H. v. 14 % (bei einem Gewerbesteuerhebesatz von 400 %).

Die Bilanzierung tatsächlicher Ertragsteuern nach HGB im Jahresabschluss umfasst alle Ansprüche und Verbindlichkeiten aus Steuern vom Einkommen und Ertrag, für die die Gesellschaft selbst Steuerschuldnerin ist. Nach der KHBV bestehen hierzu keine Sondervorschriften. Der Ausweis von Ertragsteuererstattungsansprüchen/-verpflichtungen ist nach HGB nicht eindeutig geregelt. Es kann ein Ausweis unter folgenden Posten in Betracht kommen:

Sonstige Vermögensgegenstände
Überzahlungen

Sonstige Verbindlichkeiten
Als sicher eingeordnete Steuerzahlungsverpflichtungen; bestandskräftig veranlagt, aber noch nicht geleistet

Steuerrückstellungen
Der Höhe und/oder dem Grunde nach ungewisse Steuerschulden

Abbildung 3.3.8-22: Ausweismöglichkeiten von Ertragsteueransprüchen/-verpflichtungen gem. HGB/KHBV

Grundsätzlich besteht nach § 246 Abs. 2 HGB ein Saldierungsverbot von Steuerforderungen mit Steuerrückstellungen/-verbindlichkeiten. Nur bei Vorliegen einer Aufrechnungslage i. S. d. § 226 AO i. V. m. § 387 BGB kann eine Verrechnung erfolgen.

Die Steueraufwendungen und Erträge bilden in der GuV den Posten „Steuern vom Einkommen und vom Ertrag". Ergebnisunabhängige Steuern, wie z. B. die Grundsteuer werden unter der Position „Sonstige Steuern" erfasst. In der nach Anlage 2 zur KHBV erstellten GuV werden sämtliche Steuern in einem Posten (Nr. 27) ausgewiesen und die Steuern vom Einkommen und Ertrag durch einen Davon-Vermerk kenntlich gemacht.

Die Bilanzierung tatsächlicher Ertragsteuern nach IAS ist in IAS 12 geregelt. Nach IAS 12.2 beinhalten Ertragsteuern alle in- und ausländischen Steuern auf Grundlage des zu versteuernden Einkommens. Ertragsteueransprüche und -schulden sind getrennt von anderen Vermögenswerten und Schulden und grundsätzlich unter den Posten „Steuererstattungsansprüche" bzw. „Steuerschulden" darzustellen (IAS 1.54 (n) / IAS 12.71-76). Die tatsächlichen Ertragsteuern sind der Betrag der geschuldeten (erstattungsfähigen) Ertragsteuern, der aus dem zu versteuernden Einkommen (steuerlichen Verlust) der Periode resultiert (IAS 12.5).

Die tatsächlichen Ertragsteuern für die laufende und frühere Perioden sind in dem Umfang, in dem sie noch nicht bezahlt sind, als Schuld anzusetzen. Falls der auf die laufende und frühere Perioden entfallende und bereits bezahlte Betrag den für diese Perioden geschuldeten Betrag übersteigt, so ist der Unterschiedsbetrag als Vermögenswert anzusetzen (IAS 12.12).

Nach IAS 12.46 sind tatsächliche Ertragsteuerschulden (Ertragsteuererstattungsansprüche) für die laufende und für frühere Perioden mit dem Betrag zu bewerten, in dessen Höhe eine Zahlung an die Steuerbehörden (eine Erstattung von den Steuerbehörden) erwartet wird; basierend auf Steuersätzen (und Steuervorschriften), die am Bilanzstichtag gelten oder in Kürze gelten werden.

Hinsichtlich der Saldierungsmöglichkeit tatsächlicher Steuererstattungsansprüche und -schulden folgt IAS 12.71 im Wesentlichen den entsprechenden HGB-Vorgaben („einklagbares Recht und Aufrechnungswille").

Steuerrechtlich gilt grundsätzlich nach § 5 Abs. 1 Satz 1 EStG die Maßgeblichkeit der Handelsbilanz für die Steuerbilanz.

Die Bildung der Steuerrückstellungen hat jedoch keine Auswirkung auf das zu versteuernde Einkommen, da der Steueraufwand nicht abziehbare Betriebsausgaben i.S.d. § 10 Nr. 2 KStG darstellt.

3.4 Gewinn- und Verlustrechnung

3.4.1 Inhalt und Gliederung nach KHBV

Überblick

Die Gewinn- und Verlustrechnung stellt die Erträge und Aufwendungen eines Krankenhauses in übersichtlicher Form einander gegenüber. Gemäß § 4 Abs. 1 KHBV ist sie grundsätzlich entsprechend der nachfolgenden, der Anlage 2 zur KHBV entsprechenden Darstellung zu gliedern.

1. Erlöse aus Krankenhausleistungen
2. Erlöse aus Wahlleistungen
3. Erlöse aus ambulanten Leistungen des Krankenhauses
4. Nutzungsentgelte der Ärzte

4a. Umsatzerlöse nach § 277 Abs. 1 des Handelsgesetzbuchs, soweit nicht in den Nummern 1 bis 4 enthalten
 – davon aus Ausgleichsbeträgen für frühere Geschäftsjahre

5. Erhöhung oder Verminderung des Bestandes an fertigen und unfertigen Erzeugnissen / unfertigen Leistungen
6. Andere aktivierte Eigenleistungen
7. Zuweisungen und Zuschüsse der öffentlichen Hand, soweit nicht unter Nr. 11
8. Sonstige betriebliche Erträge
9. Personalaufwand
   a) Löhne und Gehälter
   b) Soziale Abgaben und Aufwendungen für Altersversorgung und Unterstützung
      – davon Altersversorgung
10. Materialaufwand
    a) Aufwendungen für Roh-, Hilfs- und Betriebsstoffe
    b) Aufwendungen für bezogene Leistungen

Zwischenergebnis

11. Erträge aus Zuwendungen zur Finanzierung von Investitionen
    – davon Fördermittel nach dem KHG
12. Erträge aus der Einstellung von Ausgleichsposten aus Darlehensförderung und für Eigenmittelförderung
13. Erträge aus der Auflösung von Sonderposten / Verbindlichkeiten nach dem KHG und auf Grund sonstiger Zuwendungen zur Finanzierung des Anlagevermögens
14. Erträge aus der Auflösung des Ausgleichspostens für Darlehensförderung
15. Aufwendungen aus der Zuführung zu Sonderposten / Verbindlichkeiten nach dem KHG und auf Grund sonstiger Zuwendungen zur Finanzierung des Anlagevermögens
16. Aufwendungen aus der Zuführung zu Ausgleichsposten aus Darlehensförderung
17. Aufwendungen für die nach dem KHG geförderte Nutzung von Anlagegegenständen
18. Aufwendungen für nach dem KHG geförderte, nicht aktivierungsfähige Maßnahmen
19. Aufwendungen aus der Auflösung der Ausgleichsposten aus Darlehensförderung und für Eigenmittelförderung
20. Abschreibungen
    a) Auf immaterielle Vermögensgegenstände des Anlagevermögens und Sachanlagen
    b) Auf Vermögensgegenstände des Umlaufvermögens, soweit diese die im Krankenhaus üblichen Abschreibungen übersteigen
21. Sonstige betriebliche Aufwendungen
    – davon aus Ausgleichsbeträgen für frühere Geschäftsjahre

Zwischenergebnis

22. Erträge aus Beteiligungen
    – davon aus verbundenen Unternehmen
23. Erträge aus anderen Wertpapieren und aus Ausleihungen des Finanzanlagevermögens
    – davon aus verbundenen Unternehmen
24. Sonstige Zinsen und ähnliche Erträge
    – davon aus verbundenen Unternehmen
25. Abschreibungen auf Finanzanlagen und auf Wertpapiere des Umlaufvermögens
26. Zinsen und ähnliche Aufwendungen
    – davon für Betriebsmittelkredite
    – davon an verbundene Unternehmen
27. Steuern
    – davon vom Einkommen und vom Ertrag
28. **Jahresüberschuss / Jahresfehlbetrag**

Abbildung 3.4.1-1: Inhalt und Gliederung der Gewinn- und Verlustrechnung (§ 4 Abs. 1 KHBV i. V.m. § 275 HGB)

3.4.2 Erläuterung ausgewählter Posten nach KHBV

Allgemeines zu Erlösen

Bei den Posten 1 bis 4, den Erlösen aus Krankenhausleistungen, Wahlleistungen, ambulanten Leistungen sowie den Nutzungsentgelten der Ärzte handelt es sich um die auf Grund des Krankenhausbetriebs typischerweise erzielten laufenden Erträge. Der Posten Nr. 4a ist ein Sammelposten für alle Erlöse, die nicht den Posten Nr. 1 bis Nr. 4 zuzuordnen sind, aber in einer rein handelsrechtlichen Gewinn- und Verlustrechnung unter den Umsatzerlösen ausgewiesen werden.

- Die Erlöse aus Krankenhausleistungen beinhalten im Wesentlichen Erlöse aus der Abrechnung von DRG nach der Vereinbarung zum Fallpauschalensystem für Krankenhäuser in der jeweils gültigen Fassung (FPV) und Zusatzentgelten sowie die Erlöse aus den krankenhausindividuell vereinbarten Entgelten, tagesgleichen Entgelten, die auf Basis der BPflV abgerechnet werden und die nach PEPP abgerechneten Entgelte. Mit Einführung des Pflegepersonal-Stärkungsgesetz (PpSG) vom 11. Dezember 2018 sind seit dem 1. Januar 2020 hier auch die Erlöse aus dem Pflegebudget zu berücksichtigen.
- Bei den Erlösen aus Wahlleistungen handelt es sich um Leistungen, die gesondert mit dem Patienten vereinbart werden. Typische Wahlleistungen sind z. B. Einzelzimmer, Chefarztbehandlung, Telefon oder Fernsehen.
- Die Erlöse aus ambulanten Leistungen des Krankenhauses beinhalten unter anderem Erträge aus ambulanten Operationen i. S. v. § 115b SGB V, insbesondere jedoch auch aus ambulanten Leistungen, die durch Krankenhausärzte auf Grund entsprechender Ermächtigungen gemäß § 116 SGB V erbracht werden. Hierzu gehören aber auch die Erlöse aus ambulanten Leistungen i. S. v. § 116a SGB V (Unterversorgung) oder § 116b SGB V (ambulante spezialärztliche Versorgung).
- Die Erlöse aus Nutzungsentgelten betreffen Kostenerstattungen sowie Vorteilsausgleiche im Rahmen der Erbringung von ärztlichen Wahlleistungen liquidationsberechtigter Chefärzte, im Rahmen von Ärzteambulanzen, aber auch die Nutzungsentgelte der Belegärzte.
- Die Umsatzerlöse nach § 277 Abs. 1 des Handelsgesetzbuchs, soweit nicht in den Nummern 1 bis 4 enthalten betreffen vor allem Erstattungen des Personals für freie Station, Unterkunft, Verpflegung und sonstige Leistungen, bzw. Erträge aus Hilfs- und Nebenbetrieben, dem Notarztdienst, aber auch sonstige Erträge mit Leistungsbezug, Ausgleichsbeträge für frühere Geschäftsjahre oder bestimmte periodenfremde Erträge.

Erlöse aus Krankenhausleistungen

Unter den Erlösen aus Krankenhausleistungen (Posten Nr. 1 der für alle Krankenhäuser verbindlichen Gliederung der Gewinn- und Verlustrechnung gemäß Anlage 2 zur KHBV) werden die Erträge für die Hauptleistung eines Krankenhauses erfasst: ärztliche Behandlung, Pflege, Unterbringung und Verpflegung der Patienten.

Einzelheiten der Vergütung werden im Krankenhausfinanzierungsgesetz (KHG), im Krankenhausentgeltgesetz (KHEntgG) und in der Fallpauschalenvereinbarung der Selbstverwaltungspartner geregelt.

Die Vergütung der Krankenhäuser ist seit dem 1. Januar 2020 mit dem Pflegepersonal-Stärkungsgesetz (PpSG) vom 11. Dezember 2019 auf eine Kombination von Fallpauschalen und einer Pflegepersonalkostenvergütung umgestellt worden. Das neu eingeführte Pflegbudget (§ 6a KHEntgG) berücksichtigt nun unabhängig von den bisherigen Fallpauschalen die Aufwendungen für den krankenhausindividuellen Pflegepersonalbedarf und die krankenhausindividuellen Pflegepersonalkosten für die unmittelbare Patientenversorgung auf bettenführenden Stationen. Die bis dahin gültigen DRG's wurden um die ausgegliederten Pflegepersonalkosten gekürzt und in das neue aG-DRG-System überführt. Das erklärte Ziel ist es, die Pflegepersonalkosten unabhängig von den Fallpauschalen zu vergüten und damit die Pflegepersonalausstattung zu verbessern.

Bis zur erstmaligen Vereinbarung eines krankenhausindividuellen Pflegebudgets und einem krankenhausindividuellen Pflegeentgeltwert, gilt der gesetzlich vorläufige Pflegeentgeltwert. Der Pflegeerlös des Krankenhauses ergibt sich durch Multiplikation des Pflegeentgeltwertes mit der maßgeblichen Pflegeerlös-Bewertungsrelation und den Berechnungstagen.

Mit Einführung des Psych-Entgeltgesetz (PsychEntgG) zum 1. März 2013 und dem Gesetz zur Weiterentwicklung der Versorgung und Vergütung für psychiatrische und psychosomatische Leistungen (PsychVVG) ab dem Jahr 2016 beginnt ab 2020 die Anpassungsphase, um die Mindestvorgaben zur Personalausstattung des G-BA zu erfüllen, die bis Ende 2024 abgeschlossen sein soll.. Zur Einstufung in die jeweils abzurechnenden Entgelte sind ebenfalls Grouper einzusetzen. Die Einstufung erfolgt hierbei nach Entgelten und – soweit vorhanden – in kalkulationsbasierte Vergütungsklassen. Die Entgelthöhe je Tag wird ermittelt, indem die im Entgeltkatalog ausgewiesene maßgebliche Bewertungsrelation mit dem Basisentgeltwert multipliziert wird (§ 1 Abs. 2 PEPPV 2020).

Innerhalb des Musterkontenplanes ist den Erlösen aus Krankenhausleistungen die Kontengruppe 40 zugeordnet. Allerdings stammt der Musterkontenplan noch aus der Zeit der tagesgleichen Pflegesätze und ist noch immer nicht an die Anforderungen des DRG-Vergütungssystems angepasst. Die dort gegebene Kontenaufteilung greift nur noch für Krankenhäuser mit Anwendung der BPflV in der Fassung vom 11. Juli 2021. Um die aus der Abrechnung von DRG-Fallpauschalen erzielten Einnahmen in der Finanzbuchhaltung zu erfassen, ist es deshalb notwendig, besondere Finanzbuchhaltungskonten einzurichten.

Innerhalb der Kontengruppe sollten folgende Konten eingerichtet werden:

- Abbildung der ungekürzten Erlöse aus Fallpauschalen (BewR x Landesbasisfallwert) – empfehlenswert scheint eine Unterteilung zumindest in die einzelnen MDC-Gruppen zu sein

- Konto für die Pflegeerlöse
- Konten jeweils getrennt für die Abschläge bzw. Zuschläge aus dem Unterschreiten der unteren bzw. oberen Grenzverweildauer sowie für Verlegungsfälle
- Erlöskonten für die bundeseinheitlichen Zusatzentgelte
- Erlöskonten für die krankenhausindividuell vereinbarten Entgelte nach § 6 Abs. 1 und Abs. 2a KHEntgG – jeweils ein Konto für die jeweilige Entgeltart
- Zusatzentgelte für neue Untersuchungs- und Behandlungsmethoden
- Konten für die Ab- und Zuschläge nach § 5 Abs. 4 KHEntgG des laufenden Geschäftsjahres
- Konto für die Verrechnung des Mehrleistungsabschlags (§ 4 Abs. 2a KHEntgG); entfällt ab 2017)
- Konto für die Verrechnung des Fixkostendegressionsabschlags (§ 4 Abs. 2b KHEntgG)
- Konten für die Verrechnung der Erlösausgleiche der Vorjahre
- Einrichtung je eines Erlöskontos für die Zahlungen aus dem Ausbildungsfonds sowie die krankenhausindividuell erhobenen Zuschläge zur Ausbildungsfinanzierung
- Erlöskonto für den Versorgungszuschlag (bis 2016)
- Erlöskonten für den Pflegezuschlag, Krankenhaushygienezuschlag etc.
- Erlöskonten für sonstige Zuschläge wie DRG Systemzuschlag, GB-A-Systemzuschlag, QS-Zuschlag etc. jeweils pro Zuschlag

Diese Aufstellung ist nicht abschließend und sollte regelmäßig an die Entwicklungen des Entgeltrechts angepasst werden.

Für den Zeitraum bis zur Änderung des Kontenplans wird folgende Vorgehensweise für Entgelte nach der BPflV empfohlen (IDW RS KHFA 1 Rz. 75):

- Abbildung des ungekürzten und nicht erhöhten PEPP-Fallpauschalenentgeltes (Basisfallwert x Fallgewicht) sowie der einzelnen Zu- und Abschläge
- Einrichtung von
  - Konten für Erlöse aus bundeseinheitlichen Zusatzentgelten nach § 5 PEPPV 2016,
  - Konten für sonstige Entgelte nach § 6 Abs. 1 BPflV in der am 01.01.2016 geltenden Fassung,
  - Konten für ergänzende Tagesentgelte nach § 6 PEPPV 2016,
  - Konten für die Erfassung der innerjährlichen Erlöskorrekturen infolge einer veränderten Kodierung für einzelne Geschäftsjahre,
  - Konten für Mehr- und Mindererlösausgleiche des Geschäftsjahres,
  - Konten für die Verrechnung der Erlösausgleiche des Vorjahres.
- Einrichtung eines Erlöskontos für die Zahlungen der Landeskrankenhausgesellschaft für die Ausbildung und die Kosten der mit dem Krankenhaus notwendigerweise verbundenen Ausbildungsstätten i. S. d. § 2 Abs. 1a KHG

Eine weitere Differenzierung hat darüber hinaus nach Haupt- und Belegabteilung zu erfolgen.

Ausbildungsfinanzierung

Die Finanzierung der Ausbildung wurde per 1. Januar 2020 grundlegend neu geregelt. Alle Pflegeeinrichtungen nach § 7 Abs.1 PflBG sind zur Finanzierung im Rahmen eines Umlageverfahrens verpflichtet. Die Finanzierung erfolgt mittels Ausbildungszuschlägen die für Krankenhäuser nach § 18 Abs. 1 S. 2 KHG vereinbart werden. Betroffen von der Neuregelung sind alle Ausbildungsverhältnisse, die ab dem 1. Januar 2020 beginnen. Die Einnahmen aus den Ausbildungszuschlägen sind an die jeweiligen Landesfonds zu entrichten insoweit handelt es sich daher um einen durchlaufenden Posten (RS KHFA 1 Rz. 96), so dass keine Erlöse aus Krankenhausleistungen zu erfassen sind. Für die Kosten der Ausbildung erhalten die ausbildenden Krankenhäuser wiederum Ausgleichszuweisungen aus dem jeweiligen Landesfonds, die gemäß IDW als sonstige Umsatzerlöse zu behandeln sind.

Für Ausbildungsverhältnisse, die bis zum 31. Dezember 2019 begonnen wurden gelten die folgenden Ausführungen:

Im Rahmen der Buchung der Ausbildungsfinanzierung ist zu unterscheiden, ob in einem Bundesland ein Ausbildungsfond eingerichtet ist oder noch nicht.

Soweit kein Ausbildungsfonds (Brandenburg, Hamburg, Mecklenburg-Vorpommern, Sachsen, Sachsen-Anhalt) eingerichtet ist, werden die Ausbildungsstätten über krankenhausindividuelle Ausbildungszuschläge finanziert, die in der Kontengruppe 403 zu erfassen sind.

Ist in einem Bundesland ein Ausbildungsfonds eingerichtet, rechnen alle Krankenhäuser einen Ausbildungszuschlag ab, der an die jeweilige Landeskrankenhausgesellschaft abzuführen ist. Insoweit handelt es sich um einen durchlaufenden Posten, so dass keine Erlöse aus Krankenhausleistungen gebucht werden (RS KHFA 1 Rz. 96). Die Ausbildungskosten der ausbildenden Krankenhäuser werden durch den Ausbildungsfonds finanziert. Ausbildende Krankenhäuser erhalten nun Zahlungen aus dem Ausbildungsfond und berechnen den nach § 17a Abs. 6 Satz 2 KHG veränderten Ausbildungszuschlag. Die Zahlungen aus dem Ausbildungsfonds sind in der Kontengruppe 40 zu erfassen und stellen somit Erlöse aus Krankenhausleistungen dar. Soweit der von einem ausbildenden Krankenhaus in Rechnung gestellte krankenhausindividuelle Ausbildungszuschlag höher oder niedriger als der landeseinheitliche, an die Landeskrankenhausgesellschaft abzuführende Ausbildungszuschlag ist, verbleibt die Abweichung bei dem ausbildenden Krankenhaus. Soweit der in Rechnung gestellte krankenhausindividuelle Ausbildungszuschlag höher als der landesweit geltende Ausbildungszuschlag ist, kann der entsprechende Ertrag in der Kontengruppe 403 als Erlös gebucht werden. Eine negative Differenz zum landesweiten Zuschlag ist als sonstiger betrieblicher Aufwand zu erfassen (Konto 7821).

Die Erlöse aus anderen Entgelten umfassen die Zusatzentgelte sowie die krankenhausindividuell vereinbarten Entgelte im Sinne des § 6 KHEntgG.

Erlöse aus Wahlleistungen

Die Erlöse aus Wahlleistungen können ärztliche und nichtärztliche Wahlleistungen betreffen. Zur Vereinbarung der Wahlleistungen ist vor ihrer Erbringung ein schriftlicher Vertrag zwischen Krankenhausträger und Patient abzuschließen.

Zum einen betreffen diese Erlöse die Erlöse aus wahlärztlichen Leistungen, wenn die gesondert berechenbaren ärztlichen Leistungen als Wahlleistung des Krankenhauses angeboten und für eigene Rechnung erhoben werden, d. h. die Chefärzte kein eigenes Liquidationsrecht haben. Soweit die Chefärzte ein eigenes Liquidationsrecht haben, werden die vereinbarten, an das Krankenhaus abzuführenden Beträge unter dem Posten Nutzungsentgelte der Ärzte erfasst.

Bei den nichtärztlichen Wahlleistungen handelt es sich überwiegend um Komfortleistungen hinsichtlich der Krankenhausunterbringung (1-Bett-Zimmer, 2-Bett-Zimmer, Telefon, Fernsehgerät etc.). Darüber können die Wahlleistungen aus sonstigen nichtärztlichen Wahlleistungen (z. B. Begleitperson, Familienzimmer, etc.) bestehen.

Die Erlöse aus Wahlleistungen werden im Musterkontenplan abgebildet. Im Rahmen der Einrichtung der einzelnen Erlöskonten ist zu berücksichtigen, dass für einzelne Leistungen Umsatzsteuer anfällt bzw. heraus gerechnet werden muss.

Erlöse aus ambulanten Leistungen des Krankenhauses

Unter diesem Posten werden die Erlöse aus Leistungen der Krankenhausambulanzen (z. B. Notfallambulanzen, Röntgen, Labor) erfasst.
Leistungen der Krankenhausambulanzen können als Institutsambulanzen mit den Sozialleistungsträgern nur abgerechnet werden, wenn zwischen dem Krankenhaus und z. B. der zuständigen Kassenärztlichen Vereinigung ein Institutsvertrag abgeschlossen worden ist (z. B. über die Notfallbehandlung oder Leistungen der physikalischen Therapie).

Unter Erlösen aus ambulanten Leistungen des Krankenhauses sind auch auszuweisen:

- Erlöse aus Chefarztambulanzen
- Erlöse aus ambulanten Operationen nach § 115b SGBV
- Erlöse aus ambulanten Behandlungen nach § 116a und § 116b SGBV
- Erlöse des – rechtlich unselbstständigen – medizinischen Versorgungszentrums

Nicht auszuweisen sind solche Erträge aus ambulanten Leistungen, die ein Arzt als Träger der Ambulanz mit Liquidationsrecht erbracht hat.

Erlöse aus Nutzungsentgelten der Ärzte

Die Nutzungsentgelte der Ärzte beinhalten Nutzungsentgelte für wahlärztliche Leistungen, für von Ärzten berechnete ambulante ärztliche Leistungen, Nutzungsentgelte der Belegärzte, Nutzungsentgelte für Gutachtertätigkeit u. ä. sowie Nutzungsentgelte für anteilige Abschreibung medizinisch-technischer Großgeräte.

Erstattungen der Ärzte im stationären Bereich für wahlärztliche Leistungen sind dann gegeben, wenn das Liquidationsrecht nicht dem Krankenhaus – in diesem Fall wären die Entgelte unter Erlöse aus Wahlleistungen zu erfassen – sondern dem Chefarzt zusteht.

Die Nutzungsentgelte beinhalten sowohl Kostenerstattungen wie auch den Vorteilsausgleich.

Werden ambulante Leistungen durch einen Arzt (Ärzteambulanz) und nicht im Rahmen und für Rechnung des Krankenhauses (Institutsambulanz) erbracht, entstehen Nutzungsentgelte für ambulant berechnete ärztliche Leistungen.

Erstattungen von Belegärzten können erforderlich werden, wenn bei Belegarztbehandlungen vom Krankenhaus angestellte Ärzte zur Erbringung von ärztlichen Leistungen in Anspruch genommen werden. Die für Belegabteilungen abrechenbaren tagesgleichen Pflegesätze bzw. DRG-Fallpauschalen werden unter den Erlösen aus Krankenhausleistungen erfasst.

Die Nutzungsentgelte für die anteilige Abschreibung medizinisch-technischer Großgeräte sind zu erheben, wenn beispielsweise medizinisch-technische Großgeräte auf Grund der Mitnutzung in der Ärzteambulanz nur anteilig gefördert werden. Die Ärzte erstatten in diesen Fällen die entsprechenden anteiligen Abschreibungen.

Umsatzerlöse nach § 277 Abs. 1 HGB soweit nicht in den Nummern 1 bis 4 enthalten

Mit der Änderung der KHBV durch die 2. Verordnung zur Änderung von Rechnungslegungsverordnungen vom 21. Dezember 2016 wurde ein neuer Posten 4a „Umsatzerlöse nach § 277 Abs. 1 des Handelsgesetzbuchs, soweit nicht in den Nummern 1 bis 4 enthalten" eingeführt. Hierunter fallen entsprechend der Angaben in der Anlage 2 zur KHBV zu dem Posten Nr. 4a die folgenden Kontengruppen:

44 Rückvergütungen, Vergütungen und Sachbezüge
45 Erträge aus Hilfs- und Nebenbetrieben, Notarztdienst

57 Sonstige Erträge
58 Erträge aus Ausgleichsbeträgen für frühere Geschäftsjahre
591 Periodenfremde Erträge

Hinsichtlich der Ausgleichsbeträge für frühere Geschäftsjahre ist ein „davon-Vermerk" vorgesehen. Davon-Vermerk betrifft Ausgleichsbeträge für frühere Geschäftsjahre. Im davon-Vermerk sind nur die Beträge auszuweisen, die sich daraus ergeben, dass beispielsweise gewährte Mindererlösausgleiche in früheren Geschäftsjahren nicht als Forderungen bilanziert waren oder dass beispielsweise Mehrerlösausgleichsverbindlichkeiten nicht in vollem Umfang benötigt werden, weil geringere Mehrerlöse als bilanziert vereinbart werden. Die Verrechnung von vorläufigen bzw. endgültig vereinbarten Erlösausgleichen erfolgt durch die Auflösung der korrespondierenden gebuchten Ausgleichsverbindlichkeiten über die Kontengruppe 404 im Rahmen der Erlöse aus Krankenhausleistungen.

Soweit die Ausgleichsbeträge für frühere Geschäftsjahre zu einem Aufwand führen, hat sich im Übrigen der Ausweis innerhalb der Anlage 2 zur KHBV nicht geändert. Diese – grundsätzlich auch als Erlösschmälerungen verstehbaren – Beträge werden (mit davon-Vermerk) auch in der Zukunft als Bestandteil des Postens „sonstige betriebliche Aufwendungen" ausgewiesen.

Die in Kontengruppe 57 erfassten Erträge betreffen Vermietungs- und Verpachtungserträge, Erträge aus Sozialeinrichtungen (z. B. Erstattungen der Mitarbeiter für die Inanspruchnahme eines Betriebskindergartens) oder Vergütungen für die Teilnahme an der DRG-Kalkulation. Die Aufwandspauschale bei Prüfung durch den MD und unbeanstandet gebliebener Abrechnung sind nicht unter den Umsatzerlösen nach § 277 Abs. 1 HGB, sondern unter den sonstigen betrieblichen Erträgen auszuweisen, da diesen Beträgen keine Leistung des Krankenhauses gegenübersteht. Skonti, Boni und Warenrückvergütungen sind aus unserer Sicht nicht in dieser Kontengruppe, sondern als Minderung des Materialaufwands zu erfassen, soweit sie nicht die Herstellungs- bzw. Anschaffungskosten von Anlage- oder Vorratsgegenständen gemindert haben.

Der Verordnungsgeber hat sich für die Einführung einer Nr. 4a und damit gegen eine Neunummerierung entschieden, mit der dem neuen Posten auch die Nummer 5 hätte zugewiesen werden können.

Entsprechend ist bei der Erstellung von Krankenhausabschlüssen gemäß der Gliederung gemäß der Anlage 2 zur KHBV auch darauf zu achten, dass der Posten „Umsatzerlöse nach § 277 Abs. 1 des Handelsgesetzbuchs…" mit „Nr. 4a" bezeichnet wird.

Folgewirkung der Einführung des Erlöspostens Nr. 4a ist, dass die korrespondierenden Aufwendungen ebenfalls aus dem Posten „sonstigen betrieblichen Aufwendungen" in den Posten

„Materialaufwand" umzugliedern sind. In der Bilanz ergibt sich ggf. eine geänderte Zuordnung von Beträgen zu den Forderungen aus Lieferungen und Leistungen anstelle zu dem Posten „Sonstige Vermögensgegenstände".

Ausgestaltung der Finanzbuchhaltung

Die Ausgestaltung der Finanzbuchhaltung muss für Kontrollzwecke eine Verprobung der Umsatzerlöse mit den Daten der Patientenverwaltung erlauben (Erlösverprobung). Gegebenenfalls aufgetretene Verprobungsdifferenzen müssen mit vertretbarem Zeitaufwand geklärt werden können. Schließlich muss gewährleistet sein, dass aus der Finanzbuchhaltung die Aufstellung der Erlöse nach § 7 Abs. 1 Nr. 1 und 2 KHEntgG in einer Weise ableitbar ist, dass der Abschlussprüfer die Bescheinigung im Sinne des § 4 Abs. 3 Satz 7 KHEntgG erteilen kann. Das jeweils angewandte Verfahren hängt hierbei jeweils von der Komplexität der Leistungsstruktur sowie den gewählten Softwarelösungen ab.

In der Praxis haben sich inzwischen unterschiedliche Vorgehensweisen entwickelt. Zum einen ist sehr oft festzustellen, dass zumindest für die einzelnen MDC sowie für PräMDC und Fehler-DRG Finanzbuchhaltungskonten eingerichtet werden. In selteneren Fällen wird sogar für jede DRG ein Finanzbuchhaltungskonto geführt.

Erhöhung oder Verminderung des Bestands an fertigen oder unfertigen Erzeugnissen / unfertigen Leistungen

Die Erhöhung oder Verminderung des Bestandes an fertigen und unfertigen Erzeugnissen/unfertigen Leistungen spiegelt im Wesentlichen die Veränderung der mit Herstellungskosten oder zum niedrigeren beizulegenden Wert bewerteten Überlieger zum Jahresende im Vergleich zur Vorjahresbilanz wider. Erhöht sich der Bestand der bewerteten Überlieger zum Jahresende, kommt es zur Erhöhung des Bestands an unfertigen Leistungen. Die Veränderung des Bestands an unfertigen Leistungen kann auf weniger oder mehr Patienten oder auf niedrigere oder höhere Bewertungsrelationen zurückzuführen sein.

Andere aktivierte Eigenleistungen

Hierbei handelt es sich um die im Anlagevermögen aktivierten Eigenleistungen des Krankenhauses, für die Aufwendungen unter verschiedenen Aufwandsposten der Gewinn- und Verlustrechnung verrechnet sind. Hierbei handelt es sich um die im Anlagevermögen aktivierten Eigenleistungen des Krankenhauses, wie z. B. selbst erstellte Gebäude. Dieser Posten ist erforderlich, um die primären Aufwendungen, die unter verschiedenen Aufwandsposten der Gewinn- und Verlustrechnung ausgewiesen sind, zu neutralisieren.

Zuweisungen und Zuschüsse der öffentlichen Hand, soweit nicht unter Nr. 11

Unter den Zuweisungen und Zuschüssen der öffentlichen Hand, soweit nicht unter Nr. 11 aufgeführt, sind Zuweisungen und Zuschüsse zur Finanzierung laufender Aufwendungen (z. B. für Ausbildungsstätten, Forschung und Lehre, Kindergeld), Erstattungen des Arbeitsamtes für Arbeitsbeschaffungsmaßnahmen und im Rahmen der Altersteilzeit sowie Erstattungen des Bundesamtes für Zivildienst auszuweisen. Die Zuwendungen und Zuschüsse stellen in der Periode Ertrag dar, in der auch die entsprechenden Aufwendungen anfallen; noch nicht verbrauchte Zuweisungen und Zuschüsse stellen sonstige Verbindlichkeiten oder passive Rechnungsabgrenzungsposten dar.

Sonstige betriebliche Erträge

Durch die Einführung einer Nr. 4a „Umsatzerlöse nach § 277 Abs. 1 des Handelsgesetzbuchs, soweit nicht in den Nummern 1 bis 4 enthalten" hat sich der Umfang der unter den „sonstigen betrieblichen Erträgen" auszuweisenden Beträge deutlich verringert. Im Rahmen der sonstigen betrieblichen Erträge werden damit im Wesentlichen folgende Beträge ausgewiesen:

- Zuwendungen Dritter zur Finanzierung laufender Aufwendungen (Kontenuntergruppe („KUGr.") 473)
- Erträge aus dem Abgang von Gegenständen des Sachanlagevermögens und von Zuschreibungen zum Sachanlagevermögen (KUGr. 520)
- Erträge aus der Auflösung von Rückstellungen (KGr. 54)
- Spenden und ähnliche Zuwendungen (KUGr. 592)

Den in der KUGr. 473 ausgewiesenen Erträgen werden die Erträge zugeordnet, denen kein Leistungsaustausch zugrunde liegt. Hierzu kann beispielsweise ein Sanierungszuschuss des Gesellschafters ohne Gegenleistungsverpflichtung gehören. Ebenso fallen hierunter Schadenersatzansprüche. Erlöse aus Konzernumlagen müssen differenziert betrachtet werden. Liegen diesen Dienstleistungen zugrunde (z.B. Führung der Handelsbücher, Beratungsleistungen) liegen Umsatzerlöse der leistenden Konzerngesellschaft vor, da ein Leistungsaustausch vorliegt. Entsprechend erfolgt ein Ausweis unter Nr. 4a. Werden allerdings nur entstehende Aufwendungen an eine andere Konzerngesellschaft weiterbelastet, ohne dass eine eigene Dienstleistung erbracht wird, liegen keine Umsatzerlöse, sondern sonstige betriebliche Erträge vor. Hierzu gehören beispielsweise auch die Kostenerstattungen für Personal, das in anderen Konzerngesellschaften eingesetzt wird, soweit eine Dienstleistung geschuldet wird.

Im Anhang von Krankenhäusern, die nicht nur einen reinen KHBV-Abschluss erstellen, sind die Erträge von außergewöhnlicher Bedeutung bzw. von außergewöhnlicher Größenordnung zu erläutern (§ 285 Nr. 31 HGB).

Soweit einzelne periodenfremde Beträge nicht von untergeordneter Bedeutung sind, muss eine Erläuterung im Anhang von Krankenhäusern, die nicht nur einen reinen KHBV-Abschluss erstellen, erfolgen (§ 285 Nr. 32 HGB).

Personalaufwand

Der Personalaufwand beinhaltet sämtliche Aufwendungen für Arbeiter, Angestellte, Geschäftsführung und Vorstand. Hierunter sind sowohl die laufenden Bezüge als auch weitere Bezüge wie z. B. Gewinnbeteiligungen, Urlaubsgeld, Gratifikationen, Überstundenentlohnung sowie auch Sachbezüge wie Dienstwagen oder Dienstwohnung zu erfassen. Der Posten gliedert sich in Löhne und Gehälter sowie soziale Abgaben und Aufwendungen für Altersversorgung und für Unterstützung. Die Aufwendungen für Altersversorgung sind als Davon-Vermerk in der Gewinn- und Verlustrechnung anzugeben.

Materialaufwand

Der Posten Materialaufwand untergliedert sich in Aufwendungen für Roh-, Hilfs- und Betriebsstoffe (RHB) sowie Aufwendungen für bezogene Leistungen. Unter den RHB werden Aufwendungen für den medizinischen Bedarf und den Wirtschaftsbedarf aber auch für Lebensmittel oder Wasser, Energie und Brennstoffe ausgewiesen. Die Aufwendungen für bezogene Leistungen umfassen im medizinischen Bereich typischerweise Aufwendungen für Fremduntersuchungen, im Bereich Wirtschaftsbedarf werden hier zum Beispiel Aufwendungen für Wäscherei- oder Reinigungsleistungen erfasst.
Unter dem Posten „Materialaufwand" sind auch die Aufwendungen zu erfassen, die mit dem Posten Nr. 4a in Zusammenhang stehen (Umsatzerlöse nach § 277 Abs. 1 HGB soweit nicht in den Nummern 1 bis 4 enthalten).

Erträge/Aufwendungen in Zusammenhang mit der Finanzierung des Krankenhauses

Die Posten 11 (Erträge aus Zuwendungen zur Finanzierung von Investitionen) bis 19 (Aufwendungen aus der Auflösung der Ausgleichsposten aus Darlehensförderung und für Eigenmittelförderung) stehen im Wesentlichen in Verbindung mit der Förderung von Investitionen des Anlagevermögens sowie der Darlehensförderung.

Erträge aus Zuwendungen zur Finanzierung von Investitionen

Unter diesen Posten fallen Erträge aus Fördermitteln nach dem KHG (Einzel- und Pauschalfördermittel – Davon-Vermerk erforderlich), Zuwendungen und Zuschüsse der öffentlichen Hand zur Finanzierung von Investitionen und Zuwendungen Dritter zur Finanzierung von Investitionen

(z. B. Spenden). Den Mitteln ist gemeinsam, dass sie zweckgebunden für bestimmte Investitionen zur Verfügung gestellt werden.

Erträge aus der Einstellung von Ausgleichsposten aus Darlehensförderung und für Eigenmittelförderung

Es handelt sich um die Gegenbuchung zu den aktivierten Ausgleichsposten (vgl. Ausführungen zu den Ausgleichsposten nach dem KHG).

Erträge aus der Auflösung von Sonderposten/Verbindlichkeiten nach dem KHG und auf Grund sonstiger Zuwendungen zur Finanzierung des Anlagevermögens

Unter diesem Posten werden die passivierten Fördermittel nach dem KHG, die Zuweisungen oder Zuschüsse der öffentlichen Hand und Dritter, die passivierten Tilgungsanteile der Fördermittel nach § 9 Abs. 2 Nr. 3 KHG entsprechend den jährlichen Abschreibungsraten der mit diesen Mitteln finanzierten Anlagegüter aufgelöst.

Werden Fördermittel nach dem KHG für nicht aktivierungsfähige Maßnahmen verwendet, ist ebenfalls unter diesem Posten durch die Auflösung von Verbindlichkeiten nach KHG in Höhe der nicht aktivierungsfähigen Aufwendungen zur Neutralisierung ein Ertrag zu erfassen.

Erträge aus der Auflösung des Ausgleichspostens für Darlehensförderung

Es handelt sich um Erträge aus der Auflösung entsprechend der anteiligen Abschreibungen auf die mit den Darlehen finanzierten Vermögensgegenstände, wenn die Abschreibungen die Darlehenstilgungen überschreiten.

Aufwendungen aus der Zuführung zu Sonderposten/Verbindlichkeiten nach dem KHG und auf Grund sonstiger Zuwendungen zur Finanzierung des Anlagevermögens

Die Zuführung erfolgt in Höhe der für die Finanzierung von Vermögensgegenständen des Anlagevermögens zugesagten Mittel, Buchgewinnen aus dem Abgang von Gegenständen des geförderten Anlagevermögens sowie Zinsen aus der Anlage von Fördermitteln.

Aufwendungen aus der Zuführung zu Ausgleichsposten aus Darlehensförderung

Die Aufwendungen entstehen aus Einstellungen in den korrespondierenden passiven Ausgleichsposten aus Darlehensförderung. Sie entsprechen der Differenz zwischen der geförderten Tilgung und der Abschreibung auf das mit dem geförderten Darlehen finanzierte Anlagevermögen.

Aufwendungen für nach dem KHG geförderte Nutzung von Anlagegegenständen

Es handelt sich um Aufwendungen für die Nutzung von Anlagegütern auf der Basis von Miet-, Leasing-, Pacht- oder anderen Nutzungsverträgen, für die auf Antrag Fördermittel gewährt werden.

Aufwendungen für nach dem KHG geförderte, nicht aktivierungsfähige Maßnahmen

Dieser Posten kann nur noch ausgewiesen werden, wenn Instandhaltungsaufwendungen auf Grund von Übergangsregelungen der Länder weiter mit Fördermitteln finanziert werden oder wenn der Gesetzgeber die Förderung nicht aktivierungsfähiger Maßnahmen im KHG verankert.

Aufwendungen aus der Auflösung der Ausgleichsposten aus Darlehensförderung und für Eigenmittelförderung

Unter diesem Posten erfolgt die Auflösung der aktivierten Ausgleichsposten. Dies ist z. B. der Fall, wenn eigenmittelfinanziertes Anlagevermögen, das vor Einführung des KHG erworben wurde, veräußert wird.

Abschreibungen

Die Abschreibungen verteilen die aktivierten Anschaffungs-/Herstellungskosten für Gegenstände des Anlagevermögens gleichmäßig über deren Nutzungsdauer.

Krankenhaus A kauft im Januar des Jahres 2020 ein Ultraschallgerät für 20.000 Euro mit einer wirtschaftlichen Nutzungsdauer von fünf Jahren.
Im Verlauf seiner Nutzung verliert das Gerät Jahr für Jahr an Wert. Um diesen Werteverzehr wider zu spiegeln, wird das Gerät im Jahresabschluss des Krankenhauses jährlich um einen bestimmten Betrag (4.000 Euro) abgeschrieben. Da sich der tatsächliche Werteverzehr nicht exakt bestimmen lässt, wird ein gleichmäßiger Werteverzehr über die Nutzungsdauer unterstellt.
Es ergeben sich folgende Buchungen:

Jahr 2020:	Anlagevermögen	an	Kasse, Bank	20.000 Euro
	Abschreibungen	an	Anlagevermögen	4.000 Euro
Jahr 2021 ff.:	Abschreibungen	an	Anlagevermögen	4.000 Euro

Nach fünf Jahren ist das Ultraschallgerät abgeschrieben. Selbst wenn es weiterhin im Krankenhaus genutzt wird, können keine weiteren Abschreibungen vorgenommen werden. Betriebs- und Reparaturkosten fallen weiterhin an.

Abbildung 3.4.2-1: Beispiel für die buchhalterische Behandlung von Abschreibungen

Unter diesem Posten sind auch Abschreibungen auf Vermögensgegenstände des Umlaufvermögens auszuweisen, soweit diese die im Krankenhaus üblichen Abschreibungen überschreiten. Entsprechende Abschreibungen werden im Wesentlichen im Zusammenhang mit den Forderungen aus Leistungen entstehen können. Da der Ausweis daran geknüpft wird, dass die üblichen Abschreibungen überschritten werden müssen, ist ein erheblicher Ermessensspielraum gegeben. Ein Ausweis wird somit im Regelfall nur bei erheblichen Beträgen in Frage kommen.

Sonstige betriebliche Aufwendungen

Der Posten sonstige betriebliche Aufwendungen ist ein Sammelposten. Hier werden alle ordentlichen Aufwendungen ausgewiesen, die nicht einem anderen Posten zugeordnet werden können. Es handelt sich zum Beispiel um Aufwendungen für Verwaltungskosten, Büromaterial, Reisekosten, Mieten und Pachten, Aufwendungen aus dem Abgang von Gegenständen des Anlagevermögens, Spenden und ähnliche Aufwendungen sowie sonstige periodenfremde Aufwendungen, d. h. Aufwendungen, die frühere Geschäftsjahre betreffen. Wesentliche periodenfremde Aufwendungen sind nach dem BilRUG – wie bisher – im Anhang zu erläutern (§ 285 Nr. 32 HGB).

Der die Ausgleichsbeträge für frühere Geschäftsjahre betreffende Davon-Vermerk betrifft beispielsweise die Ausbuchung nicht realisierter Mindererlösausgleichsforderungen oder die Begleichung/Einbuchung von Mehrerlösausgleichsverbindlichkeiten, die in einem früheren Jahresabschluss nicht berücksichtigt waren. Die Verrechnung von in Vorjahren bilanzierten Mindererlösausgleichsforderungen erfolgt über die Kontenklasse 404 im Rahmen der Umsatzerlöse.

Unter diesem Posten sind in der Regel auch die bis einschließlich 2015 gesondert auszuweisenden außerordentlichen Aufwendungen darzustellen. Auch hier gilt, dass Beträge, die von außergewöhnlicher Bedeutung bzw. Größenordnung sind, im Anhang von Krankenhäusern, die nicht nur einen reinen KHBV-Abschluss erstellen, erläutert werden müssen (§ 285 Nr. 31 HGB). An dieser Stelle ist noch darauf hinzuweisen, dass die Begriffe „außerordentlich“ und „außergewöhnlich“ nicht deckungsgleich sind.

Soweit Aufwendungen mit den unter Nr. 4a ausgewiesenen Umsatzerlösen nach § 277 Abs. 1 HGB (soweit nicht in den Nummern 1 bis 4 enthalten) in Zusammenhang stehen, ist ein Ausweis unter dem Posten „Materialaufwand“ vorzunehmen.

Erträge aus Beteiligungen

Die Erträge aus Beteiligungen beinhalten die laufenden Erträge aus Beteiligungen wie Dividenden von Kapitalgesellschaften einschließlich Abschlagszahlungen auf den Bilanzgewinn, Gewinnanteile von Personenhandelsgesellschaften, Zinsen auf beteiligungsähnliche Darlehen, Erträge aus Beherrschungsverträgen nach § 291 Abs. 1 AktG.

Erträge aus anderen Wertpapieren und Ausleihungen des Finanzanlagevermögens

Unter dem Posten Erträge aus anderen Wertpapieren und Ausleihungen des Finanzanlagevermögens sind laufende Erträge aus Wertpapieren des Anlagevermögens und aus Ausleihungen des Finanzanlagevermögens, z. B. Zinsen aus Mitarbeiterdarlehen, auszuweisen. Auch Erträge aus dem Abgang von Finanzanlagen sind hier zu zeigen. Soweit die Erträge aus verbundenen Unternehmen stammen, ist ein Davon-Vermerk erforderlich.

Sonstige Zinsen und ähnliche Erträge

Die sonstigen Zinsen und ähnlichen Erträge umfassen Zinsen für Guthaben bei Kreditinstituten und für kurzfristige Forderungen an Dritte, Zinsen für Wertpapiere des Umlaufvermögens aber z. B. auch Erträge aus einem Agio, Disagio oder Kreditprovisionen. Soweit die Erträge aus verbundenen Unternehmen stammen, ist ein Davon-Vermerk erforderlich.

Abschreibungen auf Finanzanlagen und auf Wertpapiere des Umlaufvermögens

Der Posten Abschreibungen auf Finanzanlagen und Wertpapiere des Umlaufvermögens beinhaltet alle Abwertungen auf Finanzanlagen und Wertpapiere des Umlaufvermögens.

Zinsen und ähnliche Aufwendungen

Die Zinsen und ähnlichen Aufwendungen umfassen Zinsen für Darlehen, Verzugszinsen aber auch Aufwendungen für Kredit-, Überziehungs-, Bereitstellungs-, Bürgschafts- und Avalprovisionen sowie Besicherungskosten und andere Nebenkosten. Kommunale Krankenhäuser werden oft aus flüssigen Mitteln des Gesamthaushalts des Krankenhausträgers mit liquiden Mitteln ausgestattet. Nach kommunalem Haushaltsrecht handelt es sich in diesem Fall um eine Leistung des Krankenhausträgers an das Krankenhaus, für die eine angemessene Vergütung in Form einer Verzinsung zu verrechnen ist. Diese Zinsen sind ebenfalls unter diesem Posten auszuweisen. Zinsen für Betriebsmittelkredite und Zinsen an verbundene Unternehmen sind als Davon-Vermerk gesondert in der Gewinn- und Verlustrechnung anzugeben.

Steuern

Unter den Steuern werden sowohl Steuern vom Einkommen und Ertrag wie auch sonstige Steuern ausgewiesen.
Die im Davon-Vermerk auszuweisenden Steuern vom Einkommen und vom Ertrag beinhalten Körperschaft- und Gewerbeertragsteuer sowie den Solidaritätszuschlag. Sie fallen an, soweit das Krankenhaus nicht als gemeinnützige Einrichtung anerkannt ist.

Soweit Steuererträge bzw. -aufwendungen im Zusammenhang mit bilanzierten latenten Steuern stehen, ist dies gesondert unter dem Posten Steuern vom Einkommen und Ertrag in der Gewinn- und Verlustrechnung auszuweisen.

Unter den sonstigen Steuern werden typischerweise Aufwendungen für Grundsteuer oder Kfz-Steuer ausgewiesen.

3.4.3 Inhalt und Gliederung nach IFRS

Während nach HGB/KHBV sämtliche Ergebniseffekte über die Gewinn- und Verlustrechnung zu erfassen sind, gibt es nach IFRS Ergebnisveränderungen, die nicht die Gewinn- und Verlustrechnung, sondern das Eigenkapital berühren.

Ein Unternehmen muss eine Gesamtergebnisrechnung erstellen, in die der Gewinn oder Verlust sowie das sonstige Ergebnis aufzunehmen sind. Hierzu bestehen nach IAS 1.10A die beiden folgenden Alternativen:

Darstellung in einer einzigen Gesamtergebnisrechnung („single-statement approach") oder
Darstellung in zwei Aufstellungen: einer gesonderten Gewinn- und Verlustrechnung und einer Darstellung der Bestandteile des sonstigen Ergebnisses („two-statement approach").

Das sonstige Ergebnis umfasst Ertrags- und Aufwandsposten (einschließlich sog. Umgliederungsbeträge), die nach IFRS nicht im Gewinn oder Verlust erfasst werden dürfen oder müssen (IAS 1.7).

Außerdem bieten die IFRS dem Krankenhausunternehmen neben dem – aus Sicht der KHBV verpflichtenden – Gesamtkostenverfahren die Darstellung der Erträge und Aufwendungen im Rahmen eines Umsatzkostenverfahrens an. In Deutschland ist das Gesamtkostenverfahren allerdings auch in IFRS-(Konzern)Abschlüssen die Regel.

Eine detaillierte Gliederung wie Anlage 2 zur KHBV wird von den IFRS nicht vorgegeben. Die Gliederung einer Ergebnisrechnung nach IFRS ergibt sich aus dem folgenden Schaubild.

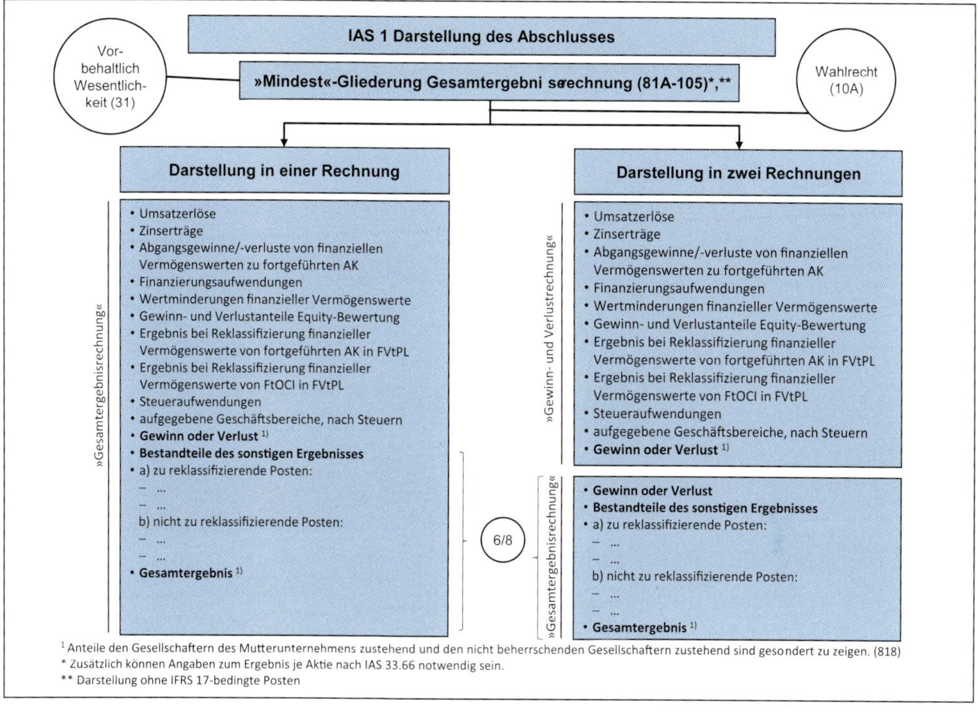

Abbildung 3.4.3-1: Mindestgliederung Gesamtergebnisrechnung gemäß IAS 81A-82A, Quelle: KPMG IFRS visuell (2021), S. 16

Die nach den Nummern 1 bis 4a der Anlage 2 zur KHBV ausgewiesenen Erlöse:

- Erlöse aus Krankenhausleistungen
- Erlöse aus Wahlleistungen
- Erlöse aus ambulanten Leistungen des Krankenhauses
- Nutzungsentgelte der Ärzte
- Umsatzerlöse nach § 277 Abs. 1 des Handelsgesetzbuchs, soweit nicht in den Nummern 1 bis 4 enthalten

werden nach IFRS in der Regel unter den „Umsatzerlösen" zusammengefasst.

Gemäß der zeitanteiligen Umsatzrealisierung nach IFRS 15.35 ff sind die Überlieger mit ihren anteiligen Umsatzerlösen zu erfassen, damit entfällt der Posten „Erhöhung/Verminderung des Bestandes an unfertigen Leistungen".

Ebenfalls entfallen die gesamten in der KHBV nach der Anlage 2 vorgesehenen Sonderausweise, die mit der öffentlichen Förderung mit Krankenhausinvestitionen etc. im Zusammenhang stehen (Posten 11. bis 19. der KHBV-GuV).

Nach IFRS entfällt beispielsweise die Buchung erhaltener Investitionszuschüsse einmal unter Posten 11. „Erträge aus Zuwendungen zur Finanzierung von Investitionen“ und Posten 15. „Aufwendungen aus der Zuführung von Sonderposten/Verbindlichkeiten nach dem KHG und aufgrund sonstiger Zuwendungen zur Finanzierung des Anlagevermögens“. Die erhaltenen Fördermittel werden – soweit noch nicht verwendet – ohne GuV-Berührung gebucht. Verwendete Fördermittel werden – so ist es zumindest gängige Praxis – entsprechend dem Wahlrecht nach IAS 20.27 bei der Ermittlung des Buchwertes des geförderten Anlagengegenstandes abgezogen. Entsprechend entfällt auch der Posten Nr. 13. „Erträge aus der Auflösung von Sonderposten/Verbindlichkeiten nach dem KHG und aufgrund sonstiger Zuwendungen zur Finanzierung des Anlagevermögens“.

Da Ausgleichsposten für Eigenmittelförderung und Darlehensförderung nach IFRS keinen Vermögenswert (bzw. im letzteren Fall auch keine Schuld) darstellen und damit auch nicht bilanziert werden, entfallen nach IFRS auch die Posten Nr. 12. „Erträge aus der Einstellung von Ausgleichsposten für Darlehensförderung und der Eigenmittelförderung“ sowie der Posten Nr. 14. „Erträge aus der Auflösung des Ausgleichspostens für Darlehensförderung“ und der Posten Nr. 16. „Aufwendungen aus der Zuführung zu Ausgleichsposten für Darlehensförderung“ bzw. Posten Nr. 19. „Aufwendungen aus der Auflösung der Ausgleichsposten aus Darlehensförderung und für Eigenmittelförderung“ (vgl. Kapitel 3.3.5).

Die Posten Nr. 17. „Aufwendungen für die nach dem KHG geförderte Nutzung von Anlagegegenständen“ sowie Nr. 18. „Aufwendungen für nach dem KHG geförderte, nicht aktivierungsfähige Maßnahmen“ werden im Regelfall unter den sonstigen betrieblichen Aufwendungen erfasst.

3.5 Anhang

3.5.1 Inhalt und Gliederung nach KHBV/HGB

Der Anhang ist neben der Bilanz und der Gewinn- und Verlustrechnung ein Bestandteil des Jahresabschlusses. Für Krankenhäuser in der Rechtsform der Kapitalgesellschaft ergibt sich aus § 264 Abs. 1 Satz 1 HGB, dass der Jahresabschluss um einen Anhang zu erweitern ist.

Die Inhalte des Anhangs werden durch die §§ 284 bis 288 HGB geregelt. Krankenhäuser, die ausschließlich nach der KHBV Jahresabschlüsse erstellen – z. B. weil für den Krankenhausträger und das Krankenhaus getrennte Jahresabschlüsse erstellt werden – haben nach § 4 Abs. 1 und Abs. 3 KHBV ebenfalls einen Anhang zu erstellen, der jedoch einen deutlich geringeren Umfang als der Anhang für Krankenhäuser in der Rechtsform der Kapitalgesellschaft hat.

Der Zweck des Anhanges besteht grundsätzlich darin, die auf die Posten der Bilanz und Gewinn- und Verlustrechnung angewandten Bilanzierungs- und Bewertungsmethoden zu erläutern sowie zusätzlich zur Bilanz sowie Gewinn- und Verlustrechnung Angaben über die Vermögens-, Finanz- und Ertragslage vorzunehmen. Weiterhin beinhaltet der Anhang Informationen, die keinen unmittelbaren Zusammenhang mit dem Jahresabschluss haben. Schließlich kann der Anhang die Bilanz bzw. die Gewinn- und Verlustrechnung entlasten, indem Angaben in den Anhang aufgenommen werden, die andernfalls in der Bilanz oder Gewinn- und Verlustrechnung zu machen wären. Entsprechend diesem Zweck enthält der Anhang Erläuterungen, Angaben, Darstellungen, Aufgliederungen, Begründungen, die teilweise nur verbal und teilweise mittels Zahlenangaben zu erfolgen haben. Der Anhang muss klar und übersichtlich sein.

Krankenhäuser, die nicht nach HGB, sondern ausschließlich nach der KHBV einen Anhang erstellen, müssen § 4 Abs. 1 und Abs. 3 KHBV beachten. Inhalt des Anhangs sind grundsätzlich die folgenden Angaben:

- die auf die Posten der Bilanz und der Gewinn- und Verlustrechnung angewandten Bilanzierungs- und Bewertungsmethoden (§ 284 Abs. 2 Nr.1 HGB)
- Abweichungen von den Bilanzierungs- und Bewertungsmethoden müssen angegeben und begründet werden; deren Einfluss auf die Vermögens-, Finanz- und Ertragslage ist gesondert darzustellen (§ 284 Abs. 2 Nr. 2 HGB)
- vor dem 1. Januar 1987 erworbene Pensionsansprüche sowie mittelbare Pensionsverpflichtungen, für die keine Rückstellung nach § 249 Abs. 1 Satz 1 HGB gebildet worden ist (Art. 28 Abs. 2 EGHGB)
- Anlagennachweis entsprechend der Gliederung nach Anlage 3 zur KHBV (§ 4 Abs. 1 S. 1 KHBV)

Darüber hinaus sind bei den im Folgenden genannten Sachverhalten Angaben im Anhang vorzunehmen:

- Sofern die Angaben nicht in der Bilanz oder Gewinn- und Verlustrechnung gemacht werden, sind nach § 264 Abs. 1a HGB die Firma, der Sitz, das Registergericht und die Nummer, unter der der Krankenhausträger in das Handelsregister eingetragen ist, anzugeben. Befindet sich der Krankenhausträger in Liquidation oder Abwicklung, ist auch diese Tatsache anzugeben.
- Zusätzliche Angaben im Anhang, wenn aufgrund besonderer Umstände der Jahresabschluss kein den tatsächlichen Verhältnissen entsprechendes Bild der Vermögens-, Finanz- und Ertragslage des Krankenhauses vermittelt (§ 264 Abs. 2 Satz 2 HGB)
- Fehlende Vergleichbarkeit von Vorjahreszahlen sowie Anpassung von Vorjahreszahlen (§ 265 Abs. 2 Satz 2 und Satz 3 HGB)
- Angabe des Gewinn-/Verlustvortrages bei Aufstellung der Bilanz unter der vollständigen bzw. teilweisen Verwendung des Jahresergebnisses (§ 268 Abs. 1 Satz 3 HGB). Alternativ kann der „Gewinnvortrag/Verlustvortrag" auch in der Bilanz angegeben werden (§ 268 Abs. 1 Satz 2 HGB).
- außerplanmäßige Abschreibungen auf das Anlagevermögen nach § 253 Abs. 3 Satz 5 HGB bzw. Abschreibungen auf Finanzanlagen nach § 253 Abs. 3 Satz 6 HGB, soweit kein gesonderter Ausweis in der Gewinn- und Verlustrechnung erfolgt (§ 277 Abs. 3 Satz 1 HGB).

Aus der Sicht der Autoren ist es sachgerecht, wenn der Gliederung die dargestellte Reihenfolge der Pflichtangaben bzw. der fallbezogenen Angaben zugrunde gelegt wird.

Nach § 284 Abs. 2 Nr. 1 HGB müssen die auf die Posten der Bilanz und der Gewinn- und Verlustrechnung angewandten Bilanzierungs- und Bewertungsmethoden angegeben werden. In diesem Zusammenhang ist darzustellen, wie im konkreten Fall Wahlrechte ausgeübt und Ermessensspielräume ausgefüllt werden. Üblicherweise erfolgt die Darstellung der Bilanzierungs- und Bewertungsmethoden in einem Abschnitt zu Beginn des Anhanges.

Bilanzierungsmethoden

Als Bilanzierungsmethode wird das planmäßige Vorgehen verstanden, um einen Posten in der Bilanz anzusetzen (Bilanzierung dem Grunde nach). Die Bilanzierungsmethode ist auch für den Zeitpunkt der Bilanzierung maßgeblich. Die Bilanzierungsmethoden bestehen somit in der Ausübung von Ansatzvorschriften, Bilanzierungswahlrechten und Ermessensspielräumen.

Im Folgenden sollen einige Beispiele für krankenhaustypische Bilanzierungswahlrechte (Ansatzwahlrechte) genannt werden, auf die im Rahmen der Darstellung der Bilanzierungsmethoden einzugehen ist.

- Aktivierung von selbst erstellten immateriellen Vermögensgegenständen gemäß § 248 Abs. 2 HGB
- Ansatz eines Überhangs aktiver latenter Steuern gemäß § 274 Abs. 1 Satz 2 HGB

Es bestehen auch Bilanzierungswahlrechte, über die nicht in dem Abschnitt „Bilanzierungs- und Bewertungsmethoden" berichtet werden muss, weil beispielsweise ein gesonderter Ausweis in der Bilanz oder dem Anhang bereits gesetzlich vorgeschrieben ist (z. B. Disagio oder Sonderposten zur Finanzierung des Sachanlagevermögens lt. Bilanzgliederung gemäß Anlage 1 zur KHBV) oder im Rahmen der Pensionsrückstellungen nicht passivierte Altzusagen (Angabepflicht im Anhang gemäß Artikel 28 Abs. 2 EGHGB).

Wie schon erwähnt, umfassen die Bilanzierungsmethoden auch das planmäßige Vorgehen zur Bestimmung des Zeitpunktes der Bilanzierung. Für die Fälle, in denen nicht klar ist, wann ein Vermögensgegenstand aktiviert oder eine Schuld passiviert wird, müssen im Anhang die Grundsätze angegeben werden, nach denen die Voraussetzungen für die Bilanzierung als erfüllt angesehen werden (z. B. Bilanzierung von Zuwendungen der öffentlichen Hand im Zeitpunkt der Erfüllung der sachlichen Voraussetzungen (IDW St/HFA 1/1984, Abschn. 2.b)).

Bewertungsmethoden

Unter Bewertungsmethoden versteht man das planmäßige Verfahren zur Ermittlung eines Wertansatzes.

Die folgenden gesetzlich eingeräumten Bewertungswahlrechte sind für Krankenhäuser typisch:

- Festwertmethode bei Roh-, Hilfs- und Betriebsstoffen (z. B. Stationsvorräte) gemäß § 240 Abs. 3 HGB
- Umfang der Herstellungskosten (§ 255 Abs. 2 HGB – z. B. Angaben zu aktivierten Kostenarten und einbezogenen Kostenstellen).

Der Anhang muss ebenfalls Angaben enthalten wie Bewertungsmethodenwahlrechte und Ermessensspielräume ausgeübt wurden. Hierzu gehören beispielsweise

- Abschreibungsmethode beim Anlagevermögen (Abschreibungsart, Abschreibungssätze, Nutzungsdauern, Behandlung geringwertiger Wirtschaftsgüter, Abschreibungen im Jahr des Zugangs),
- Methoden zur Ermittlung des beizulegenden Wertes (z. B. Ermittlung von Wertberichtigungen auf Forderungen aus Lieferungen und Leistungen als Einzel- oder Pauschalwertberichtigungen),

- Bewertungsmethoden der Pensionsrückstellungen (versicherungsmathematische Grundsätze, Zinssatz, Sterbetafeln, erwartete Lohn-, Gehalts- und Rentensteigerungen, Berechnungsmethode wie Anwartschaftsbarwertverfahren etc.),
- Bewertungsmethode bei den sonstigen Rückstellungen (Schätzungsverfahren für wesentliche Rückstellungen, Ansatz der Rückstellung für drohende Verluste (zu Vollkosten gemäß IDW RS HFA 4 Tz. 35).

Abweichungen von Bilanzierungs- und Bewertungsmethoden

Nach § 284 Abs. 2 Nr. 2 HGB müssen Abweichungen von Bilanzierungs- und Bewertungsmethoden angegeben und begründet werden. Weiterhin ist deren Einfluss auf die Vermögens-, Finanz- und Ertragslage gesondert darzustellen. Allerdings brauchen Abweichungen von untergeordneter Bedeutung nicht dargestellt werden – Wesentlichkeitsgrundsatz – (IDW RS HFA 38 Tz. 24). Der Zweck dieser Vorschrift besteht darin, die Vergleichbarkeit des Jahresabschlusses mit dem Jahresabschluss des Vorjahres herzustellen und dadurch die Aussagekraft zu erhöhen.

Damit zumindest die Größenordnung der jeweiligen Abweichung in ihrem Einfluss auf die Vermögens-, Finanz- und Ertragslage abschätzbar wird, erfordert die Darstellung der Auswirkung einer Methodenänderung zahlenmäßige Angaben (IDW RS HFA 38 Tz. 25). Es besteht die Empfehlung die zahlenmäßige Auswirkung der Methodenänderung auch für die entsprechende Vorjahreszahl in der Angabe anzugeben.

Es gilt der Grundsatz der Bewertungsstetigkeit (§ 252 Abs. 1 Nr. 6 HGB), wonach die Bewertungsmethoden im Zeitablauf der Jahresabschlüsse beizubehalten sind. Von dem Grundsatz der Bewertungsstetigkeit darf nur in begründeten Ausnahmefällen abgewichen werden (§ 252 Abs. 2 HGB).

Abweichungen bei den Bewertungsmethoden liegen beispielsweise in den folgenden – nicht abschließend aufgezählten – Fällen vor:

- Aufgabe der Festwertmethode
- freiwillige Änderung der Abschreibungsmethoden (Änderung der Nutzungsdauern, des Prozentsatzes der degressiven Abschreibung etc.)
- Änderung der Einbeziehung von Kostenarten in die Herstellungskosten (z. B. Ausübung von Bewertungswahlrechten, z. B. Wahlrecht zum Einbezug von angemessenen Teilen der Verwaltungskosten in die Herstellungskosten)

Die Abweichungen von Bilanzierungs- und Bewertungsmethoden müssen begründet werden. Im Gegensatz zur Angabe der Abweichungen stellt die Begründung dieser Abweichungen die Ersteller eines Anhanges in der Regel vor Schwierigkeiten.

Der Hinweis, dass die angegebene Abweichung zu einem besseren Einblick in die Vermögens-, Finanz- und Ertragslage führt, wird nicht in jedem Falle ausreichen. Bei Abweichungen zu Bewertungsmethoden wird üblicherweise ein Hinweis auf die Gründe vorgenommen, die die Durchbrechung des Grundsatzes der Bewertungsstetigkeit erst zulässig machen (z. B. Änderung von Gesetzen und Rechtsprechung, Änderung der Konzernzugehörigkeit, Übergang oder Verzicht auf vereinfachte Bewertungsverfahren etc., IDW RS HFA 28 Tz. 15).

Schließlich ist bei Abweichungen von Bilanzierungs- und Bewertungsmethoden auch deren Einfluss auf die Vermögens-, Finanz- und Ertragslage darzustellen. Im Ergebnis kommt es darauf an, die Richtung des Einflusses auf die Vermögens-, Finanz- und Ertragslage darzustellen (z. B. Auswirkungen auf das Gesamtvermögen, die Schulden oder das Jahresergebnis). Damit zumindest die Größenordnung der jeweiligen Änderung in ihrem Einfluss auf die Vermögens-, Finanz- und Ertragslage abschätzbar wird, erfordert die Darstellung der Auswirkung der Methodenänderungen zahlenmäßige Angaben (IDW RS HFA 38 Tz. 25). Die Darstellung des Einflusses auf die Vermögens-, Finanz- und Ertragslage erfolgt für jede einzelne geänderte Bilanzierungs- und Bewertungsmethode unter Berücksichtigung wesentlicher Folgewirkungen, soweit die Änderung für sich allein oder in der Summe mit den Auswirkungen anderer Methodenänderungen nicht unerheblich ist (IDW RS HFA 38 Tz. 24).

Pensionsverpflichtungen

Nach Artikel 28 Abs. 2 EGHGB sind im Anhang die nach Artikel 28 Abs. 1 EGHGB nicht passivierten Beträge (Pensionszusagen vor 1987, nicht passivierte mittelbare Pensionsverpflichtungen) anzugeben. Im Rahmen der Ermittlung dieser Anhangangaben sind die gleichen Bewertungsgrundsätze wie bei den passivierten Pensionsverpflichtungen anzugeben. Soweit nicht auf die Erläuterungen zu den Pensionsverpflichtungen verwiesen werden kann, sind die Angaben zu den Bewertungsmethoden an dieser Stelle im Anhang vorzunehmen.

Mittelbare Pensionsverpflichtungen entstehen üblicherweise durch die Mitgliedschaft eines Krankenhauses in einer Zusatzversorgungskasse. In diesen Fällen wird die versicherungsmathematische Ermittlung der auf das einzelne Krankenhaus entfallenden Unterdeckung im Regelfall nicht möglich sein, so dass sich die Angaben im Anhang im Regelfall auf folgende Angaben beschränken (IDW RS HFA 30 n. F. Tz. 94):

- Art und Ausgestaltung der Versorgungszusagen
- Angabe der betreffenden Versorgungseinrichtung (z. B. Zusatzversorgungskasse)
- Höhe der derzeitigen Umlagen bzw. des Beitragssatzes sowie deren voraussichtliche Entwicklung
- Summe der umlage- sowie beitragspflichtigen Löhne und Gehälter
- geschätzte Verteilung der Versorgungsverpflichtungen auf anspruchsberechtigte Arbeitnehmer, ehemalige Arbeitnehmer und Rentenbezieher (soweit ermittelbar).

Anlagennachweis

Der Anlagennachweis ist nach dem Bruttoprinzip entsprechend der Darstellung in Anlage 3 zur KHBV zu erstellen. Zu beachten ist, dass nach der KHBV ein Anlagennachweis nur für das Sachanlagevermögen erfolgen muss. Der Detaillierungsgrad entspricht dem Ausweis des Sachanlagevermögens in der Bilanzgliederung. In der Regel wird der Anlagennachweis auch in einem reinen KHBV-Abschluss freiwillig um die Darstellung der immateriellen Vermögensgegenstände und des Finanzanlagevermögens ergänzt. Im Anhang ist auf diese Ergänzung hinzuweisen.

Zusatzangaben

Zusatzangaben nach § 264 Abs. 2 Satz 2 HGB können zur Korrektur eines zu günstigen oder eines zu ungünstigen Bildes notwendig werden. Ein zu günstiges Bild der Vermögens-, Finanz- und Ertragslage kann beispielsweise durch ungewöhnliche, rein bilanzpolitisch motivierte Maßnahmen (z. B. sale-and-lease-back) gegeben sein. Ein zu ungünstiges Bild kann sich beispielsweise durch verstärkte Bildung stiller Reserven ergeben.

In der Praxis sind die genannten Zusatzangaben eher selten dem Anhang zu entnehmen.

Entsprechend § 265 Abs. 2 HGB sind Angaben im Anhang vorzunehmen, wenn die in der Bilanz oder Gewinn- oder Verlustrechnung ausgewiesenen Beträge des laufenden Geschäftsjahres nicht mit den Beträgen des Vorjahres vergleichbar sind. Beispielsweise sind Angaben zu machen, wenn das aktuelle Jahr oder das Vorjahr ein Rumpfgeschäftsjahr ist oder wenn im aktuellen Jahr oder Vorjahr eine Verschmelzung stattgefunden hat. Angaben im Anhang sind ebenfalls zu machen, wenn Vorjahresbeträge angepasst wurden. In der Regel erfolgen Anpassungen der Vorjahresangaben, wenn im laufenden Jahr eine wesentliche Ausweisänderung vorgenommen wurde und diese auch in den Vorjahresangaben nachvollzogen wird. Beispielsweise wenn bestimmte Aufwendungen in einem Jahr den sonstigen betrieblichen Aufwendungen und im Folgejahr dem Materialaufwand zugeordnet werden. Aus Gründen der Vergleichbarkeit würde man auch für das Vorjahr eine entsprechende Umgliederung vornehmen.

Zusätzliche Regelungen nach HGB

Wie bereits erläutert, haben Krankenhäuser, die ausschließlich nach KHBV Rechnung legen, die Möglichkeit einen verkürzten Anhang aufstellen. Die Möglichkeit besteht nicht in den Fällen, in denen der Jahresabschluss nach HGB aufgestellt wird, weil beispielsweise das Wahlrecht im Sinne des § 1 Abs. 3 KHBV entsprechend ausgeübt wird.

Für Krankenhäuser, die kleine oder mittelgroße Kapitalgesellschaften im Sinne des § 267 HGB sind, gelten nach HGB größenabhängige Erleichterungen. § 1 Abs. 4 KHBV schließt allerdings für Krankenhäuser, die Kapitalgesellschaften sind, die größenabhängigen Erleichterungen bei der Aufstellung von Bilanz und Gewinn- und Verlustrechnung aus.

Krankenhäuser, die Kapitalgesellschaften sind, müssen die Angaben im Anhang in der Reihenfolge der Posten der Bilanz- und Gewinn- und Verlustrechnung darstellen (§ 284 Abs. 1 Satz 1 HGB).

Krankenhäuser, in der Rechtsform der Kapitalgesellschaften, haben nach dem HGB folgende Angaben zu machen:

- Zusätzliche Angaben nach § 284 HGB
- Pflichtangaben nach § 285 HGB
- In einzelnen Vorschriften des HGB geregelte Angaben.

Durch das BilRUG wurden die für Kapitalgesellschaften geltenden Angabepflichten im Anhang teilweise erweitert und ergänzt. Die Vorgaben zur Ausgestaltung des Anlagespiegels wurden weiter konkretisiert und eine Zwölf-Spalten-Darstellung vorgegeben (§ 284 Abs. 3 HGB). Da sich die Angabe der Buchwerte des Vorjahres und des aktuellen Jahres in der Praxis etabliert hat, kann von einer Vierzehn-Spalten-Darstellung gesprochen werden.

An dieser Stelle seien die folgenden wesentlichen Angabepflichten durch das BilRUG aufgeführt:

- Erläuterung des Zeitraums, über den ein entgeltlich erworbener Geschäfts- oder Firmenwert abgeschrieben wird (§ 285 Nr. 13 HGB)
- Aufstellung eines Spiegels latenter Steuerschulden (§ 285 Nr. 30 HGB)
- Angabe von Betrag und Art der einzelnen Ertrags- und Aufwandsposten von außergewöhnlicher Größenordnung oder außergewöhnlicher Bedeutung, soweit die Beträge nicht von unter- geordneter Bedeutung sind (§ 285 Nr. 31 HGB), als Beispiel können hier die Ausgleichszahlungen an Krankenhäuser aufgrund von Sonderbelastungen durch das neuartige Coronavirus SARS-CoV-2 (§ 21 KHG) genannt werden. Diese außergewöhnlichen Erträge sind im Anhang unter Angabe von Beträgen und Art zu erläutern
- Erläuterung wesentlicher periodenfremder Erträge und Aufwendungen (§ 285 Nr. 32 HGB)
- Angaben zu Vorgängen von besonderer Bedeutung, die nach dem Schluss des Geschäftsjahrs eingetreten sind, unter Angabe ihrer Art und ihrer finanziellen Auswirkungen (§ 285 Nr. 33 HGB), wobei eine Negativaussage (Fehlanzeige) nicht mehr erforderlich ist, aber vom DRS 20.114 empfohlen wird (vgl. Grottel in Beck (2020), § 285 Rz. 947).
- Vorschlag für die Verwendung des Ergebnisses oder der Beschluss über seine Verwendung (§ 285 Nr. 34 HGB).

Die im Anlagennachweis vorgeschriebenen Angaben sind auch für die Posten „Immaterielle Vermögensgegenstände" und jeweils für die Posten des Finanzanlagevermögens zu machen (§ 1 Abs. 3 Satz 3 KHBV).

Aufgrund des besonderen Charakters des „Ausgleichsposten für Eigenmittelförderung" und der „Ausgleichsposten für Darlehensförderung" ist es zu empfehlen, entsprechende Erläuterungen dieser Posten unter den Bilanzierungsmethoden vorzunehmen.

§ 286 HGB gestattet für bestimmte Ausnahmefälle das Unterlassen von Angaben. Am häufigsten wird von der Regelung des § 286 Abs. 4 HGB Gebrauch gemacht, wonach bei Gesellschaften, die keine börsennotierten Aktiengesellschaften sind, die Angaben über Organbezüge entfallen können, wenn sich anhand dieser Angaben die Bezüge eines Mitglieds dieser Organe feststellen lassen.

Krankenhäuser in der Rechtsform der Aktiengesellschaft haben zusätzliche – sich aus dem Aktiengesetz ergebende – Angaben im Anhang vorzunehmen.

3.5.2 Anhang nach IFRS

Nach IAS 1.10(e) beinhaltet ein vollständiger Abschluss nach IFRS einen Anhang, der eine zusammenfassende Darstellung der wesentlichen Rechnungslegungsmethoden und sonstige Erläuterungen enthält. Für eine Reihe von Angaben räumt IAS 1 ein Wahlrecht zur Abgabe im Anhang oder in einem der anderen Bestandteile des Abschlusses ein.

Nach IAS 1.112 sind folgende Anhangangaben erforderlich:

- Informationen über die Grundlagen der Aufstellung des Abschlusses und die spezifischen Rechnungslegungsmethoden (IAS 1.117-1.124),
- die nach den IFRS erforderlichen Informationen, die nicht in anderen Abschlussbestandteilen ausgewiesen sind,
- zusätzliche Informationen, die nicht in anderen Abschlussbestandteilen ausgewiesen werden, aber für das Verständnis derselben relevant sind.

Ein Unternehmen hat die Anhangangaben, soweit durchführbar, systematisch darzustellen. Bei der Festlegung der Darstellungssystematik berücksichtigt das Unternehmen, wie sich diese auf die Verständlichkeit und Vergleichbarkeit der Abschlüsse auswirkt. Soweit im Anhang Erläuterungen zu Posten der Bilanz, der Ergebnisrechnung sowie der Eigenkapitalveränderungs- und Kapitalflussrechnung erfolgen, muss über ein Querverweis in der Bilanz usw. auf die Erläuterungen im Anhang hingewiesen werden (IAS 1.113). Verglichen zur handelsrechtlichen Systematik der Darstellung im Anhang, hat ein Unternehmen somit nach IFRS größere Gestaltungsfreiheiten.

IAS 1 sieht keine konkrete Gliederung des Anhangs vor; diese liegt im Ermessen des abschlusserstellenden Unternehmens. Nach IAS 1.114 bedeutet eine systematische Ordnung oder Gliederung beispielsweise:

(a) dass Tätigkeitsbereiche hervorgehoben werden, die nach Einschätzung des Unternehmens für das Verständnis seiner Vermögens-, Finanz- und Ertragslage besonders relevant sind, indem beispielsweise Informationen zu bestimmten betrieblichen Tätigkeiten zusammengefasst werden;

(b) dass Informationen über Posten, die in ähnlicher Weise bewertet werden, beispielsweise über zum beizulegenden Zeitwert bewertete Vermögenswerte, zusammengefasst werden; oder

(c) dass die Posten in der Reihenfolge ausgewiesen werden, in der sie in der/den Darstellung/en von Gewinn oder Verlust und sonstigem Ergebnis und der Bilanz aufgeführt sind, nämlich:
- Bestätigung der Übereinstimmung mit IFRS (IAS 1.16),
- Darstellung der wesentlichen angewandten Rechnungslegungsmethoden (IAS 1.117),
- Ergänzende Informationen zu den in der Bilanz, der Darstellung/en von Gewinn oder Verlust und sonstigem Ergebnis, der Eigenkapitalveränderungsrechnung und der Kapitalflussrechnung dargestellten Posten in der Reihenfolge, in der jeder Abschlussbestandteil und jeder Posten dargestellt wird,
- andere Angaben, einschließlich Eventualverbindlichkeiten (IAS 37), nicht bilanzierte vertragliche Verpflichtungen und nicht finanzielle Angaben, z.B. die Ziele und Methoden des Finanzrisikomanagements des Unternehmens (siehe IFRS 7).

Abbildung 3.5.2-1: Beispiel einer systematischen Ordnung oder Gliederung nach IAS 1.114

Aber wie oben beschrieben, bleibt die Darstellung innerhalb des Anhangs unter Berücksichtigung der in IAS 1.113 und 1.114 gegebenen Hinweise im Ermessen des Unternehmens (eine beispielhafte Gliederung für den Anhang als Bestandteil eines Konzernabschlusses befindet sich in Kapitel 4.1.4.3).

Gemäß IAS 1.117(a) hat ein Unternehmen im Rahmen der Darstellung der maßgeblichen Rechnungslegungsmethoden die herangezogenen Bewertungsgrundlagen anzugeben. Unter Bewertungsgrundlagen versteht man beispielsweise historische Anschaffungs- und Herstellungskosten, Tageswert, Nettoveräußerungswert, beizulegender Zeitwert oder den erzielbaren Betrag.

Die Notwendigkeit der Angaben zu Bewertungsgrundlagen ergibt sich oft aus einzelnen Standards (z. B. IAS 16.73 ff).

Das Unternehmen hat ebenfalls anzugeben, welche Ermessensentscheidungen das Management bei der Anwendung der Rechnungslegungsmethoden getroffen hat und welche Ermessensentscheidungen die Beträge im Abschluss am Wesentlichsten beeinflussen (IAS 1.122).

Im Folgenden seien einige Beispiele für Ermessensspielräume dargestellt:

(a) wann alle wesentlichen mit dem rechtlichen Eigentum verbundenen Risiken und Chancen der finanziellen Vermögenswerte und des Leasingvermögens auf andere Unternehmen übertragen werden.

(b) ob es sich bei bestimmten Warenverkaufsgeschäften im Wesentlichen um Finanzierungsvereinbarungen handelt, durch die folglich keine Umsatzerlöse erzielt werden.

(c) ob die Vertragsbedingungen eines finanziellen Vermögenswerts zu festgelegten Zeitpunkten zu Zahlungsströmen führen, die ausschließlich Tilgungs- und Zinszahlungen auf den ausstehenden Kapitalbetrag darstellen.

Abbildung 3.5.2-2: Ermessensspielräume

Angabepflichten zu Ermessensentscheidungen können sich auch aus einzelnen Standards ergeben. Ein Unternehmen hat nach IAS 1.125 im Anhang auch die wichtigsten zukunftsbezogenen Annahmen anzugeben sowie Angaben über wesentliche Quellen von Schätzunsicherheiten am Abschlussstichtag zu machen, durch die ein beträchtliches Risiko entstehen kann, dass innerhalb des nächsten Geschäftsjahres eine wesentliche Anpassung der Buchwerte der ausgewiesenen Vermögenswerte und Schulden erforderlich wird.

Solche Schätzungen sind beispielsweise notwendig, um den erzielbaren Betrag bestimmter Gruppen von Sachanlagen zu ermitteln, Rückstellungen, die vom künftigen Ausgang von Gerichtsverfahren abhängen, oder Pensionszusagen zu bewerten.

Beispiele für die Art erforderlicher Angaben sind dem folgenden Schaubild zu entnehmen:

(a) die Art der Annahme bzw. der sonstigen Schätzungsunsicherheit;

(b) die Sensitivität der Buchwerte hinsichtlich der Methoden, der Annahmen und der Schätzungen, die der Berechnung der Buchwerte zugrunde liegen, unter Angabe der Gründe für die Sensitivität;

(c) die erwartete Beseitigung einer Unsicherheit sowie die Bandbreite der vernünftigerweise für möglich gehaltenen Gewinne oder Verluste innerhalb des nächsten Geschäftsjahres bezüglich der Buchwerte der betreffenden Vermögenswerte und Schulden; und

(d) eine Erläuterung der Anpassungen früherer Annahmen bezüglich solcher Vermögenswerte und Schulden, sofern die Unsicherheit weiter bestehen bleibt.

Abbildung 3.5.2-3: Pflichtangaben im Anhang bei Annahmen

Die Angabe von Annahmen kann sich auch aus einzelnen Standards ergeben.

Es sind auch Angaben zum Kapitalmanagement (IAS 1.134 i.V.m. IAS 1.135) und zu den als Eigenkapital eingestuften kündbaren Finanzinstrumenten (IAS 1.136A) zu machen.

Folgende weitere Angaben nach IAS 1.137-138 sind ebenfalls in den Anhang aufzunehmen (soweit noch nicht an anderer Stelle in Informationen angegeben, die zusammen mit dem Abschluss veröffentlicht werden).

- die Dividendenzahlungen des Unternehmens, die vorgeschlagen oder beschlossen wurden, bevor der Abschluss zur Veröffentlichung freigegeben wurde, die aber nicht als Ausschüttungen an die Eigentümer während der Periode im Abschluss bilanziert wurden, sowie den Betrag je Anteil; und
- den Betrag der kumulierten, noch nicht bilanzierten Vorzugsdividenden;
- den Sitz und die Rechtsform des Unternehmens, das Land, in dem es als juristische Person registriert ist, und die Adresse des eingetragenen Sitzes (oder des Hauptsitzes der Geschäftstätigkeit, wenn dieser vom eingetragenen Sitz abweicht);
- eine Beschreibung der Art der Geschäftstätigkeit des Unternehmens und seiner Haupttätigkeiten;
- den Namen des Mutterunternehmens und des obersten Mutterunternehmens der Unternehmensgruppe und
- wenn seine Lebensdauer begrenzt ist, die Angabe der Lebensdauer

Abbildung 3.5.2-4: Weitere Pflichtangaben im Anhang

Zusammenfassend ist festzustellen, dass der Anhang nach IFRS erheblich umfangreicher ist als der Anhang nach HGB oder der KHBV. Eine Vielzahl von Angabepflichten ergeben sich aus den einzelnen Standards. Die erforderlichen Angaben sind in der Regel in den einzelnen IFRS am Ende unter einem separaten Abschnitt mit der Überschrift „Angaben" zusammengefasst. Die Angaben zu Finanzinstrumenten sind in IFRS 7 und die Angaben zu Anteilen an verbundenen Unternehmen in separaten IFRS geregelt (IFRS 7 bzw. IFRS 12).

Die Vollständigkeit der Angaben im Anhang kann nur mit einer Checkliste gewährleistet werden. Diese sind im Buchhandel, aber auch im Internet – so auch bei KPMG – erhältlich.

4. Konzernabschluss nach HGB und IFRS

4.1 Allgemeine Regelungen

4.1.1 Zielsetzung des Konzernabschlusses

Der Konzern als ein Gebilde von rechtlich selbstständigen Unternehmen, die in einer wirtschaftlich abhängigen Über- oder Unterordnungsbeziehung zueinanderstehen, spielt bei Krankenhäusern aller Trägerschaften eine immer bedeutendere Rolle.

Hintergrund für die Rechnungslegung im Konzern ist, den Außenstehenden Informationen über die Lage des Konzerns und die Verflechtungen der einbezogenen Unternehmen zu geben, die sie aus den jeweiligen Einzelanschlüssen nicht ohne Weiteres erhalten können. Der Konzernabschluss dient dabei weder als Grundlage zur Besteuerung, noch hat er eine Ausschüttungsbemessungsfunktion; er dient ausschließlich Informationszwecken.

Während die handelsrechtliche Rechnungslegung auch nach Umsetzung des Bilanzrechtsmodernisierungsgesetzes (BilMoG) weitgehend vom Vorsichtsprinzip geprägt ist, ist die Zielsetzung der nach internationalen Regelungen aufgestellten Konzernabschlüsse primär den Wunsch der Anteilseigner, Gläubiger und der Öffentlichkeit nach „entscheidungsrelevanten" Informationen zu erfüllen. Dabei tritt der Grundgedanke des Gläubigerschutzes und des Vorsichtsprinzips zu Gunsten der Ermittlung eines periodengerechten Gewinnes zurück.

Bei vielen Krankenhäusern ergeben sich auf Grund der vorgenommenen Ausgliederung von Krankenhaushilfsdiensten (z. B. Reinigung, Verpflegung) oder anderer krankenhausnaher Dienstleistungen (z. B. Rehabilitation, Pflege) Konzernstrukturen, die einen vollständigen Einblick in die wirtschaftlichen Verhältnisse durch die bloße Zusammenführung der Einzelabschlüsse nicht mehr gewährleisten.

Für die Krankenhäuser, unabhängig davon, ob sie in einer privaten Rechtsform oder als Eigenbetrieb geführt werden, bedeutet das, dass sie oftmals entweder selbst einen Konzernabschluss aufzustellen haben oder in einen Konzernabschluss einbezogen werden. Auch ist in den letzten Jahren die Konsolidierung im Krankenhausmarkt immer schneller und stärker vorangeschritten mit der Folge immer größerer Konzerne über alle Trägerschaften (privat, freigemeinnützig, kommunal).

Zudem werden in den letzten Jahren vermehrt kleinere Krankenhäuser von Private Equity Gesellschaften erworben. Hintergrund ist hier der Aufbau von Konzernen im ambulanten Bereich, beispielhaft erwähnt sei die Augenheilkunde, Radiologie oder Zahnheilkunde. Die Krankenhäuser werden bei dem Aufbau der ambulanten Ketten als Erwerbsvehikel benötigt, da sie gemäß § 95 Abs. 1a SGB V u.a. Medizinische Versorgungszentren in der Rechtsform einer Gesellschaft mit beschränkter Haftung (GmbH) oder Personengesellschaft gründen dürfen.

Vor allem bei Krankenhäusern in privater Trägerschaft ergibt sich zunehmend die Notwendigkeit, auch Abschlüsse nach internationalen Vorschriften, insbesondere nach den International Financial Reporting Standards (IFRS), aufzustellen.

Grundlage der Konzernrechnungslegung ist im Allgemeinen die auch über § 297 Abs. 3 Satz 1 HGB verankerte Einheitstheorie. Sie prägt mit bestimmten Ausnahmen (z. B. Vorschriften über die quotale Einbeziehung von Unternehmen) die nationalen und internationalen Vorschriften zur Konzernrechnungslegung. Unterstellt wird dabei eine gleichgerichtete Interessenlage aller Gesellschafter; nicht beherrschende Gesellschafter stellen im Konzern Eigenkapitalgeber und nicht Fremdkapitalgeber dar.

Über die Einheitstheorie folgt, dass eine rein additive Zusammenfassung von Einzelabschlüssen keinen aussagefähigen Konzernabschluss ergibt. Vielmehr sind in der wirtschaftlichen Einheit „Konzern", die als ein Unternehmen zu sehen ist, sämtliche internen Maßnahmen zu eliminieren. Als wesentliche Schritte ergeben sich daher folgende Konsolidierungsmaßnahmen:

- Kapitalkonsolidierung
- Schuldenkonsolidierung
- Aufwands- und Ertragskonsolidierung
- Zwischenergebniseliminierung

4.1.2 Aufstellungspflicht und Befreiung von der Aufstellungspflicht

4.1.2.1 Allgemeines

Die Spannbreite der Rechtsformen von Krankenhausunternehmen ist breit. Neben den Kapitalgesellschaften sind Krankenhausunternehmen als Stiftungen, Vereine, Anstalten des öffentlichen Rechtes, kommunale Eigenbetriebe usw. anzutreffen.

Steht an der Spitze eines Konzerns / Teilkonzerns eine inländische Kapitalgesellschaft oder eine Gesellschaft mit gleichgestellter Rechtsform (AG, GmbH, KGaA oder GmbH & Co. KG), so sind die Vorschriften über die Pflicht zur Aufstellung eines Konzernabschlusses der §§ 290 bis 293 HGB einschlägig.

Daneben stellt das Publizitätsgesetz, auf das hier insgesamt nicht näher eingegangen wird, ein „Auffangnetz“ für alle Nicht-Kapitalgesellschaften dar. Sofern deren Tätigkeiten auf einen wirtschaftlichen Geschäftsbetrieb gerichtet sind, und hierzu zählen fast alle Krankenhausleistungen, sind die Voraussetzungen zur Anwendung des Publizitätsgesetzes grundsätzlich erfüllt. Hierbei kommt es nicht darauf an, ob der Krankenhausbetrieb auf Gewinnerzielungsabsicht gerichtet ist, selbst wenn er als gemeinnützig im Sinne der §§ 51 ff. AO eingestuft ist. § 11 Abs. 1 PublG enthält allerdings großzügig bemessene größenabhängige Voraussetzungen für die Pflicht zur Erstellung eines Konzernabschlusses.

Satzung bzw. Gesellschaftsvertrag oder andere Regelungen können die Erstellung eines Konzernabschlusses unabhängig von den Regelungen des HGB oder des PublG erfordern, auch führt der Wunsch der Öffentlichkeit nach mehr Information dazu, freiwillig einen Konzernabschluss aufzustellen.

Die Pflicht zur Aufstellung eines Konzernabschlusses und Konzernlageberichts gem. § 290 HGB wird durch DRS 19 „Pflicht zur Konzernrechnungslegung und Abgrenzung des Konsolidierungskreises“ konkretisiert.

Krankenhausunternehmen, die verpflichtend oder freiwillig einen Konzernabschluss nach international anerkannten Rechnungslegungsgrundsätzen aufstellen, sind von der Anwendung der deutschen Konzernrechnungslegungsvorschriften, abgesehen von wenigen Ausnahmen, befreit (§ 315e HGB).

4.1.2.2 HGB

Das Handelsgesetzbuch verpflichtet grundsätzlich alle inländischen Kapital- und Personenhandelsgesellschaften im Sinne des § 264a HGB zur Aufstellung eines Konzernabschlusses, wenn ein Mutterunternehmen mittelbar oder unmittelbar einen beherrschenden Einfluss auf ein anderes Unternehmen (Tochterunternehmen) ausüben kann (§ 290 Abs. 1 HGB). Dabei ist es nicht notwendig, dass der beherrschende Einfluss auch tatsächlich ausgeübt wird, es reicht für Konsolidierungszwecke aus, dass die Möglichkeit der Einflussnahme für eine gewisse Dauer und nicht nur vorübergehend ausgeübt werden kann (DRS 19.10).

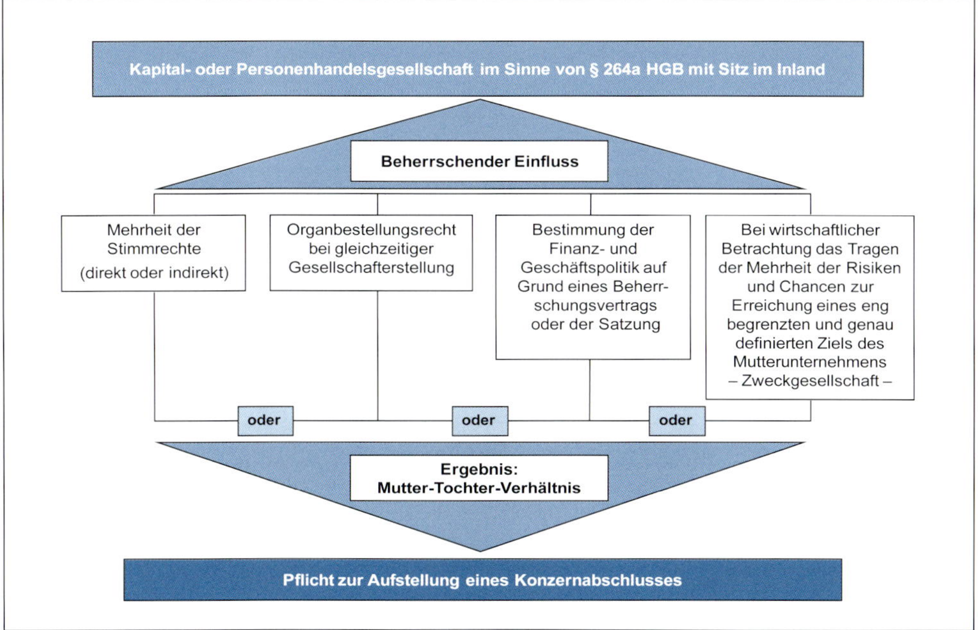

Abbildung 4.1.2-1: Konkretisierung des beherrschenden Einflusses gem. § 290 Abs. 2 HGB.

Die grundsätzliche Aufstellungsverpflichtung eines Konzernabschlusses nach Handelsgesetzbuch kann dann entfallen, wenn durch einen übergeordneten befreienden Konzernabschluss die Aufstellungsverpflichtung für einen untergeordneten Teilkonzern aufgehoben wird (§§ 291, 292 HGB). Auch EU/EWR-Konzernabschlüsse, die nach den von der EU übernommenen IFRS aufgestellt werden haben befreiende Wirkung nach § 291 HGB. Hierbei muss ein befreiender IFRS-Konzernabschluss stets durch die Aufstellung und Prüfung eines Konzernlageberichts flankiert werden. Nach § 292 HGB entfalten Konzernabschlüsse aus Drittstaaten nur dann eine für das deutsche Mutterunternehmen befreiende Wirkung, wenn die in § 292 Abs. 1 HGB genannten Gleichwertigkeitserfordernisse erfüllt sind (hinsichtlich Aufstellung, Prüfung und Offenlegung) und im Anhang zum Jahresabschluss des von der Konzernrechnungslegung zu befreienden Mutterunternehmens nach § 292 Abs. 2 HGB auf die Befreiung hingewiesen wurde. Hinsichtlich eines eventuellen Abschlussprüfers des befreienden Konzernabschlusses gelten ebenfalls Gleichwertigkeitserfordernisse.

Nach § 290 Abs. 5 HGB ist ein Mutterunternehmen auch dann von der Aufstellung eines Konzernabschlusses und eines Konzernlageberichtes befreit, wenn es nur Tochterunternehmen hat, die nach § 296 HGB nicht in den Konzernabschluss einbezogen werden müssen.

Daneben beinhaltet das Handelsgesetzbuch eine größenabhängige Befreiung für kleinere Konzerne (§ 293 HGB).

Die Berechnung der in § 293 HGB festgelegten Schwellenwerte kann mit Hilfe der Brutto- oder der Nettomethode erfolgen. Bei der Berechnung nach der Bruttomethode werden die Jahresabschlüsse des Mutter- und des Tochterunternehmens addiert (Summenabschluss). Die Verwendung der Nettomethode setzt hingegen die Aufstellung eines (Probe-)Konzernabschlusses voraus und wird daher selten angewendet.

Nachfolgende Tabelle zeigt die derzeitig gültigen Schwellenwerte (Kriterien):

Schwellenwerte	Bruttomethode (§ 291 Abs. 1 Nr 1 HGB)	Nettomethode § 291 Abs. 1 Nr 2 HGB
Bilanzsumme	TEUR 24.000	TEUR 20.000
Umsatzerlöse	TEUR 48.000	TEUR 40.000
Mitarbeiter	250 AN	250 AN

Die Pflicht zur Aufstellung eines Konzernabschlusses besteht, wenn zwei der drei genannten Kriterien an zwei aufeinanderfolgenden Abschlussstichtagen überschritten werden. Dies gilt auch bei Rechtsformwechseln von Kapitalgesellschaften oder von haftungsbeschränkten Personenhandelsgesellschaften. Unabhängig von Größenkriterien besteht die Verpflichtung, einen Konzernabschluss aufzustellen, wenn ein Unternehmen innerhalb des Konzerns kapitalmarktorientiert i.S.d. § 264d HGB ist oder wenn ein Kreditinstitut oder eine Versicherung vollkonsolidiert wird (§ 293 Abs. 5 HGB).

Bei der Ermittlung der Bilanzsumme ist – wie auch im Falle des Einzelabschlusses – ein auf der Aktivseite ausgewiesener Fehlbetrag nicht einzubeziehen (§ 293 Abs. 2 HGB).

Ist ein Konzernabschluss aufzustellen oder wird dieser freiwillig aufgestellt, sind – wie auch für den Einzelabschluss – die Angaben zur Identifikation der Gesellschaft vorzunehmen (§ 297 Abs. 1a HGB).

Der Konzernabschluss und der Konzernlagebericht müssen innerhalb der ersten fünf Monate des Konzerngeschäftsjahres für das vergangene Konzerngeschäftsjahr aufgestellt werden. Ist das Mutterunternehmen eine Kapitalgesellschaft, verkürzt sich diese Frist auf vier Monate.

4.1.2.3 IFRS

Die Pflicht zur Aufstellung eines Konzernabschlusses nach IFRS ist durch IFRS 10 „Konzernabschlüsse“ geregelt. Nach IFRS 10.4 ist ein Konzernabschluss aufzustellen, wenn ein Unternehmen ein oder mehrere Unternehmen beherrscht (Mutterunternehmen). Von dieser Pflicht kann das Unternehmen unter bestimmten Umständen befreit sein.

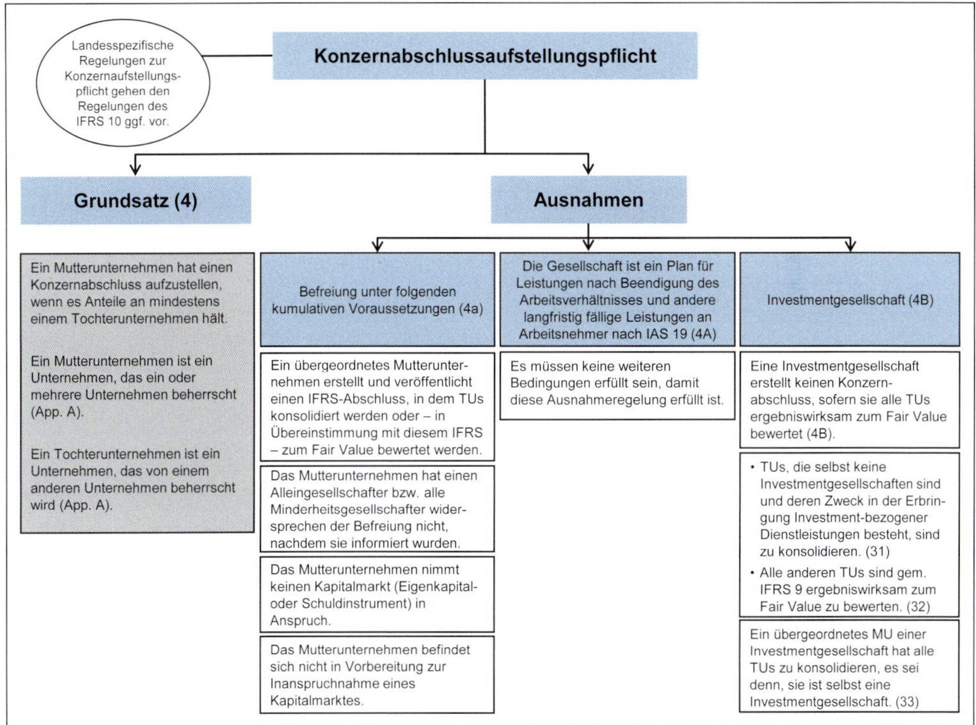

Abbildung 4.1.2-2: Aufstellungspflicht und Befreiungstatbestände für Konzernabschlüsse; Quelle: KPMG IFRS visuell (2021), S. 168

Bei der Frage, ob ein Konzernabschluss aufzustellen ist, gehen jedoch die deutschen landesspezifischen Vorschriften den Regelungen des IFRS 10 vor. Hinsichtlich des Inhalts des ggfs. aufzustellenden Konzernabschlusses ergeben sich dagegen über § 315e HGB Pflichten und Wahlrechte zur Anwendung internationaler Rechnungslegungsstandards.

Die Pflicht zur Anwendung der IFRS richtet sich im Wesentlichen danach, ob es sich bei dem Mutterunternehmen um ein kapitalmarktorientiertes Unternehmen handelt, d. h. ob Wertpapiere (Eigenkapital- oder Schuldtitel) am Bilanzstichtag auf einem geregelten Markt eines EU-Mitgliedsstaates gehandelt werden.

Über § 315e Abs. 2 HGB werden auch Mutterunternehmen, die nicht unter § 315e Abs. 1 HGB fallen, die aber bis zum Bilanzstichtag einen Antrag auf Zulassung eines Wertpapiers im Sinne des § 2 Abs. 1 Satz 1 des Wertpapierhandelsgesetzes an einem organisierten Markt im Sinne des § 2 Abs. 11 des Wertpapierhandelsgesetzes in Inland beantragt haben, zur Anwendung internationaler Rechnungslegungsstandards und Vorschriften verpflichtet.

Dagegen haben nach § 315e Abs. 3 HGB Mutterunternehmen im Sinne von §§ 290 ff HGB, die nicht unter die Anwendung des § 315e Abs. 1 oder 2 HGB fallen, ein Wahlrecht, einen befreienden Konzernabschluss nach IFRS zu erstellen. Der Konzernabschluss ist aber dann nach allen von der EU-Kommission übernommenen Vorschriften sowie der in § 315e Abs. 1 HGB genannten handelsrechtlichen Vorschriften aufzustellen.

4.1.3 Konsolidierungskreis

4.1.3.1 Allgemeines

Der Konsolidierungskreis umfasst die Unternehmen, die in den Konzernabschluss einzubeziehen sind. Das sind nach nationalen und internationalen Vorschriften bzw. Regelungen grundsätzlich alle Tochterunternehmen. Es gilt das Weltabschlussprinzip. Allerdings erlauben sowohl die handelsrechtlichen Vorschriften als auch die IFRS unter ganz bestimmten Voraussetzungen in eingeschränktem Umfang Ausnahmen. Ausnahmen gelten für Investment Gesellschaften sowie für unwesentliche Tochterunternehmen.

4.1.3.2 HGB

Nach § 294 Abs. 1 HGB sind das Mutterunternehmen und alle Tochterunternehmen ohne Rücksicht auf den Sitz – und die Rechtsform – des Tochterunternehmens einzubeziehen, sofern die Einbeziehung nicht nach § 296 HGB unterbleibt. Nach § 290 Abs. 3 HGB besteht eine Einbeziehungspflicht nicht nur für unmittelbare, sondern auch für mittelbare Tochterunternehmen. Wann ein Mutter-Tochter-Verhältnis vorliegt, ist über § 290 HGB geregelt (vgl. Abschnitt 4.1.2.2).

Über § 290 Abs. 2 Nr. 4 HGB werden auch die sogenannten „Zweckgesellschaften" ausdrücklich in den Konsolidierungskreis einbezogen. Dabei orientiert sich die Vorschrift an der Fragestellung, ob die Gesellschaft ein eng begrenztes und genau definiertes Ziel des Mutterunternehmens verfolgt und das Mutterunternehmen bei wirtschaftlicher Betrachtung die Mehrheit der Risiken und Chancen trägt, wobei bei ungleicher Verteilung von Risiken und Chancen vorrangig auf die Risiken abzustellen ist (vgl. DRS 19 Rz. 61).

§ 296 HGB regelt die Ausnahmen von der Einbeziehungspflicht.

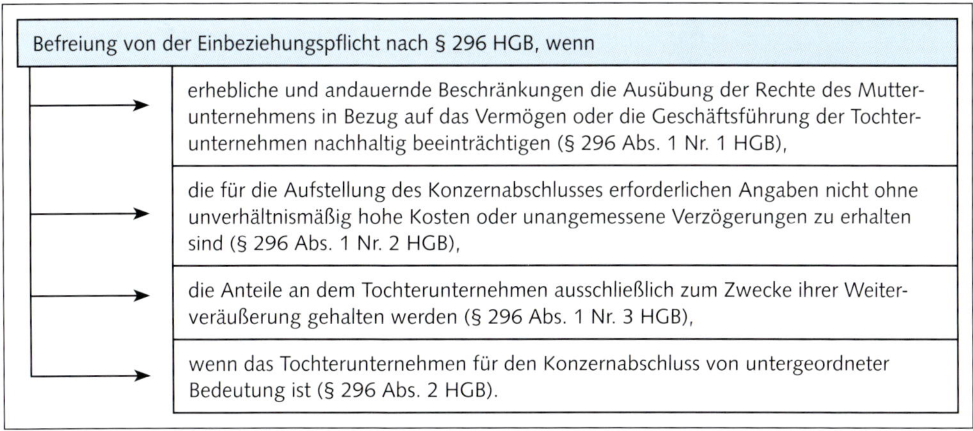

Abbildung 4.1.3-1: Kriterien für die Befreiung von der Einbeziehungspflicht in den Konzernabschluss nach HGB

4.1.3.3 IFRS

Kriterium für die Konsolidierung von Tochterunternehmen nach IFRS 10 ist die Beherrschung. Das IASB hat in IFRS 10 eine umfassende und einheitliche Definition der Beherrschung im Zusammenhang mit Unternehmensverbindungen entwickelt.

Beherrschung liegt vor, wenn das eine Unternehmen die Entscheidungsgewalt über die relevanten Prozesse und Aktivitäten des anderen Unternehmen hat, Anspruch auf die variablen Rückflüsse aus dem anderen Unternehmen hat, und mit seiner Entscheidungsgewalt diese Rückflüsse beeinflussen kann. Soweit keine Besonderheiten gegeben sind, ist bei Mehrheit der Stimmrechte Beherrschung über das andere Unternehmen gegeben. Das folgende Schaubild zeigt auf, in welchen Fällen bei Vorliegen bzw. bei fehlender Relevanz der Stimmrechte, Beherrschung angenommen werden kann.

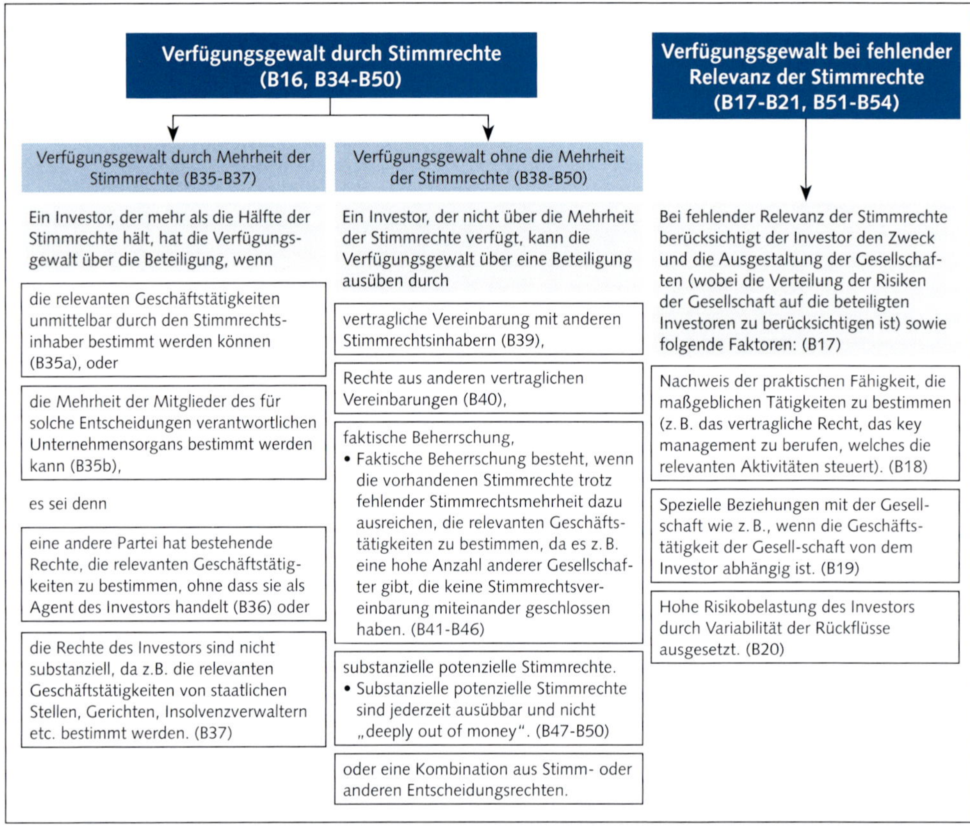

Abbildung 4.1.3-2: Voraussetzungen für ein Beherrschungsverhältnis; Quelle: KPMG IFRS visuell (2021), S. 170

Nach IFRS 10 sind keine Verbote und keine Wahlrechte – mit Ausnahme für Investmentgesellschaften – für die Einbeziehung vorgesehen. Gleichwohl ist es nach den allgemeinen Grundsätzen des IFRS-Rahmenkonzepts denkbar, dass einzelne Tochterunternehmen nicht in den Konsolidierungskreis einbezogen werden, wenn sie jeweils einzeln und zusammen betrachtet quantitativ und qualitativ als unwesentlich anzusehen sind.

4.1.4 Bestandteile des Konzernabschlusses

Der Konzernabschluss nach § 297 Abs. 1 HGB bzw. IAS 1.10 setzt sich zusammen aus:

Bestandteile des Konzernabschlusses	
Pflichtbestandteile HGB/IFRS	Wahlbestandteil HGB
Bilanz	Segmentberichterstattung
Gewinn- und Verlustrechnung/ Gesamtergebnisrechnung	
Anhang (ggf. einschließlich Segmentberichterstattung nach IFRS)	
Kapitalflussrechnung	
Eigenkapitalspiegel/ Eigenkapitalveränderungsrechnung	

Abbildung 4.1.4-1: Bestandteile des Konzernabschlusses

Gemäß IAS 1.10 (ea) sind für alle quantitativen Informationen Vergleichsinformationen der Vorperiode anzugeben. Auch in die verbalen und beschreibenden Informationen sind Vergleichsinformationen einzubeziehen, wenn sie für das Verständnis des Abschlusses der Berichtsperiode von Bedeutung sind (IAS 1.38). Konsequenterweise legt das Unternehmen zumindest zwei Bilanzen, zwei Gesamtergebnisrechnungen, zwei gesonderte Gewinn- und Verlustrechnungen (falls vorgelegt), zwei Kapitalflussrechnungen und zwei Eigenkapitelveränderungrechnungen und die dazugehörigen Anhangangaben vor (IAS 1.38A).

Im Falle von rückwirkenden Fehlerkorrekturen, Ausweisänderungen oder Ansatz- oder Bewertungsänderungen ist nach IAS 1.10 (f) ein Abschluss um eine Bilanz auf den Beginn der frühesten Vergleichsperiode zu ergänzen (im Falle von wesentlichen Abweichungen, vgl. IAS 1.40A).

Nach IFRS 8 ergibt sich eine Pflicht zur Segmentberichterstattung als Bestandteil des Anhangs dann, wenn Wertpapiere des Unternehmens öffentlich gehandelt werden oder der Handel mit den Wertpapieren vorbereitet wird. Dabei ergibt sich die Pflicht nur dann, wenn die Wertpapiere vom berichtenden Unternehmen selbst herausgegeben werden.

Wird eine Segmentberichterstattung im Rahmen des Konzernabschlusses freiwillig erstellt, ist für den Fall, dass die Informationen nicht den Anforderungen des IFRS 8 genügen, nicht die Bezeichnung „Segmentberichterstattung" zu verwenden.

4.1.4.1 Konzernbilanz

HGB

Eine Pflicht zur Aufstellung eines Konzernabschlusses kann sich aus § 290 HGB bzw. § 11 PublG ergeben. Für diesen Konzernabschluss gelten ausschließlich die allgemeinen handelsrechtlichen Regelungen. Die Vorschriften der KHBV enthalten keine speziellen Regeln für den Konzernabschluss (vgl. IDW RS KHFA 1, Rz. 11).

Basis für die Erstellung der Konzernbilanz sind die Bilanzen der einbezogenen Unternehmen. Sie ergibt sich daher regelmäßig aus der Summe der Einzelbilanzen unter Berücksichtigung von Konsolidierungsmaßnahmen.

Für die Erstellung der Konzernbilanz sind nach § 298 Abs. 1 HGB, soweit ihre Eigenart keine Abweichungen bedingt oder nichts anderes vorgeschrieben ist, die Vorschriften über die Bilanz §§ 244 bis 256a, 264c, 265, 266, 268 Abs. 1 bis 7, die §§ 270, 271, 272 Abs. 1 bis 4, die §§ 274, 275, 277 HGB entsprechend anzuwenden. Damit finden die Vorschriften Anwendung, die für den Einzelabschluss großer Kapitalgesellschaften maßgebend sind.

Sofern einbezogene Unternehmen ihre Jahresabschlüsse davon abweichend erstellt haben, kann sich die Notwendigkeit einer Anpassung über die Erstellung einer Handelsbilanz II (HB II) ergeben. Abweichend vom Gliederungsschema des § 266 Abs. 2 und 3 HGB ergeben sich auf Grund gesetzlicher Vorschriften bei der Gliederung des Konzernabschlusses einige konzernspezifische Erweiterungen.

So ist ein aus der Kapitalkonsolidierung verbleibender Unterschiedsbetrag in der Konzernbilanz, wenn er auf der Aktivseite entsteht, als „Geschäfts- oder Firmenwert" und, wenn er auf der Passivseite entsteht, unter dem Posten „Unterschiedsbetrag aus der Kapitalkonsolidierung" nach dem Eigenkapital auszuweisen (§ 301 Abs. 3 HGB).

Für nicht dem Mutterunternehmen gehörende Anteile an in den Konzernabschluss einbezogenen Tochterunternehmen ist ein Ausgleichsposten für die Anteile der anderen Gesellschafter in Höhe ihres Anteils am Eigenkapital unter dem Posten „nicht beherrschende Anteile" innerhalb des Eigenkapitals gesondert auszuweisen (§ 307 Abs. 1 HGB).

Im Zusammenhang mit der Steuerabgrenzung sind Differenzen zwischen den handelsrechtlichen und den steuerlichen Wertansätzen unter dem Posten „Aktive latente Steuern" bzw. „Passive latente Steuern" in der Konzernbilanz auszuweisen.

Beteiligungen an einem assoziierten Unternehmen sind nach § 311 Abs. 1 Satz 1 HGB in der Konzernbilanz unter einem gesonderten Posten mit entsprechender Bezeichnung auszuweisen.

Die DRS sind Konzern-GoB. Der DRS 22 ist zwar keine gesetzliche Regelung, aber als Ergänzung der handelsrechtlichen Vorschriften zu sehen, der die gesetzliche Anforderung zur Darstellung der Zusammensetzung und Entwicklung des Konzerneigenkapitals in einem Konzerneigenkapitalspiegel nach § 297 Abs. 1 Satz 1 HGB konkretisiert und auch als verbindlich anzusehen ist. (vgl. Kapitel 4.1.4.5).

Zwar beziehen sich die Vorschriften der KHBV nicht auf Konzernabschlüsse. Dennoch stellt sich die Frage, wie mit einzelnen im KHBV-Jahresabschluss ausgewiesenen Posten im Konzernabschluss umzugehen ist. Nach § 298 Abs. 1 HGB ist die Konzernbilanz grundsätzlich nach dem in § 266 HGB vorgesehenen Schema zu gliedern. Dabei sind ferner die in § 265 HGB geregelten allgemeinen Grundsätze für die Gliederung anzuwenden. Demnach sind weitere Untergliederungen von Posten zulässig, soweit dabei die in § 266 HGB vorgeschriebene Gliederung beachtet wird. Auch neue Posten dürfen hinzugefügt werden, wenn ihr Inhalt nicht von einem vorgeschriebenen Posten gedeckt wird. Darüber hinaus sind die Gliederung und Bezeichnung der mit arabischen Zahlen versehenen Posten in der Bilanz nach dem handelsrechtlichen Gliederungsschema zu ändern, wenn dies wegen Besonderheiten zur Aufstellung eines klaren und übersichtlichen Abschlusses erforderlich ist.

Es wird daher im Regelfall nicht zu beanstanden sein, wenn ggfs. abweichende KHBV-Postenbezeichnungen für die unter Posten mit arabischen Ziffern ausgewiesenen Vermögensgegenstände und Schulden in der handelsrechtlichen Konzernbilanz übernommen werden (z. B. Hinweis auf KGr/KuGr). Auch über das in § 266 HGB vorgesehene Schema hinaus gehende weitere Untergliederungen der dort vorgesehenen, mit Buchstaben, römischen und arabischen Ziffern bezeichneten Posten – auch unter Hinzufügung neuer Posten – werden in der handelsrechtlichen Konzernbilanz regelmäßig zulässig sein.

Fraglich könnte sein, ob es zulässig ist, auch die in der KHBV mit Buchstaben bezeichneten Sonder- und Ausgleichsposten in die handelsrechtliche Konzernbilanz zu übernehmen. Auch dies wird nicht zu beanstanden sein, aus Gründen der Klarheit und Übersichtlichkeit des Abschlusses sogar u. U. geboten sein, wenn die unter dem neu hinzugefügten Sonder- oder Ausgleichsposten gezeigten Vermögensgegenstände oder Schulden nicht bereits durch andere, handelsrechtlich vorgeschriebene Posten gedeckt sind.

Im Einzelnen ergibt sich für die nach KHBV vorgsesehenen zusätzlichen Sonder- und Ausgleichsposten Folgendes: Sonderposten aus der Fördermittelfinanzierung von Sachanlagevermögen (KHBV-Ausweis: Passivseite, B.) können entsprechend IDW St/HFA 1/1984 i. d. F. 1990 in die Konzernbilanz übernommen werden.

Ausgleichsposten aus Darlehensförderungen (KHBV-Ausweis: Aktivseite, C.1. bzw. Passivseite, E.) können aufgrund der Förderung der Darlehenstilgung auch in der Konzernbilanz zum Nominalwert angesetzt werden.

Da der Ausgleichsposten für Eigenmittelförderung (KHBV-Ausweis: Aktivseite, C.2.) nicht den Charakter eines Vermögensgegenstands hat, ist er im Konzernabschluss mit dem Eigenkapital erfolgsneutral aufzurechnen (IDW RS KHFA 1 Rz. 43). Diese Aufrechnung kann unseres Erachtens im Zeitpunkt der Erstkonsolidierung des in Frage stehenden Krankenhauses mit den Gewinnrücklagen oder dem Gewinnvortrag erfolgen. Denkbar ist aber auch ein offenes Absetzen des Postens mit negativem Vorzeichen im Rahmen der Eigenkapitalgliederung, indem beispielsweise ein zusätzlicher Posten „Ausgleichsposten für Eigenmittelförderung" eingeführt wird.

Diese Eigenkapitalgliederung könnte wie folgt aussehen:

A. Eigenkapital
I. Gezeichnetes Kapital
II. Kapitalrücklage
III. Gewinnrücklagen
IV. Gewinnvortrag/Verlustvortrag
V. Jahresüberschuss/Jahresfehlbetrag
VI. Ausgleichsposten für Eigenmittelförderung

IFRS

Nach IAS 1.51 ist jeder Bestandteil des Abschlusses eindeutig zu bezeichnen. Vorschriften zur Bilanz finden sich in IAS 1.54 ff.
Danach hat ein Mutterunternehmen gemäß IAS 1.60 bis 1.76 kurzfristige und langfristige Vermögenswerte sowie kurzfristige und langfristige Schulden als getrennte Gliederungsgruppe in der Bilanz darzustellen, sofern nicht eine Darstellung nach Liquidität zuverlässig und relevanter ist. Dabei ist die Gliederung nach Liquidität tatsächlich als (branchenspezifische) Ausnahmeregelung zu sehen (IAS 1.63 nennt hier z. B. Kreditinstitute). Eine gemischte Aufstellung ist nach IAS 1.64 möglicherweise dann angezeigt, wenn ein Unternehmen in unterschiedlichen Geschäftsfeldern tätig ist.

Sofern ein Vermögenswert eines der folgenden Kriterien erfüllt, ist er nach IAS 1.66 als kurzfristig zu behandeln; andere Vermögenswerte sind als langfristig einzustufen: Ein Vermögenswert ist als kurzfristig einzustufen, wenn er mindestens eines der nachfolgenden Kriterien erfüllt (IAS 1.66):

- Seine Realisation wird innerhalb des Verlaufs des normalen Geschäftszyklus des Unternehmens erwartet oder er wird zum Verkauf oder Verbrauch innerhalb dieses Zeitraums gehalten.
- Er wird primär für Handelszwecke gehalten.
- Seine Realisation wird innerhalb von zwölf Monaten nach dem Bilanzstichtag erwartet.

Oder

- Es handelt sich um Zahlungsmittel oder Zahlungsmitteläquivalente (gemäß der Definition in IAS 7), es sei denn, der Tausch oder die Nutzung des Vermögenswerts zur Erfüllung einer Verpflichtung sind für einen Zeitraum von mindestens 12 Monaten nach dem Bilanzstichtag eingeschränkt.

Alle anderen Vermögenswerte sind als langfristig einzustufen.

Schulden sind nach IAS 1.69 als kurzfristig einzustufen, wenn sie eines der folgenden Kriterien erfüllen:

- Ihre Erfüllung wird innerhalb des gewöhnlichen Verlaufs des normalen Geschäftszyklus des Unternehmens erwartet.
- Sie wird primär für Handelszwecke gehalten.
- Ihre Tilgung wird innerhalb von zwölf Monaten nach dem Bilanzstichtag erwartet.

Oder

- Das Unternehmen hat kein uneingeschränktes Recht zur Verschiebung der Erfüllung der Verpflichtung um mindestens zwölf Monate nach dem Bilanzstichtag.

Alle anderen Schulden sind als langfristig einzustufen.

Werden Vermögenswerte und Schulden in der Bilanz als lang- bzw. kurzfristig eingestuft, so dürfen nach IAS 1.56 latente Steueransprüche bzw. -schulden nicht als kurzfristig ausgewiesen werden. Eine Gliederung der Bilanz mit den jeweils zugeordneten Standards zeigt die folgende Übersicht:

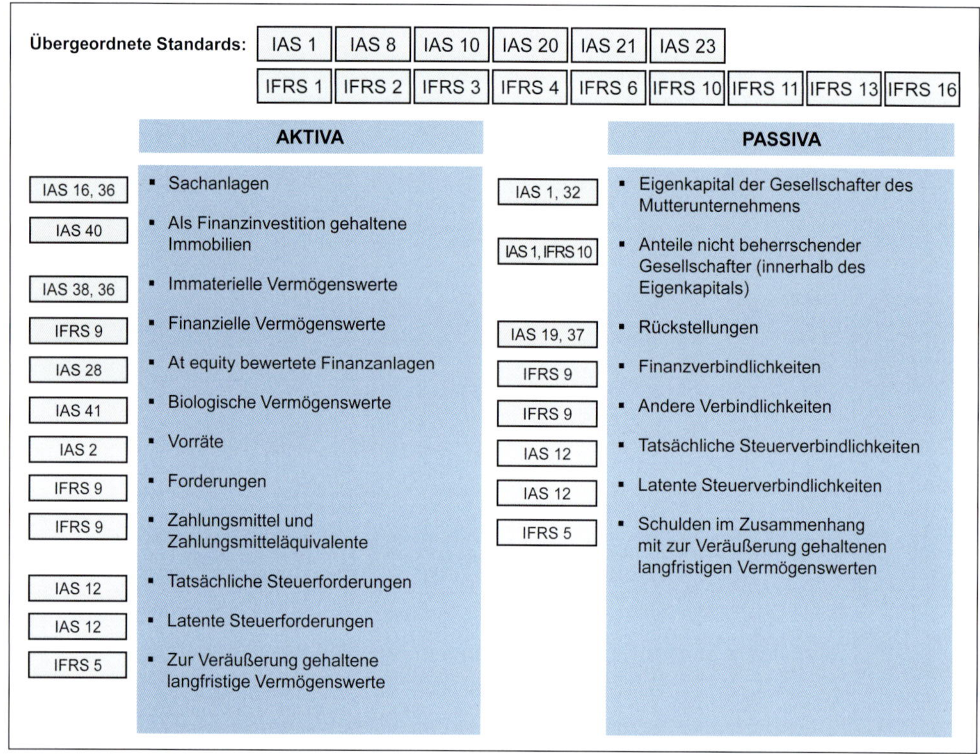

Abbildung 4.1.4-2: Zuordnung der Standards zu den Posten der Bilanz; Quelle: KPMG IFRS visuell (2021), S. 3

Nach IAS 1.55 sind zusätzliche Posten, Überschriften und Zwischensummen aufzunehmen, wenn sie für die Darstellung der Finanzlage relevant sind.

Über IAS 1.57 ff. ergibt sich die Möglichkeit, Erweiterungen des Gliederungsschemas vorzunehmen. Über IAS 1.77 ff. wird die Möglichkeit eingeräumt, bestimmte Angaben entweder in der Bilanz oder im Anhang anzugeben. Hierunter können z. B. bestimmte Angaben wie Forderungen und Verbindlichkeiten nach dem KHG oder gegenüber dem Krankenhausträger fallen.

Eine bestimmte Form der Bilanz (Konto- oder Staffelform) ist nicht vorgeschrieben.

Wie im Einzelabschluss nach IFRS sind auch im IFRS Konzernabschluss die Ausgleichsposten für Eigenmittelförderung (KHBV-Ausweis: Aktivseite, C.2.) im Erstkonsolidierungszeitpunkt mit dem Eigenkapital zu verrechnen.

4.1.4.2 Konzern Gewinn- und Verlustrechnung

HGB

Auch für die Erstellung der Konzern Gewinn- und Verlustrechnung, die sich ebenfalls unter Berücksichtigung von Konsolidierungsmaßnahmen aus der Summe der einzelnen Ergebnisrechnungen der einbezogenen Unternehmen ergibt, bildet § 298 Abs. 1 HGB die Grundlage.

Danach gilt bzgl. der Gliederung die Vorgabe des § 275 Abs. 2 und 3 HGB für die Anwendung des Umsatzkosten- bzw. Gesamtkostenverfahrens. Auch hier können sich Abweichungen über gesetzliche Vorschriften bzw. über die Eigenart des Konzernabschlusses ergeben. Größenabhängige Erleichterungen können mangels eines Verweises auf die Vorschrift des § 276 HGB nicht in Anspruch genommen werden.

Da die KHBV keine Regelungen zum Konzernabschluss enthält, können insbesondere die den Fördermittelbereich betreffenden Posten Nr. 11 bis 19 der nach Anlage 2 zur KHBV gegliederten Gewinn- und Verlustrechnung nicht unmittelbar in die Konzern Gewinn- und Verlustrechnung übernommen werden. Soweit einzelne Posten nicht bereits aufgrund der Kapitalkonsolidierung eliminiert werden, weil sie beispielsweise im Zusammenhang mit dem Ausgleichsposten für Eigenmittelförderung stehen, erfolgt üblicherweise eine – unsaldierte – Zuordnung zu den sonstigen betrieblichen Erträgen und Aufwendungen. Die Posten Nr. 1 bis Nr. 4a werden zu den Umsatzerlösen zusammengefasst.

Denkbar ist aber auch, dass in Anwendung von § 265 Abs. 5 HGB bestimmte krankenhausspezifische Posten in die Konzern Gewinn- und Verlustrechnung übernommen werden.
Dies könnten beispielsweise folgende Posten sein:

- Erträge aus Zuwendungen zur Finanzierung von Investitionen
- Erträge aus der Auflösung von Sonderposten/Verbindlichkeiten nach dem KHG und auf Grund sonstiger Zuwendungen zur Finanzierung des Anlagevermögens
- Aufwendungen aus der Zuführung zu Sonderposten/Verbindlichkeiten nach dem KHG und auf Grund sonstiger Zuwendungen zur Finanzierung des Anlagevermögens
- Aufwendungen für die nach dem KHG geförderte Nutzung von Anlagengegenständen

Nach § 307 Abs. 2 HGB ist der im Jahresergebnis enthaltene, anderen Gesellschaftern zustehende Gewinn und der auf sie entfallende Verlust nach dem Posten „Jahresüberschuss/Jahresfehlbetrag" unter dem Posten „nicht beherrschende Anteile" gesondert auszuweisen. § 312 Abs. 4 Satz 2 HGB entsprechend ist das auf assoziierte Beteiligungen entfallende Ergebnis unter einem gesonderten Posten auszuweisen.

Auf Grund der Eigenart des Konzernabschlusses ergeben sich oftmals Anpassungen innerhalb der Konzern Gewinn- und Verlustrechnung, die ihre Ursache in der Betrachtung des Konzerns als ein einheitliches Unternehmen haben. So können sich auf Grund von konzerninternen Lieferungen und Gewinnausschüttungen Änderungen bei der Postenzuordnung oder dem Ausweis in der Konzern Gewinn- und Verlustrechnung ergeben.

IFRS

Die nach IAS 1.10 (b) vorgeschriebene Gesamtergebnisrechnung kann entsprechend IAS 1.10A in zwei Formaten erfolgen.

Über den „single statement approach" werden der Gewinn/Verlust und das sonstige Ergebnis in einer fortlaufenden Darstellung mit getrennten Abschnitten für die jeweils in der Gewinn- und Verlustrechnung bzw. unmittelbar im sonstigen Ergebnis erfassten Einkommensbestandteile gezeigt. Nach dem „two statement approach" wird der Saldo der separat zu erstellenden Gewinn- und Verlustrechnung in die Gesamtergebnisrechnung übertragen. Neben der Gewinn- und Verlustrechnung bzw. dem Saldo aus der Gewinn- und Verlustrechnung beinhaltet die Gesamtergebnisrechnung das direkt im sonstigen Ergebnis zu erfassende Einkommen („other comprehensive income"). Hierbei wird zwischen zu reklassifizierenden Posten bzw. nicht zu reklassifizierenden Posten unterschieden.

Die Darstellung der Konzern Gewinn- und Verlustrechnung und des sonstigen Ergebnisses selbst umfasst nach IAS 1.81A – IAS 1.82A folgende Mindestgliederung:

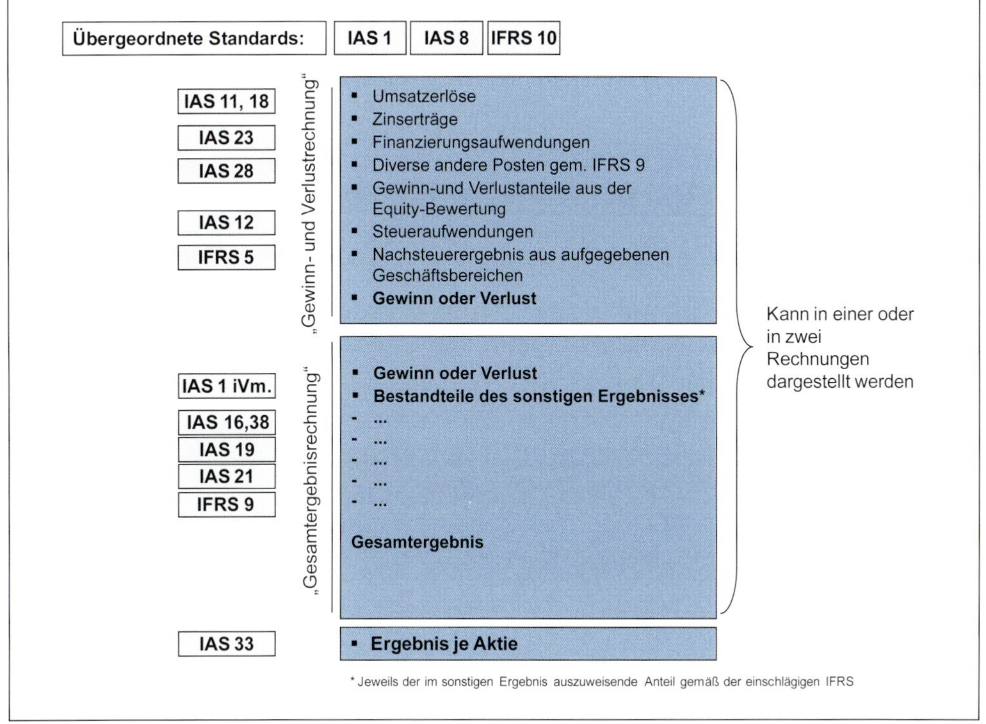

Abbildung 4.1.4-3: Zuordnung der Standards auf die Posten der Gesamtergebnisrechnung; Quelle: KPMG IFRS visuell (2021), S. 4

Nach IAS 1.81B hat jeweils eine Angabe der auf Anteile anderer Gesellschafter und die Anteilseigner des Mutterunternehmens entfallenden Anteile am Gewinn- und Verlust bzw. an dem direkt im Eigenkapital zu berücksichtigenden Einkommen zu erfolgen.

Grundsätzlich wird diese Mindestgliederung in der Praxis kaum ausreichend sein, das Informationsbedürfnis der Außenstehenden zu erfüllen. Sofern es für das Verständnis der Ertragslage von Bedeutung ist, sind daher zusätzliche Posten, Überschriften und Zwischensummen gemäß IAS 1.85 in die Gesamtergebnisrechnung aufzunehmen. Wenn Ertrags- oder Aufwandsposten wesentlich sind, sind darüber hinaus nach IAS 1.97 Art und Betrag dieser Posten gesondert anzugeben.

Solche Angaben können beispielsweise außerplanmäßige Abschreibungen auf das Sachanlagevermögen, die Veräußerung von Posten des Sachanlagevermögens oder der Finanzanlagen, die Aufgabe von Geschäftsbereichen, die Beendigung von Rechtsstreitigkeiten oder sonstige Auflösungen von Rückstellungen betreffen (IAS 1.98).

Ein Gliederungsschema wird grundsätzlich nicht vorgeschrieben. Ein Unternehmen hat nach IAS 1.99 eine Aufwandsgliederung für die Gewinn- und Verlustrechnung anzugeben, die entweder auf der Art der Aufwendungen oder auf deren Funktion innerhalb des Unternehmens beruht, je nachdem, welche Darstellungsweise verlässliche und relevantere Informationen ermöglicht. IAS 1.102 und 1.103 enthalten jeweils ein Beispiel für eine Gliederung nach dem Gesamtkosten- bzw. Umsatzkostenverfahren.

Gesamtkostenverfahren IAS 1.102	Umsatzkostenverfahren IAS 1.103
Umsatzerlöse	Umsatzerlöse
Sonstige Erträge	Umsatzkosten
Veränderung des Bestands an Fertigerzeugnissen und unfertigen Erzeugnissen	**Bruttogewinn**
Aufwendungen für Roh-, Hilfs- und Betriebsstoffe	Sonstige Erträge
Aufwendungen für Leistungen an Arbeitnehmer	Vertriebskosten
Aufwand für planmäßige Abschreibungen	Verwaltungsaufwendungen
Andere Aufwendungen	Andere Aufwendungen
Gesamtaufwand	**Gewinn vor Steuern**
Gewinn vor Steuern	

Abbildung 4.1.4-4: Gesamtkostenverfahren und Umsatzkostenverfahren nach IFRS

Unternehmen, die das Umsatzkostenverfahren anwenden, haben zusätzliche Informationen über die Art der Aufwendungen, einschließlich des Aufwandes für planmäßige Abschreibungen sowie Leistungen an Arbeitnehmer anzugeben (IAS 1.104).

4.1.4.3 Konzernanhang

HGB

Die Pflicht zur Aufstellung eines Konzernanhangs als Bestandteil des Konzernjahresabschlusses ergibt sich aus § 297 Abs. 1 HGB. Er soll ebenso wie im Jahresabschluss dazu dienen, ein den tatsächlichen Verhältnissen entsprechendes Bild der Vermögens-, Finanz- und Ertragslage zu vermitteln. Ihm kommt daher eine Informationsfunktion zu, die einerseits darin besteht, Angaben von der Konzernbilanz und der Konzern-Gewinn- und Verlustrechnung aus Gründen der Übersichtlichkeit in den Anhang zu verlagern. Auf der anderen Seite dient er dazu, ergänzende Erläuterungen zu den einzelnen Posten zu geben.

Daneben sind im Konzernanhang zahlreiche ergänzende Angaben zu machen, die sich sonst nicht aus dem Konzernabschluss ableiten lassen (z. B. Angaben über Anteilsbesitz, gewährte Sicherheiten, Arbeitnehmer oder Vergütungen der Organe). Wichtig ist, dass der Konzernanhang nicht aus den Einzelpositionen der einzelnen Anhänge der in den Konzernabschluss einbezogenen Unternehmen entsteht; er muss gemäß der Einheitstheorie auf den Konzern als eigene wirtschaftliche Einheit abstellen.

In der Praxis hat sich folgende Struktur des Konzernanhangs herausgebildet:

Struktur eines Konzernanhanges
Allgemeine Angaben zum Konzernabschluss
Angaben zum Konsolidierungskreis
Konsolidierungsmethoden
Angaben zu den Bilanzierungs- und Bewertungsmethoden sowie zur Währungsumrechnung
Angaben zur Konzernbilanz und Konzern-Gewinn- und Verlustrechnung
Sonstige Angaben

Abbildung 4.1.4-5: Struktur eines Konzernanhangs

Ist eine Kapitalgesellschaft zugleich ein Mutterunternehmen, hat sie sowohl einen Anhang als auch einen Konzernanhang zu erstellen. Beide dürfen unter bestimmten Voraussetzungen zusammengefasst werden (§ 298 Abs. 2 HGB).

Nach § 313 Abs. 1 Satz 1 HGB sind diejenigen Angaben in den Anhang aufzunehmen, die zu einzelnen Posten der Konzernbilanz oder der Konzerngewinn- und Verlustrechnung vorgeschrieben sind. Diese Angaben sind in der Reihenfolge der einzelnen Posten der Konzernbilanz und der Konzern- Gewinn- und Verlustrechnung darzustellen.

Im Konzernanhang sind auch die Angaben zu machen, die in Ausübung eines Wahlrechts nicht in die Konzernbilanz oder in die Konzern-Gewinn- und Verlustrechnung aufgenommen wurden. § 313 Abs. 1 Satz 3 Nr. 1 HGB erfordert Angaben zu den angewandten Bilanzierungs- und Bewertungsmethoden. Insoweit verweisen wir auf unsere Ausführungen in Kapitel 3.5.

Gemäß § 313 Abs. 1 Nr. 2 HGB sind nicht nur Abweichungen von Bilanzierungs- und Bewertungsmethoden, sondern auch Abweichungen von Konsolidierungsmethoden anzugeben und zu begründen. Deren Einfluss auf die Vermögens-, Finanz- und Ertragslage ist gesondert darzustellen. Die Angaben umfassen sowohl Abweichungen von Konsolidierungsmethoden wie auch von Konsolidierungsgrundsätzen.

§ 313 Abs. 2 HGB sieht Angaben zum Konsolidierungskreis und zum Konzernanteilsbesitz vor, soweit diese Angaben nicht zu erheblichen Nachteilen für eines der angegebenen Unternehmen oder das Mutterunternehmen führt.

Diese detaillierten Einzelangaben betreffen:

Angaben zum Konsolidierungskreis und Konzernanteilsbesitz
In den Konzernabschluss einbezogene Unternehmen (§§ 313 Abs. 2 Nr. 1 Satz 1, 294 HGB)
Nicht in den Konzernabschluss einbezogene Unternehmen (§§ 313 Abs. 2 Nr. 1 Satz 2, 296 HGB)
Assoziierte Unternehmen (§§ 313 Abs. 2 Nr. 2, 311 HGB)
Anteilsmäßig in den Konzernabschluss einbezogene Unternehmen (§§ 313 Abs. 2 Nr. 3, 310 HGB)
Andere Unternehmen, von denen Mutterunternehmen und Tochterunternehmen zusammen mindestens 20 % der Anteile besitzen (§ 313 Abs. 2 Nr. 4 HGB)
Sonstige Beteiligungen von börsennotierten Unternehmen an großen Kapitalgesellschaften, die 5 Prozent der Stimmrechte überschreiten (soweit noch nicht unter den Nummern 1 bis 4 aufgeführt; § 313 Abs. 2 Nr.5 HGB)
Unternehmen, bei denen das Mutterunternehmen oder ein anderes konsolidiertes Unternehmen unbeschränkt haftender Gesellschafter ist (§ 313 Abs. 2 Nr. 6 HGB)
Name, Sitz und Rechtsform des Unternehmens, das den Konzernabschluss für den größten Kreis von Unternehmen aufstellt, dem das Mutterunternehmen als Tochterunternehmen angehört und wo dieser Konzernabschluss im Falle der Offenlegung erhältlich ist (§ 313 Abs. 2 Nr. 7 HGB)
Name und Sitz des Unternehmens, das den Konzernabschluss für den kleinsten Kreis von Unternehmen aufstellt, dem das Mutterunternehmen als Tochterunternehmen angehört und wo dieser Konzernabschluss im Falle der Offenlegung erhältlich ist (§ 313 Abs. 2 Nr. 8 HGB)

Abbildung 4.1.4-6: Angaben zum Konsolidierungskreis und Konzernanteilsbesitz

Im Konzernanhang sind Angaben zur Einbeziehung von Fremdkapitalzinsen in die Herstellungskosten zu machen. Außerdem muss ein Konzernanhang einen Anlagespiegel beinhalten (§ 313 Abs. 4 HGB). § 314 beinhaltet zahlreiche weitere Angabepflichten. Auf die folgenden notwendigen Angaben möchten wir insbesondere hinweisen:

- Art und Zweck sowie Risiken und Vorteile und finanzielle Auswirkungen von nicht in der Konzernbilanz enthaltenen Geschäften des Mutterunternehmens und der in den Konzernabschluss einbezogenen Tochterunternehmen, soweit dies für die Beurteilung der Finanzlage des Konzerns erforderlich ist (§ 314 Abs. 1 Nr. 2 HGB),
- der Gesamtbetrag der sonstigen finanziellen Verpflichtungen, die nicht in der Konzernbilanz enthalten sind und die nicht nach § 298 Abs. 1 in Verbindung mit § 268 Abs. 7 HGB oder nach § 314 Abs. 1 Nr. 2 HGB anzugeben sind, sofern diese Angabe für die Beurteilung der Finanzlage des Konzerns von Bedeutung ist; davon sind Verpflichtungen betreffend die Altersversorgung sowie Verpflichtungen gegenüber Tochterunternehmen, die nicht in den Konzernabschluss einbezogen werden oder gegenüber assoziierten Unternehmen jeweils gesondert anzugeben (§ 314 Abs. 1 Nr. 2a HGB),
- die Aufgliederung der Umsatzerlöse des Konzerns nach Tätigkeitsbereichen sowie nach geografisch bestimmten Märkten, soweit sich unter Berücksichtigung der Organisation des Verkaufs, der Vermietung oder Verpachtung von Produkten und der Erbringung von Dienstleistungen des

Konzerns die Tätigkeitsbereiche und geografisch bestimmten Märkte untereinander erheblich unterscheiden (§ 314 Abs. 1 Nr. 3 HGB),

- das vom Abschlussprüfer des Konzernabschlusses für das Geschäftsjahr berechnete Gesamthonorar, aufgeschlüsselt in das Honorar für Abschlussprüfungsleistungen, andere Bestätigungsleistungen, Steuerberatungsleistungen und sonstige Leistungen (§ 314 Abs. 1 Nr. 9 HGB),
- bestimmte Angaben zu den zu den Finanzanlagen gehörenden Finanzinstrumenten, die in der Konzernbilanz über ihren beizulegenden Zeitwert ausgewiesen werden, da eine Abschreibung nach § 253 Abs. 3 Satz 6 HGB unterblieben ist (§ 314 Abs. 1 Nr. 10 HGB),
- zumindest die nicht zu marktüblichen Konditionen zustande gekommenen Geschäfte mit nahestehenden Personen des Mutterunternehmens und seiner Tochterunternehmen soweit sie wesentlich sind (§ 314 Abs. 1 Nr. 13 HGB),
- im Fall der Aktivierung nach § 248 Abs. 2 HGB der Gesamtbetrag der Forschungs- und Entwicklungskosten sowie der davon auf die selbstgeschaffenen immateriellen Vermögensgegenstände des Anlagevermögens entfallende Betrag (§ 314 Abs. 1 Nr. 14 HGB),
- Angaben zur Bildung von Bewertungseinheiten (§ 314 Abs. 1 Nr. 15 HGB)
- Angaben zur Verrechnung von Vermögensgegenständen und Schulden nach § 246 Abs. 2 Satz 2 HGB (§ 314 Abs. 1 Nr. 17 HGB),
- für nach § 268 Abs. 7 HGB im Anhang ausgewiesene Verbindlichkeiten und Haftungsverhältnisse und die Gründe der Einschätzung des Risikos der Inanspruchnahme (§ 314 Abs. 1 Nr. 19 HGB),
- die Erläuterung des Zeitraums, über den ein entgeltlich erworbener Geschäfts- oder Firmenwert abgeschrieben wird (§ 314 Abs. 1 Nr. 20 HGB),
- auf welchen Differenzen oder steuerlichen Verlustvorträgen die latenten Steuern beruhen und mit welchen Steuersätzen die Bewertung erfolgt ist (§ 314 Abs. 1 Nr. 21 HGB),
- wenn latente Steuerschulden in der Konzernbilanz angesetzt werden, die latenten Steuersalden am Ende des Geschäftsjahrs und im Laufe des Geschäftsjahrs erfolgten Änderungen dieser Salden (§ 314 Abs. 1 Nr. 22 HGB),
- jeweils den Betrag und die Art der einzelnen Erträge und Aufwendungen von außergewöhnlicher Größenordnung oder außergewöhnlicher Bedeutung, soweit die Beträge nicht von untergeordneter Bedeutung sind (§ 314 Abs. 1 Nr. 23 HGB),
- eine Erläuterung der einzelnen Erträge und Aufwendungen hinsichtlich ihres Betrages und ihrer Art. die einem anderen Konzerngeschäftsjahr zuzurechnen sind, soweit die Beträge für die Beurteilung der Vermögens-, Finanz- und Ertragslage des Konzerns nicht von untergeordneter Bedeutung sind (§ 314 Abs. 1 Nr. 24 HGB),
- Vorgänge von besonderer Bedeutung, die nach dem Schluss des Konzerngeschäftsjahrs eingetreten und weder in der Konzern Gewinn- und Verlustrechnung noch in der Konzernbilanz berücksichtigt sind, unter Angabe ihrer Art und finanziellen Auswirkungen. (Nachtragsbericht; § 314 Abs. 1 Nr. 25 HGB),
- Ergebnisverwendungsvorschlag oder -beschluss betreffend das Mutterunternehmen (§ 314 Abs. 1 Nr. 26 HGB).

Weitere Angabepflichten können sich neben den gesetzlichen Vorschriften auch aus den vom Bundesministerium der Justiz und für Verbraucherschutz (BMJV) bekanntgemachten DRS ergeben (vgl. § 342 Abs. 2 HGB).

IFRS

Nach IAS 1.10 (e) hat ein vollständiger Abschluss einen Anhang (notes) zu enthalten, der die maßgeblichen Bilanzierungs- und Bewertungsmethoden (= Rechnungslegungsmethoden) zusammenfasst und sonstige Erläuterungen enthält. Für eine Reihe von Angaben räumt IAS 1 ein Wahlrecht zur Abgabe im Anhang oder in einem der anderen Bestandteile des Abschlusses ein.

Nach IAS 1.112 sind folgende Anhangangaben erforderlich:

- Informationen über die Grundlagen der Aufstellung des Abschlusses und die spezifischen Rechnungslegungsmethoden (IAS 1.117-1.124),
- die nach den IFRS erforderlichen Informationen, die nicht in anderen Abschlussbestandteilen ausgewiesen sind,
- Informationen, die nicht in anderen Abschlussbestandteilen ausgewiesen werden, aber für das Verständnis derselben relevant sind.

Ein Unternehmen hat die Anhangangaben, soweit durchführbar, systematisch darzustellen. Bei der Festlegung der Darstellungssystematik berücksichtigt das Unternehmen, wie sich diese auf die Verständlichkeit und Vergleichbarkeit der Abschlüsse auswirkt. Soweit im Anhang Erläuterungen zu Posten der Bilanz, der Ergebnisrechnung sowie der Eigenkapitalveränderungs- und Kapitalflussrechnung erfolgen, muss dort jeweils über einen Querverweis auf die Erläuterungen im Anhang hingewiesen werden (IAS 1.113).

IAS 1 sieht keine konkrete Gliederung des Anhangs vor; diese liegt im Ermessen des abschlusserstellenden Unternehmens. Nach IAS 1.114 bedeutet eine systematische Ordnung oder Gliederung beispielsweise:

a) dass Tätigkeitsbereiche hervorgehoben werden, die nach Einschätzung des Unternehmens für das Verständnis seiner Vermögens-, Finanz- und Ertragslage besonders relevant sind, indem beispielsweise Informationen zu bestimmten betrieblichen Tätigkeiten zusammengefasst werden;
b) dass Informationen über Posten, die in ähnlicher Weise bewertet werden, beispielsweise über zum beizulegenden Zeitwert bewertete Vermögenswerte, zusammengefasst werden; oder
c) dass die Posten in der Reihenfolge ausgewiesen werden, in der sie in Gewinn oder Verlust und sonstigem Ergebnis und in der Bilanz dargestellt sind, nämlich:

- Bestätigung der Übereinstimmung mit IFRS (IAS 1.16),
- Darstellung der wesentlichen angewandten Rechnungslegungsmethoden (IAS 1.117),
- Ergänzende Informationen zu den in der Bilanz, der Darstellung/en von Gewinn oder Verlust und sonstigem Ergebnis, der Eigenkapitalveränderungsrechnung und der Kapitalflussrechnung dargestellten Posten in der Reihenfolge, in der jeder Abschlussbestandteil und jeder Posten dargestellt wird,
- andere Angaben, einschließlich Eventualverbindlichkeiten (IAS 37), nicht bilanzierte vertragliche Verpflichtungen und nicht finanzielle Angaben, z.B. die Ziele und Methoden des Finanzrisikomanagements des Unternehmens (siehe IFRS 7).

Dennoch liegt die Darstellung innerhalb des Anhangs unter Berücksichtigung der Vorgaben in IAS 1.112 und 1.113 im Ermessen des Unternehmens. Die in IAS 1.114 vorgesehene Struktur stellt lediglich ein Beispiel dar. Vor dem Hintergrund der Disclosure Initiative des IASB ist beispielsweise auch eine Systematisierung nach Wesentlichkeits- und Risikogesichtspunkten denkbar.

Ein möglicher Aufbau einer Gliederung enthält folgendes Beispiel:

I. Allgemeine Erläuterungen
1. Übereinstimmung mit den IFRS 2. Konsolidierungskreis- und Konsolidierungsmethoden 3. Bilanzierungs- und Bewertungsmethoden 4. Akquisitionen und Desinvestitionen
II. Erläuterungen der Abschlussposten
1. Erläuterungen der Gesamtergebnisrechnung 2. Erläuterungen der Bilanz 3. Erläuterungen der Kapitalflussrechnung 4. Erläuterungen zur Eigenkapitalveränderungsrechnung
III. Sonstige Erläuterungen
1. Haftungsverhältnisse und Eventualverbindlichkeiten 2. Finanzinstrumente 3. Zusätzliche Informationen zum Kapitalmanagement 4. Erläuterungen zur Segmentberichterstattung 5. Geschäftsbeziehungen mit nahestehenden Personen 6. Aktienoptionen 7. Wesentliche Ereignisse nach dem Bilanzstichtag 8. Gewinnverwendungsvorschlag 9. Sitz und Rechtsform des Unternehmens; Beschreibung der Geschäftstätigkeit, Mutterunternehmen und oberstes Mutterunternehmen

Abbildung 4.1.4-7: Gliederung eines Anhangs nach IFRS

Notwendige Angaben im IFRS Anhang

Welche Postenerläuterungen und zusätzliche Angaben jeweils erforderlich sind, ergibt sich nicht nur aus den in IAS 1 geregelten Grundsätzen, sondern auch aus den in den übrigen Standards im Einzelnen geforderten Anhangangaben.

Für deutsche IFRS Anwender ergeben sich über § 315e Abs. 1 HGB außerdem die folgenden zusätzlichen Angabepflichten:

Erläuterungen aus dem Handelsgesetzbuch
1. Angaben zur Identifikation des Mutterunternehmens (§ 297 Abs. 1a HGB)
2. Bilanzeid (§ 297 Abs. 2 Satz 4 HGB)
3. Anteilsbesitz (§ 313 Abs. 2 und 3 HGB)
4. Mitarbeiter im Jahresdurchschnitt und ggf. Personalaufwand (§ 314 Abs. 1 Nr. 4 HGB)
5. Organbezüge (§ 314 Abs. 1 Nr. 6 HGB)
6. Entsprechungserklärung zum Corporate Governance Kodex (§ 314 Abs. 1 Nr. 8 HGB)
7. Honorar des Abschlussprüfers (§ 314 Abs. 1 Nr. 9 HGB)

Abbildung 4.1.4-8: Zusätzliche Erläuterungen nach HGB

4.1.4.4 Kapitalflussrechnung

HGB

Ein weiterer Bestandteil des Konzernabschlusses ist die Kapitalflussrechnung, die ein Bild der Finanzlage des Unternehmens in einer zahlungsstromorientierten Betrachtungsweise vermitteln soll. Konkrete Hinweise zur Ausgestaltung liefert DRS 21 „Kapitalflussrechnung".

Der Standard folgt den international üblichen Gliederungen einer Kapitalflussrechnung. Wesentliches Ziel ist es, die Ursachen der Veränderung des Finanzmittelbestandes im Geschäftsjahr aufzuzeigen und damit darzustellen, wie aus der laufenden Geschäftstätigkeit Finanzmittel erwirtschaftet wurden und welche zahlungswirksamen Investitions- und Finanzierungsmaßnahmen vorgenommen wurden.

Unterteilt wird die Kapitalflussrechnung daher üblicherweise in die drei Bereiche

- laufende Geschäftstätigkeit,
- Investition und
- Finanzierung.

Dabei richtet sich die Zuordnung der einzelnen Mittelzu und -abflüsse (Cashflows) im Einzelfall stark nach den Geschäftsbereichen des Unternehmens, so dass es zwischen unterschiedlichen Branchen auch zu unterschiedlichen Zuordnungen kommen kann.

Für die einzelnen Bereiche erfolgt eine Zusammenfassung der Mittelzu- und -abflüsse (Cashflows) zu Zwischensummen. Alle drei Zwischensummen fließen dann in die Veränderung des Finanzmittelfonds ein.

Ausgangspunkt der Kapitalflussrechnung ist der Finanzmittelfonds zu Beginn der Periode, der sich ausschließlich aus Zahlungsmitteln und Zahlungsmitteläquivalenten zusammensetzt. Zahlungsmitteläquivalente sind nach DRS 21.9 als Liquiditätsreserven gehaltene kurzfristige, äußerst liquide Finanzmittel, die jederzeit in Zahlungsmittel umgewandelt werden können und nur unwesentlichen Wertschwankungen unterliegen. Sie dürfen daher im Erwerbszeitpunkt nur eine Restlaufzeit von maximal drei Monaten haben.

Bei der eventuellen Frage der Einbeziehung von Cashpool-Forderungen gegen einen nicht in den (Teil)Konzernabschluss einbezogenen Cash Pool-Führer in den Finanzmittelfonds besteht ein Ermessensspielraum. Dabei ist auf die in der Vergangenheit bewiesene und auch für die Zukunft angenommene Fähigkeit des Cashpool-Führers abzustellen, sämtliche aus seiner Sicht bestehenden Cashpool-Verbindlichkeiten jederzeit zurückzahlen zu können.

Nach DRS 21.34 sind jederzeit fällige Verbindlichkeiten gegenüber Kreditinstituten sowie andere kurzfristige Kreditaufnahmen, die zur Disposition der liquiden Mittel gehören, in den Finanzmittelfonds einzubeziehen und offen abzusetzen.

Der Cashflow aus der laufenden Geschäftstätigkeit liefert Informationen über die eigenständige Finanzmittelaufbringung (Innenfinanzierungskraft) im Rahmen der wesentlichen auf Erlöserzielung ausgerichteten Tätigkeiten sowie sonstigen Aktivitäten, die nicht der Investitions- oder Finanzierungstätigkeit zuzuordnen sind. Er kann nach der direkten oder indirekten Methode ermittelt werden.

Bei der direkten Methode werden Ein- und Auszahlungen unsaldiert angegeben, während bei der indirekten Methode eine Korrektur des Periodenergebnisses um nicht zahlungswirksame Erträge und Aufwendungen vorgenommen wird. Zugleich werden zahlungswirksame Vorgänge aus der laufenden Geschäftstätigkeit, die weder den anderen beiden Cashflows aus Investitions- bzw. Finanzierungstätigkeit zugeordnet sind noch in der Gewinn- und Verlustrechnung erfasst werden, hinzugerechnet bzw. abgezogen. Beide Methoden führen zum gleichen Ergebnis.

1.	Einzahlungen von Kunden für den Verkauf von Erzeugnissen, Waren und Dienstleistungen
2.	– Auszahlungen an Lieferanten und Beschäftigte
3.	+ Sonstige Einzahlungen, die nicht der Investitions- oder der Finanzierungstätigkeit zuzuordnen sind
4.	– Sonstige Auszahlungen, die nicht der Investitions- oder der Finanzierungstätigkeit zuzuordnen sind
5.	+ Einzahlungen im Zusammenhang mit Erträgen von außergewöhnlicher Größenordnung oder außergewöhnlicher Bedeutung
6.	– Auszahlungen im Zusammenhang mit Aufwendungen von außergewöhnlicher Größenordnung oder außergewöhnlicher Bedeutung
7.	–/+ Ertragsteuerzahlungen
8.	= Cashflow aus der laufenden Geschäftstätigkeit

Abbildung 4.1.4-9: Cashflow aus der laufenden Geschäftstätigkeit nach der direkten Methode gemäß DRS 21.39 (Mindestgliederung)

1.	Periodenergebnis (Konzernjahresüberschuss/-fehlbetrag einschl. Ergebnisanteile anderer Gesellschafter)
2.	+/– Abschreibungen/Zuschreibungen auf Gegenstände des Anlagevermögens
3.	+/– Zu-/Abnahme Rückstellungen
4.	+/– Sonstige zahlungsunwirksame Aufwendungen/Erträge
5.	–/+ Zunahme/Abnahme der Vorräte, der Forderungen aus Lieferungen und Leistungen sowie anderer Aktiva, die nicht der Investitions- oder der Finanzierungstätigkeit zuzuordnen sind
6.	+/– Zunahme/Abnahme der Verbindlichkeiten aus Lieferungen und Leistungen sowie anderer Passiva, die nicht der Investitions- oder Finanzierungstätigkeit zuzuordnen sind
7.	–/+ Gewinn/Verlust aus dem Abgang von Gegenständen des Anlagevermögens
8.	+/– Zinsaufwendungen/-erträge
9.	– Sonstige Beteiligungserträge
10.	+/– Aufwendungen/Erträge von außergewöhnlicher Größenordnung oder außergewöhnlicher Bedeutung
11.	+/– Ertragsteueraufwand/-ertrag
12.	+ Einzahlungen im Zusammenhang mit Erträgen von außergewöhnlicher Größenordnung oder außergewöhnlicher Bedeutung
13.	– Auszahlungen im Zusammenhang mit Aufwendungen von außergewöhnlicher Größenordnung oder außergewöhnlicher Bedeutung
14.	–/+ Ertragsteuerzahlungen
15.	= Cashflow aus der laufenden Geschäftstätigkeit

Abbildung 4.1.4-10: Cashflow aus der laufenden Geschäftstätigkeit nach der indirekten Methode gemäß DRS 21.40 (Mindestgliederung)

Geht ein Unternehmen bei der Darstellung des Cashflows aus der laufenden Geschäftstätigkeit nach der indirekten Methode nicht vom Periodenergebnis aus, ist die Ausgangsgröße (z. B. ein betriebliches Ergebnis) auf das Periodenergebnis überzuleiten. Die Überleitung kann in den ergänzenden Angaben zur Kapitalflussrechnung oder durch Verweis auf die Konzerngewinn- und verlustrechnung erfolgen, sofern die Ausgangsgröße dort gesondert ausgewiesen ist (DRS 21.41).

Für Krankenhausunternehmen gibt es keine spezielle Gliederung in der Kapitalflussrechnung. In der Regel wird hier aus praktischen Gründen eher die indirekte Methode zur Ermittlung des Cashflows aus der laufenden Geschäftstätigkeit verwendet, da die erforderlichen Daten in der Regel unkompliziert aus der Bilanz, Gewinn- und Verlustrechnung sowie dem Anlagespiegel hergeleitet werden können.

Die gesondert auszuweisenden Zahlungsströme des Investitions- und Finanzierungsbereiches werden stets nach der direkten Methode dargestellt. Der Cashflow aus Investitionstätigkeit gibt wieder, inwiefern der Konzern in das langfristige Vermögen investiert hat. Er ist in der Regel negativ, es sei denn, Vermögensgegenstände des Anlagevermögens werden mit hohen Gewinnen veräußert.

1.	Einzahlungen aus Abgängen von Gegenständen des immateriellen Anlagevermögens
2.	– Auszahlungen für Investitionen in das immaterielle Anlagevermögen
3.	+ Einzahlungen aus Abgängen von Gegenständen des Sachanlagevermögens
4.	– Auszahlungen für Investitionen in das Sachanlagevermögen
5.	+ Einzahlungen aus Abgängen von Gegenständen des Finanzanlagevermögens
6.	– Auszahlungen für Investitionen in das Finanzanlagevermögen
7.	+ Einzahlungen aus Abgängen aus dem Konsolidierungskreis
8.	– Auszahlungen für Zugänge zum Konsolidierungskreis
9.	+ Einzahlungen aufgrund von Finanzmittelanlagen im Rahmen der kurzfristigen Finanzdisposition
10.	– Auszahlungen aufgrund von Finanzmittelanlagen im Rahmen der kurzfristigen Finanzdisposition
11.	+ Einzahlungen im Zusammenhang mit Erträgen von außergewöhnlicher Größenordnung oder außergewöhnlicher Bedeutung
12.	– Auszahlungen im Zusammenhang mit Aufwendungen von außergewöhnlicher Größenordnung oder außergewöhnlicher Bedeutung
13.	+ Erhaltene Zinsen
14.	+ Erhaltene Dividenden
15.	= Cashflow aus der Investitionstätigkeit

Abbildung 4.1.4-11: Kapitalflussrechnung – Ermittlung des Cashflows aus Investitionstätigkeit gemäß DRS 21.46 (Mindestgliederung)

Die Zahlungsströme im Zusammenhang mit der Veränderung des Konsolidierungskreises sind nach Zu- und Abgängen jeweils gesondert auszuweisen (DRS 21.43). Dies bedeutet, dass der gezahlte bzw. erhaltene Kaufpreis abzüglich der erworbenen oder abgegebenen Zahlungsmittel dem Bereich der Investitionstätigkeit zuzurechnen ist. Konsequenterweise sind bei der Ermittlung des Cashflows aus laufender Geschäftstätigkeit bei Anwendung der indirekten Methode die Bestandsänderungen (z. B. Forderungen aus Lieferungen und Leistungen) um die Änderungen aufgrund der Konsolidierungskreisänderung zu korrigieren. Alle Ein- und Auszahlungen des erworbenen Tochterunternehmens sind erst ab dem Erstkonsolidierungszeitpunkt in den jeweiligen Bereichen der Kapitalflussrechnung darzustellen. Entsprechend sind die Ein- und Auszahlungen eines abgegangenen Tochterunternehmens nur bis zum Entkonsolidierungszeitpunkt zu erfassen. Auszahlungen für den Erwerb oder die Herstellung von Deckungsvermögen sind nach DRS 21.45 ebenfalls dem Cashflow aus Investitionstätigkeit zuzuordnen.

Die Finanzierungstätigkeit betrifft Vorgänge der Außenfinanzierung, also z. B. die Aufnahme und Tilgung von Krediten, von Eigenkapital oder die Zahlung von Ausschüttungen.

1.	Einzahlungen aus Eigenkapitalzuführungen von Gesellschaftern des Mutterunternehmens
2.	+ Einzahlungen aus Eigenkapitalzuführungen von anderen Gesellschaftern
3.	– Auszahlungen aus Eigenkapitalherabsetzungen an Gesellschafter des Mutterunternehmens
4.	– Auszahlungen aus Eigenkapitalherabsetzungen an andere Gesellschafter
5.	+ Einzahlungen aus der Begebung von Anleihen und der Aufnahme von (Finanz-) Krediten
6.	– Auszahlungen aus der Tilgung von Anleihen und (Finanz-) Krediten
7.	+ Einzahlungen aus erhaltenen Zuschüssen/Zuwendungen
8.	+ Einzahlungen im Zusammenhang mit Erträgen von außergewöhnlicher Größenordnung oder außergewöhnlicher Bedeutung
9.	– Auszahlungen im Zusammenhang mit Aufwendungen von außergewöhnlicher Größenordnung oder außergewöhnlicher Bedeutung
10.	– Gezahlte Zinsen
11.	– Gezahlte Dividenden an Gesellschafter des Mutterunternehmens
12.	– Gezahlte Dividenden an andere Gesellschafter
13.	= Cashflow aus der Finanzierungstätigkeit

Abbildung 4.1.4-12: Kapitalflussrechnung – Ermittlung des Cashflows aus Finanzierungstätigkeit gemäß DRS 21.50 (Mindestgliederung)

In die Kapitalflussrechnung sind alle Konzernunternehmen einzubeziehen. Zahlungen innerhalb des Konzerns sind vor Erstellung der Kapitalflussrechnung zu eliminieren, so dass nur Zahlungen gegenüber Konzernfremden enthalten sind. Bei Gemeinschaftsunternehmen erfolgt die Übernahme der Zahlungen in der Regel quotal. Nach der Equity-Methode bilanzierte Unternehmen werden in der Kapitalflussrechnung nur anhand der Zahlungen zwischen ihnen und dem Konzern und anhand der Zahlungen im Zusammenhang mit dem Erwerb oder Verkauf solcher Beteiligungen erfasst (DRS 21.14).

Besonderheiten ergeben sich bezüglich der Fördermittelfinanzierung von Investitionen nach dem Krankenhausfinanzierungsgesetz oder durch die einzelnen Bundesländer im Zusammenhang mit der Hochschulförderung. Investitionen werden danach teilweise oder vollständig durch die öffentliche Hand oder durch Dritte finanziert. Hieraus können sich Abgrenzungsprobleme in den Bereichen Investitionstätigkeit und Finanzierungstätigkeit ergeben. Nach DRS 21.49 sind jedoch erhaltene Zuschüsse/Zuwendungen dem Cashflow aus Finanzierungstätigkeit zuzuordnen. Sinnvoll ist dabei eine entsprechende Anpassung der Bezeichnung nach der Art der Finanzierung. Im Gegenzug werden sämtliche Auszahlungen für Investitionen im Bereich der Investitionstätigkeit gezeigt.

Sollten im Finanzmittelfonds Beträge enthalten sein, die aus dem Erhalt von zweckentsprechend zu verwendenden Fördermitteln resultieren, so sind in die Kapitalflussrechnung (z. B. durch einen Davon-Vermerk zum Finanzmittelfonds) oder in den Anhang ergänzende Angaben aufzunehmen. Nicht aus Zahlungsströmen verursachte Veränderungen des Finanzmittelfonds selbst sind ebenfalls darzustellen. Hierbei kann es sich z. B. um wechselkursbedingte Veränderungen oder bewertungsbedingte Veränderungen handeln.

Finanzmittelfonds am Anfang der Periode
+/– Zahlungswirksame Veränderungen des Finanzmittelfonds
+/– Wechselkurs- und bewertungsbedingte Änderungen des Finanzmittelfonds
+/– Konsolidierungskreisbedingte Änderungen des Finanzmittelfonds
= Finanzmittelfonds am Ende der Periode

Abbildung 4.1.4-13: Entwicklung des Finanzmittelfonds

Die zahlungswirksame Veränderung des Finanzmittelfonds resultiert aus der Summe der Cashflows aus laufender Geschäftstätigkeit, Investitionstätigkeit und Finanzierungstätigkeit.

IFRS

Regelungen zur Aufstellung einer Kapitalflussrechnung finden sich in IAS 7. Grundlegende Unterschiede zu den Regelungen des DRS 21 ergeben sich aus IAS 7 nicht. Die Kapitalflussrechnung hat nach IAS 7.10 ebenfalls Cashflows der Berichtsperiode zu enthalten, die nach betrieblichen Tätigkeiten (operating activities), Investitionstätigkeiten (investing activities) und Finanzierungstätigkeiten (financing activities) zu unterteilen sind.

Eine Vorgabe zur Mindestgliederung besteht über IAS 7 nicht; Beispiele für Cashflows aus den einzelnen Bereichen sind in IAS 7.13 ff. aufgeführt. Eine beispielhafte Gliederung enthalten die nicht verbindlichen Anlagen (IE) zu IAS 7.

Cashflows aus erhaltenen und gezahlten Zinsen und Dividenden sind nach IAS 7.31 jeweils gesondert anzugeben. Jede Ein- und Auszahlung ist stetig von Periode zu Periode entweder als betriebliche Tätigkeit, Investitionstätigkeit oder Finanzierungstätigkeit zu klassifizieren. Gezahlte Zinsen und erhaltene Zinsen und Dividenden können im Unterschied zu DRS 21 als Cashflows aus betrieblicher Tätigkeit eingestuft werden, da sie in die Ermittlung des Periodenergebnisses eingehen. Alternativ können gezahlte Zinsen und erhaltene Zinsen und Dividenden als Cashflows aus

Finanzierungs- bzw. Investitionstätigkeit eingestuft werden, da sie Finanzierungsauwendungen oder Erträge aus Investitionen sind (IAS 7.33). Gezahlte Dividenden können als Finanzierungs-Cashflows eingestuft werden, da es sich um Finanzierungsaufwendungen handelt. Im Unterschied zu DRS 21 können gezahlte Dividenden alternativ auch als Bestandteil der Cashflows aus der betrieblichen Tätigkeit eingestuft werden, damit die Fähigkeit eines Unternehmens, Dividenden aus laufenden Cashflows zu zahlen, leichter beurteilt werden kann (IAS 7.34). Abweichend hiervon sind erhaltene Dividenden in einem nach HGB erstellten Konzernabschluss aufgrund der Regelungen in DRS 21 im Bereich der Investitionstätigkeit darzustellen. Cashflows aus Ertragsteuern sind nach IAS 7.35 ebenfalls gesondert anzugeben und als Cashflows aus betrieblicher Tätigkeit zu klassifizieren, es sei denn, sie können bestimmten Finanzierungs- und Investitionstätigkeiten zugeordnet werden.

Ein Unternehmen, das seine Anteile an einem assoziierten Unternehmen oder einem Gemeinschaftsunternehmen nach der Equity-Methode bilanziert, nimmt nur die Cashflows in die Kapitalflussrechnung auf, die mit seinen Anteilen an dem assoziierten Unternehmen oder dem Gemeinschaftsunternehmen sowie den Ausschüttungen und anderen Ein- und Auszahlungen zwischen ihm und dem assoziierten Unternehmen oder dem Gemeinschaftsunternehmen in Zusammenhang stehen (IAS 7.38). Die Summe der Cashflows aus dem Erwerb und der Veräußerung von Tochterunternehmen oder sonstigen Geschäftseinheiten ist nach IAS 7.39 gesondert darzustellen und der Investitionstätigkeit zuzuordnen.

Die Bestandteile der Zahlungsmittel und Zahlungsmitteläquivalente (Finanzmittelfonds) sind nach IAS 7.45 anzugeben und es ist eine Überleitungsrechnung vorzunehmen, in der die Beträge der Kapitalflussrechnung den entsprechenden Bilanzposten gegenüber gestellt werden. Als Zahlungsmittel werden dabei Barmittel und Sichteinlagen bezeichnet, Zahlungsmitteläquivalente sind kurzfristige, äußerst liquide Finanzinvestitionen, die jederzeit in festgelegte Zahlungsmittelbeträge umgewandelt werden können und nur unwesentlichen Wertschwankungsrisiken unterliegen (IAS 7.6).

4.1.4.5 Eigenkapitalspiegel (Eigenkapitalveränderungsrechnung in IFRS)

HGB

Der Eigenkapitalspiegel soll über Veränderungen im Bereich des Eigenkapitals die Angaben der Bilanz erläutern, und wird deshalb auch als Eigenkapitalveränderungsrechnung bezeichnet. Über § 297 Abs. 1 HGB ist er Pflichtbestandteil für alle Konzernabschlüsse.

Da das Handelsgesetzbuch die inhaltliche Ausgestaltung des Konzerneigenkapitalspiegels nicht regelt, werden durch DRS 22 „Konzerneigenkapital“ Regeln zur systematischen Darstellung der

Zusammensetzung und der Entwicklung des Konzerneigenkapitals in einem Konzerneigenkapitalspiegel vorgegeben. Darüber hinaus adressiert der Standard ausgewählte Bilanzierungsfragen mit Auswirkung auf die Darstellung des Konzerneigenkapitals, um die einheitliche Anwendung der konzernspezifischen Vorschriften zum Konzerneigenkapital sowie die gesetzlichen Vorschriften zum Eigenkapital, die nach § 298 Abs. 1 HGB entsprechend anzuwenden sind, sicherzustellen (DRS 22.1).

Der Standard gilt für alle Mutterunternehmen, die einen Konzernabschluss nach HGB oder PublG aufstellen müssen (DRS 22.3). Unternehmen, die ihren Jahresabschluss um einen Eigenkapitalspiegel zu erweitern haben oder freiwillig einen Eigenkapitalspiegel aufstellen, sollen dies ebenfalls in Übereinstimmung mit dem Standard tun. Der Standard gilt nicht für Mutterunternehmen, die nach § 315e HGB einen Konzernabschluss nach internationalen Rechnungslegungsstandards aufstellen (siehe hierzu im Folgenden den Abschnitt „IFRS").

Die Darstellung des Eigenkapitals hat im Konzerneigenkapitalspiegel gesondert für das Mutterunternehmen und die anderen Gesellschafter zu erfolgen. Für die Aufstellung des Konzerneigenkapitalspiegels sind für Kapitalgesellschaften Anlage 1 und für Personenhandelsgesellschaften Anlage 2 zum DRS 22 anzuwenden.

Für das Mutterunternehmen in der Rechtsform der Kapitalgesellschaft ist grundsätzlich die Entwicklung folgender Posten des Eigenkapitals darzustellen:

- Gezeichnetes Kapital
- Eigene Anteile
- Nicht eingeforderte ausstehende Einlagen
- Kapitalrücklage
- Gewinnrücklagen
- Eigenkapitaldifferenz aus Währungsumrechnung soweit diese auf die Gesellschafter des Mutternunternehmens entfallen
- Gewinnvortrag/Verlustvortrag
- Konzernabschluss nach HGB Konzernjahresüberschuss/-fehlbetrag, der dem Mutterunternehmen zuzurechnen ist
- Nicht beherrschende Anteile

Für nicht beherrschende Anteile wird empfohlen, die auf sie entfallenden Teile von Konzernjahresüberschuss/-fehlbetrag und Eigenkapitaldifferenz aus Währungsumrechnung gesondert darzustellen. Der Konzerneigenkapitalspiegel für das Mutterunternehmen in der Rechtsform der Kapitalgesellschaft gemäß Anlage 1 zum DRS 22 stellt sich wie folgt dar.

	Eigenkapital des Mutterunternehmens																							Nicht beherrschende Anteile				Konzern-eigenkapital
	(Korrigiertes) Gezeichnetes Kapital										Rücklagen									Eigenkapitaldifferenz aus Währungsumrechnung	Gewinnvortrag/Verlustvortrag	Konzernjahresüberschuss/-fehlbetrag, der dem Mutterunternehmen zuzurechnen ist	Summe	Nicht beherrschende Anteile vor Eigenkapitaldifferenz aus Währungsumrechnung und Jahresergebnis	Auf nicht beherrschende Anteile entfallende Eigenkapitaldifferenz aus Währungsumrechnung	Auf nicht beherrschende Anteile entfallende Gewinne/Verluste	Summe	Summe
	Gezeichnetes Kapital			Eigene Anteile			Nicht eingeforderte ausstehende Einlagen			Summe	Kapitalrücklage			Gewinnrücklagen					Summe									
	Stammaktien	Vorzugsaktien	Summe	Stammaktien	Vorzugsaktien	Summe	Stammaktien	Vorzugsaktien	Summe		nach § 272 Abs. 2 Nr. 1–3 HGB	nach § 272 Abs. 2 Nr. 4 HGB	Summe	gesetzliche Rücklagen	nach § 272 Abs. 4 HGB	satzungsmäßige Rücklage	andere Gewinnrücklagen	Summe										
Stand am 31.12.X1*																												
Kapitalerhöhung/-herabsetzung z.B.:																												
Ausgabe von Anteilen																												
Erwerb/Veräußerung eigener Anteile																												
Einziehung von Anteilen																												
Kapitalerhöhung aus Gesellschaftsmitteln																												
Einforderung/Einzahlung bisher nicht eingeforderter Einlagen																												
Einstellungin/EntnahmeausRücklagen																												
Ausschüttung																												
Währungsumrechnung																												
Sonstige Veränderungen																												
Änderungen des Konsolidierungskreises																												
Konzernjahresüberschuss/-fehlbetrag																												
Stand am 31.12.X2*																												

* oder abweichend, falls das Geschäftsjahr nicht gleich Kalenderjahr ist

Abbildung 4.1.4-14: Bestandteile des Konzerneigenkapitalspiegels gemäß DRS 22 (Anlage 1)

Veränderungen des Konzerneigenkapitals aufgrund von Änderungen des Konsolidierungskreises sind in einer gesonderten Zeile „Änderungen des Konsolidierungskreises" zu erfassen. Dazu gehören beispielsweise erfolgsneutral erfasste Effekte aus der Erst-, Ent- und Übergangskonsolidierung (DRS 22.58f.).

Ergänzende Angaben sind geschlossen entweder unter dem Konzerneigenkapitalspiegel oder im Konzernanhang zu machen. Hinzu können noch weitere Angabepflichten gemäß AktG kommen (DRS 22.61f.).

IFRS

Nach IAS 1.10c beinhaltet ein vollständiger Abschluss eine Eigenkapitalveränderungsrechnung (statement of changes in equity for the period).

Veränderungen des Eigenkapitals können dabei im Wesentlichen zwei Ursachen haben:

- Änderung auf Grund der über die Gewinn- und Verlustrechnung erfassten Beträge
- Änderung auf Grund von im sonstigen Ergebnis erfassten Beträge

Daneben führen unter anderem Kapitalein- und auszahlungen von bzw. an Gesellschafter zu Änderungen im Eigenkapital des Unternehmens.

Eine mögliche Darstellungsform der Eigenkapitalveränderungsrechnung könnte daher wie folgt aussehen:

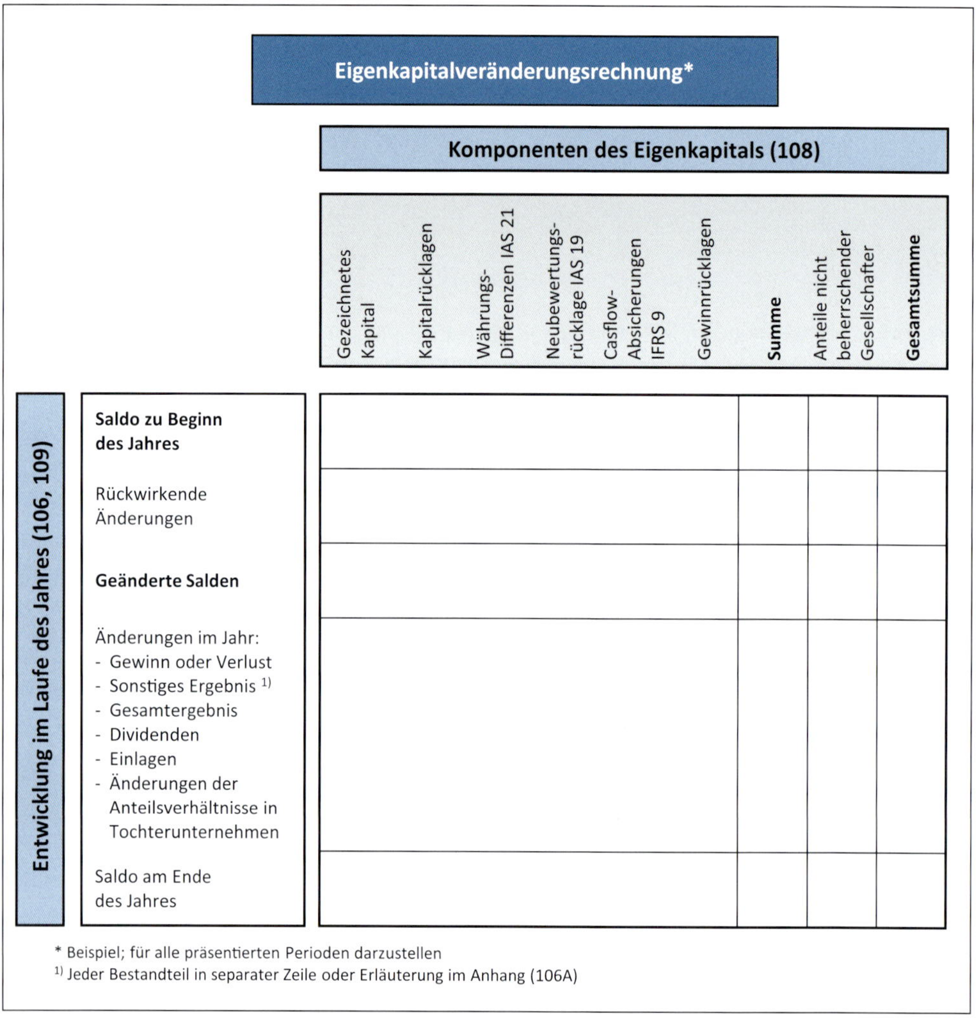

Eigenkapitalveränderungsrechnung*

Komponenten des Eigenkapitals (108)

Entwicklung im Laufe des Jahres (106, 109)	Gezeichnetes Kapital	Kapitalrücklagen	Währungs-Differenzen IAS 21	Neubewertungs-rücklage IAS 19	Casflow-Absicherungen IFRS 9	Gewinnrücklagen	**Summe**	Anteile nicht beherrschender Gesellschafter	**Gesamtsumme**
Saldo zu Beginn des Jahres									
Rückwirkende Änderungen									
Geänderte Salden									
Änderungen im Jahr: - Gewinn oder Verlust - Sonstiges Ergebnis [1)] - Gesamtergebnis - Dividenden - Einlagen - Änderungen der Anteilsverhältnisse in Tochterunternehmen									
Saldo am Ende des Jahres									

* Beispiel; für alle präsentierten Perioden darzustellen

[1)] Jeder Bestandteil in separater Zeile oder Erläuterung im Anhang (106A)

Abbildung 4.1.4-15: Beispiel für den Aufbau einer Eigenkapitalveränderungsrechnung, Quelle: KPMG IFRS visuell (2021), S. 19

Die rückwirkenden Änderungen beinhalten nach IAS 1.106 (b) Auswirkungen der gemäß IAS 8 erfassten Änderungen von Bilanzierungs- und Bewertungsmethoden sowie Fehlerberichtigungen. Auch für die Eigenkapitalveränderungsrechnung sind nach IAS 1.38 Vergleichsinformationen hinsichtlich der vorangegangenen Periode anzugeben.

4.1.4.6 Segmentberichterstattung

HGB

§ 297 Abs. 1 Satz 2 HGB sieht das Wahlrecht vor, den Konzernabschluss um eine Segmentberichterstattung zu erweitern. Dieses Wahlrecht gilt allerdings nicht für kapitalmarktorientierte Unternehmen, da diese nach § 315e HGB einen Konzernabschluss nach internationalen Rechnungslegungsgrundsätzen erstellen müssen und insoweit bei Anwendung von IFRS gemäß IFRS 8.2 verpflichtend eine Segmentberichterstattung vornehmen müssen.

Durch die Neueinführung des DRS 28 „Segmentberichterstattung" wurde der bisherige DRS 3 ersetzt. Sofern der Konzernabschluss freiwillig durch eine Segmentberichterstattung erweitert wird, ist der DRS 28 verpflichtend anzuwenden für Geschäftsjahre, die nach dem 31. Dezember 2020 beginnen. Gemäß DRS 28 ist das Ziel der Segmentberichterstattung, Informationen über die wesentlichen Geschäftsfelder eines Unternehmens und sein Umfeld zur Verfügung zu stellen, um den Einblick in die Vermögens-, Finanz- und Ertragslage und damit in die Chancen und Risiken der einzelnen Geschäftsfelder zu verbessern.

Die Segmentierung hat sich primär nach den operativen Segmenten des Unternehmens nach dem sog. Management Approach zu richten, dh. die Segmentierung ergibt sich somit aus den internen Entscheidungs- und Berichtsstrukturen des Konzerns. Ein operatives Segment ist nach DRS 28.8 ein Teil eines Konzerns, a) der geschäftliche Tätigkeiten entfaltet, die potentiell oder tatsächlich zu externen bzw. intersegmentären Umsatzerlösen führen, und b) für welchen eigenständige Finanzinformationen vorliegen und c) der regelmäßig von der Konzernleitung zum Zwecke der Konzernsteuerung wirtschaftlich beurteilt wird. Eine Anpassung an konzerneinheitliche Bilanzierungs- und Bewertungsmethoden muss nicht erfolgen. Bei Krankenhauskonzernen handelt es sich um einzelne Geschäftsaktivitäten, wie beispielsweise Leistungen gemäß Krankenhausplan, Leistungen im Bereich der Rehabilitierung, Leistungen von Privatkliniken, Leistungen im Bereich der Altenpflege oder sonstigen Krankenhaushilfsdienstleistungen. Neben der produktorientierten Segmentierung kann sich aber auch eine geografische Segmentierung ergeben. Diese können auch nebeneinander bestehen.

Folgende grundlegenden Anforderungen an die Identifizierung von operativen Segmenten und zur Bestimmung von anzugebenden Segmenten werden durch DRS 28.18 und 28.22 vorgegeben:

Kriterien zur Segmentbildung nach DRS 28.18 und 28.22

Die Segmentierung gilt dann als ausreichend, wenn die externen Umsatzerlöse oder vergleichbare Erträge je Segment zusammen über alle Segmente = 75 % der konsolidierten Gesamtkonzernumsatzerlöse oder vergleichbare Erträge ausmachen.

Als Segment gilt, wenn
- seine Umsatzerlöse oder vergleichbare Erträge mit externen Kunden und mit anderen Segmenten mindestens 10 % der gesamten externen und intersegmentären Umsatzerlöse sind,
- sein Ergebnis mindestens 10 % des zusammengefassten Ergebnisses aller operativen Segmente mit positivem Ergebnis oder aller operativen Segmente mit negativem Ergebnis beträgt, wobei der jeweils größere Betrag maßgebend ist oder
- sein Vermögen mindestens 10 % des gesamten Vermögens aller operativen Segmente ausmacht.

Abbildung 4.1.4-16: Darstellung von identifizierten Segmenten

Operative Segmente, deren wirtschaftliche Charakteristika homogen sind, dürfen zusammengefasst werden (DRS 28.14). Hinsichtlich der Aufteilung von Vermögen und Schulden auf mehrere Segmente, gibt der DRS 28 weiterführende Hinweise. Die bei der Segmentberichterstattung verwendeten Bilanzansatz- und Bewertungsmethoden sind zu erläutern (DRS 28.32).

Nach DRS 28.33 ist für jedes anzugebende Segment das Segmentergebnis anzugeben. Zusätzliche ergeben sich weitere Angabepflichten nach DRS 28.35, sofern die Kriterien einschlägig sind.

Betragsmäßige Angaben je Segment nach DRS 28.33ff:

- Umsatzerlöse oder vergleichbare Erträge unterteilt nach Umsatzerlösen oder vergleichbaren Erträgen mit Dritten und mit anderen Segmenten,
- Zinserträge und Zinsaufwendungen,
- planmäßige Abschreibungen,
- wesentliche sonstige Ertrags- und Aufwandsposten,
- Anteil des Konzerns am Jahresüberschuss/-fehlbetrag von Unternehmen, die nach der Equity-Methode abgebildet werden,
- Ertragsteueraufwand oder -ertrag, und
- wesentliche nicht zahlungswirksame Posten, bei denen es sich nicht um Abschreibungen handelt.

Abbildung 4.1.4-17: Betragsmäßige Angaben je Segment nach DRS 28.33ff

Auch bestehen Angabepflichten für das Segmentvermögen, die Segmentschulden bzw. das Segmenteigenkapital nach DRS 28.34, sofern diese Werte der Konzernleitung regelmäßig berichtet und zur Steuerung genutzt werden.

Darüber hinaus fordert der DRS 28.36 iVm DRS 28.35b weitere Angaben wie Zinserträge und Zinsaufwendungen, die für jedes anzugebende Segment grundsätzlich separat anzugeben sind. Zinserträge und Zinsaufwendungen können jedoch saldiert werden, sofern die Zinserträge die Mehrheit der Segmenterträge ausmachen und die Konzernleitung vorrangig die Nettozinserträge nutzt, um die Ertragskraft des Segments zu beurteilen und Entscheidungen über die Allokation von Ressourcen für das Segment zu treffen. In diesem Fall hat der Konzern anzugeben, dass eine Saldierung vorgenommen wurde. Weiterhin hat ein Konzern gemäß DRS 28.37 zudem die folgenden Werte für jedes anzugebende Segment anzugeben, sofern sie im Segmentvermögen enthalten sind, welches der Konzernleitung berichtet und von dieser zur Steuerung genutzt wird, oder, sofern sie der Konzernleitung regelmäßig berichtet und von dieser zur Steuerung genutzt werden, auch wenn sie im Segmentvermögen nicht enthalten sind:

a) Buchwert der nach der Equity-Methode abgebildeten Anteile, und
b) Buchwert der Zugänge des Berichtszeitraums zum Anlagevermögen.

Die Angabe von Vorjahreszahlen wird empfohlen (DRS 28.38).

Ob sich eine Segmentberichterstattung für Krankenhauskonzerne lohnt, hängt von deren Größe und der Leistungsstruktur, unter Umständen auch von der geografischen Verteilung der Leistungserbringung ab. In der Praxis dürfte eine Segmentberichterstattung erst für größere, deutschlandweit oder international agierende Krankenhausunternehmen von Interesse sein, falls diese nicht ohnehin nach internationalen Rechnungslegungsvorschriften einen Konzernabschluss und ggf. eine Segmentberichterstattung vornehmen.

IFRS

Für kapitalmarktorientierte Unternehmen regelt IFRS 8.2 die verpflichtende Segmentberichterstattung.

Ausgangspunkt der Segmentberichterstattung ist dabei das sogenannte Geschäftssegment (operating segment). Nach IFRS 8.5 ist das Geschäftssegment ein Unternehmensbestandteil,
- der Geschäftstätigkeiten betreibt, mit denen Umsatzerlose erwirtschaftet werden und bei denen Aufwendungen anfallen können (einschließlich Umsatzerlöse und Aufwendungen im Zusammenhang mit Geschäftsvorfällen mit anderen Bestandteilen desselben Unternehmens),
- dessen Betriebsergebnisse regelmäßig von der verantwortlichen Unternehmensinstanz (chief operating decision maker) im Hinblick auf Entscheidungen über die Allokation von Ressourcen zu diesem Segment und die Bewertung seiner Ertragskraft überprüft werden; und
- für den separate Finanzinformationen vorliegen.

Für jedes identifizierte Geschäftssegment sind nach IFRS 8.11 Informationen offen zu legen, wenn bestimmte Schwellenwerte überschritten werden (reportable segments). Unter Umständen können mehrere Geschäftssegmente vor der Prüfung der Schwellenwerte zusammengefasst werden, sofern ihre wirtschaftlichen Merkmale hinsichtlich besonders definierter Aspekte vergleichbar sind (IFRS 8.12).

Ein Unternehmen legt gesonderte Informationen über ein Geschäftssegment vor, das einen der nachfolgend genannten quantitativen Schwellenwerte erfüllt:

- der externe und intersegmentäre Umsatz beträgt mindestens 10 % des kombinierten Umsatzes (extern und intersegmentär) aller Segmente, oder
- der absolute Betrag des Ergebnisses beträgt mindestens 10 % des höheren absoluten Betrages aus
  (1) kombiniertem Ergebnis aller Segmente, die keinen Verlust gemacht haben, und
  (2) kombiniertem Ergebnis aller Segmente, die einen Verlust gemacht haben, beträgt, oder
- das Vermögen beträgt mindestens 10 % des kombinierten Vermögens aller Segmente.

Sofern nach der Größengrenzenprüfung nicht mindestens 75 % der (externen) Umsätze in einzelnen Segmenten offengelegt werden, sind weitere Segmente offen zu legen, bis die 75 %-Grenze überschritten ist (IFRS 8.15). Informationen über andere Geschäftsaktivitäten und nicht offen zu legende Geschäftssegmente sind in einer Kategorie „Alle sonstigen Segmente" zusammen zu fassen (IFRS 8.16).

Es sind die Informationen offen zu legen, um die Adressaten eines Abschlusses in die Lage zu versetzen, die Wesensart und die finanziellen Auswirkungen der Geschäftstätigkeiten, die betrieben werden, sowie das wirtschaftliche Umfeld, in dem das Unternehmen tätig ist, bewerten zu können.

Das sind nach IFRS 8.21:

- allgemeine Informationen
- Angaben zum Ergebnis des Segments
- Überleitungsrechnung auf den Abschluss des Unternehmens.

Die Angaben zum Ergebnis des Segments umfassen eine Ergebnisgröße einschließlich genau beschriebener Umsatzerlöse und Aufwendungen, die in das ausgewiesene Periodenergebnis eines Segments einbezogen sind sowie Segmentvermögen und -schulden und die Grundlagen der Bewertung. Sofern der verantwortlichen Unternehmensinstanz regelmäßig gemeldet, sind weiterhin nach IFRS 8.23 anzugeben:

- externe und intersegmentäre Umsätze,
- Zinserträge und Zinsaufwendungen,
- planmäßige Abschreibungen,
- wesentliche Posten der Gewinn- und Verlustrechnung entsprechend IAS 1.97,
- Ergebnisse aus der Anwendung der Equity-Methode,

- Ertragsteueraufwand oder -ertrag,
- wesentliche zahlungsunwirksame Posten, bei denen es sich nicht um planmäßige Abschreibungen handelt.

Bezüglich des Segmentvermögens sind Beteiligungen, die nach der Equity-Methode bilanziert werden, Zugänge zum langfristigen Vermögen (ohne Finanzinstrumente), latente Steueransprüche, Vermögenswerte aus leistungsorientierten Versorgungsplänen (IAS 19) und Rechte aus Versicherungsverträgen anzugeben (IFRS 8.24).

Die Bewertung der Segmentposten erfolgt auf Basis der zur internen Steuerung verwendeten Vorgehensweisen auf unkonsolidierter Basis (IFRS 8.25); werden mehrere Größen zur internen Steuerung verwendet, ist die Größe offen zu legen, die die größte Konsistenz mit den Bewertungskriterien des Abschlusses aufweist (IFRS 8.26). Dazu entsprechende Erläuterungspflichten ergeben sich aus IFRS 8.27.

Die Überleitungsrechnung auf den Abschluss des Unternehmens umfasst nach IFRS 8.28:

- Gesamtbetrag der Umsätze der berichtspflichtigen Segmente zu dem Umsatz des Unternehmens,
- Gesamtbetrag der Periodenergebnisse der berichtspflichtigen Segmente zum Periodenergebnis vor Steuern und aufgegebenen Geschäftsbereichen,
- Summe des Segmentvermögens zum Vermögen des Unternehmens,
- Summe der Segmentverbindlichkeiten zu den Verbindlichkeiten des Unternehmens,
- alle übrigen für die Segmente als wesentlich angegebenen Posten zu den korrespondierenden Posten des Unternehmens.

Einzelne Beispiele für die notwendigen Angaben enthält IFRS 8 IG. Eine vereinfachende Übersicht über die Anforderungen des IFRS 8 ist nachfolgend dargestellt:

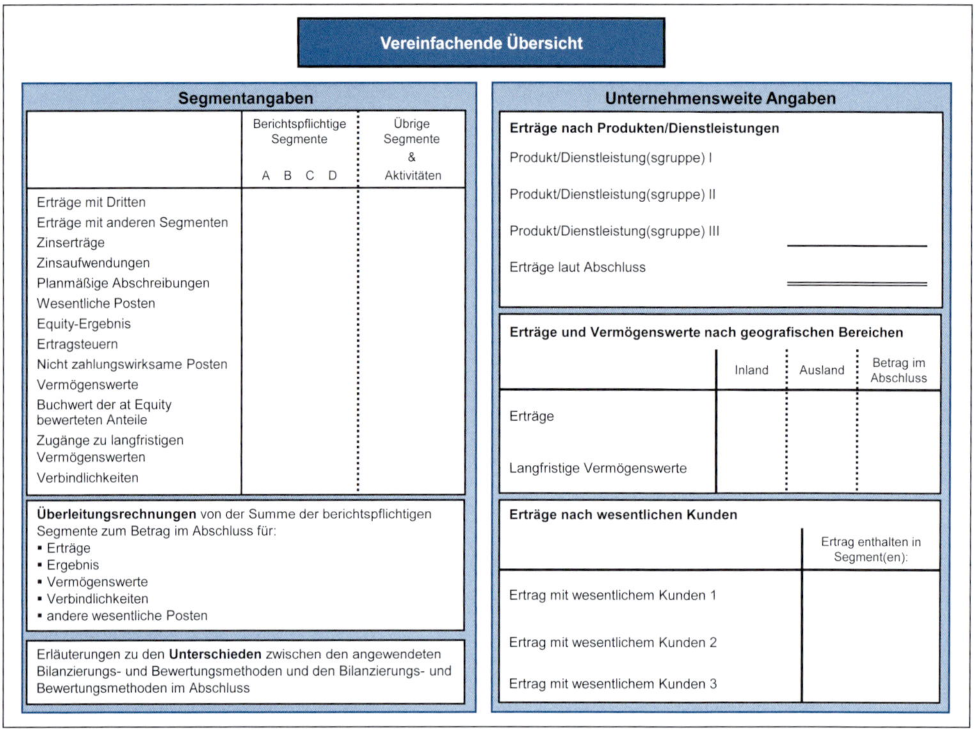

Vereinfachende Übersicht

Segmentangaben

	Berichtspflichtige Segmente A B C D	Übrige Segmente & Aktivitäten
Erträge mit Dritten		
Erträge mit anderen Segmenten		
Zinserträge		
Zinsaufwendungen		
Planmäßige Abschreibungen		
Wesentliche Posten		
Equity-Ergebnis		
Ertragsteuern		
Nicht zahlungswirksame Posten		
Vermögenswerte		
Buchwert der at Equity bewerteten Anteile		
Zugänge zu langfristigen Vermögenswerten		
Verbindlichkeiten		

Überleitungsrechnungen von der Summe der berichtspflichtigen Segmente zum Betrag im Abschluss für:
- Erträge
- Ergebnis
- Vermögenswerte
- Verbindlichkeiten
- andere wesentliche Posten

Erläuterungen zu den **Unterschieden** zwischen den angewendeten Bilanzierungs- und Bewertungsmethoden und den Bilanzierungs- und Bewertungsmethoden im Abschluss

Unternehmensweite Angaben

Erträge nach Produkten/Dienstleistungen

Produkt/Dienstleistung(sgruppe) I

Produkt/Dienstleistung(sgruppe) II

Produkt/Dienstleistung(sgruppe) III

Erträge laut Abschluss

Erträge und Vermögenswerte nach geografischen Bereichen

	Inland	Ausland	Betrag im Abschluss
Erträge			
Langfristige Vermögenswerte			

Erträge nach wesentlichen Kunden

	Ertrag enthalten in Segment(en):
Ertrag mit wesentlichem Kunden 1	
Ertrag mit wesentlichem Kunden 2	
Ertrag mit wesentlichem Kunden 3	

Abbildung 4.1.4-18: Vereinfachende Übersicht über die Anforderungen des IFRS 8, Quelle: KPMG IFRS visuell (2021), S. 148

Darüber hinaus sind noch Angaben auf Unternehmensebene vorzunehmen wie z. B. über Produkte und Dienstleistungen, geographische Gebiete oder wichtige Kunden (IFRS 8.31 ff.).

4.1.4.7 Konzernlagebericht

Während über § 290 HGB die Aufstellung eines Konzernlageberichts verpflichtend ist, ergibt sich eine entsprechende Regelung aus den IFRS nicht. Allerdings haben Unternehmen, die nach § 315e HGB einen IFRS-Konzernabschluss aufstellen, nach § 315e Abs. 1 HGB auch einen Konzernlagebericht zu erstellen.
Welche Angaben der Konzernlagebericht, der im Gegensatz zum Konzernanhang kein Bestandteil des Jahresabschlusses ist, zu enthalten hat, ist in §§ 315 – § 315dHGB geregelt. Über DRS 20 werden verschiedene Grundsätze der Lageberichterstattung dargestellt und somit die Anforderungen an die Lageberichterstattung von Konzernen konkretisiert.

Die Regelungen des §§ 315 – § 315d HGB entsprechen im Wesentlichen denen des § 289 – § 289f HGB für große Kapitalgesellschaften. Auf die Ausführungen zum Lagebericht im Kapitel 5 wird daher verwiesen.

Nach § 315 Abs. 5 HGB kann für das Mutterunternehmen der Lagebericht und der Konzernlagebericht zusammengefasst werden. Im Übrigen gelten unsere Ausführungen in Kapitel 5.

4.1.5 Bestimmung des Erwerbs- und Erstkonsolidierungszeitpunktes

HGB

Mit der Klärung der Frage, ob ein Tochterunternehmen zu konsolidieren ist, ist noch nichts darüber ausgesagt, ab wann die Konsolidierung zu erfolgen hat. Ein Tochterunternehmen ist grundsätzlich ab dem Zeitpunkt in den Konzernabschluss einzubeziehen, von dem an ein Mutter-Tochterverhältnis i. S. v. § 290 HGB vorliegt (vgl. DRS 19.7 ff.). Das Mutter-Tochterverhältnis i. S. v. § 290 HGB liegt vor, wenn das Mutterunternehmen auf ein anderes Unternehmen unmittelbar oder mittelbar einen beherrschenden Einfluss ausüben kann. Dies ist damit grundsätzlich auch der Zeitpunkt der Kapitalkonsolidierung gem. § 301 Abs. 2 Satz 1 HGB. Ausnahmen gelten lediglich für die erstmalige Aufstellung eines Konzernabschlusses und für Tochterunternehmen, auf deren Vollkonsolidierung bisher aufgrund eines Einbeziehungswahlrechts gem. § 296 HGB verzichtet worden ist (vgl. DRS 23.8).

Ab dem Zeitpunkt der erstmaligen Einbeziehung sind an der Stelle der dem Mutterunternehmen gehörenden Anteile an dem Tochterunternehmen dessen Vermögensgegenstände und Schulden, Rechnungsabgrenzungsposten und Sonderposten in der Konzernbilanz zu erfassen (§ 300 Abs. 1 HGB). Ebenso sind ab diesem Zeitpunkt die Aufwendungen und Erträge des Tochterunternehmens in der Konzern-Gewinn- und Verlustrechnung zu erfassen.
Falls der Zeitpunkt der erstmaligen Einbeziehung nicht dem Bilanzstichtag des Tochterunternehmens entspricht, wird die Aufstellung eines Zwischenabschlusses zum Zeitpunkt der erstmaligen Einbeziehung empfohlen. Dies kann auch ein zeitnah zum Erwerbszeitpunkt erstellter Monats- oder Quartalsabschluss sein, sofern zwischenzeitlich keine wesentlichen (Vermögens-)Veränderungen eingetreten sind (vgl. DRS 23.11). Der Zwischenabschluss dient der Dokumentation der erworbenen Vermögensgegenstände und Schulden sowie der Ermittlung des bis zum Zeitpunkt der erstmaligen Einbeziehung von dem Tochterunternehmen erwirtschafteten Ergebnisses. Sofern kein Zwischenabschluss erstellt wird, ist zumindest ein Inventar zu erstellen, in das alle Vermögensgegenstände und Schulden und sonstigen Posten zum Zeitpunkt der erstmaligen Einbeziehung aufzunehmen sind. Die Abgrenzung des Ergebnisses kann vereinfachend auch durch statistische Rückrechnung aus dem Jahresabschluss des Tochterunternehmens ermittelt werden. Wesentliche Schwankungen sind hierbei durch geeignete Anpassungen zu berücksichtigen (DRS 23.13). In der Praxis wird bei unterjähriger Erstkonsolidierung regelmäßig ein Zwischenabschluss erstellt und der Erstkonsolidierung zugrunde gelegt.

Die erstmalige Einbeziehung des Tochterunternehmens erfolgt grundsätzlich zu dem Zeitpunkt, an dem ein beherrschender Einfluss ausgeübt werden kann, d. h. ab dem Zeitpunkt, an dem das wirtschaftliche Eigentum an den Anteilen übergegangen ist. Dies gilt auch in den Fällen, in denen der Zeitpunkt des schuldrechtlichen Abschlusses des Kaufvertrags (signing) vom Zeitpunkt der dinglichen Übertragung der Anteile (closing) abweicht (vgl. DRS 19.106a). Dies bedeutet, dass eine schuldrechtliche Rückbeziehung des Erwerbsvorgangs für die Frage der Erstkonsolidierung unbeachtlich ist (vgl. DRS 19.106c).

Beispiel

- Unterzeichnung des Kaufvertrages 30. April 20XX
- Eintritt aller im Kaufvertrag geregelten aufschiebenden Bedingungen 1. Juli 20XX
- Schuldrechtliche Rückwirkung und Zurechnung der Ergebnisse 1. Januar 20XX

Die erstmalige Einbeziehung des Tochterunternehmens in den Konzernabschluss erfolgt zum 1. Juli 20XX. Das bis zum 30. Juni 20XX 24h durch das Tochterunternehmen erwirtschaftete Ergebnis geht in die Kapitalverrechnung mit ein (d. h. erhöht das Eigenkapital des Tochterunternehmens im Erstkonsolidierungszeitpunkt; vgl. DRS 23.12).

Besonderheiten können sich auch bei vermögensübertragenden Umwandlungsvorgängen ergeben. Soweit der übertragende Rechtsträger wirtschaftlich betrachtet wie ein Treuhänder handelt, hat eine Einbeziehung in den Konzernabschluss bereits ab dem Zeitpunkt des formwirksamen Abschlusses des Umwandlungsvertrages zu erfolgen (vgl. DRS 19.106b).

Weitere Erläuterungen zum Erstkonsolidierungszeitpunkt finden sich in Kapitel 4.2.1

Erfolgt die erstmalige verpflichtende Aufstellung des Konzernabschlusses auf Grund des Überschreitens der Größenkriterien oder wird ein Konzernabschluss freiwillig erstellt, sind gemäß § 301 Abs. 2 Satz 3 HGB dagegen die Wertansätze zum Zeitpunkt der Einbeziehung des Tochterunternehmens in den Konzernabschluss zu Grunde zu legen, soweit das Tochterunternehmen nicht in dem Jahr Tochterunternehmen geworden ist, für das der Konzernabschluss aufgestellt wird. Das gleiche gilt für die erstmalige Einbeziehung eines Tochterunternehmens, auf die bisher gemäß § 296 HGB verzichtet wurde. Nach DRS 23.14 hat die erstmalige Einbeziehung spätestens ab dem Zeitpunkt zu erfolgen, an dem die Voraussetzungen für die Inanspruchnahme nach § 296 HGB entfallen sind. Jedoch ist es aus Vereinfachungsgründen auch möglich, die Erstkonsolidierung zu Beginn des Konzerngeschäftsjahres vorzunehmen.

Bei der erstmaligen Aufstellung eines Konzernabschlusses oder der erstmaligen Einbeziehung eines Tochterunternehmens, auf die bisher gemäß § 296 HGB verzichtet wurde, sieht § 301 Abs. 2 Satz 5 HGB eine Erleichterung vor. In Ausnahmefällen dürfen auch hier die Wertansätze zu dem Zeitpunkt, zu dem das einzubeziehende Unternehmen Tochterunternehmen geworden ist, herangezogen werden. Dies gilt dann, wenn diese Wertansätze vorliegen, weil beispielsweise das Mutterunternehmen bisher in einen übergeordneten Konzernabschluss einbezogen war (vgl. DRS 23.15). Da diese Regelung für alle Tochterunternehmen einheitlich anzuwenden ist, müssen alle Tochterunternehmen, für die diese Informationen vorliegen, retrospektiv in den Konzernabschluss einbezogen werden. Etwas anderes kann unseres Erachtens auch nicht gelten, wenn ein Konzernabschluss freiwillig erstellt wurde und sich beispielsweise aufgrund der Überschreitung der Größenkriterien eine Verpflichtung zur Erstellung eines Konzernabschlusses ergibt. Auch in diesem Fall kann auf die § 301 Abs. 1 Satz 1 HGB entsprechenden Wertansätze zurückgegriffen werden.

IFRS

Nach IFRS 3.8 ist der Erwerbszeitpunkt der Zeitpunkt, zu dem der Erwerber Beherrschung über das erworbene Unternehmen erlangt. Das ist gemäß IFRS 3.9 grundsätzlich der Zeitpunkt, zu dem der Erwerber die Gegenleistung rechtsgültig überträgt, die Vermögenswerte erhält und die Schulden des Erworbenen übernimmt („closing date"). Darüber hinaus sind jedoch alle relevanten Tatsachen und Umstände zu berücksichtigen; der Erwerbszeitpunkt kann damit auch vor oder nach dem closing date liegen.

Wegen der gerade im Fall vom Verkauf von Krankenhäusern in öffentlicher Trägerschaft oftmals vereinbarten vertraglichen Rückwirkungen, Genehmigungs- bzw. Gremienvorbehalte und vereinbarter Gewinnbezugsrechte wird auf Kapitel 4.2.1 verwiesen.

Sukzessiver Erwerb

Es kommt vor, dass ein Unternehmen in mehreren Tranchen erworben wird, d. h., ein Erwerber erlangt Kontrolle über ein Unternehmen, an dem er bislang schon Anteile gehalten hat, ohne dass ein Mutter-Tochter-Verhältnis begründet wurde. Ebenso kann es sein, dass weitere Anteile an einem bereits vollkonsolidierten Unternehmen erworben werden; in beiden Fällen handelt es sich um einen sukzessiven Erwerb.

In der Praxis kommt es im Zusammenhang mit Transaktionen von Anteilen an Krankenhausgesellschaften selten vor, dass z. B. ein privater Investor zunächst Minderheitenanteile an einem bislang von der öffentlichen Hand betriebenen Krankenhaus erwirbt. Es stellt sich vielmehr in der Regel so dar, dass der private Investor die Mehrheit der Anteile übernimmt, der öffentliche Träger einen Minderheitenanteil von z. B. 5,1 % behält und ggf. eine spätere vollständige Übernahme durch den privaten Investor erfolgt. Aus diesem Grund soll auch nur kurz auf die Grundzüge der Darstellung des sukzessiven Erwerbs im Konzernabschluss eingegangen werden.

Über § 301 Abs. 2 HGB wird die Ermittlung des beizulegenden Zeitwertes des Reinvermögens auf den Zeitpunkt beschränkt, an dem das Unternehmen Tochterunternehmen geworden ist. Damit wird auch bei einem sukzessiven Erwerb die Kapitalkonsolidierung auf diesen Zeitpunkt durchgeführt (DRS 23.9). Im Gegensatz zu den IFRS ist anlässlich des Erwerbs der Anteilstranche, durch die das Mutter-Tochter-Verhältnis begründet wird, bezogen auf die Alterwerbe eine Neubewertung zum beizulegenden Zeitwert ausgeschlossen, so dass die erstmalige Vollkonsolidierung stets erfolgsneutral durchzuführen ist (vgl. DRS 23.9). Werden Anteile nach Erlangung des beherrschenden Einflusses an dem Tochterunternehmen aufgestockt (oder abgestockt, ohne dass der Status als Tochterunternehmen verloren geht), können diese Transaktionen entweder als Erwerbs-/Veräußerungsvorgang oder als Kapitaltransaktion behandelt werden. Dies muss einheitlich und zeitlich stetig für alle Auf- und Abstockungsfälle angewendet werden (vgl. DRS 23.171).

Nach IFRS hat der Erwerber bei einem sukzessiven Erwerb seinen zuvor an dem erworbenen Unternehmen gehaltenen Anteil zu dem zum Erwerbszeitpunkt geltenden beizulegenden Zeitwert neu zu bestimmen und Bewertungsunterschiede erfolgswirksam in der Gewinn- und Verlustrechnung zu erfassen (IFRS 3.41 f.). Werden zusätzliche Anteile an einem bereits vollkonsolidierten Tochterunternehmen erworben, sind diese Veränderungen nach IFRS 10.23 als erfolgsneutrale Eigenkapitaltransaktionen zu behandeln.

4.1.6 Konzernabschlussstichtag

HGB

Gemäß § 299 Abs. 1 HGB ist der Konzernabschluss auf den Stichtag des Jahresabschlusses des Mutterunternehmens aufzustellen.

Auch die Jahresabschlüsse der in den Konzernabschluss einbezogenen Unternehmen sollen gemäß § 299 Abs. 2 Satz 1 HGB auf den Stichtag des Konzernabschlusses aufgestellt werden. Eine Erleichterung bei abweichendem Stichtag des Tochterunternehmens ergibt sich über § 299 Abs. 2 Satz 2 HGB. Liegt ein abweichender Stichtag nicht mehr als drei Monate vor dem Stichtag des Konzernabschlusses, kann auf die Aufstellung eines Zwischenabschlusses verzichtet werden; liegt er mehr als drei Monate vor dem Stichtag des Konzernabschlusses, muss ein Zwischenabschluss auf den Konzernabschlussstichtag erstellt werden. Wird aufgrund dieser Regelungen kein Zwischenabschluss erstellt, sind Vorgänge von besonderer Bedeutung für die Vermögens-, Finanz- und Ertragslage, die zwischen dem Abschlussstichtag dieses Unternehmens und dem Abschlussstichtag des Konzernabschlusses eingetreten sind, in der Konzernbilanz und der Konzern-Gewinn- und Verlustrechnung zu berücksichtigen oder im Konzernanhang anzugeben (§ 299 Abs. 3 HGB).

Die Vorschrift des § 299 HGB ist über § 310 Abs. 2 HGB auch auf Gemeinschaftsunternehmen anzuwenden, die anteilmäßig in den Konzernabschluss einbezogen werden. Bei assoziierten Unternehmen ist nach § 312 Abs. 6 Satz 1 HGB jeweils der letzte Jahresabschluss des assoziierten Unternehmens zu Grunde zu legen.

IFRS

Nach IFRS 10.B92 ist ebenfalls der Stichtag des Mutterunternehmens für den Konzernabschlussstichtag maßgebend. Weichen die Abschlussstichtage des Mutterunternehmens und eines Tochterunternehmens voneinander ab, hat das Tochterunternehmen für Konsolidierungszwecke zusätzliche Finanzangaben auf den Konzernabschlussstichtag zu erstellen, um die Konsolidierung zum Abschlussstichtag des Mutterunternehmens zu ermöglichen, außer dies ist undurchführbar. Insoweit wird regelmäßig ein Zwischenabschluss auf den Abschlussstichtag des Mutterunternehmens erstellt werden. Wird mangels Durchführbarkeit zulässigerweise kein Zwischenabschluss erstellt, so sind nach IFRS 10.B93 Berichtigungen für die Auswirkungen bedeutender Geschäftsvorfälle oder anderer Ereignisse vorzunehmen, die zwischen dem Stichtag des Tochterunternehmens und dem Stichtag des Mutterunternehmens eingetreten sind. Der Unterschied zwischen den Abschlussstichtagen darf aber nicht mehr als drei Monate betragen; sonst muss zwingend ein Zwischenabschluss aufgestellt werden. Aus unserer Erfahrung sind einheitliche Stichtage vom Mutterunternehmen und Tochtergesellschaften für auf Deutschland begrenzte Krankenhauskonzernen der Regelfall. Bei assoziierten Unternehmen darf unter diesen Voraussetzungen der Stichtag ebenfalls maximal drei Monate abweichen. Für wesentliche Ereignisse in der Zwischenzeit sind auch hier Anpassungen vorzunehmen (IAS 28.34).

4.1.7 Einheitliche Bilanzierung und Bewertung

HGB

Regelungen zu den Ansatz- und Bewertungsvorschriften im Konzernabschluss finden sich in den §§ 300, 306, 307 und 308 ff. HGB.

Ansatzvorschriften (§ 300 HGB)	Bewertungsvorschriften (§ 308 HGB)
Vermögensgegenstände	Vermögensgegenstände
Schulden	Schulden
Rechnungsabgrenzungsposten	
Sonderposten	
Ansatz erfolgt, soweit nach dem Recht des Mutterunternehmens kein Bilanzierungsverbot oder -wahlrecht besteht.	Einheitliche Bewertung nach den auf den Jahresabschluss des Mutterunternehmens anwendbaren Bewertungsmethoden.

Abbildung 4.1.7-1: Ansatz- und Bewertungsvorschriften nach HGB

Der Ansatz der Posten in der Konzernbilanz erfolgt unabhängig davon, ob er nach dem Recht des Tochterunternehmens möglich ist; alleinige Voraussetzung ist, dass die Posten gemäß § 300 Abs. 1 Satz 2 HGB nach dem Recht des Mutterunternehmens bilanzierungsfähig sind und die Eigenart des Konzernabschlusses keine Abweichungen bedingt. Nach dem Recht des Mutterunternehmens zulässige Bilanzierungswahlrechte können unabhängig von der Behandlung in den Jahresabschlüssen neu ausgeübt werden (§ 300 Abs. 2 Satz 2 HGB).

Die einheitliche Bewertung im Konzernabschluss wird über § 308 HGB geregelt. Auch hier können nach dem Recht des Mutterunternehmens zulässige Bewertungswahlrechte unabhängig von der Behandlung in den Jahresabschlüssen neu ausgeübt werden (§ 308 Abs. 1 Satz 2 HGB). Einheitlich bedeutet dabei, dass der Rahmen der für das Mutterunternehmen anwendbaren Bewertungsmethoden eingehalten werden muss. Sofern im Konzernabschluss von den auf den Jahresabschluss des Mutterunternehmens angewandten Bewertungsmethoden abgewichen wird, sind diese nach § 308 Abs. 1 Satz 3 HGB im Konzernanhang anzugeben und zu begründen.

Auf den Konzernabschluss ist, soweit seine Eigenart keine Abweichung bedingt bzw. §§ 299 ff. HGB nichts anderes bestimmen, eine Vielzahl der auch für den Jahresabschluss geltenden Vorschriften, soweit sie für große Kapitalgesellschaften gelten, entsprechend anzuwenden (§ 298 Abs. 1 HGB). Soweit diese Vorschriften durch das damalige BilRUG geändert wurden, gelten diese Änderungen damit entsprechend auch für den Konzernabschluss.

Anpassungen der Jahresabschlüsse im Hinblick auf den Bilanzansatz und die Bewertung im Konzernabschluss erfolgen in der Regel über eine Handelsbilanz II.

IFRS

IFRS 10.B87 regelt, dass bei der Aufstellung des Konzernabschlusses für gleichartige Geschäftsvorfälle und Ereignisse unter ähnlichen Umständen einheitliche Bilanzierungs- und Bewertungsmethoden anzuwenden sind. Sofern das nicht der Fall ist, sind sachgerechte Berichtigungen vorzunehmen, um die Konformität der Bilanzierungs- und Bewertungsmethoden des Konzerns zu gewährleisten.

Bewertungswahlrechte finden sich in den IFRS auch nur in einem eingeschränkten Umfang; als Beispiel ist die alternative Bewertung über IAS 16 nach dem „cost model" oder dem „revaluation model" zu nennen. Bzgl. möglicher Bewertungsunterschiede findet auch hier IFRS 10.B87 Anwendung, wonach bei der Aufstellung des Konzernabschlusses für gleichartige Geschäftsvorfälle und Ereignisse unter ähnlichen Umständen einheitliche Bewertungsmethoden anzuwenden sind und ggf. Berichtigungen vorzunehmen sind.

Das Erfordernis der Einheitlichkeit bezieht sich aber nicht nur auf die beispielhaft aufgeführten echten Wahlrechte, sondern auch auf die sog. unechten Wahlrechte, die sich aus Regelungslücken, der Auslegung unbestimmter Rechtsbegriffe, der Vornahme von Schätzungen oder sonstigen Ermessensentscheidungen ergeben (vgl. Lüdenbach, Hoffmann, Freiberg, Haufe IFRS-Kommentar 19. Aufl. 2021, § 32 Rz. 124 f.).

Einen viel größeren Stellenwert haben im Rahmen der IFRS die Ermessensspielräume, die auf Grund der Verwendung unbestimmter Begriffe (z. B. wahrscheinlich), ungeregelter Sachverhalte, unbestimmter Bewertungsmethoden oder prognoseabhängiger Wertmaßstäbe entstehen und somit Einfluss auf die Bilanzpolitik haben.

4.1.8 Vollkonsolidierung

Bei der Aufstellung des Konzernabschlusses werden sowohl nach HGB als auch nach IFRS die Abschlüsse des Mutterunternehmens und seiner Tochterunternehmen durch Addition gleichartiger Posten der Vermögenswerte, der Schulden, des Eigenkapitals, der Erträge und der Aufwendungen zusammengefasst. Da hierdurch Posten, die ihren Ursprung in konzerninternen Geschäftsvorfällen haben, doppelt erfasst werden, sind als Konsolidierungen die Kapital-, Schulden-, Aufwands-/ Ertragskonsolidierung sowie die Zwischenergebniseliminierung durchzuführen.

Kapitalkonsolidierung	Aufrechnung der Beteiligungsbuchwerte des Mutterunternehmens mit dem Eigenkapital der Tochterunternehmen
Schuldenkonsolidierung	Eliminierung von konzerninternen Forderungen und Schulden
Zwischenergebnis-konsolidierung	Eliminierung von Gewinnen und Verlusten aus konzerninternen Lieferungen und Leistungen
Aufwands- und Ertragskonsolidierung	Eliminierung von konzerninternen Aufwendungen und Erträgen

Abbildung 4.1.8-1: Konsolidierungsschritte

4.1.8.1 Kapitalkonsolidierung

HGB

Grundlagen der Kapitalkonsolidierung nach Handelsrecht sind die §§ 301, 307 und 309 HGB. Diese Vorschriften regeln die Einbeziehung der Tochterunternehmen nach der Erwerbsmethode, die Behandlung ggf. bestehender Anteile anderer Gesellschafter sowie die Bilanzierung des Geschäfts- oder Firmenwerts bzw. passivischen Unterschiedsbetrags. Eine Konkretisierung dieser Vorschriften erfolgt durch DRS 23 „Kapitalkonsolidierung (Einbeziehung von Tochterunternehmen in den Konzernabschluss)“. Dabei werden durch DRS 23 auch zahlreiche Anwendungsfragen der Erst-, Folge-, Ent- und Übergangskonsolidierung beantwortet.

Hintergrund für die Kapitalkonsolidierung ist das Ziel, die additive Doppelerfassung von einerseits der Vermögensgegenstände und Schulden des Tochterunternehmens und andererseits des Beteiligungsbuchwertes aus dem Mutterunternehmen im Konzernabschluss zu eliminieren. Als „Kapitalkonsolidierung" bezeichnet man daher die Verrechnung des Wertansatzes der dem Mutterunternehmen gehörenden Anteile an dem in den Konzernabschluss einbezogenen Tochterunternehmen mit dem auf diese Anteile entfallenden Betrag des Eigenkapitals des Tochterunternehmens (§ 301 Abs. 1 Satz 1 HGB).

Als Kapitalkonsolidierungsmethode nach HGB ist allein die Erwerbsmethode unter vollständiger Neubewertung der Vermögensgegenstände und Schulden des erworbenen Tochterunternehmens zulässig (§ 301 Abs. 1 Satz 2 HGB). Eine Ausnahme gilt für die Rückstellungsbewertung, da diese nicht zum beizulegenden Zeitwert, sondern mit ihrem nach vernünftiger kaufmännischer Beurteilung erforderlichen Erfüllungsbetrag, der entsprechend der für den Jahresabschluss geltenden Bestimmungen ermittelt wird, anzusetzen sind. Latente Steuern sind gemäß § 274 Abs. 2 HGB zu bewerten (§ 301 Abs. 1 Satz 3 HGB). Aus der Bewertung der Vermögensgegenstände, Schulden, Rechnungsabgrenzungsposten und Sonderposten mit dem beizulegenden Zeitwert – bzw. der Rückstellungen mit dem erforderlichen Erfüllungsbetrag oder latente Steuern mit dem Wert entsprechend § 274 Abs. 2 HGB – resultiert als Saldogröße das neu bewertete Eigenkapital des Tochterunternehmens. Technisch erfolgt die Erfassung der Effekte aus der Neubewertung üblicherweise in einer Neubewertungsrücklage (DRS 23.34). Soweit an dem Tochterunternehmen noch andere Gesellschafter beteiligt sind, ist für deren Anteil am neubewerteten Eigenkapital ein Ausgleichsposten innerhalb des Eigenkapitals gesondert auszuweisen (§ 307 Abs. 1 HGB, siehe unten).

Über § 301 Abs. 2 Satz 2 HGB wird wegen der möglicherweise komplexeren Vorgehensweise bei der Wertfindung ein Korridor eingeräumt, bei dem die Wertansätze, die im Rahmen der Erstkonsolidierung nicht endgültig ermittelt werden konnten, innerhalb der folgenden zwölf Monate erfolgsneutral zum Erstkonsolidierungs-/Erwerbszeitpunkt anzupassen sind. Wesentlich bessere Erkenntnisse über die Verhältnisse im Erwerbszeitpunkt, die erst nach dem Ablauf der zwölfmonatigen Korrekturfrist, jedoch bis zum Ende der Aufstellungsphase für den Konzernabschluss erlangt werden, in dem die Erstkonsolidierung erfolgt, sind ebenfalls erfolgsneutral zu behandeln (DRS 23.81). Danach sich ergebende bessere Erkenntnisse sind grundsätzlich erfolgswirksam zu behandeln.

Im Rahmen der Neubewertungsmethode werden bei dem Tochterunternehmen sämtliche stille Reserven und bzw. stille Lasten aufgedeckt, so dass sich für Konsolidierungszwecke zunächst auch das Eigenkapital des Tochterunternehmens rechnerisch verändert. Das veränderte Eigenkapital des Tochterunternehmens wird dann gegen den Beteiligungsbuchwert des Mutterunternehmens aufgerechnet. Sind die Anschaffungskosten der Beteiligung größer als das dem Mutterunternehmen zuzurechnende anteilige Eigenkapital entsteht ein aktiver Unterschiedsbetrag, sind sie geringer, wird ein passiver Unterschiedsbetrag ausgewiesen.

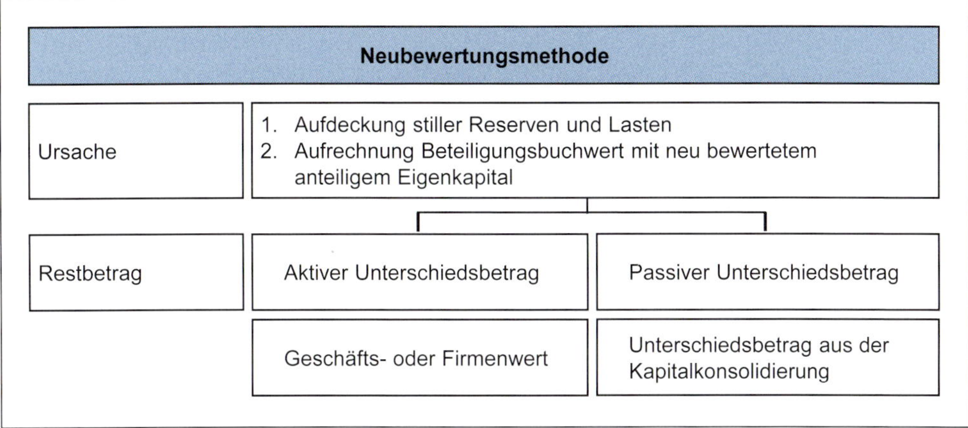

Abbildung 4.1.8-2: Erstkonsolidierung über die Neubewertungsmethode nach HGB

Für den Fall, dass das Mutterunternehmen weniger als 100 % der Anteile am Tochterunternehmen hält, wird zum Ausgleich gemäß § 307 Abs. 1 HGB in der Konzernbilanz ein Ausgleichsposten für die Anteile der anderen Gesellschafter in Höhe ihres Anteils am Eigenkapital unter dem Posten „nicht beherrschende Anteile" innerhalb des Eigenkapitals ausgewiesen. Die Vermögensgegenstände und Schulden des Tochterunternehmens werden jedoch vollständig in den Konzernabschluss übernommen. Der Geschäfts- oder Firmenwert beinhaltet nach wie vor keine Minderheitenanteile am Unterschiedsbetrag (im Gegensatz hierzu ist nach IFRS die „full-goodwill-Methode" zulässig).

Behandlung der Fremdanteile nach § 307 HGB	
Konzernbilanz	Konzerngewinn- und verlustrechnung
Gesonderter Ausweis eines Ausgleichspostens für Anteile anderer Gesellschafter unter dem Posten „nicht beherrschende Anteile" im Eigenkapital	Gesonderter Ausweis des den anderen Gesellschaftern zuzurechnenden Gewinns bzw. Verlustes unter dem Posten „nicht beherrschende Anteile" nach dem Posten Jahresüberschuss/-fehlbetrag

Abbildung 4.1.8-3: Behandlung der Fremdanteile nach § 307 HGB

Entfallen auf die anderen Gesellschafter sowohl Gewinn- als auch Verlustanteile, ist ein Ausweis in einem Posten ausreichend (DRS 23.158). In diesem Fall empfiehlt DRS 23.158, die Zusammensetzung des Betrags im Konzernanhang aufzugliedern.

Die Folgekonsolidierung wird in folgenden Schritten durchgeführt:

Schritt 1	Vortrag der Erstkonsolidierung zu historischen Werten
Schritt 2	Fortschreibung der im Rahmen der Erstkonsolidierung aufgedeckten stillen Reserven und Lasten nebst latenter Steuern
Schritt 3	Fortschreibung des im Rahmen der Erstkonsolidierung gebildeten Geschäfts- oder Firmenwertes/Unterschiedsbetrages aus Kapitalkonsolidierung
Schritt 4	Gegebenenfalls Neubestimmung des Ausgleichspostens für andere Gesellschafter aus Schritt 2

Abbildung 4.1.8-4: Folgekonsolidierung

Zur Folgebewertung des Geschäfts- oder Firmenwerts oder des passivischen Unterschiedsbetrags verweisen wir auf Kapitel 4.2.7.

IFRS

Auch nach IFRS ist die Erwerbsmethode (acquisition method; IFRS 3.4) die einzig zulässige Methode für die Kapitalkonsolidierung.

Unterschieden wird auch hier nach der Erstkonsolidierung und der Folgekonsolidierung.

Erstkonsolidierung nach der acquisition method (IFRS 3.5)	
Schritt 1	Identifizierung des Erwerbers
Schritt 2	Bestimmung des Erwerbszeitpunktes
Schritt 3	Ansatz und Bewertung der identifizierten Vermögenswerte, Schulden und ggf. nicht beherrschenden Anteile
Schritt 4	Bilanzierung und Bestimmung des Geschäfts- und Firmenwerts oder eines Gewinns aus dem Erwerb zu einem Preis unter Marktwert („lucky buy“)

Abbildung 4.1.8-5: Acquisition method nach IFRS 3

Nach IFRS 3.7 ist das Unternehmen, welches die Beherrschung über das erworbene Unternehmen (acquiree) erlangt, der Erwerber (acquirer). Die Identifizierung hat über IFRS 10 zu erfolgen. Ergibt dies keine eindeutige Identifizierung, sind folgende Anzeichen zur Beurteilung des Vorliegens eines Erwerbers zu berücksichtigen (IFRS 3.B13-B18):

Das Unternehmen, das **Zahlungsmittel** oder andere Vermögenswerte **überträgt**, sofern der Unternehmenszusammenschluss überwiegend durch Übertragung von Vermögenswerten herbeigeführt wird. Das Gleiche gilt für das Eingehen von Schulden (IFRS 3.B14).

Das Unternehmen, das eigene **Eigenkapitalinstrumente ausgibt**, sofern der Unternehmenszusammenschluss überwiegend durch Austausch von Eigenkapitalinstrumenten herbeigeführt wird: Jedoch sind auch weitere relevante Faktoren zu berücksichtigen (IFRS 3.B15).

Das Unternehmen ist wesentlich **größer** als das andere (IFRS 3.B16).

Das Unternehmen hat den Unternehmenszusammenschluss initiiert (IFRS 3.B17).

Das Unternehmen wurde **gegründet**, um den Unternehmenszusammenschluss herbeizuführen, und **überträgt Zahlungsmittel** oder andere Vermögenswerte (IFRS 3.B18).

Abbildung 4.1.8-6: Schritt 1: Identifizierung des Erwerbers

Im zweiten Schritt erfolgt die Bestimmung des Erwerbszeitpunktes, dem Zeitpunkt, zu dem der Erwerber Beherrschung über das erworbene Unternehmen erlangt. Dieser Zeitpunkt ist der Erstkonsolidierungszeitpunkt, zu dem der Ansatz und die Bewertung der identifizierbaren Vermögenswerte, der übernommenen Schulden und ggf. eines nicht beherrschenden Anteils erfolgt. Bis zum Erstkonsolidierungszeitpunkt entstandene Ergebnisse werden im Rahmen der Kapitalkonsolidierung berücksichtigt; danach anfallende Ergebnisse erhöhen oder vermindern das Konzernergebnis.

Vom Grundsatz her ist das der Zeitpunkt, zu dem der Erwerber die Gegenleistung rechtlich überträgt, die Vermögenswerte erwirbt und die Schulden des Erwerbers übernimmt – closing date (vgl. Kapitel 4.1.5 und 4.2.1). Jedoch sind alle relevanten Tatsachen und Umstände zu berücksichtigen; damit kann der Erwerbszeitpunkt auch vor oder nach dem closing date liegen. Beispielsweise liegt der Erwerbszeitpunkt vor dem closing date, wenn schriftlich vereinbart wird, dass der Erwerber die Beherrschung vor dem closing date erwirbt (IFRS 3.9). Die Abgrenzung des Zeitpunktes kann im Einzelfall schwierig sein, da eine Beurteilung oftmals davon abhängig ist, wer die Beherrschung über das erworbene Unternehmen tatsächlich ausübt bzw. in wessen Interesse die Beherrschung über das erworbene Unternehmen ausgeübt wird (vgl. Kapitel 4.2.1).

Das Prinzip von Ansatz und Bewertung der erworbenen Vermögenswerte, übernommenen Schulden und ggf. eines nicht beherrschenden Anteils zeigt das folgende Schaubild:

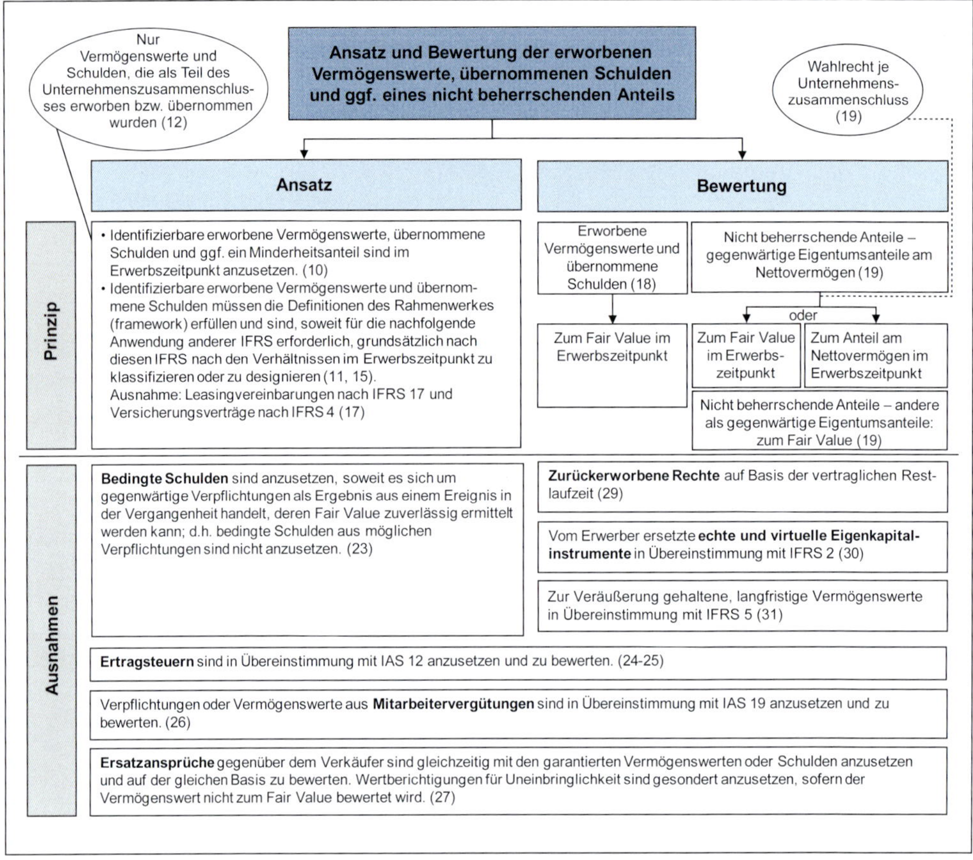

Abbildung 4.1.8-7: Schritt 3: Ansatz und Bewertung erworbener Vermögenswerte, übernommener Schulden und ggf. eines nicht beherrschenden Anteils, Quelle: KPMG IFRS visuell (2021), S. 129

Sofern noch nicht alle notwendigen Informationen vorliegen, kann der Erwerber den Unternehmenszusammenschluss auf einer vorläufigen Basis abbilden (IFRS 3.45). Der Zeitraum für die Anpassung (Bewertungszeitraum) endet, sobald der Erwerber die Informationen erhält, die er über Fakten und Umstände zum Erwerbszeitpunkt gesucht hat oder erfährt, dass keine weiteren Informationen verfügbar sind. Der Bewertungszeitraum darf jedoch ein Jahr vom Erwerbszeitpunkt an nicht überschreiten (IFRS 3.45). Einzelheiten der Anpassung sind in IFRS 3.46 f. geregelt. Die Anpassungen sind rückwirkend unter Anpassung der Vergleichszahlen vorzunehmen (IFRS 3.49).

Aus der Differenz zwischen auf der einen Seite der Summe aus übertragener Gegenleistung, dem Betrag aller nicht beherrschenden Anteile an dem erworbenen Unternehmen und – bei einem sukzessiven Unternehmenszusammenschluss – dem am Erwerbszeitpunkt geltenden beizulegenden Zeitwert des zuvor vom Erwerber gehaltenen Eigenkapitalanteils an dem erworbenen Unternehmen und auf der anderen Seite dem Saldo der gemäß IFRS 3 bewerteten Beträge der erworbenen identifizierbaren Vermögenswerte und der übernommenen Schulden ergibt sich als Saldogröße ein Goodwill oder ein negativer Unterschiedsbetrag.

Nach IFRS sind für den Fall, dass der Erwerber nicht 100 % der Anteile hält, nicht beherrschende Anteile anzusetzen. Hierbei besteht ein Wahlrecht, die nicht beherrschenden Anteile zum Fair Value zu bewerten und damit auch einen darauf entfallenden Goodwill zu erfassen (Full Goodwill Methode) oder die nicht beherrschenden Anteile lediglich mit dem rechnerischen Anteil am Nettovermögen zu bilanzieren (IFRS 3.19). Dieses Wahlrecht kann für jeden Unternehmenszusammenschluss neu ausgeübt werden.

Die Auswirkungen der beiden Verfahren sind im folgenden Beispiel dargestellt:

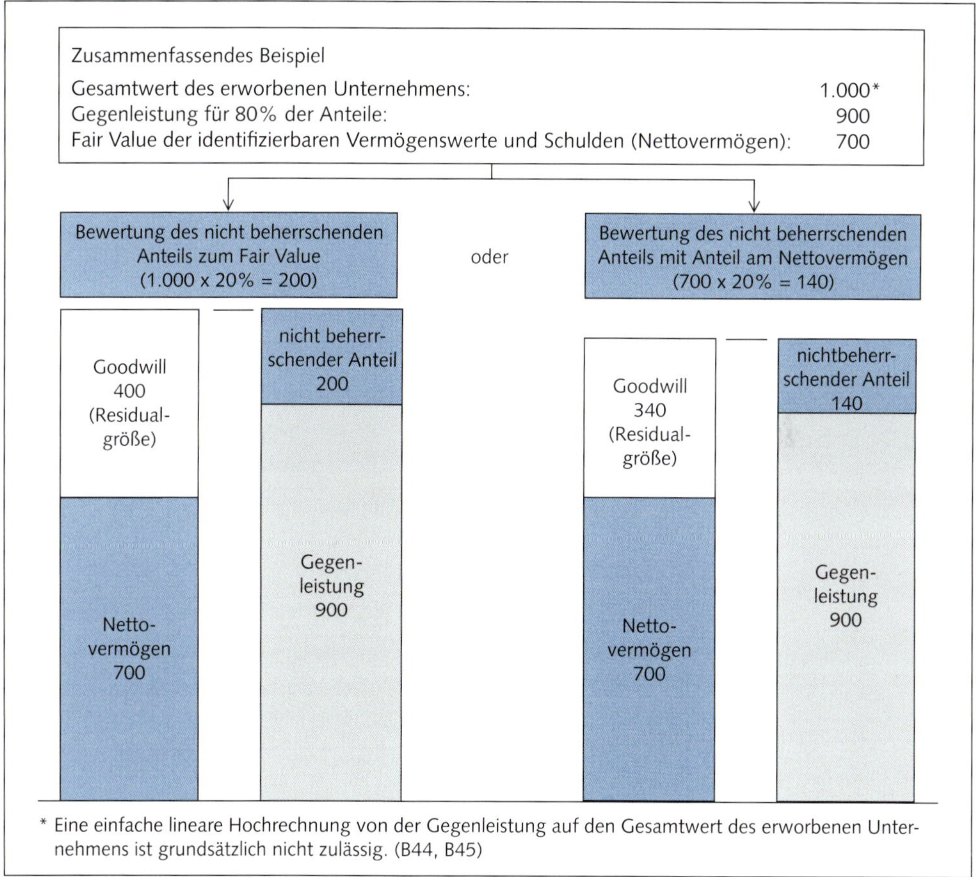

Abbildung 4.1.8-8: Schritt 4: Goodwill-Bilanzierung bei Minderheitenanteilen, Quelle: KPMG IFRS visuell (2021), S. 132

Ergibt sich eine negative Residualgröße, ist in einem ersten Schritt nochmals zu beurteilen, ob alle erworbenen Vermögenswerte und alle erworbenen Schulden richtig identifiziert und bewertet sind (IFRS 3.36). Wenn diese Überprüfung ergibt, dass keine Änderung erforderlich ist, ist der negative Unterschiedsbetrag erfolgswirksam zu realisieren („lucky buy“). Insoweit ergibt sich ein Unterschied zur Vorgehensweise nach Handelsrecht (vgl. DRS 23.139 ff.).

Auch die Folgekonsolidierung nach IFRS erfolgt in verschiedenen Schritten:

Schritt 1	Vortrag der Erstkonsolidierung zu historischen Werten
Schritt 2	Fortschreibung der im Rahmen der Erstkonsolidierung aufgedeckten stillen Reserven und Lasten
Schritt 3	Beurteilung der Notwendigkeit einer außerplanmäßigen Abschreibung des Goodwill nach IAS 36
Schritt 4	Fortschreibung des Ausgleichspostens für nicht beherrschte Anteile (soweit vorhanden)

Abbildung 4.1.8-9: Folgekonsolidierung

Eine planmäßige Abschreibung des Goodwills erfolgt nach IFRS nicht. Es gilt der sogenannte „Impairment only“ Approach. Die Fortschreibung eines negativen Unterschiedsbetrages ergibt sich durch die ertragswirksame Erfassung im Erstkonsolidierungszeitpunkt nicht.

Hinsichtlich der Folgebewertung des Geschäfts- oder Firmenwerts verweisen wir auf Kapitel 4.2.7.

4.1.8.2 Schuldenkonsolidierung

Ziel der Schuldenkonsolidierung ist, die Auswirkungen konzerninterner Schuldverhältnisse in der Konzern-Bilanz zu eliminieren. Die Konzernbilanz enthält damit nur Forderungen und Verbindlichkeiten bezüglich der nicht zum Konzern gehörenden Unternehmen bzw. nicht konsolidierten Beteiligungen.

Die Schuldenkonsolidierung ist im Krankenhausunternehmen so lange unproblematisch, solange sich die Verbindlichkeiten und Forderungen gegenseitig in gleicher Höhe gegenüberstehen. Diese können dann einfach miteinander erfolgsneutral verrechnet werden (§ 303 HGB; IFRS 10.B86).

In vielen Fällen weisen jedoch gegenseitige Forderungen und Verbindlichkeiten unterschiedliche Beträge auf. Es kommt dann zu so genannten Aufrechnungsdifferenzen, die nach echten und unechten differenziert werden müssen. Darüber hinaus können Differenzen auf Grund abweichender Bilanzstichtage vorkommen.

Unechte Aufrechnungsdifferenzen ergeben sich durch Fehler in der Buchführung oder zeitliche Buchungsunterschiede. Diese sind im Rahmen der Erstellung des Konzernabschlusses je nach Charakter erfolgswirksam oder erfolgsneutral zu korrigieren. In der Regel erfolgen diese Anpassungen in der HB II.

Echte Aufrechnungsdifferenzen ergeben sich in der Regel aus gesetzlichen Bilanzierungs- und Bewertungsregeln und müssen ebenfalls korrigiert werden.

In der folgenden Abbildung sind die gängigen Gründe für das Entstehen echter Aufrechnungsdifferenzen aufgezeigt, die sich in der Regel aus der Anwendung zwingender Ansatz- und Bewertungsvorschriften ergeben:

Rückstellungen	Für ungewisse Verbindlichkeiten gegenüber Konzernunternehmen stehen in der Regel keine entsprechenden Forderungen entgegen. Dementsprechend ist keine Verrechnung möglich.
Forderungen	Forderungen gegen Konzernunternehmen können mitunter nach dem Niederstwertprinzip ausgewiesen werden. Die entsprechenden Verbindlichkeiten müssen bei der Tochter nach dem Imparitätsprinzip aber mit dem entsprechenden Höchstwert bewertet werden. Dadurch kann es Differenzen der Höhe nach geben.
Disagio	Konzerninterne Darlehen werden manchmal mit Disagio gewährt. Der Schuldner ist verpflichtet, das Darlehen mit seinem vollen Rückzahlungsbetrag zu passivieren und das Disagio entweder als aktiven Rechnungsabgrenzungsposten oder im Entstehungsjahr voll als Aufwand zu verbuchen (§ 250 Abs. 3 HGB). Der Gläubiger wird das Darlehen in Höhe des Nennbetrags aktivieren und hinsichtlich des einbehaltenen Disagios einen passiven Rechnungsabgrenzungsposten bilden, der über die Laufzeit des Darlehens aufgelöst wird.
Unverzinsliche Darlehen	Unverzinsliche (und niedrigverzinsliche) Darlehen sind beim Darlehensgeber auf den niedrigeren Barwert abzuzinsen, während beim Schuldner der volle (nicht abgezinste) Rückzahlungsbetrag passiviert werden muss.

Abbildung 4.1.8-10: Beispiele für echte Aufrechnungsdifferenzen nach HGB

Die Behandlung von echten Aufrechnungsdifferenzen ist im Konzernbilanzrecht nicht eindeutig geregelt. Die Korrektur der Aufrechnungsdifferenzen erfolgt in Abhängigkeit von ihrer Entstehung erfolgswirksam (z. B. Abschreibungen auf Konzernforderungen) bzw. erfolgsneutral (z. B. im Rahmen eines Anschaffungsvorgangs). Allerdings darf eine erfolgswirksame Erfassung der Unterschiedsbeträge nur im ersten Jahr (Entstehungsjahr) erfolgen.

Im Rahmen der Folgekonsolidierung muss die Wiederholung der Erstkonsolidierung erfolgsneutral erfolgen. Nur die Veränderung der Aufrechnungsdifferenz darf in der Folgekonsolidierung erfolgswirksam werden. Der Vorjahresbestand an Aufrechnungsdifferenzen wird deshalb oftmals mit dem Gewinn- bzw. Verlustvortrag verrechnet.

4.1.8.3 Behandlung der Zwischenergebnisse

Die Regelungen zur Zwischenergebniseliminierung (auch: Zwischenergebniskonsolidierung) ergeben sich aus § 304 HGB bzw. IFRS 10.B86. Für Krankenhauskonzerne dürfte die Zwischenergebniseliminierung jedoch in der Regel geringe praktische Relevanz haben.

Ziel der Zwischenergebniseliminierung ist es, alle Gewinne oder Verluste aus Geschäften zwischen den in den Konzernabschluss einzubeziehenden Unternehmen heraus zu rechnen.

Veräußert ein Krankenhausunternehmen A ein Grundstück an ein konzernzugehöriges Krankenhausunternehmen B, so ist der dabei entstandene Veräußerungsgewinn oder -verlust im Rahmen der Konsolidierung zu eliminieren.
Problematischer wird die Vorgehensweise, wenn innerhalb des Konzerns abnutzbare Vermögensgegenstände des Sachanlagevermögens mit Gewinn veräußert werden. Obergrenze der Anschaffungskosten bilden die Konzernanschaffungskosten. Entstandene Gewinne sind daher zu eliminieren, es ergibt sich eine andere Bemessungsgrundlage für die Abschreibungen. Ggf. sind latente Steuern zu berücksichtigen.

4.1.8.4 Aufwands- und Ertragskonsolidierung

Auch Lieferungen und Leistungen der Konzernunternehmen untereinander stellen aus Konzernsicht keine realisierten Umsätze dar und müssen entsprechend eliminiert werden (§ 305 HGB bzw. IFRS 10.B86). Ziel ist es, sämtliche konzerninternen Lieferungen und Leistungen heraus zu rechnen. Im Krankenhausbereich betrifft das in der Regel Dienstleistungen, die von Tochterunternehmen an das Krankenhaus erbracht werden sowie Finanzierungsaufwendungen und -erträge.

Entsprechendes gilt für Dienstleistungen des Mutterunternehmens an Tochterunternehmen (z. B. zentrale Budget-, Einkaufs-, Rechts-, Personalabteilungen etc.).

4.1.9 Steuerabgrenzung im Konzernabschluss

4.1.9.1 Aktive und Passive Latente Steuern

Hinsichtlich der Grundkonzeption zur Bildung latenter Steuern nach HGB und IFRS verweisen wir auf unsere Ausführungen und Darstellungen im Kapitel 3.3.6 Steuerabgrenzung. Im Rahmen der Bilanzierung der latenten Steuern im deutschen, handelsrechtlichen Konzern ist neben den gesetzlichen Regelungen für handelsrechtliche Zwecke DRS 18 „Latente Steuern" zu beachten. Der DRS 18 wurde durch den DRÄS 11 geändert und ist in der dann gültigen Fassung für Geschäftsjahre, die nach dem 31. Dezember 2021 beginnen, anzuwenden. Eine frühere Anwendung ist jedoch zulässig.

Im Sinne der Einheitstheorie ist im Konzernabschluss die Vermögens-, Finanz- und Ertragslage so darzustellen, als ob alle einbezogenen Unternehmen zusammen ein einziges Unternehmen darstellen. In der Praxis stellt der Bilanzierende neben einer Steuerbilanz einen Jahresabschluss nach HGB bzw. IFRS (HB I / IFRS-Bilanz I (IFRSB I)) auf. Die Zusammenfassung der Jahresabschlüsse im Rahmen des Konzernabschlusses erfordert in der ersten Stufe eine Anpassung an die Bilanzierungs- und Bewertungsmethoden des Konzerns, einschließlich erforderlicher Währungsumrechnung (HB II / IFRS-Bilanz II (IFRSB II)). Danach folgen in der zweiten Stufe die zur Erstellung des Konzernabschlusses erforderlichen Konsolidierungsmaßnahmen. Auf jeder der nachfolgend dargestellten Stufen können grundsätzlich temporäre Differenzen entstehen. Somit ist auf jeder Stufe der Ansatz latenter Steuern zu prüfen.

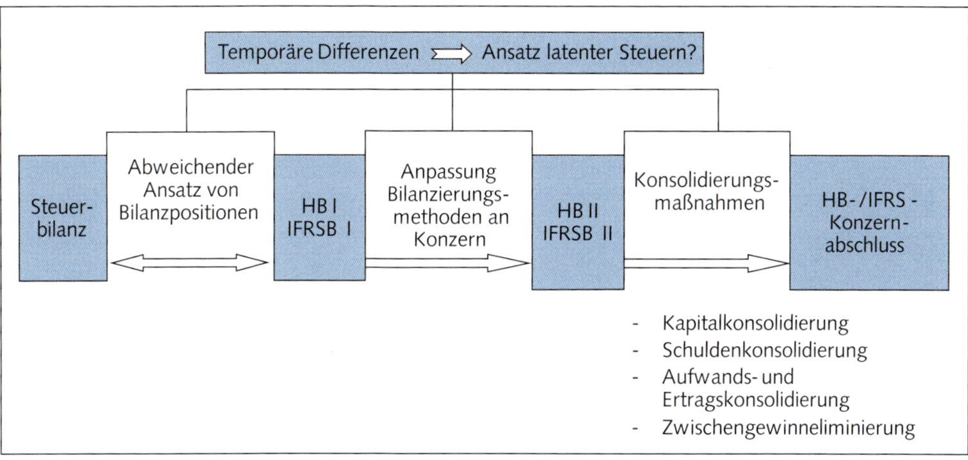

Abbildung 4.1.9-1: Stufen temporärer Differenzen nach HGB

Auch für den Konzern gilt das bilanzorientierte Temporary-Konzept, so dass bei der Ermittlung latenter Steuern auf einen Vergleich der handels- und steuerrechtlichen Wertansätze von Vermögensgegenständen, Schulden und Rechnungsabgrenzungsposten abzustellen ist.

Soweit sich bei diesem Vergleich aufgrund von Konsolidierungsmaßnahmen (§§ 301-305 HGB) eine Differenz ergibt, die sich in späteren Geschäftsjahren voraussichtlich wieder abbaut (temporäre Differenz), ist der Betrag einer sich insgesamt ergebenden Steuerbelastung als „Passive latente Steuern" und eine sich insgesamt ergebende Steuerentlastung als „Aktive latente Steuern" in der Konzernbilanz auszuweisen (§ 306 Satz 1 HGB).

Erfolgsneutral entstandene Differenzen aus der Erstkonsolidierung, die sich zu einem späteren Zeitpunkt wieder ausgleichen, sind in die Steuerabgrenzung einzubeziehen.

Explizit ausgenommen aus der Ermittlung der latenten Steuern ist nach § 306 Satz 3 HGB i. V. m. § 301 Abs. 3 HGB lediglich ein sich im Rahmen der Erstkonsolidierung ergebender Geschäfts- oder Firmenwert (aktivisch) bzw. Unterschiedsbetrag aus der Kapitalkonsolidierung (passivisch). Differenzen zwischen dem steuerlichen Wertansatz einer Beteiligung an einem Tochterunternehmen, assoziierten Unternehmen oder einem Gemeinschaftsunternehmen und dem handelsrechtlichen Wertansatz des im Konzernabschluss angesetzten Nettovermögens (sog. outside basis differences – obd) sind nach § 306 Satz 4 HGB nicht zu berücksichtigen. Es werden sich insoweit Abweichungen zu IAS 12 ergeben.

Zur Berechnung der latenten Steuern auf Konzernebene sind grundsätzlich die unternehmensindividuellen Steuersätze der einbezogenen Unternehmen im Zeitpunkt des Abbaus der Differenz heranzuziehen (Verweis auf § 274 Abs. 2 HGB). Eine Abzinsung der abgegrenzten Steuerpositionen ist nicht zulässig. Die nach § 306 HGB insgesamt saldiert zu ermittelnden, aktiven und passiven latenten Steuern auf Konzernebene können auch unverrechnet angesetzt werden; sie dürfen mit den Abgrenzungen nach § 274 HGB (Jahresabschlussebene) jeweils zusammengefasst werden (DRS 18.56 ff.).

Auch für den Konzernabschluss sind zu den ausgewiesenen Posten Erläuterungen im Anhang vorgesehen. Die Gesetzesformulierung stellt insbesondere darauf ab, dass diese Erläuterungen darauf eingehen, auf welchen Differenzen oder steuerlichen Verlustvorträgen die latenten Steuern beruhen und mit welchen Steuersätzen die Bewertung erfolgt ist. Darüber hinaus ist es zu einer umfassenden Information der Abschlussadressaten sinnvoll, den ausgewiesenen Steueraufwand bzw. -ertrag in einer gesonderten Rechnung auf den erwarteten Steueraufwand bzw. -ertrag überzuleiten (DRS 18.67). Für Geschäftsjahre, die nach dem 31. Dezember 2021 beginnen ist jedoch durch die Änderungen im DRS 18 die Vorgabe des DRS 18.67 aufgehoben wurden, so dass eine Überleitungsrechnung nicht mehr verpflichtend aufzustellen ist. § 314 Abs. 1 Nr. 22 HGB regelt die Aufnahme eines Spiegels passiver latenter Steuern in den Anhang.

Soweit aufgrund von Umbewertungs- und Konsolidierungsmaßnahmen temporäre Differenzen entstehen, führt dies auch auf Ebene des IFRS-Konzernabschlusses grundsätzlich zur Abgrenzung von latenten Steuern.

Im Hinblick auf den zu konsolidierenden Unternehmensverbund ergeben sich folgende Ausgangspunkte für Steuerlatenzen:

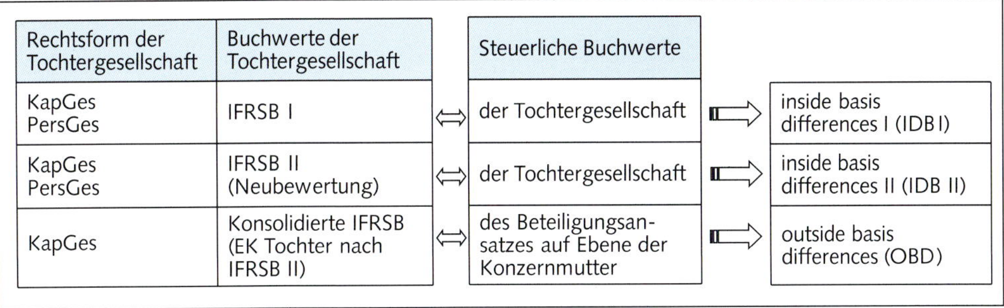

Rechtsform der Tochtergesellschaft	Buchwerte der Tochtergesellschaft		Steuerliche Buchwerte		
KapGes PersGes	IFRSB I	⇔	der Tochtergesellschaft	⇨	inside basis differences I (IDB I)
KapGes PersGes	IFRSB II (Neubewertung)	⇔	der Tochtergesellschaft	⇨	inside basis differences II (IDB II)
KapGes	Konsolidierte IFRSB (EK Tochter nach IFRSB II)	⇔	des Beteiligungsansatzes auf Ebene der Konzernmutter	⇨	outside basis differences (OBD)

Abbildung 4.1.9-2: Steuerlatenzen

Nach IAS 12.19 hat jeweils eine getrennte Ermittlung der latenten Steuern für die im Rahmen der Kaufpreisallokation aufgedeckten stillen Reserven und Lasten einschließlich der bilanzierten Eventualverbindlichkeiten und für einen steuerlich abziehbaren Goodwill (in Deutschland: Asset Deal oder Erwerb von Anteilen an Personengesellschaften) zu erfolgen.

Bei einem Unternehmenszusammenschluss i. S. v. IFRS 3 entstehen temporäre Differenzen, wenn die steuerlichen Ansätze für Vermögenswerte und Schulden (Steuerbilanzwerte) auf Ebene des erworbenen Unternehmens entweder mit fortgeführten Anschaffungskosten oder bisher nicht erfasst wurden, während sie im Konzernabschluss mit ihrem beizulegenden Zeitwert angesetzt werden. Im Rahmen der Kaufpreisallokation werden diese temporären Differenzen auf die erworbenen Vermögenswerte und Schulden aufgedeckt. Die Bilanzierung der latenten Steuern auf diese inside basis differences führt zu einer Veränderung des Goodwill. Es ist der Steuersatz des jeweiligen Tochterunternehmens anzuwenden.

Auf den entstehenden Goodwill selbst (Residualgröße) sind keine latenten Steuern abzugrenzen, wenn dieser steuerlich nicht abgeschrieben werden kann (IAS 12.15 (a), IAS 12.21). Dies ist in Deutschland grundsätzlich im Hinblick auf Beteiligungen an Kapitalgesellschaften der Fall. Im Rahmen der Erstkonsolidierung entstehende latente Steuern wirken sich auf die Höhe des Goodwills aus (IAS 12.19, IAS 12.26 (c), IAS 12.66).

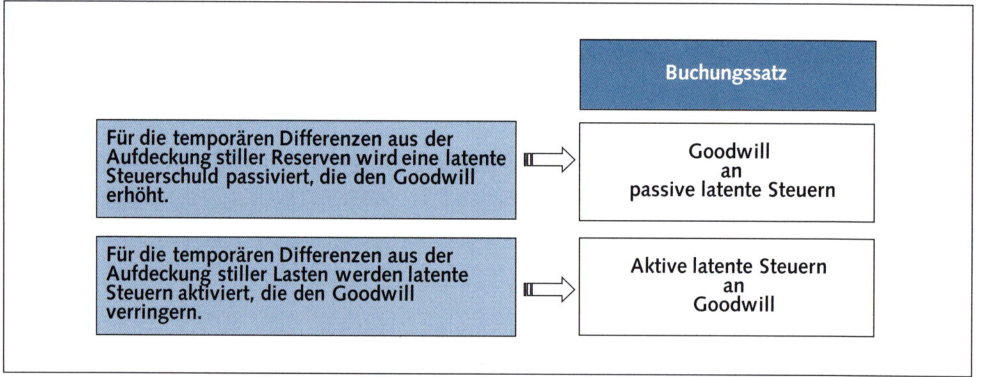

Abbildung 4.1.9-3: Veränderungen Goodwill

Die Berücksichtigung latenter Steuern im Rahmen der Erstkonsolidierung erfolgt (wie im obigen Schaubild dargestellt) erfolgsneutral, die Weiterentwicklung im Rahmen der Folgekonsolidierung hingegen erfolgswirksam (z. B. erfolgswirksame Abschreibung der stillen Reserven führt zur korrespondierenden erfolgswirksamen Auflösung der passiven latenten Steuern). Das oben dargestellte Ansatzverbot für latente Steuern gilt auch für die Fortentwicklung eines steuerlich nicht abschreibbaren Geschäfts- oder Firmenwertes in Folgeperioden (IAS 12.21A).

Neben den vorab genannten inside basis differences können sich Steuereffekte aus der Veräußerung oder aus der Abschreibung der Beteiligung an oder aus Ausschüttungen eines vollkonsolidierten Tochterunternehmens in der Rechtsform der Kapitalgesellschaft ergeben. Die zu Grunde liegenden temporären sog. outside basis differences (OBD) werden ausgehend vom Steuerwert der Beteiligung auf Ebene der Muttergesellschaft in Relation zum Eigenkapital des konsolidierten Tochterunternehmens gemäß Konzernabschluss (IFRSB II) ermittelt. Im Hinblick auf z. B. die Gewinnthesaurierung auf Ebene des Tochterunternehmens (Erhöhung des Nettovermögens) ist zu klären, welche Steuereffekte sich aus einer zukünftigen Ausschüttung oder Veräußerung der Beteiligung ergeben und ob IAS 12 hier unter gewissen Voraussetzungen die Bilanzierung von latenten Steuern verneint.

Im Hinblick auf das deutsche Steuerrecht sind im genannten Beispielsfall die einschlägigen Regelungen des § 8b Absätze 1 bis 3 und 5 KStG zu beachten. Im Ergebnis sind hiernach 95 % der Dividenden und Veräußerungsgewinne steuerfrei. Veräußerungsverluste bleiben steuerlich unbeachtlich. Damit liegt i. H. v. 95 % der Dividenden und Veräußerungsgewinne sowie 100 % der Veräußerungsverluste aus der Beteiligung an einer Kapitalgesellschaft keine zu versteuernde temporäre Differenz vor.

Die Bildung latenter Steuern auf den Beteiligungsansatz ist in IAS 12.39 (latente Steuerschuld) und IAS 12.44 (latenter Steueranspruch) geregelt. IAS 12.39 sieht eine Ausnahme für die Bildung von passiven latenten Steuern vor, wenn das Mutterunternehmen in der Lage ist, den zeitlichen Verlauf der Umkehrung der temporären Differenzen zu steuern und es wahrscheinlich ist, dass sich die temporäre Differenz in absehbarer Zeit nicht umkehren wird (z. B., wenn keine Ausschüttung und keine Veräußerung beabsichtigt ist).

Echte Aufrechnungsdifferenzen im Rahmen der Schuldenkonsolidierung (unterschiedliche Ansätze von sich im Konzern gegenüber stehenden Forderungen und Verbindlichkeiten aufgrund von Abschreibungen und Währungsumrechnungen) führen zu temporären Differenzen und somit zur Bildung latenter Steuern. Die latente Steuer ist erfolgswirksam zu erfassen, wenn die Schuldenkonsolidierung erfolgswirksam ist. Führt die Schuldenkonsolidierung zu einer Anpassung von Eigenkapitalpositionen, folgt die Bildung latenter Steuern erfolgsneutral.

Die konzerninterne Konsolidierung der Innen-Umsatzerlöse und anderen Erträge und Aufwendungen führt in der Regel nicht zu temporären Differenzen und latenten Steuern.

Konzerninterne Ergebnisübernahmen sind zu eliminieren, um Doppelerfassungen zu vermeiden. Bei phasenkongruenter Vereinnahmung der Ergebnisse werden die steuerlichen Auswirkungen auf Ebene des Mutterunternehmens bereits bei der Ermittlung des tatsächlichen Steueraufwandes berücksichtigt. Im Falle phasenverschobener Übernahme ist die Bilanzierung latenter Steuern zu prüfen, wenn und soweit beim Mutterunternehmen Steuerbelastungen durch die Ergebnisübernahme entstehen. Die Ausnahmeregeln zu OBDs (IAS 12.39) sind zu beachten.

Nach IFRS 10.B86 (c) sind latente Steuern aus einer konzerninternen Zwischenergebniseliminierung nach den allgemeinen Grundsätzen von IAS 12 zu bilanzieren, wenn hierdurch eine temporäre Differenz entsteht oder verändert wird.

Hinsichtlich der Währungsumrechnung auf Konzernebene folgt IFRS dem Konzept der sog. funktionalen Währung. Es erfolgt insoweit eine zweistufige Umrechnung von der jeweiligen Landeswährung der ausländischen Gesellschaft in die Währung, in welcher überwiegend die wirtschaftlichen Aktivitäten der Gesellschaft erfolgen. Anschließend folgt die Umrechnung in die Berichtswährung des Konzerns. Hinsichtlich der entstehenden Währungsumrechnungsdifferenzen (IAS 21.50) sind von IAS 12 insbesondere die Ziffern 38, 39 und 41 zu beachten.

Latente Steueransprüche und -schulden sind unter den in IAS 12.74 genannten Voraussetzungen zu saldieren.

4.1.9.2 Steuerliche Verlustvorträge

Hinsichtlich der Grundkonzeption zur Bildung aktiver latenter Steuern auf steuerliche Verlustvorträge nach HGB und IFRS verweisen wir auf unsere Ausführungen und Darstellungen im Kapitel 3.3.6 Steuerabgrenzung.

Im Rahmen eines Konzernabschlusses nach HGB ist folgendes zu beachten:

Die Regelungen in § 274 Abs. 1 Satz 3 HGB sehen vor, dass steuerliche Verlustvorträge nur in der Höhe der innerhalb der nächsten fünf Jahre (Planungshorizont) zu erwartenden Verlustverrechnung bei der Bildung aktiver latenter Steuern zu berücksichtigen sind. Im Vergleich zu den IAS ist hier auf IAS 12.35 für den Ansatz aktiver latenter Steuern auf Verlustvorträge hinzuweisen, der für Ansatz und die Werthaltigkeit bei einer Verlusthistorie verlangt, das überzeugende substanzielle Hinweise dafür vorliegen, das in Zukunft ein ausreichendes zu versteuerndes Ergebnis zur Verfügung stehen wird. Alternativ reichen auch ausreichende zu versteuernde temporäre Differenzen.

4.2 Krankenhausspezifische Fragestellungen

4.2.1 Zeitpunkt der Erstkonsolidierung bei ausstehenden Genehmigungen

HGB

Wie in Abschnitt 4.1.8.1 dargestellt, erfolgt die Erstkonsolidierung auf den Erwerbszeitpunkt.

Gerade in den Fällen, in denen ein Krankenhaus verkauft werden soll, das bislang in der Trägerschaft der öffentlichen Hand gewesen ist, werden in der Regel im Kaufvertrag Regelungen getroffen, die die Bestimmung des Erwerbszeitpunktes nicht ganz einfach machen. Hier werden hinsichtlich des Vollzugs des dinglichen Rechtsüberganges regelmäßig aufschiebende Bedingungen in dem Kauf- und Abtretungsvertrag aufgenommen, die kartellrechtliche Sachverhalte oder Gremienvorbehalte betreffen. Daneben enthalten die Verträge oft Vereinbarungen über das Gewinnbezugsrecht oder vertragliche Rückwirkungen (wirtschaftlicher Stichtag), die die Frage der Verlagerung des Erwerbszeitpunktes aufwerfen. Zu unterscheiden ist daher in der Regel zwischen dem wirtschaftlichen Stichtag, dem Unterzeichnungsstichtag und dem dinglichen Stichtag.

Der späteste als Erwerbszeitpunkt zu qualifizierende Zeitpunkt wird grundsätzlich der Zeitpunkt sein, an dem die zivilrechtliche Übertragung der Anteile erfolgt (dinglicher Stichtag). Spätestens jetzt erlangt der Erwerber die tatsächliche Beherrschung über das erworbene Unternehmen. Zu diesem Zeitpunkt müssen alle aufschiebenden Bedingungen erfüllt sein.

Weicht der Zeitraum des schuldrechtlichen Abschlusses des Kaufvertrags (signing) vom Zeitpunkt der dinglichen Übertragung der Anteile (closing) ab – was der Regelfall sein dürfte – hat der Erwerber das erworbene Unternehmen zu dem Zeitpunkt in den Konzernabschluss einzubeziehen, zu dem ein beherrschender Einfluss ausgeübt werden kann. Der Zeitpunkt der erstmaligen Einbeziehung in den Konzernabschluss richtet sich dann regelmäßig nach dem Zeitpunkt, zu dem das wirtschaftliche Eigentum der Anteile auf den Erwerber übergeht (DRS 19.106a).

Steht der Erwerbsvorgang nur unter einer aufschiebenden Bedingung, die der Erwerber selbst herbeiführen kann oder auf deren Erfüllung er einen Anspruch hat, so ist eine Einbeziehung auf den Vertragsabschluss – wenn es keine anderen noch zu erfüllenden Bedingungen gibt (Regelfall) – geboten. Gleiches gilt, wenn im Falle behördlicher Zustimmungserfordernisse (z. B. hinsichtlich einer nationalen Wettbewerbsbehörde) kein Beurteilungsspielraum seitens der Behörde besteht (DRS 19.106d). Insoweit ergibt sich sicherlich ein Ermessensspielraum des Mutterunternehmens, dessen Ausübung sich möglicherweise auf eine Voranfrage und entsprechender Rückmeldung des Bundeskartellamtes stützen kann.

In allen anderen Fällen ist eine Einzelfallbetrachtung erforderlich. Wenn nicht mit hoher Wahrscheinlichkeit von einer Zustimmung der Behörde ausgegangen werden kann oder keine Einschätzung möglich ist, ist auf den Tag der behördlichen Genehmigung abzustellen (DRS 19.106d).

Enthält die Erwerbsvereinbarung Gremienvorbehalte hinsichtlich der Organe des Erwerbers und/ oder Veräußerers, Zustimmungserfordernisse Dritter oder andere Bedingungen, die das Wirksamwerden der Erwerbsvereinbarung nach dem Willen mindestens einer Partei ausdrücklich offen halten wollen, ist auf den Zeitpunkt der Zustimmung abzustellen. Soweit solchen Vorbehalten im Ausnahmefall keine materielle Bedeutung zukommt, ist der Zeitpunkt der Vereinbarung heranzuziehen (DRS 19.106e).

Besagen die vertraglichen Regelungen zum Beispiel, dass das wirtschaftliche Eigentum der Anteile mit Ablauf des 31. Dezember eines Jahres vom Veräußerer auf den Erwerber übergeht – vorausgesetzt alle anderen Bedingungen der Erwerbsvereinbarung sind erfüllt – sind die Anteile am 31.12. im Jahresabschluss des Veräußerers als Abgang und gleichzeitig am 31.12. im Jahresabschluss des Erwerbers als Zugang zu erfassen (DRS 19.106f). Bei einer Regelung, nach der das wirtschaftliche Eigentum am 31.12...../1.1..... übergeht, hat der Erwerber aus unserer Sicht ein faktisches Wahlrecht, den Zugang noch zum 31.12. oder erst im neuen Geschäftsjahr zum 1.1. zu erfassen (vgl. z. B. Störk/Deubert in Beck (2020), § 301 Rz. 134).

Der späteste Erwerbszeitpunkt wird grundsätzlich der Zeitpunkt sein, an dem die zivilrechtliche Übertragung der Anteile tatsächlich erfolgt (dinglicher Stichtag). Spätestens jetzt erlangt der

Erwerber die tatsächliche Beherrschung über das erworbene Unternehmen. Zu diesem Zeitpunkt müssen alle aufschiebenden Bedingungen erfüllt sein.

Für den Zeitraum zwischen der Unterzeichnung des Vertrages und dem dinglichen Stichtag werden oftmals Übergangsregelungen getroffen, da wegen äußerer Einflüsse (Termine für Gremiensitzungen, kartellrechtliche Anforderungen und Fragestellungen) Wochen oder Monate vergehen können, bis alle Bedingungen erfüllt sind. Danach dürfen bestimmte Maßnahmen (Fragen der Personalpolitik, Investitions- und Finanzierungsentscheidungen, Veränderung der gesellschaftsrechtlichen Struktur, Ausschüttungen, Entnahmen u. a.) nur in Abstimmung mit dem Erwerber vorgenommen werden. Je nach Ausgestaltung bzw. Umsetzung dieser Vereinbarungen kann es im Einzelfall durchaus vorkommen, dass die Handlungen und Maßnahmen, die in dem Zeitraum zwischen signing und closing durchgeführt werden, stark von den Interessen des Erwerbers geprägt sind und somit auch eine frühere Erlangung der Kontrolle gegeben ist. Dies ist beispielsweise denkbar, wenn als letzte verbliebene Bedingung die Zustimmung der Wettbewerbsbehörde aussteht und kein Beurteilungsspielraum der Behörde besteht (DRS 23.106d).

Dagegen wird die vertraglich vereinbarte Rückwirkung auf einen Zeitpunkt vor dem Unterzeichnungsstichtag (z. B. rückwirkend auf den 1.1.) in der Regel nur deshalb aufgenommen, um in diesem Zusammenhang auch Regelungen über das Gewinnbezugsrecht zu treffen. Diese Regelungen beeinflussen aber nicht die Frage der Erlangung der Beherrschung über das erworbene Unternehmen, da eine deutliche Einflussnahme auf die Finanz- und Geschäftspolitik des Unternehmens vor Unterzeichnung des Vertrages regelmäßig nicht gegeben sein wird (DRS 19.106c; vgl. auch Kapitel 4.1.8.1).

IFRS

Auch nach IFRS wird auf den Erwerbszeitpunkt als dem Zeitpunkt, an dem der Erwerber die Beherrschung über das erworbene Unternehmen erlangt, abgestellt (IFRS 3.8). Dies ist im Allgemeinen der Zeitpunkt, an dem der Erwerber die Gegenleistung rechtsgültig transferiert, die Vermögenswerte erhält und die Schulden des erworbenen Unternehmens übernimmt (closing).

Etwas anderes kann gelten, wenn der Erwerber die Beherrschung schon vor oder nach dem Tag des Abschlusses (closing) erhält. Der Erwerbszeitpunkt liegt beispielsweise vor dem Tag des Abschlusses, wenn in einer schriftlichen Vereinbarung vorgesehen ist, dass der Erwerber die Beherrschung zu einem Zeitpunkt vor dem Tag des Abschlusses erhält (IFRS 3.9). Hinzu kommt, dass die Übertragung der Beherrschungsmöglichkeit vom Veräußerer auf den Erwerber gleichzeitig die Aufgabe der Beherrschung durch den Veräußerer bedeutet. In der Praxis wird dies häufig an die Übertragung der Gegenleistung geknüpft sein, so dass der Tag des Abschlusses (closing) der Erwerbszeitpunkt sein wird.

Davon zu unterscheiden ist die aus Praktikabilitätserwägungen erfolgende Rückbeziehung des Erwerbszeitpunktes, beispielsweise wenn der Erwerbszeitpunkt nahe bei einem Berichtszeitpunkt ist. Beispielsweise kann ein Unternehmen, das am 13. Oktober erworben wurde, zum 1. Oktober erstkonsolidiert werden, sofern der Effekt hieraus unwesentlich ist (vgl. KPMG Insights into IFRS 2021/22 Tz. 2.6.190.10).

Bestehen Genehmigungsvorbehalte muss die konkrete vertragliche Ausgestaltung des Erwerbsvorgangs betrachtet werden. So wird bei dem Erfordernis der Genehmigung durch die Gesellschafter der Erwerbszeitpunkt üblicherweise nicht vor dem Tag der Genehmigung liegen (vgl. KPMG Insights into IFRS 2021/22 Tz. 2.6.210). Bei regulatorischen Genehmigungsvorbehalten (z. B. Wettbewerbsbehörde) wird es ebenfalls darauf ankommen, ob diese ein substanzielles Hindernis für die Übertragung der Anteile darstellen oder nicht (KPMG Insights into IFRS 2021/22 Tz. 2.6.220). In diesem Fall kann der Erwerbszeitpunkt nicht vor dem Tag der Genehmigung z. B. der Wettbewerbsbehörde liegen. Hat diese allerdings keinen Ermessensspielraum, wird es bei der Bestimmung des Erwerbszeitpunktes zumindest nicht auf das Vorliegen dieser Genehmigung ankommen.

Regelt die Erwerbsvereinbarung, dass bestimmte Maßnahmen (Fragen der Personalpolitik, Investitions- und Finanzierungsentscheidungen, Veränderung der gesellschaftsrechtlichen Struktur, Ausschüttungen, Entnahmen u. a.) nur in Abstimmung mit dem Erwerber vorgenommen werden dürfen, stellt sich ebenfalls die Frage, ob dies zur Vorverlagerung des Erwerbszeitpunktes führt. Auch hier wird es wieder auf die Gesamtumstände ankommen.

4.2.2 Ansatz von immateriellem Anlagevermögen im Rahmen der Kaufpreisallokation

HGB

In den Konzernabschluss werden – wie schon erläutert – die Vermögensgegenstände, Schulden, Rechnungsabgrenzungsposten und Sonderposten des Tochterunternehmens unabhängig von der Berücksichtigung im Jahresabschluss des Tochterunternehmens vollständig aufgenommen, soweit sie nach dem Recht des Mutterunternehmens bilanzierungsfähig sind, die Eigenart des Konzernabschlusses keine Abweichung bedingt und auch die Vorschriften zum Konzernabschluss nichts anderes regeln (§ 301 Abs. 1 und 2 HGB). Die Bewertung dieser Posten zum Erstkonsolidierungszeitpunkt hat – bis auf die Rückstellungen und latenten Steuern – zum beizulegenden Zeitwert zu erfolgen (§ 301 Abs. 1 HGB).

Hinsichtlich immaterieller Vermögensgegenstände, die im Jahresabschluss des Tochterunternehmens in Ausübung des Ansatzwahlrechts gem. § 248 Abs. 2 Satz 1 HGB nicht aktiviert wurden oder für die dort ein Ansatzverbot gem. § 248 Abs. 2 Satz 2 HGB bestand, besteht in der Neubewertungsbilanz Bilanzierungspflicht (DRS 23.51).

Geschäftswertähnliche Vorteile erfüllen nicht die Ansatzkriterien für das Vorliegen eines Vermögensgegenstandes und dürfen deshalb in der Konzernbilanz nicht gesondert angesetzt werden. Diese werden in der Konzernbilanz als Bestandteil des derivativen Geschäfts- oder Firmenwerts erfasst (DRS 23.52 f.). Zu den geschäftswertähnlichen Vorteilen gehören beispielsweise das Humankapital, allgemeine Prozess- und Technologievorteile oder Standortvorteile. Allerdings kann nicht pauschal davon ausgegangen werden, dass Marken, Drucktitel, Verlagsrechte, Kundenliste oder vergleichbare immaterielle Vermögensgegenstände grundsätzlich nicht angesetzt werden dürfen (DRS 23.54).

Ein Ansatz immaterieller Vermögensgegenstände ist allerdings unzulässig, wenn diese nicht verlässlich bewertbar sind. Kann ein beizulegender Zeitwert für einen immateriellen Vermögensgegenstand nicht mit Hilfe allgemein anerkannter Bewertungsverfahren verlässlich bewertet werden, ist ein Ansatz in der Neubewertungsbilanz nicht zulässig. Der Vermögensvorteil geht daher in den Geschäfts- oder Firmenwert bzw. passiven Unterschiedsbetrag aus der Kapitalkonsolidierung ein (DRS 23.67).

Soweit in der Neubewertungsbilanz immaterielle Vermögensgegenstände angesetzt werden, die nicht oder nicht in entsprechender Höhe in der Steuerbilanz erfasst sind, sind passive latente Steuern zu berücksichtigen.

Für die Beurteilung, ob ein anzusetzender immaterieller Vermögensgegenstand vorliegt, ist DRS 24 „Immaterielle Vermögensgegenstände im Konzernabschluss" heranzuziehen. Dieser Standard konkretisiert die handelsrechtlichen Vorschriften zur Bilanzierung von immateriellen Vermögensgegenständen und adressiert die in diesem Zusammenhang bestehenden wesentlichen Zweifelsfragen, damit eine einheitliche Anwendung der handelsrechtlichen Vorschriften sichergestellt ist (DRS 24.1).

Im Rahmen der Erstkonsolidierung von Krankenhausunternehmen stellt sich somit die Frage, ob es über die in den Unterschiedsbetrag (Geschäfts- oder Firmenwert, Unterschiedsbetrag aus der Kapitalkonsolidierung) eingehenden geschäftswertähnlichen Vorteile getrennt zu bilanzierende immaterielle Vermögensgegenstände gibt.

Ein immaterielles Gut ist ein Vermögensgegenstand, wenn dieses nach der Verkehrsauffassung einzeln verwertbar ist. Einzelverwertbarkeit bedeutet, dass das Gut gegenüber Dritten separat abstrakt verwertbar ist. Ein Gut ist gegenüber Dritten verwertbar, wenn die wirtschaftlichen Vorteile des Gutes beispielsweise durch Verkauf, Tausch, Nutzungsüberlassung, Einzelvollstreckbarkeit oder bedingten Verzicht auf Dritte übertragbar sind (DRS 24.17 f.). Ein Gut ist abstrakt verwertbar, wenn die Verwertung nach allgemeiner Verkehrsauffassung prinzipiell möglich ist. Dies bedeutet, dass Dritte grundsätzlich bereit sind, für die Vorteile ein Entgelt zu entrichten (DRS 24.20).

Die Einzelverwertbarkeit setzt voraus, dass das Gut separat, also getrennt vom Unternehmen bzw. Konzern, verwertet werden kann. Güter, die nicht vom Unternehmen in seiner Gesamtheit getrennt werden können, sind beispielsweise

- die Organisationsstruktur
- der Standortvorteil oder
- das Arbeitsklima.

Entsprechend sind für diese wirtschaftlichen Vorteile keine immateriellen Vermögensgegenstände anzusetzen (DRS 24.21).

Schließlich bedeutet die Einzelverwertbarkeit des Gutes nicht, dass das Gut isoliert verwertbar sein muss. Diese kann auch gegeben sein, wenn das Gut nur zusammen mit anderen Vermögensgegenständen wirtschaftlich sinnvoll verwertet werden kann (DRS 24.22).

Vor diesem Hintergrund ist beispielsweise zu beurteilen, ob etwa Beträge für Marken oder Kundenlisten anzusetzen sind, da hierfür im Einzelabschluss ein konkretes Bilanzierungsverbot bestand (§ 248 Abs. 2 Satz 2 HGB).

Da Marken oder etwa Firmenlogos im Krankenhausbereich nur selten vorkommen bzw. im Rahmen des Verkaufs eines Krankenhausunternehmens nicht weiter genutzt werden, ist zu überlegen, ob Patientenbeziehungen zu einem anzusetzenden immateriellen Vermögensgegenstand führen können.

Hiergegen spricht aus unserer Sicht, dass im Gegensatz zu Bestandskunden beispielsweise in der Industrie die Aufnahme eines Patienten in ein Akutkrankenhaus im Regelfall den Charakter eines einmaligen Geschäftsvorfalles hat. Angesichts der demographischen Entwicklung könnte überlegt werden, ob hinsichtlich – ggf. einer Gruppe von Patienten – Stammkundenbeziehungen angenommen werden.

Allerdings spricht aus unserer Sicht gegen den Ansatz eines entsprechenden immateriellen Vermögensgegenstandes, dass die Verkehrsfähigkeit nicht gegeben ist – und damit kein Ansatz in der Bilanz erfolgen kann –, weil eine Übertragung ohne Aufgabe der bisherigen Krankenhaustätigkeit und losgelöst von dem Krankenhaus als Ganzes nicht denkbar ist.

Entscheidend für die Ablehnung des Ansatzes von „Stammkundenbeziehungen" ist aber aus unserer Sicht, dass aufgrund der ärztlichen Schweigepflicht eine Herausgabe der Patientendaten ohne Zustimmung des Patienten unmöglich ist. Somit scheidet die Verkehrsfähigkeit dieser Stammkundenbeziehungen schon aus rechtlicher Sicht aus (siehe auch die weiterführenden Argumente im Abschnitt IFRS unten).

Die Beziehungen zu Patienten sind somit den geschäftswertbildenden Faktoren zuzurechnen, die in den Geschäfts- oder Firmenwert oder in den Unterschiedsbetrag aus der Kapitalkonsolidierung eingehen.

IFRS

Nach IFRS 3.10 ff. hat der Erwerber die erworbenen identifizierbaren Vermögenswerte, Schulden und Eventualschulden anzusetzen. Nur ein verbleibender Unterschiedsbetrag ist als Goodwill anzusetzen bzw. als negativer Unterschiedsbetrag ertragswirksam zu vereinnahmen. Hierbei kommt es nicht darauf an, ob Vermögenswerte oder Schulden bei dem Veräußerer bereits bilanziert waren; vielmehr ist sowohl der Ansatz von Vermögenswerten und Schulden wie auch deren Bewertung neu zu beurteilen. Vor diesem Hintergrund stellt sich die Frage, ob bisher nicht bilanzierte immaterielle Vermögenswerte beim Erwerber anzusetzen sind. Dies könnte beispielsweise selbst erstellte Kundenlisten und Marken betreffen, die beim Veräußerer wegen des Aktivierungsverbots des IAS 38.63 bisher nicht angesetzt waren.

Sofern die Voraussetzung der Identifizierbarkeit des IAS 38 für die Aktivierbarkeit eines immateriellen Vermögenswertes gegeben ist, ist nach IFRS 3.B31 ist ein immaterieller Vermögenswert identifizierbar, wenn er das Separierbarkeitskriterium oder das vertragliche /gesetzliche Kriterium erfüllt. Das Separierbarkeitskriterium bedeutet, dass ein erworbener immaterieller Vermögenswert separierbar ist oder vom erworbenen Unternehmen getrennt und somit beispielsweise verkauft werden kann (IFRS 3.B33).

Da Marken oder etwa Firmenlogos im Krankenhausbereich nur selten vorkommen bzw. im Rahmen des Verkaufs eines Krankenhausunternehmens nicht weiter genutzt werden, ist zu überlegen, ob Patientenbeziehungen zu einem separierbaren immateriellen Vermögenswert führen können.

Hiergegen spricht aus unserer Sicht, dass im Gegensatz zu Bestandskunden beispielsweise in der Industrie die Aufnahme eines Patienten in ein Akutkrankenhaus im Regelfall den Charakter eines einmaligen Geschäftsvorfalles hat. Angesichts der demographischen Entwicklung könnte überlegt werden, ob hinsichtlich – ggf. einer Gruppe von Patienten – Stammkundenbeziehungen angenommen werden. Deren Ansatz würde nach IFRS 3 IE B3 bejaht. Allerdings spricht aus unserer Sicht gegen den Ansatz eines entsprechenden immateriellen Vermögenswertes, dass die

Verkehrsfähigkeit nicht gegeben ist – und damit kein Ansatz in der Bilanz erfolgen kann –, weil eine Übertragung ohne Aufgabe der bisherigen Krankenhaustätigkeit und losgelöst von dem Krankenhaus als Ganzes nicht denkbar ist. Entscheidend für die Ablehnung des Ansatzes von „Stammkundenbeziehungen" ist aber aus unserer Sicht, dass aufgrund der ärztlichen Schweigepflicht eine Herausgabe der Patientendaten ohne Zustimmung des Patienten unmöglich ist. Somit scheidet die Verkehrsfähigkeit dieser Stammkundenbeziehungen schon aus rechtlicher Sicht aus.

Die Beziehungen zu Patienten sind somit auch nach IFRS den geschäftswertbildenden Faktoren zuzurechnen.

4.2.3 Ermittlung des beizulegenden Zeitwertes für gefördertes Anlagevermögen im Rahmen der Bewertung erworbener identifizierter Vermögenswerte

Wie bereits dargestellt sind nach IFRS 3.18 die erworbenen identifizierbaren Vermögenswerte zu ihrem beizulegenden Zeitwert im Erwerbszeitpunkt zu bewerten.

Krankenhäuser haben mit Ausnahme der in § 5 KHG genannten, nicht förderungsfähigen Einrichtungen, nach Maßgabe des Krankenhausfinanzierungsgesetzes (KHG) über § 8 Abs. 1 KHG Anspruch auf Förderung, solange sie in den Krankenhausplan eines Landes und bei Investitionen nach § 9 Abs. 1 Nr. 1 KHG in das Investitionsprogramm aufgenommen sind. Die erhaltenen Zuwendungen werden entweder als Sonderposten auf der Passivseite ausgewiesen oder unmittelbar von den Anschaffungs- bzw. Herstellungskosten des betreffenden Vermögenswertes bzw. Vermögensgegenstandes gekürzt.

Vor allem bei Krankenhausimmobilien stellt sich daher die Frage, wie die Zuwendungen zur Finanzierung des Sachanlagevermögens bei der Ermittlung des beizulegenden Zeitwertes zu berücksichtigen sind. Im Fall der unmittelbaren Absetzung der Zuwendungen von den Anschaffungs- und Herstellungskosten könnte eine entsprechende Aufstockung vorzunehmen bzw. bei vorgenommener Bruttobilanzierung der gebildete Sonderposten dem Eigenkapital zuzurechnen sein.

IFRS 13.61 ff. regelt die – auch für Krankenhausimmobilien – zur Anwendung kommenden Bewertungstechniken. Danach sind der marktbasierte, der kostenbasierte sowie der einkommensbasierte Ansatz denkbar. In der heutigen Bewertungspraxis werden Krankenhausimmobilien überwiegend mittels des einkommensbasierten Ansatzes bewertet. Hierbei werden die beizulegenden Zeitwerte regelmäßig durch Ertragswertberechnungen hauptamtlicher Gutachter ermittelt. Soweit hierbei – wovon auszugehen ist – die ImmoWertV herangezogen wird, sind ggf. Adjustierungen vorzunehmen, um die Besonderheiten der Wertermittlung nach IFRS Rechnung zu tragen.

Im Rahmen der Bewertung ist von der bestmöglichen Verwendung einer Immobilie auszugehen (IFRS 13.28). Dies könnte zu dem Gedanken führen, dass andere Nutzungen als die als Krankenhaus zu höheren Wertansätzen führen. Die Umsetzung dieser Annahme scheitert aber im Regelfall schon am lokalen Baurecht.

Aufgrund der einkommensbasierten Methode wird der Ertragswert der Immobilie ermittelt. Vom Verkehrswert als beizulegendem Zeitwert unterscheidet sich dieser Wert dadurch, dass es sich um einen rechnerisch hergeleiteten Wert handelt und dieser nicht zwangsläufig einem am Markt erzielbaren Preis entsprechen muss. Er ist somit ein Referenzwert, der als Grundlage für die Überleitung zu einem Verkehrswert dient (vgl. Beck-IFRS-HB Jung/Hänel § 6 Rz. 87). Insoweit ist die in Deutschland gegebene duale Finanzierung und damit die Zuschussfinanzierung der Investitionskosten beachtlich.

Da die wirtschaftliche Sicherung der Krankenhäuser dadurch erfolgt, dass Investitionskosten im Wege der öffentlichen Förderung übernommen werden, steht die Förderung – auch wenn nach § 8 Abs. 2 Satz 1 KHG ein Anspruch auf Feststellung der Aufnahme in den Krankenhausbedarfsplan und in das Investitionsprogramm nicht besteht – im Rahmen des ermittelten Bedarfs allen im Krankenhausplan und Investitionsprogramm aufgenommenen Häusern zu. In diesem Sinne handelt es sich um keinen Zuschuss, der nur einer eingeschränkten Gruppe von Krankenhäusern gewährt werden kann, sondern die Investitionsfinanzierung stellt im Rahmen der dualen Finanzierung eine grundlegende Säule zur Erfüllung des Versorgungsauftrages von Bund, Ländern und Gemeinden dar.

Da der Erwerb von „Gebrauchtkrankenhäusern" nach den einzelnen Landeskrankenhausgesetzen nicht durch Investitionszuschüsse finanziert wird (die ursprüngliche Investition war ja bereits Gegenstand der Förderung) wird ein Erwerber nur die üblicherweise mit Eigenmitteln finanzierten Beträge bezahlen. Bei der Ermittlung des beizulegenden Zeitwertes sind daher die gewährten Zuwendungen wertmindernd zu berücksichtigen.

4.2.4 Restrukturierungsaufwendungen im Rahmen der Kaufpreisallokation

Insbesondere im Rahmen der Privatisierung von Krankenhausunternehmen kommt es zu Restrukturierungsmaßnahmen aufgrund der Eingliederung in das erwerbende Krankenhaus-Mutterunternehmen. Privatisierungen von Krankenhausunternehmen sind häufig mit einer Reorganisation und Reduzierung des Mitarbeiterbestands verbunden.

Besteht zum Zeitpunkt des Erwerbs des Krankenhausunternehmens ein Restrukturierungsplan, ist bereits auf Ebene des Einzelabschlusses des erworbenen Unternehmens eine Rückstellung für die gegenwärtige Verpflichtung zu bilden, wenn die Ansatzkriterien nach IAS 37.71 ff. bzw. nach HGB erfüllt sind. Hierbei sind die Ansatzkriterien gemäß IAS 37.72 anzuwenden (vgl. 3.3.8) bzw. die Ansatzkriterien nach HGB zugrunde zu legen.

Berücksichtigung im Rahmen der Kaufpreisallokation nach HGB

Restrukturierungsaufwendungen werden im HGB nicht gesondert aufgeführt.

Im DRS 23.58 wird geregelt, dass Rückstellungen für Restrukturierungsmaßnahmen nur dann in der Neubewertungsbilanz angesetzt werden dürfen, wenn hierfür im Zeitpunkt der erstmaligen Einbeziehung des erworbenen Unternehmens bereits eine Außenverpflichtung des erworbenen Unternehmens besteht (siehe auch DRS 23.B22).

Diese Außenverpflichtung kann allerdings als faktische Restrukturierungsverpflichtung bestehen, deren Bestehen bzw. Entstehen unabhängig vom konkreten Erwerber ist, sondern letztlich von jedem Erwerber als Minderung des Kaufpreises geltend gemacht würde oder ohne einen Verkauf sonst den Verkäufer treffen würde. Ein Indiz könnte sein, wenn die Parteien bereits im Kaufvertrag die Bereiche identifiziert haben, in denen ein Anpassungs-/Handlungsbedarf besteht oder sich ein Erwerber z. B. verpflichtet, die Geschäftstätigkeit in bestimmten Teilbereichen für eine bestimmte Zeit fortzuführen (vgl. StörkDeubert, in Beck (2020), § 301 Rz. 66).

Berücksichtigung im Rahmen der Kaufpreisallokation nach IFRS

Ein Restrukturierungsplan, dessen Durchführung an die Bedingung gebunden ist, dass das Krankenhausunternehmen in einem Unternehmenszusammenschluss erworben wird, stellt nach IFRS unmittelbar vor dem Unternehmenszusammenschluss keine gegenwärtige Verpflichtung des erworbenen Unternehmens dar. Es stellt unmittelbar vor dem Unternehmenszusammenschluss auch keine Eventualschuld des erworbenen Unternehmens dar, da es sich hierbei nicht um eine mögliche Verpflichtung aus einem vergangenen Ereignis handelt, deren Existenz durch das Eintreten oder Nichteintreten eines oder mehrerer unsicherer künftiger Ereignisse, die nicht vollständig unter der Kontrolle des erworbenen Unternehmens stehen, bedingt ist. Eine Schuld für derartige Restrukturierungspläne ist daher nicht vom Erwerber im Rahmen der Verteilung der Anschaffungskosten des Zusammenschlusses anzusetzen (IFRS 3.11).

Durch den Erwerber erwartete bzw. geplante Aufwendungen für vertraglich noch nicht fixierte Reorganisationen oder Mitarbeiterentlassungen sind nicht als Schuld zu erfassen, weil zum Erwerbszeitpunkt noch keine rechtliche Verpflichtung zur Durchführung dieser Maßnahmen besteht und insoweit keine Schuld vorliegt. Sie können demzufolge auch nicht im Rahmen der Kaufpreisallokation durch Ansatz einer Schuld berücksichtigt werden.

Allerdings ist aus unserer Sicht zu prüfen, ob beispielsweise hinsichtlich bestimmter Arbeitsverhältnisse sog. unvorteilhafte Verträge (IFRS 3.IE34), die bereits vor Erwerb bestanden, vorliegen, weil die entsprechenden Mitarbeiter nicht vergütungsadäquat eingesetzt werden oder weil gleiche Arbeit nach unterschiedlichen Tarifverträgen vergütet wird. Soweit ein unvorteilhafter Vertrag besteht, ist eine Rückstellung auch bereits im Rahmen der Kaufpreisallokation zu bilden (IAS 37.66 ff.).

4.2.5 Ermittlung der Anschaffungskosten bei sonstigen Verpflichtungen

Bei Transaktionen im Rahmen der Privatisierung von Krankenhäusern der öffentlichen Hand werden zwischen den Vertragsparteien neben dem Kaufpreis häufig zusätzliche Vereinbarungen getroffen, die den privaten Erwerber verpflichten, weitere Leistungen zu erbringen (sonstige Verpflichtungen), deren grundsätzliche Zuordnung zu den Anschaffungskosten als Bestandteil des Kaufpreises bzw. deren monetäre Bewertung problembehaftet sein kann. Beispiele solcher sonstigen Verpflichtungen können sein:

- Arbeitsplatzgarantien,
- Maßnahmen zur dauerhaften Sicherstellung der Grundversorgung der Bevölkerung mit Krankenhausdienstleistungen,
- Investitionen zur Sanierung und Weiterentwicklung des Krankenhauses
- Leistungen, die dem Charakter nach dem Bereich Zuschüsse, Spenden bzw. Sponsoring zuzuordnen sind, deren Nutznießer Dritte oder die Kommune selber ist,
- andere Investitionen in die öffentliche Infrastruktur (z. B. Kindergarten, Behindertenheime usw.).

Werden die Verpflichtungen durch das erworbene Unternehmen erfüllt, z. B. Arbeitsplatzgarantien, Realisierung eines Krankenhausneubaus, so führt dies später bei dem erworbenen Unternehmen zu einem Vermögensabfluss (z. B. durch Abschreibungen auf eigenmittelfinanzierte Investitionen) oder ein möglicher Nutzenzufluss wird hierdurch verhindert (z. B. durch vergleichsweise höhere Personalaufwendungen, da eine Arbeitsplatzgarantie gewährt wird). Es wird unterstellt, dass solche Verpflichtungen im ökonomischen Kalkül des Erwerbers kaufpreismindernd berücksichtigt wurden. Daher zählen solche Verpflichtungen, die durch das erworbene Unternehmen zu erfüllen sind, nicht zu den Anschaffungskosten als Bestandteil des Kaufpreises. Im Regelfall führen somit alle eingegangenen Verpflichtungen, die nicht zu einer Zahlung unmittelbar an den Veräußerer erfolgen, nicht zu Anschaffungskosten als Bestandteil des Kaufpreises im Rahmen des Unternehmenserwerbs, auch wenn sie aus Sicht des Veräußerers als Gesamtpaket gesehen werden.

4.2.6 Negativer Kaufpreis beim Erwerb von Krankenhäusern

HGB

Werden Krankenhäuser erworben, die in der Vergangenheit erhebliche Jahresfehlbeträge erzielt haben, kann es unter Umständen vorkommen, dass der Veräußerer Zuzahlungen an den Erwerber leistet. Das kann in der Form geschehen, dass der Erwerber tatsächlich keinen Kaufpreis zu leisten hat, sondern vom Veräußerer eine Zuzahlung für den Erwerb des Krankenhauses erhält, oder aber in der Form, dass der Erwerber zwar einen Kaufpreis zu zahlen hat, sich der Veräußerer aber im gleichen oder einem gesondert abgeschlossenen Vertrag dazu verpflichtet, bestimmte Zahlungen an den Erwerber zu leisten.

Für die Zuzahlungen können verschiedene Gründe ursächlich sein. Es können Zahlungen im Zusammenhang mit einer gesonderten Leistung des Erwerbers vorliegen, es kann sich aber auch wirtschaftlich gesehen um einen negativen Kaufpreis handeln.

Zunächst ist zu prüfen, ob der Zuzahlungsbetrag nicht Schuldcharakter hat, weil damit z. B. die Übernahme von Verpflichtungen oder sonstigen Leistungen des Erwerbers abgegolten werden.

Die Frage, die zur Beurteilung des wirtschaftlichen Hintergrundes der Leistung zu stellen sein wird, ist die, welcher Nutzen letztendlich welcher Partei dabei zukommt. In vielen Fällen wird es so sein, dass der Veräußerer darauf bedacht ist, nach außen hin unpopuläre Maßnahmen wie Personalkostensenkungen über Freisetzungen von Mitarbeitern oder Leistungskürzungen zu vermeiden. Im Gegensatz dazu wird sich ein Investor nicht bereit erklären, bei stark defizitären Häusern eine Arbeitsplatz- oder Weiterbeschäftigungsgarantie abzugeben, da eine Sanierung nur über deutliche Einsparungen im Sach- und Personalkostenbereich umzusetzen ist.

Werden daher noch nicht eindeutig konkretisierte Maßnahmen im Rahmen der Kaufpreisfindung berücksichtigt oder erfolgt eine pauschale Leistung zur Stützung des Geschäftsbetriebes für die Zeit nach der Übernahme bis zu einer durch den Erwerber noch konkret auszuarbeitenden Sanierungsmaßnahme, so kann tendenziell davon ausgegangen werden, dass hier eine Auswirkung auf den Kaufpreis und damit ggf. ein negativer Kaufpreis gegeben ist.

Anders stellt sich das Ganze dar, wenn mit der Leistung relativ konkrete Maßnahmen verbunden sind, die darauf hindeuten, dass ohne konkrete Umsetzung die Unternehmenstransaktion gar nicht stattgefunden hätte. Hier werden unter Umständen bewertbare Leistungen, die der Veräußerer zu erbringen gehabt hätte, auf den Erwerber verlagert, weil der in der Lage ist, diese in der Öffentlichkeit besser zu vertreten. Diese Maßnahmen können durchaus separierbare Leitungen zum Nutzen des Veräußerers darstellen, die vom Erwerbsvorgang zu trennen sind und damit ggf.

eine Verteilung der Vergütung auf den Zeitraum des Anfalls der entsprechenden Aufwendungen mit sich bringen.

Wie in allen Fällen von Unternehmenstransaktionen wird es im Einzelfall schwierig sein, eine exakte Trennung zwischen den vereinbarten Maßnahmen vorzunehmen. Oftmals sind konkrete Maßnahmen im Erwerbszeitpunkt noch gar nicht darzustellen. Umso wichtiger ist es, den wirtschaftlichen Hintergrund der einzelnen, im Erwerbsprozess getroffenen Regelungen zu hinterfragen, um Anhaltspunkte für eine möglichst korrekte Zuordnung der Leistungen zu erhalten. Letztendlich geht es in vielen Fällen um nicht unerhebliche Aufwendungen, bei denen eine Zuordnung auf den Erwerbsvorgang (Veränderung des Goodwills oder Entstehung eines negativen Unterschiedsbetrages) bzw. auf die Perioden des Anfalls der Aufwendungen einen nicht unwesentlichen Einfluss auf die Ertrags- und Vermögenslage haben kann.

Nach HGB ist der negative Kaufpreis beim Erwerber im Jahresabschluss des Mutterunternehmens erfolgsneutral zu berücksichtigen. Dies entspricht dem Realisationsprinzip und dem Grundsatz der erfolgsneutralen Anschaffungskostenbilanzierung. Nach der prinzipiell anzuwendenden Vorgehensweise erfolgt zunächst eine Abstockung von Aktiva bzw. Aufstockung von Passiva. Beim Erwerber scheidet eine Abstockung von Aktiva bzw. Aufstockung von Passiva beim Share Deal aus, da beim Erwerber einer Beteiligung an einer Kapitalgesellschaft nur eine Abstockung der Beteiligung selbst in Betracht kommt. Die Beteiligungen sind aufgrund des negativen Kaufpreises maximal mit einem Erinnerungswert in Höhe von EUR 1,00 zu aktivieren. In Höhe des negativen Kaufpreises (zuzüglich EUR 1,00 für den Beteiligungsbuchwert) erfolgt die erfolgsneutrale Bildung eines passiven Sonderpostens (DRS 23.28). Es ist unerheblich, dass der passive Ausgleichsposten nicht im Gliederungsschema des § 266 HGB vorgesehen ist. Nach § 265 Abs. 5 Satz 2 HGB besteht die Möglichkeit zur Einführung neuer Posten. Eine systemgerechte Erweiterung des Gliederungsschemas ist aufgrund des Realisationsprinzips sowie des Grundsatzes der erfolgsneutralen Anschaffungskostenbilanzierung zwingend erforderlich. (vgl. Scheunemann et al., Negativer Kaufpreis beim Unternehmenskauf, DB 2011, 201–205). Bei einem in Folge eines Share Deals gebildeten passiven Ausgleichsposten kann nur die Liquidation bzw. die Weiterübertragung der Beteiligung zu einer entsprechenden Auflösung des passiven Ausgleichspostens führen.

Im Konzernabschluss nach HGB wird der Sonderposten wie zusätzliches Eigenkapital des Tochterunternehmens behandelt und in die Kapitalverrechnung einbezogen, sodass sich hieraus eine Minderung des Geschäfts- oder Firmenwerts oder eine Erhöhung des Unterschiedsbetrags aus der Kapitalkonsolidierung ergibt (DRS 23.28).

Zur Behandlung eines passiven Unterschiedsbetrages verweisen wir auf Kapitel 4.2.7.

IFRS

Nach IFRS ist ebenfalls zu klären, ob ein negativer Kaufpreis vorliegt oder die Zahlung als Vergütung für eine bestimmte Leistung des Erwerbers zu würdigen ist. Zahlungen für Leistungen des Erwerbers sind korrespondierend zum Aufwand zu erfassen (vgl. Lüdenbach et al., Hauffe IFRS-Kommentar, 19. Auflage 2021, § 31 Rz. 145). Für den Fall, dass es sich auf Grund des wirtschaftlichen Hintergrundes der Leistung um einen negativen Kaufpreis handeln sollte, ist nach IFRS in einem ersten Schritt die vorgenommene Bewertung der Vermögenswerte und Schulden noch einmal zu überprüfen (IFRS 3.34 ff.). Verbleibt nach dieser Überprüfung ein negativer Unterschiedsbetrag, ist dieser im Erwerbszeitpunkt ergebniswirksam zu erfassen (IFRS 3.34 ff.; vgl. Lüdenbach et al., Hauffe IFRS-Kommentar, 19. Auflage 2021, § 31 Rz. 145).

4.2.7 Folgebewertung des Geschäfts- oder Firmenwertes bzw. des Unterschiedsbetrags aus der Kapitalkonsolidierung

HGB

Bei der Fortführung des Geschäfts- oder Firmenwerts ist zunächst zu prüfen, ob der ermittelte aktive Unterschiedsbetrag sog. technische Bestandteile enthält, die bereits im Rahmen der Erstkonsolidierung gesondert betrachtet werden können. So sind beispielsweise als Anschaffungsnebenkosten erfasste und damit zu einem aktiven Unterschiedsbetrag führende Gründungkosten im Konzern als Aufwand zu behandeln (DRS 23.110 f.). Ein aus entstehender Grunderwerbsteuer sich ergebender Unterschiedsbetrag ist dem jeweiligen Grundstück zuzuordnen (DRS 23.112). Soweit zwischen Entstehen des Mutter-Tochter-Verhältnisses und der erstmaligen Einbeziehung in den Konzern Verluste entstanden sind, sind diese dem Konzerngewinn- und Verlustvortrag zuzurechnen bzw. mit Konzerngewinnrücklagen zu verrechnen (DRS 23.113). Im Zusammenhang mit dem Unternehmenserwerb in Zusammenhang stehende Beratungskosten (z. B. aus Due Diligence Tätigkeiten) dürften regelmäßig nicht den Charakter von Anschaffungsnebenkosten haben, da diese Beratungskosten typischerweise vor der grundsätzlichen Kaufentscheidung anfallen. Entsprechend sind diese auch im Konzernabschluss als Aufwand zu behandeln und führen nicht zu einem – technischen – aktiven Unterschiedsbetrag (DRS 23.24).

Der Geschäfts- oder Firmenwert gilt über § 246 Abs. 1 Satz 4 HGB als zeitlich begrenzt nutzbarer Vermögensgegenstand und ist nach § 309 Abs. 1 i. V. m. § 253 Abs. 3 Satz 1 HGB über seine voraussichtliche Nutzungsdauer abzuschreiben. Hierzu muss zum Zeitpunkt der Erstkonsolidierung ein Abschreibungsplan erstellt werden, in dem die Nutzungsdauer und die Abschreibungsmethode festgelegt werden. Bei unterjährigem Zugang erfolgt eine zeitanteilige Abschreibung. Die Abschreibung erfolgt grundsätzlich linear, falls es keine objektiven Nachweise für einen anderen Abnutzungsverlauf gibt (DRS 23.119).

Für die Schätzung der voraussichtlichen Nutzungsdauer können folgende Anhaltspunkte relevant sein (DRS 23.121):

a) die voraussichtliche Bestandsdauer und Entwicklung des erworbenen Unternehmens einschließlich der gesetzlichen oder vertraglichen Regelungen
b) der Lebenszyklus der Produkte des erworbenen Unternehmens
c) die Auswirkungen von zu erwartenden Veränderungen der Absatz- und Beschaffungsmärkte sowie der wirtschaftlichen, rechtlichen und politischen Rahmenbedingungen auf das erworbene Unternehmen
d) die Höhe und der zeitliche Anfall von Erhaltungsaufwendungen, die erforderlich sind, um den erwarteten ökonomischen Nutzen des erworbenen Unternehmens zu realisieren sowie die Fähigkeiten des Unternehmens diese Aufwendungen aufzubringen
e) die Laufzeit wesentlicher Absatz- und Beschaffungsverträge des erworbenen Unternehmens
f) die voraussichtliche Dauer der Tätigkeit wichtiger Schlüsselpersonen für das erworbene Unternehmen
g) das erwartete Verhalten von (potentiellen) Wettbewerbern des erworbenen Unternehmens sowie
h) die Branche und deren zu erwartende Entwicklung

Sofern – in Ausnahmefällen – die voraussichtliche Nutzungsdauer nicht zuverlässig geschätzt werden kann, sind planmäßige Abschreibungen über einen Zeitraum von zehn Jahren vorzunehmen (§ 253 Abs. 3 Sätze 3 und 4 HGB). Diese Regelung gilt für Geschäfts- oder Firmenwerte, die aus Erwerbsvorgängen resultieren und Geschäftsjahre betreffen, die nach dem 31. Dezember 2015 begonnen haben, (Art. 75 Abs. 4 Satz 2 EGHGB). Im Anhang ist der Zeitraum zu erläutern, über den ein entgeltlich erworbener Geschäfts- oder Firmenwert abgeschrieben wird (§ 314 Abs. 1 Nr. 20 HGB). Im Fall einer voraussichtlich dauernden Wertminderung hat eine Abschreibung auf den niedrigeren beizulegenden Wert am Bilanzstichtag zu erfolgen (§ 309 Abs. 1 i.V.m. § 253 Abs. 3 Satz 5 HGB).

Folgende Anhaltspunkte können für die Beurteilung der Frage, ob eine voraussichtlich dauernde Wertminderung des Geschäfts- oder Firmenwerts vorliegt, relevant sein (DRS 23.126):

a) Im Jahresabschluss wurde die Beteiligung außerplanmäßig abgeschrieben.
b) Das interne Berichtswesen liefert substanzielle Hinweise dafür, dass die zu erwartende Ertrags- und Kostenentwicklung des Tochterunternehmens schlechter ist oder sein wird als erwartet.
c) Das Unternehmen weist eine Historie nachhaltiger, operativer Verluste auf (über mindestens 3 Jahre).
d) Die für die Bestimmung der betriebsgewöhnlichen Nutzungsdauer wesentlichen Faktoren haben sich im Vergleich zur ursprünglichen Annahme tatsächlich ungünstiger entwickelt.

e) Schlüsselpersonen aus den verschiedenen Bereichen, z.B. des Managements oder der Forschung des Tochterunternehmens, scheiden früher als erwartet aus dem Konzern aus.
f) Während der Periode sind signifikante Veränderungen mit nachteiligen Folgen für das Unternehmen im technischen, marktbezogenen, ökonomischen, rechtlichen oder gesetzlichen Umfeld, in welchem das Unternehmen tätig ist, eingetreten oder werden in der nächsten Zukunft eintreten.
g) Die Marktzinssätze oder andere Marktrenditen haben sich während der Periode erhöht und die Erhöhungen werden sich wahrscheinlich auf den Abzinsungssatz, der für die Berechnung des beizulegenden Zeitwerts herangezogen wird, auswirken und damit den beizulegenden Zeitwert wesentlich mindern.
h) Der Buchwert des Nettovermögens des Tochterunternehmens ist größer als seine Marktkapitalisierung.
i) Technische Veränderungen oder Veränderungen des rechtlichen Umfelds führen zu einer Verkürzung des Lebenszyklus der erworbenen Produktlinien.
j) Durch den unvorhergesehenen Wegfall von Teilmärkten hat sich das Marktpotential wichtiger Produktlinien wesentlich verringert.

Sofern einer oder mehrere dieser Anhaltspunkte vorliegen, ist die Werthaltigkeit des Geschäfts- oder Firmenwerts zu überprüfen und ggf. die Höhe der außerplanmäßigen Abschreibungen zu ermitteln.

Hierbei kann konzeptionell das folgende Schema angewendet werden (DRS 23.128):
Beizulegender Zeitwert der Beteiligung des Mutterunternehmens am Tochterunternehmen
./. anteiliger Zeitwert des Nettovermögens i. S. v. § 301 Abs. 1 Satz 2 HGB des Tochterunternehmens
= Beizulegender Wert des Geschäfts- oder Firmenwerts.

Zur Ermittlung des außerplanmäßigen Abschreibungsbedarfs kann vereinfachend der Zeitwert der Beteiligung am Tochterunternehmen mit der Summe aus dem Konzernbuchwert des Reinvermögens des Tochterunternehmens mit dem Restbuchwert des Geschäfts- oder Firmenwerts verglichen werden. Gegebenenfalls auf Anteile anderer Gesellschafter entfallende Anteile am beizulegenden Zeitwert des Tochterunternehmens sowie am Geschäfts- oder Firmenwert sind jeweils zu berücksichtigen. Sofern der Geschäfts- oder Firmenwert einzelnen oder mehreren Geschäftsfeldern zugeordnet wurde, ist die vorstehende Ermittlung des außerplanmäßigen Abschreibungsbedarfs des Geschäfts- oder Firmenwerts entsprechend differenziert durchzuführen (DRS 23.129 ff.).

Es besteht ein Wertaufholungsverbot bei Wegfall der Gründe für eine außerplanmäßige Abschreibung (§ 309 Abs. 1 i.V.m. § 253 Abs. 5 Satz 2 HGB).

Der passive Unterschiedsbetrag aus der Kapitalkonsolidierung ist gemäß § 301 Abs. 3 Satz 1 HGB unter dem Posten „Unterschiedsbetrag aus der Kapitalkonsolidierung" nach dem Eigenkapital auszuweisen. Wie mit diesem Posten in der Folgezeit umzugehen ist, wird in § 309 Abs. 2 HGB nur sehr allgemein geregelt. Dort heißt es, dass eine ergebniswirksame Auflösung erfolgen kann, soweit ein solches Vorgehen den Grundsätzen der §§ 297 und 298 in Verbindung mit den §§ 238 ff. HGB entspricht. Hierzu ist es erforderlich, die Ursachen für die Entstehung des Postens im Zeitpunkt der Erstkonsolidierung zu ermitteln und zu dokumentieren. Bei wirtschaftlicher Betrachtungsweise kann dieser Posten Eigen- oder Fremdkapitalcharakter haben. In bestimmten Ausnahmefällen kann sich dieser Posten auch aus der Konsolidierungstechnik ergeben. Dann spricht man von einem technischen passivischen Unterschiedsbetrag.

Zur Einordnung des Unterschiedsbetrags aus der Kapitalkonsolidierung sind die folgenden Kriterien zu beachten (vgl. DRS 23.139 ff.):

Charakter des Ausgleichsposten	Einordnungskritierien	Folgebilanzierung
Fremdkapital-charakter	a) Geplante Sanierungsmaßnahmen, die zu einer Minderung des Kaufpreises der Beteiligung geführt haben und sich bislang noch nicht im neubewerteten Eigenkapital niedergeschlagen haben b) absehbare negative Ertragsentwicklung oder konkrete Verlusterwartungen, die zu einer Kaufpreisminderung geführt haben c) Übernahme von zum handelsrechtlichen Erfüllungsbetrag bewerteten Rückstellungen d) Bewertung von Verbindlichkeiten des Tochterunternehmens zum beizulegenden Zeitwert	Auflösung entsprechend der entstehenden Aufwendungen oder Verluste bzw. wenn sich herausstellt, dass die erwarteten künftigen Aufwendungen oder Verluste nicht mehr eintreten werden.
Eigenkapital-charakter	Günstiger Gelegenheitskauf (lucky buy)	Vereinnahmung über die gewichtete durchschnittliche Restnutzungsdauer der erworbenen abnutzbaren Vermögensgegenstände. Vorzeitig darf die Vereinnahmung nur bei wesentlichen Abgängen erfolgen. Besteht das erworbene Vermögen zu einem wesentlichen Teil aus nicht abnutzbarem Vermögen, ist eine erfolgswirksame Auflösung bei außerplanmäßigen Abschreibungen oder dem Abgang möglich.
Technischer Unterschieds-beitrag	a) Gewinnthesaurierungen zwischen Entstehung des Mutter-Tochter-Verhältnisses und erstmaliger Einbeziehung b) Entstehung von neuen stillen Reserven oder Lasten im Zeitraum zwischen Entstehen des Mutter-Tochter-Verhältnisses und erstmaliger Einbeziehung c) Unterbewertung der Beteiligung an dem Tochterunternehmen bei Sacheinlagen oder -Tausch	Im Fall von Gewinnthesaurierungen ist der Unterschiedsbetrag unmittelbar in die Konzerngewinnrücklage oder den Konzernergebnisbeitrag einzustellen. Bei zusätzlichen stillen Reserven / Lasten erfolgt die ertragswirksame Auflösung entsprechend der Fortschreibung der erworbenen Vermögensgegenstände oder Schulden (individuell, über die Restnutzungsdauer gewichtet oder bei anteiliger Veräußerung der Beteiligung). Bei Unterbewertungen aufgrund Sacheinlagen / Tausch erfolgt die ertragswirksame Auflösung wie im Fall zusätzlicher stiller Reserven / Lasten (soweit keine Anpassung in der HB II erfolgte).

Abbildung 4.2.7-1: Charakter des Ausgleichspostens: Einordnungskriterien und Folgebilanzierung nach DRS 23.139 ff.

IFRS

Im Rahmen der Folgebewertung nach IFRS ist ein Impairmenttest des Geschäfts- oder Firmenwertes notwendig (IAS 36.9f.). Hierfür ist jährlich oder bei Anzeichen einer Wertminderung der erzielbare Betrag auf der Grundlage des beizulegenden Zeitwertes abzüglich Kosten der Veräußerung und/oder des Nutzungswertes für die zahlungsmittelgenerierende Einheit zu bestimmen.

Beizulegender Zeitwert abzüglich Kosten der Veräußerung

Die Bestimmung des beizulegenden Zeitwertes, der dem Veräußerungspreis entspricht (IAS 36.6, IFRS 13.9), abzüglich Kosten der Veräußerung, scheitert in den meisten Fällen daran, dass es an vergleichbaren Transaktionen mangelt. Es existiert für Krankenhäuser kein sogenannter aktiver Markt, der durch permanente Angebote und Nachfrage gekennzeichnet ist.

Daher muss der Veräußerungspreis größtenteils geschätzt werden. Der Schätzwert sollte hierbei den Abgangspreis repräsentieren, der für ein identisches Krankenhaus mit gleicher Altersstruktur, Erlösen und Finanzierung unter aktuellen Marktbedingungen in einem geordneten Geschäftsvorfall erzielt werden würde. Ein solcher Schätzpreis wird sich in der Praxis in den ersten Jahren nach dem Erwerb vorwiegend an den ursprünglichen Anschaffungskosten orientieren, sofern dem nicht gewichtige Gründe entgegenstehen.

In der Praxis findet aus den angesprochenen Gründen im Regelfall keine Ermittlung des erzielbaren Betrags als beizulegender Zeitwert abzüglich Veräußerungskosten statt.

Vor diesem Hintergrund wird der Bestimmung des Nutzungswertes eine größere Bedeutung beizumessen sein.

Nutzungswert

Der Nutzungswert ist der Barwert aller zukünftigen erzielbaren Einnahmeüberschüsse.

Die Prognosen der zukünftigen Cashflows sollen sich über einen Detailplanungszeitraum von maximal fünf Jahren erstrecken, es sei denn, dass ein längerer Zeitraum gerechtfertigt werden kann (IAS 36.33(b)). Für den sich an den Detailplanungszeitraum anschließenden Zeitraum erfolgt eine Schätzung der Cashflows unter Berücksichtigung einer im Regelfall gleich bleibenden oder rückläufigen Wachstumsrate, es sei denn, dass eine steigende Rate gerechtfertigt werden kann (IAS 36.33(c)).

Die betriebliche Praxis des Planungswesens zeigt, dass die geforderte Zuverlässigkeit über einen längeren Zeitraum in Krankenhausunternehmen durchaus gegeben sein kann. Bei der Planung der Erlösseite ist es nicht zu beanstanden, wenn das letzte aktuell verhandelte Budget mit den Krankenkassen (bei Plankrankenhäusern) zu Grunde gelegt wird und bei der Fortschreibung Veränderungsraten unterstellt werden, wie diese in der Vergangenheit zu verzeichnen gewesen sind. Die Erhöhung der Landesbasisfallwerte um den Orientierungswert bzw. die Konvergenz zu einem Bundesbasisfallwert sind zu beachten. Bei den Schätzungen der Zahlungsströme sind Chancen und Risiken gleichermaßen zu berücksichtigen; ein einseitiges Abstellen auf die Risiken ohne Berücksichtigung der Chancen ist nicht sachgerecht.

Bei der Planung der Zahlungsströme soll jedoch das Krankenhausunternehmen unterstellt werden, wie „es steht und liegt". Geplante Restrukturierungen, Investitionen usw. sollen nicht berücksichtigt werden. Die Auswirkungen für bereits durchgeführte oder begonnene Maßnahmen sind hingegen bei den Schätzungen einzubeziehen.

Siehe im Übrigen auch Kapitel 4.2.8. Weiterführende Hinweise finden sich auch in IDW RS HFA 40 Einzelfragen zur Wertminderung von Vermögenswerten nach IAS 36.

4.2.8 Ermittlung der zahlungsmittelgenerierenden Einheit (CGU) nach IFRS

Oftmals ist es nicht möglich, den Abschreibungsbedarf für einen einzelnen Vermögenswert zu ermitteln, da trotz des Vorliegens von Anhaltspunkten für eine Wertminderung eine Ermittlung des erzielbaren Betrages für den einzelnen Vermögenswert nicht vorgenommen werden kann. In diesem Fall ist nach IAS 36.66 der erzielbare Betrag der zahlungsmittelgenerierenden Einheit zu bestimmen, zu der der Vermögenswert gehört.

Ebenso muss zum Zweck der Überprüfung auf eine Wertminderung ein Geschäfts- oder Firmenwert, der bei einem Unternehmenszusammenschluss erworben wurde, vom Übernahmetag an jeder der zahlungsmittelgenerierenden Einheiten bzw. Gruppen von zahlungsmittelgenerierenden Einheiten des erwerbenden Unternehmens, die aus den Synergien des Zusammenschlusses Nutzen ziehen sollen, zugeordnet werden (IAS 36.80).

Die Frage, die sich daher stellt ist, wie im Krankenhausbereich eine zahlungsmittelgenerierende Einheit festzulegen ist. In der Regel ist es so, dass ein einzelner Vermögenswert keine bestimmbaren Mittelzuflüsse generiert. Erst die Summe der im Krankenhaus genutzten Vermögenswerte macht eine solche Zuordnung möglich. Daher wird meist auch das Krankenhaus selbst im Rahmen des eigentlichen Krankenhausbetriebes die kleinste identifizierbare Gruppe von Vermögenswerten i. S. von IAS 36.6 darstellen, die Mittelzuflüsse erzeugt, die weitgehend unabhängig von den Mittelzuflüssen anderer Vermögenswerte oder anderer Gruppen von Vermögenswerten ist. Eine CGU kann aber auch einem geographischen Gebiet, einem

Geschäftsbereich (Akutkrankenhäuser, Pflegeeinrichtungen) oder einem operativen Segment entsprechen (IAS 36.130(d)).

Bestehen unselbständige Hilfsbetriebe (Wäscherei, Verpflegung, Reinigung), ist es durchaus möglich, diese als einen separaten Geschäftsbereich und damit als eine eigenständige CGU zu definieren. Liegen damit Anzeichen für eine mögliche Wertminderung vor (z. B. Kündigung von wesentlichen Aufträgen von Dritten, interne Entscheidung zum Bezug von Drittleistungen), so ist der für Zwecke der Darstellung eines möglichen Wertminderungsaufwandes zu ermittelnde erzielbare Betrag auf dieser Ebene darzustellen. Dabei kann es durchaus vorkommen, dass im Falle eines den Buchwert übersteigenden erzielbaren Betrages einzelner Vermögenswerte, die bei einer isolierten Betrachtung einen Abwertungsbedarf auslösen könnten, dieser durch positive Beiträge anderer Vermögenswerte derselben CGU ausgeglichen wird.

Wichtig ist, dass die CGU von Periode zu Periode für die gleichen Vermögenswerte oder Arten von Vermögenswerten stetig zu identifizieren sind; das heißt, die einmal gewählte Abgrenzung der CGU ist beizubehalten, es sei denn, eine Änderung erscheint gerechtfertigt (IAS 36.72).

Nach IAS 36.76 umfasst der Buchwert der CGU, der für den Vergleich zur Ermittlung eines möglichen Wertminderungsaufwandes herangezogen wird, den Buchwert der Vermögenswerte, die direkt zugerechnet oder auf einer vernünftigen und stetigen Basis zugeordnet werden können. Unter die Vermögenswerte, die nicht direkt zugerechnet werden können, fallen z. B. Vermögenswerte des Unternehmens (z. B. Gebäude der Hauptverwaltung, EDV-Ausrüstung etc. – IAS 36.100). Die Einheiten, denen ein Goodwill zugeordnet wird, müssen bei Vorliegen eines Anzeichens und einmal jährlich auf Wertminderung getestet werden (IAS 36.90 bzw. IAS 36.88). Wenn sich ein Abwertungsbedarf ergibt (erzielbarer Betrag der Einheit kleiner als der Buchwert der Einheit), ist dieser nach IAS 36.104 zuerst dem Goodwill zuzuordnen und danach den anderen Vermögenswerten im Verhältnis ihrer Buchwerte. Bei der Zuordnung des Wertminderungsaufwandes darf der Buchwert eines Vermögenswertes nicht unter den höchsten Wert vom beizulegenden Zeitwert abzüglich Veräußerungskosten, Nutzungswert und Null angesetzt werden.

Wenn ein Geschäfts- oder Firmenwert einer CGU zugeordnet wurde, und ein Teil dieser Einheit veräußert wird, so ist der mit der veräußerten Einheit im Zusammenhang stehende Geschäfts- oder Firmenwert bei der Feststellung des Gewinns oder Verlustes aus der Veräußerung zu berücksichtigen und auf der Grundlage der relativen Werte des veräußerten Geschäftsbereichs und dem Teil der zurückbehaltenen CGU zu bewerten, es sei denn, eine andere Methode führt nachweisbar zu sachgerechteren Ergebnissen. Ein Beispiel dafür enthält IAS 36.86.

Wenn ein Unternehmen seine Berichtsstruktur in einer Art reorganisiert, die die Zusammensetzung einer oder mehrerer zahlungsmittelgenerierender Einheiten, zu denen ein Geschäfts- oder

Firmenwert zugeordnet ist, ändert, muss der Geschäfts- oder Firmenwert zu den Einheiten neu zugeordnet werden. Diese Neuzuordnung hat unter Anwendung eines relativen Wertansatzes zu erfolgen (IAS 36.87).

4.2.9 Konsolidierung gemeinnütziger Gesellschaften

Nach § 5 Abs. 1 Nr. 9 KStG sind Körperschaften, die nach der Satzung und nach der tatsächlichen Geschäftsführung ausschließlich und unmittelbar gemeinnützigen Zwecken dienen (§§ 51 bis 68 AO) von der Körperschaftsteuer befreit, soweit die Einnahmen nicht im Rahmen eines wirtschaftlichen Geschäftsbetriebes erzielt werden. Die Verfolgung gemeinnütziger Zwecke i. S. d. Vorschriften setzt u. a. voraus, dass die Tätigkeit der Körperschaft darauf gerichtet ist, die Allgemeinheit auf materiellem, geistigem oder sittlichem Gebiet selbstlos zu fördern (§ 52 Abs. 1 Satz 1 AO). Unter diesen Voraussetzungen ist nach § 52 Abs. 2 Nr. 3 AO die Förderung des öffentlichen Gesundheitswesens und der öffentlichen Gesundheitspflege – auch durch Krankenhäuser i. S. d. § 67 AO – als Förderung der Allgemeinheit anzuerkennen.

Ist eine gemeinnützige Körperschaft gesellschaftsrechtlich in einen Krankenhauskonzern eingebunden, so ist darauf zu achten, dass die tatsächliche Geschäftsführung (§ 63 AO) der gemeinnützigen Körperschaft mit den vorgegebenen satzungsmäßigen Zwecken (§ 60 AO) im Einklang steht (§ 63 Abs. 1 AO) und der Grundsatz der satzungsmäßigen Vermögensbindung (§ 61 AO) eingehalten wird. Letzterer soll sicherstellen, dass das im Rahmen der Gemeinnützigkeit gebildete Vermögen ausschließlich für die steuerbegünstigten Zwecke verwendet wird. Hierdurch wird formell der Grundsatz der Selbstlosigkeit (§ 55 AO) verankert. § 55 Abs. 1 Nr. 4 AO schreibt zwingend vor, dass das Vermögen im Fall der Auflösung oder Aufhebung der Körperschaft oder bei Wegfall ihrer bisher steuerbegünstigten Zwecke steuerunschädlich nur für steuerbegünstigte Zwecke verwendet oder an andere ebenfalls steuerbegünstigte Körperschaften übertragen werden darf. Dieses Gebot der Selbstlosigkeit schließt somit eine gemeinnützigkeitsunschädliche Gewinnausschüttung an nicht steuerbegünstigte Gesellschafter aus.

Diese Regelungen sind bei der Beurteilung der Vollkonsolidierung im sog. Share Deal erworbener gemeinnütziger Krankenhausgesellschaften zu berücksichtigen. Grundsätzlich sollten auch in diesem Fall die Voraussetzungen für die Einbeziehung in einen Konzernabschluss nach HGB bzw. IFRS gegeben sein, da dem Gesellschafter die Mehrheit der Stimmrechte zustehen (§ 290 HGB) bzw. auch die weiteren Voraussetzungen des IFRS 10 vorliegen werden (vgl. zu den Voraussetzungen für die Vollkonsolidierung Kapitel 4.1.3). Die Aufgabe der Gemeinnützigkeit hat die im Folgenden zu betrachtenden steuerlichen Auswirkungen.

Verstöße gegen Allgemeinbestimmungen des Gemeinnützigkeitsrechts (z. B. Mittelfehlverwendung im Rahmen der tatsächlichen Geschäftsführung in einem Veranlagungszeitraum) führen grundsätzlich zum Verlust der einschlägigen Steuervergünstigungen für diesen Besteuerungszeitraum. Gravierende Verstöße gegen die o. g. Vermögensbindung hingegen führen zu einer rückwirkenden Nachversteuerung für die letzten zehn Jahre. § 61 Abs. 3 AO regelt hierzu, dass eine nachträglich geänderte Bestimmung über die Vermögensbindung, die nicht mehr den Anforderungen des § 55 Abs. 1 Nr. 4 AO entspricht, von Anfang an als steuerlich nicht ausreichend gilt. § 175 Abs. 1 Satz 1 Nr. 2 AO (rückwirkendes Ereignis) ist dann mit der Maßgabe anzuwenden, dass Steuerbescheide erlassen, aufgehoben oder geändert werden können, soweit sie Steuern betreffen, die innerhalb der letzten zehn Kalenderjahre vor der Änderung der Bestimmung über die Vermögensbindung entstanden sind. Insbesondere zu beachten ist jedoch darüber hinaus, dass hinsichtlich der tatsächlichen Geschäftsführung § 63 Abs. 2 AO vorsieht, dass sinngemäß § 60 Abs. 2 AO und im Hinblick auf eine Verletzung der Vorschrift über die Vermögensbindung die Regelung des § 61 Abs. 3 AO entsprechend gilt. Entsprechende Ausführungen hierzu enthalten auch die Ausführungen zu § 61 AEAO.

Die Finanzverwaltung geht bei Vorliegen der o. g. Voraussetzungen regelmäßig von einem zehnjährigen Nachversteuerungszeitraum aus. Ergeben sich in den einzelnen Jahren positive Steuerbemessungsgrundlagen, so kann es zu erheblichen Steuernachzahlungen kommen. Darüber hinaus ist der nicht zu unterschätzende Aufwand aus der nachträglich erforderlichen Ermittlung der Steuerbemessungsgrundlagen anhand von Steuerbilanzen bzw. steuerlichen Überleitungsrechnungen zu beachten.

Ergeben sich aus dem Nachversteuerungszeitraum allerdings steuerliche Verlustvorträge, so hat die Praxis gezeigt, dass sich die Finanzverwaltung in solchen Fällen schwer tut, diese anzuerkennen und festzustellen. Dennoch gebietet die Auslegung der Vorschriften eine entsprechende Gleichbehandlung, da die bisher gemeinnützige Körperschaft im Falle des Verstoßes gegen die Vermögensbindung bzw. die tatsächliche Geschäftsführung, so zu stellen ist, als ob sie von Beginn des Nachversteuerungszeitraumes an uneingeschränkt steuerpflichtig gewesen wäre (Nr. 7 zu § 61 AEAO).

Bei in der Vergangenheit erfolgtem Erwerb einer gemeinnützigen Körperschaft durch einen Krankenhauskonzern sind hierbei allerdings die Verlustnutzungsbeschränkungen des § 8c KStG zu beachten, die zu einer Versagung der Verlustnutzung führen können. Dies gilt ebenso für die GewSt (§ 10a Satz 10 GewStG).

Die Feststellung und Nutzungsmöglichkeit solcher Verlustvorträge ist insbesondere auch im Hinblick auf die Bildung eines Aktivpostens für latente Steuern auf Verlustvorträge nach IAS 12.34-36 bzw. § 274 Abs. 1 Satz 4 HGB zu beachten.

4.2.10 Einheitliche Bilanzierung und Bewertung der Fördermittel und der Überlieger

Da für den Konzernabschuss der Grundsatz einheitlicher Bilanzierung (§ 300 HGB) und der Grundsatz der einheitlichen Bewertung (§ 308 HGB) gilt, muss durch die Vorgabe entsprechender Richtlinien gewährleistet sein, dass entweder bereits der Jahresabschluss der einbezogenen Unternehmens nach den Grundsätzen einheitlicher Bilanzierung und Bewertung aufgestellt wurde oder es muss auf Konzernebene eine entsprechende Überleitungsrechnung erstellt werden. Dies beinhaltet auch die einheitliche Bilanzierung und Bewertung der Fördermittel sowie die Bewertung der sogenannten Überlieger. Entsprechendes gilt für die Rechnungslegung nach IFRS (IFRS 10.B87).

Für die Bilanzierung der investiven Fördermittel ist konzerneinheitlich festzulegen, ob die empfangenen Fördermittel vom Buchwert der Vermögenswerte abzusetzen sind oder als passivischer Abgrenzungsposten darzustellen sind (IAS 20.24).

Für die Bilanzierung und Bewertung der Überlieger nach HGB ist einheitlich festzulegen, ob die Bewertung anhand des pauschalierten Verfahrens (Variante 1) oder anhand der detaillierten Kostenermittlung auf der Grundlage des InEK-Datensatzes (Variante 2) erfolgen soll. Aufgrund des Realisationsprinzips ist die Umsatzrealisation erst bei Abschluss der Behandlung möglich. Zu den Neuerungen, die sich aufgrund der Einführung des aDRG und der damit zusammenhängenden Ausgliederung und Abrechnung der Pflegepersonalkosten der Krankenhäuser zum 1 Januar 2020 verweisen wir auf Kapitel 2.1.4.

Bei Bilanzierung nach IFRS ist festzulegen, ob nach IFRS 15 eine zeitraum- oder eine zeitpunkbezogene Erlösrealisierung zu erfolgen hat. Auch hier hat eine Differenzierung für die Abrechnung des neu eingeführten aDRG und der Abrechnung der Pflegepersonalkosten zum 1. Januar 2020 zu erfolgen (vgl. hierzu weitergehend Kapitel 3.3.3. und 3.3.4).

4.2.11 Kaufpreisanpassungsklauseln

Im Rahmen von Unternehmenstransaktionen und damit auch beim Erwerb von Krankenhausunternehmen ist es nicht unüblich, dass Kaufpreisanpassungsklauseln vereinbart werden. Diese können den Charakter von Wertsicherungsklauseln haben, aber auch mit dem Erreichen bestimmter Leistungsindikatoren in Zusammenhang stehen. Wertsicherungsklauseln können darin bestehen, dass ein Ausgleichsmechanismus zwischen Käufer und Verkäufer vereinbart wird,

a) wenn das Eigenkapital des erworbenen Unternehmens zum Erwerbszeitpunkt eine bestimmte Höhe über- oder unterschreitet oder
b) wenn der Wert konkreter Vermögensgegenstände oder Schulden des erworbenen Unternehmens zum Erwerbszeitpunkt unter oder über dem Buchwert liegt

oder vergleichbare Regelungen dazu (DRS 23.29).

Kaufpreisanpassungen für das Erreichen bestimmter Leistungsindikatoren durch das Tochterunternehmen nach dem Übergang des wirtschaftlichen Eigentums werden als „earn-out-Klauseln" bezeichnet. Beispiele hierfür können das Erreichen bestimmter Umsatz- oder Renditeziele sein (EBIT, EBITDA etc.).

HGB

Es stellt sich nun die Frage, welche Auswirkungen Zahlungen aufgrund von Kaufpreisanpassungsklauseln ggf. auf die Kapitalkonsolidierung haben.

Zahlungen des Verkäufers im Zusammenhang mit Wertsicherungsklauseln führen zu Anschaffungspreisminderungen, Zahlungen des Käufers zu nachträglichen Anschaffungskosten (DRS 23.29). Soweit die Kaufpreisanpassung in der Neubewertung eines Vermögensgegenstands, einer Schuld etc. begründet ist, ist die Kaufpreisanpassung dem Vermögensgegenstand etc. zuzuordnen. In allen anderen Fällen ist der Anpassungsbetrag ausschließlich dem Geschäfts- oder Firmenwert oder dem passiven Unterschiedsbetrag zuzuordnen. Die jeweilige Zuordnung erfolgt hierbei retrospektiv auf den Erwerbszeitpunkt. Die Differenz zwischen der Kaufpreisanpassung und den fortgeführten Werten des Geschäfts- oder Firmenwerts bzw. des passiven Unterschiedsbetrags oder ggf. anderer Vermögensgegenstände und Schulden vor und nach der Kaufpreisanpassung ist erfolgswirksam zu erfassen (DRS 23.160 f.).

Erfolgen die Zahlungen vom Verkäufer an das erworbene Unternehmen oder vom erworbenen Unternehmen an den Verkäufer, ändern sich weder die Anschaffungskosten des Mutterunternehmens noch das Eigenkapital des Tochterunternehmens. Entspricht die Höhe der Ausgleichszahlung nicht dem Betrag der Wertänderung im Vermögen des Tochterunternehmens, an die sie anknüpft, ist die sich ergebende Differenz erfolgswirksam zu erfassen. Konsequenzen für die Kapitalkonsolidierung ergeben sich somit nicht (DRS 23.30).

Sofern mögliche Zahlungen vom Käufer an den Verkäufer im Zusammenhang mit earn-out-Klauseln verlässlich bewertet werden können und der Bedingungseintritt wahrscheinlich ist, sind diese als Rückstellungen zu passivieren und als Erhöhung der Anschaffungskosten der Anteile im Erwerbszeitpunkt zu berücksichtigen. Andernfalls sind sie nachträgliche Anschaffungskosten der

Anteile und auch noch nach dem Ein-Jahres-Zeitraum bei der Kapitalkonsolidierung zu berücksichtigen (DRS 23.31). Die Erfassung im Rahmen der Anschaffungskosten hat unabhängig vom Zeitpunkt der Rückstellungspassivierung zum Barwert zu erfolgen, so dass die spätere Aufzinsung erfolgswirksam wird (DRS 23.32).

IFRS

In IFRS 3 sind Fälle der Bilanz- bzw. Eigenkapitalgarantie nur rudimentär behandelt. Die Nichteinhaltung eines garantierten Betrags zum Erwerbszeitpunkt wirkt auf diesen zurück. Spätere Wertänderungen sind in analoger Anwendung von IFRS 3.27 und IFRS 3.57 zu erfassen (vgl. Lüdenbach et al. (2021), Hauffe IFRS-Kommentar, 19. Auflage, § 31 Rz. 67 f.). Entschädigungsleistungen, die aufgrund der Garantie des Wertes bestimmter Posten zum Erwerbszeitpunkt vom Verkäufer zu leisten sind, sind zum Erwerbszeitpunkt zu erfassen (IFRS 3.27). Veränderungen des Wertes dieser Entschädigungsforderungen sind in späteren Perioden erfolgswirksam zu behandeln (IFRS 3.57). Nach IFRS sind die sich aus earn-out-Klauseln ergebenden Kaufpreisanpassungen im Zeitpunkt der Erstkonsolidierung mit ihrem beizulegenden Zeitwert im Regelfall als bedingte Verbindlichkeit anzusetzen (IFRS 3.39). Das heißt, es ist eine Bewertung des voraussichtlich zu zahlenden zusätzlichen Kaufpreises vorzunehmen und dieser Betrag ist als Verbindlichkeit zu passivieren. Ergeben sich innerhalb des Zwölf-Monats-Zeitraums bessere Erkenntnisse, sofern diese werterhellenden Charakter haben, wird die auf den Erwerbszeitpunkt passivierte Verbindlichkeit angepasst. Entsprechend ändern sich der Geschäfts- oder Firmenwert bzw. der passive Unterschiedsbetrag. Soweit die Veränderung aus nacherwerblichen wertändernden Ereignissen innerhalb des Zwölf-Monats-Zeitraums resultiert, ist die Verbindlichkeit erfolgswirksam anzupassen. Entsprechendes gilt für sämtliche Änderungen des beizulegenden Zeitwerts der Verbindlichkeit nach Ablauf des Zwölf-Monats-Zeitraums. Diese sind erfolgswirksam vorzunehmen (IFRS 3.58 (b)).

Während also nach Handelsrecht auf earn-out-Klauseln beruhende Kaufpreisanpassungen – bis auf Zinseffekte – erfolgsneutral sind, ergibt sich nach IFRS die Erfolgsneutralität nur bei werterhellenden Erkenntnissen innerhalb des Zwölf-Monats-Zeitraums; alle anderen Veränderungen sind erfolgswirksam und verbessern bzw. belasten das Konzernergebnis entsprechend.

5. Lagebericht und Konzernlagebericht

5.1 Allgemeine Regelungen und Grundsätze

Aufstellungspflicht

Mittelgroße und große Kapitalgesellschaften und diesen nach § 264a Abs. 1 HGB gleichgestellte mittelgroße und große Personenhandelsgesellschaften haben gem. § 264 Abs. 1 Satz 1 HGB einen Lagebericht als eigenständiges Element der externen Rechnungslegung aufzustellen. Sofern es sich um Tochterunternehmen handelt, kann unter Inanspruchnahme der Befreiungsregelungen der § 264 Abs. 3 bzw. § 264b HGB auf die Aufstellung verzichtet werden.

Kleine Kapitalgesellschaften, Personenhandelsgesellschaften mit einer vollhaftenden natürlichen Person als Gesellschafter sowie Krankenhäuser, die ausschließlich nach KHBV Rechnung legen, brauchen demgemäß keinen Lagebericht aufzustellen. Sie können dies freiwillig tun, bei Gesellschaften mit überwiegend öffentlicher Anteilseignerstruktur ist die Aufstellung eines Lageberichts häufig auch verpflichtend in Gesellschaftsvertrag oder Satzung festgelegt.

Die Pflicht zur Aufstellung eines Konzernlageberichts betrifft gem. § 290 HGB alle in der Rechtsform der KapGes/KapCoGes geführten Mutterunternehmen, sofern sie nicht über die §§ 291, 292 bzw. 293 HGB befreit sind. Auch zu einem nach internationalen Grundsätzen aufgestellten Konzernabschluss ist ein Konzernlagebericht aufzustellen. Dasselbe gilt für Gesellschaften zum Beispiel in der Rechtsform der Stiftung, des Vereins oder der Anstalt des öffentlichen Rechts, wenn diese nach § 11 PublG konzernrechnungslegungspflichtig sind.

Inhaltliche Regelungen

Die handelsrechtlich erforderlichen Inhalte der Lageberichterstattung sind in den §§ 289 ff. und § 315 ff. HGB geregelt. Die gesetzlichen Vorschriften haben sich im Laufe der letzten Jahre insbesondere im Rahmen der Umsetzung von EU-Richtlinien in deutsches Recht geändert. So ist nach dem im Juli 2015 in Kraft getretenem BilRUG der Nachtragsbericht, der bislang Bestandteil des Lageberichts war und in dem über Vorgänge von besonderer Bedeutung nach Schluss des Geschäftsjahres und deren finanzielle Auswirkungen zu berichten ist, nicht mehr Bestandteil des Lageberichts, sondern gemäß dem neuen § 285 Nr. 33 HGB in den Anhang aufzunehmen. Des Weiteren ergab sich durch das Gesetz zur Stärkung der nichtfinanziellen Berichterstattung der Unternehmen in ihren Lage- und Konzernlageberichten (CSR-Richtlinie-Umsetzungsgesetz) vom 11. April 2017 für die von der Richtlinie betroffenen Unternehmen eine Erweiterung der Berichterstattungspflichten in Bezug auf nichtfinanzielle Informationen. Ziel dieser Richtlinie war es, dem globalen Trend folgend, höhere Transparenz in Bezug auf ökologische und soziale Aspekte der Aktivitäten europäischer Unternehmen zu schaffen. Die neu eingeführte nichtfinanzielle Erklärung hat die Darstellung von Umwelt-, Sozial- und Arbeitnehmerbelangen sowie Ausführungen zur Achtung der Menschenrechte und der Bekämpfung von Korruption und Bestechung zu enthalten.

Neben den zitierten Vorschriften, die die wesentlichen Inhalte der Berichterstattung beinhalten, wird durch eingeräumte Wahlrechte ermöglicht, bestimmte Anhangangaben wie bspw. zur Bildung von Bewertungseinheiten im Lagebericht anstatt im Anhang zu machen, wo sie mit ähnlichen bzw. sich überschneidenden Berichtspflichten der §§ 289, 315 HGB zusammengefasst werden können.

Die vergleichsweise wenigen gesetzlichen Regelungen werden durch die Vorschriften des Deutschen Rechnungslegungsstandards Nr. 20 (DRS 20) ergänzt. Unter den Anwendungsbereich dieses Standards fällt zunächst nur der Konzernlagebericht, eine Anwendung wird darüber hinaus jedoch auch für den Lagebericht gemäß § 289 HGB empfohlen. Damit ist zwar nicht jede einzelne Vorschrift des DRS 20 für einen Lagebericht gem. § 289 HGB anwendbar, grundsätzlich gelten seine Regelungen aber als Maßstab, soweit es sich um die Auslegung der allgemeinen gesetzlichen Grundsätze der Lageberichterstattung handelt und die gesetzlichen Vorschriften der §§ 289, 315 HGB übereinstimmen. In diesen Fällen wird durch die Beachtung der einschlägigen Vorschriften des DRS 20 auch die Einhaltung der gesetzlichen Vorgaben des § 289 HGB als gegeben betrachtet.

Die gesetzlichen Regelungen sehen abgestufte Berichterstattungspflichten vor. § 289 Abs. 1 und 2 Nr. 1–3 bzw. § 315 Abs. 1 und 2 regeln die von allen Gesellschaften zu beachtenden Elemente. Dabei ist zu beachten, dass § 289 Abs. 2 im Rahmen des BilRUG von einer Soll-Vorschrift zu einer Muss-Vorschrift geworden ist. Der höhere Informationsbedarf bei großen bzw. börsennotierten Gesellschaften wird durch zusätzliche Angaben, normiert in den §§ 289 Abs. 3 und 4 und die mit dem CSR-Richtlinie-Umsetzungsgesetz modifizierten bzw. neu eingefügten §§ 289a bis f HGB, berücksichtigt. Die korrespondierenden Vorschriften in den §§ 315 ff. HGB wurden entsprechend geändert. Der DRS 20 sieht ebenfalls abgestufte Berichterstattungspflichten vor und kennzeichnet die Elemente, die für kapitalmarktorientierte Mutterunternehmen zu beachten sind, mit einem K. Daneben enthält er in Tz. 34 ein allgemeines Konzept der Informationsabstufung.

Bestandteile von Lagebericht/Konzernlagebericht

Als Ausgangspunkt für die Darstellung der Lage dienen Angaben zu den Grundlagen des Konzerns bzw. der Einzelgesellschaft. Zu den darzustellenden Grundlagen gehören gemäß DRS 20 Angaben zum Geschäftsmodell, zu Zielen und Strategien, zum Steuerungssystem und den Aktivitäten im Bereich Forschung und Entwicklung. Hierbei sind Angaben zu Zielen und Strategien freiwilliger Natur und die Erläuterung des Steuerungssystems nur für kapitalmarktorientierte Unternehmen vorgeschrieben. Die gem. § 289 Abs. 2 Nr. 3 HGB erforderlichen Angaben zu den bestehenden

Zweigniederlassungen können ebenfalls an dieser Stelle erfolgen. Wesentliche Änderungen der Grundlagen im Zeitablauf sind darzustellen und zu erläutern. Sofern diese Informationen für den Adressaten wesentlich sind, sind hierbei quantitative Angaben erforderlich.

Nach den einleitenden Grundlagen folgt als Hauptteil der vergangenheitsbezogenen Berichterstattung der Wirtschaftsbericht. Gemäß § 289 HGB sind hier ausgehend von gesamtwirtschaftlichen und branchenbezogenen Rahmenbedingungen der Geschäftsverlauf einschließlich des Geschäftsergebnisses und die wirtschaftliche Lage der Gesellschaft so darzustellen, dass ein den tatsächlichen Verhältnissen entsprechendes Bild der Vermögens-, Finanz- und Ertragslage vermittelt wird.

Der Wirtschaftsbericht muss eine ausgewogene und umfassende, dem Umfang und der Komplexität der Geschäftstätigkeit entsprechende Analyse des Geschäftsverlaufs und der Lage der Gesellschaft enthalten, in die bedeutsame finanzielle Leistungsindikatoren – bei großen Kapitalgesellschaften auch nichtfinanzielle Leistungsindikatoren wie z. B. Informationen zu Umwelt-, Kundenzufriedenheit und Arbeitnehmerbelangen – einzubeziehen und unter Bezugnahme auf die im Jahresabschluss ausgewiesenen Beträge und Angaben zu erläutern sind. Dabei sind die in der Vorperiode enthaltenen Prognosen mit dem tatsächlichen Verlauf der Geschäftsentwicklung zu vergleichen.

Neben der Berichterstattung über die abgelaufene Periode ist zudem im Lagebericht die zukünftige Entwicklung mit ihren wesentlichen Chancen und Risiken aus Sicht der Geschäftsleitung darzustellen. Darüber hinaus werden Prognosen zum zukünftigen Geschäftsverlauf und zur Lage gemacht und zu einer Gesamtaussage verdichtet. Der DRS 20 sieht hierbei sowohl die Möglichkeit der getrennten Berichterstattung über Prognosen, Chancen und Risiken vor, gestattet aber auch explizit das Zusammenfassen dieser Berichtsteile.

Werden Finanzinstrumente verwendet, so sind Angaben hinsichtlich Risiken und Risikomanagement in Bezug auf deren Einsatz grundsätzlich gesondert zu machen. Die Integration dieser Angaben in den allgemeinen Chancen-/Risikobericht kann erfolgen, sofern hierdurch nicht die Klarheit und Übersichtlichkeit des Lageberichts beeinträchtigt wird.

Bei kapitalmarktorientierten Unternehmen sind über die oben beschriebenen Darstellungen hinaus im Lagebericht die wesentlichen Merkmale des internen Kontroll- und Risikomanagement-Systems im Hinblick auf den Rechnungslegungsprozess zu beschreiben. Der mit dem CSR-Richtlinie- Umsetzungsgesetz geänderte § 289a HGB beinhaltet die Angaben nach dem Wertpapiererwerbs- und Übernahmegesetz. Die bereits eingangs erläuterte nichtfinanzielle Erklärung, die für Geschäftsjahre beginnend nach dem 31. Dezember 2016 abgegeben werden muss, ist nunmehr Bestandteil der §§ 289b bis e HGB, die nach § 289a HGB a. F. abzugebende Erklärung zur Unternehmensführung ist neu in § 289f HGB enthalten und wurde um das sogenannte Diversitätskonzept ergänzt.

Über diese Bestandteile hinaus kann der Lagebericht weitere, zum Teil freiwillige Angaben enthalten, die aus Sicht der Geschäftsleitung den externen und internen Adressaten zur Verfügung gestellt werden sollen.

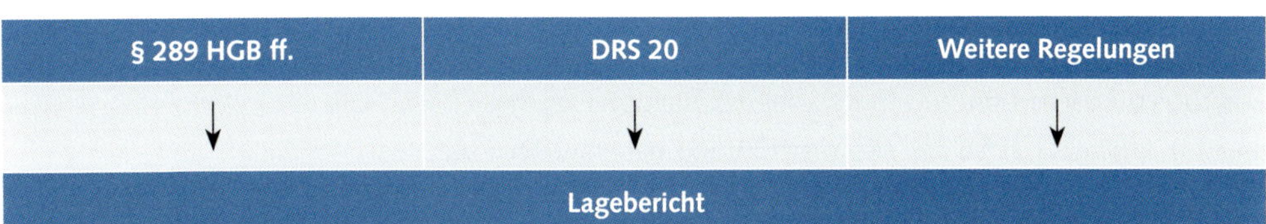

§ 289 Abs. 1 HGB:

- Geschäftsverlauf einschließlich Geschäftsergebnis und Lage der Kapitalgesellschaft so darstellen, dass ein den tatsächlichen Verhältnissen entsprechendes Bild vermittelt wird
- Analyse des Geschäftsverlaufes und der Lage der Gesellschaft unter Einbeziehung der bedeutsamsten finanzieller Leistungsindikatoren unter Bezugnahme auf den Jahresabschluss
- Beurteilung und Erläuterung der voraussichtlichen Entwicklung mit wesentlichen Chancen und Risiken unter Angabe zugrunde liegender Annahmen

§ 289 Abs. 2 HGB:

- Risikomanagementziele und -methoden, Sicherungsstrategien, Preisänderungs-, Ausfall- und Liquiditätsrisiken, Risiken aus Zahlungsschwankungen jeweils in Bezug auf die Verwendung von Finanzinstrumenten
- Bereich Forschung und Entwicklung
- Bestehende Zweigniederlassungen der Gesellschaft
- Sofern zutreffend Verweis auf die Angaben im Anhang zu eigenen Aktien

§ 289 Abs. 3 HGB:
Bei großer Kapitalgesellschaft zusätzlich: nichtfinanzielle Leistungsindikatoren, wie Informationen über Umwelt- und Arbeitnehmerbelange, soweit bedeutend

§ 289 Abs. 4 HGB:
Kapitalmarktorientierte Unternehmen zusätzlich: Darstellung der wesentlichen Merkmale des internen Kontroll- und des Risikomanagement-Systems im Hinblick auf die Rechnungslegung

§ 289a HGB ff:

- Ergänzende Angaben für Aktiengesellschaften/Kommanditgesellschaften auf Aktien im Falle der Inanspruchnahme eines organisierten Marktes (§ 289a Abs. 1 HGB)
- Nichtfinanzielle Erklärung für kapitalmarktorientierte große Unternehmen mit über 500 Mitarbeitern (§ 289b bis e HGB)
- Erklärung zur Unternehmensführung (§289f HGB)

Weitere Regelungen aus Gesetz / Satzung / Gesellschaftsvertrag:

Beispiel § 312 Abs. 3 AktG: Schlusserklärung aus dem Bericht des Vorstandes über Beziehungen zu verbundenen Unternehmen (Abhängigkeitsbericht), ist auch in den Lagebericht aufzunehmen

Abbildung 5.1-1: Inhalt des Lageberichts

Lageberichtstypische und lageberichtsfremde Angaben

Den aktuellen Entwicklungen folgend werden in (Konzern-)Lageberichten vermehrt Ausführungen zu Sachverhalten gemacht, die weder vom HGB noch vom DRS 20 gefordert werden. Diese Tendenz hat dazu geführt, dass bei der Lageberichterstattung nunmehr in lageberichtstypische und lageberichtsfremde Angaben differenziert wird. Die lageberichtstypischen Angaben werden weiter unterschieden in die vom Abschlussprüfer zu prüfenden Angaben und diejenigen Angaben, bei denen der Abschlussprüfer nur deren Vorhandensein prüft, aber keine inhaltliche Prüfung der Angabe zu erfolgen hat wie bspw. bei der nichtfinanziellen Erklärung nach § 289b Abs. 1 HGB oder der Erklärung zur Unternehmensführung nach § 289f Abs. 1 Satz 1 HGB.

Für den Umgang mit den nicht zu prüfenden Angaben bestehen seitens der Wirtschaftsprüferpraxis die Vorgaben, diese Angaben im Lagebericht eindeutig als ungeprüft kennzeichnen zu lassen und dann im Bestätigungsvermerk durch einen einfachen Hinweis aus dem Prüfungsumfang auszunehmen. Sollte keine Kennzeichnung im Lagebericht erfolgen, so hat der Wirtschaftsprüfer diese ungeprüften Angaben im Bestätigungsvermerk detailliert aufzulisten. Alternativ käme auch eine Erweiterung des Prüfungsauftrags um die Prüfung dieser Angaben in Betracht.

Zusammenfassung von Lagebericht und Konzernlagebericht

Gemäß § 315 Abs. 5 i. V. m. § 298 Abs. 2 HGB ist die Zusammenfassung des Konzernlageberichts mit dem Lagebericht des Mutterunternehmens zulässig. In diesem Fall muss jedoch klar erkennbar sein, welche Bereiche sich auf den Jahres- und welche sich auf den Konzernabschluss beziehen. Als weitere Voraussetzung für die Zusammenfassung muss eine gemeinsame Offenlegung von Jahres- und Konzernabschluss des Mutterunternehmens erfolgen. Der zusammengefasste Lagebericht muss sämtliche Informationen enthalten, die für das Verständnis sowohl der Lage des Konzerns insgesamt als auch des Mutterunternehmens für sich genommen notwendig sind. Wenn sich Abweichungen zwischen der Lage des Konzerns und seines Mutterunternehmens hinsichtlich der einzelnen Berichtselemente bzw. -plichten ergeben, so sind gesonderte Darstellungen erforderlich.

Für den Fall der freiwilligen Aufstellung eines Einzelabschlusses nach internationalen Rechnungslegungsstandards und dessen Bekanntmachung im Bundesanzeiger ist ein zusammengefasster Lagebericht zum Abschluss nach HGB und nach IFRS offen zu legen.

Der Lagebericht muss hinsichtlich des Abschlusses nach HGB alle Angaben gemäß § 289 HGB ff. enthalten. Zusätzlich ist im erforderlichen Umfang auf den Abschluss nach IFRS Bezug zu nehmen, da der Lagebericht im Einklang mit diesen Vorschriften stehen muss.

Grundsätze der Berichterstattung

Die Darstellungen der Lageberichterstattung richten sich nach den folgenden Grundsätzen der Lageberichterstattung gemäß DRS 20:

- Vollständigkeit
- Verlässlichkeit und Ausgewogenheit
- Klarheit und Übersichtlichkeit
- Vermittlung der Sicht der Unternehmensleitung
- Wesentlichkeit
- Informationsabstufung

Der Lagebericht soll aus Sicht der Geschäftsleitung alle Informationen vermitteln, die ein sachverständiger Adressat benötigt, um den Geschäftsverlauf der Gesellschaft sowie deren voraussichtliche Entwicklung unter Berücksichtigung der wesentlichen zukünftigen Chancen und Risiken beurteilen zu können. Die Darstellung der Analyse des Geschäftsverlaufs sowie der Lage der Gesellschaft müssen ohne Rückgriff auf die Angaben im Jahresabschluss verständlich sein. Soweit im Rahmen der Analyse Kennzahlen verwendet werden, ist deren Ermittlung darzustellen.

Die Informationen müssen zutreffend und nachvollziehbar sein. Tatsachenangaben und Meinungen sind voneinander zu trennen, über Chancen und Risiken ist ausgewogen zu berichten. Die Angaben müssen plausibel, konsistent sowie frei von Widersprüchen gegenüber dem Jahresabschluss sein. Sie sollen schlüssig hinsichtlich der allgemeinen Branchenentwicklung und allgemeiner Wirtschaftsdaten sein. Zukunftsbezogene Aussagen sind von stichtags- und vergangenheitsbezogenen Informationen klar zu unterscheiden.

Der Lagebericht ist eindeutig sowohl vom Jahresabschluss/Konzernabschluss als auch von den übrigen veröffentlichten Informationen zu trennen. Es ist eine geschlossene Darstellung unter der Überschrift „Lagebericht" bzw. „Konzernlagebericht" aufzustellen und offen zu legen. Der Lagebericht sollte klar gegliedert und die einzelnen Teilbereiche durch Überschriften kenntlich gemacht werden. Die Berichterstattung sollte in Systematik und Darstellungsform im Zeitablauf stetig erfolgen. Die im Lagebericht erteilten Informationen müssen im Zeitablauf sachlich, zeitlich und formal vergleichbar sein.

Letztlich sollte der Lagebericht dem Adressaten die Sicht der Unternehmensleitung vermitteln. Hierzu sind Einschätzungen und Beurteilungen der Unternehmensleitung zu den einzelnen Berichtselementen in den Vordergrund zu stellen und entsprechend zu kennzeichnen.

Es sind alle im Zeitpunkt der Berichterstattung bekannten Ereignisse, Entscheidungen und Faktoren anzugeben und zu erläutern, die aus Sicht der Unternehmensleitung einen wesentlichen Einfluss auf die weitere Wertentwicklung des Unternehmens haben können. Dies verlangt eine angemessene Aufbereitung vergangenheitsorientierter und gegenwartsbezogener Informationen, um sie als Grundlage für Prognosen zu nutzen. Hierbei können sowohl finanzielle wie auch nicht finanzielle Indikatoren relevant sein.

Es ist über ungewöhnliche oder nicht jährlich wiederkehrende Effekte zu berichten; ebenfalls sind wesentliche Abweichungen der wirtschaftlichen Lage gegenüber der im vorangegangenen Lagebericht prognostizierten Entwicklung darzustellen und zu erläutern.

Die Zukunftsorientierung erfordert auch die Berichterstattung über die bestehenden Planungen und Erwartungen der Unternehmensleitung. Bei der Prognoseberichterstattung muss ein Zeitraum von mindestens einem Jahr, gerechnet vom letzten (Konzern-)Abschlussstichtag, abgedeckt werden. Absehbare Sondereinflüsse auf die wirtschaftliche Lage, deren Eintritt erst nach Ablauf des erläuterten Prognosezeitraums erwartet wird, sind zusätzlich darzustellen und zu analysieren.

Ausführlichkeit und Detaillierungsgrad der Informationen sind von den jeweiligen Umständen wie Größe des Konzerns, Geschäftstätigkeit etc. und deren Bedeutung für die Lage abhängig.

Gliederung des Lageberichts

Die Gliederung des Lageberichts, sein Aufbau und Umfang ergeben sich indirekt aus den zu beachtenden gesetzlichen Regelungen beziehungsweise den Vorschriften des DRS 20. Innerhalb dieser Grenzen besteht die Möglichkeit, die Struktur des Lageberichts den unternehmensindividuellen Gegebenheiten anzupassen oder gegebenenfalls zu erweitern. Erweiterungen werden jedoch durch den Grundsatz der Wesentlichkeit (DRS 20.32-33) begrenzt.

Unter den Gesichtspunkten Klarheit und Übersichtlichkeit ist auf eine angemessene Strukturierung des Lageberichts zu achten, die aus Gründen der Vergleichbarkeit im Zeitablauf beizubehalten ist. Im Folgenden wird beispielhaft eine am DRS 20 orientierte Gliederung des Lageberichts dargestellt.

Grundlagen
- Geschäftsmodell
- Ziele und Strategien
- Steuerungssystem
- Forschung und Entwicklung

Wirtschaftsbericht
- Gesamtwirtschaftliche und branchenbezogene Rahmenbedingungen
- Geschäftsverlauf
- Ertrags-, Vermögens- und Finanzlage

Voraussichtliche Entwicklung mit Hinweisen auf wesentliche Chancen und Risiken der künftigen Entwicklung

Berichterstattung gemäß § 289 Abs. 2 HGB
- Risikoberichterstattung in Bezug auf die Verwendung von Finanzinstrumenten
- Bestehende Zweigniederlassungen

Übernahmerelevante Informationen § 289a Abs. 1 HGB bei Inanspruchnahme eines organisierten Marktes

Grundzüge des Vergütungssystems § 289a Abs. 2 HGB (börsennotierte AG)

Nichtfinanzielle Erklärung gemäß §§ 289b bis e HGB für bestimmte Unternehmen mit über 500 Mitarbeitern

Erklärung zur Unternehmensführung bei Vorliegen der in § 289f HGB genannten Voraussetzungen

Sonstige Pflicht- bzw. freiwillige Angaben

Abbildung 5.1-2: Beispiel für die Gliederung des Lageberichts

5.2 Grundlagen des Konzerns

Im Folgenden werden die jeweiligen Bestandteile des Lageberichts unter Bezugnahme auf die krankenhausspezifischen Fragestellungen dargestellt. Die für börsennotierte Einheiten erforderlichen Pflichten sind des besseren Überblicks wegen in Kapitel 5.5 zusammengefasst.

5.2.1 Geschäftsmodell und Branche

Zu Beginn der Lageberichterstattung wird einleitend das Geschäftsmodell als Ausgangspunkt für die spätere Darstellung, Analyse und Beurteilung des Geschäftsverlaufs und der wirtschaftlichen Lage dargestellt. Hier erfolgt ein Überblick über angebotene medizinische Leistungen und deren Schwerpunkte, gegebenenfalls ergänzt um weitere Versorgungs- oder Pflegeleistungen, die organisatorische Struktur, Standortübersicht und die verfügbaren Kapazitäten, zum Beispiel Betten, Pflegeplätze und Vollzeitkräfte. Des Weiteren werden an dieser Stelle Ausführungen zu externen, das Geschäft beeinflussenden Faktoren erwartet. Neben der demographischen Entwicklung und der Personalsituation im Versorgungsgebiet und möglichen medizinisch-technischen Fortschritten zählt hierzu insbesondere der Einfluss aktueller gesetzgeberischer Entscheidungen.

5.2.2 Ziele und Strategien

Die Berichterstattung über Ziele und Strategien kann freiwillig erfolgen. Wird von diesem Wahlrecht Gebrauch gemacht, sind die einschlägigen Textziffern des DRS 20.40-44 und 56 zu beachten.

Ausführungen in diesem Zusammenhang betreffen die mittel- bis langfristige Entwicklung des medizinischen Konzeptes ebenso wie ökonomische Größen, zum Beispiel Effizienz der Versorgung und Wachstumsziele. Zur besseren Beurteilung durch den Adressaten des Lageberichts sollten die Ziele möglichst unter Angabe eines zeitlichen Bezugs quantifiziert und der Stand der Zielerreichung angegeben werden.

5.2.3 Forschung und Entwicklung

Die Angabepflicht betrifft insbesondere die Krankenhausunternehmen/Krankenhauskonzerne, die in größerem Umfang eigene Forschung und Entwicklung betreiben (z. B. Universitätskliniken). Forschungs- und Entwicklungstätigkeiten, die die Gesellschaft im Auftrag von Dritten vornimmt, fallen nicht unter diese Angabepflicht.

Hinsichtlich Form und Umfang der Berichterstattung ist die Gesellschaft frei. Sofern wesentlich für den Adressaten, sind allerdings quantitative Angaben zu Faktoreinsatz und Ergebnissen zu machen. Es kann über einzelne Forschungs- und Entwicklungsprojekte berichtet werden. Alternativ können der Personalaufwand oder die Gesamtaufwendungen für diesen Bereich dargestellt werden. Denkbar ist auch die Nennung der im letzten Geschäftsjahr angemeldeten und/oder eingetragenen Patente.

Wurden Entwicklungskosten in wesentlichem Umfang aktiviert, so sind sowohl der Anteil der aktivierten Entwicklungskosten an den gesamten Forschungs- und Entwicklungskosten eines Geschäftsjahres als auch die für das Geschäftsjahr vorgenommenen Abschreibungen anzugeben.

5.3 Wirtschaftsbericht

Den Hauptteil der vergangenheitsorientieren Lageberichterstattung bildet gem. DRS 20 der Wirtschaftsbericht. Hier sind Geschäftsverlauf und Lage unter Bezugnahme auf die bedeutsamsten Leistungsindikatoren finanzieller und nichtfinanzieller Art zu erläutern.
Gemäß DRS 20 sind die in der Vorperiode berichteten Prognosen für die bedeutsamsten finanziellen und nichtfinanziellen Leistungsindikatoren mit der tatsächlichen Geschäftsentwicklung zu vergleichen und Abweichungen der tatsächlichen Entwicklung von den früher berichteten Erwartungen zu erläutern. Beispiele für finanzielle Leistungsfaktoren sind:

- Umsatzerlöse
- Ergebnisgrößen (EBIT/EBITDA)
- Renditekennziffern wie bspw. Gesamtkapitalrendite oder Umsatzrendite
- Eigenkapitalquote
- Cashflow
- Verschuldungsgrad und Liquiditätskennziffern.

Es ist sicherzustellen, dass die in der vergangenheitsorientierten Berichterstattung verwendeten Leistungsindikatoren auch im Prognosebericht und beim Vergleich der Vorjahresprognose mit der aktuellen Entwicklung Berücksichtigung finden. Sie sollen sich wie ein roter Faden durch den Lagebericht ziehen.

Die Unternehmensleitung hat abschließend in einer Gesamtaussage zu beurteilen, ob die Geschäftsentwicklung insgesamt günstig oder ungünstig verlaufen ist. Dabei sind insbesondere die Wettbewerbssituation und die Marktstellung der Gesellschaft/des Konzerns beispielsweise im Vergleich zur Branchen- und Marktentwicklung darzustellen und ggf. auch Erkenntnisse nach Schluss des Geschäftsjahres zu berücksichtigen.

5.3.1 Gesamtwirtschaftliche und branchenbezogene Rahmenbedingungen

Der Adressat des Lageberichts sollte, sofern erforderlich, zu Beginn des Wirtschaftsberichts über branchentypische Entwicklungen und Einflüsse informiert werden. Zu diesen gehören z. B. eine Darstellung der Entwicklung der aktuellen gesundheitspolitischen Rahmenbedingungen und deren Einfluss auf Krankenhausunternehmen, die Entwicklung von Fallzahlen und Fallschweren, eine Darstellung zur Verfügbarkeit medizinischen deutschsprachigen Fachpersonals oder ein Ausblick auf geplante Gesetzesänderungen und deren Auswirkungen auf das Krankenhausunternehmen. Soweit es sich bei dem betroffenen Haus um eine Fachklinik handelt, könnte zudem die Entwicklung hinsichtlich dieses speziellen Sektors dargestellt werden.

5.3.2 Geschäftsverlauf und Lage

Nach Darstellung der allgemeinen Branchenentwicklung sowie der gesundheitspolitischen Rahmenbedingungen folgt die allgemeine Darstellung der Geschäftsentwicklung der Gesellschaft im abgelaufenen Geschäftsjahr. In diesem Abschnitt sind vor allem Angaben über solche Vorgänge zu machen, die nicht unmittelbar den Jahresabschluss betreffen – diese gehören in den Anhang – oder über die nicht nach § 289 Abs. 2 HGB zu berichten ist, die aber für die wirtschaftliche Gesamtbeurteilung der Gesellschaft, insbesondere für die Vermittlung eines den tatsächlichen Verhältnissen entsprechenden Bildes von Geschäftsverlauf und Lage der Gesellschaft, wichtig sind.

Bei der Darstellung des Geschäftsverlaufs der Gesellschaft handelt es sich um eine vergangenheitsbezogene Darstellung, in der wesentliche Geschäftsvorfälle und Entwicklungen des vergangenen Geschäftsjahres darzustellen sind. Hierbei kann es sich z. B. um neu abgeschlossene, wesentliche Verträge, den Aufbau oder die Schließung einzelner Abteilungen, die Einrichtung von Privatkliniken, den Erwerb von kassenärztlichen Sitzen für ein bestehendes MVZ oder den Neubau eines Bettenhauses handeln.

Auch und gerade im Gesundheitsbereich sind die Auswirkungen der anhaltenden Corona-Pandemie sowie die diesbezüglichen staatlichen Unterstützungsmaßnahmen darzustellen und zu analysieren. Insbesondere die Auswirkungen auf die leistungswirtschaftlichen Kennzahlen (Patientenzahl, Bettenbelegung etc.) sowie die kompensierenden Effekte der empfangenen Finanzhilfen, aber auch die Auswirkungen auf der Beschaffungsseite und im Personalbereich, sind in diesem Zusammenhang von Interesse.

5.3.3 Ertragslage

Hier muss die Ergebnisentwicklung der Gesellschaft/des Konzerns dargestellt und anhand der Ergebnisstruktur und der wesentlichen Quellen erläutert werden. Gründe für wesentliche Veränderungen sind für das abgelaufene Geschäftsjahr zu berichten. Zugrundeliegende Trends müssen herausgearbeitet werden. Ungewöhnliche oder nicht jährlich wiederkehrende Ereignisse sowie die ökonomischen Veränderungen, die nachhaltig die Ertragslage beeinflussen, sind darzustellen. Die Entwicklung des Umsatzes ist anzugeben und hinsichtlich der wesentlichen Einflussfaktoren zu analysieren.

Die Analyse des Geschäftsverlaufs und der Lage der Gesellschaft ist unter Verwendung typischer, ertragsorientierter Kennzahlen sowie von Leistungszahlen vorzunehmen. Die Kennzahlen sind zu erläutern, ihre Ermittlung ist, soweit sie sich aus den Zahlen des Jahresabschlusses ableiten, darzustellen.

Typische finanzielle Leistungsfaktoren und Kennzahlen zur Analyse des Geschäftsverlaufs sowie der Lage der Gesellschaft, welche das Management zur Steuerung heranzieht, sind z. B. Jahresergebnis, EBIT, EBITDA oder Cash Flow aus operativer Geschäftstätigkeit. Neben der Ermittlung der Kennzahlen sind auch wesentliche Einflussfaktoren zu erläutern. Hierzu können z. B. Angaben zu wesentlichen Veränderungen im Bereich der Erlöse aus Krankenhausbetrieb und deren Ursachen dienen.

Des Weiteren sind ungewöhnliche Erlöse und Aufwendungen des vergangenen Geschäftsjahres zu erläutern, um dem Adressaten die Vergleichbarkeit des Jahresabschlusses im Zeitablauf zu ermöglichen. In diesem Zusammenhang könnten z. B. wesentliche Erweiterungen aber auch Schließungen einzelner Bereiche sowie wesentliche Auswirkungen aus den Budget- und Entgeltverhandlungen oder aus Veränderungen des Landeskrankenhausplans genannt werden. Als Leistungszahlen sind z. B. die Entwicklung der Fallzahlen einzelner Bereiche auf Grund von Spezialisierung oder der Casemix sowie der Casemix-Index zu nennen.

Wesentliche Veränderungen der Struktur der einzelnen Erträge und Aufwendungen sind ebenfalls darzustellen.

Die folgenden Themen könnten im Rahmen der Darstellung der Ertragslage im Krankenhausunternehmen von Bedeutung sein:

- Entwicklung der stationären Erlöse (DRG-Bereich, BPflV-Bereich bzw. PEPP-Bereich) unter Berücksichtigung von Veränderungen der Fallzahl, der Leistungsstruktur (neue Abteilungen etc.) sowie der Ergebnisse der Budgetverhandlungen mit den Sozialleistungsträgern
- Erhöhung bzw. Verminderung des Personalaufwandes mit Angaben zu Veränderungen der VK-Zahl, von Tarifsteigerungen, Darstellung des Personalaufwandes pro Fall etc.
- Entwicklung des Materialaufwandes mit Bezugnahme auf Leistungsveränderungen oder beispielsweise der Einkaufssituation (Einkaufsverbünde, „Konzernmacht" etc.)
- Wesentliche Einflussfaktoren auf die sonstigen betrieblichen Erträge (z. B. Fremdhausfaktura) und sonstige betriebliche Aufwendungen
- Angabe von Renditekennzahlen (Eigenkapitalrentabilität, Umsatzrentabilität usw.)

5.3.4 Finanzlage

Auf Basis der Berichterstattung zur Finanzlage soll der Leser des Lageberichts einen Einblick in die Finanzströme der Gesellschaft erhalten. Es wird aufgezeigt, woher die der Gesellschaft zur Verfügung stehenden Mittel stammen und wie diese verwendet werden. Die Darstellung der Finanzlage verfolgt den Zweck eines Einblicks in die Fähigkeit der Gesellschaft, künftig finanzielle Überschüsse zu erwirtschaften, ihre Zahlungsverpflichtungen zu erfüllen und Ausschüttungen an die Anteilseigner zu leisten. Des Weiteren kann hieraus zum Beispiel abgeleitet werden, ob die getätigten Investitionen aus dem laufenden Geschäftsbetrieb finanziert werden konnten, oder ob und inwieweit hierfür die Aufnahme von Krediten notwendig war. Zu diesem Zweck ist die Finanzlage anhand der Kapitalstruktur, der Investitionstätigkeit sowie der Liquidität darzulegen und zu analysieren.

Die Kapitalstruktur ist anhand externer und interner Finanzierungsquellen darzustellen und zu untersuchen, z. B. indem Angaben zur Art. Fälligkeits- und Zinsstruktur sowie anderen wesentlichen Konditionen der Verbindlichkeiten und der zugesagten, nicht ausgenutzten Kreditlinien gemacht werden.

Im Rahmen einer Investitionsanalyse sind die Fortführung und der Abschluss von bedeutenden Investitionsvorhaben zu erläutern. Der Hauptzweck der im Geschäftsjahr getätigten Investitionen ist anzugeben (z. B. Bau eines neuen Bettenhauses oder von Operationssälen, Kauf medizinischer Großgeräte wie CT, MRT, PET etc.).

Weiterhin ist die Entwicklung der Liquidität im abgelaufenen Geschäftsjahr und am Ende der Berichtsperiode zu beurteilen. In den Mittelpunkt zu stellen ist die Fähigkeit des Krankenhausunternehmens/des Konzerns, die Zahlungsverpflichtungen zu erfüllen. Absehbare Liquiditätsengpässe und Maßnahmen zu deren Behebung sind darzustellen. In diesem Zusammenhang sollte auch erläutert werden, wie die Möglichkeit der zukünftigen Zuschussfinanzierung gesehen wird beziehungsweise in welchem Umfang und wie eine Eigenmittelfinanzierung erfolgen wird.

In diesem Zusammenhang können Angaben zur Finanzierung durch Gesellschafter oder den Krankenhausträger angebracht sein. Es kann auf die Eigenkapitalquote (mit und ohne Sonderposten) eingegangen werden.

Liquiditätskennziffern sowie Angaben zum – dynamischen – Verschuldungsgrad müssen als finanzielle Leistungsindikatoren dargestellt werden, wenn das das Management sie zur Steuerung heranzieht und sie zu den bedeutsamsten finanziellen Leistungsindikatoren zählen.

5.3.5 Vermögenslage

Ziel der Erläuterungen der Vermögenslage ist es, dem Adressaten des Lageberichts wesentliche Veränderungen und deren Ursachen hinsichtlich des Vermögens und der Schulden der Gesellschaft zu vermitteln. Dies kann zum einen durch die Darstellung und Erläuterung absoluter Veränderungszahlen erfolgen, zum anderen durch die Darstellung von Verhältniszahlen.

Zur Darstellung der Vermögenslage sind die Höhe und die Zusammensetzung des Vermögens sowie wesentliche Abweichungen gegenüber dem Vorjahr anzugeben und zu erläutern.

Entsprechend wäre unter diesem Punkt z. B. ein wesentlicher Anstieg der Forderungen/ Verbindlichkeiten gegen verbundene Unternehmen darzustellen, die auf Grund der Einführung eines Cash Management Systems erfolgt sind. Auch ein Anstieg des Anlagevermögens infolge wesentlicher Investitionen könnte hier dargestellt werden.

Als typische Kennzahlen zur Darstellung der Vermögenslage sind die Eigenkapitalquote oder die Finanzierung des Anlagevermögens durch Eigen- und langfristiges Fremdkapital, aber auch das durchschnittliche Kundenziel zu nennen. Zunehmend spielen hier auch Kennzahlen wie z. B. die Darstellung des Working Capital eine Rolle.

5.3.6 Finanzielle und nichtfinanzielle Leistungsindikatoren

Die in die Analyse von Geschäftsverlauf und Lage einzubeziehenden bedeutsamsten finanziellen Leistungsindikatoren wurden bereits im Rahmen der obigen Ausführungen erläutert. Gemäß DRS 20 sollen die Leistungsindikatoren dargestellt werden, die auch intern zur Steuerung der Klinik dienen („management approach").

Große Kapitalgesellschaften, zu denen nach § 267 Abs. 3 Satz 2 HGB auch sämtliche kapitalmarktorientierten Gesellschaften zählen, haben auch nichtfinanzielle Leistungsindikatoren (sog. Non-Financial Performance Measures) in die Analyse einzubeziehen und zu erläutern, soweit sie für die Geschäftstätigkeit des Unternehmens von Bedeutung und für das Verständnis seines Geschäftsverlaufs und seiner Lage erforderlich sind (§ 289 Abs. 3 i. V. m. Abs. 1 Satz 2 und 3 HGB).

Unter diesen nichtfinanziellen Leistungsindikatoren können z. B. Maßnahmen beschrieben werden, die Arbeitnehmerbelange betreffen (Fortbildung, Arbeitszeitmodelle, Fluktuation, betriebliche Gesundheitsfürsorge, Vergütungsstrukturen und Gratifikationen) oder aber die Entwicklung einer bestimmten Patientengruppe, die Ergebnisse von Zufriedenheitsbefragungen oder besondere Maßnahmen der Öffentlichkeitsarbeit.

Darüber hinaus sind große Kapitalgesellschaften (§ 267 Abs. 3 HGB) nach § 289 Abs. 3 i. V. m. Abs. 1 Satz 3 HGB im Rahmen der Berichterstattung über die bedeutsamsten nichtfinanziellen Leistungsindikatoren auch verpflichtet, auf Umweltbelange einzugehen, soweit sie zur Einschätzung von Geschäftsverlauf oder Lage von Bedeutung sind. Hier ist z. B. einzugehen auf die Entsorgung von Arzneimitteln und OP-Material aber auch das jeweilige Energiekonzept oder den Einsatz besonders umweltfreundlicher oder recyclingfähiger Produkte.

Zu der mit dem CSR-Richtlinie-Umsetzungsgesetz neu eingeführten nichtfinanziellen Erklärung verweisen wir auf die Ausführung in Kapitel 5.5.

5.4 Prognose-, Chancen- und Risikobericht

Die voraussichtliche Entwicklung der Kapitalgesellschaft ist nach § 289 Abs. 1 Satz 4 HGB mit ihren wesentlichen Chancen und Risiken sowie unter Angabe der zu Grunde liegenden Annahmen zu beurteilen und zu erläutern (sog. Prognosebericht).

Bei dieser Berichterstattung ist zu berücksichtigen, dass es sich um eine ausgewogene Berichterstattung der wesentlichen Risiken, aber auch der wesentlichen Chancen der voraussichtlichen Entwicklung handelt. Es ist nicht gestattet, auf die Berichterstattung wesentlicher Risiken und Chancen zu verzichten, soweit sich diese voraussichtlich zukünftig ausgleichen werden, vielmehr ist eine getrennte Darstellung vorzunehmen.

5.4.1 Prognosebericht

Die Unternehmensleitung hat ihre Erwartungen hinsichtlich der voraussichtlichen Entwicklung des Krankenhausunternehmens/des Krankenhauskonzerns zu erläutern und zu einer Gesamtaussage zu verdichten.

Des Weiteren ist die Prognoseberichterstattung gemäß DRS 20 für die Dauer von mindestens einem Jahr betreffend die finanziellen und nicht finanziellen Leistungsfaktoren vorzunehmen, gerechnet ab dem Abschlussstichtag. Um einen Einblick in die längerfristige Entwicklung der Gesellschaft zu gewähren, sind absehbare Sondereinflüsse über diesen Zeitraum hinaus darzustellen und zu analysieren.

Der Prognosecharakter der Darstellung sowie die wesentlichen Annahmen und Unsicherheiten bei der Beurteilung der voraussichtlichen Entwicklung müssen erkennbar sein und müssen im Einklang mit den Prämissen des Konzernabschlusses stehen. Auch wenn die Unsicherheiten ein beträchtliches Ausmaß annehmen können wie aktuell im Falle der Ausbreitung des Corona-Virus, ist ein vollständiger Verzicht auf die Prognoseberichterstattung nicht zulässig. Unter Umständen kommt die Vereinfachung des DRS 20.133 in Frage, die es unter besonderen Umständen gestattet, auf Punkt-, Intervall- oder qualifiziert-komparative Prognosen zu verzichten und stattdessen lediglich komparative Prognoseaussagen zu treffen oder die voraussichtliche Entwicklung von internen Steuerungsgrößen in verschiedenen Szenarien darzustellen. Es empfiehlt sich zudem, im Rahmen von Szenarien die Unsicherheit abzubilden und darzustellen, dass unter Berücksichtigung gewisser Annahmen das Ergebnis gemäß Wirtschaftsplan auch noch deutlicher besser bzw. schlechter ausfallen kann.

Angaben müssen auch zur erwarteten Entwicklung der wirtschaftlichen Rahmenbedingungen, soweit sie für die Entwicklung des Krankenhausunternehmens/Krankenhauskonzerns von Bedeutung sind, und zur Branchenentwicklung gemacht werden.

Die Erwartungen der Unternehmensleitung zur weiteren Entwicklung der Ertragslage und der Finanzlage sind anhand der bedeutsamsten Leistungsindikatoren darzustellen und müssen Aussagen zur erwarteten Veränderung dieser Indikatoren enthalten. Dabei sind mindestens Richtung und Intensität der Veränderung zu erläutern (qualifiziert komparative Prognose). Daraus folgt, dass sowohl rein komparative Prognosen, die lediglich die Richtung einer Veränderung angeben, als auch nur verbal-argumentativ vorgenommene Prognosen ohne Vergleichsbezug nicht ausreichend sind. Die Auswirkungen der wesentlichen Einflussfaktoren und Annahmen, die der prognostizierten Entwicklung der bedeutsamsten Leistungsindikatoren zu Grunde liegen, sind zu erläutern.

Hierzu können beispielsweise gehören:

- Entwicklung des Landesbasisfallwertes bzw. Einführung eines Bundesbasisfallwertes
- Einzelverträge mit Sozialleistungsträgern
- Tarifsteigerungen
- Ärztemangel

5.4.2 Chancenbericht

Der Chancenbericht kann mit dem Risikobericht zusammengefasst werden oder auch insgesamt in einen alle Berichtsteile umfassenden Prognosebericht integriert werden. Unter Chancen definiert der DRS 20 nunmehr alle möglichen zukünftigen Entwicklungen und Ereignisse, die zu einer positiven Prognose- bzw. Zielabweichung führen können.

Der DRS 20 verweist demgemäß bei seinen Regelungen zur Chancenberichterstattung im Wesentlichen auf die sinngemäß anzuwendenden Ausführungen zum Risikobericht und betont lediglich, dass über Chancen und Risiken ausgewogen zu berichten ist und keine Saldierung erfolgen darf.

5.4.3 Risikobericht

Ziel der Risikoberichterstattung ist es, dem Adressaten des Lageberichts entscheidungsrelevante und verlässliche Informationen zur Verfügung zu stellen, die es ihm ermöglichen, sich ein zutreffendes Bild über die Risiken der zukünftigen Entwicklung der Gesellschaft zu machen. Zu berichten ist über Risiken, die die Entscheidungen des Adressaten des Lageberichts beeinflussen könnten. Dies betrifft im Wesentlichen finanzielle Entscheidungen in Bezug auf die Leistungsindikatoren.

Die Berichterstattung umfasst Ausführungen zum Risikomanagement-System, Angaben zu einzelnen Risiken sowie eine Gesamtdarstellung der Risikolage. Sofern es sich um eine börsennotierte Gesellschaft handelt, ergeben sich detaillierte Angabepflichten in Bezug auf das Risikomanagement-System aus den Regelungen des DRS 20.K137 ff. Im Einzelnen wird hierzu auf die Ausführungen in Kapitel 5.5 verwiesen.

Die Darstellung der Risiken erfolgt zum Zeitpunkt der Aufstellung des Lageberichts. Risiken, die den gesetzlichen Vertretern bis zu diesem Zeitpunkt bekannt werden, sind in die Risikoberichterstattung aufzunehmen, auch wenn sie erst zwischen Abschlussstichtag und Aufstellung des Lageberichts aufgetreten oder bekannt geworden sind.

Bei der Beschreibung der Risiken der Gesellschaft ist grundsätzlich eine Kategorisierung in allgemeine Risiken und bestandsgefährdende Risiken vorzunehmen. Eine Quantifizierung bei der Darstellung der Risiken beziehungsweise ihrer Auswirkungen ist vorzunehmen, sofern dies auch für interne Steuerungszwecke erfolgt und die quantitativen Informationen für den Adressaten wesentlich sind (Tz DRS 20.152). Mindestens muss jedoch eine qualitative Darstellung (z.B. „hoch", „mittel", „gering") erfolgen, aus der die Adressaten die Bedeutung der einzelnen Risiken erkennen können. Bestehen zwischen einzelnen Risiken Abhängigkeiten, so sind diese ebenfalls darzustellen.

Die folgenden Risikokategorien sind denkbar:

- Umfeldrisiken und Branchenrisiken,
- unternehmensstrategische Risiken,
- leistungswirtschaftliche Risiken,
- Personalrisiken,
- informationstechnische Risiken,
- finanzwirtschaftliche Risiken und
- sonstige Risiken.

Die Darstellung der Risiken hat unsaldiert zu erfolgen. Das bedeutet, dass Chancen, die den Risiken evtl. gegenüber stehen, nicht mit den bestehenden Risiken aufgerechnet werden dürfen. Sofern jedoch bereits Maßnahmen ergriffen wurden, um bestehende Risiken aktiv zu begrenzen, können die nach der Umsetzung der Risikobegrenzungsmaßnahmen verbleibenden Risikopositionen dargestellt werden (Nettobetrachtung). In diesem Fall sind allerdings auch die Maßnahmen zur Begrenzung der Risiken darzustellen.

Der Risikoberichterstattung über einzelne Risiken soll ein adäquater Beurteilungszeitraum zugrunde gelegt werden. Dieser soll gemäß DRS 20.156 mindestens dem verwendeten Prognosezeitraum entsprechen. Für bestandsgefährdende Risiken beträgt er mindestens ein Jahr nach dem Bilanzstichtag.

Die dargestellten Risiken sind schlussendlich in einer Gesamtbeurteilung der Risikolage zusammenzufassen.

5.4.4 Sonstige Berichterstattung nach § 289 Abs. 2 HGB

Verwendung von Finanzinstrumenten

Sofern es für die Beurteilung der Lage oder der voraussichtlichen Entwicklung des Krankenhausunternehmens von wesentlicher Bedeutung ist, ist gemäß § 289 Abs. 2 Nr. 1 HGB in Bezug auf die Verwendung von Finanzinstrumenten auch einzugehen auf die Risikomanagementziele und -methoden einschließlich der Methoden zur Absicherung der Risiken aus der Verwendung von Finanzinstrumenten (Hedging) sowie auf Preisänderungs-, Ausfall- und Liquiditätsrisiken sowie Risiken aus Zahlungsstromschwankungen, denen die Gesellschaft ausgesetzt ist. Für Konzernlageberichte ist die deckungsgleiche Berichtspflicht in § 315 Abs. 2 Nr. 2 HGB geregelt.

Forschung und Entwicklung

Zu den diesbezüglichen Angaben siehe Kapitel 5.2.3.

Bestehende Zweigniederlassungen

Im Lagebericht sind ferner Angaben zu den (in- und ausländischen) Zweigniederlassungen des Unternehmens zu machen. Hintergrund dieser Regelung ist die Tatsache, dass der wirtschaftliche und soziale Einfluss der nicht rechtsfähigen Zweigniederlassungen mit dem von selbständigen Tochtergesellschaften vergleichbar sein kann, beispielsweise wenn große Krankenhäuser als Betriebstätten geführt werden.

Verweis auf Angaben im Angaben im Falle des Bestehens eigener Aktien

Sind im Anhang Angaben nach § 160 Abs. 1 Nr. 2 des Aktiengesetzes zu eigenen Aktien der Gesellschaft zu machen, ist im Lagebericht darauf zu verweisen.

5.5 Anforderungen an kapitalmarktorientierte Unternehmen

Börsennotierte Unternehmen haben neben den für alle Unternehmen gültigen Pflichten zusätzliche Vorschriften zu beachten. Im Einzelnen handelt es sich um die folgenden Ergänzungen oder zusätzlichen Angaben.

Bilanzeid (§ 289 Abs. 1 S. 5 HGB)

Die Vertreter einer Kapitalgesellschaft, die als Inlandsemittent i. S. d. § 2 Abs. 7 WpHG Wertpapiere begeben haben, haben zu versichern, dass im Lagebericht der Geschäftsverlauf einschließlich des Geschäftsergebnisses und die Lage so dargestellt sind, dass ein den tatsächlichen Verhältnissen entsprechendes Bild vermittelt wird, und dass die wesentlichen Chancen und Risiken der voraussichtlichen Entwicklung i. S. d. § 289 Abs. 1 Satz 4 HGB beschrieben sind.

Übernahmerelevante Daten und Informationen (§ 289a Abs. 1 HGB)

Der bisherige Inhalt von § 289 Abs. 4 HGB über Zusatzangaben von Aktiengesellschaften und Kommanditgesellschaften auf Aktien, die einen organisierten Markt durch von ihnen ausgegebene stimmberechtigte Aktien in Anspruch nehmen, wurde im Rahmen des CSR-Richtlinie-Umsetzungsgesetzes in den neu formulierten § 289a Abs. 1 HGB aufgenommen. Zweck der Vorschrift ist die Offenlegung von Rechtsverhältnissen und sonstigen Regelungen bei einer AG bzw. KGaA, die einen organisierten Markt i. S. d. § 2 Abs. 7 WpÜG in Anspruch nimmt, die hinsichtlich des Kapitals, der Stimmrechte etc. bestehen und im Rahmen einer potenziellen Übernahme von Interesse sind oder ggf. ein Hindernis bedeuten. Dabei sind die Verhältnisse am Bilanzstichtag maßgebend (DRS 20.K189).

Die nach § 289a Abs. 1 Nr. 1, 3 und 9 HGB geforderten Angaben können unterbleiben, sofern die Berichtspflicht bereits durch Angaben im Anhang erfolgt. Sofern die Angabe nach § 289a Abs. 1 Nr. 8 HGB in Bezug auf wesentliche Vereinbarungen der Gesellschaft, die unter der Bedingung eines Kontrollwechsels infolge eines Übernahmeangebots stehen, und die hieraus folgenden Wirkungen, geeignet sind, der Gesellschaft zum Nachteil zu gereichen, kann auf diese Angaben ebenfalls verzichtet werden.

Nichtfinanzielle Erklärung (§§ 289b bis e HGB)

Zur Erhöhung der Transparenz über ökologische und soziale Aspekte der Aktivitäten von in Europa ansässigen Unternehmen hat die Bundesregierung im April 2017 die europäische CSR-Richtlinie umgesetzt. Dabei geht es insbesondere um Informationen zu Umwelt-, Sozial- und Arbeitnehmerbelangen sowie die Achtung der Menschenrechte und die Bekämpfung von Korruption und Bestechung. Durch die neue Berichterstattung soll ein den tatsächlichen Verhältnissen entsprechendes Bild der Konzepte, Ergebnisse und Risiken mit Bezug auf nichtfinanzielle Aspekte der Unternehmenstätigkeit vermittelt werden.

Für Geschäftsjahre, die nach dem 31. Dezember 2016 beginnen, haben daher große kapitalmarktorientierte Kapitalgesellschaften mit über 500 Mitarbeitern ihren Lagebericht um eine sog. nichtfinanzielle Erklärung zu erweitern.

Die Erweiterung des Lageberichts kann unterbleiben, wenn die Kapitalgesellschaft einen gesonderten nichtfinanziellen Bericht aufstellt, der inhaltlich konform mit den Vorgaben nach § 289c HGB aufgestellt wird und entweder mit dem Lagebericht zusammen gemäß § 325 HGB im Bundesanzeiger offengelegt wird oder spätestens vier Monate nach dem Abschlussstichtag und mindestens für zehn Jahre auf der Internetseite der Kapitalgesellschaft veröffentlicht wird. Des Weiteren kann über die Einbeziehung in den Lagebericht bzw. den nichtfinanziellen Bericht eines Mutterunternehmens, der im Einklang mit der CSR-Richtlinie steht, eine Befreiung von der Erweiterung erreicht werden. In dem Fall hat die Gesellschaft dies in ihrem Lagebericht mit einer Erläuterung anzugeben, welches Mutterunternehmen den Konzernlagebericht oder den gesonderten nichtfinanziellen Konzernbericht öffentlich zugänglich macht und wo der Bericht in deutscher oder englischer Sprache offengelegt oder veröffentlicht ist.

Die Inhalte der nichtfinanziellen Erklärung werden zunächst in § 289c HGB normiert. Zur Festlegung der Inhalte kann man sich nach § 289d HGB auch an einem nationalen, europäischen oder internationalen Rahmenwerk orientieren. Hierbei gilt es zu beachten, dass die in § 289c Abs. 2 HGB genannten Mindestinhalte vollständig enthalten sind. Rahmenwerke im Sinne der Regelung sind beispielsweise die Leitsätze der OECD für multinationale Unternehmen, die Global Reporting Initiative mit den G4 Leitlinien zur Nachhaltigkeits-Berichterstattung oder der Deutsche Nachhaltigkeitskodex.

Zu Beginn der nichtfinanziellen Erklärung bzw. des nichtfinanziellen Berichts steht eine kurze Beschreibung des Geschäftsmodells der Gesellschaft (§ 289c Abs. 1 HGB). Sodann führt § 289c Abs. 2 HGB die Aspekte auf, die als Mindestbestandteile Gegenstand der Berichterstattung sein sollen und nennt die einschlägigen diesbezüglichen Sachverhalte, die in der Regel von allgemeinem Interesse sein dürften. Im Einzelnen soll die Erklärung eingehen auf

- Umweltbelange (Treibhausgasemissionen, den Wasserverbrauch, die Luftverschmutzung, die Nutzung von erneuerbaren und nicht erneuerbaren Energien oder den Schutz der biologischen Vielfalt),
- Arbeitnehmerbelange (Geschlechtergleichstellung, Arbeitsbedingungen, Umsetzung grundlegender Übereinkommen der Internationalen Arbeitsorganisation, Rechte von Arbeitnehmerinnen und Arbeitnehmern bzw. der Gewerkschaften, den Gesundheitsschutz oder die Sicherheit am Arbeitsplatz),
- Sozialbelange (Dialog auf kommunaler oder regionaler Ebene, Sicherstellung des Schutzes und der Entwicklung lokaler Gemeinschaften),
- die Achtung der Menschenrechte bzw. die Vermeidung von Menschenrechtsverletzungen
- Maßnahmen und Instrumente zur Bekämpfung von Korruption und Bestechung.

Die Regelung ist nicht als eine abschließende Auflistung der Bereiche oder als deren Priorisierung zu verstehen. Welche Aspekte darzustellen sind, ist unter Beachtung des Wesentlichkeits- und

Verhältnismäßigkeitsgrundsatz und in Abhängigkeit des konkreten Unternehmens und seiner Situation zu entscheiden. Für Krankenhäuser bzw. Klinikkonzerne dürften in erster Linie Arbeitnehmer- und Sozialbelange relevant sein. Sofern das Unternehmen in Bezug auf einen oder mehrere Aspekte kein Konzept verfolgt, hat sie dies gemäß § 289c Abs. 4 HGB anstelle der auf den jeweiligen Aspekt bezogenen Angaben in der nichtfinanziellen Erklärung klar und begründet zu erläutern (comply or explain-Prinzip).

Dabei ist auch eine Beschreibung der von der Kapitalgesellschaft in dem Zusammenhang verfolgten Konzepte anzugeben. Hierbei stellt § 289c Abs. 3 Nr. 1 HGB entsprechend der ausdrücklichen Vorgabe der Richtlinie klar, dass die Berichterstattung über die Konzepte auch die angewandten Due-Diligence-Prozesse zu umfassen hat. Zur Darstellung der Konzepte gehören insbesondere Ausführungen, welche Zielsetzungen in Bezug auf die nichtfinanziellen Aspekte verfolgt werden und welche Maßnahmen zur Erreichung dieser Ziele getroffen worden sind bzw. vorgesehen sind. Weiterhin ist in diesem Zusammenhang darzustellen, wie die Unternehmensführung, aber auch Arbeitnehmerinnen und Arbeitnehmer sowie andere Interessenträger in diese Maßnahmen eingebunden bzw. beteiligt werden.

Ferner hat man die Ergebnisse, die mit den Konzepten bereits erreicht wurden, sowie die Risiken, die sich aus der eigenen Geschäftstätigkeit, aber auch aus bestehenden Geschäftsbeziehungen, ergeben, zu erläutern und den Umgang mit den jeweiligen Risiken darzustellen. Die Risikodarstellung hat dann zu erfolgen, wenn die Risiken auf die in § 289a Abs. 2 HGB genannten Belange sehr wahrscheinlich wesentliche negative Auswirkungen entfalten oder entfalten werden.

In der nichtfinanziellen Erklärung sind die nichtfinanziellen Leistungsindikatoren selbstständig darzustellen und darzulegen, wie diese nichtfinanziellen Leistungsindikatoren mit einem Aspekt verknüpft sind.

Schließlich können die Angaben zu künftigen Entwicklungen oder Belangen, über die Verhandlungen geführt werden, unterbleiben, wenn zu befürchten ist, dass die Angaben der Kapitalgesellschaft einen erheblichen Nachteil zufügen können und trotz des Weglassens der Angaben ein den tatsächlichen Verhältnissen entsprechendes und ausgewogenes Verständnis des Geschäftsverlaufs, des Geschäftsergebnisses, der Lage der Kapitalgesellschaft und der Auswirkungen ihrer Tätigkeit erreicht wird.

Erklärung zur Unternehmensführung

Börsennotierte Unternehmen haben die gemäß § 289f HGB bzw. § 315d HGB vorgeschriebene (Konzern-)Erklärung zur Unternehmensführung in einen gesonderten Abschnitt des (Konzern-) Lageberichts aufzunehmen. Alternativ kann die Erklärung auf der Internetseite öffentlich zugänglich gemacht werden. In den Lagebericht ist in diesem Fall lediglich eine Bezugnahme aufzunehmen, die die Angabe der Internetseite enthält.

Die Bestandteile der Erklärung werden inhaltlich in § 289f Abs. 2 HGB konkretisiert. Danach sind unter anderem die aktienrechtlich vorgeschriebenen Angaben zum Corporate Governance Kodex (§ 161 AktG), zu den Festlegungen des Frauenanteils in Aufsichtsrat und Vorstand sowie den beiden Führungsebenen unterhalb des Vorstands (§ 111 Abs. 5 AktG, § 76 Abs. 4 AktG) bzw. zur Einhaltung des Mindestanteils im Aufsichtsrat (§ 96 Abs. 2 und 3 AktG) sowie ggf. zum Diversitätskonzept zu machen. Sofern eine mitbestimmte GmbH ebenfalls gem. § 36 GmbHG Zielgrößen und Fristen zur Erreichung des Frauenanteils festzulegen hat, ist § 289 f Abs. 2 Nr. 4 HGB ebenfalls zu beachten und die entsprechenden Angaben haben im Lagebericht gesondert zu erfolgen. Werden die festgelegten Zielgrößen bzw. Mindestanteile während des Bezugszeitraums nicht erreicht, ist dies im Lagebericht zu begründen.

Des Weiteren sind Unternehmensführungspraktiken, soweit sie über die gesetzlichen Anforderungen hinausgehen, sowie die Arbeitsweisen von Vorstand und Aufsichtsrat sowie die Zusammensetzung und Arbeitsweise von deren Ausschüssen zu beschreiben. Alternativ zu den diesbezüglichen Beschreibungen kann auch ein Verweis auf die Internetseite der Gesellschaft erfolgen, wenn die Informationen dort erhältlich sind.

Steuerungssystem (DRS 20.K45 ff.)

Es ist das im Konzern eingesetzte Steuerungssystem unter Angabe der verwendeten Kennzahlen und ihrer Berechnung darzustellen. Bestehen diesbezüglich Unterschiede in einzelnen Konzernsegmenten, so sind auch die spezifischen Kennzahlen der betroffenen Segmente darzulegen.

Angaben zu internen Kontroll- und Risikomanagement-Systemen

Gemäß DRS 20.K137 ff. hat die Risikoberichterstattung Ausführungen zum allgemeinen Risikomanagement-System zu enthalten. Sofern es sich um eine kapitalmarktorientierte Gesellschaft handelt, normiert der DRS 20 an dieser Stelle detaillierte Angabepflichten in diesem Zusammenhang.

Hierbei ist zunächst auf die dem Risikomanagement-System zugrunde liegenden Ziele und Strategie sowie die Prozessstrukturen einzugehen. Des Weiteren soll der Prozess zur Risikoidentifikation, der anschließenden Risikoaufnahme und -beurteilung sowie der Festlegung geeigneter Maßnahmen zum Umgang mit dem jeweiligen Risiko dargestellt werden. In diesem Zusammenhang ist zum Beispiel auch auf die Häufigkeit der Risikoaufnahme einzugehen. Neben den regelmäßigen und formalen Kommunikationswegen zur Risikoerfassung und -meldung sollten auch die Möglichkeiten dargestellt werden, akut auftretende Risiken ad hoc zu erfassen und kurzfristig zu steuern.

Neben der Darstellung des grundsätzlichen Prozesses, ist auch die Organisation des Risikomanagement-Systems zu beschreiben. Das bedeutet, es ist darzustellen, wer für die Gestaltung, Aktualisierung und Überwachung des Risikomanagement-Systems verantwortlich ist und wie das System formal im Unternehmensablauf integriert ist und gelebt wird.

Neben den Vorschriften zur Erläuterung des allgemeinen Risikomanagement-Systems und der Regelung des § 289 Abs. 2 Nr. 2 HGB, der die Risikoberichterstattung für den Fall des Einsatzes von Finanzinstrumenten für alle Unternehmen vorschreibt, haben börsennotierte Unternehmen gemäß § 289 Abs. 4 HGB im Lagebericht die wesentlichen Merkmale des internen Kontroll- und des Risikomanagement-Systems hinsichtlich des Rechnungslegungsprozesses zu beschreiben. Diese für den Einzelabschluss geregelte Pflicht wird für den Konzernabschluss ergänzt durch DRS 20.K168 ff., der die analoge Pflicht für den Konsolidierungsprozess innerhalb eines Konzerns begründet. Die Berichterstattung nach § 289 Abs. 4 HGB betrifft formal nur kapitalmarktorientierte Unternehmen; entfaltet aber eine Ausstrahlungswirkung auf die Lageberichte von nicht börsennotierten Krankenhausunternehmen.

Diese Vorschrift schreibt – nach der Regierungsbegründung zum BilMoG – weder die Einrichtung noch die inhaltliche Ausgestaltung eines internen Kontrollsystems oder eines internen Risikomanagement-Systems im Hinblick auf den Rechnungslegungsprozess vor. Allerdings wird auch darauf hingewiesen, dass die unzureichende Einrichtung dieser Systeme eine Sorgfaltspflichtverletzung darstellen kann. Diese Vorschrift verpflichtet nur dazu, die wesentlichen Merkmale eines vorhandenen internen Kontroll- und Risikomanagement-Systems – mithin die Strukturen und Prozesse im Hinblick auf den Rechnungslegungsprozess zu beschreiben. Das Maß der Beschreibungen ist von den individuellen Gegebenheiten eines jeden Unternehmens abhängig. Besteht kein internes Kontroll- und Risikomanagement-System, ist dies anzugeben.

Das interne Kontrollsystem umfasst die Grundsätze, Verfahren und Maßnahmen zur Sicherung der Wirksamkeit und Wirtschaftlichkeit der Rechnungslegung, zur Sicherung der Ordnungsmäßigkeit der Rechnungslegung sowie zur Sicherung der Einhaltung der maßgeblichen rechtlichen Vorschriften. Das interne Risikomanagement-System im Hinblick auf den Rechnungslegungsprozess hat im Vergleich zum internen Kontrollsystem eine eher untergeordnete Bedeutung. Es kommt aber dann regelmäßig zum Tragen, wenn das Unternehmen Risikoabsicherungen betreibt, die eine handelsbilanzielle Abbildung finden (z. B. Bewertungseinheiten).

Nach der Gesetzesbegründung darf die Berichterstattung nach Abs. 4 mit der Risikoberichterstattung über Finanzinstrumente nach Abs. 2 Nr. 1 im Risikobericht zusammengefasst werden.

Grundsätze und Ziele des Finanzmanagements

In Ergänzung zur Darstellung der Finanzlage haben börsennotierte Mutterunternehmen im Rahmen des Konzernlageberichts die Grundsätze und Ziele des Finanzmanagements darzustellen, soweit dies für das Verständnis der Finanzlage erforderlich ist (DRS 20.K79).

6. Bilanzpolitik und Bilanzanalyse

6.1 Bilanzpolitik

6.1.1 Begriff, Ziele und Grenzen der Bilanzpolitik

Krankenhäuser müssen ihre Investitionen regelmäßig zusätzlich zur Förderung durch die Bundesländer auf der Grundlage des § 8 Absatz 1 Satz 2 KHG kofinanzieren. Weiter erfordert die Förderung mittels Investitionspauschalen bei vielen, vor allem größeren Investitionen, Zwischenfinanzierungen. Krankenhäuser sind dadurch zunehmend gezwungen, auf Darlehen oder andere Formen der Fremdfinanzierung zurückzugreifen. Fremdkapitalgeber benötigen Finanzinformationen. Der Jahresabschluss ist dabei nach wie vor die wichtigste Informationsquelle. Es kommt für das Krankenhaus darauf an, die Erwartungen des Fremdkapitalgebers an den Jahresabschluss zu wissen und zu erfüllen. Dabei ist die Kenntnis von Möglichkeiten der Bilanzpolitik wichtig.

„Unter den Begriff der Bilanzpolitik fallen alle legalen Maßnahmen, die der Bilanzierende innerhalb des Jahresabschlusses und Lageberichts ergreift, um die Informationen über die Vermögens-, Finanz- und Ertragslage des Unternehmens inhaltlich und/oder formal so zu gestalten, dass bei den Adressaten bestimmte Reaktionen hervorgerufen bzw. vermieden werden." (Winter et al. 2010).

Die Ziele der Bilanzpolitik sind unternehmensindividuell verschieden. Meist geht es um die Senkung oder Anhebung des ausgewiesenen Jahresergebnisses oder um die Erreichung bestimmter Kennzahlen der Vermögens-, Finanz- und Ertragslage. Die Senkung des auszuweisenden Jahresergebnisses zur Verringerung der Steuerlast ist ein Ziel, das vor allem für Krankenhäuser in privater Trägerschaft von Bedeutung sein kann. In der gemeinnützig geprägten Krankenhauslandschaft spielt dieses Ziel der Bilanzpolitik eine tendenziell untergeordnete Rolle. Ähnliches gilt für die Beeinflussung des Jahresergebnisses hinsichtlich der Höhe der Ausschüttungen an die Anteilseigner. Dies ist nur in wenigen, meist privaten Klinikkonzernen von Bedeutung. Die Beeinflussung des Jahresergebnisses zur Anhebung der erfolgsabhängigen Vergütung der Führungskräfte gewinnt in einer Zeit, in der auch öffentlich-rechtliche und freigemeinnützige Krankenhäuser vermehrt Gewinnerzielungsabsichten äußern, mehr und mehr an Bedeutung.

Bei der Erreichung bestimmter Kennzahlen der Vermögens-, Finanz- und Ertragslage geht es um die Schaffung von Vertrauen bei Patienten, Lieferanten, Mitarbeitern, Krankenkassen und den kapitalgebenden Banken. Zunehmend ist die Kreditvergabe an die Einhaltung bestimmter Bilanzkennzahlen gekoppelt. Bei Nichteinhaltung kann ein Darlehen bankseitig schlimmstenfalls gekündigt oder abgetreten werden (vgl. Goddemeier & Krämer 2012).

6.1.2 Wirkung und Ziele der Bilanzpolitik

Die bilanzpolitischen Ziele eines Unternehmens lassen sich aus den allgemeinen Unternehmenszielen ableiten. Hier wird oftmals zwischen monetären und nichtmonetären Zielen unterschieden. Die Ziele der Bilanzpolitik der Krankenhäuser müssen sich stark an den Vorstellungen der verschiedenen Stakeholder (finanzwirtschaftliche, leistungsorientierte oder meinungsbildende Bezugsgruppen) und rechtlichen Ansprüchen ausrichten. Der Jahresabschluss spielt hier die Rolle des Informationsträgers, der die bilanziellen Inhalte an die Adressaten, wie beispielswiese Kommunen, Länder, Anteilseigner oder Kreditinstitute, überbringt. Die Bezugsgruppen sollen auf diese Weise zu einem erwünschten und zielgerechten Verhalten initiiert werden (vgl. Küting & Weber 2009, S. 35).

6.1.2.1 Monetäre Ziele

Die monetären Ziele erstrecken sich hauptsächlich auf den finanziellen Bereich. Hierbei kann man grundsätzlich zwischen mittelbarer und unmittelbarer Beeinflussung unterscheiden. Die unmittelbare Beeinflussung der Finanzpolitik betrifft die Zahlungsbemessungsfunktion des Jahresabschlusses. Dazu gehören u. a. Dividendenvorschläge, Dividendenausschüttung (auf Basis des HGB-Einzelabschlusses) oder auch Boni. Somit kann die Höhe dieser erfolgsabhängigen Auszahlungen durch die Bilanzpolitik des Unternehmens beeinflusst werden.

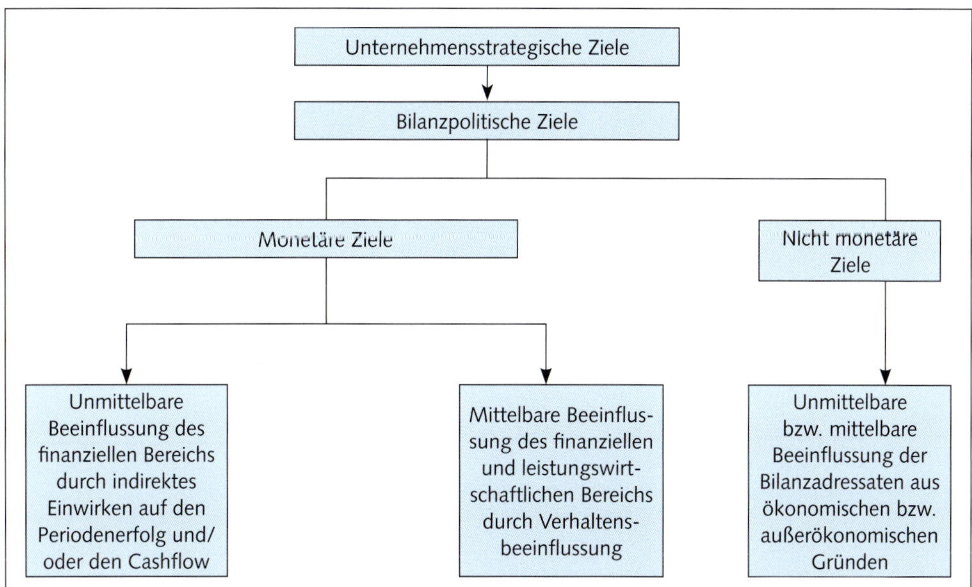

Abbildung 6.1.2-1: Bilanzpolitische Ziele nach den abgeleiteten Zielsetzungen (vgl. Wohlgemuth 2007, S. 58)

Ein weiteres wichtiges Ziel der Bilanzpolitik ist die Beeinflussung der Steuerbemessung. Durch Einsatz bilanzpolitischer Instrumente kann eine Reduzierung der Steuerbelastung herbeigeführt werden.

Je nach Ziel kann für die Gewinnausschüttungsabsichten eines Unternehmens ein möglichst hoher und für steuerliche Zwecke ein möglichst geringer Jahresüberschuss im HGB-Jahresabschluss erstrebenswert sein.

Anders als die unmittelbare Beeinflussung des finanziellen Bereichs zeichnet sich die mittelbare Beeinflussung durch eine Zielerreichung, die nur im Wege der Verhaltensbeeinflussung verwirklicht werden kann, aus. Verhaltensbeeinflussung bedeutet in diesem Sinne, dass die zukünftigen Mittelzuflüsse durch ein verhaltensbeeinflussendes Bilanzbild sichergestellt werden sollen. (vgl. Wohlgemuth 2007, S. 57) Die mittelbare Beeinflussung betont somit die Informationsfunktion des Jahresabschlusses. Krankenhäuser können auf diese Weise den künftigen Mittelzufluss von außen ermöglichen. Dabei sollen wünschenswerte Verhaltensweisen der Bilanzadressaten durch die preisgegebenen Informationen erzielt werden (z. B. Gewährung eines Kredits). Bei der Akquirierung von Fremdkapital durch einen Kredit muss das Krankenhaus den potenziellen Gläubigern ein Bilanzbild präsentieren, welches den Eindruck eines liquiden und kreditwürdigen Unternehmens erweckt und das Bild eines stabilen, krisensicheren Unternehmens unterstreicht (vgl. Gräfer 1981, S. 355; Reuter 2008, S. 15 ff.).

6.1.2.2 Nicht monetäre Ziele

Nicht monetäre Ziele betreffen außerökonomische Interessen (z. B. aufgrund sozialer oder ethischer Motive) eines Unternehmens, aber auch ökonomische Interessen und Ziele eines Krankenhauses. Der Jahresabschluss repräsentiert das Krankenhaus nach außen und muss die Beziehungen zur Außenwelt pflegen und erhalten (vgl. Sandig 1970, S. 233; Ben et al. 1993, S. 229 ff.). Gerade für Krankenhäuser ist eine positive Selbstdarstellung nach außen wichtig, um das Vertrauen von Mitarbeitern und Patienten zu erlangen. Der veröffentlichte Jahresabschluss wird damit zu einem Marketinginstrument und so zu einer tragenden Säule der Öffentlichkeitsarbeit (vgl. Sandig 1970, S. 233; Ben et al. 1993, S. 229 ff.; Reuter 2008, S. 38).

6.1.3 Instrumente der Bilanzpolitik

Im folgenden Unterabschnitt soll anhand von ausgewählten Beispielen auf die Facetten des bilanzpolitischen Spielraumes eingegangen werden. Hierbei gilt es zwischen der realen sowie der buchmäßigen Bilanzpolitik zu unterscheiden. Während im Rahmen der realen Bilanzpolitik durch die unternehmerische Tätigkeit Sachverhalte gestaltet werden (vgl. Küting & Weber 2009, S. 40 ff.), wird in der buchmäßigen Bilanzpolitik von Wahlrechten Gebrauch gemacht, wodurch eine retrospektive und zielgerichtete Sachverhaltsdarstellung erfolgt. Vor diesem Hintergrund kann es für externe Bilanzadressaten bzw. Stakeholder von besonderem Interesse sein, das genutzte oder ungenutzte Wahlrecht kritisch zu hinterfragen und infolgedessen die Ziele der Bilanzpolitik zu interpretieren (siehe Unterabschnitt 6.1.2 Wirkung und Ziele der Bilanzpolitik).

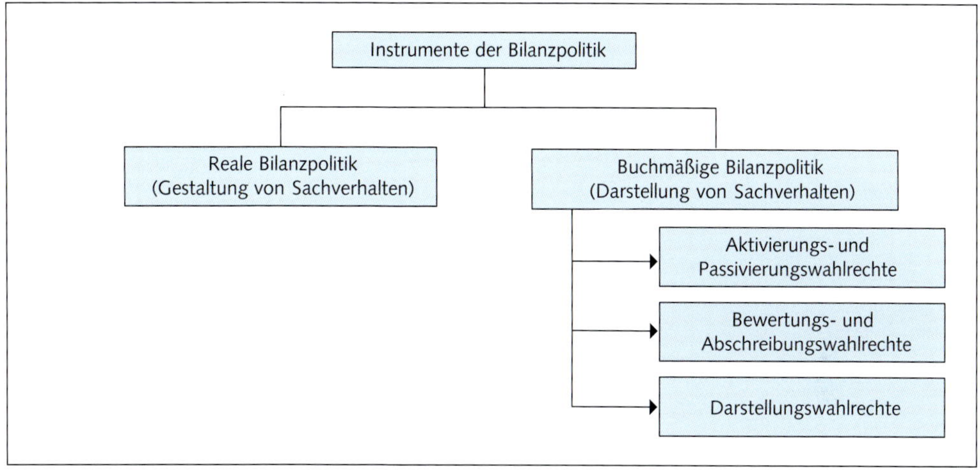

Abbildung 6.1.3-1: Instrumente der Bilanzpolitik

6.1.3.1 Gestaltung von Sachverhalten

Maßnahmen der Sachverhaltsgestaltung betreffen Entscheidungen des Unternehmens, welche vor dem Bilanzstichtag getroffen und für die entsprechende Transaktionen vor dem Bilanzstichtag vorgenommen werden. Bereits die Wahl des Zeitpunktes des Bilanzstichtages wirkt sich unmittelbar auf die Bilanzstruktur aus. Dies kommt vor allen Dingen zum Tragen, sofern das Geschäftsmodell saisonalen Schwankungen unterliegt (vgl. Wöhe & Döring 2010, S. 896 f.). Hieraus entstehen beispielsweise Effekte auf die Lagerhaltung und entsprechend zu bilanzierenden Vorräte, der korrespondierenden Herstellungskosten und der entsprechenden Liquidität des Unternehmens. Für Krankenhäuser spielt jedoch schon aufgrund des § 2 der KHBV, welcher als Geschäftsjahr das Kalenderjahr festlegt, dieses Wahlrecht kaum eine Rolle.

Darüber hinaus beeinflusst die Entscheidung um den Zeitpunkt einer Transaktion nicht nur die Bilanz, sondern auch den Erfolgsausweis. Auf diese Weise werden Geschäftsvorfälle bewusst vor oder nach dem Bilanzstichtag durchgeführt, um das Jahresergebnis zu beeinflussen. Die folgende Tabelle zeigt Beispiele für Transaktionsentscheidungen, die Einfluss auf die Bilanz bzw. Gewinn- und Verlustrechnung haben.

Transaktion	Bilanzieller Effekt		
	Höherer Erfolgsausweis	Niedrigerer Erfolgsausweis	Höhere Liquidität
Forderungsverkauf (Factoring)			X
Anzahlungen			X
Vorverlagerung Anlagenkauf (eigenfinanziert) zwecks Antizipation von Abschreibungen		X	
Verzögerung Anlagenverkauf (Erlös > Buchwert)		X	
Vorziehen einer Großreparatur		X	
Veräußerung einer Beteiligung (Erlös > Buchwert)	X		X
Vorziehen einer Pensionszusage		X	
Operate-Leasing statt Kauf von Anlagen			X
Sale-and-lease-back von Gebäuden (Erlös > Buchwert)	X		X

Abbildung 6.1.3-2: Ausgewählte Beispiele für Transaktionen vor dem Bilanzstichtag (vgl. Wöhe/Döring 2010, S. 897)

Durch einen Forderungsverkauf (Factoring) wird die Forderung in liquide Mittel verwandelt. Entsprechend erhöht sich der Bestand an liquiden Mitteln bzw. reduziert sich der in Anspruch genommene Betriebsmittelkredit. Für Krankenhäuser sind jedoch beim Factoring insbesondere im Zusammenhang mit Patientendaten sensible datenschutzrechtliche Regelungen beachten.

Das bewusste Vorziehen des Kaufes von nicht geförderten, abschreibungsfähigen Anlagevermögen führt zu einem früheren Entstehen von planmäßigen Abschreibungen. Zu beachten ist, dass planmäßige Abschreibungen regelmäßig erst dann vorgenommen werden können, wenn sich das Anlagegut im betriebsbereiten Zustand befindet.

Das Vorziehen einer Großreparatur, die nicht zu aktivierungspflichtigen Anschaffungs- oder Herstellungskosten führt, erhöht in dem Jahr der Bilanzwirksamkeit die Aufwendungen und senkt damit das Jahresergebnis. Das Verschieben einer Großreparatur in die Zukunft wirkt in umgekehrter Form.

Werden eigenfinanzierte Anlagen geleast statt gekauft, führt das dazu, dass die hierfür erforderlichen finanziellen Mittel über die Laufzeit des Leasingvertrages anfallen anstatt einmalig bei Kauf. Das schont die Liquidität.

Bei Sale-and-lease-back von Gebäuden werden diese an einen Leasinggeber veräußert und danach auf Mietbasis weiter genutzt. Durch den Verkaufsvorgang können stille Reserven erfolgswirksam aufgedeckt werden. Der vereinnahmte Kaufpreis erhöht die liquiden Mittel. Diese können für andere Zwecke genutzt werden. Die zu zahlende Miete belastet das Jahresergebnis und die Liquidität in der Zukunft.

6.1.3.2 Darstellung von Sachverhalten

Die Darstellung von Sachverhalten betrifft Entscheidungen, die nach dem Bilanzstichtag durch die Ausübung von Wahlrechten getroffen werden. Zu unterscheiden sind Aktivierungs- und Passivierungswahlrechte sowie Bewertungs- und Abschreibungswahlrechte. Weiter unterscheidet man zwischen expliziten und impliziten Wahlrechten. Explizite Wahlrechte werden durch den Gesetzgeber dezidiert aufgeführt oder in einem Rechnungslegungsstandard als Handlungsalternative dargestellt (vgl. Küting & Weber 2009, S. 40 f.). Implizite Wahlrechte ergeben sich aufgrund von Ermessensspielräumen, die entweder vom Gesetzgeber eingeräumt werden oder die sich aus der faktischen Natur eines Geschäftsvorfalles ergeben.

Bei den Aktivierungs- und Passivierungswahlrechten fallen im deutschen Handelsrecht in die Kategorie explizite Wahlrechte das Disagio, selbst geschaffene immaterielle Vermögensgegenständen des Anlagevermögens, Wahlbestandteile der Herstellungskosten sowie aktive latenten Steuern.

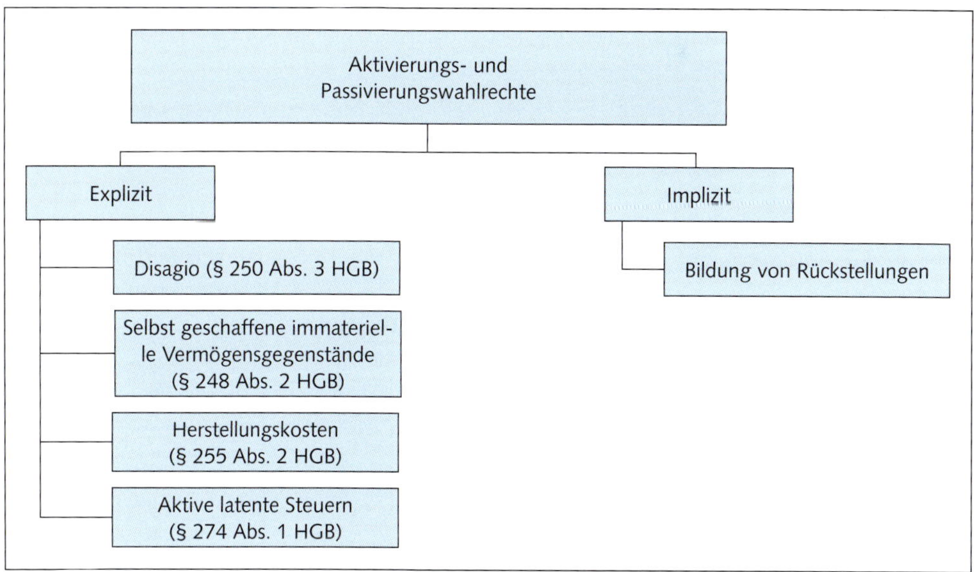

Abbildung 6.1.3-3: Ausgewählte Aktivierungs- und Passivierungswahlrechte

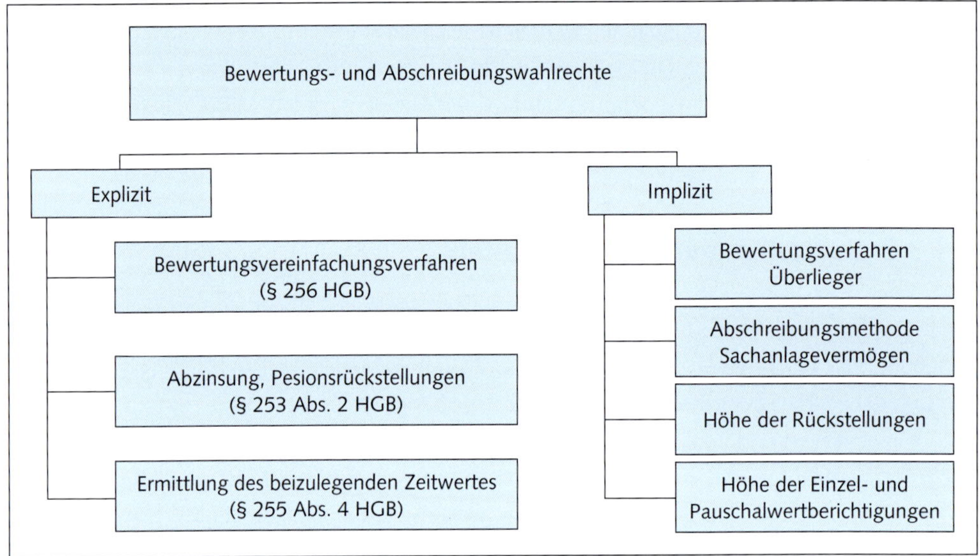

Abbildung 6.1.3-4: Ausgewählte Bewertungs- und Abschreibungswahlrechte

Bewertungs- und Abschreibungswahlrechte sind Wahlrechte, die sich aufgrund Bei der Ermittlung der Herstellungskosten können Ermessensspielräume hinsichtlich der Höhe und der Bezugsbasis der angewendeten Gemeinkostenzuschläge eine Rolle spielen.

Für Krankenhäuser werden in der Praxis zur Bewertung der Leistungen für die vor dem Bilanzstichtag stationär aufgenommene, jedoch erst nach Bilanzstichtag entlassen Patienten (sogenannte Überlieger) verschiedene Bewertungsmethoden angewandt. Diese kommen regelmäßig zu unterschiedlichen Wertansätzen.

Die bereits im Unterabschnitt 6.1.3 erwähnten impliziten oder verdeckten Wahlrechte werden nicht ausdrücklich durch den Gesetzgeber oder einen Rechnungslegungsstandard beschrieben. Dies betrifft beispielsweise die Bildung von Rückstellungen, welche auf Ermessensentscheidungen fußen und somit ein verdecktes Passivierungswahlrecht darstellen.

Für Krankenhäuser gibt es branchenspezifische Risiken, für die es erforderlich sein kann, Rückstellungen zu bilden. Beispiele sind Rückstellungen für Rückzahlungsrisiken in Bezug auf Einzel- und Pauschalfördermittel, drohende Verluste aus Überliegern, Risiken aufgrund von MD-Prüfungen, Schadensfälle (i.d.R. aus Behandlungsfehlern), Bereitschaftsdienste. Weitere Ausführungen dazu finden sich im Kapitel 3.

Aufgrund von Darstellungswahlrechten bei der Erstellung des Jahresabschlusses kann entschieden werden, in welchem Detaillierungsgrad der externe Adressat informiert werden soll.

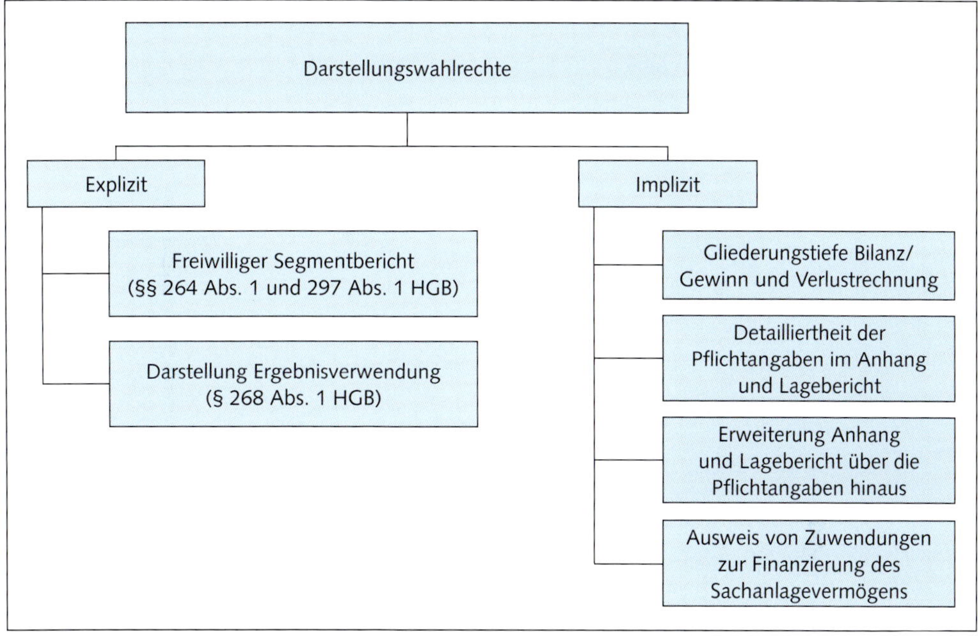

Abbildung 6.1.3-5: Ausgewählte Darstellungswahlrechte

Darüber hinaus ist ein implizites Wahlrecht, über die Gliederungstiefe der Bilanz und GuV Informationen preis zu geben oder nicht. Da bei der Erstellung von Jahresabschlüssen von Krankenhäusern ebenfalls die KHBV (Anlage 1 und 2) zu beachten ist, kommt dies bei den stationären Leistungserbringern nicht zum Tragen.

Im Rahmen einer freiwilligen Segmentberichtserstattung ist es dem Jahresabschlussersteller möglich, über selbstständige Unternehmensteile und -transaktionen zu berichten. Dies ist jedoch aufgrund mangelnder Anwendbarkeit im Krankenhauswesen wenig verbreitet.

6.2 Bilanzanalyse

6.2.1 Möglichkeiten und Grenzen der Bilanzanalyse

„Mit Jahresabschluss- oder auch Bilanzanalyse werden Verfahren der Informationsgewinnung und -auswertung bezeichnet, mit deren Hilfe aus den Angaben des Jahresabschlusses (Bilanz, Gewinn- und Verlustrechnung, Kapitalflussrechnung und Anhang) und des Lageberichtes Erkenntnisse über die Vermögens-, Finanz- und Ertragslage des Unternehmens gewonnen werden." (Coenenberg et al. 2021, S. 1085)

Für Krankenhäuser sind viele weitere Informationen öffentlich zugänglich, die für die Bilanzanalyse genutzt werden können. Dazu zählen Qualitätsberichte, Krankenhaus-Directory, Krankenhausverzeichnis aber auch Daten aus dem Internetauftritten der Krankenhäuser.

All diese Bestandteile sollen zusätzliche Informationen liefern, um aus den Daten zukünftige Entwicklungen ableiten zu können. Dabei verfolgt jeder Adressat und Analyst eigene Ziele, die abhängig von seiner Interessenslage sind. Allgemein bilden zwei Erkenntnisziele den Schwerpunkt. Zum einen ist die Liquidität, d. h. die finanzielle Stabilität von Bedeutung. Dies gilt vor allem für Anspruchsgruppen, die mit dem Krankenhaus in einem Schuldner-Gläubiger-Verhältnis stehen (Gläubiger, Lieferanten, Kunden sowie Mitarbeiter). Zum anderen ist insbesondere für Eigner, Gewerkschaften und Trägergremien der wirtschaftliche Erfolg Interessensschwerpunkt (vgl. Coenenberg et al. 2021, S. 1089).

Die gewonnenen Daten können zunächst einem Mehrjahresvergleich unterzogen werden, will man zukünftige Entwicklungen besser abschätzen. Zudem können so auch Auffälligkeiten im Vergleich zum Vorjahr entdeckt werden. Will man vordergründig die Wettbewerbssituation analysieren, bietet sich ein Branchenvergleich an (vgl. Tiemann & Büchner 2013, S. 287).

Doch trotz der Möglichkeiten und Werkzeuge der Bilanzanalyse stößt sie an Grenzen. Der Wunsch nach tiefgründigen Informationen wird durch die begrenzten Analysemöglichkeiten der Jahresabschlussdaten gedämpft. Die meisten Einschränkungen erwachsen dabei durch die Informationsquellen selbst. Kritisch sollte man sehen, dass aus vergangenheitsbezogenen Jahresabschlussinformationen zukünftige Entwicklungen prognostiziert werden.

Bedingt durch Ermessenspielräume und Schätzungen, auf denen einige Bilanzposten beruhen, ist die Verlässlichkeit der gewonnen Informationen eingeschränkt. Ebenfalls durch die Rechnungslegungsvorschriften bestimmt, ist die Ungleichbehandlung von Gewinnen und Verlusten. Insbesondere das Vorsichtsprinzip, d. h. die frühere Erfassung von Risiken und Verlusten, führt zu einer Beschränkung der Darstellung der tatsächlichen wirtschaftlichen Lage. Hinzu kommt, dass die Daten erst mit zeitlicher Verzögerung der Öffentlichkeit zur Verfügung gestellt werden und sich die tatsächliche Lage des Krankenhauses bereits wieder verändert haben kann.

Ein tatsächliches Bild der wirtschaftlichen Lage ist auch durch die Bilanzanalyse nicht zu erhalten, da nicht alle Sachverhalte durch die Finanzbuchhaltung abgebildet werden und somit nur ein unvollständiges Bild der Situation an die Öffentlichkeit gelangt (vgl. Coenenberg et al. 2021, S. 1094 ff.).

6.2.2 Finanzwirtschaftliche Bilanzanalyse

6.2.2.1 Kapitalstruktur

Um Finanzierungs- und Kreditrisiken erkennen zu können, ist eine Analyse der Kapitalstruktur erforderlich. Dabei sind Herkunft und Zusammensetzung des Kapitals von Bedeutung, ebenso die vorhandenen Sicherheiten.
Eine weitere Frage ist, ob Fristigkeiten der Kapitalverwendung mit denen der Kapitalherkunft übereinstimmen. Relative Kapitalkennzahlen ermöglichen eine grundlegende Analyse der Kapitalstruktur.

Die bekannteste Kapitalkennzahl ist die Eigenkapitalquote (hier Eigenkapitalquote I) als Verhältnis von Eigen- zu Gesamtkapital. Je höher die Eigenkapitalquote ist, desto geringer ist das Risiko einer Überschuldung und damit verbunden einer Insolvenz. Die Möglichkeit bei einer hohen Eigenkapitalquote aus eigenen Mitteln Investitionen zu tätigen und Aufwendungen zu finanzieren, führt zu einer größeren Unabhängigkeit von Fremdkapitalgebern (vgl. Coenenberg et al. 2021, S. 1149 ff.).

$$\text{Eigenkapitalquote I} = \frac{\text{Eigenkapital}}{\text{Gesamtkapital}}$$

Krankenhäuser weisen durch die duale Finanzierung Besonderheiten bei der Eigenkapitalquote aus. Ein großer Teil ihrer Investitionen wird durch Einzel- und Pauschalfördermittel gedeckt. Daher ist die Bildung der Kennzahl Förderquote sinnvoll (vgl. Nauen et al. 2005, S. 415 ff.).

$$\text{Förderquote} = \frac{\text{Sonderposten}}{\text{Gesamtkapital}}$$

Eigenkapital und eigenkapitalähnliche Sonderposten ergeben das wirtschaftliche Eigenkapital. In der Folge kann es bei Krankenhäusern sinnvoll sein, eine weitere Eigenkapitalquote II zu analysieren, in der die Sonderposten mit aufgenommen werden.

$$\text{Eigenkapitalquote II} = \frac{\text{Eigenkapital} + \text{Sonderposten}}{\text{Gesamtkapital}}$$

Krankenhäuser haben allgemein eine recht hohe Eigenkapitalausstattung. Da der Anteil der Förderung jedoch in den vergangenen Jahren kontinuierlich abgenommen hat, ist dies für die zukünftige Entwicklung von Krankenhäusern bedeutsam.

Eine weitere relative Kapitalkennzahl ist die Fremdkapitalquote. Diese misst die Ausstattung des Krankenhauses mit Fremdkapital. Die Kennzahl wird auch als Anspannungsgrad bezeichnet. Sie ermittelt sich aus dem Verhältnis von Fremdkapital zu Gesamtkapital.

$$\text{Fremdkapitalquote} = \frac{\text{Fremdkapital}}{\text{Gesamtkapital}}$$

Weitere Kennzahlen zur Analyse der Kapitalstruktur sind der Verschuldungsgrad als Verhältnis von Fremdkapital zu Eigenkapital (auch statischer Verschuldungsgrad), der Selbstfinanzierungsgrad als Verhältnis von Gewinnrücklagen zu Eigenkapital, der Bilanzkurs als Verhältnis von bilanziellem Eigenkapital zu gezeichnetem Kapital und viele andere mehr.

6.2.2.2 Vermögensstruktur

Die Frage, wofür das Kapital verwendet wurde, soll die Analyse der Vermögenstruktur beantworten. Ziel ist es, ein genaueres Bild über die Art und Zusammensetzung des Vermögens zu erhalten.

Bezüglich der Anlagenintensität können zwei Aussagen getroffen werden: Zum einen wird durch diese Kennzahl die Dispositionselastizität ausgedrückt. Je kleiner die Anlagenintensität, desto höher auch das Liquiditätspotenzial und damit verbunden die Fähigkeit des Unternehmens, sich an Umfeldveränderungen anzupassen. Zum anderen kann eine im Branchenvergleich überdurchschnittliche Anlagenintensität auf eine überdurchschnittlich moderne Infrastruktur hinweisen.

Der überwiegende Anteil des Anlagevermögens betrifft im Krankenhaus regelmäßig das Sachanlagevermögen. Die Sachanlagenintensität setzt die Sachanlagen ins Verhältnis zum Gesamtvermögen. Eine signifikante Abweichung nach oben kann ein Indiz dafür sein, dass vergleichsweise zu viel in Sachanlagen investiert wurde. Mögliche Ursachen können zu viel unzureichend genutzte Gerätetechnik, zu hohe Einkaufspreise für Sachanlagen, nicht betriebsnotwendiges Vermögen usw. sein. Eine vergleichsweise zu hohe Sachanlagenintensität hat in diesem Fall den Nachteil, dass zu viel Vermögen langfristig gebunden ist, dieses nicht effizient genutzt wird und die Anpassung des Krankenhauses an veränderte Bedingungen schwerfälliger als beim Wettbewerber sein könnte. Es kann aber auch sein, dass das Krankenhaus über eine überdurchschnittlich moderne Infrastruktur verfügt. Ist dies der Fall, sollte die Sachanlagenbindung näher untersucht werden. Eine Abweichung der Sachanlagenintensität nach unten kann ein Indiz dafür sein, dass die Infrastruktur veraltet ist.

$$\text{Sachanlagenintensität} = \frac{\text{Sachanlagevermögen}}{\text{Gesamtvermögen}}$$

Um herauszufinden, ob die Höhe des Sachanlagevermögens im Vergleich zur Leistung des Krankenhauses angemessen ist, bietet sich die Gegenüberstellung vom Sachanlagevermögen zu den Umsatzerlösen an (Sachanlagenbindung). Liegt diese beim Krankenhaus über dem Branchenvergleichswert, lässt sich vermuten, dass die vorhandenen Sachanlagen nicht optimal genutzt werden. Ist die Ursache für eine vergleichsweise hohe Sachanlagenintensität eine überdurchschnittlich modere Infrastruktur, dann ist dies nur von Vorteil, wenn diese moderne Infrastruktur effizient eingesetzt werden kann. Das ist regelmäßig nur dann der Fall, wenn die Sachanlagenbindung über dem Branchendurchschnitt liegt.

$$\text{Sachanlagenbindung} = \frac{\text{Sachanlagevermögen}}{\text{Umsatzerlöse}}$$

Eine weitere Kennzahl der Vermögensstruktur ist der Sachanlagenabnutzungsgrad. Ergänzend zur Sachanlagenintensität kann diese Kennzahl zeigen, wie modern die Infrastruktur ist. Ein überdurchschnittlicher Sachanlagenabnutzungsgrad zeigt an, dass das Krankenhaus möglicherweise einen Investitionsstau hat. Ist die Sachanlagenintensität und auch der Sachanlagenabnutzungsgrad hoch, dann spricht vieles dafür, dass das Krankenhaus ungenutzte Kapazitäten vorhält, die darüber hinaus veraltet sind. Dies würde wirtschaftliche Nachteile zur Folge haben müssen. Die Informationen zum Sachanlagenabnutzungsgrad bekommt man aus dem Anlagespiegel, nicht aus der Bilanz oder GuV. AK/HK steht für Anschaffungs-/Herstellungskosten.

$$\text{Sachanlagenabnutzungsgrad} = \frac{\text{Kumulierte Abschreibungen Sachanlagevermögen}}{\text{Sachanlagevermögen zu historischen AK/HK}}$$

Die Investitionsquote zeigt das Verhältnis der Investitionen des Vergleichsjahres zu den Sachanlagen bewertet mit den historischen Anschaffungs- bzw. Herstellungskosten (AK/HK) an. Liegt diese über dem Branchenvergleichswert, dann ist das ein Indiz für überdurchschnittlich hohe Investitionstätigkeit des Krankenhauses im Vergleichsjahr. Da diese Kennzahl immer nur ein Jahr abbildet, sagt sie allein betrachtet wenig über das kumulierte Investitionsgeschehen aus. Ist der Anlagenabnutzungsgrad höher als der Branchenvergleichswert sollte die Investitionsquote über dem Branchenvergleichswert liegen. Anderenfalls ist davon auszugehen, dass die Infrastruktur des Krankenhauses weiter veraltet.

$$\text{Investitionsquote Sachanlagevermögen} = \frac{\text{Nettoinvestitionen Sachanlagevermögen}}{\text{Sachanlagevermögen zu historischen AK/HK}}$$

In einem weiteren Schritt können einzelne Vermögensposten auf ihr Verhältnis zum Umsatz untersucht werden. Für Krankenhäuser interessant ist vor allem die Forderungsreichweite (auch Debitorenlaufzeit genannt). Die Forderungsreichweite soll Auskunft darüber geben, wie lange das Krankenhaus auf die Begleichung von Rechnungen warten muss. Je länger die Forderungsreichweite ist, desto ungünstiger wirkt sich dies auf die Liquidität aus. Ebenso können Rückschlüsse über die Zahlungsbereitschaft der Kostenträger gezogen werden bzw. es lässt sich einschätzen, wie gut das Mahnwesen des Krankenhauses arbeitet (vgl. Nauen et al. 2005, S. 415 ff.).

$$\text{Forderungsreichweite in Tagen} = \frac{\text{DS Bestand an Forderungen LuL} * 365}{\text{Umsatzerlöse}}$$

6.2.2.3 Liquidität

Die Liquidität ist die Fähigkeit eines Unternehmens jederzeit seinen Zahlungsverpflichtungen nachkommen zu können. Die Analyse der Liquidität ist unter zwei Gesichtspunkten vorzunehmen: Zum einen ist zu fragen, welche Finanzmittel bei einer möglichen Liquidation des Krankenhauses zur Verfügung stehen, um die Fremdkapitalforderungen zu erfüllen. Zum anderen kann die Wahrscheinlichkeit einer möglichen Zahlungsunfähigkeit abgeschätzt werden.

Wichtig ist der Grundsatz der Fristenkongruenz. Er soll sicherstellen, dass die Fristen der Kapitalbindung mit den Fristen der Kapitalverwendung übereinstimmen. Als grundlegende Finanzierungsregel gilt, dass langfristiges Vermögen mit langfristigem Kapital und kurzfristiges Vermögen mit kurzfristigem Kapital finanziert sein sollte.

Ausgegend von diesem Grundsatz untersucht der Deckungsgrad des Anlagevermögens das Verhältnis von langfristigem Vermögen (Anlagevermögen) und langfristigem Kapital (Eigenkapital und langfristiges Fremdkapital). Der Deckungsgrad des Anlagevermögens sollte entsprechend der „goldenen Bilanzregel" einen Wert größer eins bzw. 100 % aufweisen (vgl. Coenenberg et al. 2021, S. 1158 ff.).

Da bei Krankenhäusern ein großer Teil ihrer Investitionen durch Einzel- und Pauschalfördermittel finanziert wird, ist es sinnvoll, anstatt dem langfristigen Fremdkapital den Sonderposten aus Zuwendungen in die Berechnung des Deckungsgrades einzubeziehen. Mit zunehmender Bedeutung der Finanzierung der Investitionen der Krankenhäuser mit Fremdkapital sollte auch das langfristige Fremdkapital in diese Kennzahl integriert werden.

$$\text{Deckungsgrad Anlagevermögen} = \frac{\text{Eigenkapital + Sonderposten}}{\text{Anlagevermögen}}$$

Kurzfristige Aussagen zur Liquidität können durch die Liquiditätsgrade getroffen werden, die sich durch unterschiedliche Einbeziehung von Aktivposten unterscheiden. Laufende Zahlungsverpflichtungen werden jedoch ausgeklammert. Tendenziell lässt sich sagen, dass ein höherer Wert positiv zu bewerten ist, da dies auf eine bessere Zahlungsfähigkeit des Krankenhauses schließen lässt.

$$\text{Liquidität 1. Grades} = \frac{\text{Liquide Mittel}}{\text{Kurzfristiges Fremdkapital}}$$

$$\text{Liquidität 2. Grades} = \frac{\text{Liquide Mittel + Forderungen}}{\text{Kurzfristiges Fremdkapital}}$$

$$\text{Liquidität 3. Grades} = \frac{\text{Liquide Mittel + Forderungen + Vorräte}}{\text{Kurzfristiges Fremdkapital}}$$

6.2.3 Erfolgswirtschaftliche Bilanzanalyse

6.2.3.1 Ergebnisanalyse

Um Aussagen zur Ertragskraft im Rahmen der erfolgswirtschaftlichen Analyse des Jahresabschlusses zu treffen, ist es erforderlich, sich mit dem Jahresergebnis und seinen Quellen auseinanderzusetzen. Hier soll sich auf die Ergebnisstrukturanalyse konzentriert werden.

Dabei werden einzelne Bestandteile der Aufwands- und Ertragsstruktur genauer untersucht, um Wert- und Kostentreiber aufzuspüren. Für die Analyse von Krankenhäusern interessant ist das Verhältnis der Krankenhauserlöse je Fall. Die Krankenhauserlöse je Fall in Euro spiegeln die Fallschwere, die Zusatzentgelte und Zuschläge wider.

$$\text{Krankenhauserlöse je Fall in Euro} = \frac{\text{Krankenhauserlöse}}{\text{Fallzahl}}$$

Klassische Kennzahlen der Aufwands- und Ertragsstruktur sind Personal- und Materialaufwandsquote (auch Personal- und Materialaufwandsintensität).

Die Personalaufwandsquote ist aufgrund des hohen Personaleinsatzes in der Krankenversorgung ein entscheidender Indikator für die Wirtschaftlichkeit eines Krankenhauses. Eine im Vergleich zu hohe Personalaufwandsquote ist ein deutliches Indiz für eine zu hohe Personalausstattung und/ oder für Prozessineffizienzen.

$$\text{Personalaufwandsquote} = \frac{\text{Personalaufwand}}{\text{Umsatzerlöse}}$$

Die Kennzahl Personalaufwandsquote ist beeinflusst durch die Höhe der Personalausstattung, die Personalstruktur und das Vergütungsniveau. Die Kennzahl Vollkräfte je Bett ist ein guter Maßstab für die Höhe der Personalausstattung eines Krankenhauses. Es ist nicht immer möglich, diese Kennzahl aus den Angaben im Jahresabschluss und Lagebericht zu gewinnen. Bei Krankenhäusern ist jedoch die Anzahl der Planbetten im jeweiligen Krankenhausplan offengelegt.

$$\text{Vollkräfte je Bett} = \frac{\text{Anzahl der Vollkräfte}}{\text{Anzahl der Betten}}$$

Die Kennzahl Personalaufwand je Vollkraft – als Verhältnis von Personalaufwand zu Anzahl der Vollkräfte – zeigt an, wie hoch die Aufwendungen für eine durchschnittliche Vollkraft im Jahr sind. Dies lässt Schlüsse auf die Personalstruktur sowie auf das Vergütungsniveau des Krankenhauses zu und ist letztendlich auch ein guter Vergleichsmaßstab für den effizienten Einsatz von Personal.

$$\text{Personalaufwand Vollkraft in Euro} = \frac{\text{Personalaufwand}}{\text{Anzahl der Vollkräfte}}$$

Die Sachkosten können anhand der Kennzahl Materialaufwandsquote analysiert werden. Die Materialaufwandsquote sollte vergleichsweise niedrig sein. Ein hoher Wert deutet auf mengen- und preismäßig zu hohen Materialeinsatz und/oder ungünstige Beschaffungsprozesse und -konditionen hin Es kann aber auch sein, dass überdurchschnittlich viele Prozesse auf Dritte ausgelagert wurden (sog. Outsourcing). Dann geht eine überdurchschnittlich hohe Materialaufwandsquote häufig mit einer unterdurchschnittlichen Personalaufwandsquote einher.

$$\text{Materialaufwandsquote} = \frac{\text{Materialaufwand}}{\text{Umsatzerlöse}}$$

6.2.3.2 Rentabilitätsanalyse

Mit Hilfe relativer Kennzahlen untersucht die Rentabilitätsanalyse den Einfluss einer Kenngröße auf eine zugehörige Ergebnisgröße. Dies lässt eine bessere Interpretation zu als dies bei absoluten Erfolgskennzahlen der Fall ist.

$$\text{Umsatzrentabilität} = \frac{\text{Jahresüberschuss}}{\text{Umsatzerlöse}}$$

Die Umsatzrentabilität ist eine der aussagefähigsten hoch aggregierten Kennzahlen zur Analyse der Wirtschaftlichkeit eines Krankenhauses. Eine überdurchschnittlich hohe Umsatzrentabilität zeigt an, dass entweder die erzielten Erlöse für die erbrachten Leistungen überdurchschnittlich sind oder die hierfür erforderlichen Produktionsfaktoren überdurchschnittlich effizient eingesetzt werden.

Die Umsatzrentabilität wird wesentlich beeinflusst durch die Erlössituation des Krankenhauses, die Personal- und Sachkosten sowie die Auslastung der vorhandenen Kapazitäten.

Für Krankenhausträger, insbesondere aber für Anteilseigner kapitalmarktorientierter Krankenhausunternehmen stellt die Eigenkapitalrentabilität eine weitere wichtige Kennzahl dar. Sie gibt an, wie hoch die Verzinsung des eingebrachten Kapitals ist. Anleger können diese Verzinsung mit alternativen Investitionen am Kapitalmarkt vergleichen, um anschließend ihre Investitionsentscheidung zu treffen. Dadurch hat die Höhe der Eigenkapitalrentabilität auch einen Einfluss auf die Kapitalbeschaffung des Krankenhauses.

$$\text{Eigenkapitalrentabilität} = \frac{\text{Jahresüberschuss}}{\text{Eigenkapital}}$$

Für alle Kapitalgeber bedeutsam ist die Gesamtkapitalrentabilität. Zusätzlich zur Verzinsung des Eigenkapitals fließt auch der Zinsaufwand des Fremdkapitals in diese Kennzahl ein (vgl. Coenenberg et al. 2021, S. 1240).

$$\text{Gesamtkapitalrentabilität} = \frac{\text{Jahresüberschuss} + \text{Zinsaufwand}}{\text{Gesamtkapital}}$$

Die Gesamtkapitalrentabilität ist im Gegensatz zur Eigenkapitalrentabilität ein zuverlässigerer Indikator zur Messung der Ertragskraft im zwischenbetrieblichen Vergleich. Das liegt daran, dass die

Gesamtkapitalrentabilität unabhängig vom Verschuldungsgrad die Ertragskraft des Unternehmens abbildet. Während sich die Eigenkapitalrentabilität durch die Aufnahme von Fremdkapital verändert und somit unter Umständen verzerrt wird, bleibt die Gesamtrentabilität unverändert.

6.2.4 Fallstudie Krankenhaus GmbH

Im Folgenden finden Sie die Gewinn- und Verlustrechnung, die Bilanz sowie ausgewählte Angaben aus Anhang und Lagebericht der Krankenhaus GmbH. Durchgeführt wird eine beispielhafte Bilanzanalyse unter Verwendung von allgemeinen Branchenvergleichswerten (BV). Quelle für diese Branchenvergleichswerte bildet die KPMG Datenbank Krankenhaus 300®. Der allgemeine Branchenvergleichswert ist der Medianwert aller in der Datenbank enthaltenen allgemeinen deutschen Krankenhäuser (vgl. Penter et al. 2020 S. 117ff.)

Für die Durchführung individueller Bilanzanalysen für die betriebliche Praxis können diese allgemeinen Branchenvergleichswerte durch spezifische Branchenvergleichswerte verfeinert werden. Solche spezifischen Branchenvergleichswerte berücksichtigen die Besonderheiten des zu analysierenden Krankenhauses in Bezug auf Kriterien wie Regionalität, Größe, Trägerschaft, fachliche Ausrichtung des Krankenhauses, Stichtag etc. Die KPMG Datenbank Krankenhaus 300® enthält solche spezifischen Branchenvergleichswerte. Diese werden regelmäßig aktualisiert.

Gewinn- und Verlustrechnung in TEuro

		2021	2020
1.	Erlöse aus Krankenhausleistungen	80.548	76.894
2.	Erlöse aus Wahlleistungen	78	72
3.	Erlöse aus ambulanten Leistungen des Krankenhauses	2.803	2.499
4.	Nutzungsentgelte der Ärzte	565	574
4a.	Umsatzerlöse nach § 277 Abs. 1 HGB, soweit nicht in den Nrn. 1 bis 4 enthalten	833	815
5.	Erhöhung oder Verminderung des Bestandes an unfertigen Leistungen	213	-209
6.	Andere aktivierte Eigenleistungen	46	70
7.	Zuweisungen und Zuschüsse der öffentlichen Hand, soweit nicht unter Nr. 11	686	714
8.	Sonstige betriebliche Erträge	3.509	3.873
		89.281	85.302
9.	Personalaufwand		
a)	Löhne und Gehälter	45.526	43.941
b)	Soziale Abgaben und Aufwendungen für Altersversorgung und für Unterstützung	8.195	7.909
		53.721	51.850
10.	Materialaufwand		
a)	Aufwendungen für Roh-, Hilfs- und Betriebsstoffe	15.936	14.677
b)	Aufwendungen für bezogene Leistungen	9.684	9.823
		25.620	24.500
11.	Erträge aus Zuwendungen zur Finanzierung von Investitionen	1.354	15.086
12.	Erträge aus der Einstellung von Ausgleichsposten aus Darlehensförderung und für Eigenmittelförderung	186	186
13.	Erträge aus der Auflösung von Sonderposten/Verbindlichkeiten nach dem KHG und auf Grund sonstiger Zuwendungen zur Finanzierung des Anlagevermögens	3.386	3.412
14.	Erträge aus der Auflösung des Ausgleichspostens für Darlehensförderung	3	61
15.	Aufwendungen aus der Zuführung zu Sonderposten/Verbindlichkeiten nach dem KHG und auf Grund sonstiger Zuwendungen zur Finanzierung des Anlagevermögens	1.549	15.289
16.	Aufwendungen aus der Zuführung zu Ausgleichsposten aus Darlehensförderung	43	18
17.	Aufwendungen für die nach dem KHG geförderte Nutzung von Anlagegegenständen	32	15
18.	Aufwendungen für nach dem KHG geförderte, nicht aktivierungsfähige Maßnahmen	95	60
19.	Aufwendungen aus der Auflösung der Ausgleichsposten aus Darlehensförderung und für Eigenmittelförderung	33	-15
20.	Abschreibungen		
a)	auf immaterielle Vermögensgegenstände des Anlagevermögens und Sachanlagen	4.550	4.530
b)	auf Vermögensgegenstände des Umlaufvermögens, soweit diese die im Krankenhaus üblichen Abschreibungen überschreiten	14	3
21.	Sonstige betriebliche Aufwendungen	8.263	7.291
	Zwischenergebnis	290	506
22.	Erträge aus Beteiligungen	33	61
23.	Erträge aus anderen Wertpapieren	2	23
24.	Sonstige Zinsen und ähnliche Erträge	171	228
25.	Abschreibungen auf Finanzanlagen und auf Wertpapiere des Umlaufvermögens	10	3
26.	Zinsen und ähnliche Aufwendungen	51	18
27.	Steuern	81	75
28.	Jahresüberschuss	354	722

Bilanz – Aktiva in TEuro

		2021	2020
A.	ANLAGEVERMÖGEN		
I.	Immaterielle Vermögensgegenstände		
	Entgeltlich erworbene Konzessionen, gewerbliche Schutzrechte und ähnliche Rechte und Werte sowie Lizenzen an solchen Rechten und Werten	378	439
II.	Sachanlagen		
1.	Grundstücke mit Betriebsbauten	62.875	64.805
2.	Technische Anlagen	273	367
3.	Einrichtungen und Ausstattungen	4.862	5.157
4.	Geleistete Anzahlungen und Anlagen im Bau	6.913	2.619
		74.923	72.948
III.	Finanzanlagen		
	Anteile an verbundenen Unternehmen	100	100
		75.401	73.487
B.	Umlaufvermögen		
I.	Vorräte		
1.	Roh-, Hilfs- und Betriebsstoffe	910	841
2.	Unfertige Leistungen	923	709
		1.833	1.550
II.	Forderungen und sonstige Vermögensgegenstände		
1.	Forderungen aus Lieferungen und Leistungen	9.321	8.357
2.	Forderungen nach dem Krankenhausfinanzierungsrecht	7.792	11.577
3.	Forderungen gegen verbundene Unternehmen	132	184
4.	Sonstige Vermögensgegenstände	123	600
		17.368	20.718
III.	Wertpapiere des Umlaufvermögens	1	1
IV.	Kassenbestand, Guthaben bei Kreditinstituten	7.998	4.943
		27.200	27.212
C.	Ausgleichsposten für Eigenmittelförderung	10.653	10.653
D.	Rechnungsabgrenzungsposten	29	18
		113.283	111.370

Bilanz – Passiva in TEuro

		2021	2020
A.	EIGENKAPITAL		
I.	Gezeichnetes Kapital	5.113	5.113
II.	Kapitalrücklagen	16.689	16.689
III.	Gewinnrücklagen	11.849	11.005
IV.	Gewinnvortrag		122
V.	Jahresüberschuss	354	722
		34.005	33.651
B.	SONDERPOSTEN AUS ZUWENDUNGEN ZUR FINANZIERUNG DES SACHANLAGEVERMÖGENS		
1.	Sonderposten aus Fördermitteln nach dem KHG	51.531	50.770
2.	Sonderposten aus Zuweisungen und Zuschüssen der öffentlichen Hand	137	140
3.	Sonderposten aus Zuwendungen Dritter	40	70
		51.708	50.980
C.	RÜCKSTELLUNGEN		
1.	Sonstige Rückstellungen	3.095	4.218
		3.095	4.218
D.	VERBINDLICHKEITEN		
1.	Verbindlichkeiten gegenüber Kreditinstituten	5.001	568
2.	Verbindlichkeiten aus Lieferungen und Leistungen	1.824	1.660
3.	Verbindlichkeiten nach dem Krankenhausfinanzierungsrecht	15.187	17.630
4.	Verbindlichkeiten aus sonstigen Zuwendungen zur Finanzierung des Anlagevermögens	39	39
5.	Verbindlichkeiten gegenüber verbundenen Unternehmen	218	203
6.	Sonstige Verbindlichkeiten	2.205	2.420
		24.474	22.520
E.	RECHNUNGSABGRENZUNGSPOSTEN	1	1
		113.283	111.370

Ausgewählte Angaben aus Anhang und Lagebericht

Angabe	Wert	Quelle
Kumulierte Abschreibungen Sachanlagevermögen	53.275	Anlagespiegel
Sachanlagevermögen zu historischen AK/HK	128.198	Anlagespiegel
Zugänge zum Sachanlagevermögen	6.365	Anlagespiegel
Abgänge vom Sachanlagevermögen	787	Anlagespiegel
Langfristige Verbindlichkeiten länger 5 Jahre	2.986	Anhang
Fallzahl	24.986	Lagebericht
Anzahl der Vollkräfte (Durchschnitt)	934	Anhang
Anzahl der aufgestellten Betten	666	Lagebericht

Im Folgenden erfolgt die Analyse der Kapitalstruktur, Vermögensstruktur, Liquidität, die Ergebnisanalyse sowie Rentabilitätsanalyse. Im Rahmen der Bilanzanalyse werden im ersten Schritt die erforderlichen Angaben aus der Gewinn- und Verlustrechnung, der Bilanz sowie aus dem Anhang und Lagebericht entnommen, im zweiten Schritt die Kennzahlen zur Bilanzanalyse gebildet (GmbH) und anschließend kurz interpretiert.

Kapitalstruktur

Kennzahl		Formel	BV	GmbH
Eigenkapitalquote I	=	$\frac{\text{Eigenkapital}}{\text{Gesamtkapital}}$	27,4%	30,0%
Förderquote	=	$\frac{\text{Sonderposten}}{\text{Gesamtkapital}}$	30,6%	45,6%
Eigenkapitalquote II	=	$\frac{\text{Eigenkapital + Sonderposten}}{\text{Gesamtkapital}}$	60,5%	75,6%
Fremdkapitalquote	=	$\frac{\text{Fremdkapital}}{\text{Gesamtkapital}}$	38,8%	24,4%

Angaben Bilanz in TEUR	
Eigenkapital	34.005
Gesamtkapital	113.283
Sonderposten	51.708
Fremdkapital	27.569

Die Eigenkapitalquote I des Krankenhauses liegt über dem Branchenvergleichswert, die Förderquote und in der Folge die Eigenkapitalquote II liegen deutlich darüber. Die Fremdkapitalquote ist erheblich geringer als der Branchenvergleichswert. Das Krankenhaus ist also hinsichtlich seiner Kapitalstruktur überdurchschnittlich gut aufgestellt. Damit hat das Krankenhaus ausreichend Reserven, um eventuell auftretende Verluste aufzufangen, Investitionen aus eigenen Mitteln zu tätigen und hat schließlich Vorteile bei der Aufnahme von Fremdkapital.

Die überdurchschnittlich hohe Eigenkapitalquote hat allerdings den Nachteil, dass ein verhältnismäßig zu hohes Eigenkapital zu einer unterdurchschnittlichen Verzinsung desselben führen kann. Weitere Aufschlüsse dazu ergeben sich in der Rentabilitätsanalyse.

Vermögensstruktur

Kennzahl		Formel	BV	GmbH
Sachanlagenintensität	=	Sachanlagevermögen / Gesamtvermögen	61,5%	66,1%
Sachanlagenbindung	=	Sachanlagevermögen / Umsatzerlöse	63,3%	88,3%
Sachanlagenabnutzungsgrad	=	Kumulierte Abschreibungen Sachanlagevermögen / Sachanlagevermögen zu historischen AK/HK	55,2%	41,6%
Forderungsreichweite in Tagen	=	DS Bestand Forderungen LuL * 365 / Umsatzerlöse	45	38
Investitionsquote Sachanlagevermögen	=	Nettoinvestitionen Sachanlagevermögen / Sachanlagevermögen zu historischen AK/HK	3,5%	4,4%

Angaben aus der Bilanz / GuV / Sonstige in TEUR	
Sachanlagen	74.923
Gesamtvermögen	113.282
Umsatzerlöse	84.827
Durchschnittlicher (DS) Bestand Forderungen aus Lieferungen und Leistungen (LuL)	8.839
Kumulierte Abschreibungen Sachanlagevermögen	53.275
Sachanlagevermögen zu historischen AK/HK	128.198
Nettoinvestitionen Sachanlagevermögen	5.578

Die Sachanlagenintensität liegt leicht über Branchenvergleichswert, allerdings nicht signifikant. Auffällig ist jedoch die Sachanlagenbindung. Diese liegt deutlich über dem Branchenvergleichswert. Zwischen Sachanlagevermögen und Umsatzerlösen gibt es also ein Missverhältnis. Der Sachanlagenabnutzungsgrad liegt deutlich unter dem Branchenvergleichswert. Das lässt darauf schließen, dass das Krankenhaus eine überdurchschnittlich moderne Infrastruktur hat. Die Investitionsquote liegt über dem Branchenvergleichswert. Es spricht vieles dafür, dass das Krankenhaus eine überdurchschnittlich moderne Infrastruktur hat, dies aber (noch) nicht ausreichend zur Generierung von Umsatzerlösen genutzt werden kann.

Das Kundenziel liegt unter dem Branchenvergleichswert. Das lässt darauf schließen, dass die Abrechnungsprozesse im Krankenhaus gut organisiert sind.

Insgesamt ist die Vermögensstruktur des Krankenhauses überdurchschnittlich solide. Damit hat das Krankenhaus hinsichtlich seiner Infrastruktur und seiner Abrechnungsprozesse Vorteile gegenüber Wettbewerbern. Dies ist positiv für die zukünftige Entwicklung. Die zu hohe Sachanlagenbindung deutet auf ein Erlösproblem hin.

Liquiditätslage

		BV	GmbH
Deckungsgrad Anlagevermögen	$= \frac{\text{Eigenkapital + Sonderposten}}{\text{Anlagevermögen}}$	113,8%	113,7%
Liquidität 1. Grades	$= \frac{\text{Liquide Mittel}}{\text{Kurzfristiges Fremdkapital}}$	42,7%	37,2%
Liquidität 2. Grades	$= \frac{\text{Liquide Mittel + Forderungen}}{\text{Kurzfristiges Fremdkapital}}$	190,9%	118,0%
Liquidität 3. Grades	$= \frac{\text{Liquide Mittel + Forderungen + Vorräte}}{\text{Kurzfristiges Fremdkapital}}$	209,5%	126,6%

Angaben aus der Bilanz / GuV / Sonstige in TEUR	
Eigenkapital	34.005
Anlagevermögen	75.401
Sonderposten	51.708
Liquide Mittel	7.998
Forderungen	17.368
Vorräte	1.833
Kurzfristiges Fremdkapital	21.488

Der Deckungsgrad liegt über 100 % und nahe am Branchenvergleichswert. Damit ist die langfristige Liquidität gegeben.

Die kurzfristige Liquidität ist bei allen Kennzahlen zwar unterdurchschnittlich. Das ist aber unproblematisch, da in jedem Fall die kurzfristigen Zahlungsverpflichtungen erfüllt werden können. Krankenhäuser haben im Vergleich zu anderen Branchen regelmäßig eine überdurchschnittlich gute kurzfristige Liquidität.

Insgesamt ist die Liquiditätslage des Krankenhauses als sehr gut einzuschätzen.

Ergebnisanalyse

Kennzahl		Formel	BV	GmbH
Krankenhauserlöse je Fall in Euro	=	$\frac{\text{Krankenhauserlöse}}{\text{Fallzahl}}$	3.708	3.224
Personalaufwandsquote	=	$\frac{\text{Personalaufwand}}{\text{Umsatzerlöse}}$	61,6%	63,3%
Vollkräfte je Bett	=	$\frac{\text{Anzahl der Vollkräfte}}{\text{Anzahl der Betten}}$	1,80	1,40
Personalaufwand Vollkraft in Euro	=	$\frac{\text{Personalaufwand}}{\text{Anzahl der Vollkräfte}}$	71.353	57.517
Materialaufwandsquote	=	$\frac{\text{Materialaufwand}}{\text{Umsatzerlöse}}$	26,1%	30,2%

Angaben aus der Bilanz / GuV / Sonstige	
Umsatzerlöse in TEUR	84.827
Krankenhauserlöse in TEUR	80.548
Personalaufwand in TEUR	53.721
Materialaufwand in TEUR	25.620
Anzahl der Vollkräfte	934
Anzahl der Betten	666
Fallzahl	25.986

Die Krankenhauserlöse je Fall sind deutlich unterdurchschnittlich. Grund dafür könnte sein, dass das Krankenhaus sein Potenzial für die Erbringung von komplizierteren und damit besser bezahlten Fällen nicht ausnutzt.

Zu erkennen ist, dass die Personalintensität – wenn auch nur leicht – über dem Durchschnitt liegt. Jedoch liegt das voraussichtlich nicht daran, dass das Krankenhaus zu viel Personal hat, denn die Vollkräfte je Bett liegen unter Durchschnitt. Ebenfalls wird das Personal nicht überdurchschnittlich vergütet. Der Personalaufwand je Vollkraft ist unterdurchschnittlich. Vermutlich ist die scheinbar hohe Personalintensität das Resultat aus der zu geringen Höhe der Krankenhauserlöse je Fall. Mit anderen Worten gesagt: Das schlechter als durchschnittlich vergütete Personal erbringt Leistungen, die überproportional schlechter vergütet werden als im Durchschnitt. Dies unterstreicht die Vermutung, dass das Krankenhaus ein Erlösproblem hat.

Die überdurchschnittlich hohe Materialaufwandsquote könnte auf Reserven im Einkauf hindeuten. Sie könnte aber auch das Resultat von vorgenommen Outsourcing-Prozessen sein, bei denen

Personalkosten durch Auslagerung von Personal zu Materialkosten werden. Beides müsste näher untersucht werden.

Insgesamt führt die Ergebnisanalyse zu der Vermutung, dass das Krankenhaus sein Erlöspotenzial nicht ausreichend nutzen kann oder dass die regionalen Rahmenbedingungen die Generierung höherer Erlöse erschweren. Um das herauszufinden, müsste eine Untersuchung des regionalen Marktes erfolgen. Das übersteigt die Möglichkeiten der Bilanzanalyse.

Rentabilitätsanalyse

		BV	GmbH
Umsatzrentabilität	$= \frac{\text{Jahresüberschuss}}{\text{Umsatzerlöse}}$	0,7%	0,4%
Eigenkapitalrentabilität	$= \frac{\text{Jahresüberschuss}}{\text{Eigenkapital}}$	3,1%	1,0%
Gesamtkapitalrentabilität	$= \frac{\text{Jahresüberschuss + Zinsaufwand}}{\text{Gesamtkapital}}$	1,3%	0,4%

Angaben aus der Bilanz / GuV / Sonstige in TEUR	
Umsatzerlöse	84.827
Jahresüberschuss	354
Eigenkapital	35.005
Gesamtkapital	113.283
Zinsaufwand	51

Die branchenübliche Umsatzrentabilität, die bei Krankenhäusern im Durchschnitt ohnehin gering ist, wird von diesem Krankenhaus deutlich unterschritten. Dies ist voraussichtlich das Ergebnis der Erlösschwäche. Die Eigenkapitalrentabilität ist sehr niedrig. Bei einer Eigenkapitalverzinsung von 1 % würde kein Investor Eigenkapital bereitstellen. Damit ist dem Krankenhaus die Finanzierung über eine Eigenkapitalaufnahme derzeit nur schwer möglich. Ursache für diese niedrige Eigenkapitalrentabilität ist neben der Erlösschwäche die bereits in der Analyse der Liquidität vermutete Überkapitalisierung. Das Krankenhaus hat zu viel Eigenkapital im Verhältnis zu seinem Vermögen und seinem Ertragspotenzial.

Die Gesamtkapitalrentabilität ist ebenfalls unterdurchschnittlich, was das zuvor Gesagte unterstreicht.

Im Ergebnis der Bilanzanalyse kann zusammenfassend festgehalten werden, dass das Krankenhaus zwar eine solide Vermögens- und Finanzlage hat, aber hinsichtlich seiner Ertragslage deutlich unterdurchschnittlich ist. Weiter liegt eine Überkapitalisierung vor. Hinsichtlich der Ursachen für die Erlösschwäche müssten weitere Untersuchungen durchgeführt werden und daraus Maßnahmen zur Verbesserung des Ergebnisses definiert werden. Hinsichtlich der Überkapitalisierung ist zu überlegen, ob ein Teil des Eigenkapitals an den Anteilseigner ausgeschüttet werden kann. Dies bedarf aber einer genauen Abwägung zwischen Sicherheit, erforderlichem zukünftigen Finanzierungsbedarf und Rentabilitätsüberlegungen.

7. Trennungsrechnung

7.1 Hintergrund und Problemstellung

7.1.1 Rechtliche Grundlagen und Historie

Hintergrund

Universitätsklinika nehmen im System des deutschen Gesundheitswesens eine besondere Stellung ein. Zum einen unterstützen sie die medizinischen Fachbereiche/Fakultäten der Hochschulen bei deren Aufgabenerfüllung in Forschung und Lehre.

Dabei müssen die Universitätsklinika die der Universität eingeräumte Freiheit in Forschung und Lehre wahren und gleichzeitig sicherstellen, dass die Mitglieder der Universität die durch Art. 5 Abs. 3 Satz 1 des Grundgesetzes verbürgten Grundrechte und die in § 4 Abs. 2 bis 4 des Hochschulrahmengesetzes beschriebenen Freiheiten wahrnehmen können.

Zum anderen nehmen die Universitätsklinika als Krankenhäuser der Maximalversorgung wichtige Aufgaben in der medizinischen Versorgung und Spitzenmedizin für die Bevölkerung wahr, auch weltweit.

Das System der Trennungsrechnung besitzt seinen Ursprung in der Notwendigkeit der klaren und eindeutigen Abgrenzung der Kosten innerhalb einer juristischen Person des öffentlichen Rechts.

Insbesondere bei den Universitätsklinika sind die Bereiche der Forschung und Lehre, von der originären und gemeinnützigen Krankenversorgung und der wirtschaftlichen Betätigung streng zu trennen. Entsprechend Art. 107 Abs. 1 des Vertrages über die Arbeitsweise der EU (AEUV) besteht ein Verbot, hoheitliche Förderung für wirtschaftliche Tätigkeiten zu nutzen. Hinsichtlich der Mittelverwendung in den Universitätsklinika bedeutet dies, dass keine Quersubventionierung zwischen den einzelnen wirtschaftlichen Bereichen – Forschung und Lehre sowie dem originären Krankenhausbetrieb – erfolgen darf. Dies wird durch die sogenannte Trennungsrechnung sichergestellt.

Die unterschiedlichen Sparten innerhalb dieser Einrichtungen, wie zum Beispiel Universitätskliniken, unterscheiden sich grundlegend in ihrer Finanzierung und ihren Aufgabenbereichen sowie den jeweiligen Verantwortlichkeiten. Diese Trennung muss daher auch im Rechnungswesen dieser Einrichtungen nachvollzogen werden.

Die Trennungsrechnung sichert eine transparente Zuordnung von Finanzierungsmitteln der Universitätsklinika durch die jeweiligen Bundesländer, oftmals durch das Bildungs- bzw. Wissenschaftsministerium und der Umsatzerlöse aus Krankenhausleistungen, die einen Großteil ausmachen.

Somit müssen die angefallenen Aufwendungen einer Periode aus mehreren Finanzierungsquellen gedeckt werden.

Historie

Historisch entwickelte sich das Bedürfnis nach einer Trennungsrechnung aus der Aufgabe der sogenannten Mischfinanzierung der Kliniken, die bis Anfang der 1990er Jahre in der Weise galt, dass die Finanzierung der Krankenversorgung an Universitätskliniken mit den Mitteln aus dem Landeszuführungsbetrag für Forschung und Lehre gedeckt wurde.

Im Zuge der Verknappung von Geldern und Fördermitteln durch den Paradigmenwechsel der Gesundheitsreform 1993 entfiel die Koppelung der Kosten der Krankenversorgung an die Kosten der medizinischen Forschung und Lehre.

Infolge des Hochschulmedizinreformgesetzes wurde zum Beispiel im Land Baden-Württemberg der Landeszuführungsbetrag für Forschung und Lehre in der Medizin den Medizinischen Fakultäten zugewiesen, wodurch den Fakultäten erstmals die Aufteilung der Landesmittel übertragen wurde. Da hierfür nicht auf etablierte und bewährte Verteilungsschemata zurückgegriffen werden konnte, wurde das Gesamtbudget einer Analyse unterzogen und dabei zwischen Kosten der Krankenversorgung und Kosten für Forschung und Lehre unterschieden. Die damals erstmalig vorgenommene Trennungsrechnung diente der nachträglichen Trennung.

Letztlich führten die Reformen zu erheblichen Einnahmeverlusten, woraus sich ein gesteigertes Problembewusstsein in Bezug auf die bisherige Mischfinanzierung entwickelte. Bei Kostensteigerungen und Einnahmenminderungen besteht systemimmanent die Gefahr, die jeweiligen Zuflüsse in Abkehr von ihrem eigentlichen Zweck zur Kompensation von Defiziten im jeweils anderen Bereich einzusetzen, weshalb die Universitätsklinika unter dem Verdacht von Quersubventionierungen zwischen den Bereichen Krankenversorgung und Forschung und Lehre standen. Zur Überwindung einer solchen Annahme und durch die Mischfinanzierung gegebener Intransparenz entstand die Forderung nach einer Trennung der Finanzmittel.

Landesrecht

Landesrechtlich ist die Trennungsrechnung in den jeweiligen Gesetzen über die Errichtung der Universitätsklinika unterschiedlich geregelt. Je nach Wahl des Organisationsmodells ist dabei die

Notwendigkeit einer Trennungsrechnung ausdrücklich normiert. Der Großteil der Länder, die sich für das Kooperationsmodell entschieden haben (dazu siehe unten 7.1.2-1), verzichtet allerdings auf eine entsprechende gesetzliche Regelung zur expliziten Pflicht zur Führung einer Trennungsrechnung. In diesen Ländern ergibt sich allerdings das Erfordernis einer solchen Rechnung indirekt aus dem gesetzlich geregelten Erstattungsanspruch der Universitäten gegenüber den Kliniken und umgekehrt; so beispielsweise im Land Baden-Württemberg in § 6 Abs. 2 und § 7 Abs. 2 des Gesetzes über die Universitätsklinika (Universitätsklinikagesetz). Damit eine entsprechende Leistungsverrechnung durchgeführt werden kann, muss die Trennungsrechnung hierfür die Grundlage bilden.

In der Trennungsrechnung kommt darüber hinaus aufgrund der dadurch erreichten Sicherstellung des Zweckes der jeweiligen Zuwendung ein allgemeiner subventionsrechtlicher Gedanke zum Ausdruck. Da innerhalb der Universitätsklinika drei Zwecke verfolgt werden (Krankenversorgung, Forschung und Lehre sowie wirtschaftliche Betätigung), müssen diese drei Sparten auch getrennt betrachtet werden.

Damit wird auch ein Verdacht der Quersubventionierung vermieden, welcher aufgrund der sog. „Kuppelproduktion" häufig entsteht. Bei der Kuppelproduktion kommt es neben dem eigentlich gewollten Endprodukt noch zu weiteren Produkten. Genauso verhält es sich bei den Universitätsklinika, da Forschung, Lehre und Krankenversorgung gleichzeitig und von oftmals denselben Personen betrieben werden. Zudem ist medizinische Ausbildung und Forschung grundsätzlich nur am Patienten möglich und sinnvoll.

Auch betriebswirtschaftlich macht eine solche Verkoppelung Sinn, da die gegebenen Ressourcen an Personal und Material optimal genutzt werden. Allerdings kann daher eine Subventionierung der Forschung und Lehre zu einer Beeinflussung der Krankenversorgung (und umgekehrt) führen, welche jedoch aufgrund des anders gerichteten Zwecks getrennt betrachtet werden muss.

Zudem sind alle Fakultäten der Universitäten dazu verpflichtet, ein Höchstmaß an Leistungseffizienz mithilfe der ihnen zur Verfügung gestellten Landesmittel zu erreichen. Dementsprechend ist auch im Bereich der Fakultätsmittel eine Kosten- und Leistungsrechnung unabdingbar. Gleichzeitig ist sie Voraussetzung für eine realitätsnahe Trennungsrechnung, im Besonderen aus den oben beschriebenen „Kuppelgeschäften".

Europarecht

Im Zuge der Realisation eines vereinten Europas kommt der Rechtsetzung durch die Organe der Europäischen Union immer mehr Bedeutung zu. Das Recht der juristischen Personen des öffentlichen Rechts einschließlich seiner Anwendungspraxis hat ebenfalls einer Überprüfung an supranationalen Maßstäben standzuhalten.

Die supranationalen Normen beschränken sich auf eine rein ökonomische Sichtweise, insbesondere auf einen Schutz des Marktes unter wettbewerbsrechtlichen Rahmenbedingungen, vgl. 3 Abs. 3 EUV, Art. 3 Abs. 1 lit. b AEUV. Einschränkungen und Maßstäbe, an denen sich die Förderung von Forschung und Lehre durch staatliche Zuschüsse innerhalb eines Universitätsklinikums messen lassen müssen, ergeben sich insbesondere aus dem Recht der Wettbewerbsregeln nach den Art. 101 ff. AEUV.

Schlüsselfrage hierbei ist, ob die Förderung von Forschungs- und Lehreinrichtungen der Universitätsklinika durch den Staat mit den europarechtlichen Vorschriften vereinbar ist. Das Beihilfenrecht in Art. 107 AEUV verbietet den Mitgliedstaaten, einseitig Vergünstigungen zu gewähren und damit eine Beeinflussung des Wettbewerbs und des gemeinsamen Marktes zu verursachen, es sei denn, es liegt ein bereits im Vertrag über die Arbeitsweise der EU vorgesehener Ausnahmetatbestand vor.

Die dogmatische Struktur ist mit dem eines Grundrechts vergleichbar, in dessen Schutzbereich nur aufgrund ausdrücklicher Rechtfertigung eingegriffen werden darf. Unter den Unternehmerbegriff des Art. 107 AEUV fällt auch derjenige, der als Träger bestimmter Institutionen auf dem freien Markt tätig wird, somit auch Universitätsklinika und Krankenhäuser.

Der Begriff der Beihilfe ist weit auszulegen und übersteigt eine bloße Subvention bei Weitem. Beihilfen sind dadurch gekennzeichnet, dass dem Begünstigten unentgeltlich ein wirtschaftlicher Vorteil verschafft wird. Demnach fallen Zuschüsse zu Forschung und Lehre unter den Begriff der Beihilfe.

Nach dem Unionsrahmen für staatliche Beihilfen zur Förderung von Forschung, Entwicklung und Innovation (2014/C 198/01) ist die staatliche Finanzierung der wirtschaftlichen Tätigkeit von Forschungseinrichtungen gemäß Artikel 107 Abs. 1 AEUV unzulässig:

Wenn Forschungseinrichtungen oder Forschungsinfrastrukturen zur Ausübung wirtschaftlicher Tätigkeiten genutzt werden (z. B. Vermietung von Ausrüstung oder Laboratorien an Unternehmen, Erbringung von Dienstleistungen für Unternehmen oder Auftragsforschung), so gilt, dass die öffentliche Finanzierung dieser wirtschaftlichen Tätigkeiten grundsätzlich als staatliche Beihilfe angesehen wird.

Die Kommission betrachtet die Forschungseinrichtung bzw. die Forschungsinfrastruktur jedoch nicht als Empfängerin staatlicher Beihilfen, wenn sie lediglich als Vermittlerin auftritt und den Gesamtbetrag der öffentlichen Finanzierung und die durch eine solche Finanzierung möglicherweise erlangten Vorteile an die Endempfänger weitergibt. Dies ist in der Regel der Fall, wenn:

- sowohl die öffentliche Finanzierung als auch die durch eine solche Finanzierung möglicherweise erlangten Vorteile quantifizierbar und nachweisbar sind und es einen geeigneten Mechanismus gibt, der gewährleistet, dass diese – zum Beispiel in Form geringer Preise – vollständig an die Endempfänger weitergegeben werden, und
- der vermittelnden Einrichtung/Infrastruktur kein weiterer Vorteil gewährt wird, da sie entweder im Wege einer offenen Ausschreibung ausgewählt wird oder die öffentliche Finanzierung allen Einrichtungen bzw. Infrastrukturen zur Verfügung steht, die die objektiv notwendigen Voraussetzungen erfüllen, sodass die Kunden als Endbegünstigte von einer beliebigen einschlägigen Einrichtung/Infrastruktur entsprechende Dienstleistungen erwerben können.

Die Kommission betrachtet die folgenden Tätigkeiten im Allgemeinen als nicht-wirtschaftliche Tätigkeiten:

- Primäre Tätigkeiten von Forschungseinrichtungen und Forschungsinfrastrukturen, insbesondere:
  - die Ausbildung von mehr oder besser qualifizierten Humanressourcen. Im Einklang mit der Rechtsprechung (17) und Beschlusspraxis der Kommission (18) und wie in der Bekanntmachung der Kommission über den Begriff der staatlichen Beihilfe und in der DAWI-Mitteilung (19) ausgeführt, gilt die innerhalb des nationalen Bildungswesens organisierte öffentliche Bildung, die überwiegend oder vollständig vom Staat finanziert und überwacht wird, als nichtwirtschaftliche Tätigkeit (20);
  - unabhängige FuE zur Erweiterung des Wissens und des Verständnisses, auch im Verbund, wenn die Forschungseinrichtung bzw. die Forschungsinfrastruktur eine wirksame Zusammenarbeit eingeht (21);
  - weite Verbreitung der Forschungsergebnisse auf nichtausschließlicher und nicht-diskriminierender Basis, zum Beispiel durch Lehre, frei zugängliche Datenbanken, allgemein zugängliche Veröffentlichungen oder offene Software.
- Tätigkeiten des Wissenstransfers, soweit sie entweder durch die Forschungseinrichtung oder Forschungsinfrastruktur (einschließlich ihrer Abteilungen oder Untergliederungen) oder gemeinsam mit anderen Forschungseinrichtungen oder Forschungsinfrastrukturen oder in deren Auftrag durchgeführt werden, sofern die Gewinne aus diesen Tätigkeiten in die primären Tätigkeiten der Forschungseinrichtung oder der Forschungsinfrastruktur reinvestiert werden. Der nichtwirtschaftliche Charakter dieser Tätigkeiten bleibt durch die im Wege einer offenen Ausschreibung erfolgende Vergabe entsprechender Dienstleistungen an Dritte unberührt.

Solche Unternehmen sind deshalb verpflichtet, intern getrennte Konten zur Erfassung der Kosten und Erlöse der jeweiligen Tätigkeiten zu führen. Alle Kosten und Erlöse sind den jeweiligen Tätigkeiten nach objektiv gerechtfertigten und einheitlich angewandten Kostenrechnungsgrundsätzen zuzuordnen. Die zu Grunde gelegten Kostenrechnungsgrundsätze müssen eindeutig bestimmt sein. Über die Zuordnung der Kosten und Erlöse zu den jeweiligen wissenschaftlichen Bereichen und über die dabei angewandten Kostenrechnungsgrundsätze, insbesondere über die Maßstäbe für die Schlüsselung solcher Kosten und Erlöse, die auf zwei oder mehr Tätigkeiten entfallen, sind Aufzeichnungen zu führen.

Diese Ausnahmeregelung gilt es daher zur Vermeidung europarechtlicher Problematiken und Sanktionen anzuwenden und eine strikte Trennungsrechnung zwischen den gewerblichen, daseinsvorsorgenden und forschenden Sparten herzustellen.

Zusätzlich ist vor dem europarechtlichen Gedanken der Wettbewerbsfreiheit eine Verzerrung eben dieses Wettbewerbs durch einen Defizitausgleich zwischen den Sparten innerhalb der Finanzierung eines Universitätsklinikums zu vermeiden.

Trotz der gegebenen europarechtlichen Problematik soll in der hier folgenden weiteren Darstellung der Schwerpunkt allerdings auf dem landesrechtlichen Bereich liegen.

7.1.2 Zwecke der Trennungsrechnung

Ein Zweck der Trennungsrechnung betrifft die Budgetplanung und Kostenzuordnung. Dabei soll aus einer ex-ante-Perspektive bereits im Vorfeld eine entsprechende Zuordnung der entstehenden Kosten ermöglicht werden.

Ein weiterer Zweck der Trennungsrechnung liegt im Nachweis der Mittelverwendung und der Mittelzuordnung. Dabei wird ex-post bestimmt, ob die zur Verfügung gestandenen Mittel entsprechend ihrer Intention zufolge verwandt wurden. Insbesondere der Nachweis, dass Mittel für Forschung und Lehre nicht für die Krankenversorgung zweckfremd ausgegeben wurden, lässt sich hierdurch führen. Die bereits dargelegten Punkte bezüglich des Subventionsrechts und insbesondere die europarechtlichen Grundsätze sprechen eher für eine Interpretation des Zwecks der Trennungsrechnung in dieser Weise, als in der reinen Budgetierungs-Funktion aus der ex-ante-Perspektive.

Neben der Zuordnung und Rechtfertigung der Mittelverwendung kommt der Trennungsrechnung darüber hinaus noch der Zweck zu, durch die geschaffene Kostentransparenz eine Steigerung der Leistungseffizienz zu ermöglichen. Strukturplanungen sowie weitere wirtschaftliche Entscheidungen können hiervon abhängig gemacht werden.

Schließlich bezweckt die Führung einer Trennungsrechnung, den bereits mehrfach erwähnten europarechtlich gesteckten Rahmen hinsichtlich etwaiger Beihilfe- und Subventionsproblematiken einzuhalten.

1. Budgetplanung und Kostenzuordnung
2. Nachweis der Mittelverwendung und der Mittelzuordnung
3. Steigerung der Leistungseffizienz durch Kostentransparenz
4. Beihilfe- und Subventionsregelungen einhalten

Abbildung 7.1.2-1: Zwecke der Trennungsrechnung

7.2 Zusammenarbeit zwischen Universitäten und Universitätsklinika

7.2.1 Grundsätzliche Strukturen

Die organisatorische Umsetzung der Trennungsrechnung kann durch verschiedene Modelle erfolgen.

Kooperationsmodell

Beim sogenannten Kooperationsmodell erfolgt generell eine getrennte Zuweisung der Aufgabe der Krankenversorgung an das Klinikum sowie der Forschung und Lehre an die Medizinische Fakultät/Universität.

Zur Umsetzung dieses Modells wurden die Universitätsklinika aus den Universitäten herausgelöst und verselbstständigt. Dies geschah mehrheitlich durch die Gründung von Anstalten des öffentlichen Rechts. Lediglich Universitätsklinika in Mannheim und Marburg/Gießen sowie teilweise Kliniken des Universitätsklinikums der Ruhr-Universität Bochum (Bochumer Modell) werden als GmbH geführt.

Hintergrund der mit dem Kooperationsmodell verfolgten rechtlichen Selbstständigkeit war einerseits die Auffassung, die Klinika könnten hierdurch besser unternehmerisch geführt werden als andererseits auch das Ziel einer stärkeren Trennung der Budgets von Krankenversorgung und Forschung und Lehre.

Da die Aufgaben von Forschung und Lehre einerseits und Krankenversorgung andererseits unterschiedlichen Rechtssubjekten zugeordnet werden, bedarf es zur notwendigen Zusammenarbeit detaillierter Regelungen, in denen die wesentlichen Inhalte und standortspezifischen Details der Zusammenarbeit weiter spezifiziert werden.

In den Ländern, die das Kooperationsmodell praktizieren, finden sich daher detaillierte gesetzliche Regelungen zu diesen Kooperationen (bspw. in den Universitätsklinikagesetzen der Länder), welche unter anderem Struktur- und Investitionsentscheidungen, Nutzung der vorhandenen Ressourcen und Ausgleich der Aufwendungen für Forschung und Lehre etc. betreffen.

Ausgehend von den tatsächlich praktizierten Zuweisungen der Landesmittel für Forschung und Lehre können drei Grundfälle unterschieden werden: (1) Zuweisung der Ländermittel direkt an die jeweilige Medizinische Fakultät, (2) Zuweisung direkt an das Universitätsklinikum, (3) Zuweisung an die Universität.

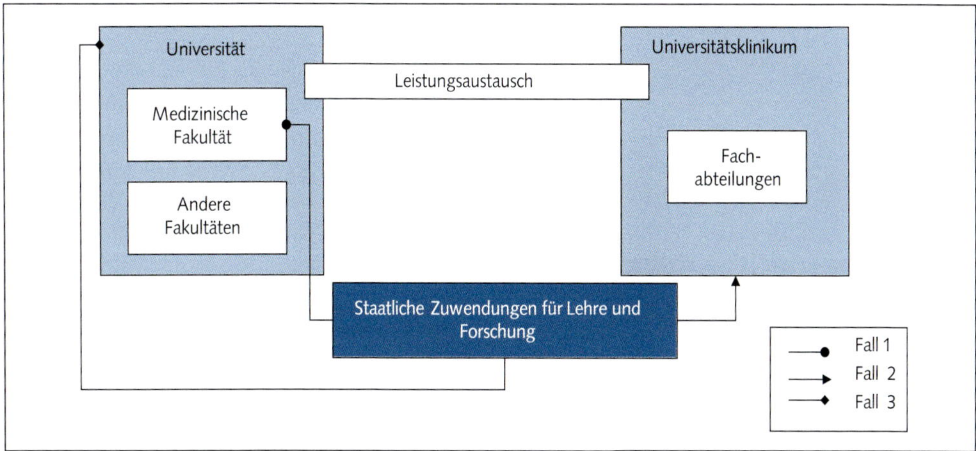

Abbildung 7.2.1-1: Trennungsrechnung Kooperationsmodell

Die Trennungsrechnung ist in den Ländern mit Kooperationsmodell zum Teil gesetzlich verankert (zum Beispiel in Bayern und Sachsen-Anhalt). In den übrigen Ländern ergibt sich die Notwendigkeit einer Trennungsrechnung indirekt aus der gegenseitigen Kostenerstattung und der unterschiedlichen Finanzierung der beiden Bereiche.

Integrationsmodell

Beim Integrationsmodell hingegen werden die Aufgaben der Krankenversorgung und der Forschung und Lehre unter einer gemeinsamen Organisationsstruktur in nur einer Rechtspersönlichkeit zusammengefasst. Die Bereiche werden dabei in einheitlichen Strukturen, insbesondere unter einem einheitlichen Leitungsorgan zusammengefasst.

Im Integrationsmodell gibt es im Unterschied zum Kooperationsmodell keine gesetzlichen Regelungen zum Abschluss von Kooperationsvereinbarungen oder Kostenerstattungen zwischen den Bereichen der Krankenversorgung einerseits und der Forschung und Lehre andererseits.

Dennoch gibt es auch hier eine Mitteltrennung, die in den Ländern des Integrationsmodells mit Ausnahme Niedersachsen auch gesetzlich verankert ist. In der Regel bilden Fakultät und Universitätsklinikum eine gemeinsame Rechtspersönlichkeit (Körperschaft des öffentlichen Rechts oder rechtsfähige Stiftung des öffentlichen Rechts).

Bedingt durch die Einheit von Fakultät und Klinikum im Rahmen des Integrationsmodells nehmen die gesetzlichen Regelungen zur Zusammenarbeit und Konfliktlösung der beiden Partner eine nachrangige Stellung im Vergleich zum Kooperationsmodell ein, da davon ausgegangen wird, dass der Interessenausgleich bei Entscheidungen innerhalb des Vorstands und nicht zwischen verschiedenen Leitungsorganen erfolgen muss.

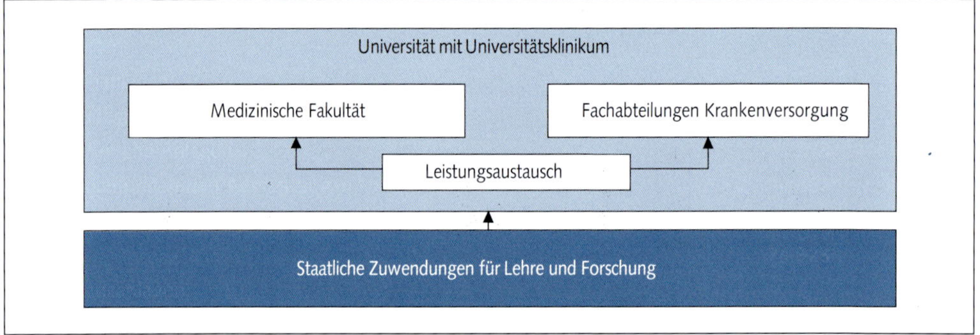

Abbildung 7.2.1-2: Trennungsrechnung Integrationsmodell

7.2.2 Bestehende Strukturen zur Finanzierung der Hochschulmedizin

Die Tatsache, dass die Hochschulmedizin einerseits Aufgaben der Krankenversorgung, andererseits der Forschung und Lehre erfüllt, spiegelt sich auch in der Finanzierung wider und unterscheidet sich von gewöhnlichen Krankenhäusern. Universitätsklinika finanzieren sich (abgesehen von Drittmitteln) aus vier wesentlichen Quellen (sog. Quadristik):

	Krankenversorgung	Forschung und Lehre
Kosten für Investitionen	Land	Land
Laufende Betriebskosten	Hauptsächlich Krankenkassen	Land

Abbildung 7.2.2-1: Wesentliche Finanzierungsquellen der Hochschulmedizin

Die Finanzierung der Betriebskosten im Bereich der Krankenversorgung erfolgt wie für nichtuniversitäre Krankenhäuser ebenso auf der Grundlage von Pflegesätzen und Entgelten durch die Kostenträger. Die Betriebskostenfinanzierung unterlag in den letzten Jahren einem Wandel weg von der Kostenerstattung hin zu einer Leistungsvergütung, die in die Einführung von Fallpauschalen (DRG) seit 2004 mündete, an deren Ende alle Krankenhäuser für die gleiche stationäre Versorgungsleistung landeseinheitliche Erlöse erhalten.

Dem System der dualen Finanzierung gemäß § 4 Krankenhausfinanzierungsgesetzes (KHG) folgend, werden die Investitionskosten in der Krankenversorgung durch die öffentliche Förderung der Bundesländer getragen (Pauschal- und Einzelfördermittel).

Die Finanzierung für die Umsetzung der hoheitlichen Aufgabe im Bereich Forschung und Lehre wird durch die Bundesländer getragen. Die Finanzierung der nicht-investiven Kosten speist sich überwiegend aus Landeszuschüssen gemäß des jeweiligen Erfolgsplans des Staatshaushaltsplans der Länder.

Hierbei sollen die Landeszuschüsse in erster Linie die laufenden Kosten für Forschung und Lehre sowohl im stationären als auch im ambulanten Bereich abdecken. Ferner sollen Fort- und Weiterbildungen sowie Weiterentwicklungen von Diagnose- und Therapiemethoden durch die Landeszuschüsse finanziert werden. Darüber hinaus werben Universitätsklinika Drittmittel für Forschungsprojekte ein. In den vergangenen Jahren hat dabei die Bedeutung der Drittmittel im Vergleich zu den laufenden Grundmitteln stetig zugenommen. Betrug der Anteil der Drittmittel an den Grundmitteln in 2007 noch 35 %, erhöhte sich dieser Anteil auf 52 % in 2011 (siehe auch ▶Abbildung 7.6-1).[4] Der bilanziellen Behandlung von Drittmitteln widmet sich Kapitel 7.6 im Detail.

Zur Finanzierung von Projekten von Forschung und Lehre erhält der Fachbereich Medizin insbesondere Landeszuschüsse gemäß Erfolgsplan des Staatshaushaltsplans des Bundeslandes sowie Drittmittelzuschüsse.

Investitionen in Bauten und Apparate der Universitätsklinika wurden bis 2007 nach Maßgabe des Hochschulbauförderungsgesetzes (HBFG) von Bund und Ländern finanziert. Im Rahmen der Föderalismusreform wurde das HBFG abgeschafft. Als Kompensation für den Wegfall der bisher vom Bund nach dem HBFG bereitgestellten Mittel erhalten die Länder bis 2019 Beträge des Bundes nach Maßgabe des Art. 143c Grundgesetzes (GG). Die Investitionsförderung der Universitätsklinika ist seit der Föderalismusreform sowohl im Bereich Forschung und Lehre als auch in der Krankenversorgung Ländersache. Verfügbare Investitionsvolumen hängen primär von der Haushaltslage des jeweiligen Landes ab (Staatshaushaltspläne der Länder).

4 Vgl. Statistisches Bundesamt, Fachserie 11 Reihe 4.3.2, Bildung und Kultur - Monetäre hochschulstatistische Kennzahlen 2011, Stand: 14.03.2014.

7.2.3 Zuordnung von Mitarbeitern und Ressourcen

Die Frage der Zuordnung des in der Universitätsmedizin tätigen Personals gewinnt zunehmend an Bedeutung. Ein Grund hierfür liegt in der großen Anzahl der in der Universitätsmedizin beschäftigten Arbeitnehmer und den damit zusammenhängenden Kosten.

Hinzu kommt, dass die überwiegende Zahl der Beschäftigten mit Tätigkeiten im Kontext der Krankenversorgung befasst ist, und diese insofern nicht zwingend bei den Universitäten beschäftigt sein müssen.

Darunter fallen vor allem Teile des Pflegepersonals, des medizinisch-technischen Dienstes und des technischen Dienstes, des Schreib- und Verwaltungspersonals des Klinikums sowie des sonstigen Personals.

Andererseits bleibt unbestritten, dass diese Beschäftigten zumindest mittelbar dazu beitragen, dass die Universitätsklinika die ihr obliegenden spezifischen Leistungen erbringen, die die medizinischen Fakultäten benötigen, um ihre Aufgaben in Forschung und Lehre zu erfüllen.

Entsprechend den jeweiligen Integrations- und Kooperationsmodellen finden sich bei der Personalzuordnung verschiedene Lösungen, die unterschiedlich ausgeformt sind.

Personalzuordnung im Integrationsmodell

Dem Gedanken des Integrationsmodells folgend wird bei der Praktizierung dieses Modells das gesamte Personal, inklusive aller Wissenschaftler, Ärzte und des nicht-wissenschaftlich tätigen Personals, der gleichen Einrichtung zugeordnet.

Innerhalb dieses Grundmodells können sich jedoch innerhalb der Länder, die sich für das Integrationsmodell entschieden haben, an den einzelnen Standorten geringfügige Abweichungen ergeben.

Personalzuordnung im Kooperationsmodell

Die Zuordnung des Personals folgt auch beim Kooperationsmodell dem immanenten Grundsatz der Trennung zwischen dem rechtlich selbstständigen Subjekt der Universität einerseits und der verselbstständigten Anstalt des öffentlichen Rechts, der Universitätsklinik, andererseits.

Im Unterschied zum Integrationsmodell wird hier zwischen den Mitarbeitern unterschieden, welche im Bereich der Forschung und Lehre tätig sind und dem übrigen Personal, welches keine akademische Funktion innehat bzw. wahrnimmt.

Im Kooperationsmodell verbleibt daher das gesamte wissenschaftliche Personal dienst- und arbeitsrechtlich bei der Universität oder dem jeweiligen Land. Alle anderen Arbeitnehmer werden mit der rechtlichen Verselbstständigung des jeweiligen Klinikums der neu errichteten Anstalt des öffentlichen Rechts bzw. der GmbH dienst- und arbeitsrechtlich zugeordnet.

Eine Zuordnung aller Ärzte zur Universität und damit der Forschung und Lehre wird derzeit von den Ländern des Kooperationsmodells nur in Bayern und Baden-Württemberg eingehalten. In den anderen Ländern bestehen aufgrund der länderspezifischen Gesetzgebung Ausnahmemöglichkeiten, die eine Zuordnung von Ärzten zu den Kliniken erlauben. Hintergrund ist dabei die Auffassung, dass Ärzte, welche keine Aufgaben in Forschung und Lehre und damit keine Funktion in diesem Bereich erfüllen, auch diesem nicht zugeordnet werden können. Eine Zuordnung zur Universität ist demnach entbehrlich und auch eine mitgliedschaftliche Gleichstellung mit den Beschäftigten der Universität ist nicht erforderlich.

7.2.4 Leistungsaustausch zwischen Medizinischer Fakultät und Universitätsklinikum

Aus der engen Verflechtung zwischen Forschung und Lehre einerseits und der Krankenversorgung andererseits ergeben sich vielfältige Leistungsbeziehungen mit Blick auf Personal- und Sachmittel zwischen der Medizinischen Fakultät und dem Universitätsklinikum.

Personal

Im Personalbereich wirkt regelmäßig wissenschaftliches Personal der Medizinischen Fakultät bei der Krankenversorgung mit. Insbesondere Hochschulprofessoren setzen das in der Forschung erworbene Know-how zum Wohle des Patienten im Krankenhausbetrieb ein. Umgekehrt unterstützt das Universitätsklinikum die Medizinische Fakultät in der fachpraktischen Ausbildung der Medizinstudenten durch die Überlassung von Personal (z. B. des medizinisch-technischen Dienstes, Study nurses).

Sachmittel

Im Bereich der Sachmittelüberlassung sind zunächst Überlassungen von Räumlichkeiten zu nennen. Häufig sind die Träger der Universitätskliniken Eigentümer der Gebäude und überlassen den Universitätskliniken diese für Zwecke der Krankenversorgung. Die Universitätskliniken überlassen diese wiederum zu Ausbildungs- und Lehrzwecken an die Medizinische Fakultät. Darüber hinaus kann die Medizinische Fakultät oft die Infrastruktur des Klinikums in Anspruch nehmen. Ein entsprechendes Raumbuch kann hier die Transparenz und Zuordnung erleichtern (z. B Seminarräume oder Laborflächen). Gemeinsam genutzte Flächen werden nach mehrheitlicher Nutzung im Raumbuch ausgewiesen.

Auch werden oft sämtliche Verbrauchsmaterialien zentral vom Universitätsklinikum beschafft und der Medizinischen Fakultät für Forschungs- und Lehrzwecke weitergereicht.

Hilfsgeschäfte

Schließlich finden sich auch Leistungsbeziehungen zwischen Universitätsklinikum und Medizinischer Fakultät im Bereich der Hilfsgeschäfte (Auftragsverwaltung). Häufig erbringen die Universitätsklinika Leistungen u. a. auf dem Gebiet des Rechnungswesens, der Lohn- und Gehaltsabrechnung, der Datenverarbeitung, Bau und Technik, Beschaffung, Drittmittelverwaltung sowie ähnlicher Verwaltungsdienstleistungen an die Medizinische Fakultät.

7.3 Methoden zur Kostenzuordnung zwischen Forschung / Lehre und Krankenversorgung

Grundsätzlich sind zum Zwecke der Kostenzuordnung die folgenden drei Ansätze zu nennen:

Verursachungsgerecht
Bereichsspezifisch
Kostenspezifisch

Abbildung 7.3-1: Ansätze der Kostenzuordnung zwischen Forschung und Lehre sowie Krankenversorgung

Im Folgenden wird diskutiert inwieweit diese Ansätze sich auf die besonderen Strukturen zwischen Universitätsklinikum und medizinischer Fakultät anwenden lassen und welche Probleme diesbezüglich bestehen können.

7.3.1 Notwendigkeit der verursachungsgerechten Kostenzuordnung

Aufgrund des zunehmenden Kostendrucks im Gesundheitswesen nehmen die Nachweispflichten über die verursachungsgerechte Verwendung von Mitteln für die Universitätsklinika stetig zu. So weist der Wissenschaftsrat darauf hin, dass Mittel der Forschung und Lehre nicht zur Subventionierung von Aufgaben in der Krankenversorgung herangezogen werden dürfen.

Die Vergütungen für die Krankenversorgungsleistungen erfolgen auf Basis des DRG-Systems (Fallpauschalen), so dass grundsätzlich von Universitätsklinika keine höheren Erlöse für vergleichbare Behandlungen erzielt werden können als von anderen Krankenhäusern der Maximalversorgung. Die Kostenträger zeigen sich im Rahmen von jährlichen Budgetverhandlungen oder beispielsweise bei der Vereinbarung von „Neuen Untersuchungs- und Behandlungsmethoden" (NUB) zunehmend nicht bereit, besondere Vergütungen für medizinische Versorgung auf universitärem Spitzenniveau zu finanzieren.

Die Anforderungen an die Kostenrechnungssysteme der Universitätsklinika steigen seit Jahren erheblich. Im Hinblick auf die Verhandlungen mit den Finanzierungspartnern ist die Abgrenzung insbesondere auch im Interesse der Universitätsklinika, da sie sonst in einer Art „Sandwich-Position" Gefahr laufen, mit einer Unterfinanzierung in beiden Bereichen konfrontiert zu sein.

Die Problematik der sachgerechten Abgrenzung der Kosten für Forschung und Lehre wird bereits seit vielen Jahren untersucht. Dennoch zeigen die Erfahrungen aus der derzeitigen Praxis an den Universitätsklinika, dass das Problem bisher nicht vollständig zur Zufriedenheit beider Seiten gelöst wurde. Dies dürfte vor allem darin begründet liegen, dass eine verursachungsgerechte Trennung aller Kosten in Forschung und Lehre einerseits und Krankenversorgung andererseits aufgrund der nachfolgend erläuterten Themenstellungen nur begrenzt möglich ist.

7.3.2 Grenzen der verursachungsgerechten Kostenzuordnung

An Universitätsklinika begegnet man dem klassischen Kostenrechnungssystem bestehend aus Kostenartenrechnung, Kostenstellenrechnung und Kostenträgerrechnung in der Regel nicht. Eine Kostenträgerrechnung ist aus Praktikabilitätsgründen häufig nicht vorhanden, da der Kostenträger im engeren Sinne jeder einzelne Patient oder alternativ jede einzelne DRG wäre.

Im Bereich Forschung und Lehre wären dies entsprechend einzelne Lehrveranstaltungen und Forschungsvorhaben im hoheitlichen und wirtschaftlichen Bereich. Daher endet das System meist bei der Zuordnung von Kosten zu Kostenstellen, wobei die Kosten überwiegend als echte bzw. unechte Gemeinkosten behandelt werden.

Die Abgrenzung der Kosten für Forschung und Lehre erfolgt regelmäßig in der Kostenstellenrechnung, in dem Kostenstellen der Forschung und Lehre und Kostenstellen der Krankenversorgung eingerichtet werden.

In einem Universitätsklinikum ist die Leistungsverflechtung zwischen Forschung und Lehre und Krankenversorgung hoch.

Die Leistungen werden überwiegend vom selben Personal unter Nutzung derselben Infrastruktur erbracht. Dies verursacht zunächst einmal einen hohen Aufwand bei der Abgrenzung von Kosten. Darüber hinaus findet die Leistungserstellung oft auch simultan statt. Dies ist wirtschaftlich sinnvoll, da so Synergien realisiert werden können.

Für die Abgrenzung von Kosten entsteht hiermit allerdings eine grundsätzliche Problematik. Insbesondere Leistungen im Bereich der Lehre sind unmittelbar mit der Krankenversorgung verknüpft, wie z. B. beim sogenannten „Bedside-Teaching“. Diese Tätigkeit lässt sich somit nicht eindeutig der Krankenversorgung oder der Lehre zuordnen.

Auch in anderen Bereichen ist eine Zuordnung nicht praktikabel, weil eine getrennte Erfassung mit erheblichem Aufwand verbunden wäre. So ergibt sich z. B. bei Laboruntersuchungen im Rahmen der Krankenversorgung ein zusätzlicher Aufwand, wenn für Zwecke der Forschung und Lehre zusätzliche Auswertungsparameter angefordert werden.

In der Betriebswirtschaftslehre werden solche Vorgänge der Leistungserstellung, bei denen simultan zwei oder mehrere Produkte entstehen, als Kuppelproduktion bezeichnet. Zur Aufteilung der Kosten bei Kuppelproduktion hat die Betriebswirtschaftslehre verschiedene Methoden entwickelt. Dabei erfolgt die Aufteilung regelmäßig im Verhältnis der Marktpreise für die entstandenen Produkte. Für die Universitätsklinika scheidet diese Methode jedoch in regelmäßiger Ermangelung von Marktpreisen für die Leistungen in Forschung und Lehre aus.

Dem Bereich Forschung und Lehre sind Kosten nur insoweit zuzurechnen, soweit sie über den normalen Krankenhausbetrieb hinausgehen. Die Formulierung des normalen Krankenhausbetriebs lässt einen Interpretationsspielraum zu.

Von der universitären Seite wird hieraus die Anwendung des Grenzkostenprinzips abgeleitet. Danach sind der Forschung und Lehre keine Kosten zuzuordnen, die im Universitätsklinikum auch ohne den Bereich Forschung und Lehre anfallen würden.

Von der Seite der Krankenversorgung wird aus der Formulierung insbesondere das Argument abgeleitet, dass Strukturen der Spitzenmedizin über das notwendige Versorgungsmaß eines Maximalversorgers hinausgehen und damit dem Bereich Forschung und Lehre zuzuordnen sind.

Beide Argumentationslinien sind in sich schlüssig und nachvollziehbar, führen in der Praxis jedoch zu teilweise langwierigen Auseinandersetzungen. So wird von Seiten der Fachbereiche nicht selten die Beteiligung an den Bewirtschaftungskosten für Verkehrsnebenflächen, beispielsweise Flure oder Außenwege, mit dem Verweis auf das Grenzkostenprinzip in Frage gestellt oder abgelehnt. Andererseits ist es der Krankenversorgung oftmals unmöglich den Nachweis zu führen, dass bestimmte Kosten bei einem normalen Krankenhausbetrieb nicht anfallen würden.

Grundsätzlich wäre hierzu der Vergleich mit den Kostenstrukturen anderer, nicht als Universitätsklinika agierenden Maximalversorgern, möglich. Allerdings kann bei Mehraufwendungen gegenüber Vergleichskrankenhäusern nur schwer belegt werden, dass diese im konkreten Fall durch

Forschung und Lehre verursacht werden. Wichtig ist aufgrund der systemimmanenten subjektiven Grenzen einer verursachungsgerechten Kostenzuordnung, dass sich die Vertreter des Universitätsklinikums und der Medizinischen Fakultät bezüglich der Kostenzurechnung einigen und so die subjektiven Grenzen der Kostenzurechnung auflösen. Hilfreich ist auch, dass eine Vereinbarung von beiden Seiten abgeschlossen wird, die so detailliert wie möglich die Kostenzurechnung hinsichtlich Methode und Vorgehensweise bis hin zur expliziten Einigung beider Seiten durch Unterschrift mit vereinbarten Streitlösungsinstrumenten (vorgegebenes internes Verständigungs-verfahren der beiden Parteien und eventuelles Schiedsstellenverfahren mit Vertretern des Aufsichtsrats bzw. des Trägers) zum Inhalt hat.

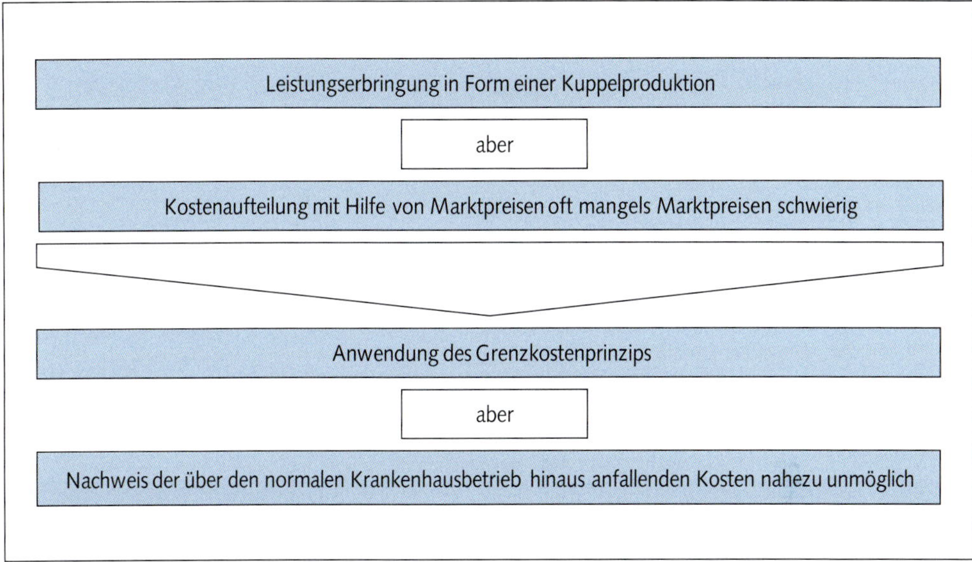

Abbildung 7.3.2-1: Kernprobleme der verursachungsgerechten Kostenzuordnung

Darüber hinaus bestehen in den Trennungsrechnungssystemen Unterschiede im Hinblick darauf, ob sie überwiegend auf Ist-Kosten oder auf Plan-Kosten basieren.

Abweichungen der Ist-Kosten gegenüber Plan-Kosten können sowohl Veränderungen des Mengengerüstes als auch der zugrundeliegenden Preisgrößen betreffen.

Die Veränderung des Mengengerüstes betrifft vor allem die Frage, inwieweit die tatsächliche Inanspruchnahme von Leistungen erfasst wird und damit Grundlage für eine Zuordnung der Kosten sein kann. Soweit ohnehin pauschale Aufteilungen notwendig sind, erscheint eine Erfassung zum Beispiel des Einsatzes von Ärzten in der Praxis wenig sinnvoll.

Veränderungen der Preisgrößen können dann zu Schwierigkeiten führen, wenn zum Beispiel Tariferhöhungen oder steigende Energiepreise zu höheren Kosten führen, ohne dass die jeweiligen Bereiche dafür in ihren Budgets entsprechende Ansätze berücksichtigt haben.

Der beschriebene Konflikt bei der Abgrenzung von Kosten der Forschung und Lehre kann nicht durch ein noch so gutes und klares Kostentrennungssystem gelöst werden. Es geht hierbei nicht um kostenrechnerische Systemfragen, sondern um die Frage, in welchem Umfang Forschung und Lehre an den Kosten eines Universitätsklinikums beteiligt werden sollen. Insofern beziehen sich die nachfolgend dargestellten Lösungsansätze nicht auf die Entwicklung eines Systems einer Kostentrennung, sondern auf pragmatische Ansätze zur angemessenen Verteilung der Kosten auf die Bereiche Forschung und Lehre und Krankenversorgung.

7.3.3 Bereichsspezifische Ansätze zur Kostenabgrenzung

Im Sinne einer effizienten und transparenten Abgrenzung von Kosten der Forschung und Lehre ist einer bereichsspezifischen Trennung der Vorzug über eine kostenartenspezifische Trennung zu geben.

In einem Universitätsklinikum findet die Leistungserstellung überwiegend in sogenannten Mischeinrichtungen statt. Eine Mischeinrichtung ist beispielsweise eine Klinik, die für den Fachbereich Medizin Forschungs- und Lehrleistungen erbringt und gleichzeitig in der Krankenversorgung tätig ist. Eine organisatorische Trennung ist hier aufgrund des Parallelbetriebs und der Personengleichheit von ärztlichem und wissenschaftlichem Personal nicht möglich.

Eindeutig zuordenbare Bereiche

Daneben gibt es in einem Universitätsklinikum jedoch Bereiche, die eindeutig der Krankenversorgung oder Forschung und Lehre zugeordnet werden können. Die medizinisch-theoretischen Institute erbringen ausschließlich Leistungen für den Bereich Forschung und Lehre. Hierzu zählen beispielsweise die Bereiche Biochemie oder Physiologie. Eine Abgrenzung der Kosten von Forschung und Lehre kann hier unmittelbar über die Kostenstellen der Bereiche erfolgen.

In gleicher Weise können auch bestimmte Bereiche bzw. Abteilungen eindeutig der Krankenversorgung zugeschlagen werden, weil sie keinen Bezug zu Aufgaben im Bereich Forschung und Lehre haben. Dazu zählen z. B. Wirtschafts- und Versorgungsbereiche wie die Speisenversorgung für Patienten, die von den Aufgaben des Universitätsklinikums im Bereich Forschung und Lehre unberührt sein sollten. Natürlich besteht auch die Möglichkeit, dass Patienten Probanden sein können und in klinischen Studien eingeschlossen sein können.

Diese erste Stufe der Kostenabgrenzung sollte immer dort zum Einsatz kommen, wo dies organisatorisch möglich ist.

Organisatorische Trennungen in Mischeinrichtungen

Darüber hinaus ist zu überlegen, ob organisatorische Neustrukturierungen vor dem Hintergrund der Kostenabgrenzung möglich und sinnvoll sind. Bei dem Betrieb von Laboren kann möglicherweise weitgehend eine Trennung der Ressourcen erfolgen. Dabei könnte z. B. ein Labor eingerichtet werden, das Leistungen in der Krankenversorgung wahrnimmt und folglich grundsätzlich der Krankenversorgung zugeordnet ist. Laborleistungen im Forschungsbereich werden dann in weiteren Forschungslaboren wahrgenommen, die dem Bereich Forschung und Lehre zugeordnet sind.

Weiter wäre zu prüfen, ob man Mischpersonal vermeiden kann, indem bestimmte Personengruppen innerhalb eines organisatorischen Bereichs getrennt werden können. Beispielsweise könnten im Einkauf oder in der Personalverwaltung Stellen ausschließlich für die Verwaltung von Belangen in Forschung und Lehre vorgesehen werden, während die übrigen Mitarbeiter der Abteilung ausschließlich den Bereich Krankenversorgung betreuen. Eine weitgehende Trennung der Ressourcen kann allerdings im Hinblick auf wirtschaftliche Abläufe kontraproduktiv sein (es erfolgt dann eine prozentuale Aufteilung und Umlage der Kosten des Einkäufers auf Krankenversorgung und Forschung und Lehre).

Sind die Möglichkeiten zur bereichsspezifischen Abgrenzung ausgeschöpft, kommen die nachfolgend beschriebenen kostenartenspezifischen Ansätze zur Anwendung.

7.3.4 Kostenartenspezifische Ansätze zur Kostenabgrenzung

In den Mischbereichen sind kostenartenspezifische Ansätze zur Kostentrennung unumgänglich. Hierbei sind zunächst Einzelkosten und Gemeinkosten zu unterscheiden. Die Einzelkosten sollten direkt den Bereichen Forschung und Lehre und Krankenversorgung zugeordnet werden, indem Möglichkeiten zur differenzierten Erfassung dieser Kosten bereitgestellt werden.

Die Gemeinkosten können den Bereichen nicht direkt zugeordnet werden. Sie müssen auf der Basis geeigneter Kostenschlüssel aufgeteilt werden. Aufgrund von Wirtschaftlichkeitsüberlegungen kann es unter Umständen sinnvoller sein, Einzelkosten nicht direkt zuzuordnen und sie stattdessen wie Gemeinkosten zu behandeln. In diesen Fällen spricht man von sogenannten unechten Gemeinkosten. Beispielsweise können medizinische Verbrauchsmaterialien oder auch Bürobedarf in einer Klinik oder Abteilung theoretisch einzeln der Krankenversorgung oder Forschung und Lehre zugeordnet werden, der Aufwand wäre jedoch nicht verhältnismäßig.

Wenn darüber hinaus wie im vorangegangenen Beispiel geeignete Schlüssel nicht unmittelbar zur Verfügung stehen oder bereits der Aufwand für die Erhebung und Aktualisierung von Schlüsseln unverhältnismäßig groß ist, kommen in der Praxis der Universitätsklinika häufig pauschale Aufteilungen zur Anwendung.

Für verschiedene Kostenarten ergeben sich differenzierte Problemstellungen und somit auch Lösungsansätze im Hinblick auf die Kostenzuordnung, die nachfolgend dargestellt werden.

Kostenartenspezifische Kostenabgrenzung			
Personalkosten			
Ärztlicher Dienst	Pflegedienst	Medizinisch-technischer Dienst, Funktionsdienst	Technischer Dienst, Wirtschafts- und Versorgungsdienst
Sachkosten			
Investitionskosten			
Infrastruktur- und Administrationskosten			
Drittmittelbezogene Kosten			

Abbildung 7.3.4-1: Wesentliche Kostenarten im Universitätsklinikum

7.3.4.1 Personalkosten

In einem besonders personalintensiven Betrieb wie einem Universitätsklinikum sind die Personalkosten der größte Kostenfaktor. Sie machen rd. 60–70 %, je nach Outsourcinggrad der tertiären Bereiche und Kosteneffizienz, an den Gesamtkosten aus. Auch im Hinblick auf die Abgrenzung von Kosten für Forschung und Lehre gilt ihnen somit ein besonderes Augenmerk.

Die Überschneidungen zwischen Krankenversorgung und Forschung und Lehre unterscheiden sich in Abhängigkeit von den jeweiligen Funktionen bzw. Dienstarten.

Ärztlicher Dienst

Die Ärzte eines Universitätsklinikums sind i. d. R. vollständig wissenschaftliches Personal und übernehmen damit Aufgaben von Forschung und Lehre und der Krankenversorgung.

Der Umfang der für ein Fachgebiet zu erbringenden Lehrleistungen kann auf Basis der Lehrpläne und der Studierendenzahlen abgeleitet werden. Dies erfolgt unter Berücksichtigung der jeweiligen Kapazitätsverordnung. Die Kapazitätsverordnung der einzelnen Bundesländer gelten für Fachhoch-schulen und Universitäten und enthalten Methoden zur Berechnung und Bestimmung der Voraussetzungen, die für die Aufnahmekapazität relevant sind. Bei Zugrundelegung eines Lehrdeputats je wissenschaftlichem Mitarbeiter können somit die für die Erbringung der Lehrleistung erforderlichen Mitarbeiter als Vollzeitäquivalente berechnet werden. Auf Basis von durchschnittlichen Personalkosten je Mitarbeiter können dann die von Forschung und Lehre zu tragenden Personalkosten ermittelt werden.

Diese Personalkosten können vorab im Sinne von Personalkostenkontingenten bzw. Personalkostenbudgets festgelegt werden. Allerdings können die tatsächlich anfallenden Leistungen für Forschung und Lehre von den so ermittelten Kontingenten bzw. Budgets abweichen.

Der Aufwand für die getrennte Erfassung ist allerdings sehr hoch bzw. teilweise aufgrund der Kuppelproduktion praktisch unmöglich, beispielsweise die Zeiterfassung im Zusammenhang mit dem Bedside-Teaching. Zudem ergibt sich bei nicht gleichgewichtig ausgestalteten Anreizsystemen die Gefahr, dass die Budgets nicht ausgenutzt werden.

Ein Lösungsansatz besteht darin, Personalkontingente für einen bestimmten Zeitraum zu vereinbaren und diese Kontingente in regelmäßigen Abständen anzupassen. Eine Anpassung im Vereinbarungs-zeitraum erfolgt nur in besonderen Fällen, beispielsweise bei wesentlichen Strukturanpassungen. Die Kontingente werden durch die Leistungen der Krankenversorgung und die Forschungsleistungen bestimmt. Eine pauschale Aufteilung der Personalkontingente der medizinischen Abteilung erscheint unter Praktikabilitätsaspekten sachgerecht.

Pflegedienst

Die Pflegekräfte sind in der Regel nicht Bestandteil des wissenschaftlichen Personals (Ausnahme: study nurses). Es gibt jedoch durchaus Forschungsaktivitäten, an denen die Pflege beteiligt ist. Insofern sind die Pflegekosten in der Regel der Krankenversorgung zuzuordnen, wenn nicht die Ausnahme greift.

In besonderen Fällen ist nicht auszuschließen, dass auch darüber hinaus Mitarbeiter des Pflegedienstes Leistungen für Forschung und Lehre erbringen. In diesem Fall bieten sich für die Kostenzuordnung die für den ärztlichen Dienst beschriebenen Gestaltungsmöglichkeiten an, jedoch ist wegen der oftmals wenigen Fällen auch Einzelverrechnung denkbar.

Medizinisch-technischer Dienst, Funktionsdienst

Problematisch ist für die Bereiche medizinisch-technischer Dienst, Funktionsdienst insbesondere die Zuordnung der Mitarbeiter, die im Labor tätig sind. Soweit es möglich ist, sollten die

Strukturen – wie oben beschrieben – auf eine klare Zuordnung nach Forschung und Lehre und Krankenversorgung ausgelegt sein.

Allerdings sind durch eine weitgehende Zentralisierung von standardisierbaren Laborleistungen erhebliche Synergien zu erzielen. Insofern wird eine vollständige Trennung nicht möglich sein.

Zudem kann auch im Zuge von überwiegend durch die Krankenversorgung verursachten Laboruntersuchungen nicht ausgeschlossen werden, dass zum Beispiel bestimmte zusätzliche Parameter aus Forschungsgründen untersucht werden.

Vor diesem Hintergrund bieten sich in der Praxis häufig pauschale Lösungsansätze oder zumindest Mischformen mit pauschalen Anteilen an.

Technischer Dienst, Verwaltungs-, Wirtschafts- und Versorgungsdienst

Mitarbeiter dieser Dienstarten erbringen in der Regel keine direkten Leistungen für Forschung und Lehre. Allerdings erbringen sie Dienstleistungen im Sinne der Auftragsverwaltung durch die Bereitstellung (Instandhaltungen, Reparaturen, Beschaffungen) einer funktionsfähigen Infrastruktur und Unterstützungsdienstleistungen für Krankenversorgung und Forschung und Lehre.

Die Personalkosten dieser Dienstarten werden im Rahmen der Zuordnung von Infrastrukturkosten zusammen mit den anderen Kostenarten indirekt über Umlagen belastet (z. B. Kosten für Instandhaltung für Gebäude und Geräte). Lösungsansätze zu den Infrastrukturkosten werden unten gesondert vorgestellt. Fundiert berechnete und regelmäßig überprüfte pauschale Ansätze sind auch bei der Zuteilung dieser Kosten angemessen.

7.3.4.2 Sachkosten

Dieser Abschnitt bezieht sich auf Sachkosten, die unmittelbar in den Leistungsbereichen der einzelnen Kliniken und Institute verursacht werden. Hierzu zählen im Wesentlichen medizinische Verbrauchsmaterialien und Bürobedarf.

Die Anschaffung von größeren Medizingeräten wird unter den Investitionskosten behandelt. Infrastrukturbezogene Sachkosten wie beispielsweise Energiekosten werden mit anderen Kostenarten im Rahmen der Infrastrukturkosten weiterverrechnet.

Sachkosten haben überwiegend Einzelkostencharakter, da sie den Bereichen Forschung und Lehre und Krankenversorgung in der Regel direkt zugeordnet werden können. Die Zuordnung sollte daher bereits bei der Bestellung der Artikel erfolgen. Mit der Bestellung wird somit bereits die verursachungsgerechte Kontierung festgelegt. Bei ungleichgewichtig gestalteten Anreizsystemen besteht auch hier die Gefahr, dass die Budgets nicht ausgenutzt werden. Es sollten ausreichende Stichprobenkontrollen erfolgen, um eine hohe Kontierungsdisziplin zu gewährleisten.

Bei einigen geringwertigeren Verbrauchsmaterialien ist eine direkte Kostenzuordnung unter Umständen zu aufwändig beziehungsweise wirtschaftlich nicht sinnvoll. In anderen Fällen ist eine Aufteilung aufgrund der Kuppelproduktion von Forschung und Lehre und Krankenversorgung im Einzelfall sogar unmöglich. Für solche Sachkosten bietet sich die Einrichtung einer Mischkostenstelle an, die einer pauschalen Aufteilung unterliegt. Über die Aufteilung sollten sich die Verantwortlichen von Forschung und Lehre und Krankenversorgung im Voraus einigen.

7.3.4.3 Investitionskosten

Analog zur Betrachtung der Sachkosten sollen hier ebenfalls nur die Investitionskosten besprochen werden, die unmittelbar in den Kliniken und Instituten anfallen. Im laufenden Betrieb handelt es sich hierbei im Wesentlichen um die Anschaffung von medizinischen Großgeräten. Für die Finanzierung dieser Anschaffungen stehen den Universitätsklinika Fördermittel, Drittmittel und Eigenmittel zur Verfügung. Fördermittelgeber sind für Universitätsklinika die Bundesländer, der Bund, die EU, EFRE, DFG, etc.

Medizinische Großgeräte werden in der Regel sowohl von Forschung und Lehre als auch von der Krankenversorgung genutzt. Eine Aufteilung der Kosten ist daher unumgänglich und sollte von den Verantwortlichen der Bereiche bereits vor Anschaffung bzw. Anmietung von Großgeräten vereinbart werden. Diese Aufteilung bietet sich auch als Grundlage für die nachfolgend anfallenden Wartungs- und Instandhaltungskosten an.

7.3.4.4 Infrastruktur- und Administrationskosten

Der überwiegende Teil der Infrastrukturleistungen bezieht sich auf den technischen Betrieb der Gebäude, deren Ausstattung, der Außenanlagen, das Vorhalten von Transportdiensten, Wäschereinigung, Speisenversorgung und andere Dienstleistungen im Bereich des Facility Managements.

Die Administrationskosten umfassen die Kosten für Verwaltungsleistungen im engeren Sinne, z. B. im Bereich der Unternehmensleitung, des Personalwesens oder des Rechnungswesens. Hierunter fallen beispielsweise die Personalabrechnung, die Patientenverwaltung, das Medizincontrolling, die Buchhaltung oder das Archivwesen.

Bei den Infrastruktur- und Administrationskosten handelt es sich überwiegend um echte Gemeinkosten, die nicht direkt zugeordnet werden können. Zunächst sollte geprüft werden, ob – wie oben beschrieben – organisatorische Trennungen in Betracht kommen. Dort wo solche Trennungen nicht möglich sind, müssen die Kosten im Zuge der innerbetrieblichen Leistungsverrechnung auf die Kostenstellen der Forschung und Lehre und der Krankenversorgung übergewälzt werden.

Zur Aufteilung der Kosten sollten geeignete Schlüssel auf Basis von differenzierten Bezugsgrößen herangezogen werden. So bietet sich beispielsweise für die Abgrenzung von Personalverwaltungskosten die Kopfzahl der betreuten Mitarbeiter an.

Für die Abgrenzung der Wartungs- und Instandhaltungskosten von Medizingeräten bieten sich wie weiter oben beschrieben die bereits bei der Anschaffung zugrunde gelegten Finanzierungsanteile von Forschung und Lehre und Krankenversorgung an.

Den größten Anteil an den Infrastrukturkosten haben die sogenannten Raumkosten. Sie umfassen im Wesentlichen die Kosten für Wasser, Energie, Reinigung und Instandhaltung. Für die Aufteilung der Raumkosten kommen die Flächenanteile von Forschung und Lehre in Betracht. Die Flächenanteile sollten auf der Basis eines Raumbuches ermittelt werden, das regelmäßig aktualisiert werden sollte. Im Raumbuch wird für die Räume des Universitätsklinikums hinterlegt, ob diese von Forschung und Lehre oder von der Krankenversorgung genutzt werden. Damit ist eine Kostenstellenzuordnung bereits gegeben.

Allerdings bleibt die Frage der Zuordnung bei Flächen bestehen, die sowohl von der Krankenversorgung als auch von Forschung und Lehre genutzt werden. Dies betrifft zum Beispiel Verkehrsflächen wie Flure, Eingangsbereiche etc., aber auch z. B. Krankenzimmer, die zwar ganz überwiegend für die Krankenversorgung genutzt werden, aber auch der Forschung und Lehre dienen („Bedside-Teaching"). Die als angemessen empfundene Gebäudefläche hängt maßgeblich davon ab, ob ausschließlich eine Grenzkostenbetrachtung zugrunde gelegt werden soll, oder auch der jeweilige Fachbereich Medizin einen bestimmten Teil der Kosten für die gemeinschaftlich genutzten Flächen zu übernehmen bereit ist. Dies ist eine grundsätzliche Abwägung, die bereits im Abschnitt VII.3.2 Grenzen der verursachungsgerechten Kostenzuordnung thematisiert wurde.

In jedem Fall ist aber zu vermeiden, dass die diesbezüglichen Diskussionen im Rahmen der Erstellung des Raumbuches bei der Vielzahl der gemischt genutzten Räume immer wieder geführt werden. Dies kann dadurch erfolgen, dass die Räume im Raumbuch entsprechend typisiert werden und sich die Vertreter von Forschung und Lehre und Krankenversorgung auf die entsprechende Nutzungsaufteilung für diese Raumtypen verständigen. Diese Vorgehensweise reduziert den Abstimmungsbedarf erheblich und sichert eine konsistente Behandlung im gesamten Universitätsklinikum.

7.3.4.5 Drittmittelbezogene Kosten

Eine gesonderte Behandlung erfahren in den Kostenrechnungssystemen der Universitätsklinika in der Regel die drittmittelbezogenen Kosten. Als Drittmittelgeber kommen im Wesentlichen staatliche finanzierte Institutionen wie die Deutsche Forschungsgemeinschaft sowie die Industrie in Frage. Universitätsklinika werben bei diesen Drittmittel ein, um Sonderforschungsprojekte durchzuführen.

In diesem Zusammenhang wird von den Drittmittelgebern in der Regel ein Nachweis über die Verwendung der Drittmittel verlangt. Daher werden die Kosten meist auf gesonderten Projektkostenstellen erfasst. Zu den direkt auf den Kostenstellen erfassten Kostenarten zählen insbesondere die Sachkosten und die Personalkosten. Die direkte Zuordnung von Personalkosten wird hier häufig dadurch erleichtert, dass die Projekte mit gesondert aus Drittmitteln eingestelltem Personal erbracht werden.
Bei den Infrastruktur- und Administrationskosten sollte der Einbezug von Drittmittelbeschäftigten analog der oben beschriebenen Weise erfolgen. Beispielsweise sollten von Drittmittelpersonal genutzte Räume aktuell im Raumbuch erfasst werden oder auch Drittmittelbeschäftigte bei der Umlage von kopfzahlbezogenen Administrationskosten berücksichtigt werden.

7.4 Abbildung der Trennungsrechnung im externen Rechnungswesen

Wie bereits oben beschrieben lassen sich bei Universitätsklinika drei Leistungskomplexe, nämlich Krankenversorgung, Forschung und Lehre ansprechen, die nur bei Universitätsklinika in dieser Form und in dieser Kombination durchgeführt werden.

Die Struktur der Leistungskomplexe ist zudem in Landesgesetzen verankert. In Baden-Württemberg zum Beispiel sind die Zuständigkeiten für die obigen drei Leistungsbereiche im Gesetz über die Universitätsklinika Freiburg, Heidelberg, Tübingen, und Ulm (Universitätsklinika-Gesetz – UKG) verankert. Drei Modelle sind erkennbar:

- Die rechtliche Verselbstständigung der Universitätsklinika in Anstalten öffentlichen Rechts (die Mehrzahl der Universitätskliniken u. a. in den Ländern Baden-Württemberg, Hessen, Rheinland-Pfalz etc.)
- Die rechtliche Verselbstständigung der Universitätsklinika in private Rechtsformen (z. B. Universitätsklinikum Gießen und Marburg GmbH in Hessen nach Erwerb der beiden Universitätsklinika durch einen privaten Träger)
- Die Führung der Universitätsklinika als rechtlich unselbstständige und wirtschaftlich verselbstständigte Landesbetriebe, als organisatorisch, verwaltungstechnisch und finanzwirtschaftlich selbstständiger Teil der Universität.

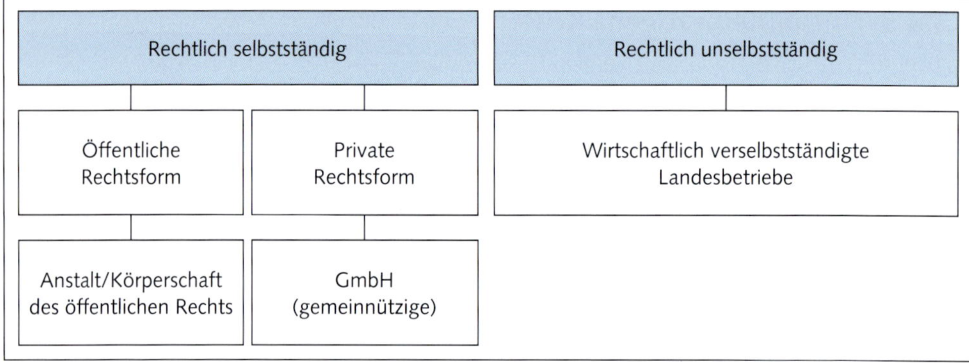

Abbildung 7.4-1: Rechtliche Organisationsformen von Universitätskliniken

Seit Mitte der 1990er Jahre hat sich ein Trend zur Verselbstständigung der Universitätsklinika und zur Trennung der Bereiche Krankenversorgung sowie Forschung und Lehre in eigenständigen Institutionen herausgebildet, was in den einzelnen Bundesländern zu einer unterschiedlichen Gesetzgebung und Organisation dieser beiden Bereiche führte.

Die Universitätsklinika erfüllen die Aufgaben der Krankenhausversorgung, der Aus-, Fort- und Weiterbildung des Personals und darüber hinaus die dem öffentlichen Gesundheitswesen obliegenden Aufgaben.

Die Universitätsklinika haben entsprechend zudem in enger Zusammenarbeit mit der Medizinischen Fakultät der Universität die Verbindung der Krankenversorgung mit Forschung und Lehre zu gewährleisten. Die Medizinischen Fakultäten der Universitäten erfüllen als Landesbetriebe und als Teil der Universitäten die Aufgaben von Forschung und Lehre in enger Abstimmung mit dem Universitätsklinikum.

Zudem kann dem Universitätsklinikum die Personal- und Wirtschaftsverwaltung auch im Bereich von Forschung und Lehre übertragen werden (z. B. in Baden-Württemberg gemäß § 4 Abs. 3 UKG).

Mit Errichtung der rechtsfähigen Anstalten des öffentlichen Rechts gehen aufgrund der gesetzlichen Regelungen alle mit der Krankenversorgung verbundenen Rechte, Pflichten und Zuständigkeiten des Landes und der Universität auf die Universitätsklinika über.

Die Bereiche der Forschung und Lehre (Medizinische Fakultät) sind bei der Universität verblieben. Die enge Verzahnung von Forschung und Lehre und Krankenversorgung soll die wissenschaftliche Exzellenz fördern und notwendige Synergieeffekte ermöglichen.

Wie unter 7.2.4 erläutert, erfolgt die Finanzierung der Krankenversorgung und der Forschung und Lehre aus unterschiedlichen Quellen. Die Leistungen der Forschung und Lehre werden durch Landeszuschüsse, Drittmittel und Auftragserlöse finanziert, während die Leistungen im Bereich der Krankenversorgung über Leistungsentgelte vergütet werden. Umgekehrt bedeutet dies, dass der eine Bereich nicht mit den Mitteln des anderen Bereichs finanziert werden darf.

Daher bildet die Trennungsrechnung einen besonderen Schwerpunkt im Rahmen der Rechnungslegung von Institutionen der Universitätsmedizin.

Struktur der Universitätsmedizin		Themenfelder der Trennungsrechnung
Primärbereich	Kliniken/Institute • OP, Diagnostik, Intensivmedizin	Personalkosten
		Sachkosten
	Klinische Dienstleister • Labore, Transfusionsmedizin, Virologie, Mikrobiologie	Hochschulambulanzen
Infrastruktur	• Facility Management • Gebäude • Instandhaltung der Gebäude	Infrastrukturkosten und Nutzung von technischen Ressourcen
Verwaltung	• Personalabrechnung • Rechnungswesen • Drittmittelverwaltung	Administration

Abbildung 7.4-2: Bereiche und Themenfelder der Trennungsrechnung

Zudem ergeben sich aufgrund einer Trennung zwischen den Universitätsklinika und den Medizinischen Fakultäten der Universitäten vielfältige Leistungsbeziehungen und -verrechnungen.

Dabei erstatten in der Regel die Universitätsklinika nach Maßgabe einer von beiden getroffenen Vereinbarung der Medizinischen Fakultät der Universität die Aufwendungen für die Inanspruchnahme der Mitarbeiter der Medizinischen Fakultät für die Krankenversorgung. Umgekehrt erstattet die Medizinische Fakultät dem Universitätsklinikum die Aufwendungen für Forschung und Lehre, die sie selbst über Landeszuschüsse finanziert bekommt.

Im Folgenden werden insbesondere die Aspekte der Rechnungslegung in den handelsrechtlichen Jahresabschlüssen des rechtlich selbstständigen Universitätsklinikums und der Medizinischen Fakultät der Universität dargestellt, welche aus der Trennung von Aufgaben der Krankenversorgung und Forschung und Lehre und aus den Leistungsbeziehungen zwischen Universitätsklinikum und Medizinischer Fakultät resultieren.

7.4.1 Abbildung bei der Medizinischen Fakultät

Medizinische Fakultäten sind Landesbetriebe, welche unter die Landeshaushaltsordnungen (LHO) des entsprechenden Bundeslandes fallen. Zudem gelten die Landeshochschulgesetze der entsprechenden Bundesländer.

Sie sind als ein abgegrenzter Teil der Universität, die ebenfalls in der Regel als Landesbetrieb gemäß LHO geführt wird, anzusehen und stellen insofern wirtschaftliches Sondervermögen dar. Ein eigenständiges Rechtskleid haben Medizinische Fakultäten in der Regel nicht, sie erstellen jedoch als wirtschaftliches Sondervermögen in der Regel einen eigenständigen Jahresabschluss.

Gemäß § 27 Abs. 4. Nr. 3 Landeshochschulgesetz (LHG) des Landes Baden-Württembergs hat der Vorstand einer Medizinischen Fakultät einen Jahresabschluss nebst Lagebericht zu erstellen, der „über die den einzelnen Einrichtungen zugewiesenen Stellen und Mittel, ihrer Verwendung und die Leistung in Forschung und Lehre Auskunft gibt".

Es geht aus dem Landeshochschulgesetz nicht hervor, ob dieser Jahresabschluss nach den handelsrechtlichen Grundsätzen zu erstellen ist. In der Regel erstellen die Medizinischen Fakultäten jedoch nach dem internen Satzungsregelwerk ihren Jahresabschluss gemäß § 264 ff. HGB wie große Kapitalgesellschaften.

Es ist zudem anzutreffen, dass die Personal- und Wirtschaftsverwaltung der Medizinischen Fakultät dem mit der Medizinischen Fakultät kooperierenden Universitätsklinikum unterliegt. Gemäß § 4 Abs. 3 UKG des Landes Baden-Württemberg unterliegen die Personal- und Wirtschaftsführungen der Medizinischen Fakultäten den entsprechenden Universitätsklinika. Dies bedeutet insbesondere, dass die entsprechenden Leistungen für Krankenversorgung und Forschung der bei der Medizinischen Fakultät beschäftigten Ärzte und des medizinisch-technischen Personals vom Universitätsklinikum bezogen werden.

Generell empfiehlt sich eine Verwendung des Kontenrahmens sowie der Gliederung der Bilanz und der Gewinn- und Verlustrechnung gemäß der Krankenhausbuchführungsverordnung (KHBV). Trotzdem ist anzumerken, dass die Medizinischen Fakultäten nicht zwingend unter den Anwendungsbereich der KHBV fallen, da sie keine Krankenhäuser im eigentlichen Sinne darstellen. Die Anwendung empfiehlt sich allerdings deshalb, da insbesondere der Förder- und Drittmittelbereich und seine insgesamt erfolgsneutrale Abbildung sich über diesen Kontenrahmen und der Gliederung der Bilanz und der Gewinn- und Verlustrechnung gemäß der KHBV aussagekräftig und übersichtlich abbilden lässt.

Zur Finanzierung von Projekten von Forschung und Lehre erhält die Medizinische Fakultät insbesondere Landeszuschüsse gemäß Erfolgsplan des Staatshaushaltsplans des jeweiligen Bundeslandes, je nach Bundesland Studiengebühren sowie in der Regel Drittmittelspenden (Geld und Sachspenden).

Hierbei soll der Landeszuschuss in erster Linie die laufenden Kosten für Forschung und Lehre sowohl im stationären als auch im ambulanten Bereich abdecken. Ferner sollen Fort- und Weiterbildungen sowie Weiterentwicklungen von Diagnose- und Therapiemethoden durch den Landeszuschuss finanziert werden.

Zur Verteilung des Zuschusses für Forschung und Lehre an den Universitätsklinika kommen die drei genannten Grundfälle zur Anwendung (siehe ▶Abbildung 7.2.1-1: Trennungsrechnung Kooperationsmodell).

Im nachfolgenden Beispiel soll der erste Fall (Zuschuss an die medizinische Fakultät) zur Anwendung kommen und dargestellt werden, wie die Trennung der Aufgaben in Forschung und Lehre sowie die unterschiedliche Finanzierung der beiden Aufgaben im Jahresabschluss der Medizinischen Fakultät erfasst wird.

Der Erhalt des hoheitlichen Zuschusses für Forschung und Lehre gemäß Erfolgsplan des Staatshaushaltsplans (hier TEUR 120) wird bei der Medizinischen Fakultät wie folgt erfasst:

Forderungen gegen das Land an
    Zuwendungen und Zuschüsse der öffentlichen Hand, soweit nicht
    zur Finanzierung von Investitionen TEUR 120

Gewähren Dritte Zuschüsse zur Finanzierung von Aufwendungen aus Forschung und Lehre (hier TEUR 40) so werden diese wie folgt erfasst:

Forderungen aus Drittmittel an
    Zuwendungen Dritter, soweit nicht zur Finanzierung von Investitionen TEUR 40

Es empfiehlt sich zudem, gemäß § 265 Abs. 5 HGB separate Posten in der Bilanz und Gewinn- und Verlustrechnung für die Erfassung der Drittmittelerträge und der Landesmittel und deren Verwendung einzuführen, weil diese erfahrungsgemäß neben der Landesförderung einen wesentlichen Bereich darstellt.

Es besteht jedoch alternativ auch die Möglichkeit eines Ausweises der Forderungen in den beiden obigen Fällen unter den sonstigen Vermögensgegenständen.

Ferner könnten die Drittmittelerträge und die Landeszuschüsse zusammengefasst unter dem Posten 'Zuwendungen und Zuschüsse, soweit nicht zur Finanzierung von Investitionen' ausgewiesen werden.

Sonstige Vermögensgegenstände <u>an</u>
    Zuwendungen und Zuschüsse, soweit
    nicht zur Finanzierung von Investitionen   TEUR 160

Eine getrennte Darstellung in Bilanz und Gewinn- und Verlustrechnung erhöht jedoch den Aussage- und Informationsgehalt deutlich.

Die Medizinische Fakultät beschäftigt den ärztlichen und medizinisch-technischen Dienst sowie darüber hinaus die Mitarbeiter der nicht-klinischen Einrichtungen. Das Universitätsklinikum bezieht diese Leistungen für die Krankenversorgung des bei der Medizinischen Fakultät beschäftigten Personals von der Medizinischen Fakultät. Diese Vorgehensweise führt bei der Medizinischen Fakultät zu einer Weiterbelastung der angefallenen Personalkosten (hier TEUR 140) an das Universitätsklinikum.

Der Sachverhalt ist in der Gewinn- und Verlustrechnung der Medizinischen Fakultät wie folgt zu erfassen:

Forderungen gegen das Universitätsklinikum <u>an</u>
    Erträge aus Personalkostenerstattungen   TEUR 140

Neben den angefallenen Personalkosten werden in der Regel im Rahmen der Leistungsbeziehung auch sämtliche Personalverpflichtungen, welche die Medizinische Fakultät gegenüber ihren Mitarbeitern hat, wie z. B. Urlaubs-, Gleitzeitverpflichtungen, Pensions- und sonstige Verpflichtungen, an das Universitätsklinikum weiterbelastet. Die Erfassung erfolgt wie oben dargestellt.

Der erhaltene Erfolgsplanzuschuss des Landes wird für Forschung und Lehre von der Medizinischen Fakultät an das Universitätsklinikum weitergeleitet, welcher die angefallenen Personal-, Sachaufwendungen sowie auch die Kosten für Infrastruktur des Universitätsklinikums für Forschung und Lehre abdecken soll. Die für Forschung und Lehre angefallenen Aufwendungen werden hierbei im Rahmen der Trennungsrechnung beim Universitätsklinikum ermittelt. Gemäß Trennungsrechnung werden die Kosten für Forschung und Lehre im Primärbereich (Personal- und Sachkosten), im Bereich Infrastruktur (Infrastrukturkosten und Kosten der Nutzung technischer Ressourcen) sowie im Bereich Verwaltung (Administrationskosten) von den übrigen Kosten, die im Rahmen der Krankenversorgung anfallen, getrennt und separat dargestellt.

Im folgenden Beispiel wurden vom Universitätsklinikum die folgenden Kosten für Forschung und Lehre im Rahmen der Trennungsrechnung ermittelt:

Kosten für Forschung und Lehre	TEUR
Personalkosten	80
Sachkosten	30
Infrastrukturkosten	0
Administrationskosten	20
Noch zweckentsprechend zu verwendender Zuschuss	30
	160

Abbildung 7.4.1-1: Beispielberechnung Kosten im Bereich Forschung und Lehre

Bei der Medizinischen Fakultät führt der Sachverhalt zu folgender Buchung:

Aufwendungen für bezogene Leistungen vom Universitätsklinikum an
Verbindlichkeiten gegenüber dem Universitätsklinikum TEUR 160

Sollten die tatsächlichen Aufwendungen gemäß der Trennungsrechnung niedriger ausfallen als die Zuwendungen der Medizinischen Fakultät aus Forschung und Lehre, so ist die Differenz in den Folgejahren grundsätzlich zweckentsprechend einzusetzen. Dies hat zur Folge, dass im Universitätsklinikum in Höhe des sich ergebenden Differenzbetrages ein entsprechender Aufwand aus nicht zweckentsprechend verwendeten Forschungsmitteln zu erfassen ist, welcher durch folgenden Buchungssatz im entsprechenden Beispiel abgebildet wird.

Sonstige betriebliche Aufwendungen an
Verbindlichkeiten gegenüber der Fakultät TEUR 30

In der Gewinn- und Verlustrechnung der Medizinischen Fakultät stellt sich der Sachverhalt wie folgt dar:

	Gewinn- und Verlustrechnung der Medizinischen Fakultät	TEUR
1.	Zuweisungen und Zuschüsse der öffentlichen Hand, soweit nicht Zuwendungen zur Finanzierung von Investitionen (KuGr. 472 des Kontenrahmens der KHBV)	120
2.	Zuwendungen Dritter, soweit nicht Zuwendungen zur Finanzierung von Investitionen (KuGr. 473 des Kontenrahmens der KHBV)	40
3.	Sonstige betriebliche Erträge - davon Erträge aus Personalkostenerstattungen vom Universitätsklinikum (TEUR 140)	140
4.	Personalaufwand	-140
5.	Materialaufwand - davon Aufwendungen für bezogene Leistungen vom Universitätsklinikum (TEUR 160)	-160
6.	Ergebnis	0

Abbildung 7.4.1-2: Beispielberechnung Darstellung GuV einer Medizinischen Fakultät

In der Praxis ist häufig anzutreffen, dass das Jahresergebnis der Medizinischen Fakultät mit Null ausgewiesen wird. Dies bedeutet, dass die Leistungsbeziehungen mit dem Universitätsklinikum aus der Gestellung von Personal für die Erledigung von Aufgaben der Krankenversorgung und der Forschung und Lehre zu einem ausgewogenen Ergebnis führen und nicht mehr Ausgaben getätigt werden, als durch den Zuschuss des Landes und durch die eingeworbenen Drittmittel gedeckt sind.

Ein positives Jahresergebnis wird bei der Erfassung von hoheitlichen Zuwendungen (Landeszuschüsse für Forschung und Lehre sowie Drittmittel) ausgewiesen, da nicht zweckentsprechend verwendete Zuschüsse und Drittmittel neutralisiert werden. Ein negatives Ergebnis würde bei hoheitlichen Zuwendungen dann entstehen, wenn größere Aufwendungen für Forschung und Lehre getätigt werden, als die Medizinische Fakultät Zuwendungen gemäß dem jeweiligen Landeshaushaltsplan, Zuwendungen Dritter und Studiengebühren zur Verwendung für Forschung und Lehre erhält. Nicht selten werden derzeit negative Jahresergebnisse ausgewiesen, da die Zuschüsse für Forschung und Lehre rückläufig sind und Kostensenkungsprogramme im wissenschaftlichen Umfeld nur schwer durchsetzbar sind.

Sollten weniger Ausgaben für Forschung und Lehre getätigt werden, so würde dies bei hoheitlichen Zuwendungen dennoch zu einem ausgeglichenen Jahresergebnis der Medizinischen Fakultät führen, da sämtliche Zuwendungskomponenten zweckentsprechend für Forschung und Lehre eingesetzt werden müssen. Dies führt somit zwangsläufig zu einer Neutralisierung unverwendeter Zuwendungserträge, da im Gegenzug Verbindlichkeiten gegen den Zuwendungsempfänger in derselben Höhe bestehen. Wirtschaftliche Drittmittel, welche im Rahmen eines Leistungsaustausches gewährt werden, werden jedoch nach einer anderen Buchungslogik ähnlich der Erfassung von unfertigen Leistungen (Fallpauschalenüberlieger) erfasst:

- Erfassung von unfertigen Leistungen bis zur Fertigstellung
- Neutralisierung der Kosten (Personal- und Sachkosten) über Bestandsveränderungen in der Gewinn- und Verlustrechnung
- Zuwendungen werden als erhaltene Anzahlungen als Verbindlichkeiten bis zur Fertigstellung erfasst
- Bei Fertigstellung erfolgt die Realisierung der Umsatzerlöse und die Ausbuchung der unfertigen Leistungen

Durch die Erfassung von wirtschaftlichen Drittmittel kann durchaus auch auf Grund der Realisierung von positiver Marge ein positives Jahresergebnis entstehen.

Ferner kann aus der Bereitstellung von Ärzten der Medizinischen Fakultät an das Universitätsklinikum zur Erfüllung von Aufgaben der Krankenversorgung (sonstige betriebliche Erträge der Medizinischen Fakultät) und aufgrund des Verkaufs von Forschungsleistungen im Rahmen eines Auftrags-verhältnisses und Leistungsaustausches in der Regel an Industrieunternehmen (Umsatzerlöse der Medizinischen Fakultät) durchaus ein positives Jahresergebnis entstehen, falls die erzielten Erträge die entstandenen Aufwendungen übersteigen.

7.4.2 Abbildung beim Universitätsklinikum

Anstalten des öffentlichen Rechts bilanzieren in der Regel wie große Kapitalgesellschaften, was oft aus den Universitätsklinika-Gesetzen der entsprechenden Bundesländer oder den Satzungen hervorgeht (z. B. in Baden-Württemberg gemäß § 5 Abs. 3 UKG).

Das Universitätsklinikum bekommt aufgrund der Durchführung von Projekten der Forschung und Lehre von der Medizinischen Fakultät, welche dafür den Erfolgsplanzuschuss des Landes vereinnahmt hat, die obigen Kosten für Forschung und Lehre gemäß Trennungsrechnung erstattet. Des Weiteren werden die im Universitätsklinikum angefallenen Aufwendungen im Rahmen von Drittmittelprojekten von der Medizinischen Fakultät erstattet, welche in der Regel die entsprechenden Drittmittelerträge von den Drittmittelgebern erhält. Hierbei ist allerdings eine Erstattung der angefallenen Kosten erst nach Realisierung möglich.

Forderungen gegen die Medizinische Fakultät an
    Sonstige betriebliche Erträge aus Kostenerstattungen TEUR 120

Zudem werden die Drittmittelerträge an das Universitätsklinikum weitergeleitet:

Forderungen gegen die Medizinische Fakultät an
    Sonstige betriebliche Erträge aus Kostenerstattungen für Drittmittelprojekte TEUR 40

Bezüglich der Forderungen gegen die Medizinische Fakultät empfiehlt es sich, aus den oben bereits genannten Gründen der erhöhten Aussagefähigkeit, einen separaten Bilanzposten nach § 265 Abs. 5 HGB zu bilden.

Das Universitätsklinikum bezieht die Leistungen für die Krankenversorgung des bei der Medizinischen Fakultät beschäftigten Personals von der Medizinischen Fakultät. Die Medizinische Fakultät belastet deshalb die angefallenen Personalkosten der Mitarbeiter an das Universitätsklinikum weiter.

Der Sachverhalt ist in der Gewinn- und Verlustrechnung des Universitätsklinikums wie folgt zu erfassen:

Bezogene Leistungen der Medizinischen Fakultät an
    Verbindlichkeiten gegenüber der Medizinischen Fakultät TEUR 140

Das Universitätsklinikum erstellt, wie oben dargestellt, eine interne Trennungsrechnung der Aufwendungen betreffend Forschung und Lehre von den Aufwendungen betreffend Krankenversorgung. Die einzelnen Aufwandskomponenten sind unter den entsprechenden Posten der Gewinn- und Verlustrechnung (in der Regel Personalaufwand, Materialaufwand, sonstiger betrieblicher Aufwand) ausgewiesen.

	Gewinn- und Verlustrechnung des Universitätsklinikums	TEUR
1.	Erlöse aus Krankenhausleitungen (KGr. 40)	400
2.	Erlöse aus Wahlleistungen (KGr. 41)	10
3.	Erlöse aus ambulanten Leistungen des Krankenhauses (KGr. 42)	80
4.	Nutzungsentgelte der Ärzte (KGr. 43)	20
5.	Erhöhung des Bestandes an unfertigen Erzeugnissen (KuGr. 550)	10
6.	Zuweisungen und Zuschüsse der öffentlichen Hand, soweit nicht Zuwendungen zur Finanzierung von Investitionen (KuGr. 472)	30
7.	Sonstige betriebliche Erträge - davon Erträge aus Leistungen für Forschung und Lehre (TEUR 120) - davon Drittmittelerträge (TEUR 40)	160
8.	Personalaufwand	-200
9.	Materialaufwand - davon bezogene Leistungen der Medizinischen Fakultät (TEUR 140)	-250
10.	Sonstige betriebliche Aufwendungen	-200
11.	Ergebnis	60

Abbildung 7.4.2-1: Beispielberechnung Darstellung GuV

Der Vollständigkeit halber ist anzumerken, dass die wirtschaftliche Forschung & Lehre, im Rahmen dessen die Forschungseinrichtung mit dem Auftraggeber im Leistungsaustausch steht, bei Realisierung über Forderungen aus Lieferungen und Leistungen und Umsatzerlöse und im Stadium der Unfertigkeit über unfertige Leistungen und Bestandsveränderungen zu erfassen sind.

7.4.3 Erstellung einer Organisationsrichtlinie zur Trennung von Forschung und Lehre sowie Krankenversorgung

In der Praxis werden im Kooperationsmodell die Zuweisungen des Landes für Forschung und Lehre regelmäßig direkt an das Universitätsklinikum geleistet. Durch eine dezidierte Trennungsrechnung wird einerseits sichergestellt, dass die Kosten für Forschung und Lehre in ausreichendem Maße von der Medizinischen Fakultät übernommen werden und andererseits der Nachweis geführt, dass die vom Universitätsklinikum vorgenommene Mittelzuordnung und -verwendung verursachungsgerecht erfolgt (Mittelverwendungsnachweis). In den vorangegangenen Kapiteln ist die Relevanz für Universitätsklinika zur Führung einer Trennungsrechnung aufgezeigt worden. In diesem Kapitel steht nun die praxisnahe Implementierung beziehungsweise Umsetzung der Trennungsrechnung in das Organisationsumfeld einer Universitätsklinik im Mittelpunkt. Dies soll anhand der Etablierung einer Organisations- bzw. Prozessrichtlinie für ein Musteruniversitätsklinikum verdeutlicht werden.

Ziel einer Organisations- bzw. Prozessrichtlinie ist es, die Systematik der Trennungsrechnung abzubilden und die dafür notwendigen Prozessschritte und Kontierungsvorgaben detailliert und für Dritte nachvollziehbar zu beschreiben. Damit ist ein gleichbleibend hohes Maß an Qualität gewährleistet, weil die Geschäftsvorfälle des Fachbereiches in einer einheitlichen Systematik buchhalterisch abgebildet werden und der Mittelverwendungsnachweis strukturiert aus der Buchhaltung abgeleitet wird.

Die Organisationsrichtlinie erfüllt damit im Wesentlichen folgende Aufgaben:

- Grundlage für Budgetplanung und Mittelzuordnung,
- Sachgerechte Kostenzuordnung und damit Nachweis der Mittelverwendung,
- Herleitung der spartenbezogenen Kostentransparenz für Entscheidungsträger,
- Arbeitsanweisung, die sicherstellt, dass die komplexen Aufgaben in persönlicher, sachlicher und zeitlicher Hinsicht durchgeführt werden.

Zudem sichert die Richtlinie das Know-how über den Prozess und das Vorgehen der Trennungsrechnung für das Klinikum, damit beispielsweise Mitarbeiterfluktuation keinen Wissensabfluss zur Folge hat. Des Weiteren dienen Prozessrichtlinien als Kommunikationsleitfaden für das Klinikum und die Medizinischen Fakultät, weil sie den Informationsbedarf beider Bereiche in den einzelnen Prozessschritten dokumentiert.

Abzugrenzen ist die Prozessrichtlinie von den konsentierenden Verteilungsschlüsseln, welche die Aufteilung der Gemeinkosten zwischen Medizinischer Fakultät und Universitätsklinikum regeln.

7.4.3.1 Prozessschritte der Organisationsrichtlinie und Ableitung des Mittelverwendungsnachweises

Grundsätzlich sind zum Zwecke der Kostenzuordnung mehrere Methoden möglich, welche in Kapitel VI. 3 erläutert wurden. Im Folgenden wird für Illustrationszwecke von einer kostenarten- und bereichsspezifischen Kostentrennung ausgegangen, vorrangig nach Kostenstellen oder kostenstellenähnlichen Merkmalen.

7.4.3.1.1 Bereichsspezifische Kostenabgrenzung (Prozessschritt 1)

Kosten für Bereiche, die eindeutig der Krankenversorgung oder Forschung und Lehre zugeordnet werden können (Einzelkosten), sind unmittelbar über die Zuordnung zu Kostenstellen oder kostenstellenähnlichen Merkmalen abzugrenzen.

Dies geschieht im Universitätsklinikum anhand von:

- Kostenstellen (KST) und
- Aufträgen.

Diese sind in einer grundsätzlichen Aufteilung entweder dem Klinikum oder dem Fachbereich wie folgt zugeordnet:

		Universitäts-klinikum	Medizinische Fakultät
Kostenstellen	91er – 96er KST	X	
	97er KST		X
	98er – 99er KST	X	
Aufträge			
Echte Aufträge	6er und 8er Aufträge		X
	7er Aufträge		X
	Xer und Yer Aufträge		X
Statistische Aufträge	I-Aufträge (Investitionsmittel)	X	X
	B-Aufträge (Berufungsmittel)	X	X
	H-Aufträge (Baumaßnahmen)	X	X

Abbildung 7.4.3-1: Beispielhafte Aufteilung für die Kostenabgrenzung der Einzelkosten

Folgende Kostenarten werden im Regelfall direkt den Kostenstellen zugeordnet:

- die Personalaufwendungen werden den Kostenstellen mitarbeiterbezogen zugeordnet
- die Sachkosten werden mittels Buchungsbeleg durch den KST-Verantwortlichen den Kostenstellen zugeordnet.

7.4.3.1.2 Erstellung einer Summen- und Saldenliste für die Medizinische Fakultät (Prozessschritt 2)

Nachdem der Vorlauf in den Büchern des Universitätsklinikums erfolgt ist, werden durch Abfragen des ERP-Systems Summen- und Saldenlisten für die Medizinische Fakultät generiert, um die Datengrundlage des Mittelverwendungsnachweises zu generieren. Verantwortlich für die Ermittlung der Datengrundlage ist das Controlling. Die Generierung der Rohdaten erfolgt nach Buchungsschluss. Die Kosten, die in der Trennungsrechnung berücksichtigt werden, lassen sich technisch in drei Bereiche aufteilen:

- **Kostenstellen der Forschung und Lehre (FuL)**

Hierzu gehören alle Kostenstellen, die dem Fachbereich Forschung und Lehre zugeordnet sind. Kostenstellenverantwortliche sind in der Regel Professoren der jeweiligen Organisationseinheit. Hierbei ist zu beachten, dass der Datenabruf um nicht zum Bereich der Forschung und Lehre gehörenden Kostenarten bzw. Kontengruppen zu bereinigen ist. Dies trifft u.a. auf die Kontengruppen 40 – 46 (Erlöse aus Krankenhausleistungen, aus Wahlleistungen, aus ambulanten Leistungen und aus Nutzungsentgelten der Ärzte), Kontengruppe 75 (Aufwendungen aus der Auflösung von

Sonderposten) und alle ab Kontengruppe 80 (kalkulatorische Kosten) zu, da diese Kontengruppen systematisch keine Sachverhalte der Medizinischen Fakultät enthalten können und daher kategorisch auszuschließen sind.

- **7er Aufträge der Forschung und Lehre (FuL)**

Sogenannte 7er Aufträge stellen regelmäßig „Kostensammler" des Dekanats dar. Hier ist ebenfalls auf eine Bereinigung zu achten, um nicht zum Bereich der Forschung und Lehre gehörenden Kostenarten bzw. Kontengruppen auszuschließen.

- **Drittmittelaufträge (6er und 8er, Xer und Yer)**

Als Drittmittel bezeichnet man grundsätzlich die Anteile an der Finanzierung von Forschung und Lehre, die nicht durch Landeszuschüsse (Grundmittel) für die Medizinische Fakultät bereitgestellt wer-den. Die Datengrundlage der Drittmittelaufträge, wiederum um nicht zum Bereich der Forschung und Lehre gehörenden Kostenarten bzw. Kontengruppen bereinigt, gehört jedoch regelmäßig nicht zu dem zu erstellenden Mittelverwendungsnachweis. Begründet liegt dies im Wesen der Drittmittel, da sie nicht über Landeszuschüsse, sondern im Wesentlichen durch Fördermittel des Bundes finanziert werden.

Die drei obigen spezifischen Datenmengen werden zur Erstellung einer Trennungsrechnung zusammengeführt. Diese Daten bilden die „Rohdaten" zur Ermittlung der Mittelverwendung.

7.4.3.1.3 Kostenartenspezifische Kostenabgrenzung (Prozessschritt 3)

Sogenannte Infrastrukturkosten sind der Medizinischen Fakultät im Rahmen eines detaillierten Stufenverfahrens auf der Grundlage festgelegter Verteilungsschlüssel zuzuordnen. Die Ermittlung dieser Kostenumlage hat jährlich im Rahmen der Aufstellung des Mittelverwendungsnachweises zu erfolgen. Dieser Kostenblock, der im ersten Schritt die Universitätsklinik-KST belastet, wird nach der Ermittlung als Saldo im Mittelverwendungsnachweis gezeigt und der Medizinischen Fakultät zugeordnet.

Folgende Kosten werden in der Regel indirekt zur Ermittlung herangezogen und entsprechend der Verteilungsschlüssel (gemäß der zwischen den beiden Parteien getroffenen Kooperationsvereinbarung) dem Universitätsklinikum und der Medizinischen Fakultät zugeordnet:

- Infrastrukturkosten (Kosten der Dezernate, Häuser und Bauprojekte sowie ausgewählte Kosten- bzw. Stabsstellen)
- Unterhaltsreinigung (Sachkonto)
- Wäschereinigung (Sachkonto)
- Fensterreinigung (Sachkonto)
- Instandhaltung Medizinische Geräte

Die Kostenermittlung liegt in dem Aufgabenbereich des Controllings. Grundlage der Aufteilung sind die Kosten des Vorjahres, weil die Daten des Geschäftsjahres zum Zeitpunkt der Entwicklung der Trennungsrechnung noch nicht geprüft vorliegen.

Berücksichtigung von Berufungsmitteln

Jede neu berufene Professur erhält einmalige Berufungsmittel für einen erfolgreichen Aufbau in Forschung und Lehre. Diese Mittel haben bei der Zusage zuerst investiven Charakter und werden durch die investiven Mittelzuweisungen des Landes der Medizinischen Fakultät zugewiesen. Nur in den Sonderfällen, in denen ein laufender Aufwand (z. B. Instandhaltung) durch die Berufungsmittel finanziert wird, ist dieser auch im Mittelverwendungsnachweis zu berücksichtigen, damit sie auch den laufenden Betriebsmitteln gegenübergestellt werden.

7.4.3.1.4 Darstellung des Mittelverwendungsnachweises (Prozessschritt 4)

Der Mittelverwendungsnachweis stellt die Zuweisungen aus der abgelaufenen Periode den Aufwendungen aus derselben gegenüber. Die investiven Mittel bleiben dabei unberücksichtigt. Im Ergebnis stellt der Mittelverwendungsnachweis damit den Erfolg der Medizinischen Fakultät dar. Die hoheitlichen Drittmittelprojekte werden gezeigt, sind aber erfolgsneutral zu berücksichtigen. Die aufgelaufenen Kosten werden aus diesem Grund in voller Höhe durch die Drittmittelerlöse neutralisiert.

7.4.3.1.5 Erstellung und Verbuchung der Residualgröße aus der Mittelverwendungsrechnung (Prozessschritt 5)

Das Ergebnis der Gegenüberstellung von Zuschuss und Kosten bildet den Jahresüberschuss oder den -fehlbetrag der Medizinischen Fakultät. Bei einem Jahresüberschuss sind die angefallenen Kosten des Jahres geringer als die gewährten Zuschüsse des Landes.

Sollten die tatsächlichen Aufwendungen gemäß Trennungsrechnung niedriger sein als die Zuwendungen der Medizinischen Fakultät aus Forschung und Lehre, so ist die Differenz in den Folgejahren grundsätzlich zweckentsprechend einzusetzen. Dies hat zur Folge, dass im Universitätsklinikum in Höhe des sich ergebenen Differenzbetrages ein entsprechender Aufwand aus nicht zweckentsprechend verwendeten Forschungsmitteln zu erfassen ist.

Die Verbuchung der Residualgröße bzw. des Ergebnisses der Medizinischen Fakultät wird erfolgswirksam in der GuV des Universitätsklinikums verbucht. Dabei sind in der GuV die sonstigen betrieblichen Erträge oder Aufwendungen anzusprechen.

Überschuss des Fachbereiches

Sonstige betriebliche Aufwendungen an
Verbindlichkeit gegenüber der Medizinischen Fakultät

Der Mittelverwendungsnachweis sollte Ausdruck des Transparenzwunsches von Universitätsklinikum und Medizinischer Fakultät sein. Um den Mittelverwendungsnachweis zu konsentieren, empfiehlt sich die Erstellung eines Formblattes:

Der Mittelverwendungsnachweis des Jahres 20XX, zur Berechnung des Ergebnisses der Medizinischen Fakultät der Universität, wurde durch das Universitätsklinikum aufgestellt.

Die Mittelverwendungsrechnung ergibt für die Medizinischen Fakultät der Universität aus dem Geschäftsjahr 20XX einen Jahresfehlbetrag/Jahresüberschuss von EUR 0.

Beide Parteien bestätigen mit der Unterschrift, dass sie den Mittelverwendungsnachweis zur Kenntnis genommen haben und keine wesentlichen Fehler feststellen konnten.

NAME *Universitätsklinikum*	*NAME* *Medizinische Fakultät der Universität*

Abbildung 7.4.3-2: Beispielhafte Darstellung eines Formblattes zur Anerkennung des Mittelverwendungsnachweises

7.4.3.2 Qualitätssichernde Maßnahmen

Folgende Maßnahmen kommen zur stetigen Verbesserung und Sicherung der Qualität des Prozesses der Trennungsrechnung grundsätzlich beispielhaft in Frage. Es empfiehlt sich, in regelmäßigen Abständen die qualitätssichernden Maßnahmen einzuleiten.

- Regelmäßige Überprüfung der Kostenstellen- bzw. Auftragszuordnung
- Regelmäßige Überprüfung der Buchungssystematik mit Hilfe der kritischen Durchsicht nicht eingegrenzter KST bzw. Aufträge. Hierbei sind die Kostenarten kritisch auf deren Verursachungspotenzial im Fachbereich Forschung und Lehre hin zu überprüfen.
- Anwendung des 4-Augenprinzips
- Implementierung einer Prozessbeschreibung für die Aufgabenzuordnung im Zuge der Erstellung des Mittelverwendungsnachweises
- Regelmäßige Prüfung der Drittmittelkonten und der Projekte
- Regelmäßige Anpassung der Pauschalen Verrechnungen z. B. Personal
- Prüfung der Verwaltungsleitungen und Raumbuch

Der Trennungsrechnungsprozess sollte durch eine Kontierungsrichtlinie unterstützt werden. Daneben stehen auch externe Prüfungsmöglichkeiten zur Verfügung, wie die Beauftragung einer

Wirtschaftsprüfungsgesellschaft. Eine sich daraus ergebende Bescheinigung gewährleistet einen qualitativ hochwertigen Mittelverwendungsnachweis durch Prüfung auf sachliche Angemessenheit und Prüfung der verursachungsgerechten Aufteilung von Kosten und Erträgen.

7.5 Steuerliche Implikationen

7.5.1 Vorbemerkungen

Primär ist bei der steuerlichen Betrachtung nicht die gewählte Methode der Kostenzuordnung zwischen Universität und Klinikum, sondern das gewählte Modell der Verflechtung von Universität und Klinikum von Bedeutung. Maßgebenden Einfluss auf die ertrags- und umsatzsteuerliche Beurteilung hat die Rechtsform des Universitätsklinikums sowie die Handlungsformen und geschlossenen Verträge samt gesetzlichen Hintergrund. Es kann mit Blick auf die Rechtsformen sowohl eine Körperschaft des öffentlichen Rechts als auch eine gemeinnützige Körperschaft des privaten Rechts sein.

Unbeschadet dieser Differenzierungen gibt es aber auch Gemeinsamkeiten im Fallmaterial. Diese bestehen in der wechselseitigen Bedingtheit von Forschung und Lehre sowie Krankenversorgung. Ferner bestehen sie in den wichtigsten Leistungsinhalten, die zwischen der Universität und dem Universitätsklinikum ausgetauscht werden. Hierbei kann man unterscheiden zwischen:

- Überlassung von Infrastruktur (Telefon, IT-Rechenzentrum etc),
- Dienstleistungen (Geschäftsbesorgung, Auftragsforschung, Laborleistungen etc.),
- Personalgestellungen etc.

Die folgenden Ausführungen sollen nun einen Überblick darüber geben, wie diese drei Leistungsarten in ertrags- und umsatzsteuerlicher Hinsicht grundsätzlich zu beurteilen sind, und zwar unbeschadet einer jeweils im Einzelfall je nach Landesrecht gesonderten Würdigung.

7.5.2 Kooperationsmodell

Im Rahmen des Kooperationsmodells kann das Universitätsklinikum sowohl eine Körperschaft des öffentlichen Rechts als auch eine juristische Person des Privatrechts sein.

7.5.2.1 Universitätsklinikum als Körperschaft des öffentlichen Rechts (KdöR)

Körperschaften des öffentlichen Rechts sind ertragsteuerlich ausschließlich mit ihren Betrieben gewerblicher Art (BgA) relevant. Der Begriff „BgA“ wird in § 4 KStG legal definiert und in der

Körperschaftsteuer-Richtlinie 2015 bzw. den Körperschaftsteuer-Hinweisen zu § 4 KStG näher erläutert. Hiernach gehören Leistungen, die der Vermögensverwaltung zuzuordnen sind, grundsätzlich nicht zum BgA. Ein Universitätsklinikum (UK) in der Rechtsform einer KdöR unterhält mit seinem Krankenhausbetrieb regelmäßig einen BgA. Dieser kann gemäß § 67 AO i. V. m. § 5 Abs. 1 Nr. 9 KStG gemeinnützig und damit steuerbegünstigt sein, wenn die allgemeinen Voraussetzungen der §§ 51-63 AO sowie die speziellen Voraussetzungen des § 67 AO erfüllt sind.

Das deutsche Umsatzsteuerrecht schließt sich in § 2 Abs. 3 USTG, der bis zum Jahr 2016 bzw. bei Anwendung der Option auf Fortgeltung des „alten" Umsatzsteuerrechts bis einschließlich 2022 gilt, der Legaldefinition aus dem KStG an und regelt, dass juristische Personen des öffentlichen Rechts nur im Rahmen ihrer BgA oder ihres land- und forstwirtschaftlichen Betriebs gewerblich oder beruflich und somit als Unternehmer im Sinne des Umsatzsteuerrechts tätig sind. Diese ausschließliche Anknüpfung an den BgA kennt das europäische Umsatzsteuerrecht nicht. Insbesondere die Überlassung von Räumen, Rechten etc., die nach deutschem Verständnis in der Vergangenheit weder ertragsteuerlich noch umsatzsteuerlich relevant waren, können aus europäischer Sicht umsatzsteuerlich, vor allem unter dem Gesichtspunkt der Wettbewerbsverzerrung, von Bedeutung sein.

Entscheidend für die genaue steuerrechtliche Beurteilung ist, wie das betreffende Universitätsklinikum unmittelbar oder mittelbar die Aufgaben der Forschung und Lehre wahrnimmt und hierbei die Verbindung von Krankenversorgung mit der medizinischen Forschung und Lehre gewährleistet.

Die Charakteristika des Kooperationsmodells wurden oben bereits ausführlich dargestellt. Entscheidend ist, dass infolge der rechtlichen Verselbstständigung der Universitätskliniken zwei selbstständige Steuerrechtssubjekte entstanden sind. Dadurch werden die ehemaligen Innenbeziehungen zu Außenbeziehungen.

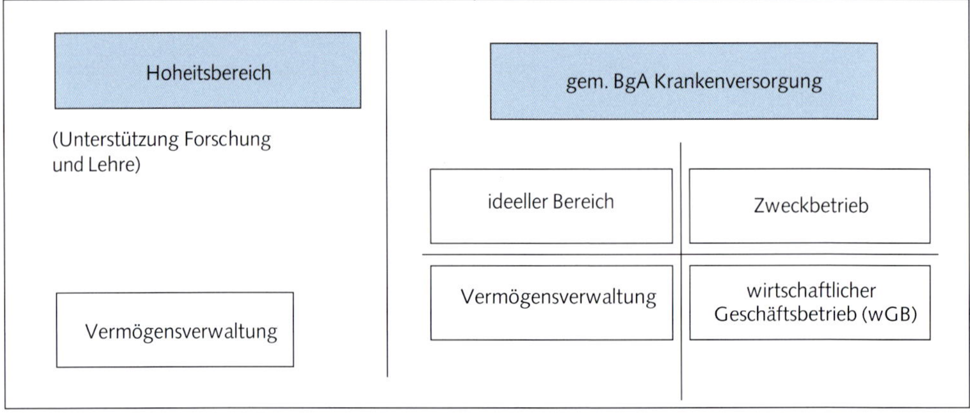

Abbildung 7.5.2-1: Klinikum mit eigenem Hoheitsbereich

Leistungen des Universitätsklinikums an die Universität

Forschung und Lehre sind, soweit es sich um Grundlagenforschung handelt, hoheitliche Aufgaben einer Universität und damit nicht körperschaftsteuerpflichtig. Sie beruhen i.d.R. auf landesgesetzlichen, öffentlich-rechtlichen Regelungen. Daran ändert sich durch die Aufspaltung in zwei eigenständige Rechtssubjekte nichts. Das gilt u. E. auch dann, wenn Forschung und Lehre im Außenverhältnis durch das Universitätsklinikum in Verantwortung der Universität erbracht werden. Um einen solchen Fall handelt es sich zum Beispiel, wenn das Universitätsklinikum Aufgaben der Forschung und Lehre für die Universität wahrnimmt oder die Hochschule im Rahmen der Forschung und Lehre unterstützt und die Universität hierfür eine Gegenleistung an das Klinikum erbringt. Diese Art der Kooperation bzw. Unterstützung zwischen KdöR kann grundsätzlich als Beistandsleistung definiert werden. Da Beistandsleistungen der hoheitlichen Sphäre zuzuordnen sind, unterliegen sie weder der Körperschaftssteuer noch der Umsatzsteuer (zur Neuregelung im Bereich der Umsatzsteuer vgl. unten).

Eine solche Beistandsleistung kann nach Ansicht des BFH dann vorliegen, wenn Körperschaften des öffentlichen Rechts zur Erfüllung ihrer hoheitlichen Aufgaben gegenseitig Leistungen erbringen und damit nicht in einem Wettbewerb zu Dritten stehen.

Die durch das Universitätsklinikum in dem zumeist gesetzlich definierten Rahmen und durch Kooperations- sowie ergänzende Vereinbarungen untersetzten vertraglichen Regelungen wären bei dieser Betrachtung ganz oder teilweise dem Hoheitsbereich zuzuordnen. Dagegen wäre eine hoheitliche Beistandsleistung zu verneinen, wenn die Leistungserbringung nicht an den hoheitlichen Bereich der Universität, sondern einen BgA derselben erfolgt. Das ist etwa bei der Auftragsforschung der Fall.

Diesem Verständnis hoheitlicher Beistandsleistungen folgen eine Reihe von Äußerungen der Finanzverwaltung, die ausgehend von der Untrennbarkeit von Forschung und Lehre einerseits und Krankenversorgung andererseits mit dem öffentlich-rechtlichen Auftrag (Gewährleistung der Universitätsmedizin als gemeinsamer Zweck) beider Körperschaften argumentieren, den diese nur im engen Zusammenwirken erbringen können. Eine einschränkende Anwendung der Beistandsleistung nur auf „Personalgestellungen" halten wir aber nicht für vertretbar. Dieses Ergebnis entspricht nach unseren Informationen auch einer Abstimmung auf Bund-Länder-Ebene.

Als ein wichtiges Indiz für das Vorliegen von hoheitlichen Beistandsleistungen kann – ausgehend von den gesetzlichen Regelungen und der Satzung – die rechtliche Würdigung der Kooperationsverträge als öffentlich-rechtliche oder privatrechtliche Regelung herangezogen werden. Von einem öffentlich-rechtlichen Charakter kann etwa im Falle einer gesetzlich auferlegten Verpflichtung, öffentlich-rechtlichen Grundlagen und einer öffentlich-rechtlichen Ergebnisgarantie zugunsten eines Schutzes der Universitätsmedizin ausgegangen werden.

Die gegenwärtige Auffassung der Finanzverwaltung, wonach Beistandsleistungen dem Hoheitsbereich der öffentlichen Hand zugerechnet werden, ist in letzter Zeit vermehrt in Kritik geraten. Inwieweit sich in Zukunft eine andere rechtliche Beurteilung durchsetzt, bleibt daher abzuwarten.

Die Trennungsrechnung ermöglicht in diesem Zusammenhang auch die Identifizierung der auf hoheitlicher Grundlage ausgetauschten Leistungen und damit die Quantifizierung des Hoheitsbereichs. Sie dient der Differenzierung der Leistungsarten und hat Indizfunktion für die Zuordnung von Vermögensgegenständen (Wirtschaftsgütern) zum Hoheitsbereich oder „BgA Krankenhaus" bzw. weiteren bestehenden BgA. Die durch sie ermöglichte Zuordnung ist sowohl für die Gewinnermittlung in den steuerpflichtigen BgA, für den Vorsteuerabzug, für die Einfuhrumsatzsteuer und für Fragen verdeckter Gewinnausschüttungen bzw. verdeckter Einlagen sowie unentgeltlicher Wertabgaben durch „interne Leistungen" zwischen dem Hoheitsbereich und den BgA der Universitätsklinika von Bedeutung. Hierauf wird bei den Erläuterungen zum Integrationsmodell noch näher eingegangen.

Leistungen der Universität an das Universitätsklinikum

Leistungsbeziehungen können sich selbstverständlich auch in umgekehrter Richtung, und zwar von der Universität an das Universitätsklinikum ergeben. Hierbei handelt es sich vor allem um Fälle von Personalgestellungen aus dem Hoheitsbereich der Universität an das Universitätsklinikum. Da juristische Personen des öffentlichen Rechts – wie bereits dargestellt – nur im Bereich ihrer BgA steuerpflichtig sind, hängt die ertragsteuerliche Behandlung der Personalgestellung durch die Universität von deren Qualifizierung als BgA oder Teil des Hoheitsbereichs ab.

Erfolgt die Personalgestellung an den Hoheitsbereich des Universitätsklinikums – also beispielsweise die unterstützende Tätigkeit in Forschung und Lehre – so führt dies nicht zur Annahme eines BgA. Demgegenüber kann ein steuerpflichtiger BgA grundsätzlich dann vorliegen, wenn die Leistungen an einen BgA des Universitätsklinikums – etwa die Krankenversorgung – erbracht werden. Denn in dieser Konstellation wird die Leistungserbringung durch die Universität nicht durch hoheitliche Zwecke veranlasst, sondern dient wirtschaftlichen Zielen. Ausnahmsweise kann aber eine Zuordnung zum Hoheitsbereich erfolgen, wenn eine Tätigkeit sowohl dem hoheitlichen als auch dem wirtschaftlichen Bereich angehört, eine eindeutige Zuordnung nicht möglich ist und die überwiegende Zweckbestimmung hoheitlich ist.

Davon ist etwa bei der Überlassung von wissenschaftlichem Personal an das Klinikum zum Zwecke der Krankenversorgung auszugehen. Denn hier dient die Tätigkeit auch der Forschung und Lehre, da das wissenschaftliche Personal die bei der praktischen Tätigkeit erlangten Erkenntnisse später verwerten kann. Dies wird umso deutlicher, wenn man bedenkt, dass an Universitätsklinika auch außergewöhnliche und komplizierte Krankheitsfälle behandelt werden. Beide Bereiche greifen derart ineinander, dass eine exakte Abgrenzung nicht durchführbar ist.

Darüber hinaus kann ein BgA nach Ansicht der Finanzverwaltung dann zu verneinen sein, wenn die in der folgenden Abbildung genannten Voraussetzungen kumulativ erfüllt sind.

1. Die entgeltliche Personalgestellung ist eine Folge organisatorisch bedingter äußerer Zwänge (z. B. Wechsel der Rechtsform, Unkündbarkeit der Bediensteten).
2. Die Beschäftigung gegen Kostenerstattung erfolgt im Interesse der betroffenen Bediensteten zur Sicherstellung deren erworbener Rechte aus dem Dienstverhältnis mit einer JPdöR.
3. Die Personalgestellung ist begrenzt auf den zum Zeitpunkt einer Umwandlung vorhandenen Personalbestand, sodass sich der Umfang mit Ausscheiden der betreffenden Mitarbeiter von Jahr zu Jahr verringert.
4. Die Gestellung des Personals darf nicht das äußere Bild eines Gewerbebetriebs annehmen.

Abbildung 7.5.2-2: Abgrenzung eines BgA nach Ansicht der Finanzverwaltung

Ob diese Voraussetzungen tatsächlich erfüllt sind, ist in jedem Einzelfall konkret zu bestimmen. Insoweit gilt es zu beachten, dass diese Regelung der Finanzverwaltung dann nicht gilt, wenn nach dem Zeitpunkt der organisatorischen Änderung – zum Beispiel der Umwandlung oder Ausgliederung – neues nicht-wissenschaftliches Personal von der Universität eingestellt und anschließend an das Klinikum überlassen wird. Vielmehr ist dann die gesamte Überlassung des nicht-wissenschaftlichen Personals als steuerpflichtig zu behandeln.

Werden Leistungen gegen Entgelt im Rahmen eines BgA erbracht, so führt dies nach §§ 1 Abs. 1 Nr. 1, 2 Abs. 3 USTG grundsätzlich zu einer Umsatz- und nach § 4 Abs. 5 Satz 1 KStG zu einer Körperschaftsteuerpflicht.

Neues Umsatzsteuerrecht

Mit Wirkung zum 1. Januar 2017 wurde die Umsatzbesteuerung der öffentlichen Hand durch Einführung eines § 2b USTG neu geregelt und die bisherige Anknüpfung an den ertragsteuerlichen Begriff des BgA aufgegeben. Auf Antrag, der bis zum 31. Dezember 2016 gestellt werden musste, konnten juristische Personen des öffentlichen Rechts erklären, das alte Umsatzsteuerrecht bis einschließlich 2022 weiter anzuwenden.

Nach der Neuregelung gelten juristische Personen des öffentlichen Rechts nicht als umsatzsteuerlicher Unternehmer, soweit sie Tätigkeiten ausüben, die ihnen im Rahmen der öffentlichen Gewalt obliegen, auch wenn sie im Zusammenhang mit diesen Tätigkeiten Zölle, Gebühren, Beiträge oder sonstige Abgaben erheben. Dies gilt jedoch dann nicht, sofern eine Behandlung als Nichtunternehmer zu größeren Wettbewerbsverzerrungen führen würde. In § 2b Abs. 2 USTG werden Fälle definiert, in denen keine größeren Wettbewerbsverzerrungen vorliegen.

Im Hinblick auf die Kooperation von Universitätsklinikum und Universität ist die Sonderregelung für Kooperationen zwischen juristischen Personen des öffentlichen Rechts gem. § 2b Abs. 3 USTG von Bedeutung. Danach liegen in solchen Fällen Wettbewerbsverzerrungen insbesondere dann nicht vor, wenn

- Die Leistungen aufgrund gesetzlicher Bestimmungen nur von juristischen Personen des öffentlichen Rechts erbracht werden dürfen (§ 2b Abs. 3 Nr. 1 USTG) oder
- Die Zusammenarbeit durch gemeinsame spezifische öffentlich-rechtliche Interessen bestimmt wird (§2b Abs. 3 Nr. 2 USTG). Dies soll regelmäßig der Fall sein, wenn
  - die Leistungen auf langfristigen öffentlich-rechtlichen Verträgen beruhen,
  - die Leistungen dem Erhalt der öffentlichen Infrastruktur und der Wahrnehmung einer aller Beteiligten obliegenden öffentlichen Aufgabe dienen,
  - die Leistungen ausschließlich gegen Kostenerstattung erbracht werden und
  - der Leistende gleichartige Leistungen im Wesentlichen an andere juristische Personen des öffentlichen Rechts erbringt.

Hier gilt allgemein nach Art 1 MwStSystRL das Gebot steuerlicher Neutralität, dies gilt auch bei Art 13 I MwStyStRl, der als europarechtliche Basis § 2b zugrunde liegt (vgl. EuGH, Urt. Isle of White Country).

Die Finanzverwaltung hat sich mit Schreiben vom 28. Januar 2020 folgende Grundsätze zur Beurteilung von Kooperationen zwischen Universitätskliniken und Medizinischen Fakultäten aufgestellt, wobei die Finanzverwaltung dabei zwischen der Überlassung von Personal, Verwaltungsleistungen im Bereich der Personal- und Wirtschaftsverwaltung sowie der Sachmittel- und Raumüberlassung differenziert:

1. Überlassung von Personal einer medizinischen Fakultät an eine Universitätsklinik (und umgekehrt)

Erfolgt die Überlassung entgeltlich, liegt ein Leistungsaustausch im umsatzsteuerrechtlichen Sinne vor. Bei entsprechender Sachverhaltsgestaltung können die Voraussetzungen des § 2b Abs. 1 i. V. m. Abs. 3 Nr. 2 USTG gegeben sein und somit die Unternehmereigenschaft ausgeschlossen sein.
Entscheidend ist nach Ansicht der Finanzverwaltung, dass die jeweiligen Landesgesetze Forschung und Lehre sowie Krankenversorgung als gemeinsame Aufgabe von Universitätsklinika und Medizinischen Fakultäten regeln und öffentlich-rechtliche Verträge über die Personalüberlassung gegen Entgelt abgeschlossen werden.

2. Verwaltungsleistungen im Bereich der Personal- und Wirtschaftsverwaltung

Werden diese Verwaltungsleistungen entgeltlich erbracht, liegt ein Leistungsaustausch im umsatzsteuerrechtlichen Sinn und damit eine unternehmerische Betätigung i. S. v. § 2 Abs. 1 USTG vor. Soweit gesetzlich vorgesehen ist, dass diese Aufgabe nur auf ein kooperierendes Universitätsklinikum übertragen werden darf und nicht auf Dritte (siehe z. B. § 4 Abs. 3 UKGBaWÜ), kann die Unternehmereigenschaft nach § 2b Abs. 3 USTG ebenfalls ausgeschlossen sein.

3. Sachmittel- und Raumüberlassung

Erfolgt die Sachmittel- und Raumüberlassung gegen Entgelt, liegt ein Leistungsaustausch im umsatzsteuerrechtlichen Sinn und damit eine unternehmerische Betätigung i. S. v § 2 Abs. 1 USTG vor.

Entscheidend ist nach Ansicht der Finanzverwaltung auch hier, dass die jeweiligen Landesgesetze Forschung und Lehre sowie Krankenversorgung als gemeinsame Aufgabe von Universitätsklinikum und Medizinischer Fakultät regeln und öffentlich-rechtliche Verträge über die Überlassung von Räumen und Sachmitteln zwischen Medizinischer Fakultät und Universitätsklinikum abgeschlossen wurden.

Zudem muss in allen drei Kategorien sichergestellt sein, dass die Behandlung als Nichtunternehmer (d. h. die Nichtbesteuerung mit Umsatzsteuer) nicht zu größeren Wettbewerbsverzerrungen führt.

7.5.2.2 Universitätsklinikum als Juristische Person des Privatrechts (gemeinnütziges Krankenhaus)

Neben der gerade beschriebenen Ausgestaltung von Universitätsklinika als rechtsfähige juristische Personen des öffentlichen Rechts steht noch ein zweiter Weg zur Verwirklichung des Kooperations-modells zur Verfügung: Die medizinische Einrichtung kann auch in der Rechtsform einer gemein-nützigen GmbH organisiert werden.

Die hierfür getroffenen Rahmenvereinbarungen zwischen den Beteiligten definieren die wechselseitig zu erbringenden Leistungen und die Art und Weise ihrer Verrechnung. Der Ausgleich der durch Forschung und Lehre bzw. durch die Inanspruchnahme des wissenschaftlichen Personals für die Gesundheitsversorgung entstandenen Kosten erfolgt durch die Gewährung eines Zuschusses des Landes und/oder durch direkte Leistungsverrechnungen zwischen den Beteiligten. Auch spielen wiederum die gesetzlichen Grundlagen im Einzelfall eine entscheidende Rolle.

Leistungen des Universitätsklinikums an die Universität

Juristische Personen des Privatrechts zeichnen sich dadurch aus, dass sie im Gegensatz zu Körperschaften des öffentlichen Rechts nicht per se über einen Hoheitsbereich verfügen. Mithin scheidet auch das Vorliegen hoheitlicher Leistungen aus. Auch Beistandsleistungen durch das Universitätsklinikum an die Universität kommen i.d.R. nicht in Betracht, da Voraussetzung solcher das Vorliegen zweier juristischer Personen des öffentlichen Rechts ist. Im Einzelfall ist die Anwendung von Umsatzsteuerbefreiungsvorschriften zu prüfen.

Leistungen der Universität an das Klinikum

Wie bereits dargestellt, verfügen juristische Personen des Privatrechts nicht per se über einen Hoheits-bereich, so dass Beistandsleistungen hier nicht vorliegen können. Nach unseren Erfahrungen spielen im Rahmen der Leistungen einer Universität an das Klinikum Sachüberlassungen keine Rolle, vielmehr geht es im Wesentlichen um Personalgestellung durch die Universität an das Universitätsklinikum. Diese führen immer zur Annahme eines BgA. Die sich daraus ergebende Konsequenz ist wiederum die Körperschaftsteuer- und Umsatzsteuerpflicht. Es kommt allerdings i.d.R. auf die Prüfung des Einzelfalls an, insbesondere mit Blick auf die Anwendung von Steuerbefreiungsnormen des USTG.

7.5.3 Integrationsmodell

Wie zu Beginn dieses Kapitels bereits ausgeführt, beruht das Integrationsmodell – im Gegensatz zum Kooperationsmodell – auf einem einzigen Rechtsträger. Infolgedessen richtet sich der Blickwinkel auch nicht auf die Kooperation zweier eigenständiger Körperschaften wie Universität und Universitätsklinikum, sondern auf mögliche interne Leistungserbringungen zwischen den steuerlichen Sphären innerhalb des beide Bereiche umfassenden Rechtsträgers. In Bezug auf diesen wird in den nachfolgenden Erläuterungen von einer Körperschaft des öffentlichen Rechts ausgegangen, die dienstherrenfähig ist und der ihr Personal vollumfänglich zugeordnet wurde. Die vielfältigen Leistungsbeziehungen können sowohl in ertragsteuerlicher (verdeckte Gewinnausschüttung), als auch in umsatzsteuerlicher Hinsicht (unentgeltliche Wertabgabe) relevant sein.

7.5.3.1 Leistungen des Klinik BgA an den Hoheitsbereich Forschung und Lehre

Von steuerlicher Bedeutung sind vor allem die Leistungsbeziehungen zwischen dem BgA und dem Hoheitsbereich, soweit hierfür kein angemessenes Entgelt angesetzt wird.

In ertragsteuerlicher Hinsicht werden auf Beziehungen zwischen einem BgA und der Trägerkörperschaft die Grundsätze angewandt, die für das Verhältnis zwischen einer Kapitalgesellschaft und ihrem beherrschenden Anteilseigner gelten.

Daher greift die Rechtsprechung zur Beurteilung von Leistungen des BgA an den hoheitlichen Bereich auf das Rechtsinstitut der verdeckten Gewinnausschüttung (vGA) zurück. Grundsätzlich ist unter einer vGA im Sinne des § 8 Abs. 3 Satz 2 KStG jede Vermögensminderung bei Kapitalgesellschaften zu verstehen, die durch das Gesellschaftsverhältnis veranlasst ist und in keinem Zusammenhang mit einer offenen Ausschüttung steht.

Leistungen eines BgA an seine Trägerkörperschaft können vor allem dann als vGA zu werten sein, wenn für sie kein im Geschäftsverkehr übliches Entgelt verlangt wird. Sofern dies also für Leistungen des Klinik-BgA an die Trägerkörperschaft (Hoheitsbereich Forschung und Lehre) gilt, führt das zu einer außerbilanziellen Erhöhung des zu versteuernden Einkommens des Klinik-BgA und damit zu einer entsprechenden Ertragsteuerbelastung. Sofern der Klinik-BgA gemeinnützig ist, ergibt sich diese Ertragsteuerbelastung nur, wenn die Leistungen aus dem wirtschaftlichen Geschäftsbetrieb heraus erbracht werden.

Bei gemeinnützigen BgA sind im Falle unentgeltlicher Leistungen an den Hoheitsbereich jedoch die Auswirkungen auf den gemeinnützigen Status zu prüfen. Ferner kommt es gem. § 20 Abs. 1 Nr. 10 BSt. b i. V. m. § 43 Abs. 1 Nr. 7c und § 43a Abs. 1 Nr. 2 EStG grundsätzlich zur Erhebung von Kapitalertragsteuer in Höhe von 15 % (zzgl. Solidaritätszuschlag).

Entscheidend für das Vorliegen von vGA im Zusammenhang mit der Überlassung von Wirtschaftsgütern ist deren Zuordnung zum Betriebsvermögen des BgA. Indizien für diese Zuordnungsentscheidung können sich aus der Trennungsrechnung ergeben. Es ist daher empfehlenswert, die Trennungsrechnung auf ihre steuerlichen Auswirkungen hin zu überprüfen.

Umsatzsteuerrechtlich kann die unentgeltliche Überlassung von Infrastruktur und Personal als eine unentgeltliche Wertabgabe im Sinne des § 3 Abs. 1b bzw. 9a USTG zu werten sein, die ebenso wie entgeltliche Leistungen der Umsatzsteuer unterliegen. In der Praxis wird argumentiert, dass eine unentgeltliche Wertabgabe wegen der differenzierten Finanzierung der Forschung und Lehre und der Klinik nicht vorliegen könne. Vielmehr schlösse die separate Finanzierung der Bereiche eine Wertabgabe in diesem Sinne aus. In Anbetracht der Systematik des Umsatzsteuerrechts erachten wir diese Argumentation jedoch als nicht allgemein anerkannt.

Hinsichtlich der Personalgestellung führt der Umsatzsteueranwendungserlass aus: „Eine juristische Person des Öffentlichen Rechts stellt Bedienstete aus einem ihrer Betriebe gewerblicher Art an den eigenen Hoheitsbereich ab. Die Überlassung des Personals ist dann nicht als steuerbare Wertabgabe im Sinne von § 3 Abs. 9a Nr. 2 USTG anzusehen, wenn beim Personaleinsatz eine eindeutige und leicht nachvollziehbare Trennung zwischen dem unternehmerischen Bereich (Betrieb gewerblicher Art und dem Hoheitsbereich vorgenommen wird."

Somit führt nach Ansicht der Finanzverwaltung jedenfalls die Personalgestellung nicht zwingend zu einer unentgeltlichen Wertabgabe. Hierfür ist jedoch zumindest ein System zur Erfassung der Tätigkeiten des betroffenen Personenkreises vorzunehmen.

Fraglich ist aber, ob die o.g. Auffassung auf die sonstigen Leistungen des Klinik-BgA an den Hoheitsbereich der Universität übertragbar ist. Sofern es um die unentgeltliche Überlassung von Wirtschaftsgütern geht, ist die umsatzsteuerliche Zuordnung zum Unternehmensvermögen entscheidend. Aus umsatzsteuerlicher Sicht ist nämlich eine vollständige oder teilweise Zuordnung von einheitlichen Gegenständen zum unternehmerischen Bereich dann möglich, wenn sie über 10 % unternehmerisch genutzt werden. Die ihrer Verwendung entsprechende, teilweise Zuordnung von Ressourcen zu einem BgA ermöglicht insoweit die Vermeidung einer unentgeltlichen Wertabgabe.

7.5.3.2 Leistungen des Hoheitsbereichs Forschung und Lehre an den Klinik BgA

Sofern aus dem Hoheitsbereich der Forschung und Lehre unentgeltlich Personal und Sachmittel an den Klinik BgA überlassen werden, stellt sich die Frage der ertragssteuerlichen Beurteilung. In Betracht kommen könnte eine Einordnung als verdeckte Einlage. Voraussetzung wäre insoweit, dass ein Gesellschafter oder eine ihm nahestehende Person der Körperschaft außerhalb der gesellschaftsrechtlichen Einlagen einen einlagefähigen Vermögensvorteil zuwendet und diese Zuwendung durch das Gesellschaftsverhältnis veranlasst ist. Der Hoheitsbereich wendet seinem BgA aber lediglich einen Nutzungsvorteil zu. Mangels Bilanzierbarkeit des Nutzungsvorteils liegt also keine verdeckte Einlage vor.

Hinsichtlich der umsatzsteuerlichen Behandlung der Personalgestellung geht die Finanzverwaltung davon aus, dass es sich hierbei um einen nicht steuerbaren Vorgang handelt, da es einen internen Vorgang innerhalb eines Rechtsträgers betrifft.

Es ist sicher gut vertretbar, dass die Professoren vollumfänglich dem Hoheitsbereich zuzuordnen sind, da ihre primäre Tätigkeit im Bereich von Forschung und Lehre gesehen werden kann. Demnach wären die insoweit vorliegenden Leistungen nicht steuerbar. Entsprechendes gilt – mit einigen Einschränkungen – für das weitere wissenschaftliche Personal.

Unseres Erachtens liegt es nahe, die o. g. Argumentation der Finanzverwaltung auch auf die Überlassung von Sachmitteln an den BgA zu übertragen. Auch hier ist die zukünftige Entwicklung abzuwarten.

7.6 Bilanzierung und Erfassung von Forschungsprojekten

Universitätsklinika werben regelmäßig Drittmittel für Forschungsprojekte ein. Drittmittel sind solche Mittel, die zur Förderung von Forschung und Lehre zusätzlich zum regulären Hochschulhaushalt (Grundmittel) von öffentlichen oder privaten Stellen (bspw. Industrie, Sponsoren, Erbschaften) eingeworben werden. Drittmittel können der Hochschule selbst, einer ihrer Einrichtungen (z. B. Fakultäten, Fachbereichen, Instituten) oder einzelnen Wissenschaftlern zur Verfügung gestellt werden. Im Mittelpunkt der Betrachtung in diesem Kapitel sollen Drittmittelprojekte der Medizinischen Fakultäten einer Universität stehen. Abbildung 7.6-1 lässt erkennen, dass in den vergangenen Jahren die Grundmittel und die Drittmittel eine ähnliche Entwicklung genommen haben.

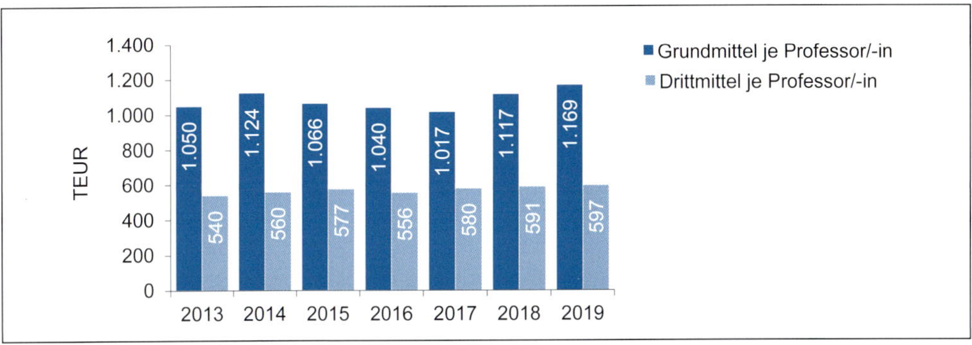

Abbildung 7.6-1: Laufende Grundmittel und Drittmittel der medizinischen Hochschuleinrichtungen, Quelle: Statistisches Bundesamt, Wiesbaden 2019

Als Drittmittelgeber kommen im Wesentlichen staatliche finanzierte Institutionen wie die Deutsche Forschungsgemeinschaft (DFG), das Bundesministerium für Bildung und Forschung (BMBF) und andere Institutionen in Frage. Universitätskliniken werben bei diesen Drittmittel ein, um Forschungs-projekte durchzuführen. Die staatliche Projektförderung für Forschungseinrichtungen erfolgt zum Einen als Zuwendung für Ausgaben, die einem Projekt direkt zuzurechnen sind, und zum Anderen als Zuwendung für Ausgaben, die einem Projekt nur mittelbar – als Pauschale – zurechenbar sind. Regel-mäßig stellt die Drittmittelfinanzierung von Forschungsprojekten dabei komplexe Anforderungen an die Bilanzierung und Erfassung in den Jahresabschlüssen der Medizinischen Fakultäten. Zielsetzung dieses Kapitels ist es, darzustellen, wie die Pauschale der staatlichen Projektförderung in einem handelsrechtlichen Jahresabschluss zu bilanzieren ist. Die unmittelbaren Drittmittel werden analog obiger Forschungsmittel behandelt und bilanziert.

7.6.1 Pauschalen im System der Drittmittelförderung von Forschungseinrichtungen

Hierzu werden zunächst die Pauschalen im System der staatlichen Projektförderung von Forschungseinrichtungen erläutert.

7.6.1.1 Überblick

Mit der Verwaltungsvereinbarung zwischen Bund und Ländern über den Hochschulpakt 2020 vom 20. August 2007 (und Fortsetzung vom 24. Juni 2009)[5] wurde zur Förderung von Bildung und Forschung die Bereitstellung von Pauschalen für förderungswürdige Forschungsvorhaben beschlossen. Damit erhalten förderungswürdige Forschungsvorhaben einen pauschalen Zuschlag zur Deckung der mit der Förderung verbundenen zusätzlichen, indirekten und variablen Projektausgaben. Diese Ausgaben sind bei betriebswirtschaftlicher Betrachtung durch die Projekte verursacht, aber nicht unmittelbar und ausschließlich direkt zurechenbar.[6] Die Pauschale wird zu 100 Prozent vom Bund finanziert.[7]

Für die Vermittlung der Zuwendung nimmt der Bund zwei Institutionen in Anspruch. Zum einen die DFG und zum anderen das BMBF. Die DFG bezeichnet die Pauschalen als Programmpauschale und das BMBF als Projektpauschale.

7.6.1.2 Fördermittel der DFG

Die Forschungsförderung der DFG als Selbstverwaltungsorganisation der Wissenschaft orientiert sich an aus der Wissenschaft heraus entwickelten Zielsetzungen oder Bedarfen. Die ausgegebenen Mittel stehen nur für den in der Bewilligung genannten Zweck zur Verfügung. Der Förderantrag muss einen spezifizierten Kosten- und Finanzierungsplan enthalten. Nach diesem genehmigten Plan werden die Ausgaben gefördert. Die Hochschule ist verpflichtet, die Mittel unverzüglich für das Forschungsvorhaben zur Verfügung zu stellen.[8]
Seit 2007 gewährt die DFG Programmpauschalen. Gemäß Artikel 2 § 2 der Verwaltungsvereinbarung über den Hochschulpakt 2020 „Umfang der Förderung und Finanzierung von Programmpauschalen" beträgt die Pauschale 20 vom Hundert der von der DFG bewilligten und verausgabten direkten Projektmittel. Die Medizinische Fakultät entscheidet dann über die Verwendung der Programmpauschale.[9] Mit Schreiben vom 5. September 2007 hat die Generalsekretärin der DFG

5 Vgl.: BMBF Verwaltungsvereinbarung über den Hochschulpakt 2020.
6 Vgl.: BMBF Artikel 1 § 1 der Verwaltungsvereinbarung über den Hochschulpakt 2020.
7 Vgl.: BMBF Artikel 1 § 2 der Verwaltungsvereinbarung über den Hochschulpakt 2020.
8 Vgl.: Verwendungsrichtlinien der DFG Ziffer 1.1.
9 Vgl.: BMBF Artikel 2 § 2 der Verwaltungsvereinbarung über den Hochschulpakt 2020.

festgestellt, dass die Programmpauschalen für zuwendungsfähige Ausgaben gewährt werden, die nur mit erheblichen Aufwand präzise festgestellt und belegt werden können.[10] Auf einen Verwendungsnachweis ist zu verzichten, so dass gegenüber der DFG weder Grund noch Zeitpunkt der Verwendung der Programmpauschale im Einzelnen nachzuweisen ist[11] Die DFG empfiehlt jedoch, in geeigneter Weise die Effekte nachzuhalten, die sich aus dem Freiwerden von Grundfinanzierungsmitteln durch die Programmpauschale ergeben.[12] Die Programmpauschale dient dabei explizit nicht der Verstärkung der direkten Projektmittel; sondern der Finanzierung von in Anspruch genommener Infrastruktur (z. B. Raum-, Wartungs-Software- und Energiekosten) und der Finanzierung projektferner Mitarbeiter, die nicht direkt abgerechnet werden.[13]

7.6.1.3 Fördermittel der BMBF

Die Forschungsförderung des BMBF erfolgt primär im Rahmen von konkreten Förder- bzw. Fachprogrammen. Seit 2011 reicht das BMBF Projektpauschalen aus. Diese beträgt 10 (2011) bzw. 20 (seit 2012) vom Hundert der von dem BMBF bewilligten direkten Projektmittel. Sie dient der Finanzierung der durch das Projekt verursachten indirekten Projektausgaben.[14] Bei dieser Förderung ist stets ein Nachweis der Verwendung zu erstellen. Der Nachweis muss alle mit dem Zuwendungszweck zusammenhängenden Einnahmen (Zuwendungen, Leistungen Dritter, Eigenmittel)

und Ausgaben enthalten. Die Zuwendung ist wirtschaftlich und sparsam zu verwenden.[15] Der Bundesrechnungshof ist berechtigt, die Verwendung zu prüfen und ggf. eine Erstattung zu fordern, wenn die Zuwendung nicht für den vorgesehenen Zweck verwendet worden ist.[16]

Das Bundesministerium für Bildung und Forschung hat in einem Fragenkatalog in der Fassung vom 9. Februar 2011 zur Verwendung der Projektpauschale wesentliche Bestimmungen aufgeführt, die hier teilweise aufgeführt werden:

Die Projektpauschale darf ausschließlich für indirekte Projektausgaben, die durch das jeweilige Forschungsprojekt verursacht wurden, verwendet werden. Indirekte Ausgaben können durch die Projektförderung in Anspruch genommene Infrastruktur (z. B. Ausgaben für Wartung, Software- oder Energieverbrauch) oder durch die Mitarbeit von Personen, die nicht als Projektpersonal abgerechnet werden (z. B. Verwaltung) entstehen.

10 Vgl.: Die Generalsekretärin der DFG zu Programmpauschalen vom 5. September 2007.
11 Vgl.: Verwendungsrichtlinien der DFG Ziffer 1.2.
12 Vgl.: Die Generalsekretärin der DFG zu Programmpauschalen vom 5. September 2007.
13 Vgl.: Verwendungsrichtlinien der DFG Ziffer 1.2.
14 Vgl.: BMBF: Förderung von Forschung.
15 Vgl.: Allgemeine Nebenbestimmungen für Zuwendungen zur Projektförderung (AN Best-P) Ziffer 6.
16 Vgl.: Allgemeine Nebenbestimmungen für Zuwendungen zur Projektförderung (AN Best-P) Ziffer 7.

Die Hochschule entscheidet über die Verwendung der Projektpauschale.

Die anteilig ausbezahlten Projektpauschalen müssen analog zur Zuwendung innerhalb von zwei Monaten nach der Auszahlung zweckgebunden verwendet werden. Indirekte Projektausgaben fallen mit dem ersten Tag eines Projekts an. Daher stellt bereits die Umbuchung der Mittel vom Projektkonto auf ein Konto, mit dem die indirekten Projektausgaben, die durch das Projekt entstehen, beglichen werden, eine Verwendung dar.

7.6.1.4 Über sonstige Drittmittel gewährte Forschungspauschalen

Die vertragliche Gestaltung von Drittmittel-Vereinbarungen der Beteiligten der Drittmittelgeber und der Dritt-mittelempfänger bestimmen, ob Forschungspauschalen zeitproportional zum Drittmittelprojekt oder auch für zukünftige Aufwendungen der Forschungsinfrastruktur verwendet werden dürfen. Wenn zu diesem Sachverhalt keine Passage in der Drittmittel-Vereinbarung steht, ist auch die Verwendung für zukünftige Aufwendungen der Forschungsinfrastruktur denkbar.

Für die Ausgaben, die unter die Projektpauschale fallen, ist kein Einzelnachweis erforderlich. Die Hochschulen bzw. Universitätskliniken müssen jedoch im Nachweis die zweckentsprechende Verwendung erklären.[17]

7.6.2 Bilanzielle Behandlung

Gemäß der im Oktober 1984 erlassenen und 1990 überarbeiteten Stellungnahme zur Bilanzierung öffentlicher Zuwendungen (Stellungnahme IDW HFA 1/1984 idF 1990 „Bilanzierungsfragen bei Zuwendungen, dargestellt am Beispiel finanzieller Zuwendungen der öffentlichen Hand") sind die Förderpauschalen der DFG und des BMBF als „nicht rückzahlbare" Zuwendungen zu definieren. Die Voraussetzungen und der Zeitpunkt der ertragswirksamen Vereinnahmung solcher nicht rückzahlbarer Zuwendungen sind im jeweiligen Einzelfall zu beurteilen.[18]

Über die bilanzielle Behandlung von Förderpauschalen wird in den handelsrechtlichen Kommentaren wenig ausgeführt. Daher muss in der Praxis die bilanzielle Behandlung von Förderpauschalen unter Zuhilfenahme des Sinns und Zwecks der Förderung, Annahmen und Analogien und unter Anwendung sowie Übertragung der bestehenden handelsrechtlichen Grundsätzen abgeleitet werden. Im Folgenden sollen einige Überlegungen speziell zur bilanziellen Erfassung der Programmpauschale der DFG und der Projektpauschale des BMBF angestellt werden.

17 Vgl.: BMBF: Häufig gestellte Fragen zur Projektpauschale.
18 HFA_1/1984 in der Fassung 1990.

Die nicht rückzahlbaren Zuwendungen stellen Erfolgsbeiträge dar, die bei zweckentsprechender Verwendung ihren Niederschlag in der Gewinn- und Verlustrechnung gemäß HFA 1/1984 idF 1990 als Ertrag oder Minderung von Aufwendungen finden. Bei institutionell oder regelmäßig geförderten Unternehmen ist Ertrag die sinnhafte Position in der Gewinn- und Verlustrechnung. Soweit ein Unternehmen Zuschüsse zur Deckung von noch anfallenden Aufwendungen erhalten hat, sind die Beträge als noch nicht verwendete Zuwendungen unter den sonstigen Verbindlichkeiten bzw. soweit die sonstigen Voraussetzungen vorliegen, auch als Rechnungsabgrenzungsposten auszuweisen. Dies gilt sowohl für die Programmpauschale der DFG als auch der Projektpauschale des BMBF. Unterschiede ergeben sich jedoch bei der Frage, wann die zweckentsprechende Verwendung der Pauschale zu unterstellen ist, wann also die Pauschale zweckentsprechend verwendet wird/wurde und entsprechend nicht mehr als Verbindlichkeit bzw. Rechnungsabgrenzungsposten auszuweisen ist (zeitanteilig entsprechend des Projektablaufs (Annahme: Finanzierung der Aufwendungen der bestehenden Forschungsinfrastruktur) oder für zukünftige Aufwendungen (Finanzierung der Aufwendungen, die in die zukünftige Forschungsstruktur getätigt werden).

Die Projektpauschale des BMBF soll Ausgaben decken, die unmittelbar während des Projekts anfallen. Es wird ein paralleler Zeitablauf der Verwendung der direkten Projektzuwendungen und der Projektpauschale unterstellt, da die bereitgestellte Forschungsinfrastruktur auch nicht dem Projekt zuordenbare Aufwendungen verursacht. Diese parallele Verwendung ist im Verwendungsnachweis zu bestätigen. Die Projektpauschale ist daher explizit nicht zur Deckung „zukünftiger Aufwendungen" gedacht. Eine Passivierung als Verbindlichkeit bzw. ein Rechnungsabgrenzungsposten kommt in diesem Fall nach Abschluss des geförderten Projektes nicht in Frage, da die Forschungspauschale nach Beendigung des Drittmittelprojekts vollständig zweckentsprechend während des Projekts verwendet wurde.

Etwas anders verhält es sich bei den Programmpauschalen der DFG. Entsprechend der Förderrichtlinie der DFG entscheidet die Hochschule über die Verwendung der Programmpauschale und zwar „[...] innerhalb der Zielsetzung des Hochschulpaktes 2020 (Stärkung der Forschung an Hochschulen)".[19] Beide Ausführungsbestimmungen der Förderrichtlinie der DFG sprechen dafür, dass die Programmpauschale zwar projektbezogen ausbezahlt wird, die Ausgabe der Programmpauschale aber unter Umständen auch projektunabhängig der Stärkung des Forschungsbetriebes der entsprechenden Forschungsabteilung beziehungsweise des Forschungsbetriebes insgesamt auch in der Zukunft dienen kann. Dafür spricht auch der Terminus „Programm"-pauschale im Gegensatz zu einer etwaigen „Projekt"-pauschale. Die gewährte Programmpauschale der DFG wird bis zum Zeitpunkt ihrer Verwendung (wie die Projektpauschale des BMBF auch) als Verbindlichkeit bzw. Rechnungsabgrenzungsposten ausgewiesen. Im Unterschied zur Projektpauschale

19 Vgl. DFG-Vordruck 2.02 – 11/10, S. 4 u. 5.

des BMBF kann dieser Zeitpunkt unter Umständen aber auch nach dem Abschluss des Projektes, in dessen Zusammenhang die Programmpauschale der DFG ausgereicht wurde, liegen.

Hinsichtlich der Ermessensspielräume der Hochschulen zur Verwendung von Programmpauschalen der DFG nach Projektabschluss stellt die Deutsche Forschungsgemeinschaft in einem öffentlichen Schreiben vom 7. November 2014 zum Umgang mit Programmpauschalen das Folgende klar (Zitat):

„Soweit die Programmpauschale nicht übertragen, sondern zeitnah verbraucht wird, was in Anbetracht der tatsächlichen Höhe der durch die Förderung verursachten indirekten Projektkosten regelmäßig der Fall sein dürfte, empfiehlt die DFG die Effekte sorgfältig zu beobachten und zu dokumentieren, die sich aus dem Freiwerden von Grundfinanzierungsmitteln durch die Programmpauschale ergeben.

Die Mittel der Programmpauschale dürfen ausnahmsweise in kommende Haushaltsjahre übertragen werden. Die Programmpauschale unterliegt dabei allerdings weiterhin und uneingeschränkt der Zweckbindung. Bei jeder Verwendung der Programmpauschalmittel sind die Grundsätze ordnungsmäßiger Buchführung sowie der Wirtschaftlichkeit und Sparsamkeit einzuhalten. Dies umfasst, wenn die Mittel in kommende Haushaltsjahre übertragen werden sollen, eine konkrete Verwendungsplanung, die der Zielsetzung der Programmpauschale „Stärkung der Forschung insbesondere an Hochschulen" entsprechen muss. Die Nichtbeachtung der beschriebenen Kriterien stellt eine zweckwidrige Mittelverwendung dar, die zu einer vollständigen oder teilweisen Rückforderung der Programmpauschale führen kann."

Die Übertragung von Programmpauschalen der DFG ist spätestens dann nicht mehr möglich, wenn diese Mittel im Verwendungsnachweis bereits als verwendet aufgeführt werden.

Wenn Forschungspauschalen erst für zukünftig entstehende Infrastrukturkosten eingesetzt werden, muss jedoch über einen aufgestellten zukünftigen Verwendungsplan die geplante zukünftige zweckentsprechende Verwendung der Forschungspauschalen auch für einen externen Dritten nachgewiesen werden.

8. Abschlussprüfung

8.1 Jahres- und Konzernabschluss

8.1.1 Ausgewählte Grundlagen

Pflicht zur Prüfung

Die Pflicht zur Prüfung des Jahresabschlusses von Krankenhausunternehmen kann sich aus rechtsformspezifischen Gesetzen, krankenhausspezifischen Gesetzen, dem öffentlichen Recht sowie dem Publizitätsgesetz (hier sind die §§ 3 Abs. 1 und § 11 Abs. 5 PublG zu beachten) ableiten.

Rechtsformspezifische Gesetze	Krankenhausspezifische Gesetze	Öffentliches Recht	Publizitätsgesetz
§ 316 HGB	Landeskrankenhausgesetze	Kommunale Eigenbetriebsverordnung	§ 6 PublG (Jahresabschluss)
§ 53 GenG	Beispiel: § 30 KHGG NRW	Sonstiges Landesrecht (z. B. SäHO)	§ 11 Abs. 1 PublG (Konzernabschluss)
Kapitalgesellschaft (ohne kleine KapG)	Betriebsstätten ohne eigene Rechtspersönlichkeiten	Staatsbetriebe Universitätskliniken	Gilt für die in § 3 Abs. 1 PublG genannten Rechtsformen:
Personenhandelsgesellschaft, bei der kein persönlich haftender Gesellschafter eine natürliche Person ist (typisch, GmbH & Co. KG);	(siehe auch öffentliches Recht)	kommunale Eigenbetriebe Anstalten des öffentlichen Rechts	Bilanzsumme > EUR 65 Mio. Umsatz > EUR 130 Mio.
Genossenschaft (größenabhängig)		Sondervermögen	Arbeitnehmer > 5.000 AN

Abbildung 8.1.1-1: Gesetzliche Grundlagen für die Prüfungspflicht von Krankenhausunternehmen

Zusätzlich kann sich die Prüfungspflicht aufgrund gesellschaftsinterner Bestimmungen, auf Grundlage des Gesellschaftsvertrages oder der Satzung ergeben. Die Krankenhausrechtsnormen KHBV oder KHG enthalten keine eigenen Bestimmungen zur Prüfungspflicht von Krankenhäusern.

Befreiung von der Pflicht zur Prüfung

Der § 264 Abs. 3 HGB gewährt unter bestimmten Voraussetzungen, die kumulativ erfüllt werden müssen, Befreiungen, unter anderem auch von der Prüfungspflicht. Danach brauchen Krankenhausunternehmen in der Rechtsform einer Kapitalgesellschaft, die in den Konzernabschluss eines Mutterunternehmens mit Sitz in einem Mitgliedstaat der Europäischen Union oder einem anderen Vertragsstaat des Abkommens über den Europäischen Wirtschaftsraum einbezogen ist, die Vorschriften der §§ 264 bis 289f HGB und §§ 316 bis 329 HGB nicht anzuwenden, wenn

1. alle Gesellschafter des Tochterunternehmens der Befreiung für das jeweilige Geschäftsjahr zugestimmt haben;
2. das Mutterunternehmen sich bereit erklärt hat, für die von dem Tochterunternehmen bis zum Abschlussstichtag eingegangenen Verpflichtungen im folgenden Geschäftsjahr einzustehen;
3. der Konzernabschluss und der Konzernlagebericht des Mutterunternehmens sind nach den Rechtsvorschriften des Staates, in dem das Mutterunternehmen seinen Sitz hat, und im Einklang mit folgenden Richtlinien aufgestellt und geprüft worden:
   a) Richtlinie 2013/34/EU des Europäischen Parlaments und des Rates vom 26. Juni 2013 über den Jahresabschluss, den konsolidierten Abschluss und damit verbundene Berichte von Unternehmen bestimmter Rechtsformen und zur Änderung der Richtlinie 2006/43/EG des Europäischen Parlaments und des Rates und zur Aufhebung der Richtlinien 78/660/EWG und 83/349/EWG des Rates (ABl. L 182 vom 29.6.2013, S. 19), die zuletzt durch die Richtlinie 2014/102/EU (ABl. L 334 vom 21.11.2014, S. 86) geändert worden ist,
   b) Richtlinie 2006/43/EG des Europäischen Parlaments und des Rates vom 17. Mai 2006 über Abschlussprüfungen von Jahresabschlüssen und konsolidierten Abschlüssen, zur Änderung der Richtlinien 78/660/EWG und 83/349/EWG des Rates und zur Aufhebung der Richtlinie 84/253/EWG des Rates (ABl. L 157 vom 9.6.2006, S. 87), die durch die Richtlinie 2013/34/EU (ABl. L 182 vom 29.6.2013, S. 19) geändert worden ist;
4. die Befreiung des Tochterunternehmens im Anhang des Konzernabschlusses des Mutterunternehmens angegeben ist und
5. für das Tochterunternehmen nach § 325 Abs. 1 bis 1b HGB offengelegt worden sind:
   a) der Beschluss nach Nummer 1,
   b) die Erklärung nach Nummer 2,
   c) der Konzernabschluss,
   d) der Konzernlagebericht und
   e) der Bestätigungsvermerk zum Konzernabschluss und Konzernlagebericht des Mutterunternehmens nach Nummer 3.

Dies gilt auch für Krankenhaus-Kapitalgesellschaften, die Tochterunternehmen eines nach § 11 des Publizitätsgesetzes zur Aufstellung eines Konzernabschlusses verpflichteten Mutterunternehmens sind, soweit in diesem Konzernabschluss von dem Wahlrecht des § 13 Abs. 3 Satz 1 des PublG nicht Gebrauch gemacht worden ist. Für Personengesellschaften gem. § 264a HGB enthält der § 264b HGB eine vergleichbare Vorschrift hinsichtlich der Befreiung von der Pflicht zur Aufstellung eines Jahresabschlusses.

Gegenstand und Umfang der Prüfung

Gegenstand und Umfang der Prüfung des Abschlusses eines Krankenhausunternehmens leiten sich regelmäßig ab aus

- allgemeinen gesetzlichen Grundlagen,
- Regelungen der Branche und
- individuellen Risiken des einzelnen Krankenhausunternehmens.

Allgemeine gesetzliche Grundlagen

Die allgemeinen gesetzlichen Grundlagen zu Gegenstand und Umfang der Abschlussprüfung sind im Wesentlichen in § 317 HGB kodifiziert. § 317 Abs. 1 HGB besagt wörtlich:

- „Die Prüfung des Jahresabschlusses und des Konzernabschlusses hat sich darauf zu erstrecken, ob die gesetzlichen Vorschriften und sie ergänzende Bestimmungen des Gesellschaftsvertrags oder der Satzung beachtet worden sind."
- „Die Prüfung ist so anzulegen, dass Unrichtigkeiten und Verstöße gegen [diese gesetzlichen Vorschriften und sie ergänzende Bestimmungen], die sich auf die Darstellung des sich nach § 264 Abs. 2 HGB ergebenden Bildes der Vermögens-, Finanz- und Ertragslage der Kapitalgesellschaft wesentlich auswirken, bei gewissenhafter Berufsausübung erkannt werden."
- „In die Prüfung des Jahresabschlusses ist die Buchführung einzubeziehen."

Absatz 2 zu § 317 HGB führt weiter sinngemäß aus:

Der Lagebericht und der Konzernlagebericht sind darauf zu prüfen, ob der Lagebericht bzw. Konzernlagebericht mit dem Jahres- bzw. Konzernabschluss sowie mit den bei der Prüfung gewonnenen Erkenntnissen des Abschlussprüfers in Einklang stehen und ob der Lagebericht insgesamt eine zutreffende Vorstellung von der Lage des Krankenhausunternehmens und der Konzernlagebericht insgesamt eine zutreffende Vorstellung von der Lage des Krankenhauskonzerns vermittelt.

Dabei ist auch zu prüfen, ob Chancen und Risiken der künftigen Entwicklung zutreffend dargestellt sind und ob die gesetzlichen Vorschriften zur Aufstellung des Lageberichts beachtet worden sind.

Gemäß Abs. 4 zu § 317 HGB ist zudem „bei börsennotierten Aktiengesellschaften ... im Rahmen der Prüfung zu beurteilen, ob der Vorstand die ihm nach § 91 Abs. 2 AktG obliegenden Maßnahmen [zur Risikofrüherkennung] in einer geeigneten Form getroffen hat und ob das danach einzurichtende Überwachungssystem seine Aufgaben erfüllen kann."

Soweit Gebietskörperschaften mit mindestens 25 % an einem Unternehmen in privater Rechtsform beteiligt sind oder wenn diese mit anderen Gebietskörperschaften zusammen die Mehrheit der

Anteile zusteht, kann der Umfang der Prüfung erweitert und die Berichtspflicht nach § 53 HGrG verlangt werden. Das Haushalts- und Kommunalrecht fordert dies in der Regel von den Gebietskörperschaften. Gegenstand der Prüfung sind dann neben dem Jahresabschluss und Lagebericht auch die Ordnungsmäßigkeit der Geschäftsführung und die wirtschaftlichen Verhältnisse.

Der Berufsstand der Wirtschaftsprüfer äußert sich zu diesen gesetzlichen Regelungen sowie Gegenstand und Umfang der Prüfung durch vielfältige berufsständische Verlautbarungen des Institutes der Wirtschaftsprüfer (IDW). Darüber hinaus gelten bezüglich der Prüfungsvorschriften auch die jeweiligen Besonderheiten der Landesgesetze.

Regelungen der Branche

Besondere Regelungen der Branche ergeben sich wesentlich aus der Verabschiedung des Krankenhausfinanzierungsgesetzes (KHG) im Jahr 1972. Danach sind die Investitionen in das Anlagevermögen des Krankenhauses durch die Länder im Rahmen ihrer Haushalte zu finanzieren, während andererseits die Betriebs- und Benutzerkosten von den Sozialleistungsträgern wie beispielsweise Krankenkassen oder Privatversicherungen zu tragen sind (sogenannte duale Finanzierung). Während das KHG als Rahmengesetz die grundsätzliche Systematik der dualen Finanzierung aufzeigt, ist zu Einzelfragen von Ansatz, Bewertung und Ausweis auf die Krankenhaus-Buchführungsverordnung (KHBV) und das Krankenhausentgeltgesetz (KHEntgG) zu verweisen.

Investitionsfinanzierung (KHBV)

Bilanzierung und Bewertung insbesondere des fördermittelfinanzierten Anlagevermögens schreibt in erster Linie die Krankenhaus-Buchführungsverordnung (KHBV) vor. Danach wird dem geförderten Anlagevermögen ein entsprechender Sonderposten in Höhe des Fördermittelbetrages gegenübergestellt, der nach Maßgabe der Abschreibungen auf das geförderte Anlagevermögen erfolgswirksam aufgelöst wird. Dadurch werden die Abschreibungen auf das geförderte Anlagevermögen neutralisiert und das Jahresergebnis nicht belastet. Abschreibungen auf förderfähiges, aber vor der Förderfinanzierung angeschafftes Vermögen, werden durch die erfolgswirksame Bildung eines Ausgleichspostens neutralisiert. Im Idealfall spiegelt daher das Jahresergebnis eines Krankenhauses allein das Ergebnis aus dem Betrieb des Krankenhauses ohne die Belastungen durch Finanzierungsmaßnahmen im Bereich des Anlagevermögens wider. Zu näheren Erläuterungen und einem Beispiel mit der grundsätzlichen Buchssystematik wird auf das Kapitel 3 zum Jahresabschluss verwiesen.

Betriebskostenfinanzierung (KHEntgG)

Das Krankenhausentgeltgesetz (KHEntgG) bildet die gesetzliche Grundlage der Vergütungsformen und der Abrechnung der durch das Krankenhaus erbrachten allgemeinen Krankenhausleistungen.

Der Abrechnung liegt das Krankenhausbudget zu Grunde. Dieses Budget stellt die qualitative und quantitative Zusammenstellung der durch das Krankenhaus im Budgetzeitraum zu erbringenden Behandlungsfälle sowie die daraus resultierenden Erlöse aus Krankenhausleistungen dar.

Seit dem 1. Januar 2020 wird durch das Krankenhaus gesondert ein Erlösbudget gemäß § 4 KHEntG und ein Pflegebudget gemäß § 6a KHEntG vereinbart. Damit werden die Kosten der Pflegebereiche im Wesentlichen direkt auf die Kostenträger weiterberechnet.

Auf der Grundlage des verhandelten und genehmigten Erlösbudgets werden unterjährig die erbrachten Krankenhausleistungen, ausgenommen der darauf entfallende Pflegekostenanteil, durch das Krankenhaus abgerechnet und von den Kostenträgern bezahlt. In der Regel weicht das verhandelte Erlösbudget – also die vereinbarten Fälle in qualitativer und quantitativer Hinsicht – von den tatsächlichen Leistungen des Krankenhauses ab. Daher muss das Krankenhaus jährlich so genannte Erlösausgleiche durchführen.

Die Differenz zwischen dem verhandelten Erlösbudget und den tatsächlichen Leistungen führt am Jahresende zu Mehr- oder Mindererlösen. Diese Mehr- oder Mindererlöse sind die Grundlage für die gesetzlich vorgesehene Berechnung der Forderungen oder Verbindlichkeiten nach dem Krankenhausentgeltgesetz (KHEntgG).

Da die Fallpauschale (ohne Pflegekostenanteil) als Erlös für die gesamte Behandlung abzurechnen ist, wird sie erst mit Entlassung des Patienten fällig. Dies führt bei Patienten, die nach dem Bilanzstichtag behandelt werden müssen und im Folgejahr entlassen werden (Überlieger), zu der Frage, wie die Leistungen zum Bilanzstichtag abzugrenzen und zu bewerten sind.

Wie bei dem Erlösbudget gestaltet sich das Budgetierungsverfahren auch beim Pflegebudget. Auch hier entsteht eine Differenz zwischen den verhandelten und den tatsächlichen Pflegekosten. Das Pflegebudget wird über die aufgrund des Pflegebudgets vereinbarten krankenhausspezifischen Pflegeentgeltwerte pro Tag und Krankheitsbild (gemäß dem Pflegeerlöskatalog) abgerechnet (in 2020 galt für die Höhe der Pflegewerte eine abweichende Regelung, wir verweisen hierzu auf Kapitel 2.1.4.5).

Für die Differenz zwischen dem verhandelten Pflegebudget und den tatsächlichen Pflegekosten ergeben sich wie bei den Fallpauschalen Mehr- oder Mindererlöse, die als Forderungen oder Verbindlichkeiten nach dem Krankenhausentgeltgesetz (KHEntgG) bilanziert werden.

Abweichend zu der Abrechnung der Fallpauschalen sind die tagesbezogene Pflegentgeltwerte auch für die Überlieger zum Bilanzstichtag als Forderung aus Lieferungen und Leistungen zu erfassen.

Besondere Ausweisvorschriften (KHBV)

Neben dem HGB ist die KHBV als lex specialis bei Aufstellung des Jahresabschlusses zu beachten. Insbesondere finden sich in der KHBV besondere Regelungen zum Inhalt und zur Gliederung des Jahresabschlusses von Krankenhausunternehmen.

In § 1 Abs. 3 KHBV ist zudem als Wahlrecht geregelt, dass Krankenhäuser in der Rechtsform einer Kapitalgesellschaft keinen weiteren Jahresabschluss nach dem HGB aufstellen müssen. Vielmehr können diese für Aufstellung, Feststellung und Offenlegung die Gliederungsvorschriften der KHBV nach den Anlagen 1 bis 3 verwenden. Wird das Wahlrecht nicht in Anspruch genommen, so haben sie nach § 1 Abs. 3 Satz 3 KHBV außerhalb des handelsrechtlichen Jahresabschlusses zusätzlich gesonderte Dokumente bestehend aus der Bilanz nach Anlage 1, der Gewinn- und Verlustrechnung nach Anlage 2 und den Anlagennachweis nach Anlage 3 zu erstellen.

Allerdings dürfen die kleinen und mittleren Gesellschaften nach den Größenmerkmalen des HGB, wenn sie dieses Wahlrecht in Anspruch nehmen, nicht noch die Erleichterungsvorschriften nach §§ 266, 276 HGB anwenden.

Zusammenfassend lassen sich die nachfolgenden branchenspezifischen Prüfungsschwerpunkte identifizieren:

- Ansatz und Bewertung des geförderten Anlagevermögens sowie der korrespondierenden Sonderposten,
- Ansatz und Bewertung der unfertigen Leistungen (Überlieger),
- Ansatz und Bewertung der Forderungen aus Lieferungen und Leistungen,
- Ansatz und Bewertung der Forderungen / Verbindlichkeiten nach dem Krankenhausfinanzierungsrecht,
- Ansatz des Ausgleichspostens aus Eigenmittel- und Darlehensförderung,
- Vollständigkeit und Bewertung der Rückstellungen,
- Erfassung der Erlöse aus Krankenhausleistungen einschließlich der Erlösausgleiche,
- Ermittlung des Pflegebudgets,
- Beachtung der Ausweisvorschriften der KHBV,
- Zusammenfassung der liquiden Mittel nach ihrer Zweckgebundenheit.

Weitere Prüfungsschwerpunkte ergeben sich aufgrund der Erweiterung der Jahresabschlussprüfung aufgrund von Vorschriften des Krankenhausfinanzierungsrechts, der Landeskrankenhausgesetze bzw. infolge des § 53 HGrG.

Individuelle Risiken des einzelnen Krankenhausunternehmens
Neben den für alle Unternehmen geltenden Risiken, die aus dem wirtschaftlichen Umfeld auf die Unternehmen zukommen, (zum Beispiel Steuererhöhungen, die Erhöhung von Energiekosten und die Zunahme der Personalaufwendungen auf Grund überdurchschnittlicher Tarifsteigerungen) sind darüber hinaus die speziellen aus der Finanzierung des Krankenhauses resultierenden Risiken in die Festlegung des Prüfungsumfanges einzubeziehen (zum Beispiel unzureichende Fördermittelfinanzierung, Aufnahme von Fremdkapital, Leistungsrückgang).

Durchführung von Abschlussprüfungen

Die im vorangegangenen Abschnitt dargestellten gesetzlichen Ausführungen der §§ 316 ff. HGB stellen im Wesentlichen Gegenstand und Umfang von Prüfungen dar. Prüfungsablauf und Prüfungshandlungen hingegen, also die technische Durchführung der Prüfung, werden vom bestellten Wirtschaftsprüfer grundsätzlich eigenverantwortlich festgelegt.

Wesentliche Grundlagen hierfür bilden die Verlautbarungen des Berufsstandes der Wirtschaftsprüfer (IDW Prüfungsstandards, kurz IDW PS) als allgemeine Standards oder Empfehlungen zur Prüfung und die speziellen Kenntnisse des Wirtschaftsprüfers über das zu prüfende Unternehmen. Letztere betreffen vor allem das wirtschaftliche und rechtliche Umfeld, die Geschäftstätigkeit, die Wirksamkeit des rechnungslegungsbezogenen internen Kontrollsystems und die Erwartungen über mögliche Fehler in der Rechnungslegung und Berichterstattung.

Die Prüfung eines Jahres- oder Konzernabschlusses ist auf Grund der berufsständischen Vorgaben immer eine risikoorientierte Prüfung. Bei diesem risikoorientierten Prüfungsansatz baut die Prüfung auf den identifizierten allgemeinen und individuellen Risiken des jeweiligen Unternehmens auf. Die qualifizierte Risikoeinschätzung ist dabei von grundlegender Bedeutung. Der risikoorientierte Prüfungsansatz ist branchenunabhängig anwendbar und somit auch bei Krankenhausprüfungen einschlägig.

Der risikoorientierte Prüfungsprozess enthält allgemein die drei Phasen Prüfungsplanung, Prüfungsdurchführung und Berichterstattung. Die individuelle Ausprägung des Prüfungsprozesses ist bei den einzelnen Wirtschaftsprüfern im Rahmen der berufsrechtlichen Vorschriften unterschiedlich.

In der Prüfungsplanung erfolgt die Risikoeinschätzung, die Definition der Prüfungsstrategie und darauf aufbauend die Beschreibung der Prüfungshandlungen in den Prüfprogrammen. Einzelheiten hierzu sind im IDW PS 240 beschrieben. Im Folgenden werden nur grundlegende sowie ausgewählte krankenhausspezifische Aspekte der Prüfungsplanung näher erläutert.

Während der Risikoeinschätzung erfolgt die Identifikation der Unternehmens- und Prüfungsrisiken. Hierfür muss der Prüfer sich ausreichend Kenntnisse über das zu prüfende Krankenhaus aneignen, um für den Abschluss wesentliche Ereignisse, Geschäftsvorfälle, Geschäftspraktiken sowie betriebliche Prozesse erkennen zu können. Neben allgemeinen gesamtwirtschaftlichen Faktoren gilt es die besonderen branchenspezifischen Faktoren des jeweiligen Krankenhauses wie das Wettbewerbsumfeld, die Bevölkerungsentwicklung, die Patientenanforderungen, die Lohn- und Preisentwicklung, das Arbeitskräfteangebot oder gesetzliche Regelungen zu berücksichtigen. Zur Einschätzung dieser Faktoren können Benchmarks und Vergleiche mit Peergroups herangezogen werden.

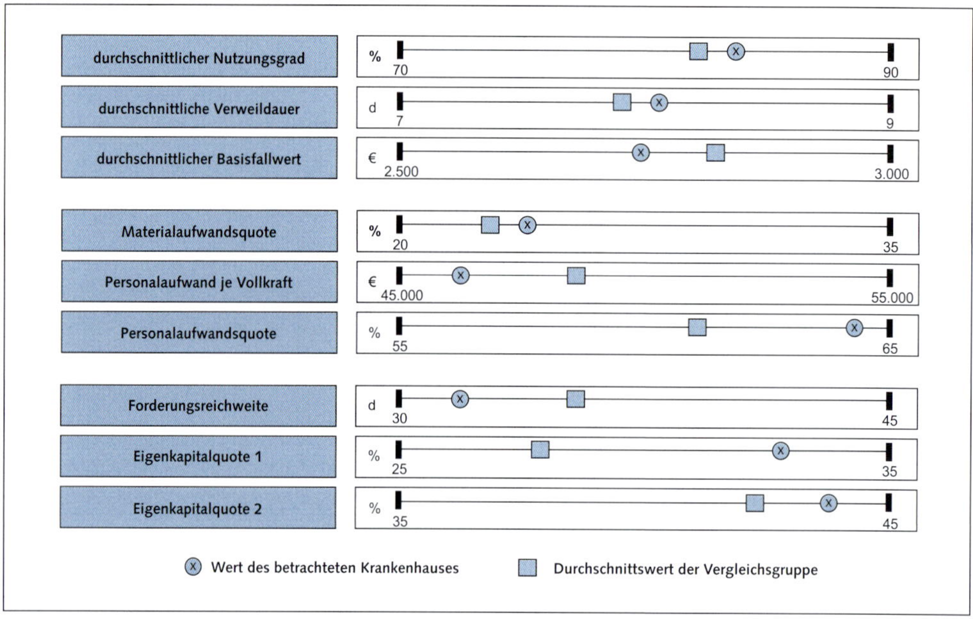

Abbildung 8.1.1-2: Beispiel für ein branchenspezifisches Benchmarking

Auf Grundlage des Prüfungsrisikos wird die Prüfungsstrategie entwickelt und Art und Umfang von Prüfungshandlungen geplant.

Im Zusammenhang mit der Prüfungsdurchführung lassen sich die Arten von Prüfungshandlungen nach Zweck und Vorgehensweise wie folgt systematisieren:

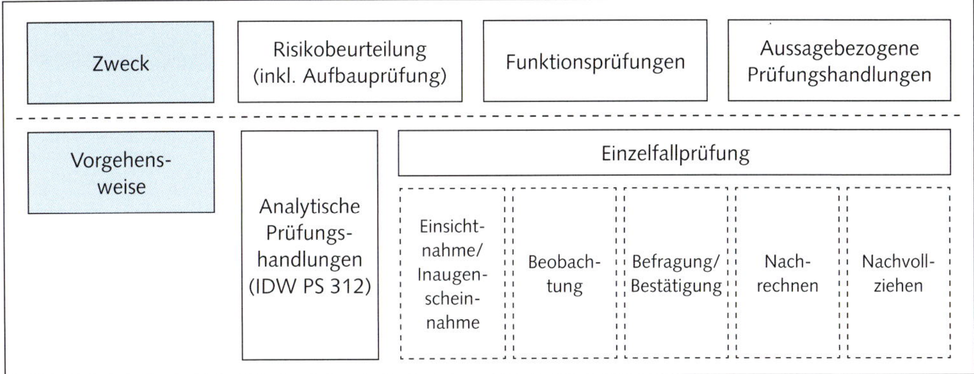

Abbildung 8.1.1-3: Arten von Prüfungshandlungen, Quelle: IDW PS 300 n. F., Tz. A11

Aufbau- und Funktionsprüfungen erfolgen regelmäßig im Rahmen der Beurteilung des rechnungslegungsbezogenen internen Kontrollsystems. Bei der Aufbauprüfung verschafft sich der Abschlussprüfer einen Überblick darüber, ob das rechnungslegungsbezogene interne Kontrollsystem des Krankenhauses so gestaltet ist, dass wesentliche Fehler in der Rechnungslegung verhindert bzw. entdeckt und berichtigt werden können. Die relevanten Kontrollmaßnahmen werden anschließend regelmäßig durch Funktionsprüfungen auf ihre Wirksamkeit geprüft. Das Ergebnis der Aufbau- und Funktionsprüfungen wirkt sich entscheidend auf den weiteren Prüfungsverlauf aus. Haben die Kontrollen nach Überzeugung des Abschlussprüfers kontinuierlich bestanden und waren ausreichend und dauerhaft wirksam, können regelmäßig in diesem Bereich weiterführende aussagenbezogene Prüfungen entfallen oder reduziert durchgeführt werden. Näheres erläutert dazu IDW PS 261 n. F.

Ein Beispiel für ein Prüfgebiet, in dem verstärkt Aufbau- und Funktionsprüfungen durchgeführt werden, ist das Patientenmanagement. Im Folgenden sind typische Aufbau-und Funktionsprüfungen in diesem Prozess aufgeführt:

- Vollständigkeit der Patientenerfassung
- Überprüfung und Freigabe der im System erfassten Diagnosen und Prozeduren sowie der Klassifizierung der DRG je Fall durch einen Kodierbeauftragten (Freigabekonzept und 4-Augenprinzip)
- Vergleich der Abrechnung von Chefarztleistungen sowie Ermittlung der Nutzungsentgelte mit den vertraglichen Vereinbarungen
- Abstimmung der Datenübernahme aus der Abrechnungssoftware in die Finanzbuchhaltung
- Vornahme der Erlösverprobung
- Vollständige Übernahme der Nutzungsentgelte in das Rechnungswesen

Im Rahmen von aussagebezogenen Prüfungshandlungen versichert sich der Prüfer mit Hilfe von analytischen Prüfungshandlungen oder Einzelfallprüfungen, dass die Angaben der Rechnungslegung keine wesentlichen falschen Aussagen enthalten.

Ein Beispiel soll die aussagenbezogene Prüfung illustrieren: Eine typische rechnungslegungsbezogene Aussage ist, dass ein Krankenhaus zum 31. Dezember auf seinem Girokonto ein Guthaben von EUR 12.904,22 hat. Durch Aufbau- und Funktionsprüfungen hat sich der Prüfer davon überzeugt, dass Ein- und Auszahlungen auf dem Bankkonto im Rechnungswesen des Krankenhauses grundsätzlich ganzjährig korrekt erfasst werden. Probleme könnte es zum Stichtag dadurch geben, dass die Erfassung der Kontenbewegungen zeitversetzt – nämlich jeweils nur an einem Tag in der Woche – erfolgt. Um sicher zu sein, dass der Bankbestand zum 31. Dezember genau EUR 12.904,22 beträgt, lässt sich der Prüfer eine Bestätigung der Bank über den Kontostand zum 31. Dezember geben und vergleicht diesen mit dem Kontenstand im Rechnungswesen des Krankenhauses. Stimmen diese Angaben überein, geht der Prüfer davon aus, dass die rechnungslegungsbezogene Aussage „Vorhandensein eines Bankguthabens von EUR 12.904,22" zutreffend ist.

Analytische Prüfungshandlungen können sowohl zur Risikobeurteilung als auch als aussagebezogene Prüfungshandlung eingesetzt werden.

Bei analytischen Prüfungshandlungen untersucht der Wirtschaftsprüfer aktuelle Informationen des Krankenhauses (absolute Zahlen, Verhältniszahlen und Trendzahlen) auf Plausibilität, auffällige Abweichungen und ungewöhnliche Entwicklungen.

Wesentlicher Bestandteil analytischer Prüfungshandlungen sind Vergleiche auf verschiedenen Ebenen.

- Erwartungswert-Vergleiche – hier vergleicht der Wirtschaftsprüfer eigene Erwartungswerte mit den tatsächlichen Werten des Krankenhauses – Beispiele: Erwartungswerte des Abschlussprüfers über die Entwicklung des Krankenhauses (z. B. Tarifsteigerungen im ärztlichen Dienst müssten zu Steigerungen der Personalaufwendungen führen), Zusammenhänge zwischen einzelnen finanziellen Informationen (z. B. steigende Personalaufwendungen müssten zur Verschlechterung des Jahresergebnisses führen), Zusammenhänge zwischen finanziellen und wichtigen nicht-finanziellen Informationen (z. B. steigende Umsatzerlöse müssten sich in einer Erhöhung der Bewertungsrelationen widerspiegeln).
- Innerbetriebliche Vergleiche – hier werden aktuelle Informationen des Krankenhauses mit vergangenen Informationen des Krankenhauses verglichen – Beispiel: Vergleich der Personalaufwandsquote des aktuellen Jahres mit der Personalaufwandsquote des Vorjahres mit dem Wissen, dass überdurchschnittliche Tarifsteigerungen stattgefunden haben, kein Personalabbau erfolgt ist und somit die Personalaufwandsquote im aktuellen Jahr höher als im Vorjahr sein müsste.
- Zwischenbetriebliche Vergleiche – hier werden aktuelle Informationen des Krankenhauses mit Informationen anderer Krankenhäuser verglichen (sog. Benchmarks) – Beispiel: Vergleich der

Materialaufwandsquote mit dem Branchendurchschnitt ähnlicher Leistungsstruktur; weicht der Wert des Krankenhauses nach unten oder oben signifikant ab, stellt sich die Frage nach den Ursachen.
- Plan-Ist-Vergleiche – hier werden vom Krankenhaus geplante Zahlen mit den tatsächlich erreichten Zahlen verglichen – Beispiel: geplante Umsatzerlöse mit den erreichten Umsatzerlösen; bei signifikanten Abweichungen stellt sich wie bei den zwischenbetrieblichen Vergleichen die Frage nach den Ursachen.

Allen genannten Vorgehensweisen ist gemein, dass sie von einem definierten Soll-Objekt ausgehen und die Ist-Werte entsprechend analysiert werden. Detaillierte Ausführungen des Berufsstandes der Wirtschaftsprüfer zu analytischen Prüfungshandlungen finden sich im IDW PS 312.

Einzelfallprüfungen betreffen in der Regel einzelne Geschäftsvorfälle. Im Bereich des Patientenmanagements werden beispielsweise folgende Einzelfallprüfungen typischerweise angewendet:

- Stichprobenartige Prüfung der Nutzungsentgelte
- Stichprobenartige Prüfung der Fälle zur Rechnungskürzung durch den Medizinischen Dienst
- Prüfung der Bewertung der Forderungen anhand ihrer Altersstruktur
- Prüfung der Bewertung der Überlieger anhand des zugrunde liegenden Kalkulationsschemas

Nach Abschluss der Prüfungshandlungen erfolgt die Berichterstattung. Wesentliche Regelungen des Berufsstandes der Wirtschaftsprüfer finden sich hierzu im IDW PS 450 n.F..

Die Berichterstattung erfolgt schriftlich – bei der Jahresabschlussprüfung gesetzlich vorgeschrieben mit dem Bestätigungsvermerk gemäß § 322 HGB und dem Prüfungsbericht gemäß § 321 HGB. Weitere Formen der Berichterstattung im Rahmen von Jahresabschlussprüfungen sind der Management Letter mit Verbesserungsvorschlagen auf der Grundlage der bei der Prüfung gewonnenen Erkenntnisse, und die mündliche Berichterstattung im Rahmen von Gremiensitzungen.

Neben diesen Berichterstattungen aus der gesetzlichen Jahresabschlussprüfung gibt es insbesondere bei Krankenhäusern eine Vielzahl weiterer Berichterstattungen des Wirtschaftsprüfers zu gesonderten Prüfungen. Hierfür sind u.a. Beispiele die Erlösbescheinigung und die Bescheinigung von pauschalen Fördermitteln. Im zweiten Teil dieses Kapitels wird darauf in den Ausführungen zum erweiterten Prüfungsumfang näher eingegangen.

Die folgende Abbildung zeigt beispielhaft einen typischen risikoorientierten Prüfungsprozess im Überblick. Hierbei werden die Spezifika der Krankenhäuser berücksichtigt.

Analyse der Geschäftstätigkeit	**Planung der Prüfung**	**Beurteilung des IKS**	**Detailprüfungen**	**Prüfungsurteil und Berichterstattung**
(Berichtsjahr)		(Berichts- und Folgejahr)		(Folgejahr)
Ständige Kommunikation mit dem Krankenhausmanagement – Prüfungsschwerpunkte – Prüfung bedeutender Rechnungslegungsfragen –				
Analyse der Geschäftstätigkeit sowie der Geschäftsrisiken und deren Auswirkungen auf den Jahresabschluss und Lagebericht: • Patientenbehandlung • Wettbewerb • Markt • Krankenkassen • Niedergelassene Ärzte ...	Risikoeinschätzung und Festlegung der Prüfungsstrategie • Identifizierung kritischer Prüfungsziele ... • Erkenntnisse aus der Planung des Krankenhauses • Abgestimmter Terminplan	Beurteilung des internen Kontrollsystems und von jahresabschlussrelevanten Kontrollaktivitäten Würdigung des Risikofrüherkennungssystems Festlegen der Detailprüfung nach endgültiger Risikoeinschätzung	Detailprüfungen • Analytische Prüfungshandlungen • Einzelfallprüfungen, z. B. – Vollständigkeit und Bewertung des Anlagevermögens – Verwendung und Bilanzierung der Fördermittel nach KHG – Vollständigkeit und Bewertung der Erlösausgleich nach KHEntgG ...	Beurteilung der Prüfungsdifferenzen und Feststellungen Berichterstattung • Prüfungsbericht und Bestätigungsvermerk • Mündliche Berichterstattung an Aufsichtsgremien
Laufende Kommunikation zwischen Wirtschaftsprüfer und Krankenhausunternehmen				
Aktuelles Verständnis der Geschäftstätigkeit Vorläufige Risikoeinschätzung	**Prüfungsstrategie und Prüfungsplanung**	**Aktualisierter Prüfungsplan**	**Schlussbesprechung**	**Prüfungsbericht und Testat**

Abbildung 8.1.1-4: Beispiel eines risikoorientierten Prüfungsansatzes für Krankenhäuser

8.1.2 Prüfung ausgewählter Bilanz- und GuV-Posten

Ansatz und Bewertung des geförderten Anlagevermögens sowie der korrespondierenden Sonderposten

Jahresabschlüsse von Krankenhäusern weisen in aller Regel einen hohen Anteil an Sachanlagevermögen aus. Entsprechend der dualen Finanzierung wird das Sachanlagevermögen durch staatliche Fördermittel finanziert. Die Fördermittel sind hinsichtlich ihrer zweckentsprechenden Verwendung durch den Abschlussprüfer zusätzlich zu bestätigen. Das Anlagevermögen und die korrespondierenden Sonderposten bilden daher einen wesentlichen Prüfungsschwerpunkt.

Nach § 5 Abs. 2 und 3 KHVB wird dem Anlagevermögen ein entsprechender Sonderposten in Höhe des Förderbetrages gegenübergestellt, der nach Maßgabe der Abschreibungen erfolgswirksam aufgelöst wird. Dadurch werden die Abschreibungen auf das geförderte Anlagevermögen in dieser Höhe neutralisiert.

Bei der Planung der Prüfung sind nachstehende Risiken zu berücksichtigen:

- Die Bilanzierung des Anlagevermögens erfolgt nicht entsprechend der Vorgaben der KHBV.
- Es bestehen unerkannte Rückzahlungsverpflichtungen von Fördermitteln aufgrund fehlerhafter Mittelverwendung.
- Die bilanzielle Entwicklung des geförderten Anlagevermögens folgt nicht dem korrespondierenden Sonderposten.
- Die Abstimmung der Sonderposten mit dem geförderten Anlagevermögen ist nicht möglich.
- Die Abschreibungen auf gefördertes Anlagevermögen entsprechen nicht der entsprechenden Auflösung des korrespondierenden Sonderpostens.

Der Abschlussprüfer plant auf der Grundlage dieser Risiken seine Prüfungshandlungen (sachliche Planung der Prüfung). Die folgende Abbildung stellt solche typischen Prüfungshandlungen für den Prüfungsschwerpunkt Sachanlagevermögen dar.

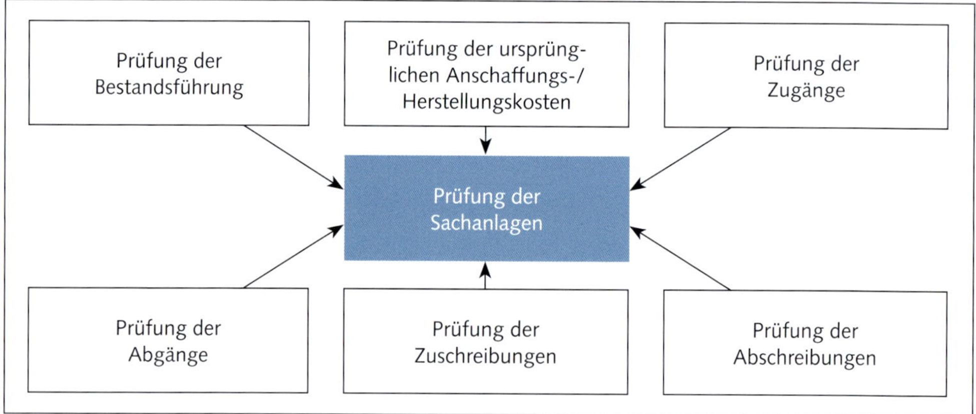

Abbildung 8.1.2-1: Typische Prüfungshandlungen bei der Prüfung von Sachanlagen

Die folgende Abbildung zeigt an zwei Beispielen den Zusammenhang zwischen krankenhausspezifischem Prüfungsrisiko im Bereich des Anlagevermögens sowie entsprechenden Prüfungszielen und Prüfungshandlungen.

Risiken	Prüfungsziele	Prüfungshandlungen
Rückzahlungsverpflichtung von Fördermitteln aufgrund fehlerhafter Mittelverwendung	Vollständigkeit der Rückstellungen	Prüfung der Zugänge auf Einhaltung der förderrechtlichen Bestimmungen
Entwicklung des geförderten Anlagevermögens entspricht nicht der Entwicklung des Sonderpostens	Bestehen, Genauigkeit, Werthaltigkeit des Anlagevermögens und der Sonderposten	Abstimmung der Sonderposten aus Fördermitteln nach dem KHG mit dem geförderten Anlagevermögen

Abbildung 8.1.2-2: Ausgewählte Risiken, Prüfungsziele und Prüfungshandlungen bei der Prüfung von Sachanlagen

Korrespondierend zu den Bilanzposten sind die Posten der Gewinn- und Verlustrechnung zu prüfen. Dabei hat sich der Abschlussprüfer zu vergewissern, ob

- sämtliche Aufwendungen und Erträge vollständig und periodengerecht ausgewiesen werden,
- die Aufwendungen und Erträge unter den richtigen Bezeichnungen ausgewiesen werden.

Die folgende Abbildung zeigt die korrespondierenden Posten der Gewinn- und Verlustrechnung zum Anlagevermögen / Sonderposten nach Anlage 2 zur KHBV.

Nr. 11	Erträge aus Zuwendungen zur Finanzierung von Investitionen
Nr. 13	Erträge aus der Auflösung von Sonderposten/Verbindlichkeiten nach dem KHG und aufgrund sonstiger Zuwendungen zur Finanzierung des Anlagevermögens
Nr. 15	Aufwendungen aus der Zuführung von Sonderposten/Verbindlichkeiten nach dem KHG und aufgrund sonstiger Zuwendungen zur Finanzierung des Anlagevermögens
Nr. 17	Aufwendungen für nach dem KHG geförderte Nutzung von Anlagegegenständen
Nr. 18	Aufwendungen für nach dem KHG geförderte, nicht aktivierungsfähige Maßnahmen
Nr. 20b	Abschreibungen auf Vermögensgegenstände des Umlaufvermögens, soweit diese die im Krankenhaus üblichen Abschreibungen überschreiten

Abbildung 8.1.2-3: Korrespondierende Posten der Gewinn- und Verlustrechnung zu den Bilanzposten des Anlagevermögens nach Anlage 2 zur KHBV

Die beschriebene Vorgehensweise des Abschlussprüfers bedeutet für das zu prüfende Krankenhausunternehmen, dass bestimmte – über den reinen Jahresabschluss hinausgehende – Unterlagen für den Abschlussprüfer bereitgestellt werden müssen. Beispiele hierfür sind:

- Nach den einzelnen Posten des Sachanlagevermögens der Bilanz bzw. der Gewinn- und Verlustrechnung aufsummierte Zusammenstellung der Sachkonten mit Jahresverkehrszahlen,
- Bruttoanlagenspiegel, Anlagenbuchhaltung abgestimmt mit den Sachkonten der Finanzbuchhaltung,
- Zusammenstellung der Zugänge und Abgänge nach Finanzierungsarten (§ 9 Abs. 1 KHG, § 9 Abs. 3 KHG, Zuweisungen und Zuschüsse der öffentlichen Hand, Zuwendungen Dritter, nicht geförderte Anlagen) ggf. über einen Finanzierungsspiegel,
- Nachweis über Wirtschaftlichkeitsrechnungen bei Investitionen; Durchführung von Vergaben,
- Zusammenstellung aller Anlagenabgänge (wesentliche Abgänge mit Belegen) und der daraus resultierenden Gewinne oder Verluste (abgestimmt mit den entsprechenden Konten der Gewinn- und Verlustrechnung), Nachweis über die Preisermittlung bei Veräußerung bedeutender Anlagengegenstände,
- Verschrottungsprotokolle,
- Kaufverträge für Grundstückszugänge und -abgänge, Grundbuchauszüge nach dem neuesten Stand, falls Bestands- oder Belastungsänderungen im Geschäftsjahr eingetreten sind (sonst Grundbuchauszüge, nicht älter als ein Jahr),
- Aufteilung der gesamten Abschreibungen auf die Anlagegüter nach Art ihrer Finanzierung (Einzelförderung, Pauschalförderung, Förderung durch die öffentliche Hand, Förderung durch Dritte, mit Eigenmitteln finanzierte Abschreibungen) ggf. über einen Finanzierungsspiegel,
- Aufstellung der angewandten Abschreibungsverfahren und Nutzungsdauerpläne,
- Nachweise über alle im Geschäftsjahr durchgeführten außerplanmäßigen Abschreibungen,
- Protokolle zur letzten Inventur des Anlagevermögens,

- soweit Festwerte angesetzt sind, sollten diese in der Regel im 3-Jahres-Zyklus hinsichtlich der Höhe ihres Ansatzes durch körperliche Bestandsaufnahme an zwischenzeitlich eingetretene Mengen-, Preis- und Strukturveränderungen angepasst werden,
- Zusammenstellung der als geringwertige Wirtschaftsgüter (GWG) ausgewiesenen und abgeschriebenen Anlagegegenstände,
- Angaben über im Bau befindliche Anlagen und / oder geleistete Anzahlungen für Anlagevermögen.

Ansatz und Bewertung der unfertigen Leistungen

Der größte Teil der Krankenhausleistungen wird über DRG-Fallpauschalen abgebildet. Die Krankenhausleistung ist erbracht, wenn der Patient entlassen wird; die DRG-Fallpauschale kann dann abgerechnet werden.

Da bei der Abrechnung einer DRG keine Teilleistung gegen die Kostenträger geltend gemacht werden kann, ist bei Patienten, die über den Abschlussstichtag hinaus im Krankenhaus behandelt werden (Überlieger), die Leistung bis zum Stichtag als unfertige Leistung zu erfassen und zu bewerten.

	Abgerechnete Fälle bis zum Bilanzstichtag (fakturiert)	Noch nicht abgerechnete Fälle bis zum Bilanzstichtag (nicht fakturiert)
Patient entlassen	• Behandlung als Debitoren und Umsatzerlöse	
Patient noch nicht entlassen		• Budget-Patienten inklusive Sonderentgelt-Fälle • Behandlung als Debitoren und Umsatzerlöse • Fallpauschal-Patienten sowie vorstationäre Leistungen: Behandlung als unfertige Leistungen/ Bestandsveränderung

Abbildung 8.1.2-4: Die Behandlung von Überliegern als unfertige Leistungen

Das mit den unfertigen Krankenhausleistungen verbundene Prüfungsrisiko der fehlerhaften Abgrenzung der Überlieger wird den korrespondierenden Prüfungszielen und den jeweiligen Prüfungshandlungen zur Abdeckung des Risikos gegenübergestellt.

Risiko	Prüfungsziele	Prüfungshandlungen
Fehlerhafte Abgrenzung der Überlieger	Genauigkeit, Bewertung der unfertigen Leistungen und Bestandsveränderungen	Prüfung des Berechnungsschemas (pauschalierendes Verfahren bzw. Kostenermittlung auf Grundlage des Datensatzes des InEK) zur Ermittlung der unfertigen Leistungen; Berücksichtigung der verlustfreien Bewertung
	Bestehen, Genauigkeit, Bewertung der unfertigen Leistungen und Bestandsveränderungen	Plausibilisierung der Berechnungsergebnisse in Stichproben

Abbildung 8.1.2-5: Ausgewählte Risiken, Prüfungsziele und Prüfungshandlungen bei der Prüfung von unfertigen Leistungen (Überlieger)

Grundsätzlich ist bei der Prüfung der Bewertung der unfertigen Leistungen darauf zu achten, dass die Herstellungskosten anhand einer Kostenstellen- und Kostenträgerrechnung bestimmt werden.

In der Praxis ist die Ermittlung eines niedrigeren beizulegenden Wertes und der tatsächlichen Herstellungskosten problematisch. Die Behandlungskosten je Fall sind schwierig ermittelbar, wenn eine entsprechende Kostenträgerrechnung fehlt. Die durchzuführenden Prüfungshandlungen sind in diesen Fällen andere als bei Vorhandensein einer aussagefähigen Kostenrechnung.

	Prüfung der unfertigen Leistungen bei aussagefähiger Kostenrechnung	Prüfung der unfertigen Leistungen in sonstigen Fällen
Prüfungshandlung	• Auf Grundlage der Kostenträgerrechnung • Prüfung des Kalkulationsschemas • Prüfung der Erfassung und Verrechnung der Einzelkosten • Prüfung Bestandteile der Herstellungskosten • Prüfung Gemeinkostenzuschläge	• Auf Grundlage retrograder Bewertung • Plausibilisierung des Kalkulationsschemas • Plausibilisierung der Abschläge

Abbildung 8.1.2-6: Prüfung der unfertigen Leistungen (Überlieger) in Abhängigkeit von der Qualität der Kostenrechnung

Die zur Prüfung der unfertigen Leistungen für die Abschlussprüfung bereitzustellenden notwendigen Unterlagen sollten dabei insbesondere Folgendes umfassen:

- Kalkulationsunterlagen zur Ermittlung des Wertansatzes der Überlieger zum Abschlussstichtag sowie bisher angefallene Kosten,
- Aufstellung über Art und Durchführung der Bewertung unfertiger Leistungen,
- Unterlagen zu der ermittelten Zahl der stationären Patienten am Abschlussstichtag sowie zum korrespondierenden Behandlungsgrad des Patienten zum Stichtag durch Bestandsaufnahme.

Im Rahmen der Prüfung der unfertigen Krankenhausleistungen ist der korrespondierende Posten der Gewinn- und Verlustrechnung – die Bestandsveränderungen – zu berücksichtigen. Bestandsveränderungen dieser Art betreffen die Differenz zwischen den Werten, die in der zum Ende des Geschäftsjahres aufgestellten Bilanz und in der Vorjahresbilanz für unfertige Leistungen ausgewiesen sind. Der Bestand der unfertigen Leistungen am Bilanzstichtag ist dem Vorjahresbestand gegenüberzustellen; der Unterschiedsbetrag ist mit dem Posten Bestandsveränderungen in der Gewinn- und Verlustrechnung abzustimmen.

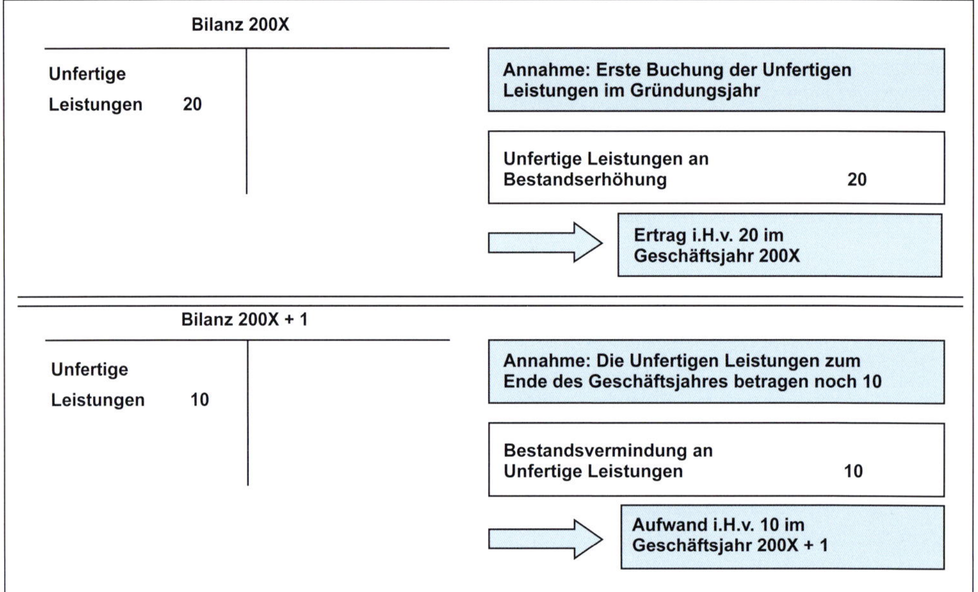

Abbildung 8.1.2-7: Beispiel der Buchung von Unfertigen Leistungen

Pflegebudget

Für die beschriebenen Fälle der Fallpauschalen stehen dem Krankenhaus neben den Fallpauschalen/aDRGs auch Pflegepauschalen in Höhe der Pflegeentgeltwerte pro Behandlungstag entsprechend dem Pflegebudget zu. Mit den Pflegeentgeltwerten sollen die Pflegekosten finanziert werden. Durch Abrechnung mit tagesgleichen Pflegesätzen sind die Leistungen täglich erbracht und realisiert und demzufolge als Forderungen zu bilanzieren (analog IDW RS KHFA 1, Tz 67).

Ansatz und Bewertung der Forderungen/Verbindlichkeiten nach dem Krankenhausfinanzierungsrecht

Aufgrund des dualen Prinzips der Krankenhausfinanzierung bilden die Forderungen und Verbindlichkeiten nach dem Krankenhausfinanzierungsrecht – wie bereits dargestellt – einen weiteren Schwerpunkt im Rahmen der Jahresabschlussprüfung.

Die Prüfung der Forderungen und Verbindlichkeiten nach dem Krankenhausfinanzierungsrecht umfasst zum einen die Forderungen aus Mitteln der Einzel- und Pauschalförderung – damit bewilligte, aber noch nicht ausgezahlte Fördermittel – und zum anderen die Forderungen nach der BPflV und dem KHEntgG, die sich auf Grund von Ausgleichs- und Berichtigungsberechnungen ergeben können.

Für die Abschlussprüfung leiten sich daraus insbesondere die folgenden zu beachtenden Prüfungsrisiken ab:

- Bilanzierung bzw. Verwendung von Fördermitteln erfolgt nicht entsprechend den förderrechtlichen Vorgaben,
- fehlerhafte Berechnung der Ausgleiche nach dem KHEntgG bzw. BPflV.

Diesen Prüfungsrisiken stehen dabei die in folgender Abbildung dargestellten Prüfungsziele und Prüfungshandlungen gegenüber.

Risiken	Prüfungsziele	Prüfungshandlung
Bilanzierung bzw. Verwendung der Fördermittel erfolgt nicht entsprechend den förderrechtlichen Vorgaben	Bestehen, Vollständigkeit, Genauigkeit der Forderungen bzw. Verbindlichkeiten nach KHG; Rückstellungen für Rückzahlungsrisiken	Abstimmung der Forderungen und Verbindlichkeiten KHG mit Bewilligungsbescheiden und Zahlungseingängen
	Bestehen, Genauigkeit der Forderungen bzw. Verbindlichkeiten nach KHG; Rückstellungen für Rückzahlungsrisiken	Prüfung der zweckentsprechenden Verwendung von Fördermitteln z. B. der pauschalen Fördermittel
	Bestehen, Genauigkeit, Bewertung der Forderungen/Verbindlichkeiten nach Krankenhausfinanzierungsrecht und der Sonderposten aus Fördermitteln nach KHG; der Abschreibungen und Erträge aus der Auflösung des Sonderpostens	Prüfung der ordnungsgemäßen Bilanzierung der Fördermittel gemäß KHBV
	Bestehen, Genauigkeit der Verbindlichkeiten nach Krankenhausfinanzierungsrecht; Erlöse aus Krankenhausleistungen	Abstimmung der ausgewiesenen Verbindlichkeiten KHG mit Verwendungsnachweisen
	Bestehen, Genauigkeit der Verbindlichkeiten nach Krankenhausfinanzierungsrecht	Abstimmung der Abgänge bei den Verbindlichkeiten mit den Zugängen beim Sonderposten
Fehlerhafte Berechnung der Ausgleiche nach KHEntgG bzw. BPflV	Bestehen, Vollständigkeit, Genauigkeit der Forderungen bzw. Verbindlichkeiten nach Krankenhausfinanzierungsrecht; Erlöse aus Krankenhausleistungen	Abstimmung Forderungen/Verbindlichkeiten nach KHEntgG und BPflV mit Budgetvereinbarung sowie Erlösverprobung

Abbildung 8.1.2-8: Ausgewählte Risiken, Prüfungsziele und Prüfungshandlungen bei der Prüfung von Forderungen und Verbindlichkeiten nach dem Krankenhausfinanzierungsrecht

Für die Prüfung der Forderungen und Verbindlichkeiten nach dem Krankenhausfinanzierungsrecht sind folgende Unterlagen bereitzustellen bzw. die nachfolgenden Tätigkeiten vorzubereiten:

- Forderungen nach dem KHG sind durch Bescheide und Kontoauszüge zu belegen.
- Forderungen/Verbindlichkeiten nach der BPflV/dem KHEntgG werden durch die Ausgleichsberechnung mit Abstimmung zur genehmigten Entgeltvereinbarung und Leistungsstatistik nachgewiesen.
- Die Erlösverprobung einschließlich Differenzenklärung ist zu dokumentieren.

Im Rahmen der Prüfung der Forderungen und Verbindlichkeiten nach dem Krankenhausfinanzierungsrecht werden die in folgender Abbildung dargestellten korrespondierenden Posten der Gewinn- und Verlustrechnung der Anlage 2 zur KHBV einbezogen.

Nr. 1	Erlöse aus Krankenhausleistungen
Nr. 11	Erträge aus Zuwendungen zur Finanzierung von Investitionen
Nr. 13	Erträge aus der Auflösung von Sonderposten/Verbindlichkeiten nach dem KHG und aufgrund sonstiger Zuwendungen zur Finanzierung des Anlagevermögens
Nr. 15	Aufwendungen aus der Zuführung zu Sonderposten/Verbindlichkeiten nach dem KHG und aufgrund sonstiger Zuwendungen zur Finanzierung des Anlagevermögens

Abbildung 8.1.2-9: Korrespondierende Posten der Gewinn- und Verlustrechnung zu den Forderungen und Verbindlichkeiten nach dem Krankenhausfinanzierungsrecht

Soweit im Geschäftsjahr Erträge bzw. Aufwendungen aus Ausgleichsbeträgen für frühere Geschäftsjahre zu verzeichnen sind, sind diese im Rahmen der Posten Nr. 4a (Erträge) bzw. Nr. 21 (Aufwendungen) als davon-Vermerk gesondert auszuweisen.

Ansatz der Ausgleichsposten aus Eigenmittel- und Darlehensförderung

Gemäß § 5 Abs. 5 KHBV ist in Höhe der Abschreibungen auf eigenmittelfinanzierte Anlagegüter, für welche die Voraussetzungen für einen Ausgleichsanspruch lt. KHG vorliegen, in der Jahresbilanz ein aktiver Ausgleichsposten für Eigenmittelförderung zu bilden.

Analog dazu ist nach § 5 Abs. 4 KHBV für Darlehen, für die entsprechende KHG-Fördermittel bewilligt worden sind, in Höhe des Teils der Abschreibungen des damit finanzierten Anlageguts, der nicht durch den Tilgungsanteil der Fördermittel gedeckt ist, in der Jahresbilanz auf der Aktivseite ein Ausgleichsposten aus Darlehensförderung zu bilden.

Für den umgekehrten Fall kann sich auch ein passiver Ausgleichsposten aus Darlehensförderung in Höhe des Tilgungszuschusses ergeben, der die Abschreibungen auf die mit diesen Darlehen finanzierten Anlagegütern übersteigt.

Abschreibung > Tilgung	Aufwandsüberschuss	Aktiver Ausgleichsposten für Darlehensförderung
Tilgung > Abschreibung	Ertragsüberschuss	Passiver Ausgleichsposten für Darlehensförderung

Abbildung 8.1.2-10: Bilanzierung von Ausgleichsposten aus Darlehensförderung

Aus der oben dargestellten Art der Bilanzierung der krankenhausspezifischen Ausgleichsposten ergeben sich für die Prüfung der Ausgleichsposten folgende Risiken:

- Die Bilanzierung erfolgt nicht entsprechend den Vorgaben der KHBV.
- Die Abstimmung mit dem eigenmittelfinanzierten (Alt)bestand des Anlagevermögens ist nicht möglich.

Die folgende Abbildung stellt den Risiken die entsprechenden Prüfungsziele und Prüfungshandlungen gegenüber.

Risiko	Prüfungsziele	Prüfungshandlungen
Bilanzierung nicht entsprechend der KHBV/ Abstimmung mit eigenmittelfinanziertem Anlagevermögen nicht möglich	Bestehen, Genauigkeit, Bewertung des Ausgleichspostens für Eigenmittelförderung; Aufwand/Ertrag aus der Zuführung von Ausgleichsposten	Abstimmung der Veränderung des Ausgleichspostens für Eigenmittelförderung mit den Abschreibungen des Geschäftsjahres auf eigenfinanziertes förderfähiges Anlagevermögen, das vor Beginn der Krankenhausförderung 1972 angeschafft wurde sowie mit den Buchgewinnen bzw. -verlusten des abgegangenen eigenfinanzierten und förderfähigen Anlagevermögens
	Bestehen, Genauigkeit, Bewertung des Ausgleichspostens für Darlehensförderung; Aufwand/Ertrag aus der Zuführung von Ausgleichsposten	Abstimmung der Veränderung des Ausgleichspostens aus Darlehensförderung mit dem jährlichen Tilgungsanteil, Zinsaufwand sowie den Abschreibungen des Geschäftsjahres auf die mit diesen Mitteln finanzierten Vermögensgegenstände des Anlagevermögens (förderfähige Investitionen vor 1972)

Abbildung 8.1.2-11: Ausgewählte Risiken, Prüfungsziele und Prüfungshandlungen bei der Prüfung von Ausgleichsposten

Bei der Prüfung des Ansatzes von Ausgleichsposten wird der Abschlussprüfer zudem die Existenz der Voraussetzungen prüfen, die zur Bildung eines Ausgleichspostens führen.

Bei der Prüfung des Ausgleichsposten für Eigenmittelförderung ist zu beachten, dass dieser laut KHBV in der Bilanz angesetzt werden darf, sofern ein Ausgleich verlangt werden kann (vgl. § 5 Abs. 5 KHBV). Nach der Mehrzahl der Landeskrankenhausgesetze, z. B. für Nordrhein-Westfalen durch § 26 Abs. 3 KHGG NRW, ist damit zu prüfen, ob eine Ersatzinvestition gefördert wurde und die Mittel oder ihr Gegenwert noch im Vermögen des Krankenhausträgers vorhanden sind.

Zwar führt eine Ersatzinvestition nicht dazu, dass der Ausgleichsposten für Eigenmittelförderung unzulässig wird, der Vermögenswert wird weiterhin bis zur Höhe des Ausgleichsanspruchs durch den Vermögensgegenstand der Ersatzinvestition bzw. den entsprechenden finanziellen Mitteln gewährleistet, jedoch wird die Bewertung dieses Ausgleichspostens von dieser Überlegung maßgeblich beeinflusst, so dass dieser Sachverhalt bei einer Prüfung des Postens zu berücksichtigen ist.

Bei der Prüfung der Bewertung des Ausgleichspostens für Eigenmittelförderung wird der Abschlussprüfer sich vergewissern, dass die Höhe der Abschreibungen auf die aus Eigenmitteln finanzierten Vermögensgegenständen plausibel, korrekt und nachvollziehbar kalkuliert wurde.

Bei der Bewertungsprüfung von Ausgleichsposten für Darlehensförderung wird sich der Abschlussprüfer außerdem vergewissern, dass das Kalkulationsschema zur Bestimmung des Tilgungs- bzw. Zinsanteils der jeweiligen Annuität korrekt und nachvollziehbar hinterlegt ist und damit eine korrekte Bestimmung und letztendlich Verbuchung der Zuführung bzw. Auflösung des jeweiligen Ausgleichspostens erfolgen kann.

Im Hinblick auf eine mögliche Realisierbarkeit (Werthaltigkeit) eines Ausgleichspostens für Eigenmittelförderung ist zu prüfen, ob das Krankenhaus allen Nachweisverpflichtungen gerecht werden kann. Werden beispielsweise nur die handelsrechtlichen Mindestaufbewahrungsanforderungen gemäß § 257 Abs. 4 HGB beachtet (10 Jahre), kann der Nachweis im Ausgleichseintrittsfall schwierig werden. Dies kann der Werthaltigkeit eines Ausgleichsanspruchs entgegenstehen.

Im Zusammenhang mit der Prüfung der Ausgleichsposten ist es im Vorfeld der Abschlussprüfung für das jeweilige Krankenhaus notwendig, die folgenden Tätigkeiten vorzubereiten:

- Zusammenstellung einer Gesamtübersicht über Ausgleichsposten des Krankenhauses, abgestimmt mit dem Anlagennachweis nach Finanzierungsarten.
- Ermittlung der Restbuchwerte der mit geförderten Darlehen finanzierten Investitionen zum Stichtag; als Hilfsmittel zum Auffinden der betroffenen Investitionen können die Verwendungsnachweise dienen, welche der Beantragung und Bescheidung der Fördermittel der Darlehen zu Grunde gelegen haben.
- Ermittlung der Restschuldbestände der geförderten Darlehen zum Stichtag.
- Zusammenstellung der bis zum Bilanzstichtag aufgelaufenen Tilgungsanteile der gewährten Fördermittel.
- Ermittlung der Abschreibungen auf die mit Eigenmitteln finanzierten Investitionen.
- Fortschreibung des Ausgleichspostens aus Eigenmittelförderung.

Im Rahmen der Prüfung der Ausgleichsposten werden die korrespondierenden GuV-Posten mit einbezogen.

Nr. 12	Erträge aus der Einstellung von Ausgleichsposten aus Darlehensförderung und für Eigenmittelförderung
Nr. 14	Erträge aus der Auflösung des Ausgleichspostens für Darlehensförderung
Nr. 16	Aufwendungen aus der Zuführung zu Ausgleichsposten aus Darlehensförderung
Nr. 19	Aufwendungen aus der Auflösung der Ausgleichsposten aus Darlehensförderung und für Eigenmittelförderung

Abbildung 8.1.2-12: Korrespondierende Posten der Gewinn- und Verlustrechnung zu den Ausgleichsposten aus Eigenmittelförderung bzw. Darlehensförderung

Erfassung der Erlöse aus Krankenhausleistungen

Im Folgenden werden die in folgender Abbildung dargestellten krankenhaustypischen Erlöse als Erlöse aus Krankenhausleistungen verstanden.

Nr. 1	Erlöse aus Krankenhausleistungen (KGr. 40)
Nr. 2	Erlöse aus Wahlleistungen (KGr. 41)
Nr. 3	Erlöse aus ambulanten Leistungen des Krankenhauses (KGr. 42)
Nr. 4	Nutzungsentgelte der Ärzte (KGr. 43)
Nr. 4a	Umsatzerlöse nach § 277 Absatz 1 des Handelsgesetzbuchs, soweit nicht in den Nummern 1 bis 4 enthalten

Abbildung 8.1.2-13: Erlöse aus Krankenhausleistungen

Mit Änderung der Umsatzerlösdefinition in § 277 Abs. 1 HGB durch das Bilanzrichtlinie-Umsetzungsgesetz (BilRUG) erfolgte eine Ausweitung der Umsatzerlöse u. a. auf vormals als sonstige betriebliche Erträge einzuordnende Geschäftsvorfälle, die nun unter Nr. 4a ausgewiesen werden.

Festzuhalten bleibt, dass die Umsatzgenerierung und Leistungsabrechnung im Krankenhaus abhängig von der Art der erbrachten Krankenhausleistung (voll-, teil-, vor-, nachstationär bzw. ambulant) und von dem bestehenden Rechtsverhältnis (gesetzlich krankenversicherte Patienten, Privatpatienten, zur Sozialhilfe berechtigte Patienten) zwischen Krankenhaus und Patienten ist.

Aus dieser komplexen Art der Erfassung der Erlöse aus Krankenhausleistungen leitet sich das im Rahmen der Prüfung zu berücksichtigende Risiko der Existenz fehlerhafter Abrechnungen von Krankenhausleistungen bzw. auch Rückzahlungsverpflichtungen ab.

Aufgrund der hohen Anzahl gleichartiger Geschäftsprozesse, die den Umsatzprozess eines Krankenhauses prägen, wird der Abschlussprüfer regelmäßig Systemprüfungen heranziehen, mit dem Ziel, Verständnis für den Umsatzprozess und den Aufbau des internen Kontrollsystems zu entwickeln. Üblicherweise wird er die Wirksamkeit von Kontrollmaßnahmen zur Vermeidung, Aufdeckung oder Korrektur wesentlicher Falschangaben auf der Aussageebene prüfen (Funktionsprüfungen); dabei wird sich der Abschlussprüfer vergewissern, ob das interne Kontrollsystem kontinuierlich bestanden hat und wirksam war.

Zur Erläuterung: Systemprüfungen beziehen sich auf die Kontrollen interner Krankenhaus-Kontrollsysteme, wie zum Beispiel auf die Verprobung der Erlöse aus der Finanzbuchhaltung mit der Krankenhausstatistik. Diese krankenhausinterne Kontrolle soll eine fehlerhafte Abrechnung von Krankenhausleistungen bzw. eine fehlerhafte Berechnung der Erlösausgleiche vermeiden. Durch Verprobung der Umsätze anhand des durch Fallpauschalenkatalog, Budgetvereinbarung bzw. Leistungsstatistiken vorgegebenen Mengen-Entgelt Gerüsts, sollte vermieden werden, dass zu hohe oder zu niedrige Umsätze ausgewiesen werden.

Schließlich wird der Abschlussprüfer durch einen Abgleich der ausgewiesenen Umsätze mit der Budgetvereinbarung/Fallpauschalenkatalog mittels Preis-Mengen-Gerüst darüber urteilen, ob der Kontrolle auch die nötige Wirksamkeit zukommt.

Durch eine krankenhausseitige Prüfung der Patientenakte soll das Risiko einer fehlerhaften Erfassung von Patientendaten abgedeckt werden, um die Vollständigkeit und das Bestehen der Erlöse aus Krankenhausleistungen abzusichern. Wenn Patientendaten von der administrativen Patientenanmeldung in das Abrechnungssystem eingepflegt werden, besteht das Risiko der Erfassung fehlerhafter Daten auf der Chipkarte. Fehlerhaft kann auch die Zuordnung von Diagnosen zum jeweiligen Fall sein. Eine Kontrolle sollte demzufolge so aufgebaut sein, dass dies durch die Plausibilisierung der Patientenakten in der Patientenverwaltung auffällt. Die Stichprobenerhebung und der Funktionstest auf Grundlage einer Auswahl an Patientenakten wird dem Prüfer Aufschluss über die Wirksamkeit der Kontrolle geben.

Zur Vermeidung der Falscherfassung von Abrechnungsdaten werden die von den Ärzten eingegebenen Daten durch Krankenhausmitarbeiter auf Plausibilität geprüft. Eine solche Kontrolle der abzurechnenden Daten soll zur Absicherung der Vollständigkeit und der Existenz der Erlöse aus Krankenhausleistungen beitragen. Die angemessene Einrichtung und Umsetzung dieser Kontrolle ist dabei Prüfungsgegenstand im Rahmen der Abschlussprüfung.

Bei der Prüfung der Krankenhausumsätze besteht zudem das Risiko der Generierung nicht realisierter Umsätze, ein sogenanntes Fraud-Risiko. Deswegen sollte die Abrechnung der jeweiligen Leistung ohne Fallfreigabe durch den berechtigten Arzt nicht möglich sein. Sofern eine derartige

Kontrolle im Krankenhaus besteht, wird der Prüfer diese zur Sicherung der Existenz der Erlöse aus Krankenhausleistungen überprüfen.

Weiterhin existiert das Risiko der Abrechnung von Krankenhausleistungen ohne Rechtsgrundlage, was direkten Einfluss auf das Bestehen, die Vollständigkeit und die Bewertung von Krankenhauserlösen hat. Ohne Vorlage einer Kostenübernahme durch den Kostenträger sollten Abrechnungen damit nicht möglich sein. Die Implementierung und Umsetzung dieser krankenhausseitigen Kontrolle liegt dabei im Interesse des Prüfers.

Weitere Risiken, die insbesondere die Genauigkeit des Ausweises der Erlöse aus Krankenhausleistungen beeinflussen, betreffen zum Beispiel:

- die mögliche falsche Codierung aufgrund fehlerhaft hinterlegter Stammdatensätze für die Leistungsabrechnung,
- falsch hinterlegte Abteilungs- und Basispflegesätze bei der Abrechnung nach BPflV,
- die falsche Codierung zur Abrechnung (falsche DRG).

Der Abschlussprüfer wird die Maßnahmen des jeweiligen Krankenhauses hinsichtlich ihrer angemessenen Implementierung und Wirksamkeit beurteilen, durch die diese Risiken abgedeckt werden sollen. Regelmäßig sind das die mit den oben genannten Risiken korrespondierenden Kontrollen:

- Abgleich der systemseitig eingepflegten Daten für die Abrechnung mit dem Fallpauschalenkatalog zur Vermeidung der Verwendung falsch hinterlegter Stammdatensätze,
- Einsatz von zertifizierten Groupern, Einbeziehung des Medizincontrollings zur Verhinderung der Abrechnung falscher DRGs.

Zur Sicherung der Genauigkeit der Erlöse aus Krankenhausleistungen sollte eine regelmäßige Überprüfung der entlassenen, aber noch nicht abgerechneten Fälle zur Vermeidung eines hohen Abrechnungsrückstaus stattfinden. Dazu kann zum Beispiel der Kostenstellenverantwortliche fortlaufend eine Übersicht zum Abrechnungsrückstau erstellen und damit regelmäßig die zeitnahe Abrechnung überwachen.

Neben der Beurteilung des Aufbaus einer solchen Kontrolle wird sich der Prüfer über ihre Effektivität in Form eines Abgleichs der aggregierten Auswertung mit dem jeweiligen Systemausdruck vergewissern. Bei der Prüfung der Erlöse aus Krankenhausleistungen wird der Abschlussprüfer auch aussagebezogene Prüfungshandlungen durchführen. Analytische Prüfungshandlungen umfassen hierbei u. a.:

- Plausibilisierung der Umsatzerlöse bzw. eine Abstimmung mit der Erlösstatistik,
- Mehrjahresvergleich der Umsatzerlöse, Fälle, Verweildauern und der Case-Mix-Indizes,
- Fälle zur Rechnungskürzung durch den MD

Weitere aussagebezogene Prüfungshandlungen mit den jeweiligen Prüfungszielen und abzudeckenden Risiken sind in folgender Abbildung dargestellt.

Risiko	Prüfungsziele	Prüfungshandlungen
Fehlerhafte Abrechnung von Krankenhausleistungen; Rückzahlungsverpflichtungen	Bestehen, Genauigkeit, Bewertung der Erlöse aus Krankenhausleistungen	Prüfung der Erlösverprobung: rechnerische Prüfung der Erlösverprobung, Abstimmung des zu Grunde gelegten Mengengerüsts mit der Leistungsstatistik des Krankenhauses, Abstimmung der Preise (Fallpauschalen, Sonderentgelte, Basisfallwert)
	Bestehen, Genauigkeit, Ausweis der Erlöse aus Krankenhausleistungen	Rechnerische Prüfung der Erlösausgleichsberechnung und Abstimmung der Berechnung mit gesetzlichen Grundlagen, Abstimmung der zu Grunde gelegten Daten mit Finanzbuchhaltung und Leistungsstatistik
	Ausweis der Erlöse aus Krankenhausleistungen	Durchsicht Konten Finanzbuchhaltung auf korrekten Ausweis entsprechend der KHBV

Abbildung 8.1.2-14: Ausgewählte Risiken, Prüfungsziele und Prüfungshandlungen bei der Prüfung der Erlöse aus Krankenhausleistungen

Zur Gewährleistung der zeitnahen Prüfungsdurchführung für die Erlöse aus Krankenhausleistungen sind seitens des jeweiligen Krankenhauses einige Tätigkeiten vorzubereiten bzw. Unterlagen zusammenzutragen, welche dem Abschlussprüfer wie folgt zur Verfügung gestellt werden müssen:

- Zusammenstellung der genehmigten Budgetvereinbarungen des Vorjahres, des laufenden und des Folgejahres,
- Aktueller Bescheid über die Planbetten,
- Statistiken und Leistungsnachweise, incl. Belegungsstatistik nach Fachabteilungen (Bettenzahl, Pflegetage, Auslastung, Fälle, Verweildauer),
- Erlösverprobungen (für jede Erlösart); Erlösverprobung von Leistungen, bei denen die kassenärztliche Vereinigung Kostenträger ist (beseitigte und nicht geklärte Differenzen sind zu erläutern),
- Preise für Wahlleistungen des vergangenen und laufenden Jahres,
- Unterlagen zur Berechnungsgrundlage bei der Berechnung der Ausgleiche für das Berichtsjahr sowie Unterlagen zur Verrechnung des Ausgleiches des Vorjahrs,
- Unterlagen zur Erlösverprobung Ein- und Zweibettzimmer (Tage Einbettzimmer, Tage Zweibettzimmer, Euro-Betrag / Tag), dazu Vereinbarung mit PKV und Belegungsstatistik,
- Für pflegebudgetrelevante Bereiche die Ermittlung der Pflegepersonalkosten,
- Für ambulante Leistungen Nachweis, dass das Krankenhaus Träger der Ambulanz ist,
- Aufstellung der abgerechneten Fälle der Notfallambulanz,
- Überblick über die abgerechneten Leistungen anderer ambulanter Leistungen des Krankenhauses,

- Für Nutzungsentgelte der Ärzte Abstimmungsunterlagen über die Beteiligung der Ärzte an den stationären Wahlleistungen und Abgabe der Ärzte aus Einnahmen aus ambulanten Leistungen – Dokumentation der Berechnung der Abgaben am Beispiel eines Arztes, Verträge mit liquidationsberechtigten Ärzten sowie quartalsweise Abrechnungen der Ärzte,
- Erfassung je Arzt in gesonderter Liste der Entwicklung der Nutzungsentgelte (abgestimmt mit der Finanzbuchhaltung)
  - Bestand Forderung je Arzt 1. Januar
  - Zahlungen auf Forderungen Vorjahr
  - Nutzungsentgelte je Quartal
  - Zahlungen auf Forderungen laufendes Jahr
  - Bestand Forderung je Arzt 31. Dezember.
- Auflistung von Drittmittelprojekten nach Studien unter ärztlicher Kontrolle mit Personal- und Sachkonten

8.1.3 Prüfung des Lageberichtes

Umfang und Gegenstand der Lageberichtsprüfung

Umfang und Gegenstand der Prüfung des Lageberichtes ergeben sich aus § 317 Abs. 2 Satz 1 HGB. Danach hat der Abschlussprüfer zu prüfen, ob der Lagebericht

- mit dem Jahresabschluss sowie mit den bei der Prüfung gewonnenen Erkenntnissen in Einklang steht und
- ob der Lagebericht insgesamt ein zutreffendes Bild von der Lage des Unternehmens vermittelt.
- Dabei ist auch zu prüfen, ob die Chancen und Risiken der zukünftigen Entwicklung im Lagebericht zutreffend dargestellt sind (§ 317 Abs. 2 Satz 2 HGB)
- Die Prüfung des Lageberichts hat sich auch darauf zu erstrecken, ob die gesetzlichen Vorschriften zur Aufstellung des Lageberichts beachtet worden sind.

Weitere Prüfungspflichten ergeben sich darüber hinaus aus den gesetzlichen Grundlagen zum Prüfungsbericht und Bestätigungsvermerk (§§ 321 und 322 HGB).

Im Prüfungsbericht ist vorweg zu der Beurteilung der Lage des Unternehmens durch die gesetzlichen Vertreter Stellung zu nehmen, wobei insbesondere auf die Beurteilung des Fortbestands und der künftigen Entwicklung des Unternehmens einzugehen ist (§ 321 Abs. 1 Satz 2 HGB). Daneben ist angesichts der Berichtspflicht nach § 321 Abs. 2 Satz 1 HGB zu prüfen, ob der Lagebericht den gesetzlichen Vorschriften sowie ggf. den ergänzenden gesellschaftsvertraglichen bzw. satzungsmäßigen Bestimmungen entspricht.

Die oben beschriebenen Regelungen gelten analog für den Konzernlagebericht.

Im Bestätigungsvermerk ist auf im Rahmen der Prüfung festgestellte fortbestandsgefährdende Risiken gesondert einzugehen und die zutreffende Darstellung von Chancen und Risiken der zukünftigen Entwicklung im Lagebericht zu beurteilen (§ 322 Abs. 2 Satz 3 und Abs. 6 Satz 2 HGB).

Sämtliche gesetzlich vorgeschriebenen oder von DRS 20 geforderten Angaben des Lageberichts sind in die Prüfung einzubeziehen. Das IDW betont in diesem Zusammenhang, dass der Lagebericht mit der gleichen Sorgfalt zu prüfen ist wie der Jahresabschluss (IDW PS 350 n. F., Rz. 12). Der Lagebericht sollte dem Abschlussprüfer – zumindest im Entwurf – zu Beginn der Prüfung vorliegen.

Durchführung der Lageberichtsprüfung

Die gesetzlichen Grundlagen zur Prüfung des Lageberichts stellen die Bedeutung der sachgerechten Darstellung von Chancen und Risiken des Unternehmens heraus. Alle Informationen zur wirtschaftlichen Grundlage des Unternehmens, die der Abschlussprüfer im Rahmen der Prüfung erhebt, sind bereits unmittelbare Grundlage für die Prüfung des Lageberichtes (IDW PS 350 n. F., Rz. 12).

Es ist zu prüfen, ob Prognosen und Wertungen als solche gekennzeichnet sind und diesen die tatsächlichen Verhältnisse zugrunde liegen, d. h., ob die Prognosen und Wertungen wirklichkeitsnah sind (IDW PS 350 n. F., Rz. 41). Zur Plausibilisierung dieser Prognosen können Datenbanken und Modelle Anwendung finden. Prognosemodelle können zwar nicht die notwendige Branchenkenntnis des Abschlussprüfers substituieren, aber eine Grundlage zur Prüfung des Lageberichts sein und Hinweise zu Chancen und Risiken des Krankenhauses geben.

8.2 Erweiterter Prüfungsumfang

Häufige Erweiterungen des Prüfungsumfanges bei Krankenhäusern sind:

- Erweiterung der Abschlussprüfung nach Haushaltsgrundsätzegesetz,
- Prüfung der Verwendung der Fördermittel,
- freiwillige und gesetzliche Bescheinigungen für Krankenhäuser.

8.2.1 § 53 Haushaltsgrundsätzegesetz

Die Pflicht zur Prüfung gemäß § 53 Haushaltsgrundsätzegesetz (HGrG) kann sich aus dem jeweils anzuwendenden Landes- bzw. Kommunalrecht ergeben. Unabhängig von kommunal- bzw. landesrechtlichen Bestimmungen kann von Krankenhäusern in einer Rechtsform des privaten Rechts, bei denen Gebietskörperschaften mehrheitlich beteiligt sind, auf Grundlage des § 53 Abs. 1 HGrG verlangt werden, ihren Prüfungsumfang zu erweitern.

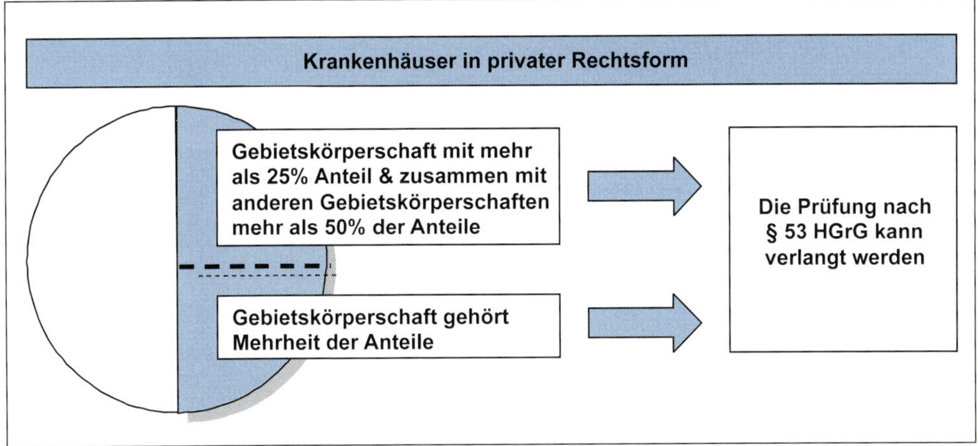

Abbildung 8.2.1-1: Rechtsgrundlagen zur Prüfungspflicht nach § 53 HGrG für Krankenhäuser in privater Rechtsform

Daneben wird die Prüfung nach § 53 HGrG auch bei anderen Rechtsformen angewandt. Beispielsweise muss die Charité – Universitätsmedizin Berlin nach § 33 des Berliner Universitätsmedizingesetzes § 53 HGrG entsprechend anwenden.

Zielsetzung des § 53 HGrG ist es, der beteiligten Gebietskörperschaft neben Jahresabschluss und Lagebericht ein zusätzliches Informations- und Kontrollinstrument zur Verfügung zu stellen.

Bei prüfungspflichtigen Krankenhäusern wird auf der Grundlage des jeweilig anzuwendenden Landesrechts bzw. der Kommunalvorschriften der Umfang der Abschlussprüfung durch eine Prüfung nach dem Haushaltsgrundsätzegesetz gemäß § 53 HGrG auf die Ordnungsmäßigkeit der Geschäftsführung und die wirtschaftlichen Verhältnisse ausgedehnt.

Maßstab für die Prüfung der Einhaltung der Vorschriften des § 53 HGrG ist der gemeinsam von Vertretern des IDW-Fachausschusses für öffentliche Unternehmen und Verwaltungen, des Bundesministeriums der Finanzen sowie des Bundesrechnungshofs und der Landesrechnungshöfe herausgegebene Fragenkatalog des IDW PS 720, „Berichterstattung über die Erweiterung der Abschlussprüfung nach § 53 HGrG“ (in der aktuellen Fassung vom 9. September 2010).

Der Fragenkatalog gem. IDW PS 720 umfasst dabei die in folgender Abbildung dargestellten Themenbereiche.

Fragenkreis 1	Tätigkeit von Überwachsungsorganen und Geschäftsleitung sowie individualisierte Offenlegung der Organbezüge
Fragenkreis 2	Aufbau- und ablauforganisatorische Grundlagen
Fragenkreis 3	Planungswesen, Rechnungswesen, Informationssystem und Controlling
Fragenkreis 4	Risikofrüherkennungssystem
Fragenkreis 5	Finanzinstrumente, andere Termingeschäfte, Optionen und Derivate
Fragenkreis 6	Interne Revision
Fragenkreis 7	Übereinstimmung der Rechtsgeschäfte und Maßnahmen mit Gesetz, Satzung, Geschäftsordnung, Geschäftsanweisung und bindenden Beschlüssen des Überwachungsorgans
Fragenkreis 8	Durchführung von Investitionen
Fragenkreis 9	Vergaberegelungen
Fragenkreis 10	Berichterstattung an das Überwachungsorgan
Fragenkreis 11	Ungewöhnliche Bilanzposten und stille Reserven
Fragenkreis 12	Finanzierung
Fragenkreis 13	Eigenkapitalausstattung und Gewinnverwendung
Fragenkreis 14	Rentabilität/Wirtschaftlichkeit
Fragenkreis 15	Verlustbringende Geschäfte und ihre Ursachen
Fragenkreis 16	Ursachen des Jahresfehlbetrages und Maßnahmen zur Verbesserung der Ertragslage

Abbildung 8.2.1-2: Fragenkreise nach IDW PS 720 zur Prüfung nach § 53 HGrG

Gemäß IDW PS 720 sind Größe, Rechtsform und Branche des jeweiligen Unternehmens bei der Beantwortung der Fragen angemessen zu berücksichtigen. Damit muss bei der Bearbeitung der Fragen des Fragenkatalogs nach IDW PS 720 den krankenhausspezifischen Branchenbesonderheiten Rechnung getragen werden.

Im Rahmen der Prüfung nach § 53 Haushaltsgrundsätzegesetz sind folgende Tätigkeiten vom jeweiligen Krankenhaus vorzubereiten bzw. die dafür notwendigen Unterlagen bereitzustellen:

- Geschäftsverteilungsplan, Organisationsplan, Dienst- und Arbeitsanweisungen
- Planungswesen mit Vermögens-, Finanz- und Ertragsplan, Investitionsplan, Stellenplan, Zwischenberichterstattung
- Nachweis über Dokumentation von Verträgen (z. Bsp. EDV, Grundstücksverwaltung)
- Form der Kostenrechnung
- Liquiditätsplan, Liquiditätsmanagement, Kreditüberwachung, Mahnwesen

- Darstellung Risikofrüherkennungssystem
- Innenrevision: Planung und Durchführung
- Versicherungsschutz: Inhalt und Aktualisierung
- Zustimmung von Aufsichtsorganen zu Geschäften des Geschäftsjahres
- Form und Inhalt der Berichterstattung an Aufsichtsorgane
- Beschaffungsordnung; Durchführung von Investitionen und sonstigen Anschaffungen mit Angaben zur Wirtschaftlichkeitsberechnung und Vergabe; Überschreitung von geplanten Investitionen
- Angabe zu Maßnahmen zur Verbesserung der Ertragslage

8.2.2 Risikofrüherkennungssystem

Nach § 317 Abs. 4 HGB ist im Rahmen der Prüfung von börsennotierten Aktiengesellschaften zu beurteilen, ob der Vorstand die ihm laut § 91 Abs. 2 AktG obliegenden geeigneten Maßnahmen getroffen hat „...insbesondere ein Überwachungssystem einzurichten, damit den Fortbestand der Gesellschaft gefährdende Entwicklungen früh erkannt werden." Ziel der Implementierung eines Risikofrüherkennungssystems ist es, bestandsgefährdende Entwicklungen rechtzeitig zu erkennen.

Je nach Größe und Komplexität der Unternehmensstruktur hat die aktienrechtliche Regelung, wie in der Begründung zum Regierungsentwurf des § 91 AktG ausgeführt, auch eine Ausstrahlungswirkung auf Unternehmen mit einer anderen Rechtsform als der der Aktiengesellschaft.

Bei Krankenhäusern, die § 53 HGrG anwenden müssen, beinhaltet der Katalog im Fragenkreis 4 u. a. die Frage danach, ob die Geschäftsführung nach Art und Umfang Frühwarnsignale definiert und Maßnahmen ergriffen hat, mit deren Hilfe bestandsgefährdende Risiken rechtzeitig erkannt werden können, also ob ein Risikofrüherkennungssystem eingerichtet ist.

Das Risikofrüherkennungssystem stellt die Gesamtheit aller organisatorischen Reglungen und Maßnahmen zur Risikofrüherkennung und zur Bewältigung der Risiken unternehmerischer Betätigung dar. In diesem Sinne trägt das Risikofrüherkennungssystem im Krankenhaus zu einem ausgeprägten Risikobewusstsein und damit zur bewussten Kontrolle, Steuerung und Limitierung des unternehmerischen Risikos bei.

Schließlich dient das Risikofrüherkennungssystem dazu, sich ergebende Chancen zu erkennen, was letztlich ein Beitrag zur Steigerung des Unternehmenswertes sein kann.

Die Grundlagen der Prüfung des Risikofrüherkennungssystems bildet der IDW Prüfungsstandard IDW PS 340 n. F., wobei der Standard auch Stellung zur Vorgehensweise bei der Errichtung eines Risikofrüherkennungssystems nimmt.

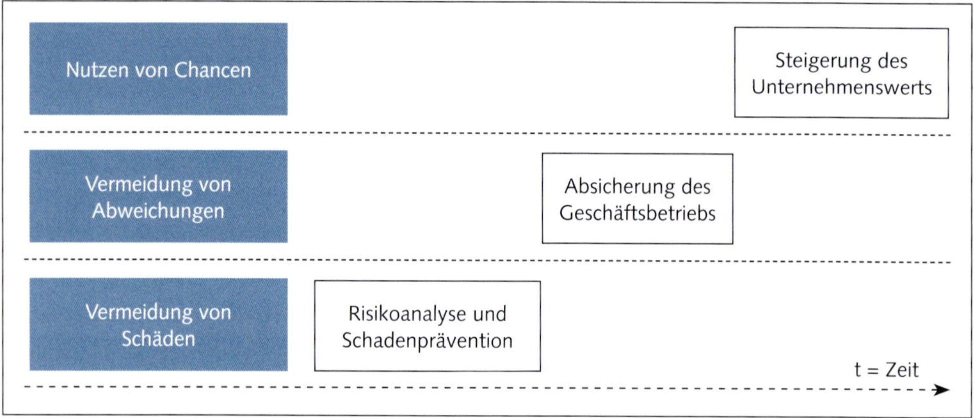

Abbildung 8.2.2-1: Nutzen des Risikofrüherkennungssystems

Krankenhausspezifische Risiken der künftigen Entwicklung können sich aus verschiedenen Risikoquellen ergeben. Die folgende Abbildung zeigt hierfür Beispiele.

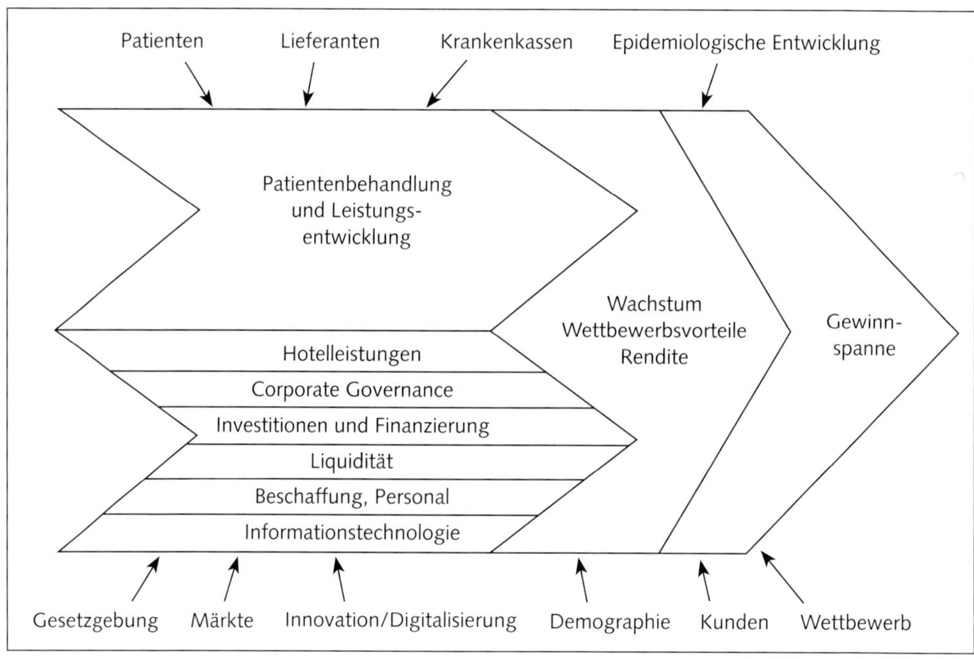

Abbildung 8.2.2-2: Mögliche Risiken im Krankenhaus (prozessorientierte Darstellung)

Weiterhin können die folgenden Beispiele für krankenhausspezifische Risiken der künftigen Entwicklung gegeben werden:

- politische Risiken (z. B. Gesundheitsreform, neues Vergütungssystem, Regulatorik, Anpassung der Finanzierung, Krankenhausplanung auf Landesebene)

- Gesamtwirtschaftliche Risiken, z. Bsp. Corona und damit zusammenhängende Auswirkungen
- Entgeltvereinbarungen oder Budgetverhandlungen mit Kostenträgern
- Entwicklung der Fördermittel
- regionale Konkurrenz, z. B. hinsichtlich der Einnahmen im Wahlleistungsbereich, Patientenströme
- Instandhaltungs- und Investitionsstau
- fehlende Einbindung des Krankenhauses in neue Versorgungsstrukturen (insb. Integrierte Versorgung)
- Einmalige Ereignisse (z. B. Einführung DRG, Herauslösen des Pflegebudgets aus den DRG)
- Risiken im Bereich der Patientengewinnung (unzureichende Beziehungspflege zu Ärzten im Umland, Imageprobleme, zunehmende Konkurrenz durch Netzwerkbildungen, unzureichende Nachsorge, Probleme bei der Patientenbindung)
- Risiken im Bereich der medizinischen und pflegerischen Betreuung (veraltete Behandlungsmethoden, Kunstfehler, Qualitätsrisiken, unzureichende Ausbildung des Personals, Arbeitsmarktsituation für krankenhausspezifische Berufsgruppen)
- Risiken aus dem Bereich Personal (Mitarbeiterbindung und -gewinnung)
- Risiken aus dem Bereich der Bewirtschaftung (überalterter Objektbestand, Leerstandskosten, unzureichendes Betriebskostenmanagement)
- Risiken im Bereich Rechnungswesen und Controlling (Probleme in der Leistungserfassung, sachgerechte Bilanzierung des Anlagevermögens, unzureichendes Reportingsystem, lückenhaftes Finanz- und Liquiditätsmanagement, fehlende Kostenträgerrechnung, unzureichendes Kostenmanagement, Genauigkeit der Codierung)

8.2.3 Prüfung der Fördermittelverwendung

Ausgangspunkt für die Prüfung der zweckentsprechenden, sparsamen und wirtschaftlichen Verwendung der Fördermittel ist das jeweilige Krankenhausrecht der einzelnen Bundesländer, wobei der handelsrechtliche Prüfungsumfang von der Berichterstattung über die Fördermittelverwendung erweitert wird.

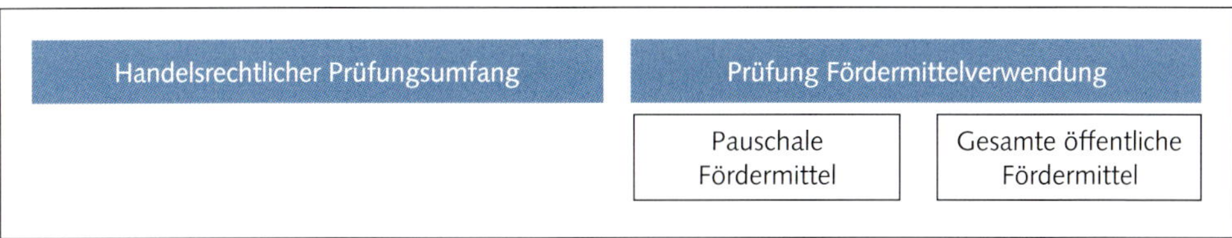

Abbildung 8.2.3-1: Einordnung der Prüfung der Fördermittelverwendung

Grundlage der Fördermittelverwendungsprüfung ist der vom Krankenhaus anzufertigende Verwendungsnachweis. Dieser bezieht sich auf die grundsätzlich in Frage kommenden Förderarten nach dem KHG: Einzelförderung (§ 9 Abs. 1 KHG), Pauschalförderung (§ 9 Abs. 3 KHG) bzw. sonstige Förderungen (§ 9 Abs. 2 KHG).

Dabei haben die Länder ihr Interesse an einer ordnungsgemäßen Verwendung der von ihnen bereitgestellten Fördermittel regelmäßig als Anspruch auf einen Nachweis über die Verwendung von Fördermitteln gesetzlich geltend gemacht.

Obwohl nicht alle Landeskrankenhausgesetze Vorschriften zur Erbringung eines Fördermittelverwendungsnachweises enthalten, existieren im Wesentlichen für jedes Bundesland zumindest ergänzende Reglungen wie Förderungsverordnungen, verbindliche Nebenbedingungen für Fördermaßnahmen oder ähnliche Vorschriften, die als Richtlinien zur Durchführung der Förderung Bestimmungen zu Inhalt, Gliederung und Form des Nachweises enthalten.

Bundesland	Regelung
Baden-Württemberg	§ 23 LKHG BW: Verwendungsnachweispflicht der gesamten öffentlichen Fördermittel, keine Prüfungspflicht durch den Jahresabschlussprüfer
Bayern	• Bayerisches Krankenhausgesetz (BayKrG): keine Verwendungsnachweispflicht • Verordnung zur Durchführung des Bayerischen Krankenhausgesetzes
Berlin	• § 8 LKG Berlin: Prüfung der Verwendung der gesamten öffentlichen Fördermittel vorgeschrieben • Krankenhausförderungs-Verordnung
Brandenburg	§ 22 LKGBbg: Verwendungsnachweis der pauschalen Fördermittel erfolgt durch den Prüfungsbericht des Wirtschaftsprüfers
Bremen	§ 19 BremKHG: Verwendung der gesamten öffentlichen Fördermittel ist nachzuweisen
Hamburg	• § 29 HmbKHG: Prüfung der Verwendung der gesamten öffentlichen Fördermittel vorgeschrieben • Pauschalförderungsverordnung
Hessen	• § 16 HKHG: Prüfung der Verwendung der pauschalen Fördermittel vorgeschrieben • Krankenhausförderrichtlinie
Mecklenburg-Vorpommern	§ 22 LKHG M-V: Verwendungsnachweis der gesamten öffentlichen Fördermittel per Prüfungsbericht des Wirtschaftsprüfers
Niedersachsen	§ 10 NKHG: keine Prüfungspflicht, Verwendungsnachweisprüfung der öffentlichen Fördermittel kann durch Angehörige der wirtschaftsprüfenden oder steuerberatenden Berufe erfolgen
Nordrhein-Westfalen	§ 30 KHGG NRW: Prüfung der Verwendung der pauschalen Fördermittel vorgeschrieben
Rheinland-Pfalz	• keine Verwendungsnachweispflicht aus Landeskrankenhausgesetz • § 2 KhZuÜVO / § 23, 44 LHO: Nachweispflicht aller Fördermittel
Saarland	§ 20 SKHG: Prüfung der Verwendung der pauschalen Fördermittel vorgeschrieben
Sachsen	• § 35 SächsKHG: Prüfung der Verwendung der pauschalen Fördermittel vorgeschrieben • Nebenbestimmungen für Einzelförderungen nach § 10 SächsKHG
Sachsen-Anhalt	§ 12 KHG LSA: Prüfbescheinigung zur Verwendung der Fördermittel für nichtkommunale Krankenhäuser vorgeschrieben
Schleswig-Holstein	§ 25 LKHG: Verwendungsnachweispflicht mit Prüfungspflicht für pauschale Fördermittel
Thüringen	§ 14a ThürKHG: Prüfung im Rahmen der Jahresabschlussprüfung zur Verwendung der pauschalen Fördermittel vorgeschrieben

Abbildung 8.2.3-2: Pflicht zur Prüfung der Fördermittelverwendung nach Bundesländern

Der Umfang des Verwendungsnachweises der Fördermittel ist je nach Bundesland unterschiedlich ausgestaltet.

Zum einen erstreckt sich der Verwendungsnachweis – nach den Landeskrankenhausgesetzen – teilweise nur auf die zweckentsprechende, sparsame und wirtschaftliche Verwendung der pauschalen Fördermittel, während andererseits, wie z. B. in Hamburg, für die gesamten öffentlichen Fördermittel Verwendungsnachweise erbracht werden müssen. Zum anderen schreibt das Krankenhausrecht einiger Bundesländer die Prüfung der Verwendungsnachweise durch Wirtschaftsprüfer oder Wirtschaftsprüfungsgesellschaften vor, wohingegen andere Bundesländer, wie z. B. Bayern, geringe Anforderungen in dieser Sache stellen.
Die vom Krankenhaus bzw. Krankenhausträger jeweils vorzubereitenden Tätigkeiten für die Prüfung der Fördermittelverwendung umfassen dabei u. a.:

- Anfertigung Verwendungsnachweis
- Bereitstellung Fördermittelbescheid (Bewilligungsbescheid mit Rechtsbehelfserklärung; erfolgt i. d. R. mit allgemeinen Nebenbedingungen)
- Zusammenstellung Mieteinahmen aus geförderten Vermögensgegenständen mit Angabe von
- Bestätigung, dass der Krankenhausbetrieb nicht beeinträchtigt wird
- Planskizzen vermieteter Räumlichkeiten
- Entwürfe Mietverträge
- Zusammenstellung der Zinsen Bankguthaben mit Ermittlung durchschnittlicher Verzinsung
- Zusammenstellung der Abgänge von Sachanlagen mit Angabe von
- Anschaffungspreis
- Anschaffungsdatum
- Nutzungsdauer
- Zeitpunkt Abgang
- Preisermittlung
- Zahlungseingang
- Zusammenstellung Investitionen mit Angabe von
- Anschaffungspreis
- Anschaffungsdatum
- Nutzungsdauer
- Wirtschaftlichkeitsberechnung
- Vergabeauftrag
- Unterlagen zu einer erfolgten Ausschreibung

Zur Prüfung der zweckentsprechenden Verwendung von Fördermitteln können die vom IDW verfassten Verlautbarungen IDW PH 9.420.1 und IDW PS 650 herangezogen werden.

Gemäß IDW PH 9.420.1 ist über das Ergebnis der Prüfung entsprechend der IDW Prüfungsstandards bzw. -hinweise im Prüfungsbericht des Wirtschaftsprüfers und – sofern gesetzlich vorgesehen – im Bestätigungsvermerk zu berichten, wobei eine gesonderte Bescheinigung zur Vorlage beim jeweiligen Regierungspräsidenten bzw. Landesrechnungshof zu erstellen ist.

Der Nachweis soll in Tabellenform erfolgen, wobei die in nachstehender Abbildung am Beispiel von Nordrhein-Westfalen dargestellte Mindestgliederung des IDW PH 9.420.1 eingehalten werden sollte.

Weiterhin weist IDW PH 9.420.1 darauf hin, dass Nebenkosten des Geldverkehrs abzusetzen sind. Zudem sind für jede Position der tabellarischen Übersicht Angaben zu machen, in jedem Fall auch Null-Angaben.

Anfangsbestand der nicht zweckentsprechend verwendeten pauschalen Fördermittel zum 1.1. des lfd. Jahres	
+	Zugewiesene Fördermittel des lfd. Jahres
+	Abgetretene Fördermittel
+	Umgewidmete Fördermittel
+	Erlöse aus der Vermietung von geförderten Räumen/Ausstattungen
./.	Im lfd. Jahr verwendete Fördermittel zur Finanzierung von Investitionen nach § 18 Abs. 1 Nr. 1 KHGG NRW
./.	Im lfd. Jahr verwendete Fördermittel zur Finanzierung von Krediten nach § 21 Abs. 5 KHGG NRW
./.	Im lfd. Jahr verwendete Fördermittel zur Finanzierung von Nutzungsentgelten nach § 21 Abs. 6 KHGG NRW
./.	Im lfd. Jahr verwendete Fördermittel zur Finanzierung von Anlauf- und Umstellungskosten nach § 27 KHGG NRW
+	Zinserträge
+	Erlöse aus Anlageabgängen
+	Versicherungserstattung geförderter Anlagegüter
Endbestand der noch nicht zweckentsprechend verwendeten pauschalen Fördermittel zum 31.12. des lfd. Jahres (ggf. Vorgriff)	

Abbildung 8.2.3-3: Mindestangaben zum Verwendungsnachweis pauschaler Fördermittel nach IDW PH 9.420.1

Zur Prüfung der Einzelförderungen bzw. sonstigen Förderungen nach dem KHG gibt es keine Verlautbarungen oder ähnliche Stellungnahmen, obwohl das Landeskrankenhausrecht einiger Bundesländer, wie z. B. Sachsen-Anhalt, nicht nur die Prüfung der pauschalen Fördermittel erforderlich macht. Teilweise kommt es hier auf die Regelungen im jeweiligen Fördermittelbescheid (bei Einzelförderung) an.

Grundlagen der Verwendungsnachweisprüfung bilden Auflistungen der Investitionen des Geschäftsjahres i. S. d. des KHG bzw. der Abgrenzungsverordnung, die nach Ausweisposten des Jahresabschlusses und Konten der Buchführung gegliedert sind.

Bei der Prüfung der Fördermittelverwendung sind die nachfolgend dargestellten Aspekte zu berücksichtigen – wobei darauf hinzuweisen ist, dass die Fördermittelverwendungsprüfung immer in Abhängigkeit der zu Grunde liegenden Landesgesetze bzw. dem individuellen Fördermittelbescheid auszugestalten ist.

- Verwendungszweck und Förderfähigkeit,
- Abgrenzung nicht förderfähiger Aufwendungen,
- Existenz von Wertgrenzen,
- Bestehen von Mitteilungspflichten,
- Zeitliche Aspekte zu Anforderung und Verbrauch von Fördermitteln,
- Vergabegrundsätze und Ausschreibungspflichten,
- Rechnerische Darstellung der Fördermittel,
- Behandlung von Kapitalerträgen,
- Behandlung von Erträgen aus Anlagenabgängen,
- Einhaltung sonstiger Nebenbedingungen,
- sparsame und wirtschaftliche Verwendung.

	Prüfung Wirtschaftsprüfer	Keine Prüfungspflicht
Landeskrankenhausgesetze (erfordern Verwendungsnachweis	**Berlin** Prüfung pauschaler Fördermittel durch Wirtschaftsprüfer, Einzelförderung durch Senatsverwaltung	**Baden-Württemberg** Nachweispflicht aller Fördermittel
	Hamburg Prüfung aller Fördermittel durch Wirtschaftsprüfer	**Bremen** Nachweispflicht aller Fördermittel
	Brandenburg Prüfung aller Fördermittel durch Wirtschaftsprüfer	**Niedersachsen** Prüfung aller Fördermittel kann durch Wirtschaftsprüfer erfolgen, ansonsten Überwachung durch Ministerien
	Hessen Prüfung pauschaler Fördermittel durch Wirtschaftsprüfer, ansonsten Überwachung durch Bewilligungsbehörde	**Bayern** Nachweispflicht aller Fördermittel
	Nordrhein-Westfalen Prüfung pauschaler Fördermittel und der Baupauschale durch Wirtschaftsprüfer	
	Saarland Prüfung pauschaler Fördermittel durch Wirtschaftsprüfer, keine Vorschriften zu Einzelförderung	
	Sachsen Prüfung pauschaler Fördermittel durch Wirtschaftsprüfer, ergänzend Richtlinien zur Einzelförderung	
	Sachsen-Anhalt Prüfung aller Fördermittel durch Wirtschaftsprüfer bzw. Rechnungsprüfungsamt	
	Thüringen Prüfung aller Fördermittel durch Wirtschaftsprüfer, ergänzend Richtlinien zur Einzelförderung	
	Mecklenburg-VP Prüfung aller Fördermittel durch Wirtschaftsprüfer	
	Schleswig-Holstein Prüfung aller Fördermittel durch Wirtschaftsprüfer	
Sonstiges Landesrecht		**Rheinland-Pfalz** Nachweispflicht aller Fördermittel

Abbildung 8.2.3-4: Notwendigkeit der Erbringung von Verwendungsnachweisen und Prüfung durch Wirtschaftsprüfungsgesellschaften bzw. Wirtschaftsprüfer

Exkurs: Die Baupauschale in Nordrhein-Westfahlen

Bis 2008 war im Bundesland Nordrhein-Westfalen (NRW) nur die Prüfung der pauschalen Fördermittel durch den Wirtschaftsprüfer vorgesehen. Die Einzelfördermittel wurden durch den Landesrechnungshof geprüft. Mit der Reformierung der Einzelförderung von individueller Förderung zur Baupauschale wurde auch der Prüfungsauftrag des Wirtschaftsprüfers erweitert.

Das Land NRW sah die Einzelförderung als intransparent, ungerecht und ineffizient an. Mit der Einführung einer Baupauschale wurde eine völlig neue Grundlage geschaffen. Bei der Baupauschale wird eine bestimmte Summe auf die Plankrankenhäuser des Landes verteilt.

Die Baupauschale ist eine – in Abhängigkeit vom Landeshaushalt – jährlich variierende Pauschale. Die Variation wird neben den Landesmitteln primär von den Krankenhausleistungen beeinflusst. Die Leistungen sind wesentliche Grundlage für die Berechnung der Baupauschale. Bei somatischen Krankenhäusern wird die Pauschale primär nach den CM-Punkten berechnet, bei psychiatrischen Einrichtungen hingegen mittels der Behandlungstage. Folgendes Beispiel soll dies verdeutlichen:

Beispielrechnung für die Baupauschale		
Pro Bewertungsrelation (CM-Punkt)	50 Euro	Krankenhaus A:
Pro Euro Zusatzentgelt	1,6 %	10.000 CM-Punkte; 1 Million Euro Zusatzentgelte
Pro Ausbildungsplatz	64 Euro	-> 516.000 Euro Baupauschale Psychiatrie B:
Pro teilstationärem Behandlungstag	1,7 Euro	40.000 voll- und 10.000 teilstationäre Behandlungstage
Pro vollstationärem Behandlungstag	2,7 Euro	-> 125.000 Euro Baupauschale

Abbildung 8.2.3-5: Beispielrechnung für die Baupauschale in NRW

Die Verwendung der Baupauschale ist in § 21 KHGG NRW geregelt. Grundsätzlich sind die Kosten förderungsfähig, die für eine ausreichende und medizinisch zweckmäßige Versorgung nach den Grundsätzen von Sparsamkeit und Wirtschaftlichkeit erforderlich sind. Diese Bestimmung war bereits nach altem Recht implementiert. Neu ist, dass Pauschalmittel in NRW insbesondere zur Finanzierung von Krediten genutzt werden können. Des Weiteren ist gem. § 21 Abs. 9 KHGG NRW eine Umwidmung von kurzfristigen pauschalen Fördermitteln von bis zu 50 % der Jahrespauschale für Zwecke der Baupauschale gem. § 18 Abs. 1 Nr. 1 KHGG NRW möglich.

Nach § 21 Abs. 8 KHGG NRW haben die Krankenhäuser durch gesonderte Testate eines Wirtschaftsprüfers nachzuweisen, dass die Fördermittel für förderungsfähige Maßnahmen gem. § 18 Abs. 1 KHGG NRW (beinhalten auch Baupauschale) verwendet worden sind. Diese Testate sind der zuständigen Behörde jeweils zum Ende eines Kalenderjahres vorzulegen.

Zum 1. Januar 2013 erfolgte die Umstellung der bisherigen Pauschal- und Einzelförderung auf eine Investitionspauschale. Die Investitionspauschale kann für alle Fördertatbestände des § 9 KHG mit Ausnahme des § 9 Abs. 2 Nr. 5 KHG (Erleichterung der Schließung von Krankenhäusern) verwendet werden.

In die Berechnung der zugunsten eines Krankenhauses festzusetzenden Investitionspauschale sind förderhistorische Gesichtspunkte im Umfang von 20 % (§ 16 Abs. 2 Nr. 1 Brandenburgisches Krankenhausentwicklungsgesetz) und Leistungsparameter im Umfang von 80 % der insgesamt zur Verfügung stehenden Finanzmittel einzubeziehen (§ 16 Abs. 2 Nr. 2 BbgKHEG).

Die Berechnungsgrundlagen des Anteils der Investitionspauschale nach § 16 Abs. 2 Nr. 1 BbgKHEG sind:

- Zeitpunkt und Höhe der im Zeitraum 01. Januar 1991 bis 31.12.2012 im Wege der Krankenhauseinzelförderung bewilligten Finanzmittel
- Die Versorgungsstufe des Krankenhauses am 01. Januar 2013
- Die Anzahl der nach dem Feststellungsbescheid bedarfsnotwendigen vollstationären Betten und tagesklinischen Behandlungsplätze am 01. Januar 2013

Die Berechnungsgrundlagen des Anteils der Investitionspauschale
nach § 16 Abs. 2 Nr. 2 BbgKHEG sind:

- für Krankenhäuser oder Teile von Krankenhäusern im Geltungsbereich des Krankenhausentgeltgesetzes
  - die Fallpauschalen nach § 7 Abs. 1 Satz 1 Nummer 1 des Krankenhausentgeltgesetzes vom 23. April 2002 (BGBl. I S. 1412, 1422) in der jeweils geltenden Fassung,
  - die Zusatzentgelte nach § 7 Abs. 1 Satz 1 Nummer 2 des Krankenhausentgeltgesetzes in der jeweils geltenden Fassung,
  - die Entgelte nach § 6 Abs. 1 des Krankenhausentgeltgesetzes in der jeweils geltenden Fassung,
  - die Vergütung neuer Untersuchungs-und Behandlungsmethodennach § 6 Abs. 2 des Krankenhausentgeltgesetzes in der jeweils geltenden Fassung,
  - die Entgelte nach § 6 Abs. 2a des Krankenhausentgeltgesetzes in der jeweils geltenden Fassung;
- für Krankenhäuser oder Teile von Krankenhäusern im Geltungsbereich der Bundespflegesatzverordnung die Erlöse aus Pflegesätzen nach § 13 Abs. 1 Nummer 1 der Bundespflegesatzverordnung vom 26. September 1994 (BGBl. I S. 2750) in der bis zum 31. Dezember 2012 geltenden Fassung;

- die Erlöse der vor- und nachstationären Behandlungen nach § 115a des Fünften Buches des Sozialgesetzbuch vom 20. Dezember1988 (BGBl. I S. 2477, 2482) in der jeweils geltenden Fassung;
- die Entgelte für die Behandlung von Blutern mit Blutgerinnungsfaktoren nach Maßgabe der jeweils geltenden Fallpauschalenvereinbarung;
- die Entgelte für die medizinisch notwendige Aufnahme von Begleitpersonen;
- die Entgelte für die stationären Leistungen der integrierten Versorgung nach den §§ 140a bis 140d des Fünften Buches Sozialgesetzbuch in der jeweils geltenden Fassung.

Künftige Entwicklung

Mit dem Krankenhausfinanzierungsreformgesetz (KHRG) von 2009 hat der Gesetzgeber die Investitionsfinanzierung reformiert. So ist für Plankrankenhäuser eine Förderung in Form von leistungsorientierten Investitionspauschalen seit 2012 möglich. Für psychiatrische und psychosomatische Krankenhäuser gibt es eine solche Förderung seit 2014.

Der pauschalierte Investitionsbedarf wird mit Hilfe von bundeseinheitlichen Investitionsbewertungsrelationen abgebildet. Die Bundesländer legen den Investitionspreis durch einen landesindividuellen Investitionsfallwert fest. Wie im DRG-System kann sich damit die Förderhöhe für eine Leistung aus dem Investitionsrelativgewicht multipliziert mit dem Investitionspreis ergeben.

Sowohl der Zeitpunkt als auch die grundsätzliche Entscheidung, ob ein Bundesland die Investitionsbewertungsrelationen einführen wird, obliegt dem jeweiligen Land. § 10 Abs. 1 Satz 5 KHG besagt hierzu: „Das Recht der Länder, eigenständig zwischen der Förderung durch leistungsorientierte Investitionspauschalen und der Einzelförderung von Investitionen einschließlich der Pauschalförderung kurzfristiger Anlagegüter zu entscheiden, bleibt unberührt."

Das Bild der Länder zur Umsetzung der Investitionsbewertungsrelationen ist derzeit sehr heterogen. Als erstes Bundesland hat Berlin die Investitionsbewertungsrelationen zum 01.07.2015 eingeführt. In Hessen erfolgte die Einführung zum 01.01.2016 und in Bremen zum 01.01.2021. Weiterhin haben sich positiv in Bezug auf die Investitionsbewertungsrelationen bislang die Ministerien der Bundesländer Brandenburg, Sachsen-Anhalt und Saarland geäußert. Die verbleibenden Bundesländer haben sich bisher entweder noch nicht, oder ablehnend gegenüber der Einführung geäußert.

8.2.4 Bescheinigungen für Krankenhäuser

Teilweise bestehen gesetzliche Pflichten für Krankenhausunternehmen, die die Erstellung von Nachweisen und eine Bescheinigung durch den Wirtschaftsprüfer erfordern. Der jeweilige Prüfungsgegenstand ist in der Regel durch die entsprechende Norm vorgegeben. Im Folgenden sind alle zum Zeitpunkt 1. Halbjahr 2021 vorhandenen Bescheinigungen aufgeführt:

- Bescheinigung über die Aufstellung der Erlöse gemäß § 4 Abs. 3 S. 7 KHEntgG
- Bescheinigung über die Aufstellung betreffend des Ausbildungsbudget nach § 17a Abs. 7 KHG (IDW PH 9.420.4)
- Bescheinigung über die Aufstellung betreffend Hygiene-Förderprogramm nach § 4 Abs. 9 KHEntgG
- Bescheinigung über die Aufstellung zum Pflegebudget gemäß § 6a Abs. 3 KHEntgG
- Bescheinigung über die tatsächlichen Stellenbesetzung nach § 18 Abs. 2 Satz 2 BPflV
- Bescheinigung über die zweckentsprechende Verwendung von pauschalen Fördermitteln
- Bescheinigung über die zweckentsprechende Verwendung von Fördermitteln aus dem Sonderinvestitionsprogramm NRW
- Bescheinigung über den Nachweis zum jährlichen Erfüllungsgrad der Personaluntergrenzen (PpUG) nach § 137i SGB V
- Bescheinigung über die zweckentsprechende Mittelverwendung der Sonderleistung an Pflegekräfte gemäß § 26a KHG
- Bescheinigung über die zweckentsprechende Mittelverwendung der Mittel gemäß § 21 KHG für die Schaffung von Langzeitbeatmungsplätzen
- Bescheinigung über den Nachweis der Vereinbarkeit von Pflege, Familie und Beruf nach § 4 Abs. 8a KHEntgG
- Bescheinigung über die Abrechnung nach §§ 16, 17 Pflegeberufe-Ausbildungsfinanzierungsverordnung (PflAFinV)
- Bescheinigung über die zweckentsprechende Mittelverwendung der Sonderleistung an Pflegekräfte gemäß § 26d KHG

Neben den gesetzlich geforderten Bescheinigungen gibt es auch für Krankenhäuser eine Vielzahl von individualisierten Bescheinigungen, die je nach Sachverhalt und Rechtslage gesondert zu erstellen und zu prüfen sind.

Aufgrund einer hohen Dynamik in der Regulatorik und der damit verbundenen Änderungen bzw. Neuerungen der gesetzlichen Vorschriften in der Vergangenheit werden von den oben genannten gesetzlich geforderten Bescheinigungen nachfolgend lediglich zwei detaillierter erläutert.

Bescheinigung über die Aufstellung der Erlöse gemäß § 4 Abs. 3 S. 7 KHEntgG

Nach § 4 Abs. 3 Satz 7 KHEntgG hat der Krankenhausträger zur Ermittlung der Mehr- oder Mindererlöse eine vom Jahresabschlussprüfer bestätigte Aufstellung über die der Ausgleichsberechnung zu Grunde gelegten Erlöse nach § 7 Satz 1 Nr. 1, 2 und 5 KHEntgG vorzulegen.

Im Einzelnen handelt es sich dabei um die in folgender Abbildung dargestellten Komponenten.

§ 7 S. 1 Nr. 1 KHEntgG	Fallpauschalen nach dem auf Bundesebene vereinbarten Entgeltkatalog (§ 9 KHEntgG)
§ 7 S. 1 Nr. 2 KHEntgG	Zusatzentgelte nach dem auf Bundesebene vereinbarten Entgeltkatalog (§ 9 KHEntgG)
§ 7 S. 1 Nr. 5 KHEntgG	Entgelte für besondere Einrichtungen und für Leistungen, die noch nicht von den auf Bundesebene vereinbarten Fallpauschalen und Zusatzentgelten erfasst werden (§ 6 Abs 1 KHEntgG)

Abbildung 8.2.4-1: Entgelte für allgemeine Krankenhausleistungen gem. § 7 Satz 1 Nrn. 1, 2 und 5

Prüfungsgegenstand hierzu ist eine vom Krankenhausträger angefertigte und dem Abschlussprüfer vorgelegte Erlösaufstellung, die als Anlage zur Bescheinigung des Abschlussprüfers den Kostenträgern bei den Budgetverhandlungen vorgelegt wird. Eine Musterbescheinigung ist dazu vom IDW KHFA verabschiedet worden.

Bescheinigung der Stellenbesetzung im Bereich Hygienefachpersonal

Nach § 4 Abs. 9 KHEntgG bekommen Krankenhäuser bei Neueinstellungen oder Aufstockungen vorhandener Teilzeitstellen von qualifiziertem ärztlichen und pflegerischen Hygienepersonal in Abhängigkeit vom Berufsbild zwischen 50 % und 75 % der zusätzlichen Personalkosten für die Jahre 2020 bis 2022 finanziert. Die Fort- und Weiterbildung des qualifizierten ärztlichen und pflegerischen Hygienepersonals wird ebenso wie vereinbarte externe Beratungsleistungen durch Krankenhaushygienikerinnen oder Krankenhaushygieniker mit abgeschlossener Weiterbildung zur Fachärztin oder zum Facharzt für Hygiene und Umweltmedizin oder für Mikrobiologie, Virologie und Infektionsepidemiologie pauschal in Höhe von EUR 400 je Beratungstag finanziert. Gemäß § 4 Abs. 9 Satz 8 i. V. m. § 4 Abs. 8 Satz 9 KHEntgG a. F. hat das Krankenhaus den anderen Vertragsparteien eine Bestätigung des Jahresabschlussprüfers über die Stellenbesetzung von in Vollkräfte umgerechnetem ärztlichen und pflegerischen Hygienepersonal zum jeweiligen Jahresende und der zweckentsprechenden Verwendung der Mittel vorzulegen.

8.3 Sonderthemen

8.3.1 Die Beurteilung der Fortführung der Unternehmenstätigkeit

Nach § 252 Abs. 1 Nr. 2 HGB ist bei der Bewertung der im Jahresabschluss ausgewiesenen Vermögensgegenstände und Schulden von der Fortführung der Unternehmenstätigkeit auszugehen, sofern dem nicht tatsächliche oder rechtliche Gegebenheiten entgegenstehen. Rechtliche Gegebenheiten können durch Zahlungsunfähigkeit (§ 17 InsO), drohende Zahlungsunfähigkeit

(§ 18 InsO) oder Überschuldung (§ 19 InsO) gegeben sein. Nach dem Rechnungslegungsgrundsatz der Fortführung der Unternehmenstätigkeit wird der Abschluss unter der Annahme aufgestellt, dass das Unternehmen für die absehbare Zukunft seine Geschäftstätigkeit fortführt. Ist die Anwendung des Rechnungslegungsgrundsatzes der Fortführung der Unternehmenstätigkeit angemessen, werden Vermögenswerte und Schulden auf der Grundlage bilanziert, dass das Unternehmen in der Lage sein wird, im gewöhnlichen Geschäftsverlauf seine Vermögenswerte zu realisieren und seine Schulden zu begleichen (IDW PS 270 n.F. Tz 4,5). Kann von der Fortführung des Unternehmens nicht mehr ausgegangen werden, hat dies Auswirkungen auf die anzuwendenden Bewertungsregeln (Fortführungs- oder Liquidationswerte).

Die gesetzlichen Vertreter haben bei der Aufstellung des Jahresabschlusses über die Berechtigung der Annahme zur Fortführung des Unternehmens zu entscheiden. Sie können grundsätzlich hiervon ausgehen, wenn das Krankenhausunternehmen in der Vergangenheit bspw. nachhaltige Gewinne erzielt hat, leicht auf finanzielle Mittel zurückgreifen kann und keine bilanzielle Überschuldung droht.

Liegen diese Kriterien nicht vor, können die im Folgenden beispielhaft genannten Ereignisse oder Gegebenheiten bedeutsame Zweifel an der Fähigkeit zur Fortführung der Unternehmenstätigkeit aufwerfen: (IDW PS 270 n.F. A5)

- Finanzwirtschaftliche Gegebenheiten,
- vergangenheits- oder zukunftsorientierte Finanzaufstellungen deuten auf negative betriebliche Cashflows hin,
- Die Schulden übersteigen das Vermögen oder die kurzfristigen Schulden übersteigen das Umlaufvermögen,
- Kredite zu festen Laufzeiten, die sich dem Fälligkeitsdatum nähern, ohne realistische Aussichten auf Verlängerung oder Rückzahlung,
- Anzeichen für den Entzug finanzieller Unterstützung durch Gläubiger,
- Erhebliche betriebliche Verluste oder erhebliche Wertbeeinträchtigung bei Vermögenswerten, die zur Erwirtschaftung von Cashflows dienen,
- Unfähigkeit, Zahlungen an Gläubiger bei Fälligkeit zu leisten,
- Unfähigkeit, Darlehenskonditionen einzuhalten, – Lieferantenkredite stehen nicht mehr zur Verfügung,
- Unmöglichkeit, Finanzmittel für wichtige Investitionen zu beschaffen,
- Unfähigkeit, Kredite ohne Sicherheitenstellung von außen zu beschaffen,
- Einsatz von Finanzinstrumenten außerhalb der gewöhnlichen Geschäftstätigkeit,
- Angespannte finanzielle Situation im Konzernverbund,
- Betriebliche Gegebenheiten
- Rückläufige Fallzahlen,

- Ausscheiden von Chefärzten ohne adäquaten Ersatz,
- Probleme bei der Nachbesetzung von Personal insbesondere im ärztlichen oder pflegerischen Bereich,
- Vertrauensverlust durch niedergelassene Ärzte,
- Nicht ausreichend kontrollierter Einsatz von Finanzinstrumenten,
- Sonstige Gegebenheiten Verstöße gegen gesetzliche Regelungen (z. B. im Bereich ambulanter Abrechnung, Hygienevorschriften),
- Häufung von Haftungsansprüchen von Patienten,
- Anhängige Gerichts- oder Aufsichtsverfahren gegen das Unternehmen, die zu Ansprüchen führen können, die wahrscheinlich nicht erfüllbar sind,
- Änderungen in der Gesetzgebung oder Regierungspolitik, von denen negative Folgen für das Krankenhaus erwartet werden.

Bei einer Häufung oder Verschärfung der vorstehend genannten Gegebenheiten befindet sich das Unternehmen im fortgeschrittenem Krisenstadium. Das Management hat eine insolvenzrechtliche Fortbestehensprognose zu erstellen. § 19 Abs. 2 Satz 1 bestimmt, dass eine Überschuldung vorliegt, wenn das Vermögen des Schuldners die bestehenden Verbindlichkeiten nicht mehr deckt, ... „es sei denn die Fortführung des Unternehmens ist in den nächsten 12 Monaten nach den Umständen überwiegend wahrscheinlich".

Maßstab der überwiegenden Wahrscheinlichkeit ist, dass die Aufrechterhaltung der Zahlungsfähigkeit wahrscheinlicher ist als der Eintritt der Zahlungsunfähigkeit. Die insolvenzrechtliche Fortbestehensprognose ist also eine Zahlungsfähigkeitsprognose. In diesem Fall ist eine Aussage über das Vorliegen von Insolvenzgründen zu treffen und die insolvenzrechtliche Fortbestehensprognose überlagert die handelsrechtliche Fortführungsprognose.

Prognosezeiträume

Beurteilungszeiträume
Fortbestehenskriterien liegen vor: Beurteilungszeithorizont ist der folgende Bilanzstichtag (12 Monate)
Krisenkriterien liegen vor und das Unternehmen befindet sich in der Krise: 12 Monate ab Aufstellung/Testat

Abbildung 8.3.1-1: Beurteilungszeiträume der Fortbestehensprognose nach IDW PS 270 n. F.

Verantwortlichkeit des Abschlussprüfers

Der Abschlussprüfer ist dafür verantwortlich, ausreichende geeignete Prüfungsnachweise darüber zu erlangen und zu einer Schlussfolgerung zu kommen, ob die Einschätzung der gesetzlichen Vertreter über die Anwendung des Rechnungslegungsgrundsatzes der Fortführung der Unternehmenstätigkeit bei der Aufstellung des Abschlusses und des Lageberichts angemessen ist. Ferner ist der Abschlussprüfer dafür verantwortlich, auf Grundlage der erlangten Prüfungsnachweise zu einer Schlussfolgerung zu kommen, ob eine wesentliche Unsicherheit über die Fähigkeit des Unternehmens zur Fortführung der Unternehmenstätigkeit besteht (IDW PS 270, Tz 10). Zur Beurteilung hat der Abschlussprüfer dabei beispielhaft die folgenden Aspekte zu beachten:

- Nachvollziehbarkeit des Planungsprozesses und der zugrundeliegenden Annahmen
- Pläne für zukünftige Maßnahmen und ob diese Pläne unter den gegebenen Umständen durchführbar sind
- Analyse und Erörterung von Cashflow-, Gewinn- und sonstigen relevanten Prognosen mit Führungskräften auf der zuständigen Managementebene
- Planungstreue in der Vergangenheit
- Plausibilisierung mittels Kennzahlen, Benchmarking und Sensitivitätsanalysen

Prüfungsbericht und Bestätigungsvermerk

Redepflichten des Abschlussprüfers

Fortbestehenskriterien liegen vor:
keine

Krisenkriterien liegen vor:
- Prüfungsbericht: Entwicklungsbeeinträchtigende Tatsachen
- Bestätigungsvermerk: keine

Das Unternehmen befindet sich in der Krise:
- Bei gebotener Eile: sofortige Redepflicht
- Bei nicht angemessener Einschätzung der Fortbestehensprognose durch die Geschäftsleitung: Versagung des Bestätigungsvermerks
- Bei angemessener Einschätzung
  - Prüfungsbericht: Bestandgefährdende Tatsachen
  - Bestätigungsvermerk: Hinweis auf Bestandsgefährdung

Abbildung 8.3.1-2: Redepflichten des Abschlussprüfers

8.3.2 Die Prüfung des Compliance Management Systems

Einführung

Als integraler Bestandteil der Corporate Governance ist das Compliance Management System (CMS) auf die Sicherstellung regelkonformen Verhaltens im Unternehmen sowie ggfs. von Dritten ausgerichtet. Ein CMS bezieht sich regelmäßig auf abgrenzbare Teilbereiche, insbesondere auf bestimmte Rechtsgebiete (z.B. Anti-Korruption und Betrug) und Geschäftsbereiche bzw. Unternehmensprozesse wie beispielsweise den Einkauf und den Vertrieb (IDW PS 980, Tz. 6, A3).

Das Institut der Wirtschaftsprüfer in Deutschland e.V. (IDW) hat im Jahr 2011 mit dem IDW PS 980 einen Prüfungsstandard veröffentlicht, der die Grundsätze ordnungsmäßiger Prüfung von Compliance Management Systemen darstellt.

Gegenstand der Prüfung sind die in einer CMS-Beschreibung enthaltenen Aussagen über das CMS (IDW PS 980, Tz. 12). Dabei wird zwischen drei Stufen der Prüfung mit ansteigendem Auftragsumfang für den Prüfer unterschieden: Konzeptions-, Angemessenheits- und Wirksamkeitsprüfung.

Gemäß Tz. 23 weist ein angemessenes CMS sieben Grundelemente auf, die miteinander in Wechselwirkung stehen und in die Geschäftsabläufe eingebunden sind.

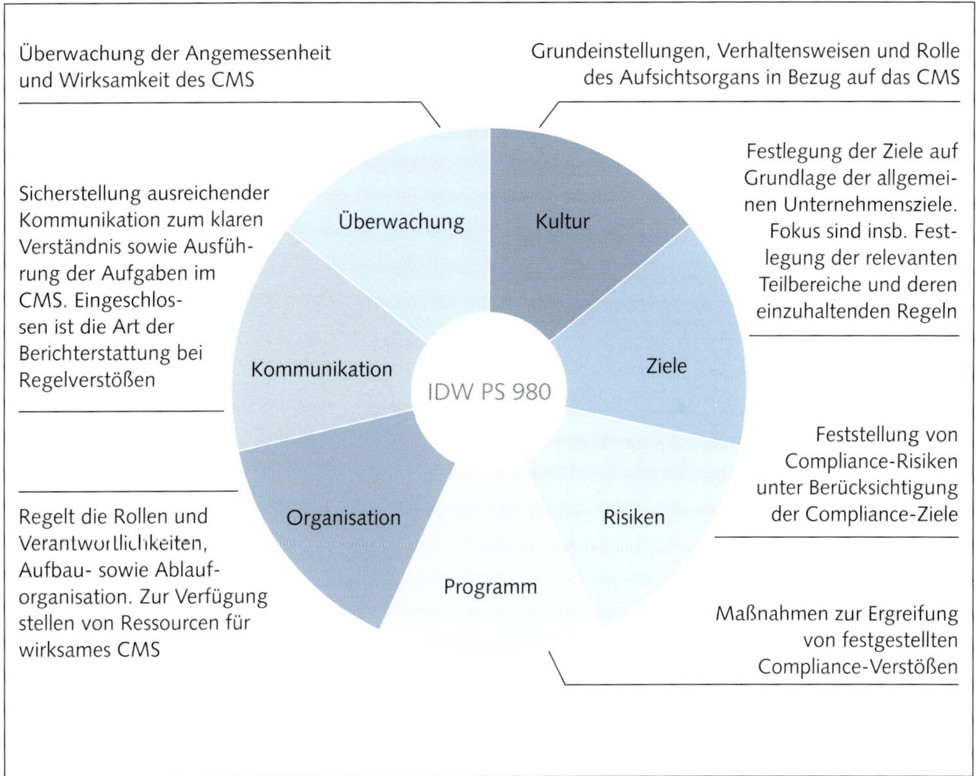

Abbildung 8.3.2-1: Grundelemente des Compliance Management-Systems (CMS) gemäß IDW PS 980; Quelle KPMG 2017 (eigene Darstellung)

Prüfungshandlungen zur Risikobeurteilung[21]

Zur Feststellung des Risikos, dass die Aussagen in der CMS-Beschreibung wesentliche Fehler aufweisen, hat sich der Prüfer mit dem rechtlichen und wirtschaftlichen Umfeld, den Merkmalen des Krankenhauses sowie den Zielen und Strategien zu befassen, soweit es/sie für den bzw. die zu prüfenden Teilbereich(e) des CMS relevant ist/sind (IDW PS 980, Tz. 40).

Konzeption des CMS

Hinsichtlich der Konzeption des CMS hat der CMS-Prüfer zu beurteilen, ob die Aussagen in der CMS-Beschreibung zur Konzeption des CMS angemessen dargestellt sind. Bei einer Konzeptionsprüfung ist die Beschreibung der Konzeption des CMS alleiniger Prüfungsgegenstand der CMS-Prüfung, zu dem der CMS-Prüfer ein Prüfungsurteil erteilt. Bei einer Angemessenheits- oder bei einer Wirksamkeitsprüfung ist die Beschreibung der Konzeption des CMS zudem Grundlage für die Feststellung und Analyse der Risiken für wesentliche Fehler und damit Ausgangspunkt für die risikoorientierte Festlegung weiterer Prüfungshandlungen.

Bei der Bestimmung von Art und Umfang der Prüfungshandlungen sind die angewandten CMS-Grundsätze, die Beschreibung des CMS durch die gesetzlichen Vertreter und die der Prüfung unterliegenden Teilbereiche des CMS zu berücksichtigen (IDW PS 980, Tz. 41 f.).

Prüfungshandlungen zur Aufbau- und Funktionsprüfung des CMS

Der Prüfer hat die Ergebnisse seiner Risikobeurteilungen zu analysieren und bei den weiteren Prüfungshandlungen zu berücksichtigen. Wenn dem Prüfer bereits anlässlich der Prüfungshandlungen zur Beurteilung der Konzeption des CMS erhebliche Mängel bekannt werden, kann er zu dem Ergebnis gelangen, dass das CMS nicht angemessen ausgestaltet ist. In diesem Fall erübrigen sich weitere Prüfungshandlungen zur Aufbau- und Funktionsprüfung des CMS (vgl. hierzu und im Folgenden: IDW PS 980, Tz. 43 ff., Tz. A32 ff.).

Im Rahmen der Aufbauprüfung des CMS hat der Prüfer zu beurteilen, ob die in der CMS-Beschreibung des Unternehmens dargestellten Grundsätze und Maßnahmen so ausgestaltet und implementiert sind, dass sie geeignet sind, mit hinreichender Sicherheit sowohl Risiken für wesentliche Regelverstöße rechtzeitig zu erkennen als auch solche Regelverstöße zu verhindern. Typische Prüfungshandlungen stellen hier insbesondere Befragungen der gesetzlichen Vertreter und von Mitgliedern des Aufsichtsgremiums, die Durchsicht von Dokumentationen des CMS (z.B. Organi-

21 Die Prüfung des Compliance Management Systems (wie auch die im folgenden Kapitel beschriebene Prüfung von Beihilfen zugunsten öffentlicher Unternehmen) ist kein Bestandteil der Abschlussprüfung und auch nicht anderweitig gesetzlich vorgeschrieben.

sationshandbücher, dokumentierte Regelverstöße und Sanktionen) oder die Beobachtung von Aktivitäten und Arbeitsabläufen im Unternehmen dar.

Die Funktionsprüfung des CMS zielt zusätzlich auf die Beurteilung ab, ob die in der CMS-Beschreibung dargestellten Grundsätze und Maßnahmen innerhalb eines bestimmten Zeitraums wirksam waren Es wird somit geprüft, ob die kontinuierliche Anwendung der im CMS verankerten Grundsätze und Maßnahmen in dem von der Prüfung abgedeckten Zeitraum gegeben ist. Der CMS-Prüfer führt in diesem Zusammenhang insbesondere folgende Prüfungshandlungen durch: Befragung von Mitarbeitern, Durchsicht von Nachweisen über die Einhaltung des Compliance-Programms (z.B. Kommunikation Verhaltenskodex, Trainingsdokumentationen), Nachvollzug von Kontrollaktivitäten sowie Einsichtnahme in die Berichte der Internen Revision.

Die Beurteilung der Kontinuität der Beachtung der Grundsätze und Maßnahmen des CMS erfordert es, dass die Funktionsprüfung einen angemessenen Zeitraum abdeckt, z. B. ein Geschäftsjahr, mindestens aber einen Zeitraum von sechs Monaten Die gewonnene Prüfungssicherheit in Bezug auf die Wirksamkeit des CMS ist bei gleicher Prü- fungsintensität umso größer, je länger der geprüfte Zeitraum ist. Sofern Prüfungshandlungen zur Beurteilung der Wirksamkeit der Grundsätze und Maßnahmen zu einem vorgezogenen Zeitpunkt durchgeführt werden, hat der Prüfer festzulegen, welche Prüfungsnachweise zur Beurteilung der Wirksamkeit für den Zeitraum bis zum Ende des zu prüfenden Zeitraums einzuholen sind.

Prüfungsurteil und Berichterstattung

Je nach vereinbarten Prüfungsumfang hat der Prüfer zu würdigen, ob ausreichend und angemessene Prüfungsnachweise als Grundlage für die Beurteilung der Aussagen in der CMS-Beschreibung über die Konzeption des CMS bzw. über die Angemessenheit, Implementierung und Wirksamkeit des CMS erlangt wurden. Ist dies der Fall, hat der Prüfer die Prüfungsfeststellungen auszuwerten und ein Prüfungsurteil zu treffen (vgl. IDW PS Tz. 58).

Der schriftliche CMS-Prüfungsbericht umfasst neben dem zusammenfassende Prüfungsurteil u. a. Ausführungen über die geprüften Teilbereiche, Darstellungen zu den vom Unternehmen angewandten CMS-Grundsätze sowie Feststellungen zum CMS. Die CMS-Beschreibung der gesetzlichen Vertreter ist dem CMS-Prüfungsbericht als Anlage beizufügen (vgl. IDW PS 980 Tz. 67, 68 und 70).

8.3.3 Prüfung von Beihilfen zugunsten öffentlicher Unternehmen

Leistungen staatlicher Stellen zugunsten bestimmter Unternehmen oder Produktionszweige können eine unzulässige Beihilfe nach Artikel 107 AEUV darstellen. Staatliche Stellen sind verpflichtet, unzulässig gewährte Beihilfen zurückzufordern, und empfangende Stellen sind verpflichtet, diese zurückzuzahlen (IDW PS 700, Tz. 1). Auch die staatliche Finanzierung von Krankenhäusern ist an Artikel 107 AEUV zu messen.

Im Einzelnen: Das Gemeinschaftsrecht untersagt den Mitgliedstaaten und ihren regionalen und lokalen Verwaltungsebenen in Artikel 107 AEUV grundsätzlich, bestimmte Unternehmen oder Produktionszweige durch die Gewährung staatlicher Mittel zu begünstigen, soweit hierdurch der Wettbewerb verfälscht wird oder eine Wettbewerbsverfälschung droht und der Handel zwischen den Mitgliedstaaten beeinträchtigt wird (IDW PS 700, Tz. 5). Falls also ein Krankenhaus staatliche Mittel zur Beseitigung einer bilanziellen Schieflage oder zum Ausgleich eines Jahresfehlbetrags erhält, kann eine verbotene Beihilfe nach Artikel 107 AEUV vorliegen. Dies gilt auch, wenn das Krankenhaus in öffentlicher Trägerschaft steht und der Ausgleich durch den Träger geleistet wird.

Das Beihilfeverbot ist mit einem Erlaubnisvorbehalt versehen, d.h. unter bestimmten Voraussetzungen kann die Beihilfe kraft Gesetzes erlaubt sein. Entsprechende Erlaubnisvorschriften finden sich in verschiedenen, durch die Mitgliedstaaten unmittelbar anzuwendenden Freistellungsverordnungen wie bspw. der sog. „De-Minimis"- Verordnung, die Bagatellbeihilfen von der Anmeldungspflicht befreit, oder dem Freistellungsbeschluss der EU-Kommission für Beihilfen im Bereich der Daseinsvorsorge (IDW PS 700, Tz. 6).

Die Befugnisse der Kommission zur Anordnung der Rückforderung von Beihilfen gelten für eine Frist von zehn Jahren. Diese Frist beginnt mit dem Tag, an dem die rechtswidrige Beihilfe dem Empfänger gewährt wird. Unterbrechungen des Fristlaufs durch Maßnahmen der Kommission sind möglich. Jede Beihilfe, für die diese Frist abgelaufen ist, gilt als bestehende Beihilfe („Bestandsschutz"), die für die Vergangenheit nicht mehr zurückgefordert werden kann (IDW PS 700, Tz. 10).

Voraussetzungen des Beihilfetatbestands aus Artikel 107 Abs. 1 AEUV

Unter den folgenden Voraussetzungen greift das grundsätzliche Beihilfeverbot des Artikels 107 Abs. 1 AEUV:

- Es muss sich um eine Maßnahme zugunsten eines Krankenhausunternehmens handeln (das EU-Beihilfenrecht verbietet nur die Begünstigung von Unternehmen)
- Die Maßnahme muss begünstigende Wirkung für das Krankenhausunternehmen haben
- Die Maßnahme muss aus staatlichen Mitteln finanziert werden

- Es muss sich um eine selektive Maßnahme handeln, d. h. sie muss ein bestimmtes Krankenhausunternehmen begünstigen
- Die Maßnahme muss die Gefahr einer Verfälschung des Wettbewerbs beinhalten sowie eine Beeinträchtigung des Handels zwischen den Mitgliedstaaten hervorrufen.

Das Altmark-Trans-Urteil

Eine begünstigende Wirkung ist insb. dann nicht gegeben, wenn die Maßnahme die Kriterien i. S. d. Altmark-Trans-Urteils des EuGH erfüllt.

Eine finanzielle Zuwendung hat dann keine begünstigende Wirkung und stellt somit keine Beihilfe i. S. d. Artikels 107 Abs. 1 AEUV dar, wenn sie dem Ausgleich von Kosten dient, die durch die Erfüllung von Krankenhausleistungen zur Daseinsvorsorge i. S. v. Artikel 106 Abs. 2 AEUV entstehen und die vier Voraussetzungen kumulativ erfüllt, die der EuGH in dem sog. Altmark-Trans-Urteil aufgestellt hat (vgl. hierzu und im folgenden IDW PS 700, Tz. 20 ff.):

1. Rechtsverbindliche Festlegung der zu erfüllenden Daseinsvorsorge-Aufgabe in einem Betrauungsakt
2. Verbindliche, vor Ausgleich der Kosten erfolgende objektive Festschreibung der Kostenparameter
3. Beachtung des Verbots der Überkompensation
4. Vergabe der Daseinsvorsorge-Leistung im Wege der Ausschreibung oder Begrenzung der Ausgleichssumme auf die Kosten eines durchschnittlichen, gut geführten und angemessen mit Sachmitteln ausgestatteten Unternehmens abzüglich der dabei erzielten Erlöse.

Freistellungsmöglichkeiten – insb. Freistellungsbeschluss 2012/21/EU als Bestandteil des „Almunia-Pakets"

Hat ein Krankenhausunternehmen eine Leistung erhalten, die nach den weiter oben erläuterten Kriterien als Beihilfe zu qualifizieren ist, so ist eine Anmeldung bei der Kommission und eine Genehmigung durch die Kommission gleichwohl entbehrlich, wenn eine gesetzliche Freistellung von der Notifizierungspflicht eingreift. Solche Regelungen enthalten insb. die Allgemeine Gruppenfreistellungsverordnung („AGVO"), die Verordnung über die Anwendung der Artikel 107 und 108 des Vertrags über die Arbeitsweise der Europäischen Union auf De-Minimis-Beihilfen an Unternehmen, die Dienstleistungen von allgemeinem wirtschaftlichem Interesse erbringen („DAWI-De-minimis-Verordnung", IDW PS 700, Tz. 27 f.) sowie der Beschluss der Kommission über die Anwendung von Art. 106 Abs. 2 AEUV auf staatliche Beihilfen in Form von Ausgleichsleistungen zugunsten bestimmter Unternehmen, die mit der Erbringung von Dienstleistungen von allgemeinem wirtschaftlichem Interesse betraut sind („DAWI-Freistellungsbeschluss").

Prüfungsschema

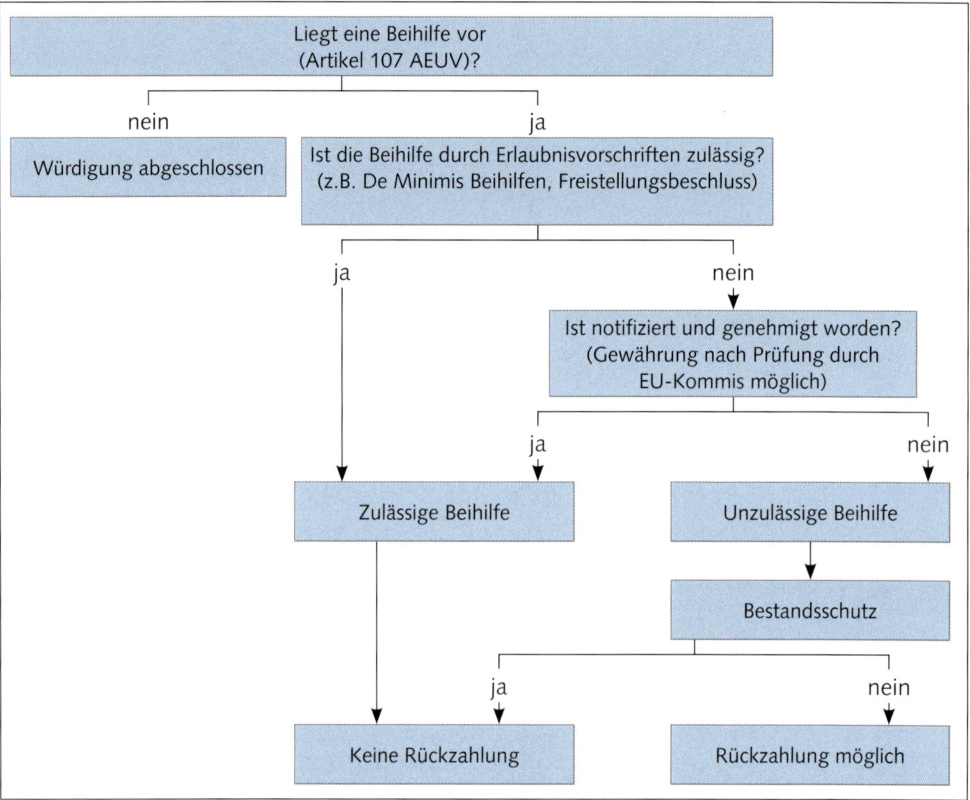

Abbildung 8.3.3-1: Prüfungsschema Beihilfen

9. Aufsichtsorgane im Krankenhaus

9.1 Die bedeutende Rolle des Aufsichtsorganes im Krankenhaus

Die Gesundheitsversorgung in Deutschland durchlebt in den letzten Jahrzehnten einen massiven Wandel, begründet aus dem Bestreben, die Gesundheitsausgaben zu begrenzen und den Auswirkungen der demografischen Entwicklung entgegenzuwirken. Von diesen Entwicklungen ist der Krankenhausmarkt nicht ausgenommen. Zahlreiche Gesetzesänderungen, der Fachkräftemangel, ein starker Wettbewerb zwischen den Einrichtungen, eine fortschreitende Privatisierung, die zunehmende Ökonomisierung des Krankenhausmarktes sowie die aktuelle Covid-19-Pandemie gehen an den Krankenhäusern nicht spurlos vorbei. Vor diesem Hintergrund erhöhen sich gleichsam auch die Ansprüche an wirkungsvolle Corporate Governance im Krankenhaus. Naturgemäß kommt hier dem Aufsichtsorgan[21] als Kontrollgremium die Aufgabe zu, das Management zu beaufsichtigen und Gefahren vom Krankenhaus abzuwenden. Im Zuge der steigenden Ansprüche an die Krankenhausführung ist daher eine weitere Professionalisierung der Aufsichtsorgane unerlässlich. So soll das Aufsichtsorgan u.a. als „Sparringpartner des Managements" nicht nur das Handeln des Managements beaufsichtigen, sondern dieses auch beraten und gemeinsam mit ihm die Entwicklung des Krankenhauses aktiv gestalten und vorantreiben. Durch das Knüpfen von unternehmensübergreifenden Beziehungen soll der Aufsichtsrat ebenfalls vermehrt den Zugang zu externen Ressourcen sicherstellen und zudem unterschiedlichen Stakeholdern eines Krankenhauses Gehör in der unternehmerischen Entscheidungsfindung verschaffen. Im Folgenden sollen die rechtlichen Grundlagen, die Organisation und Arbeitsweise des Aufsichtsorgans näher beleuchtet werden.

9.2 Rechtliche Grundlagen

9.2.1 Pflicht zur Bildung eines Aufsichtsorganes

Die Rechtsform eines Krankenhauses ist zunächst ausschlaggebend dafür, inwieweit ein Aufsichtsorgan gebildet werden muss oder nicht.

Für die geringe Anzahl von Krankenhäusern in der Rechtsform einer Aktiengesellschaft ergibt sich die Notwendigkeit zur Bildung eines Aufsichtsrates aus den Vorschriften des Aktiengesetzes (§§ 95 ff. AktG).

21 Der Begriff des Aufsichtsorgans steht im Folgenden als allgemeine Begrifflichkeit für das Überwachungs- und Kontrollorgan. An den Stellen wo gesetzliche Vorgabe von einem Aufsichtsrat sprechen, wird die entsprechende Begrifflichkeit verwendet.

Häufig wird jedoch verkannt, dass auch Krankenhäuser in der Rechtsform einer GmbH über einen Aufsichtsrat verfügen können bzw. müssen. Der Aufsichtsrat der Krankenhaus-GmbH kann dabei sowohl obligatorisch als auch fakultativ notwendig sein (vgl. ▶Abbildung 9.2.1-1). Obligatorisch ist ein Aufsichtsrat, wenn ihn das Gesetz vorschreibt. Das Gesetz betreffend die Gesellschaften mit beschränkter Haftung (GmbHG) enthält diesbezüglich keine Regelung. Im Unterschied zu den Vorschriften des AktG sieht das GmbHG den Aufsichtsrat auch nicht als zwingendes Organ vor. Allerdings kann die Etablierung eines Aufsichtsrats gemäß § 1 Abs. 1 Nr. 3 Drittelbeteiligungsgesetz (DrittelbG) bzw. § 6 Abs. 1 Mitbestimmungsgesetz (MitbestG) auch für die Krankenhaus-GmbH gesetzlich notwendig sein. Danach müssen Krankenhäuser, die mehr als 500 bzw. 2.000 Arbeitnehmer beschäftigen, einen Aufsichtsrat bilden. Ausgenommen von dieser Regelung sind Kliniken, die unmittelbar und überwiegend karitativen Bestimmungen dienen (§ 1 Abs. 2 Nr. 2a DrittelbG, § 1 Abs. 4 Nr. 1 MitbestG). Hierzu zählen Gesellschaften, deren Zweck auf eine Tätigkeit im Dienste hilfsbedürftiger, insbesondere körperlich, seelisch oder geistig kranker Menschen, gerichtet ist (vgl. Habersack & Henssler (2018), § 1 Rdnr. 63), worunter auch regelmäßig nicht kommerziell betriebene Krankenhäuser fallen. Unschädlich ist es in der Regel, wenn ein Krankenhaus einen wirtschaftlichen Geschäftsbetrieb unterhält, sofern es seine personellen und sonstigen Mittel überwiegend zur Verwirklichung seiner tendenzgeschützten Ziele einsetzt. Sind für das Krankenhaus weder das DrittelbG noch das MitbestG anwendbar, kommt dem obligatorischen Aufsichtsrat keine Bedeutung zu. Allerdings kann in solchen Fällen ein fakultativer Aufsichtsrat gebildet werden. Seine Existenz beruht im Unterschied zum obligatorischen Aufsichtsrat nicht auf dem Gesetz, sondern auf dem Gesellschaftsvertrag.

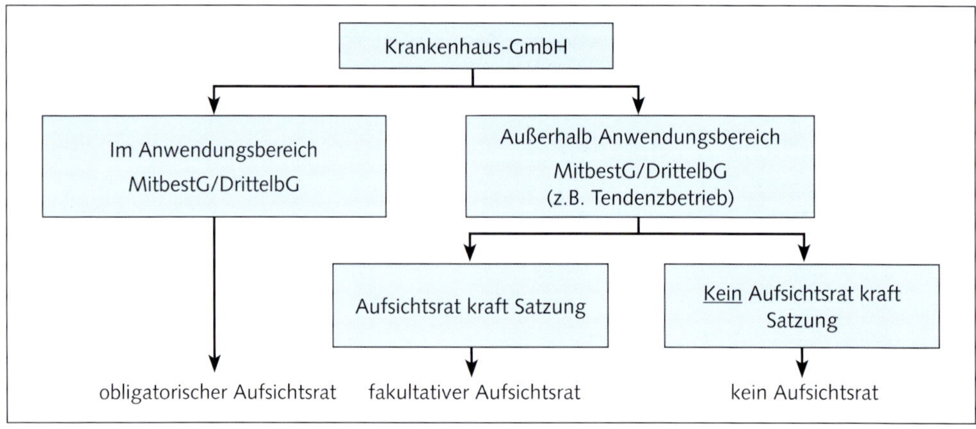

Abbildung 9.2.1-1: Aufsichtsorgane in der GmbH

Möglich ist zudem die Etablierung eines Aufsichtsrates für die Anstalt des öffentlichen Rechts. So schreibt beispielsweise Art. 6 des bayerischen Universitätsklinikagesetzes (BayUniKlinG) für die Universitätskliniken des Freistaates Bayern, die allesamt in der Rechtsform der Anstalt des öffentlichen Rechts betrieben werden (Art. 1 Abs. 1 BayUniKlinG), die Bildung eines Aufsichtsrats ausdrücklich vor[22]. Im Gegensatz hierzu findet man in der öffentlich-rechtlichen Rechtsform des Regiebetriebes grundsätzlich keinen Aufsichtsrat, da Krankenhäuser in dieser Rechtsform über keine eigenen Gesellschaftsorgane verfügen. Ähnliches gilt für den Eigenbetrieb, bei dem die Kontrollfunktion je nach landesrechtlichen Vorschriften zwischen der Betriebs-/Werkleitung, dem Betriebs-/Werkausschuss und der Gemeindevertretung aufgeteilt sein kann[23].

Rechtsform	Pflicht zur Errichtung eines Aufsichtsrats
Aktiengesellschaft	Notwendigkeit zur Bildung eines Aufsichtsrats ergibt sich aus den gesetzlichen Vorschriften der §§ 95 ff. AktG
Gesellschaft mit beschränkter Haftung	Obligatorisch (§ 1 Abs. 1 Nr. 3 DrittelbG, § 6 Abs. 1 MitbestG) oder fakultativ (Gesellschaftsvertrag / Satzung) notwendig
Anstalt des öffentlichen Rechts	Aufsichtsrat kann beispielsweise aufgrund landesspezifischer Universitätsklinikagesetze notwendig sein
Regiebetrieb	Kein Aufsichtsrat; Gesellschaft verfügt über keine eigenen Unternehmensorgane
Eigenbetrieb	Kein Aufsichtsrat; Kontrollfunktion wird je nach landesrechtlichen Vorschriften auf andere Unternehmensorgane verteilt

Abbildung 9.2.1-2: Pflicht zur Errichtung eines Aufsichtsrats

9.2.2 Der Aufsichtsrat der Aktiengesellschaft

Entgegen der weitläufigen Meinung ist die Rechtsform der Aktiengesellschaft nicht nur bei privaten Krankenhauskonzernen vorzufinden, sondern wird vereinzelt auch von Kliniken in öffentlicher und freigemeinnütziger Trägerschaft gewählt. Im Krankenhausbereich ist unter Berücksichtigung steuerlicher Anforderung auch die Rechtsform einer gemeinnützigen Aktiengesellschaft (gAG) denkbar. Der Aufsichtsrat ist dabei ein Pflichtorgan für jede dem deutschen Gesellschaftsrecht unterliegende Aktiengesellschaft. Eine Abschaffung des Aufsichtsrates durch entsprechende Bestimmungen der Satzung oder durch Beschlüsse der Hauptversammlung ist nicht möglich.

Kompetenzverteilung und Aufgaben

Das deutsche Aktiengesetz sieht zwei rechtlich selbstständige Organe für die unternehmerische Führung einer Aktiengesellschaft vor – den Vorstand sowie den Aufsichtsrat. Diese konzeptio-

22 Eine solche Regelung besteht auch in anderen Bundesländern, siehe anstelle vieler z.B. § 6 des Berliner Universitätsmedizingesetz (BerlUniMedG) oder § 8 Satz 1 des Gesetzes über das Universitätsklinikum Leipzig an der Universität Leipzig und das Universitätsklinikum Carl Gustav Carus Dresden an der Technischen Universität Dresden (Universitätsklinika-Gesetz – UKG). Ggf. kann das Organ bei gleichen Aufgaben wie ein Aufsichtsrat auch einen abweichenden Namen tragen, z.B. Verwaltungsrat, siehe § 108 des Thüringer Hochschulgesetzes (ThürHG).

23 Die Begrifflichkeiten zu Betriebsleitung/-ausschuss bzw. Werkleitung/-ausschuss unterscheiden sich je nach Bundesland, siehe z.B. Art. 88 Gemeindeordnung Bayern (Werkleitung / Werkausschuss) und § 140 Niedersächsisches Kommunalverfassungsgesetz (Betriebsleitung / Betriebsausschuss).

nelle Struktur folgt dem Gedanken einer dualen Unternehmensführung und strebt eine strikte funktionelle und personelle Trennung der unternehmerischen Kompetenzen, Aufgaben und Pflichten an. Während der Vorstand für die operative Leitung und die strategische Entwicklung des Krankenhauses verantwortlich ist (§ 76 Abs. 1 AktG), ist der Aufsichtsrat insbesondere für die Bestellung (§ 84 Abs. 1 Satz 1 AktG) und Abberufung der Vorstandsmitglieder bei wichtigem Grund (§ 84 Abs. 3 Satz 1, Abs. 4 AktG), die Bestellung des/der Vorstandsvorsitzenden bei mehrköpfigem Vorstand (§ 84 Abs. 2 AktG) sowie für die laufende Überwachung der Geschäftsführung (§ 111 Abs. 1 AktG) zuständig. Diese traditionell retrospektiv ausgeübte Kontrollfunktion (ex-post-Überwachung) wurde in den vergangenen Jahren sukzessive um eine prospektive Beratungsfunktion erweitert, sodass die Aufgaben des Aufsichtsrates auch in die Zukunft gerichtet sind. Auch der Deutsche Corporate Governance Kodex (DCGK) greift dieses veränderte Rollenverständnis des Aufsichtsrates in seinen Anforderungen an eine gute und verantwortungsvolle Unternehmensführung auf und ergänzt die Überwachungs- und Kontrollfunktion um die Aufgabe der Beratung des Vorstandes bei der Leitung des Unternehmens (DCGK, Abschnitt A.II. – Grundsatz 6). Darüber hinaus sei der Aufsichtsrat auch in Entscheidungen von grundlegender Bedeutung, d. h. in Entscheidungen, die einen bedeutenden Einfluss auf die Geschäftspolitik und Unternehmensentwicklung besitzen, einzubinden (DCGK, Abschnitt A.II. – Grundsatz 6). Dem Vorstand wird mit dem Aufsichtsrat somit ein Diskussions- und „Sparringspartner“ zur Seite gestellt, der ihm insbesondere bei der künftigen strategischen Ausrichtung des Krankenhauses im Sinne einer vorausschauenden und präventiven Überwachung unterstützend und beratend zur Seite steht. Eine besondere Rolle kommt dabei dem Vorsitzenden des Aufsichtsrates zu (DCGK, Abschnitt D.II.3 – Empfehlung D.6): Dieser soll laufend engen Kontakt mit dem Sprecher des Vorstandes halten und mit diesem über Fragen der unternehmerischen und strategischen Ausrichtung sowie Fragen des Risikomanagements und der Compliance beraten. Gleichwohl ist dabei zu betonen, dass die operative Führung weiterhin vollständig auf Seiten des Vorstandes verbleibt, sodass der Vorstand weiterhin eigenverantwortlich die Gesellschaft führt und entsprechende Entscheidungen trifft. Der/die Aufsichtsratsvorsitzende sollte jedoch nach den Anregungen des DCGK „in angemessenem Rahmen bereit sein“, Gespräche mit Investoren über solche Themen zu führen, die den Aufsichtsrat spezifisch betreffen (DCGK, Abschnitt A.II.3 – Anregung A.3)

Neben der beratenden Funktion können gemäß § 111 Abs. 4 Satz 2 AktG in der Satzung auch bestimmte Arten von Geschäften verankert sein, für die der Vorstand stets die Zustimmung des Aufsichtsrates einholen muss. Dies betrifft z.B. insbesondere Geschäfte mit nahestehenden Personen. Für diese sogenannten zustimmungspflichtigen Geschäfte steht dem Aufsichtsrat ein Vetorecht zu, mit der Konsequenz, dass bei einer Versagung durch den Aufsichtsrat die geplante Maßnahme unterbleiben muss. Nach einer solchen Versagung kann der Vorstand jedoch verlangen, dass die Hauptversammlung über die Zustimmung beschließt, wobei für eine Zustimmung eine dreiviertel Mehrheit notwendig ist (§ 111 Abs. 4 Satz 3 und 4 AktG).

Über die genannten Aufgaben und Pflichten des Aufsichtsrates hinaus ist dieser u. a. auch für die Bestellung des Abschlussprüfers (§ 111 Abs. 2 Satz 3 AktG), die Prüfung des Jahresabschlusses sowie des Lageberichts und des Gewinnverwendungsvorschlags (§ 171 Abs. 1 Satz 1 AktG) und schließlich die Feststellung und Billigung des Jahresabschlusses (§ 172 Abs. 1 Satz 1 AktG) sowie die Billigung des Konzernabschlusses (§ 171 Abs. 2 Satz 5 AktG) verantwortlich. Zudem hat der Aufsichtsrat gem. § 171 Abs. 1 Satz 4 AktG auch den gesonderten nicht-finanziellen Bericht (§ 289b HGB) und den gesonderten nichtfinanziellen Konzernbericht (§ 315b HGB) zu prüfen, sofern diese erstellt wurden.

Nach der Prüfung des Jahresabschlusses hat der Aufsichtsrat der Hauptversammlung schriftlich über den Umfang seiner Prüfung, über die Prüfung durch den Abschlussprüfer und über die jeweiligen Ergebnisse der Prüfung zu berichten. Er hat zu erklären, ob nach dem abschließenden Ergebnis seiner Prüfung Einwände zu erheben sind oder ob er den Jahresabschluss der Gesellschaft billigt (§ 171 Abs. 2 AktG). Der Berichterstattung kommt eine wichtige Funktion zu, da die Hauptversammlung nur so angemessene und ausreichende Informationen über die Rechnungslegung erhält.

Größe und Zusammensetzung

Gemäß § 95 Satz 1 und 2 AktG besteht der Aufsichtsrat aus mindestens drei Mitgliedern, wobei die Satzung auch eine höhere – nicht jedoch eine geringere – Anzahl bestimmen kann. Die Anzahl muss durch drei teilbar sein, sofern dies zur Erfüllung mitbestimmungspflichtiger Vorgaben erforderlich ist (§ 95 Satz 3 AktG). In Abhängigkeit des Grundkapitals beläuft sich die Höchstzahl der Mitglieder des Aufsichtsrates gemäß den aktienrechtlichen Vorschriften auf 21 Mitglieder (§ 95 Satz 4 AktG).

Neben § 95 AktG sind hinsichtlich der Größe und Zusammensetzung des Aufsichtsgremiums auch die gesetzlichen Vorschriften des Mitbestimmungsrechtes zu berücksichtigen, bei denen wiederum die Zahl der bei der Gesellschaft beschäftigten Arbeitnehmer das entscheidende Kriterium der Anwendbarkeit darstellt. Aktiengesellschaften mit mehr als 500, aber weniger als 2.000 Arbeitnehmern fallen unter die Vorschriften des DrittelbG. In diesen Gesellschaften muss der Aufsichtsrat zu einem Drittel aus mitbestimmungsberechtigten Arbeitnehmervertretern und zu zwei Dritteln aus Vertretern der Anteilseigner bestehen (§ 4 Abs. 1 DrittelbG). Dabei werden die Arbeitnehmervertreter durch die Arbeitnehmer der Gesellschaft gewählt. Im Unterschied dazu erfolgt die Wahl der Vertreter der Anteilseigner durch die Hauptversammlung.

Verfügt die Aktiengesellschaft über mehr als 2.000 Arbeitnehmer, sind die gesetzlichen Regelungen des MitbestG zu berücksichtigen. Diese zeichnen sich durch eine paritätische Mitbestimmung der Vertreter der Anteilseigner und Arbeitnehmer im Aufsichtsrat aus. Die Größe und Zusammensetzung des mitbestimmungspflichtigen Aufsichtsrates der Aktiengesellschaft ist in § 7 MitbestG geregelt. In Abhängigkeit von der regelmäßigen Anzahl der Arbeitnehmer bestimmt sich paritätisch die Anzahl der Aufsichtsratsmitglieder von Anteileignern und Arbeitnehmern; so ist bei Unternehmen mit in der Regel mehr als 20.000 Arbeitnehmern der Aufsichtsrat aus je zehn Mitgliedern der Anteilseigner und der Arbeitnehmer zu bestimmen (§ 7 Abs. 1 Satz 1 Nr. 3 MitbestG).

Ergänzend sei jedoch an dieser Stelle darauf hingewiesen, dass auch Aktiengesellschaften, deren Unternehmensgegenstand der Betrieb von Krankenhäusern ist, als Tendenzbetrieb von der Anwendung der Mitbestimmungsgesetze ausgenommen sind, wenn deren Tätigkeit ohne Gewinnerzielungsabsicht verfolgt wird (BayObLG, Beschluss vom 10.08.1995, 3Z BR 149/93). Somit greifen oben beschriebene Regelungen des DrittelbG und des MitbestG nur für jene Krankenhäuser, die als gewinnorientierte Aktiengesellschaft auf dem Krankenhausmarkt agieren.

Die Mitgliedschaft im Aufsichtsrat einer Aktiengesellschaft ist gemäß § 100 Abs. 1 AktG ausschließlich für natürliche und unbeschränkt geschäftsfähige Personen möglich. Weder juristische Personen des Privatrechts, wie beispielsweise eine GmbH, noch Betreuer (§ 100 Abs. 1 Satz 2 AktG) oder Minderjährige kommen somit als Mitglieder in Frage. Weitere persönliche Voraussetzungen legt § 100 Abs. 2 AktG fest, ohne hier jedoch besonders hohe Hürden zu stellen.

§ 107 Abs. 1 AktG fordert, dass der Aufsichtsrat aus seiner Mitte einen Vorsitzenden und mindestens einen Stellvertreter bestellen muss, die durch den Vorstand beim Handelsregister anzumelden sind. Die Wahl dieser Ämter erfolgt durch den Aufsichtsrat in seiner Gesamtheit. Die Aufgaben des Aufsichtsratsvorsitzenden werden im DCGK näher konkretisiert (DCGK, Abschnitt A.II. – Grundsatz 7, Anregung A.3). Zu seinen Pflichten zählen demnach die Koordination der Aufgaben im Aufsichtsrat, die Leitung von Sitzungen und die Repräsentanz des Aufsichtsrates nach außen. Darüber hinaus soll er als Bindeglied zwischen dem Aufsichtsrat auf der einen und dem Vorstand auf der anderen Seite fungieren (DCGK, Abschnitt D.II.3. – Grundsatz 16).

Die innere Organisation des Aufsichtsrates wird in der Regel – in Abhängigkeit von der Komplexität des Krankenhauses – durch die Bildung von Ausschüssen (§ 107 Abs. 3 Satz 1 AktG) weiter präzisiert. Durch ihre Bildung soll eine Steigerung der Qualität und Effizienz sowie eine Professionalisierung der Aufsichtsratstätigkeit erzielt werden. Die Bildung von Ausschüssen wird deshalb auch durch den DCGK empfohlen. Dabei weist der Kodex explizit auf die Bildung eines Prüfungs- und eines Nominierungsausschusses hin (DCGK, Abschnitt D.II.2. – Empfehlungen D.2-D.5.). Auch § 107 Abs. 3 Satz 2 AktG weist explizit auf die Möglichkeit zur Bildung eines Prüfungsausschusses hin. Mit Inkrafttreten des Gesetzes zur Stärkung der Finanzmarktintegrität (FISG) wurde für Unternehmen im öffentlichen Interesse im Sinne des § 316a Satz 2 HGB die Bildung eines Prüfungsausschusses seit Juli 2021 sogar verpflichtend festgelegt (§ 107 Abs. 4 AktG). Der Prüfungsausschuss des Aufsichtsrates muss hierbei die Anforderungen des § 100 Abs. 5 AktG erfüllen (§ 107 Abs. 4 Satz 3 AktG). Dies bedeutet, dass mindestens ein Mitglied des Prüfungsausschusses von Unternehmen von öffentlichem Interesse über Sachverstand auf dem Gebiet der Rechnungslegung und ein weiteres auf dem Gebiet der Abschlussprüfung verfügen müssen. Auf Grund häufig mangelnder Kapitalmarktausrichtung ist diese Regelung jedoch nur für eine überschaubare Anzahl an Krankenhäusern relevant. Dennoch hat die Rolle des Prüfungsausschusses (Audit Committee) in der Praxis in den letzten Jahren zunehmend an Bedeutung gewonnen. Die Schwerpunkte des Prüfungsausschusses liegen in der Überwachung der folgenden Bereiche (vgl. § 107 Abs. 3 Satz 2 AktG):

- des Rechnungslegungsprozesses,
- der Wirksamkeit des internen Kontrollsystems,
- der Wirksamkeit des Risikomanagementsystems,
- der Wirksamkeit des internen Revisionssystems,
- der Abschlussprüfung, insbesondere
  - der Auswahl und Unabhängigkeit des Abschlussprüfers,
  - der Qualität der Abschlussprüfung, und
  - der vom Abschlussprüfer zusätzlich erbrachten Leistungen, und
- der Compliance.

Gem. § 107 Abs. 3 Satz 3 AktG kann ein gebildeter Prüfungsausschuss auch Vorschläge oder Empfehlungen hinsichtlich der Gewährleistung der Integrität des Rechnungslegungssystems unterbreiten.

Weiterhin betont der DCGK, dass die Mitglieder des Aufsichtsrates zur ordnungsgemäßen Wahrnehmung ihrer Aufgaben über die erforderlichen Kenntnisse, Fähigkeiten und fachlichen Erfahrungen verfügen müssen (DCGK, Abschnitt C.I. – Grundsatz 11). Dabei verdeutlicht bereits die Wortwahl des DCGK, dass es nicht erforderlich ist, sämtliche relevanten Kompetenzen in einer Person des Aufsichtsrates zu vereinen. Vielmehr ist sicherzustellen, dass die Fähigkeiten der einzelnen Mitglieder komplementär sind und somit dem Aufsichtsrat als Ganzem die Ausübung einer effektiven Überwachungs- und Beratungsfunktion gestatten. Zu empfehlen ist dabei die Erstellung individueller Anforderungsprofile für aktuelle und künftige Mitglieder, in denen z.B. besondere betriebswirtschaftliche, juristische oder auch medizinische Kenntnisse konkretisiert werden. So ist es u.a. unverzichtbar, dass im Aufsichtsrat ein ausgeprägtes Verständnis für die Strukturen des Gesundheitswesens sowie insbesondere der Krankenhauslandschaft vorhanden ist. Auch mit den wesentlichen krankenhausspezifischen Risikobereichen sollten die Aufsichtsratsmitglieder hinlänglich vertraut sein. Dies erfordert oftmals umfassende Kenntnisse der zentralen Prozesse, der Organisation und der Leistungserbringung.

In der öffentlichen Diskussion wird bereits seit Jahrzehnten kontrovers über die Notwendigkeit sowie über die Vor- und Nachteile einer gesetzlich vorgeschriebenen Frauenquote in den Führungspositionen deutscher Unternehmen diskutiert und auch der Gesetzgeber wurde in der Vergangenheit tätig. So führte beispielsweise das „Gesetz für die gleichberechtigte Teilhabe von Frauen und Männern an Führungspositionen in der Privatwirtschaft und im öffentlichen Dienst - FüPoG" dazu, dass § 96 Abs. 2 und 3 AktG eingefügt wurden, wonach bei börsennotierten Gesellschaften, die voll mitbestimmt sind, sich der Aufsichtsrat zu mindestens 30 Prozent aus Frauen zusammensetzen muss. Weiterhin legte das o.g. Gesetz für Unternehmen, die entweder börsennotiert oder mitbestimmt sind, fest, dass hier der Aufsichtsrat konkrete Zielgrößen für den Frauenanteil im Vorstand bzw. Aufsichtsrat sowie Fristen für deren Erreichung festlegen muss (§ 111 Abs. 5 AktG, DCGK, Abschnitt B – Grundsatz 9). Die Grundsätze dieses Gesetzes wurden nun perspektivisch durch das „Gesetz zur Ergänzung und Änderung der Regelungen für die gleichberechtigte Teilhabe von Frauen an Führungspositionen in der Privatwirtschaft und im öffentlichen Dienst – FüPoG II" weiterentwickelt. Hiernach haben Unternehmen eine Zielgröße von Null „klar und verständlich" zu begründen (vgl. für börsennotierte Aktiengesellschaften auch § 289f Abs. 2 Nr. 4 HGB). Erste Erfolge sind hierbei in den Kontrollgremien börsennotierter Unternehmen erkennbar. So waren entsprechend dem Women-On-Board Index aus dem Jahr 2011 lediglich 10 % der Aufsichtsratspositionen in den 160 DAX, MDAX, SDAX und TecDAX notierten Unternehmen mit Frauen besetzt. Zehn Jahre später konnte eine Verdreifachung des Frauenanteils im Aufsichtsrat festgestellt werden (33,2 %). Doch wies auch hier noch jeder zehnte Konzern ein frauenfreies Kontrollgremium auf (vgl. Women on Board Index 185). Gerade auf Grund eines traditionell hohen Anteils an Frauen in der ärztlichen und nicht-ärztlichen Belegschaft der Krankenhäuser ist die Frage nach der Geschlechterparität in den deutschen Klinik-Aufsichtsräten von besonderer Bedeutung.

Bestellung, Amtszeit und Amtsbeendigung

Die Wahl der Mitglieder des Aufsichtsrates der Krankenhaus-AG erfolgt gemäß § 101 Abs. 1 AktG durch die Hauptversammlung. Darüber hinaus kann die Satzung ein Entsendungsrecht für bestimmte Anteilseigner vorsehen, wobei dies auf ein Drittel der Anteilseigner-Vertreter begrenzt ist. In mitbestimmten Aktiengesellschaften sind für die Wahl der Arbeitnehmervertreter zudem die rechtlichen Anforderungen des jeweiligen Mitbestimmungsgesetzes zu beachten. So erfolgt die Wahl der Arbeitnehmervertreter in der Regel durch die Arbeitnehmer der Gesellschaft.

Sowohl die aktienrechtlichen (§ 102 Abs. 1 Satz 1 AktG) als auch die mitbestimmungsrechtlichen (§ 1 Abs. 1 Satz 3 DrittelbG bzw. § 6 Abs. 2 MitbestG) Vorschriften beschränken die maximale Amtszeit der Aufsichtsratsmitglieder auf fünf Jahre, um eine übermäßige Bindung an ein Mitglied des Aufsichtsrates zu vermeiden. Jedoch wird eine Wiederbestellung in der Regel als allgemein zulässig angesehen.

Die Amtszeit der Mitglieder kann durch eine vorzeitige Abberufung beendet werden. § 103 AktG bildet die gesetzliche Grundlage der verschiedenen Szenarien. So können beispielsweise Aufsichtsratsmitglieder, die frei – also nicht an einen Wahlvorschlag gebunden – von der Hauptversammlung gewählt worden sind, ohne Angabe von Gründen abberufen werden. Es bedarf lediglich einer Dreiviertelmehrheit der Hauptversammlung (§ 103 Abs. 1 Satz 2 AktG), sofern durch die Satzung keine anderslautende Mehrheit bestimmt wird. Für die Abberufung von Arbeitnehmervertretern sehen auch die mitbestimmungsrechtlichen Vorschriften entsprechende Möglichkeiten vor (vgl. § 23 MitbestG und § 12 DrittelbG).

Sitzungshäufigkeit

Die Beratung und Beschlussfassung des Aufsichtsrates erfolgen in Sitzungen, die grundsätzlich durch den Vorsitzenden auf Verlangen der Aufsichtsratsmitglieder oder des Vorstandes einberufen werden (§ 110 Abs. 1 Satz 1 AktG). Die Sitzung muss innerhalb von zwei Wochen nach der Einberufung stattfinden (§ 110 Abs. 1 Satz 2 AktG). Das Gesetz schreibt für börsennotierte Aktiengesellschaften in § 110 Abs. 3 Satz 1 AktG zwei Sitzungen im Kalenderhalbjahr vor. In nicht-börsennotierten Aktiengesellschaften kann der Aufsichtsrat beschließen, dass nur eine Sitzung im Kalenderhalbjahr abgehalten wird (§ 110 Abs. 3 Satz 2 AktG). Neben diesen turnusmäßigen Sitzungen kann auf Verlangen eines einzelnen Aufsichtsratsmitglieds eine außerordentliche Sitzung einberufen werden.

Die Teilnahme an den Sitzungen des Aufsichtsrates ist grundlegender Bestandteil der Sorgfaltspflicht seiner Mitglieder gemäß § 116 AktG. In der Praxis ist es zudem üblich, dass auch der Vorstand an den Sitzungen des Aufsichtsrates teilnimmt. Dies fördert das enge Zusammenwirken der beiden Organe und verringert somit die inhärenten Informationsasymmetrien zwischen Vorstand und Aufsichtsrat. Gleichwohl weist der DCGK explizit darauf hin, dass der Aufsichtsrat auch regelmäßig ohne den Vorstand tagen soll (DCGK, Abschnitt D.II.4. – Empfehlung D.7).

Gerade in der Corona-Pandemie fanden Aufsichtsratssitzungen häufig auch via Videokonferenzen statt. Dabei bietet die Videokonferenz eine deutliche Flexibilisierung und kann auch zukünftig dazu beitragen, dass Aufsichtsratssitzungen häufiger und mit geringerem Koordinationsaufwand zu Stande kommen. Grundsätzlich ist hierbei allerdings § 108 Abs. 4 AktG zu beachten, wonach die Beschlussfassung des Aufsichtsrates schriftlich, fernmündlich oder über andere vergleichbare Formen (wie eben z.B. Videokonferenzen) nur dann zulässig sind, wenn kein Mitglied diesem Verfahren widerspricht. Eine entsprechende Regelung in der Satzung bzw. Geschäftsordnung, wonach Videokonferenzen von vornherein für zulässig erklärt werden, kann sinnvoll sein (vgl. Heckschen (2019), § 23 Rdnr. 255).

Vergütung

Für die Aufsichtsratsmitglieder besteht kein gesetzlicher Vergütungsanspruch. Jedoch kann gemäß § 113 Abs. 1 Satz 1 und 2 AktG eine Vergütung in der Satzung der Gesellschaft oder durch einen Beschluss der Hauptversammlung verankert werden. Dabei weist das Aktiengesetz insbesondere auf die Vermeidung einer überhöhten und somit unsachgerechten Vergütung hin. Vielmehr soll die Vergütung grundsätzlich in einem angemessenen Verhältnis sowohl zu den Aufgaben des Aufsichtsratsmitglieds als auch zur Lage der Gesellschaft stehen (§ 113 Abs. 1 Satz 3 AktG; DCGK, Abschnitt G.II. – Grundsatz 24). Darüber hinaus konkretisiert der DCGK, dass die Vergütung auch die jeweiligen Funktionen im Aufsichtsrat (z. B. Aufsichtsratsvorsitz bzw. Vorsitz der jeweiligen Ausschüsse; DCGK, Abschnitt G.II. – Empfehlung G.17) berücksichtigen sollte. Weist die Vergütung zudem erfolgsabhängige Komponenten auf, sollen diese auf eine nachhaltige Unternehmensentwicklung ausgerichtet sein (DCGK, Abschnitt G.II. – Empfehlung G.18).

Über die Vergütung des Aufsichtsrats und des Vorstandes einer börsennotierten Gesellschaft hat diese gem. § 162 Abs. 1 AktG verpflichtend einen gemeinsamen Vergütungsbericht zu erstellen. Auch der Deutsche Corporate Governance Kodex sieht vor, „dass Vorstand und Aufsichtsrat [...] jährlich nach den gesetzlichen Bestimmungen einen Vergütungsbericht" erstellen (DCGK, Abschnitt G.III. – Empfehlung G.17). Für börsennotierte Gesellschaften sind gem. § 162 Abs. 1 AktG unter Namensnennung früherer und aktueller Mitglieder des Vorstandes und Aufsichtsrats u.a. alle gewährten oder geschuldeten festen und variablen Vergütungsbestandteile anzugeben sowie Erläuterungen hinsichtlich des Vergütungssystems und der Förderung der langfristigen Entwicklung des Unternehmens hinzuzufügen. Neben monetären Vergütungen sind auch gewährte oder zugesagte Aktien(-optionen) mit einzubeziehen. Zudem ist eine vergleichende Tabelle über die jährliche Veränderung der Vergütung zu erstellen und aufzuzeigen, wie sich die über die letzten fünf Geschäftsjahre betrachtete durchschnittliche Vergütung von Arbeitnehmern entwickelt hat. Der Vergütungsbericht ist durch Vorstand und Aufsichtsrat gemeinsam aufzustellen (§ 162 Abs. 1 AktG) und durch den Abschlussprüfer zu prüfen (§ 162 Abs. 3 AktG). Über den Bericht hat die Hauptversammlung nach § 120a Abs. 4 AktG jährlich für das vorangegangene Geschäftsjahr zu beschließen, es sei denn er würde in der Hauptversammlung separat erörtert und es handelt sich um eine kleine oder mittelgroße Kapitalgesellschaft im Sinne des § 167 Abs. 1, 2 HGB (§ 120a Abs 5 AktG).

Unabhängig eines etwaigen Vergütungsanspruchs hat jedes Aufsichtsratsmitglied gemäß §§ 675, 670 BGB einen Anspruch auf Ersatz seiner Aufwendungen (vgl. Fonk NZG 2009, 761). Es bedarf hierfür weder einer gesellschaftsvertraglichen Festsetzung noch einer vertraglichen Regelung. Erstattet werden alle Aufwendungen, wenn diese einen konkreten Bezug zur Aufsichtsratstätigkeit haben und sich in einem angemessenen Rahmen halten. So sind z. B. Reise-, Übernachtungs-, Telefon- und Schreibkosten, die im Zusammenhang mit der Teilnahme an Sitzungen oder zu deren Vorbereitung stehen, grundsätzlich erstattungsfähig.

Haftung

Während die Haftung von Aufsichtsräten in der Vergangenheit eher ein rein theoretisches Thema war, gilt sie heute – vor allem in verlustträchtigen Situationen bzw. bei der Insolvenz eines Unternehmens – als echtes Berufsrisiko. Mit Blick auf die Haftung der Aufsichtsratsmitglieder ist grundsätzlich zwischen der zivilrechtlichen und der strafrechtlichen Haftung zu unterscheiden. Ferner kann zwischen der Haftung der Aufsichtsratsmitglieder

- gegenüber der Gesellschaft,
- gegenüber den Aktionären und
- in Ausnahmefällen gegenüber außenstehenden Dritten (z. B. Gläubigern der Gesellschaft) unterschieden werden.

Die Folgen einer zumindest fahrlässigen Pflichtverletzung ergeben sich nach § 116 Satz 1 AktG i.V.m. § 93 AktG (vgl. für mitbestimmte Gesellschaften aus § 25 Abs. 1 Nr. 2 MitbestG bzw. § 1 Abs. 1 Nr. 3 DrittelbG). Danach ist das pflichtwidrig handelnde Aufsichtsratsmitglied der Gesellschaft (nicht dagegen den Aktionären) zum Ersatz des ihr aufgrund der Pflichtverletzung entstehenden Schadens verpflichtet (§ 93 Abs. 2 S. 1). Ferner kann das Aufsichtsratsmitglied nach § 117 AktG bzw. den §§ 823, 826, 830 BGB haften (z.B. aus unmittelbarer Verletzung des Mitgliedschaftsrechts oder aufgrund von sittdenwidriger Schädigung).

Zivilrechtlich gilt der Grundsatz der Gesamtverantwortung. Dies bedeutet, dass die Mitglieder des Aufsichtsrates, die die Pflichtverletzung begangen haben, gemeinsam haften. Um zivilrechtlich zu haften, muss das Aufsichtsratsmitglied schuldhaft eine Pflichtverletzung begangen haben, wodurch ein Schaden für das Klinikum entstanden ist. Ferner dürfen keine Haftüngsprivilegien vorliegen (unter Umständen bei öffentlichen Krankenhäusern im Innenverhältnis – vgl. z. B. Art. 81 Abs. 3 LKrO in Bayern). Eine Pflichtverletzung liegt beispielsweise bei einer fehlenden Überwachung und Kontrolle der Klinikleitung vor.

Strafrechtlich haftet der Aufsichtsrat insbesondere bei Untreue (§ 266 StGB), Verletzungen der Verschwiegenheitspflicht (§ 404 AktG) und bei Verrat von Geschäfts- und Betriebsgeheimnissen, die das Aufsichtsratsmitglied im Rahmen seiner Tätigkeit erfahren hat (§ 17 UWG).

Um das Haftungsrisiko zu begrenzen, ist es für die Aufsichtsräte besonders wichtig, dass sie an Schulungsangeboten und Fortbildungen teilnehmen, Sitzungen sorgfältig vorbereiten, bei komplexen Themen Experten hinzuziehen und die Aufsichtsratsprotokolle hinreichend konkret sind. Ferner kann der Abschluss einer Directors'-and-Officers' (D & O)-Versicherung zur Verringerung des Haftungsrisikos beitragen. Die Versicherungsprämien werden hier in der Regel durch die Gesellschaft entrichtet. Die Haftpflichtversicherung für Vermögensschäden kann dann im Regelfall gleichermaßen Ansprüche gegen Aufsichtsräte aus der Innen- und der Außenhaftung abdecken. Ein angemessener Selbstbehalt muss nicht vereinbart werden, wie etwa für Vorstände. Auch der DCGK hat die früher enthaltene Empfehlung, einen angemessenen Selbstbehalt auch für Aufsichtsräte zu vereinbaren, mit Neufassung des Kodex in 2019 gestrichen. Dennoch besteht natürlich die Möglichkeit zur Vereinbarung eines Selbstbehaltes, der auch in den Musterbedingungen des Gesamtverbandes der Deutschen Versicherungswirtschaft e.V. zur D&O Versicherung für Aufsichtsräte und Vorstände enthalten ist.

Selbstbeurteilung

Die Selbstbeurteilung (bislang sog. Effizienzprüfung des Aufsichtsrats) stellt ein internes Analyseinstrument dar, mit dessen Hilfe Aufsichtsorgane von Krankenhäusern ihre eigene Leistungsfähigkeit evaluieren und schließlich verbessern können. Die jeweiligen rechtlichen Anforderungen an den Aufsichtsrat schaffen zwar eine regulatorische Grundlage für seine Arbeit, gewährleisten an sich jedoch noch keine wirkungsvolle Überwachung und Kontrolle des Krankenhauses. Gute Corporate Governance setzt jedoch gerade die kritische Auseinandersetzung mit der eigenen Leistungsfähigkeit voraus. Auch wenn die Selbstbeurteilung keine regulatorische Pflicht darstellt, ist es sinnvoll, dass sich Aufsichtsorgane in Krankenhäusern in Bezug auf ihre Ziele, ihre Strukturen, ihre Prozesse und ihre Ergebnisse aufmerksam hinterfragen, Verbesserungspotentiale identifizieren und adäquate Maßnahmen implementieren. Selbstbeurteilungen müssen demnach im eigenen Interesse des verantwortungsbewussten Mitglieds des Aufsichtsorgans sein. Der DCGK empfiehlt den Aufsichtsräten börsennotierter Unternehmen in Abschnitt D.V – Empfehlung D.13 eine Selbstbeurteilung dahingehend, wie wirksam der Aufsichtsrat insgesamt und seine Ausschüsse ihre Aufgaben erfüllen. Der Kodex trifft jedoch keine konkrete Aussage darüber, wie eine solche Selbstevaluation zu gestalten ist.

9.2.3 Der Aufsichtsrat der GmbH

Obligatorischer oder fakultativer Aufsichtsrat

Die Rechtsform der GmbH erfreut sich in der deutschen Kliniklandschaft größter Beliebtheit, da das Klinikum bei der Auswahl dieser Rechtsform rechtlich und organisatorisch zunehmend flexibel und unabhängiger ist. Für Krankenhäuser in der Rechtsform einer GmbH kann (wie bereits beschrieben) ein Aufsichtsrat obligatorisch oder fakultativ notwendig sein. Von einem obligatorischen Aufsichtsrat spricht man, wenn das Krankenhaus dem DrittelbG bzw. MitbestG unterworfen und nicht als Tendenzunternehmen von der Anwendung dieser Gesetze ausgenommen ist. Hier sind die Vorschriften der entsprechenden Mitbestimmungsgesetze zu beachten. Die Existenz des fakultativen Aufsichtsrats beruht im Unterschied zum obligatorischen Aufsichtsrat nicht auf dem Gesetz, sondern auf dem Gesellschaftsvertrag und somit auf dem freien Willen der Gesellschafter. Per Gesellschaftsvertrag können die Strukturen und die Arbeitsweise des Aufsichtsrats hier weitgehend frei festgelegt werden. Nur wo der Gesellschaftsvertrag schweigt, kommt § 52 GmbHG zum Tragen, der in Abs. 1 auf zahlreiche Vorschriften des AktG verweist. Gerade da § 52 GmbHG auf die Regelungen des Aktienrechtes verweist, sind die umfassenden Ausführungen in Kapitel 9.2.2 zu den aktienrechtlichen Regelungen des Aufsichtsrates für viele Krankenhäuser in der Rechtsform einer GmbH ebenfalls von Bedeutung, wobei diese per Gesellschaftsvertrag häufig – aber nicht immer – abbedungen werden können. Nachfolgende Ausführungen beziehen sich insbesondere auf den fakultativen Aufsichtsrat der Klinik-GmbH, da eine Vielzahl der Kliniken als gemeinnützige Tendenzbetriebe von der Anwendung des DrittelbG und des MitbestG ausgenommen sind.

Aufgaben

Die Aufgaben des fakultativen Aufsichtsrats ergeben sich aus § 52 Abs. 1 GmbHG in Verbindung mit den §§ 111 f. und 171 AktG. Danach hat der Aufsichtsrat:

- die Geschäftsführung zu überwachen bzw. zu beraten (präventive Überwachung) (§ 111 Abs. 1 AktG),
- den Jahresabschluss und ggf. auch den Konzernabschluss zu prüfen (§ 171 AktG) und
- die Gesellschaft gegenüber ihren Geschäftsführern gerichtlich und außergerichtlich zu vertreten (§ 112 AktG).

Per Satzung können die Aufgaben bzw. Kompetenzen des Aufsichtsrats auch erweitert oder beschnitten werden. Die Satzungsautonomie ist nur insofern beschränkt, als zwingende Grenzen im Hinblick auf die Kompetenzverteilung in der GmbH bestehen. So können dem Aufsichtsrat nicht die Vertretung der GmbH gegenüber Dritten (§ 35 Abs. 1 GmbHG), das Recht zur Satzungsänderung (§ 53 Abs. 1 GmbHG) oder Strukturentscheidungen, wie z. B. der Abschluss strukturverändernder Unternehmensverträge und die Aufnahme neuer Gesellschafter der Krankenhaus-GmbH übertragen werden. Ferner kann dem Aufsichtsrat die Aufgabe der Überwachung der Geschäftsführung nicht entzogen werden, da ein Aufsichtsrat ohne Aufsichtskompetenzen weder mit dem gesetzlichen Leitbild vereinbar noch aus der Sicht des Rechtsverkehrs vorstellbar wäre.

Allerdings sind bei der Klinik-GmbH auch die Kontrollkompetenzen der Gesellschafter (§ 46 Nr. 6 GmbHG) zu berücksichtigen. Diese können zwar an Dritte per Gesellschaftsvertrag abbedungen werden, allerdings nicht vollständig, sodass nach herrschender Meinung die Gesellschafterversammlung auch beim Bestehen eines Aufsichtsrates weiterhin überwachungsbefugt ist (Zöllner & Noack, § 46 Rdnr. 51).

Größe und persönliche Voraussetzungen

Die Größe des fakultativen Aufsichtsrats kann durch die Satzung frei bestimmt werden. Bei der Festlegung der Größe des Kontrollorgans ist darauf zu achten, dass der Aufsichtsrat die ihm zugewiesenen Aufgaben erfüllen kann. Nach herrschender Meinung ist es hierzu theoretisch sogar denkbar, dass der Aufsichtsrat lediglich aus einer Person besteht (vgl. Zöllner & Noack (2019), § 52 Rdnr. 32 m. w. N.). Trifft die Satzung keine Regelung über die Größe, so muss gemäß § 52 Abs. 1 GmbHG i. V. m. § 95 Satz 1 AktG der Aufsichtsrat aus drei Mitgliedern bestehen. Die übrigen Regelungen des § 95 AktG, wie z. B. die Erfordernisse der Teilbarkeit der Mitgliederanzahl durch drei oder die Bestimmung der Höchstzahl an Mitgliedern entsprechend dem Grundkapital (vgl. hierzu auch Kapitel 9.2.2), gelten für die Klinik-GmbH mangels eines Verweises in § 52 Abs. 1 GmbHG nicht.

Nach § 52 Abs. 1 GmbHG in Verbindung mit § 100 Abs. 1 AktG kann nur eine natürliche, unbeschränkt geschäftsfähige Person Mitglied des Aufsichtsrats sein. Ferner verweist § 52 Abs. 1 GmbHG auf § 100 Abs. 2 Nr. 2 AktG und § 100 Abs. 5 AktG, wonach Mitglied des Aufsichtsrats nicht sein kann, wer gesetzlicher Vertreter eines von der Gesellschaft abhängigen Unternehmens ist und bei Gesellschaften von öffentlichem Interesse mindestens jeweils ein Mitglied des Aufsichtsrats über Sachverstand auf dem Gebiet der Rechnungslegung und der Abschlussprüfung verfügen muss. § 52 Abs. 1 GmbHG i. V. m. § 105 Abs. 1 AktG legt darüber hinaus fest, dass ein Aufsichtsratsmitglied nicht Geschäftsführer, dauernder Stellvertreter eines Geschäftsführers, Prokurist oder Handlungsbevollmächtigter des Krankenhauses sein kann. Dieser Inkompatibilitätsgrundsatz wird nach herrschender Meinung zumindest für die Geschäftsführung als nicht dispositiv angesehen, da sich ansonsten die Unternehmensleitung selbst überwachen müsste und dies einer wirksamen Kontrolle entgegenstehen würde (Zöllner/Noack (2019), § 52 Rdnr. 39 m.w.N.).

Darüber hinaus können in der Satzung des Krankenhauses weitere Anforderungen (z. B. Alter, Familienzugehörigkeit, Kenntnisse) festgelegt sein. Diese Anforderungen dürfen jedoch nicht so gestellt werden, dass sie gegen das Diskriminierungsverbot des Allgemeinen Gleichbehandlungsgesetzes (AGG) verstoßen.

Bestellung, Amtszeit und Amtsbeendigung

Der fakultative Aufsichtsrat einer Klinik-GmbH wird, sofern die Satzung nichts anderes bestimmt, nach § 52 Abs. 1 GmbHG in Verbindung mit § 101 Abs. 1 Satz 1 AktG durch die Gesellschafterversammlung gewählt. Die Wahl kann im schriftlichen Verfahren durchgeführt werden (§ 48 Abs. 2 GmbHG) und erfolgt mit einfacher Mehrheit (§ 47 Abs. 1 GmbHG). Per Satzung kann von obigen Bestimmungen beliebig abgewichen werden. So können z. B. andere Mehrheitserfordernisse (qualifizierte Mehrheit, Einstimmigkeit) oder andere Wahlverfahren (Listen- bzw. Verhältniswahl) festgelegt werden. In öffentlichen Krankenhäusern ist bei der Wahl bzw. der Bestellung der Aufsichtsratsmitglieder eine Besonderheit zu berücksichtigen. Auf Grund kommunalrechtlicher Vorschriften ist nämlich die öffentliche Hand dazu verpflichtet, sich einen angemessenen Einfluss in Aufsichtsrat oder in einem anderen vergleichbaren Gremium der Organisation zu sichern (z.B. Art. 92 Abs. 1 Nr. 2 Bayerische Gemeindeordnung oder § 138 Abs. 3 Satz 1 Niedersächsisches Kommunalverfassungsgesetz). Hierzu sehen die Satzungen in der Regel entsprechende Entsendungsrechte der Kommune bzw. des Landkreises vor,

Die Amtszeit ist für die Mitglieder des fakultativen Aufsichtsrats gesetzlich nicht befristet. § 102 AktG findet mangels eines Verweises in § 52 Abs. 1 GmbHG auf Kliniken in der Rechtsform einer GmbH keine Anwendung. Per Satzung kann jedoch die Amtszeit zeitlich begrenzt werden. Als Beendigungsgründe der Organstellung des Aufsichtsratsmitglieds kommen

- der Ablauf der Amtszeit,
- die Abberufung, Amtsniederlegung oder vertragliche Aufhebung,
- der Entfall zwingender Wählbarkeitsvoraussetzungen,
- die Verschmelzung der Klinik durch Neugründung oder durch Aufnahme einer anderen Klinik,
- die vollständige Beendigung der Gesellschaft und
- der Tod des Aufsichtsratsmitglieds in Betracht.

Sitzungshäufigkeit

Der Aufsichtsrat eines Krankenhauses hat insgesamt zwei Sitzungen im Kalenderhalbjahr abzuhalten. Durch Beschluss kann dies auf eine Sitzung reduziert werden (§ 52 Abs. 1 GmbHG i. V. m. § 110 Abs. 3 Satz 2 AktG). Die Satzung kann darüber hinaus abweichende Bestimmungen treffen und z. B. die Sitzungsfrequenz erhöhen bzw. reduzieren. Ein Aufsichtsrat, der jedoch so selten tagt, dass er seine Aufgaben nicht mehr vollständig erledigen kann, verletzt seine Pflichten. Regelmäßig wird deshalb davon ausgegangen, dass eine Sitzung im Kalenderhalbjahr die gesetzliche Mindestanforderung ist, welche nicht unterschritten werden darf. Bei entsprechendem Anlass (z. B. Akquisition, Krise) ist der Aufsichtsrat sogar verpflichtet, häufiger zu tagen. Als Sitzungen kommen dabei nicht nur Präsenzveranstaltungen in Betracht, sondern auch Videokonferenzen, was vor allem während der Corona-Pandemie von großer Relevanz war bzw. ist. Telefonkonferenzen entsprechen nicht den Anforderungen an eine Sitzung (vgl. Zöllner & Noack (2019), § 52 Rdnr. 85).

Vergütung

Sollen die Aufsichtsratsmitglieder für ihre Tätigkeit eine Vergütung erhalten, so muss das Entgelt entsprechend § 52 Abs. 1 GmbHG in Verbindung mit § 113 Abs. 1 AktG durch einen Gesellschafterbeschluss oder die Satzung festgelegt werden. Die Vergütung auf der Basis einer Vergütungsvereinbarung zwischen dem Aufsichtsrat und der Geschäftsführung ist hingegen unzulässig. Bei der

Bestimmung der Vergütung ist darauf zu achten, dass diese nicht unangemessen hoch ist. Vielmehr hat sie sich an den Aufgaben und der Lage des Unternehmens zu orientieren (§ 113 Abs. 1 Satz 3 AktG).

Unabhängig eines etwaigen Vergütungsanspruchs hat jedes Aufsichtsratsmitglied gemäß §§ 675, 670 BGB einen Anspruch auf Ersatz seiner Aufwendungen; hierzu sei auf die Ausführungen zum Aufsichtrat einer Aktiengesellschaft verwiesen (Kapitel 9.2.2., s.o.).

Haftung

Die Haftung der Aufsichtsratsmitglieder gegenüber der Gesellschaft richtet sich nach §§ 52 Abs. 1 GmbHG in Verbindung mit §§ 93 Abs. 1 und 2, 116 AktG bzw. § 43 GmbHG; auf Basis dieser Gesetzesvorschriften kann es zu einer Haftung des Aufsichtsrats kommen, wenn dieser die ihm übertragene Aufgabe nicht mit der entsprechenden Sorgfalt erfüllt bzw. gegen die Verschwiegenheits- oder die allgemeine Treuepflicht verstößt. Auf die obigen Ausführungen zur Haftung von Mitgliedern des Aufsichtsrats einer Aktiengesellschaft sei hier verwiesen (Kapitel 9.2.2). Das Mitglied des Aufsichtsrats haftet grundsätzlich nur dann, wenn es die Pflichtverletzung verschuldet hat. Dabei reicht gemäß § 276 BGB bereits einfache Fahrlässigkeit aus. Bei einem fakultativen Aufsichtsrat kann jedoch durch die Satzung der Haftungsmaßstab auf Vorsatz und grobe Fahrlässigkeit begrenzt werden. Weitergehende Beschränkungen, z.B. Haftungsausschlüsse für grobe Fahrlässigkeit, sind nicht möglich, da ansonsten die notwendige Überwachung der Geschäftsführung nicht mehr sichergestellt ist. Die Schadensersatzansprüche der Gesellschaft verjähren grundsätzlich entsprechend § 52 Abs. 4 GmbHG nach fünf Jahren. Allerdings wird eine satzungsbedingte Verlängerung bzw. Verkürzung innerhalb der Fachliteratur – entgegen der Meinung des BGH (BGH, Urteil vom 14.04.1975 – II ZR 147/73) – mehrheitlich als zulässig erachtet (vgl. Heermann (2020), § 52 Rdnr. 153; Schnorbus (2017), § 52 Rdnr. 44; Spindler (2019), § 52 Rdnr. 710; Zöllner & Noack (2019), § 52 Rdnr. 78 m.w.N.).

9.2.4 Kontrollorgane anderer Rechtsformen

Neben Aufsichtsräten für Krankenhäuser in den privatrechtlichen Rechtsformen der AG und der GmbH sollen im Folgenden die Aufsichtsorgane weiterer, für die deutsche Krankenhauslandschaft relevanter Rechtsformen betrachtet werden. Dabei sind – trotz der stetig voranschreitenden formalen Privatisierung von Krankenhäusern in öffentlicher Trägerschaft – insbesondere Krankenhäuser in der öffentlich-rechtlichen Rechtsform eines Regie- oder Eigenbetriebs zu nennen. Aufgrund ihrer Dominanz im Bereich der Universitätskliniken soll darüber hinaus auch die öffentlich-rechtliche Rechtsform der Anstalt des öffentlichen Rechts Berücksichtigung finden.

Regie- und Eigenbetriebe

Der Regiebetrieb ist die Rechtsform mit der geringsten organisatorischen Selbständigkeit und stellt entwicklungsgeschichtlich die ursprüngliche Rechtsform der öffentlichen Hand dar. Regiebetriebe haben keine eigene Rechtspersönlichkeit und verfügen weder über eigene Organe noch über eigenes Vermögen. Sie sind organisatorisch in die Verwaltung und den Gesamthaushalt des Trägers eingegliedert. Nach außen wird der Regiebetrieb durch die Verwaltungsspitze des Trägers repräsentiert und die Führung der Klinik wird von der Kommunalverwaltung wahrgenommen. Folglich verfügen auch Kliniken in der Rechtsform des Regiebetriebs über keinen Aufsichtsrat.

Eigenbetriebe sind hingegen gegenüber dem Träger organisatorisch und wirtschaftlich weitgehend autonom, ohne dabei rechtlich selbständig zu sein. Die wirtschaftliche Selbständigkeit wird insbesondere dadurch ersichtlich, dass Eigenbetriebe im Gegensatz zu Regiebetrieben über ein eigenes Rechnungswesen verfügen. Außerdem erfolgt die laufende Betriebsführung durch eine eigene Betriebs-/werkleitung, der jedoch ein sich aus dem Gemeinderat rekrutierter Betriebs-/Werkausschuss zugeordnet ist. Die Aufgaben von operativer Leitung und ihrer Überwachung werden dabei, in Abhängigkeit der jeweiligen landesrechtlichen Vorschriften, unter den Organen aufgeteilt.

Beispielhaft sei hier auf die Eigenbetriebsverordnung für das Land Nordrhein-Westfalen (EigVO NRW) verwiesen: Gemäß § 2 Abs. 1 EigVO NRW obliegt der Betriebsleitung grundsätzlich die selbstständige und laufende Leitung des Eigenbetriebs. Darüber hinaus vertritt die Betriebsleitung die Gemeinde im Außenverhältnis in sämtlichen Angelegenheiten des Eigenbetriebs (§ 3 Abs. 1 EigVO NRW). Die Rolle der Betriebsleitung ähnelt daher in ihren Grundzügen den Rollen von Vorstand (AG) bzw. Geschäftsführung (GmbH). In Anlehnung an den Aufsichtsrat aktienrechtlicher Prägung kommt dem Gemeinderat sowie dem Betriebsausschuss gemeinsam die Überwachungs- bzw. Kontrollfunktion zu.

So nennt § 4 EigVO NRW u. a. die folgenden Aufgaben für den Gemeinderat:

- die Bestellung und Abberufung der Betriebsleitung,
- die Feststellung und Änderung des Wirtschaftsplans,
- die Feststellung des Jahresabschlusses, die Verwendung des Jahresgewinns oder die Behandlung eines Jahresverlustes und die Entlastung des Betriebsausschusses bzw.
- die Verminderung des Eigenkapitals zugunsten der Gemeinde.

Aus dem Gemeinderat wird zudem ein Betriebsausschuss gebildet, der unterstützend bei der Kontrolle und Überwachung der Betriebsleitung tätig wird. So steht dieser beispielsweise in regelmäßigem Austausch mit der Betriebsleitung und ist durch diese über alle betrieblichen Angelegenheiten, insbesondere über die beabsichtigte Geschäftspolitik und andere grundsätzliche Fragen der Unternehmensplanung zu unterrichten (§ 5 Abs. 4 EigVO NRW).

Anstalt des öffentlichen Rechts

Der Großteil der deutschen Universitätskliniken befindet sich in der Gesellschaftsform einer Anstalt des öffentlichen Rechts. Für Universitätskliniken in der Rechtsform der AdöR gelten per se weder die Vorschriften des Aktiengesetzes noch gesetzliche Mitbestimmungsrechte. Die Einrichtung eines Aufsichts- bzw. Verwaltungsrates richtet sich hingegen nach den öffentlich-rechtlichen Verordnungen für Universitätskliniken. Die jeweiligen landesspezifischen Besonderheiten sollen an dieser Stelle am Beispiel der Rechtsverordnung für die Universitätskliniken Aachen, Bonn, Düsseldorf, Essen, Köln und Münster (Universitätsklinikum Verordnung – UKVO) für das Bundesland Nordrhein-Westfalen erläutert werden.

Analog zur aktienrechtlichen dualen Struktur der Unternehmensführung sind die Organe des Universitätsklinikums der Aufsichtsrat und der Vorstand (§ 3 UKVO). Auch die Verteilung der Aufgaben bzw. Rechte und Pflichten zwischen diesen beiden Organen erfolgt in Anlehnung an das Aktienrecht. Der Vorstand ist gemäß § 5 Abs. 1 UKVO für die operative Leitung des Universitätsklinikums zuständig. Er legt die betrieblichen Ziele fest und vertritt das Universitätsklinikum gerichtlich und außergerichtlich nach außen. Sofern durch die UKVO bzw. die jeweilige Satzung nichts anderes bestimmt ist, obliegt ihm die Entscheidung in allen Angelegenheiten des Universitätsklinikums.

Die Rechte und Pflichten des Aufsichtsrates werden durch § 4 UKVO näher konkretisiert. Analog zum Aktiengesetz teilt auch die UKVO dem Aufsichtsrat als grundlegende Aufgaben die Überwachung und Beratung der Geschäftsführung zu (§ 4 Abs. 1 UKVO). Jedoch geht die Verordnung über die aktienrechtlichen Vorschriften hinaus und weist dem Aufsichtsrat zusätzlich die Zuständigkeit für alle Angelegenheiten des Universitätsklinikums zu, die über die laufende Führung der Geschäfte hinausgehen. Die folgenden Angelegenheiten unterliegen dabei stets der Entscheidungshoheit des Aufsichtsrates (§ 4 Abs. 1 UKVO):

- Erlass und Änderung der Satzung,
- Bestellung und Abberufung der Mitglieder des Vorstands, mit Ausnahme der Dekanin oder des Dekans des Fachbereichs Medizin, sowie Wahl und Bestellung der oder des Vorstandsvorsitzenden,
- Beschlussfassung über die Verträge für die Mitglieder des Vorstands,
- Beschlussfassung über den Wirtschaftsplan,
- Bestellung der Wirtschaftsprüferin oder des Wirtschaftsprüfers,
- Feststellung des Jahresabschlusses und Beschlussfassung über die Verwendung des Jahresergebnisses,
- Entlastung des Vorstands,
- Stellungnahme zu den vom Vorstand festgelegten betrieblichen Zielen.

Darüber hinaus definiert die UKVO in § 4 Abs. 2 eine Reihe von Geschäften und Maßnahmen, die stets zwingend durch den Aufsichtsrat zu genehmigen sind. Dazu zählen beispielsweise die Aufnahme von Krediten und die Gewährung von Darlehen ab einer bestimmten Wertgrenze.

Die Zusammensetzung des Aufsichtsrates richtet sich wiederum nach den Vorgaben des Hochschulgesetzes. Dabei wird insbesondere auch die besondere Stellung des Universitätsklinikums im Spannungsfeld zwischen Forschung und Lehre auf der einen und der Krankenversorgung auf der anderen Seite dargestellt. So fordert § 31a Abs. 4 des Gesetzes über die Hochschulen des Landes Nordrhein-Westfalen (Hochschulgesetz – HG) u. a., dass der Aufsichtsrat neben Vertretern des Personals des Universitätsklinikums auch Vertreter des Fachbereiches Medizin der Universität (wissenschaftliches Personal) enthält. Das Ministerium für Innovation, Wissenschaft und Forschung des Landes Nordrhein-Westfalen (MIWF) besitzt zudem – in Abstimmung mit dem Präsidium der Universität und dem Vorstand des Universitätsklinikums – ein besonderes „Entsendungsrecht" für jeweils zwei externe Sachverständige aus dem Bereich der Wirtschaft und der medizinischen Wissenschaft (§ 4 Abs. 3 UKVO i. V. m. § 31a Abs. 4 HG). Dies führt schließlich unweigerlich zu einer Professionalisierung der Aufsichtsratstätigkeit und stellt sicher, dass sowohl die Interessen der medizinischen Fakultät als auch der Krankenversorgung ausreichend Berücksichtigung finden.

9.3 Kritik an Aufsichtsorganen in Krankenhäusern

Trotz einer sich abzeichnenden kontinuierlichen Professionalisierung der Überwachungs- und Kontrolltätigkeit in deutschen Krankenhäusern müssen sich Aufsichtsorgane in der jüngeren Vergangenheit, insbesondere im Zusammenhang mit Krisen und Skandalen, oft mit öffentlicher Kritik auseinandersetzen. Dies kann in den meisten Fällen auf zwei Ursachen zurückgeführt werden: Entweder sind die Tätigkeiten und Arbeitsergebnisse des Aufsichtsrats schlicht mangelhaft oder man erwartet von ihm Leistungen, die er faktisch nicht erbringen kann („Erwartungslücke"). Um der immerwährenden Kritik an dem Aufsichtsorgan entgegenzutreten, hat der Gesetzgeber in der Vergangenheit zahlreiche Gesetzesinitiativen verabschiedet, die zu einer weiteren Qualitätsverbesserung der Aufsichtsratstätigkeit führen sollten. Trotz dieser Bemühungen ist die Kritik am Aufsichtsrat in den deutschen Krankenhäusern nicht verstummt. Bemängelt wird in vielen Fällen u. a. die mangelnde Qualifikation und Expertise der Aufsichtsratsmitglieder, die unzureichende Sitzungsfrequenz bzw. -dauer, die ritualisierte Arbeitsweise des Gremiums, die parteipolitische Besetzung das Aufsichtsorgan in öffentlichen Einrichtungen, die mangelnde Unabhängigkeit, die Überdominanz der Geschäftsführung und die fehlende Haftung der Aufsichtsräte. Einen weiteren Kritikpunkt bildet die Berichterstattung an das Aufsichtsorgan, die häufig als zu formal, zu wenig empfängerorientiert, unvollständig mit erheblichen Informationsdefiziten, unübersichtlich und/oder zu vergangenheitsorientiert beurteilt wird.

9.4 Aufgaben- und Rollenwahrnehmung der Aufsichtsorgane

Die Rolle, die Aufsichtsorgane innerhalb der Unternehmensführung wahrnehmen, kann in der Praxis stark variieren. Denkbar ist z. B., dass das Aufsichtsorgan faktisch eine aktive und gestaltende Rolle im Krankenhaus übernimmt. Dies ist insbesondere dann der Fall, wenn eine Vielzahl wesentlicher zustimmungsbedürftiger Geschäfte bestehen, die dazu führen, dass die endgültige Entscheidung letztendlich vom Aufsichtsorgan ausgeht. In diesem Fall führt das Management lediglich die laufenden Routinegeschäfte durch. Die Arbeit der Unternehmensführung wird dadurch stark durch den Krankenhausträger, mittels des Instruments des Aufsichtsorgans, bestimmt. Ein solch dominierendes Aufsichtsorgan ist in der deutschen Krankenhauslandschaft keine Seltenheit und das, obwohl bereits seit geraumer Zeit und in unzähligen Publikationen mehr Autonomie für die Krankenhausleitung gefordert wird.

Demgegenüber steht, dass sich das Aufsichtsorgan auf reine Repräsentations-, Kontroll- oder Beratungsfunktionen konzentriert. In diesem Fall hält sich das Aufsichtsorgan aus der laufenden Unternehmensführung, bis auf wenige Ausnahmen, zurück. Stattdessen überwacht es die Krankenhausleitung und sanktioniert diese bei abweichendem Verhalten bzw. steht ihr beratend zur Seite.

Um die Aufgabenverteilung zwischen Krankenhausleitung und Aufsichtsorgan einteilen und charakterisieren zu können, haben Bleicher et al. eine Typologie entwickelt. Die Autoren unterscheiden dabei zwischen vier verschiedenen Grundtypen, wobei ihres Erachtens insbesondere Typ 4 vorteilhaft ist, da im Rahmen dieser Konstellation derart dynamische Kräfte freigesetzt werden können, die mit hoher Wahrscheinlichkeit zu Spitzenleistungen führen. Allerdings birgt ein solches Szenario auch das höchste Konfliktpotenzial von allen so wie es auch mit höherer Wahrscheinlichkeit verstärkt zu Fluktuationen innerhalb der Führungsspitze des Unternehmens kommen kann (vgl. Bleicher et al. (1989), S. 117–121).

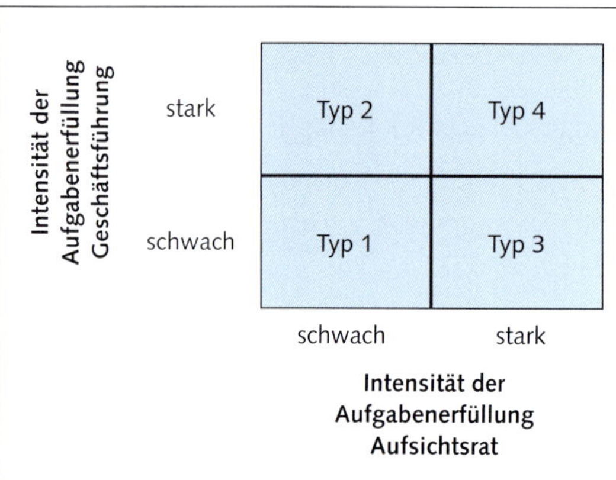

Typ1: Es treten keine Konflikte zwischen den Organen auf. Spitzenleistungen sind nicht zu erwarten.

Typ 2/3: Das dominierende Organ bestimmt die Geschäftspolitik weitgehend autonom. Dies kann zu unkontrollierten Entwicklungen führen.

Typ 4: Mit hoher Wahrscheinlichkeit können Spitzenleistungen erreicht werden. Zwischen den Organen können aber auch Konflikte und Reibungen entstehen.

Abbildung 9.4-1: Typologie nach Bleicher et al. (1989)

Dass ein Aufsichtsorgan mit starker Intensität zur Aufgabenerfüllung vorteilhaft sein kann, zeigen Pearce und Zahra anhand des angloamerikanischen Pendants zum Aufsichtsorgan – dem Board. In ihrer empirischen Studie gelangen sie zu dem Ergebnis, dass Unternehmen mit einem starken und einflussreichen Board (Proactive / Participative) erfolgreicher sind als Unternehmen mit einem schwachen Board (Caretaker / Statutory). Dies kann darauf zurückgeführt werden, dass ein starkes Board über nützliche Geschäftskontakte verfügt und dadurch die Beziehung zwischen dem Unternehmen und dessen Umwelt gestärkt wird. Ferner kann ein aktives Board als kompetenter Ratgeber für die zukünftige strategische Ausrichtung fungieren und seiner Kontrollfunktion effektiver nachkommen (vgl. Pearce & Zahra (1991), S. 135–149). Da sich die angloamerikanischen Führungsstrukturen von den deutschen Strukturen in ihren Grundzügen jedoch unterscheiden, ist bei einer unmittelbaren Übertragung der Ergebnisse auf deutsche Krankenhäuser Vorsicht geboten.

9.5 Informationsversorgung des Aufsichtsorganes

Es besteht weitgehend Einigkeit darüber, dass das Aufsichtsorgan umfassend über das Geschehen im Krankenhaus und in seiner Umwelt informiert sein muss, damit es seine Funktionen ordnungsgemäß erfüllen kann. Es ist daher im Bedarfsfall mit ausreichenden Informationen durch die Krankenhausleitung zu versorgen und ist darüber hinaus angehalten, aktiv nach Informationen zu suchen, die es für die Aufgabenerfüllung erforderlich hält.

In der Praxis erfolgt die Informationsversorgung des Aufsichtsorgans beinahe ausschließlich über das Management. Dies kann mit Interessenskonflikten verbunden sein, da das Management Informationen für seine eigene Überwachung liefern muss. Hier besteht das Risiko, dass die Unternehmensleitung den Informationsfluss bewusst so gestaltet, dass sie keine negativen Folgen zu befürchten hat und von kritischen Fragen des Aufsichtsrats weitgehend verschont bleibt. Der Anreiz zu einer derartigen Informationspolitik ist vor allem in den Situationen groß, in denen das Management mit dem Verlust der eigenen Reputation oder Position bzw. mit anstehenden Haftungsklagen rechnen muss. Aufgrund der Unvollkommenheit einer geschäftsführungsbezogenen Informationsversorgung sind daher zwingend weitere Auskünfte von anderen Auskunftspersonen, wie z. B. dem Abschlussprüfer, der internen Revision oder externen Sachverständigen einzuholen. Derartige managementunabhängige Informationen können sowohl zur Verifizierung der vermittelten Informationen als auch zur Schließung einer etwaigen Informationslücke beitragen.

Als sachliche Informationsquellen kommen für das Aufsichtsorgan die Bücher und Schriften der Gesellschaft, die Berichte der Unternehmensführung, der Jahresabschluss, die Steuerbilanz, die Unternehmensplanung, der Prüfungsbericht, interne und externe Gutachten, Expertisen und Reports der internen Revision bzw. des Controllings in Betracht. Ferner kann eine mündliche Berichterstattung des Managements oder weiterer ausgewählter Auskunftspersonen (z. B. Abschlussprüfer, Gutachter, Revisoren) an das Aufsichtsorgan als Ergänzung zu den schriftlichen Informationen geboten sein. Im Rahmen einer solchen verbalen Informationsvermittlung können die Berichte erläutert, Verständnisfragen beantwortet und Bedenken der Aufsichtsratsmitglieder direkt geklärt werden.

Hinsichtlich der Informationsmenge ist anzumerken, dass eine bloße Ausweitung der übermittelten Informationen nicht zwangsläufig zu einer verbesserten Aufgabenerfüllung führt. Dies ist insbesondere unter dem Aspekt zu betrachten, dass die Mitglieder des Aufsichtsorgans ohnehin nicht alle Informationen verwerten können. Vielmehr besteht die berechtigte Gefahr, dass bei einer Flut an Informationen diejenigen Details, auf die es letztlich ankommt, untergehen. Im Gegensatz dazu darf die Informationsweitergabe auch nicht zu eingeschränkt sein, so dass das Aufsichtsorgan jede Zahl oder Angabe separat erfragen muss. Entscheidend ist, dass die zur Verfügung gestellten Informationen den Informationsbedarf decken. Im Allgemeinen versteht man darunter die Gesamtheit aller objektiv erforderlichen Informationen, die das Aufsichtsorgan benötigt, um die Unternehmensführung ordnungsgemäß überwachen zu können. Der Informationsbedarf bestimmt sich anhand der Aufgaben und Pflichten des Aufsichtsorgans und kann je nach Größe und Struktur des Krankenhauses variieren. Im Idealfall sind der Informationsbedarf, das Informationsangebot und die individuelle Nachfrage nach Informationen deckungsgleich. Die in der Praxis auftretenden Unvollkommenheiten sind vielfältig und gestalten sich wie folgt:

- Es bestehen zeitliche, inhaltliche oder qualitative Informationsblockaden durch die Informationsgeber.
- Es bestehen mangelnde Kenntnisse über den Informationsbedarf bzw. über die Informationswege seitens der Informationsempfänger.
- Die zu überwachenden Mitglieder des Managements und die überwachenden Mitglieder des Aufsichtsorgans sind mit dem Informationsaustausch zufrieden, obwohl die Informationsversorgung bzw. die Informationsnachfrage nicht vollständig sind.
- Es bestehen mangelnde Kenntnisse über die Bedeutung und Qualität einzelner Informationen. Die vorhandenen Informationen werden für die Überwachung nur teilweise oder überhaupt nicht eingesetzt (vgl. Theisen (2007), S. 5–6).

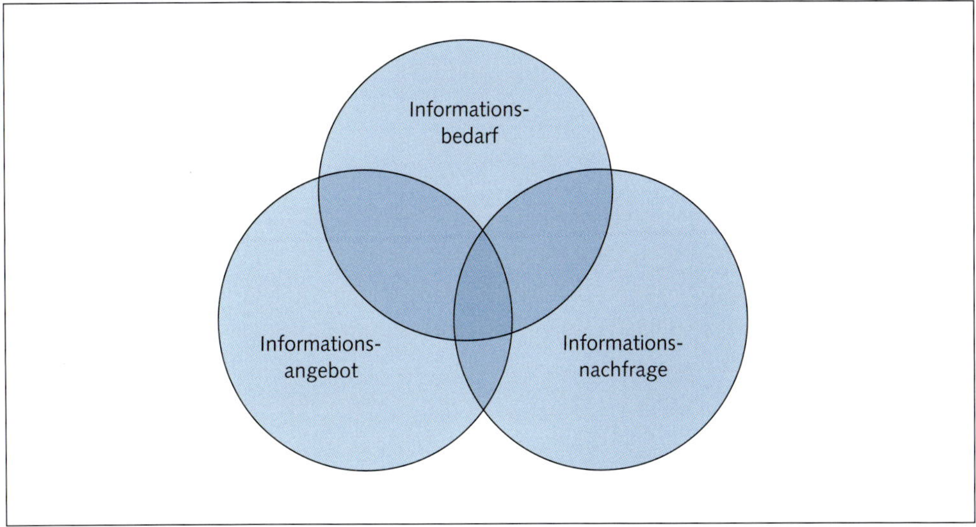

Abbildung 9.5-1: Informationsbedarf, -angebot und -nachfrage

Hinsichtlich der Informationsqualität ist zu berücksichtigen, dass die Berichte und sonstigen Unterlagen wahr und vollständig sein müssen. Sie müssen der Wirklichkeit entsprechen und haben alle wesentlichen Informationen zu enthalten, die für das Aufsichtsorgan relevant sind. Ferner muss die Berichterstattung rechtzeitig erfolgen, da nur so gewährleistet ist, dass sich die Mitglieder bereits vorab gründlich informieren und vorbereiten können und nicht erst in der Sitzung von den Unterlagen überrascht werden. Die Informationen müssen zugleich belegbar, nachvollziehbar, nachprüfbar, plausibel, klar strukturiert, übersichtlich und im Zeitablauf hinsichtlich Form und Bewertungsmethoden stetig sein. Zuletzt muss eine qualitativ hochwertige Berichterstattung auch zukunftsbezogen erfolgen (vgl. Potthoff & Trescher (2003), S. 172–175).

Um eine effektive Informationsversorgung des Aufsichtsorgans sicherzustellen, wird insbesondere von Lutter seit geraumer Zeit der Erlass einer Informationsordnung vehement gefordert (vgl. Lutter (1995), S. 308; Lutter (2001), S. 232; Lutter & Krieger (2008), § 6 Rdnr. 317). In einer solchen Informationsordnung könnte das Aufsichtsorgan eines Krankenhauses festhalten, was nach seiner Ansicht als berichtspflichtig und berichtswürdig gilt und von wem welche Arten von Informationen in welcher Häufigkeit bzw. Form an welche Informationsempfänger zur Verfügung zu stellen sind. In der Informationsordnung könnten darüber hinaus Vorschriften zum Umgang mit vertraulichen Informationen aufgenommen werden und es könnte geregelt werden, inwiefern es dem Aufsichtsorgan gestattet ist, managementunabhängige Informationsquellen zu nutzen. Nicht zuletzt daher sollte eine Informationsordnung in jedem Krankenhaus vorhanden sein. Sie bildet für das Management eine wichtige Orientierung im Zusammenhang mit berichtspflichtigen Themen und garantiert dem Aufsichtsrat eine adäquate Versorgung mit angemessenen Informationen, die das Kontrollgremium letztendlich für seine effektive Aufgabenerfüllung benötigt

9.6 Empirische Studienergebnisse

9.6.1 Empirische Studienergebnisse zum Aufsichtsrat

Im Rahmen einer empirischen Untersuchung wurden von Nemmer insgesamt 177 Jahresabschlüsse von öffentlichen Krankenhäusern in der Rechtsform der (g)GmbH aus dem Geschäftsjahr 2010 ausgewertet und untersucht. Nachfolgend werden einige Ergebnisse zur Größe, der Präsenz bestimmter Berufsgruppen, dem Frauenanteil, der Mitbestimmung der Arbeitnehmer, der Vergütung und der Sitzungsfrequenz des Aufsichtsorgans dargestellt (vgl. hierzu und im Folgenden Nemmer (2014), S. 167-227).

Das Aufsichtsorgan in öffentlichen Krankenhäusern besteht entsprechend der Untersuchung durchschnittlich aus 11,6 Mitgliedern und ist somit hinsichtlich der Größe des Aufsichtsrats vergleichbar mit den DAX, MDAX, SDAX, TecDAX Unternehmen, die im Women on Board Index 2021 betrachtet werden. Hier lag die Durchschnittsgröße bei 11,3 Mitgliedern (Women on Board Index (2021), S. 11). Inwiefern ein solch großes Aufsichtsorgan erfolgsversprechend ist, ist in der Literatur äußerst umstritten. Aus theoretischer Sicht wird z. B. an einem großen Überwachungsorgan bemängelt, dass in einem so ausgestalteten Gremium ein effektives und effizientes Arbeiten kaum möglich ist. Es wird somit befürchtet, dass dieses seinen Aufgaben nicht mehr adäquat nachkommen kann, was im schlechtesten Fall zu einer Verringerung des Unternehmenserfolgs führen würde. Andererseits bewegen sich Krankenhäuser in einem Umfeld, indem es für sie bedeutsamer denn je ist, an externe Ressourcen aus der Unternehmensumwelt zu gelangen (z. B. Finanzmittel, ärztliches und pflegerisches Personal). Um sich die knappen und wertvollen Ressourcen aus der Unternehmensumwelt sichern zu können, ist ein großes Aufsichtsorgan dann erfolgversprechend, wenn dieses weitreichend vernetzt ist. Verfügt beispielsweise ein Mitglied des Organs über gute Beziehungen zu Universitäten, Ärzteverbänden oder Banken, kann dies förderlich für die Beschaffung von ärztlichem Personal bzw. liquider Mittel sein und somit zu einer besseren Performance des Krankenhauses beitragen. Hinzu kommt, dass das Aufsichtsorgan in öffentlichen Krankenhäusern zumeist stark in den strategischen Entscheidungsprozess eingebunden ist. Auch dann ist ein großes Aufsichtsorgan von Vorteil, wenn durch die steigende Anzahl der Mitglieder zusätzliches Wissen in den Entscheidungsprozess eingeht. In der empirischen Analyse ist es jedoch nicht gelungen, die Überlegenheit eines großen Aufsichtsorgans eindeutig nachzuweisen.

In Bezug auf die Berufsgruppen, die im Aufsichtsorgan vertreten sind, ist festzustellen, dass vor allem die Kategorie Medizin am stärksten präsent ist. Hierunter wurden insbesondere Ärzte, Krankenpfleger, Apotheker und Physiotherapeuten zusammengefasst. Insgesamt entfallen 23 % aller Mandate auf diese Berufsgruppe. Daneben sind die Kategorien Wirtschaft/Verwaltung (21 %), Politik (19 %) und Sonstiges (17 %) mit großen Anteilen vertreten. Die deutliche Repräsentanz der Rubrik Sonstiges ist insbesondere darauf zurückzuführen, dass zumeist eine Vielzahl von Rentnern bzw. Pensionären im Aufsichtsrat vertreten ist. Die Kategorien Recht (6 %), Gewerkschaft/ Betriebsrat (5 %), Wissenschaft/Lehre (4 %), Technik/Naturwissenschaft (3 %) und Soziales (2 %) sind in den analysierten Aufsichtsräten hingegen tendenziell unterrepräsentiert. Die Eingruppierung in die jeweiligen Berufsgruppe richtete sich nach der Angabe des ausgeübten Berufes im Anhang (§ 285 Nr. 10 HGB). Im Rahmen einer durchgeführten Rangkorrelationsanalyse zeigte sich, dass zwischen dem relativen Anteil der Berufsgruppe Recht bzw. Politik und der Gesamtkapital- bzw. Umsatzrendite ein (schwach) signifikanter und negativer Zusammenhang besteht.

Ferner wurde der relative Anteil an Frauen in den Aufsichtsräten öffentlicher Krankenhäuser analysiert. Im Zeitpunkt der Untersuchung betrug der Frauenanteil in den analysierten Aufsichtsräten durchschnittlich 26,7 % und lag somit deutlich oberhalb des Durchschnitts der deutschen börsennotierten Unternehmen zum damaligen Zeitpunkt, wenngleich eine paritätische Besetzung in weiter Ferne lag. Kritisch zu betrachten ist, dass es durchaus Aufsichtsorgane gab, in denen sich keine einzige Frau wiederfand. Im Gegensatz hierzu waren jedoch auch Krankenhäuser vorhanden, bei denen die Mehrzahl der Mitglieder des Aufsichtsorgans weiblich waren.

Die Mitbestimmung der Arbeitnehmer im Aufsichtsorgan wird in der ökonomischen Literatur häufig als schwierig angesehen, da die Arbeitnehmer durch die Mitwirkung im Aufsichtsorgan Unternehmensentscheidungen beeinflussen können, während Chancen und Risiken allein bei den Krankenhausträgern verbleiben. Ferner führt die Beteiligung von Arbeitnehmervertretern regelmäßig zu Interessenskonflikten, die einer wirksamen Kontrolle des Managements widersprechen. So haben die Arbeitnehmer einerseits die Krankenhausleitung zu überwachen, andererseits sind sie jedoch auf Grund ihrer arbeitsrechtlichen Stellung gegenüber dem Management weisungsgebunden. Ein weiterer Spannungskonflikt entsteht dadurch, dass die Arbeitnehmervertreter sowohl dem Interesse der Belegschaft als auch dem Interesse des Krankenhausträgers verpflichtet sind. Dadurch kann es zu Konflikten kommen, die sich nicht ohne Weiteres lösen lassen (z. B. bei Arbeitskämpfen oder Krankenhausschließungen). Zuletzt erschwert die Mitbestimmung die offene Sachdiskussion im Überwachungsorgan, da durch die Mitwirkung der Arbeitnehmer die Gefahr besteht, dass vertrauliche Informationen nach außen gelangen. So sehen sich die Arbeitnehmervertreter häufig dazu verpflichtet, relevante Informationen an die Arbeitnehmerschaft weiterzugeben, obgleich auch sie der uneingeschränkten Verschwiegenheitspflicht unterliegen. Im Gegenzug hierzu sprechen jedoch auch gewichtige Argumente für die Mitbestimmung. So sind beispielsweise die Mitarbeiter durch ihre Präsenz im Aufsichtsorgan in der Regel besser über das Unternehmensgeschehen informiert und partizipieren verstärkt an der unternehmerischen Entscheidungsfindung, was idealerweise in einer Erhöhung der Akzeptanz unternehmerischer Maßnahmen und in einer verstärkten Motivation der Belegschaft mündet. Im Rahmen der empirischen Analyse konnte gezeigt werden, dass 29,8 % der Aufsichtsratsmandate durch Arbeitnehmervertreter besetzt waren. Allerdings flossen hierbei nur 65 der 177 Kliniken in die Betrachtung ein, da nur bei diesen Kliniken eine explizite Kennzeichnung der Arbeitnehmervertreter im Anhang vorgenommen wurde.

Monetäre Anreize führen zu einer höheren Motivation und zu einer besseren und sorgfältigeren Aufgabenerfüllung durch die Aufsichtsorganmitglieder, wobei sich eine solche letztlich in einer besseren Performance des Krankenhauses niederschlagen sollte. Es ist daher erstaunlich, dass die Aufsichtsorganmitglieder in öffentlichen Krankenhäusern zumeist ehrenamtlich arbeiten und im Regelfall nur ein geringes Sitzungsgeld bzw. Aufwandsentschädigungen erhalten, während fixe bzw. variable Vergütungselemente nur äußerst selten zum Einsatz gelangen. Dies bestätigen auch die deskriptiven Ergebnisse der empirischen Studie. Dort wurde festgestellt, dass die durchschnittliche Vergütung je Aufsichtsorganmitglied bei lediglich 1.105,04 Euro p. a. liegt und somit deutlich geringer ist als in börsennotierten Unternehmen.

Zuletzt wurde im Rahmen der Studie die Sitzungshäufigkeit betrachtet. Die Aufsichtsorgane tagten in den betrachteten Krankenhäusern im Durchschnitt 5,6-mal im Jahr. In der ökonomischen Literatur wird diese geringe Sitzungshäufigkeit meist kritisiert und stattdessen eine Erhöhung der Anzahl der Sitzungen gefordert. Von einer Erhöhung der Sitzungshäufigkeit bzw. -dauer wird erwartet, dass es zu einem intensiveren Informationsaustausch unter den Organmitgliedern und als Folge zu einem höheren Informations- und Kenntnisstand bei den Mitgliedern kommt, welcher für eine verantwortungsbewusste Aufgabenerfüllung unerlässlich ist. Im Rahmen einer durchgeführten Korrelations- bzw. logistischen Regressionsanalyse wurde jedoch ein negativer Zusammenhang zwischen der Sitzungsfrequenz und dem Unternehmenserfolg nachgewiesen. Dies deutet darauf hin, dass die Sitzungsfrequenz eher als Konsequenz ausbleibender Unternehmenserfolge zu interpretieren ist. Schreibt ein Krankenhaus regelmäßig rote Zahlen, so sieht sich also der Aufsichtsrat veranlasst, häufiger zu tagen.

Eine weitere empirische Studie von Pulm / Kuntz / Wittland untersucht anhand einer multiplen, linearen Regressionsanalyse den Zusammenhang zwischen Vertretern einzelner Professionen im Aufsichtsrat und dem wirtschaftlichen Erfolg von Krankenhäusern – gemessen durch die Gesamtkapitalrentabilität (vgl. Pulm et al. (2013), S. 16–17; Kuntz et al. (2014), S. 392–398).

Die Ergebnisse der Studie offenbaren, dass die Einbindung von Ärzten im Aufsichtsgremium einen signifikant positiven Effekt auf die Gesamtkapitalrentabilität des Krankenhauses besitzt. Dieser Effekt weist darauf hin, dass sowohl die ärztliche Expertise als auch die umfangreiche Kenntnis der Prozesse der medizinischen Leistungserbringung im Aufsichtsgremium zu einer Steigerung des ökonomischen Erfolgs führt. Darüber hinaus kann dieser Effekt auch durch eine erhöhte Akzeptanz für wirtschaftliche Entscheidungen interpretiert werden. Die Einbindung von Ärzten in das Aufsichtsgremium erhöht offenbar die Wahrscheinlichkeit, dass diese Berufsgruppe ökonomische Vorgaben und Ziele in ihrer täglichen Arbeit berücksichtigt. Im Unterschied dazu zeigen die Studienergebnisse auch, dass ein im Vergleich mit anderen Berufsgruppen höherer Anteil an medizinisch-pflegerischem Personal sowie an Politikern einen negativen Einfluss auf die Gesamtkapitalrentabilität des Krankenhauses besitzt. Für die weiteren im Rahmen der Studie betrachteten

Berufsgruppen, Financial Experts (d. h. Ökonomen, Betriebswirte und Juristen) sowie Kleriker, kann hingegen kein Zusammenhang zwischen ihrer Einbindung in das Aufsichtsgremium und der Gesamtkapitalrentabilität aufgezeigt werden.

9.6.2 Empirische Studienergebnisse zur Geschäftsführung

Eine aktuelle empirische Erhebung hat hingegen die Geschäftsführung deutscher Krankenhäuser zum Gegenstand. Diese Ergebnisse werden ebenfalls im Rahmen des Beitrags dargestellt, da wie bereits mehrfach angeklungen ist, das Zusammenspiel zwischen Aufsichtsorgan und Geschäftsführungsorgan von übergeordneter Bedeutung ist.

Ausgangspunkt der Untersuchung war das „Verzeichnis der Krankenhäuser und Vorsorge- oder Rehabilitationseinrichtungen in Deutschland", welches vom Statistischen Bundesamt herausgegeben wird und nahezu sämtliche Krankenhäuser in Deutschland enthält. Anschließend wurden die im elektronischen Bundesanzeiger veröffentlichten Einzelabschlüsse für das Geschäftsjahr 2018 herangezogen und ausgewertet. Um etwaige Veränderungen in der Struktur der Geschäftsführung in den letzten Jahren aufzuzeigen, wurde zudem auf die Einzelabschlüsse aus dem Geschäftsjahr 2010 zugegriffen. Aus dem Anhang konnten dabei zahlreiche Merkmale zur Geschäftsführung entnommen werden, denn gemäß § 285 Nr. 10 HGB ist im Anhang des Jahresabschlusses auf alle Mitglieder des Geschäftsführungsorgans einzugehen. In vielen Fällen war es jedoch nicht möglich, Daten über die Geschäftsführung mittels des Jahresabschlusses bzw. des Anhangs zu erheben. Dies war beispielsweise dann der Fall, wenn das Krankenhaus nicht in der Rechtsform einer Kapitalgesellschaft geführt wurde oder eine Befreiung von der Offenlegung erfolgt ist. Insgesamt konnten jedoch Daten für 666 Kliniken erhoben werden. Davon befanden sich 220 Kliniken in privater, 172 Kliniken in öffentlicher und 274 in freigemeinnütziger Trägerschaft.

Zum einen wurde im Rahmen der Untersuchung die Größe der Geschäftsführung betrachtet. Die Größe der Geschäftsführung entspricht der Anzahl der Geschäftsführer zum 31.12.2018. Geschäftsführer, die im Geschäftsjahr oder später ausgeschieden sind, sind gemäß § 285 Nr. 10 HGB ebenfalls im Anhang aufzuführen, wurden jedoch nicht mitgezählt. Stattdessen erfolgte eine stichtagsbezogene Betrachtung zum 31.12.2018. Dabei zeigte sich, dass 2018 insgesamt 998 Geschäftsführer in den 666 Krankenhäusern beschäftigt waren. Das Minimum an Geschäftsführern pro Klinik betrug eine Person, das Maximum fünf Personen. Im Durchschnitt waren somit 1,5 Geschäftsführer pro Klinik beschäftigt. Die Größe der Krankenhausgeschäftsführung hat sich dabei seit 2010 kaum verändert, denn auch bei der Analyse der 2010er Jahresabschlüsse zeigte sich, dass die Größe der Krankenhausgeschäftsführung im Geschäftsjahr 2010 bereits 1,5 Personen umfasste.

Ferner wurde der Anteil der Frauen in der Geschäftsführung deutscher Krankenhäuser untersucht. Insgesamt zeigte sich dabei, dass von den 998 Geschäftsführern insgesamt nur 12 % weiblich und 88 % männlich waren. Trotz der intensiven politischen und öffentlichen Diskussion hat sich der Anteil der Frauen in der Klinikgeschäftsführung seit 2010 nicht verändert. Dies zeigte die Auswertung der 2010er Jahresabschlüsse, wonach auch zum damaligen Zeitpunkt bereits 12 % der Geschäftsführungspositionen mit Frauen besetzt waren. Hier ist ein erheblicher Nachholbedarf in Bezug auf eine gendergerechte Besetzung der Krankenhausgeschäftsführung erkennbar.

Zuletzt erfolgte auch eine Analyse der fachgebietsbezogenen Besetzung der Geschäftsführung. Hierzu wurden die Mitglieder der Geschäftsführung entsprechend der Angabe ihres ausgeübten Berufs im Anhang der Gesellschaft einer der nachfolgenden Kategorien zugeordnet:

- Ärztlicher Dienst (Ärzte unterschiedlicher Fachrichtung)
- Pflegedienst (Krankenpfleger, Anästhesiepfleger, Intensivpfleger, Heilerziehungspfleger, Pflegepädagogen, Pflegewirte, Pflegewissenschaftler etc.)
- Kaufmännischer Dienst (Bürokaufmann, Bankkaufmann, Immobilienkaufmann, Kaufmann im Gesundheitswesen, Betriebswirte, Volkswirte, Gesundheitsökonomen, Medizinökonomen, Controller etc.)
- Sonstiges (Apotheker, Juristen, Ingenieure, Informatiker, Mathematiker, Physiker, Chemiker, Pädagogen, Kirchenangehörige (wie z.B. Pfarrer, Oberin, Schwester etc.)
- Unbekannt

Ein Problem bei der Zuordnung in die unterschiedlichen Rubriken stellten die sogenannten Doppelqualifikationen dar. Dies war dann der Fall, wenn einem Geschäftsführungsmitglied im Anhang mehrere Berufe und Qualifikationen zugeordnet wurden. Im Falle einer Doppelqualifikation wurde die berufliche Laufbahn der Person betrachtet und im Anschluss der Kategorie zugeordnet, welches ihre Hauptqualifikation darstellte. So wurde ein studierter Arzt, der langjährig in einer Klinik praktizierte, jedoch auch eine Ausbildung zum Betriebswirt absolvierte, dem ärztlichen Dienst zugeordnet. Von den 998 Geschäftsführern im Jahr 2018 konnten

- 480 Personen dem kaufmännischen Dienst
- 212 Personen dem ärztlichen Dienst,
- 135 dem sonstigen Bereich,
- 14 Personen dem Pflegedienst

zugeordnet werden. Bei 157 Geschäftsführern konnte auch durch eine Recherche auf der Homepage (z.B. Impressum) keine klare Berufszuordnung erfolgen, weshalb diese der Kategorie „Unbekannt“ zugeordnet wurden. Auch hier zeigten sich allenfalls kleinere Verschiebungen zum Geschäftsjahr 2010.

Zuletzt wurde untersucht, inwieweit das klassische Dreiergremium, die Tandemlösung bzw. die singuläre Führung in den deutschen Krankenhäusern vorzufinden ist.

Im Rahmen des klassischen Dreiergremiums besteht die Geschäftsführung aus einem ärztlichen Direktor, einem Pflegedirektor und einem kaufmännischen Direktor. Der ärztliche Direktor, der Pflegedirektor und der kaufmännische Direktor übernehmen innerhalb des Dreiergremiums unterschiedliche Aufgaben, die sich anhand der Verantwortlichkeiten des ihnen zuständigen Bereichs ableiten lassen. Neben den Einzelzuständigkeiten der jeweiligen Direktoren gibt es auch gemeinsame Aufgaben und Entscheidungen, die kollegial und übergreifend getroffen werden müssen. Mit solchen übergreifenden Entscheidungen geht die Gefahr einher, dass das Krankenhaus bei Konfliktsituationen nur noch bedingt handlungsfähig ist. Dies ist beispielsweise dann der Fall, wenn die Vertreter der drei Berufsstände entgegengesetzte Meinungen vertreten, sich bei wichtigen Entscheidungen nicht einigen können und sich gegenseitig blockieren.

Ein weiterer wichtiger Gesichtspunkt, der gegen eine große Geschäftsführung in Form des Dreiergremiums spricht, ist der Kosten-Aspekt. Wenngleich Geschäftsführer eines Klinikums im Vergleich zu anderen Branchen deutlich weniger verdienen, liegt die Vergütung eines Geschäftsführers im Schnitt bei ca. 204.000 Euro (Löbach, 2018). Eine große Geschäftsführung, beispielsweise im Rahmen eines Dreiergremiums, bedeutet folglich auch höhere Personalkosten.

Anderseits benötigen Krankenhäuser in der Führungsetage jedoch ausreichend Expertise, Kompetenzen und Qualifikationen, insbesondere da der Prozess der Leistungserbringung im Krankenhaus durch eine hohe Komplexität und einer Beteiligung von unterschiedlichen Gruppen und Akteuren gekennzeichnet ist. Von Vorteil könnte es hierbei sein, wenn alle drei Berufsgruppen in der Geschäftsführung vertreten sind, da so das medizinische, pflegerische und kaufmännische Know-How in der Geschäftsführung vorhanden ist.

Die „Theory of Diversity" stellt zudem die These auf, dass Vielfalt in der Geschäftsführung wichtig für eine effektive Corporate Governance ist (Nielsen, 2010). Durch eine vielfältige Geschäftsführung kann ein breiteres Spektrum an Perspektiven und Meinungen gebündelt werden, was entscheidend für eine effektive Unternehmensführung ist. Das Vorhandensein mehrerer Sichtweisen und Perspektiven auf mögliche Ergebnisse einer Handlung führt zu einem Entscheidungsprozess, der eher die verschiedenen Risiken, Konsequenzen und Auswirkungen einer Handlung berücksichtigt. Dabei ist es wichtig, dass diese unterschiedlichen Meinungen respektiert und angehört werden.

Ein weiterer Vorteil könnte zudem sein, dass Krankenhäuser ein komplexes Spektrum an Zielen verfolgen. Grundsätzlich wird dabei zwischen ökonomischen und qualitätsorientierten Zielen unterschieden. Um diese Ziele zu erreichen, muss die Geschäftsführung viele unterschiedliche

Aufgaben bewältigen und diverse Maßnahmen umsetzen. Das weite Zielspektrum und die hohe Aufgabenvielfalt können für eine einzelne Person eine große Herausforderung sein und diese überfordern. So ist es einer einzelnen Geschäftsführung meist nicht möglich, alle Maßnahmen zu koordinieren und zu überwachen. Daneben ist es dem einzelnen Geschäftsführer nicht möglich, sich vollständig über alle Vorgänge innerhalb der Organisation zu informieren und sich das notwendige Fachwissen sowie die erforderliche Kompetenz anzueignen. Ein Vorteil des klassischen Dreiergremiums besteht deshalb in der Möglichkeit der Arbeitsteilung. Ein Direktorium, bestehend aus Spezialisten für die Bereiche Verwaltung, Medizin und Pflege, kann die hohe Aufgabenvielfalt bewältigen, indem sie die Aufgaben sinnvoll aufteilt und ihr eigenes Fachwissen in ihre jeweiligen Aufgaben einbringt. So kann die Geschäftsführung sich bei Aufgaben gegenseitig unterstützen und gegebenenfalls Schwächen und Kompetenzlücken schließen.

Ein weiterer Vorteil des Dreiergremiums ist zudem, dass es durch eine große und heterogen besetzte Geschäftsführung gelingen kann, sich knappe und wertvolle aus der Unternehmenswert zu sichern (analog zum Aufsichtsrat). Solche knappen und wertvollen Ressourcen können im Krankenhaus beispielsweise bestimmte Fertigkeiten, Wissen, finanzielle Mittel, Materialien, Geräte oder Patienten sein. Um an diese wertvollen Ressourcen zu kommen, muss ein Krankenhaus in einer Beziehung bzw. im Austausch mit seiner Umwelt sein, da es nicht sämtliche Ressourcen innerhalb der eigenen Einrichtung generieren kann. Um an diese notwenden Ressourcen zu kommen, müssen die Kliniken aktiv werden und Beziehungen zu ihrer Umwelt aufbauen. Eine große und heterogen besetzte Krankenhausgeschäftsführung verfügt dabei tendenziell über vielfältigere Beziehungen und ist weitreichender vernetzt. Diese Vernetzung kann dazu führen, dass kritische und knappe Ressourcen für die eigene Einrichtung besser gesichert werden können, als es ein einzelner Geschäftsführer könnte. Ist beispielsweise ein Arzt in der Geschäftsführung, so hat dieser eventuell bessere Verbindungen zu niedergelassenen Ärzten in der Region – ist hingegen ein Betriebswirt in der Geschäftsführung, so hat dieser ggf. bessere Beziehungen zu Regulierungsbehörden oder Banken.

Vor dem Hintergrund dieser Vorteile überrascht das Ergebnis der Untersuchung, denn in den untersuchten Krankenhäusern waren zwar 179 Krankenhäuser enthalten, die drei oder mehr Geschäftsführer hatten. Allerdings war nur ein einziges Klinikum enthalten, in dem alle drei Berufsgruppen in der Geschäftsführung vertreten waren und die damit entsprechend des o.g. Kriteriums unter die Rubrik „klassisches Dreiergremium" gefallen sind. Dies mag auch daran liegen, da im Datensatz überwiegend Kliniken in der Rechtsform einer Kapitalgesellschaft enthalten sind, während andere Rechtsformen auf Grund fehlender Offenlegungspflicht nicht in die Betrachtung eingeflossen sind.

Eine Alternative zum klassischen Dreiergremium stellt die Tandemlösung dar. Bei der Tandemlösung besteht die Geschäftsführung aus einem ärztlichen Direktor und einem Verwaltungsdirektor. Der Pflegedirektor fällt bei dieser Konstellation aus dem Leitungsgremium. Im Rahmen der

Untersuchung wurden unter der Rubrik „Tandemlösung" alle Geschäftsführungen subsumiert, die aus mindestens einem Arzt und einer kaufmännischen Führung bestehen. Unerheblich war es hierbei, ob weitere Geschäftsführer vorhanden waren, so lange kein Geschäftsführer der Kategorie Pflege zugeordnet werden konnte. Insgesamt waren im Datensatz 70 Kliniken vorhanden, die diesem Kriterium entsprachen.

Wie jedoch bereits anhand der Ausführungen zur Größe der Geschäftsführung ersichtlich wird, ist die vorherrschende Organisationsform für die Krankenhaus-Geschäftsführung die singuläre Führung. Bei der singulären Führung sind alle Kompetenzen auf einen Geschäftsführer gebündelt. Eine singuläre Führungsspitze ermöglicht ein hohes Maß an Flexibilität, so können Entscheidungen schneller getroffen werden. Allerdings besteht gerade bei einer kaufmännisch ausgerichteten singulären Führungsspitze die Gefahr, dass Entscheidungen nach rein wirtschaftlichen Aspekten getroffen werden und die Belange und Interessen des medizinischen und pflegerischen Personals nicht gehört werden. Im Rahmen der Untersuchung wurde unter dem Begriff der singulären Führungsspitze verstanden, dass die Geschäftsführung zum 31.12.2018 aus einer einzigen Person besteht. Insgesamt war dies bei 399 Kliniken der Fall, wobei sich die singuläre Führungsspitze folgenden Fachgebieten zuordnen lies:

- 224 singuläre Geschäftsführungen waren kaufmännisch ausgerichtet
- 65 singuläre Geschäftsführungen waren ärztlich ausgerichtet
- 5 singuläre Geschäftsführungen waren pflegerisch ausgerichtet
- 105 singuläre Geschäftsführungen fielen in die Kategorie „sonstiges" bzw. „unbekannt"

Die Ergebnisse zeigen somit, dass gerade die kaufmännisch ausgerichtete singuläre Führungsspitze die vorherrschende Organisationsform in den deutschen Krankenhäusern darstellt, was vor dem Hintergrund der zunehmenden Ökonomisierung des Gesundheitswesens nicht weiter verwunderlich ist.

10. Ausgewählte rechnungslegungsnahe Themen

10.1 Corporate Governance – The House of Governance

10.1.1 Einleitung

Die Unternehmensleitungen aus der Mitte des letzten Jahrhunderts würden mit großer Verwunderung auf die Pflichten schauen, die Aufsichts- und Verwaltungsräte, Vorstände oder Geschäftsführungen heute haben. Im Zuge fortschreitender Globalisierung, Digitalisierung und steigender Komplexität infolge neuer Geschäftsmodelle obliegen den Organen konkrete Wirksamkeitsanforderungen im Hinblick auf ihr Corporate Governance-System. Und der Druck nimmt nicht ab: Über die wachsenden rechtlichen und regulatorischen Anforderungen hinaus erhöht sich auch die Erwartungshaltung der Öffentlichkeit, Lieferanten, Kunden und Mitarbeiter stetig.

Wirksame Governance ist bereits jetzt mehr als eine reine Erfüllung von Vorschriften. Sie entwickelt sich zunehmend zu einem expliziten „Hygienefaktor" für Unternehmen, den es zu beachten gilt, um nachhaltig erfolgreich tätig und attraktiv zu sein. Wenn Governance-Systeme mit Augenmaß implementiert werden und sowohl effektiv sind als auch gezielt in die Geschäftsprozesse eingebettet werden, geben sie den handelnden Personen Sicherheit und tragen gleichzeitig zur Transparenz bei.

Auch im Krankenhaussektor führen die veränderten Rahmenbedingungen der Branche zu einem Ruf nach neuen Managementmethoden und optimierten Führungs- und Kontrollstrukturen. Denn auch hier sind Unternehmenskrisen und -insolvenzen häufig Konsequenzen aus fehlerhaften Managemententscheidungen sowie mangelnder Aufsicht und Kontrolle von Mitarbeitern und Führungskräften.

Wie aber können die gesetzlichen Vertreter nachweisen, dass sie ihren Sorgfaltspflichten nachgekommen sind und über wirksame Systeme verfügen? Hierauf hat das Institut der Wirtschaftsprüfer in Deutschland e.V . (IDW) mit den IDW Prüfungsstandards 980 bis 983 eine Antwort gegeben.

10.1.2 Corporate Governance Grundlagen

10.1.2.1 Definition Corporate Governance

Bisher besteht keine einheitliche Definition des Begriffs Corporate Governance. Im Allgemeinen bezeichnet Corporate Governance den faktischen und rechtlichen Ordnungsrahmen für die Leitung und Überwachung eines Unternehmens. Durch die Konzeption und Implementierung geeigneter Organisations-, Leitungs- und Aufsichtsstrukturen dient Corporate Governance somit der

Erfüllung der Unternehmensziele sowie der Vermeidung von Fehlverhalten, Haftung und Strafen. Durch die Erfüllung präventiver Organisations- und Sorgfaltspflichten sollen eine verantwortungsvolle, transparente und nachhaltige Führung des Unternehmens ermöglicht und persönliche und institutionelle Schadensfälle abgewendet werden.

Regelungen zur Corporate Governance können dabei auf verschiedenen Ebenen angesiedelt werden. Diese Regelungen umfassen einerseits von außen vorgegebene Vorschriften, also die Gesamtheit an nationalen und internationalen Regeln, Gesetzen und Grundsätzen zur Unternehmensführung, andererseits aber auch interne Richtlinien und freiwillige Maßnahmen des Managements.

Der Deutsche Corporate Governance Kodex (DCGK) greift diese Fülle an Bestandteilen von Corporate Governance auf und fasst laut seiner Präambel „Grundsätze, Empfehlungen und Anregungen zur Leitung und Überwachung deutscher börsennotierter Gesellschaften zusammen, die national und international als Standards anerkannter Standards guter und verantwortungsvoller Unternehmensführung anerkannt sind (siehe auch Kapitel 10.1.2.2).

Hinsichtlich der gesetzlichen Vorschriften sind neben formellen Gesetzen und materiellen Normen auch die Rechtsprechung sowie Branchenregelungen und Handelsbräuche in Betracht zu ziehen. Unter Standards verantwortungsvoller Unternehmensführung fallen organisationsinterne Normen und allgemeine ethische Werte. Betriebsvereinbarungen oder ein Verhaltenskodex gehören zu den organisationsinternen Normen und können keine rechtssetzende Wirkung entfalten. Sie können nur im Rahmen von Recht und Gesetz im betriebsinternen System verstanden werden.

Es lassen sich einige praktische Gestaltungsprinzipien von Corporate Governance identifizieren, die eine faire und verantwortungsvolle Unternehmensführung fördern sollen. Zu den wichtigsten Governance-Prinzipien zählen neben der Gewaltenteilung, der Transparenz sowie der Reduzierung von Interessenkonflikten auch die Sicherstellung der Qualifikation und die Motivation der Organmitglieder zu wertorientiertem Verhalten.

Diese praktischen Prinzipien sind in einem übergeordneten Governance-System zu etablieren und durch entsprechende (Teil-) Systeme zu operationalisieren. KPMG hat aus diesem Grund das „House of Governance" entwickelt, das die Grundbausteine eines Governance-Systems bündelt und verzahnt: Das Risikomanagement-System (RMS), das Interne Kontrollsystem (IKS), das Compliance Management-System (CMS) und die Interne Revision (IR).

Ob und inwiefern eine Rechtspflicht zur Installation von konkreten Corporate Governance-Systemen besteht, erscheint oft unübersichtlich. Vor diesem Hintergrund sollen im Folgenden die in Deutschland bestehenden regulativen Anforderungen zur Einrichtung von Corporate Governance-Strukturen in Krankenhäusern vorgestellt werden.

10.1.2.2 Gesetzliche Verankerung

Das Interesse an juristischen Regelungen zur Corporate Governance hat seit den 1990er Jahren zunehmend an Bedeutung gewonnen und wurde durch Vorstöße aus dem angloamerikanischen Rechtsraum getrieben. Die Ursprünge sind zum einen in der zunehmenden Internationalisierung der Kapitalmärkte sowie der Aktionärsstrukturen, zum anderen in Unternehmenskrisen in den neunziger Jahren zu sehen. Dabei sind auch Krankenhäuser heute mehr denn jeder Gefahr von Strafverfolgung ausgesetzt. Neben der Auseinandersetzung mit einer kritischen Presse und Öffentlichkeit seitens der Krankenhäuser können Gesetzesverstöße aufgrund von Managementfehlern oder mangelnder Sorgfalt hohe persönliche Haftung und wirtschaftliche Schieflagen nach sich ziehen. Im schlimmsten Fall kann ein Versäumnis der Sorgfaltspflichten sogar Menschenleben kosten. Diese hohe Verantwortung ist gesetzlich normiert und soll im Folgenden diskutiert werden.

Besonders für börsennotierte Unternehmen – im weiteren Sinne aber auch für weitere Gesellschaftsformen wie die GmbH (s. u.) – wird eine Pflicht zur Corporate Governance aus den allgemeinen Leitungspflichten gem. §§ 76 Abs. 1, 93 AktG, sowie § 43 GmbHG abgeleitet. Das Gesetz zur Kontrolle und Transparenz im Unternehmensbereich (KonTraG) stellte 1998 ein erstes „Corporate Governance Gesetz“ in Deutschland dar, welches als Artikelgesetz viele Vorschriften aus dem Handelsgesetzbuch (HGB) und dem Aktiengesetz (AktG) modifizierte. Kern des KonTraG ist die Vorschrift für Unternehmensleitungen, „geeignete Maßnahmen zu treffen, insbesondere ein Überwachungssystem einzurichten, damit den Fortbestand der Gesellschaft gefährdende Entwicklungen früh erkannt werden“ (§ 91 Abs. 2 AktG). Durch diese Vorschrift sollte die Verpflichtung des Vorstands, für ein angemessenes Risikomanagement und eine angemessene Interne Revision zu sorgen, verdeutlicht werden. Obwohl keine entsprechende Regelung in das GmbH-Gesetz aufgenommen wurde, ist laut der Begründung zum Regierungsentwurf des § 91 AktG und nach herrschender Meinung davon auszugehen, dass die Regelungen des KonTraG nicht ausschließlich auf Aktiengesellschaften anzuwenden sind, sondern auch Auswirkungen auf den Pflichtenrahmen der Geschäftsführer von Gesellschaften anderer Rechtsformen (insbesondere GmbH) haben. Auch das im Mai 2009 in Kraft getretene Bilanzrechtsmodernisierungsgesetz (BilMoG) unterstreicht, dass die entsprechenden Corporate Governance Vorgaben auch für kapitalmarktorientierte und nicht-kapitalmarktorientierte Unternehmen relevant sind. Wenn hier also vom Vorstand gesprochen wird, gelten diese Ausführungen sinngemäß auch für die Geschäftsführung/Geschäftsleitung beispielsweise der GmbH oder die Betriebs-/Werkleitung des Eigenbetriebes. Synonym wird auch der Begriff Krankenhausleitung verwendet.

Darüber hinaus besteht eine Nachweispflicht des Vorstands gegenüber dem Aufsichtsrat auch für die Sicherstellung der Wirksamkeit aller Corporate Governance-Systeme (§ 90 Abs. 1 AktG, § 43 Abs. 1 GmbHG). Bei Nichterfüllung dieser Verpflichtung drohen dem Vorstand neben hohen Reputations- und Haftungsschäden auch hohe Bußgelder. Aus §§ 30, 130 OWiG (Gesetz über

Ordnungswidrigkeiten) sowie durch § 93 Abs. 2 AktG wird somit zusätzlich eine indirekte gesetzliche Verpflichtung zur Implementierung von Corporate Governance-Systemen begründet:

„Wer als Inhaber eines Betriebes oder Unternehmens vorsätzlich oder fahrlässig die Aufsichtsmaßnahmen unterlässt, die erforderlich sind, um in dem Betrieb oder Unternehmen Zuwiderhandlungen gegen Pflichten zu verhindern, die den Inhaber treffen und deren Verletzung mit Strafe oder Geldbuße bedroht ist, handelt ordnungswidrig, wenn eine solche Zuwiderhandlung begangen wird, die durch gehörige Aufsicht verhindert oder wesentlich erschwert worden wäre. Zu den erforderlichen Aufsichtsmaßnahmen gehören auch die Bestellung, sorgfältige Auswahl und Überwachung von Aufsichtspersonen" (§ 130 Abs. 1 OWiG).

Auch wenn Bußgeldnormen nur begrenzt zur Begründung einer Rechtspflicht für Corporate Governance heranzuziehen sind, verdeutlicht das OWiG die potentiell gravierenden Folgen für den Vorstand bei Nichteinhaltung der Grundsätze guter Corporate Governance.

Hinsichtlich der genauen Corporate Governance Pflichten des Aufsichtsrates hat das BilMoG im Jahr 2009 die Überwachungspflichten konkretisiert und ausgeweitet. Auch wenn diese schon im allgemeinen Überwachungsauftrag aus § 111 Abs. 1 AktG umfasst sind, stellt § 107 Abs. 3 Satz 2 AktG seither klar, dass die Überwachung der Wirksamkeit des Internen Kontrollsystems, des Risikomanagement-Systems und des Internen Revisionssystems zu den Aufgaben des Aufsichtsrats gehört. Der Aufsichtsrat kann einen Prüfungsausschuss bestellen, der sich mit der Überwachung vorgenannter Systeme befasst. Der Aufsichtsrat sollte den Vorstand daher veranlassen, stringente Kontrollsysteme und Informationsabläufe zu installieren, um mögliche Defizite in den Governance-Systemen zu minimieren und somit eigene Sorgfaltspflichtverletzungen auszuschließen. Die Verpflichtung des Aufsichtsrats zur Wirksamkeitsüberwachung der Corporate Governance-Systeme bei Aktiengesellschaften ist damit gesetzlich verankert.

Kapitalmarktorientierte Kapitalgesellschaften i.S.d. § 264d HGB sind seit dem BilMoG im Lagebericht verpflichtet, die wesentlichen Merkmale des Internen Kontroll- und des Risikomanagement-Systems im Hinblick auf den Rechnungslegungsprozess offenzulegen (§ 289 Abs. 4 HGB). Existiert kein System, ist dies im Lagebericht anzugeben und durch den Abschlussprüfer auf Richtigkeit zu überprüfen. Zudem muss in einem gesonderten Abschnitt des Lageberichts oder auf der Internetseite des Unternehmens eine Erklärung zur Unternehmensführung (§ 289f HGB) veröffentlicht werden. Im Rahmen dieses sogenannten Corporate Governance Statements müssen neben der Entsprechenserklärung zum Deutschen Corporate Governance Kodex (s. u.) Angaben über die wesentlichen Unternehmensführungspraktiken und eine Beschreibung der Arbeitsweise von Vorstand und Aufsichtsrat sowie der Zusammensetzung und Arbeitsweise ihrer Ausschüsse enthalten sein. Bei Nichterfüllung dieser oben genannten Verpflichtungen drohen auch hier hohe Reputations- und Haftungsschäden, die den Aufsichtsrat persönlich treffen (§ 93 Abs. 2i. V. m. § 116 AktG).

Deutscher Corporate Governance Kodex

Mit dem Ziel, die Grundsätze guter Corporate Governance für deutsche Unternehmen zu standardisieren und für die praktische Umsetzung nachvollziehbar darzustellen, wurde im Jahr 2001 die „Regierungskommission Deutscher Corporate Governance Kodex" als Selbstregulierungseinrichtung der Wirtschaft gebildet. Im Jahr 2002 überreichte die Kommission der Bundesregierung den ersten von ihr erarbeiteten „Deutschen Corporate Governance Kodex" (DCGK) zur Veröffentlichung im elektronischen Bundesanzeiger. Der DCGK wird seitdem regelmäßig aktualisiert und gilt als Referenzwerk deutscher Corporate Governance. Die primären Adressaten des DCGK sind börsennotierte Unternehmen und Unternehmen mit Kapitalmarktzugang (§ 161 Absatz 1 S. 2 AktG). Für nicht kapitalmarktorientiere Unternehmen dient der DCGK als Leitlinie.

Inhaltlich besteht der DCGK aus drei verschiedenen Elementen: Neben der Wiedergabe gesetzlicher Vorschriften, insbesondere des Aktiengesetzes und des Handelsgesetzbuches, beinhaltet der DCGK Empfehlungen und Anregungen, die international und national anerkannte Standards einer guten und verantwortungsvollen Unternehmensführung entsprechen. Gesetzliche Vorschriften werden im DCGK durch die Verwendung der Wörter „muss" oder „hat" gekennzeichnet. Empfehlungen und Anregungen werden mit Begriffen wie „soll" bzw. „kann" formuliert.
Der DCGK stellt keine gesetzliche und damit bindende Vorschrift dar, sondern versteht sich vielmehr als „Best Practice-Kodex". Um branchen- oder unternehmensspezifischen Besonderheiten zu entsprechen, kann von den Empfehlungen im DCGK abgewichen werden. Über die jährliche Entsprechenserklärung gemäß § 161 AktG ist durch Vorstand und Aufsichtsrat börsennotierter Unternehmen darzulegen, ob dem DCGK entsprochen wurde und wird oder welche Empfehlungen nicht angewendet werden mit entsprechender Begründung der Abweichungen („Comply and Explain). Für Abweichungen von den „Anregungen" im DCGK gilt dies jedoch nicht.

Deutscher Public Corporate Governance-Musterkodex (D-PCGM)

Im Zuge der Etablierung des DCGK, der sich wie im vorweg beschrieben, primär an börsennotierte Unternehmen richtet, haben auch der Bund, einige Bundesländer, Städte und Kommunen eigene sowie ferner heterogene Kodizes erarbeitet, um den spezifischen Anforderungen von Gebietskörperschaften und öffentlichen Unternehmen im Sinne einer „Public Corporate Governance" zu entsprechen.
Am 7. Januar 2020 wurde mit dem Deutschen Public Corporate Governance-Musterkodex (D-PCGM) ein weiterer Kodex vorgestellt, der im Vergleich zum DCGK nun gesonderte Regelungen bzw. Anpassungen für öffentliche Unternehmen aufweist. Der D-PCGM wurde von einer Expertenkommission auf Basis eines deutschlandweiten Konsultationsverfahrens mit breiter Beteiligung aus dem öffentlichen Sektor erarbeitet. In Analogie zum DCGK beinhaltet der D-PCGM belastbare Grundsätze aus der Praxis und Wissenschaft zur verantwortungsvollen Steuerung,

Leitung und Aufsicht von und in öffentlichen Unternehmen. Darüber hinaus umfasst der D-PCGM überdies Hinweise auf gesetzliche Vorschriften und Vorgaben. Der D-PCGM ist nicht als Ersatz für bereits bestehende Public Corporate Governance Kodizes vorgesehen, sondern versteht sich vielmehr als Leitlinie und Handreichung, welche die Akteure in den Gebietskörperschaften und öffentlichen Unternehmen bei der Implementierung eines Public Corporate Governance Kodex oder der Evaluation bestehender Public Corporate Governance Kodizes unterstützen soll. Auch der D-PCGM wird in regelmäßigen Abständen von der Expertenkommission überprüft und bei Bedarf überarbeitet. Die überarbeitete zweite Fassung des D-PCGM datiert derzeit vom 15. Januar 2021 (vgl. Expertenkommission D-PCGM (2021): Deutscher Public Corporate Governance-Musterkodex (D-PCGM), Hrsg. Ulf Papenfuß/Klaus-Michael Ahrend/Kristin Wagner-Krechlok, in der Fassung vom 15. Januar 2021, https://doi.org/10.13140/RG.2.2.26190.48961).

10.1.2.3 Planung und Umsetzung der Corporate Governance am Beispiel des House of Governance

In der nachfolgenden Abbildung „House of Governance" sind die Grundelemente guter Unternehmensführungin einem interdependenten System dargestellt. Das System umfasst das Risikomanagement-System (RMS), das Interne Kontrollsystem (IKS), das Compliance Management-System (CMS) sowie die Interne Revision (IR).

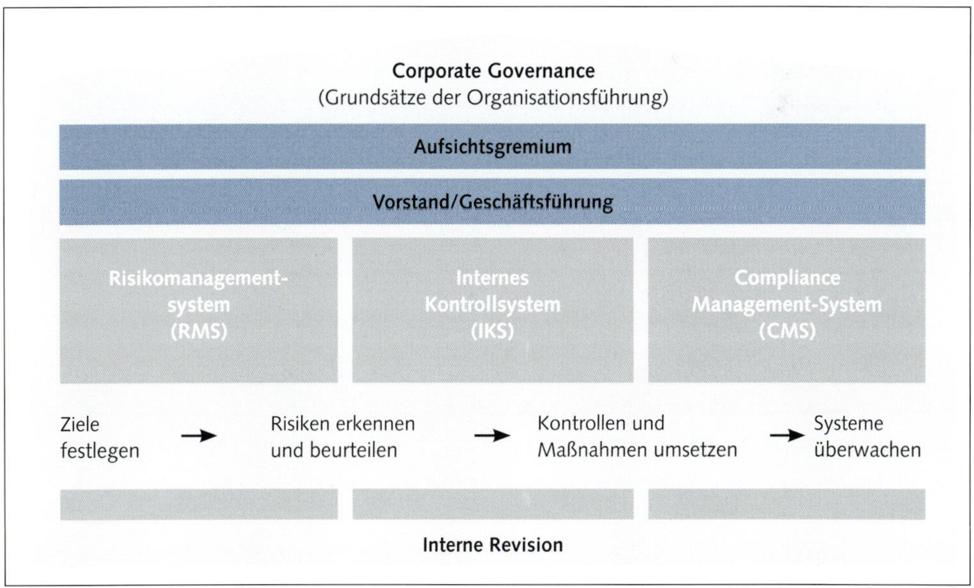

Abbildung 10.1.2 1: The House of Governance; Quelle KPMG 2021 (eigene Darstellung)

Im Dach des House of Governance finden sich die unternehmensinternen Gremien und Organe, welche als zentrale Verantwortliche gelten und für die Konzeption, Implementierung und Überprüfung der Corporate Governance Elemente verantwortlich sind.

Das Aufsichtsgremium ist grundsätzlich das wichtigste Überwachungs- und Kontrollorgan der Organisation. Alle Geschäfte und Rechtshandlungen von grundsätzlicher Bedeutung sollten der Zustimmung des Aufsichtsgremiums bedürfen. Außerdem berät und kontrolliert es die Leitungsorgane (Vorstand/Geschäftsführung). Das Leitungsorgan (Vorstand/Geschäftsführung) leitet die Organisation aus eigener Verantwortung.

Das RMS stellt den Ausgangspunkt des Governance-Modells dar und dient der systematischen Identifikation, Analyse und Bewertung der strategischen und operativen Risiken inkl. der Compliance-Risiken. Es versteht sich als wichtige Basis für die weitere Bearbeitung und Ableitung von Maßnahmen im IKS und CMS.

Das IKS beinhaltet Grundsätze, Maßnahmen und Verfahren, welche sich auf die organisatorische Umsetzung von Managemententscheidungen konzentrieren und umfasst das interne Steuerungs- und Überwachungssystem. Die vor-, gleich- oder nachgelagerten Maßnahmen und Kontrollen dienen der Behebung von Fehlern und Unregelmäßigkeiten.

Das CMS umfasst alle Maßnahmen, die das regelkonforme Verhalten der im Unternehmen tätigen Akteure und Organe im Hinblick auf gesetzliche, vertragliche und unternehmensinterne Regelungen sicherstellen sollen.

Als Fundament des House of Governance erfüllt die IR schließlich eine unabhängige und objektive Unterstützungsfunktion, die zum Ziel hat, die operative Umsetzung der Vorgaben und Regeln zu überwachen und als Berater des Leitungsorgans die Aufbau- und Ablauforganisation zu verbessern. Der Fokus ihrer risikoorientierten Prüfungen liegt auf der Angemessenheit und Wirksamkeit der verschiedenen Unternehmensprozesse und -systeme.

10.1.2.4 Organisationale Verankerung der Governance-Systeme

Um ein reibungsloses Zusammenspiel der Governance-Systeme sicherzustellen, ist es wichtig, den handelnden Personen klare und eindeutige Verantwortlichkeiten zuzuweisen.

Diese Rahmenbedingungen werden durch das sogenannte „Drei-Linien-Modell“ vereinfacht dargestellt. Das Modell beschreibt die Rollen und Verantwortlichkeiten in Bezug auf Governance innerhalb einer Organisation.

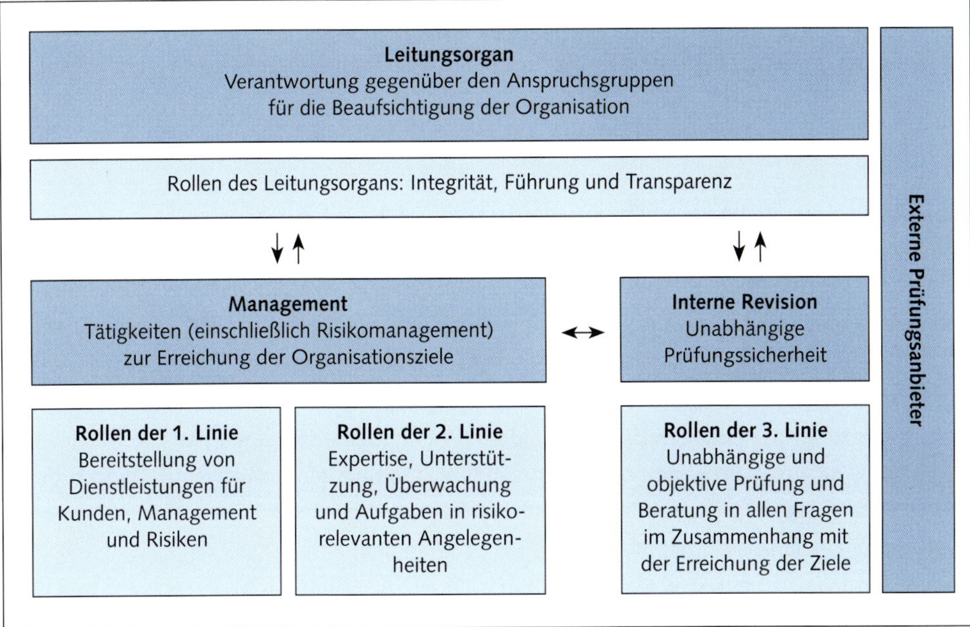

Abbildung 10.1.2-2: Drei-Linien-Modell; Quelle KPMG 2021 (eigene Darstellung)

Rollen der 1. Linie:
Die erste Linie ist verantwortlich für die Erbringung der Kern- und Unterstützungsprozesse der Organisation und somit auch für die Steuerung der damit verbundenen Risiken. Typischerweise erfolgt diese prozessabhängige Steuerung mit Hilfe eines internen Kontrollsystems (IKS). Die Kontrollen dienen der operativen, vorbeugenden Risikobegrenzung. Beispiele für interne Kontrollen sind die Einführung von Vieraugenprinzipien, Berechtigungskonzepten oder systemischen Plausibilisierungen. Die erste Linie wird durch die Organisations-/Klinikleitung eingesetzt.

Rollen der 2. Linie:
Die zweite Linie steht der ersten Linie bei der Identifikation und Steuerung von Risiken methodisch bei. So verantwortet sie in der Regel neben der Methodik des IKS die des Risikomanagementsystems (RMS) und des Compliance Management Systems (CMS). Zudem verantwortet sie die Risikoüberwachung sowie eine angemessene und adressatengerechte Berichterstattung in die Organisation hinein. Damit sollen (potenzielle) Schäden rechtzeitig erkannt bzw. verhindert werden. Die zweite Linie wird ebenfalls durch die Organisations-/Klinikleitung eingesetzt und gesteuert.

Rollen der 3. Linie:
In dritter Instanz werden nachgelagerte, prozessunabhängige und objektive Prüfungs- und Beratungsaktivitäten zur Sicherstellung der Angemessenheit und Wirksamkeit der risikobegrenzenden Maßnahmen der ersten und zweiten Linie durch die Interne Revision durchgeführt. Die Interne

Revision unterstützt die Organisation bei der Erreichung ihrer Ziele, indem sie mit einem systematischen und zielgerichteten Ansatz die Effektivität des Risikomanagements, der Kontrollen und der Führungs- und Überwachungsprozesse bewertet und diese verbessern hilft. Sie kann sowohl von der Organisations-/Klinikleitung als auch von den Aufsichtsinstanzen eingesetzt werden.

Die folgenden Abschnitte haben das Ziel, die Bestandteile des House of Governance – das Risikomanagement, das Compliance Management, das Interne Kontrollsystem und die Interne Revision – in ihren wesentlichen Charaktereigenschaften zu erläutern, ihren Mehrwert zur Optimierung der Krankenhaussteuerung zu veranschaulichen und ihre Ausgestaltung nach den derzeit geltenden IDW Prüfungsstandards praxisnah zu skizzieren. Dies gilt insbesondere vor dem Hintergrund, dass das Institut der Wirtschaftsprüfer in Deutschland e.V. der Notwendigkeit nach einer Differenzierung der einzelnen Governance-Elemente und der Prüfung dieser Rechnung getragen hat. Auch wenn die Standards Prüfungsanforderungen zur Durchführung von freiwilligen Prüfungen durch den unabhängigen Wirtschaftsprüfer zum Inhalt haben, so haben sich diese als strukturgebende Vorlagen für Governance-Strukturen manifestiert. Neben dem Prüfungsstandard IDW PS 980 für Compliance Management-Systeme werden durch IDW PS 981 (RMS), IDW PS 982 (IKS) und IDW PS 983 (IR) den Überwachungs- und Kotrollorganen Ordnungsstrukturen an die Hand gegeben, um Corporate Governance in den Unternehmen ganzheitlich zu implementieren.

10.1.3 Corporate Governance Elemente

10.1.3.1 Risikomanagement-System

10.1.3.1.1 Definition und Aufgaben

Sprachlich leitet sich der Terminus Risiko aus dem italienischen Wort risicare ab. Dieses meint das Wagen im Sinne eines Abwägens oder einer Wahlentscheidung. Allgemein versteht man unter dem Begriff der Risiken „mögliche künftige Entwicklungen oder Ereignisse, die zu einer für das Unternehmen negativen (Risiko) oder positiven (Chance) Zielabweichung führen können" (IDW PS 981, Tz. 18a).

Risikomanagement ist dann der strukturierte Umgang mit Risiken im Unternehmen (IDW PS 981, Tz. 18e). Dies umfasst die konstante und systematische Auseinandersetzung mit Risiken, ihrer Identifikation und Bewertung sowie die zielgerichtete Planung, Durchführung und Kontrolle von Maßnahmen. Risikomanagement trägt somit zur Früherkennung möglicher Krisensituationen bei (vgl. dazu auch IDW PS 340 n. F.). Dabei nimmt das Risikomanagement auch im Gesamtkontext der Governance-Elemente eine zentrale Rolle ein. In der Praxis wird es vielfach als die Basis aller Governance-Aktivitäten gesehen, da die hier erfassten Risiken Grundlage der weiteren Governance-Elemente, wie dem CMS und dem IKS, sein können.

Die Gesamtheit der Regelungen, die einen strukturierten Umgang mit Risiken im Unternehmen sicherstellt, wird in dem Begriff Risikomanagement-System zusammengefasst (vgl. IDW PS 981, Tz. 18f).

Aufgaben eines RMS im Krankenhausumfeld

Im Krankenhausbetrieb bedeutet Risikomanagement vor allem die Vermeidung von Fehlern in den verschiedenen Bereichen der Patienten- und Behandlungsprozesse sowie der unterstützenden (Verwaltungs-) Prozesse (Beschaffungs-, Finanz- und Personalprozess u. a.). Daraus lassen sich die Ziele des Risikomanagements im Krankenhaus ableiten und der sich daraus ergebende Nutzen für den Krankenhausbetrieb mittels der nachfolgenden Abbildung darstellen.

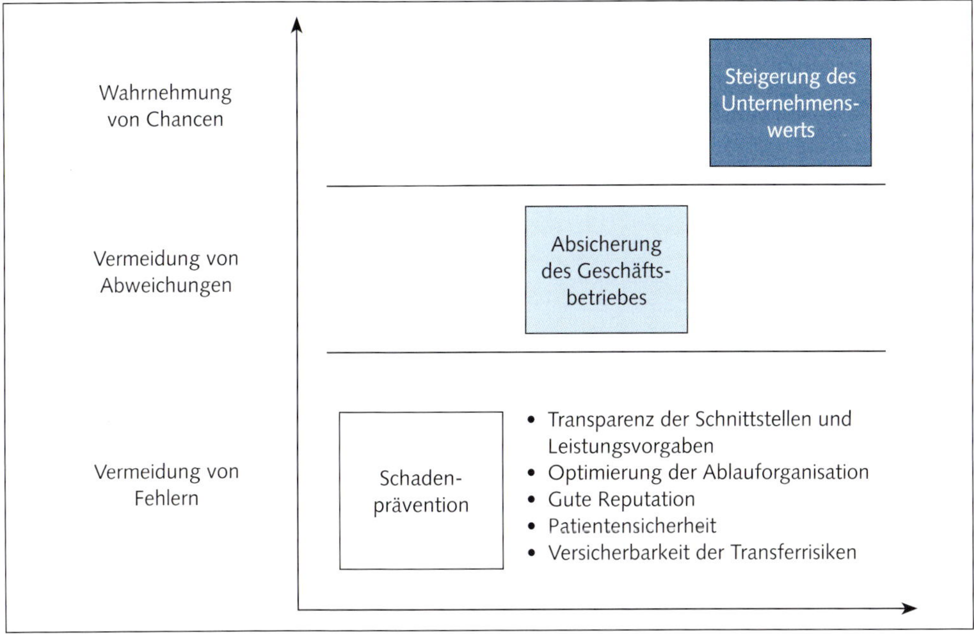

Abbildung 10.1.3-1: Ziele und Nutzen des Risikomanagements am Beispiel des Krankenhauses (eigenes Beispiel)

Die möglichen Folgen eines nicht funktionierenden RMS sind vielfältig:

Potenzielle Risiken für das Unternehmen sind u. a.:	Potenzielle Risiken für Verwaltungsräte, Führungskräfte, Mitarbeiter sind u. a.:
• Bußgelder und Geldstrafen • Gewinn- und Mehrerlösabschöpfung bei Verstößen gegen öffentlich-rechtliche Vorschriften (z. B. UWG und GWB) • Reputationsschaden (ggf. Umsatzeinbußen) • Schadensersatzansprüche bei Schädigung Dritter • Ausschluss von öffentlichen Ausschreibungen • Widerruf von Genehmigungen • Schlechtere Bewertung durch den Kapitalmarkt und Investoren • Erheblicher interner Aufwand und hohe externe Kosten (z. B. für Rechtsanwälte, Berater) für „Abwehrverteidigung“	• Gestiegene Haftungsrisiken bei Organisationsverschulden • Bußgelder, Geldstrafen und Freiheitsstrafen • Schadensersatzansprüche des Unternehmens • Schadensersatzansprüche bei Schädigung Dritter • Abberufung bzw. Kündigung • Schädigung des persönlichen Ansehens

Abbildung 10.1.3-2: Risiken für Unternehmen und Mitarbeiter aus nicht effektiven Risiko und Compliance Management-Systemen (eigenes Beispiel)

10.1.3.1.2 Innerbetriebliche Gestaltung und Bestandteile

Mit dem Prüfungsstandard IDW PS 981 wurde durch das IDW ein einheitliches Rahmenkonzept für die Prüfung von RMS gesetzt.

Um sich dem Thema RMS im Krankenhausumfeld zu nähern, dienen die Grundelemente eines RMS gemäß des IDW Standards als Grundlage für die weiteren Ausführungen.

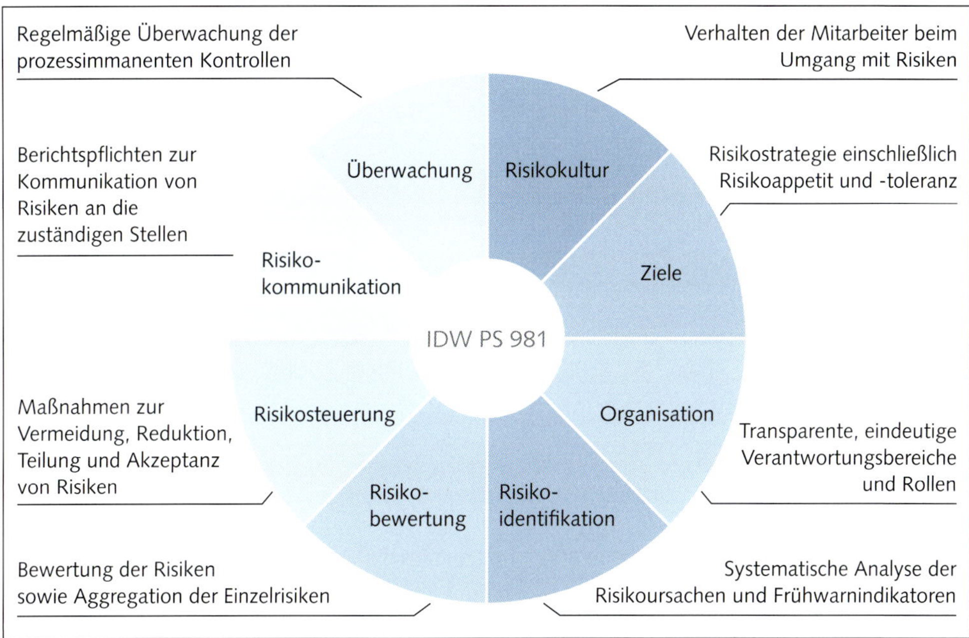

Abbildung 10.1.3-3: Grundelemente des Risikomanagement-Systems (RMS) gemäß IDW PS 981; Quelle KPMG 2021 (eigene Darstellung)

Risikokultur

Die Risikokultur ist Teil der Unternehmenskultur, die maßgeblich bestimmt, wie das Risikobewusstsein im Unternehmen ausgeprägt ist. Es ist von essenzieller Bedeutung für das Funktionieren des RMS, damit die Mitarbeiter des Krankenhauses Risiken bewusst wahrnehmen, melden und ihre Entscheidungen unter Risikogesichtspunkten abwägen. Im Unternehmen wird die Risikokultur unter anderem durch folgende Merkmale beeinflusst (vgl. IDW PS 981 Tz. A21):

- Vorgaben durch die Leitung in Form von Verhaltensgrundsätzen, Vorleben der Leitungsfunktionen zum Risikoumgang und der sog. „Tone from the top"
- Berücksichtigung von Risiken bei Unternehmensentscheidungen und Förderung eines umfassenden Risikobewusstseins

- Differenzierung der Risikobereitschaft unter Berücksichtigung der Erwartungen der Stakeholder und der externen Rahmenbedingungen
- Verankerung in den Regelungen zur Zusammenarbeit von Leitung und Aufsichtsgremium, beispielsweise durch die Definition von zustimmungspflichtigen Geschäften
- Verknüpfung mit Anreiz-, Leistungsbeurteilungs- und Mitarbeiterentwicklungssystemen zur Förderung einer positiven Risikokultur und Vermeidung von unerwünschtem Verhalten

Ziele des RMS

Aus den unternehmenspolitischen Zielsetzungen des Krankenhauses und der Unternehmensstrategie werden die Ziele des RMS abgeleitet und in einer Risikostrategie formuliert. Hierbei werden der „Risikoappetit" und die „Risikotoleranz" festgelegt. Der Risikoappetit beschreibt die grundsätzliche Bereitschaft, die Erreichung angestrebter Ziele und damit verbundene Risiken einzugehen. Die Risikotoleranz ist die maximal tolerierte Abweichung in Bezug auf die angestrebte Zielsetzung, hierzu werden i.d.R. konkrete Wesentlichkeitsgrenzen festgelegt.

Die Ziele werden auf die jeweiligen Hierarchieebenen heruntergebrochen. Dabei werden die Ziele für die jeweiligen Unternehmensbereiche unter Berücksichtigung von Risikoappetit und -toleranz operationalisiert (vgl. IDW PS 981, Tz. 31, A22).

Organisation des RMS

Grundsätzlich ist den jeweiligen Bereichen im Krankenhaus die Verantwortung dafür zu übertragen, dass die dort auftretenden Risiken erfasst, analysiert, kommuniziert sowie entsprechende Maßnahmen etabliert und entsprechende Ressourcen bereitgestellt werden. Die Umsetzung einer klaren Aufbau- (Rollen, Verantwortlichkeiten, Gremien/Komitees, Berichtslinien) und Ablauforganisation (Prozess des Risikomanagements, Regelwerke, Verzahnung mit anderen Governance-Elementen) ist dabei unerlässlich (vgl. IDW PS 981, Tz. 31, A23).

Risikoidentifikation

Ziel der Risikoidentifikation ist die strukturierte und regelmäßige Erfassung der wesentlichen Risikobereiche und der entsprechenden Risiken. Eine systematische Risikoidentifikation sollte unter Einbezug der verschiedenen Ebenen und Funktionen des Krankenhauses erfolgen und umfasst u.a. folgenden Merkmale (IDW PS 981, Tz. 23, A24):

- eine (vollständige) Betrachtung der Ursachen und Faktoren wesentlicher Risiken für das zu prüfende RMS sowohl innerhalb des Krankenhauses als auch im Umfeld
- eine systematische Analyse der Frühwarnindikatoren und Kennzahlen, aus deren Beobachtung frühzeitig mögliche kritische Entwicklungen erkannt werden können

- Analyse sowohl aus Sicht des der Krankenhausleitung (Top Down) als auch aus Sicht der operativ mit der Erkennung und Steuerung von Risiken befassten Bereiche (Bottom Up)
- Erfassung und Kommunikation von als kritisch erkannten Entwicklungen an die für die nachfolgende Risikobewertung und -steuerung zuständigen Bereiche
- eine vollständige und nachvollziehbare Dokumentation der Risikoidentifikation.

Bei der Risikoidentifikation steht die vollständige Betrachtung der Ursachen und Faktoren wesentlicher Risiken im Fokus. Dabei können themen- oder abteilungsspezifische Risikokataloge helfen. Auch Risikocluster nach allgemeinen operativ- und strategisch-relevanten Bereichen unterstützen bei einer ersten Kategorisierung. Als Beispiele kommen u. a. in Betracht: Einweisung und Aufnahme, Patientenaufklärung bzw. -vertrag, Diagnostik und Therapie, Bettenmanagement, Finanzen, Fördermittel, Wettbewerber, Personal, Entlassmanagement, Abrechnung, Dokumentation, Datenschutz, Arbeitsschutz, Hygienevorschriften, Medizintechnik etc. Operativ kann die Risikoerkennung z. B. in Form von Inventarisierungsworkshops erfolgen. Unter der Leitung des Risiko-Beauftragten nehmen die prozessbeteiligten Mitarbeiter der administrativen Bereiche und der Stationen ihre bereichsspezifischen Risiken auf. Es sollte hierbei u. a. eine Differenzierung erfolgen, ob es sich um ein ökonomisches Risiko im Sinne des Risikomanagements oder um ein rechtliches Risiko im Sinne des Compliance Managements handelt (zu Compliance Management siehe Kapitel 10.1.3.3).

Ebenfalls ist es wichtig, in der Ablauforganisation die Analyse von Frühwarnindikatoren sowie Schwellenwerten und Kennzahlen zu etablieren, aus denen frühzeitig kritische Entwicklungen erkannt werden können. Die Erfassung und Kommunikation dieser Entwicklungen ist eine zentrale Grundlage für die sich anschließende Risikobewertung und -steuerung.

Risikobewertung

Zur Ableitung von angemessenen Steuerungsmaßnahmen müssen die identifizierten Risiken betreffend ihrer Ursache-Wirkungs-Zusammenhänge untersucht und bewertet werden. Ziel der Risikobewertung ist daher die qualitative Beurteilung bzw. die quantitative Messung der Unternehmensrisiken.

Die Bewertung und Hierarchisierung der identifizierten Risiken erfolgt regelmäßig hinsichtlich der Kriterien von Eintrittswahrscheinlichkeit und Schadenshöhe. Durch die Implementierung eines Qualitätsmanagements werden in Krankenhäusern bereits viele strategische und operative Risiken mit entsprechen- den Maßnahmen und Kontrollen gesteuert. So wird beispielsweise die Eintrittswahrscheinlichkeit von Operationsfehlern durch geregelte Abläufe und Anforderungen an die Qualifikation von medizinischem Personal reduziert. All diese Informationen sollten auch in die Bewertung der Risiken einbezogen werden (IDW PS 981, Tz. 23, A25):

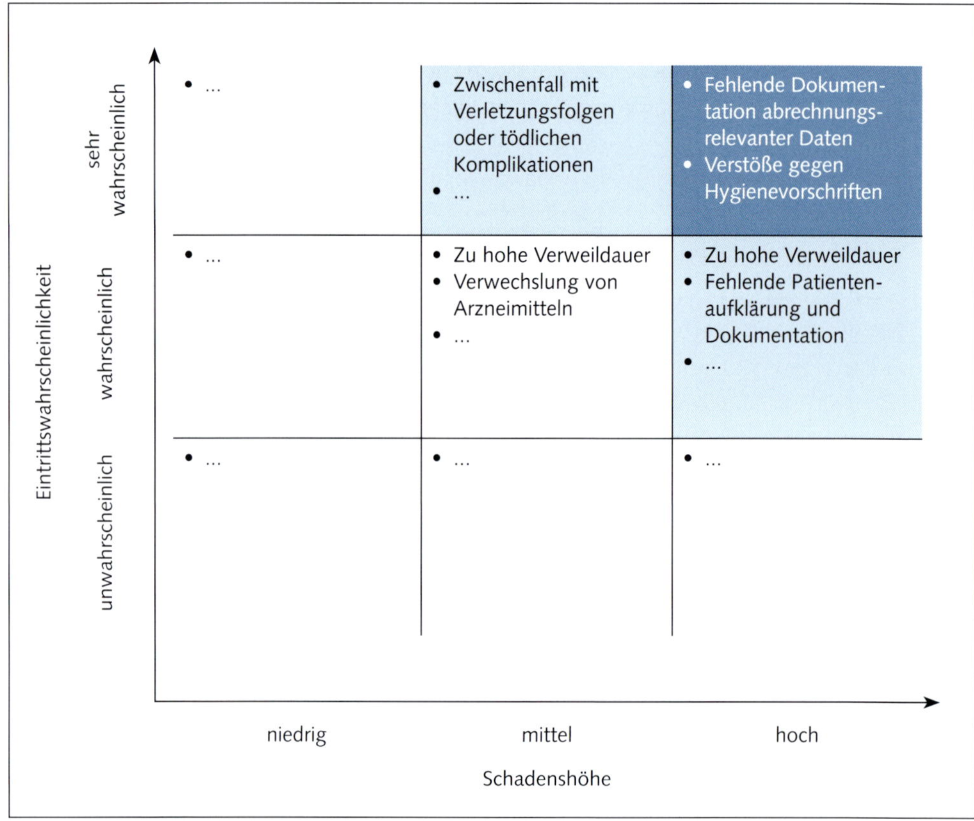

Abbildung 10.1.3-4: Landkarte mit hierarchisierten Risiken (eigenes Beispiel)

Es hat sich in der Praxis des Risikomanagements als sinnvoll erwiesen, bei der Risikobewertung zwischen dem Brutto- und dem Nettorisiko zu unterscheiden. Während in der Bruttobetrachtung sämtliche potentielle Risiken ohne Berücksichtigung möglicher Maßnahmen und Kontrollen bewertet werden, bewertet die Nettobetrachtung sämtliche Risiken nach Berücksichtigung aller im Unternehmen bereits bestehenden Maßnahmen und Kontrollen (Restrisiko). Die Bruttobetrachtung stellt somit sicher, dass alle möglichen Risiken des Krankenhauses erfasst werden. Die Nettobetrachtung ergibt schließlich das tatsächlich bestehende (Rest-) Risiko eines Schadensfalles. Um das Nettorisiko einschätzen zu können, müssen die bestehenden Kontrollen und Maßnahmen zur Vermeidung bzw. Reduzierung der identifizierten Risiken festgestellt und im Gespräch mit den prozessbeteiligten Mitarbeitern hinsichtlich ihrer Wirksamkeit beurteilt werden.

Als Ergebnis erhält man das individuelle Risikoprofil des Krankenhauses, mit dessen Hilfe die jeweilige Risikoposition bestimmt werden kann. Dieses Ergebnis ist die wesentliche Grundlage, um im IKS Kontrollen, die den Risiken adäquat begegnen, zu implementieren.

Die Beschreibung und Bewertung der identifizierten und analysierten Risiken erfolgt in einem nachfolgend beispielhaft dargestellten Erfassungsbogen. In diesem werden die Risiken bezüglich der Patientenbehandlung dargestellt (mögliches Cluster). Um den Anforderungen gemäß § 91 AktG nachzukommen, sollte eine gesonderte Erfassung und Bewertung bestandsgefährdender Risiken erfolgen.

Risiken Patienten-behandlung	Eintrittswahr-scheinlichkeit	Schadens-höhe	Maßnahmen	Verantwortlichkeiten
Verstöße gegen Hygienevorschriften (stationärer Bereich)	sehr wahrscheinlich	hoch	Bereitstellen von Materialien, insbes. Schutzkleidung, Hinweise auf Händedesinfektion	Stationsleitung: Hygieneaufklärung; Facility Management: Infrastruktur Hygiene
Unvollständige Behandlungs-dokumentation	sehr wahrscheinlich	hoch	Dokumentations-ordnung, Qualitäts-sicherung durch Arzt und Stationsleitung, Schulungen	Klinikdirektoren: Dokumentationsordnungen und -vorschriften; Stationsleitung und Chefärzte: QS der Dokumentation
Unvollständige Abrechnung der Leistungen	sehr wahrscheinlich	hoch	Durchführung regelmäßiger Erlösverprobungen	Finanzbuchaltung und Medizincontrolling
...	...	...	...	...

Abbildung 10.1.3-5: Beispielhafter Erfassungsbogen für Risiken im Krankenhaus (eigenes Beispiel)

Risikosteuerung

Im Rahmen der Risikosteuerung werden Entscheidungen zum Umgang mit den bewerteten Risiken getroffen und dokumentiert. Für eine effektive Steuerung empfiehlt es sich, die Maßnahmen hinsichtlich des Umsetzungsstandes („in Planung", „initiiert" oder „umgesetzt") und der Verantwortlichkeiten (Funktion, Rolle, Name), sowie ggf. einer Frist („Deadline am...") zu überwachen. Die in den Prozess involvierten Personen werden im Hinblick auf eingesetzte (IT-) Tools und Verfahren angemessen geschult (IDW PS 981, Tz A26).

Risikokommunikation

Wesentliche Elemente einer Risikokommunikation sind (vgl. IDW PS 981, Tz A27):

- Kommunikation der Regelungen des RMS und von relevanten Risikobereichen an die betroffenen Personen
- Festlegung der Berichtspflichten und der Berichtswege inkl. Festlegung eines Verfahrens zur ad hoc-Risikoberichterstattung
- Sicherstellung aktueller, zutreffender entscheidungsrelevanter Informationen.

Die genauen Berichtspflichten (u.a. Anlässe, Verantwortlichkeiten und Zeitpunkte) sind in jedem Krankenhausbetrieb individuell festzulegen. Die Berichtswege sollten klar und adressatengerecht ausgestaltet und die Aktualität der Informationen über Risiken immer sichergestellt sein.

Risikobericht Quartal ... /20XX Risikobereich Patientenbehandlung Verantwortlich: ...							
Risiken Patienten-behandlung	Kriterium	Schwellen-wert	Soll-Wert	Übersicht über die letzten drei Quartale			Abweichung zum Soll-Wert im letzten Quartal (in %)
				I.	II.	III.	
Verstöße gegen Hygienevorschrif-ten (stationärer Bereich)	Nosokomiale Infektionen						
Fehlende Aufklärung und Dokumentation	Anzahl der abgesetzten OPs						
Informations-defizite im Be-handlungsverlauf	Anzahl der Doppel- und Mehrfachunter-suchungen						
Steigende Be-handlungskosten durch innovative Produkte	Anzahl nicht gelisteter Spezial-anforderungen						
Verlust von Pa-tienteneigentum durch Unacht-samkeit oder Diebstahl	Anzahl der Patientenbe-schwerden						
Uneinheitliche pflegerische Versorgung	Anzahl auftretender Komplikationen						
Fehlender Facharztstandart	Personalstruktur (Anteil Fachärzte im ÄD)						
...	...						

Abbildung 10.1.3-6: Vierteljährliches Risikoreporting (eigenes Beispiel)

Überwachung und Verbesserung des RMS

Es kann zwischen prozessintegrierter und prozessunabhängiger Überwachung unterschieden werden.

Im Bereich der prozessintegrierten Überwachung des RMS bilden die speziell für dessen Ablaufprozesse etablierten Kontrollen wie bspw. die Überwachung der regelmäßigen Identifikation von Risiken durch den Risikobeauftragen, eine wichtige Rolle. Diese werden auf allen relevanten Organisationseinheiten (klinisch und nicht klinisch) implementiert und in Abhängigkeit von Komplexität und Bedeutung der jeweiligen RMS-Prozesse ausgestaltet (vgl. IDW PS 981, Tz. A28).

Prozessunabhängige Überwachungen können z. B. durch die Interne Revision oder durch Dritte erfolgen. Die Überwachung beinhaltet regelmäßige Beurteilungen des RMS, die sowohl die Angemessenheit als auch die Wirksamkeit beurteilen.

Sofern Mängel bzw. Optimierungspotentiale im RMS festgestellt werden, sind Maßnahmen abzuleiten, die auf die Verbesserung des RMS abzielen (bspw. Schulungen, vertiefte Kommunikation).

10.1.3.2 Internes Kontrollsystem

10.1.3.2.1 Definition und Aufgaben

Die zweite Säule des House of Governance bildet das Interne Kontrollsystem (IKS). Dieses wird definiert als die von den gesetzlichen Vertretern im Unternehmen eingeführten Grundsätze, Verfahren und Maßnahmen, die auf die organisatorische Umsetzung der Managemententscheidungen zur Sicherung der Wirksamkeit und Wirtschaftlichkeit gerichtet sind. Damit liegt der Fokus Interner Kontrollsysteme auf der Überwachung aller intern abgrenzbaren Prozesse im Unternehmen. Gerade im Krankenhaus bergen die moderne Hochleistungsmedizin, komplizierte Abrechnungsmechanismen sowie steigender Zeit- und Kostendruck Gefahr für die erwähnte Wirksamkeit und Wirtschaftlichkeit der Geschäftstätigkeit. Das starke regulatorische Umfeld aber auch die höchst verantwortungsvolle Arbeit am Patienten an sich haben dazu geführt, dass in Krankenhäusern regelmäßig interne Kontrollen in die Prozessabläufe implementiert sein müssen, die sich nicht nur auf die Verwaltung, sondern auch auf die Patientenversorgung als Kernprozess beziehen. Interne Kontrollen dienen dabei sowohl der Verhinderung oder Aufdeckung von Verstößen gegen interne Richtlinien und Gesetze oder Verordnungen als auch der Sicherstellung der Qualität. Ganzheitlich betrachtet liegen diesen Überlegungen Risiken aus dem Risikomanagement zu Grunde. Diese könnten z. B. das „Risiko der fehlerhaften Kodierung" beinhalten.

Mit dem IDW PS 982 hat das IDW einen Standard zur freiwilligen Prüfung des internen Kontrollsystems des internen und externen Berichtswesens geschaffen, dessen Grundelemente auch für die interne Gestaltung eines IKS im Krankenhaus genutzt werden können. Inhaltlich zielt die Definition des IDW auf solche IKS, die die Kerngeschäfts- oder Unterstützungsprozesse kontrollieren. Damit geht die Prüfung und Gestaltung der IKS nach IDW PS 982 über den gesetzlich verankerten Fokus auf ein rein rechnungslegungsbezogenes IKS im Rahmen der Jahresabschlussprüfung hinaus. Der IDW PS 982 nimmt Bezug auf die Grundelemente des IKS-Rahmenwerkes COSO 2013 (Committee of Sponsoring Organizations of the Treadway Commission). Bei diesem Kontrollmodell geht es um eine ganzheitliche Betrachtungsweise der Organisation und seiner Risiken, denen mit entsprechenden Kontrollen begegnet werden muss.

Es gibt folgende Prinzipien eines IKS, welche in der Organisation erfüllt sein sollten:

- Transparenz-Prinzip: für Prozesse sind Sollkonzepte etabliert, die es einem Außenstehenden ermöglichen, die Konformität zu beurteilen.
- Vier-Augen-Prinzip: wichtige Entscheidungen bzw. kritische Tätigkeiten werden nicht von einer einzelnen Person getroffen bzw. durchgeführt.
- Prinzip der Funktionstrennung: vollziehende, verbuchende und verwaltende Tätigkeiten, die innerhalb eines Prozesses vorgenommen werden, werden nicht durch eine einzelne Person durchgeführt.
- Das Prinzip der Mindestinformation: nur diejenigen Informationen sind für Mitarbeiter verfügbar, die sie für ihre Arbeit brauchen.

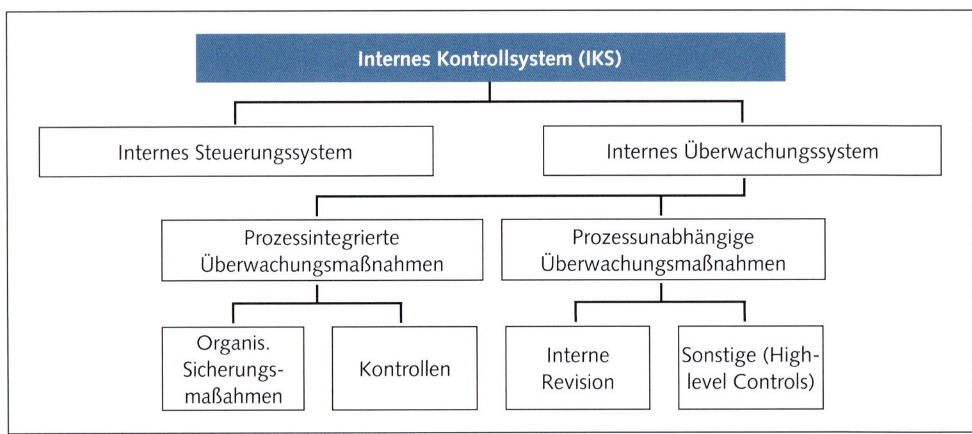

Abbildung 10.1.3-7: Regelungsbereiche und Bestandteile des IKS nach IDW PS 261; Quelle KPMG 2021

10.1.3.2.2 Innerbetriebliche Gestaltung und Bestandteile

Analog zu IDW PS 981 kann IDW PS 982 nicht bloß als Prüfungsnorm, sondern auch als Grundlage zur strukturierten innerbetrieblichen Gestaltung eines IKS im Krankenhaus herangezogen werden. Hiernach sollte das IKS die folgenden sechs Grundelemente (vgl. IDW PS 982, Tz. 30) umfassen, die in einer logischen Abfolge aufeinander aufbauen und im Sinne einer Rückkopplungsschleife zur kontinuierlichen Verbesserung einladen.

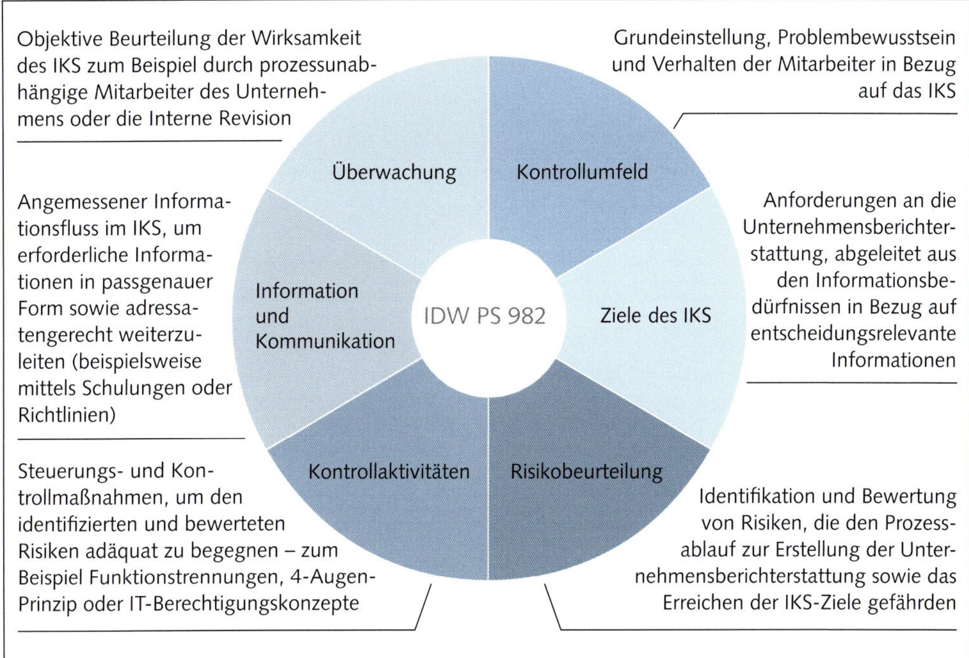

Abbildung 10.1.3-8: Grundelemente des Internen Kontrollsystems (IKS) gemäß IDW PS 982; Quelle KPMG 2017 (eigene Darstellung)

Kontrollumfeld

Die Bestandsaufnahme und Etablierung eines IKS-Kontrollumfeldes zielt darauf ab, die Grundeinstellung des Krankenhauses für allgemeine sowie spezielle IKS-Themen sowohl zu erfassen als auch zu prägen und die Mitarbeiter für ein IKS-Problembewusstsein zu sensibilisieren. Eine zentrale Absicht ist es, das IKS konzeptionell und integrativ in die übergeordnete Corporate Governance-Struktur des Krankenhauses einzubetten sowie einzelne IKS-Bestandteile in Beziehung zueinander zu setzen. Dies beinhaltet auch, personelle Verantwortlichkeiten für das IKS abzustecken (z. B. zentrale und dezentrale Verantwortlichkeiten und ihre Beziehung zueinander). Außerdem wird eine klare Bestimmung der Anreiz- und Sanktionsmechanismen für die (Nicht-)Befolgung der zu kontrollierenden Prozesse und für das IKS im Speziellen gefordert (z. B. Befolgung interner Abrechnungsprozesse für erbrachte Leistungen oder die Befolgung klinischer Behandlungspfade). Zudem sollten organisationale Rahmenbedingungen (wie bspw. die Festlegung regelmäßiger Prüfintervalle für die Angemessenheit der Ausgestaltung und Ausstattung der IKS) adressiert werden (vgl. IDW PS 982, Tz. 30, A17).

Ziele des IKS

Eine Definition der durch das IKS verfolgten Ziele ist wichtig, um sich im Vorfeld mit den Chancen – aber auch den Grenzen – des IKS vertraut zu machen. Weiterhin soll eine Zieldefinition natürlich dazu beitragen, dass das eigene IKS aus einer gehobenen Erwartungshaltung heraus aktiv gesteuert und weiterentwickelt wird. Konkret geht es hier um die Artikulation der Anforderungen, die ein IKS auf Basis der allgemeinen Krankenhausziele und dem Bedürfnis nach entscheidungsrelevanten Informationen für die Unternehmensführung bzw. Rechenschaftslegung zu erfüllen hat (vgl. IDW PS 982, Tz. 30, A18).

Risikobeurteilung

Die Risikobeurteilung dient der systematischen Identifikation und Bewertung aller Risiken, die den Prozessablauf zur Erstellung der Unternehmensberichterstattung sowie das Erreichen der IKS-Ziele gefährden. Diese Risiken können sich aus fehlerhaften internen Prozessen, fehlerhaften Systemen, personell bedingten Fehlern oder externen Ereignissen ergeben. Dabei stützt sich die Risikobeurteilung auf die Umsetzung der unternehmensweiten Risikoanalyse des RMS (s. Kapitel 10.1.3.1.2), bei der mögliche Folgen und Wahrscheinlichkeiten für den Eintritt der Risiken (z.B. Risiko fehlerhafter Aufnahmediagnose und Patientenabrechnung) sowie Interdependenzen zwischen einzelnen Risiken berücksichtigt werden (vgl. IDW PS 982, Tz. 30, A19).

Kontrollaktivitäten

Die Kontrollaktivitäten bilden das Herzstück des IKS und beinhalten Kontroll- und Steuerungsmaßnahmen, um den zuvor identifizierten und beurteilten Risiken adäquat zu begegnen und die IKS-Ziele zu erreichen (vgl. IDW PS 982, Tz. 30). Hier sollen z. B. Kontrollen als Bestandteil regulärer Prozessabläufe etabliert werden. Fehlervermeidende Kontrollaktivitäten basieren auf Kenntnissen über die mögliche Entstehung von Fehlern und erhöhen somit das allgemeine Sicherheitsniveau. Demgegenüber sind fehleraufdeckende Kontrollaktivitäten den einzelnen Prozessschritten nachgelagert und sichern Richtigkeit und Vollständigkeit der Prozessschritte. Im Krankenhaus umfassen häufige manuelle Kontrollaktivitäten beispielsweise die Funktionstrennung, das 4-Augen-Prinzip, Genehmigungs- oder Unterschriftenregelungen, Kennzahlenanalysen oder besondere Dokumentationsvorgaben. IT-gestützte Kontrollaktivitäten können z. B. IT-Berechtigungskonzepte, Datensicherungs- und Auslagerungsverfahren oder Ausgabenkontrollen (z. B. für Medikamente) beinhalten. Bei der Beschreibung der Kontrollaktivitäten soll zugleich auf sogenannte Risiko-Kontroll-Matrizen verwiesen werden, die gemäß IDW PS 982, Tz. 32 folgende Bestandteile enthalten sollen:

- Risiko, das konkret mittels Kontrollaktivitäten abgedeckt werden soll,
- Kontrollbeschreibung (Kontrolldurchführender, Kontrollaktivität, ggf. Kontrollnachweis),
- Kontrollfrequenz und -intensität,
- Umgang mit aufgedeckten Fehlern, deren Korrekturen oder die erneute Kontrolle (Follow-up).

Prozess	Risiko	Kontrollaktivität	Kontrollverantwortlicher	Frequenz	Follow Up
Patientenbehandlung	Nicht beachtete Hygienevorschriften führen zu Komplikationen in der Patientenbehandlung	Pflichtschulungen zu Hygiene werden für alle Mitarbeiter durchgeführt; Stichprobenartige Prüfung bei Patientenbehandlung	Stationsleitung: Hygieneaufklärung und Prüfung; Facility Management: Infrastruktur Hygiene	Mehrmals täglich Kontrolle bei Patientenbehandlung; Schulung quartalsweise	Bei Bedarf in Bezug auf einzelne Mitarbeiter
Patientenbehandlung	Fehlende oder unvollständige Dokumentation des Krankheitsverlaufs und der Medikationen	Qualitätssicherung durch den zuständigen Stationsarzt oder Chefarzt vor Abrechnung des Falls	Stationsarzt, Chefarzt	Mehrmals täglich	Bei Bedarf in Bezug auf fehlerhafte Akten/ Dokumentationen
Patientenabrechnung	Fehlende oder fehlerhafte Aufnahmediagnose im System führt zu zeitverzögerter Abrechnung	Erstkodierung/ Aufnahmekodierung ist Pflichtfeld im System; Pflichtaktualisierung der Erstkodierung bei späterer Behandlung durch Arzt	Patientenabrechnung, Medizincontrolling	Bei jeder Behandlung	Fälle mit Problemen bei der Abrechnung gelangen in eine QS-Schleife

Abbildung 10.1.3-9: Auszug aus einer Risiko-Kontrollmatrix im IKS (eigenes Beispiel)

Information und Kommunikation

Hier geht es um die Gestaltung eines angemessenen Informationsflusses innerhalb des IKS, um zeitnah, adressatengerecht und standardisiert relevante Entwicklungen der Risikosteuerung an das Krankenhausmanagement bzw. die zuständigen IKS-Beauftragten zu kommunizieren. Beispielsweise lässt sich hier an automatisierte, IT-gestützte Informationspfade oder an definierte Berichtsalgorithmen im Falle besonderer Vorkommnisse denken. Genauso wichtig ist jedoch auch die Etablierung regelmäßiger IKS-Berichte und Zusammenfassungen an die Krankenhausleitung, damit die Leitungsorgane ihren Überwachungspflichten geordnet nachkommen können. Davon abgesehen umfasst der Bereich Information und Kommunikation auch die adressatengerechte Unterweisung und Schulung der Mitarbeiterinnen und Mitarbeiter hinsichtlich des Krankenhaus-IKS im Allgemeinen und ihrer besonderen Rolle im Speziellen (z. B. durch Schulungen oder Richtlinien) (vgl. IDW PS 982, Tz. 30, A21).

Überwachung

Die vorgenannten IKS-Komponenten stellen gleichsam das Untersuchungsobjekt als auch die Grundlage für die IKS-Überwachung dar. Basierend auf einer verlässlichen Dokumentation geht es dabei um die möglichst objektive und fortlaufende Identifikation von Schwächen und die Beurteilung der Wirksamkeit des IKS. Anders als prozessintegrierte Überwachungsmaßnahmen (Self-Assessment) erfolgt die IKS-Überwachung in der Regel durch prozessunabhängige Mitarbeiter des Unternehmens oder die IR und mündet in der Berichterstattung an Geschäftsführung/Vorstand und Aufsichtsrat. Da es in der Praxis häufig zu Verwechslungen zwischen Internem Kontrollsystem (IKS) und Interner Revision (IR) kommt, ist eine strikte Abgrenzung der beiden Begrifflichkeiten vorzunehmen. Das IKS umschreibt die Gesamtheit aller in die Prozesse integrierten Maßnahmen und Kontrollen zur Umsetzung der Managemententscheidungen. Die IR hingegen ist prozess- und funktionsunabhängig. Ihre Aufgabe ist die fortlaufende Prüfung und Überwachung der operativen Geschäftsprozesse sowie der Funktionalität des IKS (vgl. IDW PS 982, Tz. 30, A22).

10.1.3.3 Compliance Management System

10.1.3.3.1 Definition und Aufgaben

Der Begriff „Compliance" (von lat. „complere": erfüllen, vervollständigen) zielt auf die Einhaltung und Erfüllung von Regeln und berücksichtigt dabei sowohl gesetzliche Bestimmungen als auch unternehmensinterne Richtlinien (vgl. IDW PS 980, Tz. 5). Nicht regelkonformes Verhalten kann zu Unternehmensstrafen, Verfahrenskosten und Schadensersatzansprüchen sowie zu Reputationsschäden führen. Allgemeine Risikobereiche wie Datenschutz, IT-Sicherheit und steuerliche Vorschriften aber auch die spezifischen Entwicklungen im Gesundheitswesen (z. B. die Einführung der elektronischen Patientenakte) sowie bestimmte Hygienevorschriften sollten bei Krankenhäusern zu einer umfassenden Diskussion über Compliance führen. Insbesondere aus systematischen Kommunikations- und Dokumentationsdefiziten können sich erhebliche Schäden für Patienten und das Krankenhaus ergeben.

Unter einem Compliance Management System (CMS) wird die Gesamtheit der im Unternehmen eingeführten Grundsätze und Maßnahmen verstanden, die die Regelkonformität sicherstellen und Regelverstöße vermeiden sollen (IDW PS 980, Tz. 6). Ein CMS bezieht sich regelmäßig auf abgrenzbare Teilbereiche, insbesondere auf bestimmte Rechtsgebiete (z.B. Anti-Korruption und Betrug) und Geschäftsbereiche bzw. Unternehmensprozesse wie beispielsweise den Einkauf und den Vertrieb (IDW PS 980, Tz. 6, A3). Im Zuge eines verschärften Wettbewerbs im Krankenhaussektor kann ein effektives Compliance Management ein echter Werttreiber sein: Die Hebung von Qualität und Effizienz in den Unternehmensprozessen, die Stärkung des Ansehens und Vertrauens bei Patienten und Personal sowie die Generierung positiver öffentlicher Aufmerksamkeit kann zu einem Wettbewerbsvorteil führen.

Grundlage eines jeden CMS bildet die CMS-Beschreibung, in der Aussagen zu den Grundsätzen und Maßnahmen des CMS getroffen werden. Ein angemessenes CMS i.S.d. IDW PS 980 weist gem. Tz. 23 sieben Grundelementen auf, die miteinander in Wechselwirkung stehen und in der CMS-Beschreibung darzustellen sind. Wenngleich der IDW PS 980 als Prüfnorm für bereits bestehende Compliance Management-Systeme konzipiert ist, so hat sich der Prüfungsstandard in der Praxis als strukturgebende Vorlage zur Ausgestaltung eines CMS bewährt.

Seitdem das Bundesministerium der Finanzen im Jahr 2016 seine Stellungnahme im AEAO zu § 153 betreffend die Abgrenzung der Anzeige- und Berichtigungspflicht von einer Selbstanzeige (BMF-Schreiben vom 23.05.2016, BStBl. I 2016, S. 490) veröffentlicht hat, beschäftigen sich viele Unternehmen zunehmend mit der Implementierung und Dokumentation „innerbetrieblicher Kontrollsysteme“ zur Erfüllung ihrer steuerlichen Erklärungspflichten. Ein steuerliches Kontrollsystem kann gemäß BMF zur Haftungsreduktion von Unternehmen und deren Organen beitragen, d.h. letztlich die steuerstraf- oder bußgeldrechtlichen Risiken minimieren. Die Ausgestaltung eines steuerlichen Kontrollsystems wurde im BMF-Schreiben nicht konkretisiert, sodass das IDW daraufhin am 31. Mai 2017 im Praxishinweis 1/2016 die Ausgestaltung und Prüfung eines Tax Compliance Management Systems (Tax CMS) erarbeitet hat. Nach der Begriffsbestimmung des IDW ist unter einem Tax CMS ein abgegrenzter Teilbereich eines CMS zur verstehen, dessen Zweck auf die vollständige und zeitgerechte Sicherstellung der steuerlichen Erklärungspflichten ausgerichtet ist. (vgl. IDW Praxishinweis 1/2016, Tz. 2 ff.)

10.1.3.3.2 Innerbetriebliche Gestaltung und Bestandteile

Die sieben Grundelemente eines CMS gemäß IDW PS 980, die logisch aufeinander aufbauen und in Wechselwirkung zueinanderstehen, werden nachfolgend beschrieben. Zwar legt der Prüfungsstandard klare Richtlinien fest, es besteht jedoch auch ein Freiraum für krankenhausspezifische Anpassungen.

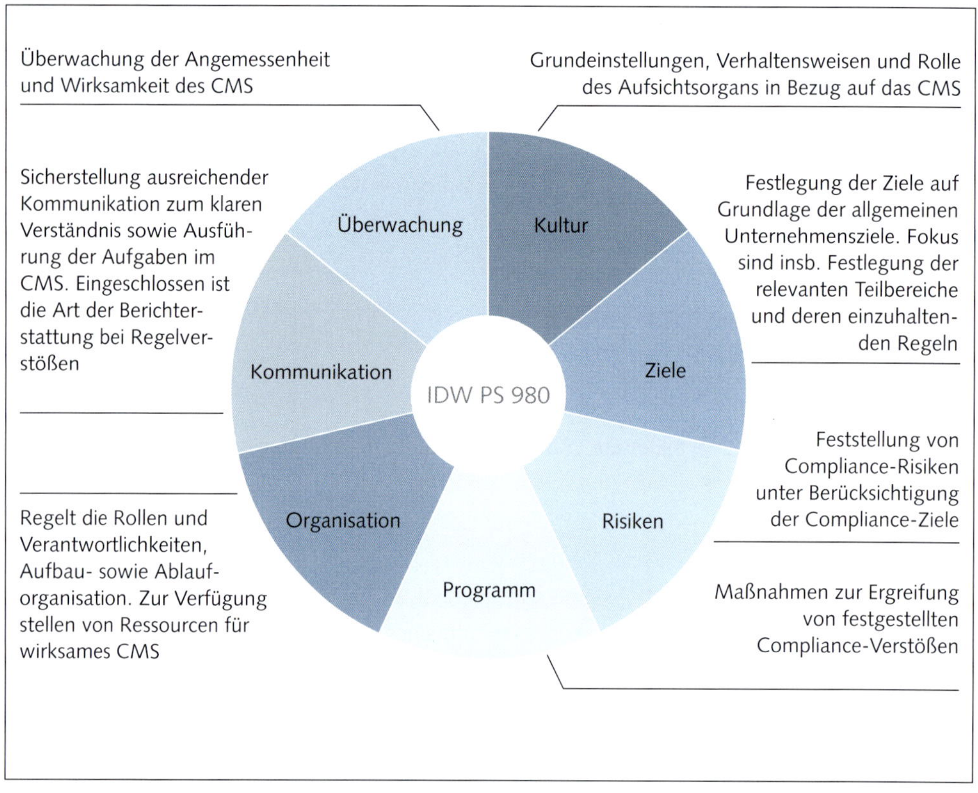

Abbildung 10.1.3-10: Grundelemente des Compliance Management-Systems (CMS) gemäß IDW PS 980; Quelle KPMG 2017 (eigene Darstellung)

Kultur

Die Grundlage für die Angemessenheit und Wirksamkeit eines CMS ist die Compliance-Kultur. Eine Unternehmenskultur, in der Compliance in ihrem Beitrag zur Abwendung von Risiken und als Werttreiber wertgeschätzt und aktiv gemanagt wird, hebt die Bedeutung, die die Mitarbeiter im Unternehmen regelkonformen Verhaltens beimessen. Die Compliance-Kultur ist geprägt durch die Grundeinstellung und die Verhaltensweisen des Managements („Tone from the top") (vgl. IDW PS 980, Tz. 23). Nicht zuletzt aufgrund der ihnen obliegenden Sorgfaltspflichten existiert das Thema Compliance zunehmend auf der Agenda der Leitungsorgane (§ 93 Abs. 1 AktG, § 43 Abs. 1 GmbHG). Allerdings lässt sich auch beobachten, dass Compliance nicht immer ernst genommen wird und es am Willen und an der Überzeugung mangelt, dass Compliance gelebt werden muss, um ein wesentlicher Einflussfaktor zu sein. Oft bestehen zwar eine Vielzahl an Regelungen und Verfahrensanweisungen, die jedoch veraltet, nicht aufeinander abgestimmt und in der Mitarbeiterschaft nicht ausreichend bekannt sind. Dadurch verkommt das Compliance Management in der Wahrnehmung von Management und Mitarbeiterschaft oft zu einer leeren

Worthülse. Die Einführung eines CMS ist jedoch weit mehr als ein bürokratischer Akt und erfordert Sichtbarkeit, Training, Kommunikation und stetige Weiterentwicklung. Die Einführung eines Compliance-Verhaltenskodexes bildet dabei das Herzstück der CMS-Kultur, indem es für alle Krankenhausmitarbeiter unternehmensweite Maßstäbe rechtlicher und ethischer Natur sowie Gebote und Verbote enthält. Die Mitarbeiter sollten zur Einhaltung des Kodexes – am besten schriftlich – verpflichtet werden.

Ziele

Die Festlegung der Compliance-Ziele erfolgt auf Grundlage der allgemeinen Unternehmensziele. Dabei sind die Teilbereiche des CMS und die für die jeweiligen Teilbereiche einschlägigen Regelungen abzugrenzen. Die festgelegten Compliance-Ziele sind essentiell für die Ableitung und Beurteilung der Compliance-Risiken (vgl. IDW PS 980, Tz. 23, A15).

Risiken

Besondere Aufmerksamkeit bedarf es bei der Ableitung der Compliance-Risiken, die eine enge Verknüpfung zum Risikomanagement als grundlegendes System aufweist. Im Rahmen einer Risikoanalyse sind die Compliance-Risiken zu identifizieren und quantitativ sowie qualitativ zu beurteilen. Dabei ist auch Strategie der gesetzlichen Vertreter zur Risikosteuerung (Risikovermeidung, Risikoreduktion, Risikoüberwälzung oder Risikoakzeptanz) heranzuziehen. Zur Risikoanalyse gehört auch die Einschätzung, ob Einzelrisiken, die isoliert betrachtet von nachrangiger Bedeutung sind, in ihrem Zusammenwirken oder durch Kumulation im Zeitablauf zu einem bestandsgefährdenden Risiko führen können. Die Risikoanalyse liefert die notwendige Informationsbasis für die weiteren Prozessschritte des Compliance Managements. Daher schließt die Analyse der Compliance-Risiken einerseits die möglichst vollständige Identifikation der wesentlichen Compliance-Risikobereiche, der spezifischen Risiken in diesen Bereichen sowie ihrer Risikobeurteilung ein. Andererseits ist sicherzustellen, dass nicht nur im Vorhinein definierte Risiken erfasst werden, sondern auch solche Risiken, welche keinem vorab definierten Erscheinungsbild entsprechen. Dies entspricht der Etablierung von verlässlichen Mechanismen und Verfahren (Regelprozesse) zur systematischen Erkennung und Berichterstattung neuer Compliance-Risiken (vgl. IDW PS 980, Tz. 23, A16).

Zur Bestimmung der für ein Krankenhaus relevanten Risiken ist ein sogenanntes Compliance Risk Assessment (CRA) durchzuführen (siehe auch Kapitel 10.1.3.1.2). In der Praxis zeigt sich jedoch, dass ein solches CRA nur selten – oder zumindest nur unsystematisch – in Krankenhäusern durchgeführt wird, sodass die darauf aufbauende Risikoinventarisierung oftmals unvollständig und lückenhaft ist. Operativ kann die Erfassung von Compliance-Risiken, analog zu den anderen Risikofeldern, zum Beispiel in Form von Inventarisierungsworkshops erfolgen. Unter Leitung des Compliance Managements und unter Beteiligung der Unternehmensleitung und der Führungskräfte inventarisieren die prozessbeteiligten Mitarbeiter der administrativen Bereiche und der Stationen ihre bereichsspezifischen Risiken. Es ist einzuschätzen und zu bewerten, welche Compliance-Risiken für die jeweiligen Bereiche von wesentlicher Relevanz sind. Da Unternehmenskrisen grundsätzlich von sämtlichen Bereichen des Krankenhausbetriebs ausgehen können, ist es sachgerecht, diesen Prozess auf das ganze Unternehmen zu erstrecken. Sämtliche betriebliche Prozesse und Funktionsbereiche des Krankenhauses einschließlich aller Hierarchiestufen sind darauf zu untersuchen, ob aus ihnen Compliance-Risiken resultieren können. Die Zahl der möglichen Risikofelder ist hoch: Neben den typisierten Compliance-Risiken wie Betrug (Fraud), Korruption, Datenschutz, kapitalmarktrechtlicher Compliance, arbeitsrechtlicher Compliance, kartellrechtlicher Compliance, Steuer- und Buchführungs-Compliance ist insbesondere an branchenspezifische Compliance-Themen der Gesundheitswirtschaft zu denken. Dies können z.B. medizinische Behandlungshaftung, Drittmittel und Hygienevorschriften sein.

In der Praxis hat es sich als sinnvoll erwiesen, die Compliance-Risken in verschiedene Cluster zusammenzufassen.

Compliance Patienten	Compliance Dritte	Compliance Mitarbeiter	Compliance: Infrastruktur und IT
Medizinische Schadensfälle	Einweiservergütungen	Arbeitsrecht (ins. auch für Schichtdienste)	Datenschutz, Datensicherheit
Abrechnung von Chefarztleistungen	Steuerrecht	Fehlende Qualifikationen der Mitarbeiter	Dokumentation und Archivierungspflichten
Ambulante und stationäre Abrechnung	Kooperation mit Pharma- und Medizinproduktunternehmen	Sozialversicherungsrecht	Baurecht
Hygiene-Compliance	Vergaberecht	Allgemeines Gleichbehandlungsgesetz	Gebäudesicherung und Zutrittsbeschränkungen
Sicherung der Qualifikation im Umgang mit Patienten	Kartellrecht	Berufs- und Sozialrecht	Datenweitergabe- und Übermittlungspflichten

Abbildung 10.1.3-11: Auszug aus einem Cluster im Krankenhaussektor zur Identifizierung von Compliance-Risiken (eigenes Beispiel)

Die Bewertung und Hierarchisierung der identifizierten Risiken erfolgt in Analogie zur Bewertung der Risiken in Kapitel 10.1.3.1.2 (RMS).

Die bewerteten Risiken münden in einem individuellen Compliance-Risikoprofil des Krankenhauses, auf dessen Basis sodann die Maßnahmen zum Umgang mit den Compliance-Risiken gestaltet werden können.

Programm

In diesem Element werden auf der Grundlage der identifizierten Risiken Grundsätze und Maßnahmen eingeführt, die risikominimierend wirken und auf die Vermeidung von Verstößen bzw. die Förderung regelkonformen Verhaltens ausgerichtet sind. Unter „Grundsätze" sind Regelungen im Unternehmen zu verstehen, die auf regelkonformes Verhalten der Mitarbeiter und ggfs. auch von Dritten abzielen. Sie definieren u.a. zulässige sowie unzulässige Aktivitäten. „Maßnahmen" haben einen präventiven Charakter und sollen die rechtzeitigen Identifikation von neuen Risiken und Reaktion auf bestehende Risiken sicherstellen (vgl. IDW PS 980, Tz. 23, A17). Hierunter können z. B. Verfahrensanweisungen und Schulungsprogramme gefasst werden, bei denen die Mitarbeiterbeispielsweise mittels E-Learning-Programmen regelmäßig zu Compliance-Sachverhalten geschult werden. Auch die Etablierung von Dokumentationsprozessen wäre an dieser Stelle zu verorten. Zur Einhaltung von Hygienevorschriften könnte musterhaft ein intelligentes Handhygiene-Monitoring-System mit Sendemodulen die Frequenz und das Verhalten der Mitarbeiter bei der Händedesinfektion überwachen. Zur Sicherstellung der dauerhaften, personenunabhängigen Funktionsfähigkeit des CMS ist es generell erforderlich, dass die Programminhalte des CMS angemessen dokumentiert werden. An dieser Stelle wird die Erstellung eines Compliance-Handbuches empfohlen, welches die wesentlichen Regelungen und Maßnahmen des CMS zusammenfasst. Eine fehlende oder unvollständige Dokumentation führt im Schadensfall zu Zweifeln an der Funktionsfähigkeit der implementierten Maßnahmen.

Organisation

Dieses CMS-Grundelement zielt auf die Definition von Rollen und Verantwortlichkeiten, die Aufbau- und Ablauforganisation sowie auf die Ressourcenplanung im CMS ab. Die Compliance-Organisation insbesondere den Rahmen für die Festlegung eines Compliance-Beauftragten oder eines Compliance-Gremiums, die systemseitige Integration des CMS in die Unternehmensorganisation und die Entwicklung von Hilfsmitteln (z.B. Handbücher, Checklisten etc.) (vgl. IDW PS 980, Tz. 23, A18). Bezogen auf die jeweiligen Krankenhausbereiche sind die Verantwortlichkeiten dafür zu übertragen, dass die dort auftretenden Compliance-Risiken erfasst, analysiert, kommuniziert und entsprechende Maßnahmen eingeleitet werden. Hieraus wird deutlich, dass ein effektives CMS kein dokumentierter Selbstzweck ist. Darüber hinaus hat es sich als unabdingbar erwiesen, einen Compliance Manager – bzw. ein Team – oder einen Compliance-Ombudsmann zu ernennen, der entlang der einzelnen Funktionsbereiche wertvolle Schnittstellenarbeit leistet und sicherstellt, dass das hauseigene CMS integrativ, nahtlos und einheitlich auftritt.

Kommunikation

Das Element der Compliance-Kommunikation fußt auf zwei Säulen: Die erste Säule umfasst die Information der Mitarbeiter und ggf. Dritter zu den im Compliance-Programm definierten Rollen und Verantwortlichkeiten Dies kann beispielsweise in Form von Mitarbeiterbriefen, Handbüchern oder Compliance-Schulungen erfolgen (vgl. IDW PS 980, Tz. 23, A19). Oftmals existieren in Krankenhäusern zahlreiche Compliance-Regelungen und Verfahrensanweisungen, die regelmäßig veraltet, nicht aufeinander abgestimmt oder in der Mitarbeiterschaft nicht ausreichend bekannt sind. Die zweite Säule beinhaltet die Festlegung des Berichtsweges, der es erlaubt, identifizierte Risiken, festgestellte Regelverstöße sowie eingehende Hinweise an die zuständigen Stellen zu übermitteln (vgl. IDW PS 980, Tz. 23, A19). Das Management des Krankenhauses entscheidet, ab welcher Eintrittswahrscheinlichkeit und welcher Schadensintensität Risiken an die Geschäftsführung zu berichten sind. Um sicherzustellen, dass sich Einzelrisiken von nachrangigem Charakter – auch im Zusammenwirken mit anderen Risiken – nicht zu einem bestandsgefährdenden Risiko kumulieren können, sind auf jeder Stufe der Risikokommunikation Schwellenwerte zu definieren, deren Überschreitung eine Berichtspflicht auslöst. Die Compliance-Berichterstattung sollte grundsätzlich einem vordefinierten Turnus folgen (z. B. quartalweise), der von den gesetzlichen Vertretern festlegt wird. Bislang zeigen aktuelle Erfahrungen aus der Praxis, dass die Berichterstattung an die Krankenhausleitung häufig weder adressatengerecht, noch konsistent oder standardisiert ist.

Zunehmend gewinnen auch institutionalisierte Hotlines für Whistleblower, die der Aufdeckung von krankenhausinternen Verfehlungen und zur Beseitigung von Organisationsmängeln an dienen können, an Bedeutung im Rahmen der Compliance-Kommunikation.

Überwachung und Verbesserung

Der CMS-Kreislauf schließt mit dem Grundelement „Überwachung und Verbesserung", welches auf die Überprüfung der Angemessenheit und der Wirksamkeit des implementierten CMS zielt. Für die Ausübung von Überwachungsmaßnahmen ist ein ausreichend dokumentiertes CMS unerlässlich. Die Überwachung des CMS und die systematische Suche nach Schwachstellen sowie Verbesserungspotentialen wird durch prozessunabhängige Stellen wie die Interne Revision wahrgenommen. Interne Kontrollen in vorgelagerten CMS-Elementen, z. B. die Überwachung der Einhaltung von Meldegrenzen, die EDV-gestützte Überwachung der Einhaltung von Terminen, die Genehmigung und Kontrolle der Risikoberichterstattung und der Vergleich interner Daten mit externen Quellen, tragen ebenfalls zur Überwachung des CMS bei. Die Überwachung stützt sich ebenfalls auf die Dokumentation und Berichterstattung zu Compliance-Schwachstellen und -Verstößen aus der vorgelagerten Compliance-Kommunikation.

Die Durchsetzung des CMS sowie auch die Mängelbehebung und Fortentwicklung fällt in den Verantwortungsbereich der gesetzlichen Vertreter. Im Zusammenhang mit der Durchsetzung des CMS stehen auch Sanktionierungsmaßnahmen gegenüber den Mitarbeitern, um zukünftige Regelverstöße oder die weitere Missachtung der Compliance-Grundsätze zu vermeiden. (vgl. IDW PS 980, Tz. 23, A20).

Zusammenfassend und in Anlehnung an die in diesem Kapitel diskutierten CMS-Elemente ergeben sich für gesetzliche Vertreter in Krankenhäusern u.a. die folgenden Kernfragen zur Beurteilung und Überwachung ihres CMS:

- Sind die wesentlichen, für die Unternehmensaktivitäten relevanten gesetzlichen Vorschriften bekannt?
- Existieren ein verbindlicher Verhaltenskodex sowie angemessene interne Richtlinien für die relevanten Compliance Themenfelder?
- Ist das CMS in der Lage, alle für das Krankenhaus wesentlichen Risiken zu erkennen?
- Erfolgt eine zuverlässige Bewertung aller Compliance-Risiken?
- Werden die Risiken gesteuert und wird die Umsetzung von risikoreduzierenden Maßnahmen konsequent überwacht?
- Kann die Einhaltung der geltenden Gesetze in allen Organisationseinheiten durch entsprechende Kontrollen sichergestellt werden?
- Besteht eine angemessene Kommunikation der Compliance-Risiken?
- Wird über die Risiken angemessen an die Aufsichts- und Leitungsgremien berichtet?
- Ist die Organisation in der Lage, Verstöße gegen Gesetze und interne Richtlinien sachgerecht zu untersuchen und liegen angemessene Notfallpläne vor?
- Gibt es eine angemessene Sanktionierung bei Compliance Verstößen?

10.1.3.4 Interne Revision

10.1.3.4.1 Definition und Aufgaben

Die Interne Revision (IR) erbringt „unabhängige und objektive prüfungs- und Beratungsleistungen" und unterstützt das Krankenhaus bei der Erreichung seiner Ziele, „indem sie mit einem systematischen und zielgerichteten Ansatz die Effektivität des Risikomanagements, der Kontrollen und der Führungs- und Überwachungsprozesse bewertet und diese verbessern hilft" (vgl. Internationale Standards für die berufliche Praxis der Internen Revision 2017; Mission, Grundprinzipien, Definition, Ethikkodex, Standards; DIIR – Deutsches Institut für Interne Revision e. V., Frankfurt am Main Institut für Interne Revision Österreich (IIA Austria), Wien Schweizerischer Verband für Interne Revision (IIA Switzerland), Zürich; S. 13).

Die Ziele und der Umfang der Tätigkeiten der Internen Revision sind abhängig von Risiko, Größe und Struktur des Krankenhauses bzw. Krankenhauskonzerns und den von den gesetzlichen Vertretern an sie gestellten Anforderungen. Typischerweise werden durch die IR eine oder mehrere der folgenden Tätigkeiten ausgeübt:

- Untersuchung des IKS: Die Einrichtung eines angemessenen IKS und seine fortlaufende Überwachung liegen in der Verantwortung der gesetzlichen Vertreter.
- Prüfung des Aufbaus und der Funktionsüberwachung des IKS sowie Verbesserungsvorschläge in Bezug auf das IKS und dessen Umsetzungsmonitoring.
- Untersuchung von Jahresabschluss-Informationen oder von Informationen, die sich auf weitere betriebliche Prozesse beziehen: Hierzu kann eine Beurteilung der Regelungen gehören, nach denen solche Informationen erkannt, gemessen und zugeordnet werden sowie eine Beurteilung der Vorgaben zur unternehmensinternen Berichterstattung. Diese Tätigkeit kann besondere Untersuchungen einzelner Sachverhalte (z. B. Geschäftsvorfälle, Kontensalden, bestimmte Abläufe im Krankenhaus) einschließen, die auch ad-hoc erfolgen können.
- Untersuchungen zur Wirtschaftlichkeit, Zweckmäßigkeit, Wirksamkeit und Sicherheit von betrieblichen Vorgängen (auch wenn diese keine direkten finanziellen Auswirkungen haben) und Einschätzung von Risikosituationen.
- Untersuchungen zur Angemessenheit und Wirksamkeit des RMS und CMS.
- Ordnungsmäßigkeitsbeurteilungen zur Feststellung der Einhaltung von Gesetzen, Verordnungen und anderer externer Vorgaben sowie der Beachtung der internen Regelungen.

Insbesondere bei Prüfungen im Bereich Finanz- und Rechnungswesen und des internen Überwachungs- und Kontrollsystems ergeben sich Überschneidungen zu den Tätigkeiten des Abschlussprüfers. Eine effektive IR kann somit zu einer Senkung des Kontroll- bzw. Überwachungsrisikos in bestimmten Prüfgebieten des Abschlussprüfers beitragen.

Da Krankenhäuser einem immer schnelleren Wandel der wirtschaftlichen, technischen und rechtlichen Rahmenbedingungen ausgesetzt sind, verändern sich auch die Anforderungen an die IR. Wesentliche Einflussfaktoren, welche die Ziele und Aufgaben der IR in einem Krankenhaus bestimmen, sind in nachstehender Abbildung dargestellt.

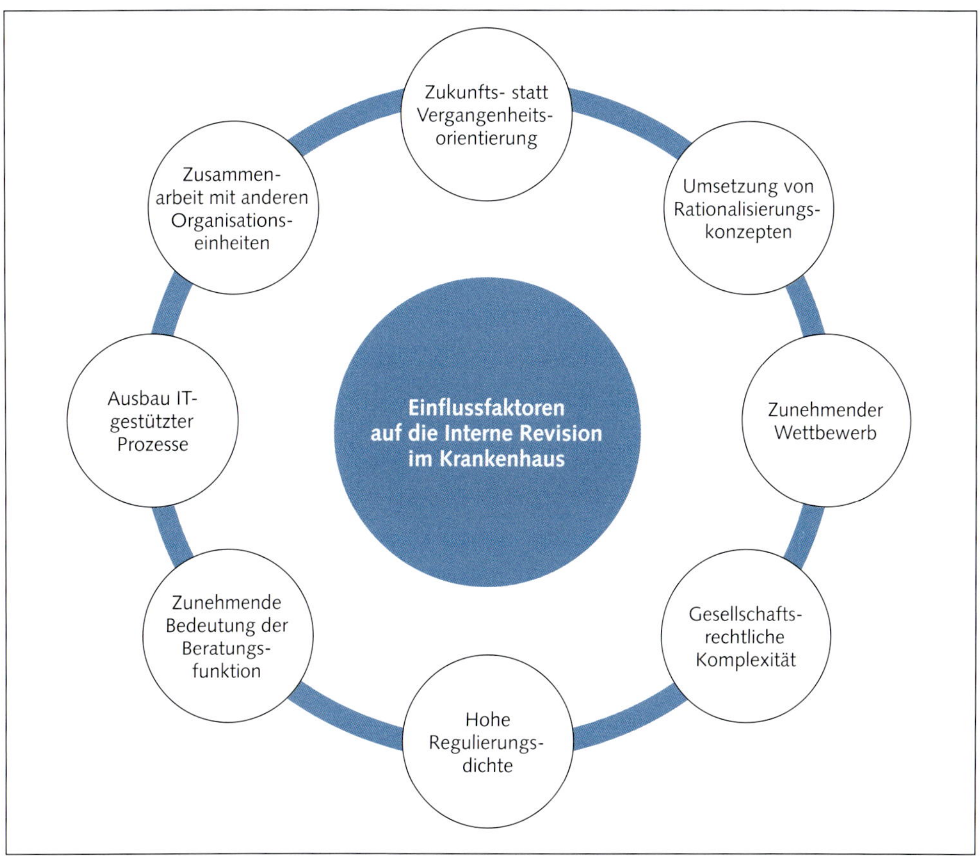

Abbildung 10.1.3-12: Einflussfaktoren auf die Ziele und Aufgaben der Internen Revision im Krankenhaus (eigene Darstellung)

10.1.3.4.2 Der Revisionsprozess

Die Interne Revision folgt einem definierten, sich jährlich wiederholenden Prozess. Dieser gliedert sich in vier Phasen, die nachfolgend zusammenfassend dargestellt sind. Durch die Orientierung an den vier dargestellten Phasen wird sichergestellt, dass sich die Revision in einem geregelten Umfeld bewegt und einen Großteil der Mindestanforderungen des DIIR erfüllt.

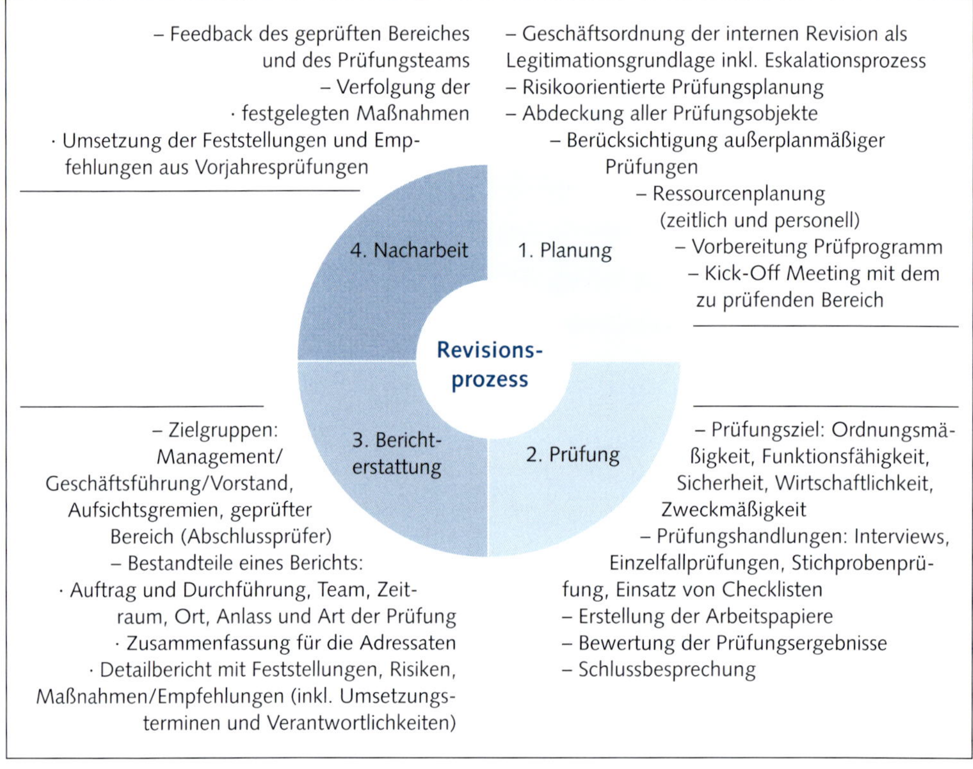

Abbildung 10.1.3-13: Phasen des Revisionsprozesses (eigene Darstellung)

a) Planung

Grundlage für eine effektive Durchführung der IR im Krankenhaus ist die risikoorientierte Prüfungsplanung, welche sich aus einer Risikoeinschätzung der einzelnen potentiellen Prüfgebiete ableitet. Die Risikoeinschätzung leitet sich insbesondere unter Berücksichtigung der Relevanz der im Risiko- und Compliance-Managementsystem inventarisierten und bewerten Risiken ab, der im Geschäftsjahr neu eingeführten bzw. wesentlich veränderten Prozesse und der in der jüngeren Vergangenheit neu festgelegten Verantwortlichkeiten / Rollen ab. Die Erstellung erfolgt in Abstimmung mit der Krankenhausleitung und ist in der Regel jährlich zu aktualisieren. Eine sorgfältige

Prüfungsplanung stellt sicher, dass alle relevanten Bereiche des Krankenhauses eine angemessene – d.h. der aus den Prüfungszielen abzuleitenden Bedeutung entsprechende – Berücksichtigung finden, mögliche Risiken und Kontrollschwächen erkannt und Prüfungsaufträge zeitgerecht bearbeitet werden. Zudem ist der Personaleinsatz und die gegebenenfalls notwendige Zusammenarbeit mit anderen Prüfern oder Sachverständigen zu koordinieren und der Grundsatz der Wirtschaftlichkeit der Prüfung einzuhalten.

Dabei ist zu beachten, dass die IR aufgrund ihrer Funktion und Stellung im Krankenhaus einen permanenten Prüfungsauftrag hat. Damit kann die Krankenhausrevision ihre Überprüfungs- und Überwachungsaufgabe nur dann sachgerecht übernehmen, wenn ihrer Tätigkeit eine periodische, d. h. zumindest mehrjährige bzw. rollierende Prüfungsplanung zu Grunde liegt.

Inhaltlich und zeitlich sollte die Prüfungsplanung eng mit der Krankenhausleitung abgestimmt und von dieser genehmigt sein. Neben diesem permanenten Prüfungsauftrag sind ad-hoc-Prüfungen, d. h. Sonderprüfungsaufträge oder ex ante Prüfungen zur Begleitung wesentlicher Projekte mit entsprechenden Anteilen in der Prüfungsplanung zu berücksichtigen.

Voraussetzung für die Effektivität der IR ist eine den Bedürfnissen des Krankenhauses entsprechende Personalausstattung. Verantwortlich dafür ist das Krankenhausmanagement.

Die angemessene Kapazitätsausstattung sollte durch die Aufsichtsgremien des Krankenhauses überwacht werden. Insbesondere bei Krankenhäusern, für die § 53 Haushaltsgrundsätzegesetz (HGrG) Anwendung findet, kommt diesem Punkt eine hohe Relevanz zu, da die quantitative und qualitative Ausgestaltung der Innenrevision Gegenstand der Prüfungstätigkeiten ist.

Eine jährliche Überprüfung der Prüfungsplanung ist notwendig, wobei die gewonnenen Erkenntnisse aus vorangegangenen Prüfungen, Sonderprüfungen, Prüfungsaufträge des Aufsichtsorgans in die Aktualisierung der Prüfungsplanung einfließen sollten.

Beispiele von Prüfungsobjekten sind:

- Klinische und administrative Prozesse, z. B. Patientenabrechnung, Personalabrechnung und Beschaffung,
- Organisationseinheiten und Tochtergesellschaften,
- IT-Systeme,
- Rechtliche Vorgaben, z. B. Datenschutz, IT-Sicherheit und Aufsichtspflichten,
- Projekte, z. B. im Investitions- und Immobilienbereich,
- Bestimmte Fachbereiche oder Standorte.

b) Prüfung

In Abhängigkeit vom genauen Prüfungsauftrag erfolgt eine Beurteilung der Angemessenheit von implementierten Kontrollaktivitäten (Test of Design, ToD) sowie die Beurteilung der Funktionsfähigkeit der implementierten Kontrollaktivitäten (Test of operating Effectiveness, ToE) und deren Einfluss auf das Restrisiko (Netto-Risiko).

Bei Bedarf werden die wesentlichen anwendungs-spezifischen Kontrollen geprüft (systemgestützte Prüfungshandlungen), so dass aus den relevanten implementierten IT-Kontrollen ein Ausblick auf die zukünftige Prozesssicherheit ermöglicht wird.

Die Prüfungshandlungen können in Abhängigkeit vom Prüfungsgebiet wie folgt aussehen:
- Interviews mit Verantwortlichen,
- Beobachtungen von Prozessdurchführungen,
- Einsichtnahme in Dokumentationen und IT-Systeme,
- Durchführung analytischer Prüfungen sowie Nachweisprüfungshandlungen.

Weiter werden in dieser Phase, in Abhängigkeit vom Prüfungsthema, analytische Prüfungshandlungen (z.B. Kennzahlenanalysen), IT-System Reviews, Datenanalysen sowie weitere Detailprüfungshandlungen (stichprobenartige Prüfung von einzelnen Geschäftsvorfällen) vorgenommen. Die angewendeten methodischen Ansätze werden stets dokumentiert.

Die gesichteten Dokumente werden strukturiert, referenziert und mit dem Prüfprogramm entsprechend Ihrer Vorgaben abgelegt. Die Prüfungsergebnisse und Handlungsempfehlungen sind so zu dokumentieren, dass sie für einen sachverständigen Dritten eindeutig aus den Arbeitspapieren ableitbar sind.

Zur Bestimmung des Soll-Zustands bietet es sich an, auf Prozessdokumentationen, schriftlich fixierte Ordnungen, gesetzliche Vorschriften, Handbücher oder Arbeits-/Dienstanweisungen zurückzugreifen.

Sofern Ist- und Soll-Zustand eines Prüfungsgegenstandes hinreichend bestimmt sind, wird der Krankenhausrevisor die Zustände vergleichen und Abweichungen unter Einbeziehung der Wesentlichkeitsgrenze und im Hinblick auf die Üblichkeit der Abweichung beurteilen. Das endgültige Prüfungsurteil soll schließlich Aufschluss geben, ob die festgestellten Mängel unwesentlich, abstellbar, bedrohlich oder gar bestandsgefährdend für das Krankenhaus sind.

Abschließend werden die Prüfungsfeststellungen bzw. Maßnahmen, die vom Krankenhausmanagement umgesetzt werden müssen, an alle Beteiligten kommuniziert. Festzuhalten bleibt, dass alle Prüfungsfeststellungen sowie Empfehlungen fortlaufend dokumentiert werden, um sicherzustellen, dass alle relevanten Sachverhalte in den Prüfungsbericht einfließen und auch im Nachgang im Monitoring verbleiben (Follow-up-Prüfungen).

c) Berichterstattung

Die Ansprüche und Erwartungen der Adressaten an Aufbau, Inhalt und Umfang des Revisionsberichts unterscheiden sich deutlich. Während die Klinikleitung in der Regel auf eine prägnante Gesamtbeurteilung und eine ergebnisorientierte Berichterstattung über wesentliche Mängel Wert legt, wird von der geprüften Fachabteilung ein Revisionsbericht mit hohem Detaillierungsgrad auf Sachebene mit konkreten Umsetzungshinweisen erwartet. Etwaige externe Berichtsempfänger möchten darüber Auskunft erhalten, ob Rechtsvorschriften eingehalten oder Verstöße begangen wurden. Insbesondere Abschlussprüfern oder Aufsichtsbehörden ist es wichtig, dass über die Qualität des Berichtes Rückschlüsse auf die fachliche Kompetenz und Objektivität der IR gezogen werden können.

Die Zusammenfassung der Revisionstätigkeiten, Feststellungen und Maßnahmenvorschläge erfolgt mittels eines Revisionsberichts. Der Prüfungsbericht spiegelt das Rollenverständnis der IR wider und ist auf Außenwirkung angelegt. Revisionsberichte können nach Abschluss einer Prüfung oder als Monats-, Quartals-, Halbjahres- oder Jahresbericht angefertigt werden. Die Prüfungsergebnisse müssen in einem angemessenen Umfang und verständlich präsentiert werden, wobei die in folgender Abbildung dargestellten Grundsätze des DIIR zu beachten sind.

Mustergliederung eines Revisionsberichts

- Titel
- Inhaltsverzeichnis
- Prüfungsauftrag inkl. Prüfungszeitraum
- Management Summary
- Untersuchungsfeld und Vorgehensweise
- Revisionsziele/-grundsätze
- pro Revisionsobjekt:
  - Prüfungsfeststellungen
  - Beurteilungen
  - Maßnahmenvorschläge
- Maßnahmenkatalog
- Anlagen

Abbildung 10.1.3-14: Mustergliederung eines Revisionsberichts (eigenes Beispiel)

d) Nacharbeit

Im Revisionsbericht ist festzulegen, wer für die Umsetzung der Maßnahmen bis zu welchem Zeitpunkt verantwortlich ist. Auch nach Abschluss der Prüfung und Auslieferung des Revisionsberichts ist eine Kommunikation zwischen dem geprüften Bereich und der Internen Revision notwendig. Je nach Wesentlichkeit der Prüfungsfeststellungen und Dringlichkeit der Umsetzung der Maßnahmen ist im Folgejahr eine erneute Prüfung oder auch eine Nachschau zur Maßnahmen-Umsetzung denkbar.

Organisation der Internen Revision

Die organisatorische Einordnung im Krankenhaus bestimmt, inwieweit die IR in der Lage ist, objektiv zu berichten. Sie sollte der obersten Leitungsebene im Krankenhaus zugeordnet und frei von anderer operativer Verantwortung sein.

Da die IR eine Stabs- und keine Linienfunktion zu erfüllen hat, übt sie im Allgemeinen kein unmittelbares Weisungsrecht außerhalb ihres eigenen Bereiches aus. Ihre Tätigkeit setzt aber ein uneingeschränktes aktives und passives Informationsrecht voraus.

Je größer, räumlich dekonzentrierter und diversifizierter das Krankenhaus bzw. der Krankenhauskonzern ist, desto dringender wird die Frage, ob die IR am Hauptsitz alle Prüfungsaufgaben noch selber ausführen kann. Neben der Durchführung der IR durch eine eigene Revisionsabteilung können einzelne oder alle Prüfungen auch durch einen externen Dienstleister erbracht werden. Hierbei verbleibt jedoch die finale Verantwortung für die Einführung eines funktionierenden Internen Revisionssystems bei den gesetzlichen Vertretern des Krankenhauses.

10.1.3.5 Prüfung der Corporate Governance-Systeme

In den vorherigen Kapiteln wurde bereits deutlich, dass die Leitungs- und Aufsichtsgremien einer Organisation – teilweise auch per Gesetz – dazu angehalten sind, entsprechende Risiko(früh)-erkennungs- und Überwachungsmaßnahmen zur Ordnungsmäßigkeit der Unternehmensführung zu implementieren. Jedoch bleiben in der Praxis viele Corporate Governance Programme hinter ihren eigentlichen Möglichkeiten zurück, sofern sie weder aktiv gesteuert noch regelmäßig auf ihre Effektivität und Effizienz hin evaluiert werden. Dabei kann eine Prüfung der Systeme nicht nur verstärkt Rechtssicherheit, sondern auch Hinweise auf Verbesserungspotentiale der Prozesse und der wirtschaftlichen Ergebnisse geben.

Das Institut der Wirtschaftsprüfer in Deutschland e.V. (IDW) hat der Notwendigkeit nach einer Prüfung der einzelnen Governance-Elemente Rechnung getragen, indem es die Prüfungsstandards IDW PS 980 bis 983 veröffentlicht hat. An dieser Stelle sei zu betonen, dass die Standards den Inhalt für die Durchführung freiwilliger Prüfungen darstellen, d.h. sie sind nicht auf gesetzlich vorgeschriebene Prüfungen der einzelnen Governance-Systeme (z.B. Prüfung des RMS für aufsichtsrechtliche Zwecke bei Kreditinstituten nach dem Kreditwesengesetz) anzuwenden.

Die Prüfungsziele der einzelnen Standards stellen sich wie folgt dar:

- Die Prüfung nach IDW PS 981 zielt darauf ab, die Angemessenheit, Implementierung und Wirksamkeit des RMS hinsichtlich der Steuerung der strategischen und/oder operativen Risiken zu beurteilen. Handlungsempfehlungen zu aufgedeckten Mängeln und Systemlücken werden entlang der acht Grundelemente eines RMS gegeben.
- Durch die Prüfung des IKS nach IDW PS 982 können Unternehmen Sicherheit über die Angemessenheit und Wirksamkeit für einen individuell definierten Umfang ihres IKS als eigenständigen Prüfungsgegenstand erlangen. Damit kann die Prüfung über die gesetzlich verankerte Prüfung des rein rechnungslegungsbezogenen IKS deutlich hinausgehen.
- Die Prüfung des CMS nach IDW PS 980 zielt darauf ab, die Konzeption, Angemessenheit, Implementierung und Wirksamkeit des CMS hinsichtlich der Steuerung der Compliance-Risiken zu beurteilen. Dabei wird das CMS entlang der sieben Grundelementen systematisch thematisiert.
- Um ein Urteil über die Angemessenheit, Implementierung und Wirksamkeit des Internen Revisionssystems (IRS) und damit über ihre prozessunabhängige Überwachungsfunktion zu treffen, kann eine Prüfung nach IDW PS 983 durchgeführt werden. Der IDW-PS 983 zeigt eine systematische Vorgehensweise auf, um die Tätigkeiten einer IR im Unternehmen auf Basis von Mindestkriterien zum Qualitätsmanagement zu beurteilen.

Durchführung der Prüfungen

Im Allgemeinen beschreiben die vorgenannten IDW Prüfungsstandards den Inhalt von Systemprüfungen. Im Rahmen der Prüfungsaufträge sollen Aussagen über die Angemessenheit, Implementierung und Wirksamkeit der einzelnen Governance-Systeme getroffen werden. Es wird zwischen drei Stufen der Prüfung mit ansteigendem Auftragsumfang für den Prüfer unterschieden: Konzeptionsprüfung, Angemessenheitsprüfung und Wirksamkeitsprüfung.

Eine Konzeptionsprüfung ist nur bei einer CMS Prüfung nach IDW PS 980 zugelassen. Begleitet der Prüfer bereits die Entwicklung und Einführung eines CMS, so stellt die Prüfung der Konzeption eine zulässige Prüfungsleistung dar (vgl. IDW PS 980, Tz. 15).

Bei einer Angemessenheitsprüfung gibt der Prüfer mit hinreichender Sicherheit ein Urteil darüber ab,

- ob die in der Beschreibung des Governance-Elementes enthaltenen Aussagen über die Grundsätze und Maßnahmen des Systems in allen wesentlichen Belangen angemessen dargestellt sind,
- dass die dargestellten Grundsätze und Maßnahmen geeignet sind, mit hinreichender Sicherheit die wesentlichen Risiken rechtzeitig zu erkennen und zu steuern,
- dass die Grundsätze und Maßnahmen zu einem bestimmten Zeitpunkt implementiert waren (vgl. IDW PS 980, Tz. 17).

Die umfassendere Wirksamkeitsprüfung unterscheidet sich von der Angemessenheitsprüfung dahingehend, dass der Prüfer nun zusätzlich auch eine Aussage dahingehend trifft, ob die Grundsätze und Maßnahmen zu einem bestimmten Zeitpunkt implementiert und während eines bestimmten Zeitraums wirksam waren (vgl. IDW PS 980, Tz. 14).

Das Ergebnis der Prüfung wird durch den Prüfer in einem Prüfungsbericht dokumentiert.

10.1.4 Wirkung der Corporate Governance

10.1.4.1 Fallbeispiele

In der Gesundheitswirtschaft ist zunehmend zu beobachten, dass sich die Leitungs- und Aufsichtsgremien verstärkt mit dem Themenbereich Corporate Governance auseinandersetzen. Dies liegt nicht zuletzt an einer Reihe von negativen Berichterstattungen und Sachverhalten, welche mitunter auch strafrechtliche Folgen für die beteiligten Personen hatten. In jedem Fall implizierten die Krisen einen Reputationsschaden für die Einrichtungen und Geschäftsleitungen.

Bei all der Sorge, „compliant" mit geltenden Vorschriften und aktuellen Gesetzen zu sein, wird jedoch oftmals ein wesentlicher Aspekt einer Good Corporate Governance vergessen: Ihre Wirkung – vor allem auch nach innen – welche die Effektivität erheblich steigert.

Im Folgenden wird an drei Fallbeispielen gezeigt, wie die Effektivität eines Gesundheitsunternehmens durch gute Unternehmensführung im Sinne der Corporate Governance beeinflusst wird. Die Beispielfälle sind frei erfunden, entsprechen jedoch in Ansätzen den Erfahrungen aus der Beratungspraxis.

Fallbeispiel 1: Vermeidung wirtschaftlicher und reputativer Schäden durch ein hohes Compliance-Bewusstsein.

Der Chefarzt der Klinik für Innere Medizin verfügt über eine Ermächtigung der Kassenärztlichen Vereinigung (KV), nach der er Gastroskopien an zwei halben Tagen pro Woche durchführen darf. Er ist in dieser Funktion ein wichtiger Zuweiser für stationäre Krankenhauspatienten. Einer seiner Oberärzte, der auf gastroenterologische Untersuchungen spezialisiert und damit ausreichend fachlich qualifiziert ist, übernimmt gelegentlich die Behandlung ambulanter Patienten. Da das Chefarztsekretariat über diese Vertretungen nicht informiert ist, werden auch die durch den Oberarzt erbrachten Leistungen bei der KV als eigene Leistungen des Chefarztes mit KV-Sitz abgerechnet.

Als dieser Verstoß gegen die höchstpersönliche Leistungserbringung nachgewiesen wird, erhält der Chefarzt eine Honorarrückforderung. Die Fälle werden als Abrechnungsbetrug öffentlich und die Zuweiserquelle versiegt zunehmend. Dies führt zu rückläufigen Fallzahlen in der Klinik.

Lehren aus Fallbeispiel 1

Es handelt sich bei diesem Fall eindeutig um ein compliance-widriges Verhalten der beiden Ärzte. Die Risiken einer falschen Abrechnung scheinen in diesem Fall nicht systematisch vom Krankenhaus erhoben worden. Fehlende sachgerechte Dokumentation und eine mangelnde Kommunikation haben letztlich zum rechtswidrigen Verhalten geführt. Kontrollen, welche im IKS-Prozess implementiert sein sollten, waren nicht ausreichend vorhanden bzw. haben hier nicht gewirkt.

Vorfälle wie dieser können beachtliche wirtschaftliche und reputationsschädigende Folgen für ein Krankenhaus haben. Umso wichtiger ist es, dass in risikoanfälligen Systemen wie einem Krankenhaus eine ausgeprägte Compliance-Kultur gelebt wird und entsprechende Compliance-Maßnahmen installiert sind.

Mit einem effektiven CMS und IKS können die Einhaltung von Regeln sichergestellt und Zuwiderhandlungen unterbunden werden. Wichtig sind dabei eine angemessene Kommunikation der Compliance-Ziele sowie die Sicherstellung der Regelkonformität durch präventive oder detektive Maßnahmen.

Fallbeispiel 2: Erlösoptimierung durch effektives Risikomanagement

Dem kaufmännischen Leiter eines Krankenhauses fällt bei der Bilanzanalyse auf, dass die Erlöse aus Wahlleistungen in den vergangenen drei Jahren trotz einer Zunahme von zusatz- und privatversicherten Patienten nicht angestiegen sind. Die IR bestätigt daraufhin, dass in der Erzielung nichtärztlicher Wahlleistungen Schwächen bestehen. So gibt es keine Dokumentation darüber, ob die Verantwortlichen in der Patientenaufnahme über die Möglichkeit von Wahlleistungen informiert.

Des Weiteren zeigt sich, dass es Differenzen zwischen Abrechnungen und tatsächlich erbrachten Leistungen gibt. Erbrachte Wahlleistungen wurden bei Abrechnungen teilweise nicht berücksichtigt.

Lehren aus Fallbeispiel 2

Opportunitätsrisiken wie diese werden häufig nicht gewürdigt. Man wird sich ihrer erst zu einem späteren Zeitpunkt bewusst – nämlich dann, wenn stagnierende Erlöse Rückfragen aufwerfen.

Die Nichtberücksichtigung von Wahlleistungserlösen hätte verhindert werden können, wenn im Krankenhausunternehmen des Fallbeispiels eine ausreichend gründliche Risikoanalyse durchgeführt worden wäre.

Ein funktionierendes RMS erfasst alle relevanten unternehmensbezogenen Risiken und leitet daraus Maßnahmen ab, welche die Risiken minimieren oder eliminieren.

Mittels einer Risikoinventur hätte das Risiko ausbleibender Erlöse aufgrund mangelnder Mitarbeitersensibilisierung im Bereich der Wahlleistungen frühzeitig erkannt werden können. Das Risiko hätte angemessen an die Mitarbeiter kommuniziert werden müssen und entsprechende Kontrollen im IKS hätten es ermöglicht, rechtzeitig gegenzusteuern. Der Einsatz ineinandergreifender Governance-Systeme ermöglicht es einem Krankenhaus, frühzeitig und gezielt zu reagieren und somit nicht nur gefährdende Risiken abzuwenden, sondern auch Chancen möglicher Erlössteigerungen zu realisieren.

Fallbeispiel 3: Qualitätssteigerung durch interne Kontrollen

Auf der geriatrischen Station einer Rehabilitationseinrichtung kommt es seit einigen Monaten gehäuft zu MRSA-Infektionen. Den Vorschriften entsprechend werden betroffene Patienten in Quarantänezimmer verlegt. Die Notwendigkeit von Schutzkleidung ist vielen Besuchern allerdings nicht bewusst, da keine angemessene Aufklärung und Kontrolle durch das Personal erfolgt. So kommt es mehrfach vor, dass Angehörige die Schutzkleidung im Patientenzimmer ablegen und anschließend Keime in der Klinik in Umlauf bringen. Die Presse erfährt von diesen Vorfällen und berichtet über die unzureichende Hygiene.

In der Rehabilitationseinrichtung führt das zu einem erheblichen Reputationsverlust mit einhergehendem Fallzahlenrückgang.

Lehren aus Fallbeispiel 3

Diese Fahrlässigkeit resultiert aus mangelnden prozessintegrierten Maßnahmen sowie Überwachungsmaßnahmen. Durch die Implementierung eines IKS können die Einhaltung von Regeln sichergestellt und Schäden verhindert werden. Prozessintegrierte Sicherungsmaßnahmen können präventiv integriert werden oder durch Kontrollen im Prozess sichergestellt werden.

Im Fall der Quarantänestation hätten die Besucher als zusätzliche Schutzmaßnahme vor Betreten des Raumes ausreichend vom Pflegepersonal aufgeklärt werden müssen und sie hätten diese Belehrung durch Unterschrift bestätigen müssen.

Zusätzlich können prozessunabhängige Maßnahmen für mehr Sicherheit sorgen, zum Beispiel in Form eines Krankenhausinformationsüberwachungssystems, das die Häufigkeit nosokomialer Infektionen erfasst und interpretiert und damit direktes Feedback an das Ärzte- und Pflegepersonal gibt.

Zudem sind auch finanzielle Aspekte zu bedenken, da sich fehlende Kontrollen negativ auf die Erlöse auswirken können. Im betrachteten Fall sind beispielsweise erhöhte Komplikations- und Überliegerraten wahrscheinlich.

Die ausgewählten Beispiele zeigen, dass durch gute Unternehmensführung nicht nur finanzielle Risiken und Reputationsschäden abgewendet, sondern durch die Identifikation von Opportunitätsrisiken auch Chancen realisiert werden können. Moderne, kommunizierte Governance-Systeme können darüber hinaus das Vertrauen in das Unternehmen steigern und dadurch beispielsweise seine Macht bei Verhandlungen mit Kostenträgern oder Versicherungen erhöhen.

Der Krankenhausbetrieb ist höchst risikoreich und komplex – funktionierende, ineinandergreifende Governance-Systeme bilden die Basis für eine wirtschaftliche und qualitativ hochwertige Leistungserbringung.

10.1.4.2 Fazit

Eine ganzheitliche Sichtweise auf das Thema Corporate Governance ist für alle Krankenhäuser mehr als empfehlenswert. Das House of Governance bringt die Elemente der Corporate Governance zusammen, indem es sie zueinander in Beziehung stellt und so Hinweise auf eine effektive und reibungslose Gestaltung gibt. Dabei gewähren die vier IDW Prüfungsstandards eine praxiserprobte Leitstruktur zur Ausgestaltung und Überprüfung der Corporate Governance-Elemente. Bislang werden in Krankenhäusern – wenn überhaupt – die vier Governance-Funktionen vorwiegend nebeneinander bestehend betrachtet. Obwohl zahlreiche Überschneidungen und Schnittstellen existieren, greifen die Funktionen oftmals nicht ineinander und arbeiten nur selten zusammen – nicht zuletzt, weil Gemeinsamkeiten und Redundanzen den ausübenden Kräften nicht bekannt sind. Das Ziel eines ganzheitlichen, konzeptorientierten Governance-Modells besteht genau darin, dieses „Silo-Denken" zu überwinden und die Integration der vier Elemente weiter voranzutreiben.

Dieser Ansatz ermöglicht eine effektivere Steuerung und Überwachung des gesamten Krankenhausbetriebes, da die vier Bereiche ihre Stärken und Kompetenzen bündeln und ihre Maßnahmen aufeinander abstimmen können. Hierdurch wird nicht nur intern wie extern durch eine Vermeidung von Doppelarbeiten der Aufwand vermindert, sondern mehrjährig Synergien zwischen den Einzelsystemen geschaffen: Regelmäßige Folgeprüfungen können differenzierte Teilbereiche der einzelnen Governance-Elemente betreffen und zugleich auf Informationen aus Erstprüfungen aufbauen, sodass langfristig Kosten gespart werden. Im Rahmen einer Abstimmung der vier Bereiche können zukünftig verschiedene Maßnahmen beschlossen und umgesetzt werden. So erscheint es sinnvoll, die einzelnen Governance-Funktionen bspw. in der Person eines übergreifenden Governance Officers zu vereinen, der die Steuerung der Risiken und die Überwachung des Unternehmens von einer übergeordneten Ebene aus durchführt. Im Sinne eines nachhaltigen, integrierten Ansatzes sollte auch die Berichterstattung harmonisiert und standardisiert werden: Eine Governance-Berichterstattung, die die vier Bereiche bündelt, spiegelt zum einen die ganzheitliche Unternehmensüberwachung wider und ermöglicht zum anderen eine zielführende Informationsaufbereitung. Hierdurch kann ein zu hohes Maß an ungefilterten und nicht abgestimmten Informationen für die Adressaten aus nicht aufeinander abgestimmten Einzelberichten vermieden werden.

Die Integration einer mehrdimensionalen Governance sowie deren Prüfung auf Basis der vier Standards hat also nicht nur eine starke positive Außenwirkung für die Stakeholder des Krankenhauses, sondern stellt zudem die präventive Wirkung der Überwachungssysteme sicher, um langfristig und nachhaltig monetäre Haftungs- und Reputationsschäden bei den Krankenhäusern wie auch bei den Leitungsorganen zu vermeiden.

10.2 Krisenmanagement und Krisenkommunikation

10.2.1 Ursachen für Krisen

Interne Kontrollsysteme haben das Ziel, Risiken einzudämmen. Trotzdem können Risiken immer wieder übersehen oder nicht ausreichend beachtet werden, vor allem im Zusammenhang mit externen Ereignissen. Für letzteres sind die Corona-Pandemie oder die Flutkatastrophe in Westdeutschland im Juli 2021 aktuelle Beispiele. Schnell entsteht für die einzelne Organisation eine Krise.

Aus medizinischer Sicht ist eine Krise ein zeitlich begrenztes Ereignis, das durch belastende äußere oder innere Faktoren hervorgerufen wird und eine akute Überforderung des gewohnten Zustandes bedeutet. Die Überforderung kann Ursache einer kurzfristigen starken Belastung, oder aber das Resultat eines länger andauernden Belastungszustands sein (Vgl. Simmich et al. (1999), S.394–398)

In Bezug auf Unternehmen – hier Krankenhausunternehmen – stellt eine Krise nach Beschreibung von Ulrich Krystek (1987) eine Situation dar, die weder geplant noch gewollt ist. Sie kann die Überlebensfähigkeit eines Unternehmens oder einer Unternehmenseinheit signifikant bedrohen.

Wesentliches Merkmal einer Krise ist die extreme Ambivalenz der Folgewirkungen. So kann ein kleiner Hygienevorfall im Krankenhaus schnell wieder vergessen sein. Unter Umständen kann er aber auch zu einer ernst zu nehmenden Bedrohung für die Bettenauslastung und damit für die wirtschaftliche Lage werden. Der Ausgang lässt sich also nur in den wenigsten Fällen im Vorhinein abschätzen. (Vgl. Friedrich & Schneuwly (2013), S. 4 ff.) Umso wichtiger ist es für ein Krankenhausunternehmen, die Ursachen für die Entstehung einer Krise zu verstehen, um so die Krise in den frühen Entwicklungsphasen bewältigen zu können oder der Entstehung von Krisen durch Resilienz im Unternehmen vorzubeugen.

Krankenhäuser sind mit medizinischen Krisen konfrontiert. Beispiele sind ein nachlässiger Umgang des medizinischen Personals mit Vorschriften und Standards oder prekäre Hygienesituationen, die im schlimmsten Fall tödliche Folgen haben können. Reputationsschäden mit teils erheblichen finanziellen Auswirkungen für das Krankenhaus sind dann häufig die Folge. Laut AOK-Krankenhausreport 2014 sterben laut Schätzungen jährlich mehr als 19.000 Klinikpatienten durch vermeidbare Behandlungsfehler. In der Corona-Krise wurde zudem deutlich, wie schnell Krankenhäuser durch pandemische Risiken an ihre Belastungsgrenze stoßen.

Doch auch außerhalb des medizinischen Bereichs können Krankenhäuser krisenanfällig sein. Liquiditätskrisen entstehen zum Beispiel, wenn Kliniken aufgrund einer angespannten finanziellen Situation Löhne und Gehälter nicht mehr auszahlen können. Auch (teils unbewusster) Abrechnungsbetrug oder anderes nicht regelkonformes Verhalten können – sofern es publik wird – weitreichende Folgen für ein Haus haben. Zudem können auch technische, infrastrukturell bedingte Ereignisse den Arbeitsablauf stören und zu operativen Beeinträchtigungen führen.

Eine Krise entsteht in vier Phasen

Das Vier-Phasen-Modell beschreibt die Entstehung einer Unternehmungskrise (vgl. Krystek 1987).

1. Potenzielle Unternehmungskrise

Das Unternehmen befindet sich noch in seinem Normalzustand. Es erfolgt jedoch ein Ereignis, so dass sich die Möglichkeit des baldigen Auftretens einer Krise schon abzeichnen lässt. Dieses Ereignis kann zum Beispiel eine strategische Fehlentscheidung sein, die zu einer Verschlechterung der finanziellen Situation des Unternehmens führt; oder das Ausbleiben interner Kontrollen, die sonst Fehlverhalten seitens der Mitarbeiter identifiziert hätten; aber auch mangelhafte Kommunikation oder erhöhter Produktivitätsdruck, der Nachlässigkeit in den operativen Abläufen bewirkt. Hier sind die Früherkennungsanforderungen an eine Krise sehr hoch, denn noch ist die destruktive Wirkung der Krise nur potenziell vorhanden und nicht direkt sichtbar.

2. Latente Unternehmungskrise

Das Unternehmen befindet sich nicht mehr in seinem Normalzustand. Die Krise ist bereits verdeckt vorhanden und wird bei ausbleibenden Krisenvermeidungsanstrengungen mit hoher Wahrscheinlichkeit bald eintreten. Es bleibt an dieser Stelle noch Zeit zur Krisenfrüherkennung. Das bedeutet, Handlungsmöglichkeiten sind noch vorhanden, auch wenn sich schon erste destruktive Auswirkungen abzeichnen. Eine latente Unternehmungskrise zeichnet sich zum Beispiel durch einen Erlösrückgang in Folge einer strategischen Fehlentscheidung aus, durch das Entdecken fehlerhafter Abrechnungen im Zuge nicht regelkonformen Verhaltens der Mitarbeiter oder durch das Auftreten erster Keime, die auf Schwachstellen in der Hygienesituation eines Krankenhauses hinweisen. Werden diese Warnhinweise nicht beachtet und keine Gegenmaßnahmen eingeleitet, wird die Krise akut.

3. Akut, beherrschbare Unternehmungskrise

Wenn Frühwarnsysteme und Gegenmaßnahmen nicht funktioniert haben, wird die Krise akut. In dieser Phase ist die Unternehmungskrise zwar eingetreten, befindet sich allerdings in einem frühen Stadium und ist damit noch beherrschbar. Die destruktive Wirkung ist nun spürbar vorhanden und damit sind die Krisenbewältigungsanforderungen gestiegen. Beispiele hierfür sind ein akuter Liquiditätsengpass, Abrechnungsbetrug, der publik geworden ist, oder Krankenhauskeime, die übertragen wurden.

4. Akut, nicht beherrschbare Unternehmungskrise

In dieser Phase ist die Krise nicht mehr beherrschbar. Dieses Stadium tritt ein, wenn die Krise nicht eingedämmt oder bewältigt werden konnte bzw. bisher keine Maßnahmen ergriffen worden sind. Die destruktive Wirkung ist am größten. Die Überlebensfähigkeit des Unternehmens kann bedroht sein, in jedem Fall tritt ein Reputationsschaden verbunden mit erheblichen finanziellen

Auswirkungen für das Unternehmen auf. Sofern noch möglich, muss versucht werden, die Krise zu bewältigen oder zu verarbeiten. Beispiele für eine nicht mehr beherrschbare Unternehmungskrise im Krankenhaus sind Zahlungsunfähigkeit, Todesfälle durch mangelnde Hygiene, Aufdeckung eines Abrechnungsbetrugs in großem Stil oder ärztliches Fehlverhalten mit tödlichen Folgen.

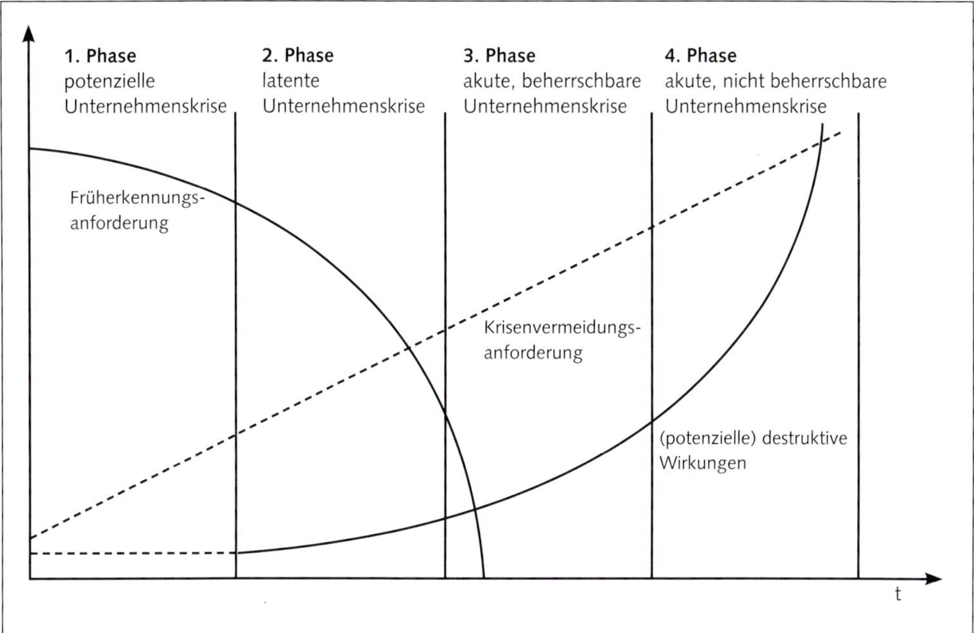

Abbildung 10.2.1-1: 4-Phasen-Modell (eigene Darstellung, in Anlehnung an Krystek (1987))

Kritischer Punkt im 4-Phasen-Modell ist der Übergang von einer latenten Unternehmungskrise zu einer akuten Krise. Im Stadium der latenten Krise werden die Auslöser einer Krise sichtbar und können noch unterbunden bzw. kontrolliert werden, um das Eintreten einer akuten Krise zu vermeiden.

Auslöser für Krisen sind vielfältig und können sich auf externe oder interne Faktoren beziehen

Krisen sind zum Teil auf externe Faktoren zurückzuführen, die vom Krankenhaus selbst nicht zu beeinflussen sind, aber dennoch in ihrer Bewältigung eine beträchtliche Herausforderung darstellen. Externe krisenauslösende Faktoren können sich auf Änderungen in den politischen und gesellschaftlichen Rahmenbedingungen beziehen, aber auch plötzlich auftretende Unwetter, Stromausfälle oder Epidemien können zu einer Krisensituation führen.

Krisen im Krankenhaus können aber auch selbstverschuldet und auf – häufig unentdeckte – Fehler in den operativen und technischen Prozessen zurückzuführen sein. Interne Faktoren wie zum Beispiel Fehlverhalten bei der Patientenbehandlung, unzureichende Beachtung der Hygienevorschriften, fehlerhafte Abrechnungen, operative und strategische Fehlentscheidungen oder allgemeine Nachlässigkeit im Umgang mit internen Vorschriften und Richtlinien können Krisenauslöser sein. Non-Compliance, d.h. nicht regelkonformes Verhalten, kann eine wesentliche Ursache für Krisen in Krankenhausunternehmen darstellen.

Systembedingte Ursachen für Krisen[24]

Krisenanfällige Organisationen sind komplexe Systeme mit vernetzten und interdependenten Strukturen. Das bedeutet, dass das Funktionieren einer Organisationseinheit von vielen anderen Einheiten abhängig und bedingt ist. Dies hat zur Folge, dass ein Fehler, der in einer Organisationseinheit unterläuft, direkte Auswirkungen auf die anhängigen Einheiten haben kann.

Eine fehlerhafte technische Schnittstelle im Krankenhausinformationssystem kann zum Beispiel dazu führen, dass falsche Informationen zur medikamentösen Therapie eines Patienten hinterlegt werden und dieser falsch behandelt wird.

Gleichzeitig führt diese Interdependenz dazu, dass die Ursache für einen Fehler (hier: falsche Schnittstelle im Krankenhausinformationssystem) nicht direkt ersichtlich ist und damit auch der Fehler selbst nicht erkannt wird.

Mitarbeiter- und organisationsbedingte Ursachen für Krisen[25]

Beispiele für mitarbeiter- und organisationsbedingte Krisen liegen in schwachen Organisations- und Führungsstrukturen:

- Negative Fehlerkultur
- Unzureichende Fehlermeldesysteme
- Fehlende Kontrollen
- Unzureichende Kommunikation
- Keine ausreichende Risikoerfassung.

Bleiben Kontrollen aus oder wird eine negative Fehlerkultur gelebt, so werden Abweichungen vom Normalzustand der Organisation entweder übersehen, nicht gemeldet oder falsch interpretiert.

24 In Anlehnung an Perrow. (1999).
25 In Anlehnung an Turner & Pidgeon (1997).

Ein Hygienevorfall im Krankenhaus beispielsweise resultiert oft aus mehreren kleineren Ereignissen, wie Nachlässigkeiten beim Händewaschen oder beim Tragen von Schutzkleidung. Werden diese Auffälligkeiten nicht frühzeitig als Fehlverhalten erkannt und gemeldet, kann eine Krisensituation (zum Beispiel ein Keimbefall) entstehen.

Effektive Kontrollsysteme können hier die Wahrscheinlichkeit erhöhen, dass Hinweise auf eine Krise frühzeitig erkannt werden und der Krise somit effektiv vorgebeugt werden kann. Gleichzeitig fördert eine positive Fehlerkultur den präventiven und lösungsorientierten Umgang mit fehlerbehafteten Ereignissen.

Die „Normalisierung von Abweichungen" als Ursache einer Krise[26]

Krisen werden in der Regel nicht durch ein Individuum allein verursacht, sondern durch mehrere Menschen, die mehrere, teilweise unbewusste Fehler begehen, die von den Standards und Vorschriften einer Organisation abweichen. Eine von der Organisation selbstverschuldete Krise resultiert neben technischen Fehlern auch oft daraus, dass Mitarbeiter gegen Standards, Regeln und Vorschriften verstoßen. Was als eine Abweichung eines vorgeschriebenen Standards beginnt, resultiert durch Regelmäßigkeit und Wiederholungen in einem scheinbaren neuen „Normalzustand". Die Abweichung vom Standard oder von der Regel ist dann nicht mehr bewusst und bleibt unbemerkt. Eigentlich vorhandene Warnhinweise auf eine Krisensituation werden somit nicht mehr als solche wahrgenommen.

Abweichungen von Standards in Krankenhäusern beinhalten zum Beispiel nicht ausreichendes Händewaschen, nicht konforme sterile Kleidung, nicht ausreichendes Wechseln der Handschuhe, ungenügende Sicherheitschecks vor Operationen oder auch die Nicht-Einhaltung von Abrechnungsvorschriften.

Abweichungen resultieren dabei selten aus bösem oder kriminellem Willen, sondern unbewusst, aus Nachlässigkeit oder aufgrund scheinbarer Notwendigkeit:

- Abweichungen von Vorschriften und Regeln werden zum Teil als notwendig dargestellt, oft sind Produktivitätsdruck und Stress ein Faktor: Perfekte Compliance mit allen Vorschriften und Regeln steht für viele Mitarbeiter im Widerspruch zu Produktivitätszielen, so dass häufig an den falschen Stellen im operativen Prozess Zeit eingespart wird.
- Regeln sind teilweise nicht bewusst oder werden nicht ausreichend verstanden: Unzureichende Kommunikation oder fehlende Kontrollen führen dazu, dass die Notwendigkeit der Einhaltung bestimmter Vorschriften (zum Beispiel Hygienevorschriften oder Brandschutzvorschriften) unter den Mitarbeitern nicht erkannt wird. Nachlässigkeit ist dann die Folge.

26 Siehe Vaughan (1996), S. 139 ff.

10.2.2 Formen der Krise im Krankenhaus

Ebenso vielfältig wie ihr Eintreten sind die Formen der Krisen, die im Krankenhaus beobachtet werden können.

Formen der Krise im Krankenhaus lassen sich auf unterschiedliche Art und Weise unterteilen. Die aufgeführten Beispiele sind exemplarisch und keine vollständige Auflistung.

1. Nach Entstehungsformen der Krise (siehe auch Abschnitt 10.2.1)
   - Externe Krisen: Eine Krise, die auf einen nicht vom Krankenhaus selbst beeinflussbaren Faktor zurückzuführen ist. Hierzu zählen plötzliche Stromausfälle, Epidemien oder Pandemien, Unwetterschäden, nicht vorhersehbare Änderungen der gesetzlichen Rahmenbedingungen.
   - Interne oder selbstverschuldete Krisen: Eine Krise, die durch eigenes Verschulden entstanden ist. Eigenes Verschulden bezieht sich im Regelfall auf die Nicht-Beachtung oder das Fehlen von Frühwarnsystemen, auf nicht regelkonformes Verhalten seitens der Mitarbeiter, auf strategische Fehlentscheidungen oder auf unentdeckte oder nicht vorhersehbare systemische Fehler. Hierzu zählen unter anderem Krisen, die durch Nichtbeachtung der Hygienevorschriften, Nichtbeachtung der Brandschutzverordnung, oder durch dolose Handlungen wie Abrechnungsbetrug entstanden sind.

2. Nach Krisenarten
   Im Krankenhaus ist bei der Klassifizierung nach Krisenarten soweit zutreffend eine Unterteilung in medizinische und nicht-medizinische Krisen vorzunehmen.
   - Infrastrukturelle Krisen:
     - Nicht-medizinische infrastrukturelle Krisen: Stromausfall, Brand, Unwetter
     - Medizinische infrastrukturelle Krisen: Epidemien oder Pandemien
   - Strategische Krisen (ausschließlich nicht-medizinisch): Negative Geschäftsentwicklung verursacht durch Veränderungen in den politischen Rahmenbedingungen, ungewollte Einflussnahme der Gesellschafter oder des Aufsichtsrats, strategische Fehlentscheidungen, Führungswechsel, ungünstige Personalpolitik
   - Operative Krisen:
     - Nicht-medizinische operative Krisen: mangelhafte Gebäudesicherheit, technische Ausfälle nicht-medizinischer Geräte
     - Medizinische operative Krisen: Hygienevorfälle, ärztliche Fehlbehandlung, Infektionen, technische Ausfälle medizinischer Geräte
   - Finanzielle/Bilanzielle Krisen (ausschließlich nicht-medizinisch):
     Abrechnungsbetrug, Liquiditätsengpass, Insolvenz

3. Nach Auswirkungen der Krise
   - Reputationskrisen: Eine Krise, durch die für ein Haus ein Reputationsschaden entsteht.
   - Finanzielle Krisen: Eine Krise, durch die für ein Krankenhaus ein finanzieller Schaden entsteht. Durch Reputationskrisen können als Folge finanzielle Krisen entstehen.

10.2.3 Blockaden auf dem Weg zur Krisenbewältigung

Wie bereits ausgeführt, stellt die Krise eine Situation dar, die weder geplant noch gewollt ist. Der Ursprung einer Krise kann intern im Krankenhaus aber auch durch externe Einflüsse herbeigeführt worden sein. Der Umgang mit einer Krise kann in jedem Fall gesteuert werden. Beispiele aus der Krankenhauspraxis zeigen jedoch, dass das Verhalten von Krankenhäusern bei negativen Vorkommnissen wie zum Beispiel Hygienevorfällen oft noch fehlerbehaftet ist. Auch wurde im Zuge der Corona-Pandemie deutlich, wie wichtig der Aufbau resilienter Strukturen ist. So waren Schutzausrüstung oder Atemschutzmasken für Klinikpersonal zu Beginn der Pandemie oft nicht ausreichend vorhanden. Häufig anzutreffende Blockaden für die Krisenbewältigung bzw. -vermeidung sind (vgl. Eiff 2007):

1. Sparzwänge: Sie führen zum Beispiel dazu, dass Verwaltungsprozesse wie die Fehlerdokumentation und das Überwachen von möglichen Krisenfeldern im Rahmen einer Krisenvorsorge eher als arbeitsverlangsamend und nicht als wertschöpfend gesehen werden. Lediglich ein Drittel der deutschen Krankenhäuser verfügt über ein Berichtssystem, das Zwischenfälle sammelt und auswertet (vgl. Friedrich & Schneuwly 2013, S. 4 ff.). Genauso wären für die Beschaffung von Schutzausrüstung finanzielle Investitionen und das Vorhalten von Lagerräumen erforderlich gewesen – für ein Ereignis, dessen Eintrittswahrscheinlichkeit vor Ausbruch der Pandemie als wenig wahrscheinlich galt. Hierbei wird außer Acht gelassen, dass die Bewältigung der eventuellen Krise ein Vielfaches an personellem und monetärem Aufwand erfordert als die vorgelagerte und rechtzeitige Krisenvorsorge. Darüber hinaus können hohe Folgekosten durch einen möglichen Reputationsverlust entstehen. Im medizinischen Kontext entsteht außerdem schnell nicht nur ein finanzieller, sondern auch ein gesundheitlicher oder gar gesellschaftlicher Schaden.

2. Schwachstellen bei strukturellen Vorkehrungen zur Bewältigung einer Krise: Oft liegt keine oder eine nicht aktualisierte Krisenplanung vor. Darüber hinaus mangelt es an einer klaren Definition von Zuständigkeiten und Kompetenzen. Dies fördert defensives Handeln und kann zur Lähmung beziehungsweise zur Verlangsamung der notwendigen Prozesse im Falle einer Krise führen.

3. Mangelnde Krisenroutine der beteiligten Akteure: Das Aufstellen eines Krisenplans reicht oftmals nicht aus, denn für eine erfolgreiche Krisenbekämpfung müssen die vorgesehenen Abläufe

und Verantwortlichkeiten fest in die Praxis verankert sein. Insbesondere die Schwierigkeit, im Falle einer Krise ausreichend Kräfte auf die Schadensbegrenzung zu konzentrieren aber gleichzeitig auch das Tagesgeschäft zu bewältigen, stellt Krankenhäuser vor Herausforderungen.

4. Unzureichende Krisenkommunikation. Die zentrale Rolle der Medien wird in Krisenfällen oft unterschätzt. Insbesondere durch die Sozialen Medien werden Nachrichten schnell und mit einer großen Reichweite verbreitet. Die Krankenhäuser werden hier oft von der Wucht des medialen Drucks überrascht. Der Umgang mit Medien kann schnell zur Eskalation der Krise führen. Durch Intransparenz und eine mangelnde Ursachenaufklärung kann aus einer Krise schnell eine Reputationskrise werden.

Ist eine Krise bewältigt, wird ihre Nachbereitung oft vernachlässigt. Der Mangel an Transparenz erschwert den Prozess, aus vergangenen Vorfällen wertvolle Maßnahmen für die zukünftige Fehlervermeidung und ein effektives Krisenmanagement abzuleiten.

Die nachstehende Abbildung gibt einen Überblick über die aufgeführten Blockaden auf dem Weg zur Krisenbewältigung.

Abbildung 10.2.3-1: Blockaden auf dem Weg der Krisenbewältigung (eigene Darstellung)

10.2.4 Modernes Krisenmanagement im Krankenhaus

Wie eingangs ausgeführt, sind Krankenhäuser aufgrund ihrer Komplexität sehr krisenanfällig. Der Abbau bestehender Blockaden in der Krisenbewältigung und die Einführung eines Krisenmanagements sind somit für jede Einrichtung unumgänglich.

Eine eindeutige, allgemeingültige Definition des Begriffs Krisenmanagement findet sich in der Fachliteratur nicht. Eng gefasste Definitionen (vgl. Müller 1986; Weber 1980, S. 22) beschränken das Krisenmanagement auf die Krisenbewältigung. Das Bundesamt für Bevölkerungsschutz und Katastrophenhilfe definiert den Begriff in seinem Leitfaden Schutz kritischer Infrastruktur, Risikomanagement im Krankenhaus, Leitfaden zur Identifikation und Reduzierung von Ausfallrisiken in kritischen Infrastrukturen des Gesundheitswesens wie folgt: „Schaffung von konzeptionellen, organisatorischen, verfahrensmäßigen und physischen Voraussetzungen, die eine bestmögliche Bewältigung einer Krise im Hinblick auf die zur Verfügung stehenden Ressourcen und Informationen ermöglichen und eine schnellstmögliche Zurückführung in den Normalzustand unterstützen." Andere Autoren fassen den Begriff noch weiter auf und beziehen auch Aspekte der Krisenvorsorge mit ein.

Das Krisenmanagement lässt sich nach der weiter gefassten Definition in die Phase der Krisenvorsorge und der Krisenbewältigung gliedern. Die einzelnen Schritte orientieren sich dabei an den Phasen des Krisenverlaufs. Das Krisenmanagement weist in seiner im Folgenden erläuterten prozessualen Gestaltung starke Parallelen zum zuvor dargestellten Risikomanagement auf und kann nicht losgelöst von den bestehenden Governancesystemen in der jeweiligen Einrichtung gesehen werden.

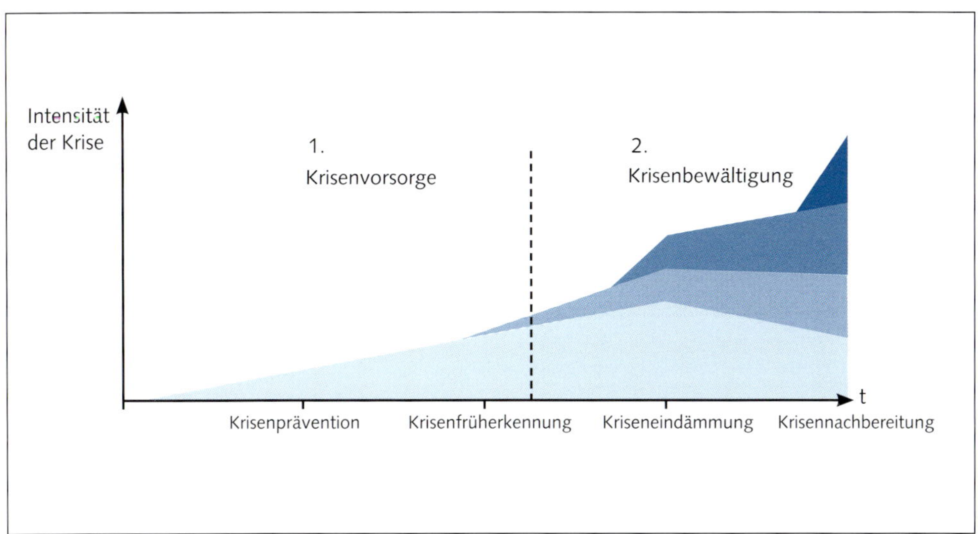

Abbildung 10.2.3-2: Phasen des Krisenverlaufs – Phasen des Krisenmanagements

Die Krisenvorsorge beinhaltet die Krisenprävention und die Krisenfrüherkennung. Im Rahmen der Krisenprävention erfolgt zunächst die Identifikation möglicher Krisen. Anhand einer Analyse möglicher Krisenfelder sollte Aufschluss über generelle Eigenschaften der möglichen Gefahren, deren Intensität, deren Zeitdauer und deren mögliche Wirkungen erlangt werden. Die Ergebnisse der Analyse finden sich in der Folge im Krisenfrüherkennungssystem wieder. Im nächsten Schritt erfolgt innerhalb der Krisenvorsorge die Erarbeitung und kontinuierliche Aktualisierung eines Krisenplans. Der Krisenplan sollte die folgenden Punkte beinhalten (vgl. Bundesamt für Bevölkerungsschutz und Katastrophenhilfe – BBK 2008):

- Zweck, Ziel und Geltungsbereich des Krisenplans
- Entwicklung einer Aufbauorganisation für den Krisenfall
  - Krisenstab
  - Festlegung von Aufgaben, Zuständigkeiten und Kompetenzen und ihre Zuweisung zu den nominierten Funktionsinhabern
  - konkrete Zuständigkeiten und Aktivitäten für die Krisenbewältigung
- Entwicklung einer Ablauforganisation für die Krisenbewältigung, die Rückführung in den Normalzustand und die Nachbereitung
  - Meldewege und Alarmierung
  - Eskalations- und Deeskalationsmodelle
  - Erreichbarkeit von Ansprechpartnern innerhalb und außerhalb des Krankenhauses
  - Ereignisspezifische Maßnahmen zum Wiederanlauf und Rückkehr zum Normalbetrieb
  - Hinweise zur Nachbereitung der Krise
- Entwicklung szenariobezogener Planbestandteile, zum Beispiel:
  - Evakuierung
  - Stromausfall
  - Pandemie
  - Ausfall IT und/oder KT (Kommunikationstechnik)
- Vorgefertigte Checklisten für den Krisenfall für die Abarbeitung der notwendigen Maßnahmen.

Ein weiterer Aspekt der Krisenvorsorge ist die Planung der Krisenkommunikation nach innen und nach außen. Ein stringenter, festgelegter interner Informationsfluss sowie die koordinierte Zusammenarbeit mit den Medien sind im Falle einer Krise von zentraler Bedeutung. Mithilfe einer kontinuierlichen Medienarbeit ist es möglich, einen Vertrauensvorschuss beziehungsweise Reputation sowohl in der Öffentlichkeit als auch mit den Pressekontakten aufzubauen und so die rufschädigenden Auswirkungen auf ein Krankenhaus im Falle einer Krise einzudämmen. Um weitere der im vorangegangenen Gliederungspunkt aufgeführten Blockaden in der Krisenbewältigung zu vermeiden beziehungsweise zu reduzieren, ist der Plan durch regelmäßig stattfindende Krisenübungen und Schulungen in der Praxis zu verankern.

In der zweiten Phase, der **Krisenfrüherkennung**, gilt es, identifizierte potenzielle Krisen anhand eines Früherkennungssystems mittels aussagekräftiger Krisenindikatoren, beziehungsweise Toleranzgrenzen zu überwachen sowie neue Krisenfelder aufzudecken und in das Krisenfrüherkennungssystem und den Krisenplan einzubeziehen. Insbesondere in diesem Prozessschritt sollten die Wechselwirkungen zum Risikomanagement Beachtung finden. So beeinflussen Art und Umfang der Restrisiken die Ausprägung der Krisenfrüherkennung. Die erfolgreiche Implementierung und Integration der Instrumente im Rahmen des Risikomanagements haben somit einen wesentlichen Einfluss auf die Krisenvorsorge.

Ein zusätzliches Element des modernen Krisenmanagements ist das Fördern einer positiven Fehlerkultur. Fehler werden bei dieser Herangehensweise in erster Linie als Chancen interpretiert, aus denen eine Organisation lernen und ihre operativen Tätigkeiten optimieren kann. Hierzu ist die Implementierung eines institutionalisierten Berichts- bzw. Beschwerdesystems über kritische Zwischenfälle sinnvoll. Für die erfolgreiche Nutzung dieses Instruments als Teil des Krisenmanagements ist eine beschwerdetolerante Unternehmenskultur unumgänglich.

Die Phase der **Krisenbewältigung** beinhaltet die Kriseneindämmung und die Krisennachsorge. Wird eine Krise akut, gilt es, im Rahmen der **Kriseneindämmung** den Krisenplan zu aktivieren. Der Fokus sollte dabei auf einer schnellen und nachhaltigen Schadensbegrenzung liegen. Bei der Umsetzung der Planung ist aufgrund der extremen Ambivalenz der Entwicklungsmöglichkeiten und des Ausgangs einer Krise auch ein gewisser Grad an Flexibilität der jeweiligen Akteure erforderlich. Neben der Krisenbewältigung liegt die Herausforderung in dieser Phase insbesondere auch in der Gewährleistung der Kontinuität des Regelbetriebs im Krankenhaus und der Mobilisierung der hierfür notwendigen Ressourcen. Die Krisenkommunikation sollte transparent und offen sein. Hier gilt es, der Öffentlichkeit geordnet und zeitnah zuverlässige Informationen zu liefern und schnell Interviewpartner zur Verfügung zu stellen. Ziel sollte sein, den Willen nach Aufklärung deutlich zu machen und keinen Raum für Spekulationen zu lassen.

In der Phase der **Krisennachbereitung** gilt es, die Effektivität des angewandten Krisenmanagements zu überprüfen, eventuelle Defizite zu identifizieren und das Krisenmanagement so kontinuierlich zu verbessern. Die Aufarbeitung der Krise sollte transparent erfolgen, um eine weiterführende Schädigung der Reputation des Krankenhauses zu vermeiden. Auch in diesem Prozessschritt ist die Kommunikation nach innen und nach außen von zentraler Bedeutung.

Losgelöst vom konkreten Krisenfall muss in regelmäßigen Abständen eine Evaluierung des Krisenmanagements erfolgen. Hierbei sind zum einen Änderungen in der Gefahrenlage – beispielsweise durch Umbauten in der jeweiligen Einrichtung – zu überwachen und zu berücksichtigen. Auch durch externe Einflussfaktoren kommt es zu Veränderungen von Gefahrensituationen. So gibt es Anzeichen, dass extreme Ereignisse insbesondere im Bereich der Naturgefahren als auch im Hinblick auf Handlungen mit kriminellem oder terroristischem Hintergrund künftig zunehmen.

Zum anderen ist die Aktualität des Krisenplans zu gewährleisten. So kann es beispielsweise durch Fluktuation im Personal oder das Abändern von Telefonnummern zu einem Bruch im Informationsfluss im Falle einer Krise kommen. Der Wechsel von Ansprechpartnern und Verantwortlichen oder Änderungen im Bewältigungs- und Kommunikationsprozess ist dementsprechend kontinuierlich zu aktualisieren und an alle Beteiligten weiterzugeben. Ein geeignetes Instrument zur systematischen Überprüfung des Krisenmanagements ist die Anwendung von Checklisten.

Sinnvoll eingesetzt bildet das Krisenmanagement eine wichtige Ergänzung zu Risiko- und Compliance-Managementsystemen, die in Anlehnung an IDW PS 980 und IDW PS 981 in ihrer Angemessenheit und in ihrer Wirksamkeit geprüft und bescheinigt werden können.

10.2.5 Best-Practice Beispiel: Lernen aus der Luftfahrt

Als Best-Practice Beispiel schauen wir auf eine Branche, die viele Gemeinsamkeiten mit der Medizin hat: die Luftfahrt. So besteht auch hier eine hohe Verantwortung für Menschenleben. Der Umgang mit Menschen erfolgt unter hohem Zeitdruck und ist von großer Komplexität geprägt. Zudem spielt die Verwendung von moderner Technik eine wesentliche Rolle in der Leistungserbringung. Es handelt sich somit sowohl bei Krankenhäusern als auch bei Organisationen der Luft- und Raumfahrt um risiko- und krisenanfällige Systeme.

Neben diesen Gemeinsamkeiten ist jedoch ein wesentlicher Unterschied hinsichtlich des Umgangs mit Fehlern und daraus resultierenden Risiken und Krisen festzustellen. So erfolgt in der Luftfahrt die Förderung einer **positiven Fehlerkultur**. Die zentralen Aspekte dieser Fehlerkultur sind die Schaffung von Transparenz und der offene Umgang mit Fehlern. Im Rahmen eines Meldewesens werden Fehler systematisch erfasst und bei der Definition von Sicherheitsstandards berücksichtigt. Die frühzeitige Identifikation von Fehlern ist ein wichtiger Bestandteil der Krisenfrüherkennung und kann den beschriebenen Übergang von einer latenten zu einer akuten Unternehmungskrise verhindern.

Im Krankenhaus ist häufig noch eine negative Fehlerkultur anzutreffen. Berichts- oder Fehlermeldesysteme sind eher selten anzutreffen. Dementsprechend werden Abweichungen vom Normalzustand und sich abzeichnende latente Unternehmenskrisen oft nicht oder erst spät erkannt. Darüber hinaus ist der Umgang mit Fehlern aus Angst vor Schadensersatzklagen oft defensiv. Dies ist für eine effektive Krisenfrüherkennung und ein darauf aufbauendes Krisenmanagement hinderlich und ermöglicht die schleichende Entwicklung von einer latenten zu einer akuten Unternehmungskrise. Die Möglichkeit der Vergleichbarkeit und des voneinander

Lernens durch eine systematische Auswertung von Fehlern zwischen Krankenhäusern besteht in Deutschland nicht.

Ein weiteres zentrales Instrument, das sich in der Luftfahrt bewährt hat, ist der Einsatz von Checklisten. Vor jedem Start erfolgt eine intensive Überprüfung der Sicherheitsvorkehrungen, der Technik und der Flugroute. Auch zwischen Piloten und Crew erfolgen Absprachen und die Route und der Flugablauf werden gemeinsam erläutert. Diese Checks gemäß vorgegebener Listen und die ausführlichen Absprachen kommen im Krankenhausbetrieb oft zu kurz.

Insgesamt besteht im Bereich des Risiko- und Krisenmanagements in deutschen Krankenhäusern noch Optimierungsbedarf. Hier können Krankenhäuser von anderen Branchen, wie beispielsweise der Luftfahrt im Sinne von Better und Best Practices lernen und genutzte Prozesse und bewährte Instrumente auf die eigene Branche übertragen.

10.3 Ziel und Grundlagen des Beihilfenrechts

10.3.1 Die Beihilfe

Art. 107 und Art. 108 des Vertrags über die Arbeitsweise der Europäischen Union (AEUV) verbieten im Grundsatz staatliche Beihilfen an Unternehmen. Das Verbot dient der Verwirklichung des europäischen Binnenmarkts. Ziel des Verbots ist, zu verhindern, dass die Mitgliedstaaten den Wettbewerb verzerren, in dem sie (zumeist in ihrem Staatsgebiet ansässigen) Unternehmen finanzielle oder geldwerte Vorteile zukommen lassen.

Das Beihilfenverbot ist bereits seit Gründung der Europäischen Wirtschaftsgemeinschaft im europäischen Primärrecht geregelt und gilt damit im Gründungsmitglied Deutschland seit dem 1. Januar 1958. Während das Rechtsgebiet in den ersten Jahrzehnten ein Schattendasein führte, ist seine Bedeutung seit Mitte der neuzehnhundertneunziger Jahre erheblich gewachsen. Gründe hierfür sind die fortschreitende Entwicklung des europäischen Binnenmarktes und die Anstrengungen der Europäischen Kommission, das Beihilfenrecht unionsweit durchzusetzen. Hinzu kommt, dass das Beihilfenrecht in der Zwischenzeit von zahlreichen Unternehmen als Werkzeug dafür erkannt wurde, gegen staatliche Bevorteilung ihrer Wettbewerber vorzugehen. Erleichtert wird ihnen dies in Deutschland dadurch, dass in der Zwischenzeit – je nach Ausgestaltung der Beihilfe und des geltend gemachten Abwehranspruchs – sowohl die Verwaltungs- als auch die Zivilgerichtsbarkeit beihilfenrechtlich motivierte Klagen regelmäßig als zulässig erachten. Dies korrespondiert mit der Rechtsprechung des Europäischen Gerichtshofs, nach der es Sache der nationalen Gerichte ist, aus einer Verletzung von Art. 108 Abs. 3 AEUV im Rahmen ihres nationalen Rechts die nötigen Rechtsfolgen anzuordnen. Diese Rechtsfolgen können u.a. darin bestehen, dass die Gerichte die

Gültigkeit von Rechtsgeschäften aufhebt oder aber die Rückzahlung anordnet, um Rechtsgeschäfte aus der Welt zu schaffen, die unter Verletzung des Beihilfenrechts gewährte finanzielle Unterstützungen betreffen (EuGH, Urteil vom 8.12.2011, Rs. C-275/10, Tz. 27 ff. [Residex]; Urteil vom 12.02.2008, Rs. C-199/06 [CELF]; Urteil vom 11.7.1996, Rs. C-39/94 [SFEI]; Urteil vom 21.11.1991, Rs. C-354/90 [FNCE]).

Hinsichtlich der staatlichen (Mit-) Finanzierung öffentlicher Krankenhäuser ist in jüngster Vergangenheit eine Reihe äußerst relevanter Urteile des Landgerichts Tübingen (LG Tübingen, Urteil vom 23.12.2013, 5 O 72/13), des Oberlandesgerichts Stuttgarts (OLG Stuttgart, Urteil vom 20.11.2014, 2 U 11/14 sowie Urteil vom 23.03.2017, 2 U 11/14) als auch des Bundesgerichtshofes (BGH, Urteil vom 24.03.2016, I ZR 263/14) ergangen.

Im Wesentlichen handelte es sich bei den Entscheidungen um die Frage, ob und inwiefern staatliche Krankenhausträger Defizite einzelner Kliniken in Form von Eigenbetrieben oder Eigengesellschaften ausgleichen dürfen. Gegen einen solchen Ausgleich der „Kreiskliniken Calw gGmbh" durch den Landkreis Calw wendete sich der „Bundesverband Deutscher Privatkliniken e.V. (BDPK)". Die hierzu ergangenen Entscheidungen beinhalten Aussagen hinsichtlich der beihilferechtlichen Würdigung des Defizitausgleichs öffentlicher Krankenhäuser durch staatliche Krankenhausträger, Einzelheiten werden im Rahmen dieses Abschnitts dargestellt.

10.3.2 Voraussetzungen einer Beihilfe nach Art. 107 Abs. 1 AEUV mit Blick auf den Krankenhaussektor

Beihilfen im Sinne von Art. 107 Abs. 1 AEUV sind

- staatliche Mittel,
- die ein bestimmtes (Selektivität)
- Unternehmen oder einen Produktionszweig
- begünstigen und
- dadurch zu einer (drohenden) Wettbewerbsverfälschung führen, soweit sie den Handel zwischen den Mitgliedstaaten beeinträchtigen.

Zu diesen Tatbestandsmerkmalen im Einzelnen:

10.3.2.1 Staatliche oder aus staatlichen Mitteln gewährte Beihilfe

Gewähren öffentliche Stellen Krankenhausbetreibern Verlustausgleiche, Kapitaleinlagen, Kredite oder geben sie Sicherheiten für Kredite (z.B. kommunale Bürgschaften), handelt es sich dabei um staatliche Mittel. Als staatliche Mittel sieht Art. 107 AEUV auch Mittel der Bundesländer, der Gebietskörperschaften oder ihrer Unternehmen an.

10.3.2.2 Selektivität der Beihilfe

Dieses Tatbestandsmerkmal dient der Abgrenzung von Beihilfen gegenüber allgemeingültigen Maßnahmen der Gesetzgeber. Für den Krankenhaussektor lässt sich dies an einem Beispiel illustrieren. Der Investitionszuschuss einer Kommune an ihre Krankenhausgesellschaft ist eine nur an ein Unternehmen gerichtete Maßnahme, die sich selektiv nur an dieses richtet. Demgegenüber dürfte die Bereitstellung der Investitionsförderung der Länder nach den jeweiligen Landeskrankenhausgesetzen nicht selektiv sein, weil auf diese Leistung – bei Erfüllung der Fördervoraussetzungen – sämtliche Plankrankenhäuser – ungeachtet ihrer Trägerschaft – Anspruch haben.

10.3.2.3 Unternehmen

Ein Unternehmen in diesem Sinne ist jede organisatorisch abgrenzbare, selbstständige Einheit, die wirtschaftlich tätig ist. Unter einer wirtschaftlichen Tätigkeit ist das Anbieten von Gütern oder Dienstleistungen auf einem Markt zu verstehen (grundlegend: EuGH, Urteil vom 23.04.1991, Rs. C-41/91 [Höfner-Elser],Rn. 21; jüngst: EuGH, Urteil vom 27.06.2017, Rs. C-74/16 [Congregación de Escuelas Pías Provincia Betania]).

Inwieweit danach Krankenhäuser eine wirtschaftliche Tätigkeit ausüben und dem EU-Beihilferecht unterfallen, ist anhand der Organisation des Gesundheitssystems im jeweiligen Mitgliedstaat zu beurteilen.

Erfolgt die Finanzierung der Krankenhausversorgung wie etwa in Italien oder Spanien ganz oder überwiegend aus Mitteln der nach dem Solidaritätsprinzip verfassten gesetzlichen Sozialversicherungssysteme, und erbringen die Krankenhäuser ihre Leistungen auf der Grundlage dieses Versicherungsschutzes (nahezu) kostenlos, verneinen Kommission und Unionsgerichte den Marktbezug und damit den wirtschaftlichen Charakter der Tätigkeit; das EU-Beihilferecht ist in diesen Konstellationen nicht anwendbar (EuG, Urteil vom 04.03.2003 – Rs. T-319/99, bestätigt durch EuGH, Urteil, vom 11.07.2006 – Rs. C - 205/03 P; EuG, Urteil vom 02.06.2021 – Rs. T 223/18). Bieten Krankenhäuser und andere Gesundheitsdienstleister ihre Leistungen demgegenüber – wie in Deutschland – entgeltlich an, und steht den Patienten innerhalb der Sozialversicherungssysteme in bestimmtem Umfang ein Wahlrecht hinsichtlich der Versicherung und der zu versichernden Leistungen zu, nehmen Kommission und die Unionsgerichte eine wirtschaftliche Tätigkeit an. Dies gilt unabhängig davon, ob das Entgelt unmittelbar vom Patienten oder über die Sozialversicherungssysteme an die Krankenhäuser vergütet wird (grundlegend: EuGH, Urteil vom 12.7.2001 – Rs. C-157/99; jüngst: EuG, Urteil vom 02.06.2021 – Rs. T 223/18; KOM, Entscheidung vom 12.11.2020, SA.39324). Die staatliche Finanzierung von Krankenhäusern unterfällt daher in Deutschland grundsätzlich dem EU-Beihilferecht (EuGH, Urteil vom 29.04.2010, Rs. C-160/08; EuG, Urteil vom 11.07.2007, Rs. T-167/04; BGH, Urteil, vom 24.03.2016, I ZR 263/14).

10.3.2.4 Begünstigung

Eine Begünstigung wird definiert als jeder wirtschaftliche Vorteil, den ein Unternehmen unter normalen Marktbedingungen nicht erhalten hätte (EuGH, Urteil vom 11.07.1996, Rs. C-39/94 [SFEI], Rn. 60; EuG, Urteil vom 11.02.2009, Rs. T-25/07 [Iride], Rn. 46; EuGH, Urteil vom 27.06.2017, Rs. C-74/16 [Congregación de Escuelas Pías Provincia Betania], Rn. 65). Die Marktüblichkeit ist nach dem sog. „private investor test" zu bewerten. In dessen Rahmen ist in der Regel zu prüfen, ob das Krankenhaus eine angemessene Gegenleistung erbringt. Denn gleicht die Gegenleistung den gewährten Vorteil aus, liegt keine Begünstigung vor. Welche Voraussetzungen erfüllt sein müssen, damit eine Krankenhausgesellschaft den entstandenen Vorteil angemessen ausgleicht, hängt von der jeweiligen öffentlichen Leistung ab. Zu diesen im Überblick:

- **Kapitaleinlagen**: Kapitaleinlagen öffentlicher Gesellschafter in ihre Krankenhausgesellschaften gewähren dann keinen Vorteil, wenn diese unter Bedingungen bereitgestellt werden, die auch für einen privaten Kapitalgeber annehmbar wären (private investor test). Ob dies für die konkrete Kapitaleinlage vorliegt, hängt im Wesentlichen von den zu erwartenden Rentabilitätsaussichten ab. Kann der öffentliche Gesellschafter darlegen und im Streitfall nachweisen, dass seine Entscheidung auf der Aussicht basierte, mit seiner Einlage eine Rendite zu erzielen, die auch einen privaten Krankenhausträger zu dieser veranlasst hätte, ist der private investor test bestanden. Dann liegt keine Begünstigung und deswegen auch keine Beihilfe vor.

- **Darlehen**: Für die Bereitstellung von Fremdkapital gilt Ähnliches. Maßgeblich ist, ob ein privater Darlehensgeber zu vergleichbaren Bedingungen der Krankenhausgesellschaft Darlehen gewährt hätte (private lender test). Hierfür sind vor allem angemessene Zinskonditionen zu vereinbaren, die u. a. an Bonität und Ausfallrisiko auszurichten sind (vgl. Mitteilung der Kommission über die Änderung der Methode zur Festsetzung der Referenz- und Abzinsungssätze vom 19.01.2008, Abl. Nr. C 14/6, sog. Referenzzinsmitteilung).

- **Sicherheiten**: Konkrete Anforderungen für Bürgschaften und andere Sicherheiten, die öffentliche Stellen, zur Besicherung von Krediten ihrer Unternehmen eingehen, hat die Kommission in der sog. Bürgschaftsmitteilung 2008 (vgl. Mitteilung der Kommission über die Anwendung der Artikel 87 und 88 des EG-Vertrags auf staatliche Beihilfen in Form von Haftungsverpflichtungen und Bürgschaften vom 20.06.2008, Abl. Nr. C 155/02) aufgestellt. Sind deren Voraussetzungen erfüllt, geht die Kommission davon aus, dass auch ein privater Bürger Sicherheit geleistet hätte (private guarantor test). Voraussetzungen sind, dass sich die kreditaufnehmende Krankenhausgesellschaft nicht in wirtschaftlichen Schwierigkeiten befindet, die Garantie an eine konkrete, in ihrer Höhe und in ihrer Laufzeit begrenzte Verbindlichkeit geknüpft ist, die Garantiesumme grundsätzlich nur 80 % der Kreditverbindlichkeit abdeckt und der Kreditnehmer an den öffentlichen Bürger eine marktangemessene Prämie zahlt. Die Garantiesumme darf ausnahmsweise

100 % der Kredithöhe umfassen, wenn das kreditaufnehmende Unternehmen ausschließlich Dienstleistungen von allgemeinem wirtschaftlichen Interesse (siehe zu diesen unten unter 10.1.3.2.1) erfüllt.

Beihilfenrechtsrelevant kann für den öffentlichen Anteilseigner eines Krankenhauses auch der Fall sein, dass er sein Engagement als Träger verringern oder aufgeben möchte, indem er Anteile an seiner Krankenhausgesellschaft veräußert. Denn veräußert er seine Anteile unter Wert, kann dies eine beihilfenrechtswidrige Begünstigung des Erwerbers sein. Transparente Wettbewerbsverfahren zur Veräußerung verhindern eine Begünstigung. Denn in deren Rahmen bildet sich der Wert der Anteile im Markt. Eine Veräußerung auf der Grundlage gutachterlicher Unternehmensbewertungen ist möglich, gegenüber dem Veräußerungsverfahren aber weniger rechtssicher. Vorsicht ist vor dem Hintergrund des Beihilfenrechts geboten, wenn der öffentliche Veräußerer im Verfahren Garantien für Krankenhausstandorte, Arbeitsplatzgarantien oder Investitionszusagen von dem Erwerber verlangen will. Denn Kommission und Europäischer Gerichtshof betrachten jede kaufpreismindernde Bedingung als mit dem Beihilfenrecht nicht vereinbar, die ein privater Veräußerer aller Voraussicht nach nicht gestellt hätte (siehe Entscheidung der Kommission vom 30.04.2008 EG/719/2008, ABl. Nr. L 239/32 und EuGH, Urteil vom 24.10.2013, verbundene Rs. C-214/12 P, C-215/12 P und C-223/12 P).

10.3.2.5 Wettbewerbsverfälschung und Beeinträchtigung des grenzüberschreitenden Handels

Eine Wettbewerbsverfälschung und Beeinträchtigung des grenzüberschreitenden Handels droht nach der Rechtsprechung des Europäischen Gerichtshofs, wenn die Wettbewerbssituation des begünstigten Unternehmens tatsächlich oder potenziell gegenüber bestehenden anderen Unternehmen verbessert wird oder der Markteintritt eines Unternehmens aus einem anderen EU-Mitgliedstaat erschwert wird. Auch Beihilfen in kleinem Umfang können den Handel beeinträchtigen. Nach der Rechtsprechung des EuGH (Urteil vom 24.07.2003, Rs. C-280/00 [Altmark Trans], Rn. 81) gibt es insbesondere keine Schwelle und keinen Prozentsatz, bis zu der oder ab dem man davon ausgehen könnte, dass der Handel zwischen Mitgliedstaaten nicht beeinträchtigt wäre.

Die Kommission ist nicht verpflichtet, eine konkrete Wettbewerbsbeeinträchtigung auf einem konkreten Markt zu beweisen. Eine Eignung der Maßnahme zur Wettbewerbsverfälschung und Beeinträchtigung des Handels reicht aus (EuGH, Urteil vom 17.09.1980, Rs. C-730/79 [Philip Morris], Rn. 9/12; EuGH, Urteil vom 29.04.2004, Rs. C-372/97 [Italien/Kommission], Rn. 44; EuGH, Urteil vom 15.12.2005, Rs. C-148/04 [Unicredito], Rn. 54).

Zu den Anforderungen an die „Eignung" einer Maßnahme als Wettbewerbsverfälschung und Beeinträchtigung des grenzüberschreitenden Handels äußerte sich auch die Kommission in zwei Entscheidungen (Entscheidungen der Kommission vom 29.04.2015, SA.37904, C(2015) 2800 final und SA.38035, C(2015) 2797 final), welche auch vom BGH und in der Folge auch vom OLG Stuttgart in den Calw-Entscheidungen herangezogen wurden.

In der ersten Entscheidung (SA.37904) führt die Kommission aus, dass eine Beeinträchtigung des grenzüberschreitenden Handels nicht nur hypothetisch bestehen oder lediglich vermutet werden kann. Vielmehr „muss festgestellt werden, warum die Maßnahme den Wettbewerb verfälscht oder zu verfälschen droht und warum sie geeignet ist, den Handel zwischen den Mitgliedstaaten zu beeinträchtigen." Diese Entscheidung behandelte einen Fall, in dem ein – im Eigentum der Stadt und des Landkreises stehendes – Klinikum ein renoviertes – im Eigentum einer Gemeinde stehendes – Schulgebäude unterhalb des üblichen Marktpreises mietete. Unter Bezugnahme auf aktuelle Marktentwicklungen, die Stellung des Krankenhauses auf diesem Markt und die Handelsströme der relevanten Dienstleistungen, gelangt die Kommission hier zu der Entscheidung, dass keine Wettbewerbsverfälschung vorliegt bzw. droht.

In der zweiten Entscheidung (SA.38035) stellte die Kommission ebenfalls klar, dass bei erbrachten Leistungen rein lokaler Art für ein geografisch begrenztes Gebiet „nicht mit einem ausreichenden Grad an Wahrscheinlichkeit davon ausgegangen werden kann, dass die Maßnahme mehr als nur marginale Auswirkungen auf die Bedingungen für grenzübergreifende Investitionen oder die grenzübergreifende Niederlassung haben wird."

Mit Blick auf den Krankenhaussektor sind demnach vor allem zwei Märkte zu unterscheiden. Denn Krankenhäuser und Krankenhausbetreiber stehen vor allem im Wettbewerb um Patienten und im Wettbewerb um Krankenhausstandorte. Im Einzelnen:

10.3.2.5.1 Wettbewerb um Patienten

Es findet ein grenzüberschreitender Wettbewerb um Patienten statt. Die Mobilität von Patienten im Binnenmarkt nimmt ständig zu – nicht zuletzt auf Grund der europäischen Richtlinie betreffend die Patientenfreizügigkeit (Richtlinie 2011/24/EU des Europäischen Parlaments und des Rates vom 9.3.2011 über die Ausübung der Patientenrechte in der grenzüberschreitenden Gesundheitsversorgung, ABl. Nr. L 88/45). Die Richtlinie legt in ihrem Art. 7 fest, dass die Kosten für eine Auslandsbehandlung grundsätzlich von der Krankenkasse bis zu der Höhe erstattet werden, die auch bei der entsprechenden Behandlung im Inland angefallen wären. Daneben ordnet die Richtlinie an, dass die Mitgliedstaaten Kontaktstellen einzurichten haben, die rund um die grenzüberschreitende Gesundheitsversorgung beraten und damit für den Patienten Informationen bereitgehalten werden und Transparenz geschaffen wird. Ob Patienten bereit sind, Krankenhäuser in anderen

Mitgliedsstaaten in Anspruch zu nehmen, hängt von verschiedenen Faktoren ab. Entscheidend dürfte die Bedeutung der Qualität der jeweiligen Krankenhausleistung sein. Dabei steigt die Bereitschaft zur Inanspruchnahme von stationären Leistungen im EU-Ausland je weniger leistungsfähig das Gesundheitssystem des jeweiligen Mitgliedstaats und je komplexer die jeweilige Behandlung bzw. je höher die erforderliche Spezialisierung für sie ist (Deutsches Institut für Wirtschaftsforschung Gutachten, Wirtschaftliche Aspekte der Märkte für Gesundheitsdienstleistungen, 2001, S. 150/153). Hierzu enthält auch die Calw II-Entscheidung des OLG Stuttgart eine interessante Aussage. Da sich das Angebots- und Leistungsspektrum der hier in Rede stehenden Kliniken überwiegend im Bereich der Grund- und Regelversorgung (sog. Standardleistungen) bewegt, kann nach Ansicht des Gerichts nicht davon ausgegangen werden, dass hierdurch eine grenzübergreifende Nachfrage erzeugt werde. Eine solche grenzübergreifende Nachfrage, die sodann die Annahme einer Wettbewerbsverfälschung begründen könnte, könne nur bei hochspezialisierten Krankenhäusern mit überregionaler oder sogar internationaler Bekanntheit angenommen werden (OLG Stuttgart, Urteil vom 23.03.2017, 2 U 11/14, Rn. 80).

Dies steht im Einklang mit einer Grundsatz-Entscheidung der Kommission vom 05.07.2016, welche die Qualifizierung einer Maßnahme als (potenzielle) Wettbewerbsverfälschung/Handelsbeeinträchtigung im Krankenhaussektor zum Gegenstand hatte (Kommission, Beschluss vom 05.07.2016, SA.19864, Public Financing of Brussels public IRIS Hospitals, Rn. 138 ff.). Der Beschluss befasste sich mit einem Beihilfeprüfverfahren betreffend die Finanzierung der Krankenhäuser in der Region Brüssel und beinhaltete die Aufstellung von Abgrenzungskriterien, anhand derer zu beurteilen ist, wann Ausgleichszahlungen an Krankenhäuser zu einer Wettbewerbsverfälschung/Handelsbeeinträchtigung führen. Dabei ist aus Sicht der Kommission zunächst zwischen der Nachfrageseite (Patienten) und der Angebotsseite (Markt für Krankenhausbetreiber) zu differenzieren. Eine Wettbewerbsverfälschung/Handelsbeeinträchtigung auf dem Markt der Patientenversorgung soll nach Ansicht der Kommission dann in Betracht kommen, wenn mehrere der nachfolgenden Kriterien erfüllt sind:

- das bezuschusste Krankenhaus verfügt über einen hohen Spezialisierungsgrad mit internationaler Reputation,
- das bezuschusste Krankenhaus liegt in relativer Nähe bzw. Verfügt über eine direkte Hochgeschwindigkeitszugverbindung zu mehreren europäischen Großstädten,
- für das Einzugsgebiet des Klinikums ist eine überdurchschnittlich internationale Bevölkerung charakteristisch und
- das Klinikum ist in der Lage, seine Leistungen in mehreren Sprachen zu erbringen.

Außerdem ist nach Ansicht des OLG Stuttgart zur Beurteilung des Vorliegens einer (potenziellen) grenzübergreifenden Wettbewerbsverfälschung im Zusammenhang mit dem Wettbewerb um Patienten zwischen „Notfallpatienten" und „elektiven Patienten" (solche Patienten, welche sich in eine vorab geplante Behandlung begeben) zu differenzieren. Notfallpatienten können nur „sehr eingeschränkt beeinflussen", in welchem Krankenhaus sie behandelt werden. Da Patienten aus dem Ausland häufig aufgrund von Urlaubs- oder Verkehrsunfällen (als Notfallpatienten) in die Kreiskliniken Calw eingeliefert wurden, liege in dieser Hinsicht „keinerlei Anziehungskraft auf ausländische Patienten" vor (OLG Stuttgart, Urteil vom 23.03.2017, 2 U 11/14, Rn. 82).

10.3.2.5.2 Wettbewerb um Krankenhausstandorte

Krankenhausträger stehen darüber hinaus auch im Wettbewerb um Standorte. Finanzierungen zugunsten einzelner Kliniken können es Krankenhausbetreibern aus anderen Mitgliedstaaten erschweren, in dem örtlichen Markt Krankenhausleistungen zu erbringen. Denn diese müssten den Markteintritt ohne staatliche Finanzierungen bewerkstelligen, was ihre Wettbewerbsposition gegenüber anderen öffentlich finanzierten Kliniken verschlechtert (vgl. dazu: Koenig & Vorbeck GesR 2007, S. 347, 352). Dieses Argument führt auch die Kommission in ihrer Entscheidung zur Krankenhausfinanzierung öffentlicher Krankenhäuser in Belgien an (Capitale Kommission, Entscheidung vom 28.10.2009, NN 54/2009 [Belgique Financement des hôpitaux publics du réseau IRIS de la Région Bruxelles-Capitale], Tz. 128).

Zur Bewertung, ob und in welchem Ausmaß ein öffentliches Krankenhaus in örtlicher Hinsicht auch ausländische Patienten anzieht, kann im Übrigen die sog. Einzugsgebietsstatistik herangezogen werden (so jüngst: OLG Stuttgart, Urteil vom 23.03.2017, 2 U 11/14, Rn.81). Sollte sich hieraus ergeben, dass nur ein minimaler Anteil der Patienten aus dem Ausland stammen, spricht dies dafür, dass keine grenzübergreifende Wettbewerbsverfälschung vorliegt, sondern lediglich eine lokale Anziehungskraft der angebotenen Leistungen gegeben ist. Indes existiert keine konkrete prozentuale Grenze, vielmehr ist dies stets im Einzelfall zu bestimmen.

Bestätigt wird diese Sichtweise durch Ziffer 24/38 der Mitteilung 2012/C 8/02 der Kommission über die Anwendung der Beihilfevorschriften der Europäischen Union auf Ausgleichsleistungen für die Erbringung von Dienstleistungen von allgemeinem wirtschaftlichen Interesse (ABl. EU Nr. C 8 vom 11.01.2012, S. 4), in dem der Wettbewerb zwischen Krankenhäusern und die Erschwerung des Marktzugangs explizit als grenzüberschreitende Wettbewerbsverfälschung angesprochen wird. Wörtlich heißt es hier:

> „38. Beihilfemaßnahmen können sich auch dann auf den Handel auswirken, wenn das begünstigte Unternehmen nicht selbst an grenzüberschreitenden Tätigkeiten beteiligt ist. In solchen Fällen kann das inländische Angebot beibehalten oder erhöht werden, mit der Folge, dass sich die Möglichkeiten für in anderen Mitgliedstaaten niedergelassene Unternehmen verringern, ihre Dienstleistungen in dem betreffenden Mitgliedstaat anzubieten."

Lediglich für kleine Krankenhäuser folgt die Kommission dieser Linie nicht konsequent. So hat sie für eine öffentliche Finanzierung eines Krankenhauses in der portugiesischen Region Alto Trásos-Montes eine potenzielle Beeinträchtigung des zwischenstaatlichen Handels abgelehnt (vgl. Kommission, Entscheidung vom 7.11.2012, C(2012) 7565 [Jean Piaget / Northeast Medium and Long-Term Continuing Care Unit]): Erstens werde das Krankenhaus lediglich über 50 Betten insgesamt verfügen. Zweitens spreche die voraussichtlich geringe Verweildauer der Patienten für einen nur begrenzten Umsatz der Klinik. Beides deutet nach Ansicht der Kommission darauf hin, dass die Klinik nur durch Anwohner der Region ausgelastet werde. Dies werde zusätzlich dadurch bestätigt, dass Patienten aus anderen portugiesischen Einrichtungen in die Klinik überwiesen werden, sodass auch die große Mehrheit, wenn nicht sogar sämtliche Patienten der Klinik, Portugiesen sein werden. Darüber hinaus schließe die Errichtung der Klinik nicht aus, dass andere gleichartige Einrichtungen in der Region errichtet werden können. Nach alledem war die Kommission der Ansicht, dass der zwischenstaatliche Wettbewerb im vorliegenden Fall nicht beeinträchtigt wird, sodass auch keine Beihilfe im Sinne von Art. 107 AEUV vorlag.

Auch der „Verlauf" der Bettenanzahl während der staatlichen (Mit-) Finanzierung kann hier zur Bewertung herangezogen gezogen werden. Erhält ein öffentliches Krankenhaus über einen längeren Zeitraum staatliche Mittel und verringert sich innerhalb dieses Zeitraums die Bettenanzahl, spricht dies gegen die Annahme einer grenzüberschreitenden Auswirkung der Beihilfe. Dies spreche gegen eine Ausweitung des Tätigkeitsfeldes einer Klinik aufgrund der finanziellen Zuwendungen (OLG Stuttgart, Urteil vom 23.03.2017, 2 U 11/14, Rn. 85).

10.3.3 Rechtsfolgen einer Beihilfe

Beihilfen sind grundsätzlich bei der Kommission zu notifizieren. Ausnahmen gelten, wenn die Beihilfe als Ausgleichszahlung für Dienstleistungen von allgemeinem wirtschaftlichen Interesse oder als Bagatell- bzw. „De-minimis-Beihilfe" vom Notifizierungsgebot freigestellt ist. Im Einzelnen:

10.3.3.1 Notifizierungsgebot

Beihilfen müssen gemäß Art. 108 Abs. 3 Satz 1 AEUV grundsätzlich bei der Kommission angemeldet werden („Notifizierungspflicht"). Die Kommission prüft sodann, ob diese gegebenenfalls auf der Grundlage der Genehmigungstatbestände des Art. 107 Abs. 2 und 3 AEUV und der hierzu erlassenen Ausführungsvorschriften genehmigt werden kann.

Eine Beihilfe die mangels Freistellung kraft sekundären Unionsrechts nicht von der Notifizierungspflicht befreit ist, unterliegt dem sog. „Durchführungsverbot" gemäß Art. 108 Abs. 3 S. 3 AEUV. Danach darf die betreffende Maßnahme nicht durchgefuhrt werden, bevor die Kommission eine abschließende Entscheidung erlassen hat.

10.3.3.2 Freistellung von Ausgleichszahlungen für die Erbringung von Dienstleistungen von allgemeinem wirtschaftlichen Interesse

10.3.3.2.1 Dienstleistungen von allgemeinem wirtschaftlichen Interesse

Art. 106 Abs. 2 AEUV ist eine Sonderregelung des europäischen Beihilfenrechts. Danach gelten für Unternehmen, die mit Dienstleistungen von allgemeinem wirtschaftlichen Interesse (DAWI) betraut sind, die Vorschriften der Verträge, insbesondere die Wettbewerbsregeln, (nur) soweit die Anwendung dieser Vorschriften nicht die Erfüllung der ihnen übertragenen besonderen Aufgabe rechtlich oder tatsächlich verhindert. Dabei darf die Entwicklung des Handelsverkehrs darf nicht in einem Ausmaß beeinträchtigt werden, das dem Interesse der Union zuwiderläuft.

Die Vorschrift ist darauf gerichtet, das Interesse der Mitgliedstaaten, Leistungen der Daseinsvorsorge erbringen zu können, und das unionsrechtliche Interesse am Binnenmarkt und an einem unverfälschten Wettbewerb in Einklang zu bringen. Ein solcher Ausgleich wird indes nicht dadurch erreicht, dass Wettbewerb und DAWI gegenübergestellt werden. Die Wettbewerbsregeln müssen vielmehr nur dort und nur insoweit außer Kraft gesetzt werden, wo ihre Anwendung die Erbringung der DAWI verhindert.

Zwar sind DAWI nicht legaldefiniert, jedoch wurden durch die Kommission bestimmte Kriterien entwickelt, um festzustellen, ob eine DAWI vorliegt oder nicht (vgl. Kommission, DAWI-Mitteilung, 11.01.2012, TZ 47, 48, 50). Danach kann insbesondere dann davon ausgegangen werden, dass ein Unternehmen DAWI erbringt, wenn

- für seine Dienstleistung ein universaler und obligatorischer Charakter gegeben ist, der sich von anderen Dienstleistungen unterscheidet,
- die Erbringung der Dienstleistung ohne staatliche Unterstützung nicht oder nicht in der Form möglich ist (Marktversagen) und
- es sich um wirtschaftliche Dienstleistungen handelt, mit denen die Behörden im Allgemeinwohl liegende Interessen verfolgen und mit denen sie gewährleisten, dass die Dienstleistungen zu Konditionen erbracht werden, die nicht unbedingt den Marktbedingungen entsprechen.

Das Krankenhausleistungen DAWI sein können, ergibt sich bereits aus Art. 2 Abs. 1 lit. c des Freistellungsbeschlusses. Diese Vorschrift regelt nämlich, dass der Beschluss Anwendung findet auf Ausgleichsleistungen für die Erbringung von DAWI zur Deckung des sozialen Bedarfs im Hinblick auf Gesundheitsdienste und Langzeitpflege.

10.3.3.2.2 Betrauung

Die Befreiung einer Ausgleichszahlung von der beihilferechtlichen Notifizierungspflicht setzt zunächst voraus, dass das jeweilige Unternehmen ordnungsgemäß mit der Aufgabe betraut wurde, aus dessen Erfüllung ihm die ausgleichsfähigen Kosten erwachsen.

Gemäß Art. 4 des hierfür maßgeblichen Beschlusses über die Anwendung von Artikel 106 Abs. 2 des Vertrags über die Arbeitsweise der Europäischen Union auf staatliche Beihilfen in Form von Ausgleichsleistungen zugunsten bestimmter Unternehmen, die mit der Erbringung von Dienstleistungen von allgemeinem wirtschaftlichen Interesse betraut sind (2012/21/EU – Freistellungsbeschluss) muss der Betrauungsakt insbesondere folgende Punkte beinhalten:

- Gegenstand und Dauer der gemeinwirtschaftlichen Verpflichtung (nicht länger als zehn Jahre – Art. 2 Abs. 2 Satz 1 Freistellungsbeschluss),
- das Unternehmen und ggf. das betreffende Gebiet,
- Art etwaiger ausschließlicher oder besonderer Rechte, die dem
- Unternehmen durch die Behörde gewährt werden,
- Parameter für die Berechnung, Überwachung und Änderung der Ausgleichsleistungen,
- Maßnahmen zur Vermeidung und Rückforderung von Überkompensationszahlungen und
- einen Verweis auf den Freistellungsbeschluss.

Ferner darf die Ausgleichsleistung einen Betrag von jährlich EUR 15 Millionen nicht überschreiten (Art. 2 Abs. 1 lit. a Freistellungsbeschluss). Gemäß Art. 5 Freistellungsbeschluss muss die Höhe der Ausgleichszahlung strikt auf denjenigen Betrag begrenzt sein, der für die Erbringung der DAWI erforderlich ist und es dürfen nur Kosten herangezogen werden, die der DAWI auch tatsächlich zugerechnet werden können. Hieraus ergibt sich die Pflicht zur kostenmäßigen Trennung von DAWI- und Nicht-DAWI-Bereichen. Der BGH betonte diesbezüglich in seiner Calw-Entscheidung, dass aus dem Betrauungsakt die Parameter für die Berechnung von Ausgleichsleistungen hinreichend ausgewiesen werden müssen. Zwar ist keine detaillierte Berechnung des aus öffentlichen Mitteln auszugleichenden Betrags erforderlich, jedoch muss der Betrauungsakt in transparenter und nachvollziehbarer Weise die Grundlage für die zukünftige Berechnung enthalten. Für die öffentliche Krankenhausträgerschaft bedeutet dies zumindest der Verweis auf den jährlichen Wirtschafts- oder Haushaltsplan des Krankenhauses, aus welchem sich die aus der Erbringung der Dienstleistung von allgemeinem wirtschaftlichem Interesse folgenden Erträge und Aufwendungen und ein möglicherweise auftretendes Defizit vorab ergeben (BGH, Urteil vom 24.03.2016, I ZR 263/14, Rn. 80).

Liegen sämtliche dieser Voraussetzungen vor, so bedarf es nach dem Freistellungsbeschluss keiner Notifizierung der Ausgleichszahlung bei der Kommission.

Immer mehr Krankenhäuser, die sich in öffentlich-rechtlicher Trägerschaft befinden, wirtschaften defizitär bzw. sind sogar insolvenzgefährdet (siehe dazu Heise, Krankenhausfinanzierung und Beihilferecht, EuZW 2015, 739 m.w.N.). Um den Betrieb fortsetzen zu können, sind diese Krankenhäuser auf finanzielle Unterstützungen – häufig in Form von Defizitausgleichen – des Staates angewiesen. Eine mögliche Benachteiligung privat betriebener Kliniken liegt auf der Hand. Das über mehrere Jahre andauernde Calw-Verfahren endete nun allerdings mit einer „Niederlage" für Privatkliniken: Die Defizitausgleiche für die Kreiskliniken Calw verstoßen nicht gegen das EU-Beihilfeverbot aus Art. 107 Abs. 1 AEUV. Es wird jedoch aller Voraussicht nach nicht die letzte Anstrengung der Privatkliniken gewesen sein dem entgegenzutreten und die Gerichte nicht das letzte Mal beschäftigt haben. Bereits vor der Entscheidung des BGH und der (erneuten) Entscheidung des OLG Stuttgart wurde darauf hingewiesen, dass private und gemeinnützige Kliniken gegenüber Kliniken, die sich in staatlicher Trägerschaft befinden, im Wettbewerb weitgehendend schutzlos gestellt werden, sollte das Vorgehen im Fall Calw als beihilferechtlich zulässig erachtet werden (Heise, Krankenhausfinanzierung und Beihilferecht, EuZW 2015, 739).

Hinsichtlich der Betrauung trifft der BGH allerdings Aussagen, die im Ansatz als „Verschärfung" bewertet werden können. Sofern eine Betrauung mit DAWI erfolgt, sind nach dem BGH die formalen und inhaltlichen Anforderungen an den Betrauungsakt einzuhalten. Es reicht nicht aus, dass der Betrauungsakt unpräzise Formulierungen enthält, aus denen sich nicht konkret ergibt, nach welchen Parametern sich etwaige Defizitausgleiche bemessen. Der BGH vermeidet allerdings gleichzeitig, allzu konkrete Anforderungen zu formulieren, da es „unmöglich" sei, im Vorhinein konkret festzulegen, in welcher Höhe Ausgleichszahlungen vorgenommen werden. Es wird abzuwarten sein, ob die Rechtsprechung auch in Zukunft dieser Linie treu bleiben wird oder ob aufgrund der Markt- und Wettbewerbssituation hinsichtlich privater und gemeinnütziger Kliniken ein Umdenken erfolgen wird.

Auch betont der BGH – im Einklang mit der „Dilly's-Wellnesshotel-Entscheidung" des EuGH (EuGH, Urteil vom 21.07.2016, Rs. C-493/14) –, dass ein Verstoß gegen formale Freistellungsvoraussetzungen (z. B. das Fehlen eines Verweises auf den Freistellungsbeschluss im Betrauungsakt) zur Versagung der Freistellungswirkung und damit zu einer rechtswidrigen, da weder freigestellten noch notifizierten/genehmigten und deshalb rückforderbaren Beihilfe führt.

Zur allgemeinen Bewertung der beihilferechtlichen Relevanz einer Krankenhausfinanzierung im sog. „dualen System", ist im Übrigen nach der aktuellen Kommentarliteratur (vgl. Heinrich, in Birnstiel/Bungenberg/Heinrich, Europäisches Beihilfenrecht, 1. Auflage 2013, Rn. 780 f.) zwischen der stationären und ambulanten Krankenversorgung zu differenzieren. Die stationäre Krankenversorgung kann gem. § 4 Abs. 4 des Krankenhausfinanzierungsgesetzes (KHG) im Wege der staatlichen Investitionskostenförderung finanziert werden und zwar unabhängig davon, ob sich das Krankenhaus in öffentlicher, privater oder freigemeinnütziger Trägerschaft befindet. Diese Investitionskostenförderung (z. B. Kosten für den Erwerb und die Erschließung von Grundstücken) ist nach Ansicht der Bundesregierung ihr folgender Literatur (vgl. Heinrich, in Birnstiel/Bungenberg/Heinrich, Europäisches Beihilfenrecht, 1. Auflage 2013, Rn. 780 f., m. w. N.) grds. beihilferechtlich irrelevant. Die Betriebskosten werden separat durch die privaten oder gesetzlichen Krankenversicherungen unter Verwendung sog. Fallpauschalen erstattet.

Seit 2004 dürfen (Plan-) Krankenhäuser, abgesehen von den bereits seit 1993 zulässigen vor- und nachstationären Leistungen, allerdings auch bestimmte ambulante Leistungen (z. B. hochspezialisierte Leistungen oder im Bereich seltener Erkrankungen) erbringen, sofern ein Vertrag mit den Krankenkassen oder ein entsprechender positiver Bescheid der „Krankenhausplanbehörde" vorliegt. In diesem Zusammenhang ergibt sich die Problematik einer möglichen Quersubventionierung der ambulanten und ggf. als beihilferelevante wirtschaftliche Tätigkeiten einzustufenden Leistungen durch die (staatlich finanzierten) stationären Leistungen. Um diesem Problem zu begegnen, werden derzeit zwei Lösungsvorschläge diskutiert bzw. praktiziert. Entweder wird die Quersubventionierung dadurch vermieden, dass die Investitionskostenförderung reduziert oder aber ein Erstattungsbetrag erhoben wird. Gemein ist beiden Lösungswegen, dass eine transparente Kostenaufteilung vorgenommen werden muss, um die jeweiligen Kosten den verschiedenen Leistungsbereichen (ambulant oder stationär) zuordnen zu können (vgl. dazu Heinrich, in Birnstiel/Bungenberg/Heinrich, Europäisches Beihilfenrecht, 1. Auflage 2013, Rn. 782 f.; Koenig, EuZW 2009, 844).

Auch (umsatz-) steuerrechtliche Aspekte sind im Rahmen der Betrauung mit Dienstleistungen von allgemeinem wirtschaftlichem Interesse zu berücksichtigen. Es ist jedoch bisher kein Fall bekannt, in welchem eine Betriebsprüfung eine auf der Grundlage eines ordnungsgemäßen beihilferechtlichen Betrauungsakts geleistete Ausgleichszahlung als umsatzsteuerbares Leistungsentgelt eingestuft hat. Vielmehr haben zahlreiche Finanzämter Ausgleichszahlungen im Rahmen verbindlicher Auskünfte, die allerdings stets einzelfallbezogen und daher nicht ohne weiteres verallgemeinerungsfähig sind, als nicht-umsatzsteuerbaren echten Zuschuss eingestuft. In der Praxis sollte daher die Abstimmung mit der Finanzverwaltung gesucht werden.

10.3.3.3 „De-minimis"-Beihilfen

Eine weitere sekundärrechtliche Ausnahme vom Beihilfenverbot sind „Bagatell-" nach europäischem Sprachgebrauch „De-minimis" Beihilfen. Die Kommission hat durch Verordnung (VO (EU) Nr. 1407/2013 vom 18.12.2013 über die Anwendung der Artikel 107 und 108 des Vertrages über die Arbeitsweise der Europäischen Union auf De-minimis-Beihilfen, ABl. 2013 Nr. L 352/1) Beihilfen geringen Werts von der Notifizierungspflicht befreit. Die unter die „De-minimis"-Verordnung fallenden Maßnahmen unterliegen nicht dem Anmeldeverfahren nach Art. 108 Abs. 3 S. 3 AEUV (Art. 2 Abs. 1 VO). Die Ausnahme betrifft Beihilfen an Unternehmen, die außerhalb von genehmigten Beihilfenregelungen gewährt werden und einen Gesamtbetrag von EUR 200.000 innerhalb von drei Steuerjahren nicht übersteigen. Die Mitgliedstaaten trifft nach Art. 3 Abs. 1 VO 1407/2013 eine Informations- und Prüfpflicht. Sie haben dem Empfänger einer „De-minimis"-Beihilfe schriftlich die Höhe der Beihilfe sowie unter Angabe der Verordnung mit Fundstelle im Amtsblatt mitzuteilen, dass es sich um eine „De-minimis"-Beihilfe handelt.

Da Krankenhausleistungen im Grundsatz als DAWI einzustufen sind, kann in diesem Bereich die De-minimis-Verordnung (Verordnung (EU) Nr. 360/2012 der Kommission vom 25.04.2012 über die Anwendung der Artikel 107 und 108 des Vertrags über die Arbeitsweise der Europäischen Union auf De-minimis-Beihilfen an Unternehmen, die Dienstleistungen von allgemeinem wirtschaftlichem Interesse erbringen, ABl. 2012 Nr. L114/8) angewendet werden. Diese spezielle De-minimis-Verordnung hat gegenüber der allgemeinen De-minims-VO nach ihrem Art. 2 Abs. 2 den Vorteil, dass das jeweilige Krankenhaus EUR 500.000 in drei Steuerjahren an Beihilfen anmeldefrei erhalten kann.

10.3.4 Rechtliche Risiken unzulässiger Beihilfen

Erhält ein Krankenhaus Beihilfen, ergeben sich daraus verschiedene Rechtsrisiken, die in jedem Fall das Krankenhaus, darüber hinaus aber auch die beihilfegewährende Stelle treffen. Vereinfacht beschrieben bestehen ein Rückforderungs-, ein Anfechtungs- und ein Unwirksamkeitsrisiko. Im Einzelnen:

10.3.4.1 Rückforderung durch EU-Kommission

Die EU-Kommission kann mit dem Binnenmarkt unvereinbare Beihilfen zurückfordern und zwar nach Art. 14 Abs. 1, 2 der VO 659/1999 (zuletzt geändert durch Art. 1 ÄndVO (EU) 734/2013 vom 22.07.2013, ABl. Nr. L 204 S. 15).: Derartige Verfahren beginnen im Krankenhausbereich und darüber hinaus meist mit Beschwerden von Wettbewerbern, die sich wegen angeblich unzulässiger Beihilfen an ihre Konkurrenten an die Kommission wenden. Sie machen sich dabei zunutze, dass die Kommission Kontrollverfahren aufgrund von Informationen „ungeachtet ihrer Herkunft" einleiten kann (Art. 10 Abs. 1 der VO 659/1999). Die Grundsätze des Vertrauensschutzes und der Rechtssicherheit können einer Rückforderung durch die Kommission nur bedingt entgegen gehalten werden. Eine Rückforderung durch die Kommission ist allerdings gemäß Art. 15 Abs. 1 der VO 659/1999 ausgeschlossen für Beihilfen, die vor über 10 Jahren gewährt worden sind.

Die Rückforderungsbefugnis der Kommission ergibt sich nicht unmittelbar aus den Art. 107 f. AEUV, jedoch hat der EuGH in ständiger Rechtsprechung entschieden, dass sie zwingend notwendig ist, um das Beihilfenrecht praktisch wirksam auszugestalten (EuGH, Urteil vom 21.03.1990, Rs. C-142/87 [Tubemeuse]). Nach Art. 14 Abs. 3 der VO 659/1999 erfolgt die Rückforderung nach nationalem Verfahrensrecht, also in Deutschland grundsätzlich nach Maßgabe der §§ 48, 49a VwVfG oder im Wege des zivilrechtlichen Rückzahlungsanspruchs.

10.3.4.2 Wettbewerberklagen vor nationalen Gerichten

Die deutschen Verwaltungsgerichte stehen schon seit einigen Jahren auf dem Standpunkt, dass Verstöße gegen das Beihilfenrecht von Wettbewerbern vor den Verwaltungsgerichten angegriffen werden können. Rechtsgrundlage hierfür sei als subjektiv-öffentliches Recht Art. 107 Abs. 1 Satz 1, 108 Abs. 3 Satz 2 AEUV. Nunmehr ist durch eine jüngere Entscheidung des BGH geklärt, dass Wettbewerber auch vor den ordentlichen Gerichten beihilfegewährende staatliche Stellen auf zivilrechtlicher Grundlage auf Auskunft, Feststellung und Unterlassung sowie gegebenenfalls sogar auf Schadensersatz in Anspruch nehmen können (BGH, Urteil v. 10.02.2011, I ZR 136/09, zuletzt auch BGH, Urteil vom 24.03.2016, I ZR 263/14 (siehe dazu oben)).

10.3.4.3 Unwirksamkeitsrisiko

Nach der Rechtsprechung des Bundesgerichtshof (BGH) können Verträge, die Beihilfen gewähren wegen des Verstoßes gegen das Notifizierungsgebot gemäß § 134 BGB in Verbindung mit Art. 108 Abs. 3 Satz 2 AEUV nichtig sein (vgl. BGH, Urteil v. 10.02.2011, I ZR 136/09). Das Durchführungsverbot entfaltet unmittelbare Wirkung (vgl. BGH, a. a. O., Tz. 17), d. h. es kann im Wege der Konkurrentenklage vor einem deutschen Gericht geltend gemacht werden. Der BGH hat das Durchführungsverbot vor diesem Hintergrund in mehreren Entscheidungen als gesetzliches Verbot im Sinne des § 134 BGB anerkannt (zuletzt BGH, Urteil v. 05.12.2012, I ZR 92/11). Dies hat zur Folge, dass allein die formelle Rechtswidrigkeit der Beihilfe aufgrund des Verstoßes gegen die Notifizierungspflicht, zur Nichtigkeit ihrer vertraglichen Grundlage führt und die Beihilfe zurückgefordert werden kann. Dies gilt unabhängig davon, ob die Beihilfe materiell rechtmäßig und infolgedessen genehmigungsfähig gewesen wäre.

10.4 Planungsrechnung im Krankenhaus

10.4.1 Die Notwendigkeit der Unternehmensplanung im Krankenhaus

Die wirtschaftliche Situation vieler Krankenhäuser in Deutschland ist angespannt. Während die Ausgaben der Kliniken seit Jahren schneller steigen als ihre Einnahmen, ist auch die öffentliche Hand immer häufiger nicht in der Lage, das notwendige Förderniveau sicherzustellen. Dies zwingt die Leistungserbringer der Gesundheitswirtschaft – und darunter insbesondere die Krankenhäuser – in einen immer stärkeren Wettbewerb. Ständig wechselnde technische, soziale und regulatorische

Rahmenbedingungen erhöhen die Komplexität zusätzlich. In diesem schwierigen Marktumfeld wird auf Dauer nur bestehen können, wer sein Klinikunternehmen optimal steuert. Die Grundlage hierfür bildet eine valide und vorausschauende Unternehmensplanung. Nicht zuletzt unterstützt eine valide Unternehmensplanung die Geschäftsführung dabei, kurzfristige Entscheidungen zu treffen, die in Krisensituationen erforderlich werden können (bspw. aufgrund der Auswirkungen externer Faktoren wie die COVID-19 Pandemie).

Die kontinuierliche Planung der Unternehmensaktivitäten schafft Transparenz und trägt zur Strukturierung von Problemen bei. Sie bildet Erwartungen und Einstellungen, fördert die Kommunikation und dient als Koordinationsinstrument von Unternehmenszielen und Aktivitäten. Eine vorausschauende Unternehmensplanung ermöglicht damit die frühzeitige Erkennung drohender Fehlentwicklungen und die rechtzeitige Einleitung entsprechender Gegenmaßnahmen. Zwar vermag auch eine detaillierte Planung eine verfehlte beziehungsweise unzweckmäßige Unternehmenspolitik nicht gänzlich auszuschließen, sie bietet aber einen vergleichsweise höheren Schutz vor wirtschaftlichem Misserfolg und überraschenden Unternehmenskrisen.

Neben ihrer elementaren Funktion für die Kliniksteuerung spielt eine valide Unternehmensplanung auch eine zentrale Rolle in der Krankenhausfinanzierung. Vor dem Hintergrund der Veränderungen bei der Kreditfinanzierung durch Basel II erwarten die Kapitalgeber immer umfangreichere Informationen. Insbesondere die kurz- und mittelfristige Erfolgs- und Finanzplanung steht dabei im Fokus der Betrachtungen zur Bewertung der wirtschaftlichen Leistungsfähigkeit. Für viele Kliniken ist es nicht einfach, die zunehmenden Informationsbedürfnisse der Kapitalgeber zu erfüllen.

Die grundsätzliche Notwendigkeit einer kontinuierlichen und detaillierten Unternehmensplanung haben viele Kliniken bereits erkannt. In der Praxis sind die entsprechenden Planungsprozesse allerdings oft nur unvollständig oder inkonsequent umgesetzt und wenig standardisiert. Häufig beruhen sie ausschließlich auf der Fortschreibung der abgelaufenen Ist-Daten zur Erstellung eines groben Wirtschaftsplans für das kommende Geschäftsjahr. Eine integrierte Betrachtung der verschiedenen Planungsbereiche erfolgt dabei in der Regel nicht. Die Gründe für eine unzureichende Unternehmensplanung reichen von Personalengpässen bis zum grundsätzlich fehlenden betriebswirtschaftlichen Know-how.

Vor dem Hintergrund der immer restriktiveren Finanzierungsbedingungen und des raschen Wandels der Rahmenbedingungen im Krankenhaussektor reicht eine rein auf die Vergangenheit bezogene Betrachtung allerdings nicht mehr aus. Eine valide und langfristige Unternehmensplanung erfordert die aktive Auseinandersetzung mit zukünftigen Chancen und Risiken sowie eine aufeinander abgestimmte (integrierte) Betrachtung von Erfolgs-, Bilanz- und Finanzplanung.

10.4.2 Der Zusammenhang zwischen Unternehmensplanung und Planungsrechnung

Obwohl der Begriff „Unternehmensplanung" in der betriebswirtschaftlichen Diskussion häufig verwendet wird, hat sich in der Literatur bisher keine einheitliche Definition herauskristallisiert. Im Folgenden wird Planung verstanden als „systematisches, zukunftsbezogenes Reflektieren und Festlegen von Zielen, Maßnahmen und Wegen zur zukünftigen Zielerreichung" (vgl. Piechota 1998, S. 90). Unterschieden wird dabei zwischen strategischer, taktischer und operativer Planung.

Im Fokus der strategischen Planung steht die Erkennung der langfristigen Erfolgspotenziale des Krankenhauses. Auf dieser Ebene wird das langfristig zu erstellende Leistungsprogramm festgelegt, mit dem das Krankenhaus grundsätzlich an den Markterfordernissen ausgerichtet werden soll. Im Rahmen der anschließenden taktischen Planung werden die strategischen Ziele in kurz- und mittelfristige Maßnahmen konkretisiert und detailliert. Sie bildet damit das Bindeglied zur operativen Ebene, auf der strategische und taktische Vorgaben durch die Planung geeigneter Aktivitäten umgesetzt werden. Während der Betrachtungszeitraum einer strategischen Planung mindestens drei Jahre beträgt, liegt der zeitliche Horizont einer operativen Planung in der Regel bei 12 bis 18 Monaten.

Der Begriff Planungsrechnung wird in der Praxis oft mit der operativen Unternehmensplanung gleichgesetzt. Allerdings sind beide Begriffe klar voneinander zu trennen. Während sich die Unternehmensplanung mit der zukünftigen Ausrichtung und Führung des Krankenhauses beschäftigt, ist die Planungsrechnung lediglich ein Instrument zur Prognose der quantitativen Auswirkungen geplanter Aktivitäten. Darüber hinaus ist es ihre Aufgabe, potenzielle Unplausibilitäten zu identifizierten und zu beheben.

Im weiteren Sinne umfasst die Planungsrechnung grundsätzlich alle Rechenverfahren zur Unterstützung der betrieblichen Planung, im engeren Sinne beschränkt sie sich auf die Aufstellung eines Erfolgsplans, einer Planbilanz sowie eines Finanzierungsplans. Häufig wird die Planungsrechnung daher auch als Budgetierung bezeichnet.

Im folgenden Abschnitt 10.4.3 wird die Aufstellung einer detaillierten und validen Planungsrechnung im Krankenhaus beschrieben. Aufgrund der hohen praktischen Relevanz liegt der Fokus dabei auf den drei wesentlichen Elementen der engeren Definition einer Planungsrechnung: Erfolgsplan, Planbilanz und Finanzierungsplan. Abschließend wird die Möglichkeit der Durchführung von Szenarioanalysen im Rahmen von Planungsrechnungen beschrieben.

10.4.3 Planungsrechnung im Krankenhaus

10.4.3.1 Aufbau der integrierten Planungsrechnung

Die Erstellung einer Planungsrechnung im Krankenhaus unterscheidet sich wesentlich von der in Dienstleistungs- oder Industrieunternehmen. Grund hierfür ist das stark regulierte Umfeld, in dem Krankenhäuser ihre Leistungen im Wesentlichen nicht auf einem freien Markt erbringen können, sondern öffentliche Versorgungsaufträge erfüllen und von öffentlichen Fördermitteln sowie der Krankenhausplanung abhängig sind. Zudem richtet sich die Vergütung von Krankenhausleistungen bisher nur in Teilen nach der erbrachten Qualität. Für Krankenhäuser bleiben damit wenige Möglichkeiten, sich durch Leistungsausweitungen oder Qualitätsverbesserungen wirtschaftlich zu verbessern. Vielmehr müssen sie ihre Kostenstrukturen im Rahmen eines geplanten und mit den Kostenträgern verhandelten Budgets optimieren.
Die Situation deutscher Krankenhäuser wird damit sehr viel stärker als in anderen Branchen von regulatorischen Veränderungen des Umfelds beeinflusst. Daher ist insbesondere die kurz- und mittelfristige Ausrichtung der Planungsrechnung von Bedeutung. Häufig wird gar auf eine mehrjährige Planung verzichtet, weil insbesondere die Änderung gesetzlicher Bestimmungen regelmäßig zu grundlegenden Anpassungsmaßnahmen führen würde. Dennoch sollte sich eine Planungsrechnung auch im Krankenhaussektor mindestens auf einen Zeitraum von drei bis fünf Jahren beziehen und sich an den in der Privatwirtschaft allgemein anerkannten Grundsätzen orientieren. Nach diesen Grundsätzen besteht eine valide Planungsrechnung aus der vollumfänglich integrierten Aufstellung eines Erfolgsplans, einer Planbilanz sowie einer Finanz- und Investitionsplanung. In der Praxis werden diese Elemente allerdings häufig isoliert nebeneinander betrachtet, wobei sich viele Krankenhäuser gar auf die jährliche Erstellung eines groben Wirtschaftsplans für das jeweils folgende Geschäftsjahr beschränken.

Um jedoch eine belastbare Prognose über die zukünftige Unternehmensentwicklung treffen zu können, sollte eine integrierte (alle Bereiche umfassende) und längerfristige Planungsrechnung meist einen dreijährigen Zeitraum umfassen – in Fällen erheblicher langfristiger Sachinvestitionen auch darüber hinaus. Um von einer validen Planungsrechnung sprechen zu können, müssen die einzelnen Elemente zudem in horizontaler, vertikaler und zeitlicher Dimension übereinstimmen. Eine vertikale Übereinstimmung erfordert dabei die Einordnung der Pläne aller nachgeordneten Unternehmensbereiche in den Gesamtplan, während die horizontale Übereinstimmung den Zusammenhang zwischen Erfolgs-, Bilanz- und Finanzplanung gewährleistet. Die zeitliche Koordination erfordert die Abstimmung der lang- und kurzfristigen Planung.

Der Aufbau der Planungsrechnung kann je nach Struktur des Krankenhauses unterschiedlich sein. Abbildung 10.4.3-1 zeigt exemplarisch die vereinfachte Struktur einer integrierten Erfolgs-, Bilanz- und Finanzplanung für Krankenhäuser.

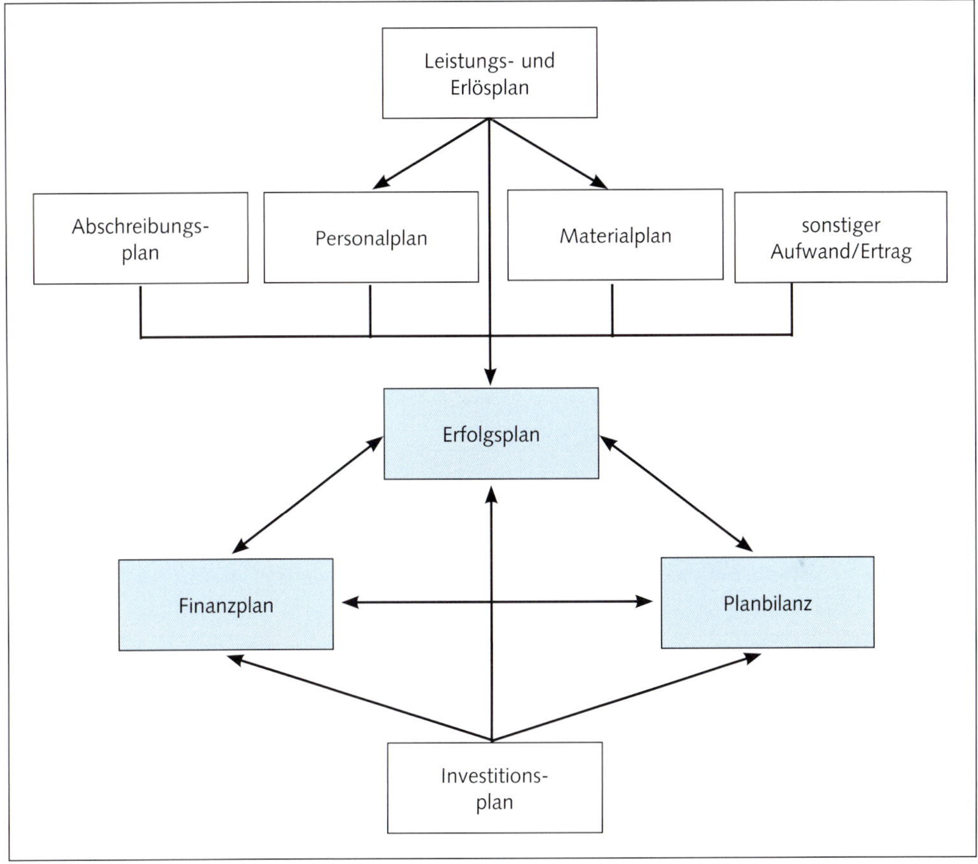

Abbildung 10.4.3-1: Struktur der integrierten Erfolgs-, Finanz- und Bilanzplanung

Uneinigkeit besteht in der Literatur dahingehend, in welchem Zusammenhang die einzelnen Teilpläne stehen, beziehungsweise in welcher Reihenfolge diese zu erstellen sind. Eine Möglichkeit ist die Aufstellung eines Erfolgsplans, aus dem anschließend der Finanzplan abgeleitet wird (Alternative 1). Diese Alternative ist allerdings in der Regel nicht zielführend, da im Erfolgsplan wichtige Einnahmen und Ausgaben nicht erfasst werden – beispielsweise für nicht abnutzbare Anlagen. Zudem können Abweichungen zwischen Ein- und Auszahlungen einerseits und Aufwendungen und Erträgen andererseits nicht berücksichtigt werden. Eine zweite Möglichkeit ist die derivative Ableitung der Finanzplanung aus der Erfolgs- und Bilanzplanung (Alternative 2). Problematisch an dieser Option ist die fehlende Einbeziehung von Wechselwirkungen zwischen der Finanzplanung einerseits und Erfolgs- beziehungsweise Bilanzplanung andererseits. Die Schwächen der beiden genannten Alternativen können durch eine integrierte Erstellung aller drei Teilpläne umgangen werden (Alternative 3). Obwohl dies theoretisch die sauberste Lösung ist, wird diese Vorgehensweise in der Praxis nur selten angewendet, da sie mit einem relativ hohen Umstellungs- und Arbeitsaufwand verbunden ist.

Essenziell ist die Einbeziehung der unterschiedlichen Fachbereiche in den gesamten Planungsprozess. Ein aktiver Dialog fördert das Verständnis und Verantwortungsbewusstsein der verschiedenen Entscheidungsträger im Klinikunternehmen und bezieht deren Erfahrungen und Know-how in die Planung ein. Beispielsweise können der Ärztliche Direktor und die Chefärzte wichtige Informationen für die Leistungsplanung und die damit einhergehende Inanspruchnahme von diagnostischen und therapeutischen Sekundärleistungen sowie für die Personalplanung und den medizinischen Sachbedarf liefern. Die Pflegedienstleitung hat – gegebenenfalls gemeinsam mit den Abteilungs- oder Stationsschwestern – hingegen die größte Erfahrung in der Abschätzung des pflegerischen Personalbedarfs. Gleichzeitig ist die Verwaltungsleitung in der Regel der beste Ansprechpartner für die Planung von Versorgungs- und Verwaltungsleistungen. Bereits aus diesen wenigen Beispielen wird deutlich, wie groß die Bedeutung des Wissens der Mitarbeiterinnen und Mitarbeiter für die Aufstellung einer validen Planungsrechnung ist.

In den nachfolgenden Ausführungen wird Alternative 2 gefolgt, ohne dabei zu verkennen, dass durchaus Wechselwirkungen zwischen der Finanzplanung und den beiden anderen Teilplänen existieren.

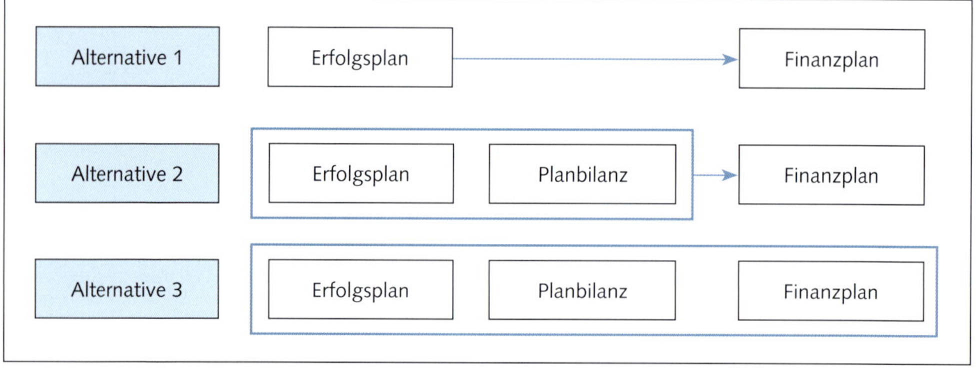

Abbildung 10.4.3-2: Zusammenhang von Finanz-, Bilanz- und Erfolgsplan

Neben der inhaltlichen Validität ist die Effizienz des Planungsprozesses ein weiterer wesentlicher Erfolgsfaktor für die Akzeptanz einer Planungsrechnung im Krankenhaus. Bei der Erstellung sollte daher immer auf ein ausgewogenes Verhältnis zwischen zeitlichem Aufwand und Detaillierungsgrad geachtet werden. So ist eine detaillierte Planung sämtlicher Positionen der Bilanz sowie der Gewinn- und Verlustrechnung bis hin zur Planung einzelner Büromaterialien in der Regel nicht zweckmäßig. Das Ziel muss es vielmehr sein, den Anteil analytischer Neuplanungen für die wesentlichen Steuerungsgrößen – wie beispielsweise die Anzahl der Vollkräfte aus dem Stellenplan oder die einzelnen Erlöspositionen – zu erhöhen und weniger wichtige Planungsbereiche grober zu bearbeiten.

Abschließend sei darauf verwiesen, dass neben dem Wissen und der Erfahrung der Mitarbeiter des eigenen Unternehmens auch ein externes Benchmarking wichtige Informationen für die Planungsrechnung geben kann. So liefert der Vergleich mit den wesentlichen Wettbewerbern Erkenntnisse über Stärken und Schwächen des eigenen Hauses, auf die im Rahmen des Planungsprozesses gezielt eingegangen werden kann. Die entsprechenden Daten werden beispielsweise durch die KPMG-Datenbank Krankenhaus 300® bereitgestellt. Diese vergleicht aktuelle Finanz- und Leistungskennzahlen von anonymisierten Krankenhäusern mit neutralisierten Daten relevanter Wettbewerber. Des Weiteren sei auch der DRG-Browser des InEK (Institut für das Entgeltsystem im Krankenhaus) erwähnt, der bei gegebenem DRG-Mengengerüst die Ermittlung der Plankosten im Personal- und Materialbereich unterstützen kann. Als alleinige Planungsgrundlage eignen sich die Daten des InEK allerdings nicht. Der Grund hierfür sind wesentliche methodische Schwächen des InEK. So werden in den Kalkulationsdaten beispielsweise ausschließlich „Inlier" und keine Verlegungsfälle berücksichtigt. Zudem ist die Stichprobe der InEK-Kalkulationshäuser nicht zwingend repräsentativ.

10.4.3.2 Investitionsplanung im Krankenhaus

Im Rahmen einer Investitionsplanung wird festgelegt, welche Investitionsvorhaben in welchen Zeiträumen realisiert werden sollen. Innerhalb der Erfolgs-, Bilanz- und Finanzplanung des Krankenhauses nimmt die Investitionsplanung damit eine Sonderstellung ein, da sie in der Regel große Auswirkungen auf alle diese Elemente der Planungsrechnung hat. So wirkt sich die Planung der Investitionsvorhaben auf die geplanten Abschreibungen in der Erfolgsplanung aus und beeinflusst die Bewertung des Anlagevermögens in der Planbilanz. Aufgrund der oft hohen Ein- und Auszahlungen für Investitionsprojekte sind diese zudem eine wesentliche Position im Rahmen der Finanzierungsplanung. Aus diesem Grund wird im Folgenden zunächst einführend auf die Aufstellung einer Investitionsplanung eingegangen.

Zur Aufstellung einer Investitionsplanung sollte ein Abstimmungs- und Entscheidungsprozess durchlaufen werden, der die einzelnen Fachbereiche des Krankenhauses einbezieht. Um alle Investitionsvorschläge zu erfassen, ist daher zunächst der Bedarf an Einrichtungen, Geräten und Anlagen mit den verschiedenen Funktionsstellen und Abteilungen abzustimmen. Da aufgrund begrenzter finanzieller Ressourcen nicht alle Investitionsvorschläge realisierbar sind, muss anschließend eine Priorisierung der Vorschläge erfolgen. Kirchner schlägt hierzu die Entwicklung einer Investitionssystematik vor, die die jeweiligen Investitionen in bestimmte Investitionskategorien einordnet, die er als „Muss-Investitionen", „Soll-Investitionen" und „Kann-Investitionen" bezeichnet.[27]
Auf Grundlage dieser Kategorisierung sollten für jeden Investitionsvorschlag Alternativen gesucht und bewertet werden. Für die quantitative Bewertung der Investitionsalternativen bieten sich

27 Vgl. Kirchner (2002)

dabei sowohl statistische Verfahren wie die Kostenvergleichsrechnung als auch dynamische Verfahren wie die Kapitalwertmethode, die interne Zinsfuß-Methode oder die Annuitätenmethode an. Zur qualitativen Bewertung von Investitionsalternativen eignen sich hingegen insbesondere Checklisten, die relevante Beurteilungskriterien systematisch abfragen. Mit Hilfe von Rating-Skalen können die Investitionsalternativen anschließend priorisiert werden. Weitere Möglichkeiten zur qualitativen Bewertung sind Nutzwertanalyse und Scoringmodelle.

Nach der Erfassung und Priorisierung aller Investitionsvorschläge kann eine erste Feststellung der verfügbaren oder beschaffbaren Finanzmittel erfolgen. Sofern sie in den Krankenhausplan des jeweiligen Bundeslandes aufgenommen sind, haben Krankenhäuser nach dem Krankenhausfinanzierungsgesetz (KHG) grundsätzlich einen Rechtsanspruch auf die öffentliche Förderung von Investitionen. Aufgrund der finanziellen Lage vieler Länder und Kommunen kann die öffentliche Hand allerdings oft keine zeitnahe Investitionsfinanzierung im gewünschten Umfang bereitstellen. Nachdem das mögliche Finanzierungsvolumen ermittelt wurde, kann dies abschließend den Investitionsvorhaben gegenübergestellt und ein Investitions- und Finanzierungsplan erstellt werden.

I. Gefördert	
	Anfangsbestand Fördermittel KHG
+	Zuführung pauschaler Fördermittel
+	Zuführung Zinsen
+	Zuführung Einzelförderung
–	Ausgaben für geförderte Vermögensgegenstände
–	Rückzahlungen aus Verkauf / Abgang von geförderten Vermögensgegenständen
II. Nicht gefördert	
	Einnahmen (z.B. von Gesellschafter)
–	Ausgaben
III. Endbestand	

Abbildung 10.4.3-3: Finanzierungsplan

10.4.3.3 Erfolgsplanung im Krankenhaus

Im Rahmen einer Gewinn- und Verlustrechnung stellt die Erfolgsplanung alle geplanten Erträge und Aufwendungen gegenüber, um den prognostizierten Geschäftserfolg im Planungszeitraum zu ermitteln. Als Ausgangsbasis für Planbilanz und Finanzplan spielt der Erfolgsplan eine zentrale Rolle bei der Erstellung einer integrierten Planungsrechnung. Entsprechend sorgfältig sollten die einfließenden Erträge und Aufwendungen geplant und plausibilisiert werden.

Die Erstellung des Erfolgsplans wird in der Regel in zwei Stufen durchgeführt. In einem ersten Schritt sind von der Unternehmensleitung Grundsatzziele zu formulieren, die sich aus der strategischen Unternehmensplanung ableiten. Anschließend werden diese Ziele an die jeweiligen Abteilungen des Krankenhauses kommuniziert, in denen dezentral Leistungs- und Personalpläne ausgearbeitet werden. In einem zweiten Schritt werden die erstellten Teilpläne verdichtet und mit den Zielvorgaben der Unternehmensleitung abgeglichen. Auftretende Differenzen werden abschließend aufgelöst, um das endgültige Budget als verbindliche Richtschnur festzulegen. Die Abstimmung im Rahmen eines solchen Planungsprozesses kann in mehreren Schleifen erfolgen.

Begonnen werden sollte die Erfolgsplanung immer im sogenannten Engpass- oder Minimumsektor. Dieser stellt den jeweils schwächsten Teilbereich der Gesamtplanung dar und bedingt somit die Planung angrenzender Teilbereiche. Der Engpass kann dabei sowohl in außerbetrieblichen als auch in innerbetrieblichen Bereichen liegen – beispielsweise im Personalbereich, in der Erlös- und Ertragssituation, der Materialbeschaffung oder der Liquiditätslage. Auch wenn sich Engpässe in aller Regel nicht kurzfristig beseitigen lassen, so gehört es zu den langfristigen Aufgaben der Unternehmensplanung, diesen durch Anpassungsprozesse entgegenzuwirken. Der Engpasssektor als Ausgangspunkt der Gesamtplanung wird daher regelmäßig wechseln, was unter Umständen entsprechende Änderungen in der Planung notwendig macht.

Da der Engpasssektor in den meisten Kliniken in der Leistungs- und Erlösplanung liegt, wird in den nachfolgenden Ausführungen zur Aufstellung einer Erfolgsplanung im Krankenhaus mit diesem Teilbereich begonnen.

Leistungs- und Erlösplanung

Erwartungen über die zu erbringenden Leistungen bilden in der Regel die Grundlage der Planungen für Personal, Beschaffung und andere Aufwendungen. Eine detaillierte und valide Planung des Leistungsspektrums sowie der daraus generierten Erlöse ist daher von enormer Bedeutung. Bestandteil der Leistungs- und Erlösplanung sind die Erlöse aus Krankenhausleistungen (KGr. 40), Erlöse aus Wahlleistungen (KGr. 41), Erlöse aus ambulanten Leistungen des Krankenhauses (KGr. 42), Nutzungsentgelte der Ärzte (KGr. 43) sowie weitere Erlöse, die regelmäßig aus der Geschäftstätigkeit anfallen (bspw. KGr. 43, 45, 57, 58).

Die Leistungs- und Erlösplanung kann nicht losgelöst von den Verhandlungen mit den gesetzlichen Krankenkassen erstellt werden, da diese letztendlich davon abhängig ist, inwieweit die Kostenträger bereit sind, die Forderungen der Klinik zu budgetieren. Die Zustimmung der Krankenkassen hängt hierbei davon ab, ob das Krankenhaus eine nachvollziehbare Leistungsplanung vorlegt, die die Sicherstellung des Versorgungsauftrags gewährleistet und ob die entsprechenden finanziellen Mittel für zusätzliche Leistungen vorhanden sind. Eine optimale Leistungs- und Erlösplanung unterstützt die Klinikleitung in der Verhandlungsphase, da mit ihrer Hilfe die Auswirkungen von Angeboten der Krankenkassen simuliert und entsprechende Schwerpunkte gesetzt werden können.

Grundsätzlich sollte die Leistungs- und Erlösplanung des Krankenhauses für jede Fachabteilung Planwerte der Fallzahlen und zugehöriger Case-Mix-Punkte enthalten. Ausgangspunkt für die Ermittlung dieser Planwerte ist eine vergangenheitsorientierte Betrachtung der bisherigen Leistungsentwicklung. Aufbauend hierauf wird ein explizit in die Zukunft gerichteter Planungsprozess gestartet, der grundsätzlich klären soll, bei welchen Fällen signifikante Mengenveränderungen möglich oder wahrscheinlich sind und welcher Case-Mix dadurch generiert werden kann. Grundlage für diesen Planungsprozess bildet das einführend bereits beschriebene zweistufige Vorgehen: Zunächst werden durch die Klinikleitung grundsätzliche Leistungsziele an die Fachabteilungen kommuniziert, in denen anschließend dezentral entsprechende Leistungspläne erarbeitet werden. In einem zweiten Schritt werden die erstellten Teilpläne verdichtet, mit den Zielvorgaben der Unternehmensleitung abgeglichen und auftretende Differenzen aufgelöst. Die wichtigsten Gesprächspartner der Klinikleitung im Rahmen der Leistungsplanung sind die leitenden Ärzte der Klinik.

Um den Planerlös zu ermitteln und damit die Leistungs- und Erlösplanung zu vervollständigen, ist abschließend ein krankenhausindividueller Umsatz je Case-Mix-Punkt (CM-Pkt.) abzuschätzen, mit dem die ermittelten Fallzahlen und Case-Mix-Punkte multipliziert werden. Dieser setzt sich zusammen aus dem jeweiligen Basisfallwert (BFW) sowie den geschätzten Zu- und Abschlägen. Die Ermittlung kann auf der Ebene von Fachabteilungen oder für die gesamte Klinik geschehen oder sehr eng auf die jeweiligen Diagnosis Related Groups (DRGs) beschränkt sein.

	Anzahl Planfälle	Plan-CMI	Summe BWR	Planumsatz je CM-Pnkt	Planerlös in Euro
Chirurgie			= Anzahl Planfälle x Plan-CMI		= Summe BWR x BFW in Euro
Innere Medizin					
Gyn./Geb.					
(...)					
Summe					

Abbildung 10.4.3-4: Leistungs- und Erlösplan

Über die Erlöse aus Krankenhausleistungen hinaus müssen im Rahmen der Leistungs- und Erlösplanung auch Einschätzungen über die erwarteten Erlöse aus Wahlleistungen, ambulanten Leistungen des Krankenhauses sowie Nutzungsentgelten der Ärzte getroffen werden. Bei der Planung dieser Erlöse kommt die Geschäftsleitung oft nicht umhin, sich auf Erfahrungswerte zu stützen.

Sind die Erlöse jedoch so wesentlich, dass eine genaue Planung unverzichtbar erscheint, sollte auch hier ein ausführlicher Planungsprozess in Zusammenarbeit mit den leitenden Ärzten durchgeführt werden.

Um eine valide Planungsrechnung zu erstellen, ist darüber hinaus die detaillierte Planung aller für das spezielle Krankenhaus wesentlichen weiteren Erlösposten zwingend erforderlich. Erzielt das Klinikum beispielsweise wesentliche Mieterträge, so sollten zur Planung dieser Position die Mietverträge und Nebenkostenabrechnungen herangezogen werden. Im Rahmen von Gesprächen mit der Hausverwaltung können zudem wichtige Informationen über die zu erwartende Auslastung der jeweiligen Mietobjekte gewonnen werden.

Personalplanung

Die Personalplanung kann in zwei wesentliche Dimensionen untergliedert werden: Eine Individualplanung, die den einzelnen Mitarbeiter in den Mittelpunkt stellt und eine Kollektivplanung, die jeweils mehrere Mitarbeiter eines Bereichs oder verschiedener Dienstarten erfasst. Der Fokus beider Dimensionen liegt in unterschiedlichen Anwendungsgebieten. Während die Individualplanung insbesondere die Laufbahnplanung, die Besetzungsplanung, die Entwicklungsplanung und die Einarbeitungsplanung betrifft, ist die Kollektivplanung auf die Personalbedarfsplanung, die Personalbestandsplanung, die Personalveränderungsplanung, die Personaleinsatzplanung und die Personalaufwandsplanung fokussiert.

Für die Erfolgsplanung im Krankenhaus ist insbesondere die Personalaufwandsplanung relevant. Eine genaue Planung der Löhne und Gehälter (KGr. 60, 64) sowie der sozialen Abgaben und Aufwendungen für Altersversorgung und für Unterstützung (KGr. 61–63) ist von enormer Bedeutung, da die Personalkosten laut KPMG-Datenbank Krankenhaus 300® mit circa 63 Prozent den größten Kostenblock im Krankenhaus darstellen.

Für die Personalaufwandsplanung werden in der Praxis häufig die Vorjahreszahlen unter Berücksichtigung einer Veränderungsrate für Tarifanpassungen und andere Lohnerhöhungen fortgeschrieben. Diese Vorgehensweise ist allerdings relativ ungenau, da Personalkosten des Vorjahres durch Mehr- oder Minderkosten beeinflusst sein können – beispielsweise Abfindungen, Jubiläumszahlungen, Überstunden, qualitative Veränderungen der Personalstruktur und quantitative Veränderungen des Personals. Dies kann dazu führen, dass die Fortschreibung der Vorjahreszahlen zu unzureichenden Ergebnissen führt und eine analytische Neuplanung notwendig wird.

Im Rahmen einer analytischen Neuplanung wird – ausgehend vom aktuellen Personalbestand – die erwartete Personalveränderung ermittelt. Hierzu wird eine Personalbedarfsplanung für die folgenden Geschäftsjahre aufgestellt, die den erforderlichen Soll-Personalbestand zur Erbringung der geplanten Leistungen bestimmt. Zur Erstellung einer solchen Personalbedarfsplanung bieten sich verschiedene Verfahren an – darunter die Arbeitsplatzrechnung, die Kennzahlenrechnung sowie die Leistungseinheitenrechnung.

Eine Arbeitsplatzrechnung bietet sich dabei insbesondere für arbeitsmengenunabhängige Arbeitsplätze an. Der Personalbedarf wird dabei anhand der Anzahl der notwendigen Arbeitskräfte und ihrer jeweiligen Anwesenheitszeit berechnet. Ein Beispiel hierfür ist der Nachtdienst des Pflegepersonals, da sich hier der Personalbedarf grundsätzlich unabhängig von den tatsächlich anfallenden Tätigkeiten und deshalb nicht leistungsorientiert ergibt.

Die Kennzahlenrechnung setzt den Personalbestand in Relation zur Leistungsmenge, zu Erlösen oder zur Patienten- beziehungsweise Bettenanzahl. Der Personalaufwand entwickelt sich mit dieser Methode daher immer relativ zur gewählten Kennzahl – beispielsweise der Leistungsentwicklung. Eine in der Vergangenheit insbesondere im Pflegebereich häufig verwendete Form der Kennzahlenrechnung ist die sogenannte Anhaltszahlenrechnung, bei der der Personalbedarf anhand der durchschnittlich belegten Betten ermittelt wird.

Eine solche Kennzahlenrechnung ist zwar sehr einfach zu handhaben, führt aber zu relativ ungenauen Ergebnissen, die oft nur eingeschränkt in der Praxis anwendbar sind. Für mengenabhängige Arbeitsbereiche sollte daher die aufwendigere, aber genauere Leistungseinheitsrechnung bevorzugt werden. Im Rahmen dieser Berechnungsmethodik wird die pro Fall notwendige Arbeitszeit der einzelnen Berufsgruppen ermittelt und nach fallfixen beziehungsweise fallvariablen Bestandteilen aufgeteilt. Als fallfix wird dabei der Arbeitsaufwand bezeichnet, der unabhängig von der Verweildauer des Patienten entsteht, während fallvariable Anteile entsprechend abhängig von der Verweildauer sind. Am Beispiel des Pflegepersonals verdeutlicht, kann der Aufwand für eine OP-Vorbereitung als fallfix betrachtet werden, während der Aufwand für die Ausgabe von Arzneimitteln oder das Wechseln von Verbänden beispielsweise abhängig von der Aufenthaltsdauer also fallvariabel sind. Da der Arbeitsaufwand jeweils abhängig von der jeweiligen Fachdisziplin ist, muss die Personalbedarfsplanung zwingend fachabteilungs- und berufsgruppenspezifisch durchgeführt werden.

Aus der Multiplikation der so ermittelten Zeitansätze mit den in der Leistungsplanung angesetzten Fallzahlen wird der Personalbedarf in Vollkräften für die einzelnen Fachabteilungen und Berufsgruppen errechnet. Anschließend wird aus dem ermittelten Plan-Personalbestand unter Berücksichtigung struktureller Lohn- und Gehaltserhöhungen der entsprechende Personalaufwand berechnet. Dabei ist zu beachten, dass sich die Höhe der Gehälter nicht ausschließlich aufgrund von Tarifanpassungen ändert. Vielmehr spielen auch Faktoren wie der Familienstand oder das durchschnittliche Lebens- und Dienstalter der Belegschaft eine Rolle.

	Fallwert in Minuten			Fallzahl	Pflege-minuten gesamt	Personal-bedarf in VK
	Fallfixe Minuten	Fallvariable Minuten	Minuten pro Fall			
Chirurgie			= Fallfixe + Fall-variable Minuten		= Minuten pro Fall × Fallzahl	
Innere Medizin						
Gyn./Geb.						
(...)						
Summe						

Abbildung 10.4.3-5: Personalbedarfsermittlung (Beispiel für die Pflege)

Die Berechnung der Sozialabgaben kann durch einen prozentualen Aufschlag auf die Bruttolöhne auf Grundlage der Vorjahreszahlen erfolgen. Aufgrund der starken Gehaltsunterschiede zwischen den einzelnen Berufsgruppen ist die Berechnung allerdings für jede Dienstart separat zu empfehlen. So liegt der Anteil der Sozialabgaben im ärztlichen Bereich aufgrund der häufigen Überschreitung der Bemessungsgrundlage in der Regel deutlich unter dem der anderen Dienstarten. Auch gesetzliche Änderungen von Bemessungsgrenzen oder sonstige Steigerungen der Sozialabgaben sind zwingend zu berücksichtigen. Abschließend sind die Aufwendungen für Altersversorgung, Urlaubsgeld und Zuwendungen sowie Einmalzahlungen zu planen, um die geplanten Bruttopersonalkosten zu ermitteln.

	Bruttolöhne je Dienstart (Ärzte, Pflegedienst, Verwaltung, sonstiges Personal)
+	Urlaubsgeld je Dienstart
+	Weihnachtsgeld je Dienstart
+	Einmalzahlung je Dienstart
+	Sozialabgaben je Dienstart
+	Aufwand für Altersvorsorge je Dienstart
=	Gesamt

Abbildung 10.4.3-6: Planung Personalaufwand im Krankenhaus

Materialplanung

Die Planung des Materialaufwands basiert auf den zur Erbringung der geplanten Leistungen benötigten Materialien unter Berücksichtigung der erwarteten Preissteigerungen für die unterschiedlichen Materialgruppen. Sie wird dabei untergliedert in die Materialbedarfsplanung, die Materialbestandsplanung, die Materialbeschaffungsplanung sowie die Materialaufwandsplanung. Für die Erfolgsplanung im Krankenhaus ist insbesondere die Materialaufwandsplanung von Bedeutung.

Im Rahmen einer Materialaufwandsplanung sollte mit einer detaillierten Planung der Aufwendungen für Roh-, Hilfs- und Betriebsstoffe begonnen werden (KUGr. 650; KGr. 66 ohne Kto. 6601, 6609, 6616 und 6618; KGr. 67; KUGr. 680; KGr. 71). Diese umfassen insbesondere Aufwendungen für Lebensmittel, für den medizinischen Bedarf, für den Wirtschaftsbedarf sowie für Wasser, Energie und Brennstoffe. Von übergeordneter Bedeutung ist dabei die Planung des medizinischen Bedarfs, da dieser grundsätzlich vom Krankheitsbild des Patienten und damit von der Leistungsplanung abhängig ist. Entsprechend eng sollte die Leistungsplanung der leitenden Ärzte mit der Zuordnung des erforderlichen Materialeinsatzes verbunden werden.

Der Verbrauch von Lebensmitteln erfolgt hauptsächlich im Rahmen der stationären Patientenversorgung sowie durch die Cafeterien für Mitarbeiter und Besucher, sofern die Versorgung nicht durch externe Dienstleister erfolgt. Teilweise erfolgt auch die Abgabe von Speisen durch Krankenhäuser an Dritte. Ausgangspunkt für die Planung des Lebensmittelaufwands sind zunächst die geplanten Beköstigungstage sowie Planzahlen für Lebensmittelausgaben an Mitarbeiter, Besucher oder andere Einrichtungen. Anschließend wird der Lebensmittelverbrauch für die verschiedenen Leistungen gemeinsam mit der Küchenleitung und dem Lebensmittel-Einkäufer abgeschätzt, um den gesamten Lebensmittelaufwand zu berechnen.

Die Planung der Aufwendungen für Wasser, Strom und Brennstoffe kann beispielsweise anhand der Vorjahreswerte – oder in größeren Häusern – auf Grundlage von Wärmebedarfsberechnungen erfolgen. Hierbei sollten insbesondere die Mitarbeiter der technischen Abteilung einbezogen werden. Bei der Planung der Energiekosten auf Grundlage der Vorjahreswerte ist zwingend eine angemessene und gegebenenfalls von den anderen Materialaufwendungen abweichende Preissteigerung in der Kalkulation zu berücksichtigen.

Neben den Aufwendungen für Roh-, Hilfs- und Betriebsstoffe sind im Rahmen der Materialaufwandsplanung auch Aufwendungen für bezogene Leistungen zu erfassen (z.B. KUGr. 651; Kto. 6601, 6609, 6616 und 6618; KUGr. 681). Dies betrifft insbesondere Aufwendungen für Untersuchungen in fremden Instituten, Kosten für Krankenhaustransporte sowie Honorare für nicht im Krankenhaus angestellte Ärzte. Solche Leistungen sind grundsätzlich auch leistungsabhängig und damit fallbezogen zu planen.

Planung sonstiger Erträge und Aufwendungen

Nachdem mit der Leistungs- und Erlösplanung sowie der Personal- und Materialplanung die wichtigsten Bestandteile einer Erfolgsplanung im Krankenhaus beschrieben wurden, wird im Folgenden auf die Planung der sonstigen Ertrags- und Aufwandspositionen eingegangen. In Abhängigkeit von der Relevanz dieser Positionen für das Krankenhaus kann es an dieser Stelle wirtschaftlich geboten und zweckmäßig sein, die Vorjahreszahlen fortzuschreiben beziehungsweise auf Planansätze gänzlich zu verzichten. So ist beispielsweise die Planung einiger Positionen nur schwer möglich und in den meisten Krankenhäusern von untergeordneter Bedeutung. Dies betrifft beispielsweise die Planung der anderen aktivierten Eigenleistungen (KUGr. 552) oder auch der Erhöhung oder Verminderung des Bestandes an fertigen und unfertigen Erzeugnissen / unfertigen Leistungen (KUGr. 550 und 551).

Auch bei den Ertrags- und Aufwandsgruppen aus sonstigen betrieblichen Erträgen und Aufwendungen ist zu hinterfragen, ob eine detaillierte Planung sämtlicher Positionen ökonomisch sinnvoll und zweckmäßig ist (bspw. KGr. 69, 70; KUGr. 720, 731, 732, 763, 764, 781, 782, 790, 791, 793, 794). Nach Prüfung kann hier eine Fortschreibung der Vorjahreszahlen – bereinigt um einmalige oder außergewöhnliche Geschäftsvorfälle – vorgenommen werden. In diesem Zusammenhang sei auch auf Aufwendungen und Erträge aus Rück- oder Nachzahlungen des MD (Medizinischer Dienst) verwiesen. Diese sollten auf Grundlage der Vorjahreswerte an die Leistungsplanung angepasst werden.

Um eine valide Planungsrechnung zu erstellen, ist die detaillierte Planung aller für das spezielle Krankenhaus wesentlichen Positionen zwingend erforderlich. Erzielt das Klinikum beispielsweise wesentliche Mieterträge, so sollten zur Planung dieser Position die Mietverträge und Nebenkostenabrechnung herangezogen werden. Im Rahmen von Gesprächen mit der Hausverwaltung können zudem wichtige Informationen über die zu erwartende Auslastung der jeweiligen Mietobjekte gewonnen werden. Des Weiteren sei auf Aufwendungen und Erträge aus Rück- oder Nachzahlungen des MD verwiesen. Diese sollten auf Grundlage der Vorjahreswerte an die Leistungsplanung angepasst werden.

Im Rahmen der sonstigen betrieblichen Aufwendungen sollten insbesondere die Instandhaltungsaufwendungen sorgfältig geprüft und in die Planung einbezogen werden. Als Grundlage hierfür können neben Wartungsverträgen auch Planungsgespräche mit der technischen Ableilung, der Hausverwaltung oder der Medizintechnik dienen. Zur Beurteilung der Beschaffenheit der Anlagegüter sind zudem Aufzeichnungen der Medizintechnik und Gerätebücher für die Planung heranzuziehen. Um unvorhergesehene Störungen und deren Kosten zu berücksichtigen, kann ein angemessener Risikopuffer in die Planung aufgenommen werden. Gerade bei Instandhaltungsaufwendungen können solche Ereignisse schnell zu einer signifikanten Plan-Überschreitung führen.

Planung der Abschreibungen

Die aus der dualen Krankenhausfinanzierung resultierenden Erträge und Aufwendungen aus Fördermitteln sind in der Planung zu erfassen, sobald diese feststehen. Von Bedeutung sind insbesondere die Erträge aus Zuwendungen zur Finanzierung von Investitionen (KGr. 46; KUGr. 470, 471), zu denen die Erträge aus Fördermitteln nach dem KHG zählen. Soweit diese als Erträge erfasst werden, sind sie gleichzeitig auch als Aufwand auszuweisen und somit wieder zu neutralisieren (KGr. 75). Auf Plan-Ansätze kann allerdings trotz dieser Neutralisierung nicht verzichtet werden, da dies im Rahmen einer integrierten Planung zu falschen Werten in der Finanzplanung führen würde. Gleiches gilt für die Erträge aus der Einstellung von Ausgleichsposten beziehungsweise Erträge aus der Auflösung von Sonderposten (KUGr. 48 sowie 490, 491). Diese neutralisieren die Abschreibungen auf das geförderte Anlagevermögen.

Für die Planung der sonstigen Erträge und Aufwendungen ist zudem eine Fortschreibung des Anlagevermögens nach Finanzierungsschlüsseln erforderlich. Die Planung der Abschreibungen auf immaterielle Vermögensgegenstände des Sachanlagevermögens und Sachanlagen sollte in zwei Teilen erfolgen (KUGr. 760, 761). Für den Teil des bereits genutzten Anlagevermögens können die entsprechenden Planwerte in der Regel direkt aus der Anlagenbuchhaltung ermittelt werden. Für Abschreibungen auf Investitionen, die erst im Planungszeitraum getätigt werden, sollte die entsprechende Berechnung im Rahmen des Investitionsplans erfolgen und aus diesem übernommen werden. Um die Neutralisierung über Ausgleichs- und Sonderposten zu ermöglichen, ist zwingend darauf zu achten, dass alle Abschreibungen nach Finanzierungsschlüsseln geplant werden.

Planung der Zinsen

Die Planung von sonstigen Zinsen und ähnlichen Erträgen sowie Zinsen und ähnlichen Aufwendungen sollte im Rahmen der Finanzplanung erfolgen und kann aus dieser in die Erfolgsplanung übernommen werden (KGr. 51 und 74).

10.4.3.4 Planbilanzierung im Krankenhaus

Eine Bilanz stellt – bezogen auf einen bestimmten Zeitpunkt – die Aufstellung des Vermögens und der Schulden des Unternehmens gegenüber. Im Rahmen einer Planbilanz werden die einzelnen Bilanzpositionen (Aktiva und Passiva) für einen Stichtag für die Zukunft prognostiziert. Die dadurch ermöglichte Prognose von Bilanzkennziffern verbessert die Qualität des Berichtswesens und eröffnet der Klinikleitung zusätzliche Steuerungsmöglichkeiten. Nachfolgend wird die Aufstellung einer Planbilanz unter Beachtung bestehender Rechnungslegungsvorschriften beschrieben, wobei sich die Gliederung der einzelnen Bilanzpositionen an der Krankenhausbuchführungsverordnung (KHBV) orientiert.

Als Grundlage der Planbilanz dient die Schlussbilanz des letzten Geschäftsjahres. Beispielsweise ist die Planung des Anlagevermögens eng mit der in Kapitel 3.2 beschriebenen Investitionsplanung verbunden (KGr. 01–09). Ausgehend vom Anfangsbestand des Anlagevermögens werden die Investitionen des Planjahres addiert und anschließend sämtliche Abschreibungen für das bereits vorhandene Sachanlagevermögen beziehungsweise für das im Planjahr neu angeschaffte Anlagevermögen sowie geplante Abgänge des Anlagevermögens subtrahiert (vgl. Abbildung 10.4.3-7). Eng verbunden mit der Planung des Anlagevermögens im Krankenhaus ist die Planung des Sonderpostens (KGr. 21–23). Hierzu ist eine Fortschreibung des Anlagevermögens nach Finanzierungsschlüsseln zwingend erforderlich.

	Anfangsbestand
+	Zugänge (gefördert/nicht gefördert)
./.	Abschreibungen (auf gefördertes/nicht gefördertes Anlagevermögen)
./.	Abgang Anlagevermögen (gefördert/nicht gefördert)
=	Planwert am Ende der Periode

Abbildung 10.4.3-7: Ermittlung am Beispiel des Sachanlagevermögens

Die Planung der immateriellen Vermögensgegenstände sowie des Finanzanlagevermögens erfolgt analog zur dargestellten Ermittlung des Sachanlagevermögens. Der Plan-Lagerbestand an Roh-, Hilfs- und Betriebsstoffen (KUGr. 100–105) ergibt sich aus dem Anfangsbestand an Roh-, Hilfs- und Betriebsstoffen abzüglich dem geplanten Materialeinsatz und zuzüglich dem geplanten Einkauf.

	Anfangsbestand an Roh-, Hilfs- und Betriebsstoffen (RHB)
./.	Plan-Materialeinsatz
+	Planeinkauf
=	Planwert am Ende der Periode

Abbildung 10.4.3-8: Ermittlung des Vorratsbestandes RHB

Schwieriger als die Planung der Roh-, Hilfs- und Betriebsstoffe ist die Planung der Überlieger (KUGr. 106–107) im Krankenhaus. Da diese Positionen im Detail oft nicht valide prognostiziert werden können, ist an dieser Stelle in der Regel eine Fortschreibung der Vorjahreszahlen sinnvoll und zweckmäßig.

Die Planung der Forderungen aus Lieferungen und Leistungen (KGr. 12) einerseits sowie der Verbindlichkeiten aus Lieferungen und Leistungen (KGr. 32) andererseits unterscheidet sich im Wesentlichen in der jeweiligen Berechnungsgrundlage: Während zur Prognose der Forderungen aus Lieferungen und Leistungen die Umsatzerlöse als Grundlage herangezogen werden, bildet der Waren- beziehungsweise Materialeinkauf die Grundlage zur Berechnung der Lieferantenverbindlichkeiten. Insbesondere bei geringen Umsatzschwankungen kann die Planung über die in Abbildung 10.4.3-9 dargestellte Formel erfolgen.

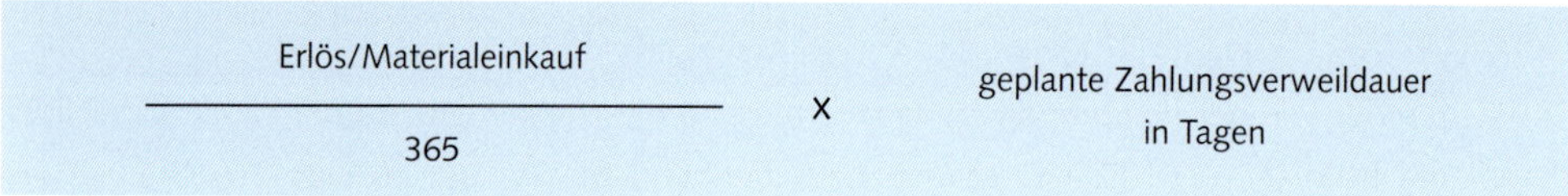

Abbildung 10.4.3-9: Ermittlung der Forderungen / Verbindlichkeiten aus Lieferungen und Leistungen

Bei stärker schwankenden Umsatzverläufen führt die dargestellte Approximativplanung allerdings zu ungenauen Ergebnissen. Die Ermittlung der Forderungen und Verbindlichkeiten aus Lieferungen und Leistungen sollte daher in solchen Fällen mit Hilfe analytischer Methoden erfolgen. Diese sind zwar aufwendiger, führen aufgrund einer detaillierten Betrachtung allerdings zu genaueren Ergebnissen.

	Januar	Februar	(...)	Gesamt
Erlöse	5.000 TEUR	4.000 TEUR		60.000 TEUR
Einnahmen aus lfd. Monaten • 20 % im gleichen Monat • 30 % 1 Monat später • 50 % 2 Monate später	1.000 TEUR	800 TEUR 1.500 TEUR		
Einnahmen gesamt	1.000 TEUR	2.300 TEUR		
Forderungen gesamt	4.000 TEUR	5.700 TEUR		

Abbildung 10.4.3-10: Ermittlung der Forderungen nach der analytischen Methode

Die Bilanzposition Schecks, Kassenbestand, Bundesbank- und Postgiroguthaben, Guthaben bei Kreditinstituten (KGr. 13) ist differenziert zu betrachten. Der Kassenbestand ist ein fixer, betriebsnotwendiger Bestand, womit eine Planung hinfällig ist. Es bietet sich an, an dieser Stelle den gerundeten Vorjahreswert als Planwert fortzuschreiben. Das Bankguthaben und korrespondierend hierzu die kurzfristigen Bankverbindlichkeiten dienen hingegen als Residualgröße. Sie werden im Rahmen der Investitions- und Finanzplanung ermittelt. Für die Planung der langfristigen Bankverbindlichkeiten und Darlehen können die jeweiligen Tilgungspläne als Planungsgrundlage herangezogen werden.

Zur Ermittlung eines Planansatzes für die Rückstellungen (KGr. 27, KuGr. 280–281) sollte ausgehend vom Vorjahreswert eine Plausibilitätsprüfung durchgeführt werden. Dabei sind insbesondere der Fortbestand der Art und Höhe der einzelnen Rückstellungen im Planungszeitraum zu hinterfragen und der Planwert entsprechend anzupassen.

In Bezug auf sonstige Vermögensgegenstände und Verbindlichkeiten (KUGr. 163, 374) sowie Forderungen gegen verbundene Unternehmen (KUGr. 161) und anderweitige Positionen auf der Aktiv- und Passivseite sollte der Planungsaufwand von der Relevanz der jeweiligen Position für das Krankenhausunternehmen abhängig gemacht werden. Die Fortschreibung der Vorjahreszahlen kann im Einzelfall wirtschaftlich sinnvoll und zweckmäßig sein.

10.4.3.5 Finanzplanung im Krankenhaus

Die Aufrechterhaltung der Zahlungsfähigkeit bildet die Grundlage für die Existenzsicherung jedes Unternehmens. Um diese im operativen Geschäft zu gewährleisten, benötigt die Klinikleitung eine fundierte Prognose der kurz-, mittel- und langfristigen Liquiditätssituation in Form einer validen Finanzplanung. Insbesondere in Krisensituation sollte ein besonderes Augenmerk auf die Liquidität des Krankenhauses gelegt werden (siehe Kapitel 10.2 für Krisenmanagement). Dabei gilt es, dass vor allem auch die kurzfristige Planung (ca. 6–12 Wochen) hinreichend berücksichtigt wird und Planungsmodelle stetig auf die unternehmensinterne- und externe Situation angepasst werden.

Das Ziel einer proaktiven Finanzplanung ist allerdings nicht ausschließlich die Erhaltung der Zahlungsfähigkeit. Gleichzeitig gilt es auch, unwirtschaftliche Überliquidität zu vermeiden. So ist eine vorausschauende Finanzplanung unter anderem die Grundlage für passgenaue und wirtschaftliche Finanzierungsentscheidungen. Zudem ermöglicht sie ein aktives Working Capital Management, das zusätzliche Liquidität bereitstellt, wenn diese benötigt wird und beispielsweise Rabatte aus Skonto-Vereinbarungen nutzt, wenn überschüssige Liquidität vorhanden ist.

Aufgrund ihrer deutlich geringeren Komplexität wird im Folgenden zunächst auf die Erstellung einer langfristigen Finanzplanung eingegangen, deren Ausgangspunkt die Erfolgs- und Bilanzpläne des Krankenhauses in Verbindung mit der Investitionsplanung sind. Eine längerfristige Finanzplanung wird demnach nicht auf Basis von Zahlungsströmen durchgeführt, sondern anhand von geplanten Vermögens- und Kapitalbeständen beziehungsweise geplanten Erträgen und Aufwendungen. Diese Vorgehensweise wird bevorzugt, da die langfristige Prognose einzelner Zahlungen kaum mit ausreichender Verlässlichkeit vorhersehbar ist. Durch den Rückgriff auf die Größen des Planabschlusses können die entsprechenden Zahlungsvolumina näherungsweise und pauschal abgeschätzt werden.

Ein häufig genutztes Instrument zur langfristigen Finanzplanung auf Basis von Jahresabschluss-Größen ist die Kapitalflussrechnung. Sie stellt Finanzmittelverwendung und Finanzmittelherkunft eines Betrachtungszeitraums gegenüber, indem sie die Zahlungsvolumina aus den Bilanzen der jeweiligen Planperiode sowie der Vorperiode ableitet. Die in der nachfolgenden Abbildung dargestellte und im Folgenden näher erläuterte Plan-Kapitalflussrechnung gliedert sich entsprechend dem vom Bundesministerium für Justiz und für Verbraucherschutz am 8. April 2014 herausgegebenen deutschen Rechnungslegungs-Standard DRS 21.

	Periodenergebnis (vor außerordentlichen Posten)
+ / -	Abschreibungen / Zuschreibungen auf Gegenstände des Anlagevermögens
+ / -	Zunahme / Abnahme der Rückstellungen
+ / -	Sonstige zahlungsunwirksame Aufwendungen / Erträge
+ / -	Zunahme / Abnahme der Vorräte, der Forderungen aus Lieferungen und Leistungen sowie anderer Aktiva, die nicht der Investitions- oder Finanzierungstätigkeit zuzuordnen sind
+ / -	Zunahme / Abnahme der Verbindlichkeiten aus Lieferungen und Leistungen sowie anderer Passiva, die nicht der Investitions- oder Finanzierungstätigkeit zuzuordnen sind
+ / -	Zunahme / Abnahme der Verbindlichkeiten aus Lieferungen und Leistungen sowie anderer Passiva, die nicht der Investitions- oder Finanzierungstätigkeit zuzuordnen sind
+ / -	Gewinn / Verlust aus dem Abgang von Gegenständen des Anlagevermögens
+ / -	Zinsaufwendungen / Zinserträge
+ / -	Ertragsteueraufwand / -ertrag
+ / -	Ein- und Auszahlungen aus außerordentlichen Posten
=	Cash Flow aus laufender Geschäftstätigkeit
	Einzahlungen aus Abgängen von Gegenständen des immateriellen Anlagevermögens
-	Auszahlungen für Investitionen in das immaterielle Anlagevermögen
+	Einzahlungen aus Abgängen von Gegenständen des Sachanlagevermögens
-	Auszahlungen für Investitionen in das Sachanlagevermögen
+	Einzahlungen aus Abgängen von Gegenständen des Finanzanlagevermögens
-	Auszahlungen für Investitionen in das Finanzanlagevermögen
+	Einzahlungen aufgrund von Finanzmittelanlagen im Rahmen der kurzfristigen Finanzdisposition
-	Auszahlungen aufgrund von Finanzmittelanlagen im Rahmen der kurzfristigen Finanzdisposition
+	Erhaltene Zinsen und Dividenden
=	Cash Flow aus Investitionstätigkeit
	Einzahlungen aus Eigenkapitalzuführung (Kapitalerhöhungen, Verkauf eigener Anteile)
-	Auszahlungen an Unternehmenseigner (Dividenden, Erwerb eigener Anteile, Eigenkapitalrückzahlungen, andere Ausschüttungen)
+	Einzahlungen aus der Begebung von Anleihen und aus der Aufnahme von (Finanz-) Krediten
-	Auszahlungen aus der Tilgung von Anleihen und (Finanz-) Krediten
+	Einzahlungen aus erhaltenen Zuschüssen / Zuwendungen
-	Gezahlte Zinsen und Dividenden
=	Cash Flow aus Finanzierungstätigkeit

Abbildung 10.4.3-11: Kapitalflussrechnung im Krankenhaus

Der Cash Flow aus laufender Geschäftstätigkeit erfasst die auf Erlöserzielung ausgerichteten Aktivitäten des Krankenhauses. Ausgehend vom geplanten Periodenergebnis müssen diejenigen Aufwendungen addiert und diejenigen Erträge subtrahiert werden, die im Betrachtungszeitraum nicht zahlungswirksam sind. Dies betrifft beispielsweise Abschreibungen oder Zuschreibungen auf Gegenstände des Anlagevermögens, da diese zwar einen Aufwand beziehungsweise einen Ertrag generieren, aber keine Ein- oder Auszahlungen.

Weitere Korrekturen sind für laufende Ein- und Auszahlungen notwendig, die nicht über die Erfolgsplanung erfasst sind, sondern aus Änderungen in der Vermögens- oder Kapitalsphäre entstehen. Ein Beispiel hierfür ist die Zunahme von Vorräten. Diese Position verursacht zwar Auszahlungen, jedoch weder Erträge noch Aufwendungen, womit sie durch die Erfolgsplanung nicht erfasst wird. Für eine Erhöhung der Vorräte bedeutet dies, dass der Betrag vom Jahresüberschuss abzuziehen ist. Eine Verminderung der Vorräte ist dagegen als zusätzliche Einzahlung zum Jahresüberschuss hinzuzurechnen.

Der Cash Flow aus Investitionstätigkeit errechnet sich aus dem Saldo von Investitionen und Desinvestitionen. Die entsprechenden Positionen können an dieser Stelle aus dem Investitionsplan entnommen werden. Wie in Abschnitt 10.4.3.2 beschrieben, ist die Investitionsplanung eng verbunden mit dem Finanzierungsplan, der die wesentliche Grundlage für die Berechnung des Cash Flow aus Finanzierungstätigkeit bildet. Der Cash Flow aus Finanzierungstätigkeit berücksichtigt neben der Aufnahme und Tilgung von Finanzschulden auch die Transaktionen mit den Unternehmenseignern sowie sämtliche Zuwendungen und Zuschüsse der öffentlichen Hand.

Die summierten Zahlungsströme zeigen abschließend die Veränderung des Zahlungsmittelbestandes im Vergleich zur Vorperiode. Durch die Zusammenführung mit den jeweiligen Anfangsbeständen des Finanzmittelfonds kann so der Finanzmittelfonds am Ende der Periode prognostiziert werden.

10.4.3.6 Szenarioanalysen im Rahmen von Planungsrechnungen

Angesichts unterschiedlicher möglicher Entwicklungen in der Zukunft, sollten unternehmerische Entscheidungen und damit auch Planungsrechnungen nicht auf ein einziges Zukunftsszenario ausgerichtet werden. Dies bedingt die Notwendigkeit, Planungsrechnungen auf verschiedene Szenarien auszurichten. Vermehrt wird daher im Bereich der Unternehmensplanung von reinen Planungen eines einzigen Basisszenarios abgewichen und stattdessen eine Sensitivierung der Planungsrechnung in unterschiedlichen Szenarien durchgeführt. Dabei werden zumeist drei Szenarien betrachtet. Neben dem wahrscheinlichsten Fall (Planwert bzw. Basisszenario), der in der Regel der Fortführung und Weiterentwicklung des Status Quo entspricht, werden ein pessimistischstes und ein optimistischstes (aber realistisches) Szenario mit betrachtet und in Entscheidungen berücksichtigt, die auf Basis der Planungsrechnung zu treffen sind (bspw. in Bezug auf Positionen zur

Risikovorsorge wie eine Mindestliquidität). Wenngleich diese Differenzierung in der Planung einen ersten wichtig Schritt darstellt, um die Auswirkungen von Chancen und Risiken auf die wirtschaftliche Lage des Krankenhauses besser quantifizieren und verstehen zu können, besteht weiterhin das Problem, dass eine Vielzahl anderer möglicher Szenarien unberücksichtigt bleibt.

Eine Möglichkeit, um diese Vielzahl an möglichen Zukunftsentwicklungen planerisch berücksichtigen zu können, ist die Anwendung von stochastischen Simulationen – beispielsweise der häufig angewendeten Monte-Carlo-Simulation. Bei der Monte-Carlo-Simulation (MCS) wird eine große Anzahl von Zukunftsszenarien unter Verwendung von Wahrscheinlichkeitsverteilungen und Annahmen immer wieder neu berechnet. Als Resultat der Simulation ergeben sich Bandbreiten, in denen die jeweilige Zielgröße verortet werden kann (z.B. Erlöse aus Krankenhausleistungen, Jahresergebnis vor Steuern oder Cashflow aus laufender Geschäftstätigkeit). Dadurch können Rückschlüsse auf das Risikomaß und das Eintreten des jeweiligen Szenarios getroffen werden.

Der Ausgangspunkt einer Monte-Carlo-Simulation, die im Rahmen der Sensitivierung einer Unternehmensplanung durchgeführt wird, ist die beschriebene integrierte Planungsrechnung (siehe vorherige Kapitel). Dabei ist zu beachten, dass zahlreiche Planungsparameter üblicherweise Schwankungen unterliegen (z.B. Erlöse aus Krankenhausleistungen, Personalaufwendungen oder medizinischer Sachbedarf), aber auch Einmaleffekte (z.B. Veräußerungserlöse, einmalige Fördermittel etc.) eintreten können. Für die meisten dieser mit Unsicherheit behafteten Parameter muss daher mit Annahmen kalkuliert werden. Eine Möglichkeit der Definition der Annahmen bei der MCS besteht darin, die Art der Wahrscheinlichkeitsverteilung festzulegen (z.B. Normalverteilung, Gleichverteilung etc.), die zu beschreibenden Parameter zu definieren (z.B. Kassenbestand) sowie mögliche Intervallgrenzen (Minimum, Maximum), in denen sich die Zielgrößen bewegen, festzulegen. Eine weitere Möglichkeit, die z.B. bei ereignisorientierten Risiken - wie etwa Forderungsausfällen eintreten kann, ist die separate Beschreibung eines Risikos durch eine adäquate Wahrscheinlichkeitsverteilung (z.B. Schadenshöhe und Eintrittswahrscheinlichkeit), welches dann der einzelnen Planungsposition zugeordnet wird. Zur Definition von Risiken sowie deren Schadenshöhe und Eintrittswahrscheinlichkeit sei auf das Kapitel 10.1.3.1 verwiesen.

Diese Parameter können in der Regel auf Basis bisheriger Ist-Daten oder durch gut begründete Evidenz oder Expertenwissen definiert werden. Erlöse aus Krankenhausleistungen könnten so z.B. aus der Art und dem Schweregrad der Fälle anhand historischer Werte ermittelt werden und durch die Einschätzung der jeweilig zuständigen Chefärzte validiert werden. Nach Bestimmung aller notwendiger Parameter kann die Simulation durchgeführt werden. Dies kann mithilfe von Tabellen-Kalkulationsprogrammen wie Microsoft Excel, beispielsweise aber auch über „add-in Softwaretools“ durchgeführt werden. Abbildung 10.4.3-12 illustriert das Ergebnis der Simulation der Unternehmensplanung mithilfe der MCS einer Zielgröße.

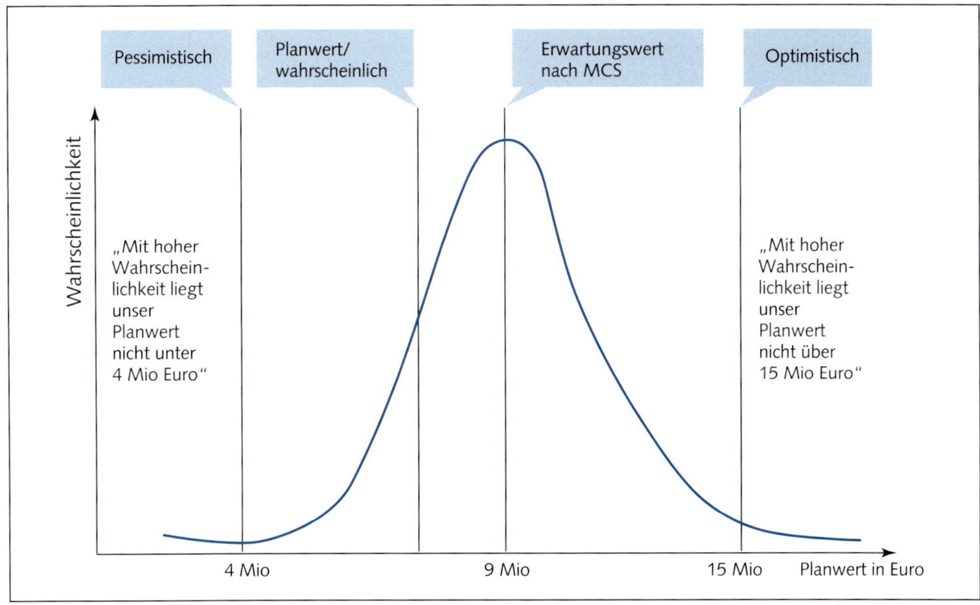

Abbildung 10.4.3-12: Ergebnis der Simulation der Unternehmensplanung mithilfe der MCS einer Zielgröße

Hierbei ist zu beachten, dass die Ergebnisse der simulierten Parameter nicht einfach in die Unternehmensplanung integriert, sondern stets kritisch hinterfragt werden. Insbesondere bei der kritischen Analyse der Planung sowie der Szenarioerarbeitung und -analyse bietet sich die Einbindung externer Dritter an, die die Planannahmen unabhängig validieren. Die Validierung der Planannahmen – durchgeführt durch einen externen Dritten oder in Form einer internen Qualitätssicherung kann sich beispielsweise am IDW Praxishinweis 2/2017 orientieren. Dieser sieht vor, die Planung auf

1. rechnerisch und formelle (Plausibilisierung der rechnerischen Konsistenz sowie der Konsistenz der Annahmen)
2. materielle, interne (Nachvollzug der Planung mit den Ist-Entwicklungen sowie Validierung von Managemententscheidungen) und
3. materielle, externe (Nachvollzug unter Einbindung von Erkenntnissen aus Markt- und Wettbewerbsanalysen)

Plausibilität zu untersuchen. Darüber hinaus sollten im Rahmen dieser Analyse im Idealfall bereits Maßnahmen zur Mitigation und Streuung der Risiken identifiziert werden.

10.4.4 Kritische Würdigung der Unternehmensplanung im Krankenhaus

Krankenhäuser arbeiten in einem komplexen Marktumfeld, das geprägt ist durch ständig wechselnde technische, soziale und regulatorische Rahmenbedingungen. Künftige Umweltzustände sowie Handlungsalternativen und –konsequenzen sind in der Regel nur unvollständig bekannt, womit eine rein rationale Entscheidung auch nach intensivsten Planungsbemühungen nicht möglich ist. Vielmehr baut jede Entscheidung auf unvollständigen Informationen auf und gründet sich auf unternehmerisches Gespür. Gleichzeitig führen aufwendige Planungsprozesse mit einem hohen Abstimmungsaufwand zu langen Prozessdauern und damit zu hohen Planungskosten, während Fehlurteile auch bei einer intensiven Planung nicht ausgeschlossen sind. Aus diesem Grund werden Planungen beziehungsweise Planungsrechnungen in vielen Kliniken kritisch betrachtet.

„Planung ist der Ersatz des Zufalls durch den Irrtum."

So oder so ähnlich ist die Einstellung vieler Planungskritiker.

Zwar vermag auch eine detaillierte Planung eine verfehlte beziehungsweise unzweckmäßige Unternehmenspolitik nicht gänzlich auszuschließen, sie bietet aber einen vergleichsweise höheren Schutz vor wirtschaftlichem Misserfolg und überraschenden Unternehmenskrisen. Indem sie zur Strukturierung von Problemen beiträgt, schafft sie eine Transparenz, die die frühzeitige Erkennung drohender Fehlentwicklungen und die rechtzeitige Einleitung entsprechender Gegenmaßnahmen ermöglicht. Gleichzeitig unterstützt eine valide Unternehmensplanung die Geschäftsführung dabei, kurzfristige Entscheidungen zu treffen, die in Krisensituationen erforderlich werden können (bspw. aufgrund der Auswirkungen externer Faktoren wie die COVID-19 Pandemie). Dies kann allerdings nur erreicht werden, wenn sich die Planungsprozesse nicht – wie in vielen Kliniken üblich – ausschließlich auf eine Fortschreibung der abgelaufenen Ist-Daten beschränken. Für eine optimale Kliniksteuerung ist vielmehr eine vorausschauende Unternehmensplanung erforderlich, die sich aktiv mit zukünftigen Chancen und Risiken auseinandersetzt. Vor dem Hintergrund des raschen Wandels der Rahmenbedingungen im Krankenhaussektor ist zudem die ständige Überprüfung der geplanten Werte von großer Bedeutung. Ohne eine kontinuierliche Kontrolle und Anpassung der erstellten Planungsrechnung können auftretende Abweichungen nicht rechtzeitig erkannt und entsprechende Gegenmaßnahmen eingeleitet werden. Wer im Falle einer akuten Krisensituation erst mit der Aktualisierung veralteter oder unpassender Planungen beginnt, verliert wertvolle Zeit in der Bewältigung der Krise.

Literaturverzeichnis

Beck (2020). *Beck'scher Bilanzkommentar. 12. Auflage. C. H. Beck.*

Bleicher K, Leberl D, Paul H **(1989).** *Unternehmungsverfassung und Spitzenorganisation – Führung und Überwachung von Aktiengesellschaften im internationalen Vergleich. Springer Gabler.*

Bleicher K, Paul H **(1986).** *Das amerikanische Board-Modell im Vergleich zur deutschen Vorstands-/Aufsichtsratsverfassung – Stand und Entwicklungstendenzen. In: DBW, Jg. 46, Nr. 3, S. 263 – 288.*

Buchna J, Leichinger C, Seeger A, Brox W **(2015).** *Gemeinnützigkeit im Steuerrecht, 11. Auflage. Erich Fleischer Verlag.*

Bundesamt für Bevölkerungsschutz und Katastrophenhilfe – BBK (2008). *Schutz kritischer Infrastruktur – Risikomanagement im Krankenhaus, Leitfaden zur Identifikation und Reduzierung von Ausfallrisiken in kritischen Infrastrukturen des Gesundheitswesens.*

Bundesministerium für Justiz und für Verbraucherschutz – BMJV (2014). *Bekanntmachung des Deutschen Rechnungslegungs Standards Nr. 21 – DRS 21.*

Coenenberg AG, Haller A, Schultze W **(2012).** *Jahresabschluss und Jahresabschlussanalyse: Betriebswirtschaftliche, handelsrechtliche, steuerrechtliche und internationale Grundsätze – HGB, IFRS, US-GAAP, DRS. 26. Auflage. Schäffer-Poeschel.*

Expertenkommission D-PCGM (2021): *Deutscher Public Corporate Governance-Musterkodex (D-PCGM), Hrsg. Ulf Papenfuß/Klaus-Michael Ahrend/Kristin Wagner-Krechlok, in der Fassung vom 15. Januar 2021, https://doi.org/10.13140/RG.2.2.26190.48961).*

FidAR – Frauen in die Aufsichtsräte e. V. (2016). *„Women on Board Index (WoB 160) – Transparente und aktuelle Dokumentation zum Anteil von Frauen im Aufsichtsrat und Vorstand der 160 im DAX, MDAX, SDAX und TecDAX notierten Unternehmen".*

Friedrich S, Schneuwly S (2013). *Wie groß ist das Risiko, wenn kein Eisberg in Sicht ist? Wenn Krankenhäuser von Krisen überrascht werden. In: KPMG Gesundheitsbarometer 2/2013, S. 4 ff.*

Fonk, H-J (2009). *Auslagenersatz für Aufsichtsratmitglieder. In: Neue Zeitschrift für Gesellschaftsrecht (NZG), Jg. 12, Heft 20, S. 761 – 771*

Goddemeier J, Krämer N (2012). *Schönheits-OP für die Krankenhausbilanz: Welche bilanzpolitischen Spielräume gibt es und wie lassen sie sich nutzen? In: KPMG Gesundheitsbarometer 5/15: 12 – 15.*

Graumann M, Schmidt-Graumann A (2002). *Rechnungslegung und Finanzierung der Krankenhäuser: Leitfaden. Luchterhand Verlag.*

Haubrock M, Schär W, Georg J (2007). *Betriebswirtschaft und Management im Krankenhaus. Verlag Hans Huber.*

Havighorst F (2004). *Jahresabschluss von Krankenhäusern – Betriebswirtschaftliche Handlungshilfen. Hans-Böckler-Stiftung.*

Heckschen, H (2019). *§ 23 Aktiengesellschaft. In: Beck'sches Notar-Handbuch, 7. Auflage. C. H. Beck. S. 1846 – 2042.*

Heermann, P (2020). *§ 52 Aufsichtsrat. In: GmbH Großkommentar, 3. Auflage. Mohr Siebeck*

Helm T, Haaf P (2014). *§ 22 Die gemeinnützige GmbH. In: Beck'sches Handbuch der GmbH, 5. Auflage. C. H. Beck.*

Heinbuch H, Käppel M, Wittig O (2014). *KommJur 2014, S. 245.*

Jandt S, Roßnagel A (2013). *Factoring von Forderungen aus Behandlungsverträgen der Krankenhäuser. In: Medizinrecht (MedR) 31: 17 – 32.*

Kalkulationshandbuch (2010). *Kalkulation von Behandlungskosten, Handbuch zur Kalkulation psychiatrischer und psychosomatischer Leistungen in Einrichtungen gem. § 17d KHG, Version 1.0. InEK GmbH.*

Kirchner H, Kirchner W (2002). *Investitions-Controlling im Krankenhaus. Verlag W. Kohlhammer.*

Kohler W, Siefert B (2009). *Das Bilanzrechtsmodernisierungsgesetz und seine Auswirkungen auf den Jahresabschluss (II), In: Das Krankenhaus 101/7: 646 – 652.*

KPMG (2014). *Das wirksame Compliance Management System.*

KPMG (2007). *International Financial Reporting Standards, Einfuhrung in die Rechnungslegung nach den Grundsatzen des IASB, 4. Auflage.*

KPMG IFRS visuell (2017). IFRS visuell, 7. Auflage.

Krystek U (1987). Unternehmungskrisen. Springer Gabler.

Kuntz L, Pulm J, Wittland M (2014). Hospital Governance und die Struktur deutscher Krankenhaus-Aufsichtsgremien. In: Das Gesundheitsweisen, Jg. 76, Nr. 6, S. 392 – 398.

Küting K, Weber C (2009). Die Bilanzanalyse. Beurteilung von Abschlüssen nach HGB und IFRS. 9. Auflage. Schäffer-Poeschel.

Küting K, Weber C (2012). Die Bilanzanalyse. Beurteilung von Abschlüssen nach HGB und IFRS. 10. Auflage. Schäffer-Poeschel.

Löbach, S (2018). Chefarztvergütung im Fokus. Institut für Wissen und Wirtschaft (IWW). Abrufbar unter https://www.iww.de/cb/management/kienbaum-studie-chefarztverguetung-im-fo-kus-f117619 (zuletzt abgerufen am 23.12.2021).

Lüdenbach N, Hoffmann W, Freiberg J (2016). IFRS-Kommentar. 14. Auflage. Haufe.

Lutter M (2001). Vergleichende Corporate Governance – Die deutsche Sicht. In: Zeitschrift für Unternehmens- und Gesellschaftsrecht, Jg. 30, Nr. 2, S. 224 – 237.

Lutter M (1995). Defizite für eine effiziente Aufsichtsratstätigkeit und gesetzliche Möglichkeiten der Verbesserung. In: Zeitschrift für das gesamte Handelsrecht und Wirtschaftsrecht, Jg. 159, Nr. 3, S. 287 – 309.

Lutter M, Krieger G (2008). Rechte und Pflichten des Aufsichtsrats, 5. Auflage. Verlag Otto Schmitt.

Müller R (1986). Krisenmanagement in der Unternehmung: Vorgehen, Maßnahmen und Organisation. Verlag Peter Lang.

Nauen K, Offermanns M, Schilz P (2005). Kennzahlenbasierte Jahresabschlussanalyse im DKI-Management-Report (I). In: Das Krankenhaus 97/5: 415.

Nemmer T (2014). Der Einfluss des Aufsichtsrats auf den Unternehmenserfolg öffentlicher Krankenhäuser. Verlag Dr. Kovac GmbH.

Nielsen, S (2010). Top Management Team Diversity: A Review of Theories and Methodologies. In: International Journal of Management Reviews (IJMR), Jg. 12, Ausgabe 3, S. 301 – 316

OFD Frankfurt DB (1998). Der Betrieb.

Pearce J, Zahra S (1991). The relative power of CEOs and boards of directors: associations with corporate performance. In: SMJ, Jg. 12, Nr. 2, S. 135 – 153.

Penter V, Arnold C, Friedrich S, Eichhorst S (2014). Zukunft deutsches Krankenhaus 2020, Thesen, Analysen, Potenziale. 2. Auflage. Mediengruppe Oberfranken – Fachverlage GmbH & Co. KG.

Penter V, Augurzky B (2014). Gesundheitswesen für Praktiker: System, Akteure, Perspektiven. Springer.

Perrow C (1999). Normal Accidents: Living with High Risk Technologies. Princeton University Press.

Piechota S (1998). „So verknüpfen Sie operatives Controlling und Berichtswesen". In: Controlling für das Krankenhaus: Strategisch – Operativ – Funktional. Luchterhand.

Potthoff E, Trescher K (2003). Das Aufsichtsratsmitglied – Ein Handbuch der Aufgaben, Rechte und Pflichten, 6. Auflage. Schäffer-Poeschel.

Pulm J, Kuntz L, Wittland M (2013). Krankenhaus-Aufsichtsgremien: Hat die Struktur einen Einfluss auf die finanzielle Performance? In: Gesundheitsbarometer, Nr. 1, S. 16 – 17.

Purzer K, Haertle R (2014). Das Rechnungswesen der Krankenhäuser, Handkommentar. Richard Boorberg Verlag.

Schmidt L et al. (2014). Einkommensteuergesetz: EStG. C. H. Beck.

Schneider U (2007). § 52 Aufsichtsrat. In: Kommentar zum GmbH-Gesetz, Band 2, 10. Auflage. C. H. Beck. S. 3000 – 3197.

Simmich T et al. (1999). Empfehlungen zur Behandlungspraxis bei psychotherapeutischen Kriseninterventionen. In: Psychotherapeut, 44(6), S. 394 – 398.

Tanski JS (2001). Interne Revision im Krankenhaus. Verlag W. Kohlhammer.

Theisen MR (2007). Grundsätze einer ordnungsmäßigen Information des Aufsichtsrats, 4. Auflage. Schäffer-Poeschel.

Tiemann O, Büchner VA (2013). Finanzmanagement in Krankenhäusern. In: Management im Gesundheitswesen. 3. Auflage. Springer. S. 255 – 334.

Turner B, Pidgeon N (1997). Man made disasters. Butterworth-Heinemann Ltd.

Ulmer P, Habersack M (2013). § 1 Erfasste Unternehmen. In: Mitbestimmungsrecht – Kommentierung des MitbestG, des DrittelbG, des SEBG und de MgVG, 3. Auflage. C. H. Beck. S. 53 – 89.

Vaughan D (1996). The Challenger Launch Decision: Risky Technology, Culuture and Deviance at NASA. University of Chicago.

von Eiff W (2007). *Risikomanagement Kosten-/Nutzen basierte Entscheidungen im Krankenhaus, Schriftenreihe Gesundheitswirtschaft. Band 2. WIKOM Verlag*

Weber P (1980). *Krisenmanagement. Organisation, Ablauf und Hilfsmittel der Führung in Krisenlagen, Europäische Hochschulschriften, Reihe 5, Volks- und Betriebswirtschaft, Band 261. Verlag Peter Lang.*

Winter E, Mosena R, Roberts L (2010). *Gabler Wirtschaftslexikon: Die ganze Welt der Wirtschaft: Betriebswirtschaft, Volkswirtschaft, Wirtschaftsrecht, Recht und Steuern. 17. Auflage. Gabler.*

Wöhe G, Döring U (2010). *Einführung in die Allgemeine Betriebswirtschaftslehre. 24. Auflage. Verlag Vahlen.*

Wohlgemuth F (2007). *IFSR: Bilanzpolitik und Bilanzanalyse. Gestaltung und Vergleichbarkeit von Jahresabschlüssen. Band 4. Verlag Erich Schmidt.*

Zöllner W, Noack U (2013). *§ 52 Aufsichtsrat. In: Beck'sche Kurz-Kommentare GmbHG, 20. Auflage. C. H. Beck. S. 1441 – 1544.*

Stichwortverzeichnis

B

C

D

E

S

T

U

V